DEUTSCHE AKADEMIE DER WISSENSCHAFTEN ZU BERLIN
SCHRIFTEN DER SEKTION FÜR VOR- UND FRÜHGESCHICHTE
BAND 25

SIEDLUNG BURG UND STADT

Studien zu ihren Anfängen

Herausgegeben von

KARL-HEINZ OTTO und JOACHIM HERRMANN

Mit 32 Tafeln und 174 Abbildungen

AKADEMIE-VERLAG · BERLIN

1969

Erschienen im Akademie-Verlag GmbH, 108 Berlin, Leipziger Straße 3–4

Lizenznummer: 202 · 100/42/69 · Karten-Nr.: 572/68
Gesamtherstellung: VEB Druckhaus „Maxim Gorki", 74 Altenburg
Bestellnummer: 2044/25 · ES 14 C
170,–

PAUL GRIMM

zum 60. Geburtstag

Inhaltsverzeichnis

I. Die Stellung von Siedlung, Burg und Stadt in der Gesellschaft

A. Allgemeine Untersuchungen

B. Einzeluntersuchungen

II. Varia

I.

Die Stellung von Siedlung, Burg und Stadt in der Gesellschaft

Zur Besiedlungskontinuität und Siedlungskonstanz in der Urgeschichte

Von Friedrich Schlette, Halle (Saale)

Mit 12 Textabbildungen

Das interessante Problem einer Kontinuität von Siedlung und Besiedlung für Zeitabschnitte, in denen die archäologischen Funde die alleinigen Quellen sind, wird in der Hauptsache für das 1. Jahrtausend u. Z. behandelt. Gegenüber der Frage nach einer *früh*geschichtlichen Kontinuität tritt die nach einer *ur*geschichtlichen Kontinuität zurück. Das ist nicht etwa durch eine dem höheren Alter entsprechende Abnahme des Fundmaterials bedingt. Vielmehr steht — wenigstens in unseren Räumen — das archäologische Quellenmaterial gerade der Jahrhunderte der 2. Hälfte des 1. Jahrtausends quantitativ oft gegenüber dem erheblich älterer Perioden zurück. Aber es ist eben reizvoll zu versuchen, unsere heutigen Siedlungen, von denen ein gesichertes Alter durch Urkunden oft bis in das hohe Mittelalter zurück ermittelt werden kann, bis in die davorliegende „schriftlose" Zeit zurückverfolgen zu können.

Trotzdem muß im Interesse einer immer umfassenderen historischen Aussage auch die Frage gestellt werden, ob und in welchem Umfang eine Siedlungskontinuität schon in urgeschichtlicher Zeit bestanden hat. Gerade P. Grimm (1951; 1957) hat durch seinen Beitrag zur Besiedlung der Flur Obermöllern diese Seite der Siedlungsarchäologie sehr befruchtet. Aus unserem Arbeitsgebiet sei weiterhin vor allem auf die Arbeiten von B. Wachter (1959/60; 1963) über die Milower Havellandschaft und das Land Schollene hingewiesen. Erhebliche Förderung erhielt diese Fragestellung durch die Untersuchungen und Arbeiten in Nordwestdeutschland, besonders durch H. Jankuhn (1955; 1959/60; 1964 u. a.)[1]).

Ich halte es aber zunächst für notwendig, sich über einige Begriffe Klarheit zu verschaffen. Siedlungskontinuität ist abhängig von Raum und Zeit. Den Raum können wir eng oder weit fassen: entweder nur den Bereich einer Fundstelle (-platzes), die nach unserer Nomenklatur einen räumlich geschlossenen Komplex archäologischer Funde — selbstverständlich auch verschiedener Zeiten — umschließt (etwa bis 0,1 km^2), oder einer Siedlungskammer (etwa 1—10 km^2), einer heutigen Gemarkung oder Teillandschaft (etwa 10—40 km^2) oder gar einer Landschaft, eines Kreises oder Bezirkes von mehreren 100 oder gar 1 000 km^2.

Es ist klar, daß man räumlich von einer Kontinuität einer Siedlung nur sprechen kann, wenn keine Verlegung von einem Platz auf einen anderen erfolgte, d. h. die dörfliche Ansiedlung mehr oder weniger immer in den gleichen Grenzen verblieben ist oder nur im unmittelbaren Anschluß — sozusagen ohne „Wanderung" — ihren Platz erweitert bzw. verlegt hat. In die archäologische Nomenklatur übertragen heißt dies, daß wir genau genommen nur bei der „Fundstelle" die Frage nach einer Siedlungskontinuität stellen können. H. Jankuhn (1955, 1959/60) spricht daraus schlußfolgernd von einer diskordanten oder konkordanten Überlagerung.

Die Grenzen einer Fundstelle werden meist nicht erfaßt, oder zwei getrennt geführte Fundstellen wachsen im Verlauf weiterer Forschungen zusammen. Man wird deshalb topo-

[1]) Außer der in diesem Aufsatz genannten Literatur sei auf die Zusammenstellung einiger Arbeiten bei H. Jankuhn 1959/60, Anm. 1, verwiesen.

graphisch zusammenhängende Fundstellen oft von vornherein zu einem Fundstellenkomplex zusammenfassen.

Dem historischen Prozeß wird man im allgemeinen gerechter, wenn man siedlungsarchäologischen Untersuchungen solche Räume zugrunde legt, die durch geographische Gesichtspunkte bestimmt sind — und zwar möglichst der Urlandschaft. Aus quellenkundlichen Überlegungen und im Interesse einer auf das heutige Siedlungsbild bezogenen Betrachtung wird man auch Gemeinde- (Gemarkungs-), Kreis- oder andere einen noch größeren Raum umschließende moderne politische Grenzen zugrunde legen müssen. Letzteres bietet sich besonders in geographisch wenig gegliederten Landschaften an.

Die sich mit Hilfe der geographischen, archäologischen und historischen Betrachtung ergebenden Siedlungseinheiten werden verschieden bezeichnet. B. Wachter (1963) differenziert in Anlehnung an J. Schmithüsen und J. H. Schultze in Fliese bzw. Zellen, Teillandschaften, Kleinlandschaften und Landschaften, wobei für eine Untersuchung einer möglichen Besiedlungskontinuität mindestens eine Teillandschaft in Frage kommt. H. Jankuhn (1964 mit Ab. 3 u. 6) unterscheidet den „Siedlungsraum“ (von etwa 50—150 km^2) und die darin eingeschlossenen einzelnen Siedlungskammern (von etwa 1—10 km^2); in diesem Falle ist die Siedlungskammer die kleinste Einheit für eine siedlungsarchäologische Betrachtung.

Zum zeitlichen Problem! Der Archäologe rechnet im allgemeinen nach Perioden, die seit Beginn der Bronzezeit durchschnittlich immer etwa zwei Jahrhunderte umfassen. Wenn Funde aus den nacheinanderfolgenden Perioden A, B, C, D... bekannt sind, dann tritt bei uns die Vorstellung einer ständigen, ununterbrochenen Besiedlung auf. Theoretisch aber brauchen zwei aufeinanderfolgende Perioden nur durch wenige Funde — sagen wir aus einem Jahrzehnt — vertreten zu sein. Wenn die Funde der Periode A vom ersten Jahrzehnt und — den Extremfall konstruierend — die Funde der Periode B vom letzten Jahrzehnt stammen sollten, so sind zwar beide Perioden vertreten, es ist aber trotzdem ein Hiatus von 380 Jahren vorhanden. Diesen Extremfall werden wir zwar bei genügendem Erkenntnisstand über jenen Zeitabschnitt sicherlich typenkundlich, vor allem bei sehr zeitempfindlichen Beigaben, in Grabsitten, mitunter sogar stratigraphisch spüren. Wir sollten uns jedenfalls der Grenzen unserer Erkenntnis bewußt sein.

Unter Berücksichtigung der zeitlichen und räumlichen Bedingungen und Voraussetzungen ergeben sich damit folgende Formen der Kontinuität einer Besiedlung:

1. Ununterbrochenes Fortbestehen einer *Siedlung*. Archäologisch ausgedrückt: Vorhandensein archäologischer Funde in allen betreffenden aufeinanderfolgenden Perioden auf einer Fundstelle oder in einem Fundstellenkomplex, wobei die Perioden, soweit unsere Quellen dies überhaupt ermöglichen, in ihrem gesamten Umfang „besetzt“ erscheinen.
   Man sollte in diesem Falle von einer *Siedlungskonstanz* sprechen (so auch H. Jankuhn, passim).

2. Ununterbrochenes Vorhandensein einer *Besiedlung* in einem bestimmten Gebiet (Gemarkung, Siedlungskammer, Teillandschaft, Landschaft, Kreis, Bezirk). Archäologisch ausgedrückt: dieselben zeitlichen Bedingungen wie unter Punkt 1, aber nicht an eine Fundstelle oder einen Fundstellenkomplex gebunden. Hier sollte man dann von einer *Besiedlungskontinuität* sprechen. B. Wachter (1963, S. 58) benutzt hierfür die gleiche Bezeichnung, während er für Siedlungskonstanz den Begriff der Siedlungskontinuität gewählt hat. Aus sprachlichen Gründen halte ich den Wechsel von Konstanz und Kontinuität bei den beiden Begriffen für betonter und unverwechselbarer.

3. Bei der Siedlungskonstanz könnte man noch den Unterschied zwischen einer „echten“ und „unechten“ oder einer „konkordanten“ und „diskordanten“ machen (H. Jankuhn; P. Grimm 1957; B. Wachter 1963). Eine echte Siedlungskonstanz oder konkordante Überlagerung liegt vor, wenn die Dorf- und damit meist auch die Gehöft- und Hausgrenzen während der in Frage kommenden Zeit die gleichen bleiben. Von einer unechten

Siedlungskonstanz oder diskordanten Überlagerung spricht man dort, wo sich die Dorflage in einer Richtung verschiebt oder um einige hundert Meter plötzlich verlagert.

Abb. 1 zeigt die Bedeutung der genannten Begriffe in einer graphischen Darstellung.

Der Sachverhalt kann dadurch nun noch kompliziert werden, daß räumlich eine Konstanz vorhanden ist und trotzdem ein Bevölkerungswechsel stattgefunden hat, der mit archäologischen Mitteln nicht erkennbar ist. Trotzdem möchte ich von einer Siedlungskonstanz bzw. auch -kontinuität sprechen, da wir ja nur den siedlungskundlichen und nicht den ethnischen Aspekt im Auge haben. Das wären Fragen zur Bevölkerungskontinuität, die nicht immer einer Besiedlungskontinuität zu entsprechen braucht (H. Jankuhn, 1959/60, S. 8).

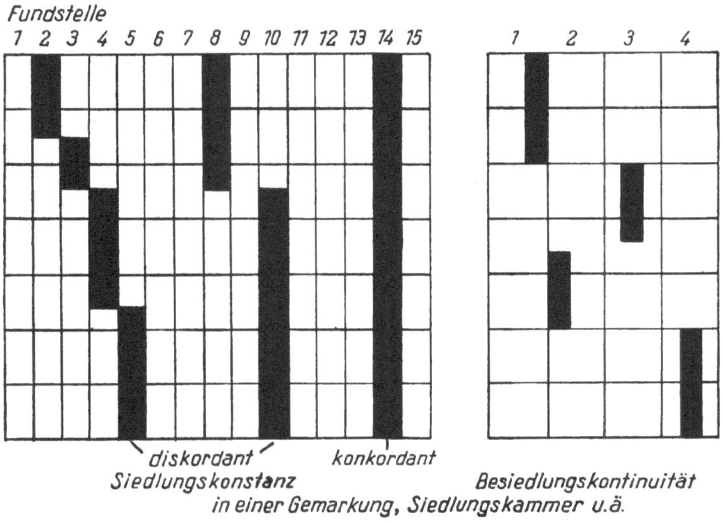

Abb. 1. Schematische Darstellung von konkordanter und diskordanter Siedlungskonstanz und von Besiedlungskontinuität

Unsere archäologischen Quellen treten bekanntlich als Einzel-, Depot-, Grab- und Siedlungsfunde auf. Der Siedlungsfund gibt selbstverständlich am unzweideutigsten den Platz der menschlichen Niederlassung an. Grab- und Depotfunde können nur bei Betrachtung großflächigerer Gebiete zur Bestimmung des eigentlichen Siedlungsgebietes herangezogen werden. Im übrigen müssen wir sicherlich oft mit Entfernungen von mehreren Kilometern zwischen Siedlung und Gräberfeld rechnen, ganz zu schweigen von nomadisierenden Stämmen, die viele Tagesreisen zurücklegen, um ihre Toten an bestimmten Stellen beizusetzen. Der Einzelfund ist siedlungskundlich ähnlich zu werten, wobei in diesem Falle oft noch der Unsicherheitsfaktor der genauen Lokalisierung und die Möglichkeit, daß es sich tatsächlich um einen verlorenen Gegenstand weitab von der Siedlung handelt, hinzukommen.

Es ist klar, daß man die Frage nach der Kontinuität einer Besiedlung oder der Konstanz einer Siedlung nur für Zeiten stellen kann, in denen der Mensch zur wenn auch immer noch beschränkten Seßhaftigkeit übergegangen ist, d. h. sobald er also durch Ackerbau und Viehhaltung dazu gezwungen wird. Damit können wir die gesamten vorneolithischen Jahrhunderttausende aus unserer Betrachtung ausschließen.

Es erhebt sich immer wieder die Frage, ob wir in der urgeschichtlichen Zeit überhaupt von einer Konstanz der Siedlung sprechen können. Bereits P. Grimm und B. Wachter haben auf die Ergebnisse von R. Schindler (1956/57) hingewiesen, der am Beispiel der germanischen Siedlung Hamburg-Farmsen und anderer Plätze dieses Raumes zeigen konnte, daß trotz der ununterbrochenen Besiedlung über 5 Jahrhunderte durch die gleiche Bevölkerung keines der ständig vorhandenen 5—6 Gehöfte länger als ein Jahrhundert am gleichen Ort stand und nie an der gleichen Stelle erneut aufgebaut wurde, sondern daß vielmehr sich der kleine Ort ständig verschob und im Laufe des halben Jahrtausends ein Gebiet von 44 ha durchwanderte. Nur der Brunnen blieb fast die gesamte Zeit an der gleichen Stelle. Farmsen ist ein Beispiel für unechte Siedlungskonstanz. So gibt es in Schleswig-Holstein mit Ausnahme der Wurten keine mehrschichtigen Siedlungen der Eisenzeit (R. Schindler 1956/57, S. 27).

Die Gründe für diese unechte Siedlungskonstanz liegen nach allgemeiner Ansicht in der noch unzureichenden Agrikultur, wonach die Ackerflächen nach mehrmaligem Anbau verlassen werden mußten. Seit den Untersuchungen H. Plaths (1953) in Hannover wird mit einer echten Siedlungskonstanz erst mit Beginn der Stadtentwicklung gerechnet, während für die Landgemeinden W. Winkelmann (1953/54) den Beginn einer echten Siedlungskonstanz mit der Einführung grundherrlicher Besitzverhältnisse und Errichtung von Kirchen zeitlich gleichsetzen möchte, nachdem er am Beispiel von Warendorf bei Münster ebenfalls eine Verlagerung der Siedlung noch um 800 nachweisen konnte.

Wie steht es nun mit der Kontinuität der Besiedlung und Konstanz von Siedlungen im mitteldeutschen Raum? Fassen wir zunächst die Ergebnisse der eingangs genannten Arbeiten zu diesem Problem zusammen.

B. Wachter (1963) legt seinen Untersuchungen jeweils eine Teillandschaft zugrunde. Das Milower Havelgebiet, eine Teillandschaft von über 30 km², gliedert er nach geologisch-vegetationskundlichen Gesichtspunkten in vier Fliese, wobei nur die Sandflächen außerhalb des Überschwemmungsgebietes für eine siedlungskundliche Betrachtung in Frage kommen, da die anderen Fliese nur einzelne Funde aufweisen. Es handelt sich dabei um eine Fläche von etwa 15 km², deren Längenausdehnung allein 8 km beträgt. Das Siedlungsdiagramm zeigt für die urgeschichtliche Zeit drei auffallende Siedlungshöhepunkte: 1. vom Mittelneolithikum bis zur frühen Bronzezeit, 2. in der jüngeren und jüngsten Bronzezeit und 3. in der Jastorf- und frührömischen Kaiserzeit. Alle drei Siedlungsphasen sind durch mehrere, mitunter länger besetzte Fundstellen ausgewiesen. Von einer Besiedlungskontinuität der Teillandschaft kann also nur für jeweils etwa ein halbes Jahrtausend gesprochen werden. Jeder Kontinuität folgt — oder vorsichtiger ausgedrückt: scheint zu folgen — eine Siedlungslücke von 2—4 Jahrhunderten. Die Dauer einer Siedlungskonstanz ist noch kürzer und dürfte an keiner Stelle dieses Flieses ein Jahrhundert bzw. drei Generationen überschreiten.

Außerdem muß erwähnt werden, daß die Besiedlungsbelege bei diesem Beispiel in der Hauptsache durch Gräberfunde gegeben sind und erst seit der Jastorfzeit die Siedlungsfunde zunehmen.

In seinem zweiten Beispiel legt B. Wachter die Teillandschaft Schollene, Kr. Havelberg, seiner Studie zugrunde. Auch hier konzentrieren sich die Funde zu allen Zeiten auf die Sandhochfläche, die hier den größten Teil der etwa 40 km² großen Teillandschaft ausmacht. Durch einzelne Funde ist die Zeit vom Neolithikum bis zum Beginn der jüngeren Bronzezeit belegt. Von da an besteht eine Besiedlungskontinuität und allem Anschein nach auch stellenweise Siedlungskonstanz bis in die römische Kaiserzeit. Wie in der Milower Havellandschaft müssen wir auch hier uns fast allein auf Gräberfelder stützen. Mit dem 4. Jh. setzt eine Siedlungslücke ein.

P. Grimm (1951; 1957) hat in der Studie über Obermöllern, Kr. Naumburg, nicht eine durch geologisch-vegetationskundliche Gesichtspunkte umrissene Teillandschaft zugrunde gelegt, sondern die heutigen Grenzen einer Gemarkung. Es gibt für die gesamte Gemarkung keine durchgehende Besiedlungskontinuität und dementsprechend erst recht keine Siedlungskonstanz für eine Fundstelle oder einen Fundstellenkomplex (P. Grimm 1957, Abb. 2 u. 3). Die Fundstellen, Gräber wie Siedlungsfunde, konzentrieren sich zu allen Zeiten auf die nach Südosten geöffnete Quellmulde (Abb. 2a), die also nach Westen zu geschützt ist, so daß von der Lage her der Platz als ideale Siedlungsstelle immer wieder angesehen wurde. Da das Dorf

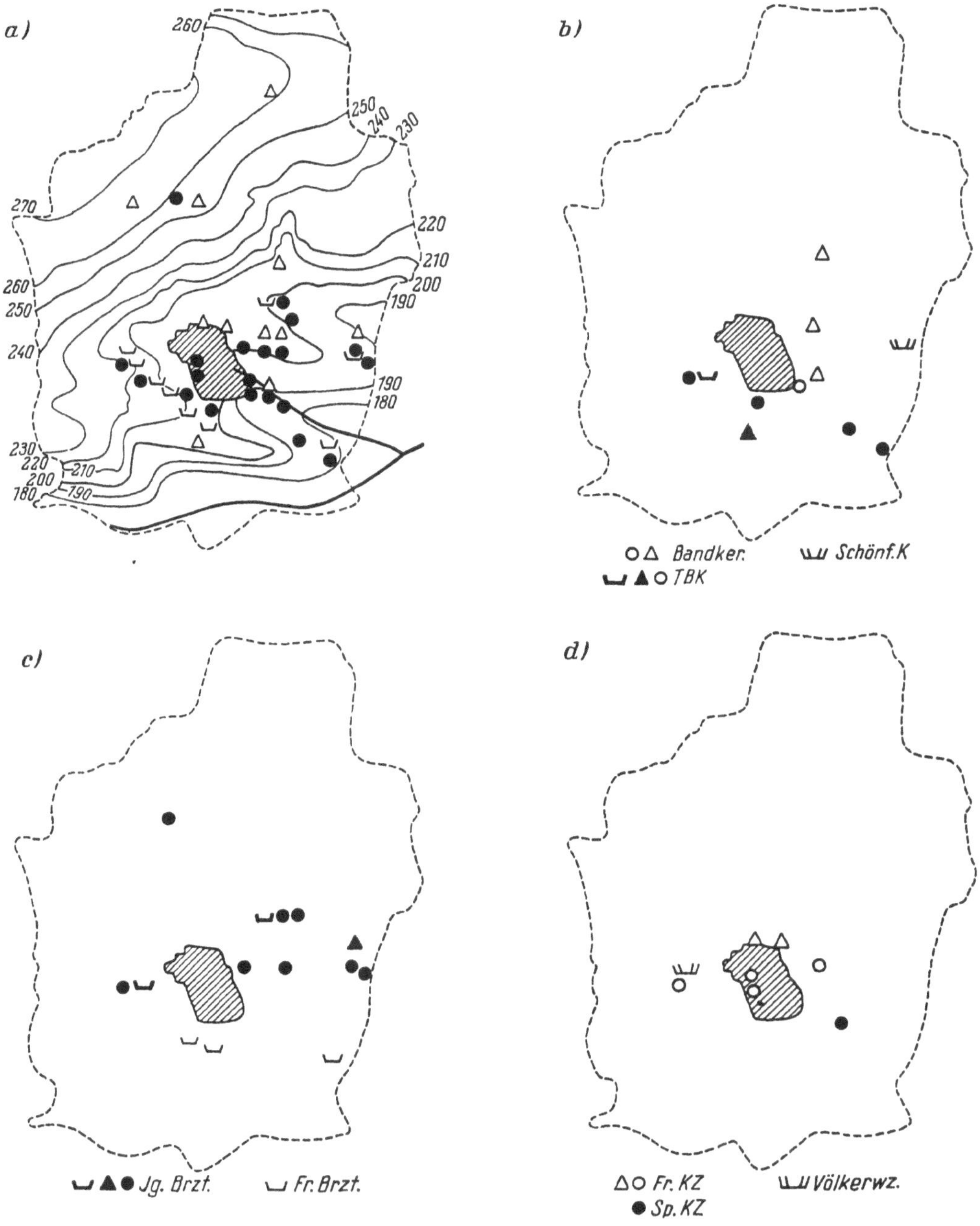

Abb. 2. Besiedlung der Flur Obermöllern
(Zeichenerklärung für alle Karten: ● ○ Siedlungsfund, △ Einzelfund, ◡ Grabfund).

selbst kaum Funde aufzuweisen hat, aber diese sich von fast allen Seiten an den Dorfrand heranziehen, muß unter der heutigen Bebauung mit weiteren Funden gerechnet werden. Erst dann würde man einen umfassenden Überblick der urgeschichtlichen Siedlungstätigkeit im Bereich dieser Gemarkung erhalten.

P. Grimm konnte am Beispiel Obermöllern zeigen, wie sich seit Beginn unserer Zeitrechnung die Funde noch enger an den heutigen Ort anlehnen, so daß er mit Recht vermutet, daß schon damals der Kern der Siedlung mit dem heutigen Dorf zusammenfiel (P. Grimm

1951, S. 205 u. Abb. 2; vgl. unsere Abb. 2d). Er vermutet deshalb auch trotz der Lücke zwischen Merowinger- und Slawenzeit eine Siedlungskonstanz seit dieser Zeit. Die anthropologische Untersuchung (Ch. Müller 1960) ergab dagegen den Nachweis eines Bevölkerungswechsels zwischen diesen beiden Siedlungsperioden. Aber das ist für unsere Frage nicht so

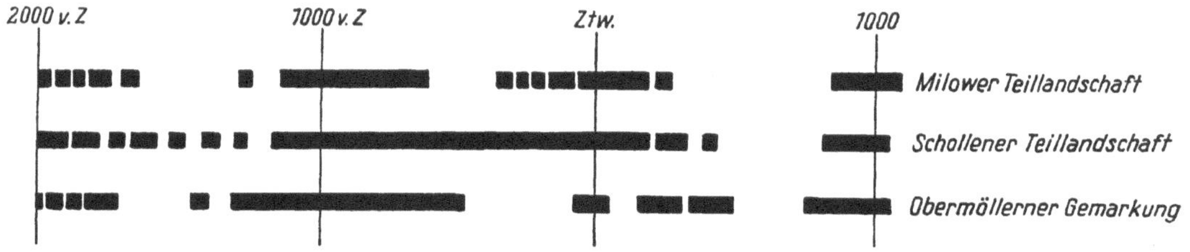

Abb. 3. Besiedlungskontinuität in der Milower und Schollener Teillandschaft und der Gemarkung Obermöllern

entscheidend, da wir Siedlungs- und nicht ethnische Fragen behandeln wollen. Rückwärtsschreitend läßt sich erkennen, daß sich die starke jungbronze-/früheisenzeitliche Besiedlung auf den nördlichen Teil der Mulde konzentrierte (Abb. 2c). Auch in der jüngeren Bronzezeit bis frühen Eisenzeit liegen die Fundplätze fast 1,5 km auseinander, so daß vielleicht weniger mit einer geschlossenen Siedlung als vielmehr einem „Pendeln der Siedlungsstellen" (P. Grimm 1957, S. 100) zu rechnen ist.

Die Gräber der Leubinger Kultur lagen durchweg auf den entgegengesetzten Hängen der Mulde (Abb. 2c). In der jüngeren Steinzeit fanden sich Siedlungs- und Oberflächenfunde

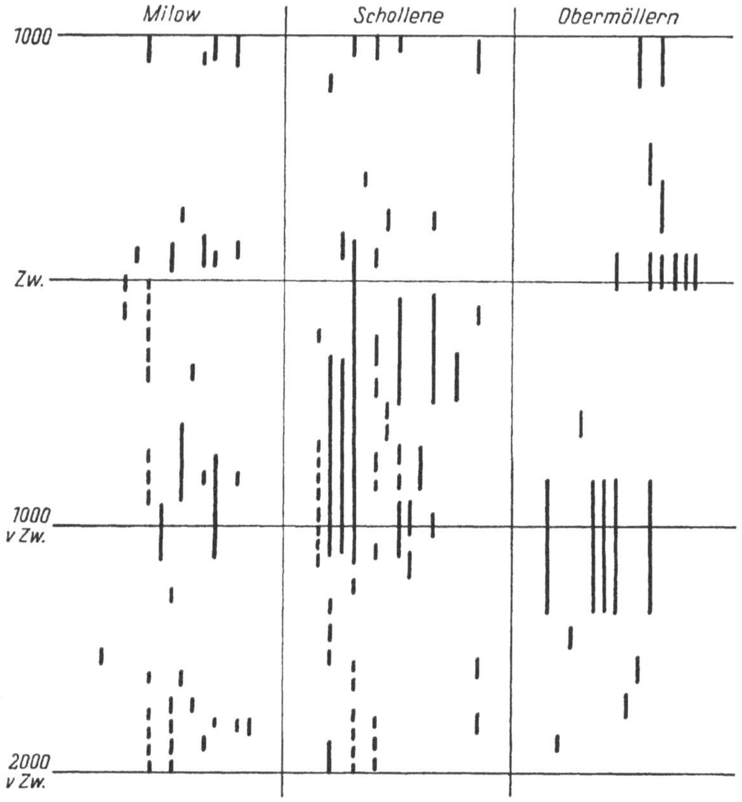

Abb. 4. Siedlungskonstanz der einzelnen Fundstellen in der Milower und Schollener Teillandschaft und der Gemarkung Obermöllern

der Bandkeramik nur auf der Nordseite der Mulde, die Funde der Trichterbecherkultur wiederum auf der Südseite (Abb. 2b).

Die bisher genannten Beispiele weisen also keine Besiedlungskontinuität für die gesamte urgeschichtliche Zeit auf, bezogen auf eine Teillandschaft von 30—40 km² oder eine Gemarkung von etwa 5 km² (Abb. 3). Je kleiner das zugrunde gelegte Gebiet ist, um so weitmaschiger wird die Besiedlungssequenz. Eine Siedlungskonstanz — also einer Fundstelle bzw. eines Fundstellenkomplexes — ist dementsprechend noch kurzfristiger und dauert selten über mehrere Jahrhunderte hinweg, wobei bestimmte Perioden bevorzugt sind, wie jüngere und jüngste Bronzezeit (Abb. 4).

Im Magdeburger Raum wurde auf einer Fläche von 17 × 20 km untersucht, wie weit hier im Rahmen von Fundstellenkomplexen (0,5—7 km²), die teils den Charakter von Siedlungsplätzen, teils von kleinen „Siedlungskammern"[2]) besitzen, eine langwährende Siedlungskonstanz vorliegt. Außer den verstreuten Einzelfundstellen mit Funden von meist nur einer Periode wurden 14 derartige Siedlungskonzentrationen herausgestellt (Abb. 5). Wenn man

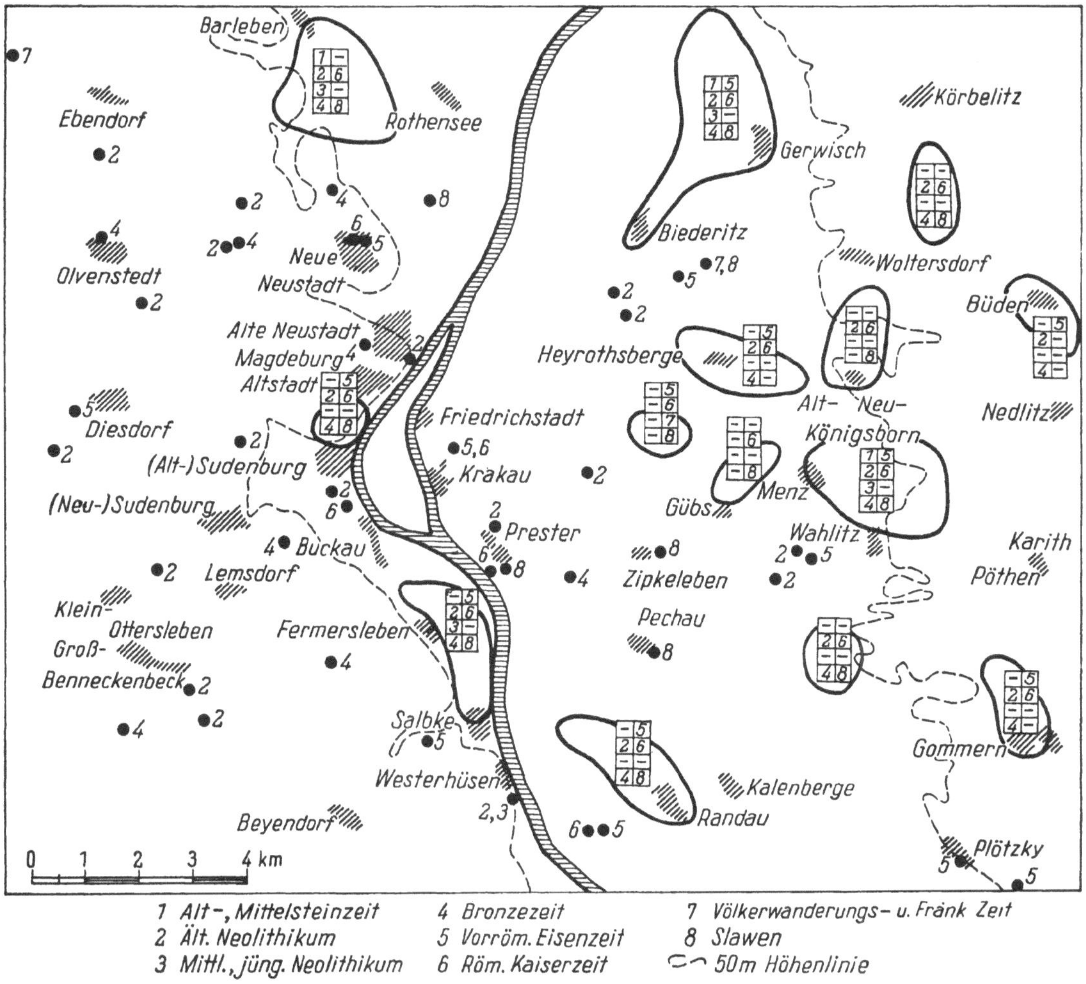

Abb. 5. Siedlungskonstanz im Raum Magdeburg

[2]) Eine Herausarbeitung von Siedlungskammern nach dem schleswig-holsteinischen Beispiel ist mit geographischen Mitteln im Magdeburger Raum kaum möglich.

die gesamte urgeschichtliche Zeit in acht große Abschnitte teilt, dann sind nirgends alle Zeitabschnitte vertreten. Den beiden gut durchforschten Wahlitz-Menzer und Gerwischer Räumen fehlt jeweils der Zeitabschnitt 400—600, während in den übrigen Kammern in zwei Fällen zwei Zeitabschnitte, in weiteren zwei Fällen drei Abschnitte, in fünf Fällen vier Abschnitte und in drei Fällen sogar fünf und sechs Abschnitte fehlen. Eine Differenzierung nach chronologisch kleineren Abschnitten würde noch größere Lücken aufweisen.

Es erhebt sich die Frage, ob tatsächlich die Siedlungskonstanz so kurzfristig ist oder ob hier Forschungslücken das Siedlungsbild entstellen. Bei Akzeptierung von Forschungslücken gibt es die zwei Möglichkeiten, daß entweder mangelnde Feldforschung, moderner Waldbestand, heutige Besiedlung uns die Quellen noch vorenthalten oder daß durch die Art der Bestattung bzw. der Siedlungsweise entsprechende Quellen gar nicht vorhanden sein können.

Bestattungen auf Bäumen, Felsen oder sonstwie oberhalb der Erdoberfläche, wie sie uns hinlänglich aus der Völkerkunde bekannt sind, hinterlassen keine Spuren; Beisetzungen ohne oder nur mit unwesentlichen, vergänglichen Beigaben kommen oft nicht zur Kenntnis des Fachmannes.

Eine Bauweise ohne wesentliche Fundamentierung bzw. ohne Pfosten (Zelt- und Hüttenbau, Ständer- und Schwellenbau) hinterläßt konstruktionsmäßig kaum Spuren. Haben die Bewohner aber keine Gruben angelegt und keine „Kulturschicht“ hinterlassen — wie doch in den meisten urgeschichtlichen Perioden üblich? Zahlreich sind die Siedlungsspuren sogar der Jäger und Sammler im Paläolithikum. Ich glaube nicht, daß es in der urgeschichtlichen Zeit Siedlungen gegeben hat, die keine Spuren hinterlassen haben sollen.

Bei einigermaßen gut durchforschten Gebieten werden somit nur zwei Möglichkeiten in Frage kommen, die das einstige urgeschichtliche Siedlungsbild in unseren Augen verzerren:

a) Waldbestand und moderne Bebauung verschließen uns weitgehend die archäologischen Quellen; letztere vor allem dort, wo eine bevorzugte Lage nicht nur in historischer, sondern auch urgeschichtlicher Zeit die Menschen immer wieder zum Siedeln reizte;

b) Bestattungssitten und im beschränkten Maße die Wohnbauweise haben keine oder nur spärliche Reste hinterlassen.

Je dichter ein heutiger Ort gebaut und je älter und beständiger dessen Hausbestand ist, um so geringer werden die Quellen sein. Wir können dort theoretisch mit vielen Funden rechnen, die möglicherweise eine Konstanz der Siedlung bis in die frühgeschichtliche und sogar urgeschichtliche Zeit erbringen. In weitläufiger gebauten Ortschaften müßten in Gärten und den unmittelbar an den Häusern anschließenden Feldern doch im Laufe der Zeit Funde bekannt geworden sein — immer eine bodendenkmalpflegerische Betreuung vorausgesetzt.

Zwei Beispiele zeigen dies in sehr anschaulicher Weise: Schafstädt, Kr. Merseburg, und Polleben, Kr. Eisleben. Ausgegangen wird von der Bebauung nach den historischen Karten der Aufnahme von 1852, da die bei der weiteren Bebauung anfallenden Funde im allgemeinen schon bekannt wurden.

Polleben ist zwar ein geschlossener Ort, wies aber damals eine genügend lockere Bauweise auf, so daß im Laufe der Zeit genügend Funde in Ortslage bekannt wurden. Von den etwa 20 Fundplätzen auf dem Gebiet dieser Gemarkung liegen 11 inmitten oder unmittelbar am Rande des Ortes, während sich die restlichen 9 Fundplätze 0,5—2 km außerhalb des Ortes befinden (Abb. 6). Bei den Fundplätzen im und am Ort (Fundstellenkomplex Z) handelt es sich mit wenigen Ausnahmen um Siedlungsstellen. Die Siedlungsgrenzen hielten sich also im allgemeinen an die heute Ortslage. Nur während der jüngeren Bronzezeit dehnte sich die Siedlungsfläche auf das Gelände 500 m nordöstlich und 500 m westsüdwestlich vom heutigen Ort aus. Es wäre zu untersuchen, ob es sich tatsächlich um eine so ausgedehnte Siedlung gehandelt hat. Vielmehr dürfte hier ein ähnliches „Pendeln“ vorliegen, wie es P. Grimm auch für Obermöllern (siehe S. 16) annimmt. Die Fundplätze in der Flur sind dagegen mit zwei Ausnahmen und zwei im Charakter unbestimmten Funden (Lesefunde) Grabplätze.

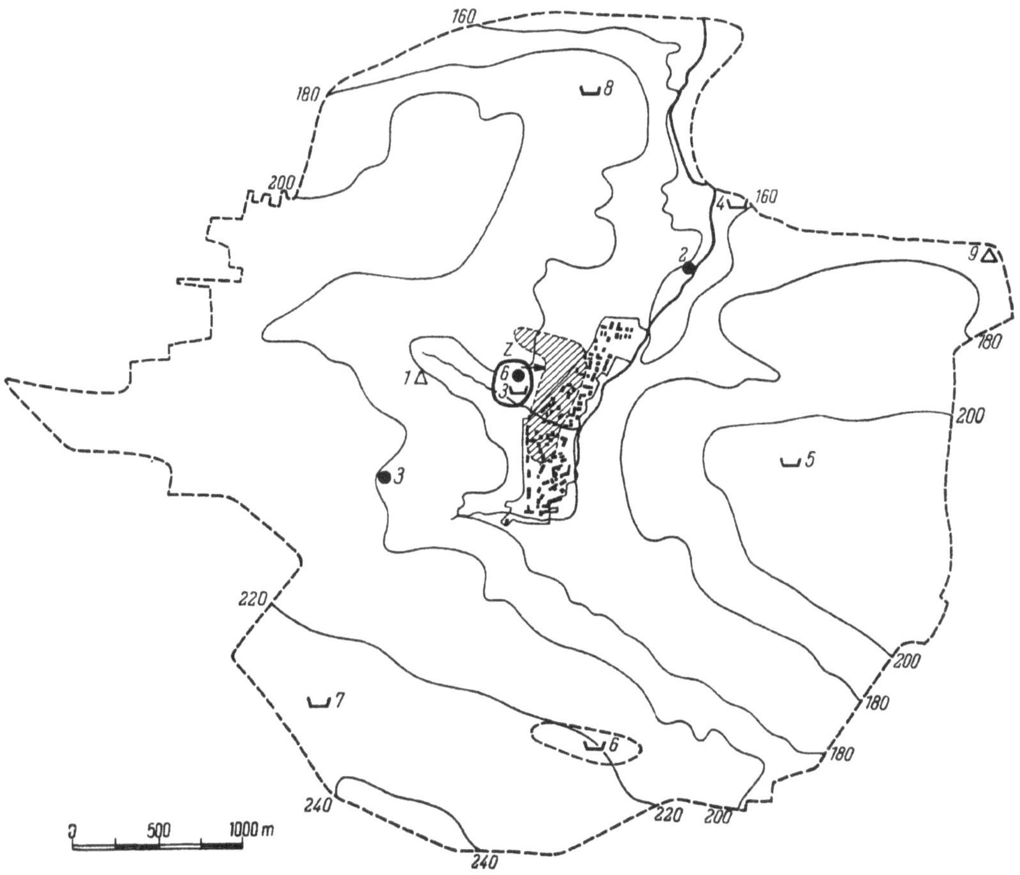

Abb. 6. Besiedlung der Flur Polleben

In Polleben dürfte das Siedlungsbild ziemlich klar sein. Der Ort selbst weist immerhin soviel Funde auf, daß an der gleichen Stelle zu allen urgeschichtlichen Perioden seit dem Neolithikum bis zur frühen römischen Kaiserzeit mit einer Siedlung zu rechnen ist, während die sich nach Osten, Westen und Süden hinaufziehenden Hänge nur für die Anlage von Friedhöfen genutzt wurden (Abb. 6 u. 7). Ob der Ort seit dem Spätneolithikum konstant bewohnt wurde, ist dem Quellenmaterial nicht mit Sicherheit zu entnehmen, aber sehr wahrscheinlich. Während der Bronzezeit entsprechen die Gräber auf den Hängen den Siedlungsplätzen im Ort.

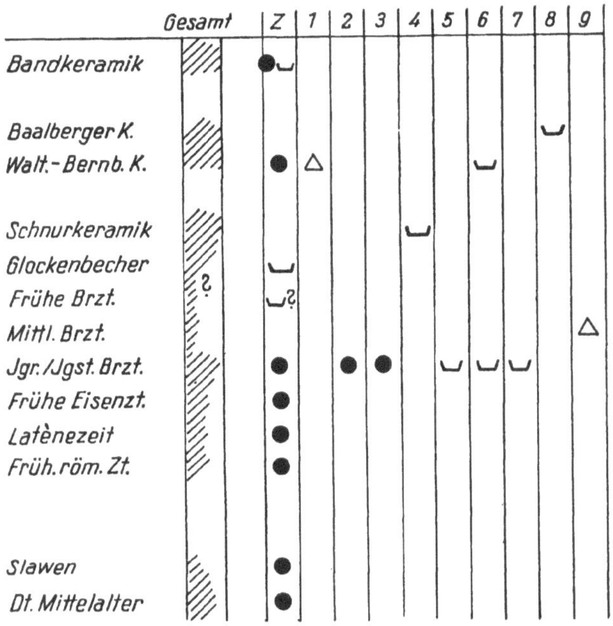

Abb. 7. Besiedlungsdauer in der Flur Polleben (Z: 9 Fundstellen in Dorflage)

Die ersten Funde nach der Siedlungszäsur seit 200 stammen frühestens aus mittelslawischer Zeit[3]), obgleich man bei einem -leben-Ort mit früheren Funden rechnen müßte.

In der Gemarkung Schafstädt ist die Fundsituation anders. Bedingt durch die enge Bebauung bereits in früher Zeit gibt es trotz der sehr guten Bodendenkmalpflege nicht einen einzigen Fund im Ort, während unmittelbar am Ortsrand anschließend bis auf eine Entfernung von nur 500 m bis heute 27 Fundstellen festgestellt sind. Auch ohne Einzeichnung des Ortskernes würde er sich als fundleere Stelle innerhalb des dichten Netzes von Fundstellen abheben (Abb. 8). Aus der gesamten übrigen großen Flur gibt es keine einzige Fundstelle mit Ausnahme von fraglichen Hügelgräbern unmittelbar am Westrand der Gemarkung.

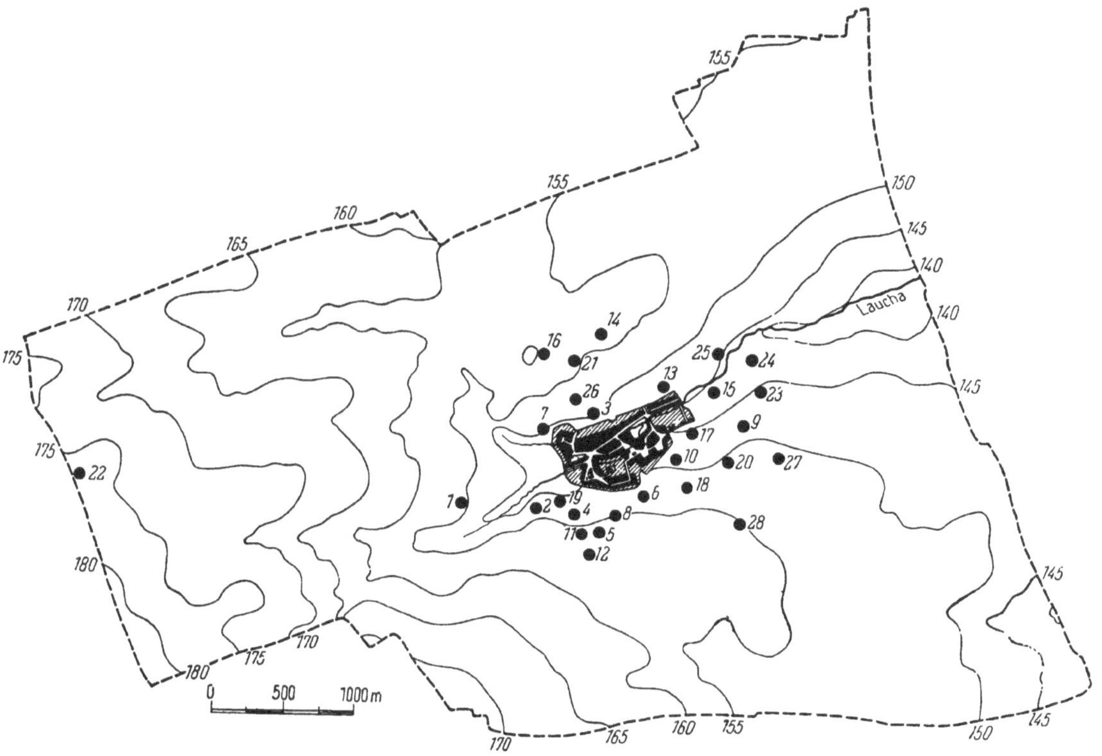

Abb. 8. Besiedlung der Flur Schafstädt

Trotz des auch heute noch ein Problem bildenden Grundwasserstandes muß mit zahlreichen Fundplätzen im heutigen Städtchen gerechnet werden. Die durch die beiden Quellbäche der Laucha bewässerte und gegen Westwinde geschützte Mulde hat sich zu allen Zeiten zur Besiedlung angeboten, so daß mit einer Siedlungskonstanz seit der schnurkeramischen Zeit bis zum 6. Jh. gerechnet werden kann; immer unter Berücksichtigung der obengeannten, durch den Charakter unserer Methode bedingten Einschränkungen, daß gewisse Zeitabschnitte innerhalb unserer Periodeneinteilung ausfallen können. Das wären im Falle von Schafstädt die etwas sporadischer belegte frühe bis mittlere Bronzezeit und die früheste Eisenzeit. Die bekannte Lücke im Siedlungsablauf im frühen Mittelalter beträgt hier nur etwa 3 Jahrhunderte (Abb. 9).

[3]) Die Überprüfung einer „wellenverzierten" Scherbe war nicht möglich, da das Material z. Z. nicht auffindbar ist.

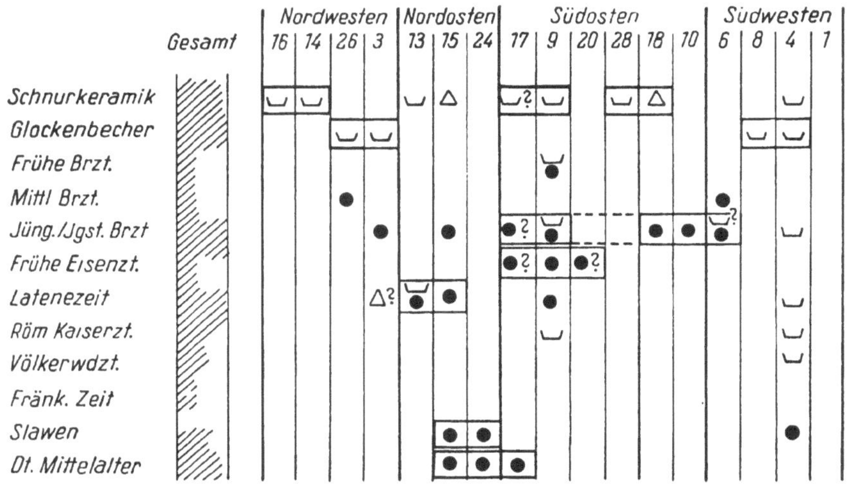

Abb. 9. Besiedlungsdauer in der Flur Schafstädt

Auffallend sind die sieben oder gar noch mehr Grabplätze der Schnurkeramik (Abb. 10a). Wie üblich ist deren Siedlungsplatz unbekannt. In diesem Falle kommt wohl nur die heutige Ortslage in Betracht, um die herum auf den Hängen die Gräber angelegt waren. Ähnliches dürfte für die Glockenbecherkultur zutreffen, die mit vier Grabplätzen im Nordwesten und Südwesten vertreten ist. Auch für die Gräber des 1.—5. Jh. fehlt uns die Siedlung. Wir können in allen diesen Fällen mit der Siedlung inmitten des heutigen Ortes rechnen, da man

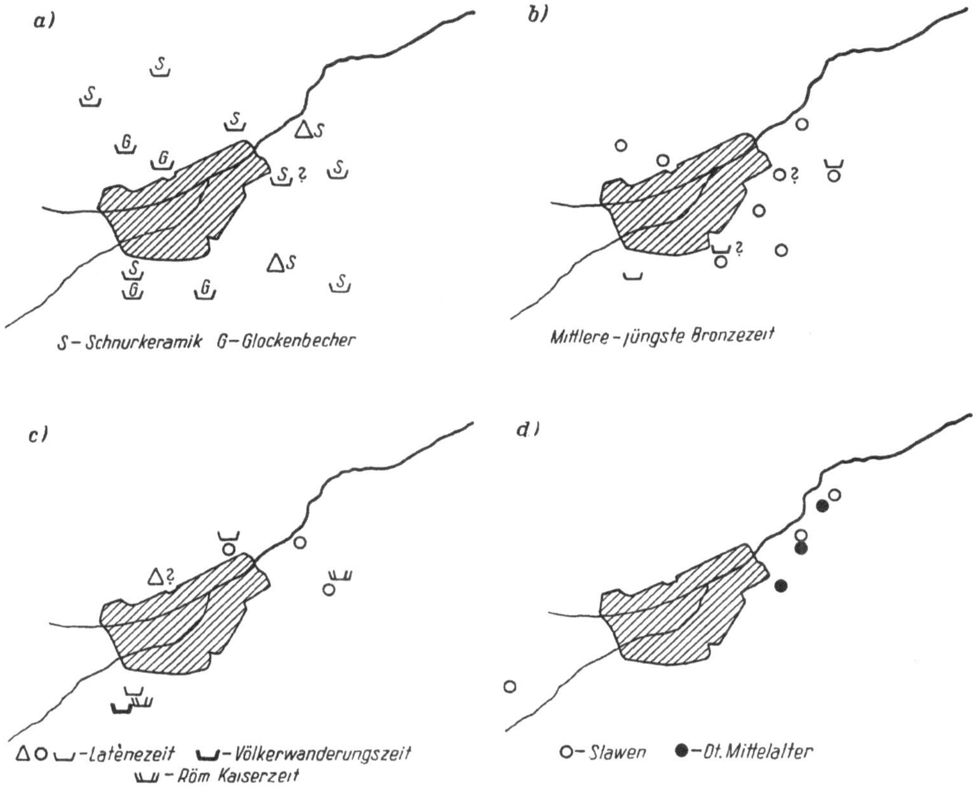

Abb. 10. Besiedlung der Flur Schafstädt in einzelnen Zeitabschnitten

kaum um diese günstige Mulde nur die Gräber angelegt hat, um den Wohnplatz vielleicht 5—6 km an anderer Stelle zu haben.

Sowohl in Polleben als auch in Schafstädt ist also der Siedlungsplatz schon in urgeschichtlicher Zeit bevorzugt dort gewesen, wo die heutige Siedlung sich befindet, während die Grabplätze auf den Hängen oberhalb der Siedlung lagen. Es wird Aufgabe der weiteren Ortsforschung sein zu klären, wo die Gräberfelder von den Bewohnern lagen, deren Siedlungen nur bekannt sind. Das gilt in Polleben für die gesamte nachbronzezeitliche Ära und in Schafstädt für die mittlere Bronzezeit und die slawisch-frühdeutsche Zeit.

Abb. 11. Besiedlung der Flur Westerhausen

Ein ganz anderes Bild bietet die Gemarkung Westerhausen, Kr. Quedlinburg. Die Fundstellen verteilen sich hier auf einige, meist im Gelände markante Plätze, ohne zu der heutigen Ortslage in einer Beziehung zu stehen, wie das bei Polleben und Schafstädt zweifelsohne der Fall ist. Hier befindet sich nicht eine einzelne von der Natur gebotene Stelle für eine Siedlung, sondern man siedelte auf oder am Rande der verschiedenen, in der Flur verteilten Höhenzüge. Die lockere Bauweise des Ortes hätte sicherlich zur Aufdeckung einer Anzahl von Fundstellen in Ortslage geführt (Abb. 11).

Nimmt man die Gemarkung als Gesamtheit, so kann hier nur von einer beschränkten Besiedlungskontinuität seit dem Neolithikum gesprochen werden, da einige Siedlungslücken im Mittelneolithikum, in der frühen Bronzezeit, zu Anfang der Latènezeit, im 2. Jh. und nach dem 5. Jh. bestehen (Abb. 12). Betrachtet man gar die einzelnen Fundstellenkomplexe, so

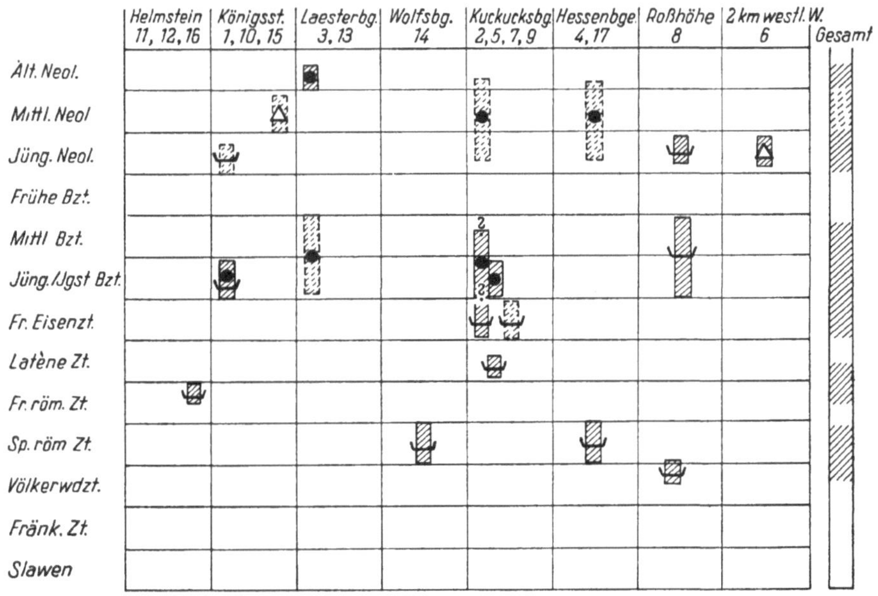

Abb. 12. Besiedlungsdauer in der Flur Westerhausen

kann erst recht nicht von einer Konstanz einer Siedlung gesprochen werden. Zu einer Zeit ist dieser, zu einer anderen Zeit jener Höhenzug besetzt; in einzelnen Zeitabschnitten gibt es bis zu vier Fundplätze in dieser Gemarkung. Am intensivsten ist noch der Kuckucksberg besiedelt, der eine Siedlungskonstanz von der mittleren Bronzezeit bis zum Ende der frühen Eisenzeit aufzuweisen scheint.

Immerhin ist auch in dieser Gemarkung auffallend, daß die Grabplätze in der Mehrzahl weiter vom heutigen Ort Westerhausen entfernt liegen (Roßhöhe, Hessenberge, Helmstein) als die Siedlungsplätze. Man könnte also auch im Falle Westerhausen zu dem Schluß kommen, daß die nähere Umgebung des Ortes auch in der Urgeschichte des öfteren als Siedlungsplatz gewählt wurde. Keinesfalls ist dies aber so überzeugend wie im Falle Polleben und Schafstädt.

Aus unserer Betrachtung ergeben sich einige Schlußfolgerungen zum Problem einer urgeschichtlichen Besiedlungskontinuität und Siedlungskonstanz.

1. Derartige Fragen lassen sich nur in Gebieten durchführen, in denen möglichst eine archäologische Landesaufnahme oder mindestens seit Jahren eine gute und stete Bodendenkmalpflege erfolgte.
2. Je größer der in Betracht gezogene Raum ist, um so eher wird eine Besiedlungskontinuität festzustellen sein. Unter Siedlungskonstanz wollen wir das ununterbrochene Bestehen einer Siedlung verstanden wissen. Hierbei sollte man unter Konstanz auch noch das „Pendeln“ oder schrittweise Wandern einer Siedlung einschließen. Wir sollten uns aber klar sein, daß, bedingt durch den Charakter unserer Quellen und unserer Methoden, kurzfristige Unterbrechungen mitunter nicht erkennbar sind.
3. Aus der Überlegung heraus, daß es keine zwingenden Gründe für ein *gänzliches* Verschwinden einstiger Siedlungsspuren gibt, muß man mit urgeschichtlichen Siedlungen unter

heutigem Waldbestand und heutigen, besonders den eng bebauten Dörfern auch noch dort rechnen, wo eine jahrzehntelange gute Bodendenkmalpflege besteht. Das Beispiel Polleben gestattet, bedingt durch die lockere Bauweise, den Blick unter den heutigen Ort, während beim Beispiel Schafstädt die heutige dichte Ortsbebauung wie eine undurchsichtige Scheibe den Blick darunter verhindert. Dort, wo die archäologischen Funde über die Gemarkung verteilt sind und keine Bindung an die heutige Ortslage erkennbar ist (Beispiel Westerhausen), braucht dieser quellenkritische Maßstab keine Rolle zu spielen, wenn er auch nicht gänzlich unberücksichtigt bleiben darf.

4. In der mitteldeutschen Lößebene, die keinen oder nur einen lockeren Waldbestand hatte und auch sonst kaum eine morphologische Gliederung aufweist, boten sich von den natürlichen Gegebenheiten aus keine Siedlungskammern an, wenn man von den Randgebieten absieht. Sie ließen sich nur vom archäologischen Fundbild her herausarbeiten. Das sind dann in vielen Fällen Abbilder von Dorfgemeinschaften und anderen ökonomischen, kulturellen, ethnischen Gemeinschaften, die aber nicht dem Begriff einer Siedlungskammer entsprechen, vielleicht gerade noch bestimmte Teil- oder Kleinlandschaften widerspiegeln.

5. In gut durchforschten und reich besiedelten Gemarkungen und Teillandschaften läßt sich immer wieder eine Besiedlungskontinuität über bestimmte Zeiträume erkennen, während andere Zeiten sehr dünn besetzt sind oder ganz ausfallen; zu letzteren rechnen frühe bis mittlere Bronzezeit, frühe bis mittlere Latènezeit und vor allem die Jahrhunderte nach der römischen Kaiserzeit bis zur Slawenzeit.
An besonders günstigen Plätzen kann mit längerer Siedlungskonstanz gerechnet werden: in der Schollener Teillandschaft von der jüngeren Bronzezeit bis zur frühen Kaiserzeit, in Obermöllern während der jüngeren und jüngsten Bronzezeit und von der Spätlatènezeit bis zur Jahrtausendmitte und vielleicht noch weiter, in Polleben seit der Schnurkeramik bis in die frührömische Kaiserzeit (wobei die frühe und die mittlere Bronzezeit zwar nicht allzu beweiskräftig belegt sind), in Schafstädt ebenfalls seit der Schnurkeramik bis in die fränkische Zeit.

6. Wir sind uns der Beschränkung klar, die durch die Betrachtung in modernen Gemarkungsgrenzen entstehen mag. Soweit es die Beispiele Polleben, Schafstädt und in gewissem Maße auch Obermöllern betrifft, möchte man nicht glauben, dadurch zu einem Fehlurteil zu gelangen, denn der urgeschichtliche Siedlungskern fällt hier mit der heutigen Ortslage zusammen. Draußen in der Flur waren zu bestimmten Zeiten die Gräberfelder und selbstverständlich die Felder und Weideflächen. Der Weg der weiteren Untersuchung wäre nun, durch Betrachten der anschließenden Gemarkungen die benachbarten urgeschichtlichen Siedlungskerne, die selbstverständlich nun nicht immer mit den heutigen Ortslagen zusammenzufallen brauchen, festzustellen.

Zusammenfassung

Es wird zwischen der Kontinuität der Besiedlung eines Raumes und der Konstanz eines Siedlungsplatzes unterschieden. Am Beispiel bereits bekannter Untersuchungen und von drei weiteren Gemarkungen wird dieses Problem im Elb-Saale-Gebiet behandelt. Für größere Räume kann mit einer Besiedlungskontinuität seit der jüngeren Steinzeit gerechnet werden. Je kleiner dagegen der Raum ist, um so häufiger treten Besiedlungslücken zu bestimmten Zeiten auf. Eine Siedlungskonstanz kann oft nur über einige Jahrhunderte, an besonders günstigen Plätzen aber auch seit dem jüngeren Neolithikum bis zum Beginn unserer Zeitrechnung festgestellt werden. In vielen Fällen — besonders in dicht bebauten Ortschaften — werden die zu den Gräberfeldern noch fehlenden Siedlungen sich noch unter der heutigen Ortslage befinden.

Literaturverzeichnis

Grimm, P. 1951 — Die Besiedlung der Flur Obermöllern, Kr. Weißenfels, in: Jahresschrift für mitteldeutsche Vorgeschichte 35, S. 194–214.

Grimm, P. 1957 — Zur Frage der Konstanz von frühgeschichtlichen Siedlungen, in: Ausgrabungen und Funde 2, S. 97–104.

Jankuhn, H. 1955 — Methoden und Probleme siedlungsarchäologischer Forschung, in: Archaeologia Geographica 4, S. 73–84.

Jankuhn, H. 1959/60 — Arbeiten zur älteren Siedlungsgeschichte Schleswig-Holsteins, in: Archaeologia Geographica 8/9, S. 7–10.

Jankuhn, H. 1964 — Die römische Kaiserzeit und die Völkerwanderungszeit, in: Geschichte Schleswig-Holsteins, 2. Bd., Neumünster, S. 261–279.

Müller, Ch. 1960 — Anthropologische Bemerkungen zur Frage der Besiedlungskontinuität von Obermöllern, Kr. Naumburg, in: Ausgrabungen und Funde 5, S. 42–47.

Plath, H. 1953 — Die frühe Entwicklung der Stadt Hannover im Lichte der Altstadtgrabungen, in: Jahrbuch der Geographischen Gesellschaft Hannover 1953, S. 45.

Schindler, R. 1956/57 — Siedlungsprobleme im Stormarngau im Anschluß an die Ausgrabungen Hamburg-Farmsen, in: Archaeologia Geographica 5/6, S. 25–32.

Wachter, B. 1959/60 — Beziehungen zwischen Landschaft und urgeschichtlicher Besiedlung am Beispiel des Elb-Havel-Winkels, in: Archaeologia Geographica 8/9, S. 11–18.

Wachter, B. 1963 — Zur Frage der Besiedlungs-Kontinuiät in Teillandschaften, in: Jahresschrift für mitteldeutsche Vorgeschichte 47, S. 57–80.

Winkelmann, W. 1953/54 — Eine sächsische Siedlung der Karolingerzeit bei Warendorf, in: Westfälische Forschungen 7, S. 280–283.

Zu den urgeschichtlichen Vorformen des Städtewesens

Von Jiří Neustupný, Prag

Offene und befestigte Siedlungen

Um die Wurzeln des Städtewesens in Mitteleuropa oder Anläufe zum Städtewesen zu betrachten, müssen wir die urgeschichtlichen Siedlungen studieren und sie miteinander und auch mit der weit entwickelten Zivilisation Südost- und Südeuropas vergleichen. Dabei sind auch Erfahrungen in Betracht zu ziehen, die aus der Entwicklung des Städtewesens im Nahen Osten gewonnen wurden.

Noch stehen uns nur unzureichende Informationen über die Siedlungsformen in einzelnen Ländern und Gebieten zur Verfügung. Die bisherige archäologische Forschung konzentrierte sich vorwiegend auf die urgeschichtlichen Funde und widmete den Fragen des Siedlungscharakters — den Grundrissen, den Möglichkeiten der Rekonstruktion, den Problemen der genauen Funktion der architektonischen Objekte, der Datierung innerhalb der Siedlungsagglomeration und dem Vergleich mit anderen kontemporären und besonders kulturverwandten Siedlungskomplexen — weniger Aufmerksamkeit.

So überrascht nicht, daß man nur selten versucht, die architektonischen Phänomene vom Gesichtspunkt des Städtewesens aus zu werten. Sie werden nur selten für die weitere Erkenntnis der wirtschaftlichen und gesellschaftlichen Situation sowie der Umwelt, in der die Siedlungsagglomerationen erscheinen und deren Bedürfnisse sie widerspiegeln, ausgenutzt[1]).

Unter den Siedlungsagglomerationen, die von der jüngeren Steinzeit an in Mitteleuropa vorkommen, ist die Gruppe der befestigten Siedlungen auszuscheiden, die im allgemeinen in geringerer Anzahl auftreten als die unbefestigten Siedlungen[2]). Wir sind der Meinung, daß diese befestigten Siedlungen, die von der jüngeren Steinzeit im 5. Jahrtausend v. u. Z. bis zu der Burgwallkultur des frühen Mittelalters erscheinen, die ersten primitivsten Anläufe zum Städtewesen repräsentieren, wenn wir als dessen Kennzeichen einen gewissen architektonischen Charakter der Siedlung, einen gewissen wirtschaftlichen Standard und eine gewisse Stufe der gesellschaftlichen Entwicklung betrachten, d. h. die Existenz einer höheren, anspruchsvolleren und komplizierteren Architektur und architektonischen Gesamtanordnung sowie die Funktion des gesellschaftlichen (administrativen) Zentrums für ein Gebiet, das von einer gesellschaftlichen Einheit besiedelt ist[3]).

[1]) Neue Einblicke in die Probleme des urgeschichtlichen, besonders vorrömischen und etruskischen Städtewesens ermöglichte die Konferenz Convegno di Studi: La Città Etrusca e Italica preromana. Die Konferenz fand in Bologna und Ferrara vom 31. Mai bis 5. Juni 1966 statt. Die Referate und Diskussionsbeiträge werden zusammen als Atti erscheinen.

[2]) Informationen über diese Fragen sind entweder in einzelnen Arbeiten über befestigte Siedlungen oder in zusammenfassenden Arbeiten über die Urgeschichte der verschiedenen Länder enthalten. Diese Veröffentlichungen bringen in den meisten Fällen Beschreibungen oder neue Fakten, aber nur wenige urbanistische Schlußfolgerungen. — In dieser Abhandlung gehe ich von der Situation auf dem tschechoslowakischen Territorium aus, bemühe mich aber, allgemeinere (urgeschichtliche oder historische) Schlußfolgerungen zu ziehen.

[3]) Über die Fragen des Städtewesens in der Urgeschichte der Tschechoslowakei und Mitteleuropas (mit Literatur aus anderen Teilen Europas) siehe J. Neustupný 1967 a.

Der anthropogeographische Aspekt der verschanzten Siedlungen

Es ist nicht einfach, aus den archäologischen Quellen und aus dem Vergleich zwischen ethnographischem und historischem Material die urgeschichtlichen Zustände verständlich zu machen. Daher muß man alle zur Verfügung stehenden Quellen ausnutzen. Eine der Möglichkeiten ist das Studium des anthropogeographischen Charakters der befestigten Siedlungen, der ihre Sonderstellung gegenüber den offenen Siedlungen beweist. Dieser Charakter änderte sich bereits in der urgeschichtlichen Zeit. Im Neolithikum lagen die offenen Siedlungen ebenso wie die befestigten in Ebenen. In der Lage bestehen also zwischen beiden Siedlungsformen keine Unterschiede. Allerdings haben wir für diese Zeit zu wenig Informationen, um die möglichen inneren architektonischen und archäologischen Unterschiede zwischen beiden Siedlungsformen erkennen zu können. Das erschwert natürlich auch Vermutungen über mögliche gesellschaftlich-wirtschaftliche Unterschiede zwischen den offenen und befestigten Siedlungen[4]).

Schon aus der jüngeren Steinzeit werden neben den Siedlungen in Ebenen auch Höhensiedlungen aufgeführt, die seit der Kupferzeit (Aeneolithikum) immer zahlreicher werden. Wegen ungenügender archäologischer Erforschung sind wir im Zweifel, ob diese Höhensiedlungen unbefestigt waren oder ob ursprünglich eine Befestigung existierte, die bisher noch nicht festgestellt wurde. Weiterhin besteht hier die noch ungeklärte Frage, inwieweit in gewissen Zeitabschnitten des Aeneolithikums die offenen Siedlungen in der Ebene neben den offenen bzw. befestigten Höhensiedlungen existierten. In einigen Fällen, wie z. B. in der Řivnáč-Kultur der mittleren Kupferzeit, sind die Siedlungen in der Ebene schwierig zu belegen. Bei den kupferzeitlichen befestigten Höhensiedlungen kann man beobachten, daß sie sich auf Anhöhen verschoben und von dem fruchtbaren Ackerboden loslösten.

In der Kupferzeit ist ein größerer Anteil von Jagd und Viehzucht an der Ernährung der Bevölkerung festzustellen. Gleichzeitig kann aber eine Erhöhung der Pflanzenproduktion vorausgesetzt werden, die durch die Einführung des Hakenpfluges herbeigeführt wurde[5]). Die besondere Lage der befestigten Siedlungen kann vielleicht bedeuten, daß die Höhensiedlungen, in denen Viehzucht und Jagd vorherrschten, den offenen Siedlungen übergeordnet waren, die mehr auf Pflanzenproduktion orientiert waren. Unsere Kenntnisse sind aber noch zu unvollkommen, um hier schon ein festes Urteil zu wagen. Wir können nicht feststellen, welche offenen Siedlungen mit den Höhensiedlungen in Zusammenhang stehen[6]). Diese Probleme sind auch für die jüngeren Phasen der älteren Bronzezeit nicht ganz klar (aus den älteren Phasen sind die Siedlungen nicht bekannt), also für die Zeit, in der die Siedlungen vorwiegend (oder ausschließlich?) auf Anhöhen gelegen waren und manchmal befestigt wurden[7]).

[4]) Über die Fragen der neolithischen und aeneolithischen befestigten Siedlungen in Mittel- und Südosteuropa und im Nahen Osten siehe J. Neustupný 1950, Taf. III—IV. Neuere Literatur: F. Schlette 1953, S. 168ff.; A. C. Florescu 1966. — Weitere Literatur aus den europäischen Ländern siehe in: J. Neustupný 1967a.

[5]) S. Vencl (1961, S. 98) führt Höhensiedlungen des Šárka-Typus aus dem Kreise der Volutenkeramik und auch ältere Höhensiedlungen der Volutenkeramik an. Er lehnt aber die generalisierenden Theorien ab, daß die Ackerbauern des Šárka-Typus aus strategischen Gründen Anhöhen aussuchten. — Höhensiedlungen der Volutenkeramik sind, ebenso wie die Besiedlung von Höhlen, Ausnahmeerscheinungen. — Über die aeneolithische Landwirtschaft und progressive Elemente in der Pflanzenproduktion siehe E. Neustupný 1967a, S. 8ff. (Hakenpflug), 15ff. (Acker), 68ff. (plough), 69ff. (fields).

[6]) J. Neustupný 1960, S. 136f. (offene und befestigte Siedlungen der Kultur mit der kannelierten Keramik), S. 149 (befestigte Höhensiedlungen des Jevišovice- und des Řivnáč-Typs; man findet aber keine offenen Siedlungen dieser Typen); E. and J. Neustupný 1961, S. 69, 72. (In diesem Buche wird die Möglichkeit der Beherrschung der Řivnáč-Bevölkerung durch die Kugelamphorenleute erwähnt. Die Kugelamphorenkultur hat keine Siedlungen, und ihre Keramik findet man auf Höhensiedlungen des Řivnáč-Typus.)

[7]) I. Hásek in J. Neustupný 1960, S. 182, 204, 210 (offene und befestigte Siedlungen der älteren Bronzezeit; die Aunjetitzer Kultur, die Maďarovce-Kultur, die Věteřov-Kultur); E. and J. Neustupný 1961, S. 99 (The strategical position of settlements).

Besonders deutlich und zahlreich erscheinen die Unterschiede zwischen den offenen und befestigten Siedlungen in der jüngeren und späten Bronzezeit und in der älteren Eisenzeit. In diesen Perioden kam es zu einem Aufblühen und Aufschwung der befestigten Höhensiedlungen, der Burgwälle[8]). Die Burgwälle waren abseits des Ackerbodens auf unzugänglichen Anhöhen (Hügeln) gelegen, während die offenen Siedlungen auf dem Ackerboden blieben. Selbst wenn wir voraussetzen, daß die Viehzucht sich auf den Burgwällen voll entwickelte, können wir von der Pflanzenproduktion nicht dasselbe sagen. Die Bevölkerung der Burgwälle hing höchstwahrscheinlich von der Pflanzenproduktion der offenen Siedlungen in den Ebenen ab, da der Ackerboden auf den Anhöhen ungeeignet war.

Wenn wir die Unterschiede in Lage und Architektur beider Siedlungstypen in Erwägung ziehen und die erwähnte Interpretation der wirtschaftlichen Symbiose annehmen, können wir Schlüsse auf die gesellschaftliche Differenzierung der Bewohner ziehen. Der Burgwall war der Sitz des Oberhauptes, das sich auf Gefolgschaften von militärischem Charakter stützte. Diese Gefolgschaften gingen von dem Patriarchat aus, das seit der Kupferzeit oder sogar schon seit dem jüngeren Abschnitt des Neolithikums die ursprüngliche Gentilordnung beeinflußte und veränderte, obwohl diese noch fortdauerte[9]).

Die kupferzeitlichen und älterbronzezeitlichen Burgwälle sind im allgemeinen noch klein, aber die großen Flächen der Burgwälle der jüngeren Bronzezeit und älteren Eisenzeit und ihre mächtigen Befestigungen beweisen, daß es sich um Konstruktionen handelte, die zur Errichtung und Instandhaltung viel Arbeit erforderten. Daraus kann man auf eine entwickelte gesellschaftliche Organisation schließen, die von den Burgwällen abhing. Der Gegensatz zwischen den offenen Siedlungen in den Ebenen und den Höhensiedlungen muß tiefere gesellschaftliche Gründe haben[10]).

Was die Lage der spätlatènezeitlichen Oppida anbetrifft, so kann man sie von zwei Gesichtspunkten aus betrachten. Es besteht nämlich das Problem, ob die Oppida auf einheimischer Grundlage erwachsen sind oder ob es sich um Einflüsse und Impulse von außen handelt. Da man aus der Mittellatènezeit, die von Brand- und Skelettgräbern repräsentiert wird,

[8]) J. Hralová in: J. Neustupný 1960, S. 229 (offene Siedlungen und Burgwälle der Lausitzer Kultur der späteren Bronzezeit), S. 238 (Siedlungen in Ebenen und befestigte Höhensiedlungen der schlesischen Phase der späten Bronzezeit), S. 246, 252, 256 (Siedlungen und Burgwälle der Knovízer-Kultur, der Milavečer- und Velaticer-Kultur der jüngeren und späten Bronzezeit), S. 268, 273, 282, 286, 291, 293 (Siedlungen und Burgwälle der Kulturen der älteren Eisenzeit und der älteren Latènezeit). — E. and J. Neustupný 1961, S. 117, 119, 122 (Kulturen der jüngeren und späten Bronzezeit), S. 130, 132, 134 (Kulturen der älteren Eisenzeit und der älteren Latènezeit); J. Maličký, 1948, S. 21ff., 136ff.; J. Bouzek 1966; W. Coblenz 1964, S. 189ff.

[9]) Über die gesellschaftlichen Verhältnisse siehe die entsprechenden Absätze in E. and J. Neustupný 1961, S. 59ff. — Über die Fragen der Anfänge des Patriarchats im Aeneolithikum siehe E. Neustupný 1967a. Der weiteren Entwicklung des Patriarchats ist das Kapitel auf Seite 63 gewidmet (in der englischen Zusammenfassung auf S. 74ff.). Vgl. auch J. Neustupný 1965, S. 376.

[10]) Siehe J. Neustupný 1967a. In dieser Abhandlung wollte ich zeigen, daß Burgwälle nicht als Zufluchtsorte geplant und gebildet wurden, obwohl sie auch diesem Zwecke dienen konnten. Nach unserer Auffassung wurden die Burgwälle als Sitze für Herrscher, für ihr Gefolge und später auch für andere von ihnen abhängige und für sie arbeitende Leute gebildet. — W. Dehn (1962, S. 370) nimmt an, daß einige Oppida Zufluchtsorte waren. — Man gibt zwar zu, daß die slawischen Burgwälle auch als Zufluchtsorte dienten, es war aber nicht der Hauptgrund, warum sie errichtet wurden. Die Burgwälle hatten ständige Garnisonen und waren ständig bewohnt, sie hatten die Aufgabe von Verwaltungszentren und waren die Sitze der Stammesanführer, und einige waren auch Kultzentren (siehe J. Kostrzewski 1949, S. 122ff.; J. Neustupný 1951, S. 109). M. Štěpánek (1965, S. 135 und 155) hält die großmährischen Burgwälle nicht für Zufluchtsorte, weil „die Mehrzahl der Verteidiger direkt auf dem Burgwall lebte". Bei den böhmischen Burgwällen räumt er die Möglichkeit ein, daß sie als Zufluchtsorte, dienten, weil sie sehr groß waren. Er sagt: „Der Umfang der Befestigungen im 9. Jahrhundert weist darauf hin, daß die Burgwälle zum Schutz einer großen Masse Leute gebaut wurden, ob es sich um die Bewohner des Burgwalles handelte oder um die Leute, die in Nachbardörfern lebten" (S. 104f.). Auch P. Grimm (1958, S. 85) betrachtet einige Burgwälle als Zufluchtsorte. Anderen schreibt er die Funktion als Stammeszentren, Kultorte usw. zu. — Gewisse Unterschiede in den Definitionen der Funktion der Burgwälle sind von der ungenügenden archäologischen Erforschung verursacht worden.

keine Befestigung der Siedlungen kennt, besteht hier ein Zeitintervall, das man nicht überblicken kann. Auch der architektonische Charakter der Oppida unterscheidet sich von dem der hallstattzeitlichen und älterlatènezeitlichen Burgwälle. Andererseits aber entspricht die Lage der Oppida den urgeschichtlichen Gewohnheiten in Mitteleuropa, da sie auf Anhöhen abseits des Ackerbodens liegen. Obwohl wir sie nicht als eine Fortsetzung der vorhergehenden Burgwälle ansehen können, ist ihre Lage „urgeschichtlich". Dies ist ein Ausdruck der urgeschichtlichen Tendenz, Burgwälle auf von Natur aus geschützten Anhöhen zu bauen. Vorläufig kann man sagen, daß die Oppida ein Produkt des einheimischen, vom Süden beeinflußten Milieus sind[11]).

In den Burgwällen der Bronzezeit und der älteren Eisenzeit spielten neben der landwirtschaftlichen Grundlage in der Umgebung Bergbau, Produktion und Handel eine nur wenig bekannte Rolle. Über die spätlatènezeitliche Periode sind wir in dieser Hinsicht besser informiert. Ohne Zweifel war die Auswahl der Lage der Oppida von Rohstofflagern (Eisen, Graphit, Gold usw.) und den Richtungen der Handelsbeziehungen (Salz) beeinflußt.

Die Oppida sind wahre Produktions- und Handelszentren, und eine der Erklärungen für die Unterschiede zwischen ihnen und den offenen landwirtschaftlichen Siedlungen sind ökonomische Faktoren[12]). Über das Verhältnis der unbefestigten Dorfsiedlungen oder der kleinen und abseits gelegenen Oppida zu den großen Oppida mit Stadtcharakter gibt uns das archäologische Material bisher nur sehr wenig Auskunft[13]). Sehr bedeutsam für derartige Schlußfolgerungen werden nicht nur die Befestigungsarchitektur der Oppida, sondern auch das Hüttenwesen, die Töpferei, die Glasindustrie, die Juwelierarbeit usw. sein. Und auch die Landwirtschaft, die immer noch die Existenzgrundlage darstellte, hatte verschiedene Produktionsmittel. In den Oppida finden wir produktivere Produktionsmittel: Eisenpflugscharen, Eisenspaten, Sensen, Drehmühlen usw. Auch in dieser Hinsicht müssen wir die Oppida mit anderen Siedlungen vergleichen[14]).

Die Unterschiede in Lage, Architektur und Wirtschaft zwischen den spätlatènezeitlichen Oppida und den anderen offenen Siedlungen deuten auf eine Differenzierung der Gesellschaft. Wie schon erwähnt, können wir diese Differenzierung in den Oppida mit Hilfe des archäologischen Materials weit besser als je zuvor in der Urgeschichte beweisen. Die Oppida waren wirtschaftliche und zugleich gesellschaftliche Zentren. Sie waren Sitze der Herrscher, die ihre

[11]) Über die Lage der Siedlungen auf Anhöhen (als Ausnahme ist Manching angegeben) siehe J. Moreau 1961, S. 79f. Den großen Oppida, wie z. B. den südfranzösischen, Magdalensberg, Alesia, Manching, Stradonice, schreibt der Verfasser Stadtcharakter zu. Er sagt weiter: „Aber von diesen unter starkem Einfluß des mittelmeerischen Kulturraums entstandenen Burgen ...". Das Mittelmeergebiet ist als der Brennpunkt der Einflüsse betrachtet. — Was die Kontinuität der Entwicklung der Oppida aus den älteren Burgwällen anbetrifft, ist nach W. Dehn schwer zu entscheiden. Bei allen Erwägungen über die Entstehung der Oppida muß man sich hauptsächlich auf die neuentstandenen konzentrieren und nicht auf diejenigen, die an Stellen alter Burgwälle entstanden. „C'est à ces exemples qu'il faut s'attacher en premier lieu si l'on veut découvrir dans les oppida l'aspect, au moins extérieur, de l'influence exercée sur eux par l'urbanisme méditerranéen" (W. Dehn 1962, S. 372). — Über die tschechoslowakischen Oppida siehe J. Břeň in: J. Neustupný 1960, S. 325. Zur Architektur der Oppida auf tschechoslowakischem Territorium und Vergleiche mit dem übrigen Europa siehe J. Břeň 1966, S. 41ff. Über das Terrain und die Befestigung des Oppidums in Třísov siehe ebenda S. 26ff., 36ff.

[12]) Über die gesellschaftlichen und wirtschaftlichen Probleme der latènezeitlichen Oppida auf dem tschechoslowakischen Territorium siehe J. Böhm 1946; E. and J. Neustupný 1961, S. 145ff., bes. S. 150ff.; J. Břeň 1966, S. 22ff. und S. 147 (mit Literatur über außertschechoslowakische Gebiete). — Auf die Kette der Oppida Linz—Gründberg—Třísov—Nevězice—Závist—Stradonice als „voie de communication associée au commerce du sel et du graphite" macht W. Dehn (1962, S. 371) aufmerksam. Über Graphit in der keltischen Keramik siehe J. Břeň 1966, S. 107.

[13]) Auf die Bedeutung der unbefestigten Siedlungen, die häufiger waren als die Oppida und deren Verhältnis zu den Oppida noch nicht klar ist, wird von W. Dehn (1962, S. 371) hingewiesen.

[14]) Zu den Unterschieden in der Bedeutung der Oppida im Gesellschafts- und Wirtschaftsleben siehe J. Moreau 1961, S. 79. — Über die Anfangsphasen der Staatsinstitutionen bei den Kelten siehe V. Vaněček 1957, S. 14ff. Der erste Teil hat den Titel: „Unsere Kelten. Die unterbrochene Entwicklung zur Staatsorganisation". — Vgl. weiter J. Neustupný 1961, S. 13ff.

Souveränität nicht nur in der sich von anderen Siedlungen unterscheidenden Architektur, sondern auch in der Prägung von Münzen zum Ausdruck brachten. In einigen Teilen Mitteleuropas waren die Münzen mit den Namen der Herrscher versehen. Die Macht dieser Herrscher stützte sich auf eine entwickelte Wirtschaft. Daraus kann man das Bild einer entwickelten Gesellschaft zusammensetzen, die schon am Anfang der gesellschaftlichen Differenzierung und der staatlichen Institutionen stand. Der Aufschwung der Produktion und der Handelsbeziehungen, ermöglicht durch die Konzentration der Bevölkerung in den Oppida, beeinflußte und störte das Milieu und die Beziehungen der Gentilordnung, die in den offenen Dorfsiedlungen noch weiter fortdauerten. Die Schicht der Stammeshäuptlinge sonderte sich von der Bevölkerung ab und formierte Gefolgschaften, deren Rolle die Erhaltung der neuen gesellschaftlichen und wirtschaftlichen Ordnung war. Der Anführer der Gefolgschaft konnte zum Herrscher einer vorstaatlichen Formation werden, die sich auf die Oppida stützte[15]).

Die Oppida, wenigstens die großen, können wir schon „urgeschichtliche Städte" nennen. Ihre Befestigungsarchitektur stand auf einer höheren Stufe als die der vorhergehenden befestigten Siedlungen. Über die innere Architektur der Oppida haben wir noch unvollkommene Vorstellungen. Ihre Funktion als wirtschaftliche und gesellschaftliche Zentren tritt deutlicher als bei den vorherigen Siedlungsagglomerationen in den Vordergrund. Es ist deshalb am günstigsten, auf unserem Territorium im Gegensatz zu den Städten in benachbarten Gebieten von „urgeschichtlichen Städten" zu sprechen. Antike Städte hatten entwickelte Produktion und Handelsbeziehungen, die latènezeitlichen „urgeschichtlichen Städte", die Oppida, aber waren von der landwirtschaftlichen Produktion der offenen Siedlungen und auch von ihrer eigenen landwirtschaftlichen Produktion abhängig[16]).

Im allgemeinen ist das Städtewesen keine Bedingung für die Entstehung einer Staatsformation, obwohl es in der Umwelt des Altertums und seiner urgeschichtlichen Nachbarschaft zur Entstehung der staatlichen Institutionen führte. Eine wirkliche staatliche Institution entstand z. B. im Altertum Mesopotamiens immer auf der Grundlage der Städte. So ist auch die Meinung berechtigt, daß die spätlatènezeitlichen Oppida in Europa, die „urgeschichtlichen Städte", ein sehr wichtiger Faktor für die Entstehung des Staates waren. Außerdem begünstigte die Konzentration der Bevölkerung in den Oppida den Fortschritt der Zivilisation, weil sie zur gesellschaftlichen Differenzierung führte[17]).

Nach dem Untergang der latènezeitlichen Oppida, der durch den Wechsel der Bevölkerung (die Kelten wurden von Germanen verdrängt) oder durch die inneren Spannungen in der keltischen Gesellschaft verursacht wurde, entstand in Mitteleuropa lange Zeit nichts, was wir als eine Tendenz zum Städtewesen beschreiben können. Zusammen mit der keltischen Gesellschaft des 1. Jh. v. u. Z. verschwanden aus Mitteleuropa auch die Oppida. Es kamen die germanischen Stämme, die keltische Gebiete besetzten. Sie hatten eine niedrigere gesellschaftliche und wirtschaftliche Organisation als die Kelten, lebten noch in der Gentilordnung in Dörfern und benutzten die urgeschichtlichen Produktionsmittel (E. and J. Neu-

[15]) E. and J. Neustupný 1961, S. 152ff.; J. Moreau 1961, S. 79. Siehe auch die Literatur in Anmerkung 12.

[16]) Über den Stadtcharakter der latènezeitlichen Oppida siehe J. Moreau 1961, S. 79ff.; V. Vaněček 1957, S. 22. Mit Rücksicht auf die innere Holzarchitektur der Oppida glaubt Veněček, es sei besser, nicht von „Städten" sondern von „Oppida" zu reden, wie sie auch von den Römern genannt wurden. Die Verwendung des Terminus „Stadt" hängt aber nicht nur vom Charakter der inneren Architektur der Siedlung ab, sondern auch von einer ganzen Reihe anderer Züge (darüber siehe V. Hrubý 1965, S. 350ff.). Daher glauben wir, daß man bei den latènezeitlichen Oppida den Begriff „Stadt" verwenden kann, besonders wenn die kulturelle und geographische Zugehörigkeit des Oppidums präzisiert ist (siehe das Kapitel „Our oldest towns" in J. Břeň 1966, S. 22ff., mit Literatur über den Stadtcharakter der Oppida und Argumenten, die für die Verwendung des Terminus „Prehistoric towns" sprechen).

[17]) R. McC. Adams 1966, S. 9ff., 46ff. „At least as a form of settlement, however, urbanism seems to have been much less important to the emergence of the state, and even to the development of civilisation in the broadest sense, than social stratification and the institutionalization of political authority". Vgl. auch E. and J. Neustupný 1961, S. 154ff.

stupný 1961, bes. S. 171). In dieser Umwelt waren die „urgeschichtlichen Städte“ nicht notwendig.

Die Burgwälle, die auf dem tschechoslowakischen Territorium und in den benachbarten Gebieten in der zweiten Hälfte des 1. Jh. u. Z. auftreten, sind von den Oppida zeitlich wie kulturell wesentlich entfernt. Zwischen der Spätlatènezeit und der „Burgwallkultur“ der tschechischen (bzw. westlichen) Slawen des frühen Mittelalters stehen einige Jahrhunderte, die von der römischen Kaiserzeit und der Völkerwanderungszeit ausgefüllt sind. Es bestehen aber auch kulturelle und ethnische Unterschiede: Nach den Kelten treten die Germanen und nach den Germanen die Slawen auf. Daher gibt es auf tschechoslowakischem Territorium keinen direkten Zusammenhang zwischen den latènezeitlichen Oppida und den slawischen Burgwällen des frühen Mittelalters. Was den Ursprung dieser Burgwälle anbetrifft, sind sie entweder eine einheimische Angelegenheit (ihre Lage ist „urgeschichtlich“), oder das Vorbild für sie wurde aus den Gebieten übertragen, aus denen die tschechischen und westlichen Slawen nach Mitteleuropa kamen. In diesen Gebieten konnte die Kontinuität der Entwicklung von den urgeschichtlichen bis zu den frühmittelalterlichen Burgwällen existieren[18]).

Die frühmittelalterlichen Burgwälle liegen gewöhnlich abseits des Ackerbodens auf naturgeschützten Anhöhen, obwohl wir auch solche kennen, die näher dem Ackerboden oder direkt in den Ebenen liegen. In beiden Fällen aber ist der Unterschied in Lage und Befestigung zwischen den Burgwällen und den offenen Siedlungen sehr klar und deutlich. Er spiegelt die gesellschaftliche und wirtschaftliche Differenzierung wider, die im Feudalismus gipfelte. Mit der Konsolidierung und Weiterentwicklung des Feudalismus verlieren die Burgwälle, besonders jene, die unzugänglich sind und abseits des neuen und regen wirtschaftlichen Lebens stehen, ihre gesellschaftliche und wirtschaftliche Bedeutung[19]). Die neue Feudalgesellschaft

[18]) Was die slawischen Burgwälle anbetrifft, stützen sich meine Ausführungen besonders auf die Arbeiten über Böhmen und Mähren. Für die Nachbargebiete wird auf die Hauptwerke verwiesen. Über die slawischen Burgwälle westlich der Oder siehe auch J. Neustupný 1951, S. 106ff., weiter eine ganze Reihe der Arbeiten von P. Grimm (1954, S. 137ff.; 1958; 1960, S. 15ff.); J. Herrmann 1960; W. Coblenz 1966. Ein umfangreiches Kapitel wurde der Analyse der Burgwälle in Deutschland auch von M. Štěpánek (1965, S. 147–200; 240) gewidmet. — Polnische Burgwälle: J. Kostrzewski 1949, S. 98ff.; W. Hensel 1963, S. 158ff.; 1967. — Über die architektonischen und chronologischen Probleme der böhmischen Burgwälle siehe R. Turek 1952a. Turek meint, daß die Burgwälle in Böhmen schon am Ende des 7. oder am Anfang des 8. Jh. gebaut und im Verlauf des 11. Jh. verlassen wurden. Einige behielten ihre Verwaltungsfunktionen bis in das 13. Jh. (Levý Hradec). — Über die Typologie der Burgwälle und ihre Zugehörigkeit zu den böhmischen Stammesgebieten siehe R. Turek 1952b; 1957 (dies ist eine umgearbeitete Version R. Tureks 1952b). Probleme der Burgwälle sind von Turek auch im Zusammenhang mit der Geschichte der Slawen erörtert in J. Neustupný 1960. Weiter R. Turek 1963: Die Burgwälle sind auch für die Slawen charakteristisch, sie wurden nicht von den Kelten übernommen. Die Anfänge der Bildung von Burgwällen gehören der slawisch-awarischen Zeit an. Einige von ihnen haben auch älteres archäologisches Material geliefert. Die Mehrzahl aber entstand im 9. Jh., wie z. B. die Sporn- und Moorburgwälle (Ebenda, S. 136ff.). „Libice, ein dicht besiedelter Burgwall, entwickelte sich zu einem exklusiven Fürstensitz ... die Vorburg, deren Nord- oder Nordwestteil einen Produktionscharakter hatte“ (S. 215ff.). — Über die Burgwälle in Mähren, in Böhmen und im Saale-Elbe-Gebiet siehe auch M. Štěpánek 1965.

[19]) R. Turek (1963, S. 105ff., 236ff., 255ff.) führt dazu archäologische und schriftliche Quellen an. Letztere zeigen, wie der Chronist Kosmas die Burgwälle nannte: castrum, urbs, civitas. Es ist interessant, daß die Burgwälle, die nach R. Turek mit den Namen „urbes“ und „civitates“ im Zusammenhang stehen, gerade diejenigen sind, auf deren Territorien oder in deren Nähe später mittelalterliche Städte entstanden. Erst weitere archäologische Forschungen werden zeigen, ob auch in Böhmen Voraussetzungen für „Städte“ existierten, wie wir sie aus Mähren, aus dem Großmährischen Reiche und aus anderen slawischen Gebieten kennen (siehe Anm. 21). — R. Turek stellt zwei von Kosmas erwähnte Burgwälle gegenüber: „castrum munitissimum“ Lštění und „urbs“ Bílina. Der erste ist ein unzugänglicher Spornburgwall, während der andere sich besser für eine Besiedlung eignet, weil die Landschaft in der Umgebung eben ist. Es ist interessant, daß Lštění sich zu keiner großen Siedlungsagglomeration entwickelte, während Bílina zu einer bedeutsamen mittelalterlichen Burg und Stadt wurde. — Über weiteres Material und die Versuche einer Interpretation der gesellschaftlichen Funktion der Burgwälle siehe M. Štěpánek 1965 passim, bes. S. 201ff. Weil sich aber unser Interesse auf die tschechoslawischen Burgwälle konzentriert und Štěpáneks Arbeit mehr die Probleme des entwickelten Feudalmittelalters behandelt, machen wir nur auf die Entwicklungslinie „Burgwälle—Städte“ aufmerksam.

konzentrierte sich auf die Entwicklung der Burgen und Städte. Diese Probleme überschreiten aber die Grenzen dieser Abhandlung.

Manche Burgwälle werden auf die Ebene von Siedlungen mit Stadtcharakter gestellt und sogar für Städte gehalten. Das betrifft besonders die „großmährischen Städte". Im Falle des Burgwalles „Staré Město" werden zum Beispiel folgende Kriterien angeführt, die die Benennung „die großmährische Stadt" begründen: großes landwirtschaftliches Hinterland, entwickelte Viehzucht, entwickeltes Handwerk, Handel, Befestigung, verschiedene Wohnungsformen sowie deutliche gesellschaftliche Differenzierung. Der Burgwall war ein Kultur- und Kirchenzentrum sowie ein politisches Zentrum[20]). Damit haben wir eine ganze Reihe von Funktionen vor uns, die die großmährischen Burgwälle zu „großmährischen Städten" machen. Nur einige dieser Funktionen treten, noch dazu sehr undeutlich, in den urgeschichtlichen Burgwällen und latènezeitlichen Oppida auf.

Lücken in der Entwicklung der befestigten Siedlungen

Ein besonderes Problem stellt die Tatsache dar, daß die befestigten Siedlungen in einigen Kulturen bzw. in einigen Perioden in der Tschechoslowakei und in benachbarten Gebieten nicht bekannt sind. Im Verlauf der Urgeschichte erscheinen zwar Gruppen von befestigten Siedlungsagglomerationen, doch besteht zwischen ihnen weder kulturell, noch chronologisch oder geographisch eine Kontinuität. Noch heute ist der Umfang der archäologischen Forschung zu ungenügend, um alle bekannten Burgwälle bestimmten Zeitperioden und Kulturen zuzuordnen. Wir wissen nur sehr wenig von dem architektonischen Charakter dieser Burgwälle, und so können wir nur wenig über ihre Ähnlichkeit und Unterschiede aussagen.

Trotzdem sind schon heute einige Vermutungen über die Zusammenhänge und Unterschiede zwischen den Gruppen mit befestigten Siedlungen anzustellen. Viele Probleme bleiben noch offen, und nur die Interpretation der neuen Forschungen und die Revision der schon bestehenden Schlußfolgerungen werden sie beantworten.

Im Neolithikum kennen wir befestigte Siedlungen schon in der Periode der Volutenkeramik, obwohl das archäologische Material im westlichen Teile Mitteleuropas konzentriert ist[21]). Vorläufig können wir nicht sagen, ob diese Gruppe von Siedlungsagglomerationen des älteren Neolithikums mit der folgenden Gruppe der befestigten Siedlungen der Lengyel-Kultur (jüngeres Neolithikum) im Zusammenhang steht. Diese befestigten Siedlungen der Lengyel-Kultur sehen den aeneolithischen Michelsberger und Windmill-Hillsiedlungen so ähnlich,

[20]) V. Hrubý (1961, S. 96). — Über die großmährischen Städte siehe V. Hrubý 1965, S. 350ff., 446ff. und das Kapitel „Staré Město — eine Stadt der großmährischen Zeit". — J. Poulík 1960, S. 73ff., 168ff., bes. das Kapitel auf S. 72: „Weitere Entdeckungen tragen zur Klärung des Bildes einer großmährischen Stadt bei." In diesem Kapitel sind die Ergebnisse der Forschung, die V. Hrubý in Staré Město durchgeführt hatte, zusammengefaßt. In dem Kapitel „Existierten die großmährischen Städte" (S. 167ff.) sagt der Verfasser, daß die einzelnen großmährischen Burgwälle nicht dieselbe Funktion erfüllten; er erörtert die Namen „urbs" und „civitas" und beschäftigt sich mit den Meinungen anderer Autoren über die slawischen Städte: W. Hensel, B. D. Grekov, B. A. Rybakov, S. V. Juschko, M. N. Tichomirow. Die „Stadtformation" in Staré Město entwickelte sich aus dem Zusammenschluß der landwirtschaftlichen Siedlungen am Ende der ersten Hälfte des 9. Jahrhunderts. In Mikulčice wurde am Anfang des 9. Jahrhunderts eine Akropolis gebaut, und ringsum lagen die einzelnen Siedlungen. „Die Befestigung und der Charakter des Burgwalles in Mikulčice zeigen, daß es sich hier um eine Burgstadt handelt" (S. 171). J. Poulík sagt weiter: „Die bisherigen archäologischen Forschungen zeigen, daß die Entwicklung der Städte in Mähren, im einheimischen Milieu, ganz gesetzmäßig und ähnlich, aber nicht gleich wie in den polnischen und ostslawischen Gebieten verlief" (S. 171). In der deutschen Zusammenfassung sagt er: „Die Entwicklung der großmährischen Burgwallstädte setzte also im 10. und 11. Jh. nicht fort, wie dies im ostslawischen Milieu der Fall war" (S. 294). — Über die Fragen der „slawischen Städte" siehe W. Hensel 1967. M. Štěpánek (1965, S. 141, 145, 211) erwähnt einige Male die großmährischen Städte, spricht aber immer nur von „Städten" und präzisiert den Terminus nicht.

[21]) J. Neustupný (1950, S. 131ff.); siehe auch die Anmerkung 5 (S. Vencl).

daß sie als eine einzige Gruppe betrachtet werden können[22]). Dem stehen aber einige Schwierigkeiten im Wege, wie z. B. Zeitfolge, Entfernungen und kulturelle Unterschiede. Es ist deshalb nötig, die noch nicht bekannten Zwischenglieder zu finden. Vielleicht wird man auch im westlichen Teile Mitteleuropas befestigte Lengyelsiedlungen finden. Trotzdem bleibt aber die Zeitlücke zwischen der Lengyelgruppe und der Michelsberger Gruppe offen. Aus der Trichterbecherkultur kennen wir bisher keine befestigten Anlagen, obwohl die Siedlungen dieser frühaeneolithischen Kultur auch auf Anhöhen gelegen waren, auf denen sich später die befestigten Siedlungen des mittleren Aeneolithikums befanden.

Befestigte Siedlungen des mittleren Aeneolithikums sind, was die Architektur anbetrifft, in der Tschechoslowakei und in den benachbarten Gebieten wenig bekannt[23]), weshalb wir sie nicht unmittelbar mit den Lengyelsiedlungen in Zusammenhang bringen können. Die Hauptgründe dafür sind chronologischer Art, weil wir immer die Zeitlücke, die von der Trichterbecherkultur ausgefüllt wird, in Betracht ziehen müssen.

Die erwähnten Lücken in der Zeitfolge der befestigten Siedlungsagglomerationen sind natürlich diskutabel, und nur neue Interpretationen des archäologischen Materials sowie neue und gründliche Forschungen werden sie bekräftigen oder beseitigen. Diese Lücken sind aber nicht bewiesen. Ein wenig anders ist die Situation, wenn wir das Fehlen von befestigten Siedlungen in der Schnurkeramik und der Glockenbecherkultur des jüngeren Aeneolithikums auf dem tschechoslowakischen Territorium und in den benachbarten mitteleuropäischen Gebieten betrachten. Hier wird das Ganze dadurch kompliziert, daß von tschechoslowakischem Territorium und einigen seiner Nachbargebiete keine Siedlungen der Schnurkeramik vorliegen (sie sind nur aus Polen und Deutschland bekannt). Deshalb glauben wir, daß die Siedlungen so gebaut wurden, daß sie nur schwierig feststellbar sind (an der Oberfläche, Blockbauten?)[24]). Ähnlich ist die Situation bei der Glockenbecherkultur, aus der wir zwar mehr Siedlungen kennen, jedoch entspricht deren Zahl nicht der großen Anzahl von Gräbern und Gräberfeldern. Unter diesen Umständen können wir die Existenz heute nicht mehr feststellbarer verschanzter Siedlungen nicht ausschließen, obwohl sie nicht wahrscheinlich ist. Auch in den frühen Phasen der älteren Bronzezeit sind Siedlungen sehr rar. Mehr Informationen über die befestigten Siedlungen haben wir erst wieder in den späteren Phasen der älteren Bronzezeit aus der Maďarovce- und der Věteřov-Kultur[25]).

Aus der mittleren Bronzezeit, also dem Kreise der Hügelgräberkulturen, sind vom tschechoslowakischen Territorium und den benachbarten mitteleuropäischen Gebieten keine befestigten Siedlungsagglomerationen bekannt, wobei allerdings zu berücksichtigen ist, daß aus dieser Zeit überhaupt nur sehr wenige Siedlungen gefunden wurden. Das Fehlen befestigter Siedlungen ist sehr auffallend, weil wir aus den folgenden Phasen der Bronzezeit und der älteren Eisenzeit hier Burgwälle haben. Da der Hügelgräberkreis im Grunde genommen von der Maďarovce-Věteřov-Basis ausging, in der Burgwälle, wenn auch von geringer Größe,

22) J. Neustupný 1950 (mit Auswahl der Literatur); J. Neustupný 1948/50, S. 11ff; E. and J. Neustupný 1961, S. 54ff.

23) J. Neustupný 1960, S. 136ff. (kannelierte Keramik), S. 149 (der Řivnáč-Typus und der Jevišovice-Typus); E. and J. Neustupný 1961, S. 72ff.; A. Točik 1961, S. 20ff.

24) Über die Fragen der Siedlungen der Schnurkeramik und der Glockenbecherkultur siehe: J. Neustupný 1960, S. 165ff.; E. and J. Neustupný 1961, S. 79ff., 82ff.; E. Neustupný 1965, S. 7ff.

25) Einige Siedlungen der Glockenbecherkultur in Thüringen (Universitätsmuseum Jena) sind auf Anhöhen gelegen, und daher kann man bei ihnen ursprüngliche Befestigung nicht ausschließen. Auch aus Böhmen haben wir einige Hinweise für Besiedlung der Anhöhen, z. B. ein halbmondförmiges Anhängsel aus Vraný bei Slaný in Mittelböhmen, wo ursprünglich eine Höhensiedlung des Řivnáč-Typus lag (L. Hájek 1956, S. 64 und 78 [Diskussion]). Dazu ist zu bemerken, daß von einem Beweis für die Gleichzeitigkeit des Řivnáč-Typus aus dem mittleren Aeneolithikum mit der Glockenbecherkultur an der Neige des jüngeren Aeneolithikums nicht die Rede sein kann. Im Zeitraum zwischen diesen beiden Kulturen verlief die Entwicklung der Schnurkeramik (siehe E. Neustupný 1965a, S. 445 (Abb. 21) und S. 456; E. Neustupný 1967b. — Zur älteren Bronzezeit siehe Anm. 7).

bekannt sind, ist es etwas überraschend, daß wir Burgwälle bisher nur aus dem ältesten Abschnitt, der der Věteřov-Stufe folgt, kennen. Wir sind aber nicht sicher, wieweit es sich um Burgwälle aus dem eigentlichen Kern der Hügelgräberzeit handelt, d. h. aus der Stufe C der Bronzezeit. Dann werden Burgwälle erst wieder aus der Spätstufe der Hügelgräberkultur und aus der sogenannten Übergangsstufe zur Knovízer Kultur in Nordwestböhmen angeführt. Diese Lücke, falls sie wirklich existiert hat, wäre um so auffälliger, weil in der folgenden jüngeren Bronzezeit aus demselben Gebiet Burgwälle bekannt sind.

Weiterhin müssen wir in diesem Zusammenhang bemerken, daß sich gerade bei den Kulturen des Hügelgräberkreises entwickelte Bronzewaffen finden (Dolche, Schwerter, Speere, Pfeilspitzen). Wir müssen aber auch hier die Möglichkeit in Erwägung ziehen, daß einige dieser Burgwälle schon auf dem Höhepunkt der mittleren Bronzezeit entstanden und daher dem Kreise der Hügelgräberkulturen angehören. Unsere heutigen Kenntnisse erlauben uns aber nicht, sich über solche Möglichkeiten zu äußern[26]).

Erst in der jüngeren und späten Bronzezeit kommen Burgwälle häufig vor, und diese Situation dauert in der älteren Eisenzeit und in der älteren Latènezeit fort. Aus der Mittellatènezeit, der Periode der Skelett- und Brandgräber der historischen Kelten, kennen wir keine befestigten Siedlungsagglomerationen, die die Zeitlücke zwischen den frühlatènezeitlichen Burgwällen und den spätlatènezeitlichen Oppida überbrücken würden[27]). Auch in diesem Falle müssen wir erwägen, ob unsere Kenntnisse der Wirklichkeit entsprechen. Die architektonischen Unterschiede zwischen den Oppida und den urgeschichtlichen Burgwällen deuten aber an, daß keine Zusammenhänge zwischen beiden Gruppen von Siedlungen bestehen. Das Fehlen der befestigten Siedlungen bei den Kelten ist aber überraschend, weil deren Gräber auf gut bewaffnete Krieger deuten.

Nach dem Untergang der spätlatènezeitlichen Oppida kurz vor der Wende der Zeitrechnung treten aus der römischen Kaiserzeit und aus der Völkerwanderungszeit keine befestigten Siedlungen auf. Für sechs Jahrhunderte ist kein Burgwall auf dem tschechoslowakischen Territorium oder in den Nachbargebieten zu finden. Man muß aber zugeben, daß die archäologische Erforschung dieser Zeit sehr unvollständig ist, und so wäre es verfrüht zu sagen, daß die germanischen Stammesvereinigungen keine Burgwälle besaßen[28]).

Die befestigten Siedlungen und die gesellschaftliche und wirtschaftliche Stabilisierung

Wenn die erwähnten Zeitlücken nur Lücken in unseren Kenntnissen darstellen, sind weitere Erwägungen überflüssig, und wir können nur auf weitere Entdeckungen warten und sie interpretieren. Wenn aber diese Lücken die wirkliche Situation widerspiegeln, müssen wir uns bemühen, sie zu erklären.

[26]) Über die Siedlungen der Hügelgräberkultur in Mittelböhmen siehe A. Beneš 1959, S. 5ff.; 52. Der Verfasser schreibt: „Siedlungen finden sich zum Unterschied von den klassischen Hügelgräbergruppen durchweg“ (S. 52). — Zu den Siedlungen des Hügelgräberkreises auf tschechoslowakischem Territorium siehe I. Hásek in: J. Neustupný 1960, S. 218; E. and J. Neustupný 1961, S. 114. — J. Bouzek (1966) schreibt, daß die Mehrzahl der nachgewiesenen Burgwälle der jüngeren Hügelgräberkultur und der Übergangsperiode zwischen der mittleren und der jüngeren Bronzezeit angehört (Transitional period and late Tumulus culture). Das zweite Maximum gehört der jüngeren Phase der Knovízer Kultur an (Late Period); aus der mittleren Phase der Knovízer Kultur (Middle Period, Early and Late) kennen wir nur wenige. Auf Grund des heutigen Forschungsstandes kann man die Situation schwer beurteilen, der Autor scheint aber recht zu haben.

[27]) W. Dehn (1962, S. 371) führt aus Westdeutschland nur einige Möglichkeiten des Zusammenhanges zwischen den Oppida und älteren urgeschichtlichen Burgwällen in Mitteleuropa an. Die Frage ist seiner Meinung nach heute schwer zu beantworten. — Zu den Lücken in unseren Kenntnissen über die keltischen Siedlungen aus der Mittellatènezeit siehe J. Břeň in: J. Neustupný 1960, S. 311; E. and J. Neustupný 1961, S. 150.

[28]) Über die offenen germanischen Siedlungen und das Fehlen der Städte auf tschechoslowakischem Territorium siehe J. Břeň in: J. Neustupný 1960, S. 354; E. and J. Neustupný 1961, S. 168 (Das Fehlen der befestigten Sied-

Die Lücken wurden in der Vergangenheit dadurch erklärt, daß die primitiven Völkerschaften der urgeschichtlichen und frühgeschichtlichen Perioden keine defensiven Siedlungen bauten, wenn sie sich in offensiven Entwicklungsstadien befanden. Burgwälle begannen sie erst zu bauen, „nachdem sie von dem Anfangsstadium einer stürmischen Expansion und Landnahme zu friedlichem Leben auf Gebieten übergegangen waren, die sie als ihr ererbtes Eigentum betrachteten, und wenn sie diese Gebiete gegen fremde Eindringlinge verteidigen mußten“ (E. Šimek 1947/48, S. 129). Solche Erklärung stützt sich auf die Theorie, daß die befestigten Siedlungen zur Abwehr gegen fremde Gegner gebaut wurden, und nimmt die Existenz von mehreren Populationen in demselben Gebiete oder die Verdrängung einer Population durch die andere an. Nach unserer Auffassung aber sind nur wenige Migrationen auf dem tschechoslowakischen Territorium oder in seinen Nachbargebieten zu beweisen. Nach der neolithischen Kolonisation waren es die Ankunft der germanischen Stämme und danach die Ankunft der Slawen, die einen Wechsel in der Bevölkerung bedeuteten. Bis zum Untergang der tschechoslowakischen und der mitteleuropäischen Kelten verlief die Entwicklung der Populationen fast ununterbrochen. Auch sind wir nicht der Meinung, daß zwei oder noch mehr Populationen, die von der Landwirtschaft abhingen (und von der Landwirtschaft waren sie alle abhängig), in demselben fruchtbaren Gebiete nebeneinander lebten. Daher glauben wir nicht, daß die befestigten Siedlungen gegen den fremden Gegner gebaut wurden, der auf das Territorium der einheimischen Stämme kam. Die Befestigung von Siedlungen ist ein Ausdruck der inneren Spannung in den urgeschichtlichen Gesellschaften, sie schützte die privilegierten Teile der Gesellschaft. Übrigens kann man kaum voraussetzen, daß auf der primitiven Entwicklungsstufe der Gesellschaft grundsätzliche Unterschiede zwischen dem inneren und äußeren „Gegner“ existierten. Jedermann, der die gesellschaftliche Ordnung, die sich auf befestigte Siedlungsagglomerationen stützte, bedrohen wollte, war ein Gegner[29]). Alle Theorien, die wir erwähnt haben, sind aus den entwickelten Phasen der Gesellschaftsentwicklung übertragen, in denen umfangreiche Verschiebungen der Populationen sowie Migrationen gut möglich waren, weil die Gesellschaft schon gut organisiert war. Aus ökonomischen Gründen konnten auch neben der einheimischen Bevölkerung fremde Gruppen und Elemente existieren, die der regierenden Gesellschaft untergeordnet waren und ihr dienten.

Eine andere Erklärung für das Fehlen von befestigten Siedlungen in bestimmten Perioden kann das nomadische Leben sein, das nicht den anspruchsvollen Bau befestigter Siedlungen erforderte. Die Militärstrategie dieses nomadischen Lebens stützte sich vielleicht nicht auf die befestigten Siedlungen. Wie wir schon erwähnt haben, ist aber solche Situation auf dem fruchtbaren Ackerboden des tschechoslowakischen Territoriums und seiner Nachbargebiete nicht nachweisbar. Während der ganzen Urgeschichte waren diese Gebiete von Ackerbauern besiedelt (wenn auch in einigen Teilen des Territoriums die Viehzucht das Übergewicht haben konnte) und nicht von nomadischen Hirten[30]).

Auch die Schnurkeramiker und die Leute der Glockenbecherkultur im jüngeren Aeneolithikum waren Ackerbauern. Der älteren Theorie nach führten sie ein Nomaden- und Hirtenleben. Nach den neuesten Feststellungen jedoch stellten sie zu ihrer Zeit die einzigen archäo-

lungen und Städte im Zusammenhang mit der Karte des Ptolemäus). — Siehe auch die Anm. 36 (Die Höhensiedlung in Hradec bei Kadaň).

29) Über die Kontinuität der einheimischen Entwicklung vom Neolithikum bis zu der Latènezeit siehe J. Neustupný 1967b. — Zur Entwicklung vom jüngeren Neolithikum (Lengyel-Kultur) zur Latènezeit siehe E. and J. Neustupný 1961, S. 58ff. — Über die gleichzeitige Existenz zweier Populationen auf demselben Gebiete und mit derselben wirtschaftlichen Grundlage siehe die weiter zitierten Bücher (passim): Über Neolithikum und Aeneolithikum siehe J. Neustupný 1960, S. 123, 165, 173. — Über die inneren gesellschaftlichen und wirtschaftlichen Gründe für die Entstehung der befestigten Siedlungen siehe J. Neustupný 1950, S. 144; 1967a; E. and J. Neustupný 1961, S. 150.

30) Über die Landwirtschaft der urgeschichtlichen Kulturen auf dem tschechoslowakischen Territorium und in seinen Nachbargebieten in Mitteleuropa siehe Z. Tempír (1961, 1964, 1966).

logischen Kulturen auf dem Ackerboden des tschechoslowakischen und des ihm benachbarten Territoriums dar. Der landwirtschaftliche Charakter dieser Kulturen ist daher nicht zu bezweifeln. Manchmal sprechen die archäologischen Quellen nicht eindeutig für diesen landwirtschaftlichen Charakter, aber sie sprechen auch nicht gegen ihn und für das Nomaden- und Hirtenleben[31]).

Ähnlich gibt es keine Zweifel an dem landwirtschaftlichen Charakter der Hügelgräberkultur der mittleren Bronzezeit, obwohl einige Gruppen dieser Kultur, die auf wenig fruchtbarem Boden (z. B. in Südböhmen und einigen Teilen Mitteleuropas) siedelten, mehr auf Viehzucht orientiert waren (I. Hásek in: J. Neustupný 1960, S. 216; E. and J. Neustupný 1961, S. 125ff.).

Auch die Kelten, die den fruchtbaren Ackerboden des tschechoslowakischen Territoriums und seiner Nachbargebiete besiedelten, hatten ihre ökonomische Grundlage in der Landwirtschaft, obwohl wir davon noch wenig aus den archäologischen Quellen wissen. Daher wird häufig die Metallverarbeitung hervorgehoben, die wir aus schönen Metallerzeugnissen kennen (J. Břeň in: J. Neustupný 1960, S. 309ff.; E. and J. Neustupný 1961, S. 146ff., 149ff.).

Das gilt auch für die römische Kaiserzeit und für die Völkerwanderungszeit. In diesen Perioden blieb die Landwirtschaft die Grundlage der Ernährung der germanischen Bevölkerung Mitteleuropas. Beweise dafür haben wir in archäologischen und schriftlichen Quellen sowie in der Besiedlung des fruchtbaren Bodens (J. Břeň in: J. Neustupný 1960, S. 354, 368, 373; E. and J. Neustupný 1961, S. 164).

Alle Kulturen, aus denen wir keine befestigten Siedlungen kennen, existierten immer auf Ackerboden und waren von ihm abhängig. Daher kann das Fehlen von befestigten Siedlungen nicht mit der Abkehr von der Landwirtschaft und dem Übergang zum Hirtenleben erklärt werden, und sogar der ständige Aufschwung in anderen Produktionszweigen schwächte die Grundbedeutung der Landwirtschaft nicht ab.

So müssen wir eine andere Erklärung für das Fehlen der befestigten Siedlungen in gewissen urgeschichtlichen Perioden der Tschechoslowakei und Mitteleuropas suchen. Voraussetzung ist natürlich, daß die gleichen Natur- und Siedlungsbedingungen in diesen Gebieten existierten.

Sind vielleicht die aufgezeigten Lücken Perioden der ökonomischen Formierung, der steigenden Intensität von Pflanzenproduktion und Viehzucht, der Entwicklung der gesamten Produktion und des Warenaustausches? Sind es Perioden, in denen der Aufschwung der Produktion so groß war (mindestens in einigen Zweigen), daß die Leute, die diese Produktion kontrollierten, befestigte Siedlungen, Burgwälle und Oppida bauten, um die Produktion für sich selbst zu beschützen? In der Spätlatènezeit ist dieser qualitative und quantitative wirtschaftliche Aufschwung genügend mit archäologischem Material aus den Oppida belegt. Daher darf diese Erklärung, wie wir glauben — wenngleich in bescheidenerem Maße — auch auf die älteren urgeschichtlichen befestigten Siedlungen angewandt werden. Neben den wirtschaftlichen Voraussetzungen existieren natürlich auch gesellschaftliche Motive, die die Entstehung der befestigten Siedlungen und die Lücken in ihrer Entwicklung erklären können. Die privilegierten Teile der urgeschichtlichen Gesellschaft hatten natürlich großes Interesse an der Befestigung und Sicherung ihrer Stellung in der Gesellschaft. Aus diesem Grunde bauten sie befestigte Siedlungen, Burgwälle und Oppida[32]). Die Zeitlücken, aus denen wir

[31]) J. Neustupný 1960, S. 159, 165; E. and J. Neustupný 1961, S. 82ff.; 125ff.; E. Neustupný 1965b, S. 7ff.; 1965a, S. 392ff.; I. Hásek in: J. Neustupný 1960, S. 216.

[32]) Zu den gesellschaftlichen und wirtschaftlichen Gründen für die Entstehung und Existenz der befestigten Siedlungen, Burgwälle und Oppida siehe J. Neustupný 1967a. J. Bouzek (1966) erklärt das häufigere Auftreten von Burgwällen in der jüngeren Phase der Knovízer Kultur (Late Period): „in this period hill settlements (forts) are commoner alike in south, southwest and central Bohemia ... and evidently announce the advance to a more firmly knit tribal organisation, which then reached its culmination in the Hallstatt Period".

keine Spuren von befestigten Siedlungen besitzen, waren vielleicht Perioden des Reifens der Gesellschaft, in denen man von der Grundformation der vorherigen Periode zu neuen, höheren Stufen der Gesellschaftsentwicklung überging. Erst nach Erreichung einer neuen Entwicklungsstufe baute man neue Typen der befestigten Siedlungen. Es ist interessant, daß die beiden Zeitlücken, deren Existenz man trotz des ungenügenden Forschungsstandes nicht bezweifeln kann, d. h. die Perioden der Hügelgräberkultur und der mittleren Latènezeit, uns archäologisches Material liefern, das auf starke Bewaffnung der Bevölkerung hindeutet; darum wird der militärische Charakter der Hügelgräberleute und der mittellatènezeitlichen Kelten betont[33]).

Dieser Soldatencharakter der archäologischen Kulturen aus den erwähnten Zeitlücken spiegelt vielleicht die gesellschaftlichen Veränderungen wider, die zur gesellschaftlichen Stabilisierung führten. Ausdruck dieser Stabilisierung war der Bau der befestigten Siedlungen, die der Sicherung der erreichten gesellschaftlichen Formation dienten. Daher sollte man die gesamte gesellschaftliche Entwicklung auch im Hinblick auf die wechselnden Perioden betrachten, in denen die befestigten Siedlungen auftreten und wieder verschwinden. Die Perioden mit befestigten Siedlungen können dann den Gipfel der erreichten Entwicklung darstellen, während die Zeitabschnitte ohne Burgwälle Zwischenperioden der inneren Spannungen mit kriegerischen Zusammenstößen im offenen Felde waren, denen die innere Konsolidation fehlte, die den Bau von befestigten Siedlungen erst ermöglichte. Und befestigte Siedlungen setzen eine konsolidierte Gesellschaftsordnung voraus, weil ihr Bau Massenarbeit und gute Arbeitsorganisation erforderte.

Wenn wir die Zeitlücken in der Entwicklung der befestigten Siedlungen miteinander vergleichen wollen, so können wir die jüngere Kupferzeit (Aeneolithikum — die Schnurkeramik und die Glockenbecherkultur) und die älteren Phasen der frühen Bronzezeit als Perioden bezeichnen, in denen das erste Stadium des Patriarchats von der Gesellschaft schon absorbiert war und in denen die folgende Entwicklungsphase Anlauf nahm. Die befestigten Siedlungen des Maďarovce-Věteřov-Typus bildeten den Höhepunkt dieser Phase. Dieser relativ kurzen Entwicklung folgte in der mittleren Bronzezeit mit den Hügelgräberkulturen wieder eine Zwischenzeit, während der eine weitere Entwicklungsphase des Patriarchats verlief, und zwar wieder ohne den Bau von befestigten Siedlungen: Es bereitete sich eine neue Kulmination der Entwicklung in der jüngeren und späten Bronzezeit, in der frühen Eisenzeit und in der älteren Latènezeit vor. In diesen Perioden baute die stabilisierte patriarchalische Gesellschaft Burgwälle. Danach kam es erneut zur Gestaltung neuer Gesellschaftsverhältnisse in der mittleren Latènezeit. Die protohistorischen Kelten, die anfangs keine Burgwälle bauten, gingen einer Kulmination der gesellschaftlichen und wirtschaftlichen Entwicklung entgegen, die beinahe an die Schwelle der Klassengesellschaft und der Staatsinstitutionen führte. Ausdruck dieser gesellschaftlichen Gipfelung und Stabilisierung waren die spätlatènezeitlichen Oppida[34]). Vom indoeuropäischen Neolithikum bis zu den latènezeitlichen Kelten verläuft auf tschechoslowakischem und ihm benachbartem Territorium eine fast ununterbrochene Entwicklung der Populationen, und trotzdem können wir in dieser Entwicklung keine Kontinuität im Bau der befestigten Siedlungen feststellen. Das liegt daran, daß das Vorhandensein oder Fehlen von befestigten Siedlungen ein Spiegelbild und eine Begleiterscheinung der Ver-

[33]) Z. B. I. Hásek in: J. Neustupný 1960, S. 215, 221; J. Břeň, ebenda, S. 312; vgl. auch E. and J. Neustupný 1961, S. 115, 148, 155. Die Lücke in der Entwicklung der befestigten Siedlungen im jüngeren Aeneolithikum ist auch durch die Entwicklung der Waffen gekennzeichnet: die Hammeraxt der Schnurkeramik ist die erste spezialisierte Waffe, die man von Werkzeugen unterscheiden kann, und in der Glockenbecherkultur begegnen wir Bogen und Bronzedolch. Es waren „kriegerische" Kulturen. Siehe J. Neustupný 1960, S. 159, 168; E. and J. Neustupný 1961, S. 83ff. So kann man diese aeneolithische Lücke auf die gleiche Weise erklären wie bei den Hügelgräberkulturen der mittleren Bronzezeit und der Kultur der mittellatènezeitlichen Gräber.

[34]) Die wirtschaftlichen und gesellschaftlichen Entwicklungsphasen sind bearbeitet nach E. and J. Neustupný 1961; E. Neustupný 1967a.

änderungen in der Entwicklung der urgeschichtlichen Gesellschaft darstellen[35]). Was die Zeitlücken in der römischen Kaiserzeit und in der Völkerwanderungszeit anbetrifft, aus denen wir keine befestigten Siedlungen kennen, muß man bedenken, daß es sich in diesem Falle um germanische Stämme handelt, die von außen kamen und die die keltische Bevölkerung verdrängten. Diese Zwischenperiode ist also keine Vorbereitungsphase für die folgende Burgwallperiode (der tschechischen Slawen). Im germanischen Westen Mitteleuropas verlief die Entwicklung anders als auf dem tschechoslowakischen Territorium und in seinen Nachbargebieten. Diese Gebiete waren von den tschechischen oder anderen Slawen besiedelt, die mit der vorherigen germanischen gesellschaftlichen und wirtschaftlichen Entwicklung nichts zu tun hatten. So kommen wir von einer anderen Seite zur Umarbeitung der ursprünglichen Erklärung E. Šimeks.

Aus dem hier Gesagten ersieht man, daß wir die Zeit, in der befestigte Siedlungen, Burgwälle oder Oppida existierten, als Perioden der gesellschaftlichen und wirtschaftlichen Stabilisierung betrachten. Die Perioden, in denen keine befestigten Siedlungen erscheinen, sind Zeitabschnitte der Konflikte und der Gestaltung der gesellschaftlichen und wirtschaftlichen Phasen, die sich erst durch den Bau von befestigten Siedlungen, Burgwällen und Oppida konsolidierten.

„Urgeschichtliche Städte"

Man kann sagen, daß die Anfänge der Differenzierung zwischen offenen und befestigten Siedlungen schon im Neolithikum bemerkbar sind und daß sie mit Intervallen, die wir als Lücken oder Zwischenperioden bezeichnen, bis in die historische Zeit fortdauern. Nach dem Neolithikum begannen sich die befestigten Siedlungen auch in der Lage von den offenen zu unterscheiden. Sie wurden auf Anhöhen und abseits des Ackerbodens gebaut, während die offenen Siedlungen weiterhin an Ackerböden gebunden blieben[36]). Damit kann man die verschiedenen Funktionen beider Siedlungstypen erklären. Die offenen Siedlungen waren von den Leuten besiedelt, die auf dem Ackerboden arbeiteten; die Burgwälle gehörten Leuten, die sich auch mit anderer Produktion beschäftigten[37]). In jedem Falle waren die Burgwälle den offenen Siedlungen wirtschaftlich und gesellschaftlich übergeordnet.

Die neolithischen und aeneolithischen befestigten Siedlungen und Burgwälle aus der Bronzezeit, der älteren Eisenzeit und der Spätlatènezeit können wir nur als Vorläufer der Siedlungen von Stadtcharakter betrachten, auch wenn wir sie mit offenen Siedlungen konfrontieren und sie, vom Gesichtspunkt der wirtschaftlichen und gesellschaftlichen Entwick-

[35]) Die Rechtshistoriker weisen auf die Lücken in der Entwicklung der urgeschichtlichen politischen und Rechtsinstitutionen hin. V. Vaněček (1957) ist der Meinung, daß diese Lücken verschiedene Gründe haben, die sich aber alle auf den gleichen Nenner bringen lassen: die Wechsel in den Führungsschichten der urgeschichtlichen Bevölkerung. Der Autor akzeptierte (i. J. 1957) zwar die Migrationstheorie in der urgeschichtlichen Entwicklung, fügt aber hinzu: „sowohl für die Differenzierung als auch für die Superposition haben wir bis zum Anfang unserer Zeitrechnung nur archäologische Beweise" (ebd., S. 8). Wie schon einige Male erwähnt wurde, war die Entwicklung der Besiedlung und der Populationen auf dem tschechoslowakischen Territorium und in seinen Nachbargebieten Mitteleuropas vom Neolithikum bis zu unserer Zeitrechnung beinahe ununterbrochen, und wir können keine Migrationen nachweisen: Die Veränderungen in der Gesellschaft werden durch die inneren gesellschaftlichen Konflikte bewirkt.

[36]) In Hradec bei Kadaň in Nordwestböhmen fand man auf dem Burgwall, dessen Befestigung I. Pleinerová (1957, S. 498ff.) der Periode der tschechischen Slawen zuschreibt, auch Keramik aus der jüngeren römischen Zeit (und Knovízer Keramik). Spuren der vorslawischen Befestigung fand man nicht, weil die archäologische Untersuchung hier nur einen geringen Umfang besaß. In jedem Falle aber liegt hier eine Höhensiedlung aus römischer Zeit vor, was in Böhmen ein außergewöhnliches Phänomen darstellt.

[37]) Befestigte Siedlungen abseits des Ackerbodens auf Anhöhen konnten nur angelegt werden, wo die natürlichen Voraussetzungen, nämlich Anhöhen, existierten. Bei weniger günstigen Naturbedingungen suchte man doch solche Plätze aus, die diesen Grundsätzen mindestens teilweise entsprachen. Die Absicht in der Auswahl solcher Plätze ersieht man daraus, daß Burgwälle und Oppida nicht auf Ackerboden in den Ebenen gegründet wurden, obwohl das ebensogut wie im Neolithikum möglich war. Über die Burgwälle der tschechischen Slawen in den Ebenen und auch in Moorgebieten siehe die Anmerkungen 18—20.

lung aus, für Siedlungsagglomerationen vom höheren Typ halten. Sie sind aber keine echten Städte, auch wenn wir das Attribut „urgeschichtlich“ hinzufügen. Diese Siedlungen enthielten zwar Keime der Stadtentwicklung, wurden aber nicht zu Städten, weil ihre Entwicklung für gewisse Zeitperioden unterbrochen wurde, und zwar durch gesellschaftliche und wirtschaftliche Verhältnisse, die der Stadtentwicklung ungünstig waren. Die Anläufe zum Städtewesen im urgeschichtlichen Mitteleuropa wurden mehrmals gestoppt, und der wirkliche Stadtcharakter wurde nie erreicht. Von Städten können wir in Mitteleuropa erst in der Spätlatènezeit reden. Die keltischen Oppida dieser Periode sollte man aber nur als „urgeschichtliche Städte“ bezeichnen[38]), um sie von den kontemporären antiken Städten zu unterscheiden. Auch einigen Burgwällen der tschechischen Slawen kann man ein gewisses Maß an Stadtcharakter zuschreiben[39]).

Der Vergleich zwischen der Situation im Nahen Osten und im urgeschichtlichen Mitteleuropa zeigt, daß die Wege zum Städtewesen sehr verschieden waren. Die Entwicklung im Nahen Osten verlief direkt, kurz und schnell, die im urgeschichtlichen Mitteleuropa dagegen kurvenreich, indirekt und langsam, und es ist nicht immer sicher, ob die Anläufe zum Städtewesen durch eigene Entwicklung oder z. T. doch unter dem Einfluß der Zivilisation des Altertums vonstatten gingen. Die Städte und Stadtstaaten im Nahen Osten wurden rund 3000 v. u. Z. gegründet, während das urgeschichtliche Mitteleuropa ein ähnliches Stadium erst in den latènezeitlichen Oppida des 1. Jh. v. u. Z. erreichte. Die volle Entwicklung des Stadtlebens wurde aber in Mitteleuropa (mit Ausnahme von römischen Territorien) erst im Verlauf des Mittelalters erreicht. In diesem Falle hat Mitteleuropa dem Nahen Osten gegenüber eine Verspätung von etwa 4000 Jahren.

Literaturverzeichnis

Beneš, A. 1959 — K problémům mohylové kultury doby bronzové ve středních Čechách, in: Sborník Národního muzea v Praze 13, 1/2, S. 1—96.

Böhm, J. 1946 — Naše nejstarší města, Praha.

Bouzek, J. 1966 — Settlement of Knovíz Culture in Northwest Bohemia, Prague.

Břeň, J. 1966 — Třísov, a Celtic Oppidum in South Bohemia, Prague.

Coblenz, W. 1964 — Burgen der Lausitzer Kultur in Sachsen, in: Studien aus Alteuropa I, Köln, S. 189—204.

Coblenz, W. 1966 — Frühmittelalterliche Burgen mit steinerner Blendmauer aus dem Gebiet nördlich und südlich des Erzgebirges, in: Sborník Národního v Praze 20, 1/2, S. 191—199.

Dehn, W. 1962 — Aperçu sur les oppida d'Allemagne de la fin de l'époque celtique, in: Celticum III, S. 329 bis 386.

Florescu, A. C. 1966 — Observaţii asupra sistemului de fortificare al aşezărilor cucuteniene din Moldova, in: Archeologia Moldovei 4, S. 23—37, mit französischem Resumé.

Grimm, P. 1954 — Frühe Burgen und Städte im Saalemündungsgebiet, in: Frühe Burgen und Städte, Berlin, S. 137—142.

Grimm, P. 1958 — Die vor- und frühgeschichtlichen Burgwälle der Bezirke Halle und Magdeburg, Berlin.

Grimm, P. 1960 — Archäologische Beiträge zur Siedlungs- und Verfassungsgeschichte der Slawen im Elb-Saalegebiet, in: Siedlung und Verfassung der Slawen zwischen Elbe, Saale und Oder, Gießen, S. 15—26.

Hájek, L. 1956 — Chronologie de la civilisation des gobelets campaniformes en Tchécoslovaquie, in: Chronologie préhistorique de la Tchécoslovaquie, Prague, S. 64f.

Hensel, W. 1963 — Polnische Burgen und ihr Befestigungssystem im frühen Mittelalter, in: Arbeits- und Forschungsberichte zur sächsischen Bodendenkmalpflege 11/12, S. 549—580.

[38]) Siehe die Anmerkungen 15, 16.
[39]) Siehe die Anmerkungen 19, 20.

Hensel, W. 1967 — Polska przed tysiącem Lat, Wrocław-Warszawa-Kraków.

Herrmann, J. 1960 — Die vor- und frühgeschichtlichen Burgwälle Groß-Berlins und des Bezirkes Potsdam, Berlin.

Hrubý, V. 1961 — Velkomoravská města a velmožské dvorce, in: Referáty o pracovních výsledcích čs. archeologů za rok 1960, Praha.

Hrubý, V. 1965 — Staré město — velkomoravský Velehrad, Praha, mit deutschem Resumé.

Kostrzewski, J. 1949 — Les origines de la civilisation polonaise, Paris.

Maličký, J. 1948 — Předslovanská hradiště v jižních a západních Čechách, in: Památky archeologické 43, S. 21—42, mit französischem Resumé (S. 136f.).

McC. Adams, R. 1966 — The Evolution of Urban Societies. Early Mesopotamia and Prehispanic Mexico, Chicago.

Moreau, J. 1961 — Die Welt der Kelten, Stuttgart.

Neustupný, E. 1965a — Hrob z Tušimic a některé problémy kultur se šňůrovou keramikou, in: Památky archeologické 56, 392—456, mit englischem Resumé.

Neustupný, E. 1965b — Pastevectví v našem pravěku, in: Dějiny a současnost 7/1.

Neustupný, E. 1967a — The Beginnings of Patriarchy in Central Europe, in: Rozpravy Československé Akademie Věd 77,2.

Neustupný, E. 1967b — Abolute chronology of the Neolithic and Aeneolithic periods in Central and South-Eastern Europe, in: Slovenská archeológia 16, S. 19—60.

Neustupný, E. and J. 1961 — Czechoslovakia before the Slavs, London and New York.

Neustupný, J. 1948/50 — Neolitická opevněná osada v Hlubokých Mašůvkách u Znojma, in: Časopis Národního Muzea 117/19, 1950, S. 11ff.

Neustupný, J. 1950 — Fortifications appartenant à la civilisation danubienne néolithique, in: Archiv Orientální – Journal of the Czechoslovak Oriental Institute 18,4 (Festschrift B. Hrozný), S. 131—158.

Neustupný, J. 1951 — Vorgeschichte der Lausitz, Berlin-Leipzig.

Neustupný, J. (Hrsg.) 1960 — Pravěk Československa, Praha.

Neustupný, J. 1961 — K otázce hranice mezi prehistorií a historií, in: Památky archeologické 52, S. 13—17, mit französischem Resumé.

Neustupný, J. 1965 — L'histoire économique et sociale de l'Enéolithique en Europe Centrale, in: Atti del VI Congresso Internazionale delle Scienze Preistoriche e Protoistoriche, II-Communicazioni I/IV, Firenze, S. 376—377.

Neustupný, J. 1967a — Essai d'explication de la fonction des stations préhistoriques fortifiées en Europe Centrale, in: Atti di Convegno La Città etrusca i italica preromana, Bologna-Ferrara, S. 1—5.

Neustupný, J. 1967b — From Indoeuropeans to Prehistoric Celts in Central Europe, in: Mélanges Henri Breuil, „Revista da Faculdade de Letras" III série, No. 10, S. 1—32. Lisboa.

Pleinerová, I. 1957 — Staré opevnění v Hradci u Kadaně, in: Archeologické rozhledy 9, S. 479—500, mit französischem Resumé.

Poulík, J. 1960 — Staří Moravané budují svůj stát, Gottwaldov, mit deutschem Resumé.

Schlette, F. 1953 — Aunjetitzer Gräber und jungsteinzeitliche Befestigungsanlage von Stemmern, Kreis Wanzleben, in: Jahresschrift für mitteldeutsche Vorgeschichte 37, S. 161—176.

Šimek, E. 1947/48 — Kdy vznikala hradiště, in: Z dávných věků 1, 1948, mit englischem Resumé.

Štěpánek, M. 1965 — Opevněná sídliště 8.—12. století ve střední Evropě, Praha.

Tempír, Z. 1961 — Archeologické nálezy obilnin na území Československa, in: Vědecké práce výzkumných ústavů Československé Akademie Zemědělských Věd, Praha, S. 159ff.

Tempír, Z. 1964 — Beiträge zur ältesten Geschichte des Pflanzenbaus in Ungarn, in: Acta Archaeologica Academiae Scientiarum Hungaricae 16, S. 65—98.

Tempír, Z. 1966 — Výsledky paleobotanického studia pěstování rostlin na uzemí ČSSR, in: Vědecké práce Československého zemědělského muzea, Praha, S. 27—144.

Točík, A. 1961 — Stratigraphie auf der befestigten Ansiedlung in Malé Kosihy, Bez. Štúrovo, in: Kommission für das Aeneolithikum und die ältere Bronzezeit, Bratislava, S. 17—42.

Turek, R. 1952a	Stav výzkumu staročeských hradišt, in: Slavia Antiqua 2, S. 389—421, mit französischem Resumé.
Turek, R. 1952b	Kmenová území v Čechách, in: Časopis Národního Muzea 121, S. 3ff., mit französischem Resumé.
Turek, R. 1957	Die frühmittelalterlichen Stämmegebiete in Böhmen, Praha.
Turek, R. 1963	Čechy na úsvitě dějin, Praha.
Vaněček, V. 1957	Keltská a germánsko-římská kapitola dějin práva a státu v Československu, in: Právněhistorické studie 3.
Vencl, S. 1961	Studie o Šáreckém typu, in: Sborník Národního Muzea v Praze 15, S. 93—140, mit deutschem Resumé.

Zur Deutung bandkeramischer Siedlungsfunde aus Auen und grundwassernahen Standorten

Von Hans Quitta, Berlin

Mit 1 Textabbildung

Die Flußauen wurden, ähnlich wie der Wald, meist für eine in urgeschichtlicher Zeit wenig begangene und durch häufige Überschwemmungen als siedlungsfeindlich anzusehende Landschaft gehalten. In Sachsen war es R. Grahmann (1934, S. 73f.), der zuerst diese irrtümliche, weil auf den heutigen Zustand der Aue zurückgehende Vorstellung widerlegte. Anhand der damals aus der näheren Umgebung von Leipzig bekannten archäologischen Funde nahm er an, daß die Auelehmdecke im Elster-Pleiße-Becken sich erst im Laufe des Subatlantikums als Folge einer in der frühen Eisenzeit einsetzenden Klimaverfeuchtung gebildet hat und die Flußtäler vorher wenigstens stellenweise bewohnbar waren. Dieser Auffassung folgte im wesentlichen später auch K. Tackenberg (1937, S. 15f.), wobei er jedoch eine bereits in der mittleren Bronzezeit vorhandene Sedimentation durch entsprechende Siedlungsfunde aus der Elster- und Parthenaue wahrscheinlich machte. Sowohl Grahmann als auch Tackenberg hielten eine Besiedlung der Auen im Neolithikum prinzipiell für möglich, ohne diese jedoch aus dem Leipziger Land nachweisen zu können. Gleiches gilt für K.-D. Jäger (1962, S. 1f.), der in einer breit angelegten Untersuchung über das Alter und die anthropogenen Ursachen der Auelehmablagerungen nur Belege für eine bronze- und früheisenzeitliche Besiedlung der Auen im Flußgebiet der Weißen Elster und ihrer Nebenflüsse anführte.

Eine Kartierung[1]) der bandkeramischen Fundstellen im Leipziger Land (vgl. Abb. 1) war Anlaß, der Frage einer möglichen neolithischen Besiedlung der Elsteraue nachzugehen. Im Norden und Süden von Zwenkau sind verschiedentlich bandkeramische Steingeräte und seltener auch Scherben und Siedlungsgruben angetroffen worden, die darauf hindeuten, daß die Flußniederungen in Nähe der auf dem Terrassenrand liegenden neolithischen Dörfer ebenfalls in den wirtschaftlich genutzten Siedlungsraum einbezogen waren. Der gute Erhaltungszustand der Keramik, wie auch die spezifische Zusammensetzung einzelner Geräteinventare schließen eine durch Hangerosion oder längeren Wassertransport bedingte sekundäre Lagerung weitgehend aus. Der größte Teil dieser Funde wurde beim Lehmabbau der seit Ende des vorigen Jahrhunderts hier sehr zahlreichen Ziegeleibetriebe gemacht und ist ohne wissenschaftliche Dokumentation geblieben. Erst aus neuerer Zeit liegen einige Befunde vor, die auch Rückschlüsse auf die Auenlandschaft zur Zeit des Neolithikums gestatten.

[1]) Verf. konnte sich hierbei auf die in den Diplomarbeiten von E. Hoffmann-Ludewig (1954) und H. Berlekamp (1954) angeführten Fundstellen stützen. Außerdem wurden die Ortsakten der im Kartenausschnitt erfaßten Teile der Kreise Leipzig, Borna, Altenburg und Merseburg in den Archiven der Landesmuseen für Vorgeschichte in Dresden und Halle/S. durchgesehen.
Weitere wertvolle Hinweise werden dem inzwischen verstorbenen Leiter des Heimatmuseums Zwenkau, Architekt C. Germer, sowie Dr. h. c. R. Moschkau und Dipl. phil. H. Hanitzsch in Leipzig, Dipl. phil. W. Baumann, Dresden, und R. Dunkel, Taucha, verdankt.
Aus Platzgründen mußte zunächst von einer listenmäßigen Erfassung der 72 kartierten Fundstellen abgesehen werden; diese wird jedoch im Rahmen einer späteren, mehr auf siedlungsgeographische Gesichtspunkte Bezug nehmende Arbeit über die Bandkeramik im Leipziger Land nachgeholt.

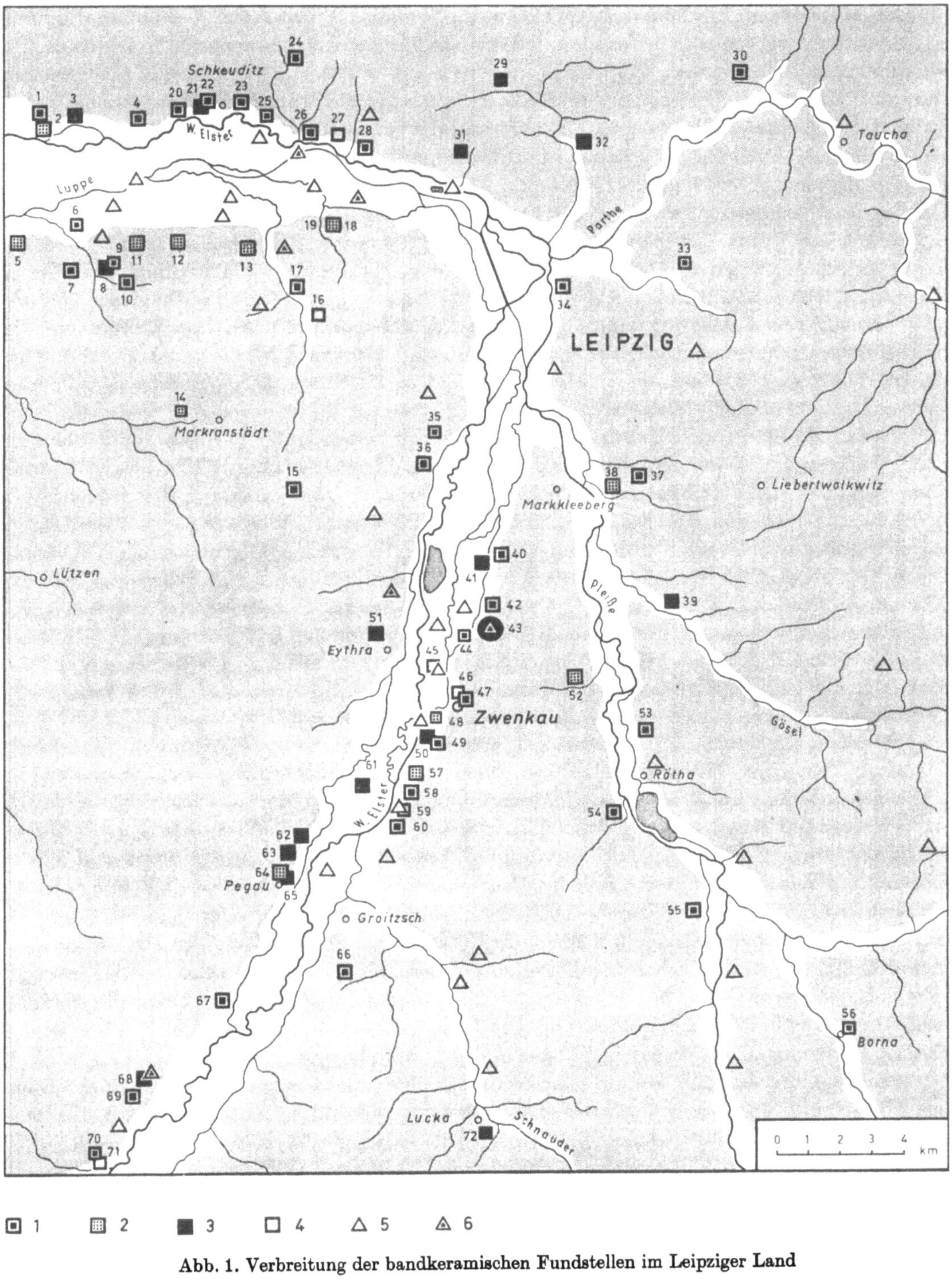

Abb. 1. Verbreitung der bandkeramischen Fundstellen im Leipziger Land

1 Linienbandkeramik
2 Stichbandkeramik
3 Linien- und Stichbandkeramik
4 Zuweisung zur Bandkeramik unsicher
5 Mehrere bandkeramische Steinwerkzeuge
6 Bandkeramische Depotfunde

In der Regel wurden die bandkeramischen Hinterlassenschaften an der Oberkante der Flußschotter oder im Liegenden des Auelehms angetroffen. Wie den Archivakten des Landesmuseums für Vorgeschichte in Dresden und den wenigen Aufzeichnungen im Heimatmuseum Zwenkau zu entnehmen war, handelte es sich um Funde von Schuhleistenkeilen, Flachhacken und durchbohrten Keilen aus der im Nordwesten der Harthsiedlung (Nr. 43) gelegenen ehemaligen Ziegeleigrube Dieter, später Kinne, und der früheren Lehmgrube Koch in der Flur „Weiße Mark" zwischen W. Elster und Batschke. Weitere bandkeramische Felsgeräte meldete Museumsleiter C. Germer, Zwenkau, aus den Ziegeleigruben im Diebesgrund, westlich des Harthschlößchens. Von dieser Fundstelle (Nr. 44) werden außerdem Scherben der jüngeren Linienbandkeramik im Naturhist. Museum Leipzig (Ug 13605a—c) aufbewahrt. Heute nicht mehr näher zu überprüfen ist auch ein Bericht im Museum Zwenkau über die in den Jahren 1905—1910 gesammelten Steingeräte und Scherben der Bandkeramik aus der ehem. Lehmgrube Dietze am Herrengartenweg im Eichholz (Nr. 45). Gleiches gilt für die linien- und stichbandkeramischen Scherben im Museum Leipzig (Ug 15991—96; Ug 16303 bis 05), die in dem am Ostrand der Aue nach Prödel zu liegenden Abbaubereich der Ziegelei Zöbigker (Nr. 41) aufgefunden wurden.

Aus dem Raum südlich Zwenkau sind bandkeramische Funde aus der Elsteraue von Zwenkau-Kotzschbar (Nr. 48) und Zwenkau-Imnitz (Nr. 50) bekannt. Von beiden Lokalitäten befanden sich stichbandkeramische Scherben und Steinwerkzeuge im Heimatmus. Zwenkau, die man hier bei Regulierungsarbeiten des Elsterflußbettes in den 50er Jahren ausgebaggert hatte. Flußaufwärts sind wiederum bandkeramische Steinwerkzeuge aus dem „Elsterbruch" westlich Rüssen-Kleinstorkwitz (Nr. 59) und von der Ziegeleigrube der Fa. Erbs an der von Pegau nach Osten die Aue durchquerenden Landstraße belegt. Wichtiger durch ihre genaue Beobachtung ist eine Fundmeldung von Dr. R. Moschkau, Leipzig, aus dem Jahre 1951. In der am Wege nach Großdalzig, etwa 250 m vom rechten Elsterufer entfernt liegenden Lehmgrube der Ziegelei Imnitz (Nr. 50) stellte er in 1,4—1,6 m Tiefe Siedlungsgruben mit linien- und stichbandkeramischen Scherben fest.

Noch eindeutiger in der Aussage erweist sich ein neuerer Befund südwestlich Löbschütz, Kr. Borna (Nr. 57). 1962 wurden auf dem leicht geneigten Elsterhang zwischen der Fernstraße F2 und dem Elsterbett zahlreiche urgeschichtliche Objekte beim Verlegen von zwei neuen Ferngasleitungen angeschnitten und von K. Simon archäologisch und dem Geologen D. Händel hinsichtlich ihrer holozänstratigraphischen Lagerung untersucht. Dabei zeigte sich, daß die dem Neolithikum sowie der Urnenfelder- bis Hallstattzeit zuzuweisenden Siedlungsgruben in den einer älteren Auelehmablagerung aufliegenden fossilen A-Horizont eingetieft waren, der von einer ins Mittelalter datierten jüngeren Sedimentation überdeckt wurde. Unter den neolithischen Siedlungsspuren befanden sich Gruben der Baalberger und Gaterslebener Gruppe sowie die Grube 8 mit stichbandkeramischem Material. Nach D. Händel (1964, S. 1144f.) beweist der Befund von Löbschütz, daß die ersten Ansätze einer Auelehmbildung im Stromgebiet der Weißen Elster in das Atlantikum zurückreichen[2]).

Weitere bandkeramische Funde, die zumindest eine starke Begehung, wenn nicht zeitweise Besiedlung des Elstertales wahrscheinlich machen, sind seit vielen Jahrzehnten aus der Elster-Luppe-Aue im Westen von Leipzig belegt. Bereits M. Näbe (1915, S. 83f.) wies darauf hin, daß die bandkeramischen Steingeräte nicht nur entlang des Elsterhochufers,

[2]) Herrn Dr. D. Händel und Herrn dipl. phil. K. Simon, Leipzig, sei für nähere Auskünfte und die Einsichtnahme in einzelne Grabungspläne herzlich gedankt.
Nach Fertigstellung des Manuskriptes erschien ein Auszug der Dissertation von D. Händel, Das Holozän in den nordwestsächsischen Flußauen (Hercynia N. F. 4, 1967, S. 152—198), wo anhand weiterer Aufschlüsse zwei Sedimentationsphasen unterschieden werden. Die Bildung des älteren Auelehms im Atlantkium ist nach H. vorwiegend durch eustatische Meeresspiegelschwankungen im Postglazial verursacht worden, während die Sedimentation des jüngeren Auelehms im Subatlantikum durch das „Zusammenwirken klimatischer und menschlicher Einflüsse" bedingt ist.

sondern auch in der Flußniederung häufig zutage kommen. Größere Mengen solcher Werkzeuge wurden auf den „Tümpelwiesen“ nördlich Dölzig (Nr. 13) und, wahrscheinlich zusammen mit stichbandkeramischen Scherben, in Schlobachs Lehmgrube westlich von Gundorf (Nr. 19) aufgefunden. Gleichfalls in den Ortsakten mehrfach erwähnt werden bandkeramische Steinwerkzeuge aus der Leisebeinschen Lehmgrube im Nordwesten von Böhlitz-Ehrenberg. Einer Beschreibung der dortigen Fundumstände (Parzelle 174, Gem. Böhlitz-Ehrenberg) ist zu entnehmen, daß die Steingeräte unter 1,5 m mächtigem Auelehm auf einer den Diluvialkies abschließenden bläulichen Lehmschicht (Flußschlick?) lagen. Andere Funde stammen vom Nordrand des Elstertales aus der Gegend des Auensees in Leipzig-Wahren sowie von den Lehmgruben am Rande der Papitz und aus der Quasnitzer Aue östlich Schkeuditz.

Abgesehen von Oberflächenfunden auf den höher gelegenen Talsandinseln bei Klein-Liebenau und südlich Dölkau scheinen jedoch echte Auenfunde in dem bereits zum Kreis Merseburg gehörenden Teil der Elster-Luppe-Aue (H. Berlekamp 1954, S. 30f.) seltener zu sein, was vielleicht aber auch durch die hier fehlenden Aufschlüsse mit bedingt sein kann. Dasselbe trifft teilweise auch für die Niederungen im Leipziger Stadtgebiet zu, wo nur wenige bandkeramische Werkzeuge, darunter ein durchbohrter Schuhleistenkeil von den „Schleußiger Wiesen“ (E. Hoffmann-Ludewig 1954, S. 45f.) nachweisbar sind. Eine Ausnahme bilden die im Auengelände auf dem Fleischerplatz (jetzt Friedrich-Engels-Platz) von M. Näbe geborgenen linienbandkeramischen Scherben, bei denen jedoch nicht auszuschließen ist, daß sie, durch spätere Erdbewegungen verlagert, von der unmittelbar benachbarten Siedlung auf dem Matthäikirchhof (Nr. 34) stammen (H. Hanitzsch und G. Mildenberger 1960, S. 47).

Unter den in den Auen aufgefundenen Steingeräten sind im Unterschied zu sonstigen Siedlungsfunden oft auffallend große und in vielen Fällen vollständig erhaltene, mit geschliffenen Schneiden versehene Exemplare. Man kann sich des Eindruckes nicht erwehren, daß der größte Teil dieser Geräte nicht zufällig verloren, sondern absichtlich niedergelegt wurde. Unterstützt wird unsere Vermutung durch die sich in der näheren Umgebung dieser Fundstelle häufenden bandkeramischen Depotfunde, obgleich anzunehmen ist, daß diese nur selten als solche erkannt wurden. Neben dem aus dem Talkies der Weißen Elster südlich Hänichen (Parzelle 326, Gem. Lützschena) gehobenen Hortfund (H. Quitta 1955, S. 31) dürften drei in Form, Größe und Material weitgehend übereinstimmende Schuhleistenkeile und eine etwas kleinere durchlochte Steinaxt (Mus. Leipzig V 1604—1607) aus der Lehmgrube Leisebein (Parzelle 234, Gem. Böhlitz-Ehrenberg) mit großer Wahrscheinlichkeit ebenfalls als ein Zusammenfund aufzufassen sein. Gleiches trifft auf einen Fund von drei bandkeramischen Steinwerkzeugen von dem nur 2,5 km entfernten Bienitz bei Burghausen zu (E. Hoffmann-Ludewig 1954, S. 27).

Eine ähnliche Situation wiederholt sich im Elsterabschnitt nördlich Zwenkau, wo ein aus zwei über 30 cm langen durchbohrten Keilen bestehender Zusammenfund aus dem Sandgrubengelände der Harth stammt (unveröffentlicht, Slg. O. Karl, Leipzig). Ein weiteres Depot mit zwei großen Flachbeilen und einem Schuhleistenkeil vom gegenüberliegenden Elsterufer südlich Bösdorf ist von L. Schmidt (1962, S. 73f.) vorgelegt worden. Dabei ist interessant, daß hier wie auch im Westen von Leipzig die Verbindung über das Elstertal durch eine größere Anzahl bandkeramischer Einzelfunde markiert wird. Zieht man außerdem in Betracht, daß an diesen Stellen die sonst mehrere Kilometer breite Aue eine leichte Einschnürung aufweist, so ist es naheliegend, an einen alten, bereits im Neolithikum benutzten Flußübergang zu denken. Die auffallende Häufung der Steinwerkzeuge würde sich dann kaum anders erklären lassen, als daß die Geräte in Nähe dieser Furtstellen als Votivgaben im Fluß selbst oder an nassen bzw. vermoorten Plätzen der Aue versenkt wurden. Daß dies nicht nur zur Zeit der Bandkeramik — und auch hier auf Grund der chronologischen Stellung der durchlochten Gerätetypen vorwiegend der Stichbandkeramik — der Fall war, bezeugen zahlreiche jungneolithische Steinbeile, die z. B. von der bereits erwähnten Fundstelle „Schlobachs Lehmgrube“ bei Gundorf in den Ortsakten vermerkt sind. Entsprechende Beobachtungen dürften bei einer systematischen Registrierung des mitteldeutschen Steinmaterials auch aus anderen neolithischen Siedlungszentren zu erwarten sein.

Die Bedeutung der Flußauen für die Rekonstruktion des neolithischen Landschaftsbildes ist eng verbunden mit der Entstehungsfrage des Auelehms. Während noch Grahmann und Tackenberg als Ursache der Auelehmbildung fast ausschließlich klimatische Faktoren verantwortlich machten, wird diese in neueren Untersuchungen (H. Mensching 1951, S. 60f.; G. Reichelt 1953, S. 245f.) vorwiegend als eine Folge menschlicher Eingriffe in die ursprüngliche Landschaft angesehen. Für diese betont anthropogene Interpretation hat zuletzt K.-D. Jäger (1962, S. 1f.) ein sehr umfangreiches Beweismaterial aus dem südmitteldeutschen Raum zusammengetragen und dabei besonders auf die in den mittelalterlichen Rodungsgebieten besser erkennbaren Zusammenhänge zwischen Besiedlung, Waldrodung, Bodenerosion und Auelehmbildung aufmerksam gemacht[3]). Wenn nun, wie der Befund von Löbschütz zeigt, die ersten Ansätze einer Auensedimentation im Elsterbecken bereits in die Zeit vor der Stichbandkeramik zurückreichen, so dürften ähnliche Bildungsursachen nicht auszuschließen sein.

Hierfür spricht zunächst, daß das im Süden von Zwenkau liegende Einzugsgebiet der Weißen Elster eine relativ dichte bandkeramische Besiedlung aufweist. Die während der Zeit der Linienbandkeramik auf den Terrassenhängen einsetzende Waldrodung hat wahrscheinlich, ähnlich den im Leinetal gemachten Beobachtungen (F. Scheffer und B. Meyer 1963, S. 15), schon im Frühneolithikum eine begrenzte Bodenverlagerung ausgelöst. Trotz der, verglichen mit der mittelalterlichen Rodung, nur kleinen waldfreien Flächen dürfte die Summierung der Rodungseffekte aus den talnahen Randzonen des Altenburg-Zeitzer-Lößgebietes eine erhöhte Materialzufuhr der Elster und ihrer Nebenflüsse bewirkt haben, die nach K.-D. Jäger (1962, S. 49) wiederum erst die Voraussetzung einer meist im Unterlauf feststellbaren vormittelalterlichen Auelehmakkumulation ist. Außerdem darf angenommen werden, daß die Schwebstofführung der Flüsse durch das in einzelnen Abschnitten des Atlantikums herrschende feuchtwarme Klima gefördert wurde, wenn auch nicht in dem Maße, wie es bei D. Händel (1964, S. 1146f.) in der generellen Unterscheidung zwischen einer älteren, ausschließlich geologisch-klimatisch und einer jüngeren, anthropogen bedingten Auelehmbildung des Mittelalters zum Ausdruck kommt. Sieht man von der im Altholozän erfolgten Sedimentation von Flußschlick und der verschiedenen „Tal-Lehme“ (H. Neumeister 1964, S. 65f.) ab, so fehlen aus dem Flußgebiet der W. Elster bisher eindeutige Beweise für eine von der menschlichen Tätigkeit unbeeinflußte präneolithische Auelehmablagerung. Ähnliches scheint ebenfalls für die erstmalig aus dem Mittelholozän nachgewiesenen Auelehme des Leinetals zuzutreffen, die nach G. Lüttig (1960, S. 43f.) in die Pollenzone VI (nach Firbas) zu datieren sind.

Obwohl also die Elstertalsohle streckenweise schon zur Zeit der Stichbandkeramik mit fluviatilen Sedimenten bedeckt war, wird eine zusammenhängende, das ganze Tal ausfüllende Lehmdecke damals noch nicht bestanden haben. Große Teile der Aue dürften im Neolithikum von Schotterbänken und Flußschlick eingenommene Flächen gewesen sein, zwischen denen der sein Bett wechselnde Fluß seichte Altwässer zurückließ. Dies erklärt auch, warum viele Steinwerkzeuge auf dem Talkies oder im Grenzhorizont von Flußschlick und Auelehm angetroffen werden. Soweit die breite Uferzone nicht mit Eichenmischwald bestockt war, dürften feuchtere Standorte bevorzugende Baumarten wie Erle, Weide und Esche das Landschaftsbild bis weit in frühgeschichtliche Zeit hinein bestimmt haben (vgl. U. Willerding 1960, S. 435f.). Die wirtschaftliche Nutzung der Talniederungen erstreckte sich neben Jagd und Fischfang vor allem auf die Viehhaltung. Gerade für diesen Zweig der

[3]) Manche Anregung zu dieser Darstellung erhielt Verf. in mehreren Diskussionen mit dem damals ebenfalls am Akademie-Institut beschäftigten Kollegen Dr. K.-D. Jäger, dem ich hierfür meinen besten Dank sagen möchte.

bandkeramischen Wirtschaft war die Aue durch den kräftigeren Bewuchs flußnaher Fluren und als Reservoir der Wasserversorgung von größter Bedeutung.

Die einer Besiedlung der Flußauen entgegenwirkende periodische Überschwemmungsgefahr wird im Neolithikum viel geringer gewesen sein als im Mittelalter oder in der Zeit vor der Regulierung der Flüsse. Der saisonbedingte Regenüberschuß wurde von ausgedehnten Laubwäldern weitgehend absorbiert, so daß mit größeren Hochfluten nur in Ausnahmefällen zu rechnen war. Nicht zuletzt deutet der auf dem alten Auelehm der neolithischen Taloberflächen ausgebildete dunkle A-Horizont (z. B. Löbschütz) auf eine zeitweise relative Trockenheit der damaligen Auelandschaften hin. Wenn trotzdem neolithische Siedlungsfunde nur verhältnismäßig selten sind, sollte man nicht außer acht lassen, daß diese, soweit sie nicht von jüngeren Erosionsphasen weggeschwemmt wurden, unter einer oft mehrere Meter mächtigen jüngeren Lehmdecke begraben liegen. Es ist deshalb bezeichnend, daß alle neolithischen Auenfunde aus Lehm- und Kiesgrubenaufschlüssen stammen bzw. als Baggerfunde bei Flußregulierungsarbeiten oder anderen Bauvorhaben geborgen wurden.

Andererseits ist aber auch nicht zu erwarten, daß in den Niederungen der Flußtäler, den bandkeramischen Dörfern vergleichbar, große Ansiedlungen bestanden haben. Die unter dem Auelehm angetroffenen spärlichen Kulturreste lassen eher auf kleine Niederlassungen mit leicht gebauten Hütten schließen, die nur saisonbedingt bewohnt waren und wahrscheinlich in Verbindung mit den auf dem Terrassenrand liegenden Dorfsiedlungen errichtet wurden. Auf die mögliche Existenz solcher bandkeramischer „Subsidia" im heutigen Inundationsgebiet der Flüsse und an Seeufern hat kürzlich T. Wiślański (1966, S. 474f.) in Kujawien aufmerksam gemacht. Wahrscheinlich standen sie mit den speziellen Erfordernissen der in den einzelnen bandkeramischen Siedlungslandschaften verschieden akzentuiert betriebenen Viehwirtschaft in Zusammenhang. Eine längerwährende, mehrphasige Besiedlung selbständiger Dörfer ist dagegen für die bis zu 3 m aus dem Aueniveau herausragenden Talsandinseln anzunehmen. Entsprechende Siedlungsfunde verschiedener Entwicklungsstufen der Bandkeramik sind von Wiederau (Nr. 61), zwischen Zwenkau und Pegau, sowie durch Werkzeuge und Scherben aus den auch heute landwirtschaftlich intensiv genutzten Talhorsten der Elster-Luppe-Aue bei Klein-Liebenau und südlich Dölkau belegt (H. Berlekamp 1954, S. 30f.).

Die durch die Befunde aus dem Leipziger Land aufgeworfene Frage einer Nutzung und teilweisen bandkeramischen Besiedlung der Flußtäler läßt sich durch in anderen Landschaften gemachte Beobachtungen ergänzen. Vor allem betrifft dies die Elbstromaue um Magdeburg (H. Lies 1963, S. 101f.; 1964, S. 37f.), wo neben Steinwerkzeugen, darunter einem innerhalb dieser Kultur typologisch spät anzusetzenden Depotfund von Magdeburg-Prester, auch die Besiedlung der hochwasserfreien Talsandflächen in der Zeit der Stichbandkeramik festgestellt wurde. Andere aus Auen und grundwassernahen Standorten kommende Funde sind in den letzten Jahren im nordwestthüringischen Kreis Mühlhausen[4]) bei Niederdorla und in einer Schotterschicht der Luhne oberhalb Ammern sowie im Nottertal bei Körner geborgen worden. Ohne auf weitere in ihrer holozänstratigraphischen Position nicht ausreichend geklärte Fundkomplexe einzugehen, sei nur noch auf den bereits in der Literatur mehrfach erwähnten Befund aus der Wipperaue von Mehringen, Kr. Aschersleben, hingewiesen. Nach P. Grimm (1930, S. 42 und S. 175) lagen die der mittleren bis jüngeren Linienbandkeramik zuzuweisenden Siedlungsfunde 2,0—2,5 m unterhalb einer jungalluvialen Auelehmschicht auf der Oberfläche der Flußkiese, die hier den Untergrund der Ziegeleigrube bilden.

In gleicher Weise auswertbare Beobachtungen liegen aus dem westdeutschen Verbreitungsgebiet der Bandkeramik vor. Schon 1928 veröffentlichte F. Behn (1928, S. 27f.) aus dem starkenburgischen Ried bei Goddelau, Kr. Groß Gerau, Funde der älteren und jüngeren Linienbandkeramik sowie der Rössener Kultur, die unter dem heutigen Grundwasserspiegel

[4]) Vortrag von H. Albrecht (†) über die bandkeramische Besiedlung des Mühlhäuser Landes anläßlich der Sitzung der Sektion für Vor- und Frühgeschichte der DAW in Mühlhausen, 6. April 1963.

in einer vermoorten Flußschleife des alten Neckarbettes ausgegraben wurden. Der geologischen und paläobotanischen Profilbeschreibung ist zu entnehmen, daß der Verlandungsprozeß in einem trockenen Klimaabschnitt zur Zeit der Bandkeramik eingesetzt hatte. Eine Datierung des die Torfschicht überlagernden ca. 1,0 m mächtigen Hochflutlehms war leider nicht möglich, so daß auch das Alter der von Behn als „bandkeramische Moorbauten" gedeuteten Pfostensetzung offenbleibt (vgl. W. Jorns 1953, S. 14; W. Meier-Arendt 1966, S. 119). Unter den im Moor zahlreich erhaltenen Tierknochen sind zwei vollständige Hirschskelette (Tieropfer?) erwähnenswert.

Andere im Bereich heutiger Großüberschwemmungen liegende Siedlungsstellen der Linienbandkeramik beschreibt W. Dehn (1941, S. 15) aus dem Nahetal zwischen Kreuznach und Bingen. Am Untermain sind nach W. Meier-Arendt (1966, S. 16f.) meist jüngerlinienbandkeramische Fundplätze aus der Flußaue in der Umgebung von Rüsselsheim, Frankfurt/Main und Hanau bekannt. Das gleiche gilt für den Mittellauf des Mains und seiner Nebenflüsse im mainfränkischen Gebiet zwischen Würzburg und Schweinfurt (Ch. Pescheck 1958, S. 52, 58, 62, 80, 84).

Im mittleren Rheintal zeigte K. Tackenberg (1954, S. 92), daß die Rössener Kultur sowohl die Niederterrassen als auch die Erhöhungen im Überschwemmungsgebiet des Rheins aufsucht. Gleiche Beobachtungen machte bereits K. Schumacher (1921, S. 24) bei einigen Rheinauen im Stadtgebiet von Mainz. Ebenfalls eine im Verhältnis zur Linienbandkeramik stärkere Bevorzugung der Tallagen ist in der Gegend von Heilbronn für die Rössener Kultur (G. Beiler 1938, S. 18) und in einem Teil des niederbayerischen Lößgebietes für die Münchshöfener Gruppe festzustellen (K. Brunnacker und G. Kossack 1957, S. 49). Etwa zur selben Zeit tauchen Siedlungen der zum Mittelneolithikum überleitenden spätdonauländischen Kulturgruppen an den vermoorten Uferrändern des Federsees und in der Aue des Blaubachtales bei Ehrenstein, Kr. Ulm, auf (H. Zürn 1965, S. 9), nachdem auch die Rössener Kultur in Nordhessen (Gombeth, Kr. Fritzlar-Homberg: Fundberichte aus Hessen 1, 1961, S. 136) und am Dümmer in Niedersachsen (J. Deichmüller 1965, S. 1f.) gelegentlich ähnliche Standorte besiedelt hatte.

Die sich in den zuletztgenannten Landschaftsgebieten während der späten Bandkeramik und Rössener Kultur abzeichnenden Veränderungen in der Siedlungslage dürften teilweise auch für Mitteldeutschland Gültigkeit haben. Am deutlichsten wird dieser Vorgang am Beispiel der Elbaue bei Magdeburg erkennbar. Während nach H. Lies (1964, S. 55) die Linienbandkeramik mehr oder weniger an die Ränder der Schwarzerdehochflächen der Börde gebunden bleibt, wird das Elbtal erstmalig in der jüngeren Stichbandkeramik besiedelt und nur wenig später erscheint die Rössener Kultur auf den Dünen der östlichen Elbseite. Auch in Sachsen läßt sich eine gewisse Tendenz zur Besiedlung der niedrigeren Tallagen durch die Stichbandkeramik beobachten. Dies trifft nicht allein für ihre Verbreitung im Leipziger Land (vgl. Abb. 1), sondern wahrscheinlich auch für einige stichbandkeramische Fundstellen im Elbtal um Dresden und Riesa zu (A. Hennig 1912, S. 64—66), wo außerdem die Besiedlung der ärmeren rechtselbischen Böden am Rande der Zeithainer Heide seit der jüngeren Linienbandkeramik einsetzt (E. Hoffmann 1958, S. 52f.). Ähnlichen Hinweisen begegnet man in anderen Gebieten, wie z. B. im Ilmtal bei Weimar (Taubach) oder am mittleren Elsterlauf zwischen Zeitz und Gera. Trotzdem soll nicht übersehen werden, daß die meisten Fundplätze infolge ihrer günstigen topographischen Lage am Terrassenrand sowohl in der Zeit der Linien- als auch Stichbandkeramik besiedelt waren. Daß auch hierbei kleinräumige Verschiebungen zwischen den einzelnen Siedlungsphasen eintreten können, haben die mit umfangreichen Geländesondierungen verbundenen Ausgrabungen in Bylany bei Kutná Hora in Böhmen ergeben (B. Soudský 1966, S. 49, Abb. 17). Hier liegt die sich näher an den Bylany-Bach anschließende Siedlung der späten Stichbandkeramik bzw. des unbemalten Lengyelhorizontes auf qualitativ schlechteren Böden, die vorher von der Linienbandkeramik gemieden wurden.

Unter Hinweis auf bestimmte Erscheinungen im Siedlungswesen wird oft eine stärkere Zuwendung zur Viehzucht in der Stichbandkeramik und Rössener Kultur von verschiedenen Autoren angenommen. Obwohl exakte Beweise für eine solche Entwicklung auf Grund des noch immer sehr dürftigen osteologischen Materials gegrabener Siedlungen ausstehen (vgl. dazu H.-H. Müller 1964, S. 57f.), wäre es denkbar, daß bei entsprechenden geomorphologischen Gegebenheiten schon geringfügige Unterschiede in der Wirtschaftsweise die Wahl des Siedlungsplatzes beeinflußten. Letzteres dürfte besonders dort der Fall sein, wo ein Ausgreifen der Besiedlung auf weniger ertragreiche Böden und in die Talniederungen der Flüsse festzustellen ist.

Möglicherweise treten ähnliche Tendenzen in niederschlagsärmeren Gebieten schon zur Zeit der Linienbandkeramik auf. Wie aus der jetzt vorliegenden Bearbeitung der Bandkeramik im Untermaingebiet durch W. Meier-Arendt (1966, S. 18) ersichtlich wird, waren die diluvialen Sand- und Schotterflächen nur selten und dann meist erst in den jüngsten Phasen der Linienbandkeramik besiedelt. Aus den Verbreitungskarten dieser Fundstellen (vgl. Karte 6 bei W. Meier-Arendt 1966) geht hervor, daß einmal die niedrigen, grundwassernahen Alluvialböden der Oberrheinischen Tiefebene und zum anderen die bereits im Regenstau des Odenwaldes liegenden Lößrandzonen der Dieburger Bucht bevorzugt werden. Zur gleichen Zeit bestehen auf den heute nicht völlig hochwasserfreien Sanddünen des Maintals kleinere Siedlungen, von denen z. B. Frankfurt/Main-Osthafen bereits 1909 ausgegraben wurde (R. Welcker 1910, S. 86f.).

Die tieferen Ursachen der sich in einzelnen Landschaften je nach Reliefformen und Bodenverhältnissen verschieden auswirkenden Siedlungsveränderungen dürften in der zeitweise zunehmenden Trockenheit des mitteleuropäischen Klimas liegen. Wie K.-D. Jäger (1968) an Hand der durch archäologische Funde datierten Schichtenfolge holozäner Binnenwasserkalkablagerungen nachwies, erfolgte während des Atlantikums ein mehrmaliger Wechsel zwischen feucht-ozeanischen und trocken-kontinentalen Klimaphasen. Eine durch mehrere Trockenhorizonte in Form von terrestrischen Bodenbildungen gekennzeichnete Periode war auch der Übergang vom frühen zum mittleren Neolithikum, und es ist sehr wahrscheinlich, daß die Anzeichen des sich anbahnenden Klimawechsels bereits am Ende der Bandkeramik spürbar wurden.

Aber auch im Verlaufe der Linienbandkeramik selbst sind periodisch trockenere Zeitabschnitte anzunehmen, worauf in Süddeutschland zuerst H. J. Seitz (1951, S. 105f.) an Hand der Funde aus den Süßwasserkalkprofilen von Wittislingen aufmerksam machte. Auf vergleichbare Verhältnisse in Mitteldeutschland weisen Beobachtungen von V. Toepfer (1955, S. 15f.; 1956, S. 214f., Abb. 1) in der Uferzone des ehemaligen Gaterslebener Sees. Hier war die linienbandkeramische Fundschicht von einer in die Mitte des Atlantikums pollenanalytisch datierten Kalkmudde bedeckt, die auf eine etwa 2 m hohe Seetransgression schließen läßt. Von einer starken Absenkung des Grundwasserspiegels, hervorgerufen durch ein relativ trockenes Klima zur Zeit der jüngeren Linienbandkeramik, zeugen außerdem zwei bis zu 6 m tiefe, mit Eichenbohlen verzimmerte Brunnen im Altenburger Land (E. Amende 1928, S. 185 und S. 199), eine Beobachtung, die schon von K. Tackenberg (1937, S. 20) klimageschichtlich interpretiert wurde.

Auf Grund dieser übereinstimmenden Befunde erscheint es berechtigt, die unter dem Auelehm, bzw. in Goddelau im Moor angetroffenen bandkeramischen Fundkomplexe ebenfalls mit derartigen Klimaschwankungen in Verbindung zu bringen. Nur so ist es zu verstehen, warum man stellenweise den durch Rodungen erschlossenen Terrassenrand zugunsten der vom Grundwasser stärker durchfeuchteten talnahen Böden aufgab. Daß damit auch strukturelle Veränderungen in der Wirtschaftsweise Hand in Hand gingen, wird aus der Besiedlung weniger fruchtbarer Sandböden, wie auch von höher gelegenen, mit Intensivierung der Viehzucht dem aufkommenden Schutzbedürfnis besser Rechnung tragenden Wohnplätzen wahrscheinlich (Ch. Pescheck 1962, S. 247f.). Dabei werden die Auswirkungen der zunehmenden Kontinentalität in jenen Landschaften stärker gewesen sein, die auch heute infolge ihrer geographischen Lage und Oberflächengestaltung einen verhältnismäßig trockenen Klimacharakter besitzen.

Möglicherweise in dem gleichen klimabedingten Zusammenhang dürfte auch die vor allem in der jüngeren Linienbandkeramik, Stichbandkeramik, Rössener- und Lengyelkultur nachweisbare Begehung zahlreicher Höhlen und Felsdächer der Schwäbisch-Fränkischen Alb, Thüringens (H. Deubler 1965, S. 90f.) sowie der böhmisch-mährischen und slowakisch-ungarischen Karstgebiete (J. Barta 1961, S. 5f.) stehen, die nach sedimentpetrographischen Untersuchungen ebenfalls nur in trockenen Zeitabschnitten bewohnbar waren. Auch scheint es kaum Zufall zu sein, wenn sich gerade hier die Belege für einen kultischen Kannibalismus (O. Kunkel 1955, S. 110f.; H. Friesinger 1963, S. 1f.) häufen. Ohne diese Erscheinung im Sinne von O. Paret (1948, S. 203f.) als Folge von „Hungerkatastrophen" erklären zu wollen, kann doch angenommen werden, daß schon eine kurzfristige Trockenperiode die Existenzgrundlage der Menschen bedrohte und diese im Zustand großer Erregung verstärkt Zuflucht in den mit fruchtbarkeitsmagischen Vorstellungen verknüpften Opferritualen suchten.

Ähnliche Ursachen geben u. E. auch eine brauchbare Erklärung für die in den Flußauen aufgefundenen Steinwerkzeuge. Sie gehören, ebenso wie die Depotfunde, größtenteils der späten Bandkeramik und Rössener Kultur an und dürften im Zusammenhang mit einem sich zu dieser Zeit in Mitteleuropa entwickelnden Axtkult als Votivgaben im Flußbett bzw. in den durch Altwasserläufe entstandenen Sümpfen der Aue niedergelegt worden sein. Ähnlich den „Quellopfern" war es Sinn und Zweck dieser intentionellen Deponierung, das Naturgeschehen in einer für die wirtschaftlichen Erfordernisse der Gemeinschaft günstigen Richtung zu beeinflussen (vgl. B. Stjernqvist 1963, S. 26f.). Daß die Beweggründe letztlich klimatischer Natur waren, darf u. a. auch aus der Häufigkeit der Depot- und Wasserfunde in den von der Austrocknung stärker betroffenen niederschlagsarmen Landschaften des Elb-Saale- und Rhein-Main-Gebietes geschlossen werden.

Besonders aufschlußreich ist außerdem noch die Zusammensetzung der aus den Flüssen oder ihren Uferzonen stammenden Steinfunde. Unter den im Katalog Würzburg (Ch. Pescheck 1958) aus dem Mainbett aufgeführten 21 bandkeramischen Geräten von 20 Fundstellen befinden sich 11 Steinäxte, 9 große „Pflugkeile" und ein über 18 cm langer, hoher Schuhleistenkeil. Vergleichbaren Situationen begegnet man in der südlichen Wetterau (G. Wolff 1913, S. 115f.) sowie im Landkreis Offenbach (K. Nahrgang 1967, S. 211). Von insgesamt 14 Einzelfunden bandkeramischer Steinwerkzeuge im Kr. Aschaffenburg (P. Endrich 1961, S. 185) sind 6 vollständige Exemplare aus dem Main gebaggert worden, darunter 3 durchbohrte „Pflugschare". Nach G. Behrens (1947, S. 6) erweist sich das Rheinbett um Mainz als die „ergiebigste Fundstelle neolithischer Steinbeile". In Nordwestdeutschland konnte K. H. Brandt (1967, S. 14) als Fluß- und Baggerfunde ausschließlich durchbohrte donauländische Geräte, darunter 8 Steinäxte, 3 „Plättbolzen" und 1 quergelochten Schuhleistenkeil ermitteln. Verhältnismäßig zahlreich sind außerdem neolithische Flußfunde in Württemberg und Südostbayern, worauf R. A. Maier (1964, S. 134 und 161f.) und zuvor W. Torbrügge (1960, S. 16f.) in einer methodisch interessanten Studie über die bayerischen Innfunde hingewiesen hatten. Zieht man jedoch in Betracht, daß bei dem Ausbaggern der Flüsse ein nur sehr geringer Teil des tatsächlichen Fundmaterials erfaßt wird, so muß mit einem weit größeren Ausmaß der ursprünglichen Deponierung gerechnet werden.

Es kann heute auch kein Zweifel mehr darüber bestehen, daß die Mehrzahl der plumpen, die Axtgestalt nachahmenden großen Steinkeile nicht praktischen, d. h. arbeitsfunktionellen Zwecken gedient hat, obwohl dies in der Vergangenheit immer wieder zu beweisen versucht wurde. Dasselbe gilt für die schweren kupfernen Hammeräxte, die etwa zur selben Zeit mit Beginn der jüngeren Vinčakultur in Südosteuropa auftreten (J. Driehaus 1951, S. 3) und nicht ohne Einfluß auf die Axtformen des mitteleuropäischen Neolithikums geblieben sein dürften. Viele der letzteren waren Kultobjekte, die mit der Verehrung der Axt als neu aufkommendem Waffentypus (M. Zápotocký 1966, S. 178f.) in Verbindung standen und zum Zeichen der Thesaurierung von Arbeitskraft und wertvollem Rohmaterial meist extrem große Formen bevorzugten. Inwieweit in der Steinaxt bereits das Attribut einer personifizierten Gottheit, wie es J. Makkay (1964, S. 47f.) für die Theiß-Plastik von Szegvár-Tüzköves annimmt, zu sehen ist, sei dahingestellt. Jedenfalls deuten die zahlreichen „Einzelfunde" übergroßer und sorgfältig bearbeiteter Werkstücke auf einen von der Forschung bisher kaum zur Kenntnis genommenen Depothorizont der späten Donauländischen Kultur, der sich in seinem Symbolgehalt nicht prinzipiell von den in Mooren oder an exponierten Stellen der Flußtäler aufgefundenen Votivfunden des nordeuropäischen Neolithikums unterscheidet (vgl. dazu M. P. Malmer 1962, S. 666f.). Daß hier tatsächlich Beziehungen bestanden haben dürften, zeigt die weit über das Lößgebiet nach Norden hinausgehende Verbreitung spätdonauländischer Steinaxtformen ebenso wie das Vorkommen entsprechender Hortfunde bis Südskandinavien (E. Lomborg 1962, S. 1f.).

Ein weiterer bisher kaum beachteter Hinweis auf die Trockenheit des Klimas in bestimmten Abschnitten des Neolithikums ergibt sich aus der topographischen Lage vieler südosteuropäischer Steinzeitsiedlungen. Bedingt durch die stärkere Kontinentalität dieses Raumes, hat der neolithische Mensch bereits auf geringe Klimaschwankungen stärker reagiert und dementsprechend seine Siedlungen angelegt. So liegen die Fundplätze der ungarischen Körös-Kultur häufig auf schmalen Uferstreifen im heutigen Überschwemmungsgebiet der Theiß und ihrer linksseitigen Nebenflüsse. Nach N. Kalicz (1965, S. 30) war „kein Volk der Urzeit derart bestrebt, die Flußufer zu besetzen, als die Menschen der Körös-Kultur". Ähnliches gilt für viele neolithische Siedlungen in der Donauebene Jugoslawiens und Rumäniens einschließlich der Moldau. In Südbulgarien befinden sich die Siedlungshügel nicht selten in sumpfigen Gegenden und können, wie z. B. im Tell Dipsis (Ezero) bei Nova Zagora in ihren untersten Wohnhorizonten infolge des hohen Grundwasserspiegels nicht untersucht werden (G. I. Georgiev i N. Ja. Merpert 1965, S. 129f.). Aber auch im mittleren Dnestr-Gebiet sind die auf den Niederterrassen liegenden Siedlungen der Tripoljekultur gewöhnlich von mehrere Meter dicken jungalluvialen Lehmschichten überdeckt und deuten ebenfalls auf eine damals viel geringere Wasserführung der Flüsse bei weitgehend gleichbleibendem Flußregime hin (S. N. Bibikov 1958, S. 27f.; T. Sulimirski 1961, S. 1f.)[5]).

Aus allen diesen Beobachtungen wird ersichtlich, daß die allgemeine Ansicht über das feuchtwarme Klima des Atlantikums nur sehr bedingt ist. Viele archäologische Befunde sprechen dafür, daß es schon zur Zeit der Bandkeramik Perioden größerer Trockenheit gegeben hat, die zu einer streckenweisen Besiedlung der Flußtäler führten. Dies war nicht nur während der Stichbandkeramik und Rössener Kultur, sondern teilweise schon in der mittleren und jüngeren Linienbandkeramik der Fall. Obwohl die wahrscheinlich nur kurzfristigen und daher im Pollenspektrum nicht näher erkennbaren Klimaschwankungen kaum den Charakter von Naturkatastrophen angenommen haben dürften, sind sie nicht ohne Einfluß auf die Siedlungs- und Wirtschaftsweise und, wie zu zeigen versucht wurde, auch auf die geistige Vorstellungswelt der Menschheit geblieben.

Wir halten es sogar für wahrscheinlich, daß die älteste Ausbreitung der Bandkeramik in einer Phase zunehmender Trockenheit vor sich ging. Diese durch physiogeographische Momente gestützte Annahme könnte einmal die überraschend schnell über große Entfernungen fortschreitende Neolithisierung Mitteleuropas erklären, aber vielleicht auch für das Fehlen entsprechender Funde in einigen Gebieten verantwortlich sein. Die Erstbesiedlung vollzog sich entlang der großen Flußtäler und hat abseits gelegene, später von der Linienbandkeramik dicht besiedelte Landschaften kaum berührt. Nach E. Hoffmann (1963, S. 90)

[5]) Nach T. S. Passek und E. K. Černyš, Pamjatniki kultury linejnolentočnoj keramiky na territorii SSSR, Moskva 1963, S. 29, sind ebenfalls die bandkeramischen Fundplätze von Nezvisko und Cyra auf den unteren Terrassen des Dnestr und Reut angetroffen worden, wobei die Siedlungsspuren teilweise von späteren Überschwemmungen weggespült waren.

gibt es z. B. im gesamten mittelsächsischen Lößhügelland keine eindeutigen frühbandkeramischen Fundkomplexe. Gleiches trifft auf große Teile des mitteldeutschen Trockengebietes zu, die ebenfalls erst in einem etwas fortgeschrittenen Stadium dieser Kultur die Saale und ihre Nebenflüsse aufwärts besiedelt wurden. Die Hauptrichtung der neolithischen Einwanderer war durch den Elbstrom vorgezeichnet und verlief über das Saalemündungsgebiet entlang der Bode in das Nordharzvorland. Es dürfte sicher kein Zufall sein, daß sich die ältesten Siedlungen an den niederschlagsreicheren Randzonen von Harz, Huy und Elm häufen, während die nicht minder fruchtbaren Lößgebiete im südlichen Mitteldeutschland zunächst unbesiedelt blieben. Die hier früher von uns angeführten Funde aus dem thüringischen Becken (H. Quitta 1960, S. 19f.) gehören ausnahmslos einer bereits zur älteren Linienbandkeramik vom Typus Flomborn-Ačkový überleitenden Entwicklungsstufe an.

Ähnliche Beobachtungen lassen sich in Böhmen machen, wo wiederum die frühe Bandkeramik die durch größere Feuchtigkeit ausgezeichneten hügeligen Randzonen der Mittelgebirge im Norden und besonders Nordosten des Landes einnimmt. Auch in Bayern liegen ihre Fundstellen zwischen Regensburg und Deggendorf am Südrand einer durch die Stauwirkung des Bayerischen Waldes an Niederschlägen reicheren Zone. Weniger offensichtlich ist das Verhältnis zwischen Klima und Besiedlung in Mähren und Niederösterreich, obgleich sich auch hier eine deutliche Bevorzugung der stärker reliefierten Landschaftsteile gegenüber der March- und Donauebene abzeichnet.

Aufschlußreich ist in dieser Hinsicht ebenfalls die von W. Meier-Arendt (1963, S. 20f., Taf. 14; 1966, S. 22f., Karte 2) kartierte Verbreitung der früh- bis älterbandkeramischen Funde in Süd- und Oberhessen. Die Fundstellen konzentrieren sich auf verhältnismäßig engem Raum in dem zur Wetterau abfallenden südlichen Taunus-Vorland und meiden die extrem trockenen Teile des Untermaingebietes. Nur scheinbar gegenteilige Tendenzen zeigen die bereits erwähnte frühbandkeramische Siedlung Goddelau, Kr. Groß Gerau, in der hessischen Oberrheinebene, wie auch ein von H. Schermer (1954, S. 43, Abb. 2) in Rheinhessen festgestellter Fundplatz mit einer typologisch recht alten Keramik aus Nackenheim, Kr. Mainz. Gerade weil sie in einem ausgesprochenen Trockengebiet mit einer jährlichen Niederschlagsmenge von unter 500 mm liegen, hat man die unmittelbare Nähe des Rheintales gesucht und war in Goddelau sogar gezwungen, die Flußaue zwischen dem Rhein und einem alten Neckarbett zu besiedeln. Daß dies kein Einzelfall ist, bestätigen die nur wenige Kilometer nördlich am Mainufer bei Raunheim angetroffene Flomborner Keramik und ein weiterer frühbandkeramischer Fundkomplex aus der Nidda-Aue bei Okarben, Kr. Friedberg (W. Meier-Arendt 1963, S. 19f. u. S. 110).

Es ist daher nicht auszuschließen, daß selbst in Gebieten, in denen heute frühbandkeramische Funde fehlen, diese in Talauen oder an deren flußnahen Randzonen zum Vorschein kommen. Dabei wäre vor allem an die breiten, teilweise von fruchtbaren pleistozänen Ablagerungen bedeckten Täler von Donau, Rhein und Elbe zu denken, entlang derer sich die erste stufenweise Migration der neolithischen Siedler vollzogen hat. Unter dem Aspekt eines trockenwarmen Klimas betrachtet, erscheint auch die Bedeutung der Flußtäler als geeigneter Verbindungsweg zur Erschließung neuer Siedlungsgebiete einleuchtend. Ähnliches gilt für die Ursachen dieser vorwiegend nach Westen und Norden gerichteten Bewegung, die vielleicht in einem Bevölkerungsdruck, hervorgerufen durch die Verringerung der Ernährungsbasis in den von der Austrocknung stärker betroffenen südöstlichen Ursprungsgebieten der Bandkeramik und den damit evtl. in Zusammenhang stehenden ethnischen Verschiebungen im Innern der Balkanhalbinsel zu suchen sind.

Abschließend sei ausdrücklich darauf aufmerksam gemacht, daß die hier versuchte Einbeziehung des Klimas bei der Interpretation einzelner Siedlungsbefunde und Kulturerscheinungen infolge noch vieler ungenügend geklärter Zusammenhänge bestenfalls den Charakter einer Arbeitshypothese hat. Die genauere Kenntnis des holozänen Klimaablaufs kann nur in engster Zusammenarbeit mit der naturwissenschaftlichen Forschung einer Lösung nähergeführt werden. Um den archäologischen Befund in seiner Abhängigkeit von den Umweltbedingungen historisch zu bewerten, wird es daher noch zahlreicher Einzeluntersuchungen bedürfen, zu denen hier nur ein sehr bescheidener Beitrag geleistet werden konnte.

Literaturverzeichnis

Amende, E. 1928 — Eine bandkeramische Grabstätte bei Rehmsdorf. In: Mitteilungen der Geschichts- und Altertumsforschenden Gesellschaft des Osterlandes 13, S. 185f.

Barta, J. 1961 — Zur Problematik der Höhlensiedlungen in den slowakischen Karpaten. In: Acta Archaeologica Carpathica 2, S. 5f.

Behn, F., u. a. 1928 — Ein Pfahlbau der Steinzeit bei Goddelau. In: Mainzer Zeitschrift 23, 1928, S. 27f.

Behrens, G. 1947 — Mainz vor der Römerzeit. Mainz.

Beiler, G. 1938 — Die vor- und frühgeschichtliche Besiedlung des Oberamtes Heilbronn a. N. Heilbronn.

Berlekamp, H. 1954 — Die vor- und frühgeschichtliche Besiedlung der Elster-Luppe-Aue. Ungedr. Dipl.-Arbeit, Halle.

Bibikov, S. N. 1958 — O vremeni obrazovanija nadpoimennogo ustupa v doline srednego tečenija Dnestra. In: Sovetskaja Archeologija 3, S. 27f.

Brandt, K. H. 1967 — Studien über steinerne Äxte und Beile der jüngeren Steinzeit und der Stein-Kupferzeit Nordwestdeutschlands (Münstersche Beiträge zur Vorgeschichte 2). Hildesheim.

Brunnacker, K., und Kossack, G. 1957 — Ein Beitrag zur vorrömischen Besiedlungsgeschichte des niederbayerischen Gäubodens. In: Archaeologia Geographica 6, S. 43f.

Dehn, W. 1941 — Kreuznach, Teil I, Berlin.

Deichmüller, J. 1965 — Die neolithische Moorsiedlung Hüde I am Dümmer, Kr. Grafschaft Diepholz. In: Neue Ausgrabungen und Forschungen in Niedersachsen 2, S. 1f.

Deubler, H. 1965 — Bandkeramik in Thüringer Höhlen. In: Alt-Thüringen 7, S. 90f.

Driehaus, J. 1951 — Zur Datierung und Herkunft donauländischer Axttypen der frühen Kupferzeit. In: Archaeologia Geographica 3, S. 1f.

Endrich, P. 1961 — Vor- und Frühgeschichte des bayerischen Untermaingebietes. Aschaffenburg (Veröffentlichungen des Geschichts- und Kunstvereins Aschaffenburg 4).

Friesinger, H. 1963 — Anthrophagie und ihre Erscheinungsformen im Spiegel der Bodenfunde. In: Mitteilungen der Österreichischen Arbeitsgemeinschaft für Ur- und Frühgeschichte 14, S. 1f.

Georgiev, G. I., i Merpert, N. Ja. 1965 — Raskopki mnogosloinogo poselenija u sela Ezero bliz g. Nova Zagora v 1963 godu. In: Izvestija na Archeologičeskija Institut 28, S. 129f.

Grahmann, R. 1934 — Konnten die mitteldeutschen Flußauen in vorgeschichtlicher Zeit besiedelt werden? In: Mannus 26, 1934, S. 37f.

Grimm, P. 1930 — Die vor- und frühgeschichtliche Besiedlung des Unterharzes und seines Vorlandes auf Grund der Bodenfunde. Halle (Jahresschrift f. mitteldt. Vorgesch. 18).

Händel, D. 1964 — Zur Genese des Auelehms in den nordwestsächsischen Flußauen. In: Geologie 13, S. 1144f.

Hanitzsch, H., und Mildenberger, G. 1960 — Die vorgeschichtliche Besiedlung im Bereich des Matthäikirchhofs. In: Forschungen zur Vor- und Frühgeschichte 4, S. 45f.

Hennig, A. 1912 — Böden und Siedlungen im Königreich Sachsen. Leipzig.

Hoffmann-Ludewig, E. 1954 — Untersuchungen zur Bandkeramik in Nordwest-Sachsen. Ungedr. Diplomarbeit Leipzig.

Hoffmann, E. 1958 — Die Bandkeramik in Sachsen. Ungedr. Diss. Leipzig.

Hoffmann, E. 1963 — Die Kultur der Bandkeramik in Sachsen. Berlin (Forschungen zur Vor- und Frühgeschichte 5).

Jäger, K.-D. 1962 — Über Alter und Ursachen der Auelehmablagerung thüringischer Flüsse. In: Praehistorische Zeitschrift 40, S. 1f.

Jäger, K.-D. 1968 — Mitteleuropäische Klimaschwankungen seit dem Neolithikum und ihre siedlungsgeschichtlichen Auswirkungen. In: Actes du VIIeme Congrès International des Sciences Préhistoriques et Protohistoriques, Prague 1968 (im Druck).

Jorns, W. 1953 — Neue Bodenurkunden aus Starkenburg. Darmstadt.

Kalicz, N. 1965 — Siedlungsgeschichtliche Probleme der Körös- und der Theiß-Kultur. In: Acta Antiqua et Archaeologia 8, S. 27f.

Kunkel, O. 1955 — Die Jungfernhöhle bei Tiefenellern. Eine neolithische Kultstätte auf dem Fränkischen Jura bei Bamberg. München (Münchener Beiträge zur Vor- und Frühgeschichte 5).

Lies, H. 1963 — Baggerfunde aus dem Elbkieswerk Magdeburg-Salbke. In: Jahresschrift f. mitteldt. Vorgesch. 47, S. 101f.

Lies, H. 1964 — Stichbandkeramische Gruben bei Magdeburg-Prester. In: Jahresschrift f. mitteldt. Vorgesch. 48, S. 56.

Lomborg, E. 1962 — Zur Frage der bandkeramischen Einflüsse in Südskandinavien. In: Acta Archaeologica 33, S. 1f.

Lüttig, G. 1960 — Zur Gliederung des Auelehms im Flußgebiet der Weser. In: Eiszeitalter und Gegenwart 11, S. 39f.

Maier, R. A. 1964 — Die jüngere Steinzeit in Bayern. In: Jahresbericht der Bayerischen Bodendenkmalpflege 5, S. 9f.

Makkay, J. 1964 — Early Near Eastern and South East European Gods. In: Acta Archaeologica 16, S. 3f.

Malmer, M. P. 1962 — Jungneolithische Studien. Bonn/Lund (Acta Archaeologica Lundensia 2).

Meier-Arendt, W. 1963 — Fundstellen mit ältester Bandkeramik in Hessen. In: Fundberichte aus Hessen 3, S. 20f.

Meier-Arendt, W. 1966 — Die bandkeramische Kultur im Untermaingebiet. Bonn.

Mensching, H. 1951 — Akkumulation und Erosion niedersächsischer Flüsse seit der Rißeiszeit. In: Erdkunde 5, S. 60f.

Müller, H.-H. 1964 — Die Haustiere der mitteldeutschen Bandkeramiker. Berlin (Schriften der Sektion für Vor- und Frühgeschichte 17).

Näbe, M. 1915 — Der eisenzeitliche Depotfund von Wahren bei Leipzig. In: Mannus 7, S. 83f.

Nahrgang, K. 1967 — Landkreis Offenbach a. M. Darmstadt (Inventar der Bodendenkmäler 3).

Neumeister, H. 1964 — Beiträge zum Auelehmproblem des Pleiße- und Elstergebietes. In: Wissenschaftliche Veröffentlichungen des Deutschen Instituts für Länderkunde NF 21/22, S. 65f.

Paret, O. 1948 — Das neue Bild der Vorgeschichte. Stuttgart.

Pescheck, Chr. 1958 — Katalog Würzburg I. Die Funde von der Steinzeit bis zur Urnenfelderzeit im Mainfränkischen Museum. Kallmünz/Opf.

Pescheck, Chr. 1962 — Steinzeit auf Bergen in Franken. In: Mitteilungen der Anthropologischen Gesellschaft in Wien 92, S. 247f.

Quitta, H. 1955 — Ein Verwahrfund aus der bandkeramischen Siedlung in der Harth bei Zwenkau. In: Forschungen zur Vor- und Frühgeschichte 1, S. 21f.

Quitta, H. 1960 — Zur Frage der ältesten Bandkeramik in Mitteleuropa. In: Praehistorische Zeitschrift 38, S. 1f. und S. 153f.

Reichelt, G. 1953 — Über den Stand der Auelehmforschung in Deutschland. In: Petermanns Geographische Mitteilungen 97, S. 245f.

Seitz, H. J. 1951 — Die Süßwasserkalkprofile zu Wittislingen und die Frage des nacheiszeitlichen Klimaablaufes. In: 4. Bericht der Naturforschenden Gesellschaft Augsburg, S. 105f.

Scheffer, F., und Meyer, B. 1963 — Berührungspunkte der archäologischen und bodenkundlichen Forschung. In: Neue Ausgrabungen und Forschungen in Niedersachsen 1, S. 1f.

Schermer, H. 1954 — Bericht der Rheinhessischen Bodendenkmalpflege für die Jahre 1950/51 bis 1952/53. In: Mainzer Zeitschrift 48/49, S. 41f.

Schmidt, L. 1962 — Ein Fund bandkeramischer Steingeräte von Bosdörf bei Leipzig. In: Ausgrabungen und Funde 8, S. 73f.

Schumacher, K. 1921 — Siedelungs- und Kulturgeschichte des Rheinlandes von der Urzeit bis in das Mittelalter, Bd. 1: Die vorrömische Zeit. Mainz.

Soudský, B. 1966 — Bylany osada nejstarších zemědělců z mladši doby kamenné. Praha (Památniky naší minulosti 4).

Stjernqvist, B. 1963 — Präliminarien zu einer Untersuchung von Opferfunden. Begriffsbestimmung und Theoriebildung. In: Meddelanden från Lunds Universitets Historiska Museum 1962—1963, S. 5f.

Sulimirski, T. 1961 — The climate of the Ukraine during the Neolithic and the Bronze Age. In: Archeologia 12, 1961, S. 1f.

Tackenberg, K. 1937 — Beiträge zur Landschafts- und Siedlungskunde der sächsischen Vorzeit. In: W. Emmerich, Von Land und Kultur (Festschrift R. Kötzschke), Leipzig, S. 15f.

Tackenberg, K. 1954 — Fundkarten zur Vorgeschichte der Rheinprovinz. Bonn.

Toepfer, V. 1955 — Bericht über die Grabungen am Bruchsberg bei Königsaue, Kreis Aschersleben, im Jahre 1952. In: Beiträge zur Frühgeschichte der Landwirtschaft 2, S. 15f.

Toepfer, V. 1956 — Bandkeramische Funde im Uferprofil des ehemaligen Gaterslebener Sees. In: Ausgrabungen und Funde 1, S. 214f.

Torbrügge, W. 1960 — Die bayerischen Inn-Funde. In: Bayerische Vorgeschichtsblätter 25, S. 16f.

Welcker, R. 1910 — Eine neolithische Siedlung in Frankfurt a. M. In: Korrespondenzblatt des Gesamtvereins der deutschen Geschichts- und Altertumsvereine 58, 1910, S. 86f.

Willerding, U. 1960 — Beiträge zur jüngeren Geschichte der Flora und Vegetation der Flußauen. In: Flora 149, S. 435f.

Wiślański, T. 1966 — Proba zarysowania podstawowych form osadnictwa neolitycznego w Polsce połnocnozachodniej. In: Archeologia Polski 10, S. 474f.

Wolff, G. 1913 — Die südliche Wetterau in vor- und frühgeschichtlicher Zeit. Frankfurt/M.

Zápotocký, M. 1966 — Streitäxte und Streitaxtkulturen. In: Památky archeologické 47, S. 172f.

Zürn, H. 1965 — Das jungsteinzeitliche Dorf Ehrenstein (Kreis Ulm). Teil I: Die Baugeschichte. Stuttgart. (Veröffentlichungen des Staatlichen Amtes für Denkmalpflege, Stuttgart; Reihe A, Vor- und Frühgeschichte, H. 10/1).

Burgen und befestigte Siedlungen der jüngeren Bronze- und frühen Eisenzeit in Mitteleuropa

Von Joachim Herrmann, Berlin

Mit 13 Textabbildungen

I. Allgemeine Bemerkungen

Die Stämme der Urnenfelderkultur in Mitteleuropa sind die ersten, die im größeren Umfang Burgen erbaut oder ihre Siedlungen befestigt haben. In einzelnen Gruppen, besonders in der Lausitzer Kultur, geschah das zeitweise mit einer so großen Intensität, daß die Gründe dafür kaum aus zufälliger Wirkung lokaler Bedingungen oder Vorstellungen erwachsen sein können.

Die Urnenfelderkultur steht in Mitteleuropa an der Wiege verschiedener, einige Jahrhunderte später durch antike Schriftsteller namentlich überlieferter Völker. Unabhängig davon, ob man den Versuchen zu einer historischen Synthese, zuletzt von W. Kimmig (1964) vorgetragen, in den Einzelheiten zu folgen bereit ist oder nicht, wird man anerkennen müssen, daß die Urnenfelderkultur nicht nur für die archäologisch-kulturelle Gestaltung, sondern auch im kulturellen, wirtschaftlichen, technischen, kultischen und mit großer Sicherheit auch im politischen und sozialen Lebensbereich bedeutende, über die Jahrhunderte fortwirkende Entwicklungslinien förderte oder begründete. Vielleicht wird sie eines Tages von der Forschung in den Mittelpunkt eines frühen mitteleuropäischen „Heroenzeitalters“ zu stellen sein.

In der Diskussion um die Urnenfelderkultur, insbesondere um die Lausitzer Kultur, haben die Burganlagen seit vielen Jahren eine größere Rolle gespielt (vgl. Lit.-Verzeichnis). Sie gaben die Grundlage ab für manche Theorien, Hyothesen, Thesen oder einfach Behauptungen, für Versuche, in die historische Problematik der Lausitzer Kultur einzudringen (kritisch dazu K. Tackenberg 1949/50). Solange die Wissenschaftsmethodik wenig ausgearbeitet war und die Burgenforschung sich in den Anfängen befand, konnten derartige Ausführungen nicht mehr als Vermutungen sein, die sich vielleicht in dem einen oder anderen Fall nachträglich begründen ließen.

Derartige Diskussionen förderten jedoch ein Eindringen in die Problematik der Lausitzer Wehranlagen und die Erarbeitung von gesicherten historischen Fakten mit Hilfe einer größeren Anzahl von Ausgrabungen. Zwar ist dadurch noch kein endgültig befriedigender Zustand erreicht, jedoch scheint ein Abtasten des Problems auf Zugänglichkeit oder Unzugänglichkeit, auch mit dem Ziel, es zu gliedern, gerechtfertigt.

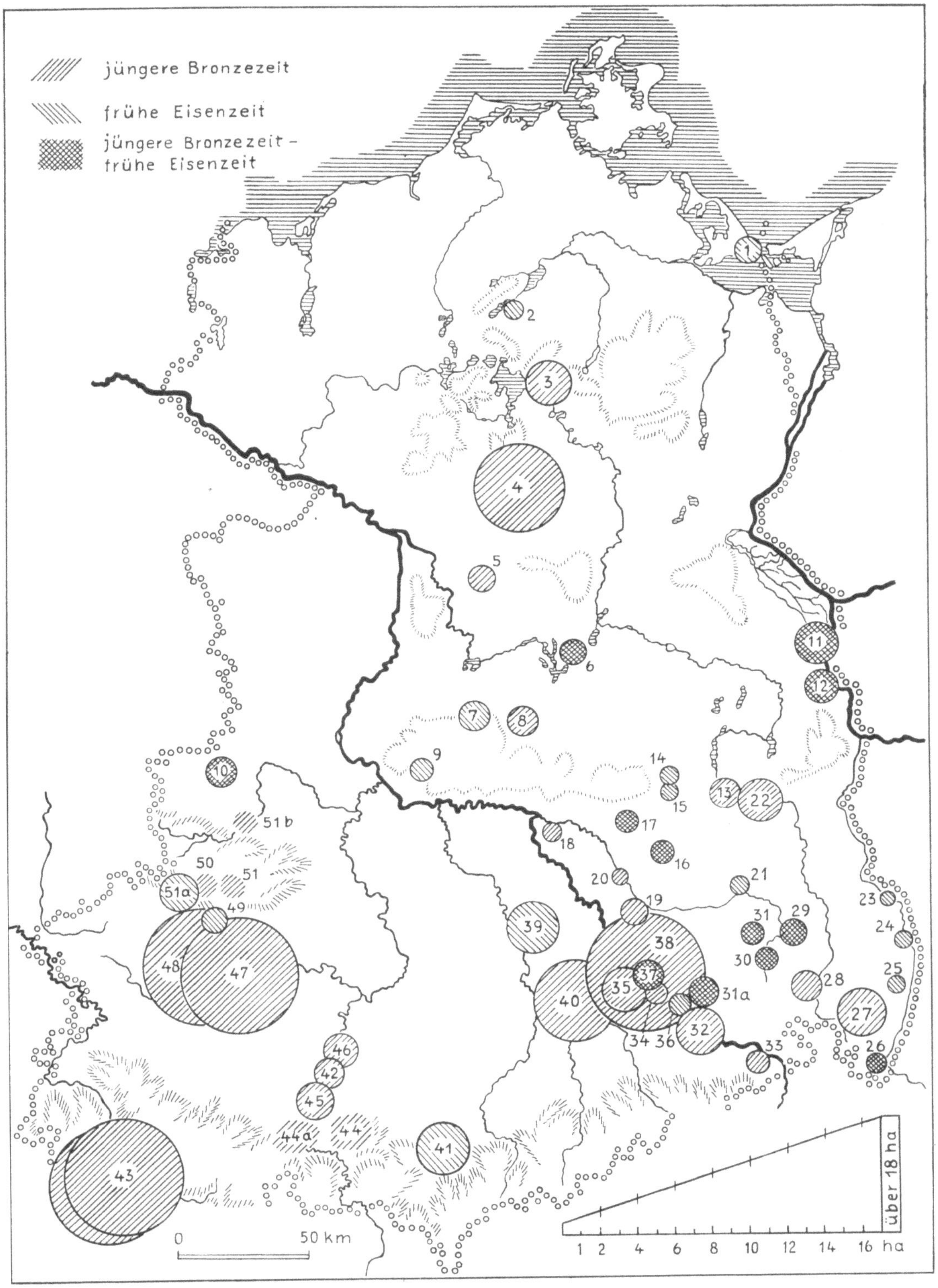

Abb. 1. Die Verbreitung der jungbronze- und früheisenzeitlichen Burgen im Gebiet der DDR unter Berücksichtigung ihrer Größe

Frühere Forschungen gingen vor allem von der methodischen Grundlage aus, daß es möglich sein müsse, aus einer Burgenkarte auf die Rolle und Bedeutung dieser Burgen innerhalb der Lausitzer Kultur zu schließen und ihre politische und militärische Funktion zu ergründen. Die völlig unzulängliche faktologische Grundlage allein der Burgenkartierung hat K. Tackenberg bereits in den ersten Nachkriegsjahren ganz zutreffend kritisiert (1949/50). Im Verlauf der nachfolgenden Diskussion wurden dann die Grundsätze erarbeitet, wann es statthaft ist, von einer Lausitzer Wehranlage zu sprechen. Sicher kann das nur geschehen, wenn durch Ausgrabungen die Zugehörigkeit der Befestigungsanlagen zu der behandelten Zeit erwiesen ist. Einige Dutzend Wehranlagen sind auf diese Weise der Lausitzer Kultur bzw. ihren Entwicklungsstufen zuzuweisen (unten). Ausgehend von diesen sicheren Anlagen gestattet der Analogieschluß, wahrscheinlich der Lausitzer Kultur zugehörende Burganlagen auszuscheiden. Das sind solche, die ihren äußeren Kennzeichen nach (Lage, Wallführung, Größe) ihre Parallelen in den gesicherten Burgen finden und in denen ausschließlich Kulturschichten oder Funde der jüngeren Bronzezeit oder frühen Eisenzeit vorkommen. Dagegen haben alle Burgen, deren äußere Kennzeichen zwar teilweise mit denen der sicheren Anlagen übereinstimmen, in denen außer jungbronze-/früheisenzeitlichen Kulturschichten jedoch auch solche anderer Perioden, vor allem des frühen Mittelalters, auftreten, das Prädikat „vermutlich" erhalten (zu dieser Klassifizierung K. Tackenberg 1949/50; J. Herrmann 1960; W. Coblenz 1964a). Auf diese Anlagen sind keine Schlußfolgerungen aufzubauen. Diese Gruppe bildet das große Reservoir, das die zunehmende Forschung allmählich differenzieren und auflösen wird: Einige werden sich vielleicht noch der jüngeren Bronzezeit und frühen Eisenzeit zuordnen lassen, andere werden sich als frühgeschichtlich erweisen[1,15]). Wehranlagen, in denen sich zwar u. a. Funde der Lausitzer Kultur finden, die jedoch ihren äußeren Merkmalen nach keine Verbindung zu den Wehranlagen der Lausitzer Kultur aufweisen (z. B. frühdeutsche Turmhügel, kleine slawische Ringwälle etc.), scheiden als unsicher aus den Betrachtungen völlig aus[2]). In der Vergangenheit wurden sie häufig auf Karten der Burgen der Lausitzer Kultur verzeichnet.

Allein auf dieser methodischen Grundlage und auf diesem differenzierten Faktenbestand läßt sich die weitere Forschung begründen.

II. Die Burgen der Lausitzer Kultur im Gebiet der DDR

a) Die äußeren Kennzeichen der Befestigungsbauten

Jungbronze-/früheisenzeitliche Burgen sind von den Endmoränenkuppen Mecklenburgs (Basedow, Kratzeburg, Nr. 2—3) über Brandenburg bis in das Elbsandsteingebirge (Pfaffenstein, Nr. 33), Lausitzer Bergland (Löbauer Schafberg, Nr. 27) und in das Vorland des Erzgebirges (Pöhl, Nr. 41) verbreitet.

[1]) Zu dieser Gruppe gehören an der nördlichen Peripherie gegenwärtig noch die Burgen von Feldberg-Hullerbusch (ZfE 14, 1882, S. 436) und Wolfshagen, Kr. Perleberg. Wolfshagen soll nach W. Bohm einen jungbronzezeitlichen Wall besitzen (K. H. Marschalleck 1954, S. 34), die heute erhaltene Form ist jedoch zweifellos frühgeschichtlich. Ohne klaren Ausgrabungsbefund wird man daher Wolfshagen nicht in nähere Betrachtung ziehen dürfen. Weiterhin Dyrotz, Genshagen (J. Herrmann 1960, Nr. 198, Nr. 393), Lieberose, Kr. Beeskow und Wilmersdorf, Kr. Fürstenwalde (J. Herrmann: Die vor- und frühgeschichtlichen Burgwälle der Bezirke Frankfurt und Cottbus, in Vorbereitung) sowie in der Altmark evtl. Walsleben, Kr. Osterburg (P. Grimm 1958). Nach Auskunft von H. Gomolka, der gegenwärtig eine Dissertation über die frühe Eisenheit der Altmark anfertigt, ist die von Kupka vorgenommene Datierung jedoch sehr anzuzweifeln. Andere Burgen, die bisher hierzu gerechnet wurden, sind durch neue Ausgrabungen oder Befunde vollends auszuscheiden: Zislow, Kl. Luckow, Schwennenz, Hohennauen, Bamme.

[2]) Auf Grund von Anlageschema, Befestigungsart, fehlender Befestigung oder Fundverhältnissen sind heute weiterhin auszuscheiden Garz, Alt Landsberg, Buckow, Schlemmin, Stargard, Wittenborn (A. Hollnagel:

Nach den äußeren Merkmalen lassen sich folgende Burgenarten unterscheiden:

1. Höhenburgen auf den Kuppen und Bergvorsprüngen der Endmoräne und Grundmoräne in Mecklenburg, dem nördlichen und mittleren Brandenburg sowie am Oder- und Neißetal (Abb. 2)

Grundrißgestaltung und Größe dieser Höhenburgen hängen sehr vom Gelände ab. Auch die Führung der Befestigungswälle trug den Geländebesonderheiten weitestgehend Rechnung. Kuppen und Vorsprünge mit flachen Hängen sicherte man durch umlaufende Wälle, steilere Hangseiten wurden durch niedrigere Wallanlagen oder gar nicht bzw. durch heute nicht mehr wahrnehmbare Holzbauten geschützt. Die größte Stärke erreichte die Wehrmauer immer an der zugänglichsten Seite (Gühlen-Glienicke, Nr. 4; Belzig, Nr. 7; Görne, Nr. 5; Lossow, Nr. 12). Ein weiteres Merkmal war die Sicherung der flachen Hänge durch Vorwälle und Vorgräben. In Gühlen-Glienicke (Nr. 4) wurden je zwei Wälle und zwei Vorgräben angelegt, in Belzig ein Graben und ein Vorwall, in Sacrow (Nr. 6) wohl 1—2 Wälle und Vorgräben, und zwar in Tornähe.

Vor dem Wall ließ sich — soweit Geländebeobachtungen möglich sind bzw. Ausgrabungen durchgeführt wurden, stets ein Graben feststellen (Kratzeburg, Nr. 3; Basedow, Nr. 2; Gühlen-Glienicke, Nr. 4; Belzig, Nr. 7; Sacrow, Nr. 6; Lossow, Nr. 12; Nieder-Neundorf, Nr. 24). Vielleicht verbirgt sich auch unter der Terrasse von Lebus (Nr. 11) eine derartige Vorbefestigung. In Belzig, vielleicht auch in Sacrow, standen auf dem Vorwall bzw. vor dem Vorgraben Palisaden oder Zäune.

Mit diesem deutlich erkennbaren Prinzip der Vorbefestigung stimmt die Sorgfalt überein, mit der in Basedow (Nr. 2) die Berme in 1,50 m Breite vor dem Wall mit großen Steinen, z. T. in Lehm gebettet, befestigt war. Eine besondere Behandlung hatten offensichtlich auch die über 14 m lange flache Hangberme in Kratzeburg (Nr. 3) sowie die Bermen auf der Römerschanze (Nr. 6) und in Belzig (Nr. 7) erfahren.

Die Höhenburgen waren verschieden groß. Ihr nutzbarer Innenraum lag zwischen 0,7 ha (Nr. 24) und etwa 18 ha (Nr. 4) (Abb. 2).

2. Höhenburgen auf Kuppen, Hängen und Bergspornen im Gebirgs- und Vorgebirgsland auf Felsuntergrund (Abb. 3)

Die Grundrißgestaltung entspricht im Prinzip der der ersten Gruppe. Stärker als im nördlichen Gebiet ist jedoch hier das Prinzip ungleich mächtiger Wallführung sowie, je nach den Verhältnissen am Hang, die Verwendung von Abschnittswällen ausgeprägt. Ein besonderes Extrem bieten die Verhältnisse am Pfaffenstein (Abb. 3c; Nr. 33). Der Abschnittswall liegt am Zugang, unterhalb des besiedelten Hochplateaus mit unzugänglichem Steilabfall (W. Coblenz 1964b, Abb. 2). Am Oybin mag eine ähnliche Grundrißführung angewendet worden sein, allerdings besteht bisher keine völlige Sicherheit über das Alter des Sperrwalles im Hausgrund (Nr. 26). Die steilen Hänge am Elbtal begünstigten die Anlage von Abschnittswällen (Dresden-Coschütz, Nr. 32; Diesbar, Nr. 37; Sörnewitz, Nr. 34; Seußlitz, Nr. 38). In Diesbar erreichte man im wesentlichen durch einen etwa 70 m langen, jedoch bis 11 m hohen Abschnittswall den Schutz eines Plateaus von ungefähr 3,5 ha. Auf der Goldkuppe schützte vor allem ein etwa 170 m langer, jedoch bis 11 m hoher Wall eine Fläche von etwa 35 ha. Freilich sind sowohl bei Diesbar wie auch auf der Goldkuppe weitere flache Befestigungs-

Die vor- und frühgeschichtlichen Denkmäler und Funde des Kreises Neubrandenburg, Schwerin 1962, S. 72), Stolzenhagen, Babe, Havelberg, Arneburg, Parey, Petkus (J. Herrmann 1960). Eine gleiche Sondierung ist von W. Coblenz für Sachsen vorgenommen worden (1963b, 1964) und ist notwendig für die Niederlausitz. Die bisher gegebenen Listen enthalten z. B. eindeutig frühdeutsche Turmhügel oder kleine slawische Rundwälle, die auf älteren Gräberfeldern oder Siedlungen der Lausitzer Kultur erbaut worden sind (dazu in Vorbereitung J. Herrmann, Die vor- und frühgeschichtlichen Burgwälle der Bezirke Frankfurt und Cottbus).

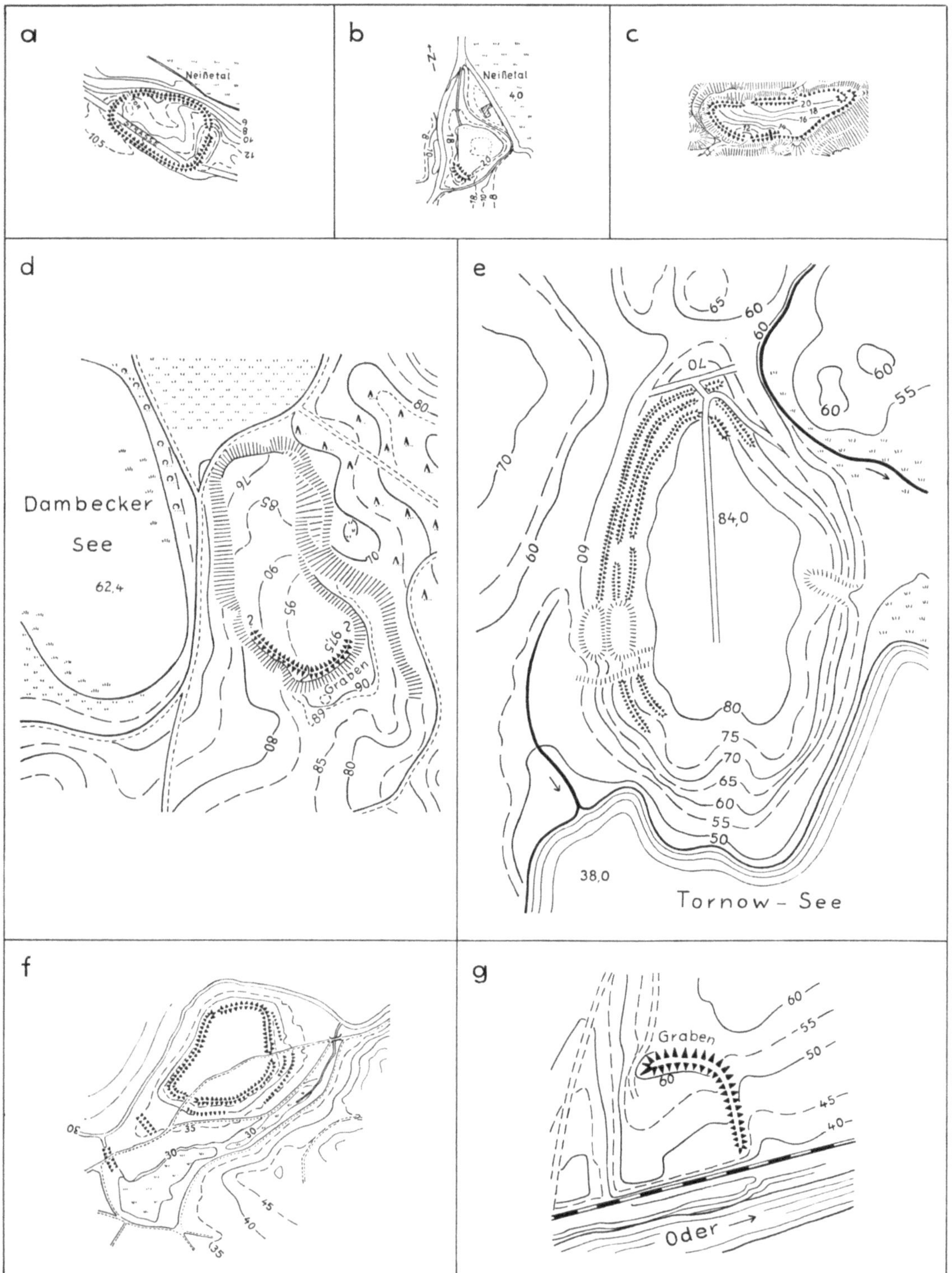

Abb. 2. Grundrisse und Pläne von Burgen

a) Nieder-Neundorf Nr. 24; b) Podrosche Nr. 23; c) Basedow Nr. 2; d) Kratzeburg Nr. 3; e) Gühlen-Glienicke Nr. 4; f) Potsdam-Sakrow Nr. 6; g) Lossow Nr. 12 (a nach W. Coblenz; b, e, f, g nach Aufmessungen und Unterlagen des Verf.; c, d nach W. Bastian). 1:10000

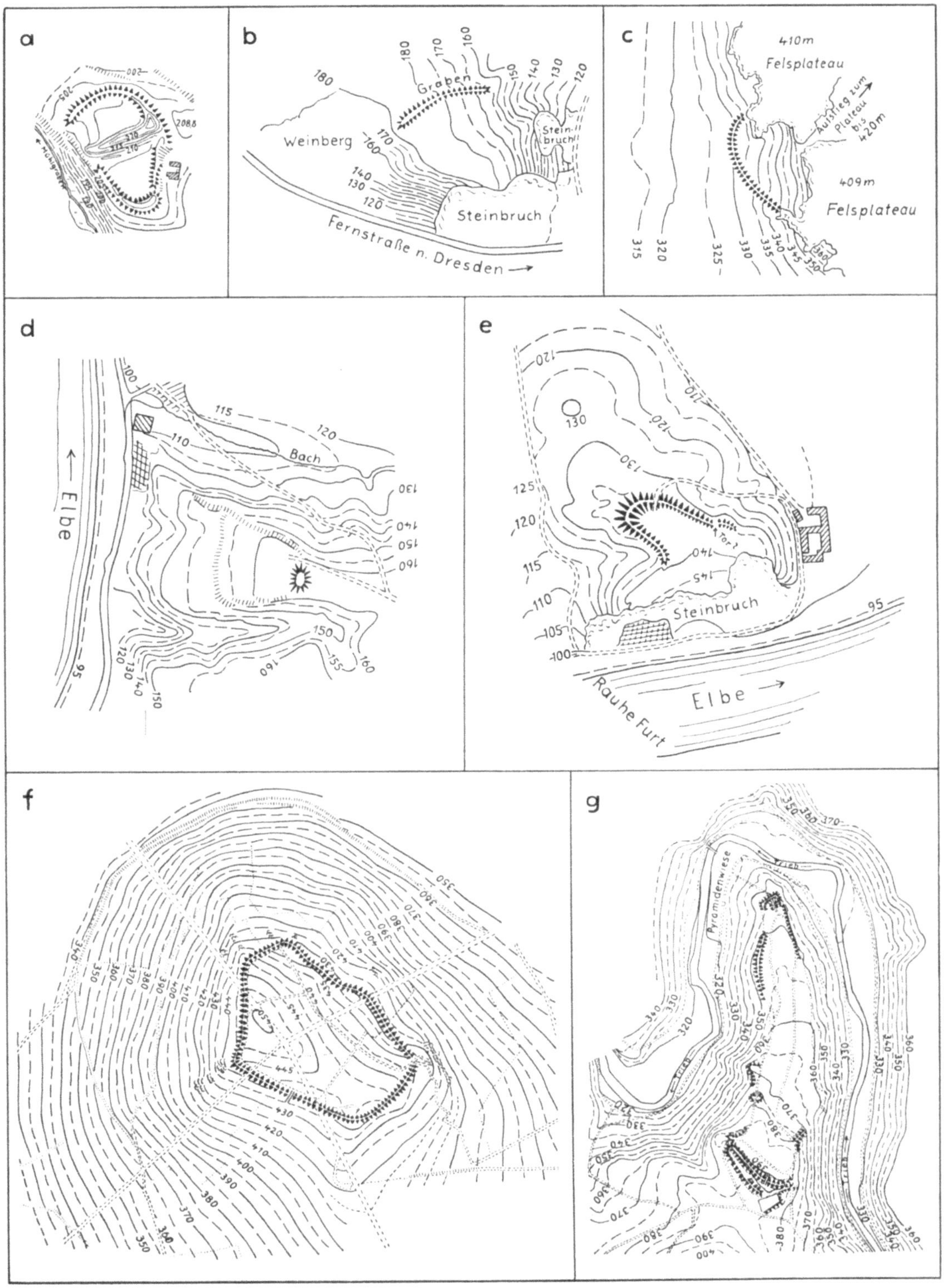

Abb. 3. Grundrisse und Pläne von Burgen

a) Ostro Nr. 30; b) Sörnewitz Nr. 34; c) Pfaffendorf Nr. 33; d) Diesbar/Löbsal, Burgberg Nr. 37; e) Göhrisch Nr. 35; f) Löbau Nr. 27; g) Pöhl Nr. 41 (a–f nach W. Coblenz, g nach G. Billig). 1:10000 spuren hin und wieder an den Plateauseiten, an die flachere Hänge grenzen, erkennbar. Sie waren jedoch wenig mächtig, und der Aufwand für ihre Anlage dürfte nur verhältnismäßig niedrig gewesen sein.

Dieses an drei Beispielen beobachtete Prinzip der Geländeausnutzung findet sich in ähnlicher Weise an der Deutschen Bosel bei Sörnewitz (Nr. 34), am Burzelberg bei Hohburg (Nr. 39) oder am Eisenberg bei Pöhl (Nr. 41). Anders mußte man verfahren, wenn Bergkuppen zum Standort der Burgen gewählt wurden. Sie mußten ringsum von Wällen, die den Geländeformen angepaßt waren, umgeben werden. In der Regel legte man die Wälle auf der Grenze zwischen Plateau und beginnendem Hang an (Göhrisch, Nr. 35; Landeskrone bei Biesnitz, Nr. 25; Ostro, Nr. 30; Staupen, Nr. 40; Schafberg bei Löbau, Nr. 27).

Auch im Bergland war die Verwendung von Vorbefestigungen geläufig. Auf der besonders gefährdeten Seite des Burzelberges bei Hohburg (Nr. 39) legte man zwei Vorwälle an, ein Vorwall lag vor dem Abschnittswall der Goldkuppe bei Seußlitz (Nr. 38). Vor dem vermutlichen Tor des Eisenberges bei Pöhl (Nr. 41) lag ebenfalls ein Vorwall. Zwei Vorgräben und Faschinenzäune wurden auf der Heidenschanze von Dresden-Coschütz (Nr. 32) festgestellt.

Eine besondere Sicherung der Berme soll nach W. Coblenz durch Anschüttung starker schräger Schichten vor der Vorderfront des Walles der Deutschen Bosel bei Sörnewitz erfolgt sein (Nr. 34). Da sich in diesem als Berme angesehenen Schichtenpaket jedoch keine Oberflächenbefestigung feststellen ließ, scheint es nicht ausgeschlossen, daß an diesem Paket aus schräg nach außen abfallenden Schichten in erster Linie Wallabsturzschichten bedeutenden Anteil haben.

Eine schräg angeschüttete Berme soll in Dresden-Coschütz bestanden haben. Eindeutige Bermen vor den Wehrmauern, mit Platten abgedeckt, die z. T. in Lehm gepackt waren, stellte W. Coblenz am Pfaffenstein (Nr. 33) und am Schafberg von Löbau (Nr. 27) fest.

Die hier besprochenen Burganlagen sind verhältnismäßig groß, ihr nutzbarer Innenraum lag zwischen 0,8 ha (Biesnitz, Nr. 25) und 35 ha (Goldkuppe bei Seußlitz, Nr. 38).

3. Niederungsburgen in und an den Talniederungen Brandenburgs und der Oberlausitz (Abb. 4)

Diese Befestigungen sind in der Regel auf Sand- oder Lehminseln in der Niederung, seltener auf Halbinseln oder Spornen, die vom Talrand in die Niederung vorstoßen, angelegt worden. Da der Wasserstand in den Niederungen großen Schwankungen sowohl in den Jahreszeiten wie auch über längere Zeiträume hinweg unterlag, wurden diesen Örtlichkeiten nicht im gleichen Maße wie den Burgen auf steilkuppigen Höhen der ständige Schutz der Geländegunst zuteil. Daher mußten die Niederungsburgen in der Regel durch umlaufende Wälle, die allerdings ungleich stark sein konnten, befestigt werden. Da das Gelände nicht so schroffe Formen wie im Moränengebiet oder Gebirgsvorland aufweist, konnte man die Wallführung regelmäßiger gestalten. In der Regel wählte man eine ovale Grundform, in einigen Fällen jedoch auch runde Burgengrundrisse (Abb. 4). Andererseits sind allem Anschein nach auch diese Anlagen bis zu einem gewissen Grade — besonders bei großen Anlagen wie dem Schloßberg von Burg (Nr. 22) — dem Gelände angepaßt.

Auch die Niederungsburgen bedienten sich offensichtlich zusätzlicher Annäherungshindernisse an besonders gefährdeten Seiten, wie etwa in Schlalach (Nr. 8) durch Anlage eines Vorwalles vor dem vermutlichen Tor. Der Befestigung der Berme wurde offensichtlich ebenfalls Aufmerksamkeit geschenkt. Der Südwestabschnitt des Ringwalles von Goßmar war durch mehrere Reihen von Pfählen, die oben zugespitzt und schräg eingesetzt waren, zusätzlich geschützt. In diesem Bereich traf wahrscheinlich eine Brücke oder ein Damm über das Moor auf den Wall (Nr. 15).

Eine im Grundriß von den übrigen Burgen abweichende Form weist die Anlage im Schweinert bei Falkenberg (Nr. 20) auf (Abb. 4d). Dem Grundriß nach würde sie eher in die frühmittelalterliche Burgenbauperiode gehören. Bisher wurden jedoch in der Burg ausschließlich

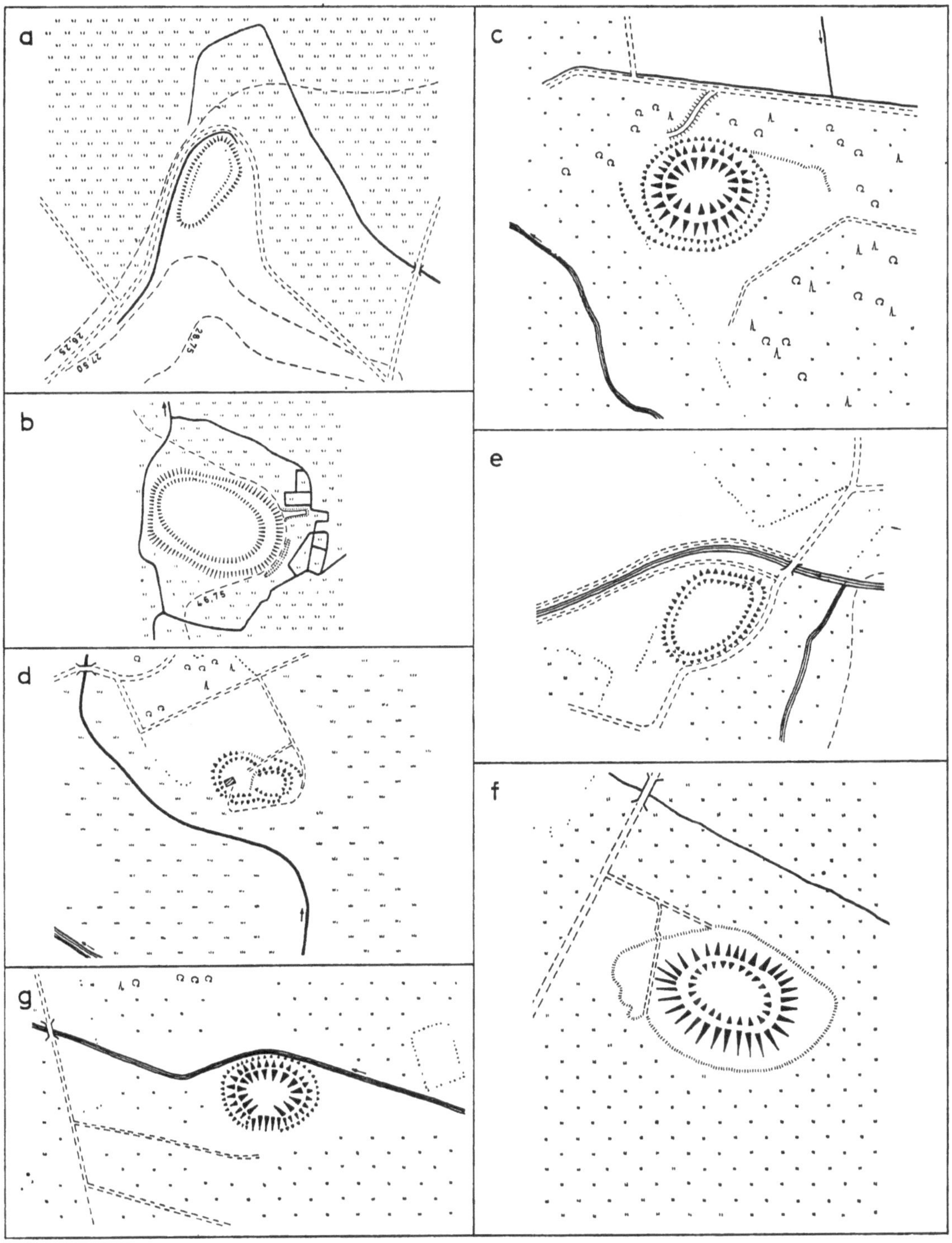

Abb. 4. Grundrisse und Pläne von Burgen

a) Görne Nr. 5; b) Schlalach Nr. 8; c) Zützen Nr. 14; d) Falkenberg Nr. 20; e) Schlieben Nr. 17; f) Schönewalde Nr. 16; g) Gerbisbach Nr. 18 (nach Aufmessungen des Verf.). 1:10000

Funde der jüngeren Bronzezeit geborgen, und eine kleinere Ausgrabung, die aus denkmalpflegerischen Gründen im Norden des Walles von der Forschungsstelle Potsdam im Jahre 1958 durchgeführt wurde, wies einen Holzerdewall eben dieser Zeitstellung nach (Nr. 20). Die Beschaffenheit der Nahtstelle zwischen beiden Wallteilen zeigt eindeutig, daß beide — der östliche und der westliche Wallteil — zusammengehörten und gleichzeitig bestanden.

Die Ausmaße der Niederungsburgen sind offensichtlich stärker als die der Höhenburgen auf die Bedürfnisse der Menschengruppen, von denen sie errichtet wurden, zugeschnitten gewesen. Bei dem leichter gestaltbaren, andererseits aber auch einen höheren technischen Bauaufwand erfordernden Gelände im Flachland ist das verständlich. Durch geschickte Führung eines Abschnittswalles im Höhenland konnten viele Hektar befestigt werden, ohne daß ein größerer Aufwand für den Bau von Befestigungen an den Längsseiten oder die Verteidigung dieser Seiten notwendig war. Dagegen erforderte jeder Quadratmeter Fläche, um den die Befestigung ausgedehnt wurde, bei Niederungsburgen einen erheblichen Mehraufwand an Bauarbeit. Die Mehrzahl der Niederungsburgen weist daher Innenräume von 0,7 ha bis 1,8 ha Größe auf (Abb. 4, 10).

Trotz unterschiedlicher geologischer, geographischer sowie morphologischer Voraussetzungen und der dadurch bedingten Scheidung in Höhen- und Niederungsburgen lassen sich in der Grundrißgestaltung und Wallführung einige gemeinsame Kennzeichen feststellen:

1. Die Geländeabhängigkeit der Wallführung, bei den Höhenburgen stärker ausgeprägt, war auch bei den Niederungsburgen zu beobachten.
2. Die Anlage von Vorbefestigungen auf den besonders gefährdeten Seiten und im Torbereich, als Vorwälle, Vorgräben oder Palisaden bzw. Faschinenzäune.
3. Der besondere Wert, der z. T. sowohl bei den Niederungsburgen als auch bei den Höhenburgen auf die Gestaltung und Festigung der Berme gelegt wurde.
4. Die Größe der Burgen, die sehr selten wesentlich weniger als 1 ha betrug, in der Regel jedoch weit darüber lag.
5. Die Einteiligkeit des Grundrisses, d. h. das Fehlen von separaten Anlagen innerhalb der allgemeinen Befestigung. Es gab kein Burg-Vorburg-Verhältnis.

b) Die Konstruktion der Befestigungsanlagen[3])

1. Die Planken- und Palisadenwand-Schalenbauweise (Abb. 5, 6). In Sacrow (Nr. 6) beobachtete C. Schuchhardt 1909 einen Holzerdewall, der aus je einer Plankenwand an der Vorder- und Rückfront bestand. Die Plankenwände wurden von senkrechten Pfosten, die im Abstand von etwa 1,60 m eingesetzt waren, in senkrechter Lage gehalten. Ankerbalken verbanden beide etwa 3,30 m voneinander entfernte Plankenwände. Der Zwischenraum war mit Erde und Holz gefüllt. Die Ankerbalken wurden z. T. in vier Lagen übereinander beobachtet. Sie befanden sich nicht nur an den Stellen, an denen sich die Pfosten der Vorder- und Rückfront gegenüberstanden, sondern auch in den Abschnitten dazwischen.

In Kratzeburg (Nr. 3) bestanden die Vorder- und Hinterfront des Walles ebenfalls aus senkrechten Pfosten mit hinterlegten runden Stämmen. Die Wände waren etwa 5 m voneinander entfernt, der Zwischenraum mit Erde ausgefüllt. In Basedow (Nr. 2) lag die vordere Plankenwand auf dem Hang. Ankerbalken hielten sie in der Erdhinterschüttung. Auf eine

[3]) Zur Einteilung des Befestigungsbaues der Lausitzer Kultur vgl. W. Hensel 1948, S. 34ff. Er unterscheidet verschiedene Arten der Kastenkonstruktion, Palisadenwälle und zusammengelegte Wälle. Ergänzend dazu nennt A. Niesiołowska-Hoffmann (1963, S. 77ff.) Wälle mit Steinkern und Erdwälle mit Fundamentbefestigung in Holzkonstruktion. Zum Wallbau der sächsischen Burgen im Überblick W. Coblenz, bes. 1964a.

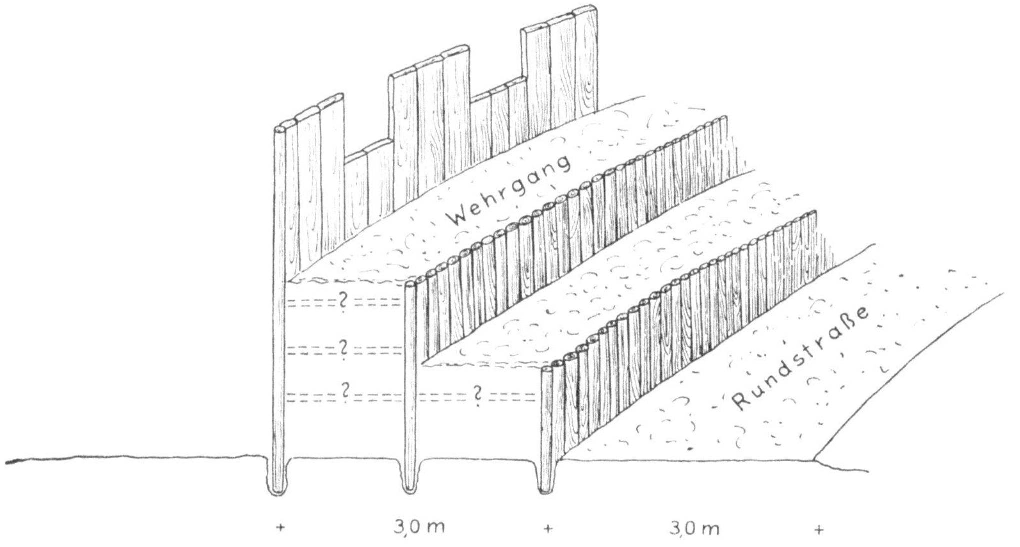

Abb. 5. Rekonstruktionszeichnung des Palisadenwand-Walles von Senftenberg Nr. 21

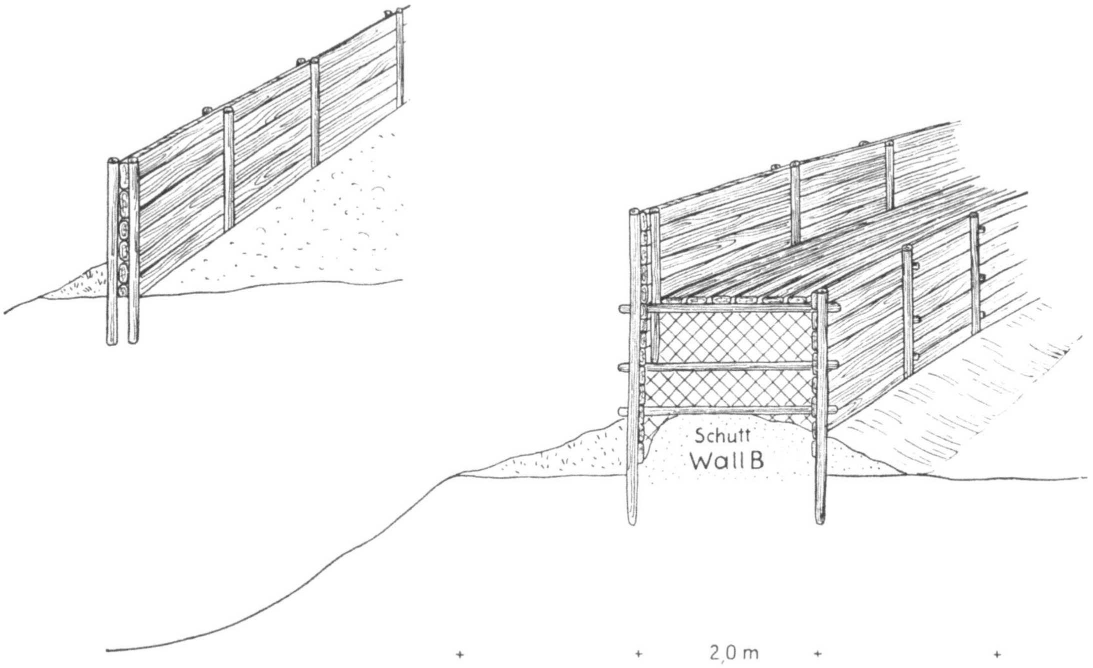

Abb. 6. Rekonstruktionszeichnung der Plankenwand und des Plankenwand-Walles von Podrosche Nr. 23

Versteifung der Rückfront konnte man unter diesen Lagebedingungen verzichten. Die sehr fragmentarischen Befunde von Belzig (Nr. 7) und Lebus (Nr. 11) scheinen auf eine ähnliche Plankenwandkonstruktion hinzuweisen. Auch in Lossow soll die Aurither Befestigung in einer solchen Bauweise errichtet worden sein (Nr. 12). Die Nachuntersuchung in Burg (Nr. 22) durch A. Götze und C. Schuchhardt erbrachte eine ähnliche Bauweise am Nordostwall.

Nach A. Götze bestand auch in Senftenberg (Nr. 21) ein Wall in Palisadenwandkonstruktion (Abb. 5). W. Coblenz ermittelte eine derartige Konstruktion an der Deutschen Bosel bei

Sörnewitz (Nr. 34). Dabei spielte nach dem vorgelegten Profil die Trockenmauerbauweise bereits eine größere Rolle. In Pöhl (Nr. 41) ist wahrscheinlich die Plankenwandbauweise zur Anwendung gekommen. In Podrosche schließlich scheint auf der Hangseite eine einfache Plankenwand zwischen zwei Pfostenreihen vorhanden gewesen zu sein. Ebenso hat der zweite Wall von Podrosche auf der zerstörten Rostkonstruktion aus einer Plankenwand mit Erdhinterfüllung bestanden (Abb. 6) (Nr. 23).

2. Die Trockenmauer-Schalenbauweise (Abb. 8, 11). An die Stelle der Plankenwände traten im Bergland mit schichtbarem Gestein Trockenmauern an der Vorder- und Hinterfront. Ankerbalken verbanden diese Trockenmauerschalen untereinander und mit der Stein-Erdefüllung. Diese Bauweise kam auf dem Schafberg bei Löbau (Nr. 27), am Sperrwall des Pfaffensteines (Nr. 33) und vielleicht auch auf dem Burzelberg bei Hohburg (Nr. 39) zur Anwendung. Offenbar war auch in Dresden-Coschütz die Befestigung der zweiten Phase in einer ähnlichen Technik, mit Hilfe von Trockenmauern, ausgeführt (Nr. 32). In Sörnewitz (Nr. 34) trat sie möglicherweise kombiniert mit der Plankenbauweise auf. Der Unterteil der Vorderfront war aus Steinen geschichtet, während im Oberteil wohl Planken Verwendung fanden. Die Verwendung von Pfosten ist bei der Trockenmauer-Schalenbauweise nicht erforderlich. Bei den Ausgrabungen wurden daher auch keine sicheren Pfostenspuren an den Fronten beobachtet.

3. Die Rostbauweise (Abb. 7, 11). Während die erstgenannten Konstruktionen auf einer unterschiedlichen Konstruktion von Schalen und Kern beruhten, lag der Rostbauweise die

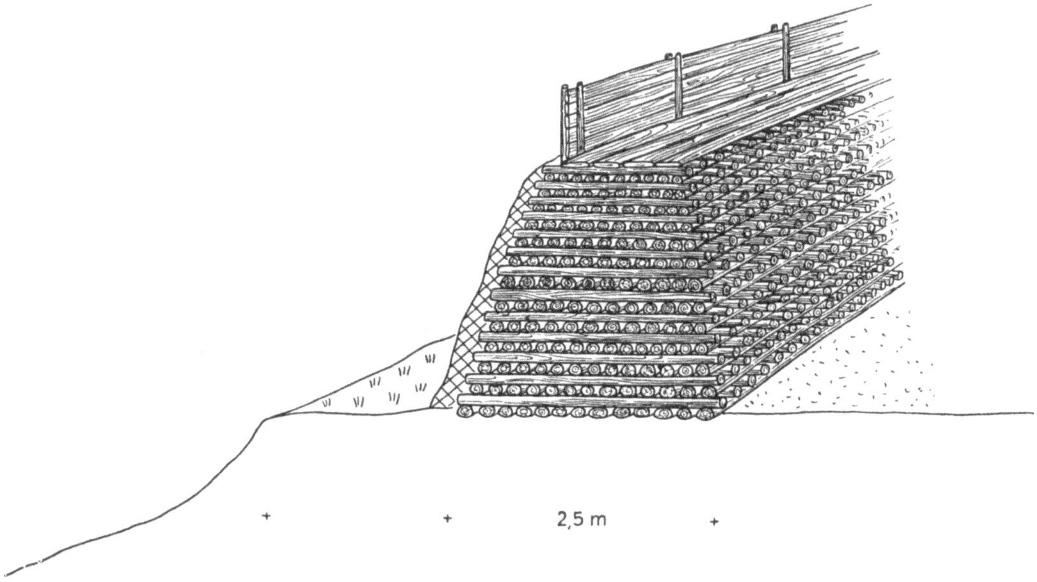

Abb. 7. Rekonstruktionszeichnung des Walles in Rostbauweise von Podrosche Nr. 23

konstruktive Einheit von Wallkern und Wallfront zugrunde. Als Front diente die Außenseite des Wallkernes. Die Grundkonstruktion bestand darin, Rundhölzer oder Stämme in Wallrichtung mehr oder weniger dicht nebeneinander zu legen und über diese jeweils abwechselnd eine oder mehrere Lagen von Stämmen oder Bohlen quer und längs zur Wallrichtung einzubringen. Die Zwischenräume wurden mit Holzresten, Zweigen, Erde, Steinen ausgefüllt. Der Verband zwischen den einzelnen Lagen erfolgte, in einigen Fällen (Nr. 23, 24, 30) sicher nachweisbar, durch Verblattung. Derartige Rostkonstruktionen waren — nach der bisherigen Kenntnis — kaum breiter als 2,50 m (Podrosche, Nr. 23; Nieder-Neundorf, Nr. 24; Kleinsaubernitz, Nr. 29), wiesen jedoch eine beachtliche Standfestigkeit auf. Das Hinter-

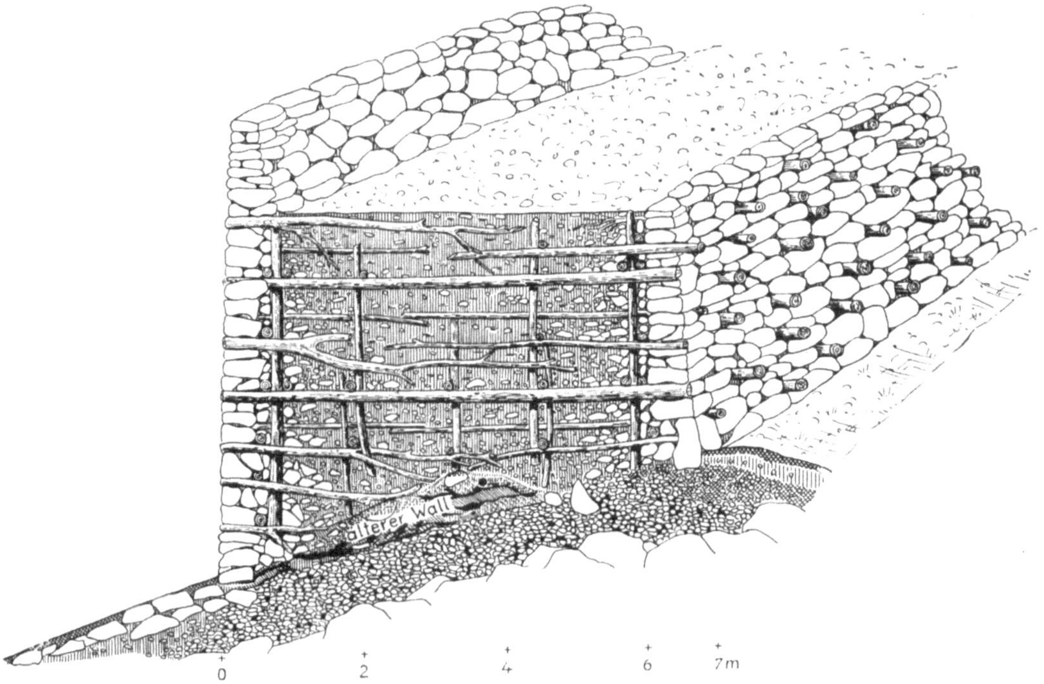

Abb. 8. Rekonstruktionszeichnung des Walles in Steintrockenmauer-Schalenbauweise von Löbau Nr. 27 (n. W. Coblenz)

einanderfügen von mehreren Rostsektionen zu einem Wall, im Frühmittelalter ein typisches Konstruktionsprinzip, wurde bisher nicht beobachtet. Jedoch ist es nicht ausgeschlossen, daß man hinter dem Holzrost rampenartige Erdaufschüttungen anlegte. Darauf deutet der Befund von Nieder-Neundorf hin (Nr. 24).

Auch in Podrosche hat es offensichtlich eine solche Erdhinterschüttung gegeben. Über diese und die zerstörte Rostkonstruktion wurde dann ein Plankenwandwall erbaut (Nr. 23). Dagegen erscheint es möglich, daß in Kleinsaubernitz (Nr. 29) und Seifersdorf (Nr. 31 a) vor der Rostkonstruktion analog der anderweitig beobachteten schrägen Bermen eine solche schräge Erdanschüttung bestand. In anderen Fällen wurde die Vorderfront des Rostes durch Lehmauftrag gegen Brandgefahr besonders gesichert. Flechtwerk an der Vorderfront verband Lehmauftrag und Rostvorderfront besonders fest (Nieder-Neundorf, Nr. 24).

Für die Rostkonstruktion wurden prinzipiell keine Pfosten benötigt, es sei denn, um die unteren Lagen zunächst vor dem Verrutschen zu bewahren, um letzte Auf- oder Anbauten zu tragen oder um Unregelmäßigkeiten auszugleichen. Die Rostbauweise ist bisher mit Sicherheit aus Podrosche (Nr. 23), Nieder-Neundorf (Nr. 24), Kleinsaubernitz (Nr. 29), dem Proitschenberg bei Bautzen (Nr. 28), wahrscheinlich aus Ostro (Nr. 30) und Seifersdorf (Nr. 31 a) bekannt. Weiterhin fand sie möglicherweise auf der Landeskrone bei Biesnitz (Nr. 25) Anwendung.

Im einzelnen fanden sich sicherlich Unterschiede in dieser Bauweise, die jedoch bisher nicht klar zu erkennen sind. In Nieder-Neundorf beispielsweise soll der Rostwall auf einem Lehmsockel gegründet worden sein[4]).

[4]) Die vorliegenden und erhaltenen Grabungsbefunde geben darüber jedoch keine ausreichende Auskunft mehr. Das einzige durchgehende Profil zeigt lediglich eine 15—20 cm starke Schicht sandigen Lehms, die jedoch keineswegs höher als der anstehende Boden im Innenraum liegt (W. Coblenz 1963, Abb. 17, zwischen etwa 17—22 m). Der scheinbare Sockel bei 9—15 m liegt nicht höher als der anstehende Boden. Die Sockelwirkung wird hervorgerufen durch die im Innenraum und zum Rost zu vorhandenen Störungen. Darauf liegen die oben

4. Die Kastenbauweise (Abb. 11). Eine weitere Grundkonstruktion für den Wehrmauerbau in der Zeit der Lausitzer Kultur war die Kastenbauweise. Bisher ist sie in Einzelheiten vor allem in Biskupin belegt. Der Wall bestand jeweils aus einer Reihe von Holzkästen, die mit Erde gefüllt waren. Bereits 1909 wurde die Kastenbauweise in Lossow (Nr. 12) beobachtet. Bis zu 5 Holzkästen von etwa 1,23 m Breite waren hintereinandergestellt und mit Erde und Steinen gefüllt. Diese Kastenbauten wurden erneut von W. Unverzagt (1930) festgestellt. Unter den Kästen soll nach M. Lienau eine Kulturschicht aus der Zeit der Aurither Kultur gelegen haben, die sich bis in das Burgvorgelände fortsetzt. Im Innern der Burgfläche fand sich eine Göritzer Kulturschicht. W. Unverzagt wies daher die Kastenkonstruktion der Göritzer Kultur zu, äußerte in jüngster Zeit allerdings Zweifel an dieser Datierung[5]). Die geringe Breite der Kästen von 1,25—1,60 m ließe sich durchaus mit der in Biskupin beobachteten Bauweise vereinbaren. Allerdings ist die fünffache Anlage von Kastenreihen bisher nicht bekannt. Nicht zuletzt auf Grund der Beobachtungen in Lossow deutete W. Unverzagt die Wehrbauten auf dem Pletschenberg in Lebus als Plankenwand-Bauweise in der Aurither Zeit und als Kastenkonstruktion in der Göritzer Zeit (Nr. 11). In Lebus sind die älteren Pläne verlorengegangen. Die neuen Ausgrabungen haben bisher nur Anhaltspunkte für das Bestehen der Plankenwandbauweise auf dem Turmberg in der späten Bronzezeit oder frühen Eisenzeit ergeben (W. Unverzagt, Nr. 11); als Kastenbauweise wird auch der Befund in Ostro (Nr. 30) z. T. aufgefaßt.

Neben diesen mehr oder weniger sicher erkannten Bauweisen sind möglicherweise andere Konstruktionsvarianten angewendet worden. Holzerdewälle wurden mehrfach beobachtet, ohne daß die Konstruktion zu erkennen war.

5. Tore. Die Torbauten der Burganlagen sind kaum bekannt. Auf den besonderen Schutz, der durch die Anlage von Vorwällen angestrebt wurde, konnte hingewiesen werden. Bei den ausgegrabenen Toren handelte es sich um Hallentore an der Römerschanze (Nr. 6) (C. Schuchhardt 1909). Der Wall war am Seetor und am Osttor unterbrochen, die Torbreite betrug 5 bzw. 6,5 m. Der Torverschluß hat nach dem Grundriß in der Flucht der Wallhinterfront gelegen, das Tor führte in eine in den Innenraum hineinreichende, möglicherweise mehrstöckige Torhalle oder in einen Torturm (C. Schuchhardt 1931, S. 121).

Das entgegengesetzte Prinzip scheint in Nieder-Neundorf (Nr. 24) zur Geltung gelangt zu sein. Die Torwangen waren trichterförmig mehrere Meter über die vordere Wallfront vor-

bereits besprochenen schrägen Schichten, die möglicherweise als ehemalige rampenartige Rosthinterschüttung anzusehen ist. Eine andere Erklärung, die ebenfalls durch die Grabungsbefunde gerechtfertigt ist, könnte darin Absturzschichten des Oberbaues sehen, die auf die sockelartige Fläche hinter dem Wall fielen. Bei dieser glatten Fläche von etwa 3 m Breite in Höhe der alten Oberfläche könnte es sich dann um einen ehemaligen Umgang hinter dem Wall handeln. Der über diesem Umgang später vorhandene Speicher (W. Coblenz, Abb. 9) gehört ganz offensichtlich in eine jüngere Wallphase. Er wurde nach Zerstörung des Rostwalles erbaut. Nach dieser Auffassung wäre in Nieder-Neundorf der erste Wall in Rostkonstruktion von etwa 4 m Breite mit Umgang hinter dem Wall oder dahinter geschütteter Rampe errichtet worden. Nach seiner Zerstörung wurden in die vorderen und hinteren Absturzschichten Pfosten für einen weiteren Befestigungsbau eingetieft (bei 16,80 m, 24 m, 26 m, 29 m, 32 m). Diese Pfosten können nicht zum ersten Rostwall gehören und auch schwerlich als Vorbefestigung gedient haben. Es dürfte sich um die Spuren der zweiten, nicht mehr klar erkennbaren Bauphase der Befestigungsmauer handeln. Zu dieser Phase gehört auch der Speicherbau. Die Problematik von Nieder-Neundorf ist mit diesen Erwägungen zwar nicht zu lösen, mindestens aber läßt sich zeigen, daß mehrere Möglichkeiten der Interpretation bestehen. In Podrosche — darauf wurde bereits hingewiesen — vollzog sich übrigens der gleiche Vorgang: Über einem zerstörten Rostwall wurde ein Wall in Plankenwandtechnik mit Erdhinterschüttung errichtet.

[5]) W. Unverzagt äußerte die Auffassung, daß die im großen Lossower Wall enthaltene Kastenkonstruktion wohl nicht in die frühe Eisenzeit, sondern in die jüngere slawische Periode gehöre. Die Darlegung dieser Auffassung erfolgt in einem Artikel in diesem Band (S. 340). Die C^{14}-Datierung von Holzkohle (Kern eines verkohlten Balkens) aus der Kastenkonstruktion des äußeren Walls, die während der Ausgrabungen 1968 von H. Geisler zur Verfügung gestellt wurde, brachte das Datum Bln 691, 1034 $\pm$ 80 v. u. Z. Die Stratigraphie und die Fundverteilung, die Verf. im Frühjahr 1968 während der Ausgrabungsarbeiten in Lossow beobachten konnte, stimmen mit den von W. Unverzagt 1930 mitgeteilten Beobachtungen überein.

gezogen, die äußere Weite betrug 3 m, die innere 2 m. Die Wangen bestanden aus waagerechten Balkenlagen, die von Pfosten gehalten wurden.

Diese Konstruktion ist am ehesten an den etwa gleichzeitigen Torbau von Biskupin anzuschließen. Jedoch wurden die vorgezogenen Wangen dort von Palisadenwänden gebildet (T. Żurowski in: J. Kostrzewski 1950, S. 302ff.).

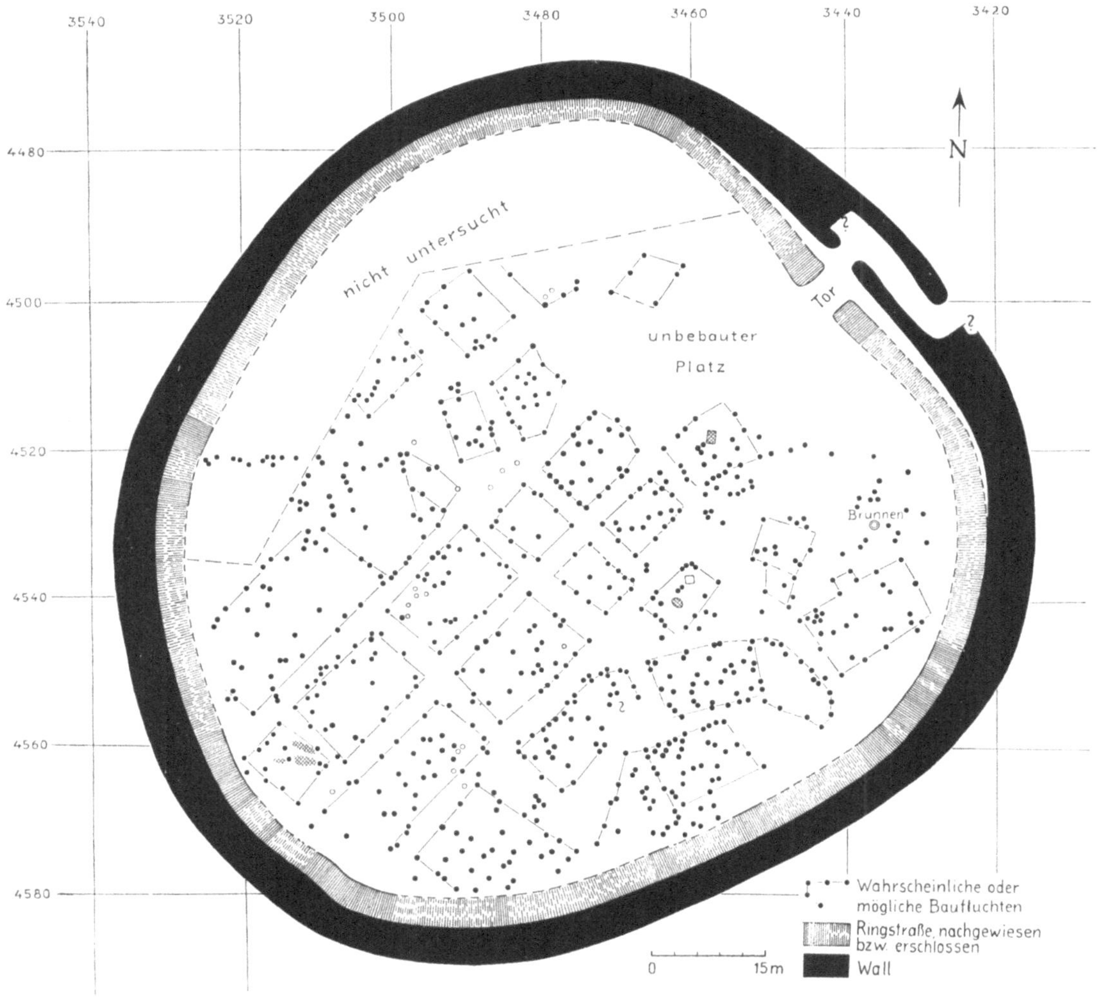

Abb. 9. Schematischer Grundriß des „Alten Schlosses" von Senftenberg Nr. 21 (n. A. Götze und J. Herrmann); a) erste Phase

Eine weitere Torform scheint darin bestanden zu haben, die aufeinander zulaufenden Wallschenkel gegeneinander zu versetzen und sie voreinander zu legen. Die Torgasse führte zwischen der Hinterfront des einen und der Vorderfront des anderen Schenkels hindurch. Durch Ausgrabungen ist diese Form bisher nur sehr undeutlich in Senftenberg erwiesen (Nr. 21) (Abb. 9), nach dem Geländebefund ist sie in Gühlen-Glienicke (Nr. 4), Hohburg (Nr. 39) und Pöhl (Nr. 41) (Abb. 3g) angewendet worden. W. Coblenz (1964) beobachtete am Göhrisch (Nr. 35), in Seußlitz (Nr. 38) und in Dresden-Coschütz (Nr. 32), daß die Zugänge mehrfach so geführt waren, daß der Angreifer gezwungen war, dem Verteidiger die rechte, ungeschützte Seite zuzuwenden. An bestimmte Burgenformen, Gebiete oder Zeiten gebundene Torbauweisen sind bei dem schmalen Material noch nicht zu erkennen.

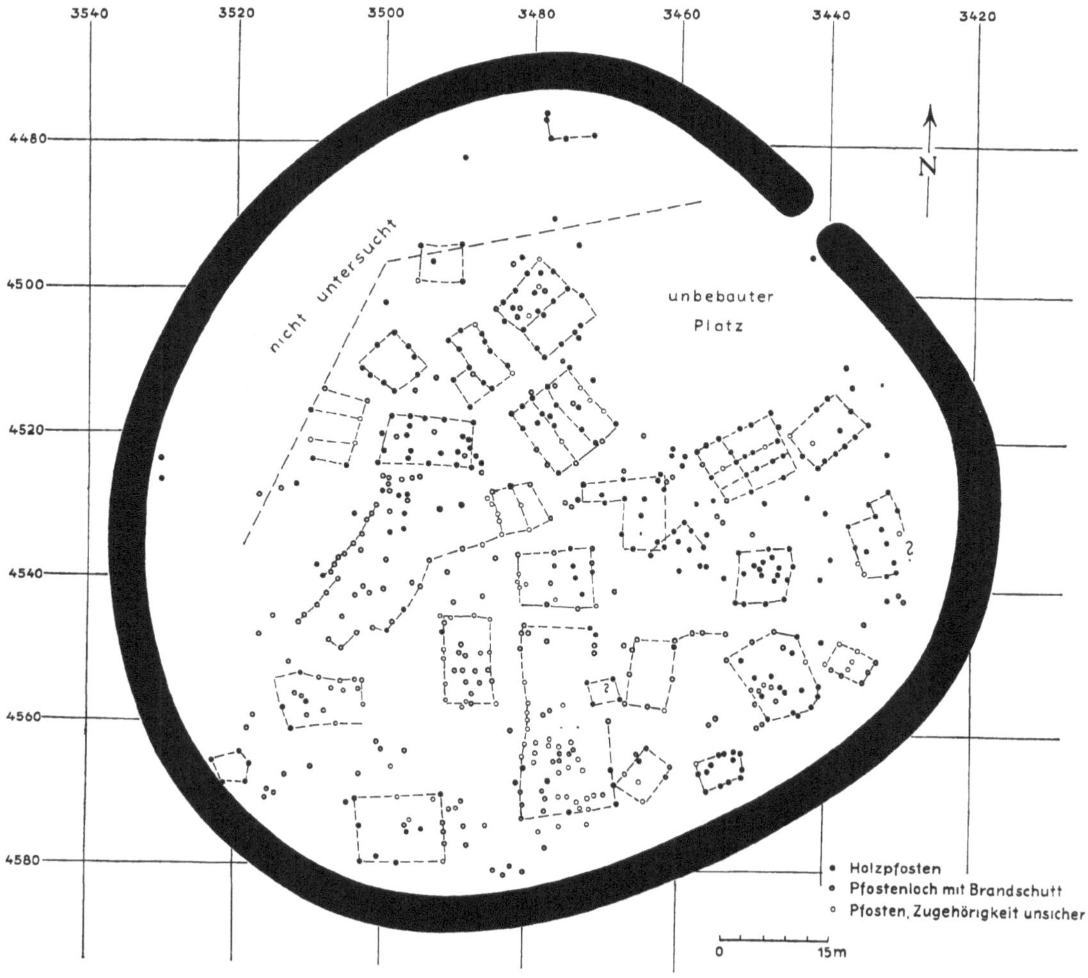

Abb. 9. Schematischer Grundriß des „Alten Schlosses" von Senftenberg Nr. 21 (n. A. Götze und J. Herrmann); b) zweite Phase

Es lassen sich mithin bisher im nordwestlichen Gebiet der Lausitzer Kultur nur folgende Wallbauweisen feststellen (Abb. 5—8):

1. Die Planken- oder Palisadenwand-Schalenbauweise unter Verwendung von Planken- oder Palisadenwänden an der Vorder- und Rückfront, Ankerbalken und Erdfüllung.
2. Planken- oder Palisadenwände mit Erdhinterschüttung.
3. Freistehende Planken- oder Palisadenwände.
4. Die Trockenmauer-Schalenbauweise unter Verwendung von Trockenmauern an Vorder- und Hinterfront, Ankerbalken und Stein-Erdfüllung.
5. Die Rostbauweise, unter Umständen mit Erdhinterschüttung.
6. Die Kastenbauweise.

c) Besiedlung und Nutzung der Burgflächen

Während für die Erörterung von Grundriß, Planung und Befestigungsbauweise der Burgen bereits eine größere Anzahl von sicheren Beobachtungen zur Verfügung steht, sind die Ergebnisse von Untersuchungen zur Innenbesiedlung der Burgen bisher durchweg bruchstückhaft geblieben. Klare Pläne über die Raumaufteilung liegen bisher nicht vor.

Die Ringwälle in der Niederung und die kleineren Höhenburgen sind anscheinend dicht besiedelt gewesen. Wo auch immer Beobachtungen oder Ausgrabungen vorgenommen werden

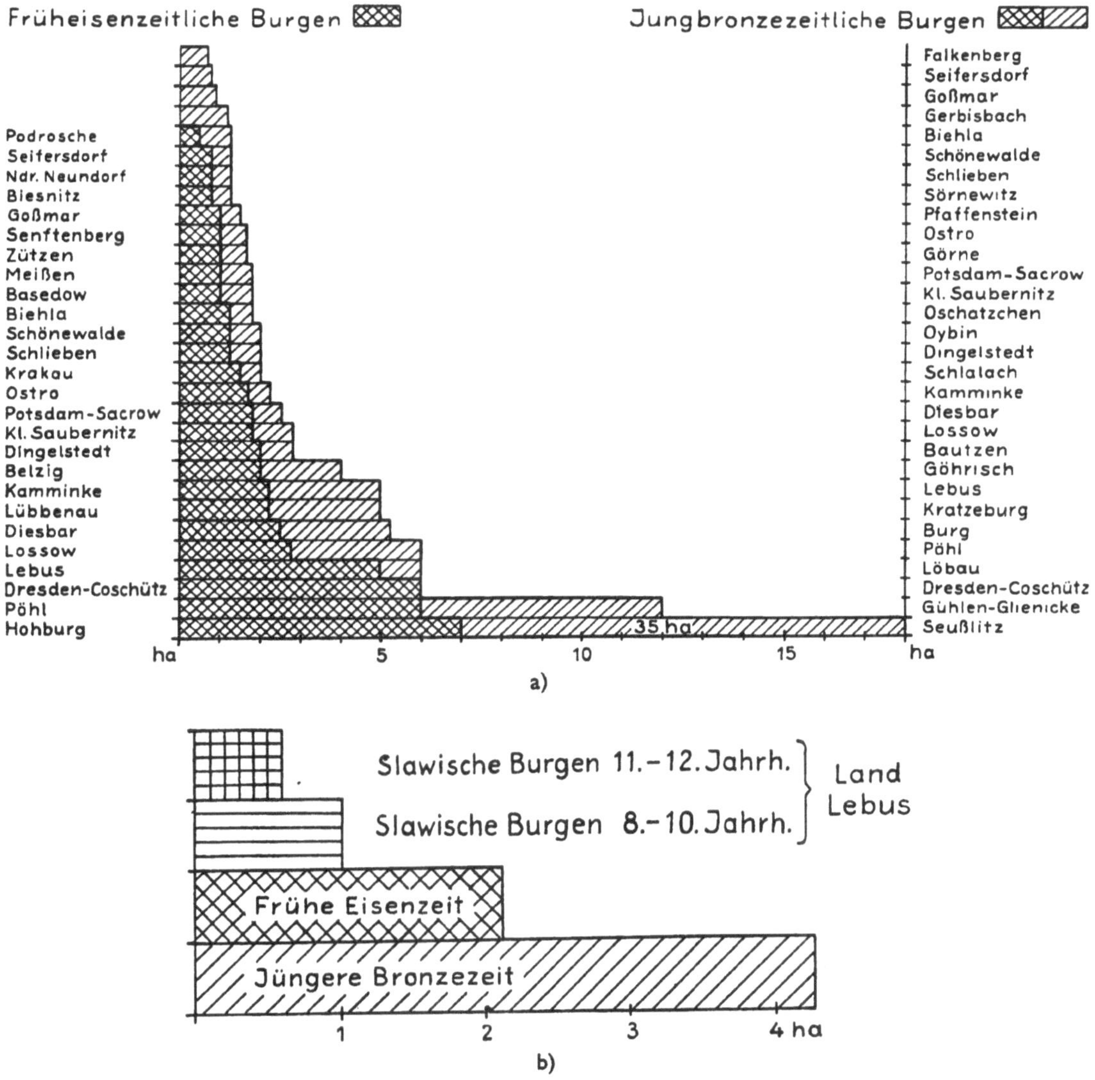

Abb. 10. Vergleich der Burgengröße in der jüngeren Bronzezeit und frühen Eisenzeit

konnten, wurden starke Kulturschichten und kulturelle Hinterlassenschaften angetroffen. Auf der Römerschanze (Nr. 6) stellte C. Schuchhardt Pfostenbauten fest, die offenbar große Teile der Innenfläche oder sogar die ganze Innenfläche einnahmen (1909, S. 223). Zwischen Süd- und Osttor fanden sich undeutliche Hinweise auf einen Weg von höchstens 4 m Breite (1909, S. 229). In Belzig (Nr. 7) ließen sich in allen aufgedeckten Schnitten zahlreiche Reste von Wohnbauten, z. T. in mehreren Schichten übereinander, feststellen. Rechteckige Pfostenbauten, darunter eine Gießerwerkstatt, wurden in Nieder-Neundorf im Innenraum festgestellt. Nicht weit von der Rückfront des jüngeren Walles (s. o.) stand ein Getreidespeicher (Nr. 24). Auch in Podrosche (Nr. 23), Dingelstedt (Nr. 10), Sörnewitz (Nr. 34), Ostro (Nr. 30) und auf dem Pfaffenstein (Nr. 32) fanden sich starke Kulturschichten.

In Kleinsaubernitz (Nr. 29) fanden sich Reste einer Gießerwerkstatt. Auch in Senftenberg beobachtete A. Götze hinter dem Wall (?) Spuren einer Gießerwerkstatt der Billendorfer Gruppe.

Das Alte Schloß von Senftenberg ist die einzige Burganlage überhaupt, die zum größten Teil untersucht worden ist. A. Götze konnte die Veröffentlichung nicht mehr vorlegen, die erhaltengebliebenen Unterlagen gestatten die in Abb. 9 wiedergegebene Rekonstruktion der Verteilung der Innenbesiedlung (vgl. Nr. 21).

Bei den großen Höhenburgen waren die Verhältnisse differenzierter. Während Kratzeburg (Nr. 3), Gühlen-Glienicke (Nr. 4), Lebus (Nr. 11), Lossow (Nr. 12) und Dresden-Coschütz (Nr. 32) mindestens zeitweise ganz und gar bewohnt waren, scheinen andere, wie die Goldkuppe bei Seußlitz (Nr. 38), nur zu einem Teil besiedelt gewesen zu sein, d. h. es waren größere unbewohnte Flächen in die Befestigung mit einbezogen. In Pöhl (Nr. 41) wurden vor allem hinter der Wehrmauer Siedlungsspuren angetroffen. Auf alle Fälle war die Mehrzahl dieser großen Burgen ständig bewohnt. Eindeutig unbesiedelte Burgen, die nur in Notzeiten als Zufluchtsorte dienten, sind bisher nicht ermittelt worden. Das mag damit zusammenhängen, daß keine der Burgen von der wirtschaftlich nutzbaren Ökumene, d. h. den Ackerbau- und Weidegebieten, weiter entfernt lag. In Kratzeburg, Gühlen-Glienicke, Burg, Oybin und Dresden-Coschütz hatten Bronzegießer ihren Sitz.

Die Burgen sind z. T. aus wilder Wurzel, d. h. auf vorher nicht besiedeltem Gelände, angelegt worden (Basedow, Nr. 2; Römerschanze, Nr. 6; Nieder-Neundorf, Nr. 24; Löbau, Nr. 27; Sörnewitz, Nr. 34; Ostro, Nr. 30; Pfaffenstein, Nr. 32; Senftenberg, Nr. 21). Eine große Anzahl von Burgen entstand jedoch dadurch, daß bereits vorhandene Siedlungen — wohl nach vorhergehender Zerstörung oder Teilzerstörung — wieder aufgebaut und befestigt wurden. Unter den Wällen finden sich dann entsprechende Siedlungsschichten und in der Wallschüttung entsprechende Siedlungsfunde.

In Kratzeburg (Nr. 3) entstand die Burg in der Periode IV/V auf einer offenen Siedlung der Periode IV. Nach der Zerstörung der Burg folgte ihr in der Periode V wiederum eine unbefestigte Siedlung. In Belzig lag unter dem Wall der Periode VI eine offene Siedlung der Periode V (Nr. 7). Ähnliche Verhältnisse werden für Krakau angenommen (Nr. 9). Dem Schloßberg von Burg (Nr. 22) ging eine Siedlung oder ein Gräberfeld der Periode IV vorher. In der Periode V wurde wahrscheinlich die Befestigung angelegt, und nach ihrer Zerstörung folgte offenbar wiederum eine unbefestigte Siedlung, deren Häuser sich am Innenhang des zerstörten Walles hinaufzogen. In Podrosche lag unter dem zweiphasigen Wall der Periode VI eine in die gleiche Periode gehörende offene Siedlung (Nr. 23). Kleinsaubernitz (Nr. 29) wies eine offene Siedlung der Periode IV—V auf; darauf entstand die Befestigung der Periode V—VI. In Dresden-Coschütz (Nr. 32) sind die Beobachtungen sehr unklar geblieben; eine offene Siedlung ging der Burg voraus oder folgte ihr. Das gilt auch für Lossow (Nr. 12), wie oben bereits erörtert wurde. Schließlich wurde auch auf dem Proitschenberg bei Bautzen (Nr. 28) eine unbefestigte Siedlung der Periode IV—V festgestellt, die von dem Wall der Periode V überbaut wurde.

Soweit bisher auswertbare Ausgrabungsergebnisse vorliegen, wurde die Hälfte aller Burgen mit Sicherheit auf bereits bestehenden Siedlungsstellen errichtet. Die andere Hälfte entstand aus wilder Wurzel, bzw. bei der Anlage ihrer Wallbefestigungen wurde kein bisher besiedeltes Gelände überbaut. Diese Beobachtungen und das Fortbestehen von offenen Siedlungen auf zerstörten Burgen weisen auf die enge Verbindung des Befestigungsbaues mit dem allgemeinen Siedlungsablauf hin.

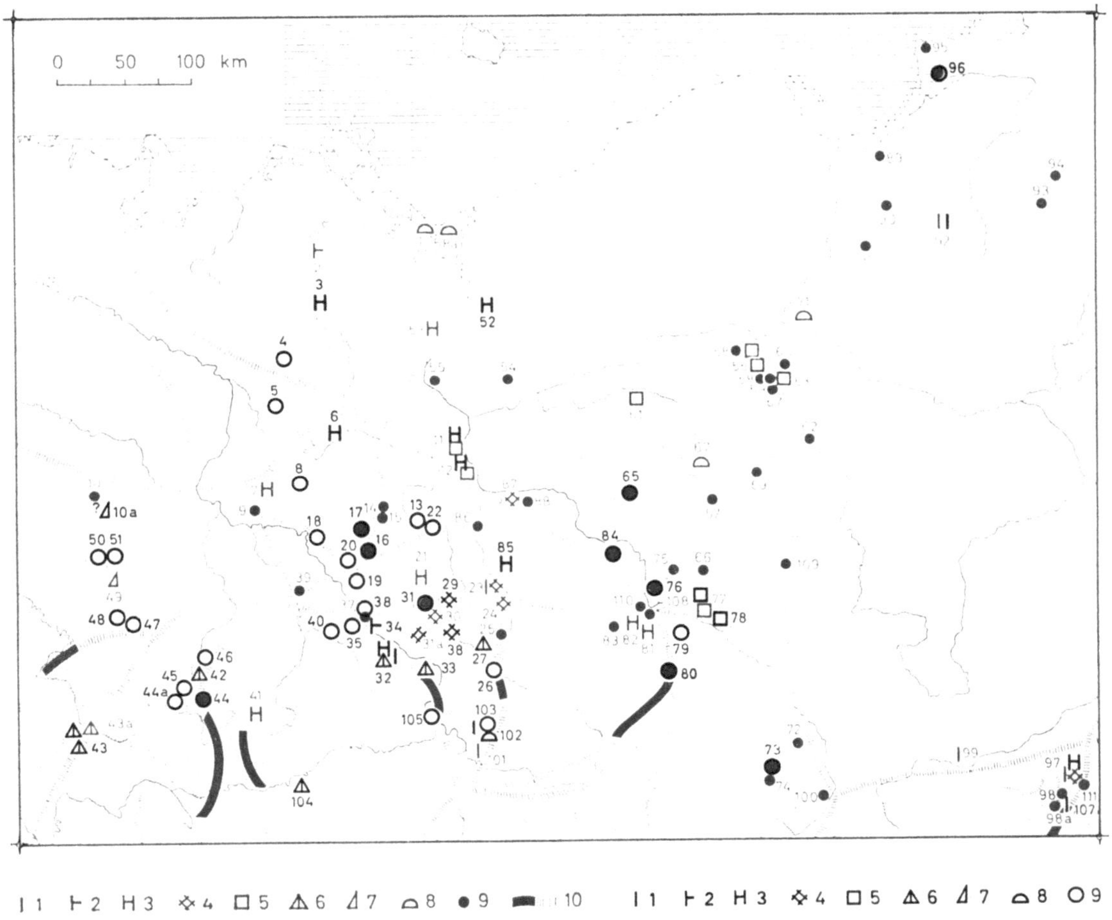

Abb. 11. Die Verbreitung der jungbronzezeitlichen (schwarze Zeichen) und früheisenzeitlichen (olive Zeichen) Burgen (Nummern vgl. S. 84ff.)

1 — Plankenwand bzw. Palisade; 2 — Plankenwand bzw. Palisade mit Erdhinterschüttung; 3 — Planken- oder Palisadenwand-Schalenbauweise; 4 — Rostbauweise; 5 — Kastenkonstruktion; 6 — Trockenmauer-Schalenbauweise; 7 — Trockenmauer mit Erdhinterschüttung; 8 — Erdwall; 9 — Wallkonstruktion unbekannt; 10 — Gebirgspässe und Verbindungslinien der jüngeren Bronzezeit (n. E. Sprockhoff)

III. Gemeinsamkeiten und Unterschiede im mitteleuropäischen Burgenbau

Die oben beschriebenen Burganlagen sind nur die westlichsten in dem großen Gebiet der Lausitzer Kultur. Die Anlageschemata und Bauweisen, die sich an diesen ermitteln lassen, treffen in hohem Grade auch für die im östlichen Gebiet zu.

Die Plankenwand-Schalenbauweise fand sich östlich der Oder und Neiße in Wicina (Witzen) (Nr. 85), Swobnica (Nr. 52), Mierczyce (Mertschütz) (Nr. 82) sowie in Strzegom (Striegau) (Nr. 81) und Roztoka (Nr. 97) am Dunajec-Paß. Diese Technik wurde sowohl in der jüngeren Bronzezeit als auch in der frühen Eisenzeit angewendet (Karte Abb. 11). Die Errichtung freistehender Planken- oder Palisadenwände ist aus Tyniec (Nr. 99) und Oslsztyn-Hermanowo (Nr. 92) (C. Engel 1935, S. 280) bekannt.

Die Kastenkonstruktion läßt sich besonders mit aller wünschenswerten Genauigkeit in Biskupin (Nr. 56) nachweisen (u. a. J. Kostrzewski 1950). Während die beiden Bauphasen mit drei hintereinander angebrachten Kastenreihen und Pfosten an der Rückfront in Hallstatt D gehören (Z. Rajewski in: J. Kostrzewski 1950, S. 239ff., Abb. 2, 14, 43 u. a.), scheint eine ähnliche Konstruktion in Sobiejuchy (Nr. 70) nördlich von Biskupin bereits in Hallstatt C entstanden zu sein (Z. Rajewski und Z. Bukowski 1960; A. Niesiołowska-Hoffmann 1963). In Wrocław-Osobowice (Oswitz) (Nr. 77, 78) ist eine ähnliche Kastenkonstruktion auf den beiden Höhenburgen bereits in Periode V oder Hallstatt B errichtet worden (G. Raschke 1929). Ein charakteristisches Merkmal dieser Kastenbauten war die zusätzliche Sicherung der Vorder- und Hinterfront durch senkrechte, tiefgesetzte Pfosten. Im Gegensatz zu Biskupin bestand nur eine Kastenreihe. Bei allen bisher untersuchten Kastenwällen hatte die Berme eine besondere Sicherung erfahren. Bei Inselburgen wurde sie durch schräg eingesetzte Pfahlreihen, sogenannte Wellenbrecher, geschützt (Nr. 56, 58, 70). Vor den Wällen der Höhenburgen wurden z. T. breite Erdschüttungen als Hochbermen angelegt (Nr. 61, 77, 78). Sie enthielten Holzeinlagen und wurden offenbar in manchen Fällen durch Palisaden auf der Angriffsseite gegen den Graben abgesetzt. Auch mit Bohlen konnte die Berme belegt werden (Nr. 85).

Die Rostkonstruktion ist in den östlichen Gebieten bisher weniger eindeutig nachgewiesen. Die von A. Niesiołowska-Hoffmann (1963, Nr. 31) genannte Rostkonstruktion von Tolkemit bei Elbląg gehört zu einer nach dem Grundriß eindeutig hochmittelalterlichen Turmburg. Im Vorwall wurden hin und wieder rostartige Holzlagen beobachtet. Es gibt keinen zwingenden Grund, diese Konstruktion in die frühe Eisenzeit zu datieren (wie z. B. Ehrlich 1931); die Befunde in Liubowice, Kr. Raciborz, sind nicht klar (M. Gedl 1957). Ohne Zweifel ist der Wall II von Roztoka am Dunajec in der frühen Eisenzeit in Rostkonstruktion erbaut worden, die jedoch von der oben behandelten Bauweise abwich und an deren Außenseiten und an deren Vorderfront eine Palisade stand (G. Leńczyk 1950). Die im oberen Spree- und Neißegebiet verbreitete Gitterrost-Konstruktion aus symmetrisch gelegten Längs- und Querbalken läßt sich also außerhalb dieses Raumes bisher nicht nachweisen.

Ebensowenig ist die Steintrockenmauer-Schalenbauweise bisher wirklich außerhalb des böhmisch-sächsischen Gebirgslandes angetroffen worden. In Krajowo Wielkie, Kr. Przasnysz (T. Malinowski 1955) handelt es sich um einen kleinen Ringwall von etwa 20 m Durchmesser des Innenraumes. Diese Anlageform spricht nicht für ein jungbronze- oder früheisenzeitliches Alter (wie von A. Niesiołowska-Hoffmann 1963 angenommen); die wenigen Funde scheinen eine klare Datierung bisher nicht zu ermöglichen (A. Niewegłowski 1958, S. 159). Die Bauweise des Walles von Tyniec ist fraglich (A. Niesiołowska-Hoffmann Nr. 36); ebenso sind Alter und Konstruktion der sehr kleinen Befestigung von Zabrzez am oberen Dunajec (Nr. 98a) offenbar nicht vollständig geklärt.

Einfache Erdwälle scheinen in Kamieniec a. d. Weichsel, Słupca, Kr. Konin, und Lubin, Kr. Wolin (Nr. 53a), bestanden zu haben. A. Niesiołowska-Hoffmann (1963, Nr. 33) stellt

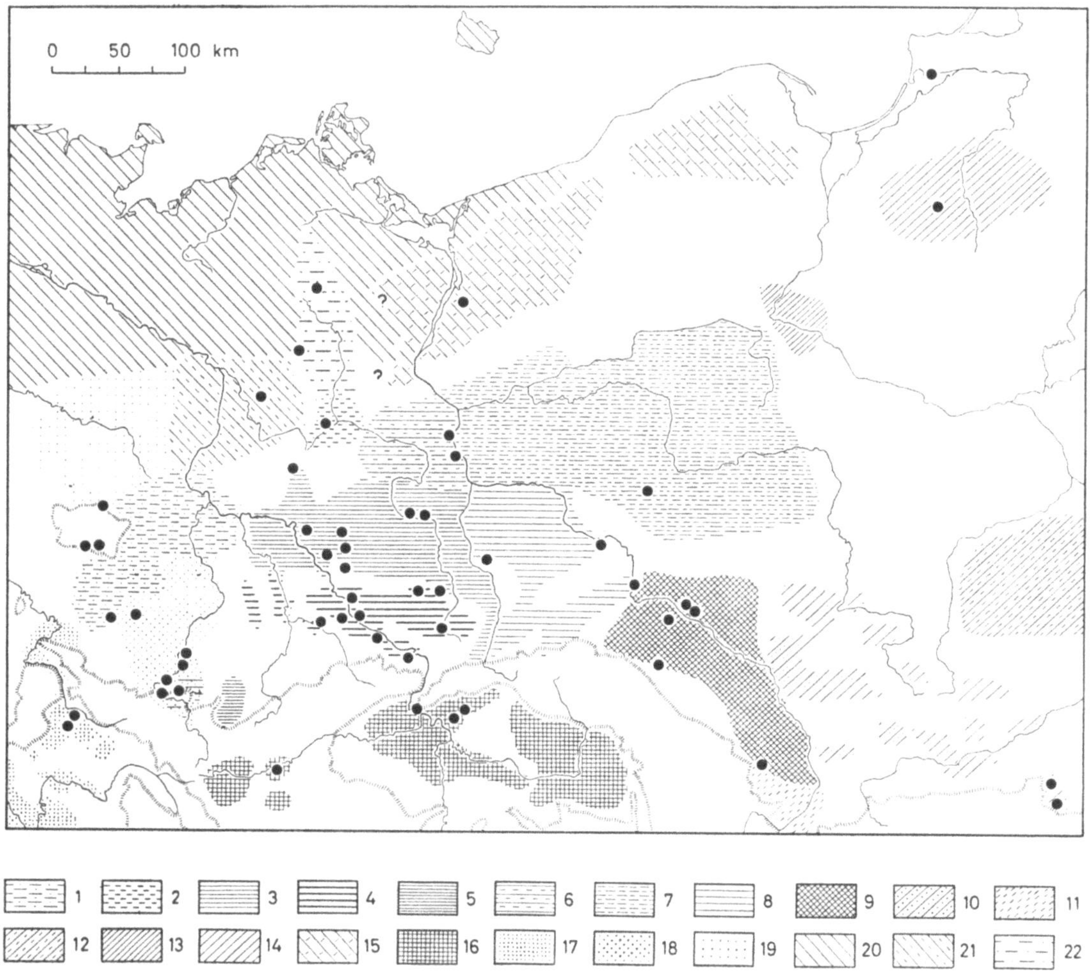

Abb. 12. Verbreitung der jungbronzezeitlichen Burgen
im Vergleich zur Verbreitung der archäologisch-kulturellen Gruppen; 1—9 Westliche Gruppen der Lausitzer Kultur.
1 — Saalemündungsgr. (n. v. Brunn); 2 — Spindlersfelder Gr. (n. Kossack); 3 — Niederlausitzer Gr. (n. Schneider); 4 — Sächsisch-lausitzische Gr. (n. Coblenz, Grüneberg, Agde); 5 — Vogtländische Gr. (n. Coblenz); 6 — Aurither Gr. (n. Götze u. a.); 7 — Großpolnische Gr.; 8 — Niederschlesische Gr.; 9 — Mittelschlesische Gr. (n. Kostrzewski); 10—14 — Östliche Gruppen der Lausitzer Kultur; 10 — Oberschlesisch-kleinpolnische Gr. (n. Kostrzewski); 11 — Głubczycker Gr. (n. Gedl); 12 — Kielcer Gr.; 13 — Kujawisch-Chelminsker Gr.; 14 — Warmländisch-masurische Gr. (n. Kostrzewski); 15 — Ost- und westpommersche Gr. (n. Kostrzewski); 16 — West-, mittel- und ostböhmische Gr. (n. Plesl, Bouzek, Filip u. a.); 17 — Süddeutsche Urnenfelderkultur (n. Peschek, Neumann u. a.); 18 — Unstrutgr. (n. v. Brunn u. a.); 19 — Nordharz-Mittelelbgr. (n. Schneider); 20 — Gruppen des Nordischen Kreises (n. Sprockhoff u. a.); 21— Elb-Havelgr. des Nordischen Kreises (n. Horst); 22 — Einflußbereich der Urnenfelderkultur

auch Starzeddel bei Guben hierher. Nach C. Schuchhardt (1926) war jedoch ein Holzerdewall vorhanden, dessen Konstruktion lediglich nicht mehr erkennbar ist.

Die bisherigen Ausgrabungsbefunde lassen die Schlußfolgerung zu, daß die Planken- oder Palisadenwand-Schalenbauweise mit Ankerbalken bzw. die einfache Planken- oder Palisadenwand mit Erdhinterschüttung und Ankerbalken die allgemein bekannte und verwendete Bauweise der Lausitzer Kultur gewesen ist. Sie wurde als Nebenbauelement neben der Rost- und Kastenbauweise angewendet.

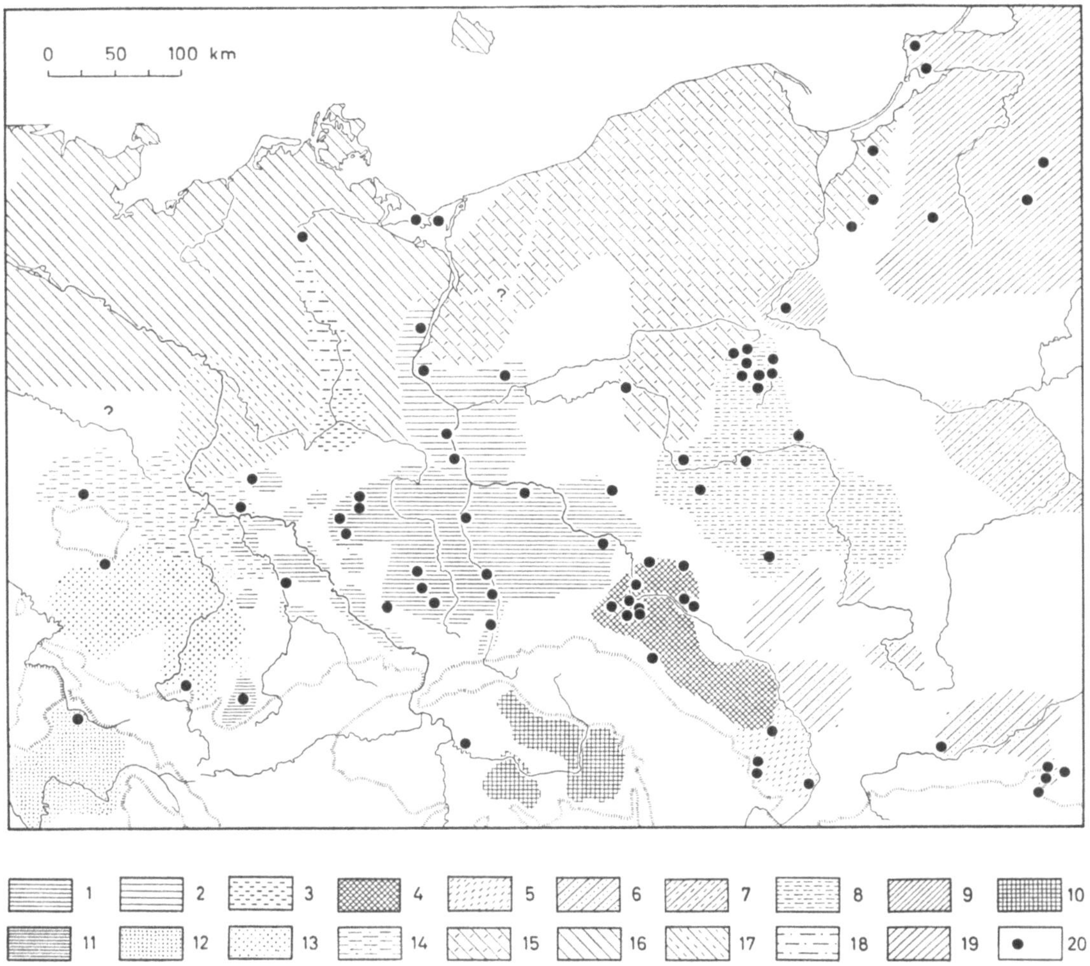

Abb. 13. Verbreitung der früheisenzeitlichen Burgen im Vergleich zur Verbreitung der archäologisch-kulturellen Gruppen

1 — Billendorfer Gr. (n. Kropf u. a.); 2 — Göritzer Gr. (n. Seyer, Götze u. a.); 3 — Spindlersfelder Gr. (n. Kossack u. a.); 4 — Mittelschlesische Gr. (n. Kostrzewski); 5 — Głubczycker Gr. (n. Gedl); 6 — Oberschlesisch-kleinpolnische Gr. (n. Kostrzewski); 7 — Masowicz-podlesische Gr. (n. Jażdżewski); 8 — Großpolnische Gr. (n. Kostrzewski); 9 — Kujavisch-chelminsker Gr. (n. Kostrzewski); 10 — Bylanier Kultur, Platenicer Kultur (n. Filip); 11 — Vogtländische Gr. (n. Billig, Coblenz); 12 — Nordostbayerische Gr. (n. Peschek u. a.); 13 — Thüringische Kultur (n. Claus); 14 — Hausurnenkultur (n. v. Brunn); 15 — Ost- und westpommersche Gr. (n. Kostrzewski); 16 — Gruppen des Nordischen Kreises (n. Sprockhoff u. a.); 17 — Elb-Havelgr. d. Nordischen Kreises (n. Horst); 18 — Einflußbereich d. Lausitzer Urnenfelderkultur; 19 — Baltische Gr.; 20 — Burgen

Die Kastenbauweise ist nach den bisherigen Kenntnissen nur im oberen und mittleren Odergebiet und in Großpolen verbreitet gewesen (zu Ostro vgl. Nr. 30), und zwar in Schlesien wenigstens seit der Periode V, im mittleren Odergebiet und in Großpolen bisher erst seit der Periode VI nachgewiesen. Außerhalb des hier untersuchten Gebietes[6]) findet sich diese Bauweise am Ende der Hallstattzeit als Grundkonstruktion in Südwestdeutschland auf der

[6]) W. Dehn 1958; dagegen hatten die von W. Dehn hierhergestellten Mauern der latènezeitlichen Burg von Altkönig kein Kastengerüst, sondern folgten dem Prinzip der Trockenmauer-Schalenbauweise mit Ankerbalken (A. v. Cohausen, Nassauische Annalen 18, 1883/84, S. 208ff., Taf. I, II). Zu den hallstatt- und latènezeitlichen Bauweisen vgl. auch K. Schall: Über die Entwicklung des vorgeschichtlichen Befestigungswesens in Mittel- und Westeuropa. Diss. phil. Tübingen 1964.

Heuneburg, allerdings ist die Vorderfront des von Pfosten gehaltenen Kastengerüstes mit einer Steintrockenmauer verkleidet gewesen. Es besteht kein Zweifel, daß zwischen der aus dem Odergebiet und Großpolen bekannten urnenfelder- und hallstattzeitlichen Kastenkonstruktion und der späthallstattzeitlichen Kastenbauweise in Südwestdeutschland Zusammenhänge bestanden; vielleicht war für beide eine gemeinsame Wurzel oder ein gemeinsames Ausgangsgebiet vorhanden (ähnlich W. Dehn 1960).

Die Gitterrostbauweise dagegen findet sich bisher auf das obere Spree- und Neißegebiet beschränkt.

Die Trockenmauer-Schalenbauweise schließlich, eine Bauweise des Gebirgs- und Vorgebirgslandes mit schichtbarem Gestein, ist bisher aus dem sächsisch-böhmischen Mittelgebirgsland bekannt.

Sobald die Kenntnisse vom Wehrbau umfassender sind und mehr ins Detail gehen, wird es wohl möglich sein, mit Hilfe der Konstruktionseigenheiten gewisse, durch Bautraditionen verbundene Gruppen zu erfassen. Da diese Bauweisen und ihre Anwendung aus der kooperativen Arbeit ganzer Stämme, Stammesgruppen oder Großfamilien hervorgingen, dürften sich darin in stärkerem Maße als etwa in den über größere Strecken vertauschbaren Bronzen Eigenheiten und Gewohnheiten enger zusammengehörender oder in enger Beziehung stehender Gemeinschaften ausdrücken. In Biskupin z. B. blieb über beide Phasen das Anlageschema und die Bauweise der Burg die gleiche. Solche traditionelle Beharrlichkeit läßt sich auch in Löbau-Schafberg und Wrocław-Osobowice beobachten. Im Wechsel der Bauweise von Phase zu Phase drückt sich dagegen u. U. die Verschiebung der Traditionslinie, die Aufnahme neuer Beziehungen oder gar die Überfremdung der alten Gruppe durch eine neue aus, die vielleicht mit der Eroberergruppe identisch war.

So findet sich an Oder und Neiße mehrfach ein Wechsel in der Konstruktion nach vorhergehender Zerstörungsphase. Wenn die von W. Unverzagt mitgeteilten Beobachtungen sich als zutreffend bestätigen sollten, wurde in Lossow und Lebus die Plankenwandkonstruktion durch die Kastenbauweise abgelöst. In Podrosche (Nr. 23) und wohl auch in Nieder-Neundorf (N. 24) folgte der Rostbauweise die Plankenwandbauweise. Die Veränderungen an der mittleren Oder brachte W. Unverzagt (1962, S. 147f.) mit der Herausbildung oder dem Vorstoß der Göritzer Gruppe in Verbindung. Gegenwärtig scheint es verfrüht, sich um Schlußfolgerungen aus diesen geringen Beobachtungen zu bemühen. Die Möglichkeit, zukünftig auf diesem Wege zu Erkenntnissen über den konkreten politisch-historischen Geschichtsablauf zu gelangen, deutet sich jedoch bereits an.

Im Norden und Westen überschreiten die jungbronze-/früheisenzeitlichen Burganlagen das auf Grund von charakteristischen Bronzen, Keramik und Grabformen ermittelte Verbreitungsgebiet der Lausitzer Kultur z. T. beträchtlich. Der Ausgriff erfolgte vor allem in Mittelmecklenburg bis in die Gegend der oberen Peene (Basedow, Nr. 2).

Die Bauweise der Burgen nördlich der Havel, also im traditionell als Nordischer Kreis bezeichneten Gebiet, stimmt mit denen der Burgen im eigentlichen Kerngebiet der Lausitzer Kultur durchaus überein. Die Hoffnung von K. H. Marschalleck (1954), für die südliche Peripherie des Nordischen Kreises eine typische Burgenbauweise zu erschließen, hat sich nicht bestätigt. Da auch eine Reihe von Merkmalen der Lausitzer materiellen Kultur bis in das obere Havelgebiet und nach Mecklenburg hineinwirkte (vgl. u. a. W. A. v. Brunn 1960; F. Horst 1966, H. Schubart 1961), ist der nächstliegende Schluß wohl der, daß die Burgen von Gühlen-Glienicke, Kratzeburg und Basedow und vielleicht die eine oder andere noch nicht gesicherte Anlage von Stämmen oder Stammesgruppen angelegt wurden, die hierher aus den südlichen Gebieten der Lausitzer Kultur vorgedrungen sind (s. u.).

Im Westen der mittleren Elbe wurden nördlich des Harzes Burgen angelegt, die P. Grimm (1958) Stämmen des Nordischen Kreises zuschrieb, die offenbar jedoch einer Gruppe zuzuweisen sind, die stark unter dem Einfluß der Urnenfelderkultur stand oder dieser angehörte (J. Schneider 1966) (Abb. 12, 13).

Im Süden des Harzes und im Süden des Thüringer Waldes wurden Burgen von Stämmen der süddeutschen Urnenfelderkultur bzw. von den unter ihrem Einfluß stehenden Gruppen errichtet. Auch in der jüngeren Hallstattzeit blieb der starke Südeinfluß der Hallstattkultur für diese Gebiete zunächst bestimmend[7]). Diese Burgen wurden überwiegend auf Bergspornen angelegt und durch Abschnittswälle geschützt (P. Grimm 1958; G. Neumann 1959), doch sind auch Berggipfel befestigt worden (Nr. 43, 44; A. Götze 1928). Weder im Anlageschema noch in der Konstruktion läßt der unzureichende Forschungsstand bisher die Erkenntnis von Besonderheiten zu. Die Trockenmauertechnik war seit der Periode Hallstatt B bekannt (Nr. 43, 44, 104; A. Götze 1928), ebenso der Holz-Stein-Erdewall (P. Grimm 1958; G. Neumann 1959). Wie er im einzelnen aufgebaut war, ist bisher verborgen geblieben. In Jena-Lobeda (Nr. 42) wies der Wall eine etwa 1 m breite Vorderfrontkonstruktion aus Muschelkalkplatten und Holzdurchschüssen bzw. Holzstützen auf. Dahinter war eine mächtige Rampe aus Süßwasserkalk, der 160 m tiefer gewonnen wurde, angeschüttet (G. Neumann 1959).

Die ältesten Burgen wurden in Hallstatt B errichtet (Jena-Lobeda, Kleiner und Großer Gleichberg, Nr. 42—44; 104) und in der frühen Eisenzeit erneuert (Kleiner Gleichberg) bzw. gegründet (Kyffhäuser, Nr. 49).

Ob es berechtigt ist, von einem Burgenhorizont Hallstatt B bzw. Hallstatt D zu sprechen, wozu G. Neumann (1959, 1954) neigt, wird bei dem gegenwärtigen Kenntnisstand offenbleiben. Eher ist mit der gleichen breiten Streuung der Bauzeit, der Zeitdauer des Bestehens und des Zerstörungszeitpunktes der Burgen zu rechnen wie im Lausitzer Gebiet.

Zwischen dem Gebiet der süddeutsch-thüringischen Urnenfeldergruppen und der Lausitzer Kultur bestanden seit der Bronzezeit D die Unstrutgruppe (Abb. 12) (W. A. v. Brunn 1954) und, mehr zur Lausitzer Kultur gehörend, die Saalemündungsgruppe. In beiden Gruppen sind bisher Burganlagen nicht sicher nachgewiesen (P. Grimm 1958). Da jedoch die Gewohnheit, natürlich geschützte Geländeteile, vor allem Höhen, zu besiedeln, auch in diesem Gebiet verbreitet war, ist wohl der Nachweis sicher befestigter Siedlungen nur eine Frage des Forschungsstandes.

IV. Zu den Bedingungen und Ursachen des Burgenbaues

Im großen und ganzen darf es als sicher gelten, daß die Stämme des Nordischen Kreises keine Burgen oder stärker befestigte Siedlungen errichteten. Ebenso steht fest, daß die Stämme der Lausitzer Kultur, wie die der Urnenfelderkultur im allgemeinen, seit der Stufe Hallstatt A oder der Periode IV zunächst vereinzelt Burgen gebaut haben.

In den Gebieten, in denen mehr oder weniger klare Traditionslinien von der Urnenfelderkultur über die Hallstatt- und Latènezeit zu verfolgen sind, setzte sich auch die Tradition des Burgenbaues beständig fort, und zwar seit dem Ende der Hallstattzeit und dem Beginn der Latènezeit im Sinne eines allmählichen und örtlich ganz verschiedenen Überganges von undifferenzierten Burgenformen zu differenzierten[8]).

[7]) Zu Thüringen und Sachsen-Anhalt vgl. W. A. v. Brunn 1943; P. Grimm 1958; G. Neumann 1954, 1959. Zur Urnenfelderkultur in Süddeutschland und der Schweiz K. Schwarz 1955; K. Schumacher 1921; W. Dehn 1958; G. Bersu 1945; H. Reinerth 1928. Die Burgen des nördlichen Harzvorlandes (P. Grimm 1958) gehörten offensichtlich noch zu stark von der Urnenfelderkultur beeinflußten oder direkt ihr zuzuordnenden Gruppen (W. A. v. Brunn, AuF 1958, S. 233ff.; J. Schneider, Jahresschrift Halle 50, 1966, S. 194ff.). Zur Vogelsburg, Kr. Northeim, aus der späten Hallstattzeit vgl. U. Kahrstedt, PZ 26, 1935, S. 127ff.; ungeklärt sind noch die Verhältnisse auf der Pippinsburg b. Osterode am Harz — vgl. M. Claus, zuletzt in Deutsche Königspfalzen 2, 1965, S. 265ff.

[8]) Die Entstehung der mehrteiligen Oppida läßt sich seit der späten Hallstattzeit (A. Götze 1928; G. Neumann 1954) am Kl. Gleichberg verfolgen. Ähnliche Entwicklung seit der späten Halbstattzeit evtl. am Wittnauer Horn (G. Bersu 1945). Im Überblick dazu J. Filip, Die keltische Zivilisation und ihr Erbe, Prag 1961, S. 34, 119.

Die Urnenfelderzeit kannte nur einteilige Burgen[9]), die sich in der Größe der geschützten Flächen sehr wohl und sehr erheblich unterschieden (Abb. 10). Wenn nun mit Recht die Differenziertheit des Burgenbaues der späten Hallstatt- und frühen Latènezeit als Ausdruck der Differenzierung der Gesellschaft in aristokratische Führungsschicht, Handwerker, Krieger und andere Polisbewohner und die in den Vorburgen Zuflucht suchenden Bewohner des flachen Landes aufzufassen ist, so zeigen die bisherigen Kenntnisse, daß eine derartige Differenziertheit in der Urnenfelderzeit noch nicht bestand, mindestens sich noch nicht stärkeren Ausdruck zu geben vermochte.

Das bedeutet nicht, daß keine Führungsspitze vorhanden war, die die Geschicke des Gemeinwesens leitete. Ohne eine solche Führungsspitze und ein hohes Maß von Disziplin wäre die Anlage so großer Burgen, die einen großen Arbeitsaufwand erforderten, nicht möglich gewesen. Bei der Errichtung von Biskupin mußten etwa 8000 m^3 Bauholz, etwa 8000 m^3 Sand, Erde, Lehm sowie Steine und anderes Baumaterial, insgesamt 17000 m^3 zugerichtet, transportiert und verarbeitet werden (Z. Rajewski 1960, S. 18). Nach frühmittelalterlichen Normen wurden für Einschlag, Zubereitung und Verarbeitung von 1 m^3 Holz in der Wehrmauer etwa 6—10 Tagewerke benötigt. Transport und Verschüttung von 1 m^3 Erde erforderten $^1/_2$—1 Tagewerk (P. A. Rappoport 1956, S. 96ff.). Werden diese Zahlen zugrunde gelegt, so ergibt das für Biskupin einen Aufwand von 50000—80000 Tagewerken. Von der errechneten Anzahl der Einwohner (700—1000 — vgl. Z. Rajewski, bei J. Kostrzewski 1950) waren wohl kaum mehr als 500 arbeitsfähig. Pro Bewohner wurden dann 100 bis 160 Tagewerke zur Errichtung der Siedlung und Befestigungsanlage gefordert. Da die Produktivität, u. a. durch das Fehlen von Eisenäxten, niedriger als im Mittelalter gelegen haben dürfte, und da ja die übrige Arbeit (Feldarbeit, Viehzucht) fortgeführt wurden mußte, dürfte die Bauzeit kaum weniger als ein Jahr betragen haben.

Derartige Pro-Kopf-Leistungen, die beim Bau der anderen Burgen etwa in gleicher Höhe zu erbringen waren, konnten nur bei straffer Disziplin und Anspannung der ganzen Kraft des Gemeinwesens unter sinnvoller Leitung und Kooperation erreicht werden.

Es ist verständlich, daß unter diesen Bedingungen die Verteidigungsanlagen mindestens im Flachland nur das unbedingt erforderliche Minimum an Siedlungsfläche umfaßten und die Wallanlagen nach dem Prinzip geringsten Aufwandes geführt wurden (S. 59ff). Wie sich oben zeigte, waren die Burgen in der Niederung oder im flacheren Gelände zumeist wohl vollständig und dicht besiedelt. Das bedeutete, daß Größe des Innenraumes und Größe der Kopfzahl der Gemeinwesen in einem direkten Zusammenhang standen. Werden die in Biskupin ermittelten Werte zugrunde gelegt, so kamen auf eine Person 13—18 m^2 des Innenraumes, im Durchschnitt rund 15 m^2. Da eine dichtere Bebauung des Innenraumes als in Biskupin undenkbar ist, geben die nachstehend auf dieser Grundlage errechneten Zahlen gleichzeitig Maximalwerte an. Danach konnten bewohnen:

Görne	1,7 ha = 1100 Menschen		Falkenberg	0,7 ha = 450 Menschen	
Krakau	1,5 ha = 1000	„	Schlieben	1,2 ha = 800	„
Lossow	2,8 ha = 1850	„	Senftenberg	0,95 ha = 650	„
Goßmar	0,8 ha = 550	„	Nieder-Neundorf	0,8 ha = 550	„
Zützen	0,95 ha = 650	„	Kleinsaubernitz	1,8 ha = 1200	„

Für Dresden-Coschütz und den Eisenberg bei Pöhl ergäben sich 4000 Einwohner, für den Göhrisch etwa 3200 Bewohner, für den Staupen bei Westewitz 7350 Bewohner und für

[9]) Es ist versucht worden, benachbarte Burgen wie Wrocław-Osobowice (Nr. 77—78) (M. Jahn, Schlesisches Jahrbuch 6, 1933/34, S. 17ff.; H. Uhtenwoldt 1938, S. 24) oder Gr. und Kl. Gleichberg (G. Neumann 1954) im Sinne eines Burg-Vorburg-Verhältnisses zu interpretieren. Es fehlt bisher jedoch die Gewißheit, daß diese Burgen tatsächlich gleichzeitig benutzt werden konnten. Festzustehen scheint, daß der Gr. Gleichberg (K. Peschel 1962, S. 99) oder der Kapellenberg von Osobowice (G. Raschke 1928) kaum bewohnt wurden, also entweder als Fluchtburg dienten oder ihr Bau begonnen, jedoch nicht vollendet wurde.

Seußlitz gar über 23000 Menschen. Realer scheinen die Zahlen für das dichtbesiedelte Basedow mit 650 Bewohnern. Da die Höhenburgen, wie oben gezeigt wurde, wesentlich leichter größere Flächen zu schützen vermochten, muß hier mit einer lockeren Besiedlung gerechnet werden, möglicherweise nach dem auf dem Wittnauer Horn (G. Bersu 1945) beobachteten Anordnungsprinzip hinter der Befestigungslinie bzw. am Plateaurand. Beobachtungen, die in diese Richtung weisen, liegen aus Pöhl (Nr. 41) und Coschütz (Nr. 32) vor.

In diesen befestigten Siedlungen oder Burgen waren in sich nicht oder nur im geringen Maße differenzierte Gemeinwesen — wie sich oben zeigte, gibt es keinen Hinweis auf andere Verhältnisse — ansässig. Von diesen Gruppen wurden die vielfältigsten Wirtschaftstätigkeiten von der Jagd bis zu Ackerbau, Viehzucht und Metallguß ausgeübt[10]). Die Organisationsform dieser Produktionskollektive wird daher gentil gewesen sein. Am ehesten wird es sich um Stämme, in seltenen Fällen, wenn man dem Grabungsbefund von C. Schuchhardt in Starzeddel (N. 86) folgt, wohl auch um Sippen gehandelt haben. Es steht fest, daß nicht alle bedeutenden und reichen Gemeinwesen ihre Siedlungen mit hohen Mauern umgaben. Siedlungs- und Produktionszentren wie Buckow, Kr. Strausberg, in dem eine größere Anzahl von Hortfunden und in dessen unmittelbarer Nachbarschaft die bekannten Gußformen gefunden wurden (M. Krügel 1951), oder Dresden-Dobritz (W. Coblenz 1956) weisen keine Burgen auf. In Buckow lag die Siedlung auf einer Halbinsel zwischen Buckowsee und Scharmützelsee, war also bis zu einem gewissen Grade natürlich geschützt.

Für die Lausitzer Kultur, aber auch für andere Gruppen der Urnenfelderkultur, ist die Siedlungsweise an natürlich geschützten Geländestellen, auf Inseln, Halbinseln oder auf Bergeshöhen, sehr charakteristisch (P. Grimm 1958; J. Herrmann 1960; T. Malinowski 1955; W. Coblenz 1964b; E. Plesl 1961; H. Kaufmann 1963). Daraus wird man schließen dürfen, daß die Tendenz, die Siedlungen vor feindlichen Angriffen zu schützen, allgemein in der Lausitzer Kultur verbreitet war und das Siedlungswesen der Lausitzer Kultur bestimmte. Derartige natürlich geschützte Siedlungen gingen oft der Errichtung von Burgen voraus, oder sie bestanden nach Vernichtung oder Verfall der Befestigung weiter (o. S. 72). Burgen waren, wie ihre Provenienz aus offenen Siedlungen und das Fortbestehen von offenen Siedlungen an ihren Plätzen zeigen, eben nur das Fortissimo in der Siedlungsweise, kein ständiger und andauernder Zustand. Ausgeführt von besonders starken und besonders aktiven, nach W. Szafrański (1954) besonders reichen Gemeinwesen, gaben sie diesen den denkbar straffsten Rahmen. Sie verkörperten das starke, zusammenhaltende Band, das Schutz und Beschränkung zugleich bot.

Die Befestigung war Mittel des Schutzes gegen die Feinde des Gemeinwesens. Davon wird in jedem Falle auszugehen sein[11]). Jedoch gegen welche? In der Diskussion dieser Frage wurden die archäologisch-kulturellen Gebiete des Nordischen Kreises oder der Lausitzer

[10]) Vgl. für die Lausitzer Kultur in Südpolen M. Gedl 1961. Zu Schlesien A. Gałuszka 1963. Zur Wirtschaftstätigkeit der Burgbewohner u. a. die Ergebnisse der Ausgrabungen in Biskupin (u. a. J. Kostrzewski 1950). M. Teichert, PZ 42, 1964, S. 102ff. zu Gühlen-Glienicke und Kratzeburg. Dort dominierte das Rind mit über 50%, dann folgten Schaf, Ziege und Schwein. Die Jagd spielte nahezu keine Rolle. Metallgießer waren in mehreren Burgen ansässig (Nr. 3, 4, 21, 22, 24, 27, 29, 32). Auch in Thüringen sind Erzverarbeitung und Bronzeguß auf Burgen mehrfach nachgewiesen (G. Neumann, Mannus 32, 1940, S. 143ff.; H. Kaufmann 1959, 1963).

[11]) Anders W. Coblenz 1963a; 1964a, der der Befestigung im hohen Grade Repräsentationsfunktion zuschreibt. M. E. ist eine derartige Primärursache wenig wahrscheinlich, da ein zusammengepferchtes Wohnen, wie es etwa Biskupin zeigt, mit allen Beschwernissen und Unbequemlichkeiten kaum verlockend gewesen sein dürfte. Die umlaufenden hohen Wälle behinderten die ordentliche Entlüftung der Siedlung ganz erheblich. Man verzichtete daher sofort auf die Befestigung, wenn sie nicht mehr erforderlich war, wie der oben dargelegte Wechsel von offener Siedlung und Burg zeigte. Bei den Höhenburgen waren sicher die Wohnbedingungen infolge der leichter zu befestigenden größeren Fläche günstiger. Es liegt jedoch kaum Grund vor, für Höhen- und Niederungsburgen verschiedene Entstehungsursachen zu bemühen.

Kultur häufig gleichgesetzt mit einheitlichen ethnischen Gebilden unter mehr oder weniger straffen Organisationsformen, die nach einheitlichem Willen handelten[12]).

Der Burgenbau wurde als Reaktion des einen Ethnos (Illyrer u. a.) auf den Angriff des anderen gesehen, vorwiegend auf die Angriffe oder angeblichen Angriffe der Germanen von Norden. Sperriegelvorstellungen an den von militärischen Gesichtspunkten aus besonders wunden Stellen der großräumigen Territorien dieser archäologischen Kultur wurden postuliert (vgl. Anm. 12). Ein Blick auf die auch bei dem heutigen Forschungsstand bereits mannigfaltig nach Zeitstellung und Größe unterschiedlichen Burgen zwingt zum Abschied von diesen Vorstellungen.

Seit der Periode IV der Bronzezeit befestigten hin und wieder einzelne große Siedlungsgruppen oder Stämme der Lausitzer Kultur ihre Siedlungen. Soweit bisher auswertbare Ergebnisse vorliegen, häufen sich in einem Siedlungsgebiet zeitgleiche Burgen, während in anderen Siedlungsgebieten Befestigungen nicht gebaut wurden (Abb. 11, 12, 13).

Die ältesten Burgen aus der Periode IV finden sich im Süden (Pfaffenstein, Dresden-Coschütz, am Oybin und bei Löbau) sowie ganz im Norden in Gühlen-Glienicke und Kratzeburg. In beiden Fällen handelt es sich um extreme Lagen der Siedlungen, entweder an der südlichen oder nördlichen Peripherie der Lausitzer Kultur bzw. an Pässen (zum Süden W. Coblenz 1961, 1964b). Im oberen Havelgebiet und bis Malchin finden sich außer Burgen auch andere Merkmale der Lausitzer Kultur (W. A. v. Brunn 1960). Möglicherweise wird eine Bearbeitung dieses Gebiet einer der Lausitzer Kultur nahestehenden Gruppe zuordnen können. In allen Fällen waren die Burgen besonders groß und dicht besiedelt. Zum Teil sind sie aus unbefestigten Siedlungen der mittleren und jüngeren Bronzezeit entstanden. In dieser Zeit sind — offensichtlich im Rahmen einer der Lausitzer Kultur insgesamt innewohnenden Tendenz zum Landesausbau — z. T. bisher unbesiedelte Gebiete von sehr großen Gemeinwesen besetzt worden. Bei diesem Vordringen sind offensichtlich Spannungen zu den Nachbarn entstanden.

In der Periode Hallstatt B oder Periode V wurde der Burgenbau eine häufige Erscheinung, jedoch keine allgemeine. In Kratzeburg (Nr. 3) trat an die Stelle der Burg eine offene Siedlung, in Brandenburg wurden möglicherweise einige Burgen neu angelegt, und zwar in engerer Nachbarschaft die Römerschanze (Nr. 6), Görne (Nr. 5) und Schlalach (Nr. 8). An der Oder enstand wohl das Burgenpaar Lebus und Lossow (Nr. 11—12), in der Niederlausitz Burg (Nr. 22) und Bartzlin (Nr. 13) und einige Burgen an der Schwarzen Elster (Nr. 16—20). Im Großenhain-Riesaer Gebiet wurde der Burgenbau besonders häufig (Nr. 32—38).

Schließlich gab es am Übergang von der Periode V zur Periode VI und in der frühen Eisenzeit wiederum in einigen Gebieten eine Periode der Spannung. In dieser Zeit entstanden besonders die kleinen Burganlagen in der Ober- und Niederlausitz (Nr. 14, 15, 16, 21, 23, 24, 30), wahrscheinlich auch der Eisenberg bei Pöhl (Nr. 41). Von den Burgen an der oberen Elbe scheint nur der kleine Burgberg bei Diesbar (Nr. 37) seine Befestigung behalten zu haben. Auch tief in Mecklenburg, im Malchiner Gebiet, wurde in dieser Zeit eine Burg erbaut (Nr. 2).

Weiterhin setzte eine rege Burgenbautätigkeit an der mittleren und unteren Oder ein, in deren Folge Lossow und Lebus erneut befestigt (Nr. 11, 12), der Wall von Kamminke am Haff (Nr. 1) aufgeschüttet, Kamieniec (Schöningen, Nr. 53), Cedynia (Zehden, Nr. 55) und Myślibórz (Soldin, Nr. 54) angelegt wurden. In Großpolen sind die ältesten Burgen überhaupt erst in dieser Periode entstanden (T. Malinowski 1955) (Karte Abb. 11, 12).

Gegenüber der jüngeren Bronzezeit sind die früheisenzeitlichen Burgen im Durchschnitt kleiner (Abb. 10). Am Beispiel der Verhältnisse des in dieser Hinsicht zweifellos am besten

[12]) Davon ging die Diskussion aus, die über die Südgrenze des Nordischen Kreises, die Nordgrenze der Lausitzer Kultur bzw. die verschiedenen Sperriegel der Lausitzer Kultur von K. H. Marschalleck, W. La Baume, H. Uhtenwoldt, E. Petersen, H. Jankuhn u. a. geführt wurde (vgl. Lit. dazu bei J. Herrmann 1960, S. 12, S. 21ff.).

erforschten Gebietes um Biskupin formulierte Z. Rajewski (1960, S. 34) die Auffassung, daß der in der Periode Hallstatt C in Sobiejuchy (Nr. 70) ansässige Stamm sich teilte und in der Nachbarschaft der Stammburg mehrere kleinere Anlagen gründete (Nr. 56, 58, 60, 63). Die Anlageform und das Konstruktionsschema dieser Tochterburgen beruhte offenbar auf der Tradition der älteren Anlage von Sobiejuchy.

Auf ähnliche Weise lassen sich vielleicht auch die Verhältnisse in der Oberlausitz erklären. Die Bautzener Burg der Bronzezeit wurde aufgegeben, und an ihre Stelle traten die kleineren Burgen von Ostro und Kleinsaubernitz. Die Tradition der Rostbauweise wurde von ihnen fortgesetzt. In Senftenberg scheint sich im Verlauf der Billendorfer Periode eine größere Siedlungsgruppe in drei kleinere Gruppen aufgelöst zu haben (Abb. 9). Bisher sind tiefer begründete Auffassungen zum konkreten Ablauf dieses Vorganges nicht zu äußern. Feststehen dürfte jedoch die allgemeine Tendenz zur Verkleinerung der Burgen und damit wohl der Gemeinwesen, die sie erbauten. Die Ergründung der Ursachen für diesen offensichtlich überregional verbreiteten Vorgang stehen im Katalog der Forschungsaufgaben. Umstellungen in der Wirtschaft, abgesunkene Produktivität des Ackerbaues oder der Viehzucht im Zusammenhang mit klimatischen Veränderungen des beginnenden Subatlantikums mögen zu den Ursachen zählen.

Die Burgengeschichte der jüngeren Bronzezeit und frühen Eisenzeit zeigt, daß es innerhalb der verschiedenen Gruppen der Lausitzer Kultur ebenso wie in ihren Grenzgebieten Spannungen und kriegerische Konflikte gab, die zu ganz verschiedenen Zeiten und wohl auch aus ganz verschiedenen Ursachen aufbrachen. Die Konzentration von Befestigungen in einem Gebiet in einer Zeit oft mit gleichartigen Baumerkmalen, mag darauf hinweisen, daß ganze Stammesgruppen zu bestimmten Zeiten zu der Auffassung gelangten, daß die Befestigung ihrer Siedlungen erforderlich sei. Derartige Gebiete scheinen sich um Großenhain—Riesa, an der oberen Spree und Neiße, in Mittelschlesien, an der unteren Oder, in einem Teil Großpolens und östlich der unteren Weichsel abzuzeichnen (vgl. auch W. Szafrański 1946). Dagegen sind sicher oder wahrscheinlich der jüngeren Bronze- oder frühen Eisenzeit zuzuordnende Burganlagen aus Pommern (abgesehen vom odernahen Streifen), dem westlichen und südöstlichen Großpolen, dem mittleren und südlichen Weichselgebiet, aus großen Teilen Schlesiens sowie aus kleineren archäologisch-kulturellen Gebieten und Siedlungsgebieten nicht bekannt (Karten Abb. 12, 13). Das pommersche Gebiet wird von J. Kostrzewski (1958, 1959) zur Lausitzer Kultur gerechnet; von anderer Seite wurde es dem Nordischen Kreis zugeordnet (vgl. H.-J. Eggers 1959/60). Auf alle Fälle handelt es sich um eine Gruppe mit einer gewissen Sonderstellung gegenüber den Gruppen der Lausitzer Kultur in Großpolen und an der mittleren Oder. Ähnliches gilt für das östliche Gebiet der Lausitzer Kultur. E. Plesl (1964) wies zuletzt nachdrücklich darauf hin, daß zwischen westlichen und östlichen Gruppen der Lausitzer Kultur starke, offenbar substratbedingte Unterschiede vorhanden waren. Die Grenze zwischen beiden Bereichen verlief im östlichen Großpolen (vgl. A. Niesiołowska-Wędzka 1966).

Das bisherige Fehlen von Burganlagen in weiten Gebieten, die zur Lausitzer Kultur gehörten bzw. zu dieser gerechnet werden, scheint auf unterschiedliche soziale oder politische Sonderentwicklungen in diesen Gruppen hinzuweisen. Die Frequenz des Burgenbaues von Gebiet zu Gebiet und von Zeit zu Zeit ist beachtlich (Abb. 12, 13). Das spricht gegen überregionale politische Ursachen für den Burgenbau, die auf das ganze Gebiet der Lausitzer Kultur zur gleichen Zeit wirkten. Wahrscheinlich ist, daß latente Spannungen zwischen einzelnen Stammesgruppen oder Stammesverbänden entstanden, und zwar zwischen Stämmen der Lausitzer Kultur wie auch zu den Stämmen in den benachbarten archäologisch-kulturellen Gebieten. Wurden solche Spannungen beigelegt, verschwand in den betreffenden Gebieten der Burgenbau wieder oder ging doch wesentlich zurück.

Außer Konflikten mit Stämmen aus dem Gebiet des Nordischen Kreises, auf die bereits seit langem, jedoch mit einem zu aktualisierenden Akzent, hingewiesen wurde (vgl. Anm. 12), haben für die östlichen Bereiche möglicherweise Überfälle nomadisierender Stämme aus dem Osten, vielleicht von Skythen, eine Rolle gespielt (u. a. T. Malinowski 1955). Jedoch hat die Diskussion über die Anwesenheit von Skythen in Mitteleuropa bisher zu keiner endgültigen Klärung geführt (vgl. z. B. M. Dušek 1964).

Das von dem Ballast unsicherer und vermuteter Burganlagen der jüngeren Bronzezeit und frühen Eisenzeit befreite Kartenbild zeigt deutlich eine streifenförmige, im wesentlichen von Süden nach Norden verlaufende Burgenverbreitung. Im Gebirge oder am Gebirgsrand sind Burgen eindeutig an Mündungen der Gebirgspässe gebunden. Vereinzelt steht der Eisenberg bei Pöhl an dem für die Lausitzer Kultur peripheren Paß vom Vogtland nach Eger (Nr. 41, 104). Burgen liegen am Elbdurchbruch, über den eine Hauptverbindung der Lausitzer Kultur nach Böhmen verlief (Nr. 32, 33 — W. Coblenz 1949/50; 1961, 1964b). Der Lückendorfer Paß bei Zittau tritt dagegen deutlich zurück; auch an diesem sind jedoch die Burgen weit in das Gebirgsland vorgeschoben (Nr. 26, 27, 101—103). Eine größere Rolle spielte der Glatzer Paß für die Verbindung zwischen Böhmen und Schlesien (M. Jahn 1932). An der Mährischen Pforte scheinen ebenfalls einige Burgen seit der Bronzezeit entstanden zu sein (Nr. 71—74, 100), desgleichen ganz sicherlich am Oberlauf des Dunajec, über den die Verbindung zwischen oberem Weichselgebiet und Ostslowakei-Donaugebiet (Nr. 97, 98, 98a) verlief.

Ohne Zweifel hat also der Paßverkehr mit der Anlage der Burgen zu tun. Vielleicht in doppeltem Sinne: Einerseits wies er den dort ansässigen Stämmen eine besondere Rolle im Tauschhandel, im Kontakt mit südlichen Kaufmannskarawanen oder ähnlichen Vermittlern zu; andererseits waren diese Stämme besonders gefährdet und den Angriffen fremder Stammesgruppen ausgesetzt. Dabei entsteht der Anschein, als ob in der frühen Eisenzeit die sächsisch-böhmischen Pässe an Bedeutung verloren haben.

Von diesen Pässen führten mit großer Sicherheit weitere Verbindungswege in das nördliche Europa. Sie scheinen sich in der Burgenverbreitung geradezu abzuzeichnen: über Mittelschlesien, Großpolen (Gegend von Biskupin) zur Weichselmündung; über das Neiße- und Odertal zur Odermündung; über das Elbtal in die Niederlausitz und wohl in der Gegend von Wittenberg über den Flämingsattel wechselnd (F. Horst 1966). Vom mittleren Havelgebiet führten diese Verbindungswege havelaufwärts bis weit nach Mecklenburg in das Malchiner Gebiet. Aus dem Gebiet der süddeutschen Urnenfelderkultur werden die Verbindungen über den Thüringer Wald an den Gleichbergen vorbei über das Werratal und die Gegend von Eisenach–Erfurt bzw. über das obere Saaletal in das Saalegebiet, zur mittleren und unteren Elbe und Havel geführt haben. Diese Wege folgten den natürlichen Leitlinien, den Flüssen und Flußtälern (Abb. 11).

Die genannten Verbindungslinien drücken sich nicht nur in der Verbreitung von Burgenbauten aus, sondern finden auch in der Verbreitung von Hortfunden und „Fremdbronzen" (E. Sprockhoff 1930, Taf. 45; W. A. v. Brunn 1960) ihre Bestätigung.

Sicherlich haben diese Verbindungslinien den Befestigungsbau nicht überhaupt verursacht, sie mußten und konnten ihn jedoch in einem in eine bestimmte Richtung sich entwickelnden sozialökonomischen Gebiet außerordentlich fördern.

Es ist hier nicht der Ort, um die volle Problematik der sozialen und sozialökonomischen Struktur der Lausitzer Kultur auszubreiten, deren Ausdruck u. a. der Burgenbau ist. Die Bewohner dieser Burgen waren ganz offensichtlich in sich geschlossene, wenig differenzierte Gemeinwesen urgesellschaftlicher Organisationsformen; Mauern und Gräben um ihre zusammengepferchten Siedlungen bildeten die wohlverwahrte Grenze gegen ihre natürliche und gesellschaftliche Umwelt und dienten dem Schutz vor dieser als feindlich angesehenen Umwelt. In dieser müssen also Kräfte wirksam gewesen sein, die auf Ausplünderung und Unterwerfung der einzelnen Gemeinwesen hinwirkten. Plündernde kriegerische Gefolgschaften und kriegerische Mannschaften anderer Stämme, auf deren Existenz in Mittel- und

Oberschlesien z. B. M. Gedl (1961) hinwies, kommen ebenso in Frage wie wandernde Stammesverbände.

Der Burgenbau — auch das läßt sich aus den bisherigen Ergebnissen ablesen — wurde nicht in erster Linie durch die innere Differenzierung der Gemeinwesen direkt hervorgerufen, sondern höchstens durch die mehr oder weniger stetig auftretenden Kämpfe zwischen den Stämmen oder Gemeinwesen. Im Burgenbau der Lausitzer Kultur mit allen seinen Merkmalen hat damit die urgesellschaftliche Abgeschlossenheit der einzelnen Gemeinwesen und zugleich ihr „patriarchalischer Rigorismus" (Z. Rajewski 1960) seinen stärksten Ausdruck gefunden. Es ist der letzte große Versuch, urgesellschaftliche Lebensweise den Bedingungen des Zerfallstadiums der Urgesellschaft anzupassen und innerhalb allgemeiner Unruhe die Existenz von Gemeinwesen nach gentilgesellschaftlichen Prinzipien zu sichern.

Es ist sehr folgerichtig, daß Burgen einerseits und in erster Linie in Unruhegebieten gebaut wurden. Andererseits setzte der Burgenbau, wie sich zeigte, kräftige Gemeinwesen, also sehr konsolidierte gesellschaftliche Verhältnisse voraus. Kräftige, konsolidierte Gemeinwesen, die in der Lage waren, die großen Leistungen für den Befestigungsbau zu erbringen, waren jedoch gleichzeitig reiche Gemeinwesen. Der Vergleich der Verbreitung von Burgen und Schatzfunden stützt diese Überlegungen[13]). Es ist verständlich, daß derartige Burgzentren zu Mittelpunkten von Handel oder Austausch werden konnten und wohl auch wurden. Ob damit die Bildung regelrechter Märkte verbunden war, wie das verschiedentlich angenommen wird, sei dahingestellt.

Die Zusammenhänge und Wechselbeziehungen zwischen geographisch günstiger Siedlungslage, sozialökonomisch gefestigten Verhältnissen, Reichtumsakkumulation und Austauschbeziehungen, kriegerischer Zuspitzung der Verhältnisse und Befestigungsbau sind kaum anders als in der skizzierten Weise zu denken. Damit aber lassen sich im Burgenbau Schwerpunkte der sozialökonomischen und politischen Entwicklung erkennen. Bis zu einem gewissen Grade zeigt die Verbreitungskarte der Burgen also die entwickeltsten sozialökonomischen Gebiete und die Gebiete, in denen sich vor allem politische Auseinandersetzungen und Kriege abspielten.

Die wenigen Siedlungsgrabungen, besonders deutlich die Untersuchung von A. v. Müller (1964) in Berlin-Lichterfelde, widersprechen dem nicht oder zeigen ähnliche undifferenzierte Gemeinwesen. In Berlin-Lichterfelde war das Dorf mitsamt seinen Feldern im Umfang von 9,5 ha von einer Hecke oder Strauchwerkeinfassung umgeben.

Während in dem Gebiet, das die Lausitzer Kultur einnahm, diese Entwicklung in der Latènezeit keine Fortsetzung fand, läßt sie sich in der süddeutschen und westeuropäischen Urnenfelderkultur über die Hallstattzeit hinweg bis in die spätkeltische Oppidum-Zivilisation verfolgen.

Im Gegensatz zu den Verhältnissen in der Lausitzer Kultur finden sich bei den Stämmen des Nordischen Kreises für eine derartige gebundene und konsolidierte späturgesellschaftliche Sozialordnung keine Anzeichen. Im Gegenteil: die Fürstengräber der jüngeren Bronze- und frühen Eisenzeit, die Tendenz zur Selbstausstattung mit wertvollem Metall für das Jenseits, die verhältnismäßig reiche Waffenausstattung mancher Gräber scheinen eine sozialökonomische Entwicklung anzudeuten, die der sozialen Differenzierung innerhalb der Gemeinwesen größeren Raum bot als die der Lausitzer Kultur. Bevor nicht eine gewisse Kenntnis des

[13]) Für das großpolnische Gebiet vgl. W. Szafrański, Skarby brązowy z epoki wspolnoty pierwotnej (IV i V okres epoki brązowy) w Wielkopolsce. Biblioteka archeologiczna 6, Warszawa—Wrocław 1955. Westlich der Oder fehlt eine Gesamtkartierung der jungbronze- und früheisenzeitlichen Schatzfunde. Nach den vorhandenen Teilkarten (E. Sprockhoff, W. A. v. Brunn, F. Horst u. a.) sowie auf Grund eines Versuches, alle bekannten Hortfunde zu kartieren, liegen die Burgen vorwiegend in den Ballungszentren der Hortfunde, ohne daß jedoch jedes Ballungszentrum eine Burg aufweist. Für die Unterstützung der Kartierung bin ich Dr. F. Horst, der am Inventar der jungbronzezeitlichen Hortfunde im Gebiet der DDR arbeitet, zu Dank verpflichtet.

Siedlungswesens im Nordischen Kreis vorliegt, lassen sich weiterführende Erörterungen dieses Problems kaum vornehmen[14]).

Immerhin tritt uns seit der frühen Eisenzeit eine Gesellschaftsorganisation entgegen, deren siedlungsbildende Grundlage ganz offensichtlich der weitgehend individuellen Produktionsbedingungen angepaßte Hofverband gewesen ist. Letztlich sind zweifellos in dieser in ersten Umrissen sich ausdrückenden unterschiedlichen sozialen Entwicklung im Gebiet der Stämme der Lausitzer Kultur und im Bereich der Stämme des Nordischen Kreises die Ursachen für das Überwinden der Stämme der Lausitzer Kultur durch die des Nordischen Kreises in weiten Gebieten zu suchen[15]).

V. Verzeichnis der jungbronze-/früheisenzeitlichen Burgen der Lausitzer Kultur auf dem Gebiet der DDR

Abkürzungen: W. B. = Wehrbau; I. B. = Innenbesiedlung;
Dat. = Datierung; P = Periode; Lit. = Literatur;
N = Norden; S = Süden; O = Osten; W = Westen;
br. = breit; O. A. = Ortsakten; Ot. = Ortsteil

1 Kamminke, Kr. Wolgast
Höhenburg am Rand eines Moränenplateaus, 2,2 ha.
W. B.: Erdwall auf drei Zugangsseiten; Verwendung von Geschieben.
Holzeinbauten nicht beobachtet. Kein Graben ermittelt.
I. B.: vorhanden, jedoch Intensität unbekannt.
Dat.: P V (?) — P VI.
Lit.: F. Horst, AuF 8, 1963, S. 186ff.

2 Basedow, Kr. Malchin (Abb. 2c)
Höhenburg auf Moränenkuppe, 1 ha.
W. B.: Umlaufender Wall. Plankenwand am Hang, von Ankerbalken in der Erdhinterschüttung gehalten, insgesamt höchstens 4 m br. Davor 1,50 m br. Hangberme, z. T. mit Steinplatten in Lehm abgedeckt, die zum 3 m br. und 1,80 m tiefen Graben abfällt.
I. B.: Dichte Siedlungsspuren.
Dat.: Periode VI.
Lit.: R. Beltz, Zeitschr. d. Heimatbundes „Mecklenburg" 18, 1923, S. 26ff.; ebenda 19, 1924, S. 41ff.; ders. PZ 16, 1925, S. 92; H. Schubart, AuF 4, 1959, S. 182; ders. 1961, S. 166ff.

[14]) Vorstellungen über die sozialen Verhältnisse im Nordischen Kreis vgl. u. a. bei H. Arbman, Acta archaeologica 5, 1934, S. 48; H. C. Broholm, Danmarks Bronzealder, Bd. 2, 1944; A. W. Brögger, Jernet og Norges eldeste ökonomiske historie. Avhandl. utg. av des Norske Videnskaps-Akademie i Oslo. Hist.-Fil. Klasse 1940. S. Lindqvist, Den äldesta järnalderens Problem, Finska Fornminnesförenigens Tidskrift XIV, 1945, S. 121ff.; H. Jankuhn, Offa 6/7, 1941/42, S. 32ff.

[15]) Nach Ausarbeitung des Beitrages wurde mir die Arbeit von A. Niesiołowska-Wędzka (1966) bekannt. Von ihr werden z. T. die gleichen Probleme wie in dem vorliegenden Artikel behandelt. Ein näheres Eingehen darauf ist nicht mehr möglich gewesen. Hervorgehoben sei lediglich, daß das Verbreitungsbild die Autorin ebenfalls zu der Schlußfolgerung geführt hat, daß die östlichen Gruppen der Lausitzer Kultur den Burgenbau nicht oder nicht im gleichen Maße kannten wie die westlichen Gruppen. Einige Fundorte sind auf Grund neuerer polnischer Forschungen nachzutragen (vgl. Listen S. 91, Nr. 107—111). Sie konnten noch in die Karte aufgenommen werden. Bei anderen Orten, die von A. Niesiołowska-Wędzka genannt werden, gehen offenbar die Auffassungen über die Klassifikation „wahrscheinlich" oder „vermutet" auseinander. So ist z. B. das Bild von Marcinkowicze, Kr. Nowy Sącz (Nr. 44) sehr unklar (vgl. Prace archeologiczne H. 5, Kraków 1963, S. 48); auch in Sielec, Kr. Czestochowa (Nr. 51) wurde der Wall nicht geschnitten. Im Innenraum liegen Kulturschichten der Lausitzer Kultur und des frühen Mittelalters (Krauss, Silesia antiqua 4, 1962, S. 304—306). Ich neige daher nicht dazu, diese beiden Anlagen als „wahrscheinlich" zur Lausitzer Kultur zu rechnen. In anderen Fällen war mir eine Einsichtnahme in die an abgelegener Stelle erfolgte Publikation oder in die zitierten Archivberichte nicht möglich. Soweit sie von der Autorin als „wahrscheinlich" klassifiziert wurden, ist auf ihre Wiedergabe — auf Grund der oben dargelegten Erwägungen — verzichtet worden. Es handelt sich um Witoskovice (Nr. 12), Rybogady (Nr. 22), Kretowice (Nr. 42) und Mohre (Nr. 45). Nach Abschluß des Manuskriptes wurde mir die Arbeit von J. Antoniewicz, Osiedla obronne okresu wczesnozelaźnego w Prusach, in: Światowit XXV, 1964, S. 5ff., zugänglich. Die Veränderungen, die sich daraus für das Kartenbild Abb. 12—13 ergeben, sind gering. Auf ihre Einarbeitung mußte verzichtet werden. Vgl. zu Antoniewicz jetzt auch die Stellungnahme von W. Szafrański, Über die Befestigungssiedlungen der früheisenzeitlichen Periode in Altpreußen, in: Acta Baltico-Slavica 4, 1966, S. 159ff.

3 *Kratzeburg, Kr. Neustrelitz (Abb. 2d)*
Höhenburg auf Moränenplateau, 5 ha.
W. B.: Wall vermutlich umlaufend, durch Beackerung eingeebnet. Nachgewiesen im N: Plankenwand an Vorder- und Rückfront, Ankerbalken in der Erdfüllung, etwa 5 m br., 15 m lange Hangberme vom Wallfuß bis zu dem 9 m br., 2,50 m tiefen muldenförmigen Graben.
I. B.: Siedlungsspuren auf ganzem Plateau.
Sichel, Bronzegußform, Messer, Lanzenspitze.
Dat.: vorübergehende offene Siedlung P IV/V; Holzerdemauer P V; nachfolgende offene Siedlung P V.
Lit.: H. Schubart, AuF 3, 1958, S. 67ff.; ders. 1961, S. 146ff.

4 *Gühlen-Glienicke, Ot. Boltenmühle, Kr. Neuruppin (Abb. 2e)*
Höhenburg auf Moränenkuppe, 12 ha.
W. B.: Auf 3 Seiten umlaufender Wall am Hangansatz, 1—2 Vorwälle und Gräben am Hang, nicht untersucht.
I. B.: Dichte Besiedlung in ganzer Fläche, Gußform für Ringkopfnadel und Schmelztiegelrest, Sichel, Messer, Tüllenmeißel.
Dat.: Vor allem P IV, bis in P V.
Lit.: J. Herrmann 1960, Nr. 241; F. Horst, AuF 6, 1961, S. 125ff.; M. Teichert, F. Horst, H. Ullrich, PZ 42, 1964, S. 102ff.

5 *Görne, Kr. Rathenow (Abb. 4a)*
Niederungsburg, oval, 1,7 ha.
W. B.: Undeutlicher Wall im O, nicht untersucht.
I. B.: vorhanden.
Dat.: Nur Funde der jüngeren und jüngsten Bronzezeit.
Lit.: J. Herrmann 1960, Nr. 357.

6 *Potsdam-Sacrow (Abb. 2f)*
Höhenburg „Römerschanze", auf Moränenkuppe, etwa 1,75 ha.
W. B.: Plankenwände in 3 m Abstand, Ankerbalken und Erdfüllung. Pfostenabstand an der Plankenwand u. a. 1,60 m; davor zwei Vorgräben am Hang im O und SW, Tore im SW, NW und O, 5—6,5 m breit, Hallentore. Nach W. Unverzagt, NBl 17, 1941, S. 248 ist eine zweite Wallphase in der frühen Eisenzeit in Kastenkonstruktion ausgeführt worden. Der Bericht von C. Schuchhardt erwähnt diese Beobachtungen nicht. Die Grabungsunterlagen sind verlorengegangen.
I. B.: Pfostenhäuser in ganzer untersuchter Innenfläche.
Dat.: Jüngere Bronzezeit und frühe Eisenzeit (1).
Lit.: C. Schuchhardt 1909.
1) Funde vernichtet; nach Zeichnung in den O. A. Mus. Potsdam; vgl. auch K. H. Marschalleck 1954, S. 32.

7 *Belzig*
Höhenburg „Bricciusberg", Burg Eisenhardt, auf Moränensporn, wenigstens 2 ha.
W. B.: Wallspuren am Plateaurand im S und am NW-Hang; Gelände durch mittelalterlichen Burgenbau verändert, Wallschnitt im N: Evtl. Plankenwand mit Erdhinterschüttung; davor Hangberme, muldenförmiger Graben, 3 m br., 1 m hoher Vorwall, Palisadenspur an der äußeren Grabenböschung.
I. B.: Dichte Besiedlung in untersuchten Flächen, mehrere Schichten.
Dat.: Vorhergehende offene Siedlung P V, Wall P VI.
Lit.: J. Herrmann 1960, Nr. 27, S. 124f.; F. Horst 1964, S. 77ff.

8 *Schlalach, Kr. Belzig (Abb. 4b)*
Niederungsburg, oval, im Urstromtal, etwa 2 ha.
W. B.: Umlaufender Wall, Vorwall im SW, vor dem vermutlichen Tor.
I. B.: Nach Oberflächenfunden und Aufschlußbeobachtungen stark.
Dat.: Wahrscheinlich P V.
Lit.: K.-H. Marschalleck 1954; J. Herrmann 1960, Nr. 44; F. Horst 1964.

9 *Krakau, Kr. Roßlau*
Niederungsburg, oval, 1,5 ha.
W. B.: Umlaufender flacher Wall, Graben im W, N, O.
I. B.: Vorhanden.
Dat.: Nach offener Siedlung (?) P V wahrscheinlich Wallbau in P VI.
Lit.: P. Grimm 1958, Nr. 99, S. 26ff.

10 *Dingelstedt, Ot. Röderhof, Kr. Halberstadt*
Höhenburg im Harzvorland, 2 ha.
W. B.: Wall und Graben auf 3 Seiten, z. T. auf dem Hang.
I. B.: Dicht.
Dat.: wahrscheinlich P V/VI.
Lit.: P. Grimm 1958, Nr. 99, S. 17.

11 *Lebus, Kr. Seelow*
Höhenburg auf Moränenkuppe am Odertal, 5 ha.
W. B.: Wall und Graben auf der W-Seite durch Ausgrabungen nachgewiesen.
Nach W. Unverzagt: 1. Wehrmauer in Plankenwand- oder Palisaden-Schalenbauweise. 2. Wehrmauer in Kastenbauweise (auf Grund der Beobachtungen auf dem Pletschenberg (1)). Grabungsunterlagen verloren. Auf dem Turmberg: Erdwall, evtl. mit Plankenwand a. d. Vorderfront (2).
I. B.: Dicht, u. a. Opferschacht.
Dat.: 1. Phase Aurither Kultur, 2. Phase Göritzer Kultur A u. B.
Lit.: 1.) W. Unverzagt, NBl 17, 1941, S. 251; AuF 3, 1958, S. 125; AuF 7, 1962, S. 143ff.
2.) W. Unverzagt, AuF 9, 1964, S. 151ff., mit Profil Abb. 2.

12 *Lossow, Kr. Eisenhüttenstadt (Abb. 2g)*
Höhenburg auf Moränensporn am Odertal, 2,8 ha.
W. B.: Halbkreisförmige Wallführung im N und W.
Nach Wallschnitt im W im Jahre 1909:
5,70 m hoher Wall aus 5 hintereinandergesetzten Kastenreihen: Kästen etwa 1,25 m br.

In der Erdfüllung der Kästen jungbronzezeitliche Keramik (1). Schnitt durch den N-Wall (W. Unverzagt 1926—1929) wies ebenfalls hintereinandergesetzte Kästen von etwa 1,20 m Br. nach (2). Von A. Götze (3) wurde der Wall in die späte Bronzezeit datiert, W. Unverzagt setzte ihn in die frühe Eisenzeit (2), wie A. Götze bereits 1920 (4, S. 34). Nach M. Lienau waren in Siedlungsschichten vor der Burg Aurither, Göritzer und Billendorfer Funde vorhanden (5), die Aurither Kulturschicht habe auch unter dem Wall gelegen (6). Während in den Grabungsberichten von einer Plankenwand-Schalenbauweise als Befestigung der Aurither Siedlung nicht gesprochen wird, ist diese nach beiläufigen Bemerkungen von W. Unverzagt in späterer Veröffentlichung beobachtet worden (7). In jüngster Zeit datiert W. Unverzagt die Kastenkonstruktion in das frühe Mittelalter (o. S. 68), Anm. 5).

I. B.: In ganzer Fläche, bis 1,5 m starke Kulturschicht der P V—P VI.

Dat.: Kastenwall frühestens P VI, Plankenwand-Wall fraglich. C^{14}-Dat. des Kernes eines verkohlten Balkens aus dem Kastenwall ergab Bln 691, 1034 ± 80 v. u. Z. Besiedlung des Geländes in P V und P VI; 8.—12. Jh. u. Z.

Lit.: 1) Agahd, PZ 3, 1911, S. 308ff.

2) W. Unverzagt 1930, S. 159 ff.; NBl 4, 1928, S. 76; W. Unverzagt, W. v. Jenny, in: Berliner Museen, Beibl. zum Jb. d. Preuß. Kunstsammlungen 56, H. 1, 1935, S. 2ff.; W. Unverzagt, FuF 4, 1928, S. 117.

3) A. Götze, Das Oderbruch in vorgeschichtlicher Zeit, in: Das Oderbruch, Bd. 2, Eberswalde 1934, S. 30ff.

4) A. Götze, Die vor- und frühgeschichtlichen Denkmäler des Kreises Lebus, Berlin 1920.

5) M. Lienau, Brandenburgia V, 1927, S. 378ff.

6) M. Lienau, Mannus 20, 1928, S. 212.

7) W. Unverzagt, NBl 17, 1941, S. 248.

13 *Lübbenau, Kr. Calau*

Niederungsburg „Bartzlin" im Spreewald, 2,20 ha.

W. B.: Ungeklärt, da starke Erdbewegungen im 19. Jh.

Ausgrabung 1966 und 1968 ergab Befestigungsspuren im O und W, nach Beobachtungen des Verf. wurde eine ältere Palisadenkonstruktion von einer jüngeren Rostkonstruktion abgelöst.

I. B.: Dichte Besiedlung in untersuchten Flächen.

Dat.: Befestigung wohl P VI; jungslawische Kulturschicht.

Lit.: Unveröffentl. Ausgrabungsbefunde von R. Breddin und D.-W. Buck, Mus. f. Ur- und Frühgeschichte Potsdam.

14 *Zützen, Kr. Luckau (Abb. 4c)*

Niederungsburg, oval, 0,95 ha.

W. B.: Umlaufender Wall, durch Beackerung verflacht.

I. B.: Nach der großen Anzahl von Oberflächenfunden dichte Besiedlung in der frühen Eisenzeit.

Vereinzelt altslawische Scherben.

Dat.: Wahrscheinlich P VI.

Lit.: K.-H. Marschalleck 1944, S. 330, Abb. 32.

15 *Goßmar, Kr. Luckau*

Niederungsburg, rundlich, 0,8 ha.

W. B.: Ringwall, heute eingeebnet.

Im SW vor dem Wall mehrere Reihen zugespitzter Pfähle hintereinander, schräg gegen das Vorgelände gerichtet. Brücke oder Damm von Höhenrand zur Burg (1).

I. B.: Dichte Innenbesiedlung (1).

Dat.: Vereinzelte Funde der P V, vorwiegend P VI (2).

Lit.: 1) R. Virchow, ZfE 10, 1877, S. 289; R. Behla, ZfE 14, 1882, S. 420.

2) K.-H. Marschalleck 1954, S. 31; 1944, S. 254f.

16 *Schönewalde, Kr. Finsterwalde (Abb. 4f)*

Niederungsburg, oval, 1,2 ha.

W. B.: Umlaufender Wall, verschliffen.

I. B.: Nach zahlreichen Oberflächenfunden und Aufschlüssen dichte Kulturschicht. Bronzene Armringe, Golddraht u. a.

Dat.: Wahrscheinlich P V—P VI.

Lit.: K.-H. Marschalleck 1944, S. 302; O. A. und Funde Mus. Potsdam.

17 *Schlieben-Malitzschkendorf, Kr. Jessen (Abb. 4e)*

Niederungsburg, oval, 1,2 ha.

W. B.: Umlaufender, bis 6 m hoher Wall. Regellos gelagerte Baumstämme im Wall.

I. B.: Dicke Kulturschicht, u. a. Gußform (Kat. Mus. Halle Nr. 1253; Niederlausitzer Mitt. 2, 1892).

Dat.: P V und P VI, nach K.-H. Marschalleck (3) nur P VI, vereinzelt slawische Keramik (4). Für P V spricht das Vorkommen der Radverzierung auf der Keramik (1); in die Periode Hallstatt D gehört ein Steigbügelarmring — vgl. Kropf 1938, S. 175; Kat. Mus. Halle Nr. 1192.

Lit.: 1) F. A. Wagner, Die Tempel und Pyramiden der Urbewohner auf dem rechten Elbufer, Leipzig 1828, S. 12.

2) Voß, ZfE 8, 1876, S. 166ff.

3) K.-H. Marschalleck 1954, S. 31.

4) Funde Mus. Potsdam.

18 *Gerbisbach, Kr. Jessen (Abb. 4g)*

Niederungsburg, oval, 1,1 ha.

W. B.: Umlaufender, bis 5 m hoher Wall.

I. B.: Nach den Oberflächenfunden starke bronzezeitliche Kulturschicht (2), vereinzelt altslawische Scherben (1).

Dat.: Wahrscheinlich P V.

Lit.: 1) Mus. Potsdam 1954, 44; 1955, 16.

2) H. Priebe, Mitteldeutsche Volkheit 9, 1942, S. 11ff.

19 *Oschätzchen (Kosilenzien), Kr. Bad Liebenwerda*
Niederungsburg, oval, 1,8 ha.
W. B.: Umlaufender, bis 5 m hoher Wall.
Im Wall angeblich Mauersteine und Ziegel.
I. B.: Nach zufälligen Aufschlüssen dicke jungbronzezeitl. Kulturschicht (Mus. Bad Liebenwerda).
Vereinzelt altslawische Keramik.
Dat.: Wahrscheinlich P V (1).
Lit.: 1) H. Agde 1939, S. 67.

20 *Falkenberg, Kr. Herzberg (Abb. 4d)*
Niederungsburg, unregelmäßig-oval, 0,7 ha.
W. B.: Umlaufender Wall, eingeschnürt. Wall aus Holz und Lehm (1). Beide Burgteile sind jedoch offenbar gleich alt. In der Nähe großes Hügelgräberfeld P IV—P VI im Schweinert.
I. B.: vorhanden; 1 Bronzemeißel, Keramik.
Dat.: Wahrscheinlich P V (2).
Lit.: 1) Grabungsbericht 1958 in O. A. Mus. Potsdam.
2) H. Priebe, Mitteldeutsche Volkheit 9, 1942, S. 15/16.

21 *Senftenberg (Abb. 5, 9) (1)*
Niederungsburg, rund, 0,95 ha.
W. B.: Umlaufender Wall, erste Phase: Palisadenwand-Schalenbauweise von etwa 3 m Breite, durch Mittelpalisade wahrscheinlich nach hinten abgetreppt. Am Tor voreinandergeführte Wallschenkel, jeder etwa 1,20—1,50 m breit in Palisadenwand-Schalenbauweise hergestellt. Torgasse 3—4 m breit, Einzelheiten des Verlaufs der Torgasse und der Torkonstruktion nicht gesichert. Auf der Ruine des ersten Holz-Erdewalles wurde eine erneute schwache Befestigung durch eine aufgesetzte Holzkonstruktion (Palisade) vorgenommen.
I. B.: Erste Phase: Wahrscheinlich Rundstraße von etwa 3 m Breite hinter dem Wall. Der Innenraum dicht bebaut, einzelne Bauten und Baugruppen durch z. T. regelmäßig geführte Wege voneinander getrennt. Freier Platz hinter dem Tor. Brunnen im Nordosten des Innenraums. Die Burg ist abgebrannt.
Zweite Phase: In Holz erhaltene Pfosten und Pfostenlöcher mit Brandschutt in der Füllung ermöglichten das Ausscheiden einer jüngeren Phase, die wohl mit der jüngeren Befestigung zeitgleich ist. Auflockerung der Besiedlung; an Stelle der engen, regelmäßigen Bebauung tritt eine mehr unregelmäßige Gebäudeanordnung.
Dat.: Hallstatt C/D bzw. Billendorfer Kultur.
Lit.: A. Götze, NBl. 9, 1933, S. 35ff. (Vorbericht).
Anm.: (1) Die erhaltenen Grabungsunterlagen wurden mir von Herrn Prof. Neumann, Jena, freundlicherweise aus dem Götze-Archiv zur Verfügung gestellt. Die Ergebnisse der Bearbeitung werden in den Veröffentlichungen des Museums für Ur- und Frühgeschichte Potsdam abgedruckt.

22 *Burg, Kr. Cottbus*
Niederungsburg „Schloßberg", unregelmäßig oval, 5,20 ha.
W. B.: Bei Bahndurchstich nicht geklärt. Nachuntersuchung durch A. Götze und C. Schuchhardt, ergab Plankenwand an der Vorderfront des NO-Walles (1).
I. B.: Dicht, u. a. Gußform für Wulstring (1).
Dat.: Gräber und Siedlungsspuren der P IV, Befestigung wahrscheinlich P V, darüber Siedlungsspuren P VI (2).
Lit.: 1) A. Götze, PZ 4, 1912.
2) Nach K. Tackenberg 1949/50, S. 26, lag das Schwergewicht der Befestigung in P VI. Dem widerspricht jedoch die Beobachtung von A. Götze (a. a. O. 1912, Abb. 1), daß die Billendorfer Besiedlung auf der inneren Wallböschung angelegt wurde, d. h. der Wall war in dieser Zeit schon zerstört.

23 *Podrosche, Kr. Weißwasser (Abb. 2b; 6, 7)*
Höhenburg am Neißetal, 0,7 ha.
W. B.: Wall in Rostkonstruktion im SW, NW, einfache Plankenwand im S, Rost etwa 2,50 m br., evtl. von Erdrampe hinterschüttet (1).
2. Phase: Plankenwand mit Erdhinterschüttung.
I. B.: In den Schnitten Spuren starker Besiedlung.
Dat.: Vorhergehende offene Siedlung der P VI, Rostwall P VI und Plankenwandwall P VI (2).
Lit.: 1) H. A. Schultz, NBl 13, 1937, S. 285ff.; ders. in: Oberlausitzer Beiträge (Jecht-Festschr.), Görlitz 1938, S. 9f.
2) Grabungsbericht, Pläne und Funde im Mus. Görlitz. Danach J. Herrmann, Veröff. des Museums für Ur- und Frühgeschichte Potsdam (in Vorbereitung).

24 *Nieder-Neundorf, Kr. Niesky (Abb. 2a)*
Höhenburg am Talrand der Neiße, 0,8 ha.
W. B.: Umlaufender Wall, auf der Talseite schwächer.
Zahlreiche Schnitte, 1933—1935 (1), deren Dokumentation nicht erhalten ist. Veröffentlichung nach den noch vorhandenen Akten durch W. Coblenz 1963b. Coblenz schlägt vor, drei Wallphasen zu unterscheiden. Auf Grund der veröffentlichten Unterlagen sind m. E. sicher nachgewiesen:
a) Wall in Rostkonstruktion, dessen Rost etwa 2,5—3,0 m breit war. Dahinter verlief ein Umgang bzw. befand sich eine rampenartige Erdanschüttung (2).
b) Auf den Schuttschichten des Walles wurde eine Neubefestigung vorgenommen, zu deren Strukturelementen Palisaden- bzw. Plankenwände gehörten.

Im Befestigungsring lag evtl. ein Turm. Ein trichterförmiges Tor gehört evtl. zum Wall b).
I. B.: Mehrere Wohn- und Wirtschaftsbauten, Bronzegießerwerkstatt; Getreidespeicher, wohl hinter Wall b) (3).
Dat.: Haupt- und Spätstufe der Billendorfer Kultur (2).

Lit.: 1) H. A. Schultz, Jahresh. Görlitz IV, 1, 1937, S. 5ff.; ders. in: Oberlausitzer Beiträge (Jecht-Festschr.), Görlitz 1938, S. 2ff.
2) vgl. zu dem angenommenen Sockel als Wallunterbau unten S. 67 Anm. 4.
3) W. Coblenz 1963b.

25 *Biesnitz, Kr. Görlitz*
Höhenburg „Landeskrone“, 0,8 ha.
W. B.: wahrscheinlich Wall um den Gipfel. Wall aus Erde, Stein, z. T. verschlackt. Durch slawische Wallanlage und frühdeutsche Burg überbaut.
I. B.: Offenbar intensiv (2).
Dat.: Wahrscheinlich P VI (2).
Lit.: 1) O. A. Mus. Görlitz; PZ 24, 1933, S. 320; NBl 16, S. 275.
2) Zahlreiche Funde der frühen Eisenzeit im Mus. Görlitz.
3) H. A. Schultz, Oberlausitzer Beiträge (Jecht-Festschr.), Görlitz 1938, S. 1ff.; ders., Die vor- und frühgeschichtliche Besiedlung des Kreises Görlitz, Görlitz 1940, S. 31f.

26 *Oybin, Kr. Zittau*
Höhenburg bzw. natürlich geschütztes Plateau und Sperrwall am Aufgang.
W. B.: 2 Wälle im Hausgrund, von denen der äußere wohl mittelalterlich ist. Der Wall am Zugang ist vielleicht — ähnlich wie der Wall auf dem Pfaffenstein — jungbronze-/früheisenzeitlich. Während W. Coblenz diese Wälle 1964 als zweifelhaft ansah, rechnet er 1966, S. 127, den Oybin zu den Befestigungsanlagen der Lausitzer Kultur.
Neuere Ausgrabungen (G. Bierbaum 1954) brachten keine klaren Ergebnisse.
I. B.: Gießerfund, Kulturschichtreste, Gußformenreste vom Plateau (W. Coblenz 1961, S. 372).
Dat.: P V—P VI (W. Coblenz 1961).
Lit.: Oberlausitzer Jahreshefte I, H. 5, Taf. XV; W. Coblenz 1961, 1964, 1966; G. Bierbaum 1954.

27 *Löbau (Abb. 3f, 8)*
Höhenburg „Schafberg“, 6 ha.
W. B.: Gipfelwall, umlaufend, Grabungen 1909 und 1964: Ältere schwache Befestigung, deren Konstruktion nicht völlig erkennbar ist.
Darüber an der Kante des Plateaus ein 5—6 m breiter Wall in Trockenmauer-Schalenbauweise; Erd- und Steinfüllung, Holzanker, Hangberme, 5 m hangabwärts durch Lehmauftrag und Plattensteine bedeckt.
I. B.: Zahlreiche Siedlungsspuren, u. a. Bronzewaffen und -geräte.
Dat.: P IV—P V.
Lit.: W. Coblenz 1966.

28 *Bautzen*
Höhenburg „Proitschenberg“, 2,8 ha.
W. B.: Wall vor allem im N, auf der Zugangsseite zum Sporn.
Wahrscheinlich Rostkonstruktion.
I. B.: Spuren.
Dat.: Offene Siedlung P IV—V; Befestigung wahrscheinlich in P V.
Lit.; W. Coblenz, AFB 10, 1962, S. 189ff.

29 *Kleinsaubernitz, Kr. Bautzen*
Niederungsburg, oval, 1,8 ha.
W. B.: Umlaufender Wall, z. gr. T. abgetragen. Mehrfache Grabungen.
Wallkern: Rostkonstruktion ohne Pfostenverwendung;
Steinpflaster und Kies zur Untergrundbefestigung; Wallrost wenigstens 1,6 m br.; 6 m br. Berme.
I. B.: In den abgedeckten Flächen sehr dicht besiedelt, u. a. Gießerwerkstatt.
Dat.: Offene Siedlung P IV—V, Befestigung P V—VI.
Lit.: H.-J. Vogt, AFB 10, 1962, S. 21ff.

30 *Ostro, Kr. Kamenz (Abb. 3a)*
Höhenburg, oval, auf Kuppe, 1,7 ha.
W. B.: Umlaufender Wall; trotz vielfacher Untersuchung nicht völlig geklärt. Rostkonstruktion oder Kastenkonstruktion (W. Coblenz 1964a, S. 201); später durch slawische Neubefestigung überbaut. Querwall wahrscheinlich slawisch. Die Rostkonstruktion war wenigstens 1,5 m breit, die Balken miteinander verblattet.
I. B.: Zahlreiche Siedlungsspuren; die mehrfach der Lausitzer Kultur zugewiesenen Getreidespeicher und Getreidefunde sind frühgeschichtlichen Alters.
Dat.: Wahrscheinlich P V—VI, alt- und jungslawische Burgerneuerung.
Lit.: L. Feyerabend, Korr. Bl. d. Dt. Ges. f. Anthr., Ethn. u. Urgeschichte 44, 1913, S. 101; W. Frenzel, Bautzener Geschichtshefte V, 1927, H. 1, S. 162ff., VI, 1928, H. 2, S. 41ff.; VIII, 1930, H. 1—3, S. 83ff.; W. Coblenz 1964a mit Plan.

31 *Biehla, Kr. Kamenz*
Niederungsburg, oval, etwa 1,2 ha.
W. B.: Umlaufender Wall, heute abgetragen.
I. B.: Spuren.
Dat.: Jüngere Bronzezeit und frühe Eisenzeit.
Lit.: G. Bierbaum 1954, S. 256.

31a *Seifersdorf, Kr. Dresden*
Höhenburg auf Sporn, 1,5 ha.
W. B.: Sichelförmiger Abschnittswall, 110 m lang, bis 5 m hoch; wahrscheinlich Rostkonstruktion, deren Zwischenräume mit Gesteinsbrocken ausgefüllt waren. Vor dem Rostbau eine Schüttung feinsandigen Lehms mit Holzeinbauten.
I. B.: Vorhanden, Intensität nicht bekannt.
Dat.: Ende Bronzezeit und älteste Eisenzeit.
Lit.: R. Spehr, AuF 11, 1966, S. 63f.; W. Coblenz, ebenda S. 65.

32 *Dresden-Coschütz*
Höhenburg, etwa 4 ha, stark zerstört durch Steinbruch.
W. B.: Wall auf Zugangsseiten, auf Steilhangseiten evtl. Plankenwand oder Palisade (1).
Wallbau nicht geklärt (2, 3). Nach G. Bierbaum (2) wurde auf offener Siedlung ein Erdsockel von 5 m

Breite errichtet, darauf evtl. eine Plankenwandkonstruktion.
Nach der Zerstörung dieser Anlage sei eine neue Befestigung, 20 m vorgeschoben, errichtet worden. Dazu sollen zwei Vorgräben und ein Faschinenhindernis gehört haben. Der Wall sei 8–9 m br. gewesen. Beim Brand verschlackt (in P VI). Nach Kleemann (3) wurde der erste Wall auf einem Lößlehmsockel mit blockartig eingelegten Steinen erbaut, darauf eine Holz-Steinmauer, mit Ankerbalken in einer vorgeschütteten Lößlehmberme verbunden. Nach ihrer Zerstörung wurde eine zweite Mauer auf dem gleichen Sockel angelegt. Die Befestigung habe von P III–P V gewährt, in P VI habe eine offene Siedlung bestanden. Da die Dokumentation nicht veröffentlicht und nicht erhalten ist, ist keine Entscheidung möglich (4).
I. B.: Dicht, vor allem hinter dem Wall, u. a. mehrfach Belege für Gießerwerkstätten (5).
Dat.: Vgl. oben.
Lit.: 1) H. Kaufmann, AuF 2, 1957, S. 29ff.
2) G. Bierbaum, NBl 10, 1934, S. 61f.
3) O. Kleemann, NBl 11, 1935, S. 148ff.
4) K. Tackenberg 1949/50; W. Coblenz 1966.
5) H. Kaufmann, AuF 2, 1957, S. 29ff.; AuF 6, 1961, S. 72ff.; W. Coblenz 1967, S. 179ff.

33 *Pfaffendorf (Abb. 3c)*
Höhenburg „Pfaffenstein", 1,5 ha.
W. B.: Sperrwall von 200 m Länge unterhalb des Zuganges am Felsplateau.
Sandstein-Trockenmauer an der Vorder- und Rückfront des 3,20 m br. Walles, Ankerbalken (?), Stein-Erdfüllung; Vorderfront evtl. mit Lehm verblendet. Davor 3 m br. Berme mit Lehm- und Steinplattensicherung, 2,2 m br. Graben.
I. B.: Sowohl Vorgelände zwischen Wall und Felsen wie auch Plateau dicht besiedelt.
Dat.: P IV.
Lit.: W. Coblenz 1964b, S. 70ff.

34 *Sörnewitz, Kr. Meißen (Abb. 3b)*
Höhenburg auf Felssporn am Elbtal, 1,2 ha.
W. B.: Abschnittswall von 150 m Länge, bis 5 m Höhe.
Vorgraben. Nach Grabungsbefund 1933: Plankenwand/Trockenmauervorderfront mit Erdhinterschüttung. Ankerbalken. Schräg angeschüttete Berme.
I. B.: Vorhanden.
Dat.: P V.
Lit.: W. Coblenz, AFB 10, 1962, S. 153ff.

35 *Göhrisch, Kr. Meißen (Abb. 3e)*
Höhenburg auf Felskuppe am Elbtal, 4,9 ha.
W. B.: Wahrscheinlich ehemals um den Gipfel umlaufender Wall, von Steinbruch z. T. zerstört. Im N: Lehmwall mit Holzeinbauten, Steine. Tor wohl im O, wo Wallwangen gegeneinander versetzt aufeinanderstoßen.
I. B.: Spuren.
Dat.: P IV–P V.
Lit.: W. Coblenz, AFB 6, 1957, S. 367ff.

36 *Meißen-Siebeneichen*
Höhenburg „Hohe Eifer", etwa 1 ha.
W. B.: Abschnittswall auf der südl. Zugangsseite zu einem Bergsporn über dem Triebischtal.
I. B.: Spuren.
Dat.: Wahrscheinlich P VI, vereinzelt mittelalterliche Funde.
Lit.: W. Radig, Burgberg Meißen, Augsburg 1929, S. 21, Taf. 16b; W. Coblenz 1964a.

37 *Diesbar/Löbsal, Kr. Riesa (Abb. 3d)*
Höhenburg auf Felssporn über Elbtal, 2,5 ha.
W. B.: Abschnittswall im O eines dreieckigen Sporns, Wallänge 60 m, Höhe bis 11 m; Tor wohl am südl. Wallende; Lehmwall mit Holzeinbauten.
I. B.: Vorhanden.
Dat.: Wahrscheinlich (?) P V–P VI; alt- und jungslawische Scherben.
Lit.: W. Coblenz, AFB 6, 1967, S. 368.

38 *Seußlitz, Kr. Riesa*
Höhenburg „Goldkuppe" auf Felssporn am Elbtal, 35 ha.
W. B.: 170 m langer und bis 11 m hoher Abschnittswall im O, davor ein Graben, dessen Sohle 18 m unter der Wallkrone liegt, und Vorwall. Am n. Plateaurand weitere Wallspuren; u. a. wurde ein Quellbecken am Plateaurand in die Befestigung mit einbezogen.
Im Wall: verkohlte Balkenreste, Lehmschichten. Tor evtl. im S des Abschnittswalles.
I. B.: Nur geringe Siedlungsspuren bisher.
Dat.: Wahrscheinlich P IV–P V.
Lit.: W. Coblenz, AFB 6, 1957 mit älterer Lit.

39 *Hohburg, Kr. Wurzen*
Höhenburg „Burzelberg", auf Höhenrücken, etwa 7 ha.
W. B.: Wall im N, O und W, Steilabfall ohne Wallspur im S.
Mauer aus Quarzporphyr in Trockenmauerbauweise, evtl. Holzeinbauten, z. T. 2 Vorwälle, besonders an der westl. Zugangsseite.
I. B.: Geringe Spuren.
Dat.: Älteste Eisenzeit (1), einzelne Funde aus der Latènezeit und slawischer Zeit (2).
Lit.: 1) H. Kaufmann, AuF 4, 1959, S. 131ff.;
2) W. Coblenz 1964a.

40 *Westewitz, Kr. Döbeln*
Höhenburg „Staupen", etwa 11 ha.
W. B.: Wall um Gipfel, stark geländeangepaßt; Vorwall im S und W.
I. B.: Unbekannt.
Dat.: Wahrscheinlich P V (W. Coblenz 1964a, Anm. 46).

41 *Pöhl, Kr. Plauen (Abb. 3g)*
Höhenburg „Eisenberg" auf Bergsporn, etwa 6 ha.
W. B.: Auf der Zugangsseite doppelter Wall von 140 m Länge. An den übrigen Plateaurändern schwache Wallspuren.

Evtl. Plankenwand-Schalenbauweise, Palisade auf Vorwall. Wall heute z. T. verschlackt.

I. B.: Hausreste bisher vor allem hinter dem Wall beobachtet.

Dat.: P V, vorwiegend P VI.

Lit.: W. Coblenz 1961; G. Billig, Ur- und Frühgeschichte des sächsischen Vogtlandes. Museumsreihe H. 5, Plauen 1954, S. 55ff., mit Plan. A. Teuscher, L. Feyerabend, Mitt. d. Altertumsvereins Plauen 21, Jahresschr. 1911, S. 111ff.; Otto, ebenda 34, Jahresschr. 1925.

Liste der jungbronze-/früheisenzeitlichen Burgen in Mitteleuropa. Sicher oder wahrscheinlich jungbronze-/früheisenzeitliche Wehranlagen im Einflußbereich der Süddeutschen Urnenfelderkultur

42	Jena-Lobeda	G. Neumann 1959; 1966
43	Großer bzw. Kleiner Gleichberg bei Römhild	A. Götze 1928; G. Neumann 1954; K. Peschel 1962
44	Öpitz, Kr. Pößneck	H. Kaufmann 1959, S. 57ff.
44a	Oberpreilipp, Kr. Rudolstadt	H. Kaufmann 1959, S. 208ff.
45	Kahla-Löbschütz	G. Neumann 1959; 1966
46	Jenzig b. Jena	G. Eichhorn in: G. Mentz, Beiträge zur thür.-sächs. Gesch. O. Dobenecker-Festschr. Jena 1929, S. 10; G. Neumann 1966; K. Simon, 1967
47	Sachsenburg, Kr. Artern	P. Grimm 1958, Nr. 29
48	Kohnstein b. Seega, Kr. Artern	P. Grimm 1958, Nr. 16
49	Kyffhäuser, Kr. Artern	P. Grimm 1958, Nr. 10
50	Queste b. Questenberg, Kr. Sangerhausen	P. Grimm 1958, Nr. 583
51	Arnsberg b. Questenberg, Kr. Sangerhausen	P. Grimm 1958, Nr. 582
51a	Niedersachswerfen, Kr. Nordhausen, Kohnstein	P. Grimm, Jahresschr. f. mitteldt. Vorgesch. Halle 29, 1938, S. 180ff.
51b	Quedlinburg	P. Grimm 1958, Nr. 441

Sicher oder wahrscheinlich jungbronze-/früheisenzeitliche Wehranlagen außerhalb der DDR

52	Swobnica, Kr. Gryfino (Wildenbruch)	W. Szafrański 1960, MZP 3, 1957, S. 74
53	Kamieniec, Szczecin (Schöningen)	C. Schuchhardt, PZ 3, 1911, S. 323ff.
53a	Lubin, Kr. Wolin	A. Hamling, MZP 10, 1964, S. 9ff.
54	Myślibórz (Soldin)	W. Szafrański, MZP 3, 1957, S. 74; MZP 5, 1959, S. 43ff.
55	Ċedynia (Zehden), Kr. Chojna	W. Filipowiak, ZOW 1957, S. 70ff.
56	Biskupin, Kr. Żnin	J. Kostrzewski 1950; Z. Rajewski 1960
57	Grodzisko, Kr. Jarocin	T. Malinowski 1955, Nr. 5
58	Izdebno, Kr. Żnin	T. Malinowski 1955, Nr. 6; Z. Rajewski 1960
59	Jankowo, Kr. Mogilno	T. Malinowski 1955, Nr. 7; Z. Rajewski 1960
60	Kołuda Wielka, Kr. Inowrocław	T. Malinowski 1955, Nr. 8
61	Komorowo, Kr. Szamotuły	T. Malinowski 1955, Nr. 9; A. Niesiołowska-Hoffmann 1963, Nr. 11
62	Koziegłowy, Kr. Konin	T. Malinowski 1955, Nr. 12
63	Kruszwica, Kr. Inowrocław	T. Malinowski 1955, Nr. 13; A. Niesiołowska-Hoffmann 1963, Nr. 14
64	Ostrowite Trzemeszeńskie, Kr. Mogilno	T. Malinowski 1955, Nr. 16
65	Przemęt, Kr. Wolsztyn	T. Malinowski 1955, Nr. 19
66	Pudliszki, Kr. Gostyn	T. Malinowski 1955, Nr. 21
67	Słupca, Kr. Konin	T. Malinowski 1955, Nr. 24; 1960
68	Smuszewo, Kr. Wągrowiec	T. Malinowski 1955, Nr. 25; A. Niesiołowska-Hoffmann 1963, Nr. 27
69	Tarnowa, Kr. Konin	T. Malinowski 1955, Nr. 29
70	Sobiejuchy, Kr. Żnin	Z. Rajewski und Z. Bukowski 1960
71	Kamieniec, Kr. Gliwice (Dramastein)	H. Uhtenwoldt 1938; M. Gedl 1961
72	Pomorzowice, Kr. Głubczyce (Pommerswitz)	H. Uhtenwoldt 1938; M. Gedl, 1961
73	Strzelniki, Kr. Brzeg (Jägerndorf)	H. Uhtenwoldt 1938, S. 11
74	Strzelniki, Kr. Brzeg (Jägerndorf)	H. Uhtenwoldt 1938, S. 11
75	Kędzie, Kr. Milicz (Grüntal)	H. Uhtenwoldt 1938; M. Gedl 1961
76	Moczydlnica Klasztorna, Kr. Milicz (Mönchmotschelnitz)	H. Uhtenwoldt 1938; M. Gedl 1961

77	Wrocław-Osobowice (Breslau-Oswitz)	G. Raschke 1929
78	Wrocław-Osobowice (Breslau-Oswitz)	G. Raschke 1929
79	Ślęża, Kr. Wrocław (Zobten)	Z. Čehak-Hołubowiczowa, Ślęża I, Bibliotheka Archeologii Sląską 1, Wrocław 1958
80	Niemcza, Kr. Dzierżoniów (Nimptsch)	H. Uhtenwoldt 1938; M. Gedl 1961
81	Strzegom, Kr. Świdnica (Striegau)	G. Bersu 1930
82	Mierczyce, Kr. Legnica (Mertschütz)	G. Bersu 1926
83	Krajewo, Kr. Legnica (Krayn)	H. Uhtenwoldt 1938; M. Gedl 1961
84	Dalków, Kr. Głogów (Dalkau)	H. Uhtenwoldt 1938; M. Gedl 1961
85	Wicina, Kr. Zaŕy (Witzen)	C. Schuchhardt 1926
86	Starosiedle, Kr. Gubin (Starzeddel)	C. Schuchhardt 1926
87	Krosno Odrz. (Alt-Rehfeld)	NBl 12, 1936, S. 69; NBl 13, 1937, S. 44
88	Pław, Kr. Krosno Odrz. (Plau)	NBl 12, 1936, S. 69
89	Łęcze, Kr. Elbląg (Lenzen)	J. Antoniewicz 1954
90	Kretowiny, Kr. Morąc (Kranthau)	J. Antoniewicz 1954
91	Starzykowo Małe, Kr. Susz (Kl. Starkenau)	J. Antoniewicz 1954
92	Olsztyn-Hermanowo (Allenstein-Hermenau)	J. Antoniewicz 1954
93	Lipowo, Kr. Mrągowo (Lindendorf)	J. Antoniewicz 1954
94	Sztynort, Kr. Węgorzewo (Gr. Steinort)	J. Antoniewicz 1954
95	Jantarnaja, Kr. Fišawa (Palmnicken-Kraxtepellen)	J. Antoniewicz 1954
96	Mednicken, Kr. Fišawa (Mednicken)	J. Antoniewicz 1954
97	Zawada Lanckorońska, Kr. Brzesk	G. Leńczyk 1950
98	Marcinkowice, Kr. Brzesk	G. Leńczyk, ZOW 1946, S. 68; 85; 1950
98a	Zabrzeż, Kr. Nowy Sącz	St. Kozieł, Acta Archeologica Carpathica 1, 1958, S. 109ff.
99	Tyniec, Kr. Kraków	G. Leńczyk 1960
100	Łubowice, Kr. Racibórz	A. Niesiołowska-Hoffmann 1963, Nr. 6
101	Pískové Lhotě, Kr. Mladá Boleslav	J. Rataj in: Arch. rozhl. 12, 1960, S. 631ff.
102	Mladá Boleslav	E. Plesl in: Investigations archéologiques en Tschécoslovaquie, Prague 1966, S. 148
103	Mužsky-Hrada b. Mnichovo Hradiště	E. Pleslová, ebenda, S. 149
104	Okrouhlé Hradiště b. Konstantinovy Lázně	V. Šaldová, ebenda, S. 163
105	Velké Žernoseky Kr. Litoměřice	J. Kern, Sudeta I, 1925, S. 65; E. Plesl 1961, S. 155
106	vgl. 98a	
107	Maszkowice, Kr. Nowy Sącz	A. Niesiołowska-Wędzka 1966, Nr. 21
108	Grzybiany, Kr. Legnica	A. Niesiołowska-Wędzka 1966, Nr. 38
109	Podzamcze, Kr. Wierszoẃ	A. Niesiołowska-Wędzka 1966, Nr. 60
110	Kunice, Kr. Legnica	A. Niesiołowska-Wędzka 1966, Nr. 70
111	Kuroẃ, Kr. Nowy Sącz	A. Niesiołowska-Wędzka 1966, Nr. 83

Zu den böhmischen Befestigungen vgl. jetzt J. Bouzek, The Knoviz settlement of North-West Bohemia, Pragae 1966; J. Kudrnač, Památky archeologické 58, 1967, S. 563ff.

Literaturverzeichnis

Abkürzungen:	AFB	Arbeits- und Forschungsberichte zur sächsischen Bodendenkmalpflege
	AuF	Ausgrabungen und Funde
	FuF	Forschungen und Fortschritte
	Jahresschr.	Jahresschrift für mitteldeutsche Vorgeschichte
	MZP	Materiały Zachodnio-Pomorskie
	Nbl.	Nachrichtenblatt für deutsche Vorzeit
	PZ	Praehistorische Zeitschrift
	ZOW	Z otchłani wieków

Agde, H. 1939 — Bronzezeitliche Kulturgruppen im mittleren Elbegebiet, Leipzig.

Antoniewicz, J. 1954 — Zagadnenie wczesnożelaznych osiedli obronnych na wschód od dolnej Wisły i w dorzeczu rzeki Przegoły, in: Wiadomości archeologiczne 20, S. 327ff.

Bersu, G. 1926 — Die Ausgrabungen vorgeschichtlicher Befestigungen, in: Vorgeschichtliches Jahrbuch 2, S. 1ff.

Bersu, G. 1930 — Der breite Berg bei Striegau, Breslau.

Bersu, G. 1945 — Das Wittnauer Horn im Kanton Aargau, Basel.

Bierbaum, G. 1954 — Burgen und Höhensiedlungen der Lausitzer Kultur in Sachsen, in: Frühe Burgen und Städte, Berlin, S. 22ff.

Brunn, W. A. v. 1943 — Probleme thüringischer Burgwälle, in: Germania 27, S. 113ff.

Brunn, W. A. v. 1954 — Steinpackungsgräber von Köthen. Ein Beitrag zur Kultur der Bronzezeit Mitteldeutschlands, Berlin.

Brunn, W. A. v. 1960 — Zur Nordwestgrenze der Lausitzer Kultur, in: PZ 38, S. 72ff.

Coblenz, W. 1949/50 — Die Stellung der oberen Elbe bei der Ausbreitung der Lausitzer Kultur, in: PZ 34/35, T. 1, S. 62ff.

Coblenz, W. 1956 — Die Bedeutung des Pfaffensteins und der Dresden-Dobritzer Siedlung für die Kulturströme in der Jungbronzezeit Sachsens, in: Dresdner Wissenschaftliche Museen, Dresden/Leipzig, S. 99ff.

Coblenz, W. 1961 — Böhmisch-sächsische Kontakte während der Lausitzer Kultur, in: Památky archeologické 52, S. 366ff.

Coblenz, W. 1963a — Bemerkungen zur Funktion der Lausitzer Burgen Sachsens, in: Munera archaeologica Iosepho Kostrzewski, Poznań, S. 193ff.

Coblenz, W. 1963b — Die Ausgrabungen auf dem Burgwall Nieder-Neundorf, in: AFB 11/12, S. 9ff.

Coblenz, W. 1964a — Burgen der Lausitzer Kultur in Sachsen, in: Studien aus Alteuropa, T. 1, Köln/Graz, S. 189ff.

Coblenz, W. 1964b — Der Wall am Pfaffenstein in der Sächsischen Schweiz, in: Varia archaeologica, Berlin, S. 70ff.

Coblenz, W. 1966 — Die befestigte Siedlung der Lausitzer Kultur auf dem Schafberg bei Löbau, in: AFB 14/15, S. 95ff.

Coblenz, W. 1967 — Zu den bronzezeitlichen Metallfunden von der Heidenschanze in Dresden-Coschütz und ihrer Rolle bei der zeitlichen und funktionellen Deutung der Burgen der Lausitzer Kultur, in: AFB 16/17, S. 179ff.

Dehn, W. 1958 — Die Heuneburg an der oberen Donau und ihre Wehranlagen, in: Neue Ausgrabungen in Deutschland, Berlin, S. 127ff.

Dehn, W. 1960 — Einige Bemerkungen zum „Murus Gallicus", in: Germania 38, S. 43ff.

Dušek, M. 1964 — Waren Skythen in Mitteleuropa und Deutschland? in: PZ 42, S. 49ff.

Eggers, H.-J. 1959/60 — Besprechung zu J. Kostrzewski 1958, in: Archaeologia Geographica 8/9, S. 51ff.

Ehrlich, B. 1931 — Die Tolkemita, die erste nachweisliche germanische Burg Ostpreußens, in: Mannus-Erg. Bd. 8, S. 55ff.

Engel, C. 1935 — Vorgeschichte der ostpreußischen Stämme, Königsberg.

Gałuszka, A. 1963 — Die Frage von Genese und Funktion der Burgwälle der Lausitzer Kultur in Niederschlesien, in: AFB 11/12, S. 511ff.

Gedl, M. 1957 — Osiedle obronne kultury łużyckiej w miejscowości Łubowice, pow. Racibórz, in: Wiadomości archeologiczne 24, S. 134f.

Gedl, M. 1961 — Uwagi o gospodarcze i strukturze spolecznej ludności kultury łużyckiej w południowej Polsce. Zeszyty naukowe Universytetu Jagiellońskiego 32, Kraków.

Götze, A. 1928 — Steinsburg, in: Reallexikon der Vorgeschichte 12, S. 409ff., Berlin.

Grimm, P. 1958 — Die vor- und frühgeschichtlichen Burgwälle der Bezirke Halle und Magdeburg, Berlin.

Hensel, W. 1948 — Wstęp do studiów nad osadnictwem Wielkopolski wczesnohistorycznej, Poznań.

Herrmann, J. 1960 — Die vor- und frühgeschichtlichen Burgwälle Groß-Berlins und des Bezirkes Potsdam, Berlin.

Horst, F. 1964	Ausgrabungen auf dem früheisenzeitlichen Burgwall von Belzig im Jahre 1966, in: Varia archaeologica, Berlin, S. 77ff.
Horst, F. 1966	Die jüngere Bronzezeit im Havelgebiet, Diss. phil. Berlin.
Jahn, M. 1932	Die Vorgeschichte des schlesischen Sudetengebietes, in: Altschlesien 4, S. 1ff.
Kaufmann, H. 1959, 1963	Die vorgeschichtliche Besiedlung des Orlagaues. Katalog 1959, Text 1963, Leipzig.
Kimmig, W. 1964	Seevölkerbewegung und Urnenfelderkultur. Ein archäologischer Versuch, in: Studien aus Alteuropa, T. 1, Köln/Graz, S. 220ff.
Kostrzewski, J. (Hrsg.) 1950	III. Sprawozdanie z prac wykopaliskowych w grodzie kultury łużyckiej w Biskupinie w powiecie żnińskim za lata 1938—1939 i 1946—1948, Poznań.
Kostrzewski, J. 1958	Kultura Łużycka na Pomorzu, Poznań.
Kostrzewski, J. 1959	Die nördliche Peripherie der Lausitzer Kultur, in: Archaeologia Polona 2, S. 16ff.
Kostrzewski, J., Chmielewski, W., und Jażdżewski, K. 1965	Pradzieje Polski, Wrocław–Warszawa–Kraków.
Krämer, W. 1958	Manching, ein vindelikisches Oppidum an der Donau, in: Neue Ausgrabungen in Deutschland, Berlin, S. 175ff.
Kropf, W. 1938	Die Billendorfer Kultur auf Grund der Grabfunde, Leipzig.
Krügel, M. 1951	Buckow in vor- und frühgeschichtlicher Zeit, in: Jahrbuch für brandenburgische Landesgeschichte 2, S. 39ff.
Leńczyk, G. 1950	Prasłowiański gród nad Dunajcem w Zawadzie Lanckorońskiej, Kraków.
Leńczyk, G. 1960	Tyniec, in: Frühe polnische Burgen, Weimar, S. 74ff.
Malinowski, T. 1955	Grodziska kultury łużyckiej w Wielkopolsce, in: Fontes Archaeologici Posnanienses 5, 1954, S. 1ff.
Malinowski, T. 1960	Ringwall, Erddamm und offene Wohnsiedlung der frühen Eisenzeit in Słupca (Großpolen), in: Frühe polnische Burgen, Weimar, S. 47ff.
Marschalleck, K.-H. 1944	Urgeschichte des Kreises Luckau (Nieder-Lausitz), Kirchhain, N.-L.
Marschalleck, K.-H. 1954	Burgenprobleme zwischen Elbe und Oder, in: Frühe Burgen und Städte, Berlin, S. 29ff.
Müller, A. v. 1964	Die jungbronzezeitliche Siedlung von Berlin-Lichterfelde, Berlin.
Neumann, G. 1954	Sieben Gleichbergburgen, in: Frühe Burgen und Städte, Berlin, S. 7ff.
Neumann, G. 1959	Der Burgwall auf dem Johannisberge bei Jena-Lobeda, in: AuF 5, S. 246ff.
Neumann, G. 1966	Berge und Burgen an der Saale bei Jena, in: Jahrbuch der Coburger Landesstiftung, S. 255ff.
Niesiołowska-Hoffmann, A. 1963	Z studiow nád budownictwem plemion kultury łużyckiej, in: Slavia antiqua 10, S. 25ff.
Niesiołowska-Wędzka, A. 1966	Uwagi o osiedlach obronnych kultury łużyćkiej, in: Slavia antiqua 13, S. 405ff.
Niewegłowski, W. 1958	Grodzisko w miejscowości Krajewo Wielkie, pow. Pozaznysz, in: Wiadomości archeologiczne 25, S. 159f.
Peschel, K. 1962	Die vorgeschichtliche Keramik der Gleichberge bei Römhild in Thüringen, Weimar.
Plesl, E. 1961	Lužická Kultura v severozápadnich Čechách, Praha.
Plesl, E. 1964	Ke stavu řešeni otásky počátků lužické kultury, in: Vznik a počátky slovanů 5, S. 149ff.

Radig, W. 1954 — Burgenarchäologie und Landesgeschichte, in: Frühe Burgen und Städte, Berlin, S. 198ff.

Rajewski, Z. 1958 — Osadnictwo ludności z kultura „Łużycka" we wczesnym okresie epoki żelaznej w Biskupinie i okolicy, in: Archeologia Polski 2, S. 7ff.

Rajewski, Z. 1960 — Die Besiedlung von Biskupin und Umgebung in der frühen Eisenzeit, in: Frühe polnische Burgen, Weimar, S. 9ff.

Rajewski, Z., und Bukowski, Z. 1960 — Die neuentdeckte Wehrsiedlung der Lausitzer Kultur in Sobiejuchy (Kreis Znin) im nordöstlichen Großpolen, in: Frühe polnische Burgen, Weimar, S. 27ff.

Rappoport, P. A. 1956 — Očerki po istorii russkogo voennogo zodčestva X—XIII v v, Moskva-Leningrad.

Raschke, G. 1929 — Schwedenschanze und Kapellenberg von Breslau-Oswitz, Augsburg.

Reinerth, H. 1928 — Die Wasserburg Buchau. Eine befestigte Inselsiedlung aus der Zeit 1100—800 v. Chr., Augsburg.

Schneider, J. 1966 — Jungbronzezeitliche Gräber von Genthin. Ein Beitrag zur jüngeren Bronzezeit des nördlichen Mittelelbegebietes, in: Jahresschrift für mitteldeutsche Vorgeschichte 50, S. 141ff.

Schubart, H. 1961 — Jungbronzezeitliche Burgwälle in Mecklenburg, in: PZ 39, S. 143ff.

Schuchhardt, C. 1909 — Die Römerschanze bei Potsdam, in: PZ 1, S. 209ff.

Schuchhardt, C. 1926 — Witzen und Starzeddel, zwei Burgen der Lausitzer Kultur, in: PZ 17, S. 184ff.

Schuchhardt, C. 1931 — Die Burg im Wandel der Weltgeschichte, Potsdam.

Schumacher, K. 1921 — Siedlungs- und Kulturgeschichte der Rheinlande von der Urzeit bis in das Mittelalter, Mainz.

Schwarz, K. 1955 — Die vor- und frühgeschichtlichen Geländedenkmäler Oberfrankens, Kallmünz/Opf.

Simon, K. 1967 — Ur- und frühgeschichtliche Höhensiedlungen auf dem Jenzig bei Jena, in: Alt-Thüringen 9, S. 16ff.

Sprockhoff, E. 1930 — Zur Handelsgeschichte der germanischen Bronzezeit, Berlin.

Szafrański, W. 1946 — Mapa grodów prasłowiańskich, in: ZOW 15, S. 32ff.

Szafrański, W. 1954 — Z badań nad epoką patriarchalnej wspólnoty pierwotnej, in: Wiadomości archeologiczne 20, S. 117ff.

Szafrański, W. 1960 — Swobnica (Wildenbruch). Ein Burgwall der Lausitzer Kultur in Westpommern, in: Frühe polnische Burgen, Weimar, S. 39ff.

Tackenberg, K. 1949/50 — Die Burgen der Lausitzer Kultur, in: PZ 34/35, T. 2, S. 18ff.

Uhtenwoldt, H. 1938 — Die Burgverfassung in der Vorgeschichte und Geschichte Schlesiens, Breslau.

Unverzagt, W. 1930 — Der Burgwall von Lossow bei Frankfurt (Oder), in: Neue deutsche Ausgrabungen 1, S. 159ff.

Unverzagt, W. 1958 — Ausgrabungen in spätbronze- und früheisenzeitlichen Burgen des unteren Odergebietes, in: AuF 3, S. 64ff.

Unverzagt, W. 1962 — Ausgrabungen in der Burg von Lebus/Oder während der Jahre 1960 und 1961, in: AuF 7, S. 143ff.

Zum Problem späthallstättischer Adelssitze

Von Wolfgang Kimmig, Tübingen

Mit 6 Textabbildungen und Tafel 4i

Dem Kenner vor- und frühgeschichtlicher Wehranlagen sei mit dem folgenden Beitrag ein Burgenproblem aus der Zone nordwärts der Alpen dargeboten, das noch immer einer Klärung im terminologischen wie archäologischen Sinne harrt. Es geht um die Frage der sogenannten ‚Fürstensitze' der späten Hallstatt- und frühen Latènezeit.

Als 1951 Kurt Bittel und Adolf Rieth den ersten Vorbericht über die unerwarteten Grabungsergebnisse auf der Heuneburg a. d. oberen Donau vorlegten, wählten die Verfasser als Epitheton ihres Büchleins den Untertitel ‚ein frühkeltischer Fürstensitz' (K. Bittel und A. Rieth 1951). Mit diesem Stichwort aber haben sie, wahrscheinlich ohne es zu wollen, eine Diskussion ausgelöst, die bis heute anhält und über die noch keinerlei Einigung erzielt werden konnte.

Der Begriff ‚Fürstensitz', romantisierenden Vorstellungen des 19. Jh. entwachsen[1]), ist von der nüchtern gewordenen Vorgeschichtsforschung nicht ohne Widerspruch übernommen worden. Aber auch der von ihr als Gegenvorschlag gedachte, modernen ethnologischen Überlegungen entnommene Begriff ‚Häuptlingssitz' hat sich für den in Rede stehenden Burgentypus als kein sehr glücklicher terminus erwiesen[2]). Liest man etwa Caesars eingehende Schilderungen des spätkeltischen Adels, so liegt es auf der Hand, daß man ‚große Herren' wie Verzingetorix, Dumnorix, Indutiomar oder Vercassivelaunus, um nur einige von ihnen zu nennen, schlecht als ‚Häuptlinge' bezeichnen kann. Diese spätkeltischen Führer präsentieren sich vielmehr ihrer ganzen soziologischen Struktur nach als eine allmählich gewachsene und zur Macht gelangte Adelsschicht, als deren Vorfahren man ohne Zwang jene späthallstättischen und frühlatènezeitlichen ‚Fürstengeschlechter' ansehen kann, auch wenn diese sich in den Jahrhunderten zwischen 300 und 100 infolge veränderter Grabsitten in den Bodenfunden nicht mehr nachweisen lassen. Bejaht man aber solche Auffassung, dann liegt es nahe, auch die Burgen dieser frühkeltischen Adelsschicht als ‚Adelssitze' zu bezeichnen[3]). Hegt man jedoch Bedenken, den üblicherweise germanisch-frühdeutschen Zeitläuften vorbehaltenen terminus ‚Adel' auch auf vorhistorische Kulturen anzuwenden, dann bleibt immer noch die ebenfalls zutreffende und ganz unverbindliche Bezeichnung ‚Herrensitz', die im übrigen schon mehrfach angewandt wird. In diesem Zusammenhang darf an die schlichte Formulierung erinnert werden, die P. Jacobsthal schon vor Jahren für die Inhaber ‚fürstlicher' Gräber gebraucht hat. Er sprach einfach vom ‚Herrn von Rodenbach' oder vom ‚Herrn von

[1]) Der Begriff ‚Fürstensitz', ‚Fürstengrab' geht auf Eduard Paulus den Jüngeren zurück, der 1876 unter dem Eindruck der von H. Schliemann auf der Burg von Mykenä ausgegrabenen ‚königlichen' Gräber diesen Ausdruck für die goldreichen Hügelgräber im Umkreis der Heuneburg wählte.

[2]) Der Begriff ‚Häuptlingsgrab' wird schon von H. Behrens (1953) und von K.-H. Otto (1955) für die frühbronzezeitlichen reichen Gräber vom Typus Leubingen verwandt, was für diese Zeit im ganzen zutreffend sein dürfte. Den analogen Begriff ‚Häuptlingssitz' für die hier zu behandelnden Adelsburgen der späten Hallstattzeit scheint G. Kossack (1959, S. 114ff.) eingeführt zu haben.

[3]) Man vgl. die ausgezeichnete Übersicht über die begriffliche Interpretation von ‚Fürstengräbern' sowie ‚Höhen- und Adelsburgen' bei R. Wentzkus (1961, S. 308ff. und 385ff.). — Ferner J. Werner (1965, S. 439ff.).

Kleinaspergle' und er übersetzte diesen terminus ins Französische folgerichtig mit ,Monsieur le Comte de Somme-Bionne' (P. Jacobsthal 1944, Bd. 1, S. 143). Den gleichen Weg ist im übrigen auch J. Carcopino gegangen, als er sein anregendes Büchlein über ,la Dame de Vix' schrieb (J. Carcopino 1957).

Sei dem wie ihm wolle: Um was es uns primär geht, ist die Frage, ob und mit welchen Gründen man bestimmte Burganlagen der späten Hallstatt- und frühen Latènezeit als wirkliche Adelssitze bezeichnen kann und ob es gelingt, einen solchen Burgentypus aus der Masse der herkömmlichen Wall- und Wehranlagen auszuscheiden. Dabei soll nicht erneut versucht werden, den Begriff der prähistorischen Burg eingehend zu definieren. Dies haben der Jubilar und R. v. Uslar in einer Reihe einprägsamer Arbeiten getan[4]). Uns interessieren hier einzig die Merkmale, die zu der Bezeichnung ,Adelssitz' berechtigen. Sind es Merkmale äußerer Art, erklären sie sich aus den im Innern solcher Anlagen angetroffenen Wohnformen, sind es bestimmte Funde, die zu solchem Prädikat ermutigen oder sind es vielleicht Anhalte zusätzlicher Art, die solch weittragende Formulierung nahelegen? Unsere Prüfung wird ergeben, daß es nur zu oft reichlich spekulative Gründe sind, die zu solch dezidierter Benennung verleitet haben!

Überblickt man die Entwicklung des prähistorischen Wehrbaus (K. Schall 1954), so lassen sich leicht gewisse Schwerpunkte beobachten. Ein solcher Schwerpunkt liegt ohne Zweifel zwischen der mittleren Hallstatt- und der mittleren Latènezeit, mit anderen Worten etwa in den Jahrhunderten zwischen 650 und 300 v. Chr. Es gibt in dieser Zeit in der weiten Zone nordwärts der Alpen eine Fülle von Befestigungsanlagen, deren Fundniederschlag, von früheren und späteren Einschlüssen abgesehen, vorwiegend diesem Zeitraum angehört. Feinere Differenzierungen sind dabei möglich. So fällt z. B. auf, daß in der Zone nordwestlich der Alpen, also etwa in Nordostfrankreich, der Nordschweiz und Südwestdeutschland das späthallstättische Element zu überwiegen scheint, während in Nordostbayern und Westböhmen, vor allem aber in der mitteldeutschen Gebirgszone bis hinüber zu Hunsrück und Eifel das Schwergewicht der Besiedlung deutlich im frühen Latène liegt[5]). Sicher ist ferner, daß die weitaus meisten dieser Wehranlagen mit einem chronologisch im einzelnen noch schärfer zu bestimmenden Datum innerhalb der frühen Latènezeit abbrechen. Eine echte Kontinuität zu der häufig auf solchen Anlagen ebenfalls vertretenen Spätlatènezeit besteht anscheinend in keinem Fall[6]).

Gründliche archäologische Untersuchungen sind in kaum einer dieser Anlagen vorgenommen worden. Zwar haben gelegentliche Wallschnitte ergeben, daß nahezu alle diese Wehranlagen von einer sinnreich aus Holz und Stein zusammengefügten Mauer umzogen waren[7]), doch sind die von den Mauern geschützten Innenräume mit Ausnahme des Goldbergs im Nördlinger Ries[8]), der Heuneburg a. d. oberen Donau[9]) und des Wittnauer Horns im aargauischen Fricktal (G. Bersu 1945) nirgendwo so aufgeschlossen worden, daß echte Einblicke in das Bebauungsschema möglich gewesen wären. Aber auch die gewonnenen Einsichten in

[4]) P. Grimm (1958); R. v. Uslar (1951, S. 33ff.) mit ausführlicher Literatur.

[5]) Einzelheiten zu dieser Frage, insbesondere Karten und Listen werden in dem z. Z. in Vorbereitung befindlichen Band über die Kleinfunde der Heuneburg (Heuneburgstudien 3) vorgelegt werden.

[6]) Dazu die wichtigen Bemerkungen von H. P. Uenze (1964, S. 108ff.); H. Kaufmann (1963); K. Peschel (1962). Zu Peschel vgl. man auch die Besprechung von H. P. Uenze in Bayr. Vorgesch. Bl. 30, 1965, S. 298ff.

[7]) Zur Bauweise dieser Mauern bietet die Mauer von Preist in der Eifel, Kr. Bitburg, noch immer das beste Beispiel. Dazu W. Dehn (1939). — Die gleiche Technik gibt es, vielfach variiert, auch auf der Heuneburg. Vgl. dazu W. Dehn (1958, bes. S. 133 mit Abb. 3).

[8]) Bisher erschienene Literatur über den Goldberg vollständig bei W. Dehn (1950b, S. 42). — Der Hallstatt-Plan des Goldbergs ist zwar mehrfach abgebildet worden, doch ist eine Interpretation durch den Ausgräber G. Bersu nicht mehr vorgenommen worden. Pläne bei V. G. Childe (1950, S. 224, Abb. 178); W. Kimmig und H. Hell (1958, S. 77 Abb. 85; 1965, S. 77 Abb. 85); St. Pigott (1965 S. 200 Abb. 112).

[9]) Einen Überblick über die ersten Einblicke in den Innenraum vermittelt der Vorbericht von W. Kimmig und E. Gersbach (1966, S. 102ff.). Zusammenfassend jetzt W. Kimmig (1968, S. 57 ff.).

den drei genannten Anlagen reichen bei weitem nicht aus, um die Bebauung im Innern sicher interpretieren zu können. Noch am vollständigsten ist der Plan der Hallstattsiedlung auf dem Goldberg, doch scheint es nach neueren Erfahrungen auf der Heuneburg durchaus zweifelhaft, ob die von G. Bersu auf seinem hinterlassenen Plan verzeichneten Bauten wirklich alle gleichzeitig gewesen sind (s. u.). Was den aus anderen Gründen als Adelssitz anzusprechenden Mont Lassois bei Châtillon-sur-Seine anbelangt (R. Joffroy 1960), so hat R. Joffroy einleuchtend dargetan, daß die das felsige Gipfelplateau überdeckende, Funde bergende Erdschicht so dünn ist, daß die Spuren der hallstattzeitlichen Besiedlung nahezu vollständig abgeschwemmt bzw. durch spätere Benutzer abgetragen worden sind (R. Joffroy 1960, S. 27ff.). Es ist aber gerade dies eine Erscheinung, die bei einer Großzahl von Wehranlagen im Bereich des Jurahöhenzuges von Ostfrankreich bis in die Oberpfalz anzutreffen ist und die erfolgreiches Graben erschwert. Eine Ausnahme bietet hier wiederum die Heuneburg, deren tiefe Kulturschichten sich tellartig über mehrere Meter Dicke erhalten haben.

Generell wird man sagen dürfen, daß die Errichtung sorgfältig ausgesuchter, in ihrem fortifikatorischen Konzept eines erfahrenen Baumeisters bedürfender Wehranlagen in jedem Falle einen leitenden und planenden Kopf zur Voraussetzung haben. Ob wir uns diesen als gewählten primus inter pares, als einen aus eigener Initiative zur Macht gelangten ‚Häuptling' oder als einen auf Grund allmählich gewachsener Vorrechte eingesetzten Angehörigen alter Familien, also einen ‚Adligen' vorzustellen haben, möge offen bleiben. Hält man sich darüber hinaus die mit Beginn der Hallstattzeit zunehmenden mediterranen Kontakte vor Augen, dann sollte nicht übersehen werden, daß diese in das Zeitalter der griechische Tyrannis fallen, die in der Mitte des 7. Jh. beginnt und die etwa in Athen mit der Herrschaft der Peisistratiden sogar erst in der 2. Hälfte des 6. Jh. zu Ende geht (H. Bengtson 1950, S. 102ff., 125ff.). Es schiene uns durchaus vorstellbar, daß die im Ansatz schon seit der Urnenfelderzeit vorhandene (Reiter- und Wagenkrieger), im Ostalpengebiet schon im 7. Jh. klar erkennbare[10]) und sich nach Etablierung griechischer Pflanzstädte wie Massalia[11]) nach 600 v. Chr. auch im nordwestlichen Voralpenraum bemerkbar machende hallstättische Adelsschicht als eine barbarische Reaktion mediterraner Lebensformen erweist. Dazu kommt, daß auch der sich schon früh entwickelnde polis-Gedanke, zunächst mehr vom konstruktiv-planerischen und weniger vom sozialpolitischen her, mit seiner ummauerten Siedlung und einer häufig in ihr liegenden Akropolis-Burg, mit großer Wahrscheinlichkeit auch die Wohn-Vorstellungen der hallstättischen Gruppen nordwärts der Alpen nachhaltig beeinflußt hat[12]). Aber selbst wenn wir generell derartige Überlegungen für die innere Organisation späthallstättisch-frühlatènezeitlicher Wehranlagen anerkennen, so ist damit immer noch kein Schlüssel für eine stichhaltige Unterscheidung zwischen einem Adelssitz und etwa einem einfachen umwehrten Dorf oder Städtchen gefunden. Wissen wir doch, daß in prähistorischer wie in frühmittelalterlicher Zeit bis etwa gegen 1100 n. Chr. der Adlige grundsätzlich mit seiner Klientel und seinen Untergebenen zusammen wohnt und sich erst von ihr trennt, als mit dem Entstehen der hochmittelalterlichen Ritterburg im 12. Jh. auch eine neue Form des Wohnens die einzelnen sozialen Gruppen zu differenzieren beginnt. Angesichts dieser Sachlage bleibt also nichts anderes übrig, als nach weiteren Indizien zu suchen, die innerhalb unserer Hallstattburgen eine gewisse Typisierung gestatten. Wir sind uns dabei bewußt, daß die anzuführenden Argumente vielfach spekulativ sind, doch sollte der Versuch gleichwohl gewagt werden, um überhaupt eine Diskussion in Gang zu bringen.

Beginnen wir mit dem Äußeren unserer Burgen:

Was zunächst die für den Mauerbau fast immer angewandte Holz-Steinbauweise anbelangt, so führt uns diese Technik für unsere Fragestellung kaum weiter. Sie ist weitverbreitet im

10) Rasche Übersicht über den Osten: St. Gabrovec (1966, mit Lit.); O. H. Frey (1966, S. 48ff., mit weiterer Lit.).

11) Zusammenfassend jetzt F. Benoit (1965); J. Jannoray (1955); F. Villard (1960).

12) Zur Polis: H. Bengtson (1950, S. 72ff.); V. Ehrenberg (1937, S. 147ff.); R. v. Uslar (1951, S. 35).

mitteleuropäischen Raum, und zwar auch dort, wo es keine ausgeprägte Feudalstruktur wie im späten Hallstattraum gegeben hat. Auch die bekannte Lehmziegelmauer der Heuneburg mit ihren mediterranen Baupraktiken so sichtbar abgelauschten Techniken und Maßen stellt zwar in der Zone nordwärts der Alpen einstweilen ein Novum dar (W. Dehn 1957, S. 78ff.; 1958, S. 133ff.), würde jedoch für sich allein kaum ausreichen, um einen privilegierten adligen Burgherren als ihren Erbauer auszuweisen. Erst im Zusammenhang mit anderen noch zu erörternden Indizien erhält sie das für unsere Fragestellung gebührende Gewicht.

Weiter führt vielleicht das, was sich im bauplanerischen Konzept einer solchen Burg erkennen läßt. Im Zusammenhang mit dem polis-Gedanken wurde schon auf die Akropolis hingewiesen, die fast immer als zentrale Anlage zu einer solchen polis gehört. Als Musterbeispiel sei Athen mit seinem am Fuß der Burg liegenden, ummauerten Stadtbereich genannt, aus dem sich die Akropolis erhebt. Diese diente in mykenischer wie in peisistratischer Zeit als Wohnung (O. Broneer 1956, S. 9ff.) und wurde erst später zum kultischen Mittelpunkt der Stadt. Daß eine Akropolis bzw. eine Arx offenbar zum festen Bestand auch spätkeltischer oppida gehörte, geht aus Caesar deutlich hervor[13]). Die besondere, vor allem beherrschende Lage der arx ist von ihm im Kapitel (I 38) über Vesontio-Besançon eindrucksvoll beschrieben worden. In Alesia muß die arx auf dem höchsten Punkt des weit ausgebreiteten Bergplateaus gelegen haben, dort, wo heute das Verzingetorix-Denkmal Napoleons III. steht. In Bibracte auf dem Mont Beuvray wird man die arx, ohne daß sie von Caesar ausdrücklich genannt wird, am ehesten auf dem südlichen Gipfelplateau lokalisieren, während sich die Wohnsiedlungen an den Flanken der vier Stadthügel auf großen Terrassen gruppierten (J. Werner 1939, S. 380ff.).

Wer auf der arx seinen Wohnsitz hatte, ist ungewiß. In jedem Falle war sie bei den oppida der Mittelpunkt des Stammesvorortes. Hier lag das Stammesheiligtum wie in Bibracte, hier befand sich eine Art von forum mit Ladenstraßen und dem Verwaltungszentrum. Auf der arx von Alesia hatte aber auch Verzingetorix sein Hauptquartier und ebenso war die steil über der Stadt aufragende und sicher schwer befestigte arx von Vesontio vorwiegend für militärische Zwecke gedacht. Ob auf solchen arces auch der Stammesadel oder gar ein einzelner Bevorrechtigter wohnen durfte, ob hier bei Belagerungen das militärische Kommando seinen Sitz hatte, wissen wir nicht. In Bibracte haben die Grabungen von Bulliot und Déchelette gezeigt, daß die nobilitas mit ihren den römischen villae urbanae nachgeahmten Häusern abseits der arx einen eigenen, bevorzugten Wohnplatz besaß (Parc aux Chevaux). Die übrigen Burgbewohner, vor allem die Handwerker, besaßen besondere Wohnviertel, die offenbar nach Art orientalischer Souks angelegt waren.

Ob wir solche Verhältnisse auch bei den Burgen der späten Hallstattzeit voraussetzen dürfen, läßt sich einstweilen nur ungenau beantworten. Auf dem Goldberg (Plan Abb. 1) hat Bersu am Rande der befestigten Hallstattsiedlung ein mächtiges Doppelgebäude aufgedeckt, das, durch mehrfache Palisadengräbchen (?) und eine ‚Toranlage' von der übrigen Wohnsiedlung getrennt, in der geschützten Nordostecke des Berges gelegen war. Man könnte geneigt sein, hier an das umwehrte Haus, an den ‚Palast' des Burgherren zu denken, der sich auf einer Art von arx befand, doch melden sich bei schärferem Zusehen erhebliche Zweifel[14]). Wie schon kurz erwähnt, scheint es angesichts der schwierigen Schichtverhältnisse des Gold-

[13]) W. Dehn (1951a, bes. S. 43). Offenbar haben die wenigsten bisherigen Caesar-Übersetzer über genaue Ortskenntnis der von Caesar beschriebenen Anlagen verfügt. Mancher Übersetzungsfehler wäre sonst vermeidbar gewesen. Als Beispiel für viele möge stehen: Caesar VII 84: Vercingetorix ex arce Alesiae suos conspicatus ex oppido egreditur. Von V. Stegemann (Der gallische Krieg in Slg. Dieterich Bd. 26, 1955) übersetzt: Als Vercingetorix die Seinen ‚von der Burg Alesia' aus sieht ... Hier wird der Begriff arx geradezu mit dem oppidum von Alesia gleichgesetzt. Caesar hat aber mit Sicherheit gemeint: von der Burg *von* Alesia aus. W. Dehn hat in seiner vorzüglichen oppida-Interpretation dies und anderes vom Archäologisch-Geographischen her richtiggestellt!

[14]) Vgl. Anm. 8.

bergs und der inzwischen auf der Heuneburg gemachten grabungstechnischen Erfahrungen durchaus nicht sicher, daß alle auf dem Bersuschen Plan eingezeichneten Bauten gleichzeitig sind. Die mehrfachen Hausüberschneidungen lehren, daß es auch auf dem Goldberg mehrere Wohnphasen gegeben haben muß, was durch die zeitlich sehr verschiedenartigen Funde bestätigt wird[15]). Die während des gleichen Zeitraumes besiedelte Heuneburg hat bis heute über 20 Wohnschichten mit immer wieder wechselnden Bebauungsplänen erbracht (W. Kimmig und E. Gersbach 1966). Wenn nicht alles täuscht, gehören zudem Bauten wie die Nr. 4, 12—14 und 16 des Goldbergplanes zu einem Typus, der gemeinhin ,kaiserzeitlich-frühmittel-

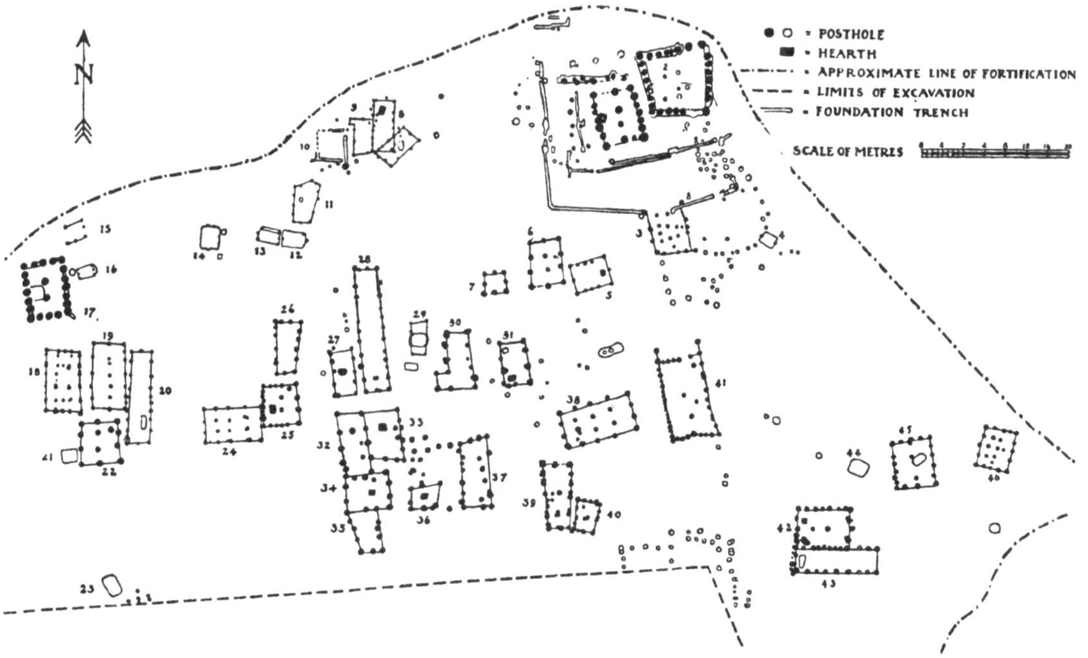

Abb. 1. Plan der Hallstattsiedlung auf dem Goldberg im Nördlinger Ries. Ausgrabung Gerhard Bersu. Nach V. G. Childe, Prehistoric Migrations in Europe

alterlich' genannt wird[16]). Auch im Bereich des ,Palastes' gibt es eine Menge von Pfostenlöchern und Überschneidungen von Gräbchen, die den auf den ersten Blick so einheitlichen Charakter der Gesamtanlage in Frage stellen. Man wird also den Goldbergplan, so verlockend er für unsere Zwecke erscheinen mag, mit einer gewissen Reserve behandeln müssen.

Gleiches gilt auch für die sogenannte Große Heuneburg bei Upflamör, wo ebenfalls G. Bersu 1921 einige Versuchsschnitte anlegte. Bersu hat damals in der der Hauptburg im Südosten vorgelagerten sog. Flankenburg „unbedenklich die palastartige Wohnung des Herren der gesamten Burganlage gesehen“ (G. Bersu 1922, S. 50, 56f.), eine These, der man heute ebenfalls nicht bedingungslos wird folgen wollen.

Etwas festeren Boden unter die Füße bekommen wir, wenn wir einen Blick auf die Heuneburg a. d. Donau und auf den Mont Lassois bei Châtillon-sur-Seine werfen. Bei der Heuneburg ist es jetzt ganz sicher, daß es außerhalb des unmittelbaren Burgbereichs ständig besiedelte Areale gegeben haben muß, von deren sicher nicht unbeträchtlicher Ausdehnung wir freilich noch keine exakte Vorstellung haben (S. Schiek 1959, S. 130f.). Vor allem im

15) Eine umfassende Bearbeitung der noch erhaltenen Goldbergfunde durch P. Schröter-Tübingen ist in Vorbereitung.

16) R. v. Uslar (1949, bes. S. 136ff. mit zahlreichen Vergleichen); W. Krämer (1951); F. Garscha (1950, bes. S. 143ff.).

Norden der Burg, jenseits des kleinen Bachtales, muß ein größerer Wohnbezirk gelegen haben, der bei der Anlegung der Nordnekropole der Burgherren aufgelassen wurde. Dabei ist der Siedlungsschutt als Auffüllmasse für die Grabhügel benutzt worden. Hat aber um die Heuneburg herum ein extra muros gelegenes suburbium gelegen, dann war die heutige Burg selbst nur zentraler Mittelpunkt im Sinne einer arx bzw. einer Akropolis (Plan Taf. 4i).

Abb. 2. Der Mont Lassois oberhalb Vix-sur-Seine nahe Châtillon-sur-Seine mit fünf im nahen Umkreis liegenden Adelsgräbern. Nach R. Joffroy, Oppidum de Vix

Ähnliche Überlegungen lassen sich auch beim Mont Lassois anstellen (R. Joffroy 1960, S. 18ff. mit Plan auf Taf. 3). Dieses steil aus der Ebene aufragende und den engen Flaschenhals des oberen Seinetals wie mit einem Korken verschließende Bergmassiv (dazu unser Plan Abb. 2) (R. Joffroy 1960, Taf. 1) wird von einem mächtigen 5,70 m tiefen, nahezu 20 m breiten und 2,7 km langen Graben umzogen, der im Norden und Süden Anschluß an die Seine fand und diesen natürlichen Wasserspeicher so mit in das Fortifikationssystem einbezog. Dieser große, am Fuß des Bergmassivs verlaufende Graben, der kaum anders denn zur Hallstattburg gehört haben kann, umschloß aber eine nicht unbeträchtliche Menge Siedlungsraum, der weit unterhalb der beiden Gipfelkuppen lag. Somit wird man auch beim Mont Lassois von einem suburbium sprechen können, das diesmal intra muros lag, und zu dem wiederum eine auf dem höchsten Gipfelplateau befindliche Akropolis-arx hinzutrat. Tatsächlich sind in diesem suburbium (Schnitt III des Joffroy-Planes) mächtige hallstattzeitliche Schichten aufgeschlossen worden (R. Joffroy 1960, S. 32ff.). Demgegenüber hat sich die Spätlatènezeit, die römische Kaiserzeit und auch das Mittelalter lediglich auf den Hauptgipfel beschränkt (R. Joffroy 1960, S. 183ff.).

Die an der Heuneburg und am Mont Lassois gemachten Beobachtungen stehen hier nur als Beispiele, die uns jedoch symptomatisch für den von uns gesuchten Burgentypus zu sein scheinen.

Ebenfalls weiter kann das Fundgut einer solchen befestigten Hallstattsiedlung führen. Griechische Vasen, graeco-provencalische Weinamphoren, provencalisches Importgeschirr, hochentwickelte, fremde Einflüsse verratende lokale Töpferware, Edelmetall, kostbare Materialien wie Bernstein und Koralle, all solche Dinge setzen doch wohl eine besonders kaufkräftige Schicht von Bewohnern voraus. Freilich sollte wohl unterschieden werden, ob man seinen Wein aus kostbaren griechischen Gefäßen am Mittelmeer oder in der Zone nordwärts der Alpen trinkt[17]). Was im mediterranen Raum und sehr wahrscheinlich auch in weiten Teilen des Rhône- und Saônetales etwas durchaus normales schien, was hier dank einer blühenden, von Massalia aus zusammengehaltenen Handels-Koine auch den ‚kleinen Mann' in die Lage versetzte, preisgünstig griechisches Trinkgeschirr zu kaufen, das muß fernab der mediterranen Wohlstandssphäre und Handelsfluktuation grundsätzlich anders beurteilt werden. Es ist zumindest unwahrscheinlich, daß der Abnehmerkreis südlichen Einfuhrgutes

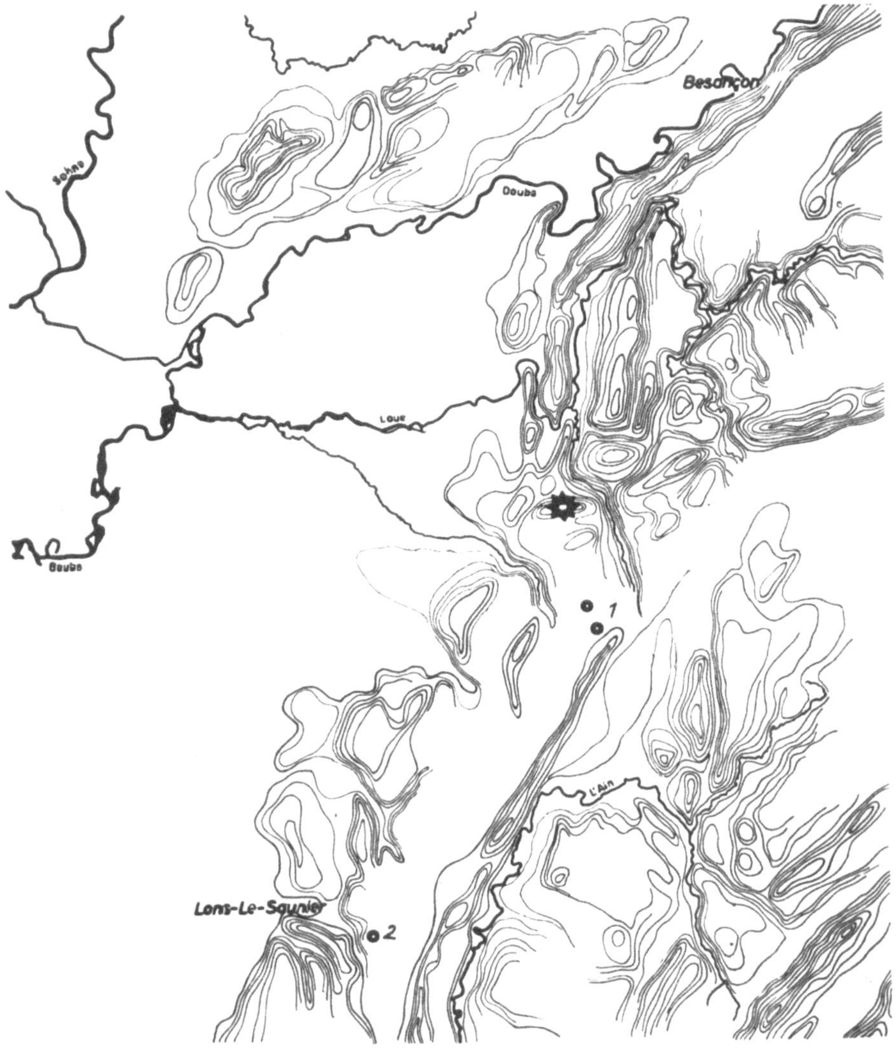

Abb. 3. Das Camp-de-Château bei Salins im französischen Jura:
1 Forêt de Moidons, 2 Conliège. Entwurf des Verfassers

[17]) Verbreitungskarte der nördlich der Alpen gefundenen griechischen Vasen bei W. Kimmig (1964, Abb. 3). Eine Gesamtkarte griechischer Vasen nördlich und südlich der Alpen bei H. Reim, Zur Henkelplatte eines attischen Kolonnettenkraters vom Uetliberg bei Zürich (Germania 46, 1968, S. 277 Abb. 1).

aller Art auf der Heuneburg und dem Mont Lassois der gleiche war wie der, der sich in den zahllosen Bergstädtchen entlang des Golfe de Lion von Entremont über Ensérune und Cayla bei Mailhac bis hinunter nach Emporion/Ampurias des gleichen Vorzuges erfreute. Das Auftreten mediterranen Einfuhrgutes auf Hallstattburgen wie der Heuneburg, des Mont Lassois und wohl auch des Camp-de Château bei Salins im französischen Jura (Plan Abb. 3) setzt doch, so möchte man meinen, einen soziologisch anders zusammengesetzten Bevölkerungskreis voraus, wie den, der uns etwa auf dem Wittnauer Horn im aargauischen Fricktal entgegentritt (G. Bersu 1945). Diese ebenfalls stark befestigte Siedlung mit ihren die Bergzunge stadtmauerartig umgebenden Häuserreihen, die ganz ohne Zweifel ebenfalls ein planerisches Konzept verrät, hat trotz relativ eingehender Untersuchung nichts an überdurchschnittlichen Funden, geschweige denn südlichen Einfuhrgütern, geliefert. Das gleiche Bild bietet der schon mehrfach erwähnte Goldberg. Dieses so andersartige Fundbild bei etwa gleichartiger Untersuchungsintensität wird kaum auf Zufall beruhen. Der Bewohnerkreis auf der Heuneburg und auf dem Mont Lassois muß ein anderer wie auf dem Wittnauer Horn und dem Goldberg gewesen sein.

Wenn auch der Querschnitt, den die Funde bieten, noch immer ein mehr oder weniger zufälliger ist und noch nicht repräsentativ genug scheint, um wirklich schlüssig interpretiert zu werden, so gibt es nun aber doch ein Indiz, das bei der Definition einer Burg als Adelssitz eine zuverlässige Aussage machen kann. Wir denken dabei an die in unmittelbarer Nähe, manchmal auch in etwas größerer Entfernung gelegenen, nach Größe und Reichtum der Ausstattung fraglos als Grabstätten der Burgherren zu bezeichnenden tumuli. Die neun großen Einzelhügel, welche die Heuneburg in einem weiten Ring umgeben, müssen mit der Burg in einem unmittelbaren Zusammenhang stehen (Plan Taf. 4i). Da sie innerhalb der späthallstättischen Epoche nicht gleichzeitig sind, bleibt nur der Schluß, daß es auf der Heuneburg eine Art von Dynastie gegeben haben muß, die über einen längeren Zeitraum hinweg die Burg in Händen hielt. Der Befund bei der Heuneburg steht nicht allein. Die topographische Situation des Hohenasperg bei Ludwigsburg mit den ihn umgebenden großen Adelsgräbern des Klein-Aspergle, des Römerhügels und des Grafenbühls (Plan Abb. 4)[18]) oder diejenige des Mont Lassois, um den sich gleichfalls mehrere große Einzeltumuli gruppieren (Plan Abb. 2), ist so gleichartig, daß an einem festen Burgentypus mit zugehöriger Dynasten-Nekropole kein Zweifel bestehen kann. Es wird kaum als Zufall zu bezeichnen sein, wenn bei allen drei Burganlagen auch jene anderen Beobachtungen hinzutreten, die wir oben als ungewöhnlich und aus dem Rahmen fallend bezeichnet haben: suburbium und Akropolis bei der Heuneburg und beim Mont Lassois — beim Asperg ist diese Situation infolge späterer Überbauung nur zu vermuten — ferner ein durch südliche Importgüter gekennzeichneter Fundanfall.

Freilich ist nicht zu übersehen, daß mit diesen drei Beispielen der Bestand dieses Burgentyps auch schon erfaßt ist. Lediglich am Ostflügel des Hallstattraumes kann man noch die Burganlage von Sticna in Slovenien und den Burgstall von Klein-Klein im steiermärkischen Sulmtal anführen, um die sich ebenfalls reich ausgestattete Riesentumuli gruppieren[19]). Allerdings sind beide Burgen noch nie untersucht worden, auch sind die Funde aus den großen Grabhügeln deutlich älter (Hallstatt C).

Sucht man im westlichen Hallstattraum nach weiteren Vertretern unseres Burgentyps, so lassen sich zwar einige anführen, die man nicht ungerne zuordnen würde, doch ist bei keinem die Indizienkette so überzeugend wie bei den drei genannten. Den Kyberg bei Unterhaching östlich München hat Pätzold (1963) zwar betont einen ‚späthallstättischen Herrensitz' genannt, eine Bezeichnung, die nach Topographie und Bebauung gar nicht so unangebracht

[18]) Allgemein S. Schiek (1956). *Kleinaspergle*: O. Paret (1961, S. 232f.; 1948). *Römerhügel*: erste vollständige Vorlage bei Schiek (1956). *Grafenbühl:* H. Zürn und H. V. Herrmann (1966).

[19]) *Sticna*: vgl. dazu Anm. 10. — *Klein-Klein*: W. Schmid (1933).

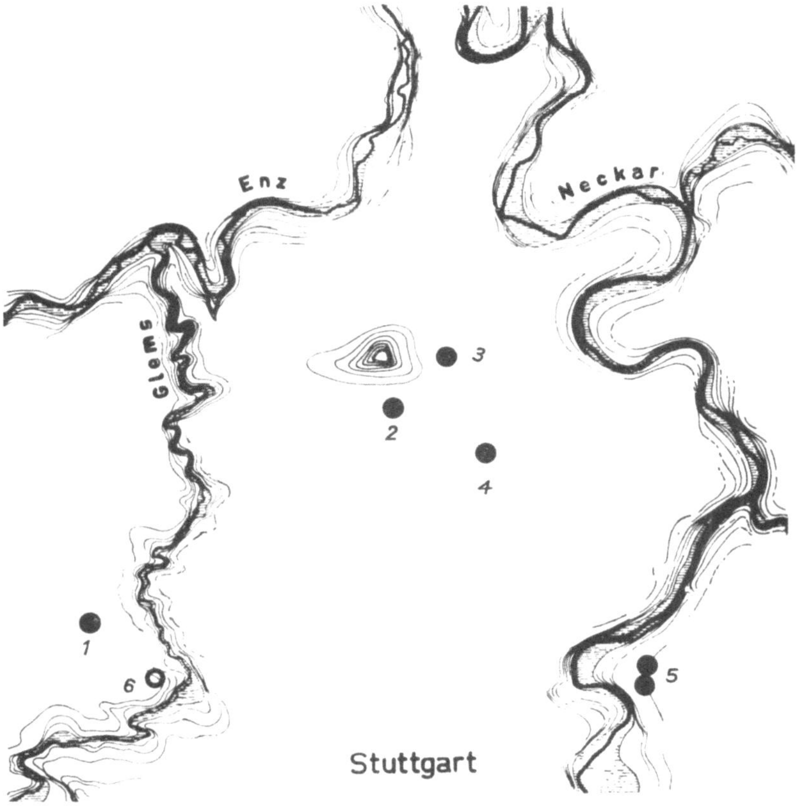

Abb. 4. Der Hohenasperg bei Ludwigsburg nahe Stuttgart:
1 Schöckingen, 2 Kleinaspergle, 3 Grafenbühl, 4 Römerhügel, 5 Bad Cannstatt, 6 Hirschlanden.
Entwurf des Verfassers

scheint, doch fehlt im Fundbestand jeder Hinweis auf besonderen Reichtum, vor allem auf südliche Importgüter, was angesichts des nicht allzu weit entfernten Dürnbergs bei Hallein überrascht[20]). Schwerer noch wiegt, daß auch die reichen Einzeltumuli ausbleiben, auch wenn diese in Gegenden intensiver Ackerwirtschaft abgetragen sein könnten. Daß mit solchem Mißgeschick zu rechnen ist, zeigen das Grab der Dame von Vix oder auch die beiden Gräber von Bad Cannstatt[21]).

Kaum anders steht es mit dem Goldberg und dem nur wenige Kilometer westlich gelegenen mächtigen Ipf bei Bopfingen[22]). Beide Anlagen haben kennzeichnende Späthallstatt- und Frühlatènefunde erbracht, doch sind diese, vor allem die des gut ausgegrabenen Goldbergs, alles andere als bemerkenswert. Südliches Importgut fehlt völlig. Nicht minder unbekannt sind die zu postulierenden großen Einzeltumuli. Am Goldberg könnten diese wieder abgeackert sein, am hart vor dem Alb-Rand liegenden Ipf ist dies jedoch recht unwahrscheinlich. Eine 1500 m nordwestlich des Berges liegende größere Grabhügelgruppe beim Hof Meisterstall möchte man geradezu als von den Ipf-Bewohnern angelegt betrachten, doch hat diese mit einer „Burgherren-Nekropole“ nichts zu tun.

Als Adelssitz verdächtig ist ferner die Marienburg bei Würzburg, die ohne Zweifel schon in antiker Zeit einen wichtigen Main-Übergang kontrollierte. Wie beim Asperg haben auch

20) E. Penninger (1960, mit weiterer Literatur); E. Penninger und M. Hell (1960).

21) *Vix*: R. Joffroy (1954). *Bad Cannstatt*: O. Paret (1935, Anhang 1; 1938).

22) W. Dehn (1950b, S. 15, mit Beschreibung u. Lit.); O. Paret (1961, S. 266); K. Schall (1956, II, S. 133).

hier leider die mittelalterlichen Überbauungen die prähistorische Besiedlungsschicht zerstört, doch haben die Grabungen G. Mildenbergers immerhin charakteristisches Fundgut der Späthallstattzeit, vor allem aber schwarzfigurige griechische Vasenscherben ergeben (G. Mildenberger 1963; 1964). Dieses Fundbild verbindet die Marienburg wieder mit der Heuneburg und dem Mont Lassois, doch fehlen in Würzburg — erklärlicherweise — die zur Burg gehörenden großen Einzeltumuli der ‚Burgherren'.

Nehmen wir griechische Importvasen als gravierendes Indiz, dann wären auch der Uetliberg bei Zürich und das oft genannte ‚Camp-de-Château' bei Salins im französischen Jura zu nennen. Vom Uetliberg gibt es das Bruchstück eines doch wohl schwarzfigurigen Kraters[23]), Ausgrabungen im Wallbereich sind freilich nie durchgeführt worden. Extra muros liegt, wie übrigens auch beim Wittnauer Horn, ein einzelner Grabhügel, der ebenfalls nicht untersucht ist. Der in entsprechender Situation gelegene Hügel vom Wittnauer Horn erbrachte hallstättische Durchschnittsfunde (G. Bersu 1945, S. 72ff.). Ob man die am Fuß des Uetliberges gefundene, nach ihrem Profil doch wohl späthallstättische Goldschale von Zürich-Altstetten (J. Heierli 1907; W. Drack 1957; W. Kimmig und W. Rest 1954, S. 204), die offensichtlich als Aschenurne gedient hat, mit einem möglichen Adelssitz auf dem Uetliberg zusammenbringen darf, läßt unsere Fragestellung schon reichlich spekulativ werden.

Nicht minder schwierig liegen die Dinge beim Camp-de-Château von Salins (Plan Abb. 3). Diese Wallanlage ist die einzige, im nordwestlichen Hallstattraum gelegene, die sowohl schwarz- wie rotfiguriges Geschirr erbracht hat und die bis in volles Latène B hinein benutzt worden sein muß[24]). Auch die übrigen Funde, vor allem die Fibelserien, sind nicht unbedeutend. Aber gerade beim Camp-de-Château muß man fragen, ob das hier relativ reichlich vertretene südliche Importgeschirr, zu dem sich auch ‚poterie grise dite Phocéenne' gesellt, nicht mit jener, in einem engeren Sinne auf die Provence bezogenen Handelsfluktuation in Zusammenhang gebracht werden muß, von der oben schon die Rede war, und die fraglos die Anrainer des Rhône- und wohl auch unteren Saônetales in den Kreis ständiger Abnehmer einschloß. Nur in dieser Sicht ist auch der etwa zehnmal so große Anfall an griechischem Importgeschirr auf dem Mont Lassois gegenüber der Heuneburg zu verstehen. Von Mitteleuropa aus gesehen ‚größerer Reichtum' erklärt sich unter Umständen nur aus einer günstigeren geographischen Situation.

Was man auch beim Camp-de-Château vermißt, sind die großen Einzeltumuli, die man eigentlich erwarten sollte. Das Camp liegt inmitten einer ausgedehnten Grabhügelzone mit Schwergewicht im Späthallstatt-Frühlatène; gleichwohl gibt es bisher nur zwei mit Wagen ausgestattete Hügel aus dem ‚Fôret des Moidons' (J. P. Millotte 1963, S. 200ff.; R. Joffroy 1958, S. 17ff.), die man mit Vorsicht auf das Camp beziehen könnte. Das mit einer etruskischen Bronzeamphora versehene Grab von Conliège (J. P. Millotte 1963, S. 284; L. Lerat 1958) liegt etwa 40 km Luftlinie vom Camp-de-Château entfernt und wird kaum mit ihm verbunden werden können.

Unübersehbar war in unserer bisherigen Übersicht ein Burgentypus, der sich durch seinen unterschiedlich starken mediterranen Fundanfall und durch eng um die Burg gruppierte große Einzeltumuli als Adelssitz im echten Wortsinn bezeichnen ließ. Die Heuneburg an der Donau, der Hohen-Asperg nordwestlich Stuttgart und der Mont Lassois an der oberen Seine entsprachen bei aller örtlichen Verschiedenheit diesem Typus doch so weitgehend, daß man ihn als voll beabsichtigt bei der Suche nach weiteren Vergleichen zugrunde legen konnte. Diesem Typus zumindest stark angenähert waren Anlagen wie der Marienberg bei Würzburg, der Uetliberg bei Zürich und das Camp-de-Château bei Salins, auch wenn bei letzteren Burgen die zugehörigen Gräber der Burgherren nicht sicher nachweisbar schienen.

[23]) Vgl. Anm. 17; W. Drack (1957, S. 37, Taf. 19, 15).

[24]) J. P. Millotte (1963, S. 205 und 336f., mit Lit.); W. Dehn und O. H. Frey (1962, mit vollständigem Literaturverzeichnis).

Als nächstes wäre jetzt der umgekehrte Fall zu betrachten, bei dem das — manchmal gehäufte — Auftreten von Adelsgräbern unwillkürlich die Frage nach einem zugehörigen Adelssitz aufwirft.

Als Beispiel sei die geographische Situation von Gray a. d. oberen Saône genannt, wo sich goldreiche, z. T. mit Wagen ausgerüstete und mehrfach mit provencalischen Weinamphoren versehene große tumuli einzeln, aber auch in Zweiergruppen in merkwürdiger Weise massieren (Plan Abb. 5). Es sind die Hügel von Apremont, Savoyeux, Mercey und Mantoche[25]). Die

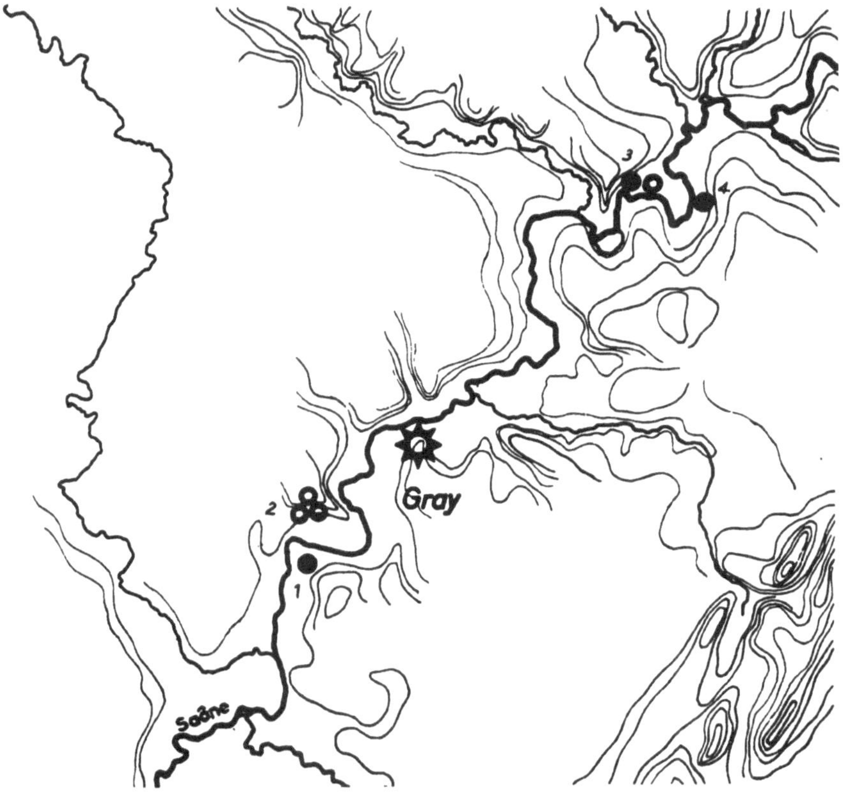

Abb. 5. Adelsgräber im Raum von Gray (Haut-Saône):
1 Apremont, 2 Mantoche, 3 Mercey, 4 Savoyeux. Entwurf des Verfassers

Entfernung zwischen Apremont im Südwesten und Savoyeux im Nordosten beträgt etwa 25 km. Genau in der Mitte liegt, von einem Schloßberg überragt, die heutige Stadt Gray an einem wichtigen Saône-Übergang. Nichts an Funden ist von diesem Schloßberg bekannt, doch dürfte — wie beim Asperg — auch hier die mittelalterliche Überbauung alles zerstört haben. Für Gray spräche weiter die Lage an einem wichtigen Flußübergang, eine Situation, die unwillkürlich an die Heuneburg, an den Mont Lassois, an den Marienberg bei Würzburg, ja in gewissem Sinne auch an den Asperg erinnert, der ‚auf dem Langen Feld‘ beherrschend zwischen Neckar, Enz und Glems (Plan Abb. 4) gelegen ist. Aber schon das Beispiel Gray wirft sofort die Frage auf, ob entsprechend unserem Idealtypus die Adelsgräber mehr oder weniger unmittelbar auf die Burg bezogen sein müssen wie bei der Heuneburg, beim Asperg oder beim Mont Lassois, oder ob sich der Burgherr auch abseits seiner Burg, wenn auch

[25]) R. Joffroy (1958, S. 32ff.); E. Perron (1882); J. Déchelette (1913, S. 112ff.); J. P. Millotte (1963, unter den betr. Stichworten).

natürlich noch innerhalb seines Herrschaftsbereiches beisetzen lassen konnte. Ließe sich letzteres bejahen, dann würden wir im Falle Gray vielleicht einen solchen Herrschaftsbereich fassen. Man könnte dann auch beruhigt die reichen Gräber von Bad Cannstatt und Schöckingen, vielleicht sogar den Hügel mit der Kriegerstele von Hirschlanden[26]), als Gräber von Angehörigen einer Asperg-Dynastie betrachten (Plan Abb. 4). Diese Dynastie hätte dann eben jenes ‚Lange Feld' beherrscht und sogar noch über die begrenzten Flußtäler hinausgegriffen.

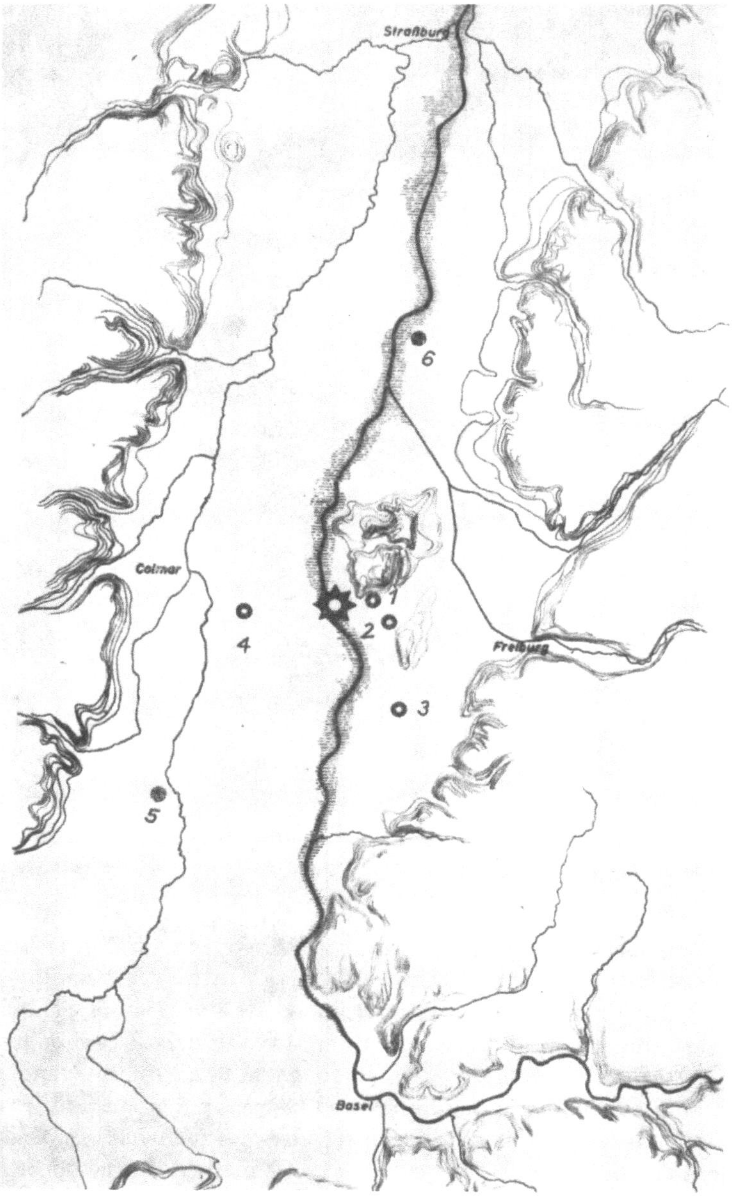

Abb. 6. Adelsgräber im Raum von Breibach am Oberrhein:
1 Ihringen, 2 Gündlingen, 3 Schlatt, 4 Colmar-Kastenwald, 5 Ensisheim, 6 Kappel. Entwurf des Verfassers

[26]) *Bad Cannstatt*: vgl. Anm. 21; *Schöckingen*: O. Paret (1951, Taf. 7—10); *Hirschlanden*: H. Zürn (1964); W. Kimmig (1965, mit Taf. 3).

Spielen wir solche Überlegungen weiter durch, dann wäre etwa auch auf die einst auf einer Rheininsel gelegene Burg von Breisach am Oberrhein zu verweisen[27]) (Plan Abb. 6). Auf dem Burgberg von Breisach gibt es reichlich Urnenfelderkultur sowie eine sehr kräftige Späthallstatt-Frühlatène-Schicht. Zwei typische Scherben von Vixien-Charakter lassen Verbindungen bis hinüber zum Mont Lassois erahnen[28]). Südliches Importgeschirr fehlt bis heute vollständig, was sehr merkwürdig ist und vermutlich auf Zufall beruht. Auf dem Burgberg von Breisach gibt es ferner ein spätrömisches Kastell und natürlich reichlich Mittelalter. In nächster Nähe von Breisach liegen große Grabhügelfelder zumeist mit Funden älterer Zeitstellung (Hallstatt B und C). Unter ihnen haben der isoliert liegende stattliche ‚Zwölferbuck' bei Gündlingen (E. Wagner 1908, S. 184) und ein Hügel aus der bekannten Gruppe der ‚Löhbücke' bei Ihringen[29]) reichere Funde wie Gold und Bronzegefäße (Ihringen), ferner einen Wagen (Gündlingen) erbracht. Beide Hügel könnte man für Breisach in Anspruch nehmen, vielleicht auch noch den etwas weiter südlich gelegenen Hügel von Schlatt, der einen Goldring geliefert hat (W. Rest 1936). Adelsgräber im üblichen Wortsinne sind alle drei Hügel nicht, die Funde sind hierfür doch zu bescheiden. Ob man den großen Hügel im Kastenwald bei Colmar (M. Jehl und Ch. Bonnet 1957) mit der etruskischen Pyxis hier anfügen darf, ist gleichfalls ganz ungewiß, da er noch nach Hallstatt C gehört, eine Zeitepoche, die bisher in Breisach fehlt. Echte Adelsgräber mit reichen Gold- und südlichen Importbeigaben sind jedoch die großen Einzeltumuli von Ensisheim und Kappel (W. Kimmig und W. Rest 1954, S. 194, Anm. 51; W. Naue 1905, S. 436ff.; W. Rest 1936), die beide, je etwa 20 km Luftlinie von Breisach entfernt, westlich und östlich des Rheines liegen. Wieder erhebt sich die Frage, ob es so etwas wie eine Breisacher Dynastie gegeben hat mit einem auf beiden Rheinseiten liegenden Herrschaftsbereich. Wieder läge dann der Adelssitz an einem wichtigen Flußübergang und die Gräber der Burgherren — ärmere und reichere — gruppierten sich in weitem Abstand um die Burg. All dies klingt sehr verlockend, aber natürlich kann man Ensisheim und Kappel ganz nüchtern zu weiteren noch unbekannten Adelssitzen rechnen, die am Schwarzwald- und Vogesenrand gelegen haben können.

Die Suche nach möglichen Adelssitzen im Ballungszentrum auffallend reicher Grabhügel könnte man fortsetzen. So könnte man z. B. fragen, ob man den reichen Bestattungen von Meikirch-Grächwyl, Urtenen und Zollikofen im schweizerischen Kanton Bern[30]) die sich geradezu anbietende Engehalbinsel bei Bern als zugehörigen Adelssitz zuordnen könnte. Aber auf der Enge sind bisher nur spätlatènezeitliche und römische Funde zutage getreten (H. J. Müller-Beck 1959/60; H. J. Müller-Beck und E. Ettlinger 1962/63), und man müßte schon dann die Meinung vertreten, daß der späthallstättische Herrensitz in einem noch unerforschten Teil des riesigen oppidums, etwa an der Nordspitze gelegen haben könnte. Daß in unseren spätkeltischen oppida ab und zu auch mit einer älteren Besiedlungsschicht gerechnet werden kann, ist durchaus nicht neu. Dies ist z. B. bei dem vermutbaren Treverer-oppidum von Otzenhausen im Hunsrück der Fall, und W. Dehn und ihm folgend auch A. Haffner tragen durchaus keine Bedenken, die bekannten Schwarzenbacher Adelsgräber mit einem im späteren Otzenhauser Ring gelegenen frühlatènezeitlichen Adelssitz in Beziehung zu bringen[31]).

Weiter könnte man fragen, wo die zu den reichen Gräbern im Umkreis von Ins, Kt. Bern (Ins-Großholz, Ins-Schaltenrain, Mühleberg-Allenlüften, Niederried, Hermrigen), oder im

[27]) R. Nierhaus (1939; 1940). In beiden Aufsätzen wird auf die noch nicht bearbeiteten vorrömischen Funde hingewiesen.

[28]) W. Dehn (1950a, bes. S. 36 Abb. 2). Von Dehn noch als Marnekeramik angesehen, da die Funde vom Mont Lassois noch nicht bekannt waren.

[29]) E. Wagner (1908, S. 188). Die Hallstattfunde Oberbadens sind jetzt vollständig von J. Aufdermauer, Freiburg, aufgearbeitet worden (noch ungedruckte Diss. Freiburg).

[30]) Stichworte bei W. Drack (1958—64). A. Cahn, 1958, S. 21ff.

[31]) W. Dehn (1951b, bes. S. 42f.); A. Haffner (1966); J. Driehaus (1965, bes. S. 46f. mit Abb. 6).

Kanton Freiburg/Schweiz (Payerne, Châtonaye, Corminboef, Lentigny, Cordast, Düdingen) zu postulierenden Adelssitze lokalisiert werden könnten[32]). Für die Inser Hügel bietet sich neuerdings der Mont Vully zwischen Neuenburger- und Murtensee an, wo R. Degen reiche Funde der Späthallstatt-Frühlatène-, aber auch der Spätlatènezeit gemacht hat[33]). Wo man die Hügel im Kanton Freiburg/Schweiz angliedern könnte, vermag ich nicht zu sagen.

Reiche Adelsgräber in Form großer Einzeltumuli gibt es auch sonst in nicht ganz kleiner Zahl im nordwestlichen Voralpenraum, denen aber ebenfalls keine erkennbaren Adelssitze zugeordnet werden können. Für Württemberg hat O. Paret (1961, S. 213) einmal all diese ‚Fürstengrabhügel' zusammengestellt. Aber auch in Ostfrankreich bis nach Mittelfrankreich hinein sind solche Hügel anzutreffen (R. Joffroy 1958). In allen Fällen gibt es nur schwache Hinweise auf etwa zugehörige Adelssitze. Gerne würde man z. B. das Wagengrab von Grand-villars (R. Joffroy 1958, S. 51ff.) mit dem 15—20 km entfernten Belfort oder den mit reichem Südimport ausgestatteten, schon frühlatènezeitlichen riesigen Einzelhügel von La Motte-St. Valentin bei Courselles-en-Montagne (Hâute Marne) (J. Dechelette 1913, S. 101ff.) mit dem etwa 11 km westlich davon gelegenen Langres zusammenbringen, das unter seinen mächtigen römischen und Vaubanschen Überbauungen ohne Zweifel auch ältere Siedlungsspuren enthalten haben muß.

Seiner geographischen Situation nach noch immer rätselhaft ist der 8 m hohe und 118 m Dm. messende Riesenhügel von Villingen, das sog. ‚Magdalenenbergle' (E. Wagner 1908, S. 109ff.; S. Schiek 1956). Er stellt das älteste dieser späthallstättischen Adelsgräber dar, gehört noch an die Wende von Hallstatt C zu D und ist in einer Gegend aufgeschüttet, die nur geringe Spuren hallstättischer Besiedlung erbracht hat. Nur wenige Kilometer westlich erhebt sich die damals unbesiedelte Barriere des Schwarzwaldes, so daß der Hügel buchstäblich am Ende der Welt zu liegen scheint. Wo also könnte der Wohnsitz dieses Mannes gelegen haben? Die zeitlich etwa in Frage kommende, große Anlage des Dreifaltigkeitsberges bei Spaichingen (O. Paret 1961, S. 157; R. Ströbel 1961) liegt wohl doch zu weit ab. In der östlich Villingen gelegenen Baar gibt es zwar eine Anzahl kleinerer Wallanlagen, doch sind diese niemals untersucht worden, auch gehören sie großenteils wohl erst ins frühe Mittelalter (P. Revellio (o. J.) S. 14f.). Eine Ausnahme bildet vielleicht der mit zwei Gräben und einem Wall befestigte Burgrain von Hochemmingen unweit von Schwenningen, von dem einige prähistorische Scherben bekannt sind und an dessen Fuß ein einzelner großer tumulus von 34 m Dm. liegt, der möglicherweise zu der Wallanlage gehört (P. Revellio (o. J.) S. 14). Unwillkürlich wird man an die sehr ähnlichen Verhältnisse auf dem Wittnauer Horn und auf dem Uetliberg bei Zürich erinnert. Insgesamt erhebt sich auch beim Villinger Magdalenenbergle die Frage, ob sich adlige Tote gelegentlich auch weitab von ihrem Wohnsitz, etwa an den Grenzen ihres Herrschaftsbereiches, beisetzen ließen. Dieses Stichwort gibt Anlaß zu der Überlegung, ob sich hinter den oben erwähnten Ballungsgebieten von reichen Adelsgräbern nicht tatsächlich vielleicht adlige Territorien abzeichnen, was zutreffendenfalls mindestens im nordwestlichen Voralpenraum während der späten Hallstattzeit ein Kartenbild zur Folge hätte, das nur mit einer entsprechenden Karte deutscher Kleinfürstentümer aus der Zeit nach dem Dreißigjährigen Kriege zu vergleichen wäre. Aber dies alles sind, wir wiederholen es immer wieder, reine Spekulationen, die man wohl anstellen kann, die aber in jedem Fall gründlicher Nachprüfung, vor allem durch Ausgrabungen, bedürfen.

Ein abschließender Blick auf die Verhältnisse der frühlatènezeitlichen Adelsgräbergruppe zwischen Saar, Mosel und Rhein kann vielleicht das im nordwestlichen Voralpenraum gewonnene Bild ergänzen (W. Kimmig und H. Hell 1958/65, S. 73, Karte Abb. 82; J. Driehaus 1965, S. 37, Abb. 3; 43, Abb. 5). Auch hier, vor allem im Bereich der Hunsrück-Eifelkultur, gibt es eine massierte Anhäufung reicher Bestattungen, die J. Driehaus neuerdings sehr ein-

[32]) Vgl. Anm. 30.

[33]) Freundliche Auskunft von R. Degen — Institut für Ur- und Frühgeschichte der Schweiz in Basel.

leuchtend als Begräbnisse eines ‚Geldadels', als Grabstätten von ‚Eisenherren' bezeichnet hat, die die Eisen- und Kupfererze des Rheinischen Berglands ausgebeutet zu haben scheinen (J. Driehaus 1965; 1966). Auch hier stellt sich die Frage nach einem Zusammenhang von Adelsgrab und Adelssitz. Zwar gibt es auch im Hunsrück und im Saar-Nahe-Bergland zahlreiche befestigte Wehranlagen, doch ist vorläufig bei keiner von ihnen ein sicher belegbarer Zusammenhang mit in der Nähe gelegenen Adelsgräbern zu gewinnen. Zwar möchten A. Haffner und — wesentlich vorsichtiger — R. Schindler die ‚Fürstengräber' von Schwarzenbach mit einer älteren Besiedlungsphase des Otzenhauser Rings, das Grab von Theley mit der nur 1500 m entfernten, frühlatènezeitlichen Befestigung auf dem Mommerich und schließlich auch das reiche Grab von Besseringen mit der $2^1/_2$ km entfernten Abschnittsbefestigung auf dem Montclairberg in eine innere Beziehung bringen[34]), doch fehlen auf allen diesen Anlagen bis heute jegliche reicheren Funde, vor allem südliches Importgeschirr. Da auch über die Bebauung des Innenraumes in keinem Fall genaueres bekannt ist, kommt solchen Überlegungen nur der gleiche spekulative Wert zu, den wir selbst einer Reihe ähnlich gelagerter Beispiele beimessen konnten. Die verhältnismäßig große Ballung von reichen Gräbern im Raum von Saar, Mosel und Rhein legt es daher nahe, auch an andere Formen von ‚Herrensitzen' zu denken, etwa an befestigte größere Gutshöfe, die sehr wohl auch in flachem Gelände gelegen haben können und die sich bisher der Forschung entzogen haben[35]). Nichts hindert im übrigen, ähnliches auch für den Späthallstattbereich des nordwestlichen Voralpenraumes anzunehmen, sobald wir uns von der Vorstellung freimachen, daß der oben beschriebene Typus Heuneburg, Asperg und Mont Lassois die einzig mögliche Form eines solchen ‚Herrensitzes' gewesen sei.

Wie schwierig die Dinge in Wahrheit liegen und wie sehr wir uns davor hüten sollten, schon jetzt mehr als nur eine lose begriffliche Ordnung zu verlangen, zeigt nicht zuletzt das Unvermögen, auch das viel zitierte Adelsgrab selbst, die ‚tombe princière' der Franzosen, scharf zu definieren. Neben den überdurchschnittlich reich ausgestatteten Gräbern vom Typus Vix, Klein-Aspergle oder Reinheim[36]) gibt es bekanntlich zahlreiche andere, die noch immer gut ausgestattet sind, die sich aber doch deutlich von den ganz reichen unterscheiden. Wo liegen hier die Unterscheidungsgrenzen? Ist etwa die Mitgabe eines Wagens als ausreichendes Indiz für ein Adelsgrab anzusehen[37]), auch wenn neben dem Wagen nur verhältnismäßig bescheidene Beigaben vorhanden sind? Wird ein normal ausgestattetes Grab nur deswegen zum Adelsgrab, weil in ihm einige kleinere Goldsachen gefunden wurden? Soll man den Typ des Adelsgrabes von der Mitgabe von Bronzegefäßen abhängig machen, und wenn ja, in welcher Anzahl und in welcher Zusammensetzung? Daß das Grab von Vix mit seinem Riesenkrater und den übrigen, ein komplettes Service verratenden Bronzegefäßen etwas Besonderes darstellt, bedarf keiner Erörterung, aber wo liegt die Abstufung etwa zu einem Grab wie Conliège (J. P. Millotte 1963; L. Lerat 1958), das zwar eine etruskische Bronzeamphora enthielt, sonst aber eher bescheiden ausgerüstet war? Ist der Fund von Grächwil-Meikirch mit seiner herrlichen großgriechischen Bronzehydria als echtes Adelsgrab zu bezeichnen (A. Cahn 1958), obwohl daneben fast nichts gefunden wurde? Oder steckt hier vielleicht noch die übrige Fundmasse im Boden wie bei so vielen nur unvollkommen ausgegrabenen Hügeln? Und wie soll man zu einer zuverlässigen Beurteilung gelangen, wenn, wie so oft, das Grab schon im Altertum ausgeraubt wurde und nur bescheidene Reste seiner einstigen Ausstattung zurückblieben?[38])

[34]) Führer zu vor- u. frühgeschichtlichen Denkmälern — Saarland 5, 1966, S. 39, 172/78, 209.

[35]) Wie solche ‚Herrensitze' ausgesehen haben könnten, verdeutlicht vielleicht das große Fletthaus von Befort in Luxemburg, das in die Zeit der jüngeren Hunsrück-Eifelkultur gehört (G. Riek 1942).

[36]) *Vix*: R. Joffroy (1954); *Kleinaspergle*: O. Paret, Kleinaspergle (1948); *Reinheim*: J. Keller (1965).

[37]) S. Schiek (1954, mit Abb. 5 (Verbreitung der Wagengräber) und Liste auf S. 162ff.).

[38]) Man vgl. die gut beobachteten Beispiele für solchen Grabraub im Hohmichele bei der Heuneburg (G. Riek und H. J. Hundt 1962), im Fürstengrabhügel 4 bei der Heuneburg (S. Schiek 1959) und im Grafenbühl beim Hohenasperg (vgl. Anm. 18).

Fragen über Fragen, die wir nicht mehr oder noch nicht entscheiden können. Gleichwohl wird man mit Sicherheit sagen können, daß es im 6. und 5. vorchristlichen Jahrhundert eine privilegierte Adelsschicht gegeben haben muß, die zwar vielfältig differenziert gewesen sein dürfte, die jedoch gleichwohl einer ganzen Epoche ihren Stempel aufgedrückt hat. Ihr Kommen und Gehen zu verfolgen, ihre Lebensweise und ihr Wirken für die sich bildende keltische Nation zu beobachten und ihre Stellung gegenüber ihrer Klientel und der breiten Masse der Bevölkerung klarzulegen, ist eine Forschungsaufgabe von hohem Wert. Nicht zuletzt deswegen, da wir um die letzte vorchristliche Jahrtausendmitte auch in Mitteleuropa die Schwelle zu echten geschichtlichen Vorgängen überschritten haben.

Literaturverzeichnis

Behrens, H. 1953	Ein Siedlungs- und Begräbnisplatz der Trichterbecherkultur bei Weißenfels an der Saale, in: Jahresschrift für mitteldeutsche Vorgeschichte 37, S. 67ff.
Bengtson, H. 1950	Griechische Geschichte. Handbuch der Altertumswissenschaft III, 4, München.
Benoit, F. 1965	Recherches sur l'Hellénisation du Midi de la Gaule, Airx-en-Provence.
Bersu, G. 1922	Die Heunenburg (Markung Upflamör, OA. Riedlingen), in: Fundberichte aus Schwaben N. F. 1, 1917–1922, S. 46ff.
Bersu, G. 1945	Das Wittnauer Horn, Basel.
Bittel, K., und Rieth, A. 1951	Die Heuneburg an der oberen Donau. Ein frühkeltischer Fürstensitz, Stuttgart/Köln.
Broneer, O. 1956	Athens in the Late Bronze Age, in: Antiquity 30, S. 9ff.
Cahn, A. 1958	Le Vase de Bronze de Graechwil et autres importations méridionales en Suisse avant les Romains (Actes du colloque sur les influences helléniques en Gaule), in: Publ. de l'Université de Dijon 16, S. 21ff., Paris.
Carcopino, J. 1957	Promenades historiques aux Pays de la Dame de Vix, Paris.
Childe, V. G. 1950	Prehistoric Migrations in Europe, Leipzig.
Déchelette, J. 1913	La Collection Millon, Paris.
Dehn, W. 1939	Die latènezeitliche Ringmauer von Preist, in: Germania 23, S. 23ff.
Dehn, W. 1950a	Älter-latènezeitliche Marnekeramik im Rheingebiet, in: Reinecke-Festschrift, Mainz, S. 33ff.
Dehn, W. 1950b	Vor- und frühgeschichtliche Bodendenkmale aus dem Ries, in: Jahrbuch des historischen Vereins Nördlingen 23, S. 42ff.
Dehn, W. 1951a	Die gallischen ‚oppida' bei Caesar, in: Saalburg-Jahrbuch 10, S. 36ff.
Dehn, W. 1951b	Vorgeschichtliche Denkmäler und Funde um Hermeskeil, in: Trierer Zeitschrift 20, S. 1ff.
Dehn, W. 1957	Die Heuneburg beim Talhof unweit Riedlingen, in: Fundberichte aus Schwaben, N. F. 14, S. 78ff.
Dehn, W. 1958	Die Heuneburg an der oberen Donau und ihre Wehranlagen, in: Neue Ausgrabungen in Deutschland, Berlin, S. 133ff.
Dehn, W., und Frey, O. H. 1962	Die absolute Chronologie der Hallstatt- und Frühlatènezeit Mitteleuropas auf Grund des Südimports, in: Atti del VI Congresso Internazionale delle Science Preistoriche e Protostoriche, I Relazioni Generali, Firenze, S. 197ff.
Drack, W. 1957	Repertorium der Ur- und Frühgeschichte der Schweiz, H. 3: Eisenzeit der Schweiz, Zürich.
Drack, W. 1958–64	Ältere Eisenzeit der Schweiz, Kanton Bern, I–III und ‚die Westschweiz', Materialhefte zur Ur- und Frühgeschichte der Schweiz, H. 1–4, Basel.

Driehaus, J. 1965 — ‚Fürstengräber' und Eisenerze zwischen Mittelrhein, Mosel und Saar, in: Germania 43, S. 32ff.

Driehaus, J. 1966 — Zur Verbreitung der eisenzeitlichen Situlen im mittelrheinischen Gebirgsland, in: Bonner Jahrbücher 166, S. 26ff.

Ehrenberg, V. 1937 — When did the polis rise? In: Journal of Hellenic Studies 57, S. 147ff.

Frey, O. H. 1966 — Der Ostalpenraum und die antike Welt in der frühen Eisenzeit, in: Germania 44, S. 48ff.

Gabrovec, St. 1966 — Zur Hallstattzeit in Slovenien, in: Germania 44, 1966, S. 1ff.

Garscha, F. 1950 — Eine Dorfanlage des frühen Mittelalters bei Merdingen, Kr. Freiburg, in: Badische Fundberichte 18, S. 137ff.

Grimm, P. 1958 — Die vor- und frühgeschichtlichen Burgwälle der Bezirke Halle und Magdeburg, Berlin.

Haffner, A. 1966 — Die Hallstatt- und Latènezeit im Saarland, in: Führer zu vor- und frühgeschichtlichen Denkmälern – Saarland 5, S. 28ff.

Heierli, J. 1907 — Die goldene Schüssel von Zürich, in: Anzeiger für Schweizerische Altertumskunde, N. F. 9, S. 1ff.

Jacobsthal, P. 1944 — Early Celtic Art, 2 Bd., Oxford.

Jannoray, J. 1955 — Ensérune. Contribution à l'étude des civilisations préromaines de la Gaule meridionale, Paris.

Jehl, M., und Bonnet, Ch. 1957 — Nouvelles fouilles et importantes trouvailles dans la forêt du Kastenwald près de Colmar, in: Cahiers Alsaciens d'Archéologie, d'Art et d'Histoire, S. 19ff.

Joffroy, R. 1954 — La tombe de Vix, Paris.

Joffroy, R. 1958 — Les sépultures à char au premier âge du fer en France, Paris.

Joffroy, R. 1960 — L'oppidum de Vix et la civilisation hallstattienne finale dans l'est de la France, Paris.

Kaufmann, H. 1963 — Die vorgeschichtliche Besiedlung des Orlagaues, Textband, Berlin.

Keller, J. 1965 — Das keltische Fürstengrab von Reinheim I, Mainz.

Kimmig, W. 1964 — Ein attisch-schwarzfiguriges Fragment mit szenischer Darstellung von der Heuneburg an der Donau, in: Archäologischer Anzeiger, S. 469ff.

Kimmig, W. 1965 — Der Krieger von Hirschlanden, in: 8. Congrès International d'Archéologie Classique, Paris 1963, ausgegeb. 1965, S. 94ff.

Kimmig, W., und Gersbach, E. 1966 — Die neuen Ausgrabungen auf der Heuneburg, in: Germania 44, S. 102ff.

Kimmig, W., und Hell, H. 1958/65 — Vorzeit an Rhein und Donau, Lindau/Konstanz. 2. Auflage: Schätze der Vorzeit (1965).

Kimmig, W., und Rest, W. 1954 — Ein Fürstengrab der späten Hallstattzeit von Kappel am Rhein, in: Jahrbuch des Römisch-Germanischen Zentralmuseums in Mainz 1, S. 179ff.

Kimmig, W. 1968 — Die Heuneburg an der oberen Donau, Tübingen.

Kossack, G. 1959 — Südbayern während der Hallstattzeit, Berlin.

Krämer, W. 1951 — Frühmittelalterliche Siedlung bei Burgheim, Ldkr. Neuburg/Donau, in: Germania 29, S. 139ff.

Lerat, L. 1958 — L'Amphore de Bronze de Conliège (Jura), in: Actes du Colloque sur les influences helléniques en Gaule, Publ. de l'Université de Dijon 16, S. 89ff.

Mildenberger.G 1963 — Griechische Scherben vom Marienberg in Würzburg, in: Germania 41, S. 103f.

Mildenberger, G. 1964 — Ausgrabungen auf dem Marienberg in Würzburg, in: Mainfränkisches Jahrbuch für Geschichte und Kunst 16, S. 294ff. mit Plan und Taf. 1.

Millotte, J. P. 1963 — Le Jura et les Plaines de Saône aux âges des métaux, in: Annales Littéraires de l'Université de Besançon 59, Paris.

Müller-Beck, H. J. 1959–62 — Die Engehalbinsel bei Bern, ihre Topographie und ihre wichtigsten vor- und frühgeschichtlichen Denkmäler, in: Jahrbuch des Historischen Museums Bern 39/40, S. 367ff.; 41/42, S. 488ff.

Müller-Beck, H. J., und Ettlinger, E. 1962/63 — Die Besiedlung der Engehalbinsel in Bern auf Grund des Kenntnisstandes vom Februar des Jahres 1962, in: 43/44. Bericht der Römisch-Germanischen Kommission, S. 107ff.

Naue, W. 1905 — Denkmäler der vorrömischen Metallzeit im Elsaß, Straßburg.

Nierhaus, R. 1939 — Grabungen auf dem Münsterberg von Breisach 1938, in: Badische Fundberichte 15, S. 61ff.

Nierhaus, R. 1940 — Grabungen in dem spätrömischen Kastell auf dem Münsterberg von Breisach 1938, in: Germania 24, S. 37ff.

Otto, K.-H. 1955 — Die sozialökonomischen Verhältnisse bei den Stämmen der Leubinger Kultur in Mitteldeutschland, Ethnographisch-Archäologische Forschungen 3, T. 1.

Pätzold, J. 1963 — Ein späthallstattzeitlicher Herrensitz im Alpenvorland bei München, in: Germania 41, S. 101ff.

Paret, O. 1935 — Das Fürstengrab der Hallstattzeit von Bad Cannstatt, in: Fundberichte aus Schwaben, Nr. F. 8, Anhang 1.

Paret, O. 1938 — Ein zweites Fürstengrab der Hallstattzeit von Stuttgart-Bad-Cannstatt, in: Fundberichte aus Schwaben, N. F. 9, S. 55ff.

Paret, O. 1948 — Das Kleinaspergle, in: IPEK 17, S. 47ff.

Paret, O. 1951 — Das reiche späthallstattzeitliche Grab von Schöckingen, Kr. Leonberg, in: Fundberichte aus Schwaben, N. F. 12, T. 2, S. 37ff.

Paret, O. 1961 — Württemberg in vor- und frühgeschichtlicher Zeit, Stuttgart.

Penninger, E. 1960 — Vorläufiger Bericht über die neugefundenen latènezeitlichen Gräber vom Dürrnberg bei Hallein, in: Germania 38, S. 353ff.

Penninger, E., und Hell, M. 1960 — Ein Doppelgrab der Frühlatènezeit vom Dürrnberg bei Hallein, in: Germania 38, S. 363ff.

Perron, E. 1882 — Les tumulus de la vallée de la Saône Supérieur, in: Revue Archéologique 1882, S. 67ff.

Peschel, K. 1962 — Die vorgeschichtliche Keramik der Gleichberge beim Römhild in Thüringen, Weimar.

Piggott, St. 1965 — Ancient Europe, Edinburgh.

Rest, W. 1936 — Der Hallstattgrabhügel von Schlatt, Amt Staufen, in: Badische Fundberichte III, S.406ff.

Revellio, P. o. J. — Aus der Ur- und Frühgeschichte der Baar, Villingen.

Riek, G. 1942 — Ein Fletthaus aus der Wende ältere-jüngere Hunsrück-Eifel-Kultur bei Befort in Luxemburg, in: Germania 26, S. 26ff.

Rieck, G., und Hundt, H. J. 1962 — Der Hohmichele, ein Fürstengrabhügel der späten Hallstattzeit bei der Heuneburg, in: Römisch-Germanische Forschungen 25, 1962 = Heuneburgstudien I, Berlin.

Schall, K. 1964 — Über die Entwicklung des vorgeschichtlichen Befestigungswesens in Mittel- und Westeuropa, gedr. Diss. Tübingen, 2 Bd.

Schiek, S. 1954 — Das Hallstattgrab von Vilsingen, in: Festschrift P. Goessler, Stuttgart, S. 150ff.

Schiek, S. 1956 — Fürstengräber der jüngeren Hallstattkultur in Südwestdeutschland, ungedr. Diss. Tübingen.

Schiek, S. 1959 — Vorbericht über die Ausgrabung des vierten Fürstengrabhügels bei der Heuneburg, in: Germania 37, S. 117ff.

Schmid, W. 1933 — Die Fürstengräber von Klein-Klein in Steiermark, in: Praehistorische Zeitschrift 34, S. 219ff.

Schüle, W. 1965 — Nordalpines Hallstattgold und Südwesteuropa, in: Fundberichte aus Schwaben, N. F. 17, 1965 – Festschrift Gustav Riek – S. 173ff.

Ströbel, R. 1961 — Ausgrabung am Dreifaltigkeitsberg, in: Tuttlinger Heimatblätter 19/21, S. 75ff.

Uenze, H. P. 1964 — Zur Frühlatènezeit in der Oberpfalz, in: Bayerische Vorgeschichtsblätter 29, S. 77ff.

Uslar, R. v. 1949 — Die germanische Siedlung in Haldern bei Wesel am Niederrhein, in: Bonner Jahrbücher 149, S. 105ff.

Uslar, R. v. 1951 — Stadt, Burg, Markt und Temenos in der Urgeschichte, in: Festschrift G. Schwantes, Neumünster, S. 33ff.

Villard, F. 1960 — La céramique grecque de Marseille. Essai d'histoire économique, Paris.

Wagner, E. 1908 — Fundstätten und Funde aus vorgeschichtlicher, römischer und alamannisch-fränkischer Zeit im Großherzogtum Baden, Bd. 1, Tübingen.

Wenskus, R. 1961 — Stammesbildung und Verfassung, Köln/Graz.

Werner, J. 1939 — Die Bedeutung des Städtewesens für die Kulturentwicklung des frühen Keltentums, in: Welt als Geschichte 4, S. 380ff.

Werner, J. 1965 — Zu den alamannischen Burgen des 4. und 5. Jahrhunderts, in: Speculum Historiale (Festschrift J. Spoerl), S. 439ff., München.

Zürn, H. 1964 — Eine hallstattzeitliche Stele von Hirschlanden, Kr. Leonberg, in: Germania 42, S. 27ff.

Zürn, H., und Herrmann, H. V. 1966 — Der ‚Grafenbühl' auf der Gemarkung Asperg, ein Fürstengrabhügel der späten Hallstattzeit, in: Germania 44, S. 74ff.

Dorf, Weiler und Einzelhof in der Germania Magna

Von Herbert Jankuhn, Göttingen

Mit 3 Textabbildungen

Im Gegensatz zur Burgenkunde hat die Erforschung des frühgeschichtlichen Siedlungswesens im germanischen Bereich bisher keine zusammenfassende Darstellung gefunden. Lediglich in einigen größeren Grabungsberichten wie Vallhagar (M. Stenberger und O. Klindt-Jenssen 1955) oder Nørre Fjand (G. Hatt 1957) finden sich zusammenfassende Übersichten, die allerdings vorwiegend dem Zweck dienen, die jeweils ergrabenen Befunde, sei es im Hinblick auf die Hausformen, sei es zur Einordnung der Siedlungen selbst, in einen größeren Zusammenhang zu stellen.

Die Forschungssituation bedingt das Fehlen solcher Zusammenfassungen nicht, denn es liegen, zwar nicht gleichmäßig verteilt, an bestimmten Forschungsschwerpunkten in größerem Umfange Untersuchungen vor, die es wenigstens in Grundzügen gestatten würden, großräumige Zusammenhänge und regionale Sonderentwicklungen zu erkennen. Von den Phänomenen, die wir gewöhnlich unter der Bezeichnung Siedlungswesen zusammenfassen (H. Jankuhn 1965, S. 1—8), nämlich der Geschichte der Besiedlungsvorgänge, dem Problem der Siedlungslage und der Frage nach den Siedlungsformen, sind keineswegs alle auch für die besser erforschten Gebiete gleichmäßig erschlossen.

Die Erforschung der Besiedlungsvorgänge ist, soll sie von Zufälligkeiten der Funderfassung freigehalten werden, nur dort mit wirklichem Erfolg möglich, wo eine auf möglichst lückenlose Erfassung aller Indizien für menschliche Siedlungen abzielende Inventarisation vorliegt. Das ist bisher nur an wenigen Stellen der Fall, und zu welchen Fehlschlüssen für die Geschichte der Besiedlung die ausschließliche Benutzung der ohne Inventarisation in die Sammlungen gelangten Funde in ihrer geographischen Verteilung führen kann, lehren vergleichende Beispiele (H. Jankuhn 1961/63, Abb. 8 und 9).

Dort, wo Einblicke auf gesicherter Grundlage möglich sind, zeigt sich zunächst, daß die besiedelten Gebiete keineswegs in allen Epochen der Vorzeit überall gleich geblieben sind. Neben ständig bewohnten Räumen, wie sie vor allem durch die Lößkammern Mitteleuropas gekennzeichnet werden, gibt es mindestens in den glazialen Aufschüttungsgebieten Norddeutschlands und Dänemarks Verschiebungen der besiedelten Räume, deren Umfang verschieden sein kann und deren Ursachen wahrscheinlich auch unterschiedlicher Art sind (H. Schmitz 1952/53; H. Jankuhn 1952/53).

Für das Besiedlungswesen wichtig ist dabei die Beobachtung, daß die Inbesitznahme neuer Siedlungsräume in den Jahrhunderten um Chr. Geb. nicht als eine Ausdehnung des Siedlungsareals auf leicht besiedelbare Bezirke, sondern als binnenkolonisatorischer Vorgang mit umfangreichen Rodungen und in den Küstengebieten mit Meliorationen aufgefaßt werden muß. Das hat im Hinblick auf die Siedlungen selbst Voraussetzungen und Folgen. Die Inbesitznahme größerer Waldgebiete im Rahmen eines Rodungsvorganges erfordert eine für diese Zwecke geeignete Sozialstruktur, die sich spätestens zu Beginn dieser Vorgänge herausgebildet haben muß und für deren Entstehung eine besondere Disposition anzunehmen ist. Sie hat darüber hinaus zur Voraussetzung auch gewisse technische Fähigkeiten und die Kenntnis von Rodungs- und Anbaupraktiken, die in größerem Umfange auf Neulandgewinnung anwendbar sind. Unter den Folgen, die sich mit der Inbesitznahme neuer Landstriche einstellen, nimmt wohl die Regelung der Besitzverhältnisse im Neuland den größten Raum ein. Dazu treten Veränderungen der Sozialstruktur, die sich aus der Führungsrolle einzelner oder aus der persönlichen Tüchtigkeit und Arbeitsleistung ergeben können. Dem konservativen Charakter einer im Altsiedelgebiet verharrenden und in alten Wirtschaftsformen weiter arbeitenden Gemeinschaft stehen Tendenzen zu stärkerer Sozialdifferenzierung im Neuland gegenüber. Insofern wird man auch das Siedlungswesen der ersten nachchristlichen Jahrhunderte nicht ohne weiteres und in allen Gebieten als eine Fortsetzung älterer Zustände betrachten dürfen. Wenn auch die bisherigen Einblicke in solche Wandlungen des Siedlungswesens bisher nur regional eng begrenzt möglich sind, so zeigen auch die bisher gewonnenen Erkenntnisse Beharrung und Wandlung dicht nebeneinander. In diesem Bereich sind vergleichende Untersuchungen über größere Gebiete der Germania magna in den ersten nachchristlichen Jahrhunderten nicht möglich, weil die Voraussetzungen im Forschungsstand zu verschiedenartig sind.

Die Siedlungslagen lassen sich schon eher vergleichen, obwohl auch hier nur grobe Umrisse zu erkennen sind. Die Vorstellung, daß etwa Siedlungen der ersten nachchristlichen Jahrhunderte an den hochwasserfreien Terrassenrändern der Talauen liegen, trifft nur für bestimmte Gebiete zu (H. Jankuhn und H. G. Peters 1961). Für andere hat schon Gudmund Hatt (1938, S. 262) darauf hingewiesen, daß die Lage der Siedlungen um Christi Geburt in der Nähe der Wasserscheiden, also im norddeutsch-dänischen Glazialgebiet auf den Kuppen der Hügel, lagen. Diese Erkenntnis hat sich durch eine Analyse der Siedlungslagen in der Landschaft Angeln bestätigt, wo nur verhältnismäßig selten Ansiedlungen der römischen Kaiserzeit am Rande der Autäler oder am Ufer der Seen angetroffen werden konnten. Im südwestlichen Norwegen endlich spielt sich in den ersten nachchristlichen Jahrhunderten ein von den flachen Küstenebenen in die höheren Tallagen vordringender Siedlungsvorgang ab. Das Verhältnis der Siedlungen zum Wasser ist seit der Entwicklung einer fortgeschrittenen Technik des Brunnenbaus ein anderes. Seit es möglich war, den Wasserbedarf für Mensch und Tier aus Brunnen zu decken, war die unmittelbare Anlehnung an Talauen nicht mehr in dem Umfange nötig wie vorher. In der Marsch endlich entspricht die Lage der Siedlungen auf den Uferwällen der Priele nicht nur einer möglichst überflutungsfreien Siedlungslage, sondern, wie die Verhältnisse in Ostermoor zeigen (A. Bantelmann 1960), wohl auch dem Wunsch, an den durch diese bei Hochwasser befahrbaren Wasserläufe gegebenen Verkehrsmöglichkeiten teilzunehmen.

Bei den großen Lößflächen Mitteldeutschlands fällt zunächst eine gewisse Anlehnung der Siedlungsstellen an die Nebenflüsse der Elbe ins Auge (O. Schlüter und O. August 1959, Karte 11). Darüber hinaus aber zeigt sich sehr deutlich, daß auch die abseits der größeren und mittleren Flußsysteme liegenden Schwarzerdegebiete teilweise dicht besiedelt sind. Wie in diesem Gebiet die Lage zum Wasserlauf selbst gewählt wurde, ließe sich nur an großmaßstäblichen Karten mit genauer Angabe der Siedlungslage erkennen. Ähnliche Beobachtungen können auch im Hinblick auf die Verteilung der Siedlungen auf den mittelschlesischen Lößgebieten gemacht werden (C. Pescheck 1939, S. 393, Abb. 191 und S. 395, Abb. 192). Auch hier scheint nicht in erster Linie die Siedlungslage durch die Nähe größerer oder mittlerer Wasserläufe bestimmt gewesen zu sein.

In ihrem Verhältnis zur vertikalen Gliederung zeigt die Siedlungsverteilung zunächst deutlich, daß auch in den sonst dichter besiedelten Gebieten Thüringens etwa die Höhenstufen über 500 Meter gemieden worden sind. Das trifft auch für den Harz und für die übrigen mitteldeutschen Gebirgszüge zu. Daß hier allerdings nicht doch vereinzelte Siedlungen in den höheren Berglagen bestanden haben, wird man damit noch nicht ohne weiteres ausschließen können. Allerdings scheint die Wirtschaftsstruktur dieser Zeit keinen Anreiz für die Inbesitznahme höherer Berglagen geboten zu haben. Welche Rolle ganz vereinzelte Siedlungen in höheren Gebirgslagen, so etwa westlich vom Schneekopf, gespielt haben, läßt sich vorläufig nicht erkennen. Die am Ende der römischen Kaiserzeit und zu Beginn der Völkerwanderungszeit im südwestlichen Norwegen erkennbare und von Jan Petersen dargestellte Aufsiedlung der Gebirgstäler von den Küstenebenen aus geht offenbar auf Verknappung des Siedlungslandes bei den Böden erster Wahl zurück. Den wirtschaftlichen Hintergrund dieser Besiedlung von Taldistrikten in den Mittelgebirgen bildet offenbar vorwiegend eine Viehhaltung, wobei allerdings ein saisonaler Sommerweidebetrieb nach Art der Seter-Wirtschaft anscheinend erst später entstanden ist (B. Hougen 1947, S. 255—299).

Für die Abhängigkeit der Siedlungslagen von bestimmten Bodenarten und Bodentypen lassen sich einheitliche Beobachtungen für ein weiteres Gebiet nicht machen. Wohl ergibt sich im norddeutsch-dänischen Glazialgebiet vor oder um Chr. Geb. eine Hinwendung zu schwereren Böden, aber dabei sind die leichteren Sandböden keineswegs grundsätzlich aufgegeben worden. Mehr als eine Tendenz zur Inbesitznahme besserer Waldböden wird man hier nicht feststellen können. Dafür bietet sich allerdings in den besser erforschten Gebieten Schlesweig-Holsteins und Jütlands die Feststellung an, daß das Verharren der Siedlungen auf dürftigen Talsanddistrikten oder die erneute Inanspruchnahme solcher Böden in den Jahrhunderten nach Chr. Geb. besondere Gründe, in der Hauptsache die Absicht zur Ausnutzung dort liegender Raseneisenerz-Vorkommen hat (H. Hingst 1964, S. 222—237 und H. Jankuhn 1964/66, S. 270—303).

Die Massierung der Ansiedlungen im Elb-Saale-Gebiet zeigt deutlich eine Bevorzugung der Schwarzerde-Böden, und auch dort, wo Ansiedlungen am Mittel- oder Oberlauf kleinerer Nebenflüsse der Saale erkennbar auf diese Flüsse bezogen liegen, halten sie sich an mit Löß ausgefüllte Täler. Ganz ähnliche Beobachtungen bieten die schlesischen Lößflächen, und auch hier liegen die Ansiedlungen vielfach fernab der Flußläufe und bestenfalls in der Nähe kleinerer Bäche.

Daß in der römischen Kaiserzeit nicht nur Ackerbau und Viehhaltung die Lebensform bestimmten, sondern gelegentlich auch andere Formen des Nahrungserwerbs nachweisbar sind, hat die Ausgrabung Gudmund Hatts in Nørre Fjand an der jütischen Westküste gezeigt, wo es ihm gelang, die Ansiedlung einer in der Hauptsache vom Fischfang lebenden Bevölkerungsgruppe nachzuweisen. Hier zeigt sich deutlich in der Lagebezogenheit einer solchen Siedlung auf die Nähe der Fjordküste und die Inanspruchnahme reinen Sandbodens eine besondere Art des Nahrungserwerbs. Eisengewinnung und Fischfang sind bisher die Wirtschaftsformen, die sich in Besonderheiten hinsichtlich der Inanspruchnahme spezieller Gegebenheiten, der Bodenarten und Gewässerplatte, ausdrücken. Die in der Łysa Gora liegenden Siedlungen der römischen Kaiserzeit sind auf die Verhüttungsgebiete des dort im bergwerksmäßigen Abbau gewonnenen Eisenerzes bezogen. Solche Einzelfälle lassen deutlich werden, daß in den ersten nachchristlichen Jahrhunderten keineswegs ausschließlich Ackerbau und Viehhaltung die Faktoren waren, die sich in der Wahl der Siedlungsplätze allein ausdrücken.

Was bisher so gut wie nie beobachtet und erforscht werden konnte, waren die Vorgänge, die man im Mittelalter in den Ausbausiedlungen erkennen kann, d. h. also sich von älteren Zentralsiedlungen absplitternde Tochtersiedlungen, die in der Nähe der Muttersiedlung angelegt wurden. Diese für den mittelalterlichen Landausbau vielfältig bezeugte Ausweitung des Siedlungsareals muß auch in den ersten nachchristlichen Jahrhunderten eine gewisse Rolle gespielt haben. Sie scheint bei den Untersuchungen von Kablow erfaßt zu sein, ist aber sonst anscheinend nirgends erforscht. Auf Grund allgemeiner Überlegungen wird man wohl annehmen dürfen, daß die Besiedlung neuer Areale, wie sie in den Jahrhunderten v. Chr. Geb. auf der jütischen Halbinsel zu erkennen ist, nicht mit einem Schlage vor sich ging, sondern daß sich hier zunächst neue Siedlungszentren ausbildeten, die ihrerseits wieder Ausgangspunkte jüngerer Ausbausiedlungen geworden sind. Das läßt sich, wie die Untersuchungen von H. J. Kuhlmann (1956/57) zur Entstehung der Kirchspielorganisation in Angeln lehren, für eine etwas jüngere Zeit deutlich zeigen, müßte aber wohl auch für die Jahrhunderte um und unmittelbar nach Chr. Geb. aufzuzeigen sein. Gerade für solche Vorgänge würde sich die Frage stellen, nach welchen Gesichtspunkten die Platzwahl für Primärsiedlungen und nach welchen die Platzwahl bei Ausbausiedlungen erfolgte.

Noch ein zweites Problem läßt sich für die Frage nach der Wahl des Siedlungsortes am Modell hoch- und spätmittelalterlicher Siedlungsvorgänge auch für die Zeit um Chr. Geb. stellen. Die Wurten der Nordseemarsch enthalten in ihren jüngeren Schichten große dorfartige, zum Teil nach einem regelmäßigen Plan angelegte Siedlungen, wie weiter unten noch zu zeigen sein wird. An der Basis dieser Wurten liegen fast immer einzelne Höfe oder kleine Hofgruppen. Es stellt sich die Frage, wie es zur Ausbildung der teilweise großen Dörfer gekommen ist. Daß hierbei nicht nur eine sich am Siedlungsplatz selbst vollziehende Bevölkerungszunahme im Spiel ist, scheint sich aus der gelegentlich zu beobachtenden plötzlichen Zunahme der Siedlungseinheiten zu ergeben. Woher die Menschen kamen, die sich an einer solchen zunächst nur mit einzelnen Höfen besetzten Siedlungsstelle niederließen, ist eine noch nicht geklärte Frage. Hier können durchaus „Ballungsvorgänge" vorliegen, deren Ursachen möglicherweise in naturräumlichen Veränderungen zu suchen sind und bei denen sich die Frage stellt, ob die Wahl bestimmter Siedlungspunkte zur Ausbildung dörflicher Gemeinschaften mehr durch physische oder mehr durch vom Menschen her bestimmte Gesichtspunkte beeinflußt worden ist.

Bei den Siedlungsformen können nur ganz oder doch wenigstens zum größten Teil untersuchte Ansiedlungen in Betracht gezogen werden. Solche liegen leider nur aus bestimmten Gebieten der Germania magna vor. Am besten ist die Marschenzone an der Süd- und Südostküste der Deutschen Bucht untersucht, und auf den dort gewonnenen Erkenntnissen beruht in der Hauptsache das bisherige Bild von Siedlungsform und Siedlungsweise der kontinentalen Germanenstämme. Daneben sind durch die Grabungen Gudmund Hatts in Jütland zahlreiche Ansiedlungen wenigstens zum großen Teil untersucht worden, die die Kenntnis des Siedlungswesens in einem anderen Biotop beleuchten. Dazu kommen auf den großen Ostseeinseln die Aufnahme von Höfen auf Öland und Gotland und die vollständige Untersuchung einer Ansiedlung von Vallhagar. Ein weiteres Gebiet größerer Untersuchungsdichte liegt im südwestlichen Norwegen, wo wir Jan Petersen eine größere Anzahl umfassender Ausgrabungen zu danken haben. Im mittleren und südlichen Teil der Germania magna gehören Siedlungsuntersuchungen zu den Seltenheiten. Dort bieten vor allem die Ergebnisse der Grabungen vom Bärhorst bei Nauen (O. Doppelfeld und G. Behm, 1939), Kablow (G. Behm-Blancke 1962, S. 67ff.) und von Baldersheim gewisse Einblicke, deren Auswertung für diese Betrachtung lediglich durch den zum Teil ungenügenden Publikationsstand erschwert wird.

Von den verschiedenen Siedlungsformen ist der Einzelhof am seltensten belegt. Ein typisches Beispiel liegt aus der ältesten, in die mittlere vorrömische Eisenzeit zurückreichenden Schicht von Ezinge vor (A. E. van Giffen 1936, Abb. 5). Es wird gekennzeichnet durch ein einzelnes Wohn-Stallhaus und einen großen, durch einen Zaun eingefaßten Hofplatz mit einer eigentümlichen, nach Aussehen und Zweck nicht sicher zu bestimmenden Anlage aus acht parallelen Pfostenreihen mit vier bis sechs Pfosten. Ob sich in der Nähe dieses einzelnen Gehöftes andere befanden, die sich u. U. zu einer lockeren Streusiedlung zusammenschlossen, läßt sich nicht mit Sicherheit sagen. Daß solche einzelnen Höfe nicht nur in der Marsch, sondern auch auf der Geest vorkamen, bezeugt das Anwesen von Fochteloo in der niederländischen Provinz Friesland (A. E. van Giffen 1958, S. 53ff.). Van Giffen deutet diesen Befund als Häuptlingssitz, sieht in der Isolierung zusammen mit der baulichen Gestaltung der Anlage den Ausdruck sozialer Sonderstellung.

In die Gruppe der Einzelhöfe wird man wohl auch die südwestnorwegischen Hofanlagen vom Typ Sostelid zu rechnen haben (A. Hagen 1953; O. Rønneseth 1966, S. 24ff.). Diese zwar aus mehreren Häusern bestehenden, aber isoliert liegenden Höfe haben zwar mehr als eine einzelne Kleinfamilie aufgenommen, stellen aber ihrer Art nach doch Einzelhöfe, wenn auch auf dem Hintergrund einer besonderen sozialen Entwicklung, dar (A. Hagen 1953, S. 319ff.).

Weilerartige Gehöftgruppen sind verschiedentlich bezeugt und ganz untersucht worden. In Ezinge (A. E. van Giffen 1936, S. 45f.) läßt sich die Entstehung aus dem oben beschriebenen Einzelhof als nächste Entwicklungsstufe verfolgen. Ob die sich in der Anhäufung von drei bis vier Wohnhäusern und einem großen Stallgebäude ausdrückende Bevölkerungszunahme durch normale Bevölkerungsvermehrung oder durch einen „Ballungs"-Vorgang zu erklären ist, muß offenbleiben. Ähnliche Gehöftgruppen der Zeit um Chr. Geb. finden sich

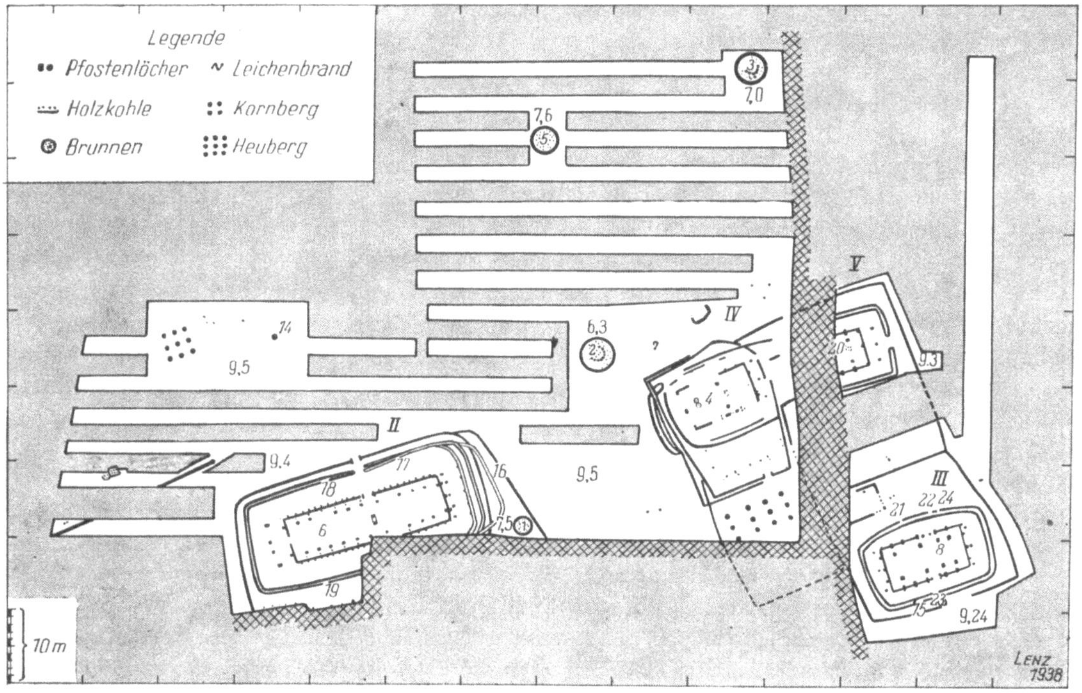

Abb. 1. Plan des großen Hofes und Weilers von Fochteloo, Prov. Friesland. Nach van Giffen 1958

in der Germania magna an verschiedenen Stellen, so z. B. in Fochteloo (A. E. van Giffen 1958, S. 58ff.) und in Skørbæk Hede im westlichen Himmerland (Jütland). Die Untersuchung dieses zuletzt genannten Platzes läßt deutlich auch die sich über zwei bis drei Jahrhunderte erstreckende Entwicklung der Ansiedlung erkennen (G. Hatt 1938; G. Hatt 1949, S. 41f.; M. Müller-Wille, 1965, S. 160ff.; J. Brøndsted 1963, S. 101f.). Auch die älteste bisher erfaßte Ansiedlung von Feddersen Wierde (W. Haarnagel 1961, S. 53f.) scheint zu dieser Gruppe von Siedlungsformen zu gehören. Kleinere Gehöftgruppen sind auch für die Kaiser- und Völkerwanderungszeit der großen Ostseeinseln typisch (M. Stenberger 1933, S. 90ff.).

Über die einzelnen Höfe und die kleinen Höfegruppen hinaus hat es in der Germania magna Ansiedlungen gegeben, die man als Dörfer bezeichnen muß, wenn man diesen Terminus nicht unnötig mit bestimmten Flurformen oder besonderen Ausprägungen der Agarverfassung koppelt. Wenn man wie hier zunächst vom Kriterium der Quantität ausgeht und den Zusammenschluß von mehr als zehn einzelnen Höfen in mehr oder weniger geschlossener Siedlungsanordnung als Voraussetzung für die Anwendung der Bezeichnung Dorf betrachtet, so finden sich in den ersten fünf nachchristlichen Jahrhunderten in der Germania magna sehr verschiedene Formen von Dörfern. Der unregelmäßige Zusammenschluß nach Art

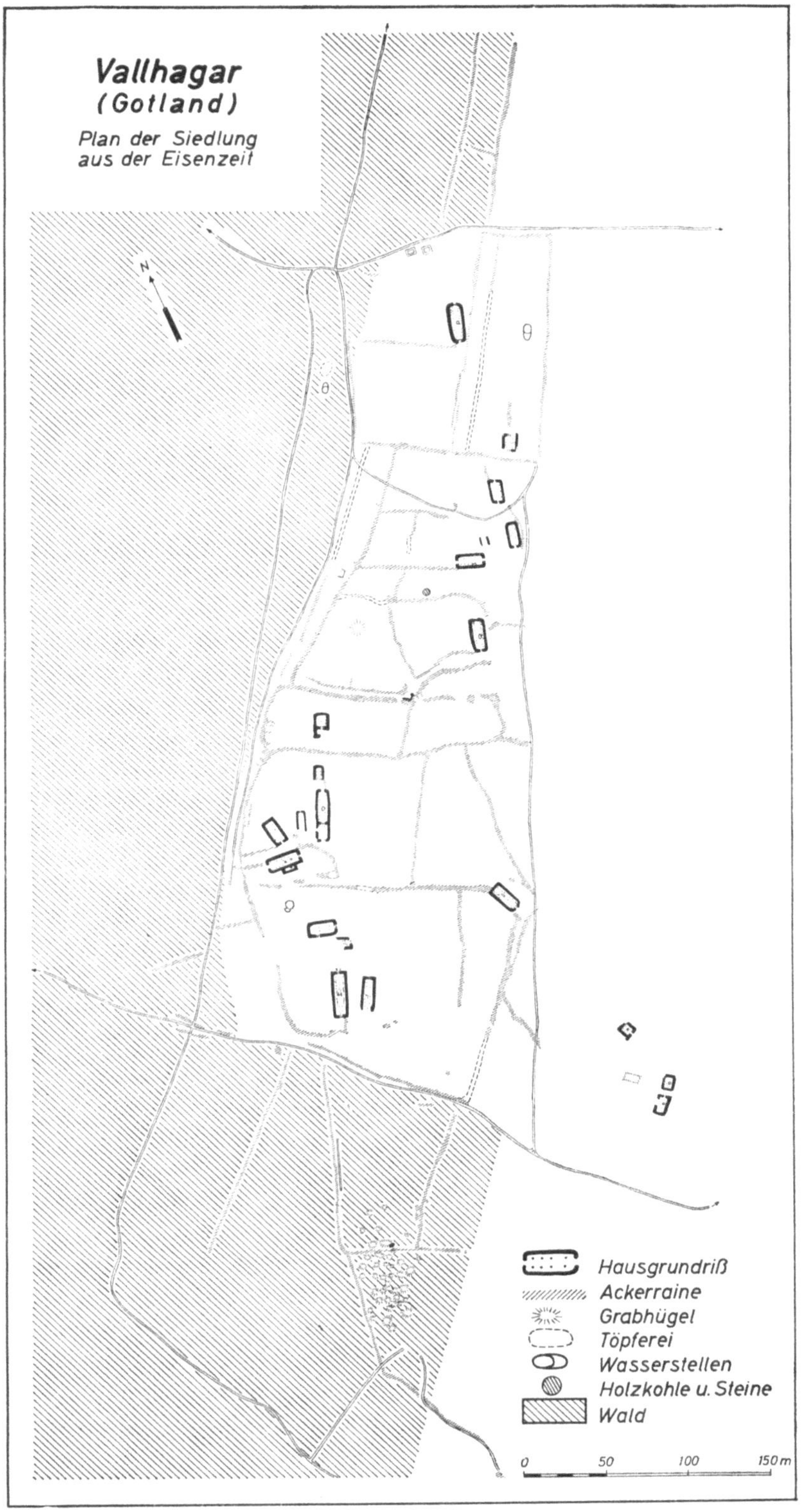

Abb. 2. Gesamtplan von Vallhagar auf Gotland. Nach Stenberger 1955

von Haufendörfern wird am besten durch die vollständig untersuchte Ansiedlung von Vallhagar auf Gotland repräsentiert (M. Stenberger und O. Klindt-Jensen 1955). Einzelne Wohn-Stall-Häuser, teilweise in Verbindung mit Nebengebäuden auf eingefriedeten Hofplätzen, kennzeichnen diese Ansiedlung. Dorfanlagen ähnlicher Art sind an verschiedenen Stellen in Jütland freigelegt worden, wofür als Beispiel auf die Ansiedlung von Østerbølle im südwestlichen Himmerland hingewiesen werden kann (G. Hatt 1938, S. 166—226; M. Müller-Wille 1965, S. 173f.; J. Brøndsted 1963, S. 127). Bei dieser Ansiedlung scheint eine Art von Angerbildung vorzuliegen.

Zu den Anlagen, die eine gewisse Anordnung erkennen lassen, gehört die kleine Marschensiedlung von Ostermoor bei Brunsbüttelkoog, bei der eine Zuordnung der Ansiedlung zu einem Priel in Form eines „Reihendorfes" zu beobachten ist (A. Bantelmann, 1960, S. 53ff.). Wenn es sich auch bei dieser Ansiedlung nach der Zahl der bisher freigelegten Höfe nicht um ein eigentliches Dorf, sondern um eine Gehöftgruppe handelt, so wird man bedenken müssen, daß bisher nur ein Teil dieser Siedlung untersucht ist und ihre ursprüngliche Ausdehnung wesentlich größer gewesen sein muß als der durch die Grabung von Bantelmann erschlossene Teil.

Eine strengere, auf Planung und gelenkten Aufbau zurückgehende Form läßt sich für die Schichtgruppe IV von Ezinge (A. E. van Giffen 1936, Abb. 5) feststellen. Dieses „Rundangerdorf" mit etwa 20 Gehöften und einer geschlossenen Wurtbildung von etwa 100 m Durchmesser ist ohne vorherige Planung nicht denkbar, wobei offenbleiben muß, ob die dieser Siedlungsform zugrunde liegende Gesellschaftsform von genossenschaftlichen oder herrschaftlichen Prinzipien bestimmt war. Gegenüber der älteren Schichtgruppe V von Ezinge, aus der sich dieses Rundangerdorf entwickelt hat, läßt sich nicht nur eine starke Zunahme der Bewohner, sondern auch eine strengere Form der Ansiedlung selbst feststellen. Wenn sich hier aus einem drei bis vier Gehöfte umfassenden Weiler ein klar gegliedertes Dorf mit etwa 20 Höfen entwickelt, wird sich ein solcher Vorgang wahrscheinlich nicht durch eine indigene Bevölkerungsvermehrung erklären lassen. Ihr scheinen Bevölkerungsbewegungen und Veränderungen der Organisationsformen solcher Siedlungen zugrunde zu liegen, die sich wahrscheinlich als Folge einer naturräumlich bedingten Zwangssituation ergeben haben. Wahrscheinlich hat hier der Zwang zu stärkerer Aufwurtung gegen steigende Sturmfluthöhen die Bewohner verstreuter Gehöftgruppen zu größeren Zusammenschlüssen veranlaßt, weil die mit der Errichtung höherer und damit auch größerer Wurten verknüpfte Arbeitsleistung wahrscheinlich die Arbeitskapazität der kleinen Siedlergruppen übertroffen hat. Man wird freilich auch andere Faktoren als auslösende Kräfte in Betracht ziehen müssen. Eine ähnliche Entwicklung in Feddersen Wierde, wie sie sich etwa im Siedlungshorizont III ergibt (W. Haarnagel 1963, S. 284ff.), mag auf ähnlichen Voraussetzungen beruhen wie in Ezinge. Da sich aber eine verwandte Entwicklung anscheinend auch im südwestlichen Norwegen abspielt und dort zu ähnlichen Rundanger-Anlagen führt (O. Rønneseth 1966, S. 16ff.), wird man auch Veränderungen im sozialen Gefüge oder in der Wirtschaftsform in Betracht zu ziehen haben. Ohne eine Entscheidung in der Kontroverse zwischen Rønneseth und Möllerop (O. Rønneseth 1966, S. 16ff.; O. Möllerop 1967, S. 21ff.) zu treffen, wird man zunächst die Entstehung einer ähnlichen Siedlungsform an weit auseinanderliegenden Stellen der Germania magna feststellen können, bei denen die naturräumlichen Voraussetzungen für Wirtschaft und Siedlung durchaus unterschiedliche waren. Auf jeden Fall setzt die Form des Rundangerdorfes, wie es sich in der Marsch und möglicherweise auch im südwestlichen Norwegen während der älteren römischen Kaiserzeit herausgebildet hat, eine straffere Organisationsform innerhalb einer solchen Ansiedlung voraus.

Solche strafferen sozialen Ordnungsformen lassen sich auch an anderen Stellen in der römischen Kaiserzeit beobachten. Das von Otto Doppelfeld und Günter Behm-Blancke untersuchte Dorf der jüngeren Kaiserzeit auf dem Bärhorst bei Nauen (O. Doppelfeld und G. Behm 1939) zeigt zwar eine andere Form, läßt aber einen ähnlichen Willen zur plan-

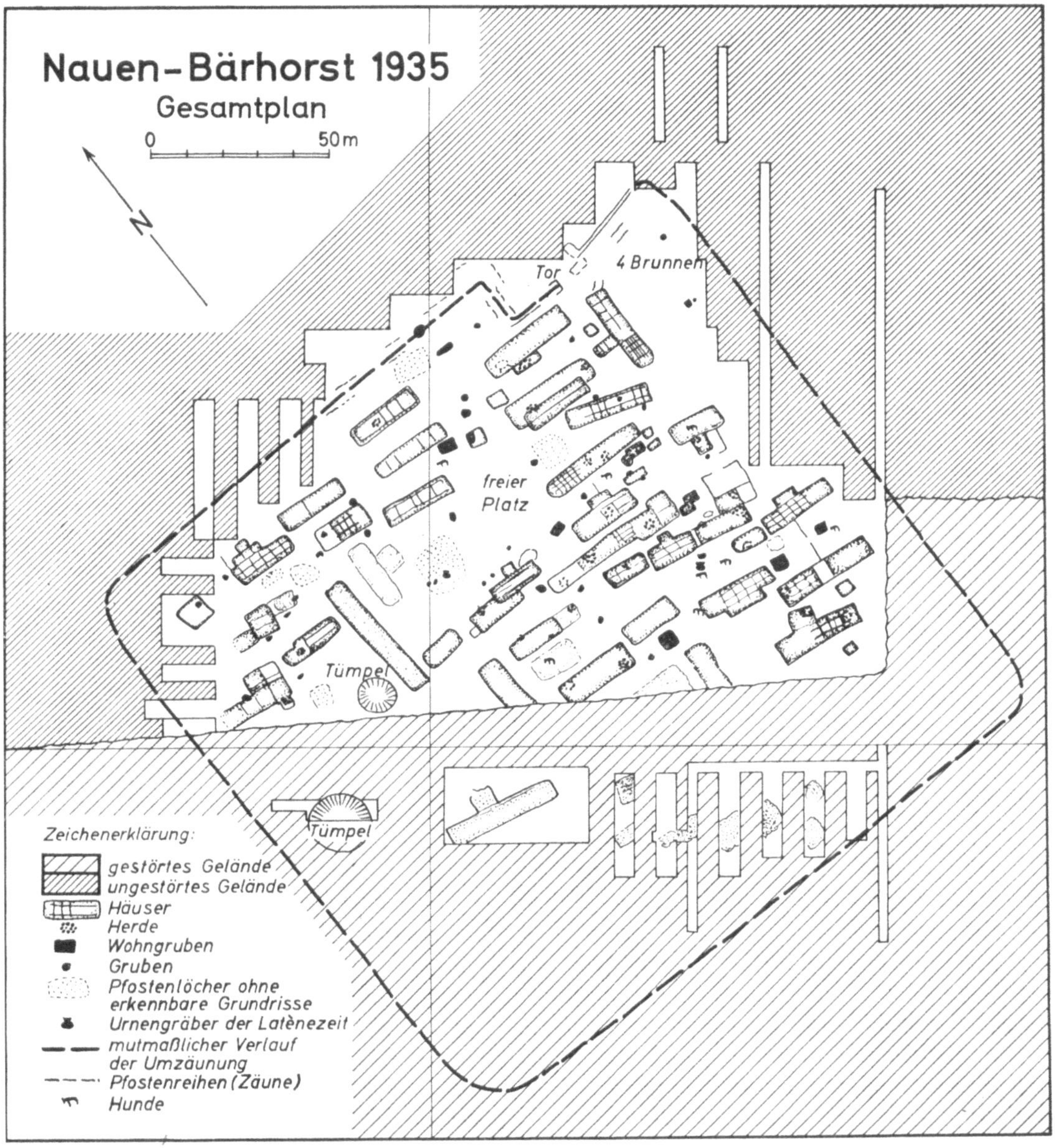

Abb. 3. Gesamtplan des Dorfes vom Bärhorst bei Nauen. Nach Doppelfeld-Behm 1939

mäßigen Organisation einer Siedlungsgemeinschaft erkennen. Die viereckige Grundrißform, die Umschließung durch eine geschlossene Umzäunung, die Anordnung der Höfe in Reihen und um einen freien Dorfplatz stellen ein wohlorganisiertes Dorf mit 30—40 Gehöften dar. Leider reichen weder der Umfang der untersuchten Fläche noch der Publikationsstand zur Beantwortung der Frage aus, ob der hier sehr deutlich zutage tretende zentrale Lenkungswille auf ein herrschaftliches Element im Rahmen der Ansiedlung — etwa auf einen Häuptlingshof — zurückgeführt werden kann oder ob hier das Ergebnis einer Willensbildung durch eine genossenschaftlich organisierte Siedlungsgemeinschaft vorliegt.

Eine besondere Bedeutung kommt den befestigten Gruppensiedlungen der römischen Kaiserzeit zu; sie unterscheiden sich sehr deutlich von den Burgen und haben erst spät die Aufmerksamkeit der Forschung auf sich gelenkt. Während die Anlage von Burgen für die hier behandelte Epoche in der Germania magna nicht typisch ist (R. von Uslar 1964, S. 8ff.), scheinen befestigte Gehöftgruppen und selbst befestigte Dörfer nicht ganz selten gewesen zu sein. Eine Fülle verschiedener Formen hat A. E. van Giffen (1958, S. 45ff.) für die Eisenzeit in den Geestgebieten der nördlichen Niederlande erschlossen. Daß solche Befestigungen aber auch weiter östlich im Bereich der Nordseeküste vorkommen, lehrt die von W. Haarnagel (1965b) untersuchte Heidenschanze bei Wesermünde. Im nördlichen Jütland wurde bei Borremose eine zunächst unbesiedelte, im Moor liegende Befestigung der älteren vorrömischen Eisenzeit entdeckt (J. Brøndsted 1963, S. 48ff.). Im späteren Verlauf der vorrömischen Eisenzeit wurde dieser Platz mit etwa 15—20 Gehöften besiedelt. Wenn auch die Ausgräber annehmen, daß der Befestigungscharakter des Platzes im letzten vorchristlichen Jahrhundert bereits ganz verschwunden war (J. Brøndsted 1963, S. 87ff.), wird man sich die Ortswahl für diese Ansiedlung schwerlich ohne die geschützte und künstlich verstärkte Lage des Siedlungsplatzes vorstellen können. Wenn auch im Norden die erste große Phase des Baus befestigter Ansiedlungen erst in die Völkerwanderungszeit fällt (M. Stenberger 1964, S. 537ff.), so treten doch Burganlagen schon in der römischen Kaiserzeit auf, wie die Grabungen Nyléns in Havor auf Gotland lehren (E. Nylén 1962).

Wenn auch die Befestigungsanlagen der hier behandelten Zeit in der Germania magna zum Teil, wie etwa das Beispiel der älteren Phase von Borremose lehrt, den Charakter von befestigten Zufluchtsplätzen besessen haben, so lassen sich doch befestigte Gehöftgruppen und Dörfer mit Sicherheit nachweisen.

Einer zusammenfassenden Auswertung der Dorfformen steht der lückenhafte Forschungsstand im Wege. Nur für die eingangs skizzierten Forschungsschwerpunkte (S. 114ff.) wird man einen Vergleich wagen können. Er wird sich auf die zeitlich gegliederte Genese und auf die regionale Verteilung der einzelnen Siedlungsformen beschränken müssen. Zunächst scheint bisher wenigstens das südwestliche Norwegen durch das fast ausschließliche Überwiegen der Einzelhofsiedlung gekennzeichnet zu sein. Solche Einzelhöfe liegen auch stellenweise den späteren Wurtsiedlungen zugrunde. Allerdings werden die neueren Untersuchungen von Haarnagel in Hatzum bei Leer davor warnen, die Einzelhofsiedlung als die für die ältere Besiedlungsphase der Marsch typische Siedlungsform zu betrachten (W. Haarnagel 1965a, S. 143ff.). Kleine weilerförmige Gehöftgruppen scheinen für Norddeutschland, Dänemark und die großen Ostseeinseln in den Jahrhunderten um Chr. Geb. eine häufig auftretende Siedlungsform darzustellen. Dorfartige Ansiedlungen bilden sich allerdings schon in der ausgehenden vorrömischen Eisenzeit aus, wie etwa die jüngere Phase von Borremose erkennen läßt. Selbst in dem sonst durch Einzelhöfe geprägten Gebiet Südwestnorwegens tauchen mit den Rundanlagen von Leksaren, Klauhauane und verwandten Anlagen Siedlungsformen auf, die, wenn O. Möllerop recht hat, als Ansätze zur Dorfbildung zu betrachten wären. Spätestens seit der älteren römischen Kaiserzeit deuten geplante Dorfsiedlungen auf straffere Organisationsform der Siedlungsgemeinschaften hin.

Auch für die H a u s f o r m e n genügen die bisherigen Untersuchungen noch nicht, um etwa Hauslandschaften, vergleichbar den von der Volkskunde für die neuere Zeit ermittelten regionalen Gruppierungen bestimmter Form- und Baueigentümlichkeiten, im einzelnen festzustellen. Einige gröbere Gruppierungen nach der Bauart der Häuser lassen sich allerdings auch heute schon erkennen, wobei die Hausformen über das ganze, bisher besser erkennbare Gebiet der Germania magna von Norddeutschland bis Südwestnorwegen verhältnismäßig einheitlich durch das dreischiffige Wohn-Stallhaus gekennzeichnet sind (A. Zippelius 1953). Nordeuropa, wozu in diesem Zusammenhang Südwestnorwegen und die großen Ostseeinseln zu rechnen sind, wird durch die Bauweise mit niedrigen Feldsteintrockenmauern gekennzeichnet (M. Stenberger 1933, S. 144ff.; M. Stenberger und O. Klindt-Jensen 1955, Bd. 2, S. 863ff.). Das westliche Jütland bis nach Nordfriesland im Süden ist durch Häuser gekennzeichnet, deren Wände unter Verwendung von Heide- oder Marschkleisoden gebaut sind (A. Bantelmann 1955, S. 39ff.; G. Hatt, 1957, S. 360ff.). Die Bauweise der südlichen Nordseeküste und der anschließenden Sandgebiete der nördlichen Niederlande und Norddeutschlands endlich ist durch die Verwendung von Ständerbauten mit geflochtenen Wänden bestimmt. Diesen drei durch die Bauweise der Wand getrennten Gebieten mögen weitere, im archäologischen Befund nur schwer erkennbare Verschiedenheiten, etwa im Bau der Dächer oder in der Konstruktion von Türen und anderen Wandöffnungen entsprechen. Ihnen steht, wie bereits oben bemerkt wurde, die große Einheitlichkeit der Hausform in den dreischiffigen Wohn-Stallhäusern gegenüber.

So lückenhaft der Forschungsstand für die Beurteilung des Siedlungswesens ist, so genügt er doch, um gewisse Grundzüge der sozialen Gliederung innerhalb der Siedlungsgemeinschaften zu erkennen. Diese Möglichkeit ist umso wertvoller, als in der rechts- und verfassungsgeschichtlichen Forschung der letzten Jahrzehnte eine scharfe und mit Mitteln der historisch-literarischen Forschung nicht zu lösende Kontroverse aufgebrochen ist (H. Dannenbauer, 1941 — ergänzte Fassung 1956, S. 68ff.). Der älteren, in den klassischen Werken deutscher Verfassungsgeschichte vertretenen Auffassung von der die germanische Gemeinschaftsform bestimmenden genossenschaftlichen Gliederung kleinbäuerlicher Gemeinfreier stellt H. Dannenbauer die Auffassung von einer auf der Burg beruhenden Adelsherrschaft entgegen. Schon das weitgehende Fehlen germanischer Burgen in der römischen Kaiserzeit stimmt den Kenner der archäologischen Verhältnisse gegenüber so allgemeinen Feststellungen, wie sie Dannenbauer getroffen hat, skeptisch (J. Werner, 1965, S. 439ff.). Zu dieser Frage lassen sich vom archäologischen Befund her einige Beiträge beisteuern. Innerhalb der kleineren Gehöftgruppen, wie sie sich z. B. in der Schichtgruppe V von Ezinge oder innerhalb des kleinen Weilers von Skørbæk Hede auswerten lassen, zeigen sich zwar Unterschiede in der Größe der Häuser und namentlich der Stallteile, was mit Sicherheit auf einen verschieden großen Besitzstand zurückzuführen ist, aber keinerlei qualitative Unterschiede der Anwesen, die auf einen unterschiedlichen sozialen Status hinweisen. Das gleiche wird man etwa für Dorfanlagen wie Vallhagar sagen dürfen. Diese Siedlungsgemeinschaften sind geprägt durch bäuerliche Ansiedler mit verschiedenem Besitzstand, aber im großen und ganzen wohl einheitlichem Sozialstatus. Bei der Gruppenbildung lassen sich etwa in Feddersen Wierde (W. Haarnagel 1961, S. 63ff.; 1963, S. 280ff.) auch innerhalb einer größeren Ansiedlung kleinere Gemeinschaften erkennen, die z. B. im Siedlungshorizont II A und II B gemeinsame Wurten bauen, sich aber hinsichtlich ihrer sozialen Stellung wohl kaum unterscheiden, wenn auch der sich in der Größe der Stallteile ausdrückende Besitzstand unterschiedlich ist. Welche Faktoren für einen solchen Zusammenschluß bestimmter Wirtschaftseinheiten innerhalb eines größeren Siedlungsverbandes entscheidend waren, läßt sich dem archäologischen Befund leider nicht entnehmen. Für eine andere Art sozialer Gruppenbildung haben die Untersuchungen Haarnagels in Feddersen Wierde erstmalig Möglichkeiten der Erkenntnis geboten. Mit zunehmender Verdichtung und Vergrößerung der Bevölkerung geht ein Wandel der berufsständischen Gliederung der Wurtbevölkerung vor sich. Im Siedlungshorizont IV und V treten neben die Wohn-Stallhäuser der Bauern mit mehr oder weniger großer Viehhaltung kleinere Anwesen ohne nennenswerte Stallteile, deren Bewohner handwerklichen Tätigkeiten wie etwa der Knochen- und Hornbearbeitung nachgehen (W. Haarnagel 1957, S. 300ff.). Mit zunehmender Bevölkerungsverdichtung und gleichbleibendem oder sich durch zunehmende Meeresüberflutungen verringerndem Wirtschaftsraum war hier offenbar ein überschießender Teil der Wurtbewohner mit der Zeit von der herkömmlichen bäuerlichen Lebensweise ausgeschlossen und gezwungen, sich den Lebensunterhalt durch handwerkliche Tätigkeit zu verschaffen. Hier in Feddersen Wierde läßt sich im Verlauf der ausgehenden älteren und der beginnenden jüngeren römischen Kaiserzeit eine berufsständische Differenzierung der Bevölkerung beobachten, die innerhalb eines ursprünglich rein bäuerlichen Dorfes zu einer Wirtschaftsform führt, in der bäuerliche Wirtschaft und Handwerk nebeneinander stehen.

Dieses Nebeneinander in ihrem Besitzstand zwar unterschiedlich großer, in ihrer sozialen Qualität aber offenbar gleicher Bauern und Handwerker ist nicht die einzige Differenzierung sozialer Art, die sich innerhalb der Dorfbevölkerung der römischen Kaiserzeit erkennen läßt. In dem Siedlungshorizont III (W. Haarnagel 1961, S. 58f.) — also in der älteren Kaiserzeit — gliedert sich am Rande der Wurt ein Gehöft ab, dessen besonders sorgfältig gebautes Wohnhaus bei gleicher Größe wie die anderen Häuser auf der Wurt keinen Stallteil besitzt, über einen besonders großen Hofplatz verfügt und auf diesem Hofplatz mehrere Pfahlspeicher hat — während die übrigen Hofbesitzer immer nur einen Getreidespeicher auf ihrem Hof unterhalten — und das Anwesen durch eine Palisade und einen Graben gegen das übrige Dorf abschließt. Auf dem großen Hof sind Arbeitsplätze für Metallhandwerker untergebracht, die Eisen verarbeiten und Bronze gießen. Hier separiert sich von der Dorfgemeinschaft ein Bewohner, der sich in vielerlei Hinsicht von den übrigen Einwohnern des Wurtdorfes unterscheidet und dessen hervorragende Stellung in einer Anzahl einzelner Erscheinungen zum Ausdruck kommt. Seine Sonderstellung ist mit der Konzentration des Metallhandwerks auf seinem Hof verknüpft, wobei offenbleiben muß, ob er seine Sonderstellung der Beschäftigung von Handwerkern verdankt oder ob die Ansiedlung von Metallhandwerkern auf diesem Hof eine Folge der sozialen Sonderstellung ist. Hier in diesem „Herrenhof", wie Haarnagel dieses Anwesen genannt hat, drückt sich die Herausbildung einer zahlenmäßig schwachen sozialen Oberschicht aus, wofür A. E. van Giffen (1958, S. 53ff.) eine Parallele auch für das Geestgebiet beibringt.

Diese durch räumliche Absonderung, wirtschaftliche Sonderstellung und offenbar größeren Reichtum gekennzeichnete Schicht drückt sich in Mittel- und Ostgermanien in den sog. Fürstengräbern aus (H. J. Eggers 1953). Ob sich in dem sog. Herrenhof von Feddersen Wierde eine Parallele zu den von Hachmann erschlossenen Dorfhäuptlingen der Zeit um Chr. Geb. andeutet (R. Hachmann 1956, S. 7ff.) oder eine Analogie zu den Fürstensitzen Eggers', ist schwer zu beurteilen. Auf jeden Fall aber drückt sich in dieser vorerst nur in Norddeutschland und den nördlichen Niederlanden zu beobachtenden Entwicklung im Siedlungswesen eine Differenzierung im sozialen Status der Bevölkerung aus. In Dänemark finden sich Spuren einer ähnlichen Differenzierung vorläufig erst in der Völkerwanderungszeit (G. Hatt 1958, S. 142ff.; J. Brøndsted 1963, S. 283). Die den großen Hofanlagen Norwegens und Ölands zugrunde liegende Gesellschaftsordnung scheint anders strukturiert gewesen zu sein als die des Festlandes. Eine aus mehreren großen Wohn- und Wohn-Stallhäusern bestehende Gehöftanlage wie die von Övetorp auf Öland (M. Stenberger 1933, S. 130, Fig. 87) oder die Anlage von Sostelid in Norwegen (A. Hagen 1953) ist nicht als Wohnsitz einer einzelnen Kleinfamilie zu erklären, auch wenn man im Rahmen dieser Familie eine Anzahl abhängiger Menschen annimmt. Die von der skandinavischen Forschung hierfür angenommene Form der Großfamilie würde die Siedlungssituation besser erklären, sich aber auch gleichzeitig von der sich in der Siedlungsform des Kontinents ausdrückenden sozialen Struktur unterscheiden. Wie allerdings die Sitte der Fürstengräber mit ihren nördlichsten Ausläufern das südliche Norwegen erreicht, so wird man auch hier schon in der römischen Kaiserzeit mit Häuptlingshöfen zu rechnen haben (E. Sprockhoff 1958).

Erst eine größere Anzahl in ihrem ganzen Umfang untersuchter Ansiedlungen würde verläßliche Auskunft darüber geben, ob diese Herausbildung einer sozialen Oberschicht eine engmaschige Erscheinung ist, wie sie die These von Dannenbauer voraussetzen würde, oder aber eine für größere Siedlungsbezirke zentrale Entwicklung darstellt. Die Dorfhäuptlinge Hachmanns waren zweifellos ein für jede größere Ansiedlung typisches Phänomen, die Fürstengräber Eggers' dagegen stellen Erscheinungen dar, die offenbar die Herausbildung herrschaftlicher Kräfte für größere Bezirke anzeigen.

Die wirtschaftliche Situation und in gewissem Sinne auch eine regionale Differenzierung der wirtschaftlichen Struktur dagegen läßt sich auch schon bei dem heutigen Stand unserer Kenntnisse aus den untersuchten Siedlungen ablesen. Man wird auf Grund der allgemeinen Entwicklung dieser Zeit in der Germania magna vornehmlich, wenn nicht gar ausschließlich, bäuerliche Ansiedlungen erwarten, und in der Tat sprechen auch Haus-

und Hofformen der sorgfältig untersuchten Ansiedlungen für das Vorherrschen einer bäuerlichen Ernährungswirtschaft. Dabei ergibt sich allerdings, wie das Beispiel Feddersen Wierde lehrt, daß sich auch in zunächst rein bäuerlichen Ansiedlungen berufsständische Differenzierungen vollziehen, die in Wirklichkeit wahrscheinlich wesentlich vielgestaltiger waren, als es die archäologischen Beobachtungen erkennen lassen. Hinsichtlich der Art landwirtschaftlicher Betriebsweise scheinen sich von der naturräumlichen Grundsituation her bedingte Verschiedenheiten zu ergeben.

Daß in der Marschenzone des Nordseeküstenbereichs eine in der Hauptsache viehbetonte Wirtschaftsform entstand, ergibt sich schon aus den natürlichen Verhältnissen dieses Wirtschaftsraumes. Wenn auch, wie die Untersuchungen Bantelmanns in Ostermoor (1960, S. 58ff.) zeigen oder die Ausgrabungen von Haarnagel in Feddersen Wierde gelehrt haben (1961, S. 45f.), in der Marsch mindestens zeitweilig Pflugbau möglich war und auch geübt wurde, so bildete hier wohl doch die Viehhaltung die wesentliche Grundlage der Ernährungswirtschaft. Anders scheinen die Verhältnisse in Jütland gelegen zu haben. Die verhältnismäßig kleinen Stallteile der Bauernhäuser und die zum Teil großen Ackerfluren (G. Hatt 1949 und H. Jankuhn 1956/57) sprechen hier von einer verhältnismäßig großen Bedeutung des Getreidebaues. Zwar will sich eine solche Auffassung nicht gut in das generelle Bild der stark viehbetonten Wirtschaftsweise der Germanen in der römischen Kaiserzeit einfügen, aber daß hier mindestens bemerkenswerte graduelle Unterschiede vorlagen, ergibt sich mit Sicherheit aus den archäologischen Befunden. Welcher Art die Wirtschaftsform in Nordeuropa war, ist nicht so eindeutig zu erkennen. Die zum Teil großen Stallteile sprechen für eine gewisse Größe des Viehstapels und die enge Begrenzung der Ackerflächen für ein Zurücktreten des Getreideanbaues. Man wird sich die Wirtschaftsform der südwestnorwegischen Bergbauern in dem während der Völkerwanderungszeit neu besiedelten Gebiet der Gebirgstäler wohl am ehesten als eine auf der Viehhaltung beruhende Bergwirtschaft vorstellen dürfen. So primitiv man sich normalerweise die germanische Nahrungswirtschaft in den ersten nachchristlichen Jahrhunderten vorstellt, einheitlich war sie ganz sicher nicht.

Zu diesen Unterschieden in dem gegenseitigen Verhältnis von Ackerwirtschaft und Viehhaltung kommen grundsätzlich andere Möglichkeiten der Nahrungsbeschaffung. G. Hatt hat in Nørre Fjand eine zweischichtige Ansiedlung der Jahrhunderte um Chr. Geb. untersucht, bei der für einen großen Teil der dort siedelnden Bevölkerung die Gewinnung des Lebensunterhaltes durch Fischfang erweisbar war (G. Hatt 1957). Ob die von Bj. Hougen für die Merowingerzeit nachgewiesene Form berufsmäßig betriebener Gebirgsjagd (Bj. Hougen 1947, S. 255ff.) in ihren Anfängen schon in die Jahrhunderte nach Chr. Geb. zurückreicht, läßt sich vorerst noch nicht mit Sicherheit erkennen.

Deutlich ist allerdings, daß eine andere Form handwerklicher Tätigkeit, nämlich die Eisengewinnung als wirtschaftliche Grundlage für das Siedlungswesen, in Betracht gezogen werden muß. Für Schleswig-Holstein läßt sich zeigen, daß in den Jahrhunderten um Chr. Geb. Ansiedlungen außerhalb des landwirtschaftlich nutzbaren Gebietes entstehen, deren Lebensgrundlage die Eisenverhüttung darstellt (H. Hingst 1964, S. 222ff.; H. Jankuhn 1964/66, S. 345ff.). Diese Ansiedlungen bezeugen ein arbeitsteiliges Gewerbe und setzten den Austausch handwerklicher Produkte gegen Erzeugnisse der Nahrungswirtschaft als Lebensgrundlage voraus, sprechen also für eine in gewissem Sinne schon differenzierte Wirtschaft.

Daß im Zuge der sich damals ausbildenden Fernhandelsbeziehungen auch Handelsplätze (emporia) bestanden, bezeugen die antiken Quellen. Bisher ist es der Forschung vielleicht mit Ausnahme von Helgö nicht gelungen, einen solchen „Handelsplatz" zu untersuchen. Bei dem wahrscheinlichen Fehlen eines berufsmäßigen germanischen Kaufmannsstandes wird man vermutlich mit Bauernkaufleuten der später bezeugten Art als Trägern des Handels rechnen müssen. Ob sich ihre Ansiedlungen von denen der Bauern grundsätzlich unterschieden, steht nicht fest.

Zusammenfassung

Die sich in den letzten Jahrzehnten stark belebende siedlungsarchäologische Forschung hat eine Anzahl verschiedenartiger Siedlungsformen in der Germania magna während der ersten nachchristlichen Jahrhunderte erkennen lassen. Neben einzelnen Höfen bestanden kleine weilerartige Gehöftgruppen und mindestens seit der ausgehenden vorrömischen Eisenzeit auch Dörfer. Neben Haufendörfern konnten auch solche mit geplantem Grundriß in Form von Rundangerdörfern und befestigte Ansiedlungen nachgewiesen werden. Regionale Besonderheiten im Hinblick auf die Siedlungsform lassen sich noch nicht mit Sicherheit erkennen. Dagegen konnten im Hinblick auf den Hausbau — besonders bei der Bautechnik der Wände — verschiedene Hauslandschaften in Skandinavien, Jütland und Norddeutschland nachgewiesen werden.

Im Rahmen der sozialen Gliederung solcher Ansiedlungen zeichnet sich eine berufsständische Differenzierung und die Herausbildung herrschaftlicher Elemente ab.

Eine völlig neuartige Form befestigter, fast stadtartiger planmäßiger Ansiedlungen hat M. Stenberger in den Jahren 1967 und 1968 in Eketorp auf Öland erschlossen.

Für die Wirtschaftsform ergeben sich aus den bisherigen Untersuchungen Gebiete stärker viehbetonter Wirtschaftsweise neben solchen, in denen der Ackerbau eine größere Bedeutung besaß. Hinsichtlich der wirtschaftlichen Funktion der bisher untersuchten Siedlungen lassen sich neben den bäuerlichen Siedlungen Fischerdörfer und solche Siedlungen nachweisen, in denen die Lebensgrundlage durch Metallhandwerk, vornehmlich Eisengewinnung, bestimmt war.

Wie weit namentlich in Gebirgsgebieten Jagd, vor allen Dingen Pelztierjagd, schon in dieser Zeit eine Rolle gespielt hat, bleibt vorerst unbekannt. Unerforscht sind vorläufig auch noch die literarisch bezeugten Handelsplätze dieser Zeit.

Literaturverzeichnis

Bantelmann, A. 1955 — Tofting, eine vorgeschichtliche Warft an der Eidermündung, Neumünster.

Bantelmann, A. 1960 — Die kaiserzeitliche Marschensiedlung von Ostermoor bei Brunsbüttelkoog, in: Offa 16 (1957/58), S. 53—79.

Behm-Blancke, G. 1962 — Zur sozialökonomischen Deutung germanischer Siedlungen der Römischen Kaiserzeit auf deutschem Boden, in: Aus Ur- und Frühgeschichte, Berlin, S. 64—84.

Brøndsted, J. 1963 — Nordische Vorzeit, Bd. 3, Eisenzeit in Dänemark, Neumünster.

Dannenbauer, H. 1941/1956 — Adel, Burg und Herrschaft bei den Germanen, in: Historisches Jahrbuch 61, 1941, ergänzte Fassung in: Herrschaft und Staat im Mittelalter, hrg. von H. Kämpf, Darmstadt 1956, 1964², S. 66—134.

Doppelfeld, O., und Behm, G. 1939 — Das germanische Dorf auf dem Bärhorst bei Nauen, in: Praehistorische Zeitschrift 28/29 (1937/1938), S. 284—337.

Eggers, H. J. 1953 — Lübsow, ein germanischer Fürstensitz der älteren Kaiserzeit, in: Praehistorische Zeitschrift 34/35, 2. Hälfte, S. 58—111.

Giffen, A. E. van 1936 — Der Warf in Ezinge, Provinz Groningen, Holland, und seine westgermanischen Häuser, in: Germania 20, S. 40—47.

Giffen, A. E. van 1958 — Prähistorische Hausformen auf Sandböden in den Niederlanden, in: Germania 36, S. 35—71.

Haarnagel, W. 1957 — Vorläufiger Bericht über das Ergebnis der Wurtengrabung auf der Feddersen Wierde bei Bremerhaven im Jahre 1956, in: Germania 35, S. 275—317.

Haarnagel, W. 1958 — Die Ergebnisse der Grabung auf der Wurt Feddersen Wierde bei Bremerhaven in den Jahren von 1955—1957, in: Neue Ausgrabungen in Deutschland, Berlin, S. 215—228.

Haarnagel, W. 1961 — Zur Grabung auf der Feddersen Wierde 1955—1959, in: Germania 39, S. 42—69.

Haarnagel, W. 1963 — Die Ergebnisse der Grabung Feddersen Wierde im Jahre 1961, in: Germania 41, S. 280 bis 317.

Haarnagel, W. 1965a — Die Untersuchung einer spätbronze-ältereisenzeitlichen Siedlung in Boomborg/Hatzum, Kreis Leer, in den Jahren 1963 und 1964 und ihr vorläufiges Ergebnis, in: Neue Ausgrabungen und Forschungen in Niedersachsen 2, S. 132—164.

Haarnagel, W. 1965b — Die Grabung auf der Heidenschanze bei Wesermünde im Jahre 1958, in: Studien aus Alteuropa II, Köln–Graz, S. 142—178.

Hachmann, R. 1956 — Zur Gesellschaftsordnung der Germanen in der Zeit um Christi Geburt, in: Archaeologia Geographica 5, S. 7—24.

Hagen, A. 1953 — Studier i jernalderens gårdssamfunn, in: Universitetets Oldsaksamlings skrifter, B. 4, Oslo.

Hatt, G. 1938 — Jernalders Bopladser i Himmerland, in: Aarbøger for nordisk Oldkyndighed, S. 119—266.

Hatt, G. 1949 — Oldtidsagre, Kopenhagen.

Hatt, G. 1957 — Nørre Fjand, Kopenhagen.

Hatt, G. 1958 — A Dwelling site of Early Migration Period at Oxbøl, in: Acta Archaeologica 29, S. 142 bis 154.

Hingst, H. 1964 — Die vorrömische Eisenzeit, in: Geschichte Schleswig-Holsteins, Bd. 2, Lfg. 3. Hrg. von Olaf Klose, Neumünster.

Hougen, B. 1947 — Fra seter til gård, Oslo.

Jankuhn, H. 1952/53 — Klima, Besiedlung und Wirtschaft in der älteren Eisenzeit im westlichen Ostseebecken, in: Archaeologia Geographica 2, S. 23—35.

Jankuhn, H. 1956/57 — Ackerfluren der Eisenzeit und ihre Bedeutung für die frühe Wirtschaftsgeschichte, in: 37.—38. Bericht der Römisch-Germanischen Kommission, S. 148—214.

Jankuhn, H. 1961/63 — Terra... silvis horrida, in: Archaeologia Geographica 10/11, S. 19—38.

Jankuhn, H. 1964/65 — Die römische Kaiserzeit und die Völkerwanderungszeit, in: Geschichte Schleswig-Holsteins, hrg. von Olaf Klose, Bd. 2, Lfg. 4 und 5, Nemünster 1964 u. 1965.

Jankuhn, H. 1965 — Siedlungsarchäologie als Forschungsaufgabe, in: Probleme der Küstenforschung 8, S. 1—8.

Jankuhn, H., und Peters, H. G. 1961 — Eine Siedlung der Eisenzeit am Kiessee in Göttingen, in: Göttinger Jahrbuch 9, S. 3—14.

Kuhlmann, H. J. 1956/57 — Siedlungshistorische Untersuchungsmethoden. Die Landschaft Angeln als Beispiel, in: Archaeologia Geographica 5/6, S. 33—36.

Möllerop, O. 1967 — Gård og Gårdssamfunn i eldre jernalder, in: Stavanger Museums Årbok 67, S. 21—40.

Much, R. 1967 — Die Germania des Tacitus, 3. Aufl., Heidelberg.

Müller-Wille, M. 1965 — Eisenzeitliche Fluren in den festländischen Nordseegebieten, Münster.

Nylén, E. 1962 — Skatten från Havors fornborg, in: Proxima Thule, Sverige och Europa under forntid och Medeltid, Hyllningsskrift till H. M. Konungen den 11. Nov. 1962. Stockholm 1962, S. 94ff.

Pescheck, C. 1939 — Die frühwandalische Kultur in Mittelschlesien, Leipzig.

Rønneseth, O. 1966 — Frühgeschichtliche Siedlungs- und Wirtschaftsformen im südwestlichen Norwegen, Neumünster.

Schlüter, O., und August, O. 1959 — Atlas des Saale- und mittleren Elbegebietes, Leipzig.

Schmitz, H. 1952/53 — Klima, Vegetation und Besiedelung, in: Archaeologia Geographica 2, S. 15—22.

Sprockhoff, E. 1958 — Store Dal, in: Bonner Jahrbücher Bd. 158, S. 295—329.

Stenberger, M. 1933 — Öland under äldre Järnåldern, Stockholm.

Stenberger, M. 1964 — Det forntida Sverige, Stockholm–Göteborg–Uppsala.

Stenberger, M., und Klindt-Jensen, O. 1955 — Vallhagar, a mirgration period settlement on Gotland/Sweden, 2 Bde, Kopenhagen/Stockholm.

Uslar, R. v. 1964 — Studien zu frühgeschichtlichen Befestigungen zwischen Nordsee und Alpen, Köln–Graz.

Werner, J. 1965 — Zu den alamannischen Burgen des 4. und 5. Jahrhunderts, in: Speculum Historiale, Festschrift f. J. Spoerl, S. 439–453. Freiburg/München.

Zippelius, A. 1953 — Das vormittelalterliche dreischiffige Hallenhaus in Mitteleuropa, in: Bonner Jahrbücher 153, S. 13–45.

Befestigte Siedlungen des 6. Jahrhunderts u. Z. aus Siebenbürgen

Von Kurt Horedt, Cluj

Mit 5 Textabbildungen und Tafel 1—2

Frühgeschichtliche befestigte Siedlungen und Burgen besitzen eine besondere Bedeutung für das historische Geschehen, und berechtigterweise hat ihnen gerade auch P. Grimm in seinen Arbeiten die gebührende Beachtung geschenkt (u. a. P. Grimm 1958 und 1961, vgl. zuletzt auch zusammenfassend R. v. Uslar 1964). Ihre Seltenheit in der Völkerwanderungszeit rechtfertigt die Darstellung von drei derartigen Anlagen aus Zentralrumänien (aus Siebenbürgen), obwohl für jede bereits Grabungsberichte oder kürzere Beschreibungen vorliegen. Für ihre Zeitstellung ist dabei einschränkend zu unterstreichen, daß sie in verschiedenen Perioden bewohnt waren und die vorhandenen Erdbefestigungen nicht ausschließlich aus dem 6. Jh. stammen. Es wird im einzelnen zu untersuchen sein, welche Teile der Wälle älter oder jünger sind.

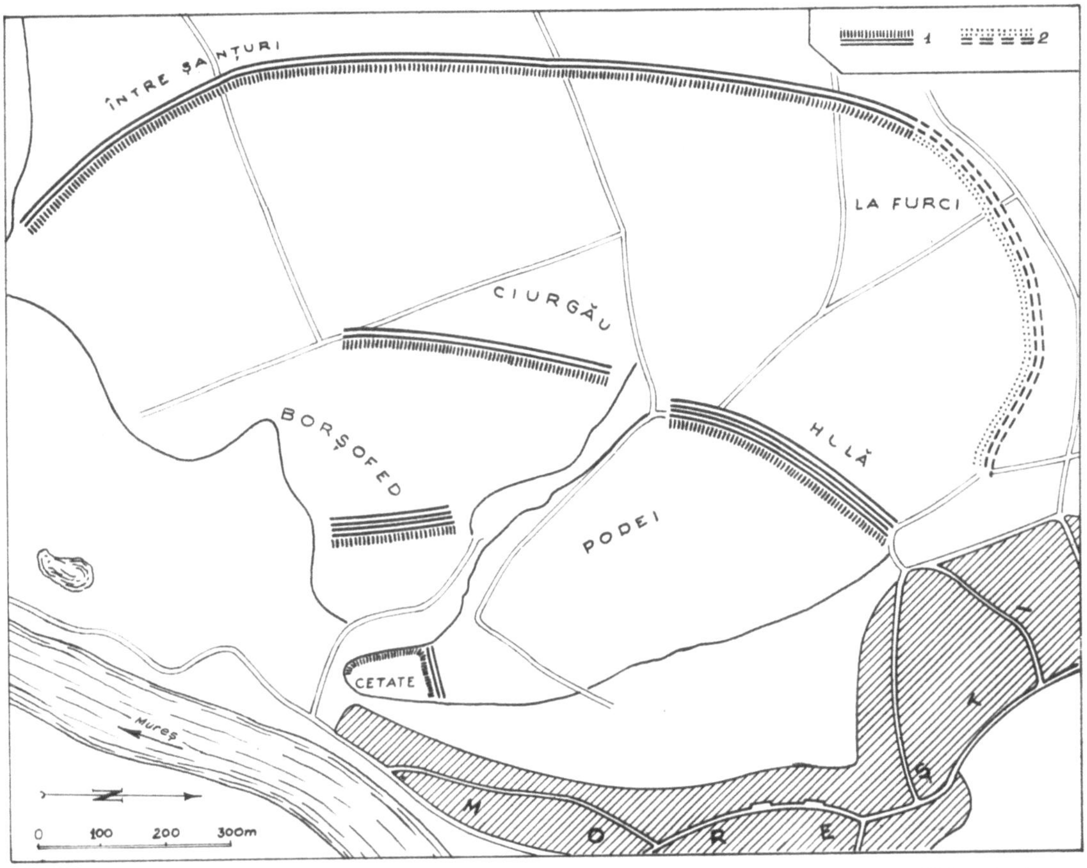

Abb. 1. Moreşti, Rayon Tg. Mureş. Plan der Siedlung. 1 Wall und Graben; 2 angenommener Wall und Graben

Zuerst werden die wichtigsten Kennzeichen der drei Siedlungen beschrieben und ihre gemeinsamen Merkmale aufgezeigt, um schließlich einige allgemeine geschichtliche Folgerungen daraus abzuleiten.

1. Moreşti, Rayon Tg. Mureş (Abb. 1). Auf dem rechten Ufer des Mureş erstreckt sich ein dreieckiger Ausläufer der ersten Flußterrasse, der zusammen mit den umliegenden Berghängen von einer ausgedehnten Siedlung bedeckt wird, die zwischen 1951 und 1956 unter-

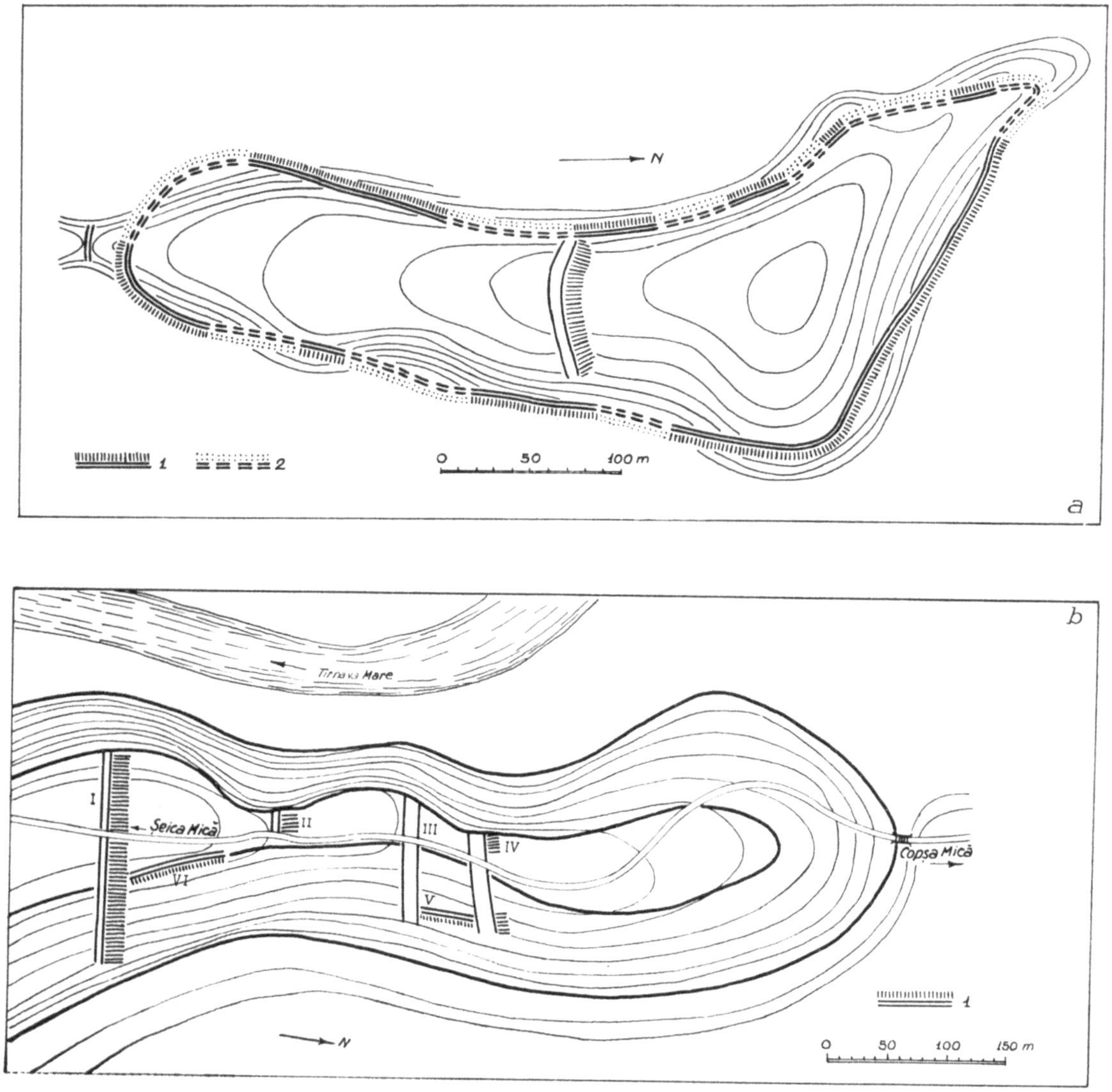

Abb. 2. a) Porumbenii Mici, Rayon Odorhei. Plan der Siedlung.
b) Şeica Mică, Rayon Mediaş. Planskizze der Siedlung.
1 Wall und Graben; 2 angenommener Wall und Graben

sucht wurde (Literaturhinweise bei K. Horedt 1957b, S. 297; außerdem 1957a; 1959). Das Fundgut gehört verschiedenen Zeiträumen an und stammt vielleicht z. T. bereits aus dem Paläolithikum (einige Spitzen), aus dem Neolithikum (Crişkultur), aus der Bronzezeit (Coţofeni- und Schneckenbergkultur, Hügelgräberformen, Nouakultur, schwarzkannelierte Keramik), aus der Latènezeit (Latène C), aus römischer (ein Brandgräberfeld aus dem 3. Jh.)

und frühgeschichtlicher Zeit (6. und 11.—12. Jh.) und schließlich, in Zusammenhang mit dem heutigen Dorf, aus dem 15.—17. Jh. Die wichtigsten Phasen der Besiedlung sind die latènezeitliche und die beiden frühgeschichtlichen, von denen die im folgenden beschriebene Siedlung des 6. Jh. am stärksten belegt war. Die dreieckige Mittelfläche wird nach Nordwesten durch eine Verteidigungslinie geschützt, die sich nach Südosten in einem Trockental fortsetzt und den der besiedelten Spitze gegenüberliegenden Berghang nochmals schneidet.

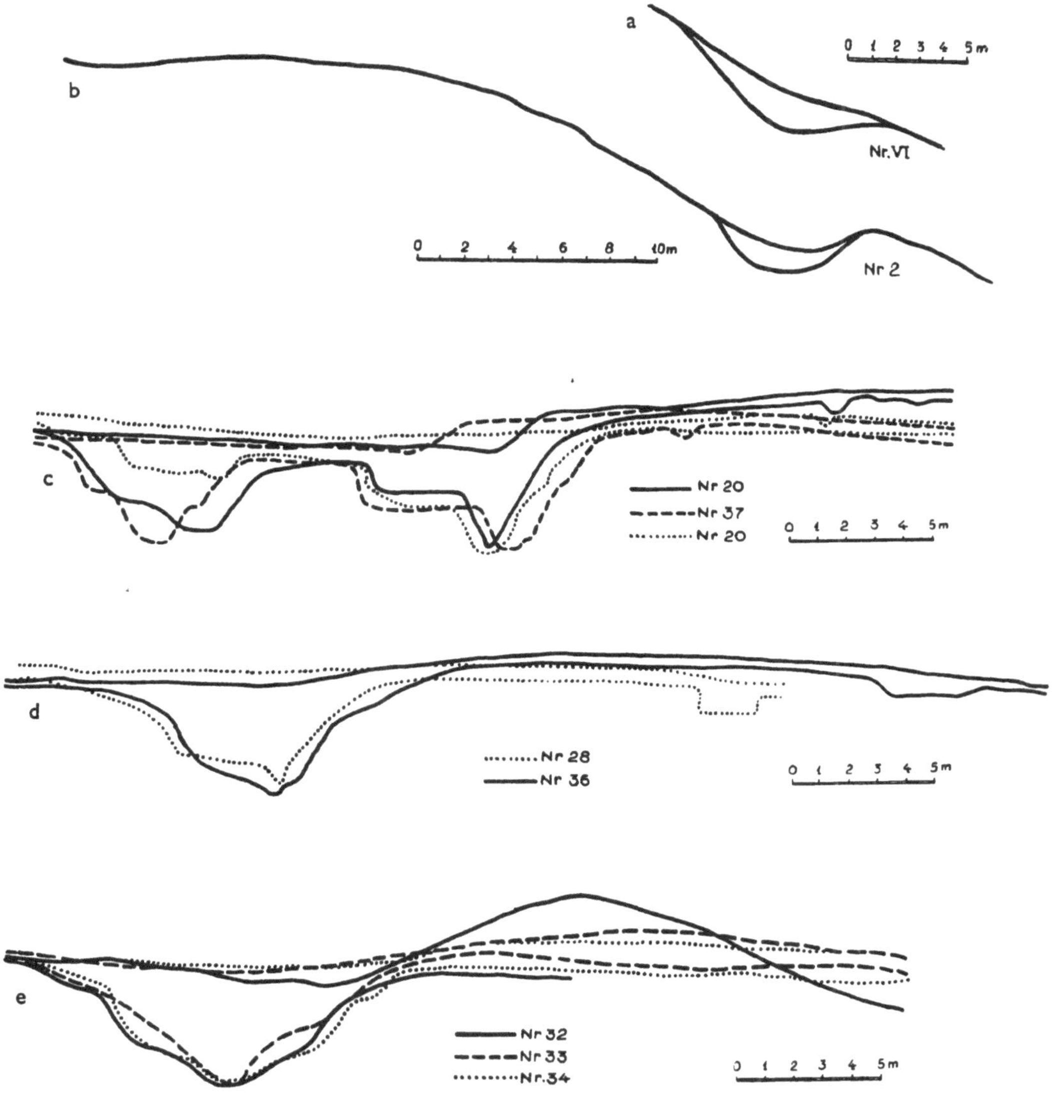

Abb. 3. a) Şeica Mică, Profil des Wallgrabens VI.
b) Porumbenii Mici, Profil der Umwallung (Schnitt 2).
Moreşti: Profile der inneren (c), der mittleren (d) und der äußeren (e) Verteidigungslinie

Der Zusammenhang zwischen den beiden Teilen ist durch ihr gemeinsames Profil gesichert, da nur hier dem Wall ein Doppelgraben vorgelagert ist (Abb. 3c). Die mittlere Verteidigungslinie (Abb. 3d) setzt die innere Linie nach Süden fort und schützt die von den Berghöhen leichter anzugreifende Westseite. Die äußere Linie (Abb. 3e) schließlich umfaßt in einem 1,5 km langen, weit gespannten Bogen die Siedlung und ihre Umgebung. Auf der Ostseite fehlen Befestigungen, da hier der Flußlauf mit seinen sumpfigen Auen den Zugang zur Siedlung verwehrte. Den Gipfel „Cetate“ (Burg) bedeckt eine späte Befestigung aus dem 11.—12. Jh., die hier nicht berücksichtigt wird. Die Führung der Verteidigungslinien im Gelände war nur durch Schnitte festzustellen, da die Wälle, abgesehen von Teilstücken des äußeren Walles (Taf. 1a), weitgehend eingeebnet sind und nur die im gelben Lehm sich klar abzeichnenden Grabenfüllungen den Verlauf der Befestigungen festlegen. Jede Linie besitzt ein bestimmtes Profil, das sich von dem der übrigen unterscheidet (Abb. 3c—e). Die Gräben erreichen eine durchschnittliche Tiefe von 5 m, der ursprünglich eine gleiche Wallhöhe entsprach. Die beiden äußeren Linien scheinen reine Erdbefestigungen ohne Holzwerk gewesen zu sein, während die innere auch Holzverstrebungen besaß, die aber nur aus Verfärbungen und nicht unmittelbar aus Holzresten erschlossen werden können.

Die bei Erdbefestigungen wichtigste, aber auch am schwierigsten zu beantwortende Frage ist die nach ihrer Zeitstellung. Es wurde vermutet, daß der äußere Wall latènezeitlich sein könnte oder alle Wälle wegen ihrer Ähnlichkeit mit anderen Anlagen erst um die Jahrtausendwende anzusetzen seien (M. Comşa 1961, S. 612f.). Doch ist mit Ausnahme der „Cetate“ die Datierung aller Erdwälle aus Moreşti in das 6. Jh. am wahrscheinlichsten. Die Gründe dafür seien hier kurz angeführt. Die Linien bedingen sich durch ihre Lage gegenseitig und hängen voneinander ab. Dieses gilt auch für die äußere Linie, da der zwischen der mittleren und äußeren Linie liegende Raum in einer Breite von 400—500 m spärlich und im 6. Jh. überhaupt nicht besiedelt war und vermutlich nur zur Bergung der Herden diente. Die Siedlung des 6. Jh. reicht nur bis zur mittleren Linie und setzt diese als bestehend voraus. In den Schnitten der inneren (24) und mittleren (36) Linie lag graue völkerwanderungszeitliche Keramik bis zur Grabensohle, als die Gräben noch offenstanden, während Scherben der späteren Siedlung erst viel höher auftraten, als die Verteidigungsgräben bereits aufgefüllt waren. Die innere Linie führt an der Westecke des „Podei“ in einem Abstand von 2,50 bis 3,75 m am Rande des Gräberfeldes des 6. Jh. vorbei, ohne ein Grab anzuschneiden. Gräberfeld und Befestigung berücksichtigen demnach einander und standen gleichzeitig in Verwendung. Im Schnitt 28 der mittleren Linie wurden am Außenrand des Grabens Herdplatten von Öfen der späteren Siedlung festgestellt, die in den Graben hineinreichen, der damals also nicht mehr verwendet wurde. Bei den in den letzten Jahren in Siebenbürgen untersuchten Burgen (Dăbîca, Moldoveneşti) wurden in den Wällen etwa des 11. Jh. immer wieder gut erhaltene Holzreste beobachtet, was bei den Wällen in Moreşti nicht der Fall ist, weshalb diese um einige Jahrhunderte älter sein dürften. Am Innenrand der inneren (Schnitt Nr. 6) und der mittleren Linie (Schnitt Nr. 28) wurden Hüttengruben aus dem 6. Jh. festgestellt, die aber nicht unter die Wallfüllung reichen. Auch weist die sicher aus dem 11. bis 12. Jh. stammende „Cetate“ nach Konstruktion und Grabenprofil mit den übrigen Verteidigungslinien keine Gemeinsamkeiten auf, ebenso wie auch bei den vorhin genannten späteren Burgen die kennzeichnende Gliederung durch Treppen an der Außenseite der Gräben fehlt. Es soll nicht in Abrede gestellt werden, daß der Plan der befestigten Siedlung von Moreşti mit späteren Anlagen aus dem 10.—11. Jh. starke Ähnlichkeit aufweist, wie z. B. mit Werla (R. v. Uslar 1964, S. 69, Abb. 19), Stará Kouřim (M. Solle 1966) oder mit Plänen aus der Ukraine (J. Poulík 1959, S. 65, Abb. 22; S. 67, Abb. 23). Es ist aber nicht verwunderlich, daß bei ähnlichen Voraussetzungen der gesellschaftlichen Entwicklung und wenig differenzierten strategischen Erfordernissen Befestigungsanlagen mit ähnlichem Plan entstanden, ohne daß daraus auch ihre Gleichzeitigkeit abzuleiten ist. Es wäre zu erwägen, ob Moreşti nicht gerade entwicklungsmäßig eine Voraussetzung der um einige Jahrhunderte späteren Wehrbauten ist, wenn sich auch noch kein unmittelbarer Zusammenhang erschließen läßt. Die Siedlung des 6. Jh. in Moreşti war von den vorhandenen Siedlungsphasen weitaus am dichtesten bewohnt und am volksreichsten. Es ist nicht anzunehmen, daß gerade in dieser Zeit die Ansiedlung unbefestigt blieb. Aus den dargelegten Gründen ist demnach die Ansetzung aller drei Wehrlinien in das 6. Jh. am wahrscheinlichsten.

Über die Anordnung der Bauten im Inneren der Siedlung des 6. Jh. gab eine auf dem „Podei“ freigelegte, etwa 60×60 m große Grabungsfläche Aufschluß (Abb. 4; auf dem Plan sind nur die Grundrisse aus dem 6. Jh. eingezeichnet). Es lassen sich hier in den Boden eingetiefte Rechteckbauten mit Pfostenlöchern erkennen, die in wechselnder Zahl und Anordnung für gewöhnlich auf zwei gegenüber liegenden Seiten mit je drei Ständern ein Firstdach trugen. Feuerherde fehlen ausnahmslos in diesen Erdhütten, die nicht unmittelbar als Wohnungen dienten, sondern nach Ausweis ihres Inhaltes als Wirtschaftsbauten verwendet wurden. In einigen lagen zahlreiche Knochenreste, die auf Abfallgruben oder Fleischhauereien hinweisen, andere wurden als Webehütten benutzt, in denen entsprechend der in situ gefundenen Webegewichte bis zu 3—4 Webstühle standen. Wieder andere dienten, den gefundenen Steinen von Handmühlen nach, zur Mehlbereitung. Es ist bemerkenswert, daß sich Webegewichte und Mahlsteine in den Grubenfüllungen ausschließen. Von 37 freigelegten Hüttengruben lagen in 11 in größerer oder geringerer Anzahl Webegewichte und in weiteren 7 Hütten Handmühlen oder Bruchsteine davon, wobei nur in einer beide Arten von Werkzeugen gemeinsam vorkamen. Von den Hütten des 6. Jh. lassen sich die Wohngruben der späteren Siedlung leicht unterscheiden, da diese Feuerherde oder Öfen, aber keine Pfostenlöcher enthalten.

Die Verwendung gesonderter Erdhütten für wirtschaftliche Zwecke, gleichfalls ohne Herde und mit Pfostenlöchern, ist während der Völkerwanderungszeit von der Nordsee bis nach

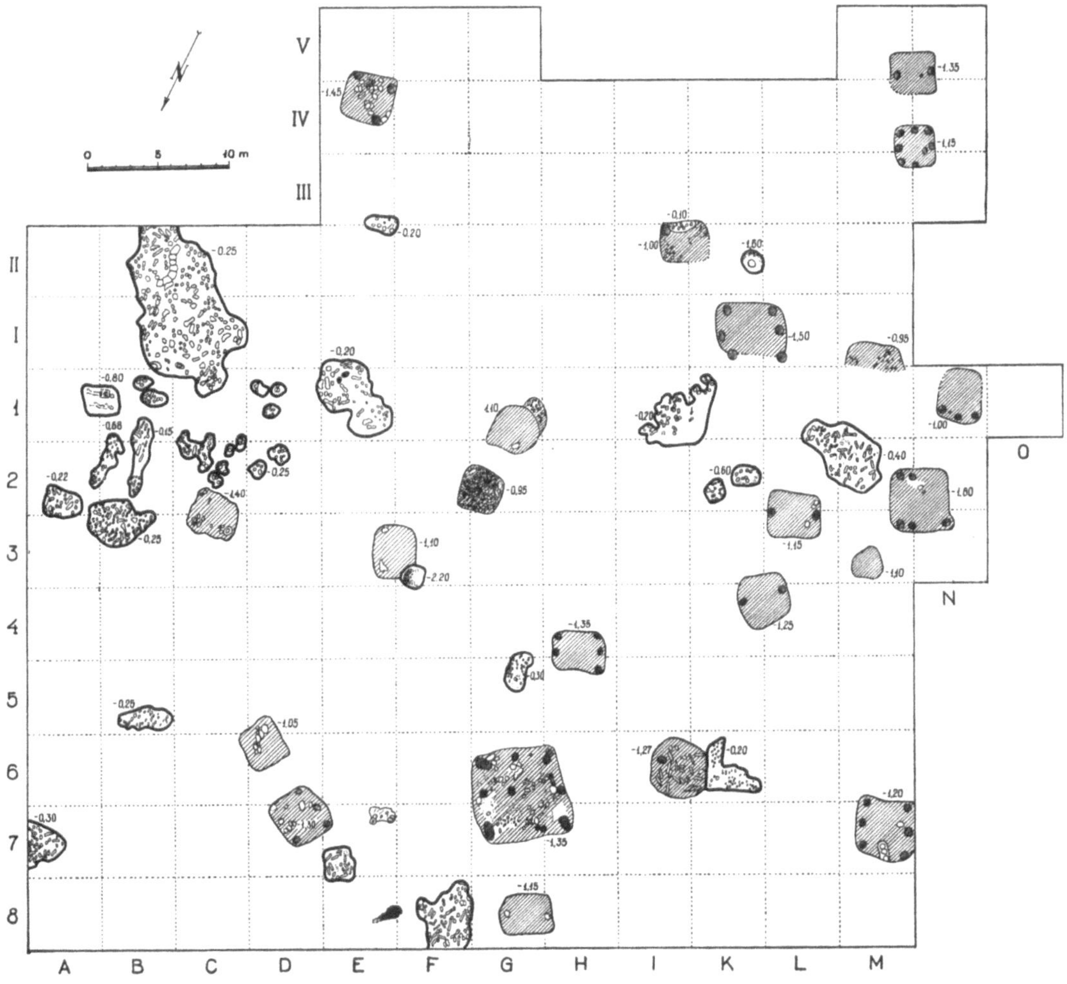

Abb. 4. Moreşti. Plan der großen Grabungsfläche auf dem „Podei“

Böhmen nachgewiesen und für die germanische Siedlungsweise kennzeichnend[1]). Dazwischen stehen dann die eigentlichen Wohnhäuser als Oberflächenbauten. Während in Moreşti für die erste Gruppe völlige Übereinstimmung herrscht, lassen sich die Wohnbauten nicht mit der gleichen Sicherheit nachweisen, da durch die spätere Besiedlung und den Ackerbau ihre Grundrisse weitgehend zerstört wurden. Auch die Hüttengruben konnten meistens erst nachgewiesen werden, wo sich ihre dunkle Füllung von dem unbewegten gelben Lehmboden abhob. Es kommen aber in geringer Tiefe (0,20—0,40 m) unregelmäßige Kieslagen von beträchtlicher Ausdehnung zum Vorschein, die den darauf gefundenen Scherben nach eindeutig zur Siedlung des 6. Jh. gehören (Taf. 2a). In ihnen wird man den nur teilweise erhaltenen Fußboden der Wohnhäuser erblicken dürfen.

Die Siedlungsweise in Moreşti ist demnach germanisch, und die zahlreichen Bruchstücke von Röhrenkannen (Abb. 5c—l), stempelverzierte Keramik, Fibeln und Metallfunde und schließlich das zur Siedlung gehörende Gräberfeld belegen als Bewohner der befestigten Siedlung von Moreşti Germanen, die der Zeit und der Gegend nach, in der sie auftreten, nur Gepiden sein können. Sie sind aber nicht die einzigen Bewohner der Siedlung. Gerade in den Wirtschaftshütten und auch sonst auf der Grabungsfläche kamen wiederholt Stilusnadeln (Taf. 1b—d) und Eisenfibeln (Taf. 1e—h) vor, die demnach häufiger getragen wurden, da sie als Zufallsfunde und nicht serienweise als Trachtenstücke in Gräbern zum Vorschein kamen. In dem gesamten Fundmaterial der gepidischen Grabinventare in der Theißebene fehlen diese beiden Fundkategorien (vgl. D. Csallány 1961) und müssen demnach einem anderen Bevölkerungsteil zugewiesen werden. Den Gegebenheiten entsprechend kann es sich dabei nur um einheimische Romanen handeln, für die z. B. in Pannonien gerade auch Stilusnadeln als kennzeichnend angesehen werden (I. Kovrig 1958, S. 71; I. Bóna 1962, S. 63). In der Keramik läßt sich die bodenständige Komponente am überzeugendsten in den späten Krausengefäßen nachweisen, bei denen im 6. Jh. der schmale Rand nach innen abgeschrägt ist (Abb. 5 m—p). Der Grabungsbefund ergibt demnach auch für die Zusammensetzung der Bevölkerung Siebenbürgens im 6. Jh. bemerkenswerte Aufschlüsse, da er nachweist, daß die Lebensgemeinschaft zwischen Germanen und Romanen enger war, als meistens vorausgesetzt wird, und in den gepidischen Sippengehöften auch romanisches Gesinde lebte. Die als germanisch nachgewiesene Wohnweise in Moreşti ermöglicht überdies, im Gegensatz dazu andere Siedlungsformen des gleichen Zeitraumes der romanischen Bevölkerung zuzuweisen. Dafür können in offenen Siedlungen vor allem Einzelwohnhütten, besonders solche mit Feuerherden, in Anspruch genommen werden.

Auf die Zeitstellung der Siedlung des 6. Jh. im einzelnen einzugehen, würde zu weit führen. Sie ist in der Hauptsache in die erste Hälfte des 6. Jh. zu datieren, wobei noch genauer untersucht werden muß, inwieweit sie bereits früher beginnt und auch noch nach 567 fortdauert.

2. Porumbenii Mici, Rayon Odorhei. Auf der linken Seite der Tîrnava Mare erhebt sich der weit sichtbare Bergrücken des „Galath" (764 m Höhe), auf dem 1956—1959 Grabungen durchgeführt wurden (Z. Székely 1959; 1962; K. Horedt, Z. Székely und St. Molnár 1962). Er mißt bei wechselnder Breite von 50—150 m in der Länge 400 m und war gleichfalls in verschiedenen Perioden bewohnt (Abb. 2a). In der Bronzezeit (Wietenbergkultur) und in römischer Zeit wurde nur die höher gelegene nördliche Hälfte des Plateaus mit der Bergkuppe besiedelt und gegen Süden durch einen mächtigen Abschnittswall geschützt. Dieser mißt an seiner Basis 11,50 m, und der vorgelagerte 15 m breite Graben ist 4,60 m tief. Seine Zeitstellung konnte durch die Verbreitung der älteren, vor dem 6. Jh. liegenden Siedlungsfunde nachgewiesen werden, die nach Süden nicht über den Wall hinausreichen. Auch lagen am

[1]) Ohne Anspruch auf Vollständigkeit sei dafür auf einige einschlägige Grabungen und Veröffentlichungen verwiesen: K. H. Wagner, L. Hussong und H. Mylius 1938; R. v. Uslar 1949; W. Krämer 1951; H. Zürn 1954; W. Winkelmann 1954; J. Werner 1962, S. 114; G. Behm-Blanke 1962; I. Pleinerová 1965.

Rande der geschützten Innenseite des Walles unten römerzeitliche Funde, auf die nach oben solche des 6. Jh. folgten. Der Wall bestand demnach schon in römischer Zeit. Vermutlich wurde damals nur ein älterer, bereits bestehender bronzezeitlicher Wall verwendet und verstärkt. Der Querwall ist mit der Umwallung nicht verbunden und demnach unabhängig von ihr entstanden.

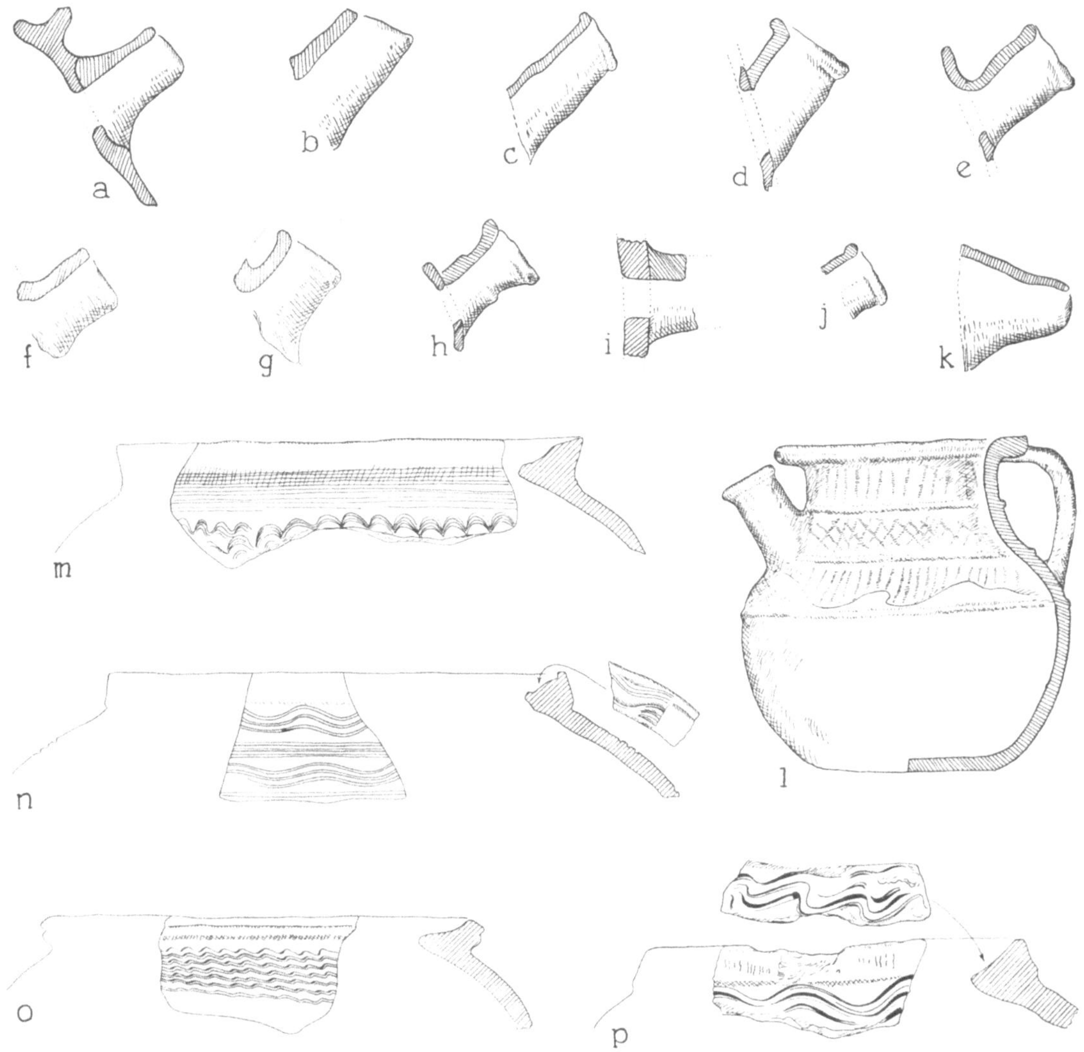

Abb. 5. Röhrenkannen aus a) Porumbenii Mici; b) Şeica Mică; c—l) Moreşti; m—p) Krausengefäße aus Moreşti. 6. Jh. u. Z. Etwa 1:3

In einem Abstand von etwa 10—15 m läuft unter dem Plateaurand auf dem Hang ein Wallgraben, der in den Abhang eingetieft ist und dessen Aushub als Wall nach außen liegt (Abb. 3b). Er hat bescheidene Ausmaße (etwa 6 m breit und 1,5 m tief), doch dient der steile, in der Verlängerung bis zum Plateaurand reichende Berghang gleichsam als Innenseite eines Grabens. Für die 1 250 m lange Umwallung läßt sich ihre Entstehung im 6. Jh. eindeutig nachweisen. Sie umschließt auch die jenseits des Abschnittswalles gelegene Südhälfte des Plateaus, die erst im 6. Jh. besiedelt wurde. Bei der Anlage des Wallgrabens wurde eine pleistozäne Schotterschicht mit faust- bis kopfgroßen Steinen angeschnitten, die für die rings um den Plateaurand gelegenen Hausfundamente verwendet wurden. Da diese Steinlagen ausschließlich durch völkerwanderungszeitliche Keramik datiert sind, muß auch der Wallgraben, aus dem das Material dafür gewonnen wurde, in der gleichen Zeit entstanden sein. Ein kleiner Abschnittsgraben, der mit der Umwallung gleichzeitig ist, schneidet den schmalen Hals, der den „Galath" mit den umliegenden Berghöhen verbindet.

Auch für die Siedlungsweise und die Verteilung der Haus- und Wirtschaftsbauten erbrachten die Grabungen einige Hinweise. Zwei lange, in der Richtung der Längs- und Querachse angelegte Schnitte (Nr. 5—9) zeigen, daß die Innenfläche des Rückens nicht besiedelt war, hingegen die Wohnhäuser mit den dazugehörenden Nebenbauten am Rande des Plateaus angelegt waren. Hier fanden sich in den durchgeführten Schnitten (Nr. 2, 3, 7, 11, 12, 14) immer wieder die erwähnten Steinpflaster, von denen eines ganz freigelegt wurde (Taf. 2b). Ihrer Form nach stellen die Steinlagen offensichtlich Hausgrundrisse dar, wobei sich ein größerer Bau (etwa 5×4 m) sowie zwei kleinere, damit zusammenhängende Hütten erkennen lassen. Im Gegensatz zu Moreşti gibt es hier nur Oberflächenbauten, da auch die Nebengebäude oberirdisch angelegt sind und während der ganzen Grabung nur eine einzige Hüttengrube im Schnitt 13 entdeckt wurde. Vermutlich lag über dem Steinpflaster eine Bohlendecke, und dieser Umstand erklärt die Spärlichkeit der Scherbenfunde auf den Hausgrundrissen, die aber nirgends fehlen und ausschließlich zur grauen völkerwanderungszeitlichen Tonware gehören. Die vermutlich geschlossene Häuserreihe am Plateaurand sicherte die Siedlung gegen fremde Eindringlinge und war durch ihre Lage auch eher wind- und wettergeschützt als auf der freien Innenfläche. Diese diente vermutlich, wie der Raum zwischen der zweiten und dritten Verteidigungslinie in Moreşti, zur Bergung der Viehherden, die durch die am Rand gelegenen Häuser eingeschlossen wurden.

Für die Datierung der völkerwanderungszeitlichen Siedlungsphase fehlen schlüssige Metallfunde, doch ist die Aussage der mit Moreşti übereinstimmenden Keramik durchaus überzeugend. Dieses gilt besonders von der Ausgußtülle einer Röhrenkanne (Abb. 5a) und einem stempelverzierten Bruchstück aus der Grabenfüllung der Umwallung (K. Horedt, Z. Székely und St. Molnár 1962, S. 637, Abb. 5/22). Sie erschließen als Zeitstellung der Siedlung das 6. und die erste Hälfte des 7. Jh., ohne daß es gegenwärtig möglich wäre, diesen Zeitraum enger zu begrenzen.

3. Şeica Mică, Rayon Mediaş. Im Tal der Tîrnava Mare erstreckt sich auf der linken Seite zwischen Şeica Mică und Copşa Mică ein etwa 650 m langer und 25—150 m breiter Ausläufer der Berghöhen in das Flußtal. Der leicht zu verteidigende Bergrücken war zu verschiedenen Zeiten besiedelt und ist in der archäologischen Literatur seit über hundert Jahren bekannt. Eine 1962 durchgeführte Probegrabung hatte zur Aufgabe, die Zeitstellung der einzelnen Siedlungsphasen zu klären, den Verlauf der verschiedenen Wallzüge im Gelände festzulegen und nach Möglichkeit ihre Zugehörigkeit zu den vorhandenen Siedlungen zu bestimmen (K. Horedt 1964). Das Plateau war in der Bronzezeit (Wietenbergkultur), in der Hallstatt- (Ha C) und in der Spätlatènezeit (dakisch), in römischer Zeit sowie im 6. und 13. Jh. bewohnt. Mit Ausnahme der hallstatt- und völkerwanderungszeitlichen Siedlung reichen die Funde der übrigen Perioden nach Süden nicht über den IV. Abschnittsgraben hinaus und besitzen gegenüber den beiden genannten Siedlungsphasen eine untergeordnete Bedeutung.

Das Bergplateau wird durch vier Abschnittswälle (I—IV) gegliedert, wobei die beiden äußeren und die beiden inneren Linien nach Osten durch niedrige, in den Berghang eingetiefte Wallgräben miteinander verbunden sind (V—VI).

Wenn sich die Datierung der Wälle auch nicht mit eindeutiger Sicherheit festlegen läßt, so bieten die durchgeführten Untersuchungen doch gewisse Anhaltspunkte, die die Zahl der möglichen Lösungen einschränken. Wall II und III sind nach dem Grabungsbefund hallstattzeitlich. Der innerste Graben IV kann von allen Siedlungen verwendet worden sein, doch dürfte er wegen seiner bedeutenden Ausmaße seine gegenwärtige Gestalt erst im 13. Jh. erhalten haben. Der Wall I ist niedriger als Wall II und entspricht seinen Dimensionen nach den Wällen von Moreşti. Da außerdem innen an ihn eine völkerwanderungszeitliche Hütte anschließt, ist es wahrscheinlich, daß er im 6. Jh. zur Vergrößerung der Siedlungsfläche oder des Bergungsraumes der Herden aufgeführt wurde. Zur Sicherung der Ostseite wurden damals wahrscheinlich auch die Porumbenii Mici entsprechenden Wallgräben V und VI angelegt. Im Graben V kam auch die Ausgußröhre einer Kanne zum Vorschein (Abb. 5b). Zusammenfassend ergibt sich demnach vermutlich folgende zeitliche Gliederung der Wälle: IV kann von der Bronzezeit bis in das 13. Jh. benutzt worden sein, II und III sind hallstattzeitlich und I, V und VI völkerwanderungszeitlich.

Genauere Aufschlüsse über die Wohn- und Siedlungsweise des 6. Jh. liegen nicht vor, doch ist die kennzeichnende graue Tonware etwa gleichmäßig über das ganze Gelände verbreitet und in jedem Schnitt anzutreffen.

Die Datierung der Siedlung in das 6. Jh. wird durch die Keramik gesichert, wobei wieder das Vorkommen einer Röhrenkanne hervorzuheben ist. Außerdem wurde 1856 im Flußtal in einem Abstand von ungefähr 3,8 km von der Siedlung ein Schatzfund mit etwa 50 oder 80—100 byzantinischen Münzen entdeckt. Die Münzen reichen von Theodosius II. bis zu Justinus I. und umfassen den Zeitraum von 443/444—527. Im gleichen Jahr und etwa in derselben Richtung kamen auch Schmucksachen zum Vorschein, von denen im Kunsthistorischen Museum in Wien eine spiralverzierte Sprossenfibel (abgebildet u. a. bei R. Noll 1958, Abb. 29; K. Horedt 1964, S. 201, Abb. 8) und ein polyedrischer Goldohrring (K. Horedt 1964, S. 201, Abb. 9) aufbewahrt werden. Den Fundberichten nach scheint es sich um zwei getrennte Entdeckungen zu handeln, doch lassen das gleiche Fundjahr, dieselbe Zeitstellung der Funde und etwa der gleiche Flurteil die Annahme eines einzigen Schatz- oder Grabfundes als wahrscheinlich erscheinen. Jedenfalls ist es begründet, zwischen dem Fund, bzw. zwischen seinen beiden Teilen und der nahegelegenen befestigten Siedlung des 6. Jh. eine ursächliche Verbindung anzunehmen und ihn mit den dortigen Bewohnern in Zusammenhang zu bringen. Mittelbar stützt der Fund dann auch die Datierung der Siedlung in das 6. Jh.

Von den drei beschriebenen befestigten Siedlungen enthalten zwei auch ältere Verteidigungsanlagen, die in Porumbenii Mici und in Şeica Mică im 6. Jh. ergänzt und erweitert wurden, während in Moreşti die Einheitlichkeit und Gleichzeitigkeit der Wallinien anzunehmen ist. Bei aller durch die Geländegestaltung bedingten Verschiedenheit ist die Siedlungsfläche als gemeinsames Kennzeichen durch gestaffelte Wallzüge in zwei oder drei Abschnitte geteilt. Diese kann man aber nicht als Haupt- oder Vorburgen im eigentlichen Sinn bezeichnen, da die strategischen Erfordernisse und die gesellschaftliche Entwicklung dafür noch zu wenig differenziert waren. Nach dem Beispiel von Moreşti wird man den Raum der „Vorburg" bzw. der Innenfläche in Porumbenii Mici eher als Bergungsplatz für Herden deuten müssen. Bei keiner der drei Siedlungen konnten besonders hergerichtete oder verteidigte Tore nachgewiesen werden, ein weiterer Hinweis für eine noch primitive Gestaltung der Wehranlagen. Ebenso fehlt ausnahmslos die Verwendung von Steinmaterial für fortifikatorische Zwecke im 6. Jh., obwohl dieses ausreichend zur Verfügung gestanden hätte.

Völkerwanderungszeitliche Befestigungen sind nicht häufig (vgl. R. v. Uslar 1964, S. 16 bis 33) und zählen auch in Siebenbürgen zu den Seltenheiten, wobei teilweise ursprünglich vorgeschichtliche Anlagen wieder verwendet oder erweitert wurden. Nach der Preisgabe Daciens im Jahre 271 blieben die zahlreichen Militärlager unbewohnt, und die in größeren Städten zurückgebliebene Bevölkerung suchte z. B. in Sarmizegetusa und in Alba Iulia in größeren Baulichkeiten Schutz. Die Dorfgemeinschaften scheinen nahegelegene villae rusticae auch weiter bewohnt zu haben, doch zogen sie sich vermutlich auch auf Höhensiedlungen zurück, wie vielleicht die um 300 u. Z. anzusetzende, mit Wällen befestigte Siedlung von Proştea Mică, Rayon Mediaş, nahelegen könnte (N. Lupu 1961). Bis in das 6. Jh. fehlen dann befestigte Siedlungen, doch stimmt diese Erscheinung mit der auch sonst festgestellten Spärlichkeit völkerwanderungszeitlicher Befestigungen überein.

Die in Siebenbürgen verbliebene Provinzialbevölkerung scheint bis zum Hunneneinfall nur mittelbar von der Völkerwanderung betroffen worden zu sein, da möglicherweise die Goten erst nach 376 und nicht, wie bisher angenommen wurde, bereits nach 271 in Siebenbürgen eindrangen. Im 6. Jh. ist aber hier jedenfalls mit zwei Bevölkerungsteilen, mit Romanen und Gepiden, zu rechnen (C. Daicoviciu 1965, S. 51—52). In Moreşti ist die Belegung durch Gepiden gesichert, und ihre Anwesenheit kann auch in Şeica Mică auf Grund des nahegelegenen Schatz- oder Grabfundes angenommen werden. Für Porumbenii Mici fehlen bestimmende Metallfunde, doch sind auch hier stempelverzierte Keramik und eine Röhrenkanne nachgewiesen. Diese Gefäßform wurde, obwohl das keramische Material aus anderen offenen Siedlungen des 6. Jh. zahlreich und vielgestaltig ist, bisher in Siebenbürgen nur in den drei genannten befestigten Siedlungen angetroffen. Wenn auch die aus diesem Befund gezogenen Folgerungen durch zukünftige Funde hinfällig werden können, so ist es doch auffällig, daß Röhrenkannen bisher nur in befestigten Siedlungen gefunden wurden, von denen zwei sicher und eine vermutlich von Gepiden bewohnt waren. Röhrenkannen scheinen demnach eine der seltenen Gefäßformen darzustellen, die, ähnlich der dakischen Henkeltasse, für ethnische Deutungen herangezogen und im 6. Jh. den Germanen zugewiesen werden können. Allein in Moreşti sind etwa so viele Stücke davon bekannt, wie bei den Gepiden und Langobarden in ganz Ungarn (D. Csallány 1961; J. Werner 1962). Im Gegensatz zu den Siedlungsfunden aus Siebenbürgen sind es dort aber Grabbeigaben, die dementsprechend reich verziert und sorgfältiger gearbeitet sind.

Treffen die gegebenen ethnischen Hinweise zu, so lassen sich daraus für die Siedlungsverhältnisse des 6. Jh. in Siebenbürgen einige Folgerungen ziehen. Nachdem die Gepiden unter der Führung von Ardarich nach dem Tode Attilas die hunnische Macht zerschlagen hatten, nahmen sie die Theißebene in Besitz. Von diesem Kerngebiet ihrer Herrschaft aus stießen sie dann in der zweiten Hälfte des 5. Jh. nach Süden vor und eroberten nach 471 Syrmium. Um die gleiche Zeit drangen sie auch in Siebenbürgen ein (vgl. auch Jordanes, Getica 264, 33, 74), doch waren sie nicht genügend zahlreich, um dieses Gebiet einheitlich zu besiedeln. Sie erscheinen nur in einigen größeren Gruppen am Mittellauf des Mureş, in der Umgebung von Moreşti und in der siebenbürgischen Heide oder im Tal der Tîrnava Mare, wie z. B. in Şeica Mică oder in Porumbenii Mici. Die offenen Siedlungen in dem gleichen Raum scheinen somit auch von Romanen bewohnt gewesen zu sein. Auf Grund bestimmter Fundgruppen wurde außerdem versucht, die Anwesenheit von Romanen auch in der befestigten Siedlung von Moreşti nachzuweisen und für die Siedlungsweise der beiden Volksgruppen bestimmte Merkmale festzulegen.

Es ergeben sich somit in Siebenbürgen aufschlußreiche Wechselwirkungen zwischen befestigten und offenen Siedlungen im 6. Jh., ihrer Siedlungsweise, ihrem Fundgut und den Möglichkeiten ihrer ethnischen Deutung. Für die Klärung und Lösung dieser Forschungsanliegen bieten auch die drei behandelten Siedlungen einen Beitrag.

Zusammenfassung

Es werden drei befestigte Siedlungen des 6. Jh. aus Moreşti, Porumbenii Mici und Şeica Mică beschrieben und die Datierung ihrer Befestigungsanlagen erörtert. Es handelt sich um bereits in vorgeschichtlicher Zeit bewohnte und befestigte Plätze, die aber auch im 6. Jh. belegt waren und deren Erdwälle im 6. Jh. erweitert oder errichtet wurden.

Sie sind mit den Gepiden in Zusammenhang zu bringen und ermöglichen aufschlußreiche Feststellungen über Wohn- und Siedlungsweise der romanischen und germanischen Bevölkerung Siebenbürgens im 6. Jh. u. Z.

Literaturverzeichnis

Behm-Blanke, G. 1962	Zur sozialökonomischen Deutung germanischer Siedlungen der Römischen Kaiserzeit auf deutschem Boden, in: Aus Ur- und Frühgeschichte, Berlin, S. 64–84.
Bóna, I. 1962	Beiträge zu den ethnischen Verhältnissen des 6.–7. Jahrhunderts in Westungarn, in: Alba Regia 2–3, 1961–1962, S. 49–68.
Comşa, M. 1961	Buchbesprechung von K. Horedt, Contribuţii la istoria Transilvaniei în secolele IV–XIII, Bucureşti 1958, in: Dacia, N. S. 5, S. 611–616.
Csallány, D. 1961	Archäologische Denkmäler der Gepiden im Mitteldonaubecken (454–568 u. Z.), Budapest.
Daicoviciu, C. 1965	in: Brève histoire de la Transylvanie, Bucarest.
Grimm, P. 1958	Die vor- und frühgeschichtlichen Burgwälle der Bezirke Halle und Magdeburg, Berlin.
Grimm, P. 1961	Stand und Aufgaben der archäologischen Pfalzenforschung in den Bezirken Halle und Magdeburg, Berlin.
Horedt, K. 1957a	Şantierul arheologic Moreşti, in: Materiale şi cercetări arheologice 4, S. 175–186.
Horedt, K. 1957b	Die befestigte Ansiedlung von Moreşti und ihre frühgeschichtliche Bedeutung, in: Dacia, N. S. 1, S. 297–308.
Horedt, K. 1959	Săpăturile de la Moreşti, in: Materiale şi cercetări arhelogice 5, S. 83–89.
Horedt, K., Székely, Z., und Molnár, St. 1962	Săpăturile de la Porumbenii Mici, in: Materiale şi cercetări arheologice 8, S. 633–641.
Horedt, K. 1964	Aşezarea fortificată de la Şeica Mică (raionul Mediaş), in: Studii şi cercetări de istrorie veche 15, S. 187–204.
Kovrig, I. 1958	Megjegyzések a Keszthely - kultura kérdéséhez, in: Archaeologiai Értesitö 85, S. 66–74.
Krämer, W. 1951	Frühmittelalterliche Siedlung bei Burgheim, Ldkr. Neuburg a. d. Donau, in: Germania 29, S. 139–141.
Lupu, N. 1961	Ein Körpergrab aus dem 3. Jahrhundert bei Kleinprobstdorf - Proştea Mică (Rayon Mediasch), in: Forschungen zur Volks- und Landeskunde 5, S. 153–163.
Noll, R. 1958	Vom Altertum zum Mittelalter, Wien.
Pleinerová, I. 1965	Výzkum osady z doby stěhováni národů a z doby slovanské Březně u Loun, in: Archeologické rozhledy 17, S. 495–529.
Poulík, J. 1959	The Latest Archaeological Discouveries from the Period of the Great Moravian Empire, in: Historica 1, S. 7–70.
Székely, Z. 1959	Săpăturile arheologice de la Porumbenii Mici, in: Materiale şi cercetări arheologice 6, S. 523–530.
Székely, Z. 1962	Săpăturile arheologice de la Porumbenii Mici, in: Materiale şi cercetări arheologice 8, S. 25–33.
Šolle, M. 1966	Stará Kouřim a projevy velkomoravské hmotné kultury v Čechách, Praha.
Uslar, R. v. 1949	Die germanische Siedlung in Haldern bei Wesel am Niederrhein, in: Bonner Jahrbücher 149, S. 105–145.
Uslar, R. v. 1964	Studien zu frühgeschichtlichen Befestigungen, Köln–Graz.
Wagner, K. H., Hussong, L., und Mylius, H. 1938	Fränkische Siedlung bei Gladbach, Kr. Neuwied, in: Germania 22, S. 180–190.
Werner, J. 1962	Die Langobarden in Pannonien, München.
Winkelmann, W. 1954	Eine westfälische Siedlung des 8. Jahrhunderts bei Warendorf, Kr. Warendorf, in: Germania 32, S. 189–213.
Zürn, H. 1954	Eine frühmittelalterliche Siedlung bei Geislingen an der Steige - Altenstadt (Kr. Göppingen), in: Fundberichte aus Schwaben, N. F. 14, S. 145–148.

Grundherrschaft, Handwerk und Markt im Gebiet von Paris in der Mitte des 9. Jahrhunderts

Von Waltraut Bleiber, Berlin

Mit 1 Textabbildung

Als sich der italienische Historiker Cipolla vor zwei Jahrzehnten zu den Auseinandersetzungen äußerte, die damals besonders lebhaft um Pirennes Ansichten zur frühmittelalterlichen Wirtschafts- und Sozialgeschichte geführt wurden, verwies er sehr nachdrücklich auf die Bedeutung, die Form und Ausmaß der Arbeitsteilung für die ökonomische Struktur einer Gesellschaft besitzen. Mit seinen Ausführungen wollte er darauf aufmerksam machen, daß in den seinerzeit geführten Diskussionen die Erörterung grundlegender Probleme allzusehr zugunsten der Beschäftigung mit zweitrangigen Fragen vernachlässigt worden sei (C. Cipolla 1949, S. 5ff.). In ihrer Grundsätzlichkeit erinnern an diese Kritik die Gedanken, die der westdeutsche Historiker Haase zu dem Band vortrug, den das Institut für geschichtliche Landesforschung des Bodenseegebietes der frühen Stadtgeschichte widmete (Vorträge und Forschungen 1958). Haase kam zu dem Ergebnis, daß die „Kernfrage, warum es überhaupt zur Ausbildung des mittelalterlichen Städtewesens kommt, d. h. die Frage nach den geistigen, wirtschaftlichen und sozialen Hintergründen dieses Phänomens ... im Grunde völlig unbeantwortet“ sei (C. Haase 1959, S. 393).

Natürlich können und sollen nicht die Fortschritte in Abrede gestellt werden, die in der Erforschung der Vor- und Frühgeschichte der mittelalterlichen Stadt in den letzten Jahrzehnten gemacht worden sind. Aber gerade neue und neueste Arbeiten zu dieser Thematik lassen erkennen, daß sich aufschlußreiche und weiterführende Ergebnisse seitens der Historiker besonders dann erreichen lassen, wenn Problemkreise in die Untersuchungen einbezogen werden, die bisher am Rande des Interesses lagen (J. A. Levickij 1960; W. Heß 1962, S. 26ff.; H. Ammann 1962, S. 69ff.). Insofern erscheint die kritische Haltung, die Cipolla und Haase zu den bisherigen Forschungen einnehmen, vollauf gerechtfertigt. Die Frage nach der Arbeitsteilung, die von Cipolla so nachdrücklich gestellt wurde, gehört zweifelsohne mit zu den Themenkreisen, die bisher nicht das Maß an Aufmerksamkeit erhielten, das ihnen gebührt. Ähnliches trifft für die damit im Zusammenhang stehende Frage nach den Anfängen der Einbeziehung der bäuerlichen Wirtschaft in die sich entwickelnden Waren-Geldbeziehungen zu.

Der Versuch, die aufgeworfenen Fragen für eine größere politische Einheit zu beantworten, bedarf langer und eingehender Untersuchungen. Schon aus diesem Grunde, aber auch wegen der an dieser Stelle gebotenen Beschränkung verbietet sich hier ein solches Unterfangen. Es soll deshalb versucht werden, ihnen an Hand eines beschränkteren Gebietes nachzugehen. Die Wahl fiel auf Paris und seine Umgebung, weil hier im 9. Jh. einerseits Grundherrschaften von hervorragender Bedeutung ihren Sitz hatten und andererseits Erscheinungen warengeldwirtschaftlicher Natur nicht zu übersehen sind.

Das um 829 entstandene (W. Metz 1960, S. 25) Polyptychon des Klosters Saint-Germain-des-Prés gibt reiche Auskünfte über Umfang und Verwaltung der Güter einer solchen Grundherrschaft sowie über die Feudalrente, die dem Kloster von diesen Gütern zufloß. Eine Erfassung der Siedlungen des zu untersuchenden Gebietes, für die das Polyptychon Güter des Klosters verzeichnet, zeigt, daß nahezu für alle in der Umgebung von Paris gelegenen

Siedlungen Leistungen bäuerlicher Wirtschaften auftreten, für die Geldbeträge genannt werden[1]). Die Frage, die sich aus dieser Tatsache für uns ergibt, ist, ob Grundherrschaften und speziell geistliche Grundherrschaften zu der Zeit, als das Polyptychon entstand, in der Umgebung von Paris die Feudalrente tatsächlich teilweise bereits in Geld erhoben oder ob wir es hier mit bloßen Recheneinheiten zu tun haben. Sie ist im Falle ihrer Bejahung zu erweitern auf die Frage nach den ökonomischen Faktoren, die ein so frühes Auftreten der Geldrente ermöglichten.

Im Raum von Paris wurden während der Regierungszeit Ludwigs des Frommen und vor allem während der Karls des Kahlen sowie zur Zeit Karls des Einfältigen in einer Reihe von Orten Münzen geprägt. Nach den Angaben, die wir bisher besitzen, existierten in dieser Periode in Paris, in Saint-Denis, in Chelles, in Senlis, in Melun und in Meaux Münzateliers (M. Prou 1896, Nr. 317ff., Nr. 342ff., Nr. 358, Nr. 370ff., Nr. 359ff.; F. Vercauteren 1934a, S. 257; F. Vercauteren 1934b, S. 750ff.; L. Lafaurie 1965, S. 284). Keine dieser Siedlungen ist mehr als fünfundvierzig Kilometer von Paris entfernt, so daß sich für den auf diese Weise erfaßten Raum eine relativ dichte Streuung von Münzorten ergibt. Es ist hier nicht der Platz zu prüfen, wie diese offensichtliche Dezentralisierung der Prägetätigkeit im untersuchten Gebiet mit den auf Zentralisierung des Münzwesens gerichteten Maßnahmen der ersten Karolinger (M. Prou 1896, S. XLIXff.) korrespondierte. Wichtig ist für unsere Fragestellung aber, daß durch dieses gehäufte Auftreten von Münzateliers ein real existierendes Bedürfnis nach gemünztem Geld sichtbar wird. Natürlich steht dieses Bedürfnis im Zusammenhang mit dem nicht unbeträchtlichen Fernhandel, an dem das Pariser Gebiet im 9. Jh. beteiligt gewesen ist. Das wird allein schon durch die Tatsache verdeutlicht, daß die Prägungen von Saint-Denis, dem bevorzugten Fernhandelsplatz dieser Gegend, und von Paris hin und wieder in Schatzfunden begegnen, die in beträchtlicher Entfernung gehoben wurden[2]). Jedoch sind die nachweisbaren Münzateliers keineswegs auf die Fernhandelsplätze von Bedeutung beschränkt. So arbeiteten die Münzateliers von Melun und Meaux zwar in Flußsiedlungen, aber diese dürften als Plätze wirklichen Fernhandels hinter Saint-Denis ebensoweit zurückgestanden haben wie Senlis und Chelles, das nur knapp eine Tagesreise von Paris entfernt gelegen war.

Paris hat mit seiner Umgebung um die Mitte des 9. Jh. jedoch nicht nur diese Münzateliers und Aufzeichnungen geistlicher Grundherrschaften aufzuweisen, in denen mit Geldbeträgen operiert wird[3]). Größtes Interesse rufen im Zusammenhang mit diesen beiden Erscheinungen die Märkte hervor, die annähernd zur gleichen Zeit in größerer Zahl in den Quellen aufzutreten beginnen. Am bekanntesten ist der Jahrmarkt von Saint-Denis, auf dem wenigstens seit der ersten Hälfte des 7. Jh. alljährlich im Oktober in der Regel im Wik des Klosters, mitunter aber auch vor den Toren von Paris Wein und andere landwirtschaftliche Erzeugnisse der Gegend gehandelt wurden (L. Levillain 1930, S. 5ff.; T. Endemann 1964, S. 11ff.). Einen Markt besaß um die Mitte und in der zweiten Hälfte des 9. Jh. auch Paris selbst. Auf sein Vorhandensein deutet allein schon die Tatsache hin, daß hier ein aktives Münzatelier bestand (M. Prou 1896, Nr. 317—332). Darüber hinaus werden in einem im späten 9. Jh. entstandenen (A. Friedmann 1959, S. 26) Verzeichnis von Grundstücken, die das bei Paris gelegene Kloster Saint-Maur-des-Fossés „in Parisius civitate" besaß, zwei

[1]) Polyptychon, 2, 1886—95, I, Jouy-en-Josas, § 27, 28, 37, 40, 42; II, Palaiseau, § 1ff.; III, La Celle-les-Bordes, § 1ff.; IV, Gagny, § 2ff.; V, Verrières, § 2ff.; VI, Epinay-sur-Orge, § 3ff.; VII, La Celle-Saint-Cloud, § 4ff.; XIV, Thiais, § 3ff.; XV, Villeneuve-Saint-Georges, § 3ff.; XVI, Combs-La-Ville, § 3ff.; XXI, Mault, § 4ff.; XXIV, Béconcelle, § 2ff.; XXV, Maisons, § 2ff. Dagegen stellen die Orte, für die keine Geldbeträge verzeichnet werden, Ausnahmen dar; vgl. etwa XVII, Morsang-sur-Seine und XVII, Coudray-sur-Seine.

[2]) Für die Zeit bis 800 stellt jetzt die Funde übersichtlich und mit Ausführungen zu ihrer wirtschaftsgeschichtlichen Deutung H. H. Völckers 1965, S. 28ff. zusammen. Für die folgende Zeit vgl. die Angaben bei H. Jankuhn 1953, S. 230f., mit weiteren Literaturangaben; T. Kiersnowska 1961, S. 90; P. Pinette 1897, S. 43ff.

[3]) Wir besitzen auch für andere Grundherrschaften, allerdings nicht in so reichem Maße wie für Saint-Germain-des-Prés, solche Angaben. Vgl. das Bruchstück eines Polyptychons des Klosters Saint-Maur-des-Fossés, in: Polyptyque de l'abbé Irminon, hrg. von B. Guérard, Bd. 2, Paris 1844, S. 283ff.

Grundstücke genannt, deren einer Ausgang jeweils „in via publica“, ein zweiter aber „in Marcado“ lag (Cartulaire général de Paris 1, Nr. 54). Die Frage, die sich hier allerdings ergibt, ist, ob dieser Markt innerhalb oder außerhalb der ummauerten civitas gelegen war. Da der Verfasser des zitierten Verzeichnisses ausdrücklich sagt, die von ihm beschriebenen Grundstücke seien „in Parisius civitate“ gelegen, ist anzunehmen, daß sie allesamt und damit auch der Markt in der civitas selbst zu suchen sind. Es kommt hinzu, daß man nach dem Sprachgebrauch jener Zeit erwarten möchte, daß, wären die Grundstücke außerhalb der Mauern gelegen gewesen, dies durch den Hinweis auf ihre Lage im suburbium kenntlich gemacht worden wäre. Es ist durchaus denkbar, daß es sich bei dem in diesem Verzeichnis erwähnten Markt bereits um die gleiche Anlage handelte, die für das folgende Jh. ganz im Süden der ummauerten civitas in der Nähe der kleinen Brücke nachgewiesen worden ist (L. Halphen 1909, S. 5; F. L. Ganshof 1943, S. 30). Die genannte Quelle bietet nichts, woraus entnommen werden könnte, um was für einen Markt es sich gehandelt hat. Wir müssen deshalb zunächst die Frage offenlassen, ob Paris damals einen Jahr-, einen Wochen- oder einen Tagesmarkt besaß. Hinweise für die Deutung des Charakters, den Handel und Marktverkehr in der zweiten Hälfte des 9. Jh. in Paris und in seiner allernächsten Umgebung hatten, ergeben sich aber aus anderen Erscheinungen. Hierher gehört der Nachweis mehrerer Märkte in geringer Entfernung von Paris, über deren Charakter wir klare Vorstellungen besitzen. Sie lassen mit einiger Sicherheit darauf schließen, daß in oder bei Paris zu dieser Zeit ein Lokalmarkt vorhanden gewesen ist. Im Januar 864 schenkte Karl der Kahle den in Pontoise bestehenden Wochenmarkt dem Kloster Saint-Denis (Recueil des actes de Charles II., 2, 1952, S. 93ff., Nr. 263, Original). Pontoise liegt etwa 25 km nordwestlich von Paris an der Oise wenig oberhalb ihrer Mündung in die Seine. Reichlich vier Jahre später, nämlich im April 869, übertrug der gleiche Herrscher dem Kloster den Markt, der allwöchentlich dienstags in Cormeilles-en-Vexin stattfand (ebenda S. 210ff., Nr. 323, Original). Beide Märkte werden in den Urkunden ausdrücklich als Wochenmärkte bezeichnet. Es gibt deshalb u. E. keinen Grund zu bezweifeln, daß sowohl in Pontoise wie in Cormeilles wöchentlich Markt gehalten wurde[4]). Dies ist insofern von außergewöhnlichem Interesse, als die beiden Orte nur etwa zehn Kilometer voneinander und rund eine Tagesreise von Paris entfernt waren.

Die Gunst der Umstände, die uns diese Quellen erhalten hat, läßt hier für die Beantwortung der Frage nach dem Ausmaß und den Formen der in der zweiten Hälfte des 9. Jh. im Gebiet von Paris existierenden Arbeitsteilung sowie nach der Einbeziehung bäuerlicher Wirtschaften in warenwirtschaftliche Verhältnisse sehr wesentliche Erscheinungen sichtbar werden. Die Entwicklung eines mehr oder weniger geregelten, sich auf wöchentlich stattfindenden Märkten konzentrierenden Austausches kann nicht durch den Fernhandel allein und eine der Arbeitsteilung entbehrende Ökonomie erklärt werden. Die Forschung wird sich die Frage vorzulegen haben, welche sozialen Schichten dieser Märkte bedurften, um allwöchentlich bestimmte Güter zu kaufen und dementsprechend andere zu verkaufen.

Die Lösung dieses Problems zunächst für ein räumlich begrenztes Gebiet gewinnt noch an Interesse, wenn wir uns die Tatsache vor Augen halten, daß mit den bisher genannten Märkten deren Zahl für Paris und seine Umgebung nicht erschöpft und in dem einen oder anderen Fall vielleicht sogar schon mit der Existenz von Tagesmärkten zu rechnen ist.

[4]) T. Endemann 1964, S. 183 u. a., will aus der Verwendung solcher Termini wie conveniens, confluens oder discurrens in bestimmten Urkunden schließen, daß die betreffenden Märkte nur einen fluktuierenden, nichtständigen Charakter hatten. Aber für eine solche Einschränkung liegt u. E. kein Grund vor, und sie ist auch aus den angeführten sprachlichen Faktoren kaum abzuleiten. Sie dürften sich viel eher daraus erklären, daß im Zusammenhang mit den Märkten die Vorstellung der hier zusammenströmenden Menschen auftrat und in die Urkundensprache Eingang fand. Das gleiche Bild findet sich denn auch in erzählenden Quellen im Zusammenhang mit dem Marktverkehr in der bezeichnenden Verbindung „populus confluere“, MG SS 15, 1887, S. 496, Z. 26.

Wir besitzen eine auf den Namen Karls des Großen gefälschte Urkunde, in der neben anderen auch zwei Marktorte genannt werden, die in unser Untersuchungsgebiet gehören. Es handelt sich einmal um Mours, das etwa 20 km oberhalb Pontoise an der Oise liegt, und zum anderen um Plaisir, etwa 20 km westlich von Paris. Die Fälschung gibt vor, Karl der Große hätte dem Kloster Saint-Denis zugestanden, daß in diesen beiden Orten ebenso wie in Leberau im Elsaß und in Salonne täglich mit Lebensmitteln gehandelt und an jedem beliebigen Tag der Woche Markt gehalten werde. Sie ist auf den 20. 4. 781 datiert (MG DD Karol., 1, 1906, S. 319ff., Nr. 233), aber für die Beantwortung der Frage, seit wann die von ihr genannten Märkte existierten, ist selbstverständlich der Zeitpunkt entscheidend, zu dem sie entstand. Dieser Zeitpunkt wird von Mühlbacher nicht genau bestimmt, er rückt ihn aber in die Nähe der Entstehungszeit einer zweiten Fälschung von Saint-Denis[5]), die um die Mitte des 9. Jh. angefertigt worden ist (ebenda S. 329ff., Nr. 238). Eine Urkunde Karls des Kahlen vom 19. 9. 862, mit der er die Zuweisung bestimmter Güter und Einnahmen durch Abt Ludwig an die Mönche von Saint-Denis bestätigt, nennt das oben bereits behandelte Cormeilles neben Mours, ohne jedoch die Märkte zu erwähnen (Recueil des actes de Charles II., 2, 1952, S. 56ff., Nr. 247). Für Cormeilles-en-Vexin ist das nicht anders zu erwarten, da der hier bestehende Markt erst 869 dem Kloster geschenkt wurde. Für Mours aber werden wir aus dieser Tatsache zu folgern haben, daß die oben angeführte, auf den Namen Karls des Großen gefälschte Urkunde nach dem 19. 9. 862, dem Ausstellungstag der Bestätigungsurkunde Karls des Kahlen, angefertigt worden ist. Denn entweder existierte der Markt in Mours zu diesem Termin noch nicht, oder er gehörte damals nicht dem Kloster. Es ist jedenfalls wenig wahrscheinlich, daß er in der Bestätigungsurkunde nicht erwähnt worden wäre, wenn Saint-Denis für ihn hätte Rechte geltend machen können. Natürlich ist damit nicht bewiesen, daß die Märkte in Mours und Plaisir in der zweiten Hälfte des 9. Jh. tatsächlich bereits existierten. Denn völlige Klarheit über den terminus ante quem ihrer Entstehung werden wir erst in dem Augenblick besitzen, in dem die Fälschung chronologisch eindeutig eingeordnet ist. Aber immerhin muß auffallen, daß Karl der Kahle für Saint-Denis während der letzten fünfzehn Jahre seiner Regierung eine beträchtliche Anzahl von Urkunden ausstellte, die alle Märkte betrafen. Es spricht deshalb durchaus einiges dafür, daß die behandelte Fälschung ebenfalls in dieser Zeit entstanden ist. Möglicherweise wollte sich das Kloster auf diese Weise Rechte und Einnahmen verschaffen, auf die zu verzichten das Königtum nicht gewillt war[6]).

Kehren wir an dieser Stelle nochmals zu der Frage nach der Art des in Paris existierenden Marktes zurück. Der Nachweis von Lokalmärkten in der unmittelbaren Umgebung von Paris macht deutlich, daß dieses Gebiet eine lokale Warenzirkulation kannte. Diese Feststellung legt den Schluß nahe, daß auch die civitas selbst bereits über einen wöchentlichen, wahrscheinlich aber sogar über einen Tagesmarkt verfügte[7]).

Mit den bisher behandelten Märkten ist deren Anzahl jedoch noch nicht erschöpft. Die Forschung neigt heute mit Recht zu der Ansicht, daß zu den civitates der karolingischen Zeit der Markt gehörte. Sie stützt sich dabei auf ein Kapitular Pippins aus dem Jahre 744, das das Abhalten von Märkten für alle civitates anordnete (H. Büttner 1958, S. 158f.; W. Heß 1962, S. 44f.; T. Endemann 1964, S. 172f.). Diese Auffassung wird für unser Untersuchungsgebiet durch mehrere Zollprivilegien gestützt, in denen als Orte des Handels neben portus und castella die civitates genannt werden[8]). In der zu untersuchenden Periode dürfte

[5]) „Die Fälschung selbst, deren äußerste Zeitgrenzen Ende des 9. und des 12. Jh. sind, dürfte der Fälschung n° 238, mit der sie sich inhaltlich berührt, auch zeitlich nicht gar ferne stehen": MG DD Karol., 1, 1906, S. 320.

[6]) Bei den in der Fälschung erwähnten Märkten handelt es sich durchweg um Tagesmärkte, und der Besitz der Marktrechte mußte gerade in ihrem Falle also besonders vorteilhaft sein.

[7]) Tagesmärkte sind in dieser Zeit für andere civitates urkundlich belegt, so für Besançon 871; T. Endeman 1964, S. 99.

[8]) Recueil des actes de Charles II., 1, 1943, S. 167ff., Nr. 59 v. 9. 12. 844 für Saint-Maur-des-Fossés; ebenda, S. 187ff., Nr. 66 v. 21. 1. 845 für Saint-Denis; ebenda, S. 238ff., Nr. 88 v. 7. 8. 846 für Saint-Germain-des-Prés u. a.

außerdem eine unmittelbare Beziehung zwischen Münze und Marktort bestanden haben. W. Schlesinger vertritt (1962, S. 68) für das 9. und 10. Jh. die Ansicht, „daß dort, wo eine Münze war, auch ein Markt gewesen sein muß". Aus den angeführten Gründen gesellen sich deshalb zu den Märkten, die direkt als solche in den Quellen genannt werden, noch diejenigen, die über die civitates und Münzorte zu erschließen sind. Das sind für unser Gebiet Senlis, Chelles, Meaux und Melun.

Die Frage nach der Bedeutung der auch in grundherrlichen Aufzeichnungen anderer Gegenden in der späten Karolingerzeit auftretenden Geldbeträge ist neuerdings bereits am Beispiel des Urbars des Klosters Werden an der Ruhr (P. Berghaus 1962, S. 68) sowie für das Mittelrheingebiet (W. Heß 1962, S. 26ff.) aufgeworfen worden. Sie wurde in dem Sinne beantwortet, daß abhängige Schichten im Besitz von Geld gewesen sein müssen bzw. daß die Besitzer des grundherrlichen Landes den Grundherren tatsächlich Geld zahlten. Setzen wir die bisher am Beispiel von Paris und seiner Umgebung behandelten Erscheinungsformen waren-geldwirtschaftlicher Verhältnisse in Beziehung zu den eingangs erwähnten Angaben der grundherrschaftlichen Quellen über die Geldleistungen der feudalabhängigen Bauernwirtschaften, so liegt auf der Hand, daß wir für die in diesem Gebiet in der Mitte des 9. Jh. existierenden Zustände zu Schlußfolgerungen kommen müssen, die denen von Berghaus und Heß sehr verwandt sind. Es gibt keinen Grund, daran zu zweifeln, daß die bäuerlichen Wirtschaften Möglichkeiten hatten, am Waren-Geldverkehr teilzunehmen. Daß sie es getan haben, beweisen die grundherrlichen Aufzeichnungen. Weitgehend ungeklärt ist allerdings die Frage, auf welchen ökonomischen Grundlagen diese Erscheinungen erwuchsen.

Abb. 1. Gebiet von Paris im 9. Jh.

Wir brauchen an dieser Stelle nicht darzulegen, daß die Grundherrschaft während der zu behandelnden Periode im Untersuchungsgebiet in der agrarischen Produktion den entscheidenen Platz einnahm und daß sie und die mit ihr verbundene Bauernwirtschaft nahezu alle die landwirtschaftlichen Güter erzeugten, die der Kreis der Konsumenten, der im weitesten Sinne zur Grundherrschaft in Beziehung stand, verbrauchte. Daraus ergibt sich aber, daß die entsprechenden sozialen Schichten nur in Ausnahmefällen als Käufer von Getreide, Fleisch, Wein und anderen Erzeugnissen der Landwirtschaft aufgetreten sein können. Es wäre zu prüfen, ob durch eine zielgerichtete Einflußnahme der Grundherrschaft auf die bäuerlichen Betriebe in manchen Gebieten bereits eine solche Spezialisierung der agrarischen Produktion eingetreten war, daß deren Eigenversorgung mit den wichtigsten Erzeugnissen der Landwirtschaft nicht mehr möglich war. Die grundherrlichen Aufzeichnungen lassen eine solche Spezialisierung für unser Gebiet aber nicht erkennen[9]). Andererseits kann man das

[9]) Die betreffenden Passagen des Polyptychons (s. o. Anm. 1) enthalten fast durchgängig Angaben über Ackerland neben Weinländereien und Wiesen, so daß für die Annahme einer ausgeprägten Spezialisierung etwa auf den Weinanbau kein Grund vorhanden ist.

gehäufte Auftreten von Wochenmärkten, zu denen mit einiger Wahrscheinlichkeit an dem einen oder anderen Ort bereits ein Tagesmarkt kam, weder aus dem Fernhandel, zu dem auch der von R. Doehaerd (1947, S. 275) angeführte Handel zwischen Landschaften mit verschiedenartiger Produktion zu rechnen ist, noch aus einem als zufällige Erscheinung zu wertenden Handel mit Agrarprodukten erklären, der infolge von lokalen Mißernten auftrat.

Damit die Entwicklung von Elementen der Waren-Geldwirtschaft ein solches Maß an Konstanz erreichte, wie sie die Ausbildung von Wochen- und Tagesmärkten erheischt, ist das Vorhandensein von zahlenmäßig nicht unerheblichen Bevölkerungsschichten erforderlich, die nicht mehr mit der landwirtschaftlichen Produktion verbunden und deshalb auf den Kauf entsprechender Erzeugnisse angewiesen sind. Solche Schichten hat es im Untersuchungsgebiet um die Mitte des 9. Jh. tatsächlich gegeben, und sie stellten keineswegs, wie etwa Pilger und andere Reisende[10]), nur ein fluktuierendes Bevölkerungselement dar. Hier sind zunächst einmal die berufsmäßigen, nicht der Grundherrschaft unterworfenen Kaufleute zu nennen (R. Doehaerd 1947, S. 272). Dabei ist es für unsere Fragestellung unerheblich, ob es sich bei ihnen um Franken oder um Angehörige anderer ethnischer Gruppen handelte. Als die Normannen Anfang 861 Paris überfielen, versuchten Kaufleute, ihnen zu Schiff die Seine aufwärts zu entkommen (Ann. Bert. zu 861). Dieses Ereignis fiel in die Wintermonate, und deshalb liegt der Schluß nahe, daß Paris nicht nur in der Zeit des im Herbst stattfindenden Jahrmarktes von Saint-Denis von fremden Kaufleuten aufgesucht wurde, sondern daß bestimmte Gruppen im suburbium oder in der civitas ihren ständigen Wohnsitz hatten, von dem aus sie ihre Reisen unternahmen und aus dem sie flohen, als sich die Normannen näherten. Diese Kaufleute haben zweifellos zu den Besuchern des Marktes von Paris gehört, der vermutlich täglich abgehalten wurde und die Möglichkeit zum Kauf von Lebensmitteln und anderen lebensnotwendigen Gütern bot.

Neben den Kaufleuten ist eine andere Schicht von Menschen zu nennen, die entweder in keiner oder doch nur noch in sehr loser Beziehung zur landwirtschaftlichen Produktion stand und die deshalb als Käufer von Agrarprodukten auftreten mußte. Jedoch war diese Schicht nicht wie die der berufsmäßigen Kaufleute das Produkt einer gesellschaftlichen Arbeitsteilung, sondern sie hatte sich in der Folge eines sozialen Differenzierungsprozesses und einer in der Karolingerzeit herrschenden beträchtlichen sozialen Unsicherheit (E. Müller-Mertens 1963, bes. S. 93ff.) gebildet. Diese Vorgänge führten dazu, daß immer wieder ehemalige bäuerliche Grundeigentümer von der landwirtschaftlichen Produktion losgerissen wurden, da sie die Grundherrschaften nur zum Teil aufsaugten. Ein anderer Teil mußte versuchen, künftig auf andere Weise seine Existenzgrundlage zu finden. Für solche Menschen bildeten die kaufmännisch-gewerblichen Siedlungen der Suburbien, portus und Wike aus naheliegenden Gründen besondere Anziehungspunkte. Hier vermochten sie am ehesten als Lastenträger, im Gelegenheitshandel, bei Wachdiensten, in gewerblichen Arbeiten, die keine besondere Qualifikation erforderten, oder auf andere Weise Beschäftigung zu finden. So gab es in Le Mans in der Zeit des 857 gestorbenen (L. Duchesne 2, 1910, S. 343) Bischofs Aldrich Wasserträger, die gegen Zahlung eines Denars pro Scheffel das Wasser von der Sarthe oder „von einer anderen Quelle“ herbeischafften (Gesta Aldrici 1889, S. 11). Natürlich setzte diese Bezahlung der Dienste voraus, daß die Träger die Möglichkeit hatten, die für ihren Lebensunterhalt nötigen Güter in oder bei der civitas zu kaufen. Für Paris und seine unmittelbare Umgebung ist das Zeugnis von Aimoin, des Mönches von Saint-Germain-des-Prés, aufschlußreich, der in der zweiten Hälfte des 9. Jh., und zwar nach Vorlagen, die um die Mitte des gleichen Jh. entstanden waren (A. Molinier 1901, S. 267), zwei Bücher „De miraculis S. Germani“ verfaßte. Er erzählt von einer armen Frau, die sich für einen geringen Geldbetrag, den sie eigentlich wegen eines Gelübdes einer „nahe bei Paris“ gelegenen Kirche hätte bringen sollen, zu

[10]) Auf sie wurde vor allem in der älteren Literatur bei der Erörterung des Handels und des Verkehrs im Karolingerreich großer Wert gelegt, so etwa bei O. Fengler 1907, S. 100; P. Kletler 1924, S. 21ff. u. a.

Ostern Fleisch kaufte (Migne, PL, 126, col. 1043f.). Dieser Bericht Aimoins ist in doppelter Hinsicht aufschlußreich. Einmal bestätigt er erneut, daß unser Untersuchungsgebiet zu jener Zeit einen Kleinhandel mit Erzeugnissen der Landwirtschaft kannte. Weiter zeigt er, daß auch verarmte und sozial entwurzelte Schichten zumindest gelegentlich im Besitz von Geld waren und daß sie als Käufer von Lebensmitteln auftraten. Im Bericht über die Translation des Germanus findet sich eine Erzählung über einen pauperculus, dessen ganze Habe ein Esel war. Mit diesem Esel zog er von civitas zu civitas und verkaufte in der einen villa teurer, was er in der anderen gekauft hatte. So erschien er auch in Paris, um hier Salz zu verkaufen (MG SS 15, 1887, S. 9).

Aber der Hinweis auf das Vorhandensein einer zweifelsohne zahlenmäßig nicht sehr bedeutenden Gruppe von freien Berufskaufleuten sowie einer Schicht von Menschen, die sozial mehr oder weniger entwurzelt waren, genügt in keiner Weise, um ein ökonomisches Phänomen zu erklären, wie es die auf engem Raum beieinanderliegenden Wochenmärkte und das Auftreten von Tagesmärkten darstellt. Solche Märkte bedurften eines ökonomischen Hinterlandes, mit dem sie bereits, wenn nicht durch eine sehr intensive, so aber doch durch eine konstante Waren- und Geldzirkulation verbunden waren. Sie konnte sich nur entwickeln, wenn die ländliche Bevölkerung nicht mehr nur als Verkäufer von Agrarprodukten auftrat, deren Erlös zur Zahlung der in Geld geforderten Feudalrente verwandt wurde. Hierfür hätten die Jahrmärkte ausgereicht, deren Funktion, wie das Beispiel des Marktes von Saint-Denis lehrt, in der Karolingerzeit gerade in der Vermittlung von landwirtschaftlichen Erzeugnissen im Rahmen des Fernhandels bestand. Tatsächlich hat es wohl ursprünglich einen Zusammenhang zwischen solchen Jahrmärkten, dem Verkauf bestimmter Produkte durch die abhängigen Bauernwirtschaften und der Entrichtung der von der Grundherrschaft geforderten Geldrente gegeben. Heß (1962, S. 47) hat auf diese Beziehung bei seiner Untersuchung über das Mittelrheingebiet bereits hingewiesen. Sie deutet sich auch für unseren Untersuchungsraum insofern an, als der Termin der Zahlung der Geldrente in manchen Orten mit dem Dionysiusfest und damit mit dem Jahrmarkt von Saint-Denis zusammenfiel[11]). Es ist sehr wahrscheinlich, daß im Karolingerreich in weiten Gebieten am Anfang der Einbeziehung der frühmittelalterlichen Bauernwirtschaft in die Waren-Geldbeziehungen in der Regel der Fernhandel und der Jahrmarkt gestanden haben. Aber die ökonomischen Verhältnisse, wie sie sich für Paris und seine Umgebung in der zweiten Hälfte des 9. Jh. durch verbreitete Geldabgaben und zahlreiche Märkte darstellen, entsprechen nicht mehr dieser ursprünglichen Entwicklungsphase. Sie waren darüber bereits hinausgewachsen, so daß die bäuerlichen Produzenten sowohl über den Fern- wie über den Lokalhandel zur Waren-Geldwirtschaft in Beziehung standen.

Diese Tatsache stößt uns mit allem Nachdruck auf die Frage nach den sozialen Formen, unter denen sich die handwerkliche Produktion im Untersuchungsgebiet in der damaligen Zeit vollzog. Wir stehen damit erneut vor dem Problemkreis, dessen Behandlung Cipolla als vorrangig bezeichnete, nämlich vor der Frage nach der gesellschaftlichen Arbeitsteilung.

Wollten wir den Angaben folgen, die das Capitulare de villis, eine der für diesen Gegenstand ausführlichsten schriftlichen Quellen, zum Handwerk macht, so ließe sich leicht die Vorstellung von einem weitgehend an die Grundherrschaft gebundenen unfreien und unter naturalwirtschaftlichen Bedingungen produzierenden Handwerk gewinnen. Allerdings dürfte es heute kaum noch einem Zweifel unterliegen, daß dieses Kapitular „mehr Programm“ (W. Metz 1960, S. 85) als eine reale Zustände getreulich beschreibende Quelle darstellt und daß dementsprechend „die Handwerker ... nicht minder nach Vorstellungen der Theorie als der Praxis aufgezeichnet“ wurden (ebenda). Dieses Urteil findet seine Bestätigung, wenn

[11]) In einem Bruchstück eines Polyptychons des Klosters Saint-Maur-des-Fossés bei Paris sind Geldabgaben verzeichnet, die „festivitate sancti Dyonisii“ zu zahlen waren. Das Bruchstück wurde von Guérard in seiner Ausgabe des Polyptychons von Saint-Germain-des-Prés 2, S. 283ff., gedruckt. Die betreffende Passage findet sich ebenda S. 284.

wir die Angaben des Kapitulars mit denen der wichtigsten grundherrlichen Quelle unseres Gebietes und unserer Zeit, mit dem bereits wiederholt herangezogenen Polyptychon von Saint-Germain-des-Prés, vergleichen. Denn diese Quelle, die ganz und gar nach den tatsächlichen Gegebenheiten aufgezeichnet wurde, enthält erstaunlich wenige Angaben, die das Handwerk oder die handwerkliche Produktion betreffen. Sie nennt einmal zwei Schmiede (Polyptychon 2, 1886—95, XIII, § 103 und § 104, Ermenulfus faber und Hodo faber). Sie werden angeführt in einem Teil des Polyptychons, der sich mit Gütern beschäftigt, die außerhalb des hier zu untersuchenden Gebietes gelegen waren. Im gleichen Abschnitt werden mulnarii, also Müller, genannt, die bestimmte Geldabgaben zu leisten hatten (ebenda § 107). Schließlich wird für Villeneuve-Saint-Georges, das etwa zwanzig Kilometer südöstlich von Paris liegt, ein Ricsindis pictor genannt, der gemeinsam mit Bertlaus einen mansus besaß (ebenda XV, § 9). Aber das ändert an dem Gesamteindruck nichts, daß das bedeutendste Polyptychon des 9. Jh. so gut wie nichts über Handwerker aussagt. Es enthält allerdings Angaben darüber, daß in einer Reihe der von der klösterlichen Grundherrschaft abhängigen Bauernwirtschaften wenig anspruchsvolle gewerbliche Arbeiten ausgeführt wurden. So lieferten zahlreiche Bauernwirtschaften Schindeln (ebenda XI, 2ff.; XIII, 14 u. a.) und einige andere Faßdauben (ebenda XI, 2ff.; XIII, 15 u. a.). Relativ häufig begegnen unter solchen Leistungen facula, unter denen wir uns wohl Kienspäne vorzustellen haben, die für Beleuchtungszwecke gebraucht wurden (ebenda IV, 26; XI, 10; XIII, 64ff. u. a.). Als wirkliches bäuerliches Nebengewerbe erscheint die Weberei. Das Polyptychon nennt in einer Reihe von Fällen das Anfertigen von Textilien aus Flachs oder aus Wolle als Leistung feudalabhängiger Frauen (ebenda XI, 13; XIII, 110; XV, 70; XX, 2, 38 u. a.). Dagegen erwähnt es wie gesagt auffallend wenige Schmiede. Es enthält weder Angaben über Töpfer noch über irgendwelche Bauhandwerker, wenn wir von dem erwähnten pictor absehen. Im Unterschied zum Capitulare de villis begegnet in ihm kein Schuster, kein Stellmacher und auch kein Goldschmied. Und dennoch kann die Bevölkerung der näheren und weiteren Umgebung von Paris nicht völlig ohne die Arbeit solcher Handwerker ausgekommen sein. Ebenso sind die Kirchen des Klosters und die Pfarrkirchen nicht ohne die Erzeugnisse von Kunst- und Goldschmieden gewesen (MG SS 15, 1887, S. 11ff.). Andererseits ist schlecht vorstellbar, daß die Handwerker, die in dieser Zeit Güter erzeugten, die von der ländlichen Bevölkerung benötigt, aber nicht im bäuerlichen Nebengewerbe hergestellt werden konnten, zwar in der Grundherrschaft gelebt und in ihrem Rahmen produziert, aber dennoch in einer so detaillierten Aufzeichnung, wie sie das Polyptychon darstellt, keine Spuren hinterlassen haben sollen. Näher liegt die Frage, ob und in welchem Ausmaß ein selbständiges von der Grundherrschaft mehr oder weniger unabhängiges Handwerk existierte, das auf den Tages- und Wochenmärkten seine Erzeugnisse verkaufte und das gleichzeitig als Käufer landwirtschaftlicher Produkte auftrat. Diese Frage in umfassender Weise zu beantworten, wird ohne Hilfe der Archäologie nicht möglich sein. Aber immerhin geben auch die schriftlichen Quellen gewisse Anhaltspunkte, die auf das Vorhandensein eines solchen Handwerks hindeuten.

Die 827 entstandene (R. Buchner 1953, S. 48) Sammlung des Abtes Ansegis von St. Wandrille in der Diözese Rouen enthält ein von Ludwig dem Frommen erlassenes Kapitular, aus dem sich eindeutig ergibt, daß zu der Zeit, zu der das Polyptychon von Saint-Germain-des-Prés entstand, Bauhandwerker für Geld angeworben und außerdem Baumaterial gekauft wurde. Das betreffende Kapitular befaßt sich mit der Verwendung des Neunten und Zehnten und besagt unter anderem, daß der jeweilige rector ecclesiae zur Instandsetzung oder Instandhaltung der kirchlichen Gebäude für die Geldbeträge, die eine Kircheninstitution von den königlichen Vasallen, die von ihr Land zu Lehen hielten, empfing, „operarios conducere et materiam emere possit“ (Ansegisi abb. capit. coll., IV, 38, in: MG Cap., 1, 1883, S. 442). Die gleiche Bestimmung wird in einem wohl auf 828 zu datierenden Kapitular von Worms wiederholt (MG Cap., 2, 1897, S. 13f., 191, 9). Sie ließe sich nicht erklären, wenn man das Vorhandensein eines freien, im Lohnwerk arbeitenden Handwerks in Abrede stellen wollte.

Behalten wir die Märkte und den Geldumlauf jener Zeit im Auge, so werden wir uns auch davor zu hüten haben, sie als bloße Formel abzutun, der keine Bedeutung als Widerspiegelung tatsächlicher Verhältnisse zukommt. Der Briefwechsel Hinkmars, des Erzbischofs von Reims, gibt zudem den nötigen Aufschluß darüber, daß für solche Arbeiten die in Geld erhobene Feudalrente verwandt wurde. Hinkmar schrieb während der Zeit seines Episkopats (845 bis 882: L. Duchesne 1915, S. 88) einem Vasallen des Kaisers Lothar wegen des Zinses, der seiner Kirche von Douzy zustand. Er befahl ihm, den Zins des vergangenen und des laufenden Jahres in Höhe von sechs Pfund Silber zu schicken. Um seiner Anweisung den nötigen Nachdruck zu geben, verwies er darauf, daß er den Geldbetrag für die Ausstattung des Grabes des Remigius brauchte (Flodoard, III, 26, in: MG SS 13, 1881, S. 539). Natürlich könnte man diese Stelle etwa in der Weise auch im Sinne der Naturalwirtschaft und des an die Grundherrschaft gebundenen Handwerks interpretieren, daß man jene Zinszahlung als bloßen Versuch einer Rohstoffbeschaffung für auszuführende Goldschmiedearbeiten ansieht. Aber eine solche Interpretation steht im offensichtlichen Widerspruch zu der zitierten nahezu in die gleiche Zeit gehörenden Kapitularienbestimmung wie überhaupt zu den angeführten Erscheinungen waren-geldwirtschaftlicher Verhältnisse in der Ökonomie des zu untersuchenden Gebietes und seiner Randgebiete im 9. Jh.

Der Prozeß der Trennung des Handwerks von der Landwirtschaft hatte sich nicht nur im Bauhandwerk vollzogen. Er ging auch in anderen Bereichen vor sich, wobei die ländlich-dörflichen Wurzeln des Handwerks hier sogar zum Teil wesentlich deutlicher werden. Besonders gut faßbar ist dieser Vorgang in unserem Untersuchungsgebiet für die Weberei. Für die unmittelbare Umgebung von Paris, nämlich für die Orte, die im Bereich des heutigen Départements Seine-et-Oise gelegen sind, erwähnt das Polyptychon von Saint-Germain-des-Prés die im Rahmen der Grundherrschaft existierende Weberei in zwei verschiedenen Formen, die offensichtlich unterschiedliche Möglichkeiten und Existenzformen des bäuerlichen Nebengewerbes erkennen lassen. Es macht einmal Angaben darüber, daß ancillae aus Material, das ihnen vom Herrnhof geliefert wurde, bestimmte Tuche anzufertigen hatten (Polyptychon 2, 1886—95, XV, 70; 82; XXIII, 27). In diesem Fall erging also an abhängige Frauen der Auftrag, aus gelieferten Rohstoffen ein bestimmtes ihnen vorgeschriebenes Erzeugnis herzustellen und an die Grundherrschaft abzuliefern. Wir begegenen hier der gewerblich-handwerklichen Tätigkeit in einer Form, die sie tatsächlich in allerengster Verbindung mit der dörflich-agrarischen Wirtschaftsweise und der Grundherrschaft zeigt. Daneben erscheint die Textilproduktion im Polyptychon aber auch in einer Form, die deutlich macht, daß sie sich von der rein naturalwirtschaftlichen, ursprünglich auf die Befriedigung der Bedürfnisse einer Grundherrschaft gerichteten Produktion bereits zu lösen begann. Denn unsere Quelle nennt neben den ancillae, die in direkter Abhängigkeit und unter direkter Anweisung und Kontrolle der grundherrlichen Organisation Textilien produzierten, andere abhängige Frauen, die entweder von ihnen hergestellte Textilien oder aber einen bestimmten Geldbetrag abzuliefern hatten (ebenda XXIII, 27; XXV, 6). Die Grundherrschaft ließ in diesen Fällen also die Wahl zwischen der Lieferung von Textilien und einer entsprechenden Geldleistung. Hier wird der gleiche Vorgang sichtbar, der weitaus häufiger und in der Regel ohne die Möglichkeit der Wahl bei der Erhebung der Feudalrente vom bäuerlichen Produzenten in Erscheinung trat: Es wurden nicht mehr nur reine Naturalleistungen, sondern auch Geldzahlungen gefordert, die Beziehungen zum Markt voraussetzten. Es muß demnach auch schon einen Markt für handwerkliche und speziell für Erzeugnisse der Weberei gegeben haben, zu dem das bäuerliche Nebengewerbe in der Umgebung von Paris in Beziehung stand.

Der Prozeß der Trennung der Weberei von der ländlich-agrarischen Produktion hatte jedoch nicht nur bis zu einer gewissen organisatorischen Verselbständigung und bis zu Anfangsformen der Warenproduktion innerhalb der Grundherrschaft geführt. Er hatte offensichtlich auch schon eine gewisse räumliche Trennung dieses Produktionszweiges vom Dorf und die Ausbildung eines wenn auch zahlenmäßig vielleicht noch schwachen Standes hauptberuflicher Weber zur Folge. In dem Teil der Miracula der heiligen Genovefa von Paris, der während der Normanneneinfälle des 9. Jh. aufgezeichnet wurde (Molinier 1902, S. 25f.), findet sich die Erzählung von einer Frau „textrini quidem operis artem habens" (AA SS, Jan., 1, S. 251), die wegen einer Erkrankung der Hände das „opus artificii" (ebenda) nicht mehr ausüben konnte. Sie fand schließlich Heilung bei den Reliquien der Genovefa, die sich auf dem Rückweg nach Paris befanden, von wo sie wegen der Normannengefahr weggebracht worden waren (ebenda). Es mutet wenig wahrscheinlich an, daß der Verfasser dieser Passage, der in der Mitte oder in der zweiten Hälfte des 9. Jh. schrieb, mit den zitierten Worten die gelegentliche Nebenbeschäftigung einer in der Landwirtschaft arbeitenden Frau beschreiben wollte. Die ars textrini bzw. das opus artificii dürften viel eher Tätigkeiten gewesen sein, die beständig, als Handwerk und deshalb mit besonderem Geschick und besonderer Kunstfertigkeit, ausgeübt wurden. Die Entwicklung einer von der Landwirtschaft getrennten Textilproduktion, wie sie sich hier andeutet, mag durch die im feudalen Dorf jener Zeit waltende soziale Unsicherheit unterstützt worden sein. Sie dürfte dazu beigetragen haben, daß Menschen, die ihre bisherige Existenzgrundlage in der Landwirtschaft verloren hatten, sich eine neue zu schaffen suchten, indem sie eine zunächst nebenher ausgeübte Tätigkeit zum Beruf machten. Aber die ökonomischen Grundlagen einer solchen Erscheinung können nur darin gesucht werden, daß eine gewisse Entwicklung von Waren-Geldbeziehungen vorhanden und ein, sei es auch noch beschränkter, Markt für Erzeugnisse der Weberei entstanden war. Es entspricht diesem Entwicklungsniveau, daß sich dieses Handwerk auch räumlich bereits vom Dorf zu trennen und in den kaufmännisch-gewerblichen Siedlungen zu konzentrieren begann. Auch diesen Vorgang spiegeln die in der Normannenzeit entstandenen Miracula der Genovefa wider. Sie erzählen von einer Frau, die im suburbium von Paris mit Arbeiten beschäftigt war, die zur Herstellung von Textilien gehörten. Sie rupfte Wolle (ebenda S. 148). Natürlich kann man einwenden, diese Erzählung beweise nicht zwingend, daß im suburbium von Paris in der Mitte oder in der zweiten Hälfte des 9. Jh. die Weberei als spezialisiertes, warenproduzierendes Gewerbe ansässig gewesen ist. Es kann sich hierbei auch um häusliche Arbeiten gehandelt haben, die für den Eigenbedarf ausgeführt wurden. Jedoch wird man zugeben müssen, daß dieser Bericht, von unserer derzeitigen Kenntnis der Bevölkerungsstruktur und der ökonomischen Funktion dieses Siedlungstyps her gesehen, auffallend ist. Er deutet stärker auf ein von der Landwirtschaft getrenntes Textilhandwerk als auf ein bloßes bäuerliches Nebengewerbe hin, und behalten wir im Auge, daß sich bereits im Polyptychon von Saint-Germain-des-Prés eine Herauslösung der bäuerlichen Textilproduktion aus rein naturalwirtschaftlichen Verhältnissen anzudeuten beginnt, so gewinnt eine entsprechende Auslegung der Miracula noch an Wahrscheinlichkeit.

Siedlungen wie das suburbium von Paris, die bei einem älteren Siedlungskern lagen und wegen ihrer ökonomischen Funktion und der sozialen Zusammensetzung ihrer Bewohner nicht dem frühmittelalterlichen Dorf gleichgesetzt werden können, hat es im 9. Jh. innerhalb unseres Untersuchungsgebietes auch sonst noch gegeben. Beim Kloster Saint-Denis war eine Siedlung entstanden, die in den Quellen als Wik bezeichnet wird. Durch diesen Wik führte die Straße, die Saint-Denis mit Paris verband (Mirac. S. Dion., XI, in: J. Mabillon, Acta ss. Ben., saec. III, 2, S. 347), und alljährlich im Oktober wurde hier der bekannte Jahrmarkt abgehalten (L. Levillain 1930, S. 7ff.). Pontoise, das, wie oben ausgeführt wurde, einen Wochenmarkt besaß, wird als portus bezeichnet (Recueil des actes de Charles II., 2, 1952, Nr. 263, S. 95). Sicher fehlte diesen Siedlungen das agrarische Bevölkerungselement nicht völlig. Die Miracula des Dionysius enthalten einen Bericht über einen Getreidediebstahl, den ein Mann, dessen Haus im Wik gelegen war, auf den Feldern des Klosters begangen haben sollte. Da der Verfasser der Geschichte den des Diebstahls Bezichtigten zu seiner Verteidigung behaupten läßt, das Getreide stamme von seinem eigenen Feld (Mirac. S. Dion., XVII, in: J. Mabillon, Acta ss. Ben., saec. III, 2, S. 348f.), müssen ihm, der diesen Wik aus eigener A schauung gekannt hat, in der Landwirtschaft tätige Bewohner als durchaus glaubwürdig erschienen sein. Aber diese Siedlungen waren eben zugleich auch Marktsiedlungen und Plätze, an denen sich eine kaufmännisch-gewerblich tätige Bevölkerung konzentriert hatte. Daß sie in unserem Untersuchungsgebiet gleichzeitig in mehr oder weniger bedeutendem Maße der Landwirtschaft verhaftet blieben, überrascht nicht, wenn wir bedenken, daß sie sich häufig gerade beim Zentrum einer bedeutenden geistlichen Grundherrschaft und in einer überwiegend agrarisch beschaffenen Umgebung entwickelten.

Überschauen wir abschließend das Bild, das wir gewonnen haben, so lassen sich einige bemerkenswerte Züge erkennen. Die relativ dichte Streuung von Lokalmärkten, zu denen sich mehrere Münzateliers und verschiedenartige Angaben über Geldleistungen der abhängigen Bauern gesellten, zeigt, daß wir es bei Paris und seiner Umgebung mit einem Gebiet zu tun haben, das einen für das Frühmittelalter beachtlichen Entwicklungsgrad warengeldwirtschaftlicher Verhältnisse kannte. Die Märkte setzten, wenn sie nicht völlig vereinzelt auftraten, ein ökonomisch entsprechend geformtes Einzugsgebiet voraus. Hierzu gehört, daß die gesellschaftliche Arbeitsteilung einen Entwicklungsgrad erreicht hatte, der eine lokale Warenzirkulation bedingte. Sie mußte ein gewisses Maß an Konstanz und Regelmäßigkeit aufweisen, das nur denkbar ist unter Verhältnissen, die ein, wenn auch bei weitem nicht vollständiges, so aber doch nicht unbedeutendes Ausmaß der Trennung bestimmter Handwerke von der Landwirtschaft kannte. Es gibt unseres Erachtens keinen Grund zu bezweifeln, daß die Lokalmärkte ihre Existenz dem Vorhandensein einer nicht unbeträchtlichen Anzahl von nicht mehr unmittelbar mit der Landwirtschaft verbundenen Menschen verdankte, die sich aus Handwerkern, Kaufleuten und sozial Entwurzelten zusammensetzte und Güter des täglichen Bedarfs kaufen mußte. Andererseits ist aber auch nicht zu übersehen, daß die Verhältnisse damit über Zustände hinausgediehen waren, bei denen sich die Versorgung der dörflichen Bevölkerung mit Erzeugnissen des Handwerks in rein naturalwirtschaftlicher Weise regelte. Wir dürfen mit gutem Grund annehmen, daß in der behandelten Zeit in unserem Untersuchungsgebiet Erzeugnisse der Töpferei, des Schmiedehandwerks wie auch mancher holz- und lederbearbeitenden Handwerke auf dem Wege des Tausches bzw. des Kaufes in die bäuerliche Wirtschaft gelangten.

Die angeführten Zeugnisse dürfen allerdings nicht in der Art verallgemeinert werden, daß von ihnen generell auf ein freies von der Landwirtschaft getrenntes Handwerk geschlossen wird. Sie besagen auch nicht, daß die handwerklichen Produzenten, die infolge des Trennungsprozesses aus der grundherrlichen Organisation ausschieden und aus dem Dorf abwanderten, zugleich die persönliche Freiheit erlangten. Aber es ergibt sich aus ihnen, daß sich die Beziehungen zwischen beiden zu lockern begannen und daß es neben einem mit der Landwirtschaft und der Grundherrschaft mehr oder weniger eng verbundenem auch bereits ein selbständiges Handwerk gegeben hat. Ebenso ist für die ökonomisch am weitesten entwickelten Gebiete des Karolingerreiches ein ausgesprochenes Nebeneinander von natural- und geldwirtschaftlichen Verhältnissen anzunehmen (vgl. zu dieser Problematik die Ausführungen von G. Luzzatto 1961, S. 15ff., bes. S. 31f.), und wenn sie auch nicht mit den Zuständen des hohen oder gar des späten Mittelalters verglichen werden können, so waren sie doch so weit entwickelt, daß sie ein erstes Auftreten der Geldrente ermöglichten.

Für eine eingehende Untersuchung dieser Fragen, die noch manches die Vor- und Frühgeschichte der mittelalterlichen Stadt aufhellende Ergebnis zutage fördern wird, darf der Historiker von der Archäologie mit Fug und Recht noch wesentliche Förderung erwarten.

Zusammenfassung

Der Beitrag beschäftigt sich am Beispiel von Paris und seiner Umgebung mit der Stellung, die abhängige Bauernwirtschaften im Frühfeudalismus zur Waren-Geldwirtschaft einnahmen. Er setzt sich mit dem Problem der Lokalmärkte und der Arbeitsteilung auseinander. Es wird versucht zu zeigen, daß eine bereits vorhandene Trennung der handwerklichen Produktion von der Landwirtschaft die ökonomische Grundlage für die Entstehung von Lokalmärkten und für ein erstes Auftreten der feudalen Geldrente gewesen ist.

Literaturverzeichnis

Ammann, H. 1962 — siehe: Das Marktproblem im Mittelalter.

Annales de Saint-Bertin, publ. pour la Société de l'histoire de France par F. Grat, J. Vielliard et S. Clemencet, Paris, 1964.

Berghaus, P. 1962 — siehe: Das Marktproblem im Mittelalter.

Buchner, R., Wattenbach, W., und Levison, W. 1953 — Deutschlands Geschichtsquellen im Mittelalter, Vorzeit und Karolinger, Beiheft: Die Rechtsquellen, Weimar.

Büttner, H. 1958 — Studien zum frühmittelalterlichen Städtewesen in Frankreich, vornehmlich im Loire- und Rhonegebiet, in: Vorträge und Forschungen 4, S. 151ff.

Cartulaire général de Paris, hg. von R. de Lasteyrie, 1, Paris 1887.

Cipolla, C. 1949 — in: Annales. Économies, sociétés, civilisations 4, S. 5ff.

Doehaerd, R. 1947 — Ce qu'on vendait et comment on le vendait dans le Bassin parisien, in: Annales. Économies, sociétés, civilisations 2, S. 268ff.

Duchesne, L. — Fastes épiscopaux de l'ancienne Gaule, 1, 2. Aufl., Paris 1907; 2, 2. Aufl., Paris 1910; 3, Paris 1915.

Endemann, T. 1964 — Marktkunde und Markt in Frankreich und Burgund vom 9.—11. Jh., Konstanz–Stuttgart.

Fengler, O. 1907 — Quentowic, seine maritime Bedeutung unter Merowingern und Karolingern, in: Hansische Geschichtsblätter 13, S. 91ff.

Flodoard 1881 — Historia Remensis ecclesiae, in: MG SS XIII, Hannover 1881, S. 405ff.

Friedmann, A. 1959 — Paris, ses rues, ses paroisses du Moyen Age à la Révolution, Paris.

Ganshof, F. L. 1943 — Étude sur le développement des villes entre Loire et Rhin au Moyen Age, Paris–Brüssel.

Gesta domni Aldrici Cenomannicae urbis episcopi a discipulis suis, hrsg. von R. Charles und L. Froger, Mamers.

Haase, C. 1959 — Neue Untersuchungen zur frühen Geschichte der europäischen Stadt, in: Vierteljahrschrift für Sozial- und Wirtschaftsgeschichte 46.

Halphen, L. 1909 — Paris sous les premiers Capétiens (987—1223), Paris.

Heß, W. 1962 — Geldwirtschaft am Mittelrhein in karolingischer Zeit, in: Blätter für deutsche Landesgeschichte 98.

Jankuhn, H. 1953 — Der fränkisch-friesische Handel zur Ostsee im frühen Mittelalter, in: Vierteljahrschrift für Sozial- und Wirtschaftsgeschichte 40.

Kiersnowska, T. 1961 — Monnaies carolingiennes sur le terres slaves, in: Wiadomości Numizmatyczne 5.

Kletler, P. 1924 — Nordwesteuropas Verkehr, Handel und Gewerbe im frühen Mittelalter, Wien.

Lafaurie, J. 1965 — Deux trésors monétaires carolingiens: Saumeray, (Eure-et-Loir) Rennes (Ille-et-Vilaine), in: Revue numismatique 6. Série, 7.

Levickij, Ja. A. 1960 — Goroda i gorodskoe remeslo v Anglii v X—XII vv., Moskau–Leningrad

Levillain, L. 1930 — Études sur l'abbaye de Saint-Denis à l'époque mérovingienne, in: Bibliothèque de l'École des chartes 91.

Luzzatto, G. 1961 — Economia naturale ed economia monetaria nell' alto medioevo, in: Settimane di studio del centro italiano di studi sull'alto medioevo 8.

Das Marktproblem im Mittelalter, Referate und Aussprachen auf der dritten Arbeitstagung des Kreises für Stadtgeschichte vom 30. 9.—4. 10. 1960 in Konstanz, zusammengestellt u. bearb. von Peter Schöller, in: Westfälische Forschungen 15.

Metz, W. 1960 — Das karolingische Reichsgut, Berlin.
Miracula S. Genovefae, in: AA SS, Januar, 1.
Molinier, A. — Les sources de l'histoire de France, 1, Paris 1901; 2, Paris 1902.
Müller-Mertens, E. 1963 — Karl der Große, Ludwig der Fromme und die Freien, Berlin.
Pinette, P. 1897 — Le trésor du Bourgneuf, in: Gazette numismatique française 1.
Polyptyque de l'abbaye de Saint-Germain-des-Prés, hrg. von Auguste Longnon, 2, Paris 1886—1895.
Polyptyque de l'abbé Irminon, hrg. von Benjamin Guérard, 2, Paris 1844.
Prou, M. 1896 — Les monnaies carolingiennes, Paris.
Recueil des actes de Charles II. le Chauve, hrg. von Georges Tessier, 1, Paris 1943; 2, Paris 1952.
Schlesinger, W. 1962 — siehe: Das Marktproblem im Mittelalter.
Vercauteren, F. 1934a — Étude sur les civitates de la Belgique Seconde, Brüssel.
Vercauteren, F. 1934b — L'interpretation économique d'une trouvaille de monnaies carolingiennes faite près d'Amiens en 1865, in: Revue belge de philologie et d'histoire 13.
Völckers, H.H. 1965 — Karolingische Münzfunde der Frühzeit (751—800). Pippin, Karlmann, Karl der Große, 1. und 2. Münzperiode, Göttingen (Abhandlungen der Akademie der Wissenschaften in Göttingen, phil.-hist. Klasse, Dritte Folge, 61).

Abschied von der curtis

Von Rafael von Uslar, Mainz

Es ist kaum nötig, die Wandlungen in der Auffassung von Bedeutung, Form und Ausstattung der curtes noch einmal nachzuzeichnen, nachdem ihnen seinerzeit C. Schuchhardt und K. Rübel eine bestimmte Rolle als fränkischer Befestigungstyp, gekennzeichnet durch regelmäßig-rechteckige Form und archäologisch im Gelände nachweisbar, zugewiesen hatten (R. v. Uslar 1964, S. 47ff.). P. Grimm (1958, S. 63f., 130) rechnet für sein mitteldeutsches Arbeitsgebiet in karolingischer Zeit unter den Befestigungstypen auch mit schwach umwehrten curtes, die vor allem als Etappenstationen und dergleichen eine Rolle gespielt haben, wie es ähnlich auch in anderen Gebieten angenommen wurde (R. v. Uslar 1964, S. 54f. mit Lit.). Noch W. Schlesinger (1965, S. 16, vgl. auch S. 14) gibt K. Rübel insofern Recht, daß die Franken in den eroberten Gebieten östlich des Rheins Stützpunkte gehabt haben müssen, „als die sich auch erst später bezeugte Königshöfe und Königsburgen anbieten", wobei eine Lage an alten Fernstraßen bevorzugt wurde. Dürfen solche Anlagen aber als curtes bezeichnet werden? Nachdrücklich und überzeugend ist in kritischer Auseinandersetzung mit dem curtis-Begriff nach Rübel und Schuchhardt hervorgehoben worden, daß nach der eindeutigen Aussage der Schriftquellen als curtes nur der allenfalls umzäunte oder umhegte Hof, als curtis regis oder curtis regia der Königshof zu verstehen seien[1]) (H. Dölling 1958, S. 63ff.; A. Gauert 1965b, S. 286; 1966, S. 315). Es ist also nicht mehr angängig, bestimmte Formen von Wehranlagen als curtes zu bezeichnen, wie soeben H. Hinz (1967; vgl. auch M. Claus 1966, S. 168) in einer die Frage wohl abschließenden Stellungnahme dargetan hat. Stattdessen werden als Benennungen rechteckige und schildförmige Ringwälle der karolingischen Zeit (A. Gauert 1965b, S. 286) oder allgemein gefaßt Burgen oder castra (H. Hinz 1967) vorgeschlagen; unter castra wird nach den Schriftquellen freilich in der Regel das Feldlager verstanden. H. Hinz hebt mit Recht hervor, daß die bisher nicht gelungene Ausgrabung einer solchen curtis ein dringendes Anliegen der Forschung ist.

Was ist damit gewonnen? Unter den in den Schriftquellen erwähnten Befestigungen werden offenbar Anlagen verschiedener Gestalt, Bauart und Verwendung verstanden. Nach den archäologischen Befunden und den im Gelände mehr oder minder gut erhaltenen Denkmälern gilt gleiches für die beiden erstgenannten Verhältnisse, wahrscheinlich auch für das letztgenannte. Unbestritten und einwandfrei belegt lassen sich Eigenheiten der Bauart, der fortifikatorischen Einzelheiten als kennzeichnend für die karolingische oder doch die frühmittelalterliche Zeit insgesamt herausheben (K. Schwarz 1955, S. 35ff.; R. v. Uslar 1964, S. 194ff.). Dagegen sind Versuche, die Befestigungen nach Grundrißformen einzuteilen, kritisiert worden als beim gegenwärtigen Stand der Forschung verfrüht (K. Tackenberg 1965, S. 205) oder weil typologische Befunde sich schwerlich mit historischen, funktionalen und chronologischen Verhältnissen in Einklang bringen lassen (M. Claus 1966, S. 167). Nun sind gewiß in der Arbeitsweise, der sich die Vor- und Frühgeschichtsforschung bedient, bei

[1]) Der vermittelnde Vorschlag des Verf. (R. v. Uslar 1964, S. 61), an dem Begriff curtis in ihrer Eigenschaft als geschützte Anlage zumindestens aus heuristischen Gründen zunächst festzuhalten, ist also aufzugeben.

Typen z. B. von Schmuckstücken, Trachtzubehör, Waffen, Geräten und Tongefäßen nur die Form, ihre Veränderung, ihre Variationsbreite usw. interessant, da der Verwendungszweck, abgesehen von Ausnahmen, feststeht. Der Typ ist mithin Mittel zum Zweck, der Chorologie, der relativen Chronologie und dergleichen. Bei Wehranlagen bleibt die Form, worunter vornehmlich Grundrißgestaltung und Größe zu verstehen sind, jedenfalls bis zu einem gewissen Grad abhängig vom Gelände, vom Wollen und Können, von den Absichten und Vorstellungen der Erbauer. Die Form kommt mithin aus komplexen Motiven und Gegebenheiten zustande. Nur unter solchen Aspekten und Einschränkungen kann man sich ihrer als Objekt der Erforschung von Wehranlagen bedienen. Das heißt m. E. aber keineswegs, daß von vornherein verzichtet werden muß oder nicht damit zu rechnen ist, daß in bestimmten Zeiten und (oder) Gebieten bestimmte Formen kennzeichnend sein können und beschrieben werden können.

Wenn man solche Möglichkeiten anerkennt, wird man sich nicht mit Bezeichnungen wie rechteckige und schildförmige Ringwälle anstatt des unzutreffenden Terminus curtis oder ganz allgemein Burg oder castrum begnügen wollen[2]). P. Grimm (1958, S. 44ff.) hat für sein mitteldeutsches Arbeitsgebiet in der karolingischen Zeit Burgen mit bestimmter strategischer oder taktischer Bedeutung, darunter auch Grenzburgen, Reichsburgen als Burgbezirksmittelpunkte und Fluchtburgen ausgesondert. Neuerdings wird besonderes Gewicht auf den Umstand gelegt, daß Burgen und Höfe offenbar in Relation stehen können (R. v. Uslar 1964, S. 44ff.; A. Gauert 1965a, S. 36f., 44). Ein gutes Beispiel ist Pöhlde am Harz; auf einem Bergrücken liegt die Burg, wobei ein jüngerer Rundwall einen älteren ovalen durschschneidet; darunter ist der Königshof, die spätere Pfalz der Schriftquellen, im heutigen Ort zu suchen und nach Probegrabungen auch archäologisch wahrscheinlich zu machen (M. Claus 1965a; 1965b). Ob dies aber die ausschließliche Funktion der Burgen ist bzw. ihre Bedeutung damit erschöpfend erfaßt wird (K. Böhner 1967, S. 74; K. Weidemann 1966, S. 51ff.), dürfte doch wohl eine nicht ganz ausreichende Interpretation sein. So spricht A. Gauert (1965a, S. 36) zurückhaltender von einem etwa zugehörigen Wirtschaftshof; unter einer Burg versteht er einen natürlich und künstlich, vornehmlich nach seiner Verteidigungsfähigkeit bestimmten Platz, der für einen ständigen oder nur in Notzeiten erforderlichen Aufenthalt vorgesehen ist. Damit wird das Beziehungsgefüge vom Hof zu seiner Burg unspezifisch. Wenn nach den freilich nur selten genügenden Ausgrabungsbefunden Funde und Reste von Bebauung meist nur spärlich sind (R. v. Uslar 1964, S. 228) und ständige Residenzhaltung in Burgen erst allmählich üblich wird (R. v. Uslar 1964, S. 225ff. mit Lit.), müßten sie in der Regel nur als geschützte Fluchtorte für die offenen Höfe im Tal gedient haben[3]); dem würde auch entsprechen, daß sie z. T. verlassen und nach dem topographischen Zusammenhang statt ihrer meist kleine Burgen, Ausgangspunkte des hochmittelalterlichen Burgenbauwesens, errichtet wurden (A. Gauert 1965a, S. 47).

Mit dem Bezugspaar offener Hof und Burg kann es auch deshalb nicht allein getan sein, weil sich Höfe nicht nur umhegen, sondern auch umwehren können. Es versteht sich, daß solche Höfe nicht die eingangs unserer Ausführungen ausgeschiedenen curtes der leges sein können. A. Gauert (1965a, S. 15ff., 44, 54ff.; 1966, S. 315) hat urkundliche, topographische und archäologische Belege zusammengestellt, daß es schon in karolingischer Zeit befestigte Höfe gegeben haben muß; offenbar in der weiten Skala von solchen, die für einen landwirtschaftlichen Betrieb günstig, aber verteidigungsmäßig, abgesehen von vielleicht leicht erhöhter Stelle und Wassernähe, ungünstig lagen, bis zu solchen auf natürlich geschützten,

[2]) Terminologisch ist das Wort Burg besser als Ringwall, unter dem eine bestimmte Form verstanden wird, anderseits verknüpfen sich mit dem Wort Burg bestimmte Vorstellungen. Die Bezeichnungen Wehranlage oder Befestigungen wären vorzuziehen. Hier soll im folgenden der Einfachheit halber die Bezeichnung Burg verwendet werden.

[3]) E. Gersbach (1966, S. 279f.) macht wahrscheinlich, daß große derartige Burgen am Hochrhein und in der Schweiz Fluchtorte bekannter Familien des Hochadels waren.

aber doch für die Bewirtschaftung genügend zugänglichen Höhen, Bergspornen und dergleichen[4]). Es fehlt noch an glücklichen Ausgrabungen, die außer der Umwehrung auch den Innenraum in breiter Fläche erfassen, um eine Vorstellung von der Art und Anlage der Gebäude usw. zu erhalten. Vielleicht darf man sich solche befestigten Höfe ähnlich den seit karolingischer Zeit zunehmend mehr geschützten Pfalzen ohne die für sie spezifischen Bauten (A. Gauert 1965a, mit Belegen und Lit.) vorstellen.

Daß sich damit die Aufgaben der Burgen, u. a. als Keimzellen von Städten, nicht erschöpften, ist an anderem Ort darzulegen versucht worden (R. v. Uslar 1964, S. 219ff.). Die Aussagemöglichkeit der Burgenfunktionen, wie sie nach Schriftquellen, topographischen Verhältnissen und archäologischen Befunden zu gewinnen sind, verbleibt nach der Natur des Gegenstandes in einer gewissen Unschärfe und Mehrdeutigkeit. Es liegt dann wohl auch an verschiedener Art der Geschichtsauffassung, ob man diese Einschränkungen als im Gegenstand begründet ansieht oder auf mangelhafte und fehlgeleitete Interpretation, die die vorhandenen Gegebenheiten nicht genügend und richtig auszuschöpfen versteht.

Zusammenfassung

Der Kritik ist zuzustimmen, daß unter einer curtis nach den Angaben der leges ein unbewehrter Wirtschaftshof und nicht ein bestimmter Befestigungstyp zu verstehen ist. Die Befestigungen und Burgen haben mannigfache Gestaltung und Verwendung besessen. Man sollte sie daher nicht auf das Bezugspaar von Burg zum zugehörigen Hof einengen. Es hat auch befestigte Höfe gegeben. Der Interpretation und der Aussagefähigkeit der Burgen für die sozialen Verhältnisse und das politische Geschehen sind Grenzen gesetzt.

Literaturverzeichnis

Böhner, K. 1967 — Der Übergang vom Altertum zum Mittelalter im Bereich des römischen Main-Limes, in: Führer zu vor- und frühgeschichtlichen Denkmälern 8, Mainz, S. 61ff.

Claus, M. 1965a — Die Burganlage „König Heinrichs Vogelherd“ bei Pöhlde, in: Deutsche Königspfalzen 2, Göttingen, S. 265ff.

Claus, M. 1965b — Ausgrabungen im Gelände der Pfalz Pöhlde, Kr. Osterode/Harz, in: Nachrichten aus Niedersachsens Urgeschichte 34, S. 107ff.

Claus, M. 1966 — Besprechung: R. v. Uslar, Studien zu frühgeschichtlichen Befestigungen zwischen Nordsee und Alpen, in: Nachrichten aus Niedersachsens Urgeschichte 35, S. 167ff.

Dölling, H. 1958 — Haus und Hof in westgermanischen Volksrechten, Münster 1958.

Gauert, A. 1965a — Zur Struktur und Topographie der Königspfalzen, in: Deutsche Königspfalzen 2, Göttingen, S. 1ff.

Gauert, A. 1965b — Besprechung: R. v. Uslar, Studien zu frühgeschichtlichen Befestigungen zwischen Nordsee und Alpen, in: Blätter für deutsche Landesgeschichte 101, S. 285ff.

Gauert, A. 1966 — Zum Itinerar Karls des Großen, in: Karl der Große Bd. 1: Persönlichkeit und Geschichte, Düsseldorf, S. 307ff.

Gersbach, E. 1966 — Das „Bürkli“ bei Riburg im Aargau, eine spätrömische Befestigung? in: Helvetia Antiqua, Festschrift E. Vogt, Zürich, S. 271ff.

Grimm, P. 1958 — Die vor- und frühgeschichtlichen Burgwälle der Bezirke Halle und Magdeburg, Berlin.

Herrmann, J. 1965 — Besprechung: R. v. Uslar, Studien zu frühgeschichtlichen Befestigungen zwischen Nordsee und Alpen, in: Zeitschrift für Geschichtswissenschaft 13, S. 1091ff.

[4]) Daß dann die terminologische Schwierigkeit auftauchen kann, ob von einem befestigten Gehöft oder einer Burg zu sprechen ist, mag das Beispiel der ältesten umwehrten sog. Flachsiedlung auf dem Husterknupp an der Erft westlich von Köln, aus der dann eine Turmburg (Motte) erwuchs, dartun: A. Gauert (1965a, S. 36) nennt sie einen befestigten Hof, der Ausgräber (A. Herrnbrodt 1958) eine Burganlage.

Herrmann, J. 1966	Phil. Habil. Berlin 1965: Siedlung, Wirtschaft und gesellschaftliche Verhältnisse der slawischen Stämme zwischen Oder/Neiße und Elbe, in: Ethnographisch-Archäologische Zeitschrift 7, S. 124ff.
Herrnbrodt, A. 1958	Der Husterknupp, eine niederrheinische Burganlage des frühen Mittelalters, Köln/Graz.
Hinz, H. 1967	Die Stellung der Curtes innerhalb des karolingischen Wehrbaues, in: Germania 45, S. 130ff.
Schlesinger, W. 1965	Die Franken im Gebiet östlich des mittleren Rheines, in: Hessisches Jahrbuch für Landesgeschichte 15, S. 1ff.
Schwarz, K. 1955	Die vor- und frühgeschichtlichen Geländedenkmäler Oberfrankens, Kallmünz.
Tackenberg, K. 1965	Besprechung: R. v. Uslar, Studien zu frühgeschichtlichen Befestigungen zwischen Nordsee und Alpen, in: Westfälische Forschungen 18, S. 204ff.
Uslar, R. v. 1964	Studien zu frühgeschichtlichen Befestigungen zwischen Nordsee und Alpen, Köln/Graz.
Weidemann, K. 1966	Frühgeschichtliche Befestigungen zwischen Weser und Leine, in: Führer zu vor- und frühgeschichtlichen Denkmälern 4, Mainz, S. 47ff.

Burg, Siedlung und Münzstätte

Von Arthur Suhle, Berlin

In unserer Ausstellung im Obergeschoß des Bodemuseums und in meinem Buch „Deutsche Münz- und Geldgeschichte von den Anfängen bis zum 15. Jahrhundert" habe ich darauf hingewiesen, daß eine Ausbreitung der Münzprägung in dem ostfränkischen bzw. deutschen Reich eng mit der Gründung von Klöstern und Bistümern zusammenhängt. Es ergab sich von ganz allein, daß die neuen Klöster und Bistümer mit Markt, Münze und Zoll ausgestattet werden mußten, damit sie ihre kulturpolitische Funktion erfüllen konnten. Bekanntlich hat bereits die Benediktinerabtei Corvey 833 von Ludwig dem Frommen diese Rechte erhalten. Ganz bewußt ging dann Otto der Große diesen Weg weiter, wobei als Beispiel Kloster und Erzbistum Magdeburg zu nennen sind, die 949 und 965 das Münzprägerecht erhielten, wozu auch noch 987 das für Giebichenstein bei der Salinenstadt Halle kam.

Im 10. Jh. beginnt auch schon die Bedeutung von Grafensitzen, die für ihre Siedlungen an ihren Burgen das Münzprägerecht teils vom König erhielten oder besonders später usurpierten. Deshalb besteht auch hier ein deutlicher Zusammenhang von Siedlung, Burg und Stadt.

Die ältesten Münzrechtverleihungen sind die Ottos III. an den Grafen Berthold I. von Zähringen vom 29. März 999 für Villingen „potestatem in quodam suo loco Villingun dicto publicum faciendi et construendi merkatum cum moneta, theloneo ac totius publice rei banno" und an den Getreuen Aribo für Donauwörth, ebenfalls 999, das Recht wird am 17. Januar 1030 von Konrad II. für seinen Sohn Manigold bestätigt: „prefato fideli nostro Manigoldo potestatem atque licentiam habendi mercatum cum moneta, theloneo et cum omni publico negotio in loco Ueride dicto sito in pago Rieze in comitatu Friderici, maxime tamen omni sabbato negociandi... per hoc nostrum imperiale preceptum confirmanus atque corroboramus". Graf Eberhard III. von Nellenburg erhielt durch Kaiser Heinrich III. 1045 Juli 10. „potestatem propriam monetam in villa Scafhusen dicta... habendi concessimus, ea videlicet ratione, ut praedictus Eberhardus liberam dehinc potestatem habeat eodem modo praefata moneta uti, quo et caetteri a regibus vel imperatoribus similiter praedicti hucusque soliti sunt frui".

Wenden wir uns nach dem Osten, so bestätigte Heinrich III. am 26. 9. 1045 dem Bischof Bruno von Minden und seiner Mutter Uta das Markt-, Münz- und Zollrecht und die Immunität für ihre Besitzung in Eisleben „in pago Hessegowe in comitatu Tedi palatini comitis sito ea lege ac iustitia uti qua antecessores eorum et illi nostrorum temporibus predecessorum grata permissione huc usque sunt usi". Diese Vorfahren waren die 1004 erloschenen Grafen von Merseburg und dem Hassegau (Esicho III. † 1004). Nach den Hildesheimer Annalen war Bischof Bruno ein Bruder des 1038 in Wimmelburg bei Eisleben beigesetzten Pfalzgrafen von Sachsen und Grafen Siegfried von Merseburg (um 1017—1038).

Buchenau nimmt als wahrscheinlich an, daß Esicho wie wohl schon sein Vater Siegfried in der am Wilderbach liegenden Pfalz Eisleben eine Münzstätte errichtete, die 1189 als königliches Tafelgut „Gisleva" bezeichnet wird. Seit dem 11. Jh. saßen hier die Grafen von Mansfeld, von denen im 12. und 13. Jh. eine reiche Münzprägung ausging. In der Nähe liegt die Talrandburg Querfurt am Südufer des Quernebachtals an der Straße von Naumburg nach Eisleben, die Burg war schon um 1000 im Besitz der Edelfreien und Grafen von Querfurt (H. Helbig 1955, S. 117), von denen Burckhard VI. durch Heirat mit Sophie von Mansfeld Stifter der jüngeren Dynastie der Grafen von Mansfeld wurde, während sein Bruder Gebhard V. die jüngere Reihe der Herren von Querfurt, von denen ebenfalls Pfennige geschlagen wurden, fortsetzte. Im Harz waren es verschiedene Grafengeschlechter, durch die Burgen gebaut wurden und dadurch Siedlungen entstanden, mit denen Münzstätten verbunden waren. Es sind die Grafen von Stolberg-Wernigerode und Stolberg-Stolberg, die von Klettenburg, Blankenburg und Hohnstein. Weiter die Grafen von Arnstein und Falkenstein, die aber beide nicht auf ihren Stammburgen prägten.

Wenn man heute den Falkenstein hoch über dem Selketal sieht, wird man sofort einsehen, daß hier keine Münzstätte bestanden haben kann — sie war sicher in Ermsleben. Weiter östlich schließen sich die Burgen der Askanier an, so in Ballenstedt, Bernburg, Köthen und Aschersleben, wo überall neben den Burgen Siedlungen mit Münzstätten enstanden. In der Nähe der Burg Freckleben wurden seinerzeit 3660 Brakteaten aus dem Nordharz gefunden, ähnlich wie auf dem Gelände der Pfalz Tilleda unterhalb des Kyffhäusers zahlreiche Münzen gefunden wurden. Wenn auch an vielen Burgen der Feudalherren keine eigenen Münzstätten waren, so können doch in ihrer Nähe Pfennige des 12. und 13. Jh. gefunden werden.

In Thüringen sind es besonders viele Dynastengeschlechter, die Burgen bauten und zu ihren Füßen Siedlungen mit Münzstätten errichteten.

Wenn wir mit den Landgrafen von Thüringen beginnen, so haben diese in Eisenach, Gotha und Freiburg a. d. Unstrut Burgen gebaut, denen sich Siedlungen mit Münzstätten anschlossen. Die in diesen Münzen entstandenen Pfennige waren in großen Mengen in den Funden von Gotha, Seega und Nordhausen.

Zuerst war es Ludwig II., der in Eisenach eine Burg mit Siedlung und Münzstätte errichtete, wozu später noch Gotha und Freiburg hinzukamen.

Eines der mächtigsten Geschlechter waren die Lobdeburger, welche bei Jena die Lobdeburg mit Siedlung, Markt und Münze errichteten. Dieses Geschlecht hat dann auch in Kahla, Roda und Schleiz u. a. Münzen geprägt.

Die Grafen von Orlamünde aus askanischem Hause waren ab 1140 die mächtigsten Landesherren in Thüringen, die Burg war auf beherrschendem Felssporn mit weitem Blick ins slawische Land und ins Saaletal angelegt (H. Patze 1962, S. 102). Hermann I. war der zweite Sohn Albrechts des Bären, seit 1142 nannte er sich Graf von „Orlamünde“. Hermanns Feste Weimar wurde 1173/74 von Landgraf Ludwig III. von Thüringen zerstört.

Es gibt von ihm Löwenbrakteaten mit der Aufschrift „HERMAN ORLAMVNDE COMES“ aus dem Funde von Milda (zwischen Kahla und Blankenhain) und auch Adlerbrakteaten mit der Aufschrift COMES HERMANNVS.

Graf Dietrich von Werben (†1183), der seine Burg bei Weißenfels am linken Saaleufer hatte, war ebenfalls ein Sohn Albrechts des Bären. Durch seine Frau Mechthild war er auch Schwiegersohn Ludwigs I. von Thüringen. Er erbte Oldisleben bei Frankenhausen, wo die Anhaltiner Besitz hatten. Am Ort des Klosters war ein Markt. Dietrich hat hier mit dem Abt Konrad Brakteaten geschlagen, die im Funde von Gotha vorkamen. Ebenso prägte Gottschalk, Graf von Rotenburg (—1175—1178) am Kyffhäuser über Kelbra; er war eines Stammes mit den Herren von Kirchberg bei Sondershausen, von denen ein Hohlpfennig mit der Aufschrift „Sunnedr“ in einem Funde erhalten ist. Das Geschlecht erlosch 1223, ihr Besitz ging an die Grafen von Beichlingen.

Die Kirchberger haben außer dem Sonderhäusener Pfennig wahrscheinlich Münzen mit einer Rose über Querstrich geprägt (Gotha (267c)).

In Sulza befand sich ebenfalls eine Münzstätte. Am 5. 12. 1064 hat Heinrich IV. auf Bitten des Pfalzgrafen Friedrich II. die Errichtung eines freien Marktes mit „monetis, teloneis“ und Königsbann auf seinem Erbgut Sulza im Gau Thüringen in der Grafschaft des Markgrafen Otto von Orlamünde gestattet. Urkundlich werden auch „denarii Sulzensis monetae“ genannt.

Im Funde von Gotha (Nr. 233) befand sich ein Pfennig mit dem Heiligen Mauritius, dem Patron der Ortskirche von Sulza. Er muß unter Vogtei des Landgrafen Ludwig III. geschlagen sein.

Graf Heinrich I. von Schwarzburg ist der erste aus diesem Geschlechte († 1184), der das Münzrecht in Blankenburg bei Rudolstadt ausübte (Gotha (279)). Sein Bruder, Günther II. von Schwarzburg und Käfernburg, beerbte Heinrich und prägte ebenfalls (Gotha (280)).

Erwin II., Graf von Gleichen und Tonna (1154—1192) war Vogt des Erfurter Petersklosters und Burggraf von Mühlhausen. In Gräfentonna, unweit der Burg Tonna nördlich von Gotha, hatte er einen ihm gehörenden Markt. Sein Name mit „Tunna“ als Münzstätte kommt auf einem im Funde von Gotha sich befindenden Brakteaten vor (Nr. 261).

In diesem Zusammenhang wären vor allem noch die Herren von Beichlingen zu erwähnen. Ihr Stammsitz lag nordöstlich von Kölleda auf der Finne. Um 1080 nannten sich Kunigunde von Weimar und ihr Mann Kuno (1103) nach der Burg Beichlingen.

Ein Friedrich von Beichlingen (— 1170 oder später) hat mit seiner Gattin Helenburg, einer Tochter des Grafen Ernst von Gleichen, die Dynastie derer von Beichlingen begründet: Kölleda, Kelbra, Brücken, Frankenhausen u. a. haben ihnen gehört. Eine ganze Anzahl von Brakteaten mit quer fliegendem Adler aus den Funden von Seega und Nordhausen wird ihnen zugeschrieben, sie sind sicher von Friedrich II. (— 1217) geprägt.

Von den thüringischen Geschlechtern wären noch die Herren von Rabenswalde in Wiehe, die von Voigtsberg, Schlotheim und Treffurt zu nennen, denen ebenfalls Pfennige zugeschrieben werden können. Alle diese Dynastengeschlechter, von denen sich noch weitere aufzählen ließen, haben aber fast durchweg nur kurze Zeit geprägt, was z. T. mit dem Aussterben des Hochadels im 13. Jh. zusammenhängen mag.

Anders steht es mit den großen Dynastengeschlechtern, den Askaniern und Wettinern. Die Askanier haben, wie schon gesagt, in ihrem Stammlande, in Ballenstedt, Bernburg, Zerbst, Köthen und Aschersleben, Münzstätten eingerichtet, die längere Zeit tätig blieben, dazu kamen noch Brandenburg, Stendal und Salzwedel.

Die Wettiner waren in Meißen selbst, nach welchem Ort sie sich Markgrafen nannten, dann in Freiberg, Leipzig und an anderen Orten Prägeherren.

Dietrich von Landsberg, der in Landsberg eine Burg mit Doppelkapelle gründete, hat sicher hier keine Münzstätte eingerichtet, wofür keine Beweise vorliegen, sondern woanders.

Ein besonderer Fall ist der Pfennig Eginhards von Kamburg, dessen Name unter den Wettinern gar nicht vorkommt; sein Name „Eginharus dominus Ca(mburg)“ (Gotha S. 100) erscheint auf einem Brakteaten.

Die Landgräfin Jutta von Thüringen, namentlich genannt, hat vielleicht an ihrem Witwensitz Weißensee geprägt.

Dieser Aufsatz stellt nur einen Versuch dar, die Verbindung von Burg, Siedlung und Münzstätte im 12.—13. Jh. kurz zu skizzieren, ein Versuch, der noch weiter ausgebaut werden müßte.

Literaturverzeichnis

Buchenau, H. 1905 — Der Brakteatenfund von Seega (b. Frankenhausen), Marburg.

Buchenau, H. 1928 — Der Brakteatenfund von Gotha (1900), München.

Grimm, P. 1958 — Die vor- und frühgeschichtlichen Burgwälle der Bezirke Halle und Magdeburg, Berlin.

Helbig, H. 1955 — Der Wettinische Ständestaat, Münster/Köln.

Mertens, E. 1929	Der Brakteatenfund von Nordhausen, Halle.
Patze, H. 1962	Die Entstehung der Landesherrschaft in Thüringen, Köln/Graz.
Suhle, A. 1964	Deutsche Münz- und Geldgeschichte von den Anfängen bis zum 15. Jahrhundert, 2. Aufl., Berlin.
Wäscher, H. 1962	Feudalburgen in den Bezirken Halle und Magdeburg, Berlin.

Zur Entwicklung des westpommerschen Städtewesens im frühen Mittelalter

Von Lech Leciejewicz, Warschau

Mit 1 Textabbildung

Seitdem wir vor einigen Jahren den Versuch unternahmen, die Anfänge und die älteste Entwicklung westpommerscher Küstenstädte, wie Szczecin, Wolin, Kamień und Kołobrzeg, im frühen Mittelalter zu rekonstruieren (L. Leciejewicz 1962), sind die Forschungen so weit vorangeschritten, daß viele Probleme und Anschauungen, damals nur angedeutet, heute weit ausführlicher untersucht oder kontrolliert werden können. Weitere Fortschritte machten sowohl Ausgrabungen als auch Materialbearbeitungen, wodurch neue Feststellungen oder auch eine vollständigere Auswertung bereits früher bekannten Materials ermöglicht wurden. Einige der berührten Fragen waren auch Gegenstand wissenschaftlicher Diskussion. All dies bewog uns, noch einmal das Wort zu ergreifen. Wir möchten dabei auf einige Probleme hinweisen, die im Verlauf neuerer Forschungen deutlich hervortraten. Zu ihnen gehören die Kriterien zur Festsetzung des Zeitpunktes, von dem an von einem städtischen Charakter der Siedlungen gesprochen werden kann, einige Elemente der sozial-ökonomischen Struktur der Städte, insbesondere der Entwicklung der Handwerksproduktion und des Handels, sowie die Rolle der politischen Faktoren während des Prozesses der Bildung städtischer Siedlungen.

Die Anfänge des Städtewesens

Bei der Diskussion über die Grundlagen für die Bestimmung des städtischen Charakters verschiedener Siedlungen betrachtet man jetzt ziemlich übereinstimmend rechtliche Kriterien als zweitrangig. Im Verlauf der Diskussion wies man darauf hin, daß die rechtliche Aussonderung typisch für bereits entwickelte Stadtzentren war, was im Altertum lediglich in einigen Gebieten Vorderasiens und im Mittelmeerbecken sowie in Westeuropa im hohen und späten Mittelalter (M. Weber 1956, S. 744ff.) der Fall war. Hinsichtlich frühmittelalterlicher Siedlungen sollte man vor allem Kriterien sozial-ökonomischer Natur — die nicht agrarischen Beschäftigungen der Bewohner, ferner reguläre Planung, dichte Bebauung, Verteidigungseinrichtungen und die politische Funktion als Verwaltungszentrum sowie die als Kultstätte usw. — in den Vordergrund stellen (E. Dupré Theseider 1959; W. Hensel 1963, S. 15ff.; R. S. Lopez 1963 u. a.). In der archäologischen Praxis ist es jedoch oft schwierig, das Moment festzustellen, von dem an man von einem städtischen Charakter einer Siedlung sprechen kann. Die wirtschaftliche Funktion ist auf Grund der relativ kleinen ausgegrabenen Flächen meistens nicht näher zu beurteilen, und die siedlungskundlichen oder politischen Kriterien erweisen sich als trügerisch. Zuweilen können nur schriftliche Überlieferungen, welche die Funktion der Siedlung im Gesamtleben der Region charakterisieren, eine gewisse Hilfe leisten. Mit Recht wird daher auch in der Literatur unterstrichen (R. S. Lopez 1963, S. 28), daß es eine Reihe von Siedlungen, die ihren Mittelmerkmalen nach zwischen einem Dorf und einer Stadt stehen, gibt, so daß sehr oft, unabhängig von den Forschungsbedingungen, hinsichtlich einer Klassifikation Schwierigkeiten entstehen.

Die Forschungen in Westpommern brachten jedoch in diesem Gebiet neue Erfahrungen. Wie bekannt, stammt im Falle Wolin die älteste Siedlungsschicht aus dem Anfang des 9. Jh. Von Anfang an traten hier Beweise für Handwerksproduktion und Handel auf, deren Zahl jedoch in der 2. Hälfte des 9. und in der 1. Hälfte des 10. Jh. bedeutend wächst. In der 2. Hälfte des 9. Jh. wurde das Innere der Siedlung regelmäßig bebaut und die damals festgesetzte Planung hielt sich mindestens bis zum 12. Jh., in dem der städtische Charakter der Siedlung außer Zweifel stand. In der 2. Hälfte des 9. Jh. nahm die Siedlung auch den nördlichen Teil der Lokationsstadt ein, und, wie neueste Forschungen bewiesen (W. Filipowiak 1962, S. 298ff.), wurde das Ganze mit Befestigungen umgeben. Somit besteht eine Übereinstimmung in den Angaben über Wandlungen der Wirtschafts- und Siedlungsstruktur, die uns ermöglicht, diese Siedlung bereits ab der 2. Hälfte des 9. Jh. als ein Zentrum städtischen Typs anzusehen. Im Jahre 965/66 erwähnt der arabische Reisende Ibrahim ibn Jakub eine mächtige Stadt am Ozean mit 12 Toren. Höchstwahrscheinlich handelt es sich hier um Wolin, das im Lichte archäologischer Angaben (vor allem in bezug auf Schatzfunde) eine Blütezeit erlebte. 100 Jahre später bezeichnete Adam von Bremen Wolin als die größte Stadt an der slawischen Ostseeküste. Die Funktion dieser Siedlung wurde hier unzweideutig. Im Laufe des 10. bis 11. Jh. entstand eine Burganlage auf dem Silberberg. Außerdem entwickelten sich Vorstädte. Im Stadtgebiet selbst allerdings sieht man vom Ende des 9. bis zum Ende des 11. Jh. keine wesentlichen Veränderungen. Das gilt sowohl für die Planung als auch für die Funktion der einzelnen Viertel sowie das Kulturniveau der Einwohner.

Interessante Ergebnisse in bezug auf diese Problematik brachten auch die letzten Forschungen in der Umgegend von Kołobrzeg. In den letzten Jahren richtete man dort die Aufmerksamkeit auf die Burgsiedlung des 7.—10. Jh. im Hinterland der Stadt. Im Verlauf der Ausgrabungen wurde festgestellt, daß die Burgen in Ausmaßen, Lage und vor allem im Inventar den späten Feldberger Burgen des östlichen Mecklenburg entsprachen (W. Łosiński, 1966a), im Fernhandel aktiv tätig waren (Bruchstücke arabischer Münzen, stellenweise skandinavische Importstücke) und Handwerk (Eisenbearbeitung, Gießerei) betrieben. Gegen Mitte des 9. Jh. erfolgte ein allgemeiner Niedergang dieser Zentren, Kołobrzeg aber, an der Mündung der Parsęta gelegen, gestaltete sich zu einer ausgedehnten Wehrsiedlung, deren Einwohner sich neben Salzgewinnung mit Handwerk beschäftigten und auch im Handel tätig waren. Es scheint also nach der Auflösung kleiner Zentren auf Grund größerer ökonomischer Möglichkeiten (Salzgewinnung!) eine wirtschaftliche und im Verein damit eine politische Umgestaltung dieser Region erfolgt zu sein[1]). Eine ähnliche Erscheinung läßt sich auf der gegenüberliegenden Ostseeseite in Mittelschweden feststellen (Helgö-Birka, W. Holmqvist 1961—1964). Die Siedlung in Kołobrzeg entwickelte sich zu einem Produktions- und Austauschzentrum an der unteren Parsęta, das Merkmale einer städtischen Siedlung annahm.

Die von uns angeführten Beispiele weisen auf verschiedene Seiten desselben Prozesses hin. Sie erlauben wohl auch im positiven Sinne die Zweifel (J. Bardach 1964, S. 119, Anm. 8) zu lösen, ob man schon in der 2. Hälfte des 9. Jh. von einem städtischen Charakter der von uns untersuchten Küstensiedlungen sprechen kann.

Zur Sozial- und Wirtschaftsstruktur. Handwerk und Handel

Ein weiteres Problem stellt die sozial-ökonomische Struktur der Stadtsiedlungen dar, insbesondere die Rolle des Handwerks und dessen Entwicklung. Es wurde besonders aktuell, seitdem H. Preidel (1965) grundsätzlich gegen die in der Wissenschaft seit A. Dopsch aufkommende Tendenz auftrat, die Bedeutung der Waren- und Geldwirtschaftselemente in der

[1]) L. Leciejewicz, 1966. Die umfangreiche Problematik wurde zuletzt ausführlich von W. Łosiński untersucht. Wichtigste Ausgrabungsberichte: A. Urbańska 1962; W. Łosiński und A. Urbańska 1962; W. Łosiński 1963. 1964; 1966b; 1966c.

Ökonomik mitteleuropäischer Gesellschaften im frühen Mittelalter hervorzuheben. Eine Diskussion dieses Themas ist zweifellos notwendig und eine kritische Kontrolle bisheriger Feststellungen nützlich, doch scheint H. Preidel in seinem polemischen Eifer nicht genügend beachtet zu haben, daß bei Ausgrabungen von Objekten städtischen Typs in der Regel nur ein kleiner Ausschnitt der Gesamtfläche erfaßt wird. Man könnte dies mit der Technik soziologischer Forschungen vergleichen, die von Ausschnittsversuchen ausgeht, um mit Hilfe der statistischen Wahrscheinlichkeitsrechnung über gewisse allgemeinere Tendenzen Schlüsse zu ziehen. Auf ähnliche Art versucht der Archäologe, bei der Untersuchung eines Ausschnittes von z. B. 100 m² Fläche einer Siedlung über den Charakter eines größeren Ganzen Aufschluß zu erlangen. Hinzu kommt, daß in den Siedlungsschichten in der Regel nur Reste eines größeren Ganzen auftreten, nämlich zufällig verlorengegangene Halbfabrikate sowie Produktionsabfälle, von denen die Mehrzahl ohne Zweifel im Verlauf einer weiteren Produktionstätigkeit ausgenutzt wurde. Besonders wertvolle Gegenstände, wie z. B. Importstücke (außer absichtlich in Gräbern oder Schätzen niedergelegten Gaben) in den Kulturschichten von aus schriftlichen Quellen gut bekannten Handelsplätzen, kommen nur selten vor.

Wie stellt sich nun z. B. die Lage im Stadtgebiet am Flußübergang von Wolin dar? Der hier untersuchte Abschnitt besaß eine Fläche von 50 m² und enthielt 21 Schichten und deren Abwandlungen von ungefähr 10—50 cm Stärke, die in das 9.—12. Jh. zu datieren sind. Der größte Teil des angefallenen Materials wurde schon ausführlich bearbeitet, so daß wir zu diesem Thema Ziffernangaben besitzen[2]). Die beigefügte Tabelle macht uns deutlich, welche Halbfabrikate und Abfälle von einer Produktionstätigkeit stammen, und berücksichtigt auch zum Vergleich fertige Erzeugnisse, die aber selbstverständlich nicht immer aus einheimischen Werkstätten stammen müssen (Tabelle 1).

Besonders interessant sind die Glasherstellung, die Hornverarbeitung und die Bernsteinbearbeitung, wobei auch besonders die Lage der Funde zu berücksichtigen ist. Während wir für die Glasherstellung in der Nähe der Ausgrabungsstätte eine Werkstatt aus der 1. Hälfte des 10. Jh. vermuten können, haben wir es im Falle der Horn- und Bernsteinverarbeitung mit einer Produktionstätigkeit innerhalb zweier Hütten im aufgedeckten Abschnitt zu tun. Gegen Ende des 10. Jh. wurde die Bernsteinverarbeitung südlich des Weges durch eine Hornverarbeitung ersetzt. Diese Werkstatt stellte nach kurzer Zeit ihre Tätigkeit ein. Zur gleichen Zeit entstand auf der anderen Seite des Weges eine Hornverarbeitungswerkstatt, die an dieser Stelle über 100 Jahre bestand. In der 1. Hälfte des 12. Jh. wurde wahrscheinlich eine Hütte von einem Zimmermann bewohnt.

Außerdem wurden bei den Forschungen O. Kunkels und K. A. Wildes im Jahre 1934 auf dem Marktplatz ebenfalls Spuren einer Glas- und Bernsteinwerkstatt und vielleicht auch einer Gießerei festgestellt (K. A. Wilde 1953, S. 14ff.), die wahrscheinlich in die erste Hälfte des 10. Jh. zu datieren sind (L. Leciejewicz 1962, S. 55ff.). Auch hier entdeckte man zahlreiche Spuren einer Hornverarbeitung. Ebenfalls mit Bernstein- und Hornverarbeitung beschäftigten sich die Bewohner der südlichen Vorstadt, wenn auch in geringerem Umfang (W. Filipowiak 1962, S. 306ff.). Spuren von Bernsteinbearbeitung stellte man im Gebiet des vermutlichen Tempels fest (W. Filipowiak 1962, S. 308ff.). Auf dem Silberberge wurden in den letzten Jahren zwei große Hornverarbeitungswerkstätten aus dem 11. Jh. gefunden. Neben diesen besser erkundeten Handwerkszweigen läßt sich in Wolin auf Grund von Produktionsabfällen feststellen, daß in verschiedenen Teilen der Siedlung Hütten zusammen mit Schmiedetätigkeit, Gießerei, Dreharbeiten, Zimmerarbeit, Schiffsbau, Schuhmacherei und wahrscheinlich auch Töpferei betrieben wurden.

Ein ähnliches Bild ergab sich bei den Forschungen in Kołobrzeg. Auf dem durchforschten Abschnitt im südlichen Teil des Burginnern entdeckte man eine ansehnliche Menge Gegen-

[2]) Zusammenfassender Überblick W. Filipowiak 1962, S. 300, wichtigste Einzelstudien: F. Białęcka 1961; E. Cnotliwy 1958; 1959; 1962; A. Nahlik 1959; J. Olczak und E. Jasiewiczowa 1963; J. Wojtasik 1957; 1960; 1963.

Tabelle 1

Schicht	Chronologie	Glas				Bernstein					Horn				Holz	
		Tiegel, Düse (x)	Schlacke	Abfälle Halbfabrikate	Erzeugnisse	Rohstoff	Abfälle	Halbfabrikate	Erzeugnisse	Gedrehte Stücke	Rohstoff	Abfälle	Halbfabrikate	Erzeugnisse	Keulen	Keile
Va	2. Hälfte 12. Jh.	—	3	—	—	1	2	—	—	—	—	—	—	1	—	—
Vb	2. Hälfte 12. Jh.	—	—	—	2	3	—	—	—	—	—	3	—	2	—	—
VI	2. Hälfte 12. Jh.	—	1	—	1	1	—	—	3	—	1	4	1	3	—	—
VII	1. Hälfte 12. Jh.	—	—	—	—	1	—	—	1	—	—	2	1	9	—	—
VIII	1. Hälfte 12. Jh.	—	1	1	2	3	6	—	2	—	3	282	6	10	4	1
IXa	11./12. Jh.	—	2	—	3	3	5	2	2	—	1	68	7	6	—	—
IXb	11./12. Jh.	—	2	—	—	2	5	—	—	—	3	2614	6	5	—	1
IXc	11./12. Jh.	—	1	—	1	3	4	—	1	—	5	801	9	3	—	—
X	2. Hälfte 11. Jh.	—	—	—	1	4	3	1	1	2	11	2148	16	10	—	—
XI	2. Hälfte 11. Jh.	—	—	—	—	5	1	2	1	—	9	852	6	6	—	—
XII	Mitte 11. Jh.	—	4	—	—	4	—	1	—	—	4	1705	5	4	—	—
XIII	1. Hälfte 11. Jh.	—	1	—	5	13	23	10	4	—	2	475	5	12	1	—
XIV	1. Hälfte 11. Jh.	—	7	—	1	29	34	11	2	—	1	317	5	4	—	—
XV	2. Hälfte 10. Jh.	—	7	1	23	101	119	15	11	—	2	—	2	12	—	—
XVI	2. Hälfte 10. Jh.	1	12	2	18	173	306	31	15	—	1	1	—	7	1	—
XVIIa	1. Hälfte 10. Jh.	—	10	1	16	59	87	19	4	1	1	9	2	2	—	—
XVIIb	1. Hälfte 10. Jh.	3	17	1	6	33	21	12	6	—	—	1	6	8	—	—
XVIIIa	2. Hälfte 9. Jh.	—	1	—	1	5	1	—	2	—	—	1	1	2	—	—
XVIIIb	2. Hälfte 9. Jh.	—	10	—	—	1	—	1	—	—	—	—	1	4	—	—
XIX	Mitte 9. Jh.	—	11	—	1	3	2	1	—	1	—	—	1	2	—	—
XX	1. Hälfte 9. Jh.	1x	11	—	—	3	—	—	1	—	—	—	—	1	—	—

stände, die auf ein Betreiben von Handwerksarbeiten hinweisen (Tabelle 2; W. Łosiński und E. Tabaczyńska 1959). Die untersuchte Fläche betrug für die Schicht VII ungefähr 40 m², für die Schicht VI—IV durchschnittlich 70 m², für die Schicht II ungefähr 100 m², die Stärke der einzelnen Schichten betrug 20—60 cm. Ohne jeden Zweifel läßt sich das Bestehen einer Hornverarbeitungswerkstatt und in einem geringeren Grade auch Bernsteinbearbeitung gegen Ende des 9. bis Anfang des 10. Jh. feststellen, und zwar zwischen einer Hütte und den Befestigungen. Außerdem befindet sich in dieser Gegend eine Hütten- und Schmiedewerkstatt aus dem 12. Jh. Weiter östlich erbrachte die Ausgrabung einer Fläche von 36 m² wenige deutliche Angaben, jedoch fand man auch dort Material, das auf eine Gießerei, einen Hüttenbetrieb sowie Horn- und Bernsteinverarbeitung hinwies. In der nördlichen offenen Vorburg betrieb man im 12. Jh. ebenfalls Hütten- und Schmiedetätigkeit. Viele ähnliche Merkmale wies auch die Salzgewinnung in der Nähe der Parsęta-Mündung auf, die archäologisch vom 7.—8. Jh., in schriftlichen Quellen seit dem 11. Jh. (Thietmar) bezeugt wird.

Es gibt dafür noch einige Beispiele. In Ostpommern wurden z. B. in Gdańsk einige periodisch gleichzeitig betriebene Werkstätten festgestellt (J. Kamińska 1966, S. 185ff.). Ähnliche Ergebnisse brachten Ausgrabungsarbeiten in Alt-Lübeck zutage (W. Neugebauer 1964/1965, S. 186ff.). Es ist selbstverständlich schwierig, die Ausmaße des Handwerksbetriebes mit der Produktion der Lokationsstädte zu vergleichen. Zweifellos traten auch in diesem Gebiet zwischen den einzelnen Siedlungen bedeutende Unterschiede auf. Die Tendenz zur Konzentration verschiedener Handwerkszweige in Stadtsiedlungen des frühen Mittelalters scheint jedoch sicher zu sein.

Tabelle 2

Schicht	Chronologie	Eisen					Horn				Bernstein				
		Schlacke	Luppe	Barren	Abfälle	Erzeugnisse	Rohstoff	Abfälle	Halbfabrikate	Erzeugnisse	Rohstoff	Abfälle	Halbfabrikate	Erzeugnisse	Gedrehte Stücke
II	12. Jh.	279	3	1	2	138	—	1	—	6	7	3	1	2	—
IIa—c	11./12. Jh.	34	—	—	5	60	1	—	—	5	9	3	3	6	1
IV	11. Jh.	22	—	—	1	18	1	—	1	3	4	1	2	4	—
IVa	1. Hälfte 11. Jh.	11	—	—	—	4	—	—	—	1	1	2	—	—	—
V	10./11. Jh.	16	—	—	—	21	1	—	1	5	7	6	1	3	—
Va	2. Hälfte 10. Jh.	—	—	—	1	3	—	—	—	1	3	1	1	—	—
VI	Mitte 10. Jh.	9	—	—	—	19	—	3	2	5	11	11	5	2	—
VIa	1. Hälfte 10. Jh.	4	—	—	—	3	—	2	2	1	1	3	1	1	—
VII	9./11. Jh.	5	—	—	—	18	4	1730	10	5	8	17	7	5	1
VIIa	2. Hälfte 9. Jh.	4	—	—	—	8	—	—	—	1	—	2	—	—	—

Viele Fragen betreffs der Bedingungen für eine Handwerksentwicklung sind immer noch ungeklärt, jedoch erlauben die bisherigen archäologischen Forschungen schon gewisse wesentliche Feststellungen. Dazu gehört die Tatsache, daß die Handwerker bereits in den ersten Entwicklungsphasen wichtigere, befestigte Stadtteile bewohnten, ferner ihre enge Verbindung mit der Fischerbevölkerung. Bemerkenswert ist das gelegentliche Zusammenlegen verschiedenartiger Tätigkeiten in einer Werkstatt (Glasherstellung und Bernsteinbearbeitung, eventuell Gießerei in Wolin; Horn- und Bernsteinbearbeitung in Kołobrzeg und Wolin), das mit ähnlichen Produktionstechniken oder ähnlicher Funktion der Erzeugnisse zu verbinden ist. Der Qualität der Erzeugnisse nach zu urteilen befriedigten die städtischen Handwerker im 9.—11. Jh. in der Hauptsache den Bedarf der Machthaber, die auch aus dem Fernhandel Nutzen zogen. Eine Reihe von Handwerkern arbeitete wahrscheinlich für den Export (Bernstein: E. Tabaczyńska 1966). Es verwundert nicht, daß man Spuren von Handwerksstätten auf allen besser erforschten Handelsplätzen an der Ostsee feststellte, und zwar sowohl in slawischen als auch in skandinavischen Siedlungen (H. Arbman 1939, S. 119ff.; E. Floderus 1941, S. 93ff.; H. Jankuhn 1963, S. 242ff.).

Gegen Ende des 11. Jh. machte sich eine Tendenz zur Produktionsvereinfachung bemerkbar, und zwar in Form des Einsparens von Rohstoffen. Das könnte in einer erweiterten Massenproduktion begründet liegen, deren Abnehmerkreis vornehmlich die Landbevölkerung aus dem Hinterland bildete. Man sieht dies am besten bei Schmiedeproduktion, Hornverarbeitung und Töpferei. Der mangelhafte Forschungsstand in bezug auf Dorfsiedlungen erschwert allerdings ein ziffernmäßiges Festlegen der Unterschiede zwischen dem Handwerk in den Städten und auf dem Lande. Jedoch scheint die Tatsache genügend symptomatisch zu sein, daß Märkte, an denen die Bevölkerung „de tota provincia“ teilnahm (Herbord), in der 2. Hälfte des 12. Jh. stellenweise (Szczecin) zweimal wöchentlich abgehalten wurden. Es ist wohl kaum anzunehmen, daß lediglich Importwaren, welche mittels Fernhandels gewonnen wurden, Gegenstand so häufiger Tauschkontakte gewesen sein sollten. Es müßte eher in der Produktionsentwicklung des Handwerks die Hauptursache für ein Anlocken der Landbevölkerung auf den Markt zu suchen sein.

Es ist schwer, an der großen Bedeutung des Handels als eines der hauptsächlichen Anzeichen einer Wirtschaftsentwicklung in den uns interessierenden Stadtsiedlungen aus dem 9.—11. Jh. zu zweifeln (vergl. den zusammenfassenden Überblick bei W. Hensel 1965, S. 411ff.). Man sieht dies vor allem in der Anhäufung von Silberschatzfunden in der Umgebung sämtlicher

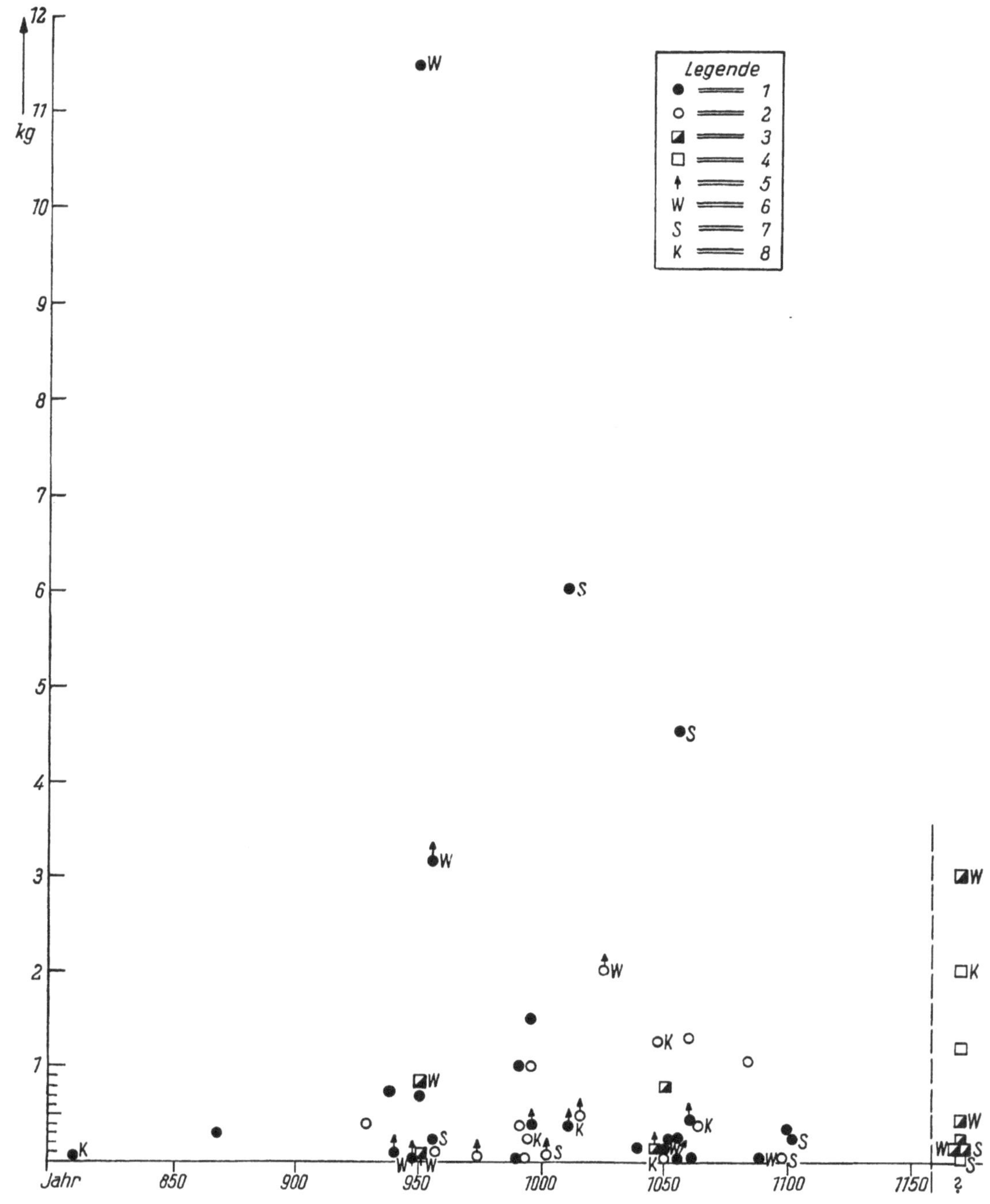

Abb. 1. Gewichtsstruktur frühmittelalterlicher Silberschatzfunde in Westpommern
1 bestimmtes Gewicht und Datierung; 2 ungenaues Gewicht, bestimmte Datierung; 3 bestimmtes Gewicht, Datierung im Zeitraum eines Jahrhunderts oder unbestimmt; 4 ungenaues Gewicht, Datierung im Zeitraum eines Jahrhunderts oder unbestimmt; 5 über das angegebene Gewicht hinaus; 6 Umgegend von Wolin; 7 Umgegend von Szczecin; 8 Umgegend von Kołobrzeg

wichtiger Städte in Westpommern (T. R. Kiersnowscy 1959). Die Anhäufung rund um Wolin weist einen Verdichtungsgrad innerhalb des gesamten Westslawentums aus, mit dem sich lediglich die Umgegend von Prag (P. Radoměrský 1956) messen kann. Die archäologischen

Angaben bestätigen demnach völlig die Ansicht Adams von Bremen, wonach Wolin als Austauschmittelpunkt an der slawischen Ostseeküste eine besondere Rolle spielte. Auch eine Analyse in bezug auf die Größe der Schatzfunde bestätigt die Bedeutung der Stadtsiedlungen bei der Entwicklung eines Fernhandels im 9.—11. Jh. Gerade in der Umgegend von Wolin und Szczecin sowie in gewissem Grade von Kołobrzeg treten die größten Silberschatzfunde dieser Zeit in Westpommern auf (Abb. 1). Ähnlich gestaltete sich die Situation im nördlichen Elbegebiet (Oldenburg in Wagrien, Usedom: L. Leciejewicz 1968). Etwas weniger deutlich trat diese Tendenz in anderen Regionen des westlichen Slawentums hervor, jedoch in einigen Fällen, wie z. B. in der Gegend von Słupsk in Ostpommern, erschwert vielleicht lediglich das Fehlen schriftlicher Überlieferungen, solcherlei Verbindungen zu entdecken.

Im Lichte der jüngsten ausführlichen Untersuchungen durch J. Żak (1963; 1967a; 1967b) über die skandinavischen Importe in den westslawischen Ländern zeichnet sich die Rolle der Odermündungsstädte als Vermittler bei Kontakten der Westslawen mit Nordeuropa gut ab. Auf Grund einer Analyse dieses Materials wurde unsere Ansicht bestätigt (L. Leciejewicz 1962, S. 174f., 355; ähnlich letztens Ch. Warnke 1964, S. 47ff.), wonach Wolin um die Mitte des 10. Jh. eine Blütezeit erlebt haben muß, die man als Folge eines verstärkten Bedarfs an fremder Einfuhr im binnenländischen Hinterland erklären kann. Gerade zur damaligen Zeit festigte sich im Flußgebiet der Warta der frühfeudale Piastenstaat, der in den Jahren 967—972 zur Herrschaft an der Odermündung strebte. Wie bekannt, wahrten jedoch die an der Odermündung gelegenen Städte ihre Unabhängigkeit und wurden damit zu Hauptzentren des Widerstandes gegen den Piastenstaat.

Die charakteristische Verschiebung fand jedoch gegen Ende des 10. und in der 1. Hälfte des 11. Jh. statt. Die Anzahl der skandinavischen Importe in Westpommern ging etwas zurück, wuchs aber in bedeutendem Maße in Ostpommern, in Großpolen, Kujawien und Masowien. Wiederholt wurde darauf hingewiesen, daß das Entstehen der Burg in Gdańsk in den Jahren 970—990 als Ergebnis einer planmäßigen Tätigkeit der Piasten anzusehen sei, die die Weichselmündung kontrollieren wollten (K. Jażdżewski 1961, S. 13ff.; E. Rozenkranz 1962, S. 60ff.). Die Verschiebung der Handelswege, die sich im Zustrom fremder Importe in polnische Gebiete über die Weichselmündung ausdrückt, wird deutlich sichtbar auf Grund kartographisch erfaßter Funde nordeuropäischer Herkunft. Sie ist wahrscheinlich mit einem Versuch des frühfeudalen Piastenstaates zu erklären, zur Ostsee unter Umgehung unabhängiger Stadtrepubliken an der Odermündung zu gelangen.

Die Bedeutung der politischen Faktoren

Die Frage der städtebildenden Rolle der in Westpommern entstehenden staatlichen Organisationen wurde letztens wiederum durch K. Tymieniecki (1964, S. 295ff.) aufgeworfen. In den letzten Jahren angestellte Forschungen ermöglichen bereits ein Eindringen in gewisse Einzelheiten dieser Problematik. So zeichnet sich auch der Prozeß der Umwandlung Wolins aus einem Stammzentrum in eine Stadtrepublik mit frühfeudalen Elementen der sozialpolitischen Struktur immer deutlicher ab. Die ersten Befestigungen in der 2. Hälfte des 9. Jh. weisen einen gewissen Wendepunkt in der Entwicklung auf, weitere des öfteren durchgeführte Renovierungen bestätigen in vollem Maße die Bedeutung dieser Umwandlung (W. Filipowiak 1962, S. 301f.). Gleichzeitig entwickelte sich das Hinterland der Stadt; es entstand ein System von Burgen, welche die Zufahrt in die Grenzen des Stammesterritoriums sowohl über Wasserwege als auch an Landübergängen hüteten. Die letzten Ausgrabungen in Kamień Pomorski ergaben, daß diese Burg, die die Dziwna-Einfahrt kontrollierte, wahrscheinlich gegen Ende des 9. Jh. mit einem Holzerdewall befestigt und im Innern dicht bebaut wurde (W. Filipowiak 1962, S. 92). Doch erst im 11. Jh. erfolgten Änderungen, die es erlauben, diese Siedlung als Stadt zu bezeichnen.

Wie wir bereits erwähnten, stand die Entstehung der Burg in Kołobrzeg in ähnlicher Weise mit dem Prozeß der wirtschaftlichen wie auch der politischen Integration des unteren Parsęta-Gebietes um die Mitte des 9. Jh. in Verbindung (L. Leciejewicz 1966). Die Siedlungsumwandlungen, der Untergang großer Stammesburgen und die Entstehung neuer, kleinerer Herrenburgen, die häufig in schwer zugänglichen Flußtälern angelegt und zuweilen mit einer Unterteilung in eine Burg und eine befestigte Vorburg für frühfeudale Verhältnisse typisch waren, weisen in diesem Gebiet auf die grundsätzliche Bedeutung der ortsansässigen Stammesaristokratie hin.

In beiden Fällen besitzen wir den archäologisch klar ersichtlichen Prozeß einer inneren Konsolidierung der Kleinstämme, die mit der Bildung der ersten frühfeudalen Elemente, wie es scheint, und deren sozial-ökonomischen Struktur verbunden ist. Mit diesem Prozeß hing auch die Gestaltung der ältesten westpommerschen Küstenstädte eng zusammen.

Weitere Umwandlungen folgten, wie bekannt, in der 2. Hälfte des 10. Jh. In Wolin und möglicherweise auch in Szczecin wurde der städtische und nicht mehr der Stammescharakter eines Kleinstaates bezeichnend. Kołobrzeg hingegen wurde zu einem Zentrum der Piastenherrschaft in Pommern. Sowohl in Wolin als auch in Kołobrzeg wurden damals weitere Befestigungsarbeiten durchgeführt. Die Anwendung der Hakenkonstruktion scheint auf eine Verbindung der Baumeister mit dem Burgbauwesen der ersten Piasten hinzuweisen[3]). Man kann jedoch in Wolin mit Rücksicht auf die bedeutende Selbständigkeit dieser Stadt trotz vorübergehender Mißerfolge die Möglichkeit nur einer Entlehnung nicht ausschließen.

Diese Bemerkungen erschöpfen natürlich nicht den gesamten Fragenkomplex, der im Verlauf der letzten Stadtforschungen in Westpommern auftauchte. Überaus interessant zeigt sich das Problem der Anfänge von Szczecin. Im Lichte neuerer Entdeckungen entstand dort die älteste frühmittelalterliche Siedlung schon im 8./9. Jh. Bemerkenswert ist ferner auch die Funktion der Burganlage auf dem Silberberg in Wolin. Bis zum Erscheinen ausführlicherer Bearbeitungen muß man sich jedoch einer Diskussion darüber enthalten. Allein diese wenigen durch uns aufgeworfenen Fragen zeigen jedoch, wie aktuell weiterhin die Thematik der Küstenstädte Westpommerns bei den Forschungen über die Stadtanfänge im frühmittelalterlichen Mitteleuropa ist und wie interessant sich an deren Beispiel archäologische Forschungsmethoden auf diesem Gebiet illustrieren lassen.

Zusammenfassung

Im Verlauf neuerer Forschungen über die Entwicklung des westpommerschen Städtewesens im frühen Mittelalter traten einige Probleme besonders hervor: die Festsetzung des Zeitpunktes, von dem an von einem städtischen Charakter der Siedlungen gesprochen werden kann, einige Elemente der sozial-ökonomischen Struktur (Handwerk und Handel), die stadtbildende Rolle der politischen Faktoren. Die Forschungen bestätigen die Anschauung, daß einige Küstensiedlungen schon seit der zweiten Hälfte des 9. Jh. einen städtischen Charakter besaßen. Von grundlegender Bedeutung war die Entwicklung sowohl des Handwerks als auch des Handels. Der Prozeß der Stadtbildung war eng mit der inneren wirtschaftlichen und politischen Konsolidierung der Kleinstämme verbunden.

[3]) Die Zugehörigkeit des Hakenbalkens aus Kołobrzeg zur Konstruktion des in der zweiten Hälfte des 10. Jh. erneuerten Walles zweifelte neuerdings J. Żak (1967b, S. 31, Anm. 19) an. Seine Bemerkungen beruhen jedoch auf einem Irrtum. Der Hakenbalken wurde zwischen den Holzkonstruktionen, die den Wall befestigen, entdeckt und übte dort, ähnlich vielen anderen Balken mit Einschnitten, rechteckigen Öffnungen usw., welche man dort antraf, nicht die ihm zukommende Funktion aus. Deshalb nahmen wir an, daß dies ein Baumaterial war, das nach einer gründlichen Renovierung übrig geblieben war, im gegebenen Fall verständlich, da es sich hier lediglich um eine Sicherung des Walles vor einem Auseinanderfallen in das Innere der Burg handelte. Eine ausführliche Beschreibung der Fundumstände siehe L. Leciejewicz 1959, S. 134.

Literaturverzeichnis

Arbman, H. 1939 — Birka. Sveriges äldsta handelsstad, Stockholm.

Bardach, J. 1964 — Historia państwa i prawa Polski I, Warszawa.

Białęcka, F. 1961 — Ceramika ze stanowiska wykopaliskowego 4 w Wolinie. In: Materiały Zachodnio-Pomorskie 7, S. 293—370, mit deutschem Résumé.

Cnotliwy, E. 1958 — Wczesnośredniowieczne przedmioty z rogu i kości z Wolina, ze stanowiska 4, in: Materiały Zachodnio-Pomorskie 4, S. 155—240, mit deutschem Résumé.

Cnotliwy, E. 1959 — Wczesnośredniowieczne wyroby kamienne ze stan. 4 w Wolinie, in: Materiały Zachodnio-Pomorskie 5, S. 219—243, mit deutschem Résumé.

Cnotliwy, E. 1962 — Pozostałości budownictwa drewnianego z IX—XII w. ze stanowiska 4 w Wolinie, in: Materiały Zachodnio-Pomorskie 8, S. 29—84, mit deutschem Résumé.

Dupré Theseider, E. 1959 — Problemi della città nell'Alto Medioevo, in: La Città nell'Alto Medioevo, Settimane di Studio del Centro Italiano di Studi sull'Alto Medioevo 6, Spoleto, S. 13—46.

Filipowiak, W. 1962 — Wolinianie, studium osadnicze I, Szczecin, mit deutschem Résumé.

Floderus, E. 1941 — Sigtuna, Sveriges äldsta medeltidsstad, Stockholm.

Hensel, W. 1963 — Archeologia o początkach miast słowiańskich, Wrocław/Warszawa/Kraków, mit französischem Résumé.

Hensel, W. 1965 — Die Slawen im frühen Mittelalter. Ihre materielle Kultur, Berlin.

Holmqvist, W. 1961—1964 — Hrg.: Excavations at Helgö I—II, Stockholm.

Jankuhn, H. 1963 — Haithabu, ein Handelsplatz der Wikingerzeit, 4. Aufl., Neumünster.

Jażdżewski, K. 1961 — Gdańsk wczesnośredniowieczny w świetle wykopalisk, Gdynia.

Kamińska, J. 1966 — Z zagadnień gospodarczo-społecznych Gdańska w X—XIV wieku, in: Archeologia Polski 11, S. 174—212, mit französischem Résumé.

Kiersnowscy, T. R. 1959 — Wczesnośredniowieczne skarby srebrne z Pomorza. Materiały, Polskie Badania Archeologiczne 4, Warszawa–Wrocław, mit französischem Résumé.

Leciejewicz, L. 1959 — Badania archeologiczne w Kołobrzegu w r. 1956, in: Sprawozdania Archeologiczne 5, S. 133—143, mit russischem und englischem Résumé.

Leciejewicz, L. 1962 — Początki nadmorskich miast na Pomorzu Zachodnim, Wrocław/Warszawa/Kraków, mit englischem Résumé. Deutsche Zusammenfassung: Archaeologia Polona 3, S. 120—138.

Leciejewicz, L. 1966 — Aus den Untersuchungen über die Anfänge des Städtewesens an der Ostsee im frühen Mittelalter, in: Atti del VI Congresso Internazionale delle Scienze Preistoriche e Protostoriche III, Roma, S. 186—189.

Leciejewicz, L. 1968 — Miasta Słowian Północnopołabskich, Wrocław/Warszawa/Kraków, mit englischem Résumé.

Lopez, R. S. 1963 — The Crossroads within the Wall, in: The Historian and the City, Harward, S. 27—43.

Łosiński, W. 1963 — Badania wykopaliskowe Stacji Archeologicznej Kołobrzeg IHKM PAN w 1961 roku, in: Sprawozdania Archeologiczne 15, S. 177—184, mit englischem Résumé.

Łosiński, W. 1964 — Sprawozdanie z badań archeologicznych Ekspedycji Wykopaliskowej IHKM PAN w Swielubiu i Bardach pow. Kołobrzeg w 1962 roku, in: Sprawozdania Archeologiczne 16, S. 153—169, mit englischem Résumé.

Łosiński, W. 1966a — Einige Bemerkungen zur frühmittelalterlichen Keramik des Feldberger Typus, in: Archaeologia Polona 9, S. 163—175.

Łosiński, W. 1966b — Badania archeologiczne w Swielubiu i Bardach pow. Kołobrzeg w 1964 roku, in: Sprawozdania Archeologiczne 18, S. 161—172, mit englischem Résumé.

Łosiński, W. 1966c — Monety arabskie z Bard i Swielubia pow. Kołobrzeg, in: Wiadomości Numizmatyczne 10, S. 176—179, mit englischem Résumé.

Łosiński, W., und Tabaczyńska, E. 1959 — Z badań nad rzemiosłem we wczesnośredniowiecznym Kołobrzegu, Prace Komisji Archeologicznej PTPN 4/1, Poznań, mit englischem Résumé.

Łosiński, W., und Urbańska, A. 1962	II sprawozdanie z badań wykopaliskowych na grodzisku wczesnośredniowiecznym w Kędrzynie, pow. Kołobrzeg, in: Sprawozdania Archeologiczne 14, S. 163—176, mit englischem Résumé.
Nahlik, A. 1959	Tkaniny wykopaliskowe z wczesnośredniowiecznego Wolina, in: Materiały Zachodnio-Pomorskie 5, S. 257—276, mit deutschem Résumé.
Neugebauer, W. 1964/1965	Der Burgwall Alt-Lübeck, Geschichte, Stand und Aufgaben der Forschung, in: Offa 21/22, S. 128—257.
Olczak, J., und Jasiewiczowa, E. 1963	Szklarstwo wczesnośredniowiecznego Wolina, Szczecin, mit englischem Résumé.
Preidel, H. 1965	Handel und Handwerk im frühgeschichtlichen Mitteleuropa, Gräfelfing bei München.
Radoměrský, P. 1956	České, moravské a slezské nálezy mincí údobi denároveho (10.—12. stoleti), in: Nálezy mincí v Čechach, na Moravě a ve Slezsku 2, Praha, S. 5—73.
Rozenkranz, E. 1962	Początki i ustrój miast Pomorza Gdańskiego do schyłku XIV stulecia, Gdańsk, mit englischem und russischem Résumé.
Tabaczyńska, E. 1966	Problemi della produzione di oggetti d'ambra in Pomerania nell'Alto Medioevo, in: Atti del VI Congresso Internazionale delle Scienze Preistoriche e Protostoriche III, Roma S. 210—212.
Tymieniecki, K. 1964	Słowiańskie miasta Pomorza na tle dziejów wczesnego średniowiecza, in: Materiały Zachodnio-Pomorskie 10, S. 265—298, mit deutschem Résumé.
Urbańska, A. 1962	Sprawozdanie z badań wykopaliskowych na wczesnośredniowiecznym grodzisku w Kędrzynie pow. Kołobrzeg, in: Sprawozdania Archeologiczne 14, S. 154—162, mit englischem Résumé.
Warnke, Ch. 1964	Die Anfänge des Fernhandels in Polen, Würzburg.
Weber, M. 1956	Wirtschaft und Gesellschaft, 2. Aufl., Stuttgart.
Wilde, K. A. 1953	Die Bedeutung der Grabung Wollin 1934, 2. Aufl., Hamburg.
Wojtasik, J. 1957	Znaleziska bursztynowe ze stanowiska 4 w Wolinie, in: Materiały Zachodnio-Pomorskie 3, S. 99—160, mit deutschem Résumé.
Wojtasik, J. 1960	Wczesnośredniowieczne wyroby ze skóry znalezione na stanowisku 4 w Wolinie, in: Materiały Zachodnio-Pomorskie 6, S. 159—208, mit deutschem Résumé.
Wojtasik, J. 1963	Przedmioty drewniane znalezione na stanowisku 4 w Wolinie, in: Materiały Zachodnio-Pomorskie 9, S. 273—314, mit deutschem Résumé.
Żak, J. 1963	„Importy" skandynawskie na ziemiach zachodniosłowiańskich od IX do XI wieku (część katalogowa), Prace Komisji Archeologicznej PTPN 6/1, Poznań, mit deutschem Résumé.
Żak, J. 1967a	„Importy" skandynawskie na ziemiach zachodniosłowiańskich od IX do XI wieku (część analityczna), Prace Komisji Archeologicznej PTPN 7/1, Poznań, mit deutschem Résumé.
Żak, J. 1967b	„Importy" skandynawskie na ziemiach zachodniosłowiańskich od IX do XI wieku (część syntetyczna), Prace Komisji Archeologicznej PTPN 7/2, Poznań, mit deutschem Résumé.

Die ältesten slawischen Burgwälle in der Tschechoslowakei

Von Jaroslav Kudrnáč, Prag

Mit 1 Textabbildung und Tafel 3, 4a–h

Die mächtigsten Denkmäler, die die alten Slawen im Bereich der Tschechoslowakei und in den Nachbarländern hinterließen, in denen sie vor mehr als einem Jahrtausend siedelten, sind die sich an strategisch günstig gelegenen Plätzen erhebenden Burgwälle. Sie sind gleichzeitig beredte Zeugen für die Organisationsfähigkeit, Tatkraft, Ausdauer und Beharrlichkeit der slawischen Bevölkerung, für das Kriegswesen, die gesellschaftliche Ordnung und Wirtschaftsweise, ja für die ganze historische Entwicklung in diesem Raum. Nach ihrem Verfall blieben sie im Munde des Volkes von Sagen umwoben, und manche tragen auch heute noch ihren ursprünglichen Namen. Ihre Ruinen erweckten schon das Interesse der alten Chronisten; so beschäftigten sich in Böhmen Kosmas und Václav Hájek von Libočany mit ihnen. Die Bedeutung der Burgwälle als Erkenntnisquelle für die ungeschriebene Geschichte dieses Raumes war schon den Archäologen des 19. Jh. klar, und sie begannen sie zu beschreiben und zu deuten. In Böhmen sind die ersten Burgwallgrabungen mit dem Namen J. L. Píčs verbunden, und die erste große Synthese der Ergebnisse und Befunde der Burgwallforschung bei uns und in den Nachbarländern gab L. Niederle. Doch auch seine Darlegungen, wie die der übrigen zeitgenössischen Forscher, fußten auf lückenhaften Berichten und Ausgrabungen, die hinsichtlich der Weiträumigkeit der Burgwälle und der Kompliziertheit der Fragestellung naturgemäß wenig befriedigend waren. In ein helleres Licht rückte die Burgwallproblematik durch die Grabungen, die in der Zeit zwischen dem ersten und zweiten Weltkriege durchgeführt wurden. Hier seien vor allem die Ausgrabungen auf der Prager Burg, dem Vyšehrad, in den Prachover Felsen, in Budeč und in Levý Hradec genannt. Sie brachten zwar eine bessere Kenntnis der Befestigungsbauweise, gaben aber weder ein klares Bild von der Anordnung und der Art der Innenbebauung des Burgberings noch von der Lebensführung und Wirtschaftsweise der Bewohner. Über die Anfänge der Burgwälle äußerte man nur Vermutungen, denn es fehlten archäologische Befunde, von denen man hätte ausgehen können. Eine genauere Bestimmung der Entstehungszeit und eine Charakteristik der ältesten Burgwälle in der Tschechoslowakei waren beim damaligen Wissensstand nicht möglich.

An die grundsätzliche Lösung der angeführten und weiteren Fragen traten die tschechoslowakischen Fachwissenschaftler, ausgehend von den vorausgehenden Forschungsergebnissen, erst nach dem Jahre 1948 heran. Da Burgwallgrabungen jahrelange intensive Arbeit erfordern, konnte nur ein kleiner Prozentsatz der frühmittelalterlichen slawischen Wehranlagen in den verflossenen zwei Jahrzehnten durch systematische Großgrabungen untersucht werden, obwohl uns im Bereiche der Tschechoslowakei mehrere hundert Wehrbauten bekannt geworden sind. Eine Reihe weiterer Burgwälle wurde aber durch kleinere Plan- oder Rettungsgrabungen untersucht, und vom Großteil der slawischen Wehranlagen in der Tschechoslowakei liegen wenigstens Keramikfunde vor[1]). Es existiert schon ein umfangreiches

[1]) Eine Übersicht über neue Ausgrabungen auf Burgwällen, in Siedlungen und Friedhöfen gibt J. Kudrnáč, Slovanský výzkum v Čechách po r. 1945 – Slawische Forschung in Böhmen nach 1945, Archeologické rozhledy 15, 1963, S. 625–662; J. Poulík, Archeologické výzkumy a Velká Morava – Großmähren und archäologische

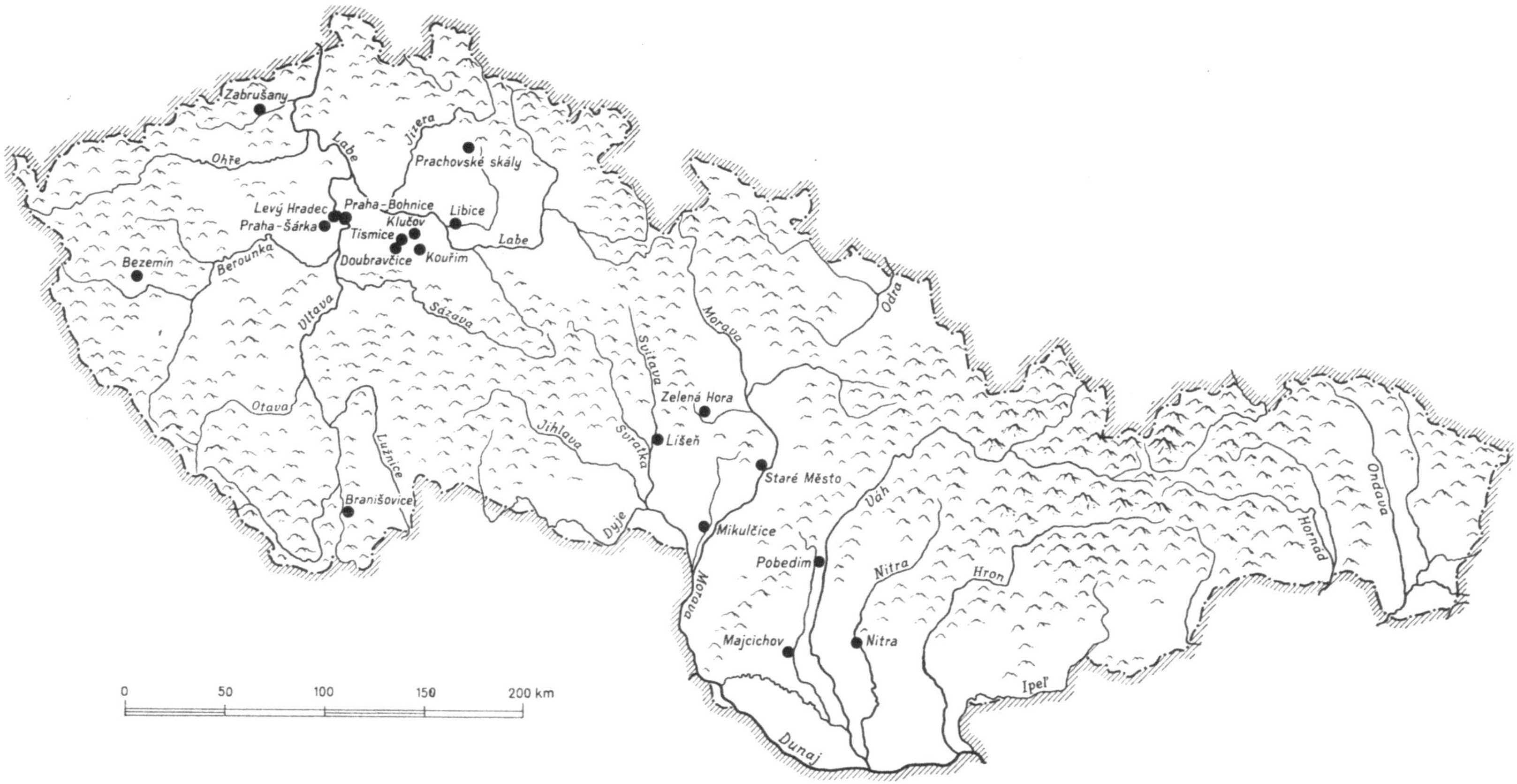

Abb. 1. Die slawischen Burgwälle in der Tschechoslowakei, die vor der Mitte des 9. Jh. entstanden und durch größere Grabungen untersucht wurden

Schrifttum über die slawischen Burgwälle, doch fehlen eingehendere Abhandlungen und Arbeiten über die älteste Phase. Eine Übersicht und Auswertung der bisherigen Burgwallforschung in der Tschechoslowakei zu geben, setzten sich in letzter Zeit vornehmlich R. Turek (1963) und M. Šolle (1961) zum Ziel. Den Versuch, die ältere Burgwallzeit zu deuten, unternahmen H. Preidel (1957, S. 87ff.) und M. Štěpánek (1965, S. 99ff.). Um die Anfänge der slawischen Burgwallperiode zu erhellen, bedurfte es jedoch eines ausgiebigen Vergleichsmaterials, das die archäologischen Untersuchungen einiger Burgwälle nun erst lieferten.

Als die älteste slawische Wehranlage in Böhmen dürfen wir den durch systematische Großgrabung untersuchten Burgwall Klučov ansehen[2]). Seine Anfänge und sein Entwicklungsgang sind heute geklärt und tragen nicht nur zur besseren Kenntnis der regionalen Geschichte bei, sondern bilden auch die Grundlage zum Verständnis der Entwicklung eines bedeutenden Teiles von Böhmen, insbesondere von Mittelböhmen, wo vom 8. Jahrhundert an befestigte Siedlungen (Burgwälle) vorwiegend errichtet wurden (J. Kudrnáč, 1963). Nach den Ausgrabungen im Areal des Burgwalls und der Vorburg in den Jahren 1949—1958 wurden eingehende Untersuchungen in der ganzen Umgebung durchgeführt. Die Gemeinde Klučov liegt 36 km östlich von Prag und 4 km nördlich vom Städtchen Český Brod. Das Landschaftsbild ist durch Täler, sanfte Höhenzüge und Hochebenen gekennzeichnet. Klimatisch gehört diese Gegend zum mitteleuropäischen warmen, leicht trockenen Gebiet mit mildem Winter. Es überwiegen hier im allgemeinen lehmig-tonige Böden, entlang des Flüßchens Šembera dann Alluvialböden. Die Anhöhe, auf der der Burgwall liegt, erreicht 250 m NN und das Tal darunter, zu dem die Hänge steil abfallen, 206 m, gegen Osten geht sie in eine sanft gewellte Hochebene über. Die Untersuchungen bewiesen, daß die Landschaft von der Jungsteinzeit an durchgehend besiedelt wurde, da hier alle mittelböhmischen vorzeitlichen und frühgeschichtlichen archäologischen Kulturen vertreten sind. Die zu Verteidigungszwecken günstige Lage auf der Anhöhe nützten nicht allein die Altslawen aus, sie war auch den Trägern voraufgehender Kulturen in älterer und jüngerer Zeit gut bekannt. Die Ausgrabungen zeigten, daß, wann immer in unruhigen Zeiten neue Menschengruppen in die Landschaft eindrangen oder höhere gesellschaftliche Gebilde sich formierten, die bemüht waren, ihre Umwelt zu beherrschen, die von uns systematisch untersuchte Höhe, im Gegensatz zu den umliegenden Anhöhen, die unbesiedelt blieben, zur Abwehr befestigt wurde. Auch wurde festgestellt, daß die Bevölkerung, die vom Neolithikum an ausschließlich Ackerbau und Viehzucht betrieb und keinen triftigen Grund zur Verteidigung hatte, ihre Siedlungen nur im Flußtal der Šembera erbaute. Hier war der Boden fruchtbarer als auf der Klučover Anhöhe, die nahe Šembera versorgte die Ansiedler reichlich mit Wasser, und die Behausungen waren durch die umliegenden Anhöhen vor kalten Winden geschützt. Es ergibt sich also aus unseren Beobachtungen, daß rein militärische Aspekte und nicht wirtschaftliche Erfordernisse bei der Wahl der Baustelle für den Wehrbau auf der Anhöhe den Ausschlag gaben. Wir können zwei Hauptbauphasen im Entwicklungsgang der slawischen Wehranlage unterscheiden. In der ersten älteren Phase breitete sich auf der Anhöhe ein Burgwall von 1 ha, 59 a Flächenausmaß aus. Seine Umwehrung bestand zunächst aus einem keilförmigen, bis 3 m tiefen und 9 m breiten Umfassungsgraben, hinter diesem, dem Innenbering zu, erhob sich sodann eine Holzerdemauer, deren Existenz Pfostenlöcher und aschig-lehmige Schichten bezeugen, die durch die Destruktion des Walls entstanden; im östlichen und südlichen Abschnitt endlich, wo die Anhöhe am leichtesten zugänglich ist, war in einer Entfernung von 3—4 m vor dem Außenrand des Grabens eine Wehr aus senkrechten und schrägen Pfosten errichtet. In die Wehranlage führte ein Tor seitlichen Typs. Vor dem Burgwall auf dem ebenen Teil des Höhenrückens lag ein unbesiedelter Streifen von etwa 42 m Breite, und hinter diesem begann die

Forschungen, ebd. S. 547—591; A. Točík, Súčasný stav archeologického badania najstarších dejín slovenského národa — Gegenwärtiger archäologischer Forschungsstand der ältesten Geschichte des slowakischen Volkes, ebd. S. 591—624; Investigations archéologiques en Tchécoslovaquie, Prague 1966, red. par J. Filip.

[2]) Die monographische Bearbeitung der Plangrabung auf dem Burgwall Klučov ist im Druck.

Vorburg. Nach der Dichte der Siedlungsobjekte und der Entwicklung der Keramik zu schließen, dauerte diese erste Phase des Klučover Burgwalls geraume Zeit — ungefähr ein dreiviertel Jahrhundert lang. Die Vorburg wurde durch einen Brand zerstört. Über einem Teil der vernichteten Siedlung erbaute man sehr rasch einen zweiten Befestigungsgürtel, der an die älteren Fortifikationen anschloß, so daß der von außen zugängliche Burgwallbering durch doppelte Wehranlagen geschützt wurde. Durch den zweiten Befestigungsgürtel vergrößerte sich der Innenbering um etwa 1 ha. Die Fortifikationen unterschieden sich in einigen Punkten von den ersten. Sie bestanden aus einem Umfassungsgraben, der ursprünglich rund 2,60 m tief und bis 9 m breit gewesen sein mochte, hinter ihm erhob sich eine etwa 4,60 m breite Holzerdemauer. In den jüngeren Befestigungsgürtel führte ein Tor frontalen Typs, das vor die Wallvorderfront vorgeschoben war und den Graben in Form eines gangähnlichen Durchlasses unterbrach. Die Wehrfähigkeit von Wall und Tor erhöhten augenscheinlich auch Türme; Reste des einen Torturms traten bei der Grabung zutage. Der Verlauf der älteren und der an sie anschließenden jüngeren Befestigungen zeigt deutlich, daß den Burgbewohnern nicht daran lag, eine möglichst große Fläche auf der Anhöhe zu umwehren, sondern eine möglichst kleine, und daß sie bestrebt waren, alle natürlichen Gegebenheiten, die das Gelände bot, voll auszunutzen. Die Ausgrabungen auf dem Klučover Burgwall bewiesen klar, daß sowohl im Burgbering als auch in der Vorburg die bäuerliche Lebensweise und das Handwerk schon reich entfaltet waren, was wiederum für eine dauernde Besiedlung des Wehrbaus spricht und gegen die Annahme, daß man hier nur in Kriegszeiten Zuflucht suchte. Als Behausung dienten den Bewohnern häufig teilweise eingetiefte Hütten mit einem Steinofen in einer Ecke, aber auch ebenerdige Wohnbauten, vielleicht in Blockbautechnik, von denen nur Feuerstellen auf uns kamen, die etwas eingetieft im Boden kenntlich waren. Es wurden aber auch geräumigere Häuser mit Pfostenwänden erbaut, deren Reste man im Zentrum des Burgwalls entdeckte. In der Nähe der Wohnstätten, aber auch in größerer Entfernung von diesen traf man neben trogförmigen Gruben zahlreiche verschieden gestaltete an, die speziell zur langfristigen Speicherung von Getreide und Hülsenfrüchten dienten. Aus dem errechneten Fassungsvermögen der Klučover Getreidegruben können wir uns eine Vorstellung von der Menge des gespeicherten Getreides machen — in einigen Speichergruben konnten über 20 hl Korn aufbewahrt werden. Auf Grund dieser Berechnungen wurde der Versuch unternommen, das Ausmaß der bestellten Felder zu bestimmen. Obwohl es sich nur um annähernde Werte handelt, geben die ermittelten Zahlen doch eine konkrete Vorstellung von dem Stand der landwirtschaftlichen Produktion und ihrer Entfaltung auf dem Burgwall von Klučov (J. Kudrnáč 1958). Die aus Siedlungsobjekten und Schichten vorliegenden Gerätefunde, wie Pflugscharen und Sicheln, irdene Röstpfannen, Mühlsteine, Wetzsteine, Nadeln, Angelhaken, Eimerbeschläge, Knochenpfriemen, Spinnwirtel u. ä. zusammen mit Pflanzenrestenanalysen und der Bestimmung der angetroffenen Tierknochen bildeten die Basis, von der aus man das Problem der altslawischen Landwirtschaft löste. Ein Teil der Bewohner von Alt-Klučov beschäftigte sich allerdings nicht nur mit der Landwirtschaft, sondern schon mit handwerklicher Erzeugung. Gießereien und Schmiedewerkstätten sind sowohl durch Eisenschlackenfunde, „Gußklumpen" und Schmelztiegel als auch durch Gruben mit verglühten Wänden und Asche und Holzkohle als Auffüllung hinlänglich belegt. Daß auch Handel getrieben wurde, beweisen Gegenstände fremder Herkunft, wie z. B. Mühlsteine, wo zumindest die unbearbeiteten geeigneten Steine von anderwärts beschafft werden mußten, ferner Eisenerz, bronzene Ohrringe, Glasperlen u. ä. Auch die Lage des Klučover Burgwalls in der Nähe der wichtigsten Wege, die Böhmen, vor allem Mittelböhmen, schon von altersher mit nahen und entfernten Gegenden verbanden, war für den Handelsverkehr ausnehmend günstig.

Die Zeitstellung des Klučover Burgwalls wurde im wesentlichen auf Grund einer eingehenden Analyse der gefundenen Gegenstände getroffen. Zu Datierungszwecken konnten auch der Charakter der Bauweise, die Art der Innenbebauung und andere wichtige Erkenntnisse herangezogen werden, die mit den Grabungsergebnissen, die von anderen Burgwällen vorliegen, verglichen wurden. Für die relative Chronologie eines Teiles des Fundguts ist die Feststellung wichtig, daß zwei Entwicklungsphasen des Burgwalls gut kenntlich sind. An Bodendenkmälern wurde am häufigsten Keramik in allen Objekten angetroffen. Zu ihr liegen keine Entsprechungen aus dem Formengut Mittelböhmens vor, die durch Münzen an das Ende des 10. oder in die erste Hälfte des 11. Jh. datiert wurden. Auch unter den Gefäßen, die mit S-förmigen Schläfenringen zusammen zutage traten oder solchen, die ein Bodenzeichen trugen, gibt es keine Gegenstücke zur Klučover Keramik (Taf. 3). Durch ihr altertümliches Gepräge unterscheidet sie sich klar von der Keramik der Blütezeit des Slawnikensitzes Libice in den Jahren 950—955 und auch von der Tonware, die stratigraphisch jüngeren Objekten des Burgwalls Alt Kouřim entstammte, dessen Vernichtung man in den vierziger Jahren des 10. Jh. annimmt (M. Šolle 1966a). Übereinstimmende Züge mit der Klučover Keramik zeigt dagegen der Großteil der Gefäßfragmente, die von den ältesten slawischen Burgwällen im Flußgebiet der Moldau vorliegen. Die Zeitstellung der Anfänge des Klučover Burgwalls können wir auf Grund der Keramikanalyse und bei Beachtung der sonstigen Funde nur annähernd bestimmen. Die Keramik der älteren Klučover Phase entspricht Gefäßen, die den jüngeren Brandgräbern und ältesten slawischen Körpergräbern in Mittelböhmen entstammten. Sie steht der Keramik aus der vorgroßmährischen Schicht in Mikulčice (8. Jh.) und der spätawarischen Zeit im Donauraum nahe. Aus der Keramikanalyse ersehen wir, daß die ältesten Klučover Gefäßtypen um die Mitte des 8. Jh. entstanden sein mochten und die jüngsten ungefähr um hundert Jahre später. Von den Eisengegenständen, die man hier antraf, ist zu Datierungszwecken vor allem der Rittersporn aus dem 8. bzw. der ersten Hälfte des 9., spätestens aber des dritten Viertels des 9. Jh. geeignet, ferner die dreieckigen Eimerbeschläge, zu denen uns Gegenstücke aus Körpergräbern von awarisch-slawischen Gräberfeldern bekannt sind. Die Klučover Feuerstähle gehören durchweg zu dem älteren, einfachen, dreieckigen Typus. Das Fragment einer massiven Klučover Messerklinge zeigt eine Blutrinne und einen der Klingenspitze zu abgeschrägten Rücken. Solche Messerformen traten aus geschlossenen slawischen Funden zutage, die noch vor die Mitte des 9. Jh. zu datieren sind. Die beiden Klučover Pflugschare gehören zum gleichen Typus, der im Eisengerätehortfund vertreten ist, den man in die Zeit vom Ende des 7. bis zu Beginn des 9. Jh. setzte. Das auf uns gekommene Bruchstück des bronzenen Ohrrings von Klučov stammt von einem Erzeugnis der donauländischen Schmuckindustrie aus dem 9. Jh., und die Pinzette ähnelt in ihrer Form jenen Pinzetten, die slawische Gräber der vorgroßmährischen Periode lieferten. Die zweiteiligen, tonnenförmigen Glasperlen von Klučov sind dem 9. Jh. zuzuweisen, genauer wohl der Mitte desselben.

Der Burgwall Klučov war in der Gegend von Český Brod nicht der einzige Wehrbau seiner Art, da das Tal der Šembera und ihr Flußgebiet für damalige Zeiten dicht besiedelt wurde. Neben offenen bäuerlichen Siedlungen erhoben sich im besprochenen Bereich drei weitere Burgwälle: Přistoupim (J. Kudrnáč 1960), Tismice (J. Kudrnáč 1961) und Doubravčice (J. Kudrnáč 1967). Der Burgwall von Přistoupim mit teilweise erhaltenen Wallmauern wurde bisher noch nicht durch eine größere Flächenabdeckung, sondern nur durch Oberflächenrekognoszierung untersucht. Die große Achse des Burgberings mißt etwa 380 m, die kleine 300 m. Auf ebener Fläche, vom Burgwall durch eine Schlucht getrennt, breitete sich ehemals auch eine slawische Siedlung aus, wie Keramiklesefunde bezeugen. Über ihr Ausmaß aber und ob sie befestigt war, also einen Teil des Burgwalls bildete, wissen wir heute, da Ausgrabungen fehlen, noch nichts zu sagen. Die gestörten Wallschichten stammen von einer Holzerdemauer in der Steine keinerlei Verwendung fanden. Das Gepräge der Přistoupimer Keramik verrät, daß diese mit der Klučover zeitgleich war — der Klučover Burgwall ist nur ungefähr 5 km von hier entfernt. Der Burgwall auf der Anhöhe bei Tismice liegt 4,5 km westwärts von Přistoupim. Hier sind die Wallmauern schon nicht mehr gut kenntlich, da sie ähnlich wie die Klučover durch Pflugbau zerstört wurden. Darum ist es nicht möglich, ohne eine größere Grabung die Ausdehnung des Burgwalls zu bestimmen, die anscheinend ziemlich bedeutend sein mußte. Eine Sonde im Hang bewies, daß hier einst eine Holzerdemauer stand, die lehmig-aschige Schichten noch heute belegen. Eine große Anzahl von Keramikscherben und Tierknochen sowie weitere Beobachtungen sprechen dafür, daß der Burgwall einstmals sehr volkreich war. Die wirtschaftliche Grundlage und Ernährungsbasis lieferte neben dem Handwerk vor allem die sich günstig entfaltende Landwirtschaft. Der vierte und südlichst gelegene Burgwall im Flußgebiet der Šembera erhebt sich auf der Flur „Staré (Pusté) Zámky" bei Doubravčice. Hier führt das Archäologische Institut der Tschechoslowakischen Akademie der Wissenschaften zu Prag seit dem Jahre 1961 unter meiner Leitung eine Plangrabung durch. Der Burgwall liegt 4,5 km in südsüdöstlicher Richtung von der Tismicer Wehranlage entfernt, und von der zugänglichen Seite schützte ihn eine Umwehrung von Holz, Erde und Steinen. Von dieser blieb uns ein 147,2 m langer und bis 18 m breiter Wall von 3 m Höhe erhalten. Vor diesem liegt ein gut kenntlicher, 12 m breiter und nahezu 2 m tiefer Graben. Im Innenbering des Burgwalls entdeckte man Siedlungsobjekte, die in das 8. Jh. zu datieren sind. Es begegnen schüsselförmige Mulden, Pfostenlöcher, die Hüttenkonstruktionen dokumentieren und eine Schutthalde von etwa 25 × 25 m, die einen ehemals geräumigen Bau belegt und deren Untersuchung derzeit noch nicht abgeschlossen ist. Auf der ebenen Fläche vor dem Burgwall breitete sich die Vorburg aus, deren Bewohner sich nach Aussage der Funde mit Landwirtschaft, Schmiedehandwerk und Metallgießen beschäftigten.

Die Bewohner der vier eben besprochenen Burgwälle und der zu ihnen gehörenden bäuerlichen offenen Siedlungen aus dem 8. und 9. Jh. waren Nachfahren der slawischen Bevölkerung, die in dieser Gegend durch Funde unverzierter Keramik vom Prager Typus und weiteres Fundgut aus dem 6. und 7. Jh. sicher belegt ist. In der Anordnung und Gruppierung der Burgwälle und offenen Siedlungen in der Gegend von Český Brod dürfen wir eine niedrigere Stufe der Stammesorganisation sehen, der wohl der slawische Terminus „župa", der deutsche „Gau" und der lateinische „pagus" entsprechen dürfte (V. Procházka 1958), freilich nur im ursprünglichen Sinne eines geographisch fest umrissenen Gebietes (L. Niederle 1953, S. 114).

Für die Erarbeitung der ältesten Phase der slawischen Burgwälle von Böhmen ist es wichtig, daß auch von anderen Burgwällen analoge Funde und eine übereinstimmende Bauweise mit dem Klučover Burgwall und den vier anderen Burgwällen im Šemberatal bekannt wurden. Vom Prager Moldaubecken liegen von fünf Burgwällen Keramikfunde und andere Denkmäler sowie Befunde vor, die beweisen, daß diese Wehrbauten in ihrer ältesten Phase mit dem systematisch untersuchten Burgwall Klučov zeitgleich waren (J. Kudrnáč 1963, S. 206ff.). Von den Burgwällen des Prager Beckens wurde Levý Hradec am vollkommensten untersucht (I. Borkovský 1956). In seiner ältesten Phase erhob sich hier eine kleine Wehranlage von 150 × 180 m Innenfläche. Den Wehrbau schützte eine trocken gesetzte Plänermauer, die mit einer Holzerdekonstruktion verbunden war. Nahe der Wehranlage lag eine offene Siedlung, die erst später befestigt und in den Burgbereich eingegliedert wurde. Die älteste Keramik von Levý Hradec entspricht, was Randbildung, Verzierungsweise und andere Merkmale betrifft, den Klučover Gefäßen aus der mittleren Zeit des Burgwalls, d. h., sie geht weder mit der ältesten noch mit der jüngsten Irdenware des Klučover Horizonts zeitlich einher. Die Gefäßscherben der jüngeren Phasen des Burgwalls von Levý Hradec stammen jedoch von einer ganz anderen Art Keramik, als die, welche in Klučov begegnet. In der Umgebung von Levý Hradec entdeckte man offene Siedlungen mit älterburgwallzeitlicher Keramik und solcher, die vom Beginn der mittleren Burgwallzeit stammt und die beweist, daß auch Levý Hradec inmitten einer bäuerlichen Ökumene erbaut wurde. Alt Kouřim im östlichen Teile Mittelböhmens gehört zu den durch Plangrabung untersuchten slawischen Burgwällen in unserem Land. Seine Anfänge gehören nach M. Šolle (1966, S. 221) dem Ende des ersten Viertels und dem Beginn des zweiten Viertels des 9. Jh. an; sie gehen demnach mit der jüngeren Klučover Phase zeitlich parallel. Wichtig ist, daß die Keramik der älteren

Kouřimer Phase der jüngeren Klučover nahesteht. Die Wohnbauten jedoch auf Alt Kouřim sind von den Klučover sehr verschieden — es gibt dort keine halbeingetieften Hütten — und Getreidegruben, die durch ihr massenhaftes Auftreten so bezeichnend für Klučov sind, traf man in Alt Kouřim nur zweimal an, obwohl hier großzügige Grabungen durchgeführt wurden. Auch was die Lage des Friedhofareals im Burgbereich betrifft, unterscheidet sich Alt Kouřim von den übrigen ältesten tschechischen Burgwällen deutlich. Landwirtschaftliches Gepräge ist für die älteste Phase des Burgwalls Libice an der Cidlina bezeichnend, dessen Anfänge nach R. Turek (1963) am Ausgang des 8. Jh. nachweislich sind. Bedeutende Erkenntnisse, die die Frage der ältesten slawischen Burgwälle in Nordostböhmen erhellen, brachte die Grabung unter der Leitung R. Tureks (1946) in den Prachover Felsen. Die Wallmauer des mächtigen Burgwalls bestand aus einer Holzerdemauer mit trocken gesetzter Steinvorderfront. Auf Grund eines Steigbügeldepots und einer flachen Eisenschale, die man dort fand, datiert R. Turek den Burgwall in den Ausgang des 7. Jh., spätestens in das 8. Jh. In Nordwestböhmen wurzelt von den untersuchten Burgwällen der Burgwall Zabrušany in der Teplicer Gegend mit seinen Anfängen im 8. Jh. (Z. Váňa 1951; 1952). Der ältere Wall bestand aus einer Holzerdemauer, während der jüngere durch eine Holzerdekonstruktion mit trocken gesetzter Steinmauervorderfront gekennzeichnet ist. Die angetroffene Keramik verrät deutlich Beziehungen zur slawischen Tonware aus dem elbslawischen Gebiet (Z. Váňa 1961). In Westböhmen, auf dem Gipfel des Burgbergs bei der Ortschaft Úhošt in der Gemeinde Úhošťany bei Kadaň, lag nach A. Sedláček (1884) die Wogastisburg, wo nach den Worten in „Fredegars“ Chronik aus den sechziger Jahren des 7. Jh. die Slawen im Jahre 631 das Heer des Frankenkönigs Dagobert besiegten (Fredegar, S. 149f.). Eine großzügige Plangrabung wurde auf dem Burgberg bei Úhošt bis heute nicht durchgeführt. Durch Oberflächenuntersuchungen und Probegrabungen konnte man eine reiche hallstattzeitliche Besiedlung feststellen, und nur an einer einzigen Stelle traf man geringfügige Belege für eine slawische Besiedlung an. Der Wehrbau entstand nach R. Turek (1952) schon zur Hallstattzeit, und in der jüngeren Burgwallzeit war an diesem Orte vielleicht ein Weiler. Daß der Burgwall aus dem 7. Jh. zu Unrecht auf dem Burgberg bei Úhošt angenommen wurde, bestätigen überdies die Forschungsergebnisse I. Borkovskýs und die Bestimmung der Keramik, die ortsansässige Altertumsfreunde fanden. Nahe der Gemeinde Bezemín, unweit von Konstantinové Lázně, grub man Befestigungsanlagen und Siedlungsobjekte aus, die einen der ältesten Burgwälle Westböhmens belegen (J. Kudrnáč 1951), über den die Schriftquellen schweigen. Der Burgwall erhob sich auf einer sich verjüngenden Hochebene und bestand aus zwei Beringen. Den größeren von 3,45 ha Fläche umwehrte ein Wall, der vermutlich an der leichter zugänglichen Seite die doppelte Stärke besaß. In der Nordwestecke des Plateaus, durch einen weiteren Wall vom größeren Bering getrennt, war ein bedeutend kleinerer (0,40 ha) umwehrter Raum. Die Fortifikation bestand aus einem Wall mit Steinmauervorderfront aus trocken gesetzten, großen Steinen, die an der Innenseite eine Holzkonstruktion stützte. Vor dem Wall war in den felsigen Untergrund ein Graben eingetieft, der in der Grabungsstelle 9 m breit und 1,5 m tief war. In den Sonden nahe der Innenseite der Wallmauer und in der Mitte des Burgberings entdeckte man kleine Mulden und Pfostenlöcher, die vermutlich mit Wohn- und Wirtschaftsgebäuden in Verbindung gebracht werden dürfen. Die Keramik, die hier zutage trat, ist von gleichem Gepräge wie die Gefäßscherben, die die Hügelbrandgräber lieferten, die auf der Anhöhe vor dem Burgwall in Gruppen angetroffen wurden und die dem 8., gegebenenfalls dem 9. Jh. angehören. Auf keinem der südböhmischen Burgwälle wurde bisher eine Plangrabung durchgeführt. Durch kleine Probegrabungen und Lesefunde gewann man von einigen Burgwällen Gefäßscherben, die formenkundlich der Keramik der ältesten Phasen mittelböhmischer Burgwälle entsprechen, die durch systematische Ausgrabungen untersucht wurden. Der einzige durch neue Probegrabungen erforschte südböhmische Burgwall ist der Wehrbau bei Branišovice am Flüßchen Malše in der Gegend von České Budějovice. Man untersuchte den Wall und stellte Spuren einer heute im Gelände nicht mehr kenntlichen

Plankenbefestigung fest. Im Innenbering des Burgwalls deckte man den Teil einer Hütte ab, deren Konstruktion erhaltene Pfostenlöcher belegen (B. Nechvátal 1957). Die neu gewonnenen Keramikscherben gestatten, den Branišovicer Burgwall zu den ältesten Denkmälern dieser Art in Südböhmen zu rechnen, der mit den ältesten, systematisch untersuchten Burgwällen Mittelböhmens zeitgleich ist.

In Mähren ist nach J. Poulík (1963, S. 123ff.) die älteste, planmäßig untersuchte Wehranlage der Burgwall bei Mikulčice in der Gegend von Hodonín, und am weitesten in die Vergangenheit hinein reicht seine unterste Schicht mit zwei gut kenntlichen Horizonten. In der vorgroßmährischen Phase nahm der Burgwall eine Fläche von rund 4 ha ein, und an diesen schloß sich die Vorburg an. Der Mikulčicer Burgwall „Na valách“ wurde an der March, dort, wo sich wichtige Handelswege nach Böhmen, in die Slowakei und nach Galizien kreuzten, gegründet. Der ältere, vorgroßmährische Horizont ist durch die kleinen Formen eiserner und bronzener Hakensporen zeitlich bestimmt, die dem 6. und der ersten Hälfte des 7. Jh. angehören (J. Poulík 1963, S. 110ff.). Es traten hier auch Gefäßfragmente mit geglätteter Oberfläche und eingeglätteten Mustern zutage, die für die Tonware der Völkerwanderungszeit kennzeichnend sind. Wichtig ist, daß der älteste Mikulčicer Horizont keine unverzierte, aus freier Hand geschaffene Keramik vom Prager Typus lieferte, sondern nur Tonware, die auf einer langsamen Töpferscheibe hergestellt wurde und mit den charakteristischen Wellenlinienbändern verziert war (J. Poulík 1963, S. 123ff.). Diese Erscheinung haben wir uns nach J. Poulík durch die fortschrittlichere Art der Keramikherstellung in einigen Zentren zu erklären, wo Töpfereien vollkommene Gefäße schon zu Beginn des 7. Jh., ja vielleicht sogar schon in der zweiten Hälfte des 6. Jh. herzustellen wußten. Die bäuerliche Bevölkerung in den Dörfern benutzte allerdings in dieser Zeit die schlichten Gefäße vom Prager Typus. Diese Auslegung, meint J. Poulík, ist bisher rein theoretisch aufzufassen und bedarf noch eingehender Bestätigung und Präzision. Im jüngeren Horizont der untersten Mikulčicer Schicht aus dem 8. Jh. begegnen Hakensporen jüngerer Art und Bronzebeschläge vom sog. spätawarischen Typus (Taf. 4a—c). In vorgroßmährischer Zeit umwehrte den Burgwall von Mikulčice eine Palisadenwehr. Von den Wohnbauten blieb der festgestampfte Fußboden der ebenerdigen Häuser in Blockbautechnik erhalten, und in ihrer Nähe entdeckte man zahlreiche Vorratsgruben (J. Poulík 1963, S. 108). Ein Teil der Mikulčicer Burgwallbewohner befaßte sich schon damals mit der Bearbeitung von Eisen, Bronze und Gold. Was die Funktion der Wehranlage betrifft, nimmt J. Poulík an, daß der Mikulčicer Burgwall schon im 7. Jh. Sitz des Stammesfürsten und seines berittenen Gefolges war, wofür zahlreiche Hakensporenfunde sprechen. Ein weiterer alter Burgwall, dessen Anfänge noch in der vorgroßmährischen Zeit wurzeln und der gleichfalls durch eine Plangrabung untersucht wurde, liegt auf der Flur „Staré Zámky“ bei Líšeň unweit von Brünn (J. Poulík 1950, S. 99ff.; Č. Staňa, 1960; 1961). Seine ältere Phase ist durch Keramik der sog. zweiten Stufe im Sinne J. Poulíks (1950, S. 101ff.) und durch spätawarische gegossene Bronzebeschläge charakterisiert. Č. Staňa[3]) traf auf dem Burgwall bei Zelená Hora in der Gegend von Vyškov Bruchstücke ähnlicher Gefäße an, wie die, die von der untersten Mikulčicer Schicht und von dem vorgroßmährischen Horizont des Burgwalls Líšeň vorliegen und die auch der Keramik der ältesten böhmischen Burgwälle nahestehen. Der Burgwall in Spornlage breitet sich auf nicht ganz 1 ha Fläche aus. Eine Vorburg konnte hier des beschränkten Raumes wegen nicht entstehen. Seine Zeitstellung ist durch einen Hakenspornfund und Keramik gegeben. Der Mitte des 8. Jh. weist V. Hrubý (1964, S. 10f.; 1965, S. 214ff. und S. 407) die ältesten Befestigungsanlagen des Burgwalls „Na valách“ (Gemeindeteil I) in Staré Město zu. Von den Fortifikationen, die durch die spätere Besiedlung stark beschädigt wurden, waren nur noch zwei Schutzgräben kenntlich. Der Burgwall breitete sich vermutlich schon in seiner ältesten Phase auf einer Fläche von 18 ha aus.

[3]) Für die liebenswürdige Mitteilung möchte ich an dieser Stelle dem Leiter der Ausgrabung, Č. Staňa, Dank sagen; die Grabung wurde bisher nicht publiziert.

Als älteste Wehranlagen in der Slowakei sieht man derzeit die Burgwälle von Nitra und Umgebung an. Ihre Anfänge reichen in das Ende des 8. und in den Beginn des 9. Jh. Sie bilden, ähnlich wie die Burgwälle Böhmens, ein Abwehrsystem (B. Chropovský 1959, S. 818ff. und S. 819). Dem Ende des 8. Jh. gehört nach B. Chropovský (1964, S. 9ff.) auch der Burgwall in Majcichov am Waag an; zugleich macht der Verfasser darauf aufmerksam, daß in der Slowakei kein Burgwall angetroffen wurde, der in das 7. Jh. bzw. in den Beginn des 8. Jh. datiert werden könnte. Zu den älteren Burgwällen der Slowakei gehört auch der Burgwall von Pobedim in der Gegend von Trenčín, in dem Werkstättentätigkeit und Handel blühten. D. Bialeková (1965, S. 530ff.) datiert den Burgwall auf Grund einer Analyse von Metallgegenständen in das zweite Viertel des 9. Jh., schließt aber die Möglichkeit nicht aus, daß die fortschreitende Forschung die vorläufig getroffene Zeitstellung berichtigen könnte. Die Befestigungsanlage bestand aus einer in Kastenbauweise aufgeführten Wallmauer aus Holz und Erde (Taf. 4g, h).

Aus dem vorgeführten Überblick über die ältesten böhmischen, mährischen und slowakischen Burgwälle wird ersichtlich, daß trotz intensiver Ausgrabungstätigkeit kein einziger Burgwall mit unverzierter und aus freier Hand geformter Keramik vom Prager Typus angetroffen wurde. Der älteste Burgwallhorizont in der Tschechoslowakei ist durch verzierte, profilierte Keramik gekennzeichnet, die auf der langsamen Töpferscheibe oder einem Brettchen hergestellt wurde. Soweit man eine nicht sehr zahlreiche Besiedlung mit Keramik vom Prager Typus im Bereich des Burgwalls antraf, zeigte es sich jedesmal, daß diese älter als der Burgwall war. Die Forschung in der Tschechoslowakei konnte bisher nicht nachweisen, daß die Abwehrfähigkeit kleiner Siedlungen mit Gefäßen vom Prager Typus an strategisch günstigen Plätzen durch Befestigungsanlagen erhöht worden wäre, die Spuren im Erdboden hinterlassen hätten. Diese Beobachtungen führen uns zur Erkenntnis, daß die Bevölkerung mit Keramik vom Prager Typus auf dem Boden der heutigen Tschechoslowakei sich noch zu keinen größeren Einheiten zusammengeschlossen hatte, die fähig gewesen wären, Wehrbauten zu errichten, wie sie uns in Form von Burgwällen aus archäologischen Untersuchungen bekannt wurden. Hierin unterscheidet sich die Fundsituation bei uns von der der Nachbarländer, insbesondere von der Polens, der Sowjetunion und Deutschlands, wo Burgwälle auch mit solcher Keramik begegnen, die dem Prager Typus nahesteht und in die Zeit vor dem Beginn des 8. Jh. zu datieren sind. Man konnte feststellen, daß ein Teil der ältesten, slawischen Burgwälle in der Tschechoslowakei im Laufe der Zeit an Umfang zunahm, und schon im Anfangsstadium der Entwicklung schloß sich an so manchen Burgwall eine Vorburg an. Doch überwog die Werkstättentätigkeit nicht, und der landwirtschaftliche Charakter des Burgwalls blieb erhalten. Die vornehmlichste Aufgabe des Wehrbaus war es indes, den Insassen in unruhigen Zeiten Sicherheit und Schutz zu gewähren. Die ältesten Burgwälle bildeten in geographisch geschlossenen, natürlich begrenzten Räumen Abwehrstellungen. Die Ausgrabungen zeigten deutlich, daß sie nicht nur bei Kriegsgefahr bewohnt wurden, sondern dauernd und langfristig. Sie bilden einen Übergang von den offenen bäuerlichen Siedlungen des 6. und 7. Jh. zu den jüngeren Burgwällen, die um die Mitte des 9. Jh. entstanden und für die mächtigere Wehranlagen, Friedhöfe und gelegentlich auch sakrale Bauten im Burgbering bezeichnend sind. Funde von diesen Burgwällen bezeugen, daß hier schon große gesellschaftliche Unterschiede herrschten.

Die Burgwallforschung in der Tschechoslowakei, insbesondere die der ältesten Phase, trug wesentlich zur Kenntnis des frühmittelalterlichen Lebens in diesem Raume bei und somit auch zur Erkenntnis der Grundlagen, in der die weitere historische Entwicklung fußte.

Zusammenfassung

Erst nach dem Jahre 1945 wurden die Anfänge der ältesten slawischen Burgwälle in der Tschechoslowakei durch Ausgrabungen untersucht. Der älteste, durch eine Plangrabung untersuchte slawische Wehrbau in Böhmen ist der Burgwall Klučov bei Český Brod, 36 km östlich von Prag. Die Grabungsergebnisse lieferten nicht nur die Basis zur Kenntnis der regionalen Geschichte des Burgwalls, sondern auch der Entwicklung eines bedeutenden Teiles von Böhmen. In der ersten älteren Phase breitete sich der Burgwall auf einer Fläche von 1,59 ha aus. Seine Fortifikationen bestanden aus einem Umfassungsgraben von einer Tiefe bis zu 3 m und einer Breite von 9 m, einer Holzerdemauer, die sich hinter dem Graben erhob, und einer Wehr aus senkrechten und schrägen Palisaden, die etwa 4—5 m vor dem Umfassungsgraben in den Boden eingelassen waren. Auf der ebenen Fläche, östlich des Burgwalls, lag die Vorburg. Die erste Phase des Burgwalls dauerte etwa ein Dreivierteljahrhundert lang. Die Vorburg wurde um diese Zeit durch Brand vernichtet. Auf den Trümmern eines Teiles der Siedlung baute man sehr rasch einen weiteren Befestigungsgürtel, bestehend aus Wall und Graben, auf. Durch die zweite Fortifikation vergrößerte sich der Burgwall etwa um 1 ha Fläche. In die jüngere Befestigungsanlage führte ein Tor, das vor die Wallmauervorderfront vorgeschoben war und den Graben unterbrach. Auf dem Burgwall trafen wir Belege für eine entwickelte Landwirtschaft und Werkstättenbetrieb an. Die Burgwallbewohner wohnten häufig in halb eingetieften Hütten mit einem Steinofen in der Ecke, aber auch Reste ebenerdiger Häuser begegnen im Bering. Zahlreiche Speichergruben wurden angetroffen und näher untersucht. Durch eingehende Analysen der Keramik, Metall- und Glasgegenstände stellte man fest, daß der Burgwall Klučov um die Mitte des 8. Jh. erbaut wurde und etwa hundert Jahre später zugrunde ging. In dieser Gegend trafen wir neben dem Burgwall Klučov noch drei weitere zeitgleiche, slawische Burgwälle an (Přistoupim, Tismice, Doubravčice). In ihrer Anordnung und in der Gruppierung der zu ihnen gehörigen offenen Dörfer können wir eine niedrigere Form der Stammesorganisation sehen. Für die Erörterung der Frage der ältesten burgwallzeitlichen Phase in Böhmen ist es wichtig, daß weitere Burgwälle bekannt geworden sind, die ähnliche Funde lieferten und eine übereinstimmende Bauweise zeigen, wie der besprochene Burgwall Klučov. Im Prager Moldaubecken wurde die älteste Phase des Burgwalls Levý Hradec am vollkommensten untersucht, der sich nach und nach durch Einverleibung der Vorburg vergrößerte. Die Anfänge des durch eine Plangrabung untersuchten Burgwalls Alt Kouřim sind an die Grenze des ersten und zweiten Viertels des 9. Jh. zu setzen. Am Ausgang des 8. Jh. wurde der Burgwall Libice an der Cidlina gegründet, für den in seiner anfänglichen Entwicklung, gleich dem Burgwall Klučov, landwirtschaftliches Gepräge bezeichnend war. Erkenntnisse, die die Frage der ältesten slawischen Burgwälle in Nordostböhmen erhellten, brachte die Ausgrabung in den Prachover Felsen. In Nordwestböhmen wurzelt der Burgwall Zabrušany in der Gegend von Teplice mit seiner Anfangsphase bereits im 8. Jh. Die bisherigen kleineren Grabungen auf dem Burgberg bei Úhošt unweit von Kadaň bestätigten nicht die Lokalisierung der Wogastisburg — des in „Fredegars“ Chronik erwähnten Burgwalls aus dem 7. Jh., die hier versucht wurde. Von den ältesten slawischen Burgwällen Westböhmens untersuchte man nur den Wehrbau bei Bezemín in der Nähe von Konstantinovy Lázně eingehender, der durch die Analyse der Fundausbeute in das 8. Jh., spätestens in das beginnende 9. Jh. datiert werden konnte. Südböhmens älteste slawische Burgwälle wurden in letzter Zeit durch keine Ausgrabungen untersucht, eine Ausnahme bildet allein der jüngst durch Probegrabungen angegangene Burgwall Branišovice.

Für die Kenntnis der Anfänge der mährischen Burgwälle ist die vorgroßmährische Phase des Burgwalls bei Mikulčice von größter Bedeutung. Die Zeitstellung ist durch Funde kleiner eiserner und bronzener Hakenspornformen, die für das 6. und 7. Jh. bezeichnend sind, gegeben. Vom ältesten Mikulčicer Horizont liegt aber nur wellenbandverzierte und auf der langsamen Töpferscheibe oder dem Brett hergestellte Keramik vor, die unverzierte Keramik vom Prager Typus fehlt. In Staré Zámky unweit von Líšeň in der Brünner Gegend wurde ein weiterer altslawischer Burgwall Mährens untersucht. Seine Anfänge sind nach Keramikfunden und späten gegossenen, awarischen Bronzebeschlägen im 8. Jh. verankert. Der gleichen Zeit gehört der kleine Burgwall Zelená Hora in der Gegend von Vyškov an. Die Anfänge des Burgwalls in Staré Město bei Uherské Hradiště sind für die Mitte des 8. Jh. erwiesen. Dieser Burgwall umfaßte anscheinend schon in seiner ältesten Phase eine Fläche von 18 ha.

In der Slowakei werden als älteste slawische Wehranlagen die Burgwälle von Nitra und Umgebung angesprochen. Derselben Zeit gehört ferner der Burgwall in Majcichov am Waag an, während der Burgwall in Pobedim bei Trenčín etwas jünger sein dürfte.

Trotz intensiver Forschungstätigkeit gelang es in der Tschechoslowakei bisher nicht, einen Burgwall aus der Zeit der Besiedlung mit unverzierter und aus freier Hand geformter Keramik vom Prager Typus festzustellen. Ein Teil der ältesten slawischen Burgwälle in der Tschechoslowakei nahm im Laufe der Entwicklung an Raum merklich zu. Häufig breitete sich in nächster Nähe der Wehranlage eine Vorburg aus. Die Werkstättentätigkeit eines Teils der Bewohner verwischte das landwirtschaftliche Gepräge der ältesten Burgwälle nicht, hierin ist nur der Burgwall in Mikulčice eine Ausnahme, der deutlich nichtagrarischen Charakter zeigt. Sie bildeten in landschaftlich geschlossenen Räumen ein Abwehrsystem, waren nachweislich dauernd besiedelt und dienten nicht nur in Kriegsgefahr als Zufluchtsstätte. Die ältesten slawischen Burgwälle in der Tschechoslowakei bilden einen Übergang von den offenen bäuerlichen Siedlungen des 6. und 7. Jh. zu den jüngeren Burgwällen, die um die Mitte des 9. Jh. und später entstanden, und die durch weitgehend mächtigere Befestigungsanlagen gekennzeichnet sind, die in ihren Mauern nicht selten auch Kirchenbaulichkeiten bargen und durch ihr Fundgut die fortschreitende, starke gesellschaftliche Differenzierung der Burgbewohner belegen.

Übersetzt von Helena Plátková

Literaturverzeichnis

Bialeková, D. 1965 — Výzkum slovanského hradiska v Pobedime — Erforschung des slawischen Burgwalls in Pobedim, in: Archeologické rozhledy 17, S. 530—538.

Borkovský, I. 1956 — Přemyslovská hradiště jako pramen historického poznání — Die Přemyslidenburgen als Quelle historischer Erkenntnis, in: Památky archeologické 47, S. 348—361.

Fredegar 1885 — Chronikon IV, 68 Etudes critiques sur les sources de l'histoire mérovingienne par M. G. Monod, Deuxième parte. La compilation dite de „Fredegaire", Paris.

Hrubý, V. 1964 — Staré Město — Velehrad, Praha.

Hrubý, V. 1965 — Staré Město velkomoravský Velehrad — Ein Zentrum des großmährischen Reiches, Praha.

Chropovský, B. 1959 — Slovanské hrnčiarské pece v Nitre — Slawische Töpferöfen in Nitra, Slowakei, in: Archeologické rozhledy 11, S. 818—825.

Chropovský, B. 1964 — K otázke postavenia slovanských hradísk na Slovensku a úloha ich výzkumu — Zur Frage der Stellung der slawischen Burgwälle in der Slowakei und die Aufgabe ihrer Erforschung, in: Sborník Filozofickej fakulty university Komenského, S. 9—31.

Kudrnáč, J. 1951 — Slované v západních Čechách — Les Slaves en Bohême occidentale, in: Archeologické rozhledy 3, S. 185—190, 198—200, 217.

Kudrnáč, J. 1958 — Staroslovanské obilnářství v českých zemích — Die altslawische Getreidewirtschaft in den böhmischen Ländern, in: Památky archeologické 49, S. 478—498.

Kudrnáč, J. 1960 — Slovanské hradiště v Přistoupimi a jeho ochrana — Le bourgwall slave de Přistoupim près Český Brod et ses surveillance, in: Archeologické rozhledy 12, S. 176—181, 192—194.

Kudrnáč, J. 1961 — Slovanské hradiště v Tismicích u Českého Brodu — Slawischer Burgwall in Tismice bei Český Brod, in: Archeologické rozhledy 13, S. 492, 503—505, 509—519.

Kudrnáč, J. 1963 — Vývoj slovanského osídlení mezi pražským Povltavím, Labem, Sázavou a Výrovkou — Die Entwicklung der slawischen Besiedlung zwischen dem Prager Moldaugebiet, der Elbe, Sázava und Výrovka, in: Památky archeologické 54, S. 173—223.

Kudrnáč, J. 1967 — Výzkum hradišt u Doubravčic na Černokostelecku — Archäologische Untersuchung der Wehranlagen auf der Flur „Staré Zámky" bei Doubravčice in der Gegend von Černý Kostelec, in: Památky archeologické 58, S. 563—569.

Nechvátal, B. 1967 — Výzkum slovanského hradiště v Branišovicích (Maschinenschrift).

Niederle, L. 1953 — Rukověť slovanských starožitností, Praha.

Poulík, J. 1950 — Jižní Morava — země dávných Slovanů — South Moravia — the Country of the Ancient Slavs, Brno.

Poulík, J. 1963 — Dvě velkomoravské rotundy v Mikulčicích — Zwei großmährische Rotunden in Mikulčice, Praha.

Preidel, H. 1957 — Die Anfänge der slawischen Besiedlung Böhmens und Mährens, Bd 2, Gräfelfing bei München, S. 87ff. Dazu Besprechung von J. Filip in: Archeologické rozhledy 10, S. 283 bis 284.

Procházka, V. 1958 — Organisace kultu a kmenové zřízení polabskopobaltských Slovanů — Kultusorganisation und Stammverfassung der Slawen zwischen Elbe und Ostsee, in: Vznik a počátky Slovanů 2, S. 145—168.

Sedláček, A. 1884 — O poloze hradův v letopisech franckých Wogastisburg a Canburg řečených, in: Památky archeologické 12, 1882—1884, S. 247—258.

Staňa, Č. 1960 — Slovanské obytné objekty na Hradišti Staré Zámky u Líšně — Slawische Wohnstätten im Burgwall Staré Zámky bei Líšeň, in: Památky archeologické 51, S. 240—293.

Staňa, Č. 1961 — Depot železa a žernovů na slovanském hradišti Staré Zámky u Líšně — Depot von eisernen Gegenständen und Mahlsteinen auf dem slawischen Burgwall Staré Zámky bei Líšeň, in: Sborník Československé společnosti archeologické 1, S. 110—120.

Šolle, M. 1961 — Hradisko jako doklad pokročilé společenské organisace v době hradištní — Die Burgstätte als Beleg für die vorgeschrittene Gesellschaftsorganisation in der Burgwallperiode, in: Památky archeologické 52, S. 522—531.

Šolle, M. 1966 — Stará Kouřím a projevy velkomoravské hmotné kultury v Čechách — Alt Kouřím und die großmährische Kultur in Böhmen, Praha.

Štěpánek, M. 1965 — Opevněná sídliště 8.—12. století ve střední Evropě — Die befestigten Siedlungen Mitteleuropas im 8.—12. Jahrhundert, Prag (Dazu die Besprechung von Zd. Váňa in: Archeologické rozhledy 18, S. 567—580.

Turek, R. 1949 — Prachovské skály na úsvitě dějin, Praha.

Turek, R. 1950 — Nový výzkum libického hradiště — Nouvelles recherches au bourgwall de Libice, in: Archeologické rozhledy 2, S. 93—98.

Turek, R. 1952 — Kmenová území v Čechách — Territoires des tribus en Bohême, in: Časopis Národního musea 121, S. 12—13.

Turek, R. 1953 — Výzkum v Libici nad Cidlinou — Fouilles de Libice-sur-Cidlina en 1953, in: Časopis Národního musea 122, S. 19—29.

Turek, R. 1954 — Výzkum hradiště v Libici nad Cidlinou — Fouilles du bourgwall de Libice-sur-la-Cidlina, in: Archeologické rozhledy 6, S. 797—804.

Turek, R. 1963 — Čechy na úsvitě dějin, Praha.

Váňa, Z. 1951 — Slovanské hradiště u Zabrušan — Bourgwall slave près de Zabrušany, in: Archeologické rozhledy 3, S. 53—55, 58—60.

Váňa, Z. 1952 — Další výzkum na slovanském hradišti u Zabrušan — Nouvelle saison de fouilles du bourgwall slave de Zabrušany, in: Archeologické rozhledy 4, S. 270—272, 294—297.

Váňa, Z. 1961 — Slovanská keramika zabrušanského typu v severozápadních Čechách — Die slawische Keramik des Zabrušaner Typus in Nordwestböhmen, in: Památky archeologické 52, S. 465—476.

Siedlungskonzentrationen an großmährischen und böhmischen Burgwällen des 9. Jahrhunderts

Von Rudolf Turek, Prag

In letzter Zeit war mehrfach der Stadtcharakter slawischer Burgwälle Gegenstand der Diskussion[1]). Es ist selbstverständlich, daß es sich nie um Städte im Sinne dieses Begriffes vom 13. Jh. an handeln kann; es fehlen vor allem die rechtlichen Bedingungen dazu, besonders was das Handelsrecht anbelangt. Noch im 12. Jh. wurden die Kaufleute in Mitteleuropa meistens als „hospites“ betrachtet; das Handwerk wurde gleichzeitig nicht nur in den Großzentren, sondern auch in kleinen Dörfern betrieben[2]), so daß auch die zweite Voraussetzung des Städtewesens im spätmittelalterlichen Sinne nicht eindeutig für den Stadtcharakter der frühmittelalterlichen Burgwälle spricht. Es gibt aber doch Merkmale, die als Kennzeichen des städtischen Charakters solcher Burgwälle, besonders aus dem 9. Jh., angeführt werden[3]); es sind dies eine entwickelte und spezialisierte Erzeugung, Handel, entwickelte Viehzucht, Verkehr mit breitem agrarischem Hinterland, Differenzierung der Wohnungsformen und ausgeprägte gesellschaftliche Differenzierung.

Was die Zusammensetzung der Bevölkerung dieser Formationen betrifft, stehen sie jedenfalls den antiken Städten näher, die gleichzeitig das agrarische sowie handwerkliche und händlerische Element vereinigten, als den ausgesprochenen Industrie- und Handelsstädten der späteren Epoche. Es gibt aber doch einen großen Unterschied zwischen der Antike und dem Frühmittelalter, und zwar in der inneren Organisation beider Formationen; dies ist klar, wenn man die komplizierten Umstände der frühmittelalterlichen Entwicklung in Erwägung zieht, die durch territoriale und ethnische Unterschiede sowie durch Störungsfaktoren, die die Unterbrechung des von der Antike übernommenen Wirtschaftslebens verursachten, bedingt wurden.

Am Anfang des Mittelalters kann man in dieser Hinsicht einige ausgeprägte Gruppen feststellen, die den ethnischen Verschiedenheiten und den Divergenzen der Kulturtradition entsprechen. Am Mittelmeer begegnet man einer Bevölkerung — ohne Unterschied, ob es sich um vulgärlateinisches Milieu der späteren romanischen Völker im Westen oder um griechisches Element und die unter den hellenistischen Traditionen stehenden und später im kulturellen Sinne romanisierten Fremdgruppen im Osten handelt — mit uralten Städtewesen; zu dieser Gruppe gehörten im Frühmittelalter die bereits fast total romanisierten Kelten, deren „oppida“ ungefähr seit der Zeitenwende auch eine wichtige Vorform der mittel-

[1]) M. N. Tichomirov 1956; M. K. Karger 1958/61; N. N. Voronin 1948, 1954; B. A. Rybakov 1949; P. A. Rappoport 1956; J. Kostrzewski 1961; W. Hensel 1962, 1963, 1967; Frühe Burgen und Städte, Berlin 1954; W. Radig 1955; P. Grimm 1958; J. Herrmann 1960; Probleme des frühen Mittelalters in archäologischer und historischer Sicht, Berlin 1966; S. Michailov 1957, S. 127ff.; V. Ivanova 1948, S. 13ff. (ebenda S. 65ff. auch weitere Aufsätze über Pliska und Prěslav), u. a. In der Tschechoslowakei beschäftigten sich mit diesen Problemen besonders F. Kalousek 1960c, S. 76ff.; J. Poulík 1960; V. Hrubý 1961, S. 96ff. Vgl. auch Das Großmährische Reich, Brno-Nitra-Konferenz 1963, Praha 1966.

[2]) Vgl. bes. die Hypothese über die „Dienstorte“ von B. Krzemieńska und D. Třeštík 1964, S. 637ff.; der Applikationsversuch derselben (1965, S. 624ff.) enthält mehrere Fehler.

[3]) Nach der Charakteristik V. Hrubýs (siehe Anm. 1). Eine Übersicht der Problematik bereite ich für V. Procházka u. a., Svět středověku, Praha, im Druck, vor.

alterlichen Städte repräsentierten[4]). Eine weitere Gruppe, die bald nach den Kelten im Kontakt mit dem römischen Imperium stand, die germanische, befand sich schon in einer anderen Situation; den Germanen blieben die befestigten Siedlungsformen lange unbekannt, und die keltischen Oppida, die in ihrem Invasionsgebiet lagen, wurden von ihnen eher zerstört als erneuert und benutzt. Auch das, was wir von Marobudum wissen, kann bisher zu keiner Lösung geführt werden; es muß dabei der Umstand in Betracht gezogen werden, daß Marobod selbst in Ravenna erzogen wurde und deswegen von Anfang an unter dem römischen Kultureinfluß stand. Erst ein halbes Jahrtausend nach den Germanen gab es erste Voraussetzungen für den Kontakt der Slawen mit dem — reich modifizierten — antiken Milieu; ihre entwickelte gesellschaftliche Differenzierung erforderte eine spezielle Vorform der Burg sowie der Stadt, den Burgwall, dessen Befestigung — unabhängig davon, ob bei den Westslawen oder bei den den skythischen und thrakischen Elementen benachbarten Ostslawen — der keltischen Befestigungsart sehr ähnelte. Die Form der slawischen Burgwälle war bereits am Anfang stark differenziert, und wir begegnen den Kleinformen sowie den ausgedehnten Flächen mit großer Akropolis und einer oder mehreren Vorburgen; nach der bisherigen, fast am Anfang stehenden Forschung spielte vor allem das Terrain eine wichtige Rolle, da die Kleinformen besonders dort gebaut wurden, wo das flache Gelände großartige Aufschüttungsarbeiten erforderte. Die alte Hypothese von der Fluchtburgfunktion der Burgwälle beruht bisher auf einer bloßen Annahme; man findet im Gegenteil überall Siedlungsspuren, obwohl sie meistens dicht bei der Befestigung angehäuft sind und in der Mitte des Objekts eine ziemlich große freie Fläche liegt. Die letzte Gruppe, die auf das Leben des frühmittelalterlichen Europas einwirkte, waren verschiedene nomadische Elemente; ihrer Lebensform sowie ihrer Gesellschaftsstruktur war das Stadtleben ganz fremd — auch der awarische Ring war nur eine leicht umzäunte Sammelfläche[5]) —, und erst die Ungarn übernahmen dank ihrer Anpassungsfähigkeit, bald nachdem sie seßhaft geworden waren, die Siedlungsformen ihrer europäischen Nachbarn. Die Antwort auf die Frage, ob es die Awarengefahr war, die den Bau der slawischen Burgwälle herausforderte, bleibt bisher nur hypothetisch; da diese auch in solchen Gegenden entstanden, wo von awarischer sowie germanischer Gefahr fast keine Rede war, scheint diese Erscheinung eher durch die innere gesellschaftliche Entwicklung der Slawenstämme verursacht worden zu sein.

Wenden wir jetzt unsere Aufmerksamkeit der Entwicklung des frühmittelalterlichen Städtewesens in Europa zu. Es ist selbstverständlich, daß diese territorial unterschiedlich war; man kann vor allem voraussetzen, daß auf dem Territorium des ehemaligen römischen Imperiums bessere Bedingungen für das Weiterleben des antiken Städtewesens gegeben waren. Grundsätzlich ist dies der Fall; die germanischen Reiche Odowakars, Theodorichs u. a. übernahmen in diesem Sinne die römischen Formen und bedeuten keine Unterbrechung des Wirtschaftslebens im Mittelmeergebiet. Das byzantinische Reich repräsentierte eine Petrifizierung des antiken Lebens im Osten, und auch in manchen westeuropäischen Provinzen dauerte der alte Zustand an; das fränkische Element — obwohl in kultureller Hinsicht, im Gegensatz zu den arianischen Germanen, ein ausgesprochener Kontinuitätsfaktor — brachte zwar eine Vereinfachung des Wirtschaftslebens mit, doch war diese nicht allzu wesentlich. Auch die Slawen, die — teilweise in der Kampfgenossenschaft mit den nomadischen Elementen — bis in verschiedene byzantinische Territorien eingedrungen waren, übernahmen dort allmählich die wichtigsten Teile der antiken Erbschaft. Ein tatsächlich störendes Element war der Einfall der Araber mit allen Folgen einschließlich der Trennung des Mittelmeerbassins und der Vernichtung des Mittelmeerhandels; dies war um so gefährlicher, als die

[4]) J. Böhm (1946) spricht ausdrücklich von „unseren ältesten Städten"; mir scheint der Terminus „urgeschichtliche Stadt" J. Neustupnýs (1969 siehe S. 38ff. in diesem Band) besser zu sein.

[5]) Die beste Formulierung mit betreffenden Belegen befindet sich m. E. bei A. Kollautz 1951, S. 129ff.; vgl. H. Pirenne 1927 (mir stand nur die tschechische Übersetzung von B. Mendl, Středověká města, Praha 1928, zur Verfügung).

Küsten Nordwesteuropas ungefähr ein Jahrhundert nach der größten Ausdehnung der islamischen Macht von den Wikingern belästigt und die wichtigsten dortigen Häfen total zerstört wurden. Diese beiden Schläge bedeuteten erst das Ende des antiken Städtewesens (H. Pirenne 1927); nur die kirchlichen Institutionen, besonders die Bistümer, haben die Existenz der alten Städte gerettet. Außer Flandern und dem Bereiche von Venedig begegnet man einer Agrarisierung und Rustikalisierung; die wichtigsten karolingischen Pfalzen sowie Grafensitze entstehen im Lande, und nur in Italien und Südfrankreich wird die fränkische Territorialverwaltung an die alten Städte gebunden. Es bleiben natürlich die wichtigsten Zentren wie Paris, Trier, Köln, Mainz, Regensburg u. a. bestehen, allerdings eher dank der kirchlichen als der weltlichen Macht. Es ist kein Wunder, daß sich in den außerhalb des antiken Gebietes liegenden und von den Thüringern und Sachsen gewonnenen Territorien des fränkischen Reiches keine echten Stadtformationen entwickelten. Dieser Zustand hielt während der ganzen Dauer des ostfränkischen Reiches an; ja noch in der ottonischen Zeit, die besonders durch die vereinfachten Pfalzen gekennzeichnet ist, gab es einen größeren und wesentlicheren Unterschied zwischen Regensburg und Quedlinburg als zwischen den sächsischen und slawischen Hauptzentren.

Wenn wir jetzt in diesem geschichtlichen Rahmen das Problem der Entstehung und ersten Entwicklung slawischer Hauptzentren verfolgen, stellen wir zwei wichtige Merkmale fest: eine gewisse Differenzierung der Burgwälle und eine gut sichtbare Gruppierung von Dorfsiedlungen oder auch von kleineren Burgwällen um die wichtigsten Burgwälle herum. Beides ist besonders in der großmährischen Epoche (d. h. in der zweiten Hälfte des 9. Jh.) des heutigen mährischen, slowakischen sowie böhmischen Gebietes gut bemerkbar; dies und besonders die zweite Erscheinung sollen Gegenstand unserer Studie werden.

Neue archäologische Untersuchungen in der Tschechoslowakei machten besonders auf vier großmährische Lokalitäten aufmerksam, und zwar Mikulčice, Staré Město, Břeclav-Pohansko und Nitra; wegen des Übergewichts von keltisch-römerzeitlichen Funden ist in dieser Hinsicht Děvín abseits geblieben, und am Forschungsmangel scheiterten unsere Kenntnisse in Nordmähren, wo m. E. mindestens Přerov (mit dem Gräberfeld Předmostí) eine gewisse Rolle spielen mußte, und in Westmähren, wo wir nur aus Brno-Líšeň, Znojmo-Hradiště und Dolní Věstonice gewisse Beobachtungen haben und wo besonders Rajhrad (mit dem naheliegenden uralten Gräberfeld von Rebešovice) bisher unerforscht blieb. Jede der vier obenerwähnten Lokalitäten bedeutet etwas Besonderes. Mikulčice mit dem Palast und mindestens vier gleichzeitig in Betrieb stehenden Kirchen im Areal der Akropolis erscheint höchstwahrscheinlich als Fürstensitz mit wichtiger administrativer Rolle[6]). Staré Město, eine Agglomeration von Siedlungen mit nur leicht befestigtem Mittelpunkt, aber mit alten wichtigen Kirchenanlagen im Westen (Modrá, später auch Špitálky) sowie im Osten (Sady), bedeutet eher ein Kulturzentrum. Besonders die einen großen Abschnitt des breiten Marchtales („úval") beherrschende Anlage Sady kann mit großer Wahrscheinlichkeit als Bischofssitz bezeichnet werden. Hier befinden sich mehrere Holzbauten, deren Verteilung höchstwahrscheinlich einer Kapitel- oder Stiftskommunität entspricht, und eine ziemlich große Kirche, die wahrscheinlich eine katechetische Schule im Narthex besaß. Außerdem wurde unterhalb dieser Objekte eine wichtige keramische Werkstätte mit Fabrikationsüberresten von „antikem" Charakter festgestellt[7]). Die geschichtliche Rolle von Břeclav-Pohansko bleibt m. E. bisher unklar; es muß vor allem das Verhältnis zwischen der typisch großmährischen Siedlung und der monumentalen Befestigung geklärt werden, da die Gräber großmährischen Charakters sich auch unter dieser Befestigung befinden. Vorläufig kann vielleicht diese Siedlung für eine Serie von Höfen mit einer Privatkirche — „proprium" im Sinne der Conversio Bagoariorum et Carantanorum — gehalten werden, obwohl auch eine Erklärung dieser

[6]) J. Poulík 1957, S. 241ff.; 1959a, S. 27ff.; 1959b, S. 85ff.; 1962; 1963. Vgl. auch Anm. 1.

[7]) V. Hrubý, 1955; 1964; 1965a; 1965b, S. 37ff. Vgl. auch Anm. 1.

Lokalität als Militäranlage nicht ausgeschlossen ist[8]). Eine solche repräsentiert jedenfalls Děvín, dessen Interpretation als Dowina der Fuldaer Annalen als höchstwahrscheinlich erscheint[9]). Es ist dort eine größere befestigte Region zu erschließen, deren Hauptpunkt eben Děvín war; als Außenbefestigungen dienten verschiedene kleinere Burgwälle, wovon ein Teil bereits als großmährenzeitlich erkannt wurde[10]), so daß man auch an „illam ineffabilem Rastizi munitionem et omnibus antiquissimis dissimilem" einer anderen Stelle derselben Annalen und „omnia moenia regionis illius" denken kann. Ein ähnliches Bild bietet auch die Gegend von Nitra; die kleinen Burgwälle in der Umgebung (Borina, Lupka, Zobor, Žibrica und vielleicht auch Dražovce, wo aber eine romanische Kirche und die anderen bisherigen Feststellungen eher auf die jüngere Burgwallperiode hindeuten) können höchstwahrscheinlich als die zum Hauptburgwall gehörenden Warten erklärt werden (B. Chropovský 1959, 1961a; P. Čaplovič 1954). Auch in der Slowakei gibt es Probleme derselben Art wie in Mähren; besonders Bratislava, obwohl nur in geringer Entfernung von Děvín, kann als ein wichtiges Zentrum mit einem Nebenburgwall in Svatý Jur bezeichnet werden; anzuknüpfen scheinen daran auch die Nachricht der Salzburger Annalistik über „bellum pessimum ... ad Brezalauspurc" sowie die Bedeutung des Ortes in ungarischer Zeit, die er vielleicht von Anfang an besessen hat, was die voraussichtlich erste ungarische Münzstätte bezeugen könnte[11]). Was für eine Rolle z. B. der riesengroße Burgwall in Bíňa (über 107 ha) spielen sollte, bleibt ohne weitere Untersuchung offen; auch hier kann man vor allem mit der großmährischen Epoche rechnen[12]).

Wie bereits erwähnt, sieht man eine Variabilität der Siedlungskonzentrationen schon zwischen Mikulčice und Staré Město. Mikulčice repräsentiert eine kombinierte Befestigung, deren Kern eine Akropolis von ca. 320 × 300 m bildet; nördlich und westlich davon gibt es eine ausgedehnte Vorburg (insgesamt mit der Akropolis ca. 550 × 500 m), und im Nordosten eine weitere (ca. 400 × 370 m), südlich von dem Burgwallsystem wird noch das sogenannte „Kostelisko" beigefügt (eine Fläche von ca. 250 × 230 m, meistens vom Flußbogen umgeben, im NW vom Graben), und in einer Entfernung von ca. 1,5 km auf einer kleinen Sandanhöhe liegt noch die großmährische Siedlung Trapíkov. Die in der Nähe jenseits der March auf slowakischem Boden liegende Lokalität Holič scheint auch mit diesem System in Verbindung zu stehen (Š. Janšák 1961). Die bisher durchforschten Teile des Mikulčicer Burgwallsystems mit insgesamt mindestens 10 Kirchen ermöglichen schon eine vorläufige Interpretation; es scheint, daß die Akropolis vor allem als Fürstensitz diente und daß in den Vorburgen neben rein militärischen Anlagen auch Häuser der hervorragenden Gefolgschaftsmitglieder mit Privatkirche standen. Es gibt auch rein kirchliche Objekte; die walzenförmige Rotunde mit 4 Nischen in der Lage „Kostelisko" ist höchstwahrscheinlich ein Baptisterium, und noch im 17. Jh. hielt sich eine Tradition vom St. Ägidius-Kloster. Die Mikulčicer Basilika — gewiß die dortige Hauptkirche — stand allerdings in der Akropolis ganz nahe am Palast; die kleinste Kirche dieser Akropolis diente wohl als — höchstwahrscheinlich fürstliches — Mausoleum, und auch die anderen Kleinkirchen dieses Areals können als Privatkirchen des fürstlichen Geschlechts (oder höchstens der dem Fürsten nahestehenden vornehmen Gefolgschaftsmitglieder) erklärt werden.

8) F. Kalousek 1960a, S. 5ff.; 1960b, S. 496ff.; 1961; B. Dostál 1961, S. 17ff.; 1964. Vgl. auch Anm. 1.

9) MGH-SS I, Hrsg. von G. H. Pertz, Hannover 1826, S. 378; vgl. auch Magnae Moraviae fontes historici I, Brno 1966, S. 98. Die Lokalisierung der alten Literatur, die die Identität mit der späteren Burg Děvičky voraussetzt, kann man nicht annehmen; vgl. R. Turek 1960, S. 285ff. Die Stelle mit „illam ineffabilem ..." s. Pertz, MGH I, S. 381; Mag. Mor. fontes, S. 101.

10) E. Šimek 1920/21, S. 1ff.; J. Eisner 1952, S. 334; J. Dekan 1951, S. 116; 1961, S. 25ff.; L. Kraskovská 1946; 1959a, S. 191ff., 1966, S. 147ff.; B. Chropovský 1961a, S. 139ff.; 1959, S. 818ff.; P. Čaplovič 1954, S. 5ff.

11) Š. Janšák 1947, S. 54ff.; L. Kraskovská 1948, S. 14ff.; B. Polla und T. Štefanovičová 1959; 1960, S. 381ff.; P. Ratkoš, J. Lichner, B. Polla und T. Štefanovičová 1960; V. Hatz 1965, S. 79ff.; L. Kraskovská 1959b, S. 193; 1961, S. 44ff.

12) B. Chropovský 1958, S. 98ff.; 1961b, S. 135ff.; 1966, S. 289ff.; A. Točík 1964, S. 591ff.; Š. Janšák 1961, S. 83ff.

Im Gegensatz zu dem Mikulčicer Burgwallsystem überwogen anscheinend in Staré Město die kirchlichen Institutionen. Das Konglomerat von Sady kann, wie wir schon wissen, als eine solche erklärt werden. Auch das Westende mit der Kirche von Modrá hängt mit kirchlichem Leben zusammen; um diese Kirche herum befindet sich bisher nichts, was an eine Privatkirche zu denken ermöglicht, und dem Alter der Kirche nach handelt es sich am wahrscheinlichsten um eine vorcyrillomethodianische Missionsstation. Die beiden letztgenannten Anlagen liegen außerhalb der eigentlichen Integrität von Staré Město, die zwischen dem sogenannten „Wall J. J. Christins" und seiner Fortsetzung, dem Jaluber Bach und dem Marchstrom, zu lokalisieren ist (Ausdehnung ca. 1900 × 1700 m). Den Kern bildet die leicht befestigte Anlage „Na valách" (ca. 700 × 500 m), die anderen Siedlungen „Na Špitálkách", „Padělky", „Nad haltýři" (im Westteil), „Na zahrádkách", „Na kostelíku" und „Na dědině" (im Ostteil) blieben ohne eigene spezielle Befestigung, ebenso wie eine kleine freie Siedlung jenseits des Jaluber Baches „Na zerzavici". Die Anlage „Na Špitálkách" hatte wirtschaftlichen Charakter; westlich davon lag aber eine Kirche (laut der noch im 17. Jh. erhaltenen Tradition die St.-Clemens-Kirche), die dem Bautyp nach mit der cyrillomethodianischen Mission zusammenhängt und deren Narthex wieder auf die Möglichkeit einer katechetischen Schule hinweist[13]). Die anderen ziemlich kleinen Siedlungen außerhalb des Kerns sind meistens landwirtschaftlich bestimmt, nur die Anlage „Nad haltýři" besaß Gewerbecharakter (Eisenschmelzöfen und Edelmetallbearbeitung). Die drei nördlichen bleiben bisher ohne Kirche. Der Südwestteil „Na dědině" wies unter der heutigen Stadtkirche Spuren einer Rotunde auf, deren Alter aber unklar bleibt; in der dicht nördlich davon liegenden Anlage „Na kostelíku" ist in späterer Zeit eine Kirche quellenkundlich belegt worden, was auch aus dem jetzigen Namen dieses Stadtteils hervorgeht. Im Kern „Na valách", und zwar in seinem Südteil, ganz nahe dem inneren Graben, stand — inmitten eines großen Gräberfeldes, dessen Anfänge bis in die Zeit des Prager Typs reichen und das nach der Vernichtung der Kirche vor der Wende des 3. und 4. Viertels des 9. Jh. weiter belegt wurde — noch eine ziemlich kleine einschiffige Kirche ohne Narthex. Das Gräberfeld dabei war so groß, daß man mit Beerdigungen aus der weiteren Umgebung rechnen muß.

Die Details der beiden befestigten Regionen von Děvín und Nitra können erst nach einer genaueren Durchforschung interpretiert werden. In Nitra, dessen Kern nicht in der jetzigen, erst im 13. Jh. gebauten Burg, sondern in der heutigen Stadt in der Gegend um die ehemalige Gymnasialkirche liegt, handelte es sich neben den befestigten auch um unbefestigte Siedlungsteile, die teilweise auch durch Gräberfelder belegt sind. Die einzige bisher entdeckte Kirche, deren Datierung allerdings noch unklar ist, obwohl großmährischer Ursprung nicht ausgeschlossen ist, liegt unter der späteren St. Martinskirche im kleinen Burgwall am Südhang des Berges Zobor.

Die Entwicklung derartiger Siedlungskonzentrationen um die wichtigen Zentralburgwälle in Mähren und im West- und Mittelteil der Slowakei, wo die Vereinigung verschiedener Stämme schon abgeschlossen war und zu einem vorfeudalen Reich führte, ist gut begreiflich; es entstanden aber ähnliche Agglomerationen auch in Böhmen, wo der Vereinigungsprozeß erst begonnen hatte und von wo die fränkischen Annalen mehrere „duces" kennen — ein Merkmal dafür, daß die inneren sozialen Verhältnisse in verschiedenen kleineren Fürstentümern Böhmens annähernd dieselben waren wie in Mähren. Solche Konzentrationen stellt man vor allem in Ostböhmen in den Mähren dicht benachbarten Regionen der Zličaner und Ostcharwaten fest; aber auch im Nordwestteil des Landes begegnen wir, soweit der Forschungsstand das erkennen läßt, ähnlichen Fällen.

Das klassische Zentrum der Zličaner, der Burgwall Stará Kouřim, repräsentierte schon innerhalb seiner beiden großen Wallhalbringe ein Konglomerat, das neben seiner Akropolis

[13]) Zur kirchlichen Architektur siehe bes. J. Cibulka 1958; 1959, S. 55ff.; 1962, S. 87ff.; 1963a, S. 49ff.; 1963b, S. 46ff.; J. Pošmourný 1953, S. 42ff.; 1961, S. 129ff.; 1964, S. 187ff.; ders. o. J.

(hinter dem höheren nördlichen Abschnitt des zweiten Walles) eine spezielle — ja der Akropolis entgegen selbständig befestigte — Kultstelle enthält (im flacheren Südteil des Areals hinter demselben Wall) und wo weitere Areale von geringerer Bedeutung (z. B. die damals bereits unwichtige Fläche hinter der älteren äneolithischen Befestigung, dem sog. dritten Wall) lagen. Das mächtige Wallsystem stand nicht allein; auch in der Anlage, wo später der Burgwall mit der Kirche St.-Georg entstand (der spätere Sitz der Děpolticer, einer Přemysliden-Nebenlinie), begegnet man Funden aus der mittleren Burgwallperiode, die dort eine kleinere, vielleicht unbefestigte Siedlung bezeugen. In der schmalen Endpartie dieser Spornanlage, schon außerhalb des Děpolticer Burgwalles (in einer Situation, welche als sogenannte „Opyš" hinter den böhmischen Burgwällen häufiger vorkommt, was aber hier nicht der Fall sein muß, da diese „Opyš" nie mit einer Kirche versehen sind) begegnet man in späterer Zeit einer Tradition, die hierher eine St.-Clemens-Kapelle lokalisiert; dieses auffallende Patrozinium, das in diesem Teil Mitteleuropas bereits seit der cyrillomethodianischen Mission bekannt ist, könnte vielleicht auch hier als Beweis dienen, und deswegen wäre eine archäologische Untersuchung der Stelle sehr erwünscht. Es ist nämlich auffallend, daß im Burgwall Stará Kouřim bisher keine Kirche — diese Tatsache haben auch alle während der Ausgrabungen vom Archäologischen Institut der ČSAV organisierten kommissionellen Konferenzen bestätigt — gefunden wurde, obwohl bei der Ausgrabung des Gräberfeldes östlich von der obenerwähnten, evident mit dem heidnischen Gewässerkultus zusammenhängenden Kultstätte mehrere Gräber christlichen Charakters entdeckt wurden[14]). Es ist vielleicht daran zu denken, daß direkt im Burgwall die Umstände noch nicht reif genug zum Bau einer Kirche waren, und deswegen hat der Fürst — um die Animosität der heidnisch fühlenden Gefolgschaft nicht zu erwecken — diese Kirche abseits in einem kleineren Orte oder in einer Einöde gegründet. Jedenfalls ist mit einer kleineren Siedlung mindestens im breiteren Spornteil vor der Kirche zu rechnen, an deren Stelle erst nach zwei Jahrhunderten ein neuer Burgwall mit der St.-Georg-Kirche erbaut wurde. Weitere Siedlungsfunde der Kouřimer Umgebung müssen erst chronologisch genauer bestimmt werden; z. B. die Anlage bei der sog. Bukačov-Mühle (ganz in der Nähe des spätburgwallzeitlichen Gräberfeldes mit der traditionell belegten St.-Adalbert-Kirche) scheint eher spätburgwallzeitlich zu sein.

Während die Existenz der mittelburgwallzeitlichen Siedlungskonzentration um Kouřim bisher wegen Forschungsmangels nur hypothetisch ist, haben wir in diesem Milieu dank der fleißigen Untersuchungen J. L. Píčs und J. Hellichs einen unumstrittenen Beleg einer solchen, und zwar eine Reihe von Siedlungsspuren und besonders von Gräberfeldern um Libice/Cidlina im nördlichen Zipfel des Zličaner Gebietes[15]). Der Burgwall selbst mit einer Vorburg von annähernd gleicher Größe (beides steht auf zwei Terrasseninseln im ehemaligen Sumpf von je ca. 450 × 300 m) ist annähernd im Verlauf der Endphase der awarisch-slawischen Periode entstanden (also noch im 8. Jh., das durch typische Bronzebeschläge von awarisch-slawischem Charakter, gleichzeitige Keramik und Tonwannenbruchstücke belegt ist). Seine erste Blütezeit ist in das 9. und die erste Hälfte des 10. Jh. datierbar (dank typischem Schmuck der ältesten Gräber im inneren Burgwall und mehreren Siedlungsspuren mit Keramik u. a. im Nordostteil desselben sowie in der Vorburg), wonach der neue Umbau für die Fürstenpfalz Slavníks Anfang der zweiten Hälfte des 10. Jh. folgte. Und eben im 9. Jh. und in der 1. Hälfte des 10. Jh. begegnen wir im Nord- und Nordostteil des heutigen Ortes sowie in seiner Umgebung ostwärts bis zum jetzigen Dorfe Kanín reichen Gräberfeldern,

[14]) M. Šolle 1957, S. 196ff.; 1959, S. 353ff.; 1963a, S. 177ff.; 1963b, S. 67ff.; 1966. Was oben im Text folgt, ist die Meinung von V. Ryneš, der darüber einen Aufsatz vorbereitet; Herrn Dr. V. Ryneš danke ich für die freundliche Mitteilung.

[15]) J. L. Píč 1890/92, S. 355ff. und 689ff. (Sonderausgabe 4ff. und 167ff.); J. Hellich 1896/97, S. 671ff.; Th. Valla 1913, S. 83f.; R. Turek 1946a (Zusammenstellung des gesamten publizierten sowie unpublizierten Nachlasses von J. L. Píč und J. Hellich); 1963, S. 207ff. (Übersicht der neuen Grabung mit sämtlicher Literatur über das Problem); 1942, S. 263ff.; 1946b.

die nicht nur als die zum Burgwall gehörenden Friedhöfe interpretiert werden können: Sie sind teilweise schon von Siedlungsfunden begleitet, aber eine genauere Untersuchung von Siedlungen muß erst Gegenstand der zukünftigen Forschung werden. Südlich und westlich vom Burgwall dehnten sich die Sümpfe des Elbe-Cidlina-Zusammenflusses aus, aber die nächste Terrasseninsel in Westrichtung, der sog. Huslík, wurde wieder besiedelt. Überall, wo es das Terrain ermöglichte, befanden sich also entweder eine Siedlung oder ein Gräberfeld im Umfang von mindestens 3 × 1,5 km mit einigen nur ganz kleinen Flächen dazwischen; dies alles wurde schon im 9. Jh. besiedelt, und der Aufstieg der Lokalität um die Mitte des 10. Jh., der gleichzeitig eine Entleerung des inneren Burgwalles und den Umbau desselben für einen exklusiven Fürstensitz bedeutete, brachte eine große Besiedlungsverstärkung des ganzen Geländes mit. Kurz nach dem Sturz des Hauses Slavník kann man noch mit einer — weniger intensiven — Fortsetzung rechnen, wie einige Gräber des Gräberfeldes nördlich von der Vorburg bezeugen (mit Denaren Boleslavs II. vom sog. Ethelred-Typus und mit einer vergröberten Gefäßform), dann aber beschränkte sich das Leben der Gegend auf den inneren Burgwall und dessen Vorburg, ja später nur auf die Vorburg — den jetzigen Gemeindekern — allein, dessen Geschichte natürlich an den Verfall des Burgwalles und das Ende seiner Funktion kurz nach 1130 gebunden ist.

Einen ganz anderen Fall repräsentiert der Burgwall in den Prachover Felsen (R. Turek 1942; 1946b). Er stellt ein ganzes Befestigungssystem mit einem Umfang von ca. 1,5 × 1 km dar, das besonders die riesigen Felsenpartien zum Schutz eines verhältnismäßig kleinen inneren Burgwalles ausnutzte; überall, wo der natürliche Felsenschutz fehlte, wurden längere oder kürzere Wälle erbaut, und im Tal unterhalb der Hauptburg hat man durch Wasserleitungs- und Teichdammaufschüttungen eine Wasserfläche errichtet. Die Zugänge zum Wasser in den Tälchen innerhalb des Burgwallsystems wurden ebenfalls durch Wälle oder Terrassen geschützt, und auch das Tal südlich vom Eingang zur Hauptburg wurde durch Wälle gesperrt; nur der Ausfluß am Westrand des ganzen Systems — vorausgesetzt, daß dort die Überreste einer alten Talsperre nicht durch Überflutung vernichtet wurden — war frei oder nur von Holzsperren befestigt. Im Rahmen dieses Systems befanden sich drei Hügelgräberfelder; der jüngere Skelettfriedhof wurde direkt im Ostteil des inneren Burgwalles (ganz in der Nähe von dessen Eingang) errichtet. Siedlungsspuren begegnet man an manchen Stellen des Systems. Die Besiedlung dieser Gegend beginnt schon in der Zeit des Prager Typus; die Siedlungen liegen außerhalb der natürlichen Felsenfestung an deren Südostrand. Im Rahmen des Felsensystems ist es vor allem ein Abri mit hölzerner (pfostenartig im Sand verankerter) Vorderwand im Tal „Na stájích“ (d. h. „In den Pferdeställen“) nördlich vom Zugang zum späteren Burgwallzentrum. Nordwestlich von dieser Siedlung, direkt der späteren Hauptburg gegenüber, befand sich auf einer niedrigeren Fortsetzung des Bergrückens „Kozí hřbet“ („Ziegenrücken“, dessen Nordhang später als Westausgangspunkt des nördlichen Doppelwalles dienen sollte) das einzige festgestellte Prachover Brandgrab dieser Periode, später von einem der vier Hügelgräber dieser Gruppe überdeckt. Der eigentliche Bau des Burgwallsystems ist durch einen als Opfer in die gefährlichste Stelle des wichtigsten Innenwalles eingemauerten Hortfund in den Verlauf der spätawarisch-slawischen Periode (vielleicht in die 2. Hälfte des 8. Jh.) datiert; die Besiedlung sowie die Hügelgräberfriedhöfe könnten noch früher beginnen. Die größte Blütezeit ist auf Grund der reichsten Hügelgräber der größten Hügelgräbernekropole auf der Anhöhe „Holý vrch“ („Kahlenberg“ zwischen dem „Ziegenrücken“ und den „Pferdeställen“) in die großmährische Epoche datierbar; im 10. Jh. ist eine Rustikalisierung bemerkbar. Das Befestigungssystem verlor spätestens am Ende des 10. Jh. seine Funktion, und nur die Siedlung hinter dem zweiten Südostwall und der ehemalige Burgwallkern existierten als Dörfer „Přední“ und „Zadní Moravsko“[16])

[16]) Diese Namen sind auch interessant: „Přední“ heißt „Vorder-“, „Zadní“ „Hinter-“, „Moravsko“ hängt mit den Gefangenen aus Mähren zusammen.

bis in die Hussitenzeit. Die letzten Grabbeigaben des Gräberfeldes sowie Siedlungsspuren des inneren Burgwalles hören im 12. Jh. vollkommen auf; es ist evident, daß das Dorf Zadní Moravsko nur auf einer ganz kleinen Fläche stand (die Stelle von „Přední Moravsko“ blieb bisher unerforscht).

Auch um die Přemyslidensitze herum kann man mit Siedlungskonzentrationen rechnen; die Existenz der zwei ziemlich weit voneinander entfernten Gräberfelder (Zákolany und Kováry) in der Umgebung von Budeč sowie die Ausdehnung der Nekropolen von Žalov bei Levý Hradec scheinen Kennzeichnen dafür zu sein.

Typisch — obwohl ein Sonderfall, was die vorherige Entwicklung des Areals betrifft — ist die Entwicklung Prags seit der Gründung der Prager Burg. Diese Burg entstand auf altem slawischem Boden, dessen Siedlungssituation ihre Gründung wesentlich beeinflußte; die Stelle, wo die Burg selbst gegründet wurde, war vorher zwar ganz leer, aber schon ganz nahe — an der Stelle des jetzigen Lorettoplatzes — bezeugen Gräber des Prager Typus und der älteren Burgwallzeit eine alte Siedlung. Die Großzahl von Siedlungen der älteren Burgwallzeit in dem jetzigen Areal von Groß-Prag wurde in zwei Reihen von West-Ost-Richtung angelegt; die nördliche Gruppe verläuft von dem Burgwall Šárka (mit Funden von awarisch-slawischen Bronzebeschlägen, die gleichzeitig als Beleg eines Handelsstromes aus dem awaro-slawischen Gebiet dienen) über Prag-Podbaba (mit mindestens 7 Dörfern aus der Zeit des Prager Typus) und dem Burgwall Zámka bei Praha-Bohnice (mit Besiedlung der Frühburgwallzeit aus dem 7. Jh.) nach Praha-Libeň und Praha-Vysočany, die südliche vom Burgwall bei Praha-Butovice über Vyšehrad und die frühburgwallzeitlichen Siedlungen von Praha-Michle zum Burgwall bei Praha-Hostivař. Dazwischen begegnet man Funden nur westlich der Moldau zwischen Prag-Kleinseite und Prag-Smíchov, besonders in Újezd und im Kinský-Garten. Die Gründung der Burg durch Bořivoj ungefähr um die Wende vom 3. zum 4. Viertel des 9. Jh. hat eine Reihe von großen Änderungen mitgebracht. Anstatt der vorherrschenden West-Ost-Richtung, die durch die Lage des alten Stammeszentrums der Tschechen westlich von dieser Gegend beeinflußt wurde, beginnt jetzt eine Kreuzung von Wegen in alle Richtungen; unterhalb der Burg an beiden Moldauufern entsteht ein neues Zentrum, die Keimzelle der späteren Stadt, und in nächster Nachbarschaft beginnt die Blütezeit verschiedener Kleinorte, die während des Mittelalters, besonders in der Zeit Karls IV., mit der mittelalterlichen Stadt verschmolzen. Erst während des Wachstums der modernen Großstadt im 19. Jh. erneuert sich das Leben in der Podbaba-Gegend, die in der Barockzeit nur durch vereinzelte Vileggiaturen belebt wurde und wo im Mittelalter nur ganz kleine Siedlungen existierten[17]).

Die Situation um die Zentren der anderen böhmischen Kleinstämme ist wegen Forschungsmangels bisher unklar; daß sie ähnlich sein konnte, ist aus dem Fall Litoměřice ersichtlich, wo die ausführliche heuristische Arbeit in der Umgebung des Zentrums der nordböhmischen Liutomerici eine Anhäufung von Kleinsiedlungen festgestellt hat (M. Zápotocký 1965). Besonders in Südböhmen, wo die Besiedlung erst im 7. Jh. beginnt und im 10. Jh. ihren Abschluß findet, brauchten wir genauere Untersuchungen; der verhältnismäßig geringen (und bei der Sporadität der gleichzeitigen Besiedlung Südböhmens desto auffallenderen) Entfernung der Hügelgräberfelder von Krtely und Nestánice nach zu urteilen sind vielleicht auch hier ähnliche Fälle möglich.

Die Siedlungskonzentrationen, die diese Studie anführt, wurden durch den Stand der Gesellschaftsentwicklung im 9. Jh. und dessen wirtschaftliche Bedingungen verursacht. Von Städten im Sinne des späten Mittelalters ist in diesen Fällen kaum die Rede; auf dem Wege zum späteren Städtewesen bedeuten sie jedoch eine wichtige Vorstufe, jedenfalls eine entwickeltere Stufe als die „urgeschichtlichen Städte“ der Kelten, die einigen slawischen

[17]) Literatur bei R. Turek 1950, S. 59ff.; 1966, S. 130ff.; I. Borkovský 1949; 1953, S. 129ff.; 1961, S. 57ff.; 1960, S. 332ff.; 1947, S. 145ff.; 1948, S. 460ff.; 1951, S. 101ff.; 1956, S. 348ff.; o.J.; M. Zápotocký 1965, S. 205ff.

Burgwällen annähernd entsprechen; im Rahmen der Entwicklung des Begriffs „Stadt" bringen diese Formationen einheimische, von den antiken Städten unterschiedliche, obwohl ihnen nahe genug stehende Elemente bei. Wir stehen natürlich erst am Anfang unserer Kenntnisse derselben; trotzdem möchte ich gelegentlich des Jubiläums des Forschers, der dieser Problematik so viel Aufmerksamkeit widmete, auch auf diese Details aus dem mitteleuropäischen Südostgebiet aufmerksam machen und sie zur Diskussion und weiteren Beobachtung vorlegen.

Man muß sich vor allem bewußt sein, daß das vorgelegte Material ausgesprochen heterogen ist. Es gibt Anlagien von militärischem Charakter; als solche kann man vor allem Děvín betrachten, aber auch z. B. das Burgwallsystem in den Prachover Felsen, wo mit Ausnahme des Prager Typs (also einer Periode vor dem eigentlichen Bau des Systems) alle bisherigen Funde sich nur innerhalb der riesengroßen Befestigung befinden. Dann folgen die ausgesprochenen Organisationszentren, wie z. B. Mikulčice oder Nitra, mit einem Gleichgewicht von militärischem und — mit gewisser anachronistischer Antizipation gesagt — administrativem Element; in Mikulčice kann man auf Grund genauer Untersuchung auch den monumental-repräsentativen Charakter betonen, wozu uns in Nitra bisher die Belege fehlen, aber voraussetzen kann man dort etwas Derartiges auch. Es ist irrelevant, daß wir in Mikulčice einem Konglomerat von Befestigungen begegnen und in Nitra einer Gruppe aus Zentrum und verschiedenen Warte- bzw. Schutzburgwällen; dieser Unterschied hängt nur von den Terrainbedingungen ab. Um etwas Ähnliches könnte es sich auch bei Stará Kouřim handeln und wahrscheinlich auch in den Prachover Felsen, wo nur die repräsentativen Bauten bisher fehlen, eine Angelegenheit, die durch die primitiveren, bisher nur auf einer Stammesorganisation und nicht auf einem vorfeudalen Reich beruhenden Umstände leicht erklärbar ist. Bei Staré Město ist wieder die leichte Befestigung auffallend und dazu der Umstand, daß zwei wichtige Objekte — jedenfalls Sady, obwohl auch Modrá, besonders am Anfang der Entwicklung dieser Agglomeration, gewiß eine wichtige Rolle spielen konnte — außerhalb der Hauptkonzentration stehen; auch diese Merkmale können darauf hindeuten, daß es sich um ein Kultzentrum handelt, dessen Leben natürlich auch von seinen wirtschaftlichen Einrichtungen bedingt wurde.

Alle sechs angeführten Fälle hängen entweder mit der Organisation des Großmährischen Reiches oder mit böhmischen Stammesfürstentümern zusammen; dazu gehört selbstverständlich auch Prag zur Zeit Bořivojs, wo die Entstehung einer Siedlungskonzentration bald nach der Gründung des Burgwalles durch die Existenz einer älteren, unter anderen Verhältnissen des Tschechenstammes entstandenen Konzentration (an zwei damaligen Wegen in das Stammeszentrum der Tschechen vom Osten) wesentlich erleichtert wurde. Die Konzentration bei Litoměřice, dem einzigen Zentrum eines kleinen Stammes, ist auch leicht zu begreifen. Einen ganz anderen Fall gibt es aber bei Libice, das erst um die Mitte des 10. Jh. zum Fürstensitz wurde, aber bereits im 9. Jh. eine Siedlungskonzentration außerhalb des Burgwalles aufweist, in der Zeit, als es sich nur um einen abseits, nahe der West- sowie Ostcharwatengrenze liegenden Burgwall handelte. Dort mußten vor allem die wirtschaftlichen Bedingungen das Wachstum eines solchen Konglomerats bewirken; daß auch der Handel daran teilnehmen konnte, geht nicht nur aus der Erwägung der Grenzlage hervor, sondern auch — analog zu dem Burgwall in Praha-Šárka auf dem Wege ins Tschechengebiet — aus den Funden von Gegenständen von awarisch-slawischem Charakter in Libice selbst sowie in der naheliegenden, nur durch einen ziemlich kleinen Graben leicht geschützten Station Staré Badry. Es ist bedauerlich, daß die Beziehung dieser Lokalitäten zum naheliegenden vermutlich alten Burgwall auf dem Berge Oškobrh wegen der Vernichtung desselben vielleicht nicht mehr zu klären ist; dadurch fehlt uns ein wichtiges Glied, um alles Bodenständige zu erwägen. Es scheint aber doch, daß es vor allem die wirtschaftlichen Umstände waren, die eine große Rolle spielten. Die Fortsetzung dieser Entwicklung im 10. Jh. war desto leichter, da die Gegend auch strategisch wichtig geworden ist.

Es sind ähnliche Fälle zu suchen, um die Wege zum mitteleuropäischen Städtewesen zu finden. Auch im Ostfränkischen Reiche bestand vielleicht an manchen Orten eine ähnliche Situation.

Literaturverzeichnis

Böhm, J. 1946 — Naše nejstarší města, Praha.

Borkovský, I. 1947 — Staročeské pohřebiště poblíže pražského hradu, in: Historica Slovaca 5, S. 145ff.

Borkovský, I. 1948 — Pohřebiště obchodníků z doby knížecí v Praze I, in: Slavia antiqua 1, S. 460ff.

Borkovský, I. 1949 — O počátcích pražského hradu a o nejstarším kostele v Praze, Praha.

Borkovský, I. 1951 — Pohřebiště u královské jízdárny na pražském hradě, in: Archeologické rozhledy 3, S. 101ff.

Borkovský, I. 1953 — Kostel Panny Marie na pražském hradě, in: Památky archeologické 44, S. 129ff.

Borkovský, I. 1956 — Přemyslovská hradiště jako pramen historického poznání, in: Památky archeologické 47, S. 348ff.

Borkovský, I. 1960 — K otázce nejstarších kostelů na pražském hradě, in: Památky archeologické 51, S. 332ff.

Borkovský, I. 1961 — Der altböhmische Přemysliden-Fürstensitz Praha — Seine Anfänge und seine Entwicklung, in: Historica 3, S. 57ff.

Borkovský, I. o. J. — Pražský hrad v době přemyslovských knížat, Praha, im Druck.

Čaplovič, P. 1954 — Slovanské pohrebište v Nitre pod Zoborom, in: Slovenská archeológia 2, S. 5ff.

Cibulka, J. 1958 — Velkomoravský kostel v Modré u Velehradu a začátky křesťanství na Moravě, Praha.

Cibulka, J. 1959 — Zur Frühgeschichte der Architektur in Mähren (800—900), in: Festschrift Karl M. Swoboda, Wien–Wiesbaden, S. 55ff.

Cibulka, J. 1962 — První tři velkomoravské kostely objevené na hradišti ú Mikulčic, jejich význam a otázka Metodějova hrobu, in: Soluňští bratři, Praha, S. 87ff.

Cibulka, J. 1963a — Großmährische Kirchenbauten, in: Sancti Cyrillus et Methodius, Leben und Wirken, Praha, S. 49ff.

Cibulka, J. 1963b — Le chiese delle Grande Moravia, in: Sancti Cyrillus et Methodius — Vita e opera, Praha, S. 46ff.

Chropovský, B. 1958 — K niektorým problémom archeologického bádania na Slovensku, in: Pamiatky a múzeá 7, S. 98ff.

Chropovský, B. 1959 — Slovanské hrnčiarske pece v Nitre, in: Archeologické rozhledy 11, S. 818ff.

Chropovský, B. 1961a — K otázkam historického postavenia Nitry v VIII. a IX. storočí, in: Študijné zvesti AÚSAV 6, S. 139ff.

Chropovský, B. 1961b — Príspevok k problematike slovanského osídlenia území Slovenska, in: Študijné zvesti AÚSAV 6, S. 135ff.

Chropovský, B. 1966 — Epoque slave en Slovaquie et période de la Grande Moravie, in: Investigations archéologiques en Tchécoslovaquie, Praha, S. 289ff.

Dekan, J. 1951 — Začiatky slovenských dejín a ríša velkomoravská, in: Slovenské dejiny 2, Bratislava.

Dekan, J. 1961 — Devín a Velká Morava, in: Príroda a spoločnost 11, S. 25ff.

Dostál, B. 1961 — Výzkum velkomoravského hradiska Pohanska u Břeclavi, in: Slovácko 3, S. 17ff.

Dostál, B. 1964 — Slovanská minulost Pohanska, Břeclav.

Eisner, J. 1952 — Devínska Nová Ves, Bratislava.

Grimm, P. 1958 — Die vor- und frühgeschichtlichen Burgwälle der Bezirke Halle und Magdeburg, Berlin.

Hatz, V. 1965 — (B)RESLAVVA CIV(ITAS), Zum Beginn der ungarischen Münzprägung, in: Dona numismatica, Hamburg, S. 79ff.

Hellich, J. 1896/97 — Archeologický výzkum ve středních Čechách — Novější výzkumy v okolí Libice u Poděbrad, in: Památky archeologické 17, S. 671ff.

Hensel, W. 1962 — Początki państwa polskiego I—II, Poznań.

Hensel, W. 1963 — Archeologia o początkach miast słowiańskich, Wrocław/Warszawa/Kraków.

Hensel, W. 1967 — Polska przed tysiącem lat, 3. Aufl., Wrocław/Warszawa/Kraków.

Herrmann, J. 1960 — Die vor- und frühgeschichtlichen Burgwälle Groß-Berlins und des Bezirkes Potsdam, Berlin.

Hrubý, V. 1955 — Staré Město — Velkomoravské pohřebiště „Na valách", Praha.

Hrubý, V. 1961 — Velkomoravská města a velmožské dvorce, in: Referáty o pracovních výsledcích československých archeologů za rok 1960, Liblice, S. 96ff.

Hrubý, V. 1964 — Staré Město — Velehrad, ústředí z doby Velkomoravské říše, Praha.

Hrubý, V. 1965a — Staré Město — Velkomoravský Velehrad, Praha.

Hrubý, V. 1965b — Keramika antických tvarů v době velkomoravské, in: Časopis Moravského musea — Acta Musei Moraviae 50, S. 37ff.

Ivanova, V. 1948 — Razkopki na Avradaka v Přeslav (Ausgrabungen auf Avradaka in Přeslav), in: Razkopki i proučvania 3, S. 13ff.

Janšák, Š. 1947 — Predhistorické sídlisko na plošine bratislavského hradu, in: Historica Slovaca 5, S. 54ff.

Janšák, Š. 1961 — Česká cesta-najstarší spoj Slovenska s českými krajmi, in: Vlastivedný časopis 10, S. 83ff.

Kalousek, F. 1960a — Die großmährische Burgwallstadt Břeclav-Pohansko, in: Sborník prací filos. fakulty brněnské university, Reihe E 9, S. 5ff.

Kalousek, F. 1960b — Velkomoravské hradiště Pohansko u Břeclavě, in: Archeologické rozhledy 12, S. 496ff.

Kalousek, J. 1960c — Pohansko u Břeclavě — velkomoravské hradištní město, in: Referáty o pracovních výsledcích československých archeologů za rok 1959, Liblice, S. 76ff.

Kalousek, F. 1961 — Velkomoravské hradištní město Břeclav-Pohansko, Břeclav.

Karger, M. K. 1958/61 — Drevnij Kiev (Das alte Kiew), 2 Bände, Moskva/Leningrad.

Karger, M. K. 1961 — Novgorod Velikij (Groß-Nowgorod), Moskva/Leningrad.

Kollautz, A. 1951 — Die Awaren. Die Schichtung in einer Nomadengesellschaft, in: Saeculum 5, S. 129ff.

Kostrzewski, J. 1961 — Kultura prapolska, 3. Aufl., Warszawa.

Kraskovská, L. 1946 — Devín — Vývoj a dejiny hradu, Bratislava.

Kraskovská, L. 1948 — Staroslovanské pamiatky z Bratislavy, in: Slovanská Bratislava 1, S. 14ff.

Kraskovská, L. 1959a — Výskum hradiska „Na pieskach" pri Devínskej Novej Vsi, in: Študijné zvesti AÚSAV 3, S. 191ff.

Kraskovská, L. 1959b — Výskum hradiska pri Svätom Jure, in: Študijné zvesti AÚSAV 3, S. 193ff.

Kraskovská, L. 1961 — Slovanské hradisko v Jure při Bratislave, in: Sborník Čsl. spol. archeol. při ČSAV 1, S. 44ff.

Kraskovská, L. 1966 — Slovanské hradisko v Devínskej Novej Vsi „Nad lomom", in: Slovenská archeológia 14, S. 147ff.

Krzemieńska, B., und Třeštík, D. 1964 — Služebná organizace v raně středověkých Čechách, in: Čsl. časopis historický 12, S. 637ff.

Krzemieńska, B., und Třeštík, D. 1965 — Přemyslovská hradiště a služebná organisace přemyslovského státu, in: Archeologické rozhledy 17, S. 624ff.

Michailov, S. 1957 — Pliska, Archeologičeski otkritija v Bulgarija (Pliska, archäologische Entdeckungen in Bulgarien), Sofia, S. 127ff.

Neustupný, J. 1969 — Zu den urgeschichtlichen Vorformen des Städtewesens, in diesem Band S. 26ff.

Píč, J. L. 1890/92 — Archaeologický výzkum ve středních Čechách I, X, in: Památky archeologické 15, S. 355ff. und 689ff.

Pirenne, H. 1927 — Les villes de moyen âge, Paris/Bruxelles.

Polla, B., und Štefanovičová, T. 1959 — Historicko-archeologický výskum Bratislavského hradu v roku 1958, Bratislava.

Polla, B., und Štefanovičová, T. 1960 — Historicko-archeologický výskum na Bratislavskom hrade, in: Archeologické rozhledy 12, S. 381ff.

Pošmourný, J. 1953 — Chrámy cyrilometodějské na Velké Moravě, in: Umění 1, S. 42ff.

Pošmourný, J. 1961 — Stavební umění velkomoravské říše, in: Architektura ČSSR 20, S. 129ff.

Pošmourný, J. 1964 — Církevní architektura velkomoravské říše, in: Umění 12, S. 187ff.

Pošmourný, J. o. J. — Architektura Velké Moravy, Praha, im Druck.

Poulík, J. 1957 — Výsledky výzkumu na velkomoravském hradišti „Valy" u Mikulčic, in: Památky archeologické 48, S. 241ff.

Poulík, J. 1959a — The latest archeological discoveries from the period of the Great Moravian empire, in: Historica 1, S. 27ff.

Poulík, J. 1959b — Die neuesten Entdeckungen aus Hauptburgen des Großmährischen Reiches, in: Jahrbuch für fränkische Landesforschung 19, S. 85ff.

Poulík, J. 1960 — Moravané budují svůj stát, Gottwaldov.

Poulík, J. 1962 — Velkomoravské hradiště Mikulčice, Brno.

Poulík, J. 1963 — Dvě velkomoravské rotundy v Mikulčicích, Praha.

Radig, W. 1955 — Die Siedlungstypen in Deutschland, Berlin.

Rappoport, P. A. 1956 — Očerki po istorii russkogo voennogo zogčestva X.—XIII. vv. (Abriß der Geschichte der russischen militärischen Baukunst des 10.—13. Jahrhunderts), Moskva/Leningrad.

Ratkoš, P., Lichner, J., Polla, B., und Štefanovičová, T. 1960 — Bratislavský hrad, Bratislava.

Rybakov, B. A. 1949 — Drevnosti Černigova (Das Altertum Tschernigovs), Moskva/Leningrad.

Šimek, E. 1920/21 — Děvín, in: Památky archeologické 32, S. 1ff.

Šolle, M. 1957 — Stará Kouřim ve světle archeologického výzkumu 1948—1955, in: Umění věků, Praha, S. 196ff.

Šolle, M. 1959 — Knížecí pohřebiště na Staré Kouřimi, in: Památky archeologické 50, S. 353ff.

Šolle, M. 1963a — Statistický rozbor kouřimské keramiky z 9.—10. století, in: Archeologické rozhledy 15, S. 177ff.

Šolle, M. 1963b — Význam Kouřimě v počátcích českého státu, in: Památky archeologické 54, S. 67ff.

Šolle, M. 1966 — Stará Kouřim a projevy velkomoravské hmotné kultury v Čechách, Praha.

Tichomirov, M. N. 1956 — Drevnerusskie goroda (Altrussische Städte), 2. Aufl., Moskva.

Točík, A. 1964 — Súčasný stav archeologického bádania najstarších dejín slovenského národa, in: Archeologické rozhledy 15, S. 591 ff.

Turek, R. 1942 — Ein Hortfund der älteren Burgwallzeit aus Böhmen, in: Nachrichtenblatt für deutsche Vorzeit 18, S. 263 ff.

Turek, R. 1946a — Slavníkova Libice, Praha.

Turek, R. 1946b — Prachovské skály na úsvitě dějin — Výzkum hradiště a pohřebišť z VI.—X. věku, Praha.

Turek, R. 1950 — K počátkům Prahy, in: Památky archeologické 43, S. 59 ff.

Turek, R. 1960 — Příběhy českých dějin IX. věku ve světle nálezů, in: Acta Universitatis Carolinae — Philosophica et Historica 3, S. 285 ff.

Turek, R. 1963 — Der Burgwall Libice und seine Bedeutung im Rahmen der polnisch-böhmischen Beziehungen des 10.—11. Jahrhunderts, in: Slavia antiqua 10, S. 207 ff.

Turek, R. 1966 — Die Anfänge der Prager Siedlungskonzentration, in: Probleme des frühen Mittelalters in archäologischer und historischer Sicht, Berlin, S. 130 ff.

Valla, Th. 1913 — Pohřebiště Libické z X.—XI. století, in: Památky archeologické 25, S. 83 ff.

Voronin, N. N. 1948 — Žilišče (Die Behausungen), in: Istorija kultury drevnej Rusi (Geschichte der Kultur der alten Rus) 1, Moskva/Leningrad, S. 204 ff.

Voronin, N. N. 1954 — Drevnee Grodno (Das alte Grodno), Moskva.

Zápotocký, M. 1965 — Slovanské osídlení na Litoměřicku, in: Památky archeologické 56, S. 205 ff.

Die slawischen Burgwälle im Nordwesten Böhmens und ihr gegenwärtiger Forschungsstand

Von Zdeněk Váňa, Prag

Mit 3 Textabbildungen und Tafel 5

Nordwestböhmen, das geographisch ein vom Erzgebirge und vom Flußgebiet der mittleren und unteren Eger und Elbe abgegrenztes Dreieck bildet, nahm in der frühmittelalterlichen Kultur Böhmens, wie sie uns die archäologische Forschung zu erkennen gibt, eine eigene, selbständige Stellung ein (vgl. Zd. Váňa 1952a). Sie äußert sich vor allem in den keramischen Funden, die enge Beziehungen zu den nördlich des Erzgebirges gelegenen Gebieten verraten (verhältnismäßig häufiges Auftreten von doppelkonischen Formen, Gefäßen mit zylindrischem Hals, flachen Deckeln und typischen Linearmustern), zum Teil auch zu den Landesteilen im Westen von Böhmen (Zd. Váňa 1958) und die überdies einige charakteristische lokale Formen aufweisen, wie z. B. den Zabrušaner, Libočaner oder Leitmeritzer Typus (Zd. Váňa 1961; M. Zápotocký 1965, S. 252ff.), deren Verbreitung den erwähnten geographischen Rahmen nicht wesentlich überschreitet. Es handelt sich hier durchweg um eine ausgereifte Keramik aus dem 9.—10. Jh., die, mit anderen ausgebildeten, nach ihrem Stil als „jungburgwallzeitlich" bezeichneten Formen zusammen, eine relativ rasche Entfaltung dieses Landesgebietes bekundet (Zd. Váňa 1955). Dieses steht im Gegensatz z. B. zum Ost- oder Südteil Böhmens, während es andererseits den Verhältnissen in Mittelböhmen ähnelt, wo die typologisch entwickelte, profilierte Keramik ebenfalls bereits von der 2. Hälfte des 9. Jh. an stratigraphisch belegt ist, wie z. B. auf der Prager Burg oder auf Levý Hradec (I. Borkovský 1962, 1965; J. Eisner 1959).

Die geschilderten Verhältnisse spiegeln offensichtlich die historische Entwicklung wider, in der gerade Mittel- und Nordwestböhmen im Kampfe um die Vereinigung der Slawenstämme in Böhmen am frühesten aktiv auftrat. Hier formten sich schon sehr bald zwei miteinander wetteifernde expansive Zentren (das der Tschechen und das der Lučaner), deren Gegnerschaft den Zusammenschluß des ganzen Landes in die Wege leitete. Er verwirklichte sich noch, bevor geschichtliche Begebenheiten erstmals schriftlich festgehalten wurden, und deshalb sind uns Einzelheiten über diesen historischen Vorgang nur aus mündlichen Traditionen bekannt, die der Chronist Kosmas zu Beginn des 12. Jh. literarisch verarbeitet hat. Seine Darlegungen, obwohl mit zahlreichen unhistorischen, rein literarischen Elementen und Motiven durchsetzt, haben zweifellos einen historischen Hintergrund, zu dessen Rekonstruktion auch die Archäologie mit der Erforschung bestimmter Objekte, die Mittelpunkte der historischen Entwicklung waren und nach den Quellen verhältnismäßig gut zu lokalisieren sind, nämlich der Burgwälle, beitragen kann. Sie vermag dann auch deren Umwandlung — nach der Begründung des feudalen Přemyslidenstaates — entweder in Verwaltungszentren oder in Befestigungen zum Schutze der Landesgrenzen eingehend zu verfolgen.

Die Geländeforschung machte uns freilich mit weit mehr Burgwällen bekannt, als in den sagenhaften oder historischen Schriftquellen angeführt sind. Doch nur ein geringer Teil dieser Entdeckungen ist bisher befriedigend erforscht, und nicht alle lassen sich nach den Lese- oder zufälligen Einzelfunden verläßlich einordnen und auswerten.

Auf dem einstigen Gebiet der Lučaner, dessen Achse das Flußgebiet der mittleren Eger zwischen dem Böhmischen Mittelgebirge und dem Hochland Džbán bildete, kommt in erster

Reihe die Burgwallgruppe in Betracht, die direkt an den Ufern der Eger errichtet worden war.

Das Hauptbefestigungswerk der Lučaner war Žatec (Saaz); nach der Vereinigung der Landesteile wurde es zum Verwaltungszentrum der „provincia Satc" (Kosmas II, 14) und zum Sitz unabhängiger Fürsten oder der von dem Přemysliden eingesetzten Kastellane.

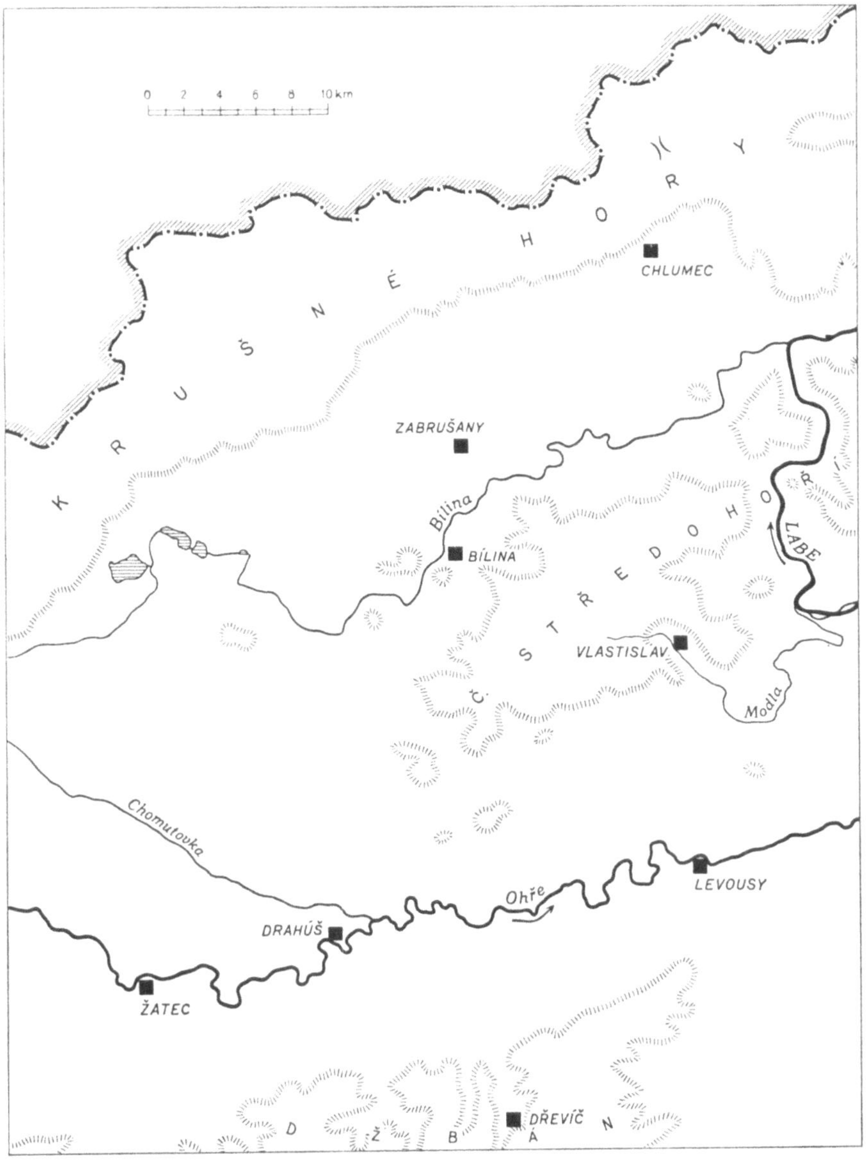

Abb. 1. Die slawischen Burgwälle in Nordwestböhmen

Die erste schriftliche Erwähnung dieser Burg findet sich bei Thietmar von Merseburg (Chronicon VI, 11) zum Jahre 1004, im Laufe des 11.—12. Jh. ist dann in den Chroniken und Schriften oftmals von der Burg die Rede. In der ersten Hälfte des 13. Jh. entstand auf dem Burgwallareal die noch heute bestehende Stadt; sie macht eine systematische Erforschung der älteren Objekte leider unmöglich, doch läßt sich an Hand der Gesamtdisposition der Örtlichkeit der landzungenartige Grundriß des Burgwalls sowie der Verlauf der beiden Querwälle, die seine Fläche in eine Innen- und Vorburg teilten, rekonstruieren (H. Preidel 1948, S. 513). Aus der Zeit des Bestehens des Burgwalls stammen mittel- und jungburgwallzeitliche Keramikfunde, die in der Burgwallschicht geborgen werden konnten, sowie Gräberfunde und ein Hacksilberfund.

Etwa 12 km ostwärts von Žatec liegt am linken Egerufer Drahúš, ein Burgwall von ovalem Grundriß mit einer fächerförmig sich erweiternden Vorburg, der auf einer sehr niedrigen Terrasse im Inundationsgebiet des Flusses errichtet worden war. Sein Rundwall, zu dem ein Querwall gehört, grenzt eine 400 m lange, im Innenareal 100 m und in der Vorburg 250 m breite Fläche ab. Bei gelegentlichen Geländearbeiten und Oberflächenforschungen stieß man auf Scherben mittel- und jungburgwallzeitlichen Charakters. Die einzige sich auf diesen Burgwall beziehende Erwähnung findet sich in der Erzählung über den Konflikt der Tschechen und Lučaner (Kosmas I, 13). Es heißt hier: Nach ihrem Sieg über die Lučaner errichteten die Tschechen für den minderjährigen Nachfolger des im Kampfe gefallenen Lučanerfürsten Vlastislav eine Burg, für die sie jedoch absichtlich eine nur sehr mäßige Anhöhe wählten und die sie auch nur schwach befestigten, um sie — im Falle eines Aufruhrs — leicht erobern zu können. Es ist beachtenswert, daß die Situation des Burgwalls dieser Angabe völlig entspricht; durch seine ungünstige Lage unterscheidet er sich ganz auffallend von den übrigen Burgwällen in dieser Gegend, obgleich sich in seiner unmittelbaren Nähe weit geeignetere Plätze für seine Errichtung boten. Hier entstand auch im 12. Jh. das Kloster Porta Apostolorum mit dem Städtchen Postoloprty.

Weitere 25 km stromabwärts der Eger breitet sich auf einer 11 ha umfassenden Fläche der mächtige Burgwall Levousy aus; er wurde auf einer Landzunge am rechten Flußufer errichtet und ist mit 3 Querwällen versehen, die seine Grundfläche in ein kleineres inneres und ein mittleres Areal und in die ausgedehnte äußere Vorburg teilen (M. Zápotocký 1965, S. 21, Abb. 6—7). Die Quellen nehmen von ihm nicht die geringste Notiz, doch muß dieser Burgwall in Anbetracht seines gewaltigen Ausmaßes und seiner Lage an der Grenzscheide der Stammesgebiete der Lučaner und Liutomericer sicherlich eine wichtige Rolle gespielt haben. Geländearbeiten legten eine aus Holz und Erde bestehende Wallkonstruktion und eine Steinstirnmauer bloß, und eine Durchforschung der Erdoberfläche brachte mittel- und jungburgwallzeitliche Scherben zutage, die über die ganze Fläche verstreut waren.

Zwei weitere Burgwälle sind am Rand einer natürlichen Landschaft entstanden, die das Flußgebiet der Eger bildet und die zugleich eine Domäne der Lučaner war. Der eine der beiden Burgwälle, Dřevíč, erhob sich auf einer steilen Landzunge im Hochland Džbán an der Grenze der Stammesgebiete der Tschechen und Lučaner. Sein Rundwall umfaßte eine einheitliche Fläche von 11 ha. Eine kleinere, bisher unveröffentlichte Grabung stellte vor allem eine jungburgwallzeitliche Besiedlung mit einem Gräberfeld fest, doch fanden sich auch Scherben von mittelburgwallzeitlichem Charakter. In den Schriftquellen ist der Burgwall im Jahre 1002 unter dem Namen „castrum munitissimum“ angeführt (Kosmas I, 36); im 11.—12. Jh. war er das Verwaltungszentrum einer der „Provinzen“ der Staatsorganisation der Přemysliden.

Der zweite, am Nordrand dieses Gebietes in einem kleinen Tal des Böhmischen Mittelgebirges an der Grenzscheide dreier Stammesgebiete, der Lučaner, Lemuser (Bíliner) und Liutomericer, errichtete Burgwall ist Vlastislav. Er nimmt eine Fläche von 3,21 ha auf der durch drei Querwälle geschützten Landzunge ein, aber auch die Seitenränder des Burgwalls am Steilhang der Landzunge waren befestigt. Vlastislav ist der einzige Burgwall in dem von uns beschriebenen Gebiet, der (in den Jahren 1953—55 und 1957—60)[1]) systematisch durchforscht wurde, und deshalb wollen wir ihm hier besondere Aufmerksamkeit schenken.

[1]) Vorberichte des Verfassers wurden in Archeologické rozhledy 6, 1954, S. 491—495; 8, 1956, S. 53—58; 9, 1957, S. 352—356, publiziert. Die endgültige Veröffentlichung inzwischen in Památky archeologické 59, 1968, S. 5—192.

Die Forschung klärte uns vor allem über die Befestigungstechnik auf. Sie erbrachte die Profile aller drei Querwälle, stellte die Art der seitlichen Befestigungswerke über den Abhängen fest und deckte auch die Konstruktion des Tores auf. Alle Wallmauern boten dasselbe Bild: Hinter dem Graben und der kurzen schrägen Berme war eine Plänerwand aus trocken aneinandergereihten Steinen (Breite: 0,75 m) errichtet und in ihr eine Rostkonstruktion aus Holz und Lehm mit einer von vertikalen Pfosten gestützten Rückwand aus Holz fest verankert. Am besten war diese Konstruktion am äußeren, noch 2 m hohen Wall erhalten geblieben; hier konnte noch ihre Gesamtbreite (durchschnittlich 4,7—5 m) mit der erhaltenen Höhe der Stirnmauer von nahezu 1 m sichergestellt werden. Der mittlere Wall war fast völlig abgetragen, sein Charakter ließ sich nur nach der Destruktion im Graben bestimmen. Vom inneren Wall waren nur die Fundamente der Stirnmauer und ein Teil der Holzkonstruktion erhalten geblieben. Die Gräben waren 8—9 m breit und 2—2,5 m tief und hatten eine flache Sohle mit Pfostenlöchern, die auf Holzpalisaden schließen lassen, die den Zutritt zum Wall erschweren sollten. Der Torso eines ähnlichen unvollendeten Grabens ist auch im Ostteil des äußeren Areals aufgedeckt worden; er sollte offenbar die vom Gelände weniger geschützte Seite des Burgwalls sichern. Von der am Ostrand des mittleren und am Westrand des inneren Areals untersuchten Seitenbefestigung konnte nur der Lehmblock der Wallmauer mit Spuren der Rostkonstruktion sowie der hölzernen Rückwand mit den Stützpfosten aufgedeckt werden; der vordere Teil der Burgmauer war den Hang herabgeglitten, doch ist anzunehmen, daß auch er mit der gleichen Plänerwand versehen gewesen war wie die Querwälle. Interessant war die Konstruktion des Tores, das vom Tal des Flüßchens Modla, in dem sich die Wasserquelle befand, direkt ins innere Burgareal führte. Seine Lage konnte mittels einer pedochemischen Forschung durch Sonden, die in seiner Verschüttung besonders reich an Phosphat waren, identifiziert werden. Es gehörte im wesentlichen dem frontalen Typus an, die linke Mauerschulter war etwas vorgeschoben, im Durchgang, der 2,7—2,8 m breit war, standen 4 starke Pfosten (zwischen den Pfosten betrug die Breite des Durchganges nur 1,3—1,4 m), was auf eine Turmkonstruktion hindeutet, und weitere 2 kleinere, vorgeschobene Pfosten, die zum kurzen Vorhof gehörten. Der Durchgang war nach innen zu durch einen Palisadengang verlängert, der 10 m lang und 2 m breit war. Das Vorhandensein eines Türflügels bestätigt der einzigartige Fund eines eisernen Bolzens, der sich in der Torverschüttung vorfand. Einen ähnlichen Tortypus deckte P. Grimm auf dem Burgwall in Kretzschau-Groitzschen auf, der auch auf dessen Vorkommen in den sog. Heinrichsburgen hinwies (P. Grimm 1958, S. 107, 321, Abb. 25). Tore mit nach innen gezogenen Flügeln waren uns schon aus anderen frühmittelalterlichen Burgwällen sowohl in der Slowakei wie auch im Westen bekannt, so z. B. in Arkona, Zantoch, Stare Bródno, Libušín, Stöttinghausen und Werla. Auch der Typus von Holz-Erdwällen mit einer steinernen Stirnmauer findet sich auf den böhmischen Burgwällen des 9.—10. Jh. häufig (Bezemín, Jenišov-Tašovice, Zabrušany, Bílina, Levousy, Prager Burg, Levý Hradec, Budeč, Libušín, Tetín, Nalžovice, Stará Kouřim, Prachovské skály). W. Hensel (1959, S. 81; 1965, S. 246) bezeichnete ihn nicht ganz genau als serbisch-mährischen Typus, da er annahm, daß er in Böhmen etwas später auftritt. Dies gilt jedoch nur für Ostböhmen, insbesondere für Alt-Kouřim, wo dieser Wall erst um die Wende des 9.—10. Jh. den älteren, der aus Holz bestand, ablöst (M. Šolle 1966a, S. 99ff., 175ff.). In Mittel- und Nordwestböhmen ist er jedoch weit früher belegt, offenbar schon zu Beginn des 9. Jh., wie die Beispiele in Bezemín (J. Kudrnáč 1951), Levý Hradec (I. Borkovský 1965) und Prag-Šárka (unveröffentlichte Forschung aus d. J. 1967) beweisen.

Die Siedlungsobjekte waren vor allem auf dem äußeren Areal in nächster Nähe des äußeren Walles konzentriert; dem Inneren des Burgwalls zu wurde die Besiedlung spärlicher und beschränkte sich im wesentlichen auf Wirtschaftsobjekte. Die Bauten waren längs des Außenwalles in zwei Reihen angeordnet: die erste, dem Walle näher gelegene, bestand aus 2 eingetieften Bauten und 4—5 oberirdischen Pfostenhäusern, in der zweiten Reihe konnten nur

1—2 eingetiefte Bauten festgestellt werden (ein vollständiger Bau, der zweite nur nach unsicheren Spuren). Wie nicht nur die archäologischen Suchschnitte, sondern auch die pedochemischen Untersuchungen gezeigt haben, war das mittlere Areal des Burgwalls unbewohnt gewesen, und auch die ziemlich steil abfallende, niedrigere Fläche des inneren Areals zeigte nur sporadische Spuren einstiger Wohnstätten. Die eingetieften Häuser hatten einen mehr oder weniger rechteckigen oder abgerundeten Grundriß (430 × 320, 360 × 385, 405 × 355 cm) und lagen verhältnismäßig flach (20—40 cm). Sie wiesen durchweg 4 Pfosten en den Ecken und einen Pfosten in der Mitte auf, die eingetiefte Feuerstelle war in einer dir Ecken angebracht. Die Grubenhäuser bildeten jedoch keine selbständigen Wohneinheiten, sondern waren durchweg Teile eines größeren Wohnobjekts, zu dem auch längliche oder wannenförmige Gruben sowie kreisförmige Korngruben (bis 2 m tiefe Gruben bauchigen Profils, die jedoch offenbar auch zur Aufbewahrung anderer Nahrungsmittel dienten) gehörten, ferner oberirdische Pfostenbauten rechteckigen Grundrisses, die keinerlei Feuerstätten hatten und daher als Wirtschaftsobjekte angesehen werden können. Nur in einem einzigen Falle war ein Pfostenhaus mit einer Feuerstelle versehen und diente als Wohnstätte. Ringsherum lagen Gruben desselben Typs wie bei den eingetieften Bauten. Ähnliche Wohntypen, in denen wir landwirtschaftliche Ansiedlungen sehen können, wurden in Böhmen auch in der frühslawischen Siedlung in Březno bei Louny (I. Pleinerová 1964; 1965) und im altertümlichen slawischen Burgwall in Klučov aus dem 8. und der 1. Hälfte des 9. Jh. festgestellt (J. Kudrnáč 1966) sowie in Mähren in der Siedlung des Prager Typs in Přítluky (J. Poulík 1956, S. 242) und in den Lokalitäten aus der Großmährischen Zeit in Staré Město (V. Hrubý 1965, S. 110ff.), in Staré Zámky bei Líšeň (Č. Staňa 1960) und in Pohansko bei Nejdek (B. Novotný 1963). Beachtenswert ist die Feststellung, daß dieser altertümliche Typ von Wohnstätten auf den böhmischen Burgwällen von zentraler Bedeutung, wie z. B. auf der Prager Burg, in Levý Hradec oder Kouřim schon vom 9. Jh. an von oberirdischen Blockhäusern oder geflochtenen Hütten abgelöst worden war, während er in den offenen Siedlungen weiterlebte.

Im Fundinventar des Burgwalls machen sich Beziehungen zur großmährischen Kultur bemerkbar, insbesondere im Widerhall einiger typischer Formen der großmährischen Keramik wie z. B. im sog. March- oder Blučiner Typ, die beide auch in weitere Gebietsteile Böhmens gelangten (R. Turek 1963). Die kulturellen Beziehungen Böhmens zu Mähren hängen mit den politischen zusammen, zu denen es in einem kurzen Zeitabschnitt während der 2. Hälfte des 9. Jh. gekommen war. Mit Ausnahme von Ostböhmen, insbesondere von Stará Kouřim, wo die großmährischen Traditionen noch in der 1. Hälfte des 10. Jh. lebendig waren (M. Šolle 1966a, S. 147ff., 228ff.), ging vom mährischen Einfluß im großen ganzen kein wirksamer Antrieb zu einer Weiterentwicklung aus; er blieb im Kulturinventar des 10. Jh. praktisch ohne Resonanz. Damit ist für die Datierung des Burgwalls im wesentlichen der Zeitrahmen von der 2. Hälfte des 9. bis zum Beginn des 10. Jh. gegeben, und diese Zeitstellung bestätigen auch die Funde der archaischen, handgefertigten Keramik, eines herzförmigen Beschlages, einer eisernen Riemenzunge und anderer Erzeugnisse. Das Vordringen des großmährischen Horizonts bis nach Nordwestböhmen in der 2. Hälfte des 9. Jh. ist auch durch die Schmuckstücke aus dem Fürstengrab in Želénky bei Duchcov belegt. Gleichzeitig konnten einige Anregungen für die Töpfererzeugung hierher gelangt sein, Impulse, die zwar für die Entwicklung in diesem Gebiete eine bloße Episode blieben, aber in chronologischer Sicht gerade deshalb bedeutsam sind. Damit stimmt auch der altertümliche Typus der Siedlungsobjekte überein (die eingetieften Bauten mit Getreidegruben), der, im Vergleich zu anderen zeitgleichen Burgwällen in Böhmen, im 9. Jh. bereits im Aussterben gewesen sein muß. Der Umstand, daß wir es nur mit einem einzigen Fundhorizont zu tun haben und daß alle Wälle nur einer einzigen Bauphase angehören, bezeugt den verhältnismäßig kurzen Bestand des Burgwalls und seinen frühen Untergang, den ein Brand verursacht hat.

Die Bewohner des Burgwalles widmeten sich in erster Reihe der Landwirtschaft. Dafür sprechen einerseits die Getreidegruben (die allerdings nur in einem einzelnen Falle tatsächlich

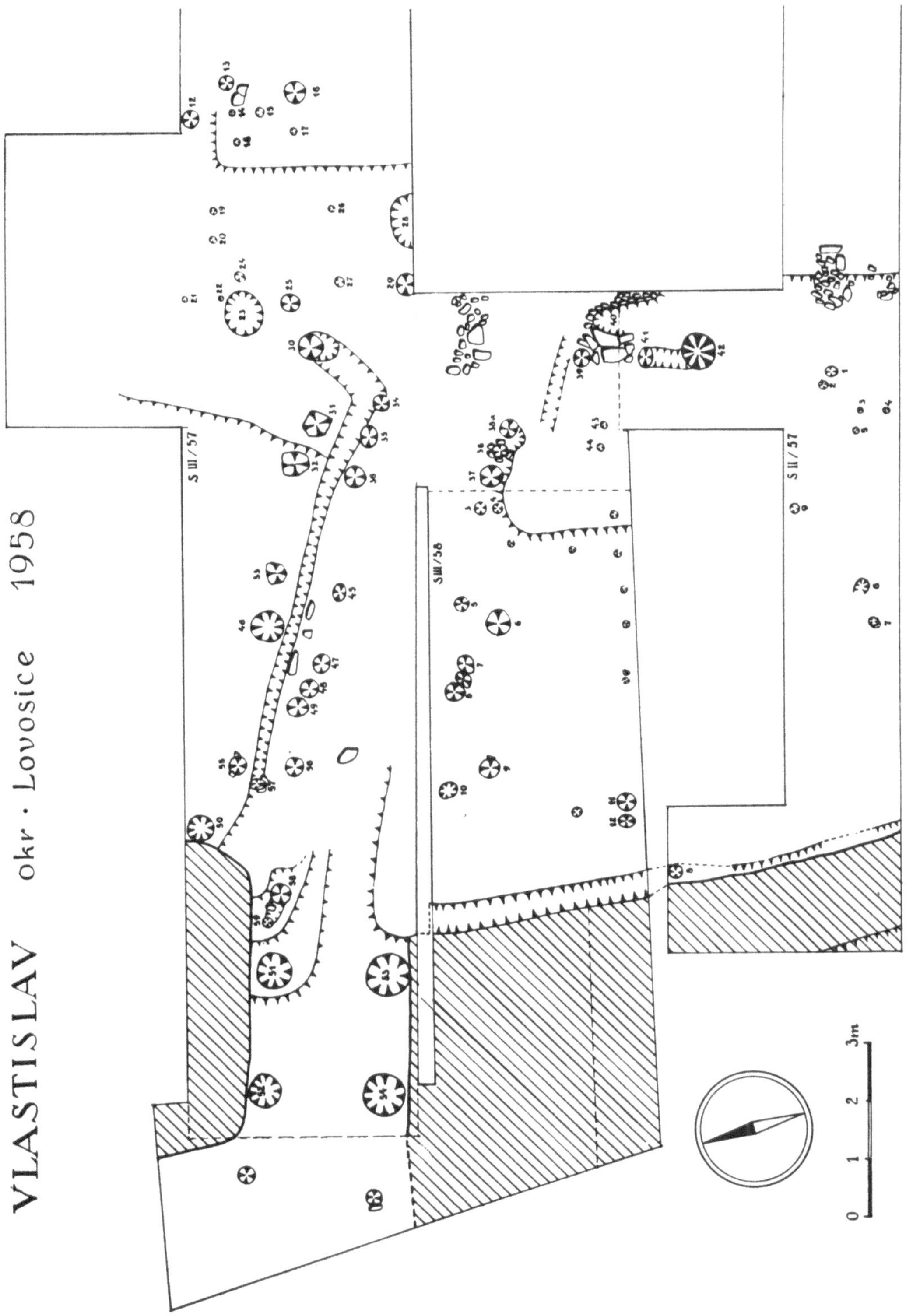

Abb. 2. Vlastislav, Grundriß der Toranlage (Ausgrabung 1957—58)

Getreide enthielten) und andererseits bestimmte Funde wie z. B. eine Sichel, Bruchstücke eines Mühlsteins und Reiber. Unter den angebauten Getreidearten stand an erster Stelle der Hafer (Avena sativa L., 63,8%), dann der Weizen (Triticum aestivum L., 36%) und zum Teil Gerste (Hordeum spec., 0,06%); auch Reste von Unkraut wurden aufgefunden (Bromus secalinus L., Prunus spinosa L., insgesamt 0,14%). Eine wichtige Rolle spielte auch die Viehzucht. Sie betraf vor allem Hausschweine (Sus scrofa dom., 54,6%), Rinder (Bos taurus, 31,8%) und Ziegen oder Schafe (Capra, Ovis, 11,4%), daneben Pferde und Haushühner (Equus caballus, Gallus dom., je 1 St.); auch Hunde, Katzen und Füchse wurden festgestellt (Canis fam., Felis catus, Vulpes vulpes). Unter der Handwerkserzeugung verdient vor allem die Schmiedearbeit hervorgehoben zu werden, deren regen Betrieb nicht nur zahlreiche eiserne Erzeugnisse und Reste von Schmiedeschlacke bezeugen, sondern auch der Fund eines kleinen Ambosses mit Zangen (R. Pleiner 1958, S. 200).

Die Funktion des Burgwalls ergibt sich aus seiner Lage, seiner Beziehung zur Umgebung, der Gliederung der Burgwallfläche, der Form seiner Besiedlung und aus dem Gesamtcharakter der Funde. Die geographische Situation des Burgwalls und seiner Siedlung — er beherrschte nur ein Gebiet von sehr beschränktem Ausmaß (3×1 km) in vorgeschobener, die Bergpässe hütender Stellung — schließt die Möglichkeit aus, daß es sich hier um ein bedeutungsvolleres politisches und wirtschaftliches Zentrum einer größeren Siedlungsagglomeration gehandelt haben könnte. Wie der einheitliche Charakter der drei Wälle und die allen drei gemeinsame, alleinige Phase bewiesen, entstand die Gliederung des Burgwallareals in drei Flächen nicht erst im Laufe einer längeren Entwicklung, sondern erfolgte vielmehr gleichzeitig, wobei dem inneren Areal wohl kaum die Aufgabe zugefallen sein wird, der Sitz einer sozial differenzierten Gesellschaftsschicht zu sein, wie dies bei bedeutenderen Burgwällen allgemein der Fall war, denn es lag weit niedriger als die übrigen Teile des Burgwalls, war stark abwärts geneigt und nur sporadisch besiedelt. Aber auch das mittlere Areal kann nicht den eigentlichen Mittelpunkt des Burgwalls gebildet haben, denn hier fehlten jegliche Objekte. Die Ansammlung der Wohnstätten längs des äußeren Walles deutet auf eine rein militärische Bestimmung des Burgwalls hin, denn in diesem Falle forderten taktische Gesichtspunkte eine Konzentration der Sitze auf der bedrohtesten Stelle des Burgwalls (vgl. z. B. Kliestow: K. H. Marschalleck 1954, S. 38ff.). Für diese zweitrangige Bestimmung des Burgwalls zeugen auch der archaische Charakter und die Einfachheit der Wohnstätten, die keinerlei soziale Differenzierung zeigen, und schließlich die verhältnismäßig ungewöhnliche Armut an Funden, die umso auffallender ist, als das plötzliche Verlassen des Burgwalls, wie man annehmen könnte, eher zu einer Vermehrung der Funde hätte beitragen können. Das Aufkommen von Burgwällen rein militärischen Charakters zum Schutze der Landesgrenzen wird erst mit der späteren Staatsorganisation in Zusammenhang gebracht (J. Herrmann 1960, S. 68; M. Šolle 1966a, S. 147ff.); wie es scheint, hatten jedoch diese Objekte ihre Vorläufer bereits zu der Zeit, da die einzelnen Stämme einander bekämpften und es noch keine organisierte Vereinigung gegeben hat. Die Datierung des Burgwalls Vlastislav, seine exponierte Lage an der Grenze dreier Stammesgebiete und die eben beschriebene Fundsituation scheinen die Richtigkeit dieser Annahme zu bestätigen.

Nach der Chronik des Kosmas entstand der Burgwall Vlastislav zur Zeit der Kämpfe zwischen den Tschechen und Lučanern als Trutzburg des Lučanerfürsten Vlastislav und zwar gegen die Verbündeten der Tschechen, d. h. der Bíliner (= Lemusen) und Liutomericer, gerichtet. Die Schilderung dieser Begebenheiten hat sich zwar nur durch mündliche Überlieferung in Form einer Sage erhalten, doch wird diese von den Historikern, auch wenn alle in ihr enthaltenen Einzelheiten nicht durchweg als historisch erwiesen gelten können, übereinstimmend als Reminiszenz an eine Entwicklung angesehen, die sich in der Zeitperiode vollzog, die der unter der Přemyslidenherrschaft verwirklichten Vereinigung des ganzen Landes unmittelbar voranging. Im Falle der Burg Vlastislav stimmt die archäologische Situation mit den Angaben des Kosmas vollkommen überein und trägt damit zur Klärung des historischen Hintergrundes dieser ansonsten nicht ganz zuverlässigen Geschichtsquelle bei. Auch der Name der Burg, der vom Mittelalter bis zum heutigen Tage unverändert blieb, ist ein deutlicher Beleg: Er gehört zum Typus der zusammengesetzten Eigennamen, die im frühen Mittelalter ein Privilegium der herrschenden Schichten vorstellten und nach denen auch die Burgen benannt wurden (V. Šmilauer 1960, S. 357). Da sich der Name Vlastislav im Stammbaum der Přemysliden nicht vorfindet, kann er nur einem der anderen Stammesfürsten angehört haben, dessen Burg nur in der Zeit vor der Stammesvereinigung bestanden haben konnte.

Das zweite kleinere, geschlossene Landschaftsstück in Nordwestböhmen bildete das Tal zwischen dem Erzgebirge und dem Böhmischen Mittelgebirge, durch das zum Teil der kleine Fluß Bělá fließt. Es gehörte der Stammesgemeinschaft der Lemusen (R. Turek 1957, S. 54), die später nach dem neugegründeten Verwaltungszentrum Bíliner (populus Belinensis) genannt wurden. Ihr Zentrum war der Burgwall Zabrušany; er stand in sumpfigem Gelände auf einer Landzunge und war mit 3 Querwällen befestigt, die eine Fläche von 5,5 ha umfaßten. Der Burgwall, den die Quellen nirgends erwähnen, ist in den Jahren 1950 bis 1951 zum Teil durchforscht worden (Zd. Váňa 1951; 1952b). Schnitte, die im mittleren und inneren Wall angelegt wurden, legten die übliche Konstruktion mit der steinernen Stirnmauer und der Holz- und Erdkonstruktion des eigentlichen Wallkörpers hinter dem Graben mit Pfostenlöchern auf der Sohle frei. Beim Mittelwall konnten auch Spuren einer älteren, nur aus Holz und Erde bestehenden Befestigung festgestellt werden, die beim inneren Wall fehlten. Das bedeutet, daß das Innenareal erst in späterer Zeit abgegrenzt worden war, weshalb denn auch dieser Burgwall in der Reihe der Belege für die gesellschaftliche Entwicklung im 9.—10. Jh. und für deren Reflex in der Gliederung der Burgwallfläche, auf der nachträglich der Sitz der herrschenden Schicht abgesondert wurde, angeführt wird (M. Štěpánek 1965, S. 105ff.; M. Šolle 1966a, S. 145). Diese Ansicht hat sicherlich ihre Berechtigung, doch dürfen wir nicht übersehen, daß die durchgeführten Grabungen nur ein beschränktes Ausmaß hatten und hinsichtlich des Charakters der Burgwallbesiedlung, insbesondere was sein inneres Areal anbelangt, keine befriedigende Klärung erbrachten. Den hier angeführten Folgerungen kommt daher nur eine einstweilige Gültigkeit zu, und sie können für Erwägungen über die soziale Differenzierung der frühfeudalen Gesellschaft in Böhmen keine zuverlässige Grundlage bilden. Der Umbau des mittleren Walles und die Errichtung des inneren Befestigungswerkes ist offenbar am Ende des 9. Jh. vorgenommen worden; für diese Annahme spricht wenigstens der mit dem großmährischen Horizont zusammenhängende Fund eines traubenförmigen Ohrgehänges mit S-förmiger Schlinge in der die Grabensohle bedeckenden Erdschicht, die sich während des Bestehens des Burgwalls gebildet hatte. Auf den Sitz des Stammesführers weist auch das erwähnte Fürstengrab in Želénky hin, das von Schmuckstücken großmährischen Charakters in die 2. Hälfte des 9. Jh. datiert wird und nur 1 km vom Burgwall entfernt aufgedeckt worden ist. Nach der Vereinigung des Landes fiel dem Burgwall offenbar die Rolle eines vorgeschobenen Befestigungswerkes des neuerstandenen Zentrums von Bílina zu, und er dürfte in den Kämpfen Břetislavs I. mit dem Sachsenfürsten Ekkehard in der 1. Hälfte des 11. Jh. zugrunde gegangen sein (Kosmas II, 11). Aus seinem Fundinventar verdienen vor allem die Belege für die sich insbesondere in der Ornamentik offenbarenden Beziehungen zur Keramik der Slawenstämme westlich der Oder und Neiße sowie die lokale, doppelkonische Form des Zabrušaner Typs Beachtung, die allem Anschein nach vor allem auf diesem Burgwall hergestellt wurde und sich vom Ende des 9. Jh. bis in die Mitte des 11. Jh. über ganz Nordwestböhmen verbreitet hat (Zd. Váňa 1961).

Der zweite, zuverlässig slawische Burgwall in diesem Landesteil ist auf dem Hügel Horka bei Chlumec am Ausgang des Nakléřover Passes, eines der wichtigsten Übergänge über das Erzgebirge, errichtet worden. Er ist aus den Schriftquellen des 11.—12. Jh. wohlbekannt, denn diese führen ihn wiederholt als kleines Grenzbefestigungswerk an, das den Weg durch den erwähnten Bergpaß schützte, in dem es zu wiederholten Zusammenstößen zwischen den böhmischen und den sächsischen Heeren gekommen war (am bekanntesten war der Sieg Soběslavs I. über König Lothar im Jahre 1126). Archäologisch ist der Burgwall bisher nicht durchforscht, die Lesefunde entsprechen jedoch ihrem Alter nach den historischen Berichten.

Das bedeutsamste Objekt im Gebiet des Erzgebirges war zweifellos Bílina (Taf. 5), das etwa gegen Ende des 10. Jh. die Aufgabe des Zabrušaner Burgwalls übernahm, diesmal freilich als Verwaltungszentrum des ganzen Kreises im Rahmen der přemyslidischen Verwaltungsorganisation, als Sitz des vom Fürsten eingesetzten Kastellans (vgl. Kosmas II, 11, 19). Diese Funktion hatte Bílina bis zum Beginn des 13. Jh. inne, dann ging die Kreisverwaltung auf Most (Brüx) über.

Der Burgwall war auf einem gneishaltigen Bergsporn angelegt, der zu den westlichen Ausläufern des Böhmischen Mittelgebirges (am Ostrand der heutigen Stadt im Schloßpark) gehört und von zwei Querwällen durchschnitten wird; diese begrenzen 2 Flächen im Gesamtausmaß von 7,25 ha: die kleinere Innenfläche und die geräumigere, fächerförmig erweiterte Vorburg. Der äußere Wall ist fast völlig zerstört, hingegen gehört der 8—10 m hohe, gut erhaltene Mittelwall zu den gewaltigsten Befestigungswerken Böhmens aus jener Zeit. Er war am Südrand des Burgwalls, wie die basteiartige Verstärkung und das rechtwinkelige Knie an einer bestimmten Stelle des Walls erkennen lassen, mit einem Tor versehen. Der innere Wall stützte sich auf einen Felsvorsprung, seine Stirnwand war der niedrigeren Spitze des Bergsporns zugekehrt, und auf der Südseite ging er in einen terrassenförmig gegliederten und offenbar nur durch Palisaden befestigten Abhang über.

Auf der inneren Burgwallfläche sind im Jahre 1952 Grabungen vorgenommen worden, wobei die Fundamente zweier Blockhütten freigelegt wurden (Zd. Váňa 1953). Die Forschungen fanden im Jahre 1961 ihre Fortsetzung; sie konzentrierten sich diesmal auf den mächtigen Mittelwall, dessen Untersuchung im Jahre 1962 abgeschlossen war (Zd. Váňa 1967). Die Burgmauer war mit zwei Gräben versehen: einem äußeren, breiten, der noch heute im Gelände erkennbar ist und von dem die Grabungen nur den Rand erfassen konnten, und einem inneren, kleineren, der 1 m tief und 4 m breit in den felsigen Unterboden eingelassen worden war. Beide Gräben entstanden zu gleicher Zeit, vermutlich bereits in der ersten Phase des Befestigungswerkes, dessen Baufolge sich dank seiner guten Erhaltung im großen und ganzen zufriedenstellend rekonstruieren ließ. Die ursprüngliche Wallmauer bestand wie bei den anderen nordwest- und mittelböhmischen Burgwällen aus dem 9. bis 10. Jh. aus einer steinernen 1,4 m starken Stirnwand, die bis zu einer Höhe von 2,8 m erhalten geblieben war, und aus einer Rostkonstruktion aus Holz, die im rückwärtigen Gürtel eher kammerartig angelegt und von einer vertikalen Holzwand abgeschlossen war. Mit der Burgmauer, deren Gesamtbreite in dieser Phase 8 m betrug, hing auch der 2 m breite und 1,5 m tiefe Innengraben zusammen. Später ist dann der Wall, als seine rückwärtige Holzwand zusammenbrach, durch eine Aufschüttung aus fester Lehmerde gefestigt worden; die aufgeschüttete Erdmasse war überdies mit Rosten durchlegt, die senkrecht zu den Rosten der eigentlichen Befestigungsmauer ausgerichtet waren. Der Innengraben war zwar zugeschüttet, doch ersetzt durch einen anderen, gleich breiten, aber seichteren (0,75 m). Die Breite des Befestigungswalles war durch die Erdaufschüttung auf 14 m angestiegen. In der dritten Phase war der Wall noch erhöht und auch auf seiner rückwärtigen Seite durch eine mit ihrer Vorderseite ins Innere des Burgwalls gekehrten Steinwand verstärkt worden. Diese kleine, aus trocken aneinandergereihten Steinen bestehende Mauer war nur in den Scheitel der Aufschüttung eingelassen; aus der inneren Burgwallfläche führten zu ihr 4 Stufen, deren vorderer, auf die Aufschüttung gestützter Teil eine Rostkonstruktion besaß, der rückwärtige hingegen eine doppelte Kammerkonstruktion mit Stützpfosten. Auch der zweite Innengraben war bei der Errichtung der Stufen aufgelassen worden. Der Wall hatte damit eine Gesamtbreite von 19 m erreicht. In der Wallkonstruktion und in der Füllung der Gräben und Innengräben fand sich Keramik jungburgwallzeitlichen Charakters neben eisernen kleinen Messern,

Angeln, Armbrustpfeilen, Beinpfriemen, Schlittschuhen, einer kleinen Pfeife und dem Knauf eines Schwertgriffes; nach diesen Funden kann der Wall in das 11.—12. Jh. angesetzt werden. Eine nähere Zeitstellung der einzelnen Bauphasen ist nach den Funden nur rahmenmäßig möglich: die erste Phase um die Wende des 10.—11. Jh., die zweite Phase im Verlauf des 11. Jh. und die dritte, jüngste Phase im 12. Jh. Die Konstruktion des mittleren Walles in Bílina beweist, daß die Befestigungswälle der böhmischen Burgwälle wohl ein bereits aus dem 9. Jh. bekanntes Bauelement, d. h. die Stirnwand aus trocken aneinandergereihten Steinen mit einer Rost- oder Kammerkonstruktion aus Holz und Erde beibehalten und weiter verwendet haben, jedoch in mehrgliedrigen Kombinationen, die das Gesamtausmaß der

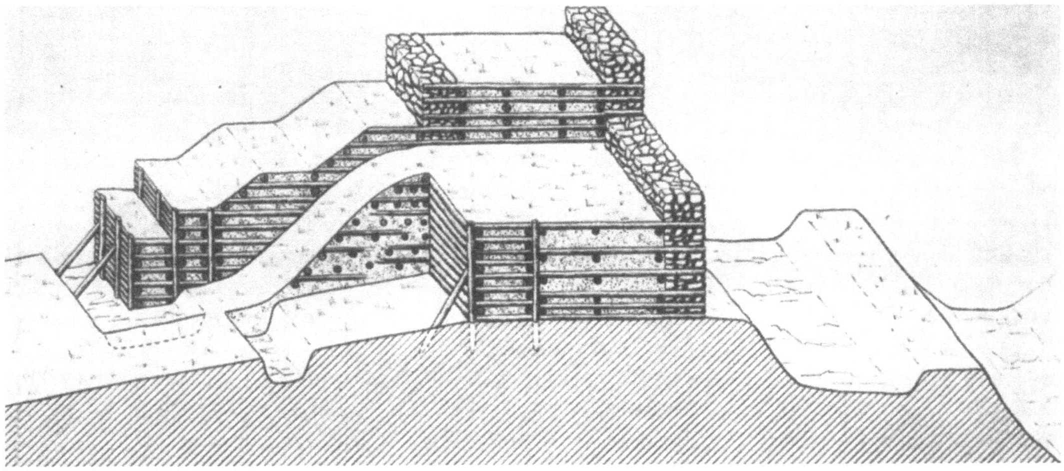

Abb. 3. Bílina, Rekonstruktion der 3 Bauphasen des mittleren Walles

Befestigungsmauern allmählich anwachsen ließen. Als neues Element ist vielleicht nur die rückwärtige Stirnwand und die Stufenkonstruktion des inneren Rundgangs hinzugekommen. Die Möglichkeiten der alten Befestigungstechnik waren damit erschöpft, und so konnte sich nach und nach ein völlig neues Element durchsetzen — die mörtelgebundene Steinmauer, die zwar auf der Prager Burg bereits im 11. Jh. in Erscheinung tritt (I. Borkovský 1960), in weiterem Ausmaß aber erst von der Wende des 12.—13. Jh. an.

Suchschnitte, die auf der Westseite des inneren Areals angelegt wurden, deckten ein Gräberfeld auf, das in den Jahren 1962/64 und 1966 Gegenstand weiterer Forschungen war (die Ergebnisse sind bisher nicht veröffentlicht). Insgesamt sind auf einer 40×40 m großen, zum Teil von einem seichten Graben abgegrenzten Fläche 191 Skelettgräber freigelegt worden, die, in Reihen liegend, hin und wieder kleinere, durch leere Zwischenräume voneinander getrennte Gruppen bildeten. Die Toten lagen meist mit dem Kopf im WNW, seltener im W oder SW, ausnahmsweise auch in N-S-Orientierung. Die Mehrzahl der verhältnismäßig wenig eingetieften Gräber (durchschnittlich 0,5 m tief) war ungleichmäßig mit Steinen belegt; auch die Anzahl der Steine schwankte. In manchen Fällen wiederholte sich jedoch die Steinsetzung an der rechten Hand oder hinter dem Schädel in Form eines Grabmales. Särge wurden nicht festgestellt, dafür aber Spuren einer Deckplatte aus Holz oder einer teilweisen Holzverkleidung. Vereinzelt zeigten sich auch grob bearbeitete steinerne Grabplatten. Die Mehrzahl der Gräber war ohne Beigaben, nur in einigen fanden sich S-förmige Schläfenringe aus Bronze von verschiedener Größe, immer je zwei Stücke; in einem einzigen Falle lagen ihrer sechs neben dem Kopfe eines minderjährigen Mädchens. Ab und zu, aber nur selten, zeigten sich auch andere Gegenstände: ein bronzener Fingering, ein Messerchen, eine Pfeilspitze, ein kleiner Eisensporn. Keines der Gräber enthielt Keramik oder Münzen. Der Grabritus und die aufgefundenen Beigaben datieren das Gräberfeld ins 11.—12. Jh., somit in die Zeit, zu der der Burgwall bestanden hat. Der vermutete sakrale Bau konnte nirgends festgestellt werden, obwohl das ganze Gräberfeld, seine Mitte wie seine Ränder, mittels Suchschnitten gründlich durchforscht wurde. Es ist möglich, daß man von ihm abgesehen hat, weil, wie die Schriftquellen berichten, 1061 auf dem nahen Hof des Burgverwalters Mstiš eine St. Petruskirche errichtet worden war (Kosmas II, 19). — In nächster Nähe des Gräberfeldes zeigten sich auch Siedlungsobjekte, d. h. die Grundrisse von Blockhäusern mit Feuerstätten oder Herden, ovale Gruben und in einem Falle auch eine Ausheizstelle, die mit der Eisenerzeugung zusammenhängt. Einige dieser Objekte waren von jüngeren Gräbern des allmählich sich ausdehnenden Gräberfeldes überdeckt, doch gehören sie ohne Ausnahme alle der Zeit des Burgwalls an.

Der gegenwärtige Stand der Forschungen auf den slawischen Burgwällen in Nordwestböhmen läßt vorläufig keine weitreichenden Schlüsse hinsichtlich der Aufgaben zu, die diese in ihrer Umwelt und in der Geschichte ihres Landes erfüllt haben. Erforscht sind bisher nur drei Burgwälle, über weitere sind wir nur durch Sammelfunde unterrichtet, und schließlich gibt es noch eine Reihe von Burgwällen, deren Zugehörigkeit zur slawischen Zeitperiode vorläufig nicht zuverlässig erwiesen ist (z. B. Rubín, Stradonice, Osek u. a.). Keines der bisher bekannten Objekte kann mit Sicherheit in den ältesten Zeitabschnitt gesetzt werden, in dem die slawischen Burgwälle entstanden, d. h. ins 7.—8. Jh. Auf dem Berge Rubín bei Podbořany, der fast ohne Unterbrechung von der Urzeit bis ins frühe Mittelalter besiedelt war, sind zwar Funde aus der awarisch-slawischen Epoche aufgetaucht, doch steht nicht fest, ob diese Anlage befestigt war (B. Novotný 1946, S. 44; R. Turek 1957, S. 27). Beim Zabrušaner Burgwall können wir aus der älteren Erdholzphase des Walls sowie aus einigen keramischen Funden schließen, daß sein Beginn in die Wende des 8. und 9. Jh. fällt. Allerdings steht der endgültige Nachweis dafür noch aus. Die übrigen Burgwälle sind durchweg jüngeren Ursprungs: Vlastislav aus der 2. Hälfte des 9. Jh., Drahúš und Levousy aus dem 9.—10. Jh., Žatec und Dřevíč aus dem 9.—12. Jh., Bílina und Chlumec aus dem 11.—12. Jh. Die Mehrzahl der Burgen war auf Landzungen angelegt und mit Querwällen befestigt (Zabrušany, Bílina, Vlastislav, Levousy, Žatec, Drahúš; in letzterem Falle handelt es sich um eine sehr niedrige, nur etwa 3 m ihre Umgebung überragende Anlage, die aber sonst einen typischen Sporngrundriß aufweist). Dieser Bergsporntypus ist allerdings zu weit verbreitet, als daß man ihn zur Herausarbeitung von Stammesunterschieden heranziehen könnte (vgl. R. Turek 1957, S. 13ff.). Immerhin ist beachtenswert, daß er in Mittel- und Nordwestböhmen absolut vorherrscht, während er in den übrigen Landesteilen seltener und größtenteils erst später, nach der Vereinigung Böhmens unter der Přemyslidenherrschaft, auftritt. Diese Erscheinung könnten wir uns vielleicht nicht nur mit den Geländebedingungen erklären, die selbstverständlich im gesamten Böhmen nicht gleicher Art sind, sondern auch unter dem Gesichtspunkt der politischen Entwicklung: Für die expansiven, auf Eroberung ausgehenden Stämme war der auf einem Bergsporn stehende Burgwall, dessen Errichtung verhältnismäßig wenig Anstrengung und Zeit erforderte, offenbar ein geeigneteres Mittel zur Verwirklichung ihrer Machtansprüche als die einen großen Aufwand erfordernden Bauten der umfangreichen runden Burgwälle, denen wir vor allem in Ostböhmen begegnen. Sie sind in der Regel von kleinerer oder mittlerer Dimension (gemessen an den böhmischen, von den polnischen oder elbslawischen so völlig verschiedenen Verhältnissen). Das kleinste Ausmaß besaß Vlastislav mit einer Bodenfläche von 3,21 ha, das größte Levousy mit 11 ha. Ausgedehnte Burgwälle, wie wir sie in Ostböhmen antrafen (20—40 ha) oder gegliederte befestigte Agglomerationen, die in Mähren zum Vorschein kamen (100—200 ha), haben sich in Nordwestböhmen nicht entwickelt. Ebenso ist hier keine allmähliche Verkleinerung des Burgwallareals in der jüngeren Zeit, auf die M. Šolle (1966b, S. 146ff.) oder M. Štěpánek (1965, S. 108ff., 211) in anderen

Gebietsteilen hinweisen, zu beobachten; der Fall von Zabrušany kann nicht als einwandfrei angesehen werden (siehe oben), und die unbestreitbar späte Anlage von Bílina weist z. B. noch ein Ausmaß von 7 ha auf. Die Größe der Burgwälle war nur relativ, sie richtete sich nach den geographischen Verhältnissen, und daher läßt sich aus ihr kein allgemein gültiges Entwicklungsschema ableiten. Das gleiche gilt für die Gliederung der Burgwallfläche; auch sie braucht nicht in jedem Falle Merkmal der bestimmten Funktion zu sein. Während z. B. in Bílina das besonders abgegrenzte und mächtig befestigte innere Areal ohne Zweifel den Sitz des fürstlichen Verwalters und seiner Gefolgschaft dargestellt hat, konnte der dreifache Wall in Vlastislav in Anbetracht der dortigen Konfiguration des Geländes und des Charakters der Besiedlung nur eine militärische Bedeutung gehabt haben: die Möglichkeit einer dichter gedrängten Verteidigung auf einer schrittweise sich verkürzenden Linie. Ein Vergleich Vlastislavs mit Bílina erbrachte jedoch einige chronologische Erkenntnisse und zeigte, daß auch der Typus der Befestigung und der Besiedlung in gewissem Maße einen chronologischen Faktor bilden kann. Die Bautechnik der Wälle hat zwar im Laufe des 9.—12. Jh. keine wesentliche Veränderung erfahren, doch im 11.—12. Jh. begann die Dimension der Wälle durch neue, reichere Kombinationen der einzelnen Bauelemente bedeutend zuzunehmen. Was die Wohnstätten anbelangt, setzten sich auf den jüngeren Burgwällen ebenerdige Blockhäuser durch, während auf den älteren oder weniger wichtigen Objekten aus dem 8.—9. Jh. noch die primitiveren eingetieften oder auf Pfosten ruhenden Bauten eine Zeitlang fortbestanden.

Auch wenn wir die aus den bisherigen Ausgrabungen auf den einstigen Burgwällen Nordwestböhmens gewonnenen Erkenntnisse nicht überschätzen dürfen, bilden sie doch auf alle Fälle einen Beitrag zur Klärung verschiedener, allgemein diskutierter Fragen, wie etwa der Chronologie, der Funktion und der geschichtlichen Aufgabe der Burgwälle in der Entwicklung der frühmittelalterlichen Gesellschaft. Angesichts der von verschiedenen Seiten unternommenen Versuche, in dieser Entwicklung eine bestimmte Gesetzmäßigkeit zu erfassen, zeigen unsere bisherigen Erfahrungen jedoch, daß es in mancher Hinsicht vorzeitig wäre, bestimmte Teilbeobachtungen zu verallgemeinern und sie auch auf andere Gebiete zu übertragen, in denen sich die Verhältnisse nach abweichenden Bedingungen entwickelt haben (vgl. Zd. Váňa 1966). Unsere Aufgabe sollte somit darin bestehen, diese Gebiete vorerst zu unterscheiden und aufzuarbeiten und dann erst zu suchen, was sie in ihrer Entwicklung gemeinsam haben. Das, was wir bei diesem Vorgehen werden erfassen können, werden jedoch keine „Gesetze“ sein, sondern höchstens Symptome, örtlich differenzierte, rahmenmäßige Entwicklungstendenzen und Orientierungspunkte für weitere Forschungen, die, auch mit dem allgemeinen Maßstab gemessen, eigentlich immer noch im Anfangsstadium stecken.

Zusammenfassung

Die Abhandlung gibt eine Übersicht über die Burgwälle zuverlässig slawischen Ursprungs in zwei Stammesgebieten Nordwestböhmens, dem der Lučaner an der mittleren Eger und dem der Lemusen zwischen dem Erzgebirge und dem Böhmischen Mittelgebirge. Nur drei Objekte sind systematisch durchforscht worden: Vlastislav, Zabrušany und Bílina; über die übrigen sind wir vorläufig nur durch Geländebeobachtung und Lesefunde unterrichtet. In der Konfrontation der gewonnenen archäologischen Erkenntnisse mit den historischen Berichten werden die Besonderheiten, die in der Entwicklung in Nordwestböhmen im Vergleich zu anderen Gebieten zutage treten, besonders hervorgehoben sowie die Möglichkeiten überprüft, die Funktionen der einzelnen Burgwälle zu ergründen und auszulegen (so z. B.: Zabrušany = Stammesburg, Bílina = Verwaltungszentrum der von den Přemysliden geschaffenen Staatsorganisation, Vlastislav = rein militärische Anlage). Die für die chronologische Einordnung der Burgwälle nötigen Kriterien werden nicht nur im Fundinventar gesucht, sondern auch im Befestigungstypus: Die jüngeren Burgwälle lassen ein Anwachsen des Wallausmaßes und eine reichere Kombination der einzelnen Bauelemente (Bílina) erkennen und zeichnen sich auch im Typus der Wohnstätten ab; die eingetieften Hütten und Pfahlbauten der älteren Burgwälle (Vlastislav) werden später durch Blockhäuser abgelöst (Bílina). Beim Versuch, die bisherigen Erkenntnisse zu verallgemeinern, darf jedoch der Umstand nicht außer acht gelassen werden, daß die Entwicklung in den einzelnen Gebieten verschieden verlief und daß auch die Zahl der bisher hinlänglich durchforschten Lokalitäten derzeit noch beschränkt ist.

Literaturverzeichnis

Borkovský, I. 1960 — Zděné opevnění Břetislava I. na Pražském hradě, in: Archeologické rozhledy 12, S. 79ff.

Borkovský, I. 1962 — Opyš Pražského hradu, in: Památky archeologické 53, S. 381ff.

Borkovský, I. 1965 — Levý Hradec, nejstarší sídlo Přemyslovců, Praha.

Eisner, J. 1959 — Zur Entwicklung der slawischen Keramik in Böhmen in der mittleren Burgwallperiode, in: Praehistorische Zeitschrift 37, S. 211ff.

Grimm, P. 1958 — Die vor- und frühgeschichtlichen Burgwälle der Bezirke Halle und Magdeburg, Berlin.

Hensel, W. 1959 — Types des fortifications slaves du haut moyen-âge, in: Archaeologia Polona 2, S. 81.

Hensel, W. 1965 — Die Slawen im frühen Mittelalter, Berlin.

Herrmann, J. 1960 — Die vor- und frühgeschichtlichen Burgwälle Groß-Berlins und des Bezirkes Potsdam, Berlin.

Hrubý, V. 1965 — Staré Město, velkomoravský Velehrad, Praha.

Kosmas — Die Chronik der Böhmen des Cosmas von Prag, ed. B. Bretholz in: MG SS NS, II-1923.

Kudrnáč, J. 1951 — Slované v západních Čechách, in: Archeologické rozhledy 3, S. 185ff., Abb. 145.

Kudrnáč, J. 1966 — Die slawischen eingetieften Wohnstätten, in: Origine et débuts des Slaves (Vznik a počátky Slovanů 6), S. 197ff.

Marschalleck, K. H. 1954 — Burgenprobleme zwischen Elbe und Oder, in: Frühe Burgen und Städte, Berlin, S. 29ff.

Novotný, B. 1946 — Kování avarského typu z Čech, in: Obzor prehistorický 13, S. 44ff.

Novotný, Bor. 1963 — Výzkum velkomoravského hradiště „Pohanska" u Nejdku na Lednickém ostrově, in: Památky archeologické 54, S. 3ff.

Pleiner, R. 1958 — Základy slovanského železářského hutnictví v českých zemích, Praha.

Pleinerová, I. 1964 — Výzkum osady z doby stěhování národů a z doby slovanské v Březně u Loun, in: Archeologické rozhledy 17, S. 495ff.

Pleinerová, I. 1965 — Germanische und slawische Komponenten in der altslawischen Siedlung Březno bei Louny, in: Germania 43, S. 121ff.

Poulík, J. 1956 — Nové slovanské výzkumy na Moravě, in: Vznik a počátky Slovanů 1, S. 239ff.

Preidel, H. 1940 — Der Silberschatz von Saaz, in: Mannus 31, S. 538ff.

Šmilauer, V. 1960 — Osídlení Čech ve světle místních jmen, Praha.

Šolle, M. 1966a — Stará Kouřim a projevy velkomoravské hmotné kultury v Čechách, Praha.

Šolle, M. 1966b — Zur gesellschaftlich-geschichtlichen Entwicklung der westslawischen Burgwälle nach archäologischer Forschung, in: Origine et débuts des Slaves (Vznik a počátky Slovanů 6), S. 115ff.

Staňa, Č. 1960 — Slovanské obytné objekty na hradišti Staré Zámky u Líšně, in: Památky archeologické 51, S. 240ff.

Štěpánek, M. 1965 — Opevněná sídliště 8.—12. stol. ve střední Evropě, Praha.

Turek, R. 1957 — Die frühmittelalterlichen Stämmegebiete in Böhmen, Praha.

Turek, R. 1963 — Velkomoravský horizont v českých mohylách, in: Památky archeologické 54, S. 224ff.

Váňa, Zd. 1951 — Slovanské hradiště u Zabrušan, in: Archeologické rozhledy 3, S. 58ff.

Váňa, Zd. 1952a — K otázce kmenových území v severozápadních Čechách, in: Archeologické rozhledy 4, S. 436ff.; deutsch in: Arbeits- und Forschungsberichte zur sächsischen Bodendenkmalpflege für 1952, Leipzig 1954, S. 485ff. (Zur Frage der Stammesgebiete in Nordwestböhmen).

Váňa, Zd. 1952b — Další výzkum na slovanském hradišti u Zabrušan, in: Archeologické rozhledy 4, S. 294ff.

Váňa, Zd. 1953 — Přemyslovská Bílina, in: Archeologické rozhledy 5, S. 481ff.

Váňa, Zd. 1955 — Výzkum Vlastislavi a problém počátku tzv. mladohradištní keramiky, in: Archeologické rozhledy 7, S. 363ff.

Váňa, Zd. 1958 — Slované v Bavorsku podle archeologických dokladů, in: Vznik a počátky Slovanů 2, S. 183ff.

Váňa, Zd. 1961 — Slovanská keramika zabrušanského typu v severozápadních Čechách, in: Památky archeologické 52, S. 465ff.

Váňa, Zd. 1966 — K vývoji časně středověkých hradišť ve střední Evropě, in: Archeologické rozhledy 18, S. 567ff.

Váňa, Zd. 1967 — Výzkum středního valu slovanského hradiště v Bílině (okr. Teplice), in: Archeologické rozhledy 19, 1967, S. 451—471.

Zápotocký, M. 1965 — Slovanské osídlení na Litoměřicku, in: Památky archeologické 56, S. 205ff.

Curia, curtis, castrum, castellum

Ein Beitrag zur Frage der Differenzierung der selbständigen Herrensitze im 10.—13. Jahrhundert

Von Antonin Hejna, Prag

Beim Studium der Wehrbauten, insbesondere der selbständigen Fürsten- und Herrensitze aus der Zeit des frühen Mittelalters, konnte man sehr bald eine bestimmte Differenzierung der untersuchten Objekte feststellen, die im wesentlichen allein funktionell bedingt sein mochte. Diese zweckgebundene Differenzierung kommt, wie wir nach den bisherigen Forschungsergebnissen anzunehmen berechtigt sind, auch durch eine bestimmte Form der äußeren Gestaltung des Wehrbaus und bestimmte Art der Anordnung des Innenraums desselben zum Ausdruck. Diese Erscheinungen eingehender zu prüfen und zu verfolgen, ist Aufgabe der eigentlichen archäologischen Forschung.

Der heutige Stand unserer Kenntnisse über selbständige Fürsten- und Herrensitze im westslawischen Bereich gestattet die Behauptung, daß diese Auseinanderentwicklung erst in der jüngeren Wehrbauphase einsetzte, also frühestens im Verlaufe des 9. Jh., häufiger und eindrucksvoller aber erst vom Ende des 10. Jh. an bis zum Beginn des 13. Jh. Wir haben hier naturgemäß die Differenzierung der selbständigen individuellen Sitze im Sinne, denn zur Differenzierung der großen umwehrten Gebilde, der Burgzentren, kam es nach dem Stand unserer bisherigen Befunde schon bedeutend früher, wohl schon zu Ende des 7. Jh. (A. Hejna 1968). In der genannten Arbeit hatte ich die Möglichkeit, mich mit der Frage der Differenzierung der selbständigen Fürsten- und Herrensitze im westslawischen Bereich näher zu befassen, und verweise darum auf sie und auf das dort angeführte grundlegende Schrifttum. Im Kapitel über die Fürstensitze auf böhmischen Burgzentren wies ich auf die Disparität in Bedeutung und Zweckbestimmung hin, die sich einmal aus den archäologischen Untersuchungen der Fundorte, zum anderen aus den Schriftstellernachrichten, insbesondere aus der Frequenz der Bezeichnung der einzelnen Wehranlagen in den Schriftquellen ergab.

In Schriftquellen begegnen sieben, nach dem Inhalt, den sie zum Ausdruck bringen sollen, unterschiedliche Bezeichnungen für gewichtige Siedlungen und umwehrte Plätze — civitas, urbs, oppidum, castrum (castra), castellum, munitio, arx. Wir nehmen wohl zu Recht an, daß die Termini „civitas, urbs, oppidum“ befestigte wichtige Schwerpunkte, Siedlungs- und Verwaltungszentren bedeuten, wenn auch die Rangordnung, nach der diese Bezeichnungen gewählt wurden, bisher nicht völlig geklärt erscheint. Die Begriffe „civitas, urbs“ treten uns klarer entgegen, denn so wurden durchweg, ohne Berücksichtigung eines allenfalls älteren Ursprungs, die mächtigen und einflußreichen slawischen Burgzentren des 10.—12. Jh. benannt. Weniger sicher ist der Begriff „oppidum“; mit Ausnahme von Levý Hradec handelt es sich bei so benannten Plätzen jedesmal um weniger wichtige Siedlungsmittelpunkte, die allesamt in der jüngeren Phase, d. h. im 10.—12. Jh., gegründet und an Zahl und Bedeutung den obengenannten nicht gleichkommen konnten.

Die weiteren vier Termini — castrum (castra), castellum, munitio, arx — dürften schon ihrem Inhalte nach Wehrbauten in strategisch günstiger Lage bedeuten, Stützpunkte militärischen Charakters oder befestigte Fürstensitze überhaupt.

All die angeführten Termini, mit denen man in Schriftstellernachrichten die jüngeren und älteren Přemyslidenburgen bezeichnete, haben an und für sich ihrem Inhalte nach eine jeweils andere Bedeutung, doch sind die Grenzen sehr verschwommen und die Unterschiede schwer zu ermitteln, da die Termini in einigen Fällen, zumindest was die einzelnen Siedlungsplätze betrifft, frequentieren. Die Bezeichnung der Prager Burg — zweimal „civitas", elfmal „urbs" — ist zwar im großen und ganzen eindeutig, oftmals jedoch ist die Situation lange nicht so klar. So z. B. wurde Levý Hradec im Zeitraum vom 10.—12. Jh. zweimal als „castra" und zweimal als „oppidum" angeführt, der Vyšehrad einmal als „civitas", zehnmal als „urbs", einmal als „oppidum" und einmal als „castra", Stará Plzeň zweimal als „civitas" und zweimal als „castra", und ähnlich wurden auch Hradec n. L., Chrudim und Boleslav in den Quellen unter verschiedenen Bezeichnungen erwähnt. Es gibt bei näherer Betrachtung zwei Arten der Terminfrequenz: Die erste bewegt sich ausschließlich innerhalb der genannten Gruppe, die zweite übersteigt den Rahmen der einzelnen Gruppen. Letzteres ist vor allem für den Terminus „castrum" (castra) bezeichnend. Hierfür gibt es zwei Erklärungen; entweder wurde der Bedeutungsunterschied verwischt oder sollte mit Absicht eine bestimmte Funktion des umwehrten Platzes stärker hervorgehoben werden.

Unser bisheriger Überblick umfaßte die gewichtigen Siedlungsmittelpunkte in Böhmen im Verlaufe des 10.—12. Jh., mit denen wir zumeist die Existenz eines Fürstensitzes, eines Verwaltungszentrums, einige Male auch die Funktion eines militärischen Stützpunktes verbinden konnten. Schon dieser Überblick über eine beschränkte Anzahl bedeutender Siedlungsplätze zeigt klar, daß ihre Bezeichnung durch bestimmte Termini in den zeitgenössischen Autorenberichten unserer Beachtung wert ist, denn im großen und ganzen kommen ihre Stellung und Funktion sowie allenfalls Veränderungen derselben (ein Sinken der Bedeutung z. B. u. ä.) durch sie gut zum Ausdruck. Eine Reihe der Bezeichnungen belegt die Differenzierung der böhmischen Wehranlagen der jüngeren Phase nach Funktion und Bedeutung auf treffliche Weise.

Die Schriftquellen mit Bezug zur Geschichte der böhmischen Länder des 10.—12. Jh. führen aber neben den oben erwähnten noch eine Reihe weiterer Bezeichnungen in Verbindung mit selbständigen befestigten Sitzen an, und zwar nicht nur für Fürstensitze im Zusammenhang mit Siedlungen und Wehranlagen und allenfalls anderen Formen der Differenzierung, sondern auch für sonstige befestigte und offene Siedelplätze. Ich erwähnte schon früher, daß die Bezeichnungen „civitas, urbs, oppidum" durchweg mit mächtigen und einflußreichen Burgzentren, auch solchen älteren Ursprungs, sofern sie ihre Bedeutung in der jüngeren Phase nicht verloren, verbunden wurden. In allen den westslawischen Bereich betreffenden Schriftquellen werden die bedeutenden Burgzentren mit einem dieser drei Termini bezeichnet (P. Grimm 1958, S. 66ff.; J. Herrmann 1960, S. 58f.; 1962, S. 131f.). Wir können sagen, daß die Terminologie in den lateinisch geschriebenen Schriftstellerberichten durchaus einheitlich war und alle wichtigen Mittelpunkte der zeitgenössischen Besiedlung Europas unter identischen Bezeichnungen angeführt wurden (H. Amman 1955/56; H. Büttner 1955/56; F. Petri 1955/56; W. Schlesinger 1955/56; P. Grimm 1958, S. 100f.).

Die Termini „castra, castellum, munitio, arx", die uns in Verbindung mit umwehrten Siedlungsformen des 10.—12. Jh. in Böhmen entgegentreten, wurden zwar einige Male in Zusammenhang mit bedeutenden Burgzentren verwendet, sind aber im allgemeinen für jüngere, gegebenenfalls auch weniger wichtige Wehranlagen bezeichnend, die nicht unbedingt Verwaltungszentren sein mußten. Neben diesen Termini erscheinen in Schriftstellerberichten des 10.—12. Jh. zur Geschichte der böhmischen Länder die Ausdrücke „curtis, curia, turris, burgus, locus venationis", die schon dem Wortinhalt nach einen schriftlichen Beleg für die damalige Differenzierung der befestigten Herrensitze und offenen, ungeschützten Herrenhöfe darstellen. Möchten wir uns eine Vorstellung von ihrer Bedeutung und Stellung im Rahmen der böhmischen Wehrbauten machen, so wird es nötig, ihr Vorkommen und ihre Frequenz gleichzeitig mit der oben besprochenen Gruppe zu studieren. Von allen zuletzt angeführten Termini begegnet „castrum-castra" am häufigsten; mit Bezug zum 10. Jh. finden wird diesen Ausdruck viermal verwendet, mit Bezug zum 11. Jh.

siebenmal und mit Bezug zum 12. Jh. dreiundzwanzigmal, durchweg in Zusammenhang mit bedeutenden heimischen Burgwällen und mehrere Male in Verbindung mit selbständigen Přemyslidensitzen. Daneben wurden auch wichtige fremde Örtlichkeiten so bezeichnet — acht im 11. Jh., zweiundzwanzig im 12. Jh., zum größten Teil in Verbindung mit dem Namen der Wehranlage, einige Male aber nur ganz allgemein.

Die Bezeichnung „castellum" erscheint im 10. Jh. zweimal, im 11. Jh. ebenfalls zweimal und im 12. Jh. achtmal; was fremde befestigte Plätze betrifft, so finden wir diese Bezeichnung im 11. Jh. einmal, im 12. Jh. viermal erwähnt.

Jedesmal bezeichnete man mit „castellum" eine wichtigere Wehranlage.

Der Terminus „munitio, locus munitus" begegnet im Zusammenhang mit dem 11. Jh. dreimal allgemein, mit dem 12. Jh. achtmal, teilweise allgemein, teilweise mit einem bestimmten Namen verbunden, der beweist, daß auch diese Bezeichnung für bedeutende Fürstensitze gewählt wurde.

Der Terminus „arx" begegnet im gleichen Zusammenhang nur selten — zweimal mit Bezug zum 12. Jh.

Die Bezeichnung „curtis" wird in bezug zum 10. Jh. nur ein einziges Mal angeführt, in bezug zum 11. Jh. fünfmal und zweimal in bezug zum 12. Jh. Bald wurden so Fürstensitze benannt, bald Bischofssitze, in einem Falle im 11. Jh. handelte es sich um einen Herrensitz. Die Bezeichnung „curia" ist uns in den böhmischen Ländern erst aus dem 12. Jh. bekannt geworden und wird niemals in Verbindung mit einem Fürstensitze verwendet. Auch die Bezeichnung „turris" taucht erst in Schriftquellen des 12. Jh. auf, dreimal in allgemeinem Zusammenhang und einmal mit einem bestimmten Namen verbunden. Vereinzelt begegnet die Bezeichnung „locus venationis" mit Bezug zum 10. Jh. und die Bezeichnung „burgus" in Zusammenhang mit dem 12. Jh.

Verfolgen wir die Frequenz der einzelnen Termini, so sehen wir, daß einige Male „castrum — castellum", „castrum — munitio", allenfalls „castellum — munitio" als Bezeichnung derselben Objekte miteinander abwechseln, was wir uns wohl so zu erklären haben, daß diese Ausdrücke sich ihrem Sinne und ihrer Bedeutung nach teilweise überdecken. Der einzige Fall der Frequenz der Bezeichnungen „arx" und „curia" ist nicht ganz klar und kann entweder die Betonung der Wehrfähigkeit des Herrenhofes bedeuten oder umgekehrt die Existenz eines Wirtschaftshofes beim befestigten Herrensitze hervorheben.

Aus der Übersicht über die Bezeichnungen der böhmischen Wehranlagen — der Burgzentren und anderer umwehrter und offener Siedlungsformen — ergibt sich einmal, daß offenkundig eine gewisse Regel herrschte und daß bedeutende Mittelpunkte und Fürstensitze ausschließlich unter bestimmten Termini angeführt wurden, zum anderen der Umstand, daß die Differenzierung der befestigten Sitze im Laufe der Zeit fortschreitet, daß bald Fürstensitze, bald Herrensitze gegründet wurden, die durchweg unter anderen Bezeichnungen angeführt werden als die bedeutenden Stammesburgen und die jüngeren Přemyslidenzentren.

Eine ähnliche Situation, was die Bezeichnung der Burgzentren und anderer differenzierter Siedlungsformen anbelangt, traf man auch in den Schriftquellen zur Geschichte der polnischen Slawen an (Mon. pol. hist. ed. Kraków 1952). In 17 Fällen wurde die Bezeichnung „castrum", in sieben Fällen die Bezeichnung „castellum", in drei Fällen die Bezeichnung „munitio" angeführt, vereinzelt begegnen die Termini „curtis", „turris", „arx", während die Bezeichnungen „curia", „locus venationis" und „burgus" vollkommen fehlen. Neu dagegen erscheinen in den diesbezüglichen Schriftquellen die Termini „municipium" und „custodia", ersterer dreimal und letzterer einmal.

Eine weitgehend bessere Übersicht über die zeitgenössische lateinische Nomenklatur der Siedlungsformen liefern uns die Quellen zur Geschichte des Raumes zwischen Oder, Elbe und Saale. Die Bedeutung dieser Angaben ist darum so belangreich und für die Beurteilung unserer Frage im westslawischen Bereich so wichtig, weil sie jenes Gebiet und jene Örtlichkeiten betreffen, wo wir vor allem die Besiedlungskontinuität und Entwicklung von der Burgwallzeit bis zur Zeit der vollständig dominierenden deutschen Kolonisation verfolgen können, den Zeitraum also, der für die Differenzierung der umwehrten Siedlungsgebilde und die Entstehung und Auseinanderentwicklung der selbständigen Fürsten- und Herrensitze von ausschlaggebender Wichtigkeit war. Dank der Arbeiten P. Grimms (1958) und J. Herrmanns (1960) ist es möglich, die diesbezüglichen Angaben für die Bezirke Halle, Magdeburg, Berlin und Potsdam zu einem Vergleich heranzuziehen. Es ergibt sich daraus in erster Reihe die Feststellung, daß die Bezeichnungen im wesentlichen mit den in den Schriftstellernachrichten zur Geschichte Böhmens angeführten Termini übereinstimmen, mit Ausnahme der Termini „arx" und „locus venationis", die in historischen Quellen für das umrissene deutsche Gebiet fehlen und hier dagegen die Termini „municipium" und „domus firmissima" erscheinen, die in den Schriftquellen zur böhmischen Geschichte nicht begegnen.

Ähnlich wie in den Quellen zur Geschichte Böhmens erscheint auch in den Autorenberichten zur Geschichte des Raumes zwischen der Oder, Elbe und Saale am häufigsten der Terminus „castrum", und zwar im 10. Jh. siebenmal, im 11. Jh. viermal, im 12. Jh. siebenundzwanzigmal, im 13. Jh. sogar fünfundvierzigmal. Ihm folgt an Zahl die Bezeichnung „castellum", die vor allem im 10. Jh. sehr oft — achtundzwanzigmal — erscheint, im 11. Jh. schon weit weniger häufig — viermal — begegnet, im 12. Jh. nur noch dreimal und im 13. Jh. dann nur noch ein einziges Mal. Die Bezeichnung „munitio" ist auch hier ziemlich selten und begegnet im 11. Jh. zweimal und im 12. Jh. einmal.

Von der weiteren Gruppe fand die Bezeichnung „curtis" am häufigsten Verwendung, im 10. und 11. Jh. tritt sie jeweils zehnmal entgegen, im 12. Jh. zweimal, im 13. Jh. jedoch nur einmal. Der Terminus „curia" erscheint im 11. Jh. hier zum ersten Male und in einem einzigen Falle, im 12. Jh. sechsmal und im 13. Jh. in Zusammenhang mit zehn Plätzen. Der Ausdruck „turris" begegnet nur einmal im 13. Jh. und der Ausdruck „burgus" ebenfalls einmal im 12. Jh., je einmal kommen die Bezeichnungen „municipium" und „domus firmissima" vor, erstere im 10., letztere im 11. Jh. Nach der festgestellten Frequenz der einzelnen Bezeichnungen hat es den Anschein, als ob „castrum, castellum, munitio und municipium" eine eigene Gruppe bilden würden und ihrer Bedeutung nach nahe verwandt oder sogar wesensgleich waren und mit der spezifischen Bezeichnung der ottonischen und späteren Zeit „burgwardium" identisch seien. Für diese Gruppe ist die Alternanz oder besser noch die Identität „castellum/municipium, castrum/burgwardium, municipium/burgwardium" bezeichnend und begegnet schon vom 10. Jh. an. Im übrigen werden wie in den böhmischen Ländern die Termini dieser Gruppe stets in Zusammenhang mit bedeutenden Burgzentren und Sitzen verwendet, was die zeitlich übereinstimmende oder zumindest zeitlich nahe Alternation mit den Ausdrücken „civitas, urbs, oppidum" insbesondere bei im 10. Jh. angeführten Plätzen vollauf bestätigt.

Eine weitere für uns wichtige Erkenntnis, was diese Gruppe betrifft, stellt die direkte Verbindung der beiden Termini „civitas et castellum" dar, wodurch schon im 10. Jh. der Unterschied zwischen dem eigentlichen Fürstensitz und dem Burgareal zum Ausdruck kommt. Eine noch genauere Bezeichnung für den Fürstensitz birgt der Terminus „curtis imperatoris in villa" in sich, sofern er nicht als Bezeichnung eines selbständigen Sitzes, der außerhalb der eigentlichen Wehranlage lag, dienen sollte (Helfta, P. Grimm 1958, S. 217).

Die zweite Gruppe bilden die Ausdrücke „curtis, curia, turris, burgus, domus firmissima". Hier ist das anfangs auffallend starke und später abnehmende Vorkommen der Bezeichnung „curtis" charakteristisch und demgegenüber das Zunehmen des Terminus „curia", das bis in das 14. Jh. sehr markant fortsetzt. Eine ähnliche Erscheinung ist uns auch von den zitierten böhmischen Plätzen bekannt geworden.

Wenden wir nun unser Augenmerk der wechselseitigen Frequenz beider Gruppen zu. Sie war ohne Zweifel vorhanden und ist bei Örtlichkeiten, die im 10. Jh. bestanden haben, besonders deutlich, wird aber auch später noch, wenngleich in geringerem Maße, beobachtet. Diese Frequenz kann, wie wir an dem Beispiel Helfta sahen, einmal die Hervorhebung, allenfalls die nähere Bezeichnung des neu gegründeten Sitzes im Bereich des Burgareals bedeuten, zum anderen die Lage außerhalb einer älteren umwehrten Anlage oder eines Sitzes ankünden. In solchen Fällen begegnen als Alternanz der Bezeichnung „curtis“ durchweg Termini der ersten Gruppe. Meiner Ansicht nach bedeutet diese Alternanz aber nicht Identität, sondern vielmehr die Betonung einer gewissen Komponente, die sich aus der bedeutungsvollsten Funktion der Wehranlage oder des Sitzes herausbildete. Dies trifft auch für die Burgen des 11. Jh. zu, wo in ähnlichem Sinne ein Wechsel zwischen den Bezeichnungen „curia — civitas — urbs“ und zwischen „curtis — castrum — civitas“ herrschte, einmal sogar die Verbindung „curtis vel civitas cum toto burgwardo“ in einer Schriftquelle erscheint (Arneburg, P. Grimm 1958, S. 398). Auf gleiche Weise sollte wohl auch die Alternanz „curia — castrum“ und „curia — castellum“ aufgefaßt werden, die im 13. Jh. begegnet. Die Bezeichnung „curia“ haben wir hier wörtlich als die wirtschaftliche Komponente des festen Sitzes zu verstehen.

Der Überblick über die Termini, die zur Bezeichnung von Burgzentren, Fürsten- und Herrensitzen in den Schriftquellen des 10.—12. Jh. und zum Teil auch noch in denen des 13. Jh. mit Bezug zu den böhmischen Ländern, dem Bereiche zwischen Weichsel und Oder und dem Raume zwischen Oder, Elbe und Saale erscheinen, soll uns als Grundlage des zweiten Teils unserer Betrachtungen dienen. Es gilt zu ermitteln, inwiefern die besprochene Terminologie einschließlich der für sie kennzeichnenden Frequenz imstande ist, zum Studium der Anfänge der selbständigen Sitze in Mitteleuropa, im Grenzgebiet des westslawischen und deutschen Siedlungsraumes, in einem Bereich also, der namentlich am Ausgang des frühen Mittelalters und zu Beginn des hohen Mittelalters eine äußerst wichtige Rolle spielte, beizutragen.

Die Archäologie kann zwar theoretisch und praktisch mit ihren Arbeitsmethoden die umwehrten Siedlungsgebilde und Sitze in ihrer differenzierten Form ermitteln, kann gegebenenfalls sicher die Existenz des Fürstensitzes in den Bauresten feststellen und objektive Belege für die Bedeutung und Funktion der untersuchten Wehranlage erbringen, immer jedoch braucht sie zur vollkommenen Deutung und Auswertung ihrer Quellen eine Gegenüberstellung anderer Angaben, insbesondere zeitgenössischer Schriftstellerberichte. In dieser Hinsicht sind die Termini, die zur Bezeichnung von Burgen, Fürsten- und Herrensitzen in zeitgleichen Schriftquellen erscheinen, von großer Bedeutung. Für den mitteleuropäischen Bereich widmete dieser Frage in Zusammenhang mit dem Studium der Wehranlagen in diesem Raum P. Grimm (1958, S. 57, 66 und 132) in letzter Zeit große Aufmerksamkeit und prüfte ihre Gültigkeit im Arbeitsgebiet. Im Zusammenhang mit slawischen Burgen bestätigt er die Gültigkeit der in zeitgenössischen Schriftquellen allgemein verwendeten Termini „civitas, urbs, castellum“ für sein Arbeitsgebiet, wobei seiner Meinung nach der Terminus „castellum“ den militärischen Charakter der Wehranlage betont. Er führt das additive Verhältnis zwischen „civitas“ und „curtis“ an dem Beispiel von Calbe vor und stellt objektiv fest, daß es beim heutigen Stand der archäologischen Forschung nicht möglich ist, die allgemeine Gültigkeit der in den Schriftquellen verwendeten Termini nachzuweisen.

Nach F. Petri (1955/56) wurden die Termini „castrum, castellum, oppidum, munitio“ für Wehrbauten in Nordwesteuropa bis in das 13. Jh. hinein nebeneinander, ohne bestimmte Abgrenzung der Begriffe gegeneinander, verwendet. Ähnlicher Ansicht ist R. v. Uslar (1964, S. 189ff.), der meint, daß die Termini „arx, castrum, castellum, munitio, oppidum, presidium“ befestigte Plätze im allgemeinen im westeuropäischen Raume bis zum Ausgang des frühen Mittelalters bedeuten.

Wie wir sahen, gestatten die Erkenntnisse, die wir bei der Analyse der Terminologie der Burgzentren, Fürsten- und Herrensitze in Böhmen gewannen, die Termini in drei Gruppen zu ordnen. Die erste Gruppe wurde ausschließlich in Zusammenhang mit bedeutenden Burgzentren, Mittelpunkten der Verwaltung, gleichgültig ob sie älteren oder jüngeren Ursprungs waren, verwendet. Termini der zweiten Gruppe wurden teils auch zur Bezeichnung der gewichtigen Burgzentren herangezogen, teils findet man sie in Verbindung mit den sonstigen differenzierten befestigten Plätzen, auch in Verbindung mit selbständigen Fürsten- und Herrensitzen. Die Termini der dritten Gruppe endlich wurden zur Bezeichnung der befestigten und offenen nichtbefestigten Fürsten- und Herrensitze verwendet.

Wenden wir nun unser Augenmerk dem Inhalt und Gehalt der Termini der zweiten und dritten Gruppe zu, soweit uns die zeitgenössischen Quellen dies gestatten oder die Ergebnisse des Studiums der selbständigen Fürsten- und Herrensitze insbesondere in Westeuropa hierzu Möglichkeit geben:

1. „castrum" Zur Erhellung dieses Terminus sei die in den Schriftquellen so seltene Beschreibung eines Fürstensitzes angeführt. Es handelt sich um den Bericht über den festen Sitz des Thüringer Herzogs Radulf zum Jahre 641 (MG SS. rer. Merov. II, 164; R. v. Uslar 1964, S. 32) „... Radulfus haec cernens, castrum lignis monitum in quodam montem super Unstrude fluvio in Toringia construens, exercitum undique quantum plus potuit collegens, cum uxorem et liberis in hunc castrum ad se definsandam stabilisit." Im angeführten Zusammenhang bedeutet ohne Zweifel „castrum" einen selbständigen befestigten Herrensitz mit militärischer Besatzung. Ähnlich wurde auch der Sitz des Marcellinus von Mailand, der am Lago di Como im 6. Jh. errichtet wurde, geschildert (R. v. Uslar 1964). H. Amman (1955/1956) sieht in der Bezeichnung „castrum" den Terminus für einen festen Herrensitz oder für einen festen Herrensitz in Verbindung mit einer gegebenenfalls auch offenen Siedlung. Dieser Auffassung würde die Verwendung des Ausdrucks „castrum" für Dijon und Carcassonne im 6. Jh. entsprechen, denn es handelt sich in beiden Fällen um Städte, die von Wällen und Wehrtürmen geschützt wurden (H. Büttner 1955/56), oder der als „castrum" bezeichnete befestigte Stadtkern im Gegensatz zum offenen, ungeschützten oder schwächer befestigten „suburbium" (F. Petri 1955/56). F. Petri meint, die „castra" in Flandern seien neu gegründete Feudalburgen, die an wichtigen Plätzen zu Ende des 9.—11. Jh. errichtet wurden und die, was ihren Umfang betrifft, zwischen den älteren „civitates" und den kleineren Herrenburgen stünden. Diese „castra" wären dem Verfasser nach (1955/56, S. 281f.) in Notzeiten auch Zufluchtsstätten gewesen und bargen in ihren Mauern den Wohnsitz des Fürsten oder Machthabers, Verwaltungsgebäude, eine Kapelle, das Wohnhaus des Geistlichen, Wirtschaftsgebäude und Speicher. Nach W. Schlesinger (1955/56) bedeutet „castrum" im 7. Jh. einen befestigten Platz — eine Burg.

Wir ersehen demnach, daß der Terminus „castrum" von den zeitgenössischen Autoren nicht einheitlich verwendet wurde und daß er einmal den selbständigen festen Sitz eines Machthabers bedeuten konnte, zum anderen aber die ganze umwehrte Siedlung, einschließlich des Herrensitzes in ihren Mauern.

2. „castellum" Die Bedeutung dieses Terminus verdeutlicht uns die wertvolle Schilderung der bischöflichen Residenz des Bischofs Nicetius zu Trier aus dem 6. Jh. (K. Böhner 1958, S. 294ff.; R. v. Uslar 1964, S. 28):

„aula tamen nituit constructa casumine rupis ...
... complacuit latum muro concludere campum
et prope castellum haec casa sola facit:
ardua marmoreis suspenditus aula columnis
qua super aestivas cernit in amne rates
ordinibus teruis extensaque machina crevit
ut postquam ascendas, iugera tecta putes
turris ab adverso quae constitit obvia clivo
sanctorum locus erat, arma tenenda viris ..."

Während das angeführte Zitat das „castellum" des Bischofs Nicetius als ungewöhnlich prunkvollen Sitz schildert, erinnern Beschreibungen der oberitalienischen „castella" vom Ende des 10. Jh. eher an befestigte Militärlager (R. v. Uslar 1964, S. 189): „... ipsam tenimen de ipsum castellum restaurare et continuere et fossato scavare et spaciare et vuidata facere ...". Ansonst wurden mit dem Terminus „castellum" ähnlich wie mit „castrum" entweder selbständige Sitze, wie z. B. Würzburg im 7. und 8. Jh., belegt (R. v. Uslar 1964, S. 38; W. Schlesinger 1955/56) oder Bischofssitze bezeichnet, die in Notzeiten zu Refugien wurden, wie z. B. der Büraberg im 8. Jh. (W. Schlesinger 1955/56), ferner Städte und Märkte mit einer Burg in ihrem Bereich (E. Klebel 1955/56) oder ganz allgemein jede befestigte Siedlung (H. Büttner 1955/56).

3. „municipium" Diese nicht allzu häufige Bezeichnung dürfte unter Umständen „civitas"— Siedlung — bedeuten (F. Vittinghoff 1955/56).

4. „curtis" Der Inhalt dieses Terminus ist, was den fränkischen Wehrbau betrifft, nicht völlig klar. Nach R. v. Uslar (1964, S. 38ff.) ist für die fränkische „curtis" die Regelmäßigkeit der Anlage, mittlere Größe und Zweigliedrigkeit kennzeichnend. Nach dem Brevium exempla (R. v. Uslar 1964) waren die „curtes" durch Wallmauern, leichtere Palisadenzäune oder Gehege geschützt, es gab zwei Tore, entweder aus Holz oder aus Stein, und neben dem eigentlichen Wohnbau und den Wirtschaftsgebäuden befand sich im Innenbering mitunter noch ein selbständiger Turm. Nach all dem wäre die „curtis" ein baulich gut ausgestatteter umwehrter Herrenhof, was mit den übrigen bisher gewonnenen Erkenntnissen übereinstimmt.

5. „burgus" Dieser Terminus, der nur sehr selten und in nicht ganz klaren Zusammenhängen erscheint, hat in Westeuropa eine verhältnismäßig vielfältige Bedeutung. So wurde im 9. Jh. die Vorstadt vor den Mauern Barcelonas und im 12. Jh. der neugegründete Stadtteil Pamplonas (H. Amman 1955/56) als „burgus" angeführt. Einige Male wurde so eine ungeschützte Häusergruppe, ein andermal eine Häusergruppe in einem befestigten Areal so benannt. Nach Luitprando von Cremona (Antapodosis III. 45; H. Büttner, 1955/56) bedeutet „burgus" im 10. Jh. „congragatio domorum, quae muro non clauditur". Nach unseren bisherigen Feststellungen also könnte demnach eine Gruppe von Wohnhäusern innerhalb, aber auch außerhalb der Befestigungsanlagen einer Siedlung als „burgus" bezeichnet worden sein. Nach älterer, antiker Tradition bedeutet allerdings „burgus" eine kleine Festung oder einen Wartturm vorwiegend zur Wacht bestimmt (A. Hejna 1965, S. 515). Allem Anschein nach wurde dieser Terminus in den zeitgenössischen Quellen, zumindest in jenen, die zu den böhmischen Ländern Bezug haben, eher als Bezeichnung für eine Gruppe von Häusern oder den Teil einer Siedlung verwendet, als Ausdruck der baulichen Gestaltung eines selbständigen Herrensitzes.

Hiermit wären die Möglichkeiten einer näheren Erklärung der Termini im wesentlichen erschöpft, die als Bezeichnungen von Wehranlagen, Fürsten- und Herrensitzen im westslawischen Raume und in den benachbarten Gebieten Mitteleuropas in zeitgenössischen Schriftstellerberichten begegnen. Abschließend möchten wir sagen, daß die Bezeichnungen in den Quellen zur Geschichte des Arbeitsgebietes wie zur Geschichte der westeuropäischen Länder vorwiegend übereinstimmen.

Im Komplex der von uns untersuchten Termini konnten wir die erhöhte Frequenz einiger weniger bestimmter Ausdrücke beobachten, demgegenüber das nur vereinzelte Erscheinen anderer, wobei das allgemeine Vorkommen bei Termini mit höherer Frequenz größer ist als bei solchen mit geringer Frequenz.

Vom 11. Jh. an kann man das Hinzukommen neuer Termini und ihre erhöhte Anzahl in den Schriftquellen beobachten, was als Beleg der fortschreitenden Differenzierung der Wehranlagen und umwehrten Siedlungen angesehen werden kann. Zu einer bestimmten Vereinheitlichung und somit auch zur Vereinfachung der Nomenklatur der befestigten und offenen, ungeschützten Plätze kam es dann im Verlaufe des 13. Jh.

Zusammenfassung

Zusammenfassend können wir sagen, daß die erste Gruppe der Termini, zu der die Ausdrücke „civitas, urbs, oppidum“ gehören, in der besprochenen Epoche stets in Verbindung mit mächtigen und einflußreichen Siedlungsmittelpunkten und Fürstensitzen angeführt wurden und im westslawischen Bereich durchweg für Burgzentren älterer und jüngerer Herkunft bestimmt waren; in Böhmen wurden so z. B. die Přemyslidenburgen bezeichnet. Die angeführten Ausdrücke alternieren, sie haben also im großen und ganzen eine übereinstimmende Bedeutung. Lediglich der Begriff „oppidum“ sollte im praktischen Gebrauch eine gewisse Differenzierung zum Ausdruck bringen und andeuten, daß es sich in diesem Falle um einen weniger bedeutenden Mittelpunkt oder um eine Wehranlage mit unterschiedlicher Funktion handle.

Zur zweiten Gruppe gehören die Termini „castrum, castellum, munitio, municipium, arx“. Diese Ausdrücke bedeuten im wesentlichen feste Plätze, einmal Siedlungen in Verbindung mit Fürsten- oder Herrensitzen, zum anderen — öfter und charakteristischer — selbständige Sitze von größerer Bedeutung. Sie alternieren miteinander, so daß sie als bedeutungs- und geltungsgleich angesehen werden müssen, einige von ihnen („castrum“, „castellum“) alternieren auch mit Ausdrücken der ersten Gruppe, sollen wohl aber hier eher eine bestimmte Komponente der Wehranlage hervorheben. Daß diese Vermutung zu Recht besteht, beweisen deutlich additive Verbindungen, wie „castrum et civitas“. Der Ausdruck „castrum“ erscheint in den zeitgenössischen Schriftquellen bis in das 13. Jh. hinein immer häufiger, und die gleiche Tendenz konnten wir in den Schriftstellerberichten zur Geschichte der böhmischen Länder beim Terminus „castellum“ bis in das 12. Jh. hinein beobachten. In Quellen zur Geschichte des Raumes zwischen Oder, Elbe und Saale dagegen wird dieser Ausdruck nach dem 10. Jh. auffallend selten. Für den Terminus „munitio“ ist das wiederholte Anführen in allgemeinen Zusammenhängen kennzeichnend, was eher auf ein befestigtes Lager schließen läßt als auf einen Herrensitz im wahren Sinne des Wortes. Bei allen erwähnten Termini der zweiten Gruppe ist eine Bedeutungsdifferenzierung anzunehmen und ihre Gültigkeit insbesondere für wichtige selbständige Sitze.

Die dritte Gruppe wird vor allem durch die beiden Termini „curtis“ und „curia“ bestimmt, zu denen weitere, ziemlich selten vorkommende Ausdrücke treten können. Das Merkmal dieser Gruppe ist nicht wie bisher Alternanz, sondern eine deutliche Bedeutungsdifferenzierung mit Gültigkeit im Zusammenhang mit selbständigen Sitzen von größerer und geringerer Bedeutung und eine additive Beziehung zu Gebilden höheren Rangs der ersten und zweiten Gruppe. Als charakteristisches Zeichen ist das sich rapid vermindernde Vorkommen des Ausdrucks „curtis“ anzusehen, das nach dem 11. Jh. evident wird und demgegenüber das an Zahl zunehmende Vorkommen des Terminus „curia“, insbesondere vom 12. Jh. an, wo „curia“ in einigen Fällen wortwörtlich die wirtschaftliche Komponente des erwähnten Sitzes bedeutet.

Die angeführten Schlüsse sind jedoch lediglich als Arbeitshypothese aufzufassen, ihre Richtigkeit können allein die künftigen archäologischen Untersuchungen der selbständigen Fürsten- und Herrensitze, insbesondere dann die Erhellung ihrer Anfänge, beglaubigen.

Übersetzt von Helena Plátková

Literaturverzeichnis

Amman, H. 1955/56 — Vom Städtewesen Spaniens und Westfrankreichs im Mittelalter, in: Studien zu den Anfängen des europäischen Städtewesens, Vorträge und Forschungen IV, S. 105—150.

Böhner, K 1955/56 — Die fränkischen Altertümer des Trierer Landes I, II, Berlin.

Büttner, H. 1955/56 — Studien zum frühmittelalterlichen Städtewesen in Frankreich, vornehmlich im Loire- und Rhonegebiet, in: Vorträge und Forschungen IV, S. 151—189.

Grimm, P. 1958 — Die vor- und frühgeschichtlichen Burgwälle der Bezirke Halle und Magdeburg, Berlin.

Hejna, A. 1965 — K situační a stavební formaci feudálního sídla v Evropě (Zur Anlage und baulichen Formation des feudalen Wohnsitzes in Europa), in: Památky archeologické 56, S. 513—583.

Hejna, A. 1968 — Zu den Anfängen der Fürsten- und Herrensitze im westslawischen Raum, in: Vznik a počátky Slovanů (im Druck).

Herrmann, J. 1960 — Die vor- und frühgeschichtlichen Burgwälle Groß-Berlins und des Bezirkes Potsdam, Berlin.

Herrmann, J. 1962 — Burgbezirk und Rundwall in slawischer Zeit im mittleren Gebiet zwischen Elbe und Oder, in: Aus Ur- und Frühgeschichte, Berlin, S. 131—135.

Klebel, E. 1955/56 — Über die Städte Istriens, in: Vorträge und Forschungen IV, S. 87—104.

Petri, F. 1955/56 — Die Anfänge des mittelalterlichen Städtewesens in den Niederlanden und dem angrenzenden Frankreich, in: Vorträge und Forschungen IV, S. 227—295.

Schlesinger, W. 1955/56 — Städtische Frühformen zwischen Rhein und Elbe, in: Vorträge und Forschungen IV, S. 297—362.

Uslar, R. v. 1964 — Studien zu frühgeschichtlichen Befestigungen, Köln—Graz.

Vittinghoff, F. 1955/56 — Zur Verfassung der spätantiken Stadt, in: Vorträge und Forschungen IV, S. 11—39.

Tor und Turm bei den Westslawen in frühgeschichtlicher Zeit

Von Miloš Šolle, Prag

Mit 2 Textabbildungen

Es ist unzweifelhaft das Verdienst Paul Grimms, als einer der ersten in den Jahren nach dem zweiten Weltkrieg jene Fragen systematisch verfolgt zu haben, die mit der Problematik der frühgeschichtlichen Wehranlagen einschließlich der slawischen Burgwälle in den verschiedenen Gebieten zusammenhängen. In seiner grundlegenden Arbeit (P. Grimm 1958) legte er der Öffentlichkeit für ein Gebiet eine Zusammenstellung der Wehranlagen und der über sie bekannten historischen Daten sowie eine Analyse der dazugehörigen archäologischen Quellen vor. Da die Burgwallfrage in der Nachkriegszeit gleichfalls zu den wesentlichsten thematischen Aufgaben der tschechischen Forschung gehörte und auch ich bemüht war, durch Ausgrabungen und theoretische Arbeiten zu ihrer Lösung beizutragen, hielt ich es für angebracht, mich mit einem Aufsatz, der diese Problematik berührt, an dieser Schrift zu beteiligen.

Während wir über die Bauweise der slawischen Wallmauern durch die neuen Ausgrabungen verhältnismäßig gut unterrichtet sind, da der Verlauf der Befestigungsanlagen zumeist auf den ersten Blick kenntlich ist, treten uns Tore, gegebenenfalls auch Wehrtürme, lange nicht so klar entgegen, da diese vielfach im Gelände kaum mehr sichtbar sind. Im besten Falle gibt die Wallgestaltung zwar eine Vorstellung vom wesentlichen Grundrißschema des Tores, niemals aber hilft sie die genaue Form des Torgrundrisses, die Konstruktion des Tores und seine Sicherungsanlagen erhellen. Dies vermochten allein die planmäßigen Ausgrabungen, die in neuerer Zeit durchgeführt wurden und die uns eine Analyse von 28 Toren ermöglichten; leider stehen uns derzeit noch nicht alle zur Veröffentlichung zur Verfügung. Das angesammelte Vergleichsmaterial konnte zu einer bestimmten Anzahl von Grundriß- und Konstruktionsvarianten geordnet werden, die die Möglichkeit zu einer Typenordnung der Tore gaben und gleichzeitig die Richtung der Entwicklung vermuten lassen, die der Wehrbau bei der Vervollkommnung der verwundbarsten Stelle im Abwehrsystem einschlug.

Mit der Frage des Tores bei vorzeitlichen befestigten Siedlungen und später bei Wehranlagen im Verlaufe der vor- und frühgeschichtlichen Entwicklung befaßte sich kurz nach dem ersten Weltkrieg F. Behn, der in seiner bekannten Studie (F. Behn 1919/20) vor allem die Art des Sicherungssystems hervorhob, durch das der Zugang zur Wehranlage geschützt werden sollte. Dies konnte, wie vom Verfasser beobachtet, einmal durch Traversierung, zum anderen durch Flankierung erreicht werden.

Mit der Frage der Tore beschäftigte sich im breiteren Rahmen der Wehrbauproblematik im weiten Raume des europäischen Kontinents C. Schuchhardt (1931). Seine Ausgrabungen in Arkona und am Schloßberg bei Feldberg (C. Schuchhardt 1926) bildeten auch die wichtigste archäologische Quelle für L. Niederle, der in seinem Werke Slovanské Starožitnosti (1925, S. 636ff.) den slawischen Toren und Türmen entsprechend Beachtung und Raum gab. Die meisten seiner Erkenntnisse schöpfte er allerdings aus Schriftstellernachrichten, insbesondere aus den Beschreibungen des Saxo Grammaticus (vgl. L. Niederle 1953, S. 482). In der Zeit kurz nach dem zweiten Weltkrieg setzten sich die polnischen Forscher die Untersuchung der verschiedenen Formen der Abwehrsysteme bei slawischen Burgwällen zum Ziel und widmeten auch den Toren die gebührliche Aufmerksamkeit. Sie knüpften an das Werk L. Niederles an und veröffentlichten kurz vor dem Kriege durchgeführte Grabungen. J. Kostrzewski bearbeitete die Grabung Santok (A. Brackmann und W. Unverzagt 1936) und Kłecko (W. Hensel 1939). Selbst die zusammenfassende Arbeit von W. Hensel (1948), in der er das Problem der westslawischen Burgwälle in Gegenüberstellung mit den Wehranlagen der benachbarten germanischen Zentren behandelt und eine Übersicht über die vorzeitliche Entwicklung gibt, bringt, was die Frage der Torbauweise betrifft, keine wesentlich neuen Erkenntnisse. Hingegen gelang es P. Grimm, bei seiner Betrachtung der Tore der karolingisch-ottonischen Pfalz Tilleda eine Typenordnung der bisher im westeuropäischen Gebiet entdeckten Tore nach ihrer Grundrißform vorzunehmen und 4 Grundtypen herauszuarbeiten, die auch für die slawischen Tore zutreffend sind (P. Grimm 1961, S. 203ff.). Diese Klassifizierung übernahm auch R. v. Uslar (1964, S. 207ff.).

Erst durch die neuen nachkriegszeitlichen Grabungen kam die Forschung so weit voran, daß das bei den Ausgrabungen gewonnene Bild zur Grundlage einer vergleichenden Studie werden konnte. Man legte Tore in Böhmen (Alt Kouřim, Levý Hradec, Libušín, Vlastislav, Klučov, Kouřim-St. Georg), in Mähren (Líšeň, Staré Město), in der Slowakei (Jur „Neštich"), in Ungarn (Zalavar), in Polen (Czerchów, Kłecko, Bródno Staré) und in letzter Zeit vornehmlich in deutschen Gebieten (Behren-Lübchin, Tornow) frei. Da eine Gegenüberstellung der verschiedenen Toranlagen im slawischen Siedlungsraum derzeit noch aussteht, obwohl eine vorläufige Klassifizierung bei der monographischen Bearbeitung der einzelnen Wehranlagen durchgeführt wurde (M. Šolle 1963) und auch ein gewisser Überblick über die bisher gewonnenen Befunde nicht fehlt (R. v. Uslar 1964, S. 242, Anm. 1052), möchte ich den Versuch unternehmen, eine Typenordnung auf Grund der zu Gebot stehenden Grabungsergebnisse und chronologischer Erwägungen zu erarbeiten.

Selbst wenn es bislang nicht allzu viele systematisch untersuchte Toranlagen in dem in Frage kommenden Raume geben mag, so finden wir unter ihnen doch alle Hauptphasen der slawischen Entwicklung (8.—12. bzw. 13. Jh.) vertreten.

Das Ziel unserer Arbeit soll sein, der Richtung der Toranlagenentwicklung nachzuspüren und die ersten Schritte zu tun, sie in ihrem Wesen zu erfassen, wobei gleich eingangs gesagt sein soll, daß wir als Kriterien die Anzahl der Tore im Wehrbau, ihre Lage, ihre Sicherung und Ausmaße ansehen wollen, während die Herkunft der Sicherungsart und der Ursprung der Toranlagenformen bislang nur vermutet werden können, da die Grundtypen der Tore zumeist spontan in verschiedenen voneinander entfernten Gebieten ohne nachweisbare Verbindung und Beeinflussung erschienen.

Die Anzahl der Tore wurde im Verlaufe der Entwicklung gegenüber dem Neolithikum geringer, wie F. Behn (1919/20, S. 117) betonte. Meiner Meinung nach entsprach die Anzahl der Tore einmal der Funktion der Wehranlage, zum anderen ihrem Umfang, wobei letzterer in engem Zusammenhang mit der Zweckbestimmung des Wehrbaus stand. Denn es ist leicht einzusehen, daß die befestigten Siedlungen der Jungsteinzeit andere Aufgaben zu erfüllen hatten als die befestigten Oppida der Kelten, deren meisterlich ausgeführten Sicherungsanlagen beim Torbau allgemein bekannt sind, und daß die Lausitzer befestigten Höhensiedlungen anderen Zwecken dienten als die slawischen Burgwälle, wo Tore in möglichst geringer Anzahl erscheinen und zumeist am Zugangs- und Hauptweg, der dann quer durch das Burgwallareal führte, errichtet wurden. Es ist klar, daß die Zahl der Tore der Zahl der Wallmauern entsprechen mußte. Bei großen Burgwällen, die die Zentren der Stammesgebiete in der klassischen, mittelslawischen Zeit darstellten, gab es natürlich mehr Tore als bei den kleinen, die man entweder als Herrensitze oder als „castella" mit vorwiegend militärischem Gepräge aufzufassen hat und für die in der späteren Entwicklung das Auftreten eines einzigen Tores bezeichnend ist (Alt Lübeck, Kliestow u. a.). Dies trifft auch für die kleinen Höhenburgen und Niederungsrundwälle zu. Beim heutigen Stand der Forschung ist oft schwer zu entscheiden, wieviel Tore eigentlich vorhanden waren, da die Ausgrabungen

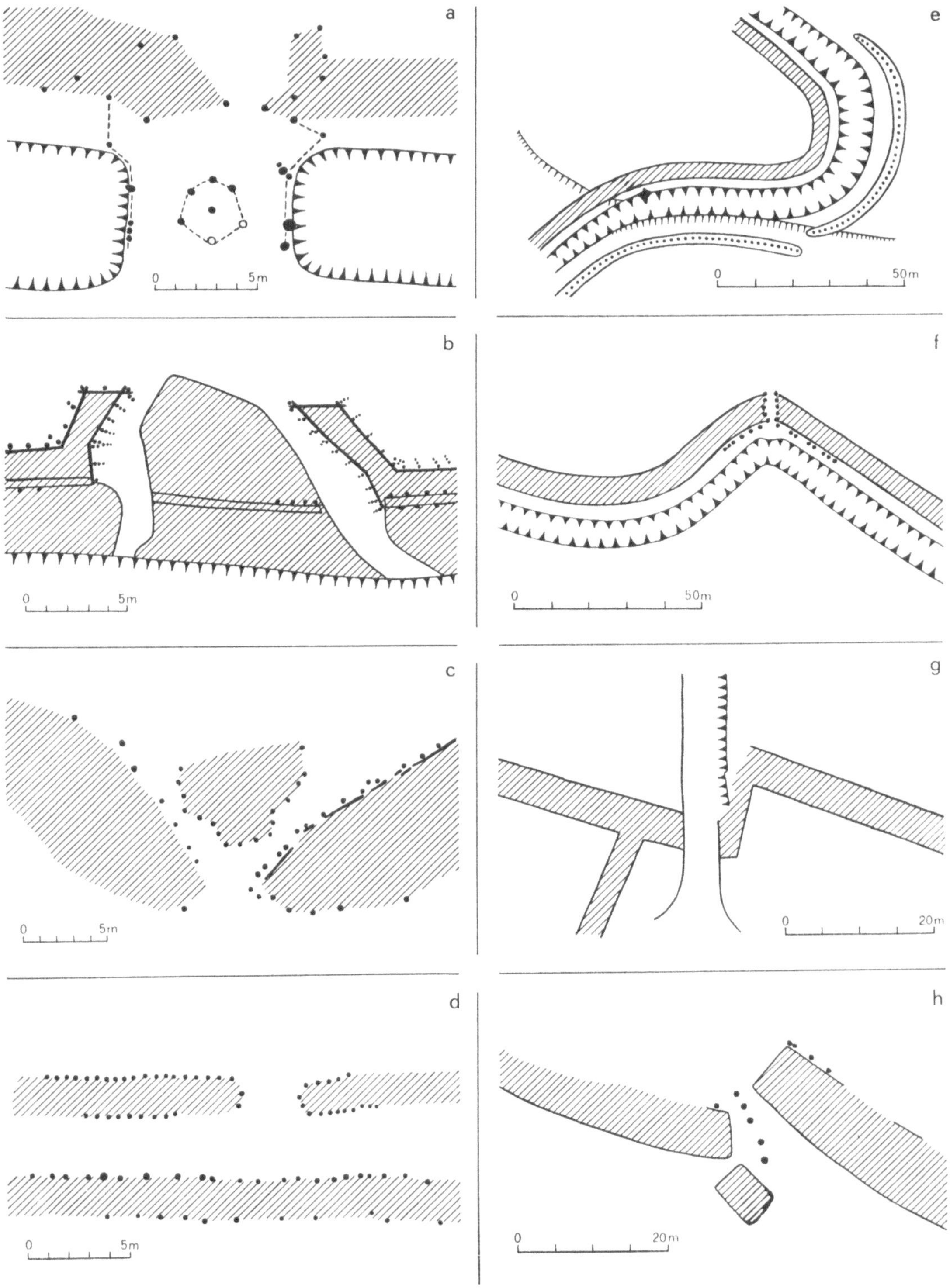

Abb. 1. a—b) Das doppelflügelige Tor — Typus III A; a) Klučov bei Český Brod, Böhmen, 9. Jh.; b) Alt Kouřim, Bez. Kolín, Böhmen, 9. Jh.; c—d) das doppelflügelige Tor — Typus III B; c) Levý Hradec bei Prag, Böhmen, 9. Jh.; d) Zalavár, Bez. Veszprém, Ungarn, 9. Jh.; e—h) Tor mit seitlichem Eingang — Typus I A und I B; e) Klučov bei Český Brod, Böhmen, 8. Jh.; f—g) Libušín, Bez. Kladno, Böhmen, 9.—10. Jh.; h) Tor mit frontalem Eingang — Typus II D, Alt Kouřim, Bez. Kolín, 9.—10. Jh.

häufig nicht umfangreich genug sind. Die Lage des Tores hing vom geomorphologisch bedingten Typus der Wehranlage ab und konnte auch seine Form beeinflussen. Eine Toranlage in einer Ecke der Befestigungsanlage ist lediglich bei Abschnittswällen und fortifikatorisch entfalteten Wehrbauten mit mehrfachem Wallgürtel zu erwarten.

Der Tortypus mit seitlichem Eingang — Grimms Typus II — entstand entweder durch das Übereinandergreifen der Mauerenden (IA — Libušín-Typus, Abb. 1f) oder durch die Verlängerung des Wehrmauerarmes auf die Art, daß der Angreifer gezwungen wurde, sich mit ungeschützter rechter Flanke dem Tore zu nähern (Typus IB). Diese Maßnahme zum Schutze des Eingangs erinnert stark an die Sicherung der Toranlage bei den alten Kelten und ist nicht allzu häufig bei den Slawen zu finden. Am anschaulichsten tritt sie uns auf der Höhenburg Klučov entgegen, wo sie den Eingang zum älteren, noch in das 8. Jh. zu datierenden Ringwall bildete. Der Wallarm, der den 70 m langen Durchlaß flankierte, war durch eine doppelte Palisade mit je einer Reihe senkrecht und schräg eingelassener Pfosten verstärkt, während die eigentliche Wallmauer mit dem Graben an der anderen Seite der Torgasse nur durch eine einfache Holzschale mit senkrechten Bindepfosten verkleidet war (J. Kudrnáč 1954, S. 54ff., Abb. 29, 31). Obwohl wir diese Torvariante bisher nur ausnahmsweise bei durch Grabung erschlossenen Burgwällen antrafen, dürfen wir solche Anlagen doch bei einer Reihe weiterer böhmischer Burgwälle aus verschiedenen Zeitphasen vermuten (Nalžovické Podhají, Dřevíč), ähnlich wie dies bei Höhenburgen in anderen slawischen Gebieten, insbesondere in Mecklenburg, der Fall war, für die das System der vorgeschobenen Mauerschenkel mit übereinandergreifenden Mauerenden geradezu bezeichnend ist (W. Bastian 1955; Klein Luckow S. 159; Quadenschönfeld S. 163; Groß Görnow S. 170; Feldberg S. 173), da die angetroffenen Grundrißformen zu solcher Erwägung berechtigen.

Ebenso altertümlich wie das Tor mit übereinandergreifenden Mauerenden ist der Tortypus mit frontalem Eingang, der senkrecht durch die Wehrmauer geführt wurde (Grimms Typus I). Für ihn sind bald einfach verstärkte Wallenden, wie in Menkendorf, Kr. Ludwigslust (E. Schuldt 1954, S. 70—74), bald einbiegende Mauerenden oder Torwangen (IIB), bald vorspringende Wangen (IIC) bezeichnend. Typus IIC in reichlich vereinfachter Form begegnet häufig bei befestigten neolithischen Siedlungen (Hl. Mašuvky, Urmitz, Mayen), also auch dort, wo das fortifikatorische Gepräge nicht so ausdrucksvoll entgegentritt wie bei den späteren slawischen Burgwällen. Im wesentlichen geht auch das jüngere Klučover Tor von diesem Prinzip aus, das wir unten noch näher besprechen werden. Als althergebrachte Torform können wir auch den Typus mit einbiegenden Mauerenden oder Torwangen ansehen (IIB). Bei sehr einfachen Palisadenwällen, vornehmlich bei solchen, die einer primitiven Pfahlzaunumwehrung gleichen und altertümlichen Ursprungs sind, wie dies z. B. bei der ältesten Phase der Befestigungsanlagen der Sandinsel Santok der Fall war (A. Brackmann und W. Unverzagt 1936, Plan II), nehmen wir naturgemäß keinen Torturm oder -überbau, sondern höchstens einen einfach gedeckten Torweg (Abb. 2a) an.

Beide angeführten Tortypen, sowohl der frontale mit eingebogenen Torwangen (Typus Santok) als auch der seitliche mit vorgeschobenem Mauerschenkel und übereinandergreifenden Enden (Typus Klučov), gehören zu „Siedlungsburgen“ mit stark agrarischem Gepräge und dichter, man möchte sagen dorfartiger Besiedlung. Von diesen Torformen unterscheidet sich merklich das Tor vom frontalen Typus, das in Tornow, einem Burgwall in der Niederlausitz, der einmal als sehr früher Herrensitz, ein andermal als befestigter „Ansitz“ mit ausschließlich landwirtschaftlichem Aufgabenbereich (Mahlhaus, Getreidespeicher) gedeutet wird (J. Herrmann 1966, S. 20ff.). Meiner Ansicht nach setzt auch letztere Auslegung dieselbe gesellschaftliche Differenzierung voraus. Als eine frühe Herrenburg sehen Tornow H. Preidel (1961, S. 60—62), A. Hejna (1967) und auch der Verfasser dieser Arbeit (M. Šolle 1966a, S. 134, Anm. 1) an. Der kleine Rundwall war schon von einer verhältnismäßig breiten Wehrmauer in Rostkonstruktion umgeben, so daß die Torgasse ziemlich lang war; im Kasemattenbereich führte sie jedoch nicht geradlinig weiter, sondern erfuhr eine Abknickung, wohl aus strategischen Gründen. Aber auch bei diesem Tore erwägt der Ausgräber keinen turmartigen Überbau, sondern lediglich Abdeckung mit Rundholz und gegenüber den anschließenden Wallmauern eine etwas erhöhte Toranlage (Abb. 2e).

In der ältesten Phase der Burgwallzeit, noch vor dem Jahre 800, ist demnach die ganze Entwicklung der slawischen Toranlagen bereits vorgezeichnet, und die drei Grundtypen der Tore erscheinen in vereinfachter Form schon zu dieser Zeit. Die weitere Entwicklung bringt im wesentlichen nur eine erhöhte Findigkeit in strategisch günstigen Sicherungsmaßnahmen und eine hiermit verbundene verstärkte Fortifikation der Toranlage.

In der mittleren Burgwallzeit tritt ein neues Element zum Torbau hinzu. Der für die Toranlage bestimmte Raum wird stark verbreitert, und ein Mittelblock teilt die oft mächtige Anlage in zwei Teile, wie wir das beim Außenwalltor in Alt Kouřim aus dem 8. Jh. (Abb. 1b) und ähnlich auch beim annähernd gleichzeitigen Klučover Tor der jüngeren Phase beobachten konnten. Während die Torwangen bei der Kouřimer Anlage jedoch nach innen einbogen, waren die Mauerenden in Klučov noch nach alter Art bis an den Umfassungsgraben vorgeschoben (Abb. 1a), den an dieser Stelle eine Erdbrücke unterbrach (J. Kudrnáč 1967). Es handelt sich hier demnach um eine Variante des oben genannten Tortyps, bei der ein bastion- oder turmartiges Gebilde den Eingang schon an der Vorderfront der Wallflucht gliedert (Typus III A; M. Šolle 1953, S. 349ff.; 1966b, S. 104ff.). Eine andere Variante dieses Tortyps (Abb. 1c) sehen wir in Levý Hradec, wo der Mittelblock im Gegensatz zu der oben beschriebenen Torform nicht bündig mit der Wallvorderfront, sondern an der Innenseite errichtet wurde und schon z. T. in den Burgbering hineinreicht (I. Borkovský 1955, S. 654ff.). Dem strategischen Zweck, den gefährdeten Zugangsraum fortifikatorisch zu verstärken und die Sicht in den Burgbereich zu erschweren, wurden beide Torformen gerecht; die Variante von Levý Hradec hatte den Vorteil, daß der Durchlaß an sich verhältnismäßig schmal war und somit nur wenige Angreifer gleichzeitig in den Torraum eindringen konnten und sich überdies teilen und vor Geschossen schützen mußten, mit denen die Verteidiger sie von dem nach innen gerückten Turme überschütteten. Auch der Umstand, daß die Verteidiger in der ganzen Tiefe des Vorraumes postiert und nach Bedarf umgruppiert werden konnten, war ein günstiges Moment. Die Torform mit zwei Eingängen, das sog. doppelflügelige Tor, wurde bisher außerhalb Böhmens im slawischen Gebiet nur vereinzelt angetroffen; eine gewisse Verwandtschaft macht sich beim älteren Tore des Außenwalls von Zalavár aus großmährischer Zeit bemerkbar. Die äußere Wehrmauer dieses Burgwalls bestand, da die ihn umgebenden unzugänglichen Sümpfe einigermaßen Sicherheit boten, nur aus einer doppelten Palisadenreihe mit Erdkern (Abb. 1d), der Mittelwall, eigentlich nur ein Wallarm von 20 m Länge, zeigte die gleiche Bauweise und war drei Meter tief in den Innenbereich gerückt, das Verteidigungsvorhaben also das gleiche wie wir oben sahen, Form und Grundrißgestaltung aber verschieden (A. Sós 1963, S. 23). Das hier angetroffene Tor aber, das die Verfasserin in das 11. Jh. datierte, gleicht auf den ersten Blick zwar dem Kouřimer Tor mit nach innen einspringender Torgasse und zwei durch einen großen Mittelblock getrennten Eingängen, hat aber bei näherer Beobachtung doch einen anderen Charakter, denn der Block füllt fast die ganze Breite der Toranlage aus und läßt nur einen Durchlaß von knapp 35 cm frei. Es sieht fast so aus, als handle es sich eher um eine zusätzliche Verrammelung des Torraumes aus Sicherungsgründen (A. Sós 1963, S. 118) als ein ursprüngliches fortifikatorisches Vorhaben. Auch wenn weitere Entsprechungen aus Grabungen bisher nicht bekannt geworden sind, könnte man aus der Art des Grundrisses bei mancher Mecklenburger Höhenburg eine ähnliche Toranlage vermuten (Schulenburg: W. Bastian 1955, S. 168).

Eigentlich ist uns diese Art Torsicherung im wesentlichen schon von hallstattzeitlichen Wehranlagen (Neuhäusel im Westerwald) bekannt geworden, die auch F. Behn (1919/20, S. 105) in seiner Studie erwähnte; bei den Kelten legte man vermutlich in der späten Latènezeit ähnliche Tore an (Maiden Castle: C. Schuchhardt 1931, S. 131), und aus der Karolingerzeit ist uns eine doppelflügelige Toranlage vom Höhbeck bei Gartow, dem Kastell Karls des

Großen bekannt. Dieser sehr ausdruckvolle Tortypus mit zwei Eingängen findet bei den Altslawen bei mehrteiligen großen und bedeutenden Burgzentren, zu denen oftmals mehrere Vorburgen gehörten, Verwendung, bei Burgen, die das entfaltete Organisationssystem und die zentrale Machtstellung einer bestimmten Gesellschaftsschicht, der im Rahmen der differenzierten Gemeinschaft die Herrschaft und Leitung zukam, widerspiegelten.

Die Vielfalt der Torvarianten nimmt im 9. Jh. erheblich zu; es werden vor allem die geläufigen Frontaltore (A—D) immer reicher entfaltet. Einmal tritt zur Toranlage eine Torkammer hinzu, ein andermal ein Torturm, der bald nahezu Regel wird. Die erste Variante (II A) dokumentiert vermutlich das Tor des großmährischen Burgwalls Líšeň, wo zwei Reihen kräftiger, dicht bei dicht eingelassener Pfosten den Durchlaß begrenzen, der sich nach außen hin füllhornartig erweitert (J. Poulík 1949, S. 49ff.). Das Tor in Neštich bei Jur in der Südwestslowakei legte man zu großmährischer Zeit zwischen zwei Wallarmen mit Steinvorderfront an (L. Kraskovská 1963, S. 86ff.). Der zweite Typus (II B) erinnert häufig an die Tore der sächsischen Burgen und Pfalzen, wie sie die Ausgrabungen in Stöttinghausen und Werla (H. Schroller 1940, S. 149ff.) erschlossen. Für diese Torform spricht im slawischen Bereich der freigelegte Grundriß des Tores der großmährischen Burg Osvětimany (V. Hrubý 1959, S. 32), und außerdem können wir sie bei einer Reihe bis jetzt noch nicht untersuchter böhmischer Burgwälle, wie Češov und Kněží Hora, vermuten, deren Tore vorspringende Mauern mit einbiegenden Mauerenden zeigen (J. L. Píč 1909, S. 265, Abb. 159; S. 215, Abb. 112). Selbstverständlich läßt sich ohne Grabung aber nicht sicher entscheiden, ob bei diesen Toren mit einbiegenden Mauerenden oder Torwangen nicht doch ein Mittelblock und somit ein Tor mit zwei Eingängen — unser doppelflügeliger Tortypus II A — vorhanden war.

Das Bestreben, den Eingang einmal durch Tortürme zu schützen, ein andermal durch Vorsprünge der Wehrmauer, also durch eine Art Bastion oder eine Krümmung des Walles an den Torflanken bessere Verteidigung zu erlangen, bildet die Grundlage zu einem weiteren Tortypus, der im wesentlichen die senkrechte Führung des Durchlasses durch die Wallmauer beibehält und auch einen ähnlichen Grundriß mit dicht gestellten doppelten Pfostenreihen aufzeigt.

Die Verteidigung des schwächsten Punktes der Bewehrung, des Tores, konnte nun entweder vom vermuteten Torturm aus geschehen oder von den bastionsartigen Vorsprüngen der Wallmauer, die die Toranlage seitlich flankierten; mitunter wurden beide Verstärkungselemente bei einer Toranlage angetroffen (Typus II D). Das Kouřimer Tor aus dem 9. Jh., das senkrecht durch den durch Kasteneinbauten und Pfostenstützen gekennzeichneten Mittelwall geführt wurde, kann als repräsentatives Beispiel einer solchen Torform angesehen werden (Abb. 1f). Im Grundriß werden der etwas breitere, vordere Teil des Eingangs, „die Kammer“ mit Steinpflaster, und die eigentliche enge Torgasse dem Innenbereich zu kenntlich. Dieses Tor wurde in anderer Bauweise bei der Erneuerung des Mittelwalls in der ersten Hälfte des 10. Jh. in gleicher Form von neuem errichtet (M. Šolle 1966b, S. 107, Abb. 23).

Der Beginn des 10. Jh. ist ansonsten durch das altertümelnde atypische Tor des Außenwalls von Staré Město mit archaischer dreifacher Palisadenwehr und Kasteneinbauten vertreten, das rechtwinklig vorspringende Torwangen zeigt. Der eigentliche bis zu 6 m breite Durchgang führt durch einen Hohlweg. Das altertümliche Gepräge und eine gewisse Primitivität in Wallbauweise und Torkonstruktion hängt wohl mit der außergewöhnlichen Entwicklung der Siedlungsagglomeration von Staré Město zusammen, wo immer wieder neue Niederlassungen, z. T. auch Handwerkerviertel, dem Zentrum zugeordnet wurden, die allesamt an der Wende des 9. und 10. Jh., vielleicht unter dem Druck einer unmittelbaren Gefahr, die diesem schon „stadtähnlichen Gebilde“ (V. Hrubý 1965, S. 222ff.) drohte, zusätzliche Umwehrung durch eine Wallmauer erfuhren. Die beiden Tore des Libušíner Burgwalls wies man gleichfalls dem 10. Jh. zu, obgleich diese Datierung nicht endgültig sein dürfte (J. Böhm 1950, S. 79ff.). Das Tor Nr. 1 (Abb. 1g) an der Westseite der Wehranlage, das den Zugang zum Wasser im Tale ermöglichte, war ursprünglich ein klassisches Beispiel für die Torform mit leicht übereinandergreifenden Mauerenden (Typus IB) in einer Holzerdemauer mit Steinvorderfront und Kasteneinbauten im Wehrgang (J. Kabát 1952, S. 291, Abb. 170). In der jüngeren Phase baute man dieses Tor um, fügte eine Verbindungsmauer hinzu, die den seitlichen Eingang sperren sollte, und legte einen frontalen Eingang an, zu dem der Zugang durch einen Hohlweg führte. Verlängerte Wallarme schützten nun in Talrichtung den Zugang zum Wasser. Die Anlage des östlichen Tors Nr. 2 (Abb. 1h) beruht auf dem Prinzip des erhöhten Flankenschutzes. Während die eine Seite durch die nach innen einspringende Torwange gekennzeichnet ist, erhielt die andere, stärker bewehrte, besonderes Eigengepräge durch einen vorspringenden rechteckigen Turm (6,40 × 4,85 m) im verlängerten linken Wallarm und eine selbständige Pfostenwehr im Torbereich, die diesen mit dem Wehrturm zur Linken verband (Typus IA). Die trocken gesetzte Steinmauervorderfront und der vorgeschobene rechteckige Wehrturm von Libušín bedeuten einen großen Fortschritt der Wehrbaukunst im Přemyslidengebiet (J. Kabát 1952, S. 293, Abb. 171).

In demselben Jahrhundert erhielten die beiden Torformen — Zangen- und Vorhoftor, Typus 3 und 4 im Sinne von P. Grimm (1961, S. 204), die in der jünger- und spätburgwallzeitlichen Entwicklung durchaus vorherrschend waren — ihr charakteristisches Gepräge. Bei beiden Typen finden wir Türme zum Schutze des Tores. Die eine Torform entwickelte sich aus dem älteren Typus IIB mit Torkammer und langen, nach innen einbiegenden Torwangen, die andere wiederum aus Typus IIC, indem sie von dem Prinzip der nach außen vorspringenden Mauerenden ausgeht und Vorsprünge im Mauerwerk, Risalite oder Bastionen bildet.

Der erste Typus, das „Vorhof-“ oder „Kammertor“ mit Turmüberbau (Abb. 2b), ist uns in dieser Zeit von Bródno Stare (K. Musianowicz 1956, S. 23ff., Taf. XVIII) bekannt geworden. Bei dieser Torform erwies sich die sehr lange Torgasse als ausnehmend vorteilhaft. Im 11. Jh. benutzte man diese Art Toranlage in Groitzschen, einer Wehranlage, die sich zwar im slawischen Siedlungsraum der Lausitzer Sorben erhob, im 11. Jh. aber bereits unter der Verwaltung des Deutschen Wiprecht von Groitzsch stand (P. Grimm 1951, S. 184ff.; 1958, S. 107ff., Abb. 25). Das Tor reicht bis 8 m in den Innenbereich hinein. Eine Unterbrechung im Umfassungsgraben an dieser Stelle dürfte für eine Erdbrücke sprechen. Bei der Ausgrabung wurden Spuren einer Holzkonstruktion, die einen Torturm belegen, und die Bauweise der Torwangen, die aus waagerechten Balkenlagen bestanden, gut kenntlich. Die gleiche Torform wie hier ist uns von der Burg Arkona bekannt geworden (11.—12. Jh.), wo einzelne Teile der Torwangenkonstruktion bis in unsere Tage erhalten blieben. Die Torgasse war annähernd 10 m lang und unter dem Turm deutlich enger als in dem übrigen Teile. In den Pfostenstellungen beiderseits der Torgasse waren kräftige Pfosten dicht bei dicht in den Boden eingerammt. Auch über dem Tor kann man nach den Grabungsbefunden einen hohen Torturm annehmen und rekonstruieren. Bei der Rekonstruktion entsprechender Tore leistet auch der Revers des Denars Jaromars I. von Rügen (1168—1217) wichtige Hilfe (W. Petzsch und G. Martiny 1930, S. 242ff., S. 254).

Die zweite, für die jüngere Burgwallzeit charakteristische Torform ist die aus der Wallmauerfront vorspringende Toranlage, die uns von Kłecko (W. Hensel 1939, S. 279; J. Kostrzewski 1949, S. 103) bekannt geworden ist. Dieses Tor ragt risalitförmig ca. 5 m aus der Walllinie vor. Der Typus der mit Türmen ausgestatteten und bastionartig verstärkten Tore, die aus der Wallflucht heraussteh en, begegnet insbesondere bei polnischen Burgen (Czerchów, Gniezno, Wroclaw), aber auch bei Kliestow an der Oder. Das Tor der zum Außenwall gehörigen seitlichen Wehrmauer von Strzegón (Striegau) in Schlesien (Abb. 2d), das G. Bersu (1930, S. 17ff.) beschrieb, war ähnlich gestaltet wie das Kliestower Tor, und auch hier dürfen zu beiden Seiten der Toranlage zu Recht Türme vermutet werden. Gerade die Verstärkung und Sicherung des Tores durch eine steigende Zahl von Türmen ist für die Spätphase der slawischen Entwicklung bezeichnend.

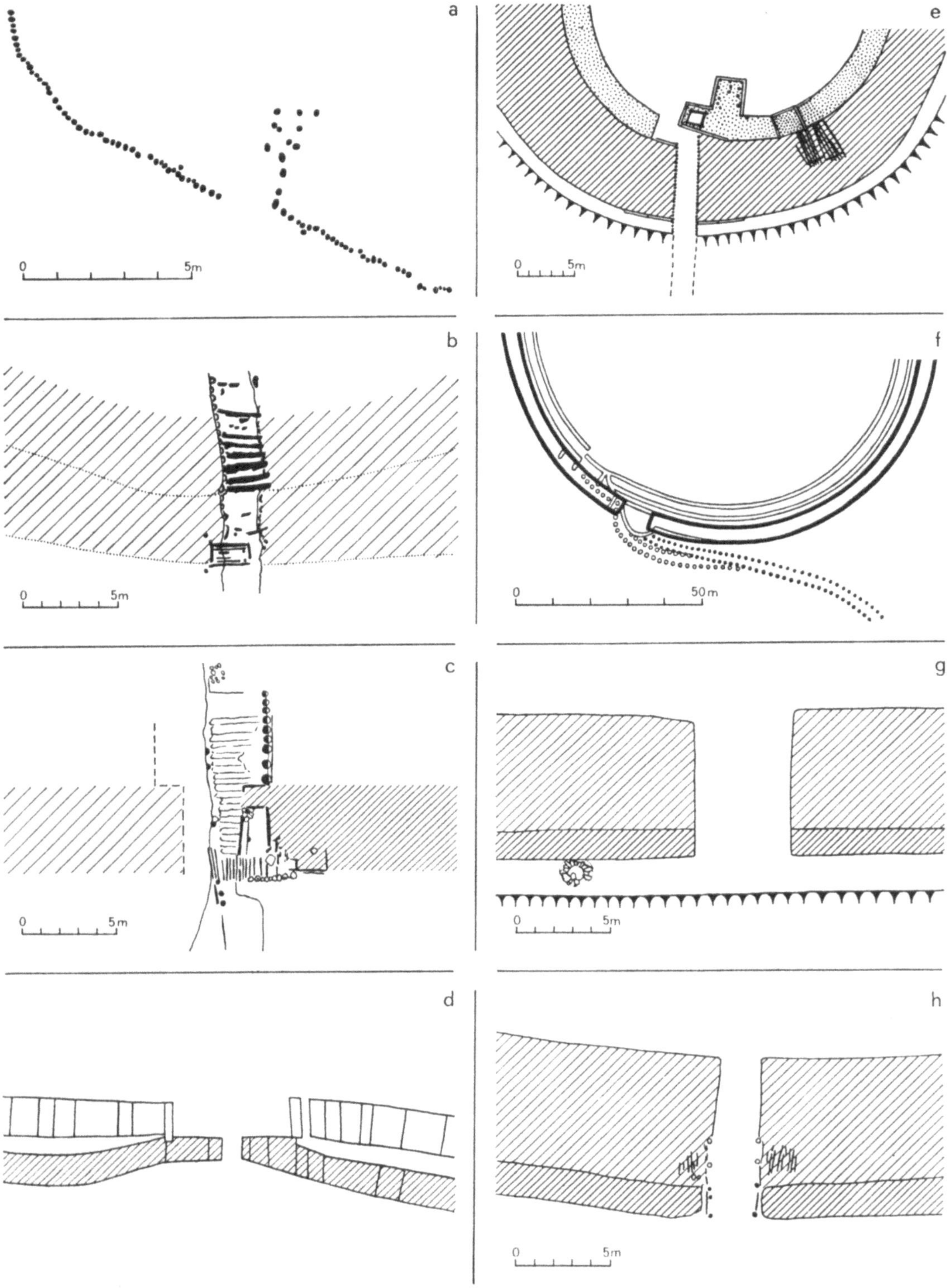

Abb. 2. a—c) Tor mit einbiegenden Mauerenden — Typus II B; a) Santok, Bez. Gorzów Wielkopolski, Polen, 8.—9. Jh.; b) Bródno Stare, Bez. Warszawa, Polen, 10.—11. Jh.; c) Arkona, Rügen, 11.—12. Jh.; d) Strzegoń (Striegau), Schlesien; e) Typus II A; f—h) jüngere Varianten in Verbindung mit Seitentürmen und Bastionen; e) Tornow, Bez. Cottbus, 7.—8. Jh.; f) Behren-Lübchin, Mecklenburg, 11.—12. Jh.; 2 Phasen; g—h) Kouřim-St. Georg, Bez. Kolín, Böhmen: Süd- und Nordtor

Solch ein fortifikatorisch verstärktes Abwehrsystem können wir auch auf der Herrenburg der Děpolticer in Kouřim-St. Georg beobachten (Abb. 2g—h). Das Südtor zwischen zwei Wallmauerarmen von etwa 9 m Breite war zwar nur von einfacher Konstruktion und trug einen durch Pfostenlöcher belegten Torturm (Typus II A — Abb. 2h); am nördlichen Wallteil aber über der Schlucht, die die St. Georg-Höhe von St. Kliment trennt, stießen wir auf eine Toranlage von ziemlich großem Umfang (Abb. 2g), die beim heutigen Stand der Ausgrabungen noch nicht sicher deutbar ist. Sollte es sich aber als richtig erweisen, daß das Gebilde mit Innenverblendung, einem äußeren Durchmesser von 1,40 m und einer lichten Weite von 1 m Durchmesser tatsächlich als Turm angesprochen werden kann, so bedeutete dies, daß wir einen in dieser Gegend so seltenen Beleg eines Steinturms vor uns hätten, der die Befestigungsanlagen des Wehrbaus aus dem 11. und 12. Jh., konkret die Bewehrung des Tores, verstärkte.

Die Tore der Prager Burg, die wir bei dem Chronisten Cosmas mehrmals erwähnt finden (B. Krzemieńska 1960, S. 95), wurden in letzter Zeit vor allem im Bereich „Bílá věž" und „Černá věž" belegt (I. Borkovský 1959, S. 269ff., 318ff.) und fußen mit ihrer Tradition im 9.—10. Jh. (I. Borkovský 1961, Abb. 28—29). Sie waren wohl aus Holz und von turmartigem Gepräge und wurden zur Regierungszeit Břetislavs I. und Soběslavs (11.—12. Jh.) allmählich durch Steinbauten ersetzt. Nach den bisherigen Befunden waren sie durchweg mit der Wallmauerfront verbunden. Auch auf den abotritischen Niederungsburgen in Insellage begegnen für gewöhnlich zu dieser Zeit Tore mit Seitentürmen oder Bastionen. In Behren-Lübchin traf man in der älteren Phase des Burgwalls ein derartiges Tor an, während in der jüngeren Phase ein einfaches Tor mit Torturm (Typus II A) erscheint (E. Schuldt 1964, S. 264, Abb. 2).

Die lichte Weite des Tores, der eigentliche Durchlaß, pflegte nicht besonders groß zu sein und ist nicht maßgeblich für die Zeitstellung des Walles. Strategische Gründe veranlaßten die Verteidiger, die Tore so eng wie möglich zu bauen. Diese Tendenz kommt besonders bei den doppelflügeligen Toren mit Mittelblock gut zum Ausdruck, die durchweg der mittleren Burgwallzeit angehören. Die mächtige Toranlage des Kouřimer Außenwalls, die insgesamt eine Breite von 25 m aufweist, hat zwei Durchlässe von je 160 cm lichter Weite, genau wie das jüngere Klučover Tor, das 7,60 m breit ist. Etwa 2 m Innenweite hatten die Tore von Czerchów und Bródno Stare. Beide Libušíner Tore erreichen etwa 2,20 m lichte Weite, das Groitzschener Tor ebenfalls; die Innenweite des Tores in Kłecko beträgt 2,50 m, die des älteren Tores von Zalavár 2,60 m, und das mittlere Kouřimer Tor verengt sich von 3,50 m auf 2,60 m. Die Torgasse auf Arkona verschmälert sich von 3,50 m auf 1,50 m lichte Weite in der Torkammer. In Kouřim-St. Georg ist der eigentliche Durchlaß des Südtores aber schon 2,60 m breit, in Potsdam hat das Osttor über 3 m lichte Weite, das östliche Tor der Römerschanze sogar 3,50 m, das jüngere Tor von Zalavár vor der Verrammelung 3,30 m. In Levý Hradec ist die Torgasse 3,50 m und in Staré Město die engste Stelle der Torgasse 3,50 m breit. Breitere Durchlässe kennen wir bei systematisch ausgegrabenen Toren bislang nicht. Aus den angeführten Werten läßt sich eine Tendenz der Entwicklung aber kaum herauslesen, denn die angegebenen lichten Weiten von 1,60 bis zu 3,50 m entsprechen einmal den Verteidigungsmöglichkeiten der damaligen Zeit im allgemeinen, zum anderen wohl auch der Spurbreite, die bei den Altslawen üblich war.

Aus all dem, was wir hier sagten, ergibt sich, daß die Entwicklungstendenzen beim Torbau weder durch die Breite der Durchlässe noch durch die Vermehrung der Typen und Varianten auf im wesentlich gleicher Grundrißform zu ermitteln sind. Wir beobachten vielmehr die Herausbildung besonderer Formen und Typen am häufigsten in der mittleren Burgwallzeit, im Verlaufe des 9. und 10. Jh. also. In der jüngeren und späten Burgwallzeit hingegen kommt es allem Anschein nach zu einer größeren Beständigkeit in der Typenwahl beim Torbau. Diese Erscheinung dürfen wir uns vielleicht am besten mit dem prozentual geringeren Anteil der großen und mehrteiligen Burgwälle in diesem Zeitraum erklären, für die funktionell differenzierte Burgteile bezeichnend waren. Andererseits können wir das Bestreben nach immer mächtigeren Befestigungsanlagen und vollkommenerer Fortifikation der Wallmauern und deren zunehmende Breite nicht übersehen, die mit der Tendenz Hand in Hand gehen, den Zugangsweg zur Wehranlage strategisch am besten zu schützen und den Eingang des Tores auf jede mögliche Art zu sichern. Dabei wurden der turmartige Überbau des Tores, der die Beschießung des Angreifers von oben ermöglichte, und die vorspringenden Bastionen und Flankentürme, also der seitliche Torschutz, in immer vollkommenerer Art einander ergänzend verbunden. Es handelt sich hier um ein ähnliches Phänomen, wie es P. A. Rappoport (1961, S. 158ff.; 1967, S. 206ff.) vom 10. Jh. an bis zum Ausgang des Mittelalters bei den ostslawischen Wehrbauten verfolgen konnte.

Tor und Turm können, wie wir sahen, nicht gesondert von der Gesamtbewehrung der slawischen Burgwälle betrachtet werden, da die Sicherung des Eingangs der Wehranlage gerade die vornehmlichste Aufgabe des Wehrbaues war. Auch die freistehenden oder mit der Wehrmauer verbundenen, beliebig postierten Türme, die bei den Ausgrabungen bisher erschlossen wurden, pflegten nicht allzuweit vom empfindlichsten Punkt der Verteidigung, dem Tore, entfernt gewesen zu sein. So deutet J. Kudrnáč (1967) eine Gruppe eingetiefter Pfostenlöcher, die einige zehn Meter von dem Klučover Tor entfernt waren, als viereckigen Turm.

Einen Wehrturm dürfen wir auch in der Nähe des Südtors auf Alt Kouřim vermuten, wo ein ungewöhnlich tief eingelassener Firstträger in zentraler Lage für solch ein Objekt spricht. Ferner gliederte, wie schon gesagt, ein Mittelblock das Tor des Kouřimer Außenwalles.

Verhältnismäßig gut konnte die ehemalige Existenz eines viereckigen Wehrturms aus gleichtiefen Pfostenlöchern im Geviert in der Vorburg des Burgwalls von Pobedin aus der 2. Hälfte des 9. Jh. erkannt werden (D. Bialeková 1963, S. 359ff.). Solche Türme begegnen neben den eigentlichen Tortürmen, die wir oben besprachen, in der jüngeren und späten Burgwallzeit einige Male. Schon in der ältesten Phase des Burgwalls Sasiadka (Pow. Zamość) um die Mitte des 11. Jh. erschien, mit der Wehrmauer verbunden, ein rechteckiger Turm unweit der Toranlage. Im 12. Jh. traten dann zwei weitere viereckige Türme hinzu, deren Aufgabe es war, den Eingang zu diesem Wehrbau zu schützen, und die in gewisser Hinsicht an unsere Entdeckung auf Kouřim-St. Georg erinnern (J. Gąssowski, 1953, S. 101). Der späten Burgwallzeit gehört der Turm in Blockbautechnik an, den B. Novotný (1961, S. 98ff.) in Rokytno bei Mor. Krumlov antraf und der 2,30 m breit war. Von den bisher nicht durch Grabung erschlossenen Burgwällen südlich der Ostseeküste sei in diesem Zusammenhang Rothemühl, Kr. Pasewalk, genannt, auf dessen Wall drei Erhebungen beobachtet wurden, die vermutlich drei Wehrtürme bedeuten (Denkmalpflege in Mecklenburg, Jb. 1951/52, S. 36).

Über Türme und Tore bei slawischen Wehranlagen gibt es auch keine Angaben in Schriftquellen, die unsere Vorstellungen über diese wichtigen Befestigungselemente ergänzen könnten[1]).

Zusammenfassung

Die Grabungsergebnisse nach dem zweiten Weltkriege gestatteten, im Siedlungsbereich der Westslawen eine Typenordnung der Tore nach Form und Sicherungsweise vorzunehmen Bei Berücksichtigung der Datierung der einzelnen Typen wurde der Versuch unternommen, die wesentliche Richtung der Entwicklung im Rahmen des gegebenen Zeitraums (8.—12. Jh.) zu bestimmen. Da durch Ausgrabungen kaum mehr als 30 Toranlagen erschlossen wurden,

[1]) In diesem Zusammenhange verweise ich den Leser auf die Arbeit L. Niederles, der bei seiner Beschreibung der Toranlagen von Arkona und Rethra aus den Berichten des Saxo Grammaticus und Thietmars (L. Niederle 1925, S. 635) schöpfte. Die Erwähnungen über Tore, die bei den mittelalterlichen Autoren Ebbo und Herbord zu finden sind, faßt R. Kiersnowski (1953) in seiner Arbeit zusammen. W. Hensel zitiert im Zusammenhang mit seiner Beschreibung des Holzturms von Kruszwica, in dem sich Popiel verbarg, den Schrifsteller Gallus Anonymus (W. Hensel 1960, S. 96). Über die böhmischen Tore, von denen der Chronist Cosmas berichtet, siehe Näheres bei L. Niederle (1925, S. 63 I) und B. Krzemieńska (1960, S. 95).

ist es durchaus möglich, daß die weitere Forschung diese Typenordnung hinsichtlich der Entwicklungstendenzen berichtigt. Nach dem heutigen Forschungsstand können wir Tore mit seitlichem Eingang (I) von Toren mit senkrecht durch die Wallmauer geführtem Eingang unterscheiden und diese wieder in solche mit einfachem Eingang (II) und solche mit doppelflügeligem Eingang (III) einteilen. Tore mit seitlichem Eingang (I) können entweder auf Grund des Prinzips versetzter oder übereinandergreifender Mauerenden in der Anlage entstehen (A: Libušín, Abb. 1h) oder durch einen vorspringenden Wallarm zum Schutze der Toranlage (B: Klučov, Innenwall, Abb. 1e). Den häufiger angetroffenen Typus des frontalen einfachen Tores (II) stufen wir weiter in eine füllhornartige Torform (A: Tornow, Abb. 2e), in eine mit nach innen eingebogenen Mauerenden oder Torwangen und einer Torkammer (B: Arkona, Abb. 2c) und in eine mit in der Richtung zum Umfassungsgraben vorgeschobenen Torwangen (C: Kłecko, Klučov, Abb. 1e), die später die Form eines turm- oder bastionartigen Vorsprungs annehmen (IID), ein. Die Torform III — das doppelflügelige Tor — entstand durch die Errichtung eines Mittelblocks entweder A bündig mit der Wallvorderfront (Alt Kouřim, Außenwall, Abb. 1b) oder B an der inneren Seite der Wallmauer (Levý Hradec, Abb. 1c). Im Rahmen der slawischen Entwicklung blieben Toranlagen vom Typus III ausschließlich auf die mittlere Burgwallzeit beschränkt, während die übrigen Tortypen I und II durchgehend sowohl in der älteren als auch in der jüngsten Phase erscheinen können.

Trotz alledem tendiert die Entwicklung zu einer Vervollkommnung des Torschutzes, einmal durch einen turmartigen Überbau am Tore, der die Beschießung des Angreifers von oben gestattet, zum anderen durch die Errichtung von Bastionen und Tortürmen in unmittelbarer Nähe der Toranlage und Wehrtürmen zumindest in Sichtweite des Eingangs. Aus der jüngsten Phase des burgwallzeitlichen Wehrbaus wurden auch Beispiele runder Steintürme bekannt (Kouřim-St. Georg, Abb. 2g). Fortschrittliche, mit Türmen ausgestattete Toranlagen sind auf der Prager Burg bezeugt. Die lichte Weite des Durchlasses schwankt zwischen 1,60 m und 3,50 m und ist von der Zeit der Entstehung des Tores unabhängig. Für die Lage des Tores waren die geomorphologischen Bedingungen und der Typ der Burgen maßgebend, für die Zahl der Tore hingegen wohl eher die Funktion der Wehranlage.

Übersetzt von Helena Plátková

Literaturverzeichnis

Bastian, W. 1955 — Mittelslawische Höhenburgen mit Hang- und Böschungsanlagen in Mecklenburg, in: Jahrbuch für Bodendenkmalpflege in Mecklenburg, S. 155—177.

Behn, Fr. 1919/20 — Prähistorische Festungstore, in: Praehistorische Zeitschrift 11/12, S. 102—117.

Bersu, G. 1930 — Der Breiteberg bei Striegau, Breslau.

Bialeková, D. 1963 — Výskum slovanského hradiska v Pobedime v rokoch 1959—1962, in: Archeologické rozhledy 15, S. 349—377.

Böhm, J. 1950 — Výzkum libušínskeho hradiště, in: Archeologické rozhledy 2, S. 79—87.

Borkovský, I. 1955 — Ukončení výzkumu na Levém Hradci, in: Archeologické rozhledy 7, S. 653—659.

Borkovský, I. 1959 — Výzkumy v Černé Věži na Pražském Hradě, in: Památky archeologické 50, S. 257—321.

Berkovský, I. 1961 — Der altböhmische Přemysliden-Fürstensitz Praha, in: Historica 3, S. 57—72.

Brackmann, A., und Unverzagt, W. 1936 — Zantoch, eine Burg im deutschen Osten, Leipzig

Choc, P. 1953 — Stavební technika našich hradišť jako doklad vývoje společenských vztahů, in: Sborník Vysoké školy pedagogické v Praze, Filosofie historie 1, S. 27—41.

Gąssovski, J. 1953 — Konferencja w sprawie grodów czerwieńskich w Hrubieszowie, in: Sprawozdania P. M. A. 5, S. 99—103.

Grimm, P. 1951 — Die Wallburg „Der Kessel“ bei Kretzschau-Groitzschen, in: Jahresschrift für mitteldeutsche Vorgeschichte 35, S. 161—193.

Grimm, P. 1958 — Die vor- und frühgeschichtlichen Burgwälle der Bezirke Halle und Magdeburg, Berlin.

Grimm, P. 1961 — Das Nordwesttor der Vorburg der Pfalz Tilleda, in: Praehistorische Zeitschrift 39, S. 176 bis 216.

Hejna, A. 1968 — K počátkům knížecích a venkovských sídel v západoslovanské oblasti, in: Vznik a počátky Slovanů (Origine et Débuts des Slaves) 7.

Hensel, W. 1939 — Gród wczesnodziejowy w Kłecku w pow. gnieznieńskim, in: Wiadomości Archeologiczne 16, S. 265—303.

Hensel, W. 1948 — Wstęp do studiów nad osadnictwem Wielkopolski wczesnohistorycznej, Poznań.

Hensel, W. 1960 — Najdawniejsze stolice Polski, Warszawa.

Herrmann, J. 1966 — Tornow und Vorberg. Ein Beitrag zur Frühgeschichte der Lausitz, Berlin.

Hrubý, V. 1959 — Velkomoravské hradiště sv. Klimenta u Osvětiman, in: Časopis Moravského Musea 44, S. 19—70.

Hrubý, V. 1965 — Staré Město, velkomoravský Velehrad, Praha.

Kabát, J. 1952 — Brány na přemyslovském hradišti v Libušíně, in: Archeologické rozhledy 4, S. 289—294.

Kiersnowski, R. 1953 — Budownictwo zachodnio-pomorskie wieku XII w świetle żrodel pisanych, in: Wiadomości Archeologiczne 19, S. 105—135.

Kostrzewski, J. 1949 — Kultura Prapolska, Poznań.

Kraskovská, L. 1963 — Vélkomoravské hradisko v Jure pri Bratislave, in: Sborník Slovenského Národného Múzea 57 — Historia 3, S. 67—103.

Krzemieńska, B. 1960 — Kronika Kosmasa jako żródlo do dziejów wojskowości, in: Studia i materiały do historii wojskowości 6/2, S. 57—99.

Kudrnáč, J. 1954 — Výzkum na klučovském hradišti v r. 1952, in: Archeologické rozhledy 6, S. 54—59.

Kudrnáč, J. 1967 — Hradiště Klučov a nejstarší slovanská hradiště, in: Monumenta Archaeologica.

Musianowicz, Kr. 1956 — Gród i osada podgrodowa w Bródnie Starym koło Warszawy, in: Materiały Wczesnośredniowieczne 4, S. 7—96.

Niederle, L. 1925 — Slovanské starožitnosti, Život starých Slovanů 3, Praha.

Niederle, L. 1953 — Rukovět slovanské archeologie, Praha.

Novotný, B. 1961 — Výzkum opevnění hradiska Rokytná u Mor. Krumlova, in: Přehled Výzkumů 1960, Brno, S. 98—100.

Petzsch, W., und Martiny, G. 1930 — Wall und Tor der Tempelfeste Arkona, in: Praehistorische Zeitschrift 21, S. 237—264.

Píč, J. L. 1909 — Starožitnosti země české 3, 1, Praha.

Poulík, J. 1949 — Velkomoravské středisko Staré Zámky u Brna, in: Archeologické rozhledy 1, S. 40—51.

Preidel, H. 1966 — Slawische Altertumskunde des östlichen Mitteleuropas im 9. und 10. Jh., 1, Gräfelfing.

Rappoport, P. A. 1961 — Očerki po istorii vojennogo zodčestva severovostočnoj i severozapadnoj Rusi X—XV vv., Moskva.

Rappoport, P. A. 1967 — Vojennoje zodčestvo zapadnoruskich zemelj X—XIV vv., Leningrad.

Schroller, H. 1940 — Die Friesen und Sachsen, in: H. Reinerth, Vorgeschichte der deutschen Stämme 1, Leipzig.

Schuchhardt, C. 1926 — Arkona, Rethra, Vineta, Berlin.

Schuchhardt, C. 1931 — Die Burg im Wandel der Weltgeschichte, Potsdam.

Schuldt, E. 1954 — Ein Burgwall aus dem Anfang des 9. Jahrhunderts in Mecklenburg, in: Frühe Burgen und Städte, Berlin.

Schuldt, E. 1964 — Über die Wallkonstruktion der spätslawischen Burg von Behren-Lübchin, Kr. Teterow, in: Varia Archaeologica, Berlin, S. 261–267.

Sós, A. 1963 — Die Ausgrabungen Géza Fehérs in Zalavár, Budapest.

Šolle, M. 1953 — Staroslovanská dvojitá brána na Staré Kouřimi a její restaurace, in: Památky archeologické 44, S. 347–363.

Šolle, M. 1966a — Zur gesellschaftlich-geschichtlichen Entwicklung der westslawischen Burgwälle nach archäologischer Forschung, in: Vzink a počátky Slovanů (Origine et Débuts des Slaves) 6, S. 115–151.

Šolle, M. 1966b — Stará Kouřim a projevy velkomoravské hmotné kultury v Čechách, Praha.

Uslar, R. v. 1964 — Studien zu frühgeschichtlichen Befestigungen, Köln/Graz.

Quellennachweis

Abb. 1. a) Nach J. Kudrnáč, 1968; b) nach M. Šolle, 1953, S. 349; c) nach I. Borkovský, 1955, S. 656; d) nach Agn. Sós, 1963, Beil. 4; e) nach J. Kudrnáč, 1954, S. 55; f–g) nach J. Kabát, 1952, S. 291f.; h) nach M. Šolle, 1966, Abb. 23, 33. Abb. 2. a) Nach W. Unverzagt, 1936, Beil. II; b) nach Kr. Musianowicz, 1956, Taf. I; c) nach W. Petzsch, G. Martiny, 1930, S. 243–254; d) nach G. Bersu, S. 17–19; e) nach J. Herrmann, 1966, S. 131, Abb. 53; f) nach E. Schuldt, 1964, S. 264, Abb. 2; g) nach M. Šolle, Fundbericht unpubliziert.

Die Forschungen von Slon und ihre Bedeutung für das Studium der Entwicklung der Feudalbeziehungen südlich der Karpaten

Von Maria Comşa, Bukarest

Mit 3 Textabbildungen und Tafel 9b—e

Beim Betrachten der auf Steinblöcken und Ziegelsteinen eingekratzten Zeichen, die in Slon gefunden und vor fast 100 Jahren von Cezar Bolliac (1871) veröffentlicht wurden, fiel uns ganz besonders die Ähnlichkeit oder manchmal sogar die völlige Übereinstimmung mit gewissen Zeichen auf, die auf verschiedenen Baumaterialien oder anderen Gegenständen (besonders Keramik) eingeritzt worden waren und aus dem 9. und 10. Jh. im Süden und Norden der Donau stammen.

Um zu überprüfen, ob die von Cezar Bolliac veröffentlichten und später unter dem Namen „Sloner Alphabet"[1]) bekannt gewordenen Materialien Fundverbänden der frühen Feudalzeit angehören oder nicht, haben wir im Jahre 1958 auf dem Gebiet der Gemeinde Slon Geländebegehungen vorgenommen.[2]) Bei dieser Gelegenheit wurden in einer Entfernung von etwa 2 km im NW des Dorfes auf dem Gipfel eines von den Einheimischen „La Comoară" oder „La Ciugă" genannten Hügels die Überreste einer aus Steinblöcken und Ziegeln gebauten Burg gefunden, die den von uns erwähnten und von Cezar Bolliac veröffentlichten ähneln.

Die einzigen zwischen Steinblöcken, Ziegeln und Mörtelresten aufgefundenen Materialien waren zwei Gefäßbruchstücke, die der frühen Feudalzeit angehören. Aus diesem Grunde haben wir an der gleichen Stelle im Jahre 1960 eine Versuchsgrabung begonnen, die wir 1961 fortsetzten.

Die Umfassungsmauer der Burg hat ungefähr die Form eines sehr hohen Trapezes und folgt auf drei Seiten der natürlichen Bodengestaltung, während die südliche Seite die Plattform des Gipfels des Comoarăhügels in zwei Teile teilt. In der Mitte der Südseite befand sich das Tor, dessen Form jedoch beim heutigen Stand der Forschung noch nicht genau beschrieben werden kann. Der Grundriß der Burg beschreibt ungefähr ein Dreieck mit abgeschnittener Spitze.

Vor dem Bau der Burg ist das Gelände eingeebnet und der dabei abgefallene Bruchstein innerhalb der Burg, besonders im Südteil, abgelagert worden, wo er eine Art Pflasterung bildete.

Gegen drei Seiten, nämlich Osten, Westen und Norden, war die Burg dank der ziemlich steilen und 20—30 m hohen Abhänge geschützt, während sich im Süden eine breite Fläche ausdehnte, in die der Zugangsweg mündete. Auch dieser Weg war mit den aus der Einebnung des Geländes vor Baubeginn der Burg angefallenen Bruchstücken „gepflastert" worden.

Durch ihre Lage beherrschte die Burg das ganze Drăjnuţatal, das weithin, besonders gegen Süden, überwacht werden konnte.

[1]) Cezar Bolliac erwähnt zum erstenmal das Baudenkmal von Slon in der „Trompeţa Carpatiloru" (C. Bolliac 1869) und kommt dann zwei Jahre später in der gleichen Zeitung darauf zurück. Er ist der Ansicht, daß die zweite Sloner Burg (die erste Burg, in der wir Ausgrabungen vorgenommen haben, hat er nämlich nicht untersucht) eine dakische Festung sei und daß die Schriftzeichen auf den Steinen und Ziegeln ein dakisches Alphabet darstellten. Die Frage dieser Schriftzeichen wurde dann wieder von Gr. Tocilescu (1880) aufgenommen, der behauptet, die Sloner Schriftzeichen seien im Mittelalter von deutschen Baumeistern angebracht worden, die auch die Mauern in Slon gebaut haben.

[2]) Die Forschungen wurden gemeinsam mit Eugen Comşa durchgeführt, der uns wertvolle Unterstützung leistete.

Die 1,70 m breite Südseite der Umfassungsmauer war aus behauenen Steinblöcken gebaut, die auf eine unmittelbar auf den Felsen gegossene Mörtelunterlage aufgesetzt worden waren. Über die erste Reihe von behauenen Steinblöcken, die sich in situ erhalten haben, waren größere Kopfsteine oder Steine vom Hügel selbst aufgelegt und mit Mörtel befestigt worden. Nach den gefundenen Mörtelspuren zu urteilen, haben wahrscheinlich auch die zahlreich, besonders in der Nähe der Südmauer, gefundenen Ziegelsteine zur Mauer gehört und dort eine Leiste gebildet. Von der Nordmauer ist nur die 1,40 m breite Mörtelunterlage erhalten geblieben, auf die die Steinblöcke aufgesetzt worden waren. Die östliche Umfassungsmauer wurde in dem gegen die Südmauer gelegenen Teil aus behauenen Steinblöcken auf Mörtelunterlage gebildet, während im übrigen, gegen die Nordmauer zu, nur einige Mauerpfeiler stehen, die auch aus behauenen Steinblöcken errichtet waren und von denen nur die 0,75 m breite Mörtelunterlage erhalten ist. Der Raum zwischen den Mauerpfeilern war durch eine mit Erde gekittete Mauer und sehr wahrscheinlich Holzbalken ausgefüllt. Die Westmauer war in den gegen die Südmauer gelegenen Teil genauso wie die Ostmauer aus behauenem, mit Mörtel verbundenem Stein gebaut, im restlichen Teil aus Flußsteinen oder behauenen Steinen (Sandstein) örtlicher Herkunft, jedoch aus kleinen und schlechteren Stücken als der bei den übrigen Mauern verwendete Kalkstein. Dieser Mauerteil war nur 0,50 m dick, seine Steine waren mit Erde verkittet, und er scheint ebenso wie die Ostmauer auch gewisse Holzteile gehabt zu haben.

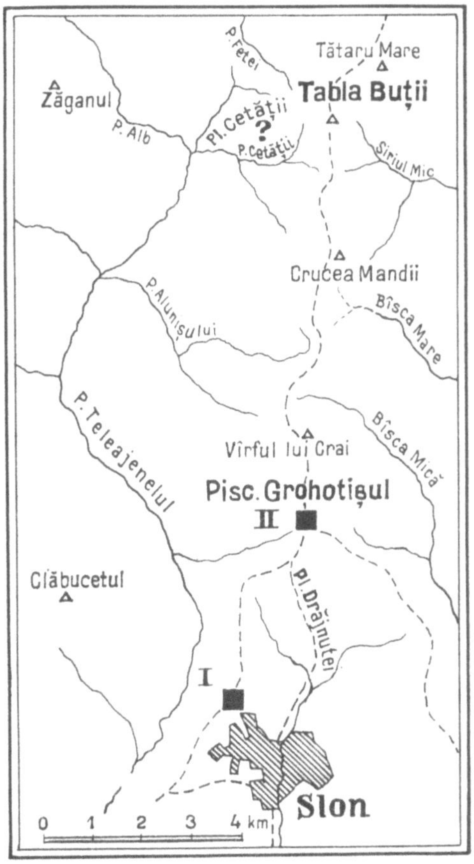

Abb. 1. Karte mit Ortsangaben der Burgen Slon I „La Comoară“ oder „La Ciugă“ und Slon II „Stîna Veche“

Wenn man nach dem Mörtel urteilt, der die behauenen Steinblöcke untereinander verbindet (in jenen Teilen der Umfassungsmauer, wo diese sich in situ erhalten haben) und der gestoßene Ziegelsteine enthält oder nach der Mörtelunterlage aus Kalk, gemischt mit gestoßenem Ziegelstein, Ziegelbruchstücken, manchmal sogar Splittern (an der Nordmauer bei einem Pfeiler der Ostmauer und bei einem Abschnitt der Westmauer, in der Nähe von deren SW-Ecke) besteht, so kann man behaupten, daß die Burg von Slon nach byzantinischer Technik gebaut worden ist, neben der auch örtlich überlieferte Bautechnik mit Holzkonstruktion und mit Erde verkitteten Wänden nachgewiesen werden kann. Der Bauplan der Burg wurde von byzantinischen Meistern entworfen, während die Ausführung zum großen Teil von ortsansässigen Arbeitern erfolgte.

Ziegelsteine wurden bei allen Umfassungsmauern verwendet, erscheinen aber häufiger um die Südmauer herum und bei einigen Bauten im Burginnern. Sie haben meist quadratische, selten rechteckige Form und sind in ihren Abmessungen sehr verschieden. Was die Form anbetrifft, folgen sie augenscheinlich der römisch-byzantinischen Überlieferung, unterscheiden sich jedoch durch eine minderwertige Herstellungsart von der römischen und von der byzantinischen. Der Lehm, aus dem sie gemacht sind, ist entweder mit verschiedenen Pflanzen oder mit viel Sand gemagert. Da sie gewöhnlich bei geringer Temperatur gebrannt wurden,

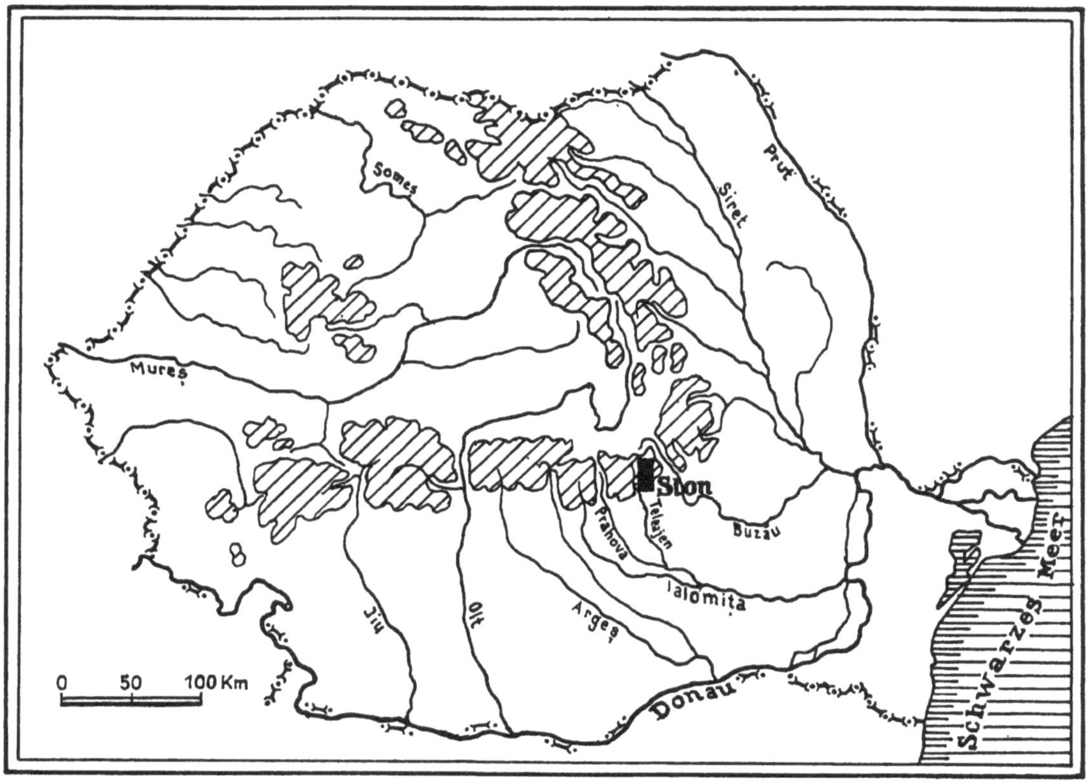

Abb. 2. Lage von Slon

sind sie nur auf der Oberfläche bis zu einer Tiefe von 0,3—0,5 cm rot, während das Innere grau oder schwärzlich geblieben ist. Einige Bruchstücke fallen durch feineres Gemisch und besseres Brennen auf.

Viele Ziegelsteine haben auf der Oberfläche einen oder mehrere Streifen, die sich häufig kreuzförmig innerhalb einer Umrandung überschneiden. Diese Streifen wurden vor dem Brennen mit dem Finger oder mit einem Stäbchen eingetieft (Taf. 9d—e). Sie stellen einfache Verzierungen dar und haben anscheinend ihren Ursprung in ähnlichen Verzierungen der Ziegelsteine aus der römisch-byzantinischen Zeit[3]).

Auf den Ziegeln sind jedoch auch andere Zeichen zu finden, die meist vor dem Brennen eingeritzt worden sind, verschiedene Größen haben und z. T. zum Runenalphabet gehören (Taf. 9d); andere wenige sind nach dem Brennen eingeritzt und stellen meist geometrische Figuren dar.

Die verschiedenen geometrischen Zeichen sind jedoch nicht nur auf den Ziegeln, sondern auch auf den behauenen Steinblöcken eingeritzt[4]). Wir erinnern hier nur an das Zeichen Y, einfach oder mit zwei seitlichen Vertikalstäben (Taf. 9c), sowie an das einfache Hakenkreuz, zu dem noch andere geometrische Figuren hinzukommen können.

Wir beabsichtigen nicht, auf den Ursprung und die Bedeutung der verschiedenen Zeichen auf Ziegeln und Steinen einzugehen. Dies ist eine andere Frage, auf die wir bei anderer Gelegenheit noch gesondert zurückkommen.

[3]) Derartige Ziegel sind in den Provinzen Moesia und Scythia Minor (zu denen auch die Dobrudscha gehört) im 4.—6. Jh. üblich (siehe z. B. G. Ştefan und Mitarb. 1952, S. 392, Abb. 27 und 28).

[4]) Zwei derartige Steinblöcke mit Schriftzeichen wurden bereits von Maria Comşa (1960, S. 403, Abb. 4) veröffentlicht. Im Laufe der Ausgrabungen des Jahres 1961 wurden noch weitere Steinblöcke mit Schriftzeichen freigelegt, die in späteren Arbeiten gesondert behandelt werden.

Im Innern der Burg und in ihrer Umgebung wurden im allgemeinen wenig archäologische Funde gemacht.

Es wurden einige keramische Bruchstücke gefunden, jedoch sind alle ausschließlich für die frühe Feudalzeit charakteristisch. Sie stammen von Töpfen, die auf einer ziemlich rasch gedrehten Töpferscheibe gearbeitet wurden und sind mit horizontalen Linien, Wellenlinienbändern oder von schrägen Linienbändern durchkreuzten Horizontallinien verziert. Desgleichen wurden auch noch Bruchstücke von amphorenähnlichen Krügen aus feiner rosa Tonpaste und Bruchstücke von aschgrauen Gefäßen mit geglätteter Verzierung gefunden (Abb. 3).

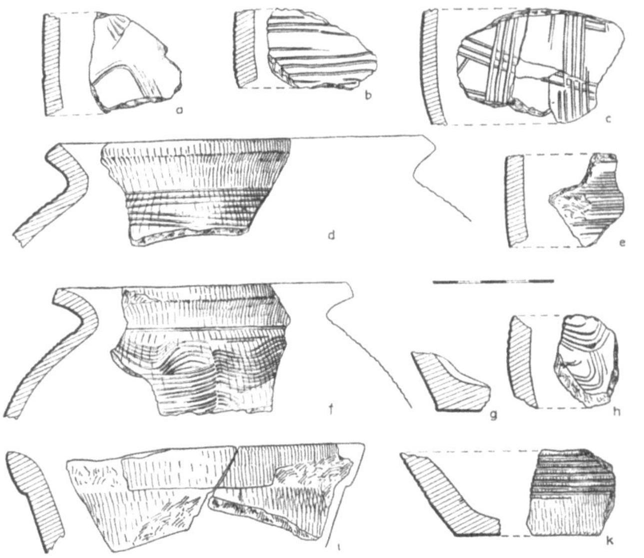

Abb. 3. Slon I („La Comoară“ oder „La Ciugă“)
Keramik aus der frühen Feudalzeit des 9. und 10. Jh. Etwa 1:3

An mehreren Stellen nahe der Umfassungsmauer wurden Bruchstücke von Wasserleitungen gefunden.

Weitere Gegenstände, die in der Burg von Slon gefunden wurden, sind: eine Ahle aus Knochen, ein Teil eines Eimerbügels aus einem quadratischen, gedrehten Eisenstab gearbeitet, sowie eiserne Nägel und Sporen.

Bisher ist in der Sloner Burg weder eine Münze noch ein anderer charakteristischer Metallgegenstand zum Vorschein gekommen. Aus diesem Grund wird das Studium der Bauweise, der verschiedenen Runenzeichen auf Steinen und Ziegeln und besonders der Keramik der Zeitbestimmung zugrunde gelegt.

Neuere Forschungen haben gezeigt, daß byzantinische Münzen im 7. Jh. und bis zum Ende des 10. Jh. sehr selten sind oder sogar völlig fehlen, und zwar nicht nur in den Nachbargebieten des Reiches, sondern auch in den byzantinischen Städten selbst[5]).

Zur Zeit des Johannes Tzimiszes und noch mehr zur Zeit seiner Nachfolger belebt sich der Geldumlauf, und Münzen tauchen häufig sowohl innerhalb des byzantinischen Reiches (das seine Grenzen bis zur unteren Donau vorgeschoben hatte) als auch in seinen Nachbargebieten auf, also auch in denjenigen Siedlungen nördlich der Donau, die bis zu jener Zeit die Angriffe der Petscheneger überstanden hatten. Nähme man an, daß die Sloner Burg aus der Zeit nach der ersten Hälfte des 10. Jh. stammt, so hätten naturgemäß die byzantinischen Münzen auch hier erscheinen müssen.

Man könnte ebenfalls einwenden, daß die Runenzeichen aus Slon petschenegisch oder kumanisch sind und daß in diesem Falle der Fundverband in eine Zeit nach dem 10. Jh. eingewiesen werden müßte. Dieser Einwand hält jedoch der Kritik nicht stand, da weder die Petscheneger noch die Kumanen solche Befestigungen gebaut haben.

Auch die gefundene Keramik läßt nicht den Schluß zu, daß hier eine petschenegisch-kumanische Besiedlung oder ein solcher Einfluß bestanden habe. Auf der Keramik der Siedlung von Garvăn haben wir mit ziemlicher Klarheit Elemente entdeckt, die den Turkvölkerstämmen (Petschenegen, Uzen, Kumanen) angehören, die am Ende des 10. Jh. und besonders im 11. und 12. Jh. in den unteren Donauraum eingedrungen waren (M. Chişvaşi-Comşa 1957a; 1957b).

[5]) Nach Auskünften von Bucur Mitrea, dem wir auch auf diesem Wege danken.

Auf der Keramik der Sloner Burg ist die Anwesenheit solcher für die Turkvölker typischen Elemente jedoch nicht festzustellen. Auch die den Wandervölkern typischen Waffen, die in der Siedlung von Garvăn und in der Nähe der Donau häufig sind (L. Barnea 1954; 1955), sind bisher in der Gegend von Slon unbekannt. Im übrigen kann unter keinen Umständen angenommen werden, daß diese Steppenreiter jene Gebirgsgegenden besetzt haben sollten.

Folglich lassen uns das Fehlen byzantinischer Münzen, das Fehlen petschenegisch-kumanischer Elemente in der Keramik, den Waffen usw. sowie die Übereinstimmung des keramischen Inventars mit dem in den Siedlungen des 9. und 10. Jh. von Pucov-Ploieşti (M. Chişvaşi-Comşa 1959; M. Comşa 1959) gefundenen die Burg von Slon bei „La Comoară" der gleichen Periode zuweisen. Zum Unterschied vom Siedlungsverband von Bucov wird jedoch die Sloner Burg Ende des 9. oder Anfang des 10. Jh. aufgehört haben zu bestehen, bevor das kyrillische slawische Alphabet während der Herrschaft des Tzaren Simeon in den Gebieten nördlich der Donau eingeführt worden war (M. Chişvaşi-Comşa, S. 569f.; M. Comşa 1960, S. 413ff.).

Im Jahre 1960 haben wir die Geländebegehungen im Tale des Telejenel bis zum Tătarupaß fortgesetzt, der im Altertum eine der Hauptverbindungsstraßen zwischen der Walachei und Transsilvanien war, wobei uns gelang, die Stelle ausfindig zu machen, an der vor 90 Jahren Cezar Bolliac eine Burg in einer von ihm „Coliba veche" genannten Stelle ausgegraben hat, von der eine Reihe von Steinen und Ziegeln mit Zeichen stammt (C. Bolliac 1871).

Der Standplatz der Burg, der nach Cezar Bolliacs Forschungen in Vergessenheit geraten ist, wurde auf dem Dealul Grohotişului vor dem Berge Vîrful lui Crai, nahe einer „Stîna veche" genannten Stelle wiedererkannt[6]).

Unglücklicherweise ist von dem dortigen Bau nichts mehr zu sehen. Nur einige an der Oberfläche gefundene kleine Keramikscherben aus der frühen Feudalzeit geben uns einen Hinweis auf die Stelle, wo sich die Burg befunden hatte, deren Gelände heute eingeebnet und völlig bewachsen ist. Die von Cezar Bolliac veröffentlichten Fundstücke (Steine und Ziegel mit verschiedenen Zeichen), die wir eingangs erwähnten, beweisen jedoch, daß hier eine zweite Burg gleicher Art und aus der gleichen Zeit wie diejenige des Platzes „La Comoară" bestanden hat.

Die durchgeführten Untersuchungen haben die endgültige Lösung der viel umstrittenen Frage des „Sloner Alphabets" gestattet, und man konnte einwandfrei feststellen, daß die Zeichen sicher aus der frühen Feudalzeit (9.—10. Jh.) stammen und in der Hauptsache Runenzeichen oder verschiedene geometrische Figuren darstellen; letztere wurden von Baumeistern zur Berechnung der verschiedenen baulichen Einzelheiten verwendet (M. Comşa 1960, S. 402, Abs. 3/29—30; 1962, S. 258ff., 267f.; 1964).

Schließlich scheint nahe des Tătarupasses in dem „Dealul Cetătii" genannten Ort eine dritte Burg aus der gleichen Zeit wie die beiden anderen bestanden zu haben. Auf der Oberfläche haben wir leider, möglicherweise auch wegen des üppigen Pflanzenwuchses, keinerlei archäologische Fundstücke geborgen, jedoch scheint der Name „Lealul Cetătii" („Burghügel") zu bekräftigen, daß an dieser Stelle eine Befestigung bestanden hat[7]).

Die Sloner Burgen aus dem Anfang der frühen Feudalzeit liegen auf Hochflächen mit nicht allzu hohen Abhängen von 20—30 m, vor denen ein sanfterer Hang für den Zugang liegt, und sind zum Unterschied zu den späteren Burgen des 12. und besonders des 13. und 14. Jh. nicht von Schutzgräben umgeben. Letztere liegen gewöhnlich auf Höhen mit Steilhängen von einigen Dutzenden oder sogar Hunderten von Metern, sind schwer zugänglich

[6]) Die Stelle ist heute unter dem Namen „Stîna Veche" und nicht „Colibă veche" bekannt, wie Cezar Bolliac behauptet (die Einheimischen kennen den Ausdruck „colibă"-Hütte nicht).

[7]) Ungefähr 2 km südlich, an der „Tabla Buţii" genannten Stelle, befindet sich eine weitere Burg aus der Zeit des entwickelten Feudalismus (wahrscheinlich 14. Jh.). Diese ist nach ihrer Bauweise, dem verwendeten Mörtel usw. völlig andersartig und hat nichts mit den Burgen aus der frühen Feudalzeit zu tun, mit denen wir uns beschäftigen.

und immer von einem oder sogar zwei Schutzgräben umgeben. Die Burgen von Slon unterscheiden sich von jenen der Feudalzeit durch ihren Bauplan, den Mörtel und die Bauweise.

In Slon haben wir es somit mit einem Befestigungssystem aus dem Anfang der frühen Feudalzeit zu tun, das bisher auf dem Gebiet Rumäniens einmalig ist und aus zwei, möglicherweise auch drei Burgen besteht, die in fast gleichen Entfernungen von 11—12 km voneinander längs einer der Hauptzugangsstraßen zwischen der Walachei und Transsilvanien angeordnet sind und die Aufgabe hatten, diese Paßstraße genau zu überwachen und die Verbindung zwischen den beiden Gebieten zu gewährleisten.

Es besteht jedoch die Frage, ob diese Burgen befestigte Punkte militärischen Charakters waren oder ob es sich um befestigte Wohnbauten handelte, in denen Feudalherren wohnten. Auf diese Frage scheinen einige vorläufige Ergebnisse der Grabungen an der Stelle „La Comoară" Aufschluß zu geben. Hier ist nahe der südlichen Umfassungsmauer und parallel zu dieser in der Westhälfte der Burg die Ecke eines Gebäudes zum Vorschein gekommen, das auch aus behauenen, jedoch längeren und schmaleren Kalksteinen als den beim Bau der Umfassungsmauer verwendeten gebaut war. Außerdem wurden auch noch andere Bauverbände aus Ziegelwänden gefunden, deren Mörtel mit gestoßenen Ziegeln oder Holz vermischt war. Vorläufig konnte dieser Bau noch nicht vollständig untersucht werden, doch spricht alle Wahrscheinlichkeit dafür, daß es sich um ein Oberhaupt gehandelt hat, das hier wohnte, im Notfall aber auch eine militärische Rolle spielen konnte.

Ob nun dieses Oberhaupt ein Einheimischer war oder möglicherweise vom Süden der Donau gekommen und über die einheimische Bevölkerung gesetzt worden war, ist heute nur noch schwer zu sagen. Wie dem auch sei, kann die Anwesenheit eines derartigen Oberhauptes nicht ohne das Bestehen einer zahlreichen einheimischen Bevölkerung in jener Gegend angenommen werden. Daß diese Bevölkerung urrumänisch war, steht außer Zweifel.

Es bleibt festzustellen, ob die in der Nähe der Burg freigelegten Reste von Holzhäusern nur von den Baumeistern der Burg bewohnt waren oder ob es sich hier um eine Besiedlung längerer Dauer handelt. Abgesehen davon müssen auch noch weitere, den Burguntertanen gehörende Siedlungen gesucht werden. Da Slon in einer Gebirgsgegend liegt, haben wir es mit Sicherheit mit verstreuten Dörfern mit häufig weit auseinanderliegenden Holzhäusern zu tun, deren Auffindung zu den schwersten Aufgaben der dortigen Untersuchungen gehört. Solche befestigten Punkte bestanden jedoch auch im Hügelland. Es verdient erwähnt zu werden, daß in einer Reihe von Verbänden der Siedlungen von Bucov (Bucov-Tioca und Bucov-Rotari) mit den Ziegeln aus Slon in Form und Herstellungsweise identische Ziegelbruchstücke gefunden wurden, was uns zu der Annahme berechtigt, daß auch in Bucov eine Burg in der Art derer von Slon bestand, in deren Umgebung sich die Dörfer (von uns bisher erforschte Siedlungen) ausdehnten, in denen die den Feudaloberhäuptern der Befestigung untertänige Bevölkerung wohnte.

Auf diese Weise erscheint es natürlich, daß in den dortigen Siedlungen Meister lebten, die sich mit Schmelzen und Verarbeiten von Eisen und mit der Verarbeitung von Knochen befaßten, daß sich dort aus Byzanz eingeführte Gegenstände befanden, die enge Handelsbeziehungen erkennen lassen, und daß dort Runenzeichen und paläoslawische kyrillische, also vereinzelte Buchstaben enthaltende Inschriften vorhanden sind (M. Chişvaşi-Comşa 1959, Abb. 2, 3; M. Comşa 1960, Abb. 1/6, 5).

Zum Unterschied von den Gebirgsgegenden indessen, in denen die Dörfer verstreut waren, liegen in Bucov und wahrscheinlich im allgemeinen in den Hügelländern die Wohngruben und Häuser der abhängigen Bevölkerung nahe beieinander und bilden Straßen.

Im Lichte der in den letzten Jahren in Bucov und in Slon durchgeführten Forschungen erscheint uns das Bild der Entstehung und später der Entwicklung des Feudalismus südlich der Karpaten immer klarer.

Man kann behaupten, daß sich an der Schwelle des 9. Jh. die Gesellschaft in diesem Teil Rumäniens entwickelt und politische Gebilde angenommen hatte, an deren Spitze sich ein

Oberhaupt befand. Innerhalb dieser gesellschaftlichen Gebilde haben sich sozial-ökonomische Beziehungen vom frühen Feudaltypus gebildet und entwickelt.

Literaturverzeichnis

Barnea, I. 1954 — Elemente de kultura materiala veche ruseasca si orientala in asezarea feudala (secolele X—XII) de la Dinogetia, in: Studii şi referate privind Istoria Romaniei 1, Bukarest, S. 177—180.

Barnea, I. 1955 — Byzance, Kiev et l'Orient sur le Bas-Danube du X au XII siecle, in: Nouvelles Etudes d'Histoire I, Bucarest, S. 169—180.

Bolliac, C. 1869 — O descoperire nouă (Zidurile de la Slonu din Prahova), in: Trompeta Carpaţiloru 7, Nr. 737.

Bolliac, C. 1871 — Arheologia (relativ la semnele de la Slonu), in: Trompeta Carpaţiloru 9, Nr. 939.

Chişvasi-Comşa, M. 1957a — Nekotorye istoričeskie vyvody v svjazi s neskolkimi archeologičeskimi pamjatnikami VI—XII vv n. e. na territorii RNR, in: Dacia, NS 1, S. 309—327.

Chişvasi-Comşa, M. 1957b — Unele concluzii istorice pe baza ceramicii din secolele VI—XII, in: Studii şi certari de Istorie Veche 8, S. 267—294.

Chişvasi-Comşa, M. 1959 — Săpăturile de la Bucov, in: Materiale şi cercetari arheologice 5, S. 495—500; 6, S. 567—578.

Comşa, M. 1959 — Contributii la cunoasteria culturii straromane in lumina sapaturilor de la Bucov, in: Studii şi cercetari de Istorie Veche 10, S. 81—99.

Comşa, M. 1960 — Die bulgarische Herrschaft nördlich der Donau während des 9. und 10. Jh. im Lichte der archäologischen Forschungen, in: Dacia, NS 4, S. 395—422.

Comşa, M. 1962 — Znaki rannefeodalnoj ėpochi, vrezannye na rimsko-vizantinskoj kolone, in: Dacia 6, S. 257—268.

Comşa, M. 1964 — Frühmittelalterliche Schriftzeichen auf einer römisch-byzantinischen Säule, in: Bibliotheca Classica Orientale 9, S. 330—331.

Ştefan, G., und Mitarb. 1952 — Santierul Garvăn (Dinogetia), in: Studii şi cercetari de Istorie Veche 3, S. 349—421.

Tocilescu, G. 1880 — Dacia înainte de romani, Bukarest.

Zur altsorbischen Soziotoponymie

Von Ernst Eichler und Hans Walther, Leipzig*)

1. Innerhalb der slawischen Namenforschung wird den sozialgeschichtlich aufschlußreichen Ortsnamen immer mehr Aufmerksamkeit geschenkt. Bereits in den dreißiger Jahren machte der namhafte polnische Slawist W. Taszycki auf einen Namentyp aufmerksam, der mit dem Suffix *-aŕ* gebildete Personenbezeichnungen enthält, die in pluralischer Form zur Bezeichnung von Dienstsiedlungen wurden, vgl. poln. *Bednary* ‚Böttcher', *Konary* ‚Pferdezüchter', *Piekary* ‚Bäcker', *Psary* ‚Hundezüchter', *Świniary* ‚Schweinezüchter', *Winiary* ‚Winzer' (W. Taszyki 1934, S. 121ff.). Unter den Typen, die im ältesten Siedlungsgebiet Böhmens vorkommen, nennt V. Šmilauer die Ortsnamen auf *-áry*, z. B. tschech. *Kováry* ‚Schmiede', *Dehtáry* ‚Pechsieder', *Ovčáry* ‚Schafzüchter', *Psáry* ‚Hundezüchter', *Svinary* ‚Schweinezüchter', *Vinary* ‚Winzer' (V. Šmilauer 1960, S. 37; A. Profous 1—4, s. v.). Hinzukommen die von R. Krajčovič im Zusammenhang mit eingehenden Forschungen zur sozialgeschichtlichen Auswertung des altslowakischen Namenmaterials, besonders auf dem Gebiet des Großmährischen Reiches, ermittelten Soziotoponyme vom Typ altslowak. *Grnčari* ‚Töpfer', *Tesari* ‚Zimmerleute', *Kovači* ‚Schmiede', *Kolari* ‚Stellmacher', *Sokolnici* ‚Jäger mit Falken', *Rudnici* ‚Bergarbeiter', *Tlmači* ‚Dolmetscher' usw.[1]) Daraus geht deutlich hervor, daß nicht nur *-ar*-Bildungen, sondern auch andere Strukturen mit zu den Soziotoponymen zu rechnen sind, was für die Gewinnung des Materials auch im altsorbischen Gebiet von Belang ist. R. Krajčovič sieht diese Namen in engstem Zusammenhang mit der ökonomischen Entwicklung der alten Slowakei, besonders der Entwicklung des Handwerks und des altslawischen Burgensystems. Viele dieser Bezeichnungen von Dienstleuten fanden sich in der Nähe von Burgen; es wird zu prüfen sein, wie sich dies nun in anderen Landschaften verhält.

2. Für das altsorbische Sprachgebiet, dessen Ortsnamenschatz nun weitgehend durchmustert ist, muß festgestellt werden, daß ein morphologischer Typ, der den tschechischen, slowakischen und polnischen Namen auf *-ary* entspräche, höchstens in Ansätzen vorhanden war und daß die betreffenden Bedeutungen durch andere Strukturen mit ausgedrückt werden, die sonst für die aus Personennamen gebildeten Ortsnamen charakteristisch sind,

*) Abschnitte 1—4 verfaßt von E. Eichler, 5—10 von H. Walther.

[1]) Vgl. für das slowakische Sprachgebiet R. Krajčovič, K otázke sociálneho rozvrstvenia staroslovanského etnika na Slovensku, in: Slovenský národopis IV, 1956, S. 337—367; ders., Počiatky feudalizmu u nás vo svetle jazykových faktov, in: Historický časopis IV, 1956, S. 222—234; ders., Najstaršie zamestnania v Tekove, Honte a Novohrade vo svetle historickej toponymie, in: Slovenský národopis XI, 1963, S. 169—192; zusammenfassend zuletzt Ders., Z historickej typológie služobníckych osadných názvov v Podunajsku, in: O počiatkoch slovenských dejín, Bratislava 1965, S. 205—252 (mit lexikalischer Bearbeitung des Materials). — Für das tschechische Sprachgebiet vgl. die Studie von B. Krzemieńska, D. Třeštík, Služebná organizace v raně středověkých Čechách, in: Československý časopis historický XII, 1964, S. 637—667, in deutscher Sprache jetzt: dies., Zur Problematik der Dienstleute im frühmittelalterlichen Böhmen, in: Siedlung und Verfassung Böhmens in der Frühzeit, Wiesbaden 1967, S. 70—98 (mit ausführlichem Forschungsbericht); für das polnische Gebiet J. Nalepa, Studia nad wczesnośredniowiecznym nazewnictwem i osadnictwem Ziemi Kaliskiej. Wsie służebne Wielkopolski południowo-wschodniej, in: Årsbok 1953/64 utgiven av seminarierna för slaviska språk, Lund 1965, S. 51—141 (mit Nennung der älteren Literatur, die polnischen Dienstsiedlungen betreffend).

z. B. *-ici/-ovici*, vgl. *Kořarici* neben *Kořařovici* usw.; *-in*, vgl. *Kozarin* usw.; *-ov-*, vgl. *Gusařov* usw. Bezeugt sind außerdem Plurale von Berufsbezeichnungen, z. B. *Kovali/Kovači*, und zweigliedrige Bewohnernamen vom Typ *Žornosěky*, von denen jedoch nur einige in die Soziotoponymie einbezogen werden können (E. Eichler 1965, S. 237f.). Dieses Bild finden wir im elb- und ostseeslawischen Bereich wieder, vgl. *Stol'nikovici* zu *stol'nik* ‚Truchseß', *Strěl'ci* ‚Schützen', *Kovali* (neben *Koval'-ovici* und *Kovalici*) ‚Schmiede', *Drevali* ‚Holzhauer', *Tokary* ‚Drechsler', *Rataji* ‚Bauern', *Zduny* ‚Töpfer' (neben *Zdunovici*), *Konare* ‚Pferdezüchter' (neben *Konařov*), *Kuchařov* zu *kuchař* ‚Koch' usw. (R. Trautmann, 1949, S. 100ff.).

3. Nachstehend geben wir eine Übersicht über altsorb. Ortsnamen, die als Soziotoponyme angesprochen werden können. Umstritten war bisher die Interpretation von Bildungen wie *Konařov* und *Konarici* bzw. *Konařovici* sowie *Kozarin*, weil man (so häufig A. Profous 1—4) der Auffassung war, daß die Personenbezeichnung *konař*, *kozař* nicht als Hinweis auf die Beschäftigung der Bewohner aufgefaßt werden kann, sondern daß vielmehr ein aus der Berufsbezeichnung gewonnener Personenname wie *Kořař*, *Kozař* usw. vorliege. Dies kommt zwar für einzelne Fälle als Interpretationsmöglichkeit durchaus in Betracht, im ganzen aber dürften diese Bildungen nicht zur ältesten Personennamenschicht gehören und jüngeren Datums sein, also für die betreffenden Ortsnamen kaum in Betracht kommen. Die folgende Liste bemüht sich zwar um Vollständigkeit, doch kann diese beim gegenwärtigen Stand der Untersuchungen zur altsorbischen Toponomastik noch nicht garantiert werden.

běgař ‚Läufer' (oso. *běhař*, nso. *běgař*): **Běgařovici* im Namen der Wüstung *Begerwitz*, später Münchhof bei Döbeln, 1213 Begerwitz, 1224 Begarwiz, vgl. 1283 *Begarewitz*, Wüstung bei Gdańsk (Danzig) und slowak. *Beharovce* (Eichler-Walther, 1966, S. 24).

gusař ‚Gänsezüchter' (oso. *husař*, nso. *gusař*): **Gusařova* in *Gosserau* südöstl. Weißenfels, 1160 Guzarouua, 1234 Guzerowe, 1378 Gussiraw, Gosseraw usw. (Sammlung P).

kl'udař, etwa in der Bedeutung ‚Züchter', vgl. oso. *kludźić*, nso. *kluźiś* ‚zähmen, züchten' (oso. *kludźeř* wohl mit späterem *-eř* nach den deutschen Berufsbezeichnungen auf *-er*): **Kl'udarici* im Namen der linkselbischen Wüstung 992 Cliudirici (*Kleudritz*) im Kreise Torgau (MG DO III Nr. 103; B. Wieber 1967, S. 23).

kořař ‚Pferdezüchter' (oso. *konjeř*, nso. *kořař*, tschech. *konař*): **Kořarici* in *Könderitz* nordöstl. Zeitz, 1119 de Kunriz, 1224 de Konriz, 1315 Koniricz, 1317 Conritz, 1562 Kenderitz (Sammlung P). — Umstritten ist *Könnern* nordwestl. Halle, 1012/18 Coniri bei Thietmar von Merseburg, 1079/1102 Conre, 1260 Kunre (A. Richter 1962, S. 45f.); von einigen Autoren aus altsorb. **Kořare* abgeleitet (so A. Richter), vgl. poln. *Konary* usw., doch nicht ganz sicher (E. Eichler, in: Materialien SOA 1964, S. 23). Identisch mit tschech. *Konářovice* bzw. *Konárovice* (vgl. A. Profous 2, S. 294) ist *Kunnerwitz*, oso. *Konjerjecy*, südwestl. Görlitz, altsorb. **Kořařovici*, 1404/5 Kunrewicz, 1414 Cunnerwicz, 1434 Kunerwicz usw. (Sammlung OL).

kosař ‚Sensenschmied' (nso. *kósař*): **Kosar-* (*Kosare*?) in *Kössern* südöstl. Grimma, 1300 Kozzerwer, 1348 Kozzer, 1368 Cosser (H. Naumann 1962, S. 110). — Evtl. hierher auch *Cossern* bei Gaussig Kr. Bautzen, oso. *Kosarnja* (sekundär?), 1355 Coserin, 1430 Kosserin, 1556 Kossern (Sammlung OL), wenn **Kosarin* und nicht **Kosařna* vorläge.

košař ‚Korbflechter' (zu oso. tschech. *koš*, nso. *kóš*, alttschech. *košieř* ‚Korbflechter'): **Košare* evtl. in *Kossar* bei Krossen (jetzt Krosno Nadodrzańskie, Polen), nso. *Kóšary* (E. Mucke, 1929, S. 153), 1499/1500 Coscher, 1510, 1520 Kosser (Codex dipl. Brandenburg. III 2, S. 443; II 6, S. 235, 305). Vgl. tschech. *Košíře* (A. Profous, 2, S. 330).

kovač ‚Schmied' (alttschech. slowak. *kováč*): **Kovači* in *Kobitzsch* nordwestl. Wilsdruff, 1428 Kowacz, 1547 Kowietz, mehr eingedeutsche Namenformen sind 1334 Quabs und 1412 Qwabiczh (E. Eichler und H. Walther 1966, S. 139).

koval' ‚Schmied' (nso. poln. *kowal*): **Kovali*, falls diese Grundform dem Ortsnamen *Kahla* östl. Elsterwerda, 1406, 1457 Kauwel, 1500 Kawle (mundartlich Gahle) zugrunde liegen sollte (E. Crome 1965).

kovař ,Schmied' (oso. nso. *kowaŕ*, tschech. *kovář*): **Kovařovici* in *Kauritz* südl. Gößnitz, 1181/1215 Chowaruwiz (UB Altenburg Nr. 69a). — Vgl. tschech. *Kovářovice* (früher dt. Schmieding) neben *Kovářov* und *Kováry* (A. Profous 2, S. 345, wo *Kovářovice* zu dem im 15. Jahrhundert bezeugten Zunamen *Kovář* gestellt wird).

kozař ,Ziegenhirt' (oso. *kozaŕ*, nso. *kózaŕ*): **Kozarici* in *Caseritz* östl. Elstra, oso. *Kozarcy*, 1350 Kozeriz, 1374/82 Kozericz, 1410 Kosericz (Sammlung OL), vgl. tschech. *Kozárovice* (A. Profous 2, S. 346 zu einem Personennamen). — **Kozarin* in *Gasern* nordnordwestl. Meißen, 1252, 1336 Kozerin, 1445 Kaserin (E. Eichler und H. Walther 1966, S. 81f.); Wüstungen Groß- und Klein-*Kössern* nördl. Lützen, 1350 (villa) Koserin, 1354 parva Kozerin (UB Merseburg Nr. 1022, 1048).

ovčař ,Schafhirt' (oso. *wowčeŕ*, nso. *wojcar*, tschech. *ovčář*): **Ovčarin* im Namen des nicht mehr sicher zu bestimmenden Ortes 1031 Ouszarin (MG DK II Nr. 174; E. Eichler 1965, S. 73). Evtl. identisch mit *Oetzsch* nördl. Lützen, *Wüsteneutzsch* südöstl. Merseburg oder gar *Witzschersdorf* ebd. (1285 Wizsersdorph). — Vgl. tschech. *Ovčáry* (5mal, A. Profous 3, S. 313f.).

tełmač ,Dolmetscher' (oso. *tolmač*, tschech. *tlumač*): **Telmačovici* in *Delmschütz* südöstl. Mügeln, 1311 Telmaschiz, 1333 Telmazuwicz, 1336 Telmacswicz, vgl. tschech. *Tlumačov* und slowak. *Tlmače* (E. Eichler und H. Walther 1966, S. 58).

vadař(?) ,Krieger' (zu oso. *wadźić* ,streiten', poln. *wadyra* ,Zänker', vielleicht eine Bezeichnung für Kriegsleute): **Vadare* im Namen der linkselbischen Wüstung 992 *Uadare* (MG DO III Nr. 103) im Kreise Torgau (B. Wieber 1967, S. 102).

4. Aus unserer Zusammenstellung geht hervor, daß immerhin insgesamt 13 Berufsbezeichnungen ermittelt wurden, die in 17 Ortsnamen enthalten sind, davon sind 4 mit dem Suffix *-ici*, 3 mit *-ovici*, 3 mit *-in* und 1 mit *-ov-* erweitert worden; nur bei 5 Ortsnamen kommt pluralischer Gebrauch (*Kovali*, *Kovači*, *Koňare?*, *Košare*, *Vadare*) in Betracht. Einen besonderen morphologisch-strukturellen Ausdruck durch Toponymisierung eines bestimmten Bildungstyps für Soziotoponyme (etwa auf *-are*) besaß das Altsorbische demnach nicht und steht so dem Altpolnischen, Alttschechischen und Altslowakischen gegenüber, während es mit dem altpolabischen Sprachgebiet übereinstimmt. Der Grund dafür liegt im extralinguistischen Bereich, im Stand der Entwicklung der Produktivkräfte in der feudalen Wirtschaftsweise.

Zu den hier erwähnten Ortsnamen kommen noch drei Gruppen, die an dieser Stelle nicht umfassend analysiert werden können, hinzu:

4.1. Zweigliedrige Bewohnernamen vom Typ *Žornosěky* ,Mühlsteinbrecher', die auf die Beschäftigung der Bewohner weisen, z. B. *Sornzig* südwestl. Mügeln, 1218 Sorncec; um 1200 wird ausdrücklich eine Mühle (molendinum) in Surnezec erwähnt (E. Eichler und H. Walther 1966, S. 322; weiteres bei E. Eichler 1965, S. 237f.). In den meisten Fällen sind diese übrigens semantisch nicht immer leicht durchschaubaren zweigliedrigen Gebilde Spott- und Scherznamen (vgl. tschech. *Hrdlořezy* ,Halsabschneider'), die die Bewohner ironisierend charakterisieren.

4.2. Bei Namen wie *Kobyl'ane* zu *kobyla* ,Stute', *Koňane* zu *koň* ,Pferd' (vgl. 1066 villam quandam Spirige dictam, Sclavonice autem *Kobolani*, 1320/21 villam Koblen, 14. Jahrhundert Kobelen, heute Spergau Kr. Merseburg (E. Eichler 1962, S. 357) und *Kanena* bei Halle, 1182 Cunene, 1211 Conene (E. Eichler 1962, S. 367; A. Richter 1962, S. 44) entsteht die Frage, wie diese Bildungen semantisch aufzufassen sind; der direkte Bezug auf die Haustierbezeichnung (*kobyla* ,Stute', *koň* ,Pferd', vgl. noch tschech. *Kravany* zu *kráva* ,Kuh') stellt keine befriedigende Interpretation dar. J. Spal (1958, S. 23f.) sucht den Ausweg über an sich bezeugte adjektivische Namen wie tschech. *Kozí* ,Ziegen-', *Srní* ,Reh-', *Rybí* ,Fisch-', *Oslí* ,Esel-'. Am ehesten hatten diese Namen eine direkte Motivierung in der Beschäftigung der Bewohner mit der Tierzucht.

4.3. Dasselbe mag von zahlreichen anderen Namen gelten, in denen die Bezeichnungen für Haustiere enthalten sind (es sei an Trautmanns Zusammenstellung [R. Trautmann 1949, S. 52ff.] erinnert). Im Grunde geht es hier ebenfalls um Namengebung nach der betrieblichen Tierzucht, auch wenn in Einzelfällen andere Bennenungsmotive maßgebend gewesen sein mögen. Aus dem altsorb. Gebiet seien hier nur beispielsweise folgende von Hautierbezeichnungen abgeleitete Ortsnamen genannt: zu koń ‚Pferd' gehören bekanntlich Namen wie *Kunnewitz* südöstl. Wittichenau, oso. *Konjecy*, 1264 Kvnewitz, 1372 Konewicz (Sammlung OL); *Connewitz* zu Leipzig, 1277 Kvnawiz, 1465 Konnewitz (E. Eichler, E. Lea und H. Walther 1960, S. 26f.); *Cannewitz* östl. Nerchau Kr. Grimma, 1378 Konewicz, 1446 Konnewicz, (H. Naumann 1962, S. 54f.); zu kobyła ‚Stute' (s. unter 4.2); *Köfeln* bei Weida, 1209 Kobelnn, 1230 Cobelene (E. Eichler 1962, S. 361). Eine beträchtliche Anzahl von Namen ist zu kozeł ‚Ziegenbock' zu stellen, vgl. z. B. *Gosel* nördl. Crimmitschau, 1315 Kosele (W. Schenk, 1957, S. 29); weiter *Kosel* Kr. Rothenburg und Kasel Kr. Cottbus. — Zu ovca ‚Schaf' gehören *Oetsch* bei Mügeln, 1310 de Euschicz; *Oetzsch* südl. Leipzig, 1316 Euschiz, sowie Ötzsch bei Lützen, 1197 Ovziz, aus altsorb. **Ovčic-* (E. Eichler und H. Walther 1966, S. 231).

5. Das im bisherigen dargebotene sprachliche Material soll nun versuchsweise mit der sozialökonomischen Entwicklung des Sorbengebietes verknüpft werden. Es bleibt dabei zu berücksichtigen, daß die Materialbasis vorerst noch sehr schmal ist und Ergebnisse von größerer Tragweite zunächst noch nicht erwartet werden dürfen. Der Begriff ‚Soziotoponymie' sollte weder zu eng noch zu weit gefaßt werden. Im wesentlichen wären ihm alle Benennungen von sozialen Gruppen zuzuordnen, die im Laufe der gesellschaftlichen Gesamtentwicklung, d. h. im wesentlichen im Zuge der ständig fortschreitenden Arbeitsteilung und Klassen- und Schichtenbildung, hervortraten und zum Motiv für eine entsprechende Benennung wurden. Sie umschließt also in erster Linie nach ihrer sozialökonomischen Stellung und Funktion gekennzeichnete, auch topographisch differenzierte Bevölkerungsgruppen. Gerade an der geographisch-topographischen Sonderung bestimmter Sozialgruppen läßt sich — manchmal auch indirekt — ihre spezielle sozialökonomische Funktion erschließen.

6. Da Namengebung niemals, vor allem nicht in frühgeschichtlicher Zeit, streng systematisch erfolgte und die Motivationen zu häufig wechselten, kann nicht erwartet werden, daß aus dem hierfür relevanten Namengut ein eindeutiges Bild der gesellschaftlichen Entwicklung gewonnen werden könnte. Doch ist es möglich, in überlieferungsmäßig und sachlich günstigen Fällen an Hand von ‚Soziotoponymen' belangvolle sozialgeschichtliche Zusammenhänge erhellt zu bekommen. So wurden frühgeschichtliche soziale Gruppen — dem allgemeinen Gesetz der Namengebung zufolge — nur dann als solche namentlich gekennzeichnet, wenn sie irgendeine Sonderfunktion — vorwiegend ökonomischer oder politisch-gesellschaftlicher Art — ausübten, die sie aus der Masse der Allgemeinheit hervorhob. Diese spezifizierten Funktionen traten im Zuge der ständig fortschreitenden gesellschaftlichen Arbeitsteilung, beispielsweise vor allem auf der Stufe der vollen Herausbildung des Feudalismus, mit der Aussonderung von speziellen ‚Berufen' (Spezial‚handwerkern' im weitesten Sinne) hervor. Man wird daher derartiges Namengut, also vorwiegend Personengruppen- oder Personenverbandsnamen (zuweilen auch einfach als ‚Bewohnernamen' bezeichnet), an den Brennpunkten der Feudalentwicklung, den feudalen Zentren (Feudalsitzen, Burgen, praekommunalen und kirchlichen Mittelpunkten usw.) vorfinden. In der Regel wird es sich um sog. ‚Dienstsiedlungen', also Siedlungen handeln, die der differenzierten Versorgung der am Feudalzentrum zusammentreffenden Gefolgschaften, Gesinde, Aufgebote, Gäste usw. zu dienen hatten. Das betreffende Abhängigkeitsverhältnis wird dabei durchaus unterschiedlich gewesen sein, es kann sich um Leibeigene, Unfreie oder Hörige verschiedenen Grades gehandelt haben.

7. Eine Durchmusterung zunächst der im Altsorbengebiet festgestellten Burgen bzw. Burgbezirke auf entsprechende zugeordnete ‚Sozionyme' bzw. ‚Soziotoponyme' ergab, daß es zur Ausbildung von entsprechenden ‚Namenfeldern' nur vereinzelt gekommen ist. Nur

selten verlief die Entwicklung in einem Burgbezirk so kontinuierlich und ungestört, daß ein größeres, beständiges Namenfeld entstehen konnte. Das bisher gewonnene Bild von der Burgenentwicklung bei den Altsorben und darüber hinaus bei den anderen nordwestslawischen Stämmen (P. Grimm 1958; 1960; J. Herrmann 1960; W. Coblenz 1960; 1963) zeigt beträchtliche regionale Unterschiede. Das gleiche gilt für den mit ihr eng verknüpften Gang der sozialökonomischen Entwicklung (J. Herrmann 1966). Sicheres Zeugnis für eine regionale Landesgliederung nach Burgbezirken sind für das 8. und 9. Jh. die civitates-Angaben des Bayerischen Geographen. Da die hier genannten Zahlenwerte sich jedoch nicht hinreichend topographisch festlegen lassen, bleiben Rang und Bedeutung einzelner archäologisch, namentlich und schriftlich nachgewiesener Befestigungsanlagen im unklaren, denn nicht immer entspricht ihre materielle Beschaffenheit (Größe, Gestalt usw.) auch ihrer historisch-gesellschaftlichen Funktion und Bedeutung. Durch das im 10. Jh. hinzutretende deutsche Element ist zudem sehr viel autochthon Slawisches ausgelöscht und überdeckt worden, so daß auch nicht ohne weiteres entschieden werden kann, ob sich ein solch soziotoponymisches Namenfeld in slawischer Zeit oder in der Epoche deutscher Überschichtung herausbildete. Die Entwicklung zum Feudalismus europäischer Prägung hatte bei den Slawen nach der Landnahme ebenfalls begonnen. Der Fortgang von den militärdemokratischen Formen der Wanderzeit zum organisierten frühfeudalen Stammesverband war bei den Altsorben und Daleminziern sogar relativ rasch vor sich gegangen (J. Brankačk 1964, S. 149f.), wurde jedoch durch die Zerschlagung des altsorbischen Dukats durch die Franken während des 9. Jh. abgebrochen. Seitdem stagnierte bei den Altsorben und Daleminziern die Entwicklung der politischen Organisationsformen, ja sie wurde dann sehr bald vom deutschen Feudalsystem abgelöst.

8. Von einem ‚soziotoponymischen Namenfeld' in der Nähe eines Feudalzentrums läßt sich erst sprechen, wenn wenigstens drei derartige, zusammen eine Gruppe bildende Namen nachgewiesen werden können (W. Fleischer 1962, S. 321ff.; H. Walther 1962a, S. 313ff.; 1962b, S. 81ff.). Viel häufiger sind jedoch die Fälle, in denen nur ein Name oder auch zwei zu einem solchen Feudalsitz in Beziehung stehen. Hier sei nur verwiesen auf die häufigen im altsorbischen Bereich *Podgrodici* genannten Suburbien, die heute als eingedeutschte *Baderitz*, *Bauritz*, *Pauritz*, *Pögeritz*, *Poyritz* u. ä. bei den Burgen und Burgwällen Altenburg, Zeitz, Halle-Reideburg, Wettin, Mügeln/Sornzig (Festenberg), Zschaitz nordöstl. Döbeln und Pillnitz südöstl. Dresden entgegentreten (E. Eichler 1961, Karte 1, S. 33), desgleichen auf das noch immer nicht völlig befriedigend gelöste Problem der nordostdeutschen *Kietz*siedlungen (B. Krüger 1962). Möglicherweise wird man auch die im Altsorbengebiet mehrfach bezeugten *Kröllwitz* aus altsorb. **Krol'ovici* appellativisch als ‚Königsleute' (weniger wahrscheinlich zu einem PN *Krol*, altsorb. **Krol'*, osorb. *Kral*, zurückgehend auf Karl den Großen) deuten dürfen, zumal diejenigen, die sich in der Nähe alter könglicher Burgen befinden, das sind *Kröllwitz* dicht nördl. Halle (um 1291 Crolewiz, A. Richter 1962, S. 46), *Kröllwitz* bei Keuschberg südöstlich Merseburg (1012 burgwardum Cuiscesburg, 1341 Krôlewicz, UB Mersebg. Nr. 954), Wg. *Kröllwitz* bei Altenkirchen südwestl. Altenburg (1140 Croluwiz, UB Altenbg. Nr. 6), Wg. *Kröllwitz* nordöstlich Buttelstedt westlich Oberreißen (1360 Crolowicz, Zschr. d. Ver. f. thür. Gesch. NF 19, 1909, S. 245).

9. Von den feststellbaren soziotoponymischen Namenfeldern in alten Burgbezirken zwischen Saale und Elbe sollen hier die am deutlichsten ausgeprägten kurz angezeigt werden. Es sind dies *Schkölen* südl. Markranstädt, *Reideburg* östl. Halle, *Nerchau* südl. Wurzen und *Pesterwitz* westl. Dresden.

a) Schkölen

993 (burgwardium) Zolini (Dobenecker I 561), 1031 in burguardo Sz(h)olin (ebd. 701), 1097 in burgwart Zcolin (ebd. 983), 1068 Zcolani, Scolani (ebd. 869, 870); seit 1197 Landdingstätte; 19. Jh. ‚Hunnenschanze', jetzt abgetragen. Vermutlich altsorb. **S + kol-n-*, zu

kolo ,Rad, Kreis, Ring, Scheibe, Versammlung', wohl auf den großen Ringwall als Versammlungsstätte bezogen.

Wg. *Kössern, Groß-, Klein-*, am Floßgraben nördl. Lützen, 1350 Koserin, 1354 Parva Kozerin; wohl altsorb. **Kozaŕin* ,Ort der Ziegenhirten', s. o. 3 und 4.

Ötzsch, nördl. Lützen, 1031 Ouszarin (wohl hierzu), 1197 Ouziz, 1225 Ovsiz; altsorb. **Ovčarin* ,Ort der Schafhirten', s. o. 3 und Vor.

Schkeitbar, südöstl. Schkölen, 1012 Scutibure, 1012/18 Zutibure, 1322 Zciteborne, 1330 Szitebur; altsorb. **Škytobory* ,Schildkämpfer'? (E. Eichler 1965, S. 59).

Schkorlopp, Groß-, Klein-, südöstl. Schkölen, 1097 Scorlup, 1162 in Zcorluppe, 1277 Zkorlop; altsorb. **Skorolupy* ,Rindenschäler' (E. Eichler 1965, S. 236).

b) Reideburg

1216 Rideburch, 1244 Rideburc; 1347 Rideborch, des markgreven veste for Halle (P. Grimm 1958, Nr. 204; A. Richter 1962, S. 68).

Baweritz, in R. aufgegangen, 1347 Pogeritz, 1358 Poarditz; altsorb. **Podgrodici* ,Leute unter der Burg'.

Kugel, Klein-, südöstl. Reideburg (*Groß-Kugel* noch weiter südöstl.), 1335 Kubele, 1371 Kobele, 1382 Kobele; altsorb. **Kobyl-* zu *kobyla* ,Stute', ,Gestüt'(?).

Kanena, südl. Reideburg, 1182 Cunene, 1211 Conene, 1266 Konene; altsorb. **Końane* zu *koń* ,Pferd', ,Pferdehalter, -züchter'.

Zwintschöna, südl. Reideburg, 1371 Zcwinzcene, Czwynczene; altsorb. **Svińčane* zu *svin-c-* ,Schweine-', ,Schweinehalter' o. ä.

Stennewitz, südöstl. Reideburg, 1378 Steynewicz; altsorb. **Ščenovic-*, zu **ščene* ,junges Tier, junger Hund' ,,Jagdhundehalter, züchter' (E. Eichler 1958, S. 114).

c) Nerchau

991 Nerichouua (villa), 997 burgwardium Nirechouua (H. Naumann, 1962, S. 142).

Cannewitz, östl. Nerchau, 1378 Konewicz, 1421/35 Canewicz; altsorb. **Końovic-* zu *koń* ,Pferd', ,Pferdezüchter, -halter'.

Denkwitz, nordöstl. Nerchau, 1378 Dengkewicz; altsorb. **Děnkovic-* zu **děnka* ,Waldbienenstock', ,Ort mit W.'.

Gornewitz, nordöstl. Nerchau, 1417 Garnewitz, 1421 Gornewicz; möglw. altsorb. **Gornovic-* zu *gorn* ,Feueresse, Herd, Ofen zum Eisenschmelzen, -härten'.

Schmorditz, südl. Nerchau, 1244 Smurdewicz, 1378 Smordewicz; altsorb. **Smordovic-* zu *smord* ,Bauer, Höriger, Leibeigener'.

Thümmlitz, östl. Nerchau, 1378 Dymoycz, Dymuycz; altsorb. **Dymovic-* zu *dym* ,Rauch', ,Ort, wo es raucht', evtl. ,Holzköhlerort'?

Grottewitz, südöstl. Nerchau, 1030 Grothomizi; evtl. altsorb. **Grotovic-* zu *grot* ,Wurfspieß', etwa ,Jägerort'?

d) Pesterwitz

1068 in burchuuardo Bvistrizi, 1311 Besterwiz (zum FlußN Weißeritz, W. Fleischer 1961, S. 85.)

Döhlen, südwestl. Pesterwitz, 1206 Dolen, 1294 Dolen; altsorb. **Dol'ane* ,Talbewohner' (oder **Dolina* ,Talort').

Dölzschen, östl. Pesterwitz, 1144 Deltsan, 1284 Delczene; altsorb. **Děl'čane* ,Bergbewohner' zu *děl* ,Berg, Hügel'.

Plauen, nordöstl. Pesterwitz, 1206 Plawen, 1296 Plawan; evtl. altsorb. **Plaване* ,Anwohner der Schwemme, Flöße' zu *plaviti* ,schwemmen, flößen'.

Wg. *Weitzschen*, südl. Pesterwitz, 1400 Wyczen; evtl. altsorb. **Vysočane* zu *vysoky* ,hoch', ,Leute auf der Höhe'.

Potschappel, südl. Pesterwitz, 1206 Potshapel, 1286 Poschapel; altsorb. **Po(d)čaply* zu tschech. *čapnouti* ‚sich kauern', ‚die sich hin-, darunter kauerten (?)'.

Zauckerode, südwestl. Pesterwitz, 1228 Zukerade, 1350 Zcukerode; altsorb. **Sukorady* zu *suk* ‚Ast, Knorren' und *rad* ‚gern', scherzhaft für ‚Waldsiedler, -bewohner'?

Saalhausen, südwestl. Pesterwitz, 1350 Salesen; evtl. altsorb. **Zalěšane* ‚die hinter dem Wald Wohnenden'.

10. Die bisher nicht berücksichtigten oben genannten Soziotoponyme (s. o. 3) stehen nicht in derartig deutlich entwickelten Namenfeldern. Trotzdem können einige von ihnen zu einem nahegelegenen Feudalzentrum in näherer Beziehung gestanden haben. Es handelt sich um die folgenden:

Wg. Köbeln/Cobolani bei Spergau	— Burgward Keuschberg südöstl. Merseburg
Gosserau	— Burgward Teuchern nordwestl. Zeitz
Könderitz	— Burgward Zeitz/Zangenberg
Kössern	— Slawenwall östl. Förstgen südöstl. Grimma
Sornzig bei Rochlitz	— Burg Rochlitz
Sornzig bei Mügeln	— Burg Mügeln oder Festenberg bei Sornzig, mit suburbium Baderitz
Delmschütz	— Burgward Schrebitz oder Burg Mügeln
Wg. Begerwitz, h. Münchhof	— Burgward Zschaitz nordöstl. Döbeln, mit suburbium Baderitz
Kunnerwitz	— Burgwall auf der Landeskrone südwestl. Görlitz
Wg. Wadare	— Burgward Elsnig südöstl. Wittenberg
Wg. Kleuderitz	— Burgward Dommitzsch nördl. Torgau

Auf speziellere historische Fragen kann und soll hier zunächst nicht weiter eingegangen werden[2]). Es wird weiterer intensiver gemeinsamer archäologischer, namenkundlicher und historischer Forschungen bedürfen, um noch mehr Einblick in die älteren regional ausgeprägten Sozialstrukturen zu erhalten. Hier sollte nur ein bescheidener Anfang von seiten der Toponomastik der DDR dazu gemacht werden.

Zusammenfassung

Wie in anderen westslawischen Siedlungsbereichen können auch im Altsorbengebiet zwischen Saale und Elbe sozialgeschichtlich aufschlußreiche Toponymika eruiert werden. Hier sind es vornehmlich pluralische Bewohnernamen neben Typen auf *-jane* und *-ici* (*-ovici*), auch auf *-ov-* und *-in*, während der im Polnischen, Tschechischen und Slowakischen produktive Typ auf *-ary* hier kaum nachzuweisen ist. Damit ergibt sich hinsichtlich der Typologie Übereinstimmung des altsorbisch/daleminzischen Bereiches mit dem elb- und ostseeslawischen Gebiet.

Anschließend an die Materialdarbietung wurde der Frage des historisch-topographischen Zusammenhangs von ‚soziotoponymischen' Namenfeldern und Burgbezirksmittelpunkten nachgegangen. An vier instruktiven Beispielen kann ein solch sozialökonomisch wichtiger Befund nachgewiesen werden. Darüber hinaus darf bei weiteren vereinzelten Soziotoponymen ein Zusammenhang mit ehemaligen Feudalzentren vermutet werden.

[2]) D. Třeštík und B. Krzemieńska (Zur Problematik... a. a. O.) sehen in der räumlichen Gruppierung und zeitlich begrenzten Existenz der böhmischen ‚Dienstsiedlungen' ein ganzes entwicklungsbedingtes System der feudalen staatlichen Organisation von nur relativ kurzer Dauer (10.—12. Jh.), wie es im elbslawischen Bereich in dieser Form kaum augebildet war. Für diesen unseren Bereich fehlt es jedoch noch an tragfähigen Untersuchungen, die es erlaubten, von ähnlichen Erscheinungen zu sprechen. Hier liegt eine wichtige Aufgabe für unsere mittelalterlichen Verfassungshistoriker, die bald in Angriff genommen werden sollte.

Quellen- und Literaturverzeichnis

Brankačk, J. 1964	Studien zur Wirtschaft und Sozialstruktur der Westslawen zwischen Elbe-Saale und Oder aus der Zeit vom 9. bis zum 12. Jahrhundert, Bautzen.
Coblenz, W. 1960	Zur Situation der archäologischen Slawenforschung in Sachsen, in: Siedlung und Verfassung (s. d.), Gießen, S. 1–14.
Coblenz, W. 1963	Bolesław Chrobry in Sachsen und die archäologischen Quellen, in: Slavia Antiqua 10, S. 249–285.
Codex dipl. Brandbg.	Codex diplomaticus Brandenburgensis, hrsg. von A. F. Riedel, Berlin 1838ff.
Crome, E. 1965	Die Ortsnamen des Kreises Liebenwerda. Diss. (Masch.), Leipzig.
Dobenecker, O. 1896	Regesta diplomatica necnon epistolaria historiae Thuringiae, 1. Bd., Jena.
Eichler, E. 1961	Probleme der Analyse slawischer Ortsnamen in Deutschland, in: Leipziger namenkundliche Beiträge. (Berichte über die Verhandlungen der Sächsischen Akademie der Wissenschaften zu Leipzig, Philologisch-historische Klasse 106, H. 5.), Berlin, S. 19–50.
Eichler, E. 1962	Zur Deutung und Verbreitung der altsorbischen Bewohnernamen auf -jane, in: Slavia 31, S. 348–377.
Eichler, E. 1965	Studien zur Frühgeschichte slawischer Mundarten zwischen Saale und Neiße, Berlin.
Eichler, E., Lea, E., und Walther, H. 1960	Die Ortsnamen des Kreises Leipzig, Halle/Saale.
Eichler, E., und Walther, H. 1966	Die Ortsnamen im Gau Daleminze I, Berlin.
Fleischer, W. 1961	Namen und Mundart im Raum von Dresden I, Berlin.
Fleischer, W. 1962	Zur Frage der Namenfelder, in: Wissenschaftliche Zeitschrift der Karl-Marx-Universität Leipzig, Ges.- u. Sprachwiss. Reihe 11, S. 319–326.
Grimm, P. 1958	Die vor- und frühgeschichtlichen Burgwälle der Bezirke Halle und Magdeburg, Berlin.
Grimm, P. 1960	Archäologische Beiträge zur Siedlungs- und Verfassungsgeschichte der Slawen im Elb-Saalegebiet, in: Siedlung und Verfassung (s. d.), Gießen, S. 15–126.
Herrmann, J. 1960	Die vor- und frühgeschichtlichen Burgwälle Groß-Berlins und des Bezirks Potsdam, Berlin.
Herrmann, J. 1966	Siedlung, Wirtschaft und gesellschaftliche Verhältnisse der slawischen Stämme zwischen Oder/Neiße und Elbe. (Autorreferat einer Habilitationsschrift), in: Ethnographisch-Archäologische Zeitschrift 7, S. 124–136.
Krüger, B. 1962	Die Kietz-Siedlungen im nördlichen Mitteleuropa, Berlin.
Materialien SOA	Fischer, R., Eichler, E., Naumann, H., Walther, H. Materialien zum Slawischen Onomastischen Atlas. Sitzungsberichte der Sächsischen Akademie der Wissenschaften zu Leipzig, Philologisch-hist. Klasse Band 108, H. 6, Berlin 1964.
Naumann, H. 1962	Die Orts- und Flurnamen der Kreise Grimma und Wurzen, Berlin.
Mucke, E. 1929	Wörterbuch der nieder-wendischen Familien- und Ortsnamen, Bd. 3, Prag.
Profous, A. 1947–1957	Místní jmena v Čechách, Bd. 1–4, Prag. (Bd. 4 beendet von J. Svoboda.)
Richter A. 1962	Die Ortsnamen des Saalkreises, Berlin.
Sammlung OL	Historisches Ortsnamenbuch der Oberlausitz (Belegsammlung der Leipziger namenkundlichen Arbeitsgruppe).
Sammlung P	Belegsammlung zur historischen Toponomastik der Landschaften Puonzowa und Tucharin (Leipziger namenkundliche Arbeitsgruppe).
Schenk, W. 1958	Die Ortsnamen der Kreise Werdau und Zwickau, Halle/Saale.
Schlesinger, W. 1937	Burgen und Burgbezirke. Beobachtungen im mitteldeutschen Osten, in: Von Land und Kultur, zum 70. Geburtstag von R. Kötzschke hrsg. von W. Emmerich, Leipzig, S. 77–105.

Schlesinger, W. 1960 — Die Verfassung der Sorben, in: Siedlung und Verfassung (s. d.), Gießen, S. 75—102.

Siedlung und Verfassung — Siedlung und Verfassung der Slawen zwischen Elbe, Saale und Oder. In Verbindung mit H. Jankuhn, W. Schlesinger und E. Schwarz, hrsg. von H. Ludat, Gießen 1960.

Spal, J. 1958 — Místní jména obyvatelská zakončená na -any, in: Sborník Vyšší pedagogické školy v Plzni 1, S. 5—133.

Šmilauer, V. 1960 — Osídlení Čech ve světle místních jmen, Praha.

Taszycki, W. 1934 — W sprawje pochdzenia nazw miejscowych typu Konary, Kuchary, Piekary itp., in: Slavia Occidentalis 13, S. 121—136.

Taszycki, W. 1958 — Onomastyka, in: Rozprawy i Studie Polonistyczne 1, Wrocław–Kraków, S. 174—177.

Trautmann, R. 1949 — Die elb- und ostseeslavischen Ortsnamen, Teil 2, Berlin.

UB Altenb. — Altenburger Urkundenbuch, Bd. 1, bearb. von H. Patze, Jena.

UB Merseb. — Urkundenbuch des Hochstifts Merseburg, Bd. 1, bearb. von P. Kehr, Halle/Saale.

Walther, H. 1962a — Zur Auswertung namenkundlichen Materials für die Siedlungsgeschichte, in: Wissenschaftliche Zeitschrift der Karl-Marx-Universität Leipzig, Gesellschafts- und Sprachwissenschaftliche Reihe 11, S. 313—318.

Walther, H. 1962b — Namen als Geschichtsquelle, in: Wegweiser zur Namenforschung, Halle/Saale, S. 81—108.

Walther, H. 1966 — Namenkunde und Archäologie im Dienste frühgeschichtlicher Forschung, in: Probleme des frühen Mittelalters in archäologischer und historischer Sicht, Berlin, S. 155—168.

Wieber, B. 1967 — Die Ortsnamen des Kreises Torgau, ungedr. Diss. Leipzig.

Zur Stadtkernforschung in Sachsen

Von Heinz-Joachim Vogt, Dresden

Mit 3 Textabbildungen

Das Interesse an den Ergebnissen archäologischer Forschungen ist bei den Nachbardisziplinen in den letzten Jahren stark gestiegen, wobei der Archäologie des Mittelalters besondere Aufmerksamkeit geschenkt wird. Die Ursachen sind in den großen Möglichkeiten der Archäologie bei der Erschließung neuer oder bisher nicht beachteter Quellengruppen für die historische Forschung zu suchen[1]). Neben den geborgenen materiellen Kulturgütern gilt das Interesse in großem Maße Fragen der Burgen- und Stadtkernentwicklung, um deren Beantwortung sich in Mitteldeutschland u. a. P. Grimm, ausgehend von seinen Burgenforschungen, seit Jahrzehnten bemüht (P. Grimm 1958; 1960; 1963, S. 224). Diesen Problemstellungen wurde auch in Sachsen in jüngster Zeit verstärkt nachgegangen (W. Coblenz 1968a; 1968b), und hier mag sich ein Überblick über den Stand der Stadtkernforschung in Sachsen anschließen.

Untrennbar mit der sächsischen Geschichte im Mittelalter sind Städte wie Meißen, Bautzen und Leipzig verbunden, denn sie entwickelten sich in engstem Zusammenhang mit größeren Burgen von überregionaler Bedeutung. So entstand die Stadt Meißen in Anlehnung an die auf einem hohen Sporn über dem Elbtal liegende 929 gegründete Burg Meißen neben einem vermutlich etwas jüngeren Suburbium, das wiederum nahe einer 1002 erwähnten Wasserburg an der Elbfurt lag. Mehrere Jahre fanden auf dem Gelände der Burg Grabungen statt, die bemerkenswerte Resultate zeitigten und interessante Fragestellungen zur Burggeschichte aufwerfen[2]). In der Altstadt selbst wurden bisher noch keine systematischen Forschungen durchgeführt (W. Coblenz 1958a; P. Grimm 1963, S. 242f.), so daß hier noch sehr viele Probleme ungeklärt sind.

Zu den ältesten befestigten Siedlungsplätzen Sachsens im Mittelalter, die auch sehr früh einen stadtartigen Charakter erhielten, gehört Bautzen in der Oberlausitz (W. Frenzel 1933, S. 7f.; W. Hensel 1967, S. 59f., 122f.). Bedingt durch die günstige geographische Lage an einer alten Spreefurt und im Schnittpunkt mehrerer von Westen nach Böhmen und Polen führender Straßen gelegen, erlangte Bautzen sehr früh eine besondere Bedeutung (W. Frenzel 1933, S. 5ff.; O. August 1961a; M. Reuther 1965). Über die topographische Entwicklung von Burg und Stadt bestehen seit der Arbeit Frenzels (1933, S. 65ff.) keine prinzipiell gegenteiligen Auffassungen, wenn auch M. Reuther (1965, Abb. S. 23) einen etwas anderen Entwicklungsgang vorschlug. Obwohl das Stadtgebiet Kriegszerstörungen aufweist, haben nach 1945 keine zielgerichteten Stadtkernuntersuchungen stattgefunden, die zur Klärung der mittelalterlichen Siedlungsverhältnisse beigetragen hätten (L. Oberhofer 1960). Nur im Bereich der Ortenburg wurden zu Beginn des Jahrhunderts Untersuchungen durchgeführt, deren

[1]) Vergl. dazu H. Jankuhn 1954, P. Grimm 1966. Einen zusammenfassenden Überblick über den Stand der Stadtkernforschung in der DDR gab der Jubilar 1963 (P. Grimm 1963). Kurze Hinweise sind auch bei H.-J. Mrusek 1965 zu finden. Auf einige Resultate der Stadtkernforschung in der DDR geht auch W. Hensel (1967) ein, allerdings unter dem sehr speziellen Gesichtswinkel des Slawenforschers.

[2]) W. Coblenz 1961; 1966 (dort mit der älteren Literatur); H. Küas 1966d; dazu H.-J. Mrusek 1965. Im Zusammenhang mit speziell ethnischen Fragestellungen W. Hensel 1967, S. 7 mit Anm. 4.

Resultate W. Frenzel (1933, S. 65ff. mit Abb. 5/6, Taf. III) berücksichtigte. Sie erbrachten den Nachweis der Besiedlung des Schloßberges. Aus dem Stadtgebiet liegen durch die im Verlaufe der Jahrzehnte erfolgten und in der Mehrzahl kontrollierten Baumaßnahmen eine Reihe von Beobachtungen vor, die einen ersten, wenn auch sehr unvollständigen Einblick gestatten[3]) (Abb. 1). So sind slawische Funde im Bereich der Ortenburg, der Ecke Große

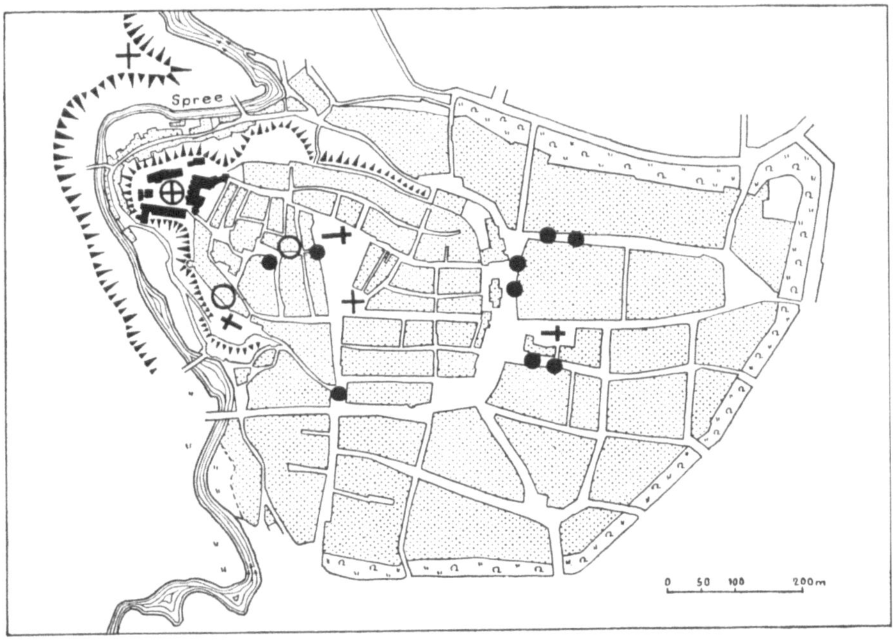

Abb. 1. Bautzen, Bez. Dresden: Grundriß der Altstadt Bautzen um 1890 (nach O. August, 1961a, Abb 118); ○ slawische Keramik des 8.—10. Jh.; + spätslawische Keramik des 11./12. Jh.; ● deutsche Keramik des 13./14. Jh.

und Kleine Brüdergasse und des Burglehns bekannt, die dem 8./9. und 10. Jh. angehören. Ein spätslawisches Skelettgräberfeld wurde zwischen Wachgasse und der Ostseite des Hauptmarktes nachgewiesen. Im Gebiet östlich des Wendischen Grabens und der Töpfergasse sind nur frühdeutsche Siedlungsreste des 12./13. Jh. und jüngeres Material zutage getreten. Die mittelalterliche Besiedlung des der Ortenburg gegenüberliegenden Proitschenberges begann erst in spätslawischer Zeit (Ch. Eckardt 1962, S. 188; W. Coblenz 1962b). In Anlehnung an die Burg entstand also offenbar bereits im 9./10. Jh. eine größere Siedlung zumindest im Areal des Burglehns[4]), die sicher eine weiter nach Norden reichende Ausdehnung hatte und den Kern der späteren mittelalterlichen Stadt bildete. Das jüngere slawische Gräberfeld wurde bei der Gestaltung des Bereiches um den Hauptmarkt nicht mehr berücksichtigt. Es hatte wohl keine lange Belegungsdauer. Ein Ausbaugebiet des späten 12. und beginnenden 13. Jh. hebt sich deutlich vom älteren Stadtkern ab, lieferte auch keine älteren Funde und dürfte kennzeichnend für den Beginn der Besiedlung des Ostteiles der Altstadt sein.

Leipzigs günstige Lage an einem Schnittpunkt mehrerer Ost-West- und Nord-Süd-Straßen in der unmittelbaren Nähe alter Flußübergänge führte schon im 10./11. Jh. zu einer größeren

[3]) Die Bereitstellung der Fundunterlagen und viele Hinweise auf die Lage einzelner Fundstellen im Stadtgebiet werden dem Direktor des Museums Bautzen, Herrn Dipl. phil. L. Oberhofer, verdankt.

[4]) Das unterhalb der Burg am Spreeufer gelegene „Suburbium" (Frenzel 1933, S. 74ff.) bleibt hier außerhalb der Betrachtung, da von dort bisher kein Fundmaterial bekannt ist. Die Frenzelsche Annahme, es sei älter als das Burglehn neben dem Irrenberg, ist dahingehend zu ändern, daß das letztgenannte Gebiet sicher im 9./10. Jh. besiedelt war.

Bedeutung dieses Platzes. 1950 leitete man im schwer zerstörten Stadtinneren systematische Forschungen ein, wobei in einigen Kampagnen wichtige Untersuchungen durchgeführt wurden[5]) und durch ständige Baugrubenkontrollen wertvolle Beobachtungen gelangen (H. Küas 1961b; 1963). Bedeutende Erkenntnisse konnten im Gelände der ehemaligen Burg (Matthäikirchhof) sowie der Thomaskirche, des Ranstädter Steinweges, der Humboldtstraße und der Gerberstraße gewonnen werden (H. Küas 1966a). Neben den für die topographische Entwicklung der Stadt aus mehreren Siedlungskernen wichtigen Feststellungen haben der Nachweis der Burgentwicklung über mehrere Entwicklungsphasen, auf einer slawischen Siedlung des 8./9. Jh. beginnend bis zur Zerstörung der Burg und ihrer Überbauung durch das Franziskanerkloster, und die Erarbeitung einer stratigraphisch gesicherten Keramikentwicklung für Leipzig ganz besondere Bedeutung[6]). Berücksichtigt man noch die laufenden Untersuchungen[7]), so darf Leipzig mit zu den am besten erforschten Städten in der DDR gerechnet werden.

Auch in Taucha, nordöstlich Leipzig gelegen, ist es in annähernd 15 Jahren durch sorgfältige und restlose Überwachung[8]) aller Erdaufschlüsse gelungen, eine Vielzahl beachtlicher Befunde und Funde zu sichern. So konnten in der Nähe der Burg innerhalb der Altstadt, auf dem Grundstück „Weißes Roß", die Grundrisse mehrerer eingetiefter slawischer Häuser des 9.—11. Jh. mit typisch sorbischer Tonware dieser Zeit aufgedeckt werden. Sie dürften zumindest teilweise mit der Produktion von Tongefäßen in Zusammenhang zu bringen sein (B. Schmidt 1958; W. Baumann und R. Dunkel 1965). Dazu kommen noch andere Fundkomplexe von größerer Bedeutung (R. Moschkau 1966), die in Bearbeitung sind[9]). Somit ergibt sich durch gründliche Beobachtung aller Bodenfunde die Möglichkeit, die topographische Entwicklung der Stadt mit einiger Sicherheit zu rekonstruieren (P. Grimm 1960, S. 7f.; 1963, S. 239) (Abb. 2). Ausgangspunkt der Stadtentwicklung Tauchas, die als „urbs Cotug" 981 erstmalig Erwähnung fand, ist fraglos die am Parthehochufer in Spornlage befindliche Burg mit einem östlich anschließenden Suburbium. Eine größere Erweiterung, die sowohl das Gebiet des heutigen Marktes als auch die ursprünglich romanische St. Mauritiuskirche (H. Küas 1961a, S. 17f.) mit einschloß, erfolgte im 12. Jh. Im 13. Jh. wurde anscheinend das ganze noch heute an der Befestigung und dem Straßenverlauf kenntliche Altstadtgebiet von der Besiedlung erfaßt (Abb. 2).

Weit weniger günstig liegen die Verhältnisse in einigen anderen Städten Sachsens, die ebenfalls aus einer Burg hervorgegangen sind, wie Dohna, Kr. Pirna, Mutzschen und Döben, Kr. Grimma (W. Coblenz 1968b) oder auch Rochlitz und Leisnig (W. Coblenz 1968) und Groitzsch, Kr. Borna (H.-J. Vogt 1966), bei denen die entsprechenden Funde aus dem Stadtgebiet bisher fehlen. Ähnliches gilt auch für Plauen im Vogtland, das sich vermutlich aus einer kleinen slawischen Siedlung des 11./12. Jh. entwickelte. Obwohl bereits einige kleine Probegrabungen stattfanden, konnten die von G. Billig (1954, S. 70ff.) aufgeworfenen Probleme nicht gelöst werden. Auch in dem von der historischen Forschung (W. Schlesinger 1952, S. 72ff.) stark beachteten Altenburg fanden vor mehr als dreißig Jahren auf dem Schloßgelände Grabungen statt (H. Höckner 1938), die zu interessanten Ergebnissen für die Geschichte der Burg führten. Im Bereich der Innenstadt gelang es dagegen nur vereinzelt, aussagefähige Befunde zu gewinnen (H. Höckner 1964).

[5]) Zusammenfassend mit der älteren Literatur: H. Küas und L. Langhammer 1960; H. Küas 1966a; vergl. auch P. Grimm 1963, S. 239ff.

[6]) L. Langhammer 1957; 1960b; 1961; H. Küas 1966c; 1966b. Eine größere Arbeit des gleichen Verfassers über die slawische Keramik Leipzigs steht vor dem Abschluß und wird in den „Forschungen zur Vor- und Frühgeschichte" publiziert.

[7]) Die Untersuchungen werden hauptsächlich von Dr. H. Küas durchgeführt und vom Stadtgeschichtlichen Museum Leipzig unterstützt.

[8]) Die Kontrolluntersuchungen und Grabungen wurden hauptsächlich von R. Dunkel, Taucha, mit Unterstützung des Landesmuseums für Vorgeschichte Dresden und unter Mitwirkung von Dr. H. Küas durchgeführt. Herrn Dunkel werden auch die Fundortangaben auf Abb. 2 verdankt.

[9]) Einige Komplexe werden von R. Dunkel in „Ausgrabungen und Funde" 13, 1968, S. 92ff. vorgelegt.

bestimmte Entwicklungslinien in der Keramik des alten Chemnitz zu erkennen und einzelne stratigraphische Befunde zu sichern, die erste notwendige Datierungsmöglichkeiten bieten (H.-J. Vogt 1963; 1965; H. W. Mechelk 1965b).

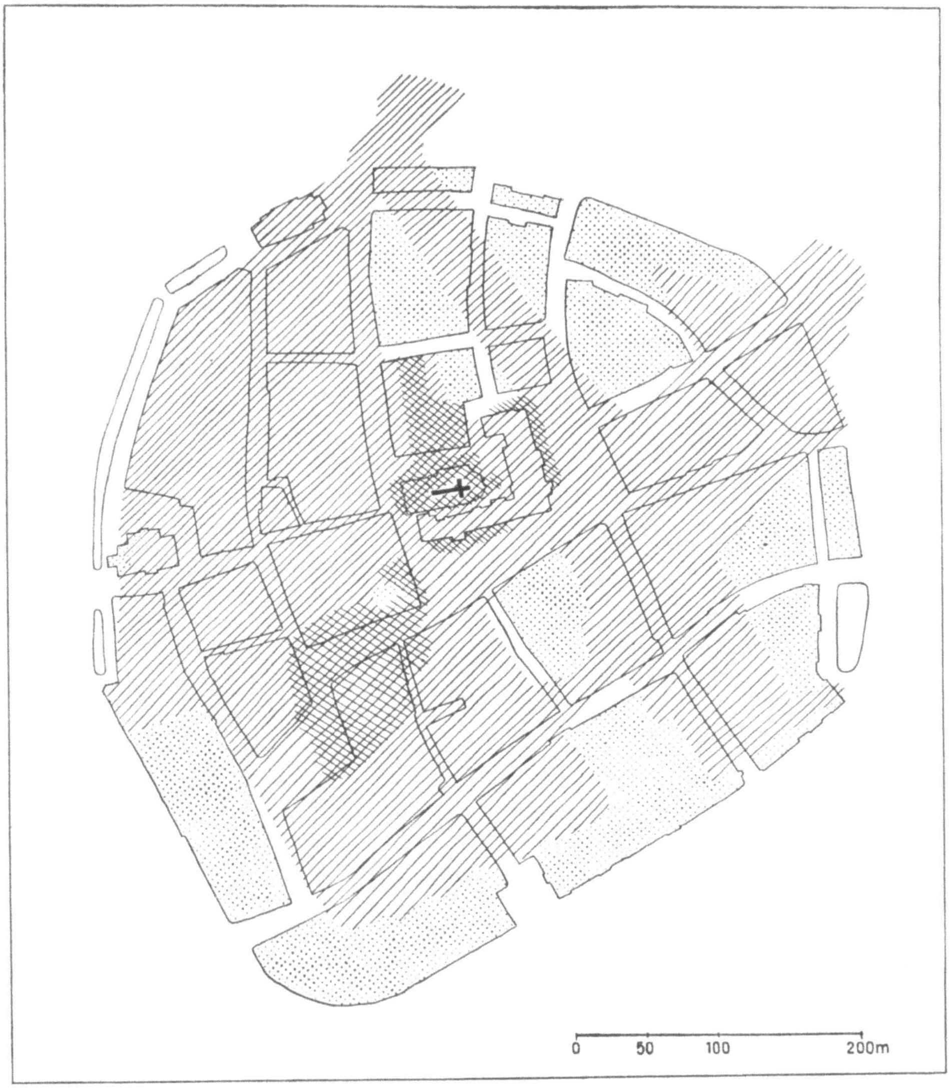

Abb. 3. Karl-Marx-Stadt, Bez. Karl-Marx-Stadt: Grundriß der Altstadt (nach H.-J. Vogt, 1965b, Abb. 15); schraffiert: Beobachtete und untersuchte Flächen; kariert: Verteilung der deutschen Keramik des 13./14. Jh.

Durch die ständige Kontrolle aller Baugruben und anderer Erdaufschlüsse ergaben sich die Möglichkeiten, nahezu das gesamte Gebiet der Innenstadt zu beobachten. Lediglich im Nordosten, im Bereich der Herrengasse und des Plans sind noch Kontrollen nötig. Die bisherigen Untersuchungen gestatten bereits jetzt einen Überblick über die Besiedlungsentwicklung im Altstadtkern (H.-J. Vogt 1965, S. 7ff.). Es ergaben sich dabei keinerlei Spuren einer Siedlung des 12. Jh. Lediglich außerhalb der später ummauerten Stadt, in unmittel-

geschlossen publiziert. Einen ersten zusammenfassenden Überblick unter Berücksichtigung der bisher veröffentlichten Fakten erfolgte in: H.-J. Vogt und H. W. Mechelk 1965a.

barer Nähe des Klostertores, sind einzelne Funde bekannt, die einer so frühen Phase angehören könnten (H.-J. Vogt 1963, S. 132ff.). Für das 13. und beginnende 14. Jh. lassen sich, entsprechend dem Streuungsbereich der Funde, zwei Gebiete unterscheiden (Abb. 3). Den ständigen Beobachtungen im Bereich der Langen Straße zufolge — es wurde ja gerade dieses Gebiet als älteste Kernsiedlung bezeichnet (O. August 1961c, S. 134; K. Blaschke 1965a, S. 43f.) — beginnt hier eine Besiedlung frühestens in der zweiten Hälfte des 14. Jh.[11]). Hinzu kommt im Stadtgebiet die Existenz zweier größerer Tümpel, wohl alter Chemnitzarme, die erst im späten 14. Jh. (H. W. Mechelk 1963, S. 151 und S. 168) und im beginnenden 16. Jh. zugeschüttet und überbaut wurden[12]). Danach bleibt abzuwarten, ob die noch nicht untersuchten Stellen innerhalb der Altstadt ältere Situationen ergeben. Die Möglichkeit, eine derartige Siedlungseinheit außerhalb der späteren Altstadt zu finden, gewinnt bereits jetzt an Wahrscheinlichkeit. Eine gewisse Sonderstellung, auch im Hinblick auf die Eigentumsverhältnisse, nahm von altersher das Areal um die ursprünglich wohl romanische St. Nikolaikirche ein (O. August 1961c, Karte 33/II). 1969 beginnen an dieser Stelle Untersuchungen, die klären sollen, ob in diesem Gebiet mit einer älteren, vorstädtischen Siedlung des 12. Jh., d. h. eventuell der Marktsiedlung des Klosters Chemnitz, zu rechnen ist oder nicht, zumal die Spornlage des Nikolaigeländes einen zusätzlichen und für die genannte Zeit typischen Schutz bot.

Das im ehemaligen slawischen Nisani an einem alten Elbübergang gelegene Dresden wurde erstmalig 1216 als Stadt (civitas) erwähnt. Die historische Forschung vermutet neben einem bereits 1206 genannten Dorf Drezdzany mit der auch später außerhalb der Altstadt gebliebenen Pfarrkirche (Frauenkirche) eine in der Nähe gegründete Burg als Keimzelle der späten regelmäßig angelegten Stadt. Die relativ zeitige Erwähnung einer steinernen Brücke über die Elbe (1287) unterstreicht noch die Bedeutung Dresdens als markgräfliche Gründung an alten, nach Süden und Osten führenden Handelswegen[13]). Wurden bereits vor 1945 bei Bauarbeiten einzelne Befunde und Funde gesichert (A. Hahn 1953, S. 11; K. Günther 1952; W. Coblenz 1952), so konnten nach Beendigung des Krieges erst ab 1951 im Zuge der Enttrümmerung und des beginnenden Wiederaufbaus Forschungen durchgeführt werden. Bedingt durch den hohen Grad der Zerstörung war es nicht möglich, umfassende systematische Forschungen größeren Umfanges zu betreiben. Da von den Zerstörungen teilweise noch Bereiche unterhalb der Kellerfundamente betroffen wurden, blieben aussagefähige, stratigraphische Befunde Seltenheiten. Seit 1952 konnten einzelne Gebiete — so um den Altmarkt — untersucht werden (H. Sulze und W. Coblenz 1956, S. 242f.). Immerhin gelang es im Verlauf der Jahre, die drei sich zeitlich ablösenden Wasserleitungssysteme (E. K. Rühle 1954), annähernd hundert Brunnen und Schächte (W. Coblenz 1958b) und außerdem einige stratigraphische Befunde neben einer Vielzahl von Funden zu sichern[14]). Zusammenfassend läßt sich sagen, daß eine slawische Besiedlung des späteren ummauerten Gebietes nicht nachzuweisen ist, wenn auch mehrere Scherben in sekundärer Lage vorliegen (W. Baumann 1962, Abb. 4). Ein älterer Siedlungskern innerhalb der Altstadt, in der unregelmäßig geführten Flucht der Frauengasse scheinbar vorgezeichnet, wurde nicht gefunden. Die Unregelmäßigkeiten in der Straßenführung resultierten vielmehr aus der Respektierung eines sicher noch im 13. Jh. offenen Tümpels innerhalb der Mauern und zeigen, daß zu dieser Zeit die Flächen nicht durchgehend besiedelt waren (W. Baumann 1962, S. 253; A. Hahn 1953, S. 17). Die älteste außerhalb der Stadtmauern im Bereich der

[11]) Vgl. dagegen, wenn auch wenig überzeugend, J. Leipoldt 1965, Anm. 56.

[12]) Es handelt sich um ein größeres Gebiet zwischen dem Kirchgäßchen und der SW-Seite des Holzmarktes (Profilaufnahmen des Verfassers im Jahre 1963) und um den von H. W. Mechelk (1963, S. 151ff.) festgestellten Tümpel in der Lohstraße.

[13]) A. Hahn 1953; 1957, S. 299f.; 1961, S. 142ff.; 1966; K. Blaschke 1965b.

[14]) W. Baumann 1962; T. Nötzold 1962a, S. 311ff.; 1962b; H. W. Mechelk 1964, H. W. Mechelk 1968.

Frauenkirche vermutete Siedlung Drezdzany ist infolge fehlender Untersuchungen noch nicht nachgewiesen[15]).

In dem gegebenen Rahmen sollte versucht werden, einen kurzen Überblick über den Stand der Stadtkernforschung in Sachsen zu geben. Viele Fragen harren noch einer Beantwortung durch Grabungen, wichtige Ergebnisse werden demnächst von den Bearbeitern vorgelegt und fanden daher keine Berücksichtigung. Bei aller Unterschiedlichkeit der Probleme und des erreichten Forschungsstandes in den einzelnen Städten reihen sich die Ergebnisse zwanglos in die anderer Landschaften ein, und es deuten sich interessante Aspekte an. So bieten einige der vorstehend beschriebenen Städte gute Beispiele für das organische Wachstum der mittelalterlichen Städte neben Burgen, wobei in einigen Fällen — wie Leipzig und wohl Bautzen — den Burgen in slawischer Zeit, d. h. vor Beginn der Ostexpansion unter Heinrich I., eine offene Siedlung (Leipzig) oder eine zu vermutende Burg (Bautzen) vorausgegangen sind. Andere Beispiele für die Entwicklung slawischer Befestigungen zu Stadtgemeinden lassen sich nach dem gegenwärtigen Stand der Stadtkernforschung nicht erbringen. Die Burgen in Leipzig, Taucha, Groitzsch und Meißen erbaute man erst im 10. Jh., wobei noch außer bei Meißen unklar ist, in welcher politischen Situation diese Gründungen erfolgten, wenn sich auch ein Zusammenhang mit der Politik Heinrichs I. und seiner Nachfolger anbietet. Bedeutsam scheint in diesem Fall die Feststellung, daß das materielle Kulturgut in diesen Befestigungen teilweise bis ins 12. Jh. hinein fraglos slawisch ist und auf einen stärkeren slawischen Bevölkerungsanteil in den Burgen und den umliegenden Siedlungen schließen läßt, wobei dessen politische und soziale Funktion mit archäologischen Methoden nicht zu erfassen ist (W. Coblenz 1961; 1966, S. 8ff.; J. Herrmann 1965, S. 23ff.). In diesem Gebiet liegen die ethnischen Verhältnisse fraglos komplizierter als etwa in Polen (W. Hensel 1967, S. 7ff.). Die bisherigen Grabungen haben durch die Aufdeckung neuer materieller Hinterlassenschaften der Kultur das Kolorit jener Zeit wesentlich bereichert und für die jüngeren Stadtgründungen neben diesen Aspekten auch andere Erkenntnisse gebracht. So wird deutlich, daß sowohl in Chemnitz/Karl-Marx-Stadt als auch in Dresden die Ummauerung des Stadtgebietes nicht identisch ist mit einer von Anfang an vollständigen Besiedlung des so geschützten Areals. Diese Situation war wohl erst im 14./15. Jh. erreicht[16]). Die als älteste Siedlungskerne innerhalb der Städte auf Grund ihres Abweichens vom Gitterschema bzw. ihrer unregelmäßigen Form angesehenen Teile der Altstadt haben sich in beiden Fällen als jüngere Ausbauten erwiesen. Diese Fragestellungen sollten künftig davor warnen, aus dem Grundriß, der offenbar erst im 14./15. Jh. seine später überlieferte Gestalt erhielt, Entwicklungsphasen abzulesen und einseitig überzubewerten. Künftigen Untersuchungen muß es vorbehalten bleiben, zu entscheiden, ob diese Feststellungen nur für einige sächsische Städte gelten, die im Zeitalter des Landesausbaus gegründet wurden, oder ob ihnen etwa überregionale Bedeutung zukommt.

Literaturverzeichnis

August, O. 1961a — Bautzen/Oberlausitz, in: Atlas des Saale- und mittleren Elbegebietes, Teil 2, Text, Leipzig, S. 211—213.

August, O. 1961b — Freiberg, in: Atlas des Saale- und mittleren Elbegebietes, Teil 2, Text, Leipzig, S. 208—210.

[15]) Weitere über die hier zusammengefaßten und bereits publizierten Resultate hinausgehende vielfältige Ergebnisse der Dresdner Stadtkernforschung wird der langjährige Leiter der Untersuchungen, H. W. Mechelk, in seiner Dissertation vorlegen.

[16]) Auf ähnliche Verhältnisse weisen auch die Untersuchungen von E. Huth (1966, Abb. 6—8) für Frankfurt (Oder) hin.

August, O. 1961c	Karl-Marx-Stadt (Chemnitz), in: Atlas des Saale- und mittleren Elbegebietes, Teil 2, Text, Leipzig, S. 133–142.
Baumann, W. 1962	Stratigraphische Beobachtungen an einem Baugrubenprofil im Dresdener Stadtkern, in: Arbeits- und Forschungsberichte zur sächsischen Bodendenkmalpflege 10, S. 247–254.
Baumann, W., und Dunkel, R. 1965	Weitere Ausgrabungen im Stadtkern von Taucha, Kr. Leipzig, in: Ausgrabungen und Funde 10, S. 80–84.
Billig, G. o. J. (1954)	Ur- und Frühgeschichte des sächsischen Vogtlandes, in: Museumsreihe, Heft 5, Plauen.
Blaschke, K. 1965a	Chemnitz, in: Handbuch der historischen Stätten Deutschlands 8, Sachsen, Stuttgart, S. 43–49.
Blaschke, K. 1965b	Dresden, in: Handbuch der historischen Stätten Deutschlands 8, Sachsen, Stuttgart, S. 66–81.
Coblenz, W. 1952	Das Münzgefäß von Dresden-Altstadt, in: Arbeits- und Forschungsberichte zur sächsischen Bodendenkmalpflege 2, S. 242–243.
Coblenz, W. 1958a	Burgberg Meißen, in: Ausgrabungen und Funde 3, S. 327–328.
Coblenz, W. 1958b	Älteste Entwicklung Dresdens, in: Ausgrabungen und Funde 3, S. 330–332.
Coblenz, W. 1961	Burg Meißen und Burgward Zehren. Zur Frage der „slawischen Burgen" in Sachsen, in: Bericht über den V. Internationalen Kongreß für Vor- und Frühgeschichte Hamburg, Berlin, S. 187–194.
Coblenz, W. 1962a	Slawen und Deutsche im Gau Daleminzien, in: Aus Ur- und Frühgeschichte, Berlin, S. 136–141.
Coblenz, W. 1962b	Der Wall auf dem Proitschenberg bei Bautzen, in: Arbeits- und Forschungsberichte zur sächsischen Bodendenkmalpflege 10, S. 189–212.
Coblenz, W. 1966	Zur Ur- und Frühgeschichte von Land und Burg Meißen, 4. Sonderheft der Meißner Heimat, Meißen.
Coblenz, W. 1968a	Einige burgenabhängige Stadtgründungen in Sachsen, in: Res Mediaevales, Ragnar Blomqvist kal. Mai, MCMLXVIII oblata (Archaeologica Lundensia III), S. 117–128.
Coblenz, W. 1968b	Döben–Mutzschen–Dohna. Bemerkungen zur Frage von Siedlung, Burg und Stadt, in: Studien zur europäischen Vor- und Frühgeschichte, Neumünster, S. 160–168.
Eckardt, C. 1962	Die Grabung auf dem Proitschenberg bei Bautzen im Jahre 1960, in: Arbeits- und Forschungsberichte zur sächsischen Bodendenkmalpflege 10, S. 165–188.
Frenzel, W. 1933	Grundzüge einer Frühgeschichte von 932–1213, in: 1000 Jahre Bautzen, Bautzen.
Grimm, P. 1958	Die vor- und frühgeschichtlichen Burgwälle der Bezirke Halle und Magdeburg, Berlin.
Grimm, P. 1960	Zum Verhältnis von Burg und Stadt nach archäologischen Beobachtungen in Mittel- und Ostdeutschland, in: Omagiu lui Constantin Daicoviciu cu e prilejul implinirii a 60 de ani, Bukarest, S. 1–12.
Grimm, P. 1963	Zum Stand der archäologischen Erforschung der Stadtentwicklung in der Deutschen Demokratischen Republik, in: Visby-symposiet för historiska vetenskaper 1963, Acta Visbyensa 1, S. 224–252.
Grimm, P. 1966	Der Beitrag der Archäologie für die Erforschung des Mittelalters, in: Probleme des frühen Mittelalters in archäologischer und historischer Sicht, Berlin, S. 39–74.
Günther, K. 1952	Der Brakteatenfund von Dresden, in: Arbeits- und Forschungsberichte zur sächsischen Bodendenkmalpflege 2, S. 201–241.
Hahn, A. 1953	Zur Frühgeschichte Dresdens, in: Forschungen zur ältesten Entwicklung Dresdens, Heft 1, Leipzig.
Hahn, A. 1957	Probleme der Dresdener Frühgeschichte, in: Forschungen und Fortschritte 31, S. 299 bis 306.
Hahn, A. 1961	Dresden, in: Atlas des Saale- und mittleren Elbegebietes, Teil 2, Text, Leipzig, S. 142 bis 147.
Hahn, A. 1966	Die Entwicklung Dresdens bis zur Mitte des 14. Jahrhunderts auf Grund der Urkunden, in: Arbeits- und Forschungsberichte zur sächsischen Bodendenkmalpflege 14/15, S. 251 bis 268.
Hensel, W. 1967	Anfänge der Städte bei den Ost- und Westslawen, Bautzen.
Herrmann, J. 1965	Kultur und Kunst der Slawen in Deutschland vom 7.–13. Jahrhundert. Berlin.

Höckner, H. 1938 — Die Entwicklung der Altenburger Burganlage vom slawischen Rundwall zum Fürstenschloß, in: Mitteilungen der Geschichts- und Altertumsforschenden Gesellschaft des Osterlandes 15, S. 86—114.

Höckner, H. 1964 — Anfänge und früheste topographische Entwicklung der Stadt Altenburg. Ein Beitrag zur Stadtkernforschung, in: Kulturspiegel Altenburg/Schmölln 1, S. 4—9.

Huth, E. 1966 — Neue Erkenntnisse zur Entstehung und Entwicklung der Stadt Frankfurt (Oder) auf Grund archäologischer Befunde, in: Probleme des frühen Mittelalters in archäologischer und historischer Sicht, Berlin, S. 84—93.

Jankuhn, H. 1954 — Der Beitrag der Archäologie zur Erforschung des frühmittelalterlichen Städtewesens im 7.—11. Jahrhundert, in: Frühe Burgen und Städte, Berlin, S. 213—223.

Küas, H., und Langhammer, H. 1960 — Bericht über die Ausgrabungen auf dem Matthäikirchhof (1950—1956), in: Forschungen zur Vor- und Frühgeschichte 4, Stadtkernforschung in Leipzig, Leipzig, S. 20—44.

Küas, H. 1961 a — Die romanische Stadtkirche zu Taucha auf einem älteren Gräberfeld, in: Arbeits- und Forschungsberichte zur sächsischen Bodendenkmalpflege 9, S. 17—21.

Küas, H. 1961 b — Spuren mittelalterlicher Landwirtschaft in Leipzig, in: Arbeits- und Forschungsberichte zur sächsischen Bodendenkmalpflege 9, S. 22—58.

Küas, H. 1963 — Ein Verteidigungsgraben an der Ostflanke der ältesten Leipziger Burg, in: Ausgrabungen und Funde 8, S. 109—113.

Küas, H. 1966 a — Archäologische Beiträge zur Leipziger Stadtkernforschung, in: Probleme des frühen und hohen Mittelalters in archäologischer und historischer Sicht, Berlin, S. 101—111.

Küas, H. 1966 b — Rekonstruktion einer mittelalterlichen irdenen Wärmeschale, in: Arbeits- und Forschungsberichte zur sächsischen Bodendenkmalpflege 14/15, S. 339—346.

Küas, H. 1966 c — Mittelalterliche Keramik und andere Funde von Ranstädter Steinweg und Pleißenmühlgraben zu Leipzig, in: Arbeits- und Forschungsberichte zur sächsischen Bodendenkmalpflege 14/15, S. 347—519.

Küas, H. 1966 d — Topographische Probleme auf dem Burgberg zu Meißen, in: Forschungen und Fortschritte 40, S. 312—315.

Langhammer, L. 1957 — Die mittelalterliche Keramik im Bereich des Matthäikirchhofes in Leipzig als Zeugnis der Besiedlungsfolge um die Jahrhundertwende, ungedr. Phil. Diss., Leipzig.

Langhammer, L. 1960 b — Die Keramik des 9.—12. Jahrhunderts im Gelände der Burg Leipzig, in: Forschungen zur Vor- und Frühgeschichte 4, Stadtkernforschung in Leipzig, Leipzig, S. 86—101.

Langhammer, L. 1961 — Die Keramik des 9.—12. Jahrhunderts im Gelände der Burg Leipzig, in: Bericht über den V. Internationalen Kongreß für Vor- und Frühgeschichte Hamburg, Berlin, S. 492 bis 496.

Leipoldt, J. 1965 — Geschichtliche Leitlinien zur Besiedlung des mittleren Erzgebirges, in: Zur Frühgeschichte von Chemnitz/Karl-Marx-Stadt, Beiträge zur Heimatgeschichte von Karl-Marx-Stadt 12, Karl-Marx-Stadt, S. 36—98.

Mechelk, H. W. 1963 — Stadtkernforschung in Karl-Marx-Stadt, Grabung Lohstraße, in: Arbeits- und Forschungsberichte zur sächsischen Bodendenkmalpflege 11/12, S. 135—172.

Mechelk, H. W. 1964 — Hochmittelalterliche Gefäßdepots? in: Ausgrabungen und Funde 9, S. 118—120.

Mechelk, H. W. 1965 b — Probleme zur hochmittelalterlichen Keramik, in: Zur Frühgeschichte von Chemnitz/Karl-Marx-Stadt, Beiträge zur Heimatgeschichte von Karl-Marx-Stadt 12, Karl-Marx-Stadt, S. 24—35.

Mechelk, H. W. 1967 — Mittelalterliche Keramik aus dem Stadtkern Dresden, Berlin.

Moschkau, R. 1966 — Ein tönernes Gießgefäß des Mittelalters aus Taucha, Kr. Leipzig, in: Ausgrabungen und Funde 11, S. 100—103.

Mrusek, H.-J. 1965 — Zur Burgen- und Stadtkernforschung zwischen Harz und Oder, in: Burgen und Schlösser 6, S. 33—45.

Nötzold, T. 1962 a — Karpologische Pflanzenreste vom Altmarkt zu Dresden I. (Material der Torfschicht), in: Arbeits- und Forschungsberichte zur sächsischen Bodendenkmalpflege 10, S. 371—383.

Nötzold, T. 1962 b — Karpologische Pflanzenreste vom Altmarkt zu Dresden II. (Pflanzen aus der Faulschlammschicht), in: Arbeits- und Forschungsberichte zur sächsischen Bodendenkmalpflege 10, S. 384—400.

Oberhofer, L. 1960 — Holzkammergräber der Hallstattzeit aus Bautzen, in: Ausgrabungen und Funde 5, S. 77—82.

Reuther, M. 1965 — Bautzen, in: Handbuch der historischen Stätten Deutschlands 8. Sachsen, Stuttgart, S. 20—27.

Richter, H., und Mechelk, H. W. 1956	Stadtkernforschung in Karl-Marx-Stadt, in: Ausgrabungen und Funde 1, S. 96–101.
Richter, H. 1962	Grabungsergebnisse im Gelände des Roten Turmes und baugeschichtliche Untersuchungen, in: Der Rote Turm, Karl-Marx-Stadt, S. 18–27.
Rühle, E. K. 1954	Die Wasserversorgung der Stadt Dresden, in: Forschungen zur ältesten Entwicklung Dresdens 2, Leipzig.
Schlesinger, W. 1952	Die Anfänge der Stadt Chemnitz und anderer mitteldeutscher Städte, Weimar.
Schlesinger, W., und Wolf, H. 1965	Freiberg, in: Handbuch der historischen Stätten Deutschlands, 8. Band, Stuttgart, S. 99–107.
Schmidt, B. 1958	Untersuchungen im Ortskern von Taucha, Kr. Leipzig, in: Ausgrabungen und Funde 3, S. 30–34.
Sulze, H., und Coblenz, W. 1956	Die Ausgrabungen am Dresdener Altmarkt, in: Ausgrabungen und Funde 1, S. 92–96.
Vogt, H.-J. 1963	Stratigraphische Beobachtungen im Baugelände „Innere Klosterstraße" in Karl-Marx-Stadt, in: Arbeits- und Forschungsberichte zur sächsischen Bodendenkmalpflege 11/12, S. 119–134.
Vogt, H.-J. 1965	Die ältesten mittelalterlichen Siedlungsreste aus dem Stadtkern von Karl-Marx-Stadt, in: Zur Frühgeschichte von Chemnitz/Karl-Marx-Stadt. Beiträge zur Heimatgeschichte von Karl-Marx-Stadt 12, Karl-Marx-Stadt, S. 7–23.
Vogt, H.-J. 1966	Die archäologischen Untersuchungen auf der Wiprechtsburg in Groitzsch, Kreis Borna, in: Probleme des frühen Mittelalters in archäologischer und historischer Sicht, Berlin, S. 112–118.
Vogt, H.-J. 1968	Zur sächsischen Stadtkernforschung (Resumé), in: Germanen, Slawen, Deutsche, Berlin, S. 129–134.
Vogt, H.-J., und Mechelk, H. W. 1965	Ergebnisse der Stadtkernforschung in Karl-Marx-Stadt, in: Zur Frühgeschichte von Chemnitz/Karl-Marx-Stadt, Beiträge zur Heimatgeschichte von Karl-Marx-Stadt 12, S. 5–6.

Quellennachweis der Abbildungen

Abb. 1. Umzeichnung nach „Atlas des Saale- und mittleren Elbegebietes" Textteil II, Abb. 118, Bautzen um 1890.
Abb. 2. Umzeichnung nach B. Schmidt, in: Ausgrabungen und Funde 2, 1958, S. 31, Abb. 1.
Abb. 3. Umzeichnung nach H.-J. Vogt, in: Zur Frühgeschichte von Chemnitz/Karl-Marx-Stadt, Beiträge zur Heimatgeschichte von Karl-Marx-Stadt, Heft 12, Karl-Marx-Stadt, 1965, Abb. 15 (nach einem Vermessungsplan von Schirrmeister, M. 1:2000).

Medieval Village Excavation in England

By J. G. Hurst, London

With 4 figures and plates 6—7

Development of village excavation

Before 1939 very little work was attempted on deserted medieval villages in England. Medieval archaeology was mainly concerned with either the study of surviving buildings or the excavation of major monuments such as castles and abbeys. This work was also mainly carried out with architectural problems in view and little thought was given to the archaeological possibilities of stratification. After 1945 there was a growing realisation in England that the principles of prehistoric excavation could be applied to the study of deserted medieval villages and that this would be able to add very considerably to our knowledge of how the medieval peasant lived. In 1952 the Deserted Medieval Village Research Group (D.M.V.R.G.) was founded comprising archaeologists, historians, geographers, architects and other specialists whose aim was to correlate work already done on the subject and to initiate and co-ordinate future work.

In 1954 Professor M. W. Beresford published a list of thirteen hundred deserted villages, describing the methods for locating these sites, both from documents and on the ground, and explaining the historical reasons for desertion. There were many reasons for desertion, the main ones being the general retreat from marginal land in the 14th century and the great change over from arable farming to sheep on the late 15th century; the latter reason causing by far the greatest number of desertions. During the past fifteen years many supplementary lists have been published by the D.M.V.R.G. and over two thousand deserted villages are now known (M. W. Beresford 1965). This does not include the many single deserted habitations which were not villages, nor the many thousand villages which were only partially deserted. Meanwhile work on other aspects of medieval archaeology has increased since the formation of the Society For Medieval Archaeology in 1957.

There were about six excavations of varying quality on village sites before 1939 but the results were often inconclusive and were not followed up. The two best were by the Rev. S. Baring Gould (1892) and W. St. Clair Baddeley (1910). The breakthrough came in the 1930s with the classic excavations by Lady Fox of a number of peasant houses on Gelligaer Common, Glamorgan (Wales) (A. Fox. 1937 and 1939). In 1938 and 1939 Professor E. M. Jope excavated a three-roomed 13th century long-house at Beere in Devon and all seemed set for further work on this subject. Unfortunately the war intervened and set the study back for fifteen years. Professor Jope's report on Beere did not in fact appear until 1958 when it was the first major village report to be published after the war (E. M. Jope 1958). It is of considerable interest to see that it was at just this same time in the late 1930s that Professor P. Grimm was carrying out his classic excavation at Hohenrode in the Harz, the first large scale excavation of a medieval village to be undertaken using modern methods (P. Grimm 1939). During the last few years Professor Grimm has continued his important work at Tilleda (P. Grimm 1965), but it is a pity that his lead has not been followed by other workers on village sites of the medieval period in Germany. A great deal of work has been done on settlement archaeology but this has all been for earlier periods except for the one major excavation by Dr. W. Janssen at Königshagen (W. Janssen 1965).

In England, excavation on deserted medieval villages sites has been increasing in importance until there are now about six major excavations in progress each year. Annual Reports and plans appear in D.M.V.R.G. and Medieval Britain. The Deserted Medieval Village

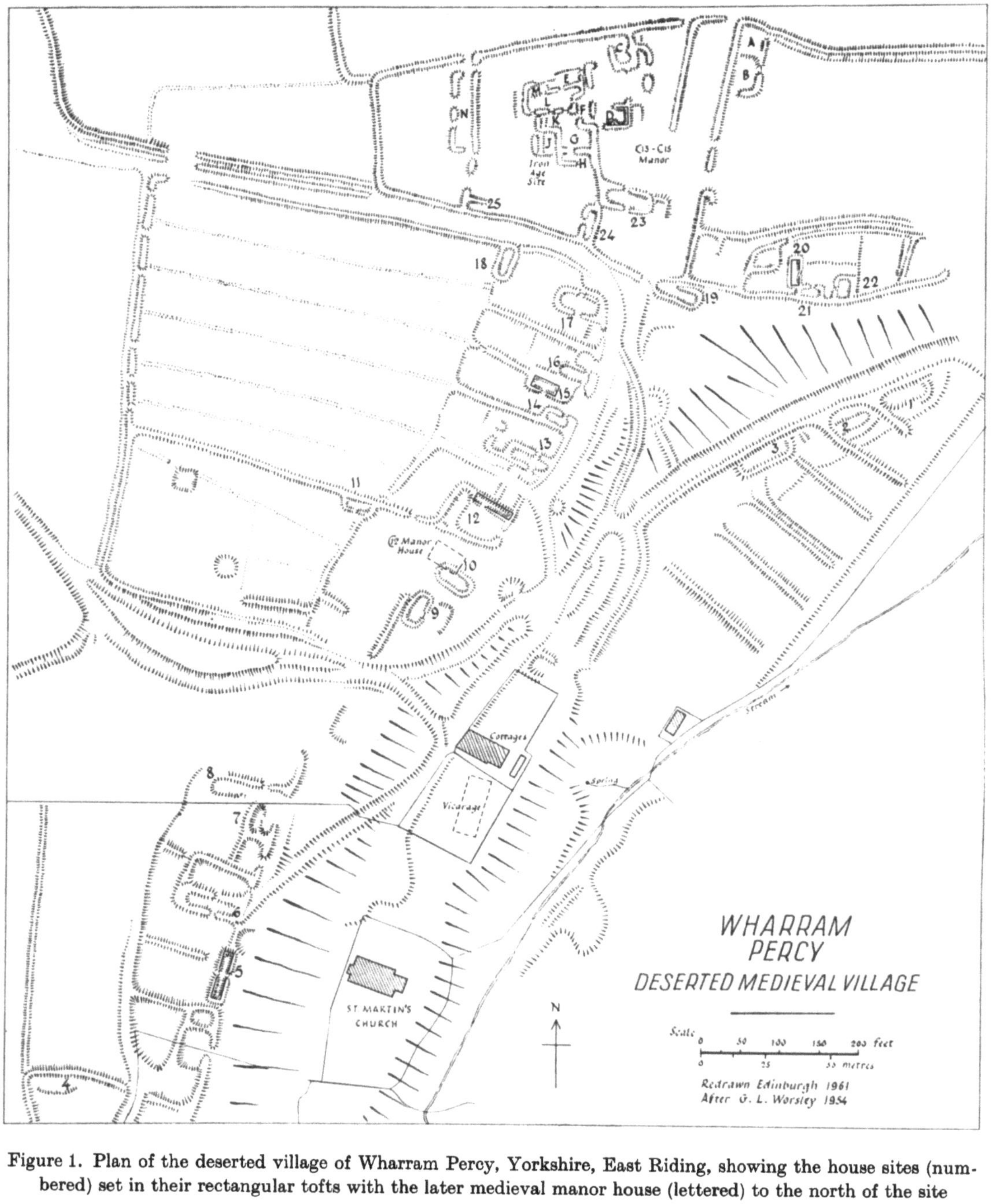

Figure 1. Plan of the deserted village of Wharram Percy, Yorkshire, East Riding, showing the house sites (numbered) set in their rectangular tofts with the later medieval manor house (lettered) to the north of the site

Research Group, which is a purely voluntary body without any financial support, has excavated for a month each summer, since 1953, at Wharram Percy, in the East Riding of Yorkshire, under the direction of the author and Professor M. W. Beresford. During this time two major complexes of buildings (Fig. 1 areas 10 and 6) have been excavated as well as partial excavation of the church. Other major long-term excavations in progress are by Birmingham University at the Cotswold site of Upton, in Gloucestershire (P. A. Rahtz and Professor R. H. Hilton 1966); at Hound Tor, and other sites on Dartmoor in Devon, under the direction of Mrs. E. M. Minter and by the Salisbury Museum Research Committee at Gomeldon in Wiltshire (Fig. 4) under the direction of J. W. G. Musty and D. Algar.

These are all excavations in progress over a number of years with the aim of completely excavating large areas of the respective villages to find out the sequence of periods and the development and changes within the village. In addition the Ministry of Public Building and Works has been carrying out, for the past fifteen years, a programme of excavation of single house sites in many different areas of the country on sites which are to be destroyed. Over the past twenty years, with the increasing speed of development for building, for roads, and especially the great expansion of ploughing up old grass-lands for arable, about twenty deserted villages are being destroyed each year. As many of these cover over eight hektars funds are not available for complete excavation. As a result of these excavations there is now an increasing body of information which enables us to begin to understand the medieval peasant house in England and the problems of its development as well as other problems of village morphology. There is still a great deal to be learnt and clearly in another fifteen years it will be possible to give much more positive answers to many of the problems raised by recent excavation. The time seems ripe now, however, for an assessment of the present position and this I will now attempt to summarise. Methods of excavation will be discussed first. Secondly the various types of building construction will be listed; thirdly the different types of house plan and its development; fourthly the problems of the toft and fifthly the complexities caused by constant rebuilding over the centuries and the resultant changes in siting and planning not only within the toft itself but over the whole village.

Methods of excavation

Most of the early excavations were unsatisfactory because of the poor techniques of excavation used. It is now realised that because of the very great complexity of medieval peasant houses (Fig. 2) and the very flimsy nature of the remains, that the trial trench and box system, evolved for the excavation of major buildings with a considerable depth of stratified deposits, was no use. Only large area excavation of each level in its entirety, before going down to the next one, will give the true picture of the remains. This method which has been usual on the continent for some time is now used on village excavations in England but prehistorians and romanists have been slow to see its potential. There are also still far too many small trial excavations by local groups on village sites who, through lack of resources and lack of the necessary knowledge of village excavation, do more harm than good. For this reason there are quite a large number of excavations the result of which cannot be assessed for lack of data. In particular the excavations which simply uncover one house site without regard to its surroundings are very unsatisfactory since they do not help to solve the problem of the development of the long-house and the farm with their associated buildings in the toft, however much they may tell us about local building methods and house arrangement.

Methods differ in detail from site to site but at Wharram Percy the Deserted Medieval Village Research Group use the open area type of excavation adapted from that used by Professor Axel Steensberg of Copenhagen over the last twenty-five years (A. Steensberg 1952), which he in turn developed from the methods use by Dr. G. Hatt on Iron Age settlement sites in Denmark in the 1930s (G. Hatt 1957). A contour survey is first made of the site then the turf is stripped and the top soil removed to expose the rubble spread. This is then planned in detail and levels recorded. In the second stage all stones smaller than 15 cm are removed unless they are clearly part of a structure. The third stage is to remove all

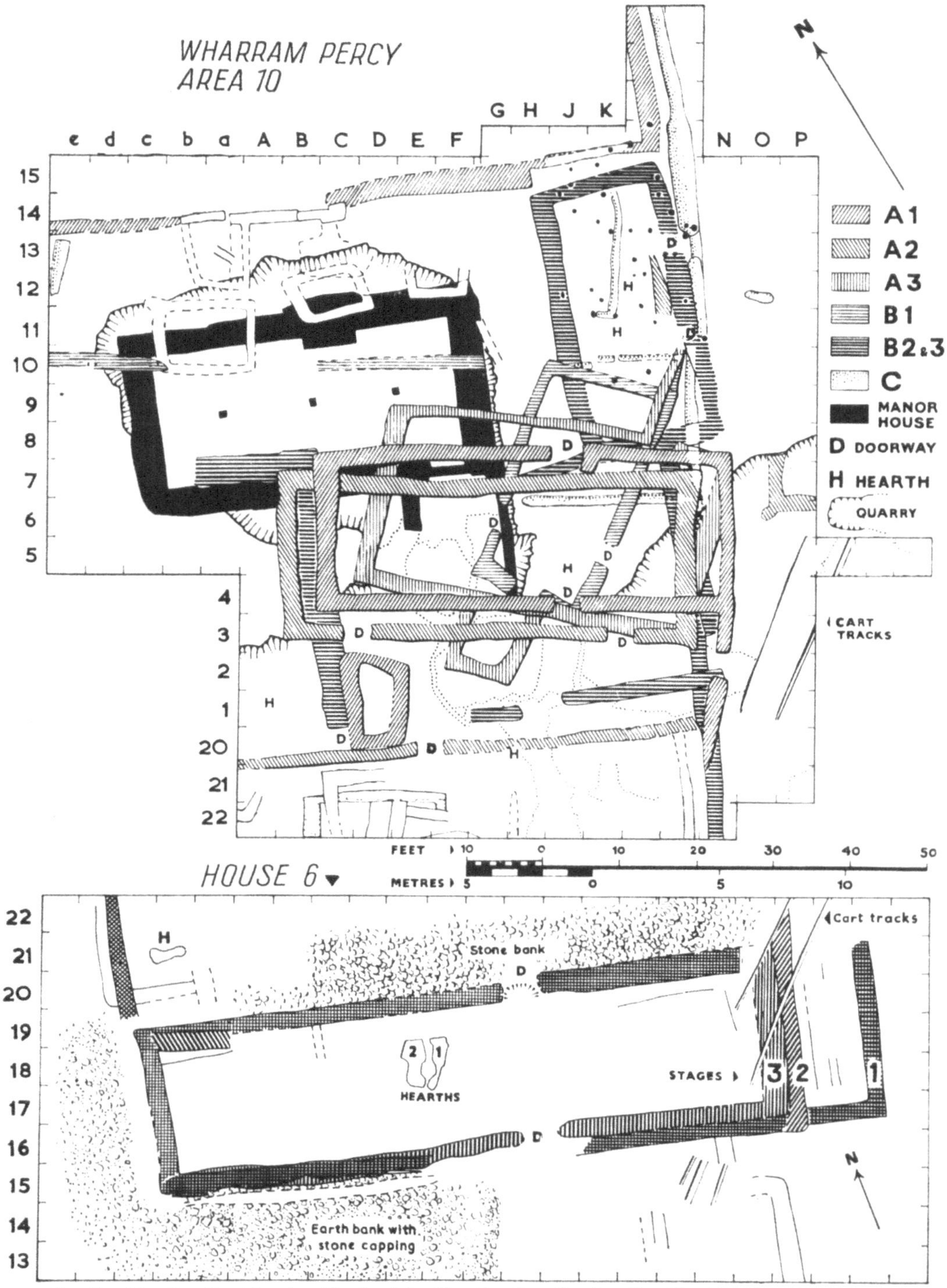

Figure 2. Wharram Percy, Yorkshire, East Riding. Plan of the excavated buildings in areas 10 and 6 showing the superimposed periods and changes of alignment in areas 10 and the rebuilding on the same alignment of building 6

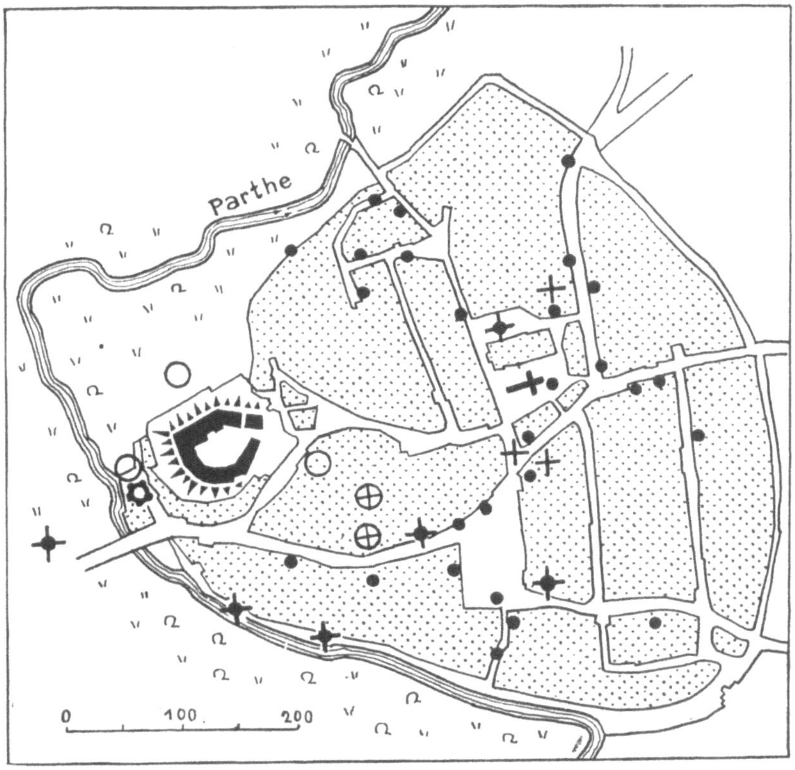

Abb. 2. Taucha, Lkr. Leipzig: Grundriß der Altstadt (nach B. Schmidt, 1958, Abb. 1); ● slawische Funde des 10./11. Jh.; + Funde des 12. Jh.; ○ deutsche Keramik des 13./14. Jh.

Ähnliche Schwierigkeiten treten auch bei den Städten auf, die erst später, im Zuge des Landesausbaus, gegründet wurden. So ergeben z. B. die in der um 1170 gegründeten Bergbaustadt Freiberg getätigten Funde bisher kein klares Bild der Entwicklung (H.-J. Vogt 1968, Abb. 1), wenn sich auch von der Grundrißgestaltung her (O. August 1961b, S. 208 und Abb. 116; W. Schlesinger und H. Wolf 1965, S. 99 und Abb. S. 101) einige anscheinend ältere Gebiete herausheben.

Für Chemnitz/Karl-Marx-Stadt wurde bekanntlich 1165 als Jahr der Stadtgründung erschlossen, nachdem schon vorher ein Markt des um 1136 gegründeten Benediktinerklosters Chemnitz bestanden haben soll, wobei die Meinungen über die Lage des Marktes, ob im späteren Stadtgebiet oder außerhalb, differieren (W. Schlesinger 1952, S. 9ff.; O. August 1961c, S. 133ff.; K. Blaschke, 1965a, S. 43ff.). Im Verlaufe der seit 1953 im völlig zerstörten Stadtkern durchgeführten Forschungen (H. Richter und H. W. Mechelk 1956) war es möglich, eine Anzahl beachtlicher Resultate zu erzielen. So wurden in der Lohgasse mehrere Grubenkomplexe ausgegraben, die sekundär als Fäkalgruben Verwendung fanden (H. W. Mechelk 1963). Beim Bau des Hauptsammlers konnte man die unter den Fundamenten des Klostertores befindlichen Holzroste freilegen, und in mehrjähriger Arbeit klärte H. Richter die Baugeschichte des Roten Turmes (H. Richter 1962). Durch größere Grabungen in der ältesten im Stadtkern liegenden St. Jakobi-Kirche ließ sich der romanische Vorgängerbau nachweisen und auch die mehrphasige Baugeschichte des Franziskanerklosters klären. Dabei wurden Teile der Stadtbefestigung und des Pfortenturmes freigelegt[10]). Außerdem gelang es,

[10]) Die Untersuchungen wurden von Dipl. Ing. H. Richter, Karl-Marx-Stadt, gemeinsam mit dem Landesmuseum für Vorgeschichte Dresden durchgeführt. Die durch H. Richter erfolgten archäologischen und architektonischen Forschungen werden nach Abschluß noch ausstehender notwendiger Ergänzungsuntersuchungen von ihm

stone which appears to be tumble leaving wall lines and other stones which seem to be in situ. Both these levels are surveyed in detail (J. G. Hurst 1956, Pl. 45). The site is divided into a grid of 5 ft. (1,5 m) squares and finds are recorded on to the plans and levelled as well if they are significant for dating or other purposes. The aim is to make the record as objective as possible since many of the complex wall lines will not appear till a late stage in the excavation, but if all the stones removed are recorded then what was at the time thought to be just a jumble of stone can be interpreted as wall lines and other features. No permanent sections are kept but baulks are left at selected points at each level. After drawing, these are cleared so that the next level is completely exposed. In this way baulks are not left to obscure significant detail and sections can be left at important points as required without being tied to fixed points. This method has proved very satisfactory in unravelling the complexities of many sites and in particular sites which could not be fully understood at the time they were excavated twelve years ago have now been interpreted from these detailed plans (J. G. and D. G. Hurst 1964).

Building construction

Very few peasant houses of the Saxon period have been excavated so this places us in a difficulty in trying to determine the origins of the various types of peasant house, especially the plan. With regard to the wall structure enough has been done for it to be said that all Saxon peasant houses were built of timber, turf or unbaked earth. No peasant houses were built of stone until the 13th century. Unfortunately although many village excavations show traces of timber 12th century structures underneath later stone foundations hardly any sites can be taken back with an unbroken sequence into the saxon period, while those saxon villages which have been excavated, such as Maxey in Northamptonshire (P. V. Addyman 1964), seem to have been deserted or to have changed their site in late saxon times. There is not sufficient evidence to explain the reasons for this and it may in fact not be general. It is likely that the original saxon nucleus of villages was quite small and, for example, at Wharram Percy where no peasant houses earlier than the 12th century have been discovered, it may well be that the whole early saxon settlement was contained within the present large area of the churchyard from which 8th century finds have been recovered in later graves. Much work still remains to be done on this important period of overlap.

The best evidence for continuity comes from Hound Tor in Devon where underneath the granite-built 13th century long-houses, Mrs. Minter has found a whole series of superimposed flimsy peasant houses built of turf with walls 1,5 m thick faced with wattles, the evidence for which survives as a series of stakeholes. These seem to have needed replacing very frequently and Mrs. Minter has traced at least fifteen periods of rebuilding. It cannot be said how far back in time these houses go as we have few figures on the expected life of one of these turf structures, and the early periods have no datable finds. They must, however, go back at least to late saxon times.

In other parts of the country late saxon and early medieval peasant houses were built either of timber or unbaked earths. The evidence for the latter in the areas of cob or clay lump building, such as East Anglia, is very slight as there are rarely post-holes going into the ground, only spreads of clay where the walls were (J. G. Hurst 1963, Fig. 2, period III, p. 138). Timber buildings are difficult to interpret into structures either because the remains consist of a bewildering pattern of post-holes of different dates or in some cases they have been disturbed and mutilated by later stone buildings on the top. Where timber houses have been excavated they seem to consist of either separate posts in individual post-holes, or spaced posts set in a continuous foundation trench cut in the ground (B. Hope-Taylor 1961). There seems to be no succession or regional variation that can yet be determined, in fact in some buildings both techniques are used in the same structure (M. Biddle 1962, p. 97). There is some evidence for timber sill beams set into the ground as a foundation for individual posts but the interpretation of these slots as sill beam trenches rather than foundation trenches for individual posts is not always clear.

It is one of the most important results of recent excavation that everywhere in England, however much stone there may be available lying on the ground without needing to be quarried, no peasant houses were built in stone at least until the end of the 12th century and in most areas not until the 13th century. This is very clearly seen at Hound Tor in Devon where the Dartmoor granite was readily available, at Seacourt in Berkshire, at various sites in Lincolnshire and at Wharram Percy in Yorkshire where post-holes and slots are readily visible in the Chalk. The change does not seem to happen at the same time all over the country but by the end of the 13th century most peasant houses in areas of stone were built of stone while in clay areas, and other parts of the country where stone was not readily available, stone foundations were used if possible for timber or unbaked earth building. It is thought that in some areas timber building continued throughout with no stone used even for foundations but insufficient excavations has taken place in the clay Midlands for this to be proved. This is one of the main future aims for research. It is perhaps unfortunate that all the major excavations at present in progress each year are on stone sites.

Many reasons have been suggested for this change from timber to stone and it is of interest that this seems to be not only an English phenomenon but something that happens elsewhere in Europe about the same time as Professor Grimm showed at Hohenrode. One of the main reasons is likely to have been the fact that; with the constant rebuilding of houses and other major buildings in the country and the constant pushing back of the woodland due to the expanding population and the constant assarting of land; timber of sufficient size, and in quantity, would be quite rare by the 13th century. This, together with the strict manorial regulations regarding the felling of timber, would make it more and more difficult for the peasant to acquire sufficient timber to make his house of wood. In the same way in areas where turf was used for walling the expansion of ploughing would soon exhaust plentiful supplies of this material for building purposes. On the other hand it does not explain why, if stone was lying about, as it was on Dartmoor, and it must have been collected from the fields into piles after clearance, that it was not utilised.

In the later medieval period there is evidence from some areas that the practice of building in timber returned although the posts were not now placed in the ground but on timber sills placed on dwarf walls. In other areas peasant houses were never built in stone but the timber was raised up off the ground. There is no doubt that the aim in doing this was to try and make the buildings last longer since posts put directly in the ground were not likely to last more than a single generation. Excavations have shown however that this innovation was unsuccessful, and that houses still needed to be rebuilt or repaired about every twenty-five years. This suggests that the house were very flimsily built and were not solidly framed of carpentered wood. This is again likely to be due to the later medieval shortage of wood which would preclude the use of good quality timber by the peasant and one should imagine roofs constructed of rough boughs, rather than the fine roofs one sees in many archaeological reconstructions, since otherwise there would be no need for the buildings to be replaced so frequently. It is possible that each time a son took over a property he rebuilt it.

The positions of doorways are usually clear and doors were hung on solid posts or in some areas hinged on pivot stones. Keys, hinges and latches are common finds which all suggest that solid doors were common in peasant houses. No evidence for windows can be obtained from the archaeological record. Some hinges and latches may be from these but could often be from furniture. Glass is very rare and is unusual in peasant houses before the 16th century. The internal arrangements of the house are obscure due to the slight nature of partitions and the difficulty of interpreting post and stake-holes as partitions or items of furniture. Sometimes a change in floor-level, or the composition of the floor can give a clue. In the southwest, especially in Cornwall, furniture is made of stone and takes the form of benches, beds, mangers, wall recesses and cupboards. In Devon although there is as much stone, as in most other areas furniture was of timber but traces are very rarely found except when buildings were burnt down such as at Dinna Clerks in Devon excavated by Mrs. Minter in 1966.

The central hearth was universal and either comprised a fire lit directly on the floor showing only a burnt area, or solid stone hearths. The smoke usually went up through a hole in the roof but sometimes clay canopies were in use over the hearths and survive as collapsed patches of clay. Ovens are common, either in the corner of the main living room or in separate buildings and outshuts. The floors themselves were either of clay or more rarely were cobbled or covered with stone flags. Many peasant houses have no discernable floor, since it has been scoured away with such vigour by the constant sweeping of the housewife that there is now a U shaped depression which in many cases undermined the foundations of the walls. In fact very few peasant houses have much accumulated rubbish on their floors and the general impression is of fairly clean houses with most of the rubbish thrown out into the yard. This is an important point since it not only explains why these medieval peasant house sites have such thin deposits and do not build up to any depth but must clearly affect very strongly our views about the cleanliness of the medieval peasant as still presented in history text books. It also means that Phosphate analysis, although it should show where the sites of the yards are if the rubbish is dumped there, is not likely to locate the house sites except by negative results.

Evidence for roofing is very slender from the archaeological evidence. It has already been suggested that this was very flimsy so it perhaps did not need much support. Central lines of posts are found in some areas but there are not enough of them to establish any pattern. In many cases roof supports could have been placed directly on the ground, or on flat stones without leaving any archaeological trace. The actual roofing material itself was usually thatch or turf but this can only be certain where burnt remains are found, though the lack of tiles suggests one or the other. A few roof tiles are found and it is thought that the areas immediately around the smoke outlets were tiled for safety reasons. Peasant houses completely roofed with clay or stone tiles are very rare.

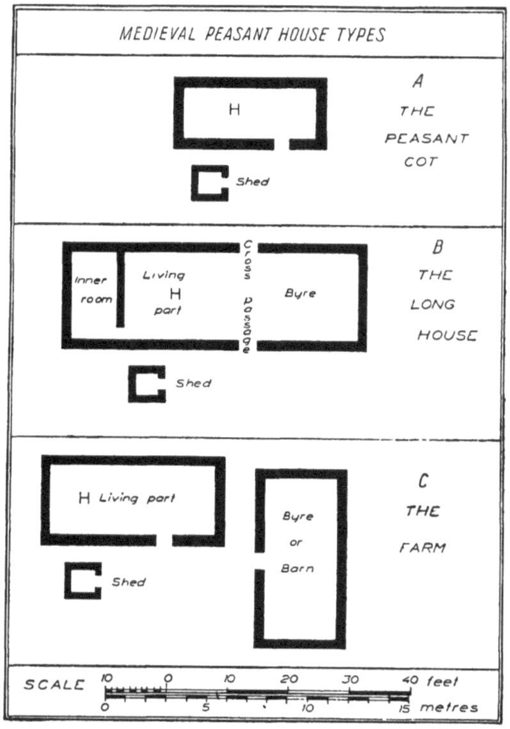

Figure 3. The three main medieval peasant house types

Plans and use of rooms and buildings

Excavation on saxon sites has shown that the sunken hut (Grubenhaus) was common but as over much of Europe there is increasing evidence that there were also major timber structures at ground level. It is difficult to put an enddate to these sunken huts but they are not found after the 11th or 12th century. For the full medieval period excavation has shown that there were three basic house types (Fig. 3) though of course the picture was really very much more complex with many different variations. First of all at the lower end of the social scale there was the hut of the lowest peasant, or cottar, who had no land of his own. This was either a small one roomed house about 5,5 m by 4 m or a larger two roomed house about 11 m by 4 m.

The medieval villein would live in a long-house which it is now known was common over the whole country in the medieval period. This comprised a living part either divided in to two rooms, or just a single room, separated from the byre by a cross-passage, usually with opposing doors. The whole structure was under one roof and there was access inside the building between the living and the cattle parts of the house. These long-houses vary greatly in size from small, two-roomed buildings little larger than 11 m by 4 m to large long-houses up to 20 or sometimes 30 m in length. The differing lengths of the byre end may have reflected the prosperity of the peasant.

The interpretation of the lower room of a long-house as a byre largely depends on many examples where there is a drain or evidence of mangers. In other examples the use is not so

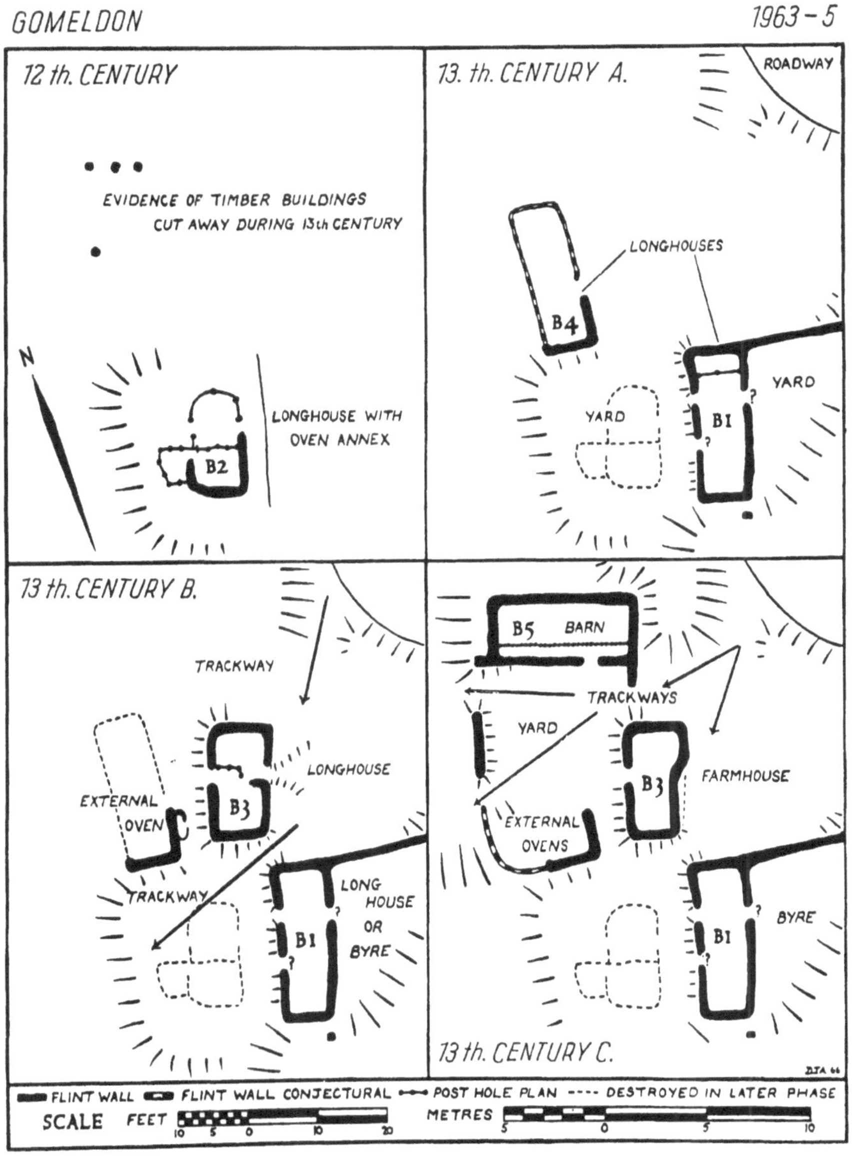

Figure 4. Gomeldon, Wiltshire. Four separate plans showing the development of the house plans from long-house to farm between the 12th and 13th century

clear and it may well be that some of the lower ends were used for the storage of grain or other commodities. The upper part is arranged very much like a single or two-roomed house and in fact a long-house is simply one of these with a byre added. There is a central hearth in the main living room and the inner room, where present, was presumably used either as a separate sleeping room or as a dairy or store. This room was very rarely heated. There are in fact many variations on the basic plan but there are not yet sufficient examples to show any regional types.

The third main type of peasant house is the farm complex in which the byre or barn has been separated from the main living house and placed in a distinct building, usually at right angles to the other, forming the basis of a farm yard. According to the evidence at present available the long-house and the farm are not regional types but show the differing status of the peasant. In the present day long-houses survive only in the highland parts of England which was why some early scholars considered that they were Celtic. In fact they were universal in England in medieval times but did not survive in lowland England beyond the 15th century since they were replaced in the great 16th century rebuilding (W. G. Hoskins 1964), if not before. It is suggested that the long-house was changed into the farm by the emerging yeomen farmers who became freeholders in the later middle ages and who wished to improve their living conditions. The change therefore did not take place at the same time in different parts of the country but at many different dates and possibly at different dates in the same village as some peasants became more prosperous.

The best evidence for the change comes from the important excavations at Gomeldon in Wiltshire (Fig. 4) and Upton in Gloucestershire where typical long-houses of the 12th and 13th century were changed into farms during the 13th century. At Gomeldon this was into a partial courtyard farm, while at Upton the new buildings were still in line but separate with individual access. At Wharram Percy, in Yorkshire, the long-houses continued until the village was deserted about A.D. 1500 but this is very close to the highland zone where long-houses still survive and other evidence suggests that long-houses changed into farms in this part of Yorkshire during the early 16th century (J. G. Hurst 1965). The change may therefore be regarded both as illustrating the growth in the prosperity of the medieval peasant and his aim to improve his housing but also backward areas away from the centres of development must be taken into account as is shown by the present survival of the long-house in the west. One must not therefore assume that every villein lived in a long-house and every yeoman farmer in a farm. There is documentary evidence that at Wharram Percy some of the inhabitants were freeholders and yet every house, except the possible bailif's house in the manorial compound was a long-house.

The toft

Besides the main living building, barns and byres there were often other outbuildings in the peasant toft or back yard. Little is known about these not only because far too few complete tofts have been excavated, but also the remains themselves are difficult to elucidate because of their flimsy nature, A small rectangular building about 2 m square seems to be typical of most tofts whether they contain a cottage, long-house or farm (Fig. 3). These could have served many purposes. One important building was the corn-drying kiln. These are best known from the south-west at Hound Tor and other sites but are likely to have been more widespread especially in the deteriorating climate of late medieval times when it would have been hard to dry cereals naturally on high marginal ground. Other activities were carried out not in separate outbuildings but in outshuts attached to the main living buildings. This sometime takes the form of a long narrow room along one side of the building under the same roof or a rectangular attachment to part of the house which might either be under the same roof line or with a separate gable (J. G. and D. G. Hurst 1964, buildings 10 and 12).

Many of these contain ovens, presumably for baking. The disposal of rubbish varies very much from site to site. Very few villages seem to have either rubbish, storage or cesspits in the tofts.

The source of stone for peasant house is not always apparent. It is not likely to have been transported any distance. Small quarries are visible on some stone sites by crofts and along roads. At Wharram Percy on the other hand building stone seems to have been taken from the individual tofts, which are honeycombed with quarries.

The tofts themselves are usually rectangular and on stone area sites are likely to be bounded by stone walls or banks with hedges or fences (Fig. 1 and Taf. 7). In clay or other stoneless areas the tofts are usually raised platforms surrounded by ditches and sunken roads (Taf. 6). They were not built deliberately but gradually accumulated from the digging out and cleaning of the boundary ditches and roads. Excavation has shown that this is a late medieval feature of the 14th and 15th centuries. In the 12th and 13th centuries peasant tofts were much lower and were surrounded by much shallower narrower ditches (J. G. Hurst 1961, p. 233). This late build-up may be due in part to the worsening climate from the late 13th century onwards which may have led to both the need for larger drainage ditches and the resultant increase in elevation. It is significant that it was at just this same time that manor houses were also being built in many parts of the country on raised platforms surrounded by moats (J. G. Hurst 1961, period II). The village ditched platforms could therefore also be regarded as the poor mans copy of the manorial fashion but the increase not only in the size of the ditches but also the frequency with which they had to be recut or cleaned out does suggest much wetter conditions (P. A. Rahtz 1959, p. 136). In the early medieval period few tofts seem to have been cobbled but this became more common in the 14th and 15th centuries, giving more evidence of wet conditions, though even in the climatic optimum of the early medieval period conditions must have been very muddy on clay sites in winter.

Rebuilding and toft changes

This gradual development of the toft during the medieval period brings out the question of change which was a very important aspect of the development of the village as a whole as has been shown by many recent excavations. It has already been pointed out that the peasant houses were very flimsy and are unlikely to have lasted more than a generation without repair or complete rebuilding. It is a striking fact that on many village sites not only was this rebuilding done on completely new foundations but often on a completely new alignment. This is best seen from sites such as Wharram Percy (Fig. 2) and Hangleton (J. G. and D. G. Hurst 1964, building 9), where the houses turned through an angle of 90 degrees in the 14th and 15th century. This was not however only a late phenomenon since it is also seen in the 11th and 12th centuries at Hound Tor and Milton in Hampshire (J. G. and D. G. Hurst 1967). The reasons for this change both in foundations and alignment is not properly understood. There are at present too few examples to make a pattern.

These changes in alignment are not confined to actual house sites only but to the whole toft pattern and the fundamental layout of the village as a whole. At Wharram Percy area 10 was two crofts in the late 13th century containing two peasant houses (Fig. 2 level B). In the 14th century these were alamgamated into one toft with a single house (Fig. 2 level A). This may show either the amalgamation of two properties into one or the declining population of the later medieval period. The latter is more likely since the later houses on the site clearly belonged to a poorer peasant than the two earlier ones on the same site. This can only be settled by a larger scale excavation of other parts of the village to see if this was a trend all over the village. At Hangleton in Sussex four peasant houses were built in quite a small space when the village expanded in the 12th and 13th century. By the 15th century these had been replaced by a single farm complex covering the same area (J. G. and D. G. Hurst 1964).

A much more fundamental change is shown by a survey carried out of the village of Wawne, in the East Riding of Yorkshire, as it was bulldozed. In the 12th and 13th centuries there were about 12 peasant houses set in a rectangular area in a fairly haphazard fashion as though they had been added to gradually over the years. In the 14th century however all these houses were destroyed and a completely new layout was constructed some distance to the south with 16 houses all laid out regularly, parallel to a street. This was clearly a planned move by the lord of the manor and there is evidence for similar planning from other sites. In the 12th century Wharram Percy consisted of tofts 1—8 with a manor house under area 10. In the 13th century a complete new block of tofts and crofts was laid out, possibly consisting of a furlong taken out of the open field system, with a new manor site at the north end (Fig. 1). In this case there was not only a similar piece of village planning to Wawne but the site of one of the most important buildings in the village, the Manor house, was also changed. That the manor site was not always in the same place is shown by various manor houses which have remains of peasant houses from an earlier layout underneath. At Northolt in Middlesex the Saxon and early medieval village was on the top of the hill next to the church, but about 1300 the village was moved down to the bottom of the hill and a large moated manor site constructed on the old site (J. G. Hurst 1961). If churches were newly established in the 12th century peasant houses were sometimes cleared away to make space for them.

The whole picture emerging from recent excavation of village sites is therefore of constantly changing patterns with replanning not just of house sites and toft boundaries but of whole sections of the village. This was not expected by historians since it was assumed that, once the toft boundaries were established in saxon times, they would remain the same from then onward as has been demonstrated for burghage plots in many medieval towns. It looks as though things were very different in the villages. This was clearly due to the fact that most of the peasants were tenants with very few rights so that it was easy for landowners to completely replan a village without too much opposition. Many villages have every appearance of having grown haphazardly but others have clearly been planned either as street or green villages. The archaeological evidence suggests that geographers have been rather hasty in trying to trace back the origin of some of these planned villages when many of the plans are the product of improving lords of the later medieval period. For this reason it is very dangerous to argue from the plans of deserted villages which are so clear today both on the ground and from air photographs when these only show the plan of the village as it was at the latest stage of its development.

We have learnt a great deal during the past fifteen years, and many of these facts have been surprising. The study of the medieval village is only just starting, however, and there is still a great deal to learn. The excavation of deserted villages has shown how suitable they are for studying various aspects of medieval life on sites which are unencumbered with modern buildings and other disturbances, but it has also shown the very great complexity of the task and how much remains to be done. Useful information can be obtained from individual house excavation in various parts of the country but what is badly needed are many much larger scale area excavations to show more of the fundamental changes in village morphology which are so far only hinted at on many sites.

Summary

Most work on deserted medieval villages has taken place during the past fifteen years since the formation of the Deserted Medieval Village Research Group. Six major excavations are now in progress each year in various parts of the country, using the open area method of excavation. All saxon and early medieval peasant houses were built of timber, stone was not used till the 13th century. Even the stone houses were very flimsy and had to be replaced every twenty-five years or so. Central hearths were usual and roofs mainly of thatch. The medieval peasant kept his floors very clean the rubbish being dumped outside.

Sunken huts and more substantial timber houses were usual in the Saxon period but the plans are uncertain. In the full medieval period there were three main types of house; the small peasant house, with one or two rooms, for the cottar; the long-house, with humans and animals under the same roof, for the villein; and the farm complex, with separate buildings, for the emerging yeomen farmer. The toft contained various outbuildings and pits but it is often hard to tell exactly what purposes they were used for. In the 12th and 13th centuries tofts were at natural ground level bounded by fences and small drainage ditches. With the worsening climate of the 14th and 15th century the levels of the tofts were gradually built up and deeper drainage ditches dug. Tofts and road surfaces were now cobbled.

Peasant houses were constantly rebuilt not only on new foundations but also on new alignments. Toft boundaries changed as properties were amalgamated or divided. More fundamental changes were also common, such as the rebuilding of the manor house in a different position, and complete new layouts of peasant houses planned by improving landowners. The whole picture of medieval village life is therefore one of constant change in marked contrast to that of the town with its static burghage plots.

Bibliography

Addyman, P. V. 1964 — A dark-age settlement at Maxey, Northants, in: Medieval Archaeology 8, Pp. 20–73.

Baring-Gould, Rev. S. 1892 — An ancient settlement on Trewortha marsh, in: Journal Royal Institution Cornwall 11, Pp. 57–70.

Beresford, M. W. 1954 — The lost villages of England, London.

Beresford, M. W. 1965 — Villages désertés: bilan de la recherche anglaise, in: Villages désertés et histoire économique XIe–XVIIIe siècle, Paris, Pp. 533–580.

Biddle, M. 1962 — The deserted medieval village of Seacourt, Berkshire, in: Oxoniensia 26–7, 1961–2, Pp. 70–201.

Clair Baddeley, W. St. 1910 — The manor and site of Hullasey, Gloucestershire, in: Transactions Bristol and Gloucestershire Archaeological Society 33, Pp. 338–354.

D.M.V.R.G. — Annual reports of the Deserted Medieval Village Research Group 1953 onwards, London.

Fox, A. 1937 — Dina Noddfa, Gelligaer Common, Glamorgan, in: Archaeologia Cambrensis 92, Pp. 247–268.

Fox, A. 1939 — Early Welsh homesteads on Gelligaer Common, Glamorgan, in: Archaeologia Cambrensis 94, Pp. 163–199.

Grimm, P. 1939 — Hohenrode, eine mittelalterliche Siedlung im Südharz, Veröffentlichungen der Landesanstalt für Volkheitskunde zu Halle 11.

Grimm, P. 1965 — Zum Stand der Ausgrabungen in der Pfalz Tilleda am Kyffhäuser (1935 bis September 1963), in: Jahresschrift für mitteldeutsche Vorgeschichte 49, S. 99–138.

Hatt, G. 1957 — Nørre Fjand, Copenhagen.

Hope-Taylor, B. 1961 — The boat-shaped house in northern Europe, in: Proceedings Cambridge Antiquarian Society 55, Pp. 16–22.

Hoskins, W. G. 1964 — The rebuilding of rural England, 1570–1640, in: Provincial England, Pp. 131–149.

Hurst, J. G. 1956 — Deserted medieval villages and the excavations at Wharram Percy, Yorkshire, in: R.L.S. Bruce-Mitford, ed., Recent Archaeological Excavations, London, Pp. 251–273.

Hurst, J. G. 1961 — The kitchen area of Northolt manor, Middlesex, in: Medieval Archaeology 5, Pp. 211–299.

Hurst, J. G. 1963 — Excavations at Barn Road Norwich, 1954–5, in: Norfolk Archaeology 33, Pp. 131–179.

Hurst, J. G. 1965 — The Medieval peasant house, in: A. Small, Ed., The fourth Viking Congress, Aberdeen, Pp. 190–6.

Hurst, J. G. & D. G. 1964 — Excavations at the deserted medieval village of Hangleton, part II, in: Sussex Archaeological Collections 102, Pp. 94–142.

Hurst, J. G. & D. G. 1967 — Two medieval moats at Milton, Hampshire and Ashwell, Hertfordshire, in: Journal British Archaeological Association 3rd series, 30, Pp. 49–87.

Janssen, W. 1965 — Königshagen, ein archäologisch-historischer Beitrag zur Siedlungsgeschichte des südwestlichen Harzvorlandes, Hildesheim.

Jope, E. M. 1958 — Excavation of a medieval settlement at Beere, North Tawton, Devon, in: Medieval Archaeology 2, Pp. 112–140.

Medieval Britain — Annual reports of plans and excavations each year from 1956 onwards, in: Medieval Archaeology, London.

Rahtz, P. A. 1959 — Holworth Medieval village excavation, 1958, in: Proceedings Dorset Natural History and Archaeological Society 81, Pp. 127–147.

Rahtz, P. A. 1966 — Upton, Gloucestershire, 1959–1964, in: Transactions Bristol and Gloucester Archaelogical Society 85, Pp. 70–146.

Steensberg, A. 1952 — Bondehuse og Vandmøller i Danmark gennem 2000 År, Copenhagen.

Die wichtigsten Ergebnisse der neuen archäologischen Ausgrabungen von Cucuteni-Băiceni*)

Von Mircea Petrescu-Dîmboviţa, Iaşi

Mit 2 Textabbildungen und Tafel 8, 9a

Die Cucuteni-Kultur, ein wichtiger moldauischer und nordostmuntenischer Bestandteil des großen äneolithischen Fundverbandes mit bemalter Keramik vom Typus Ariuşd-Cucuteni-Tripolje, wird heute dank der in den Jahren der Volksrepublik vorgenommenen großzügigen Grabungen von Tag zu Tag bekannter. Unter den seit dem Jahre 1949 den rumänischen Archäologen gebotenen Arbeitsbedingungen[1]) ist es gelungen, zahlreiche neue Angaben sowohl über die zeitliche Gliederung der Cucuteni-Kultur als auch über die Lebens- und Denkweise der Träger dieser Kultur zu erhalten. Das war dadurch möglich, daß erstmalig Gesamtausgrabungen von Cucuteni-Siedlungen in Hăbăşeşti und Truşeşti vorgenommen wurden. Ferner fanden mehr oder weniger intensive Grabungen in den Siedlungen von Glăvăneşti Vechi, Corlăteni, Traian, Valea Lupului, Cucuteni-Băiceni, Tîrpeşti und anderen Ortschaften der Moldau statt.

Im Rahmen der Erforschung der Cucuteni-Kultur wurden auch die kulturellen und chronologischen Zusammenhänge mit Mittel- und Südosteuropa und sogar noch weiter entfernten Gebieten behandelt.

Im vorliegenden Aufsatz werden wir nur bei den wichtigsten Ergebnissen verweilen, die die kürzlich durchgeführten archäologischen Ausgrabungen von Cucuteni-Băiceni erbrachten.

Bevor wir jedoch mit diesen Ergebnissen beginnen, wollen wir etwas ausführlicher auf die Geschichte der Grabungen von Cucuteni eingehen, die längst außerhalb der Grenzen Rumäniens einen großen Ruf erlangt haben.

Es ist wohl kaum bekannt, daß über die äneolithische Siedlung auf der Cetăţuia bei Cucuteni erstmalig von dem Volkskundler Th. Burada berichtet wurde, der darüber 1901 in der Iaşier Zeitschrift „Arhiva" einen Aufsatz verfaßte (Th. Burada 1901). Er hatte nämlich im Jahre 1884 von bei Steinbrucharbeiten gemachten archäologischen Funden erfahren, woraufhin er nach persönlicher Besichtigung bei den Orts- und Kreisbehörden vorstellig wurde, um einerseits die weitere Zerstörung des Fundortes zu verhindern und andererseits die Aufnahme archäologischer Grabungen sowohl an der betreffenden Stelle als auch in benachbarten Orten zu erreichen.

Danach wurde der Fundort auf der Cetăţuia in den Jahren 1885—1888 summarisch von N. Beldiceanu, Gr. Buţureanu und D. Diamandi aus Iaşi sowie von N. Butculescu aus Bukarest erforscht (I. Andrieşescu 1912, S. 13, Anm. 12).

Die Ergebnisse dieser Forschungen wurden in den folgenden Jahren von N. Beldiceanu (1885) und Gr. Buţureanu (1889) veröffentlicht. Desgleichen wurden sie im Jahre 1889 in Paris von Gr. Buţureanu auf dem Internationalen Kongreß für Anthropologie und vor-

*) Die Bezeichnung Cucuteni-Băiceni wurde gewählt, da die berühmte Siedlung auf der Cetăţuia bei Cucuteni heute auf dem Gebiet der Gemeinde Băiceni liegt. Um Verwechslungen zu vermeiden, wurde auch die Benennung Cucuteni beibehalten, unter der heute diese Fundstätte in der Fachliteratur allgemein bekannt ist.

1) Die Grabungen wurden von den Instituten für Geschichte und Archäologie der Sozialistischen Republik Rumänien in Zusammenarbeit mit den Geschichtsmuseen innerhalb des Staatsausschusses für Kultur und Kunst geplant, ausgeführt und geleitet.

geschichtliche Wissenschaft (Gr. Buţureanu 1891) und von D. Diamandi bei der Gesellschaft für Anthropologie (D. Diamandi 1889) vorgelegt. Durch diese Mitteilungen wurde die Fundstätte von Cucuteni in der gesamten Fachwelt bekannt und häufig in deren Arbeiten erwähnt.

So erklärt sich auch das Interesse des deutschen Archäologen H. Schmidt, der Anfang dieses Jahrhunderts an archäologischen Forschungsreisen nach Nordsyrien und Turkestan teilgenommen hatte und nun auch die Funde von Cucuteni zum besseren Verständnis der bemalten Keramik im unteren Donauraum und im Balkan studieren wollte (H. Schmidt 1932, S. 1).

Zu diesem Zweck hat er in den Jahren 1909 und 1910, zeitweise auch mit Hilfe von G. Bersu, eingehende Ausgrabungen auf der Cetăţuia bei Cucuteni vorgenommen, außerdem einige kleinere Versuchsgrabungen in der Talsiedlung bei Dîmbul Morii.

Auf Grund dieser in zwei Siedlungen der Cucuteni-Kultur vorgenommenen Forschungen ist es H. Schmidt gelungen, stratigraphisch und stilistisch die zeitliche Gliederung der Cucuteni-Kultur festzulegen und die Phasen Cucuteni A, A—B und B zu bestimmen, die später durch Grabungen rumänischer Archäologen an anderen Fundstätten der Cucuteni-Kultur[2]) bestätigt wurden. Die Ergebnisse der Forschungen von H. Schmidt sind in seiner bekannten Monographie von 1932 niedergelegt, deren wissenschaftlicher Wert auch heute noch unbestritten ist und die mit Recht als die grundlegende Arbeit über die Cucuteni-Kultur betrachtet wird.

Der größte Teil des bei diesen Ausgrabungen gefundenen Materials ist in das Berliner Museum für Völkerkunde gelangt, während in Iaşi nur wenige Gegenstände verblieben sind, die einige Zeit in der Universitätsbibliothek standen und dann in das 1916 von Prof. O. Tafrali begründete Museum für Altertümer gebracht wurden.

Trotz der besonderen Bedeutung der Funde von Cucuteni-Băiceni wurden während eines halben Jahrhunderts keinerlei archäologische Grabungen mehr innerhalb der äneolithischen Siedlungen der Cetăţuia und bei Dîmbul Morii bei Cucuteni-Băiceni vorgenommen. Dagegen hatte die Fundstätte auf der Cetăţuia stark durch Arbeiten für den Steinbruch und durch Anlage von Schützengräben im letzten Weltkrieg zu leiden.

Angesichts dieser Sachlage hat im Jahre 1961 die Leitung der Zweigstelle Iaşi der Akademie der Sozialistischen Republik Rumänien die Wiederaufnahme der archäologischen Forschungen in den weltbekannten äneolithischen Siedlungen von Cucuteni-Băiceni eingeleitet und unterstützt.

Diese Forschungen werden regelmäßig jedes Jahr durch die Mitarbeiter des historischen und archäologischen Instituts an der Zweigstelle Iaşi der Akademie sowie von Mitgliedern des Lehrkörpers der Fakultät für Geschichte und Philosophie der Universität Iaşi fortgesetzt. Die Kosten werden von der Akademie der Sozialistischen Republik Rumänien bestritten. Auch die historischen Museen von Bîrlad und Bacău haben zeitweise dazu beigetragen[3]). Neben Archäologen arbeiten auch zahlreiche Studenten auf dieser Arbeitsstelle, die dort ihr Praktikum absolvieren und sich für ihre zukünftigen Berufe als Archäologen und Geschichtslehrer vorbereiten.

Die neuen Forschungen in Cucuteni-Băiceni haben einen viel größeren Umfang als die älteren Grabungen. Sie werden sowohl in den beiden äneolithischen Siedlungen der Cetăţuia (Taf. 8a) und bei Dîmbul Morii (Taf. 9a) vorgenommen als auch in den Siedlungen in der Umgebung der Ortschaften Silişte, Laiu und Mlada, die auch Besiedlungsreste aus der Zweiten Eisenzeit, aus der Zeit der römischen Provinz Dakien, aus den ältesten Anfängen des Feudalismus und aus der Feudalzeit enthalten.

[2]) Siehe dazu Vl. Dumitrescu 1959; 1963a; 1963b.

[3]) Die Ausgrabungen werden durchgeführt von M. Petrescu-Dîmboviţa (Grabungsleiter), M. Dinu (stellvertretender Grabungsleiter), Adrian C. Florescu, I. Ioniţă, V. Palade, A. László und Eugenia Păpuşoi.

So wurde neben dem Forschungsschwerpunkt auf den äneolithischen Siedlungen der Cucuteni-Kultur auch die Erforschung der umliegenden Siedlungen verfolgt. Es liegen jetzt Besiedlungsreste aus der Zeit der Urgesellschaft bis einschließlich der Zeit des Feudalismus vor, wobei letztere erst vor kurzem erstmalig identifiziert werden konnten.

Was die äneolithische Besiedlung, also den Hauptgegenstand dieses Aufsatzes betrifft, wurden die Grabungen besonders auf die Cetăţuia konzentriert. Gleichzeitig wurde ein wichtiger Abschnitt der Talsiedlung von Dîmbul Morii eingehend erforscht[4]).

Da einerseits H. Schmidt und sein Mitarbeiter G. Bersu ausgedehntere Grabungen auf die Cetăţuia gemacht haben, andererseits aber diese Fundstätte im Laufe der Zeit schwere Schäden erlitten hat, wurde beschlossen, an den betreffenden Stellen, besonders in un-

Abb. 1. Grabungsplan von Cucuteni-Băiceni. Cetăţuia

berührten Abschnitten, Kontrollgrabungen vorzunehmen. Zu diesem Zwecke wurde durch die gesamte Siedlung ein Mittelgraben von über 100 m Länge gezogen und dieser an Stellen mit dichteren, beim Ausheben beobachteten Besiedlungsresten viermal bis zu einer Tiefe von 1,70m (Abb. 1) erweitert. Beobachtungen stratigraphischer und stilistischer Natur sowie über die Bauart der Wohnungen wurden in den Erweiterungen am Ostrand der Siedlung gemacht, der durch die oben erwähnten Grabungen neueren Datums verhältnismäßig stark gelitten hatte. Sie wurden dann durch die Feststellungen überprüft und ergänzt, die in größerer Ausdehnung in einem unbeschädigten Abschnitt am Westrand der Siedlung gemacht wurden.

Gleichzeitig mit den Grabungen in den Siedlungen auf der Cetăţuia wurden solche in der Gegend der Verteidigungsgräben durchgeführt. G. Bersu hatte dort mit 18 Einschnitten eine gründliche Untersuchung vorgenommen. Dagegen wurde ein Abschnitt jenseits davon jetzt erstmalig erforscht[5]).

[4]) Über diese Ausgrabungen siehe M. Petrescu-Dîmboviţa 1965a; 1965b; 1966a, S. 55ff.; 1966b.

[5]) Über die Frage der Verteidigungsgräben dieser Fundstätte sowie diejenigen anderer Cucuteni-Siedlungen der Moldau siehe Adrian C. Florescu 1966a.

Weiterhin sind mehrfach in der Umgebung der Cetățuia Versuchsgrabungen vorgenommen worden, um das Gräberfeld aus der Zeit der Cucuteni-Siedlung ausfindig machen zu können.

Mit gleicher Sorgfalt wurde auch die Cucuteni-Talsiedlung bei Dîmbul Morii untersucht (vgl. M. Dinu 1963). Zu diesem Zweck wurde ungefähr durch die Mitte der Siedlung ein langer Graben gezogen und dann bei den Wohnungsverbänden am Nordrand der Siedlung Erweiterungen in einer mittleren Tiefe von 0,50 m durchgeführt. Außerdem wurden beiderseits des Verteidigungsgrabens Untersuchungen durchgeführt.

Die Grabungen auf der Cetățuia und bei Dîmbul Morii verfolgten einerseits den Zweck, genaue stratigraphische und topographische Bestimmungen für die Cucuteni-Kultur zu erzielen, andererseits sollten sie die Frage der äneolithischen Wohnungen klären, die H. Schmidt fast völlig vernachlässigt hatte[6]).

So sind durch die kürzlich veranstalteten Grabungen in Cucuteni-Băiceni auf stratigraphischem und stilistischem Wege neue Stufen der seinerzeit von H. Schmidt bestimmten Phasen der Cucuteni-Kultur festgestellt worden[7]). Dies wurde durch gleichzeitige Grabungen in zwei Siedlungen mit bemalter Keramik vom Typus Cucuteni, und zwar Cetățuia und Dîmbul Morii, ermöglicht, die beide mehrschichtige, untereinander verschiedene Ablagerungen zeigen.

Somit wurden sowohl die Vertikalstratigraphie dieser beiden äneolithischen Fundstätten betrachtet als auch die Horizontalstratigraphie, die sich auf den Vergleich der Funde aus den Phasen dieser beiden Fundstätten stützt. Auf diese Weise wurden innerhalb der Siedlung von Dîmbul Morii die Phasen Cucuteni A_2 (Trușești) und Cucuteni $A-B_2$ festgestellt und auf der Cetățuia die Phasen Cucuteni A_{2-3}, A_3, $A-B_1$, B_1 und B_2 (Abb. 2) (M. Petrescu-Dîmbovița 1965b). Gegenwärtig werden die Kulturphasen Horodiștea-Foltești auf der Cetățuia und auf der Laiuhochebene untersucht. Somit sind auf Grund der jüngeren Forschungen von Cucuteni-Băiceni sichere horizontalstratigraphische Beweise für die Stufen Cucuteni A_2 und A_3, $A-B_1$ und $A-B_2$ sowie vertikalstratigraphische Beweise für die Stufen Cucuteni B_1 und B_2 erbracht worden. Diese Zeiteinteilung der Phasen der Cucuteni-Kultur wird ihrerseits auch stilistisch bestätigt, sowohl durch die Kennzeichen der Verzierung der bemalten Gattungen als auch durch diejenigen der von H. Schmidt unzutreffend „Cucuteni C" benannten.

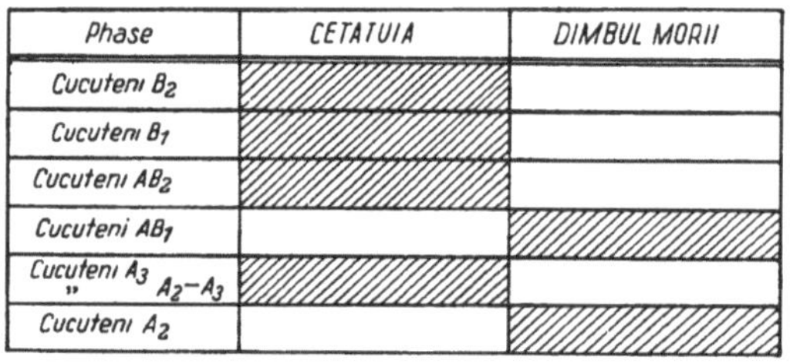

Abb. 2. Tabelle mit den Phasen der Cucuteni-Kultur, dargestellt in den Siedlungen Cetățuia und Dîmbul Morii

Die auf diese doppelte stratigraphische Weise (vertikal und horizontal) festgestellten genaueren Unterteilungen, die außerdem mit stilistischen Einzelheiten ergänzt wurden, werden gegenwärtig durch Ausgrabungen in anderen Siedlungen der Cucuteni-Kultur überprüft, in denen sich ziemlich sichere Beweise für eine oder zwei Stufen dieser Kultur vorfinden.

Somit zeigt sich, daß hier nicht aus stilistisch-typologischen Gesichtspunkten künstlich geschaffene Unterteilungen vorliegen, sondern bestimmte, stratigraphisch und stilistisch gut abgegrenzte Zeitstufen, die dem sozialökonomischen Entwicklungsstadium der Cucuteni-Stämme entsprechen.

Nachdem die ersten Siedler sich eine gewisse Zeit in der Talsiedlung niedergelassen und dabei auch Reste ihrer materiellen Kultur hinterlassen hatten, die denen der Trușești-Siedlung (Cucuteni A_2) ähneln, zogen sie auf die Hochebene und gründeten dort eine stabile

[6]) Siehe Anm. 4.

[7]) Siehe besonders M. Petrescu-Dîmbovița 1965b.

Siedlung auf der Anhöhe „Cetăţuia“. Hier haben sie anfänglich den Ostrand der Stätte besiedelt und gewisse Spuren in der ältesten Schicht hinterlassen. Diese bestehen aus steinumsetzten Herdstellen, Fragmenten von Tonestrich sowie Bruchstücken dreifarbig bemalter Gefäße, die in geringer Zahl mit tiefverzierter Keramik vom Typ Truşeşti auftreten[8]). Das Vorkommen dieses Typs sowie das Fehlen von Gefäßen von Protocucuteni-Tradition könnten einen Hinweis darauf liefern, daß die betreffenden Siedlungsreste einer Übergangsphase von der Stufe Truşeşti (Cucuteni A_2) zur eigentlichen Cucuteni-Stufe (Cucuteni A_3) angehören. Sie bestätigen stratigraphisch die zeitliche Stellung der Stufe Cucuteni A_2, die bis zu diesen Untersuchungen eher vermutet als bewiesen war.

Diese noch recht wenig bekannte Siedlung entwickelt sich in der darauffolgenden Cucuteni A_3-Stufe kräftig und entspricht dann der eigentlichen Cucuteni A-Siedlung auf der Cetăţuia. Besonders wichtig ist außerdem, daß die Siedlung jetzt mit einem Verteidigungsgraben befestigt war, der schon 1910 von G. Bersu entdeckt und auch neuerlich wieder festgestellt wurde.

Nach der Stufe Cucuteni A_3 wurde die Besiedlung in einer der ersten Stufen der Phase Cucuteni A—B entsprechenden Zeit in der Talsiedlung von Dîmbul Morii fortgesetzt, wie zahlreiche ganz und bruchstückhaft erhaltene Gefäße der Stile α_1 und β_1 (nach der Einteilung von H. Schmidt) beweisen. Dazu kommen andere, unbemalte Stücke der Cucuteni C genannten Keramikart, deren vertiefte Verzierung mittels eines gezahnten Gerätes hergestellt wurde. Sie fanden sich innerhalb der Wohnungen mit gebrannten Tonplattformen. Diese topographische und chronologische Einweisung der Siedlung von Dîmbul Morii in die Phase Cucuteni A—B stellt eines der wichtigsten Ergebnisse der neuen Ausgrabungen von Cucuteni-Băiceni dar, da auf diese Weise die früheren Forschungsergebnisse der zeitgleichen Siedlung von Corlăteni (Bezirk Boţosani) bestätigt wurden[9]). Weiterhin wurde ebenfalls festgestellt, daß auch diese Talsiedlung mit einem Verteidigungsgraben befestigt war, obwohl zu erwarten gewesen wäre, daß hier eine spätere Besiedlung aus der darauffolgenden Phase A—B_2 hätte gefunden werden können.

Eine solche ist dagegen auf der Cetăţuia sowohl stratigraphisch als auch stilistisch festgestellt worden, wobei die Keramik des Stils γ^2 und δ^2 nach der Einteilung von H. Schmidt sowie die des Typus C mit Schnureindrücken häufig ist.

Auf diese Weise wird auf Grund der kürzlich durchgeführten Ausgrabungen in den beiden äneolithischen Siedlungen von Dîmbul Morii und Cetăţuia sowohl auf horizontalstratigraphischem Wege als auch durch Stilanalyse das Bestehen zweier Stufen in der Entwicklung der Phase Cucuteni A—B bestätigt. Außerdem wurde die stratigraphische und topographische Stellung der Cucuteni A—B Keramik aus den Ausgrabungen von H. Schmidt geklärt. Aus seiner Monographie geht oft nicht hervor, welche Besiedlungsreste und Keramikscherben aus jener Phase aus der Talsiedlung stammen, in der H. Schmidt nur Probegrabungen durchführte, und welche von der Fundstätte auf der Cetăţuia. Unabhängig davon und ungeachtet der Tatsache, daß H. Schmidt die zwei Entwicklungsstufen der Phase Cucuteni A—B in Cucuteni-Băiceni nicht voneinander unterschieden hat, ist er dennoch zu einer ziemlich genauen Kenntnis der Stile der bemalten Keramik in jener Phase dank der Tatsache gelangt, daß er Ausgrabungen in zwei Siedlungen der Phase Cucuteni A—B vorgenommen hat, nämlich eine auf der Cetăţuia und eine in Dîmbul Morii.

Die Besiedlung wurde auch in der darauffolgenden Phase Cucuteni B fortgesetzt, wobei erstmalig stratigraphisch und stilistisch zwei Stufen dieser Phase unterschieden werden konnten, und zwar Cucuteni B_1 und B_2[10]). Die erste dieser Stufen fällt in die Zeit des äußeren

[8]) Dazu siehe M. Petrescu-Dîmboviţa 1963, S. 179ff.

[9]) Für die gleichzeitige Siedlung bei Corlăteni siehe I. Nestor und Mitarbeiter 1951, S. 68ff.; 1952, S. 84ff.

[10]) Den erstmalig im Jahre 1961 auf der Cetăţuia bei Cucuteni-Băiceni stratigraphisch und stilistisch bestimmten zwei Stufen hat Vl. Dumitrescu (1963b, S. 291ff.) eine dritte Stufe Cucuteni B_3 hinzugefügt, die u. E. nicht bestätigt ist, da die dieser Phase zugeschriebene Fundstätte von Valea Lupului der Phase Cucuteni B_2 angehört.

Verteidigungsgrabens der Siedlung und wurde von G. Bersu und auch neuerdings wieder erforscht und wird besonders durch das gemeinsame Auftreten von Keramik der Stile δ^2 und ε nach der Einteilung von H. Schmidt gekennzeichnet. Die zweite Stufe, in der sich die Besiedlung auf die Laiuhochebene weit jenseits des äußeren Schutzgrabens der Siedlung ausdehnte, der inzwischen durch Einebnung zu einer bloßen Vertiefung geworden war, wird durch gemeinsames Auftreten der Keramikstile ε und ξ nach der Einteilung desselben deutschen Archäologen gekennzeichnet, ferner durch die drei Wohnschichten mit Plattformen aus Ton und Stein, die teilweise am gleichen Ort wieder aufgebaut oder erweitert worden waren. Was die Keramik des Stils ξ anbetrifft, wurde festgestellt, daß diese besonders in der neueren Wohnschicht häufiger vorkommt, in den anderen Wohnschichten der Stufe Cucuteni B_2 dagegen immer weniger und nur noch vereinzelt.

Diese für die Phase Cucuteni B sehr wichtigen und aufschlußreichen stilistischen und stratigraphischen Feststellungen waren nur durch die sehr sorgfältige Erforschung eines Abschnitts möglich, der in der Nähe desjenigen Teils des Verteidigungsgrabens lag, der durch die Grabungen von H. Schmidt oder neuere Untersuchungen nicht gestört war. Derartige Störungen sind, wie bereits erwähnt, leider auf der Cetăţuia besonders häufig und erschweren sehr die Forschungen. Die beiden Stufen der Phase Cucuteni B, die streng wissenschaftlich sowohl stratigraphisch als auch stilistisch voneinander unterschieden werden konnten, werden gewiß noch durch andere Ausgrabungen in solchen Siedlungen bestätigt werden müssen, die genügend Merkmale aufweisen, um in die Stufe B_1 oder B_2 dieser Phase eingereiht werden zu können.

Nach dem heutigen Forschungsstand ist anzunehmen, daß zur Stufe Cucuteni B_1 die Siedlungen von Tîrgu Ocna-Podei, Aldeni und Prigorenii Mici gehören, zur Stufe Cucuteni B_2 diejenigen von Valea Lupului, Glăvăneşti Vechi und Truşeşti, um nur die bekanntesten zu nennen.

Später war das gleiche Gebiet, einschließlich der Umgebung auf der Laiu-Hochebene, in der Übergangszeit von der jüngeren Steinzeit zur Bronzezeit besiedelt. Es bestehen Anzeichen dafür, daß in den betreffenden Gebieten zwei Phasen der Horodiştea-Folteşti-Kultur nachzuweisen sind, die Horodiştea-Folteşti Ia und Ib genannt werden könnten, um sie von der eigentlichen Stufe Folteşti II am Anfang der Bronzezeit zu unterscheiden[11]).

Vom Standpunkt der absoluten Chronologie sind die Phasen der eigentlichen in Cucuteni-Băiceni bestätigten Cucuteni-Kultur u. E. so wie bisher in den ungefähren Zeitraum von 2600 v. u. Z. und 2000 v. u. Z. einzuweisen, diejenigen der Horodiştea-Folteşti-Kultur ungefähr zwischen die Jahre 2000 und 1800 v. u. Z. Somit hat in der betreffenden Gegend, also Dîmbul Morii, Cetăţuia und Laiu-Hochebene, eine ungefähr 800 Jahre dauernde ununterbrochene Besiedlung stattgefunden.

Im Zusammenhang mit der Frage der absoluten Zeitbestimmung können jedoch nach dem heutigen Forschungsstand die im Laboratorium von Groningen (Holland) für einige Phasen der Cucuteni-Kultur erzielten Ergebnisse der C-14-Methode nicht ohne Vorbehalt aufgenommen werden, da sie mit der Datierung in Widerspruch stehen, die auf Grund der Beziehungen zur ägyptischen und mesopotamischen absoluten Chronologie bestehen. So sind die bisher an verkohlten Samenkörnern aus den Cucuteni-Siedlungen Hăbăşeşti und Valea Lupului vorgenommenen C-14-Datierungen zu hoch, und zwar sowohl für die Phase Cucuteni A_2 (Hăbăşeşti) mit 3130 $\pm$ 80 v. u. Z. (nach späteren Korrekturen 3380 $\pm$ 80), als auch für die Phase Cucuteni B_2 (Valea Lupului) mit 2750 $\pm$ 60 v. u. Z. (korrigiert 3000 $\pm$ 60).[12])

Was die Stufe Cucuteni A_3 anbetrifft, so steht ihre Zeitbestimmung von 3130 $\pm$ 80 (bzw. 3380 $\pm$ 80) im Widerspruch zu der auf dem Wege der vergleichenden absoluten Chronologie

11) Über diese Stufe siehe Marinescu-Bîlcu 1964; P. Roman 1964, S. 320ff.; D. Popescu 1965a; 1965b; Gh. Bichir 1962; M. Florescu 1965.

12) Zu diesen im Laboratorium von Groningen erzielten absoluten Zeitbestimmungen mit Hilfe der C-14-Methode siehe Vl. Dumitrescu 1963b, S. 302ff.

ermittelten Zeit von ungefähr 2800 v. u. Z., die kürzlich in Tărtăria für die Tontäfelchen mit Schriftspuren aus einer Opfergrube der Turdaş-Kultur ermittelt wurde und Analogien zur Schicht Uruk III^b (2800—2750) aufweist (N. Vlassa 1963; Vl. Milojčič 1965, S. 266ff.; A. Falkenstein 1965).

Auch für die Stufe Cucuteni B_2 kann die Zeit von 2750 $\pm$ 60 (3000 $\pm$ 60) nicht angenommen werden. Für die absolute Chronologie dieser Stufe müssen die Datierungsmöglichkeiten berücksichtigt werden, die die Funde von Depas amphykypellon von Mihalitsch bei Svilengrad, Bulgarien (V. Mikov 1948, S. 22, Abb. 12), bieten. Sie können in Kyltepe auf Grund ihrer stratigraphischen Lage gegenüber den Tontäfelchen-Grabbeigaben aus der Zeit des Hammurabi um das Jahr 2000 v. u. Z. datiert werden[13]). Es sind jedoch noch weitere Ausgrabungen in Mihalitsch erforderlich, um die Phase, der dieser Gefäßtypus angehört, sowie seine chronologische Stellung gegenüber der Karanovo-Kultur festzustellen.

Weitere wichtige Ergebnisse der neuesten archäologischen Forschungen in Cucuteni-Băiceni stehen im Zusammenhang mit den Wohnungen der erforschten Siedlungen, sowohl auf der Cetăţuia als auch in Dîmbul Morii.

Wie bekannt, hat H. Schmidt während der Jahre 1909 und 1910, in denen er Ausgrabungen durchgeführt hat, den Wohnungen dieser Siedlungen keine Aufmerksamkeit geschenkt. Vielmehr hat er diese Wohnungen angeschnitten, ohne sie freizulegen, da sie seiner Ansicht nach infolge des schlechten Erhaltungszustandes die Mühe nicht lohnten (H. Schmidt 1932, S. 8). So ist es zu erklären, daß während der beiden Grabungsperioden nur eine einzige Herdstelle in der Schicht der Phase Cucuteni A vollständig ausgehoben worden ist (H. Schmidt 1932, Taf. 1, 3).

Trotz all dieser Mängel seines Ausgrabungssystems, die angesichts der Zeit, in der er arbeitete, verständlich sind, hat H. Schmidt den bereits oben erwähnten Verdienst, durch peinlich genau eingetragene stratigraphische Beobachtungen und eine geradezu beispielgebend eingehende Stilanalyse der Keramik die Phasen der Cucuteni-Kultur erkannt zu haben, wie sie auch heute noch gültig sind.

Die neueren Ausgrabungen auf der Cetăţuia bei Cucuteni-Băiceni haben bestätigt, daß die Wohnungen innerhalb dieser Siedlung tatsächlich durch Störungen stark in Mitleidenschaft gezogen wurden, wobei einige zur Zeit der Cucuteni-Kultur selbst, andere in der Neuzeit erfolgten. Dennoch waren die in letzter Zeit gewonnenen Erfahrungen bei der Erforschung der Cucuteni-Siedlungen, insbesondere gelegentlich der Gesamtausgrabungen der Siedlungen von Hăbăşeşti und Truşeşti, äußerst wertvoll und haben trotz dieser schweren Bedingungen ermöglicht, auf der Cetăţuia über 20 Hausgrundrisse vom Ploščadka-Typus aus gebranntem Ton oder Stein festzustellen, was zweifellos einen Erfolg der heutigen rumänischen Archäologie darstellt.

Weitere 9 verhältnismäßig gut erhaltene Hausplattformen aus gebranntem Ton wurden außerdem in der Talsiedlung von Dîmbul Morii in geringer Tiefe freigelegt.

Bei der Ausgrabung dieser Wohnungen wurden einige interessante Beobachtungen über ihre Bauweise sowie über ihre Anlage innerhalb des Siedlungsplanes in den verschiedenen Phasen der Cucuteni-Kultur gemacht.

So wurde in bezug auf ihre Bauweise festgestellt, daß in der Talsiedlung von Dîmbul Morii nur Estrichplattformen mit Balkenunterlagen verwendet wurden, die den Tripoljeploščadki entsprechen, während in den Wohnungen auf der Cetăţuia außerdem auch Steinfußböden vorkommen. Ohne auf Einzelheiten über die den Cucuteni-Wohnungen eigenen Plattformen aus Balken und Lehmbewurf einzugehen, sei hier nur erwähnt, daß sie rechteckige Form besaßen und ihre Ausmaße festgestellt werden konnten, die im Falle von Dîmbul Morii bis zu 120 m^2 betragen. Daneben gibt es noch manche umstrittene Probleme, z. B. ob

[13]) Vgl. F. A. Schaeffer 1948, S. 242. Die gleiche Datierung bestätigen auch im Jahre 1965 in Ankara von den Professoren T. Özgüc und Kemel Balkan erhaltene Informationen.

die Balken unmittelbar auf dem Fußboden auflagen oder in gewissem Abstand davon, ob vorsätzliches oder unbeabsichtigtes Abbrennen der Plattformen stattfand u. a. (Vl. Dumitrescu und Mitarbeiter 1954, S. 182; M. Petrescu-Dimbovița 1963, S. 175).

Weitere Beobachtungen betrafen die Bauweise der Wände und den Innenraum, der im Falle größerer Bauten aus mehreren Räumen bestand, die allerdings nicht immer klar gegeneinander abgegrenzt waren. In der Innenfläche des Hauses konnten Überreste von Herdstellen, Heiz- und Backöfen freigelegt werden. Außerdem wurden einige Kultbauten entdeckt, unter denen besonders eine größere kreuzförmige Opferstätte auffällt, die in einer Wohnung mit gebrannter Tonplattform der Phase Cucuteni A_3 geborgen wurde.

Besondere Bedeutung ist der Tatsache beizumessen, daß innerhalb der äneolithischen Siedlung der Phasen Cucuteni A_3, AB_2, B_1 und B_2 auf der Cetățuia bei Cucuteni-Băiceni außer den Wohnungen mit gebrannten Tonplattformen erstmalig auch solche mit kleinen oder mittleren Steinplattformen freigelegt wurden (Taf. 8b), die, soweit uns bekannt ist, aus dieser Zeit bisher einzig dastehen. Die Verwendung von Steinfliesen als Bodenbelag der Wohnungen auf der Cetățuia bei Cucuteni-Băiceni ist erklärlich, da diese äneolithische Siedlung auf felsigem Untergrund erbaut ist. Der Steinbelag der Wohnungen ergänzt in manchen Fällen deren gebrannte Tonplattformen. Dies ist der beste Beweis dafür, daß sie direkt auf der Erde erbaut waren und nicht in gewisser Entfernung über ihr. In einem Fall aus der Phase Cucuteni B_2 ist der Steinplattenbelag von Herdstellen unterbrochen, unter denen Tongefäße aus rituellen Gründen eingegraben waren. Sowohl diese Einzelheiten als auch die Reste der über den Steinplattformen eingestürzten Wände beweisen einwandfrei, daß die Steinplattformen der Cetățuia bei Cucuteni-Băiceni als Fußböden aufzufassen sind.

Der reiche Fundbestand aller dieser Wohnungen mit gebrannter Ton- oder Steinplattform, der aus Geräten aus Feuerstein, Stein, Knochen, Horn, gebranntem Ton oder Kupfer sowie zahlreichen bemalten Tonscherben besteht, gibt ein augenfälliges Zeugnis für die fortgeschrittene sozial-ökonomische und kulturelle Entwicklung der matriarchalischen Gentilgesellschaft jener Zeit. Daneben veranschaulichen die weiblichen Idole und Tierfiguren aus gebranntem Ton sowie Kultbauten im Wohnungsinneren deutlich die Anschauungen und magisch-religiösen Gebräuche der Bewohner dieser Siedlungen.

Die vorgelegten neuen Funde haben im Zusammenhang mit der materiellen Kultur und den Zeugnissen für das Geistesleben der Cucuteni-Stämme aus den Siedlungen auf der Cetățuia und bei Dîmbul Morii die durch die Grabungen H. Schmidts erlangten Kenntnisse um neue Einzelheiten bereichert.

Außer diesen Erkenntnissen über die äneolithische Besiedlung und die Übergangszeit vom Neolithikum zur Bronzezeit konnten im Rahmen der kürzlich durchgeführten Untersuchungen auch neue Ergebnisse über die getisch-dakische Zeit (3.—2. Jh. v. u. Z.) erzielt werden. Hinzu kommt, daß im Jahre 1960 in Băiceni auf der Laiu-Hochebene ein bedeutender, 2 kg schwerer Goldschatz mit Fundstücken aus dem 4. Jh. v. u. Z. zufällig entdeckt wurde. Er besteht aus einem Helm, Zaumbeschlägen, Knöpfen, einem massiven Armband mit gehörnten Pferdeköpfen und anderen Gegenständen und ist seinem Stil nach thrakisch mit iranischen und griechischen Elementen wie die bekannten älteren Funde von Craiova, Agighiol und Poiana Coțofenești.

Der Fund eines derartigen Schatzes im Gebiet Cucuteni-Băiceni ist besonders aufschlußreich für die sozial-ökonomische und kulturelle Entwicklung der thrakisch-getischen Stämme jener Zeit im Nordteil der Moldau. Aus der gleichen Zeit stammen auch die befestigten Großsiedlungen von Stîncești, Cotnari, Crivești, Moșna und Arsura, die wahre Stützpunkte der Stammesgemeinschaften in jenem Teil der Moldau darstellten (A. C. Florescu 1966b).

Ebenfalls in die geto-dakische Zeit gehören die Besiedlungsreste aus dem 4. und 3. Jh. v. u. Z. auf der Cetățuia sowie die aus dem 3. und 2. Jh. v. u. Z. aus einer Siedlung jener Zeit in Mlada, wo sie mit bastarnischen Elementen germanischen Ursprungs verbunden sind. Nach einer der klassischen geto-dakischen Kulturperiode entsprechenden Unterbrechung im 1. Jh. v. u. Z. und im 1. Jh. u. Z. wurde die Besiedlung im 2.—4. Jh. u. Z. fortgesetzt[14]). Durch die in den Fundstätten Silişte und Laiu vorgenommenen Untersuchungen konnte festgestellt werden, daß anfänglich, im 2. und 3. Jh. u. Z., eine ziemlich intensive Besiedlung im Tal von Silişte stattgefunden hat, wie aus kleinen grubenartigen Wohnungen mit dem für diese Stufe charakteristischen Fundbestand hervorgeht. Hierauf folgte im 3. und 4. Jh. u. Z. eine anscheinend dünnere Besiedlung auf der Laiu-Hochebene westlich der Cetăţuia, worauf die Siedlung im 4. Jh. u. Z. nach Silişte zurückkehrte. Davon zeugen Oberflächenbauten und zur Sîntana-Tschernjachov-Kultur gehörige Wohngruben. Nach einer längeren Pause bestand am gleichen Ort und in der Nähe eine andere Siedlung aus dem 9. und 10. Jh., in der einige Siedlungsgruben mit Töpferscheibenkeramik örtlicher Machart ausgegraben wurden.

Schließlich war ebenfalls in der Gegend von Silişte im 15.—16. Jh. eine mittelalterliche Landsiedlung, aus der einige Gruben mit dem für diese Stufe des entwickelten Feudalismus im Gebiet der Moldau charakteristischen Fundbestand freigelegt wurden.

Man kann somit aus den im Gebiet von Cucuteni-Băiceni erzielten Ergebnissen von Ausgrabungen und Probegrabungen erschließen, wie dicht dieses Gebiet besiedelt war.

Allerdings stellen die noch in Gang befindlichen Ausgrabungen von Cucuteni-Băiceni nur einen Anfang dar und müssen in größerem Umfang fortgesetzt werden, um über die Eigenheiten und die Dichte der Besiedlung von den Zeiten der Urgesellschaft bis zur Zeit des Feudalismus ein noch genaueres Bild zu erhalten. Parallel mit diesen Ausgrabungen müssen sorgfältige archäologische Begehungen und Versuchsgrabungen auch an anderen Stellen und in der Umgebung von Cucuteni-Băiceni vorgenommen werden, um auch andere Besiedlungsreste aus dieser langen Zeitspanne zu entdecken, die bisher noch nicht bekannt sind. Die dafür bei den Forschungen von Cucuteni-Băiceni gewonnenen Erfahrungen werden dabei von großem Nutzen sein.

Literaturverzeichnis

Andrieşescu, I. 1912 — Contribuţie la Dacia înainte de Romani, Iaşi.

Beldiceanu, N. 1885 — Antichităţile de la Cucuteni, in: Revista pentru istorie, arheologie şi filologie 3, Bd. 5, S. 187—192.

Bichir, Gh. 1962 — Beitrag zur Kenntnis der frühen Bronzezeit im südöstlichen Transsilvanien und in der Moldau, in: Dacia, NS. 6, S. 87—114.

Burada, Th. 1901 — Antichităţile de la Cucuteni, in: Arhiva Societăţii ştiinţifice şi literare din Iaşi 12, S. 270 bis 277.

Buţureanu, Gr. 1889—1890 — Notiţă asupra săpăturilor şi cercetărilor făcute la Cucuteni din comuna Băiceni judeţul Iaşi, in: Arhiva societăţii ştiinţifice şi literare din Iaşi 1, S. 257—271.

Buţureanu, Gr. 1891 — Note sur Coucouteni et plusieuers autres stations de la Moldavie du Nord, in: Compterendu du Congrès International de Paris 10, 1889, Paris, S. 291.

Diamandi, D. 1889, 1890 — Bulletin de la Societé d'Anthropologie de Paris 12, 1889, 3-e Série, S. 582; 1890, 1, 1-e série, S. 406.

Dinu, M. 1963 — Faza Cucuteni A—B în lumina noilor săpături arheologice de la Cucuteni-Băiceni, Mitteilung auf der wissenschaftlichen Tagung im Oktober an der Universität „Al. I. Cuza" aus Iaşi.

Dumitrescu, Vl. und Mitarbeiter 1954 — Hăbăşeşti, Bucureşti.

Dumitrescu, Vl. 1959 — La civilisation de Cucuteni, in: Berichten van de rijksdienst voor het oudheidkundig bodemonderzoek 9, S. 7—48.

Dumitrescu, Vl. 1963a — Originea şi evoluţia culturii Cucuteni-Tripolie, I, in: Studii şi Cercetări de Istorie Veche 14, S. 51—78.

Dumitrescu, Vl. 1963b — Originea şi evoluţia culturii Cucuteni-Tripolie, II, in: Studii şi cercetări de istorie veche 14, S. 285—308.

[14]) Diese Siedlung aus dem 2.—4. Jh. u. Z. wird von I. Ioniţă methodisch untersucht, unter dessen Leitung ausgedehnte Ausgrabungen in der Talsiedlung der Fundstätte Silişte vorgenommen werden.

Falkenstein, A. 1965 — Zu den Tontafeln aus Tărtăria, in: Germania 43, S. 269—273.

Florescu C., A. 1966a — Observații asupra sistemului de fortificare al așezărilor cucuteniene din Moldova, in: Arheologia Moldovei 4, S. 23—37.

Florescu C., A. 1966b — Le problème des établissements fortifiés de la région orientale de la Roumanie, Mitteilung auf dem VII. Internationalen Kongreß für Vor- und Frühgeschichte in Prag, August 1966.

Florescu, M. 1965 — Unele observații asupra evoluției bronzului timpuriu în Moldova, in: Studii şi cercetări de istorie veche 16, S. 649—661.

Marinescu-Bîlcu, S. 1964 — Unele probleme ale perioadei de tranziție de la neolitic la epoca bronzului din Moldova în lumina a trei morminte plane de inhumație descoperite la Tîrpești, in: Studii și cercetări de istorie veche 15, S. 241—250.

Mikov, V. 1948 — Fouilles et Recherches, I, Musée National Bulgare, Sofia, S. 7—25.

Miločić, Vl. 1965 — Die Tontafeln von Tărtăria (Siebenbürgen) und die absolute Chronologie des mitteleuropäischen Neolithikums, in: Germania 43, S. 261—268.

Nestor, I., und Mitarbeiter 1951 — Săpăturile de pe șantierul Valea Jijiei (Iași-Botoșani–Dorohoi) în anul 1950, in: Studii și cercetări de istorie veche 2, S. 51—76.

Nestor, I., und Mitarbeiter 1952 — Șantierul Valea Jijiei, in: Studii și cercetări de istorie veche 3, S. 19—119.

Petrescu-Dîmbovița, M. 1963 — Die wichtigsten Ergebnisse der archäologischen Ausgrabungen in der neolithischen Siedlung von Trușești (Moldau), in: Prähistorische Zeitschrift 41, S. 172—186.

Petrescu-Dîmbovița, M. 1965a — Nouvelles fouilles archéologiques à Coucouteni Baitchéni en Roumanie (dans le Nord de la Moldavie), in: Atti del VI Congresso Internazionale delle Scienze Preistoriche e Protostoriche, Bd. II, Firenze, S. 246—252.

Petrescu-Dîmbovița, M. 1965b — Evolution de la civilisation de Cucuteni à la lumière des nouvelles fouilles archéologiques de Cucuteni-Băiceni, in: Rivista di Scienze preistoriche 20, S. 157—181.

Petrescu-Dîmbovița, M. 1966a — Cucuteni, București.

Petrescu-Dîmbovița, M. 1966b — Importance des nouvelles fouilles archéologiques de Cucuteni-Băiceni, in: Sbornik národniho Musea v Praze 20, S. 55—61.

Popescu, D. 1965a — Asupra începuturilor epocii bronzului în România, I, in: Studii și cercetări de istorie veche 16, S. 129—148.

Popescu, D. 1965b — Asupra începuturilor epocii bronzului în România, II, in: Studii și cercetări de istorie veche 16, S. 323—340.

Roman, P. 1964 — Despre unele aspecte ale perioadei de trecere de la neolitic la epoca bronzului în regiunile extracarpatice ale R. P. R., in: Revista Muzeelor 1, S. 314—325.

Schaeffer, C. F. A. 1948 — Stratigraphie comparée et chronologie de l'Asie Occidentale (III et II-e millénaires), London.

Schmidt, H. 1932 — Cucuteni in der oberen Moldau. Rumänien, Berlin–Leipzig.

Vlassa, N. 1963 — Chronology of the Neolithic in Transylvania, in the light of the Tartăria settlement's stratigraphy, in: Dacia, N. S. 7, S. 485—494.

Spätbronze-/früheisenzeitliche und kaiserzeitliche Siedlungsreste vom „Zoberberg" in Dessau-Mosigkau

Von Bruno Krüger, Berlin

Mit 9 Textabbildungen

Bei der Ausgrabung der frühslawischen Siedlung auf dem Zoberberg in Dessau-Mosigkau (B. Krüger 1964; 1967) sind auch Siedlungsreste aus der späten Bronze-/frühen Eisenzeit und aus der Kaiserzeit angeschnitten und freigelegt worden. Dadurch bestätigte sich der siedlungsfreundliche Charakter dieser leichten Anhöhe am südlichen Elbtalrand, der bereits auf Grund geborgener Oberflächenfunde vermutet werden konnte.

Obwohl insgesamt gesehen die Siedlungsreste an die gleiche Lokalität gebunden sind (Abb. 1.), ist die Aussonderung der einzelnen Besiedlungsphasen einmal durch die Nuancierung der jeweils zeitlich verschiedenen Verfärbungen und deren Formen, zum anderen durch kaum zu beobachtende Überschneidungen mehrerer Phasen möglich gewesen.

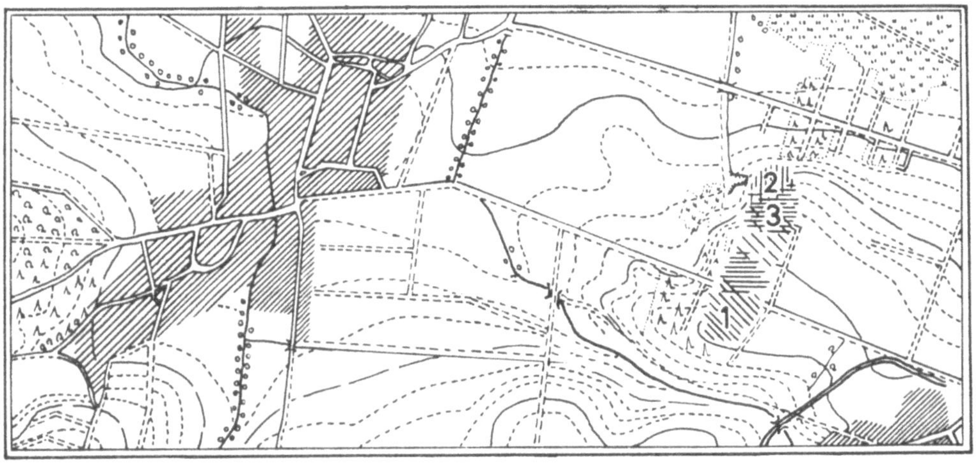

Abb. 1. Lage des Fundplatzes östlich des Ortsteiles Dessau-Mosigkau
1 bronze-/früheisenzeitliche Fundstreuung; 2 Siedlungsstelle der Kaiserzeit; 3 frühslawischer Siedlungsplatz

Einen wesentlichen Anteil an der Besiedlung des Geländes vor der slawischen Landnahme haben die in die späte Bronze-/frühe Eisenzeit zu datierenden Objekte eingenommen. Leider ist das Material dieser Besiedlungsperiode nie systematisch geborgen worden. Die bisher vorliegenden Funde sind vorwiegend durch zufällige Erdbewegungen, wie sie etwa bei der Anlage der kleinen Siedlung auf der südlichen Seite des Zoberberges oder beim Straßenbau notwendig waren, zutage gekommen. Die Fundstelle ist deshalb trotz ihrer nicht geringen Größe kaum bekannt geworden. Die Ausdehnung des ehemals bewohnten Geländes ist nach den heute bekannten Fundhinweisen vor allem auf der südlichen Hangseite und auf der höchsten Stelle des Zoberberges, aber auch noch auf dem Nordhang zum Elbtal hin nachweisbar, wo die lokale Überschneidung durch die frühslawische Siedlung beobachtet werden konnte. Das auf Abb. 2/3 vorgelegte Material stammt aus diesem Teilbereich, der bei der Untersuchung der frühslawischen Siedlungsreste mit durchforscht werden konnte. Es befand sich in der Regel in Gruben (Abb. 3c—f), die schon von der Verfärbung her gut von den slawischen zu trennen waren. Direkte Überschneidungen sind nicht beobachtet worden. Insgesamt wurden 35 Gruben und 2 Herdstellen (Abb. 2a—f) untersucht. Die Form der Gruben unterscheidet sich nicht von der der slawischen Siedlungsperiode. Ihre Anlage scheint willkürlich vorgenommen zu sein. Direkte Hinweise auf ihren Verwendungszweck waren nicht zu erkennen. Die Grubenfüllungen bestanden vorwiegend aus einer bräunlichen, in einigen Fällen auch schwärzlichen Erde, in der Reste von Gefäßen, geringe Mengen Tierknochen und vereinzelt einige Steinreste lagen. Die wenigen Feuerstellen waren nur flach eingetieft (Abb. 2a, b) und stark mit Steinen ausgefüllt, die von schwarzer Erde umgeben waren. In ihnen befanden sich nur wenige Scherbenreste und einige Tierknochen.

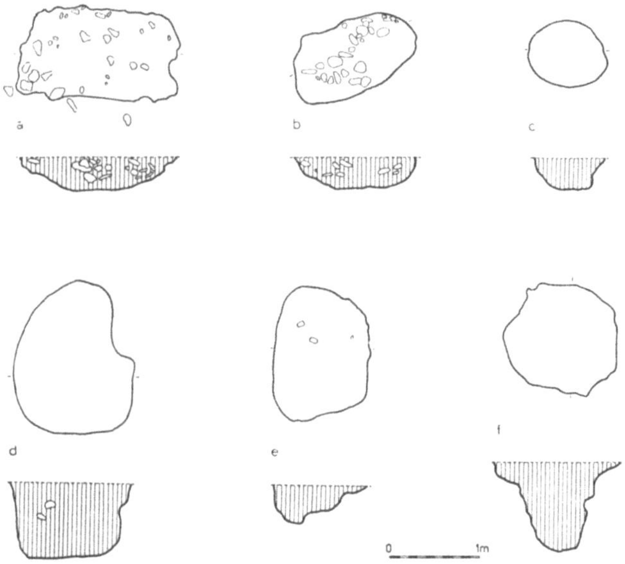

Abb. 2. Dessau-Mosigkau. Umrisse und Profile spätbronze-früheisenzeitlicher Feuerstellen (a, b) und Gruben (c—f)

Den Hauptanteil der Fundmasse stellt auch hier die Keramik dar. Sie besteht ausschließlich aus Scherben. Unter den Materialien überwiegen die Reste von hochschultrigen, aber auch stark gebauchten Rauhtöpfen, die vom Bodenansatz bis hinauf zur Randlippe Spuren der üblichen Rauhung zeigen. In einigen Fällen tragen diese Gefäße unterhalb des Schulterumbruches bzw. direkt am oberen Rand desselben aufgesetzte Knubben (Abb. 3e). Im Unterschied zu den bei W. A. v. Brunn abgebildeten Rauhtöpfen (1939, Taf. 38m, n u. 39) ist bei den hier vorliegenden die Ausbildung des Halses durch die häufig zu beobachtende starke Einkehlung doch eine andere. Zusammen mit den Rauhtöpfen kommen tonnenförmige, ungerauhte und unverzierte Gefäße vor, auf die schon Wahle bei der Behandlung der Funde der älteren Eisenzeit aus dem Flußgebiet der Saale aufmerksam gemacht hat (E. Wahle 1911, Taf. XIV, 7, 8). Wenige Hinweise gibt es für die Benutzung von Schalen. So treten Schalen mit bereits schräger Wandung und S-förmigem Randprofil und Schalen mit schräger, steiler Wandung ohne besondere Gestaltung des Randabschlusses auf (Abb. 3k, l). Erwähnenswert und für die Datierung nicht ohne Bedeutung ist ein Schalenrest mit innen facettiertem Rand. Zahlreicher sind dagegen Tassenreste. Die Tasse ist auch die einzige Gefäßart, die sich mit einem Exemplar, gestützt durch einige Ergänzungen, ganz darstellen läßt. Es handelt sich um eine recht große, doppelkonische und unverzierte Tasse mit einem leicht nach oben gezogenen, bandartigen, randständigen Henkel. Eine Art formenmäßigen Gegensatz hierzu stellen die relativ flachen und schalenartigen Tassen dar, die ebenfalls einen leicht hochgezogenen, randständigen Henkel besitzen (Abb. 3g, h). Auf beide Formen haben sowohl W. A. v. Brunn (1939, Taf. 48) als auch E. Wahle (1911, Taf. 144b, 11) hingewiesen. Sie werden auch von Felsberg für die Brandenburger Gegend erwähnt (O. Felsberg 1932, Abb. 9, 10). Sie fehlen dagegen in der vorliegenden Form bei H. Agde in der Übersichtsdarstellung der germanischen Funde der Periode V in Mitteldeutschland (1939, S. 112, 113).

Nur gering sind die Hinweise auf Vasengefäße, wie sie durch die Abb. 3d gekennzeichnet werden. Sie gehören zu den wenigen Gefäßen, die aus einem fast feinen und fetten, dunklen Ton mit einer sehr dünnen Wandgestaltung gefertigt worden sind. Das vorstehend erwähnte

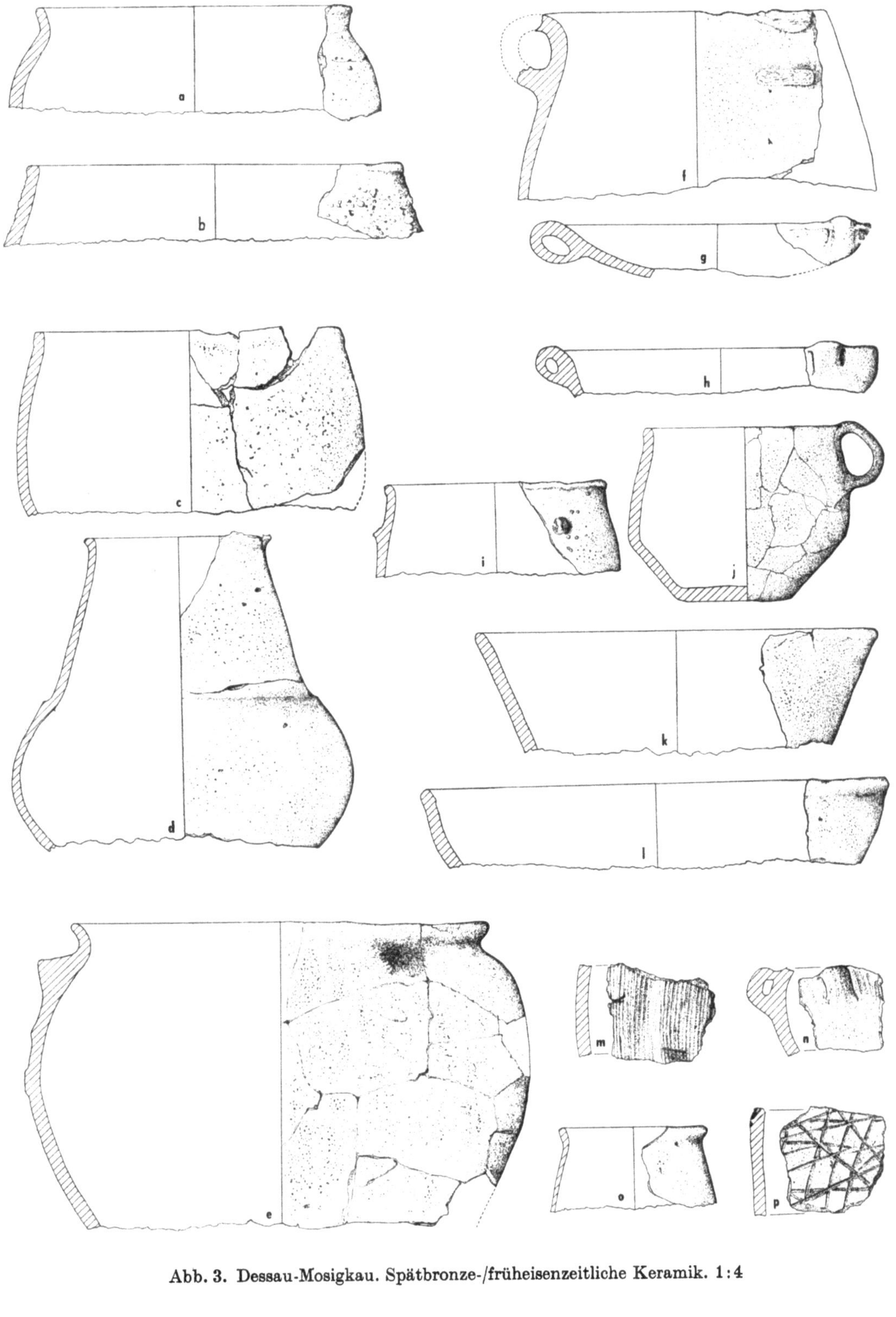

Abb. 3. Dessau-Mosigkau. Spätbronze-/früheisenzeitliche Keramik. 1:4

Gefäß ist unverziert, Hinweise auf einen Henkel liegen nicht vor. Unklar bleibt die Gefäßbestimmung für einen Scherben, der durch einen 6 cm hohen Randrest von steiler Form mit leicht ausgelegter Lippe dargestellt wird und dessen untere Partie, unmittelbar über dem Schulterumbruch, eine dreifache umlaufende Gurtung trägt. Es ist möglich, daß es sich hier um eine zweihenklige Amphore gehandelt hat, deren Schulter verziert gewesen ist. Auf ein solches Gefäß weist ein anderer Scherben mit einem längs gerieften, mittelständigen Ösenhenkel hin (Abb. 3n). Unter dem keramischen Material befinden sich auch einige Reste ehemaliger Backteller von völlig flacher Form ohne jede besondere Randgestaltung. Die vorliegende Keramik aus diesem Siedlungshorizont ist weitestgehend unverziert. Neben der bereits erwähnten Gurtung kommen vereinzelt der Kammstrich und die tiefe Ritzverzierung vor.

Die zeitliche Bestimmung des Materials bereitet auch hier Schwierigkeiten, weil datierende Beifunde fehlen. Es ist deshalb nur eine chronologische Formenanalyse möglich, die für die zeitliche Einordnung des Materials kaum mehr als Hinweise bietet, weil auch die jüngsten Untersuchungen von K. Nuglisch (1966) gezeigt haben, daß häufig einzelne Formen nicht auf einen engeren Zeitabschnitt begrenzt sind. So wird von vornherein festzulegen sein, daß das Material in der Gesamtheit sowohl der Periode V als auch der Periode VI zuzuweisen ist. Die Schalen mit dem leicht hochgezogenen Henkel sowie das unverzierte Vasengefäß — die Vasen bezeichnet v. Brunn als die kennzeichnendste Urnenform der frühen Eisenzeit (1939, S. 65) — müssen wohl eher der Periode VI zugeordnet werden, obwohl doppelkonische Tassen (Abb. 3j) auch schon früher vorkommen können. Die häufig auftretende Rauhung auf den Gefäßen kann in Zusammenhang mit ihrer Form, die doch sehr stark von der Tonnenform abweicht, die noch in der Periode V nachweisbar ist, ebenfalls für eine Datierung in die frühe Eisenzeit sprechen. Das gleiche dürfte auch für die erwähnten Tellerreste zutreffen. Die beiden Reste der vermutlichen Amphore, die einmal durch die umlaufende Halsgurtung sowie durch den mittelständigen und längsgerieften Ösenhenkel gekennzeichnet sind, gehören dagegen mit großer Wahrscheinlichkeit noch in die Periode V. Das gleiche ist von der Schale mit dem S-förmig gestalteten Randprofil zu sagen. Insgesamt darf das vorstehend skizzierte Material in seiner Mehrzahl demzufolge eher in die Periode VI (Hallstatt C—D) gesetzt und als früheisenzeitlich bezeichnet werden.

Ein sicher erkennbarer Hausgrundriß war für diese Besiedlungsperiode trotz der relativ großen Fläche, in der die Verbreitung der Funde nachweisbar gewesen ist, leider nicht festzustellen. Dies ist um so bedauerlicher, wenn man berücksichtigt, daß unsere gegenwärtige Kenntnis vom speziellen Siedlungswesen der späten Bronze- und frühen Eisenzeit auch für den Bereich des Mittelelbegebietes noch jeder durch Quellen belegten Grundlage entbehrt.

Eine dem Inhalte nach nahezu gleiche Feststellung muß für das Siedlungswesen der Kaiserzeit getroffen werden, wenn auch nicht übersehen werden kann, daß das bereits vorliegende Material erste Anfangskenntnisse doch beweiskräftig stützt. Trotzdem ist die Feststellung von W. Schulz (1928, S. 37) „im Rückstand gegenüber der Erforschung der Grabsitten ist die der Siedlung dieser Zeit“ (gemeint ist vorwiegend das letzte Jahrhundert v. u. Z., der Verf.) immer noch aktuell. Noch im Jahre 1940 sah sich deshalb Th. Voigt in seiner den Forschungsstand hierzu heute noch darstellenden Arbeit zu der Feststellung veranlaßt, daß die Siedlungsstätten „meist nur durch Scherbenfunde bekannt“ sind, also nur durch oberflächliche Streufunde „belegt“ werden konnten (1940, S. 12, 38).

Der Nachweis einiger kaiserzeitlichen Hausgrundrisse im weiteren Verbreitungsbereich der frühslawischen Siedlung auf dem Zoberberg in Dessau-Mosigkau darf demzufolge als eine wünschenswerte Ergänzung des schon Bekannten angesehen werden.

Die bereits vorliegenden Siedlungshinweise im weiteren Arbeitsgebiet werden, was den speziellen Hausbau betrifft, durch das Vorkommen von Pfostenverfärbungen und Grubenanlagen gestützt. Der durch F. Niquet (1936, S. 293) in Form einer erweiterten Fundnotiz veröffentlichte rechtwinklige Hausgrundriß von Dorna, Kr. Wittenberg, ist auf Grund gut auszumachender Pfostenverfärbungen rekonstruiert worden. Pfostenverfärbungen stellen auch den Rest des Hauses von Aken, Kr. Köthen, dar, dessen Hufeisenform mit einem eventuellen Vorbau nach P. Grimm (1931, S. 15) in die Spätlatènezeit bzw. vielleicht noch in die frühe Kaiserzeit gehört. Auf zusammenhanglose Pfostenverfärbungen innerhalb einer kaiserzeitlichen Siedlung von Straach, Kr. Wittenberg, macht auch Th. Voigt (1936, S. 294) aufmerksam. Dort sind Pfostenverfärbungen zusammen mit einer hausartigen Grubenanlage von 3,70 × 5 m Größe beobachtet worden, ohne daß beide von der Konstruktion her zusammengehören. Der Wohncharakter dieser Grube wird durch den Nachweis von 2 Herdstellen innerhalb derselben unterstrichen. Eine ähnliche länglich-runde Grube mit einer Herdstelle ist auch in Spielberg, Ortsteil Zäckwar, Kr. Naumburg, freigelegt worden (A. Gauert, 1932, S. 81). Nichteingetiefte, obererdige Pfostenhäuser müssen nach der kurzen Mitteilung von F. K. Bicker (1936, S. 294/95) nach den freigelegten Pfostenverfärbungen auch den Bestand der Siedlung von Großjena mit dargestellt haben, wobei auf Grund der Publikation nichts über deren Form auszusagen ist. Auch in der kaiserzeitlichen Siedlung von Riesa haben nach den vorhandenen Angaben (Th. Voigt 1940, S. 16) Pfostenverfärbungen den Rest der noch auszumachenden Gebäude dokumentiert.

Mit der Feststellung, daß die Anlage der kaiserzeitlichen Siedlungen „zumeist auf etwas erhöhten Stellen in der Nähe eines kleinen Baches oder Quelle erfolgte“ (Th. Voigt 1940, S. 17) — hier im besonderen von der Lagesituation der bekannten Siedlungen in Aken und Straach ausgehend —, ist auch die Geländesituation gekennzeichnet, die für die erforderliche Beschreibung der kaiserzeitlichen Siedlungsreste auf dem „Zoberberg“ notwendig ist.

Die Mehrzahl der nachgewiesenen Siedlungsobjekte liegt bereits am Fuße der leichten und hier nach Norden zum Elbtal abfallenden Anhöhe. Die beobachtete Streuung der Oberflächenfunde läßt aber vermuten, daß eine Ausdehnung der Siedlung in den hier bereits einsetzenden Talbereich der Elbe zu erwarten ist. Damit wäre von einer Gesamtlagesituation auszugehen, die durch eine äußerste Hanglage mit gut zu beobachtender Besiedlung des Talrandes charakterisiert wird[1]).

Bei den kaiserzeitlichen Siedlungsresten handelt es sich um 5 Hausreste (obererdige Pfosten- und zwei Grubenhäuser) und um einige Gruben. Die Einordnung der Häuser in die Besiedlungsperiode der Kaiserzeit ist durch mehrere Gesichtspunkte, wenn auch nicht für alle Häuser in gleichstarkem Maße, möglich. Haus 1 (Abb. 4) ist ein Pfostenhaus mit nicht ganz regelmäßiger Pfostensetzung. Die genaueren Ausmaße des Hauses ließen sich nicht mit Sicherheit ermitteln. Dadurch erklärt sich auch die Unsicherheit in der Darstellung der Hausform. Die Aufnahme der einzelnen Pfostenverfärbungen in den Hausgrundriß war mit Hilfe der zusammenhängenden Anordnung möglich. Auch ihr farblicher Unterschied zu den tiefschwarzen slawischen Pfosten, die vereinzelt in der Gesamtgrabungsfläche zu beobachten waren, gab ein sicheres Kriterium für die zeitliche Einstufung in die Periode der Kaiserzeit.

Ohne Einschränkung darf diese Feststellung auch für die Hausinnenfüllung der Grubenhäuser getroffen werden, die in den slawischen Häusern tiefschwarz, dagegen in den kaiserzeitlichen Häusern von brauner Farbe war. Die Pfostengründungen des Hauses 1 sind allgemein flach gehalten. Sie gehen nicht über 40 cm in den anstehenden Boden hinein. Die durchschnittliche Eintiefung in den kiesigen Sand beträgt 10—15 cm. Die unvollständige Erfassung des Hausgrundrisses wird mit auf diesen Tatbestand zurückzuführen sein. Bei Berücksichtigung der auf dem Anstehenden aufliegenden Humusschicht sind die Pfosten demzufolge durchschnittlich 40—50 cm in den Boden eingetieft worden. Die Stabilität eines solchen Hauses muß demnach noch von anderen Faktoren, evtl. auch von der Konstruktion her, erreicht worden sein, für die es vom Grabungsbefund her aber keine Anhaltspunkte gibt.

[1]) Eine Parallelerscheinung bezüglich der Lagesituation stellt die in den letzten Jahren vom Institut für Ur- und Frühgeschichte der Humboldt-Universität Berlin gegrabene Siedlung der Spätlatène- und Kaiserzeit von der Wüste Kunersdorf im Kreise Seelow dar.

Abb. 4. Dessau-Mosigkau. Kaiserzeitliche Besiedlungsphase, Haus 1

Bei einem Vergleich mit dem Hausgrundriß von Dorna, Kr. Wittenberg, kann bei Haus 1 zumindest von einer Tendenz des Pfostenbaues im Stile eines Vorhallenhauses gesprochen werden. Die bewohnte Innenfläche hob sich im anstehenden Boden durch eine nur leicht erkennbare Dunkelfärbung des kiesigen Sandes ab.

Da die eigentliche Siedlungsfläche in den Humusschichten des heutigen Geländes gelegen hat, sind infolge der ständigen Beackerung des Geländes keine nennenswerten Einzelfunde geborgen worden. Die wenige Keramik stammt entweder aus dem Bereich der Hausinnenfläche (Abb. 9c—d) oder aus den Pfostenverfärbungen (Abb. 9a—b). Die kleine Herdstelle im südöstlichen Bereich des Hauses hat keine Funde geliefert. Sie zeichnete sich lediglich durch eine leichte Rotfärbung des Bodens und durch wenige Aschespuren von ihrer Umgebung ab. Ihre Zugehörigkeit zum Haus ist quellenmäßig zwar nicht unmittelbar zu belegen, aber doch von der Lage her sehr wahrscheinlich.

Haus 2 (Abb. 5) ist ein Grubenhaus von noch erkennbarer rechteckiger Grundform mit abgerundeten Ecken. Die Pfostenstellung im Innern des Hauses gibt nur wenige Anhaltspunkte für den vorhanden gewesenen Oberbau. Die paarweise Anordnung der Pfosten, die sich jeweils gegenüberstehen, läßt aber auf eine stark tragende Funktion schließen. Die sich in der Längsachse des Hauses in leicht vorgeschobener Position gegenüberstehenden Pfostenpaare werden als Firstträger gedeutet werden müssen. Der Eingang ist auf Grund der leichten Ausbuchtung mit schräg zur Oberfläche auslaufender Rampe im Südteil des Hauses innerhalb der südwestlichen Giebelseite zu vermuten. Herd- bzw. Feuerstellen sind weder im

Hausinnern noch in der unmittelbaren Nähe außerhalb des Hauses nachzuweisen gewesen. Das Gebäude läßt sich zwanglos in den seit etwa dem 2. Jh. auch im mittleren Elbegebiet nachzuweisenden Grubenhaustyp von rechteckiger Form mit abgerundeten Ecken einordnen. Ob die Anordnung der Pfosten eine Besonderheit des Oberbaues darstellt, ist auf Grund mangelnder Vergleichsmöglichkeiten noch nicht zu entscheiden. Auf eine ähnliche Beobachtung konnte jedoch schon W. Baumann (1966, S. 90) bei der Freilegung des spätkaiserzeitlichen Grubenhauses von Kmehlen, Kr. Großenhain, verweisen. Unklar bleibt die Funktion des Gebäudes. Auch die relativ zahlreichen Keramikfunde aus der Hausinnenfüllung vermögen hier nicht weiterzuhelfen.

Das gleiche ist von den wenigen Knochenresten zu sagen, die zusammen mit der Keramik den gesamten Bestand der Einzelfunde ausmachen.

Haus 3 (Abb. 6), obwohl ebenfalls ein Grubenhaus, ist in seiner Anlage nicht mit Haus 2 vergleichbar. Hier ist nicht nur die Pfostenstellung eine andere, auch der an der Nordseite des Hausinnern befindliche kleine Graben gibt der Hausgrube einen anderen Charakter. Die

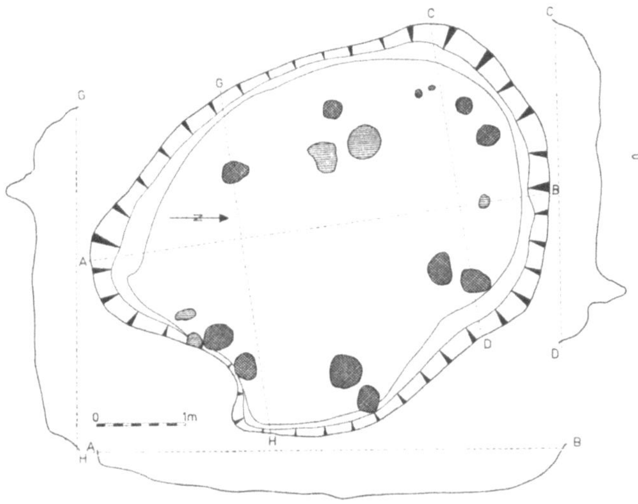

Abb. 5. Dessau-Mosigkau.
Kaiserzeitliche Besiedlungsphase, Haus 2

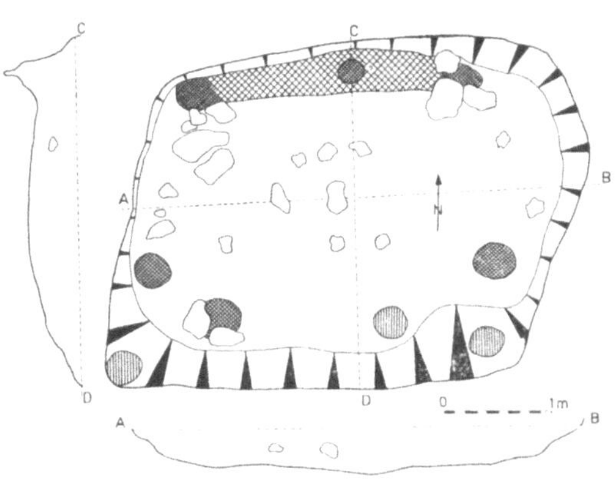

Abb. 6. Dessau-Mosigkau.
Kaiserzeitliche Besiedlungsphase, Haus 3

in der Hausinnenfüllung vorgefundenen größeren Steine, die in Haus 2 ebenfalls fehlen, dienten teilweise zum Verkeilen der Pfosten. Da an ihnen keine Brandspuren festzustellen waren, kann zu ihrer evtl. anderweitigen Verwendung vom Befund her nichts gesagt werden. Hinweise auf eine Herdstelle im Hausinnern waren nicht vorhanden. Die Bedeutung des Grabens muß von der Wandgestaltung her erklärt werden. Auch hier bietet das spätkaiserzeitliche Haus von Kmehlen, wo ebenfalls entlang der nördlichen Längswand ein Graben festgestellt werden konnte, die beste Parallele. In der dunkelbraunen Grabenfüllung befanden sich außer einigen uncharakteristischen Scherben keine weiteren Funde. Im Gegensatz zur Form des Hauses 2 ist die des Hauses 3 nur schwer in die bereits bekannte Variationsbreite der Grubenhausformen der ersten Jahrhunderte u. Z. (G. Behm-Blancke 1954, Abb. 5; W. U. Guyan 1952, S. 174ff.) einzuordnen, auch wenn man berücksichtigt, daß unsere Kenntnisse vom speziellen germanischen Siedlungswesen dieser Zeit immer noch sehr lückenhaft sind. Die Häuser 4 und 5 sind durch einige Pfostensetzungen belegt, die im Falle der unter Haus 4 angeführten Anordnung (Abb. 7) keinen sicher erkennbaren Zusammenhang bezüglich der Hausform — wie etwa bei Haus 5 (Abb. 8) — zulassen. Beide Häuser lagen innerhalb des unmittelbaren Ausdehnungsbereiches der frühslawischen Siedlung, insbesondere das nur durch einige Pfosten nicht vollständig im Grundriß belegbare Haus 4. Es fehlt demzufolge sicher datierendes Fundmaterial, das aber in den in der Nähe des Hauses untersuchten frühslawischen Häusern vereinzelt gefunden worden ist (Abb. 9i—j). Farbe, Größe und Tiefe der Pfostenverfärbungen waren aber in beiden Fällen mit denen der anderen kaiserzeitlichen Siedlungsobjekte identisch, so daß die Einordnung den möglichen Bedingungen entsprechend in diesen Siedlungsabschnitt der Besiedlung des Zoberberges vorgenommen werden konnte. Die 5 nachgewiesenen Häuserreste lassen sich in kein zusammenhängendes Siedlungsschema bringen. Bis auf die Hausreste von Haus 3 und 4, die nur 6 Meter voneinander entfernt errichtet worden sind und evtl. als zeitgleicher Komplex bezeichnet werden können, liegen die anderen Objekte in der Regel 40 bis 50 Meter auseinander. Auch die von W. U. Guyan (1952, S. 177) betonte Feststellung, daß Grubenhäuser bei planmäßig erforschten Siedlungen „meist von größeren Bauten begleitet werden", kann hier nicht weiterhelfen, weil es nicht möglich ist, eine Feindatierung der einzelnen Häuser mit Hilfe des vorhandenen Fundmaterials vorzunehmen. Eine entsprechende Auswertung des Befundes, noch zumal durch ihn nur ein Ausschnitt der vermutlichen Gesamtsiedlung repräsentiert wird, muß deshalb leider unterbleiben. Die noch zu der kaiserlichen Siedlung gehörenden drei leicht eingetieften kleinen Erdgruben mit geringem Fundinhalt sowie zwei Feuerstellen südöstlich von Haus 1 vermögen an dieser Feststellung nichts zu ändern.

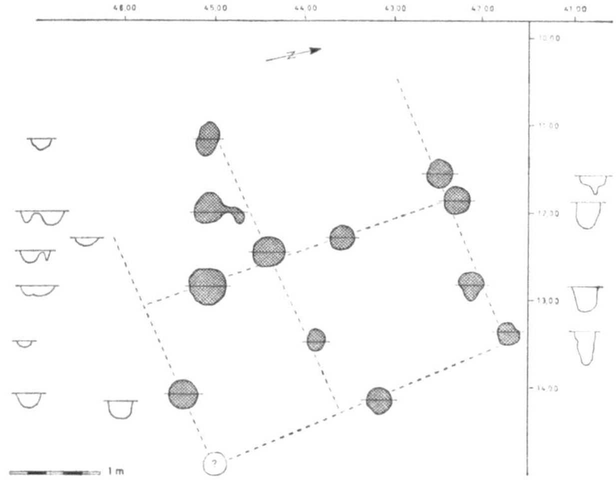

Abb. 7. Dessau-Mosigkau.
Kaiserzeitliche Besiedlungsphase, Haus 4

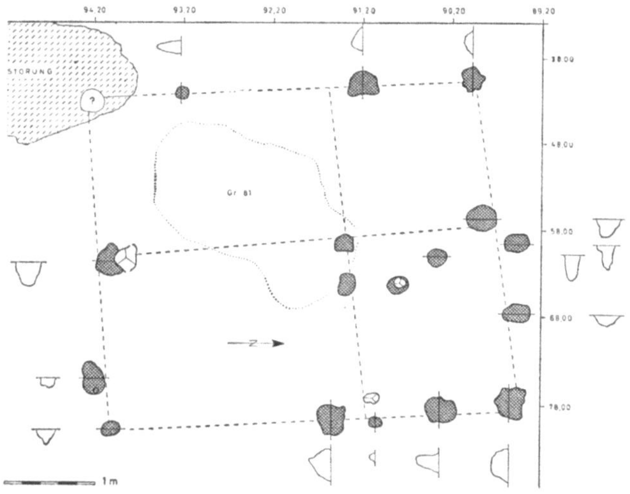

Abb. 8. Dessau-Mosigkau.
Kaiserzeitliche Besiedlungsphase, Haus 5

Die überwiegende Zahl der Kleinfunde wird durch die Keramik repräsentiert. Neben ihr sind nur noch einige wenige und für die Auswertung der geringen Anzahl wegen ungeeignete Knochenreste gefunden worden. Das verarbeitete Tonmaterial ist in der Regel fein geschlämmt und von braun- bis braungrauer Farbe. Einige Gefäßreste, die entweder eine ziegelrote Tönung erreichen oder schwarzglänzend sind, nehmen innerhalb der Gesamtmasse der Keramik eine sichtbare Sonderstellung ein. Die Verarbeitung des Materials ist mit der freien Hand vorgenommen worden. Nur wenige Gefäßaußenflächen weisen eine Rauhung auf, wie sie vornehmlich innerhalb der Keramik der frühen Eisenzeit des Arbeitsgebietes, auch der Fundstelle selbst, nachzuweisen ist. Es ist deshalb häufig schwer, die richtige Zuweisung in die entsprechende

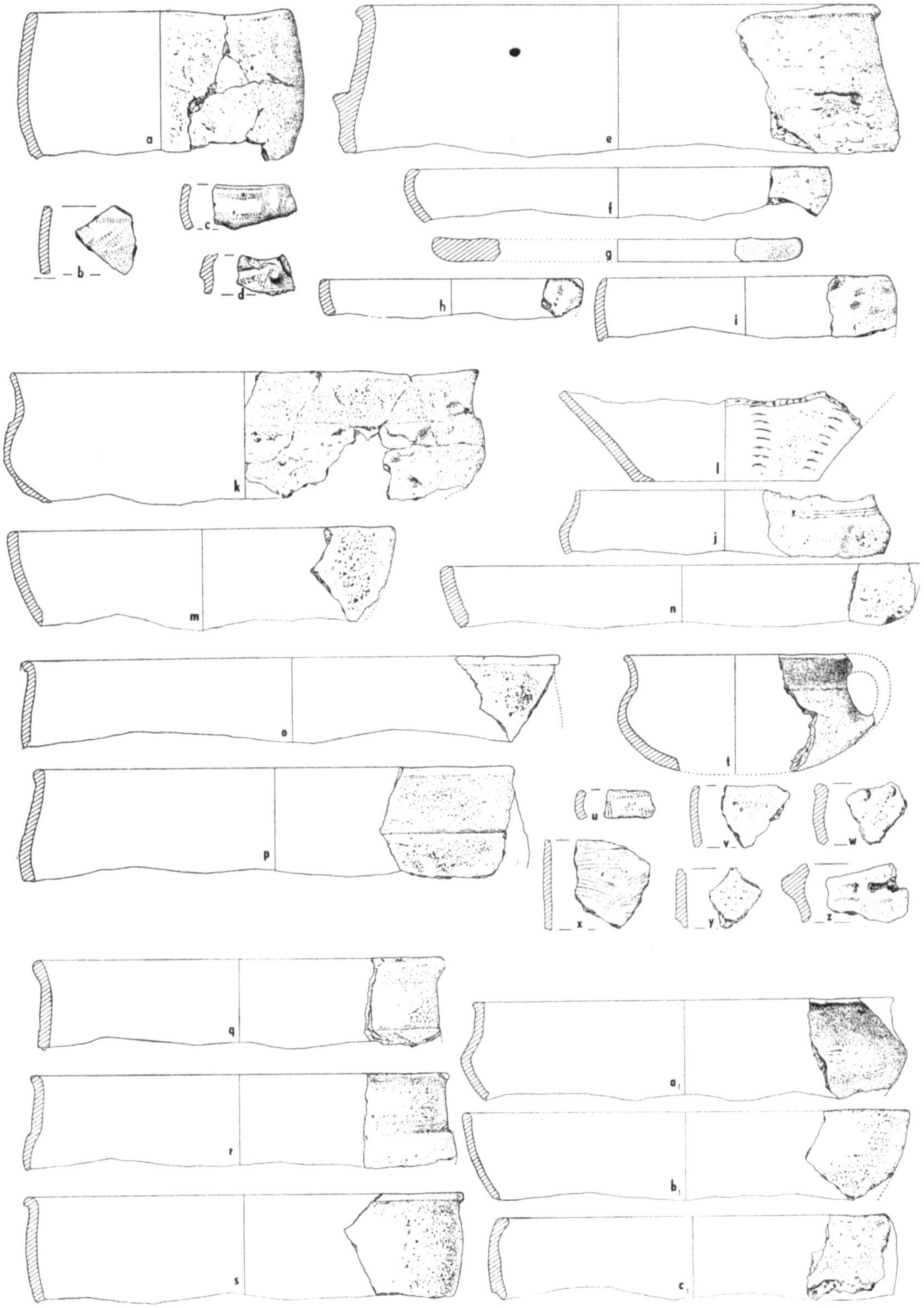

Abb. 9. Dessau-Mosigkau. Überblick über die kaiserzeitlichen Gefäßreste. 1:4

Siedlungsperiode zu treffen. Das trifft auch für das auf Abb. 9e abgebildete Stück aus Haus 3 zu, dessen Rauhung nur bis zur Gefäßschulter geht und den Hals freiläßt. Der auf der Gefäßschulter aufsitzende Knubben darf, wie andere Gefäßtypen dieser Zeit zeigen, in mehrmaliger Ausführung auf dieser Gefäßpartie erwartet werden. Es handelt sich hierbei um große Gefäße, deren ehemalige Verwendung in der Vorratswirtschaft anzunehmen ist. Relativ häufig sind terrinenartige Gefäße, wie sie auf Grund der Gefäßreste vor allem aus Haus 2 (Abb. 9p, q, r, s und a1), aber auch aus anderen Objekten (Abb. 9k) vorliegen. Neben den Terrinen bilden die Näpfe bzw. Kümpfe eine weitere zahlreicher vorkommende Gefäßart. Bei Berücksichtigung des vorhandenen Materials, das keineswegs für eine Verallgemeinerung ausreicht, muß trotzdem auf das Überwiegen von Näpfen mit weiter Mündung hingewiesen werden. Nur bei zwei Gefäßen dieser Art (Abb. 9j) ist die Mündung enger als die größte Breite des Gefäßes. Als Einzelstücke sind die wahrscheinlich einhenkelige Tasse aus Haus 2 (Abb. 9t) und der Teller aus Haus 3 (Abb. 9g) zu bezeichnen. Zusammenfassend darf somit gesagt werden, daß der Formenbestand der kaiserzeitlichen Siedlungskeramik dieser Ausgrabung im wesentlichen durch große, hochschultrige Töpfe, durch Terrinen in ihrer mannigfaltigen Ausprägung und durch Näpfe bzw. Kümpfe charakterisiert wird.

Zahlreiche Gefäßreste sind verziert. Rädchenmuster, Strichanordnungen, Fingernageleintiefungen, dellenartige Eintiefungen und Knubben stellen, entweder einzeln vorkommend oder in der Kombination, das Verzierungsspektrum dar. Die Rädchenverzierung ist immer mehrzeilig angebracht worden. Es überwiegt die fünfzeilige Anordnung, seltener kommt die dreizeilige vor. Die ein- oder zweizeilige Rädchenverzierung fehlt ganz. Die Variationsbreite der Strichanordnungen reicht von mittelfein bis grob. Die Striche sind in der Regel von rechteckiger Form. Sie kommen vorwiegend auf der relativ glatten, grauen Keramik vor, sind aber auch auf gröber gemagerten, bräunlichen Scherben anzutreffen. An zweiter Stelle stehen in der Häufigkeit die Verzierungsmotive, die durch gröbere Eindrücke in die Gefäßoberfläche erreicht worden sind. Hierzu gehört vor allen Dingen das sog. Fingernagelmotiv, wie es in seiner ausgeprägtesten Form auf dem Gefäßunterteil Abb. 9l zu sehen ist. Daneben sind dellenartige Eintiefungen von runder oder ovaler Gestaltung zu nennen. Die Strichverzierung und auch die Rauhung kommen dagegen als oberflächengestaltender Faktor nur vereinzelt vor. Abschließend sollen in diesem Zusammenhang die Knubben bzw. knubbenartigen Erhebungen erwähnt werden, die neben einem eventuellen praktischen Zweck auch dekorativen Charakter hatten. Während die einzeln gestalteten Knubben auf mehreren Scherben vorhanden sind (Abb. 9d), ist der sowohl in doppelter Anordnung aufgesetzte (Abb. 9w) als auch herausgekniffene Knubben (Abb. 9z) im vorliegenden Material nur einmal belegt.

Wie die Funde zeigen, liegen für die engere zeitliche Einordnung dieses kaiserzeitlichen Materials kaum bzw. nur sehr geringe Anhaltspunkte vor. Dabei scheiden die Hausgrundrisse ganz aus, weil meßbare Anhaltspunkte für ihre genauere chronologische Fixierung bisher noch nicht erarbeitet worden sind.

Wenn trotz der berechtigten Bedenken gegen eine engere Abgrenzung der Zeilenzusammensetzung des Rädchenmotivs (A. v. Müller 1957, S. 16) auf Grund der häufiger auftretenden fünfzeiligen Anordnung und des gänzlichen Fehlens zweizeiliger Rädchenverzierung eine Datierung des Gesamtkomplexes in das 2. Jh. — evtl. noch bis in das 3. Jh. hinein — angenommen wird, dann auch deshalb, weil das in der Regel recht früh angesetzte Zickzackband auf der vorliegenden Keramik nicht einmal auftritt, weil darüber hinaus eine gut zu beobachtende Unsauberkeit in der Ausführung des Dekors zu verspüren ist und weil letztlich der relativ grobe Stich bereits in Erscheinung tritt, wie auf Abb. 9 zu ersehen ist. In diese Zeit gehören nach den Untersuchungen von Th. Voigt (1940, S. 51) auch die rillenverzierten Gefäße, von denen einige Scherben im Material vorliegen. Eine Unterstützung findet die Zeitansetzung auch durch die aufgesetzten Knubben, so daß eine Datierung nach dem 1. Jh. u. Z. — wenn auch nur mit geringen Anhaltspunkten — gerechtfertigt ist.

Die ethnische Zuweisung der Funde muß von der Siedlungssituation im mittleren Elbegebiet aus erfolgen, weil vom einzelnen Fundgegenstand hierzu keine Aussagen möglich sind[2]). Sowohl den Ausführungen des Strabo (VII, 1,3) als auch denen des Velleius Paterculus (2, 106) ist zu entnehmen, daß das Mittelelbegebiet, in dem die Fundstelle liegt, der Siedlungsraum der Hermunduren ist, der von beiden in Beziehung zu den Sueben bzw. Semnonen gesetzt wird. Das von Th. Voigt aufgearbeitete archäologische Quellengut konnte als zeitgleiches Siedlungsmaterial im Sinne der vorstehend erwähnten antiken Berichte herausgearbeitet werden (1940, S. 111ff.). Deshalb darf auch bei Berücksichtigung der Abnahme der Funde seit etwa dem 2. Jh. das ergrabene Siedlungsmaterial den hier wahrscheinlich seßhaft gewesenen Hermunduren zugewiesen werden, weil eine gänzliche Aufgabe des Landes, wie nachweisbare Funde beweisen, nicht erfolgt ist.

Die Grabungen auf dem Gelände des Zoberberges südwestlich des Stadtzentrums von Dessau haben — bis auf wenige Einzelfunde — stärkere Siedlungshinweise für drei Besiedlungsphasen ergeben: für den Zeitabschnitt der späten Bronze-/frühen Eisenzeit, für die mittlere Kaiserzeit und — materialmäßig am stärksten vertreten — für den Zeitabschnitt der ältesten slawischen Besiedlung des Gebietes. Zwischen keiner der hier genannten Besiedlungsperioden konnte ein Kontinuum im Besiedlungsvorgang festgestellt werden. Es fehlen sowohl Funde der letzten Jahrhunderte v. u. Z. als auch Funde, die die zeitliche Differenz zwischen der kaiserzeitlichen Besiedlung und der ältesten slawischen Landnahme überbrücken könnten. Dies trifft auch unter Berücksichtigung des spätgermanischen Einflusses im Siedlungsmaterial für die frühslawische Siedlung zu, deren älteste Phase noch in das 6. Jh. u. Z. gehört.

Quellen- und Literaturverzeichnis

Strabo 1826 — Geographica; Bibliotheca scriptorum Graecorum et Romanorum, Leipzig.

Velleius Paterculus 1932 — Historiae Romanae; edidit C. Stegmann v. Pritzwald; Bibliotheca scriptorum Graecorum et Romanorum, Leipzig.

Agde, H. 1939 — Bronzezeitliche Kulturgruppen im mittleren Elbegebiet, Leipzig.

Baumann, W. 1966 — Die Ausgrabungen eines spätkaiserzeitlichen Grubenhauses in Kmehlen, Kr. Großenhain, in: Ausgrabungen und Funde 11, S. 88ff.

Behm-Blancke, G. 1954 — Die Altthüringische und frühmittelalterliche Siedlung Weimar. Ergebnisse der Stadtkernforschung 1947—1949, in: Frühe Burgen und Städte, Berlin, S. 95ff.

Bicker, F. K. 1936 — Germanisches Dorf des 3. u. 4. Jh. bei Groß-Jena, Gr. Weißenfels (ehem. Kr. Naumburg), in: Nachrichtenblatt für deutsche Vorzeit 12, S. 294f.

Brunn, W. A. v. 1939 — Die Kultur der Hausurnengräberfelder in Mitteldeutschland zur frühen Eisenzeit, Jahresschrift für die Vorgeschichte der sächsisch-thüringischen Länder 30.

Felsberg, O. 1932 — Neue Gräberfelder und Wohnplätze der frühesten Eisenzeit in der Umgebung von Brandenburg/H., in: Mannus 10, S. 337ff.

Gauert, A. 1932 — Eine ostgermanische Wohngrube bei Zäckwar, Kr. Weißenfels, in: Jahresschrift für die Vorgeschichte der sächsisch-thüringischen Länder 20, S. 81ff.

Grimm, P. 1931 — Ein Hausgrundriß der Spätlatènezeit bei Aken, Kr. Kalbe, in: Jahresschrift für die Vorgeschichte der sächsisch-thüringischen Länder 19, S. 10—16.

Grimm, P. 1933a — Ostgermanische Siedlung der spätrömischen Zeit bei Pöbrichau, Kr. Torgau, in: Nachrichtenblatt für deutsche Vorzeit 9, S. 98.

Grimm, P. 1933b — Ein germanisches Dorf der spätrömischen Zeit bei Aschersleben, in: Nachrichtenblatt für deutsche Vorzeit 9, S. 97f.

[2]) Versucht man allerdings die beiden Grubenhausgrundrisse der „Zoberberg"-Siedlung in das von G. Behm-Blancke (1954, Abb. 5) gegebene Übersichtsschema einzuordnen, dann ist das eher in die Formengruppe der unter Ostgermanen geführten Burgunder und Vandalen als in die der Westgermanen möglich. Da nach Meinung des Autors eine generelle stammesmäßige Unterteilung der Wohnbauten mangels stichhaltiger Charakteristika noch nicht möglich ist, wurde von einer diesbezüglichen ethnischen Deutung des Befundes abgesehen.

Guyan, W. U. 1952 — Einige Karten zur Verbreitung des Grubenhauses im ersten nachchristlichen Jahrtausend und einige Hinweise auf das archäologische Problem der völkerwanderungszeitlichen Hausformen der Schweiz, in: Zweiundvierzigstes Jahrbuch der Schweizerischen Gesellschaft für Urgeschichte, S. 174ff.

Krüger, B. 1964 — Eine altslawische Siedlung bei Dessau-Mosigkau, in: Ausgrabungen und Funde 9, S. 42ff.

Krüger, B. 1967 — Dessau-Mosigkau. Ein frühslawischer Siedlungsplatz im mittleren Elbegebiet, Berlin.

Müller, A. v. 1957 — Formenkreise der älteren römischen Kaiserzeit zwischen Havelseenplatte und Ostsee, Berlin.

Niquet, F. 1936 — Germanische Siedlung aus dem ersten Jahrhundert von Dorna, Kr. Wittenberg, in: Nachrichtenblatt für deutsche Vorzeit 12, S. 293.

Nuglisch, K. 1966 — Die ältere Eisenzeit im östlichen und nordöstlichen Harzvorland. Phil. Diss. Halle.

Radig, W. 1958 — Frühformen der Hausentwicklung in Deutschland. Die frühgeschichtlichen Wurzeln des deutschen Hauses. Berlin.

Schulz, W. 1928 — Die Bevölkerung Thüringens im letzten Jahrhundert vor Chr. auf Grund der Bodenfunde, Jahresschrift für die Vorgeschichte der sächsisch-thüringischen Länder 16.

Voigt, Th. 1936 — Eine westgermanisch-hermundurische Siedlung bei Straach, Kr. Wittenberg, in: Nachrichtenblatt für deutsche Vorzeit 12, S. 294.

Voigt, Th. 1940 — Die Germanen des 1. und 2. Jahrhunderts im Mittelelbegebiet, Jahresschrift für mitteldeutsche Vorgeschichte 32.

Wahle, E. 1911 — Die Kulturen der älteren Eisenzeit im Flußgebiet der Saale, in: Jahresschrift für die Vorgeschichte der sächsisch-thüringischen Länder 10, 1911, S. 89ff.

Ein Hausgrundriß aus der frühen römischen Kaiserzeit von Borstel, Kr. Stendal

Von Wilhelm Hoffmann, Halle (Saale)

Mit 6 Textabbildungen

Im Herbst 1964 begann man nördlich von Borstel, Kr. Stendal, Fdpl. 1 Mbl. 3337 (1756) S 21,8; W 0,8 cm, mit dem Bau der Umgehungsstraße der F 189 Stendal–Borstel–Osterburg. Die umfangreichen Bodenbewegungen, die zur Herstellung der Trasse nötig waren, führte man mit Planierraupen durch. Dabei wurden schwarze Bodenverfärbungen freigeschoben, von denen das Altmärkische Museum in Stendal Kenntnis erhielt. Diese Hinweise fand Mus.-Dir. Dr. G. Richter durch eine Begehung, wobei auch Gefäßreste aus verschiedenen Zeitstufen aufgelesen wurden, bestätigt. Er veranlaßte die Lokalpfleger Hans Kaufmann und Dietmar Ludwig zu einer näheren Untersuchung. Die Probeuntersuchung führte zu einer größeren Siedlungsgrabung, die vom Verfasser im Auftrage des Landesmuseums Halle vorgenommen wurde. Es konnte eine Anzahl Hausgrundrisse untersucht werden, die der frühdeutschen Zeit angehören. Daneben fand sich ein Grundriß der frühen römischen Kaiserzeit, dessen Untersuchungsergebnis hier bekanntgegeben werden soll.

Dieser Hausgrundriß ist in der Gesamtuntersuchung[1]) als Haus 3 bezeichnet worden. Die Planierraupen hatten bereits den Humusboden von 0,30—0,40 m Stärke von der Gesamtfläche der Trasse abgeschoben. Dabei kam eine schwarze Bodenverfärbung (Herdstelle) zum Vorschein. Der Boden war in 0,50 m Tiefe stark mit feinen Holzkohleresten in einer Ausdehnung von 0,80 × 1,10 m durchsetzt. Die weiteren Planarbeiten in 0,50 m Tiefe ergaben, daß die Herdstelle von einer dunkelbraunen Erdverfärbung umgeben war, die sich zu einer Flächengröße von 6,00 × 4,30 m ausdehnte (Abb. 1). Sie hob sich von dem sie umgebenden hellen sandigen Boden scharf ab, so daß man hier von einem ehemaligen Hausgrundriß von fast viereckiger Form sprechen kann. Bei dieser Freilegung wurden Gefäßreste und Tierknochen geborgen.

Durch die drängenden Arbeiten an der Fertigstellung der Trasse war es nicht möglich, weitere Planarbeiten durchzuführen. Es wurde daher durch den Grundriß in etwa 0,50 m Tiefe ein Schnitt in Südwest–Nordost-Richtung gelegt. Hier zeigten sichin derP rofilaufnahme des Schnittes A—B bei 1,60 m und 3,20 m je eine pfostenartige und zwischen 4,50—5,20 m eine leichte muldenförmige Bodenverfärbung (Abb. 1). Die pfostenartigen Verfärbungen besaßen einen Durchmesser von 0,12 bzw. 0,20 m und erreichten mit ihrem rundlichen Querschnitt eine Tiefe von 0,82 bzw. 0,88 m, somit waren sie 0,08 bzw. 0,10 m in den gewachsenen Boden eingetieft. Nach der aufgefundenen Lage im Grundriß sind sie vermutlich Stützpfosten für die Dachkonstruktion gewesen. Der Durchmesser der muldenförmigen Verfärbung betrug 0,70 × 0,40 m in 0,50 m Tiefe. Sie war fundleer. Der Profilschnitt C—D (Abb. 1) durch die Herdstelle, die sich im Nordosten des Grundrisses befand, ergab, daß sie noch 0,20 m in den gewachsenen Boden hineinreichte.

Auf Grund des bereits erwähnten Zeitmangels wurde die weitere Untersuchung so durchgeführt, daß die gesamte dunkelbraune Bodenverfärbung bis auf den gewachsenen Boden

[1]) In Vorbereitung: W. Hoffmann, Frühdeutsche Hausgrundrisse des 9.—10. Jh. von Borstel, Kr. Stendal, in: Jschr. mitteldtsch. Vorgeschichte.

durchgegraben wurde. Dabei konnte festgestellt werden, daß die Verfärbung durchschnittlich nur noch eine Stärke von 0,20 m besaß. In ihr traten stellenweise, wie auch im Profil A—B, streifenartige tiefschwarze Verfärbungen auf, die wohl als verkohlte Holzreste vom Hausbau zu deuten sind. Weitere Spuren von pfostenartigen Erdverfärbungen zeigten sich nicht. Vielleicht sind sie bereits durch die Bodenbewegungen der Planierraupen abgeschoben worden, zumal Störungen in dieser Hinsicht bei der Aufnahme des Planums zu erkennen waren.

Zu den Beobachtungen läßt sich sagen, daß die Wohnanlage ein einräumiges viereckiges Gebäude mit einer Herdstelle war. Die pfostenartigen Verfärbungen, die in gewissen Ab-

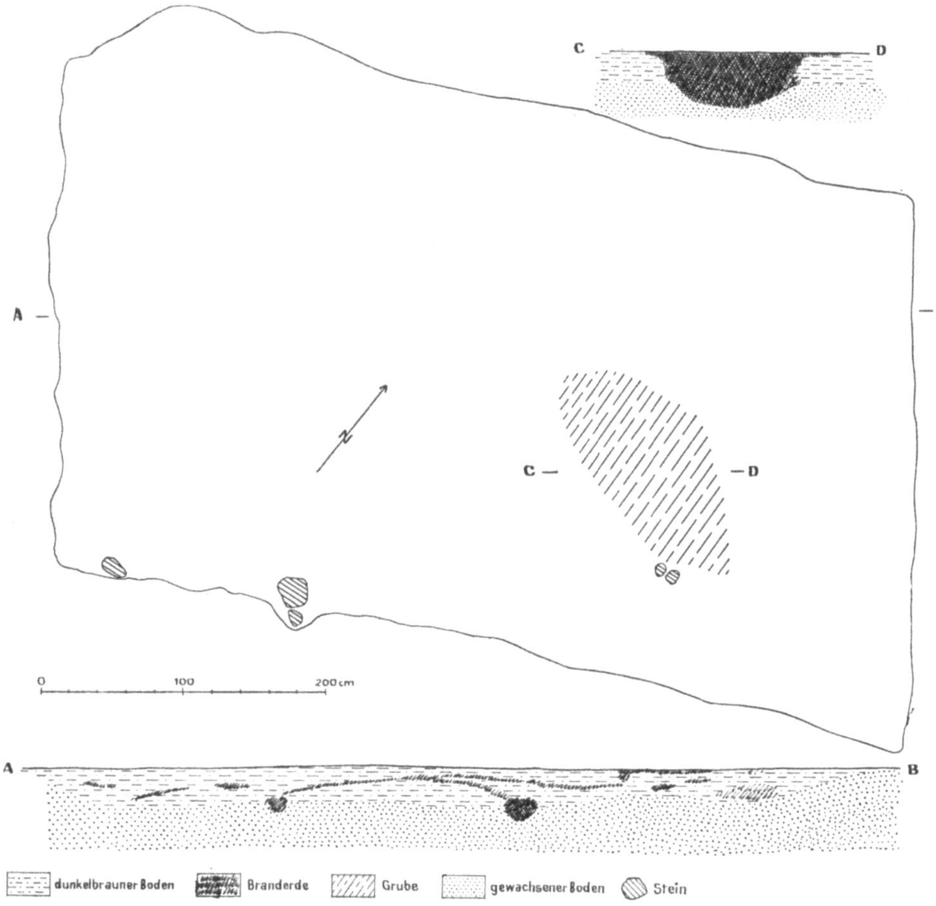

Abb. 1. Borstel, Kr. Stendal. Haus 3. Grundriß mit Herdstelle und Profilschnitte

ständen in der Mitte des Planums festgestellt worden sind, haben Pfosten enthalten, die wohl frei im Innenraum standen und deren Bestimmung es sicherlich gewesen ist, den Firstbalken des Daches zu tragen. Das Haus hatte demnach ein Firstbalkendach. Zu vermuten ist, daß der Firstbalken bei Trägern endete, die an den Schmalseiten des Hauses standen, jedoch durch die Erdbewegungen, wie schon erwähnt, zerstört worden sind. Spuren über die Lage des Einganges ließen sich nicht feststellen. Ob die leichte grubenartige Verfärbung im Nordostteil der Anlage als eine Vorratsgrube anzusehen ist, ist fraglich, da sich in dieser Hinsicht keine Belegreste an Getreide usw. fanden. Die zahlreichen gebrannten Lehmstücke deuten darauf hin, daß die Wände einst mit Lehm beworfen waren, da sich noch an einzelnen Stücken die Abdrücke einer Flechtwerkwand zeigen. Wie aus dem Profil A—B (Abb. 1) zu ersehen ist, handelt es sich hier um ein Grubenhaus.

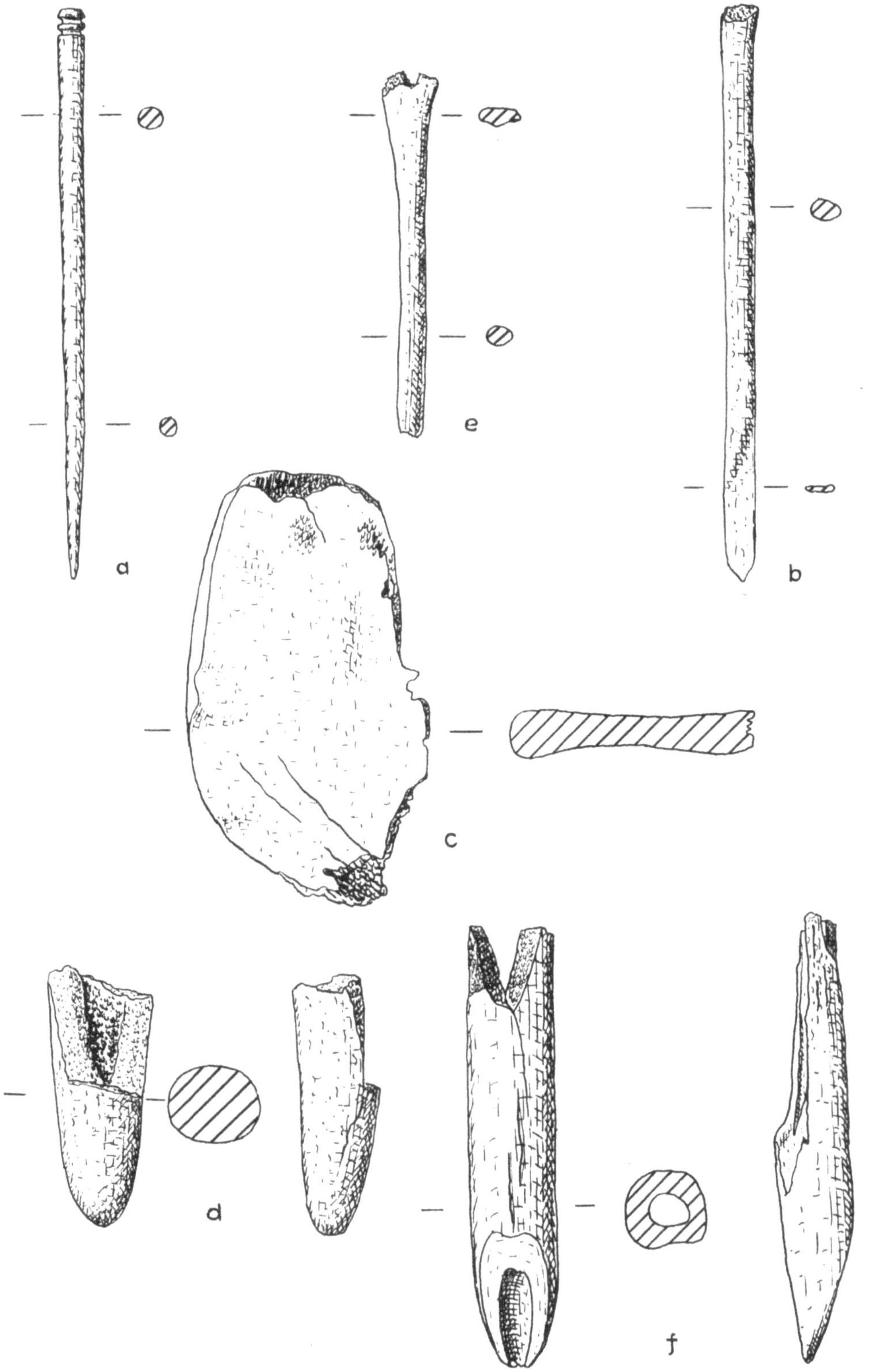

Abb. 2. Borstel, Kr. Stendal. Knochengeräte aus Haus 3, 1:1

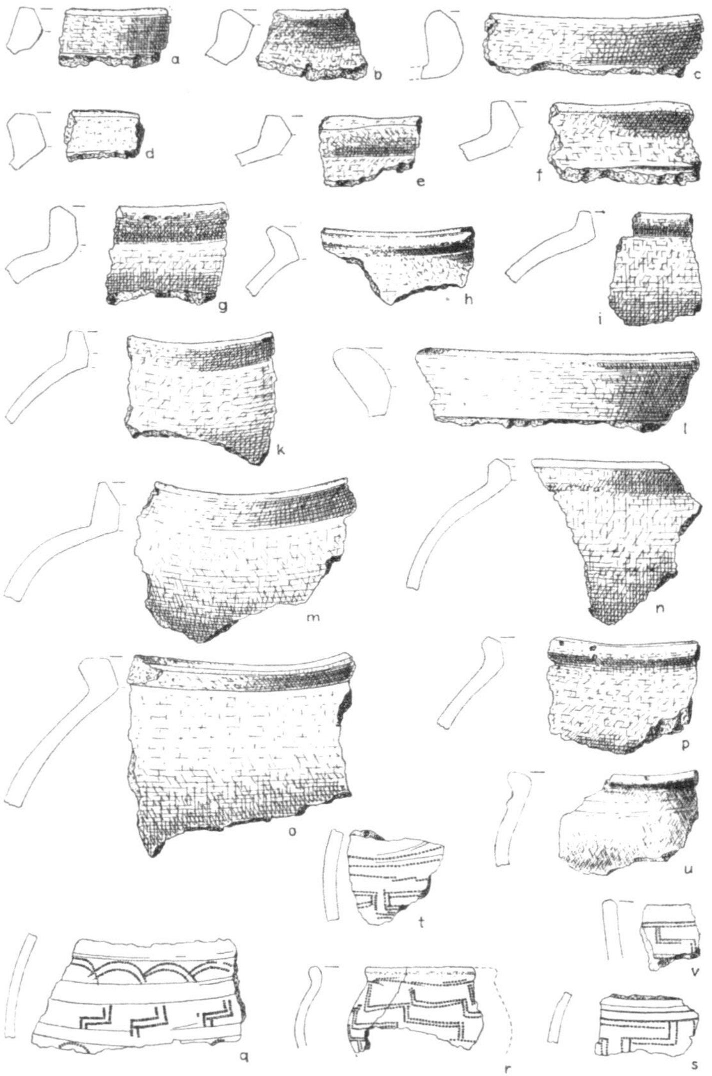

Abb. 3. Borstel, Kr. Stendal, Gefäßreste aus Haus 3 mit kurzem, scharf facettiertem Rand (a—p); mit facettiertem, nach außen gebogenem Rand (u) und mit Rädchenverzierungen (p—z, v). 1:3

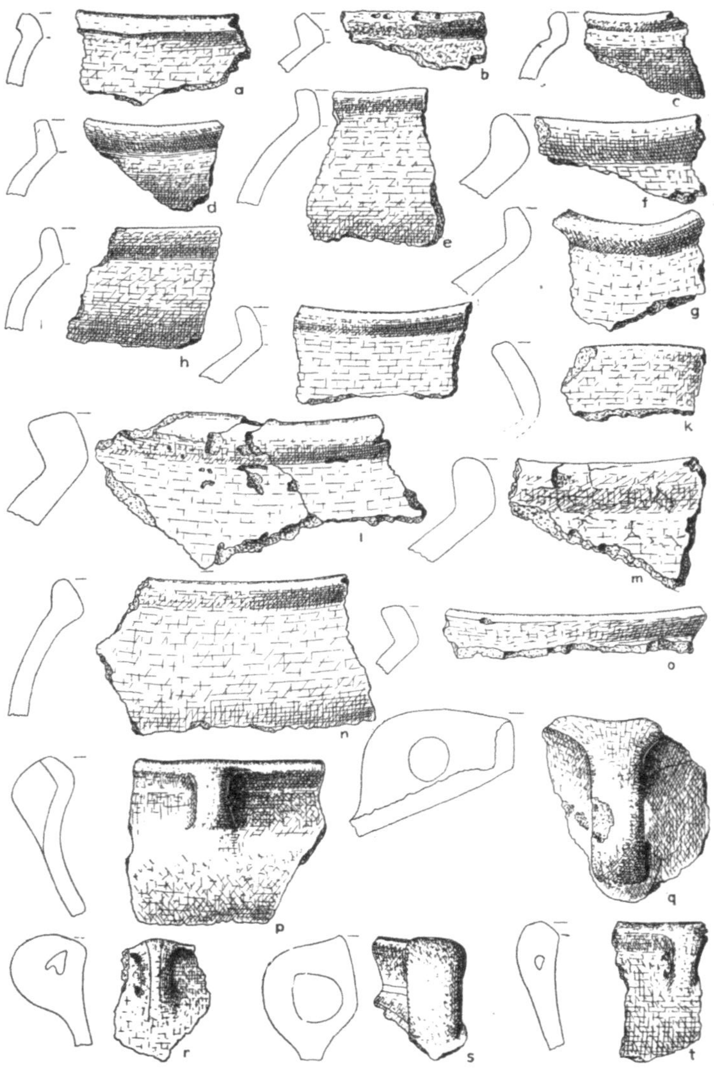

Abb. 4. Borstel, Kr. Stendal. Gefäßreste aus Haus 3 mit facettiertem und verdicktem Rand (a—o) und mit randständigen Henkeln (r, p—t).
1:3

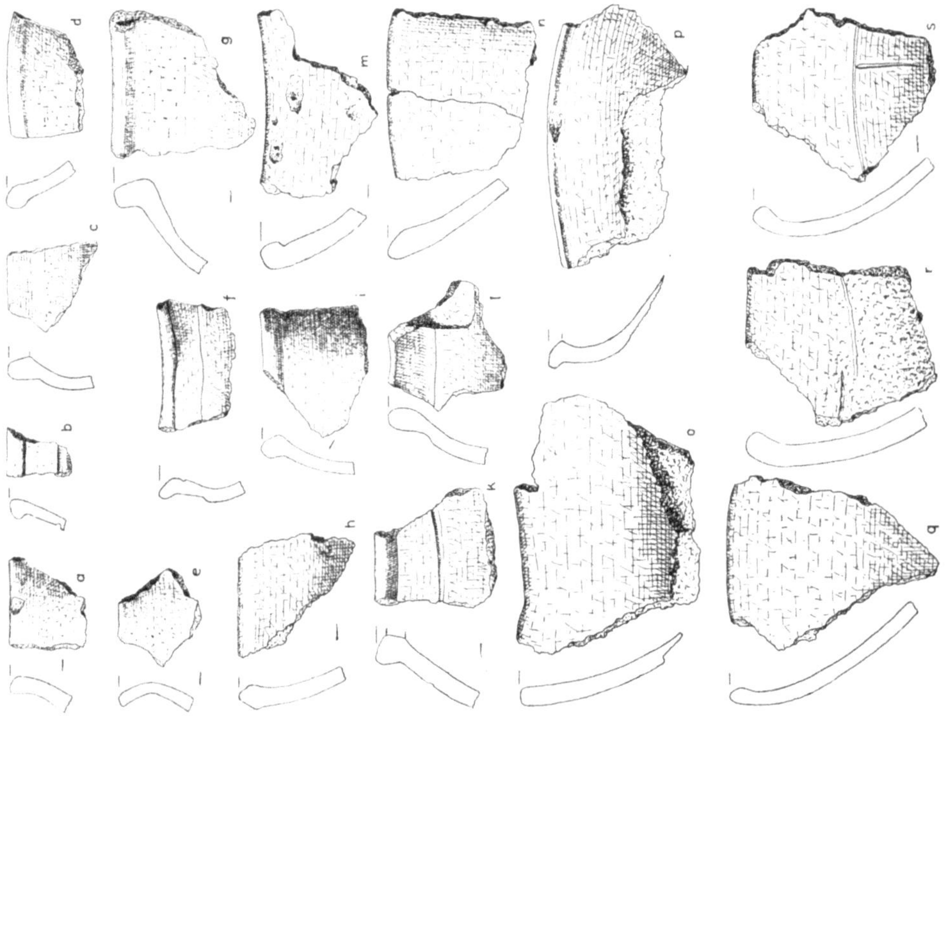

Abb. 5. Borstel, Kr. Stendal. Gefäßreste aus Haus 3 mit verdicktem Rand (a—g; i—m); schalenartige mit rundem facettiertem Rand (h, n—s). 1:3

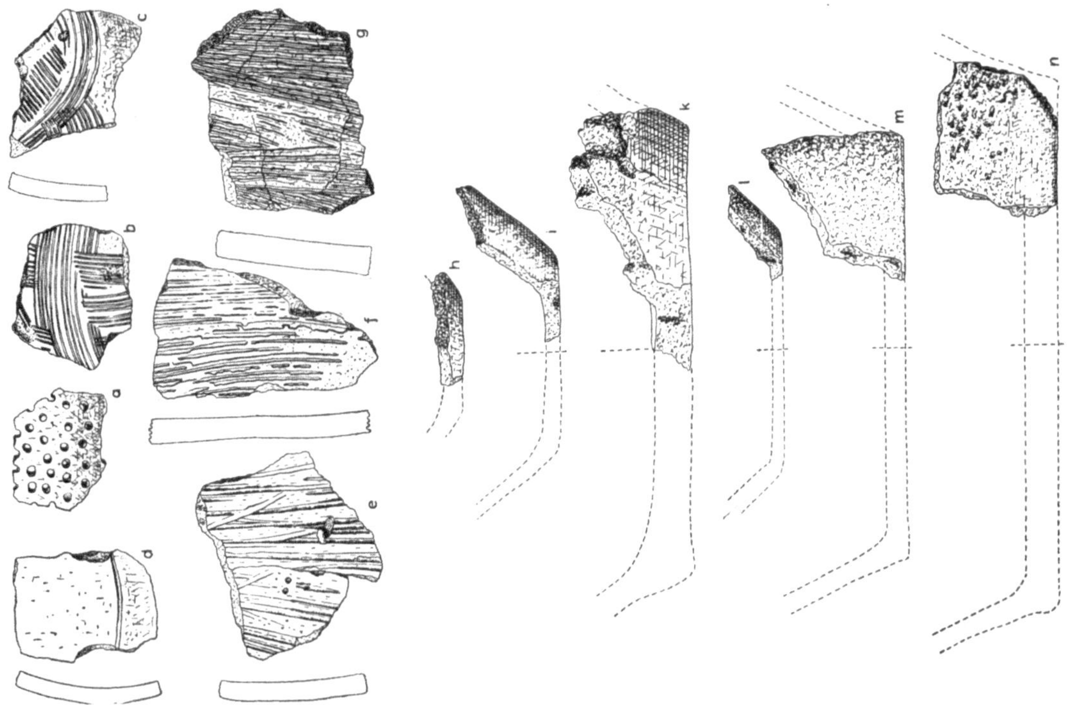

Abb. 6. Borstel, Kr. Stendal. Rest eines Siebgefäßes (a); Scherben mit kamm- und besenstrichartigen Verzierungen (e—g); Gefäßböden mit gerauhter Wandung (h—n) aus Haus 3. 1:3

Bei den Durchgrabungsarbeiten fanden sich in der Gesamtfläche der dunkelbraunen Verfärbung Reste von verschiedenen Gefäßen, Tierknochen, bearbeitete Knochengegenstände und gebrannte Lehmstücke.

Von den geborgenen Funden (Stendal Inv. Nr. III/66—36) sind, abgesehen von belanglosen und zweifelhaften Resten, folgende bemerkenswert:

A. Knochenreste und bearbeitete Knochengeräte[2]):

a) Reste von Rind, Schwein, Schaf/Ziege, Pferd, Hirsch und Wildkatze.

b) Knochengeräte (Abb. 2a—f)

1. Knochennadel mit gerilltem Kopf. L. 9,2; Kopfdm. 0,3 cm.
2. Flaches längliches Gerät; ein Ende abgeplattet und angespitzt. L. 9,3 cm.
3. Fragment vom Unterkiefer eines Schweines, flach oval mit Bearbeitungsspuren. L. 7,0; Br. 3,7 cm.
4. Endenrest vom Hirschgeweih, im Feuer gelegen. L. 4,0 cm.
5. Nadelrest, Spitze abgebrochen; ein Ende abgeplattet, darin Rest einer öhrartigen Durchbohrung. L. 5,8 cm.
6. Spitze aus dem distalen Teil eines Metatarsus von Schaf/Ziege. L. 7,0; Dm. 1,4 cm.

B. Tonware:

1. Reste eines Siebgefäßes (Abb. 6a).
2. Wandungsreste von verschiedenen Gefäßen mit kamm- und besenstrichartigen Verzierungen. Farbe grau-braun (Abb. 6e—g).
3. Gefäßreste mit senkrechten und bogenartig verlaufenden Kammstrichverzierungen. Farbe schwarz-braun (Abb. 6b—c).
4. Wandungsstück mit einer waagerechten Furche, Farbe schwarz-grau (Abb. 6d).
5. Schulterstück eines lederartig braun glänzenden Gefäßes; 4 umlaufende Linien, doppelte Halbbögen und doppelte Winkel in einreihiger Rädchentechnik (Abb. 3q).
6. Schulterscherbe eines kleinen täßchenartigen Gefäßes mit verdicktem Rand. Verziert mit einer umlaufenden Linie, anhängend doppelte stufenartige Linien in einreihiger Rädchentechnik. Farbe schwarz (Abb. 3r).
7. Schulterstück eines dünnwandigen Gefäßes mit breiter, waagerecht verlaufender Furche und doppelten stufenartigen Linien in einreihiger Rädchentechnik. Farbe schwarz (Abb. 3s).
8. Wandungsstück eines dünnwandigen Gefäßes mit waagerecht verlaufenden und stufenartigen Linien in Rädchentechnik. Farbe schwarz (Abb. 3t).
9. Randstück eines kleinen Gefäßes. Rand facettiert, verdickt und nach außen gebogen. Unterhalb des Randes und Halses waagerecht verlaufende Furchen. Farbe schwarz (Abb. 3u).
10. Randscherbe eines kleinen Gefäßes. Rand leicht facettiert, verdickt; waagerecht verlaufende und stufenartige Linien in Rädchentechnik. Farbe schwarz (Abb. 3v).

Aus der Menge der geborgenen Tonware ließen sich noch nachstehende Reste von Gefäßformen, von denen sich keine Zusammensetzungen oder Ergänzungen ergaben, ermitteln:

11. Reste von fünfzehn verschiedenen Gefäßen mit kurzem, scharf facettiertem Rand. Mündungsdurchmesser 11—20 cm. Farbe braun-grau-schwarz (Abb. 3a—p).
12. Reste von vierzehn verschiedenen Gefäßen, Rand scharf facettiert und gerundet. Mündungsdm. 11—22 cm. Farbe schwarz-braun (Abb. 4a—o).
13. Reste von elf verschiedenen Gefäßen, Rand verdickt, teilweise mit Furchenabsatz, Mündungsdm. 7—12 cm. Farbe schwarzbraun-grau (Abb. 5a—g, i—m).
14. Schalenreste mit rundem facettiertem Rand, darunter Rest einer verschlackten und einer ergänzten Schale (H. 7,5; Mdm. 20,5; Bdm. 5,5 cm). Farbe schwarz (Abb. 5h, n—s).
15. Reste von fünf verschiedenen Gefäßen mit randständigem Henkel. Mündungsdm. 11—22 cm, darunter ein Stück mit Henkelnubbe, nicht durchbohrt. Farbe schwarz-braun (Abb. 4p—t).
16. Sechs Böden mit Wandungsteil von verschiedenen Gefäßen, Dm. 7—16 cm, deren Wandungsteile mit feiner und grober Rauhung versehen sind. Farbe rötlichbraun-grau (Abb. 6h—n).

C. Eine Menge gebrannte Lehmstücke, darunter Stücke mit Abdrücken einer Flechtwerkwand.

Die Keramikanalyse zeigt, daß hier bauchige oder halbkugelförmige Gefäße, auch Gefäße mit aufgerauhtem und mit Kammstrich versehenem Gefäßkörper vertreten sind. Weiterhin sind Reste von unverzierten Schalen mit runden und facettierten Rändern, deren Mündungs-

[2]) Die Knochenreste bestimmte Herr Dr. rer. nat. H.-H. Müller, Berlin, dem ich dafür herzlich danke.

durchmesser verschiedene Größen besitzen, sowie Randstücke von kumpfartigen Gefäßen vorhanden. Formenmäßig knüpft diese Tonware an die Entwicklung der Spätlatènezeit an (Th. Voigt 1961, S. 239). Ferner liegen auch Reste einer feinen schwarzen Keramik vor, darunter Stücke, die mit einem Rollrädchen ausgeführte Verzierungen aufweisen und deren Formen mit solchen aus dem Gebiet der unteren Elbe verwandt sind. Sie datieren den Befund in das 1. Jh. u. Z. (W. Wegewitz, 1964, S. 26, Taf. 26).

Als Ergebnis der Untersuchung können wir auf Grund des Fundmaterials feststellen, daß es sich hier um ein Haus aus dem Beginn der frühen römischen Kaiserzeit handelt.

Literaturverzeichnis

Kuchenbuch, F. 1936 — Altmärkische Funde des 1. und 2. Jahrhunderts n. Chr., in: Jahresschrift für die Vorgeschichte der sächsisch-thüringischen Länder 24, S. 211–224.

Kupka, P. 1927 — Späte swebische Tonware aus der Altmark, in: Jahresschrift für die Vorgeschichte der sächsisch-thüringischen Länder 15, S. 65–82.

Schulz, W. 1913 — Das Germanische Haus in vorgeschichtlicher Zeit, Würzburg.

Voigt, Th. 1940 — Die Germanen des 1. und 2. Jahrhunderts im Mittelelbegebiet. Jahresschrift für mitteldeutsche Vorgeschichte 32.

Voigt, Th. 1959 — Auffällige Übereinstimmungen an freihändig hergestellten Keramiktypen im Elbegebiet zur frührömischen Zeit, in: Jahresschrift für mitteldeutsche Vorgeschichte 43, S. 290 bis 303.

Voigt, Th. 1961 — Kugelbauchige Gefäßformen im elbgermanischen Kulturbereich, in: Jahresschrift für mitteldeutsche Vorgeschichte 45, S. 234–246.

Wegewitz, W. 1937 — Die langobardische Kultur im Gau Moswidi. Die Urnenfriedhöfe in Niedersachsen 2, Hildesheim u. Leipzig.

Wegewitz, W. 1962 — Der Urnenfriedhof von Ehestorf-Vahrendorf im Kreise Harburg aus der vorrömischen Eisen- und der älteren römischen Kaiserzeit. Die Urnenfriedhöfe in Niedersachsen 6, Hildesheim.

Wegewitz, W. 1964 — Der Urnenfriedhof von Hamburg-Marmstorf. Die Urnenfriedhöfe in Niedersachsen 7, Hildesheim.

Schkauditz — das große Burgenrätsel

Von Hermann Behrens und Erhard Schröter, Halle (Saale)

Mit 3 Textabbildungen

In seinem Handbuch „Die vor- und frühgeschichtlichen Burgwälle der Bezirke Halle und Magdeburg“ beschäftigt sich Paul Grimm im Rahmen des Kapitels über Burgen und Höhensiedlungen der jüngeren Steinzeit auch mit dem Problem des Vorhandenseins von Festungen der Michelsberg-Kultur. Er erwähnt dabei die Wallburg bei Schkauditz, Kr. Zeitz: „Aus dem Arbeitsgebiet kann zunächst nur bei der Wallburg über dem „Kalten Grund“ bei Schkauditz (Nr. 700) ein Zusammenhang mit der Michelsberger Kultur vermutet werden. 13 nebeneinanderliegende Tore (Walldurchlässe mit davorliegenden Erdbrücken) ähneln sehr stark den bisher bekannten Michelsberger Anlagen. Die bisher beobachteten Oberflächenfunde von Feuersteingeräten erlauben jedoch noch keine Zuteilung zu einer bestimmten Kultur.“

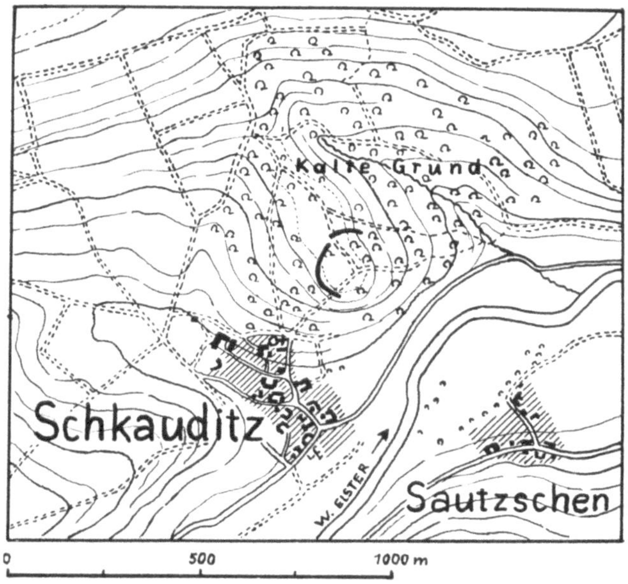

Abb. 1. Lage des Fundplatzes auf dem Meßtischblatt

Angesichts der besonderen systematischen Stellung, welche die Wallburg bei Schkauditz als einzige vieltorige Anlage unter den fast 1500 registrierten Burgwällen der Bezirke Halle und Magdeburg (Land Sachsen-Anhalt) einnimmt, entschloß sich die Leitung des zuständigen Landesmuseums für Vorgeschichte Halle (Saale) im Jahre 1963 zur Anlegung von Sondierungsschnitten, deren Ergebnis hier vorgelegt werden soll und womit die Autoren hoffen, Paul Grimm, der sich dieser Geländeaufgabe nicht selbst widmen konnte, eine kleine Geburtstagsfreude zu bereiten.

Die topographische Situation ist folgende (Abb. 1): Die Wallanlage befindet sich auf einem bewaldeten Bergsporn nördlich des Ortes Schkauditz. Das Waldstück wird auf den Flurkarten als „Kalter Grund“ bezeichnet. Im engeren Sinne ist darunter der nördliche Abhang des Bergsporns zu verstehen, der in ein Erosionstal mit einem zeitweise Wasser führenden kleinen Bach abfällt. Der Sporn, der eine Ausdehnung von 400 × 500 m hat, erhebt sich 55 m über dem Tal der Weißen Elster; die Höhenlage, auf Normal-Null bezogen, beträgt etwa 210—220 m.

Die detaillierte Beschreibung des noch vorhandenen Wallzuges (Abb. 2) geben wir mit den Worten von Paul Grimm (1958, S. 324): „Die etwa 400 m breite und 500 m lange Höhe wird im Nordwesten, Westen und Südwesten von einem Wall von etwa 1—1,5 m Höhe und davorliegendem Graben von 0,5—1 m Tiefe begrenzt. Seine Länge beträgt etwa 220 m. Der

Wall besteht aus mehreren geraden Teilstrecken, die im stumpfen Winkel zueinander stehen. Zahlreiche Tordurchlässe und davorliegende Erdbrücken, darunter ein besonderes breiter (moderne Störung?).“

Die insgesamt 9 Sondierungsschnitte wurden hauptsächlich im Bereich des Wallgraben-Systems durchgeführt (Abb. 2). Nur Schnitt 4 wurde etwa im Zentrum der Befestigung auf einem Wegedreieck angelegt. Da sich innerhalb der Wallanlage jüngere Kiefernschonungen

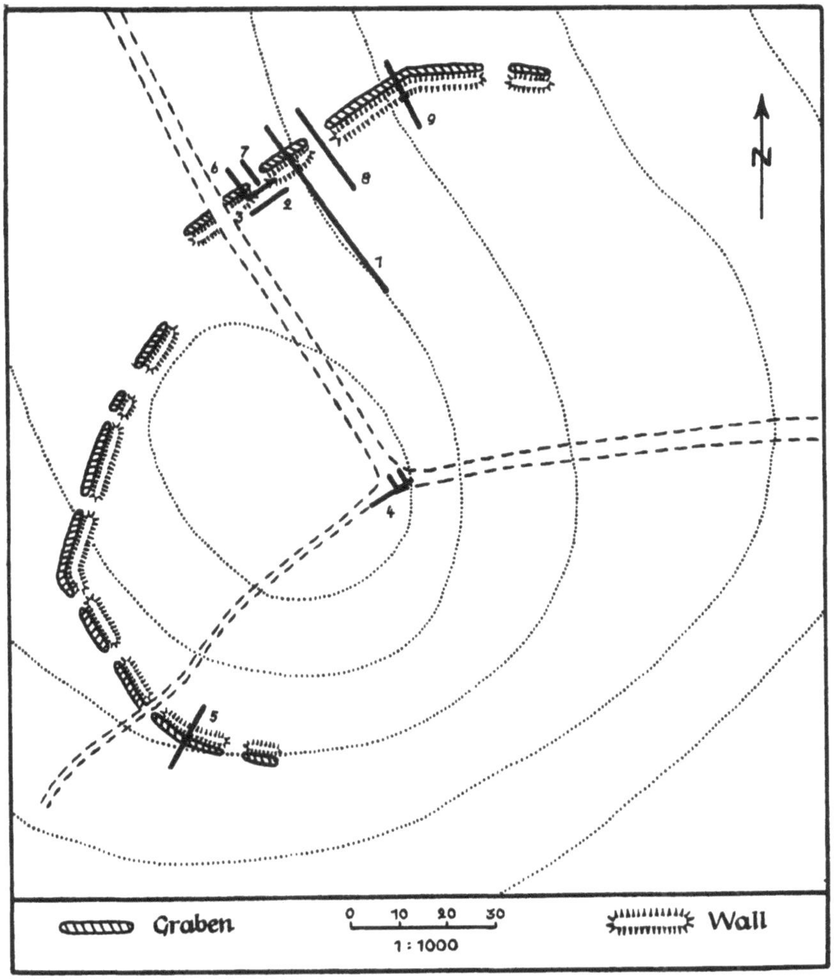

Abb. 2. Verlauf der noch vorhandenen Wallanlage mit eingezeichneten Sondierungsschnitten

befinden, war es besonders im Westteil der Befestigung nicht möglich, Sondierungsschnitte anzulegen. Dort erreicht die Differenz zwischen derzeitiger Grabensohle und Wallspitze fast die 2-m-Grenze. Das Ziel der Untersuchungen sollte es sein, die vorhandenen Walldurchlässe bzw. Erdbrücken hinsichtlich ihrer Funktion und ihres ursprünglichen Verwendungszweckes zu überprüfen. Weiterhin sollte neben der Gewinnung datierbaren Fundmaterials der Frage des Wallaufbaues bei neolithischen Anlagen nachgegangen werden, da bei anderen neolithischen Befestigungen Mitteldeutschlands auf Grund des Fehlens von Wallresten (Steinkuhlenberg bei Derenburg, Dölauer Heide bei Halle/Saale) eine Untersuchung der Wallkonstruktion nicht möglich ist. Leider konnten die gestellten Erwartungen nicht ganz erfüllt werden, wobei neben der kaum ausgebildeten Kulturschicht mit dem sehr geringen

Fundniederschlag auch der stark ausgeblichene lößartige Waldboden mit dem vermischten tonigen Untergrund sich hemmend für die Erkenntnismöglichkeit auswirkte.

Die Untersuchungsschnitte wurden im wesentlichen im Nord-Westteil der Befestigung durchgeführt. Durch den Wall-Graben-Zug führten die Schnitte 1 und 9, während für die Schnitte 7 und 8 jeweils einer der vorhandenen Walldurchlässe bzw. Erdbrücken gewählt wurde. Der Befestigungsgraben hob sich in den Schnitten 1, 6, 8 und 9 (Abb. 3) als fette graue, tonige Schicht gut von den anstehenden rötlichen Letten ab. Er reichte von der

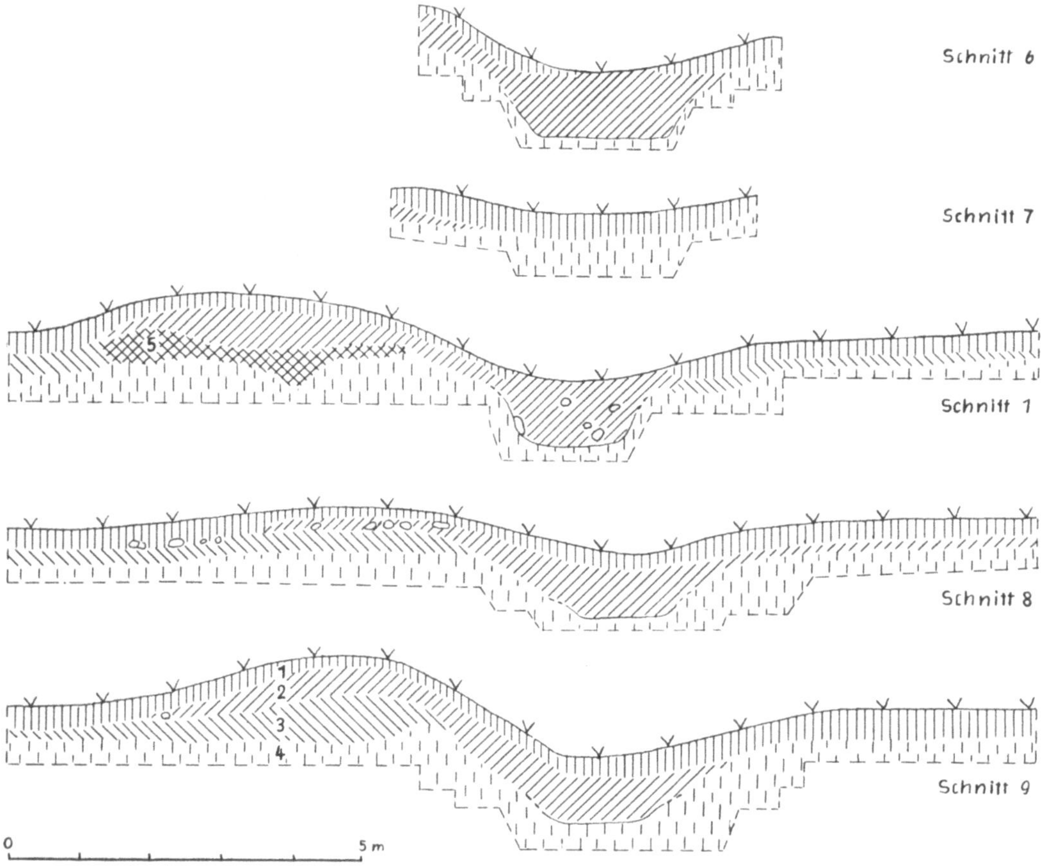

Abb. 3. Profile der Schnitte 1, 6, 7, 8 und 9

Erklärung der Signaturen: 1 gelblich-graue lößartige Schicht (Waldboden); 2 grau bis braune lehmige Schicht (Wallschüttung – Grabenfüllung); 3 grau bis braune lößartige Schicht (Siedlungsschicht); 4 stark tonige Letten des Unteren Buntsandsteins (Anstehendes); 5 grau bis schwarze aschige Schicht mit Holzkohlepartikeln

jetzigen Grabensohle noch 1,0 m in die Tiefe und wäre der Form nach am ehesten als Sohlgraben mit gerundeten Ecken zu bezeichnen. Da der Befestigungsgraben durch die Erdbrücke bei Schnitt 8 hindurchläuft, zeigt dies das jüngere Alter des Walldurchlasses. Anders verhält es sich bei Schnitt 7, der durch die benachbarte Erdbrücke angelegt wurde. Hier geht die oberflächliche lößartige Deckschicht unmittelbar in den oberen Verwitterungshorizont der anstehenden Letten über. Das ursprüngliche Alter dieser Erdbrücke ist also erwiesen.

Bei den Wallschüttungen ließen sich zwei Schichten gut voneinander trennen. Auf dem gewachsenen Boden lag vom Befestigungsinneren kommend eine grau verfärbte Schicht, die sich im Wallbereich in der Art einer Aufschüttung erweiterte. Da sich diese Schicht auch außerhalb des Grabens im Vorgelände fortsetzte und in ihr die spärlichen Scherben gefunden wurden, könnte man sie als eine zusammengeräumte Siedlungsschicht ansprechen. Im Wall des Schnittes 1 war sie noch mit Hohlzkohlepartikeln und gebrannten Lehmstückchen vermischt. Darüber lag eine rötlichbraune vermischte Aufschüttung, die als Grabenaushub bezeichnet werden kann. Auch im Walldurchlaß des Schnittes 8 war diese Schichtung in dem verbliebenen Wallrest, der sich noch 0,30 m vom Befestigungsinneren abhob, vorhanden.

Rechtwinklig zu Schnitt 7 wurde auf der Krone des Walles von Wallstück zu Wallstück durch den Walldurchlaß Schnitt 3 angelegt. Eine ehemalige Oberfläche als Folge des Durchlasses konnte nicht beobachtet werden. Es zeichneten sich wieder die beiden Aufschüttungsschichten des Walles ab. Der Walldurchlaß blieb in der oberen Wallaufschüttung und reichte nicht in die darunterbefindliche graue, mit Holzkohle- und Tonstückchen vermischte zusammengeräumte Siedlungsschicht.

Parallel zu Schnitt 3 lag am inneren Wallfuß noch im Bereich des Durchlasses der Schnitt 2. Auch hier konnte keine ehemalige Oberfläche als Folge des Walldurchganges festgestellt werden. Dagegen zeichnete sich in 0,70 m Tiefe eine längliche, muldenförmige hüttenartige Grube mit gerundeten Ecken von 3,35 m Länge und 1,10 m Breite ab. Sie war angefüllt mit einem aschigen, grauen, tonigen Material, welches mit reichlichen Holzkohleresten vermischt war. Eingestreut waren gelbe und ziegelrote gebrannte Tonbrocken. Aus dieser Grube wurde Material für einen C^{14}-Test entnommen. Die Grube reichte bis unter den inneren Wallfuß.

Nur geringfügige Scherbenausbeute erbrachte der im Zentrum der Befestigung angelegte Schnitt 4. Eine Kulturschicht war nicht festzustellen. Der im Süden durch die Befestigung führende Schnitt 5 zeigte unter einer lockeren verwitterten Buntsandsteinschicht anstehende Letten. Die Wallgraben-Konstruktion war hier sehr undeutlich und verschwommen.

Bei den vorstehend dargelegten Sondierungsgrabungen handelt es sich um erste tastende Versuche, das Rätsel der vieltorigen Wallburg bei Schkauditz einer Lösung näherzuführen. Da bei einem der untersuchten Walldurchlässe die angenommene Ursprünglichkeit bestätigt werden konnte, bei einem anderen jedoch nicht, sind Verallgemeinerungen der ersten Feststellungen nicht möglich, soweit es die Konstruktion des Befestigungssystems betrifft.

Zum großen Kummer der Beteiligten sind die bei den Sondierungsgrabungen gefundenen Scherben so uncharakteristisch, daß sie keine kulturelle Zuweisung ermöglichen. Selbst ein so hervorragender Scherbenkenner wie P. Grimm hat sich bei der Autopsie des ihm vorgelegten Scherbenmaterials mit der zurückhaltenden Einschätzung begnügt: „Allgemein vorgeschichtlich“. Die bisher aufgefundenen Scherben sind also nicht geeignet, die auf rein äußerlichen Erwägungen beruhende Datierung der Schkauditzer Wallburg ins Neolithikum zu stützen.

1966 erbot sich freundlicherweise das Institut für Ur- und Frühgeschichte der Universität Köln, mit seiner C^{14}-Meßapparatur einen Datierungsversuch an der aus der hüttenartigen Grubenverfärbung entnommenen holzkohlehaltigen Erdprobe zu unternehmen. Das Ergebnis widersprach allen Erwartungen:

$$10 \pm 120 \text{ v. Chr.}$$

Dieses Datum kann natürlich wie jedes andere C^{14}-Datum angefochten werden. Weder das Grabungsergebnis noch das C^{14}-Datum erlauben z. Z. begründete historische Schlußfolgerungen. Dennoch sollte wenigstens daraufhin die forschungsgeschichtliche Situation überprüft werden. Wenn wir hierzu das Handbuch Paul Grimms über die Burgwälle der Bezirke Halle und Magdeburg zu Rate ziehen, dann lesen wir (1958, S. 24), daß nach den Burgen und Höhensiedlungen der frühen Eisenzeit die stärkere Belegung der Höhen aufhört. Es gibt nur wenige Fundplätze in Höhenlagen, für die durch datierende Funde eine Benutzung in der Zeit kurz v. u. Z. und in der Römerzeit wahrscheinlich gemacht werden kann. Diese wenigen Funde sprechen nach P. Grimm weder für eine Befestigung noch für eine Besiedlung in diesen Jahrhunderten, sondern nur für eine zeitweise Benutzung dieser Berge als Zufluchtsorte in unruhigen Zeiten (1958, S. 26).

Im Hinblick auf die unbefriedigende Forschungssituation für die Periode um Beginn unserer Zeitrechnung verdient bei Zutreffen des vorliegenden C^{14}-Datums die vieltorige Wallburg bei Schkauditz auch weiterhin ein tätiges Interesse der Forschung.

Zusammenfassung

Im Gelände einer vieltorigen Wallburg bei Schkauditz, Kr. Zeitz, die auf Grund ihrer Konstruktionsmerkmale bisher mit der neolithischen Michelsberg-Kultur in Verbindung gebracht wurde, wurden vom Landesmuseum für Vorgeschichte Halle (Saale) einige Sondierungsschnitte angelegt. Während in einem der Sondierungsschnitte die Erdbrücke als primär erwiesen werden konnte, wurde sie an anderer Stelle als zugeflossener bzw. zugefüllter Grabenabschnitt bestimmt. Die bisher aufgefundenen Scherben lassen nur die allgemeine Datierung „urgeschichtlich" zu. Ein C^{14}-Test erbrachte das Datum 10 $\pm$ 120 v. Chr. Daraufhin ist zu überprüfen, ob die Anlage vielleicht in die Römerzeit gehört.

Literaturverzeichnis

Grimm, P. 1958 — Die vor- und frühgeschichtlichen Burgwälle der Bezirke Halle und Magdeburg, Berlin.

Abbildungsnachweis

Abb. 1. Vergrößerter Ausschnitt aus dem Meßtischblatt Nr. 2874/Zeitz.
Abb. 2. Nach einer im Fundarchiv des Landesmuseums Halle befindlichen Planskizze.
Abb. 3. Farbige Profile E. Schröter, Umzeichnung I. Bieler, Halle.

Gefäßreste der frühen römischen Kaiserzeit aus der Kaiserpfalz Tilleda

Von Theodor Voigt, Halle (Saale)

Mit 2 Textabbildungen

In den Publikationen über die Ausgrabungen der Pfalz Tilleda sind verschiedentlich Fundobjekte vorgeschichtlicher Perioden genannt, die bekunden, daß die Pfalz auf bereits früher besiedelt gewesenem Gelände errichtet wurde. Bei der Anlage von Gräben und Fundamenten für die Hausbauten und Befestigungen der Pfalz wurden daher zwangsläufig die Straten und Funde aus älteren Zeiten zerstört oder sekundär verlagert. Dadurch wird es schwer, ein ursprüngliches Bild von den vorgeschichtlichen Verhältnissen auf dem Pfingstberg bei Tilleda zu rekonstruieren. Bisher sind Fundstücke aus nur drei Zeitperioden genannt. Hervorgehoben wird vor allem, außer nicht näher charakterisierten jungsteinzeitlichen Resten, eine „besonders reiche Ausbeute der spätbronzezeitlichen Siedlung" (H. Butschkow 1942, S. 36). Als jüngere Funde, die hier speziell interessieren, werden schließlich „einige Scherben der römischen Kaiserzeit" erwähnt, die 1937 bei der 80-m-Verlängerung des Suchgrabens von 1935 gefunden wurden (H. Butschkow 1938, S. 27f.; 1942, S. 36). Bei der Durchsicht des Grabungsmaterials aus den Jahren 1935—1939 im Landesmuseum für Vorgeschichte Halle machte mich vor kurzem P. Grimm auf einige ganz charakteristische Gefäßrandstücke der späten Latènezeit/frühen römischen Kaiserzeit aufmerksam. Dieser Anregung ging ich nach und sah meinerseits dasselbe Material nach weiteren Gefäßresten dieser Periode durch. Folgende Stücke stammen aus dieser älteren Grabungsperiode, die im Landesmuseum für Vorgeschichte Halle aufbewahrt werden (ohne HK Nr.). Die alten Grabungsabschnittbezeichnungen sind hier beibehalten worden:

Aus Graben 6, Südteil (Grabung 1938):
eine schwarzstumpfe, einfach facettierte Randscherbe; errechneter Mündungsdurchmesser: etwa 20 cm, Gefäßform wohl kugelbauchig (Abb. 1 b).

Zwischen Graben 7 und 8:
eine braun-schwarz gefleckte Randscherbe mit verdicktem Rand; errechneter Mündungsdurchmesser: etwa 14 cm, wohl Topfform (Abb. 1 a) und eine schwarz-stumpfe Randscherbe mit verdicktem und facettiertem, fast quadrati-

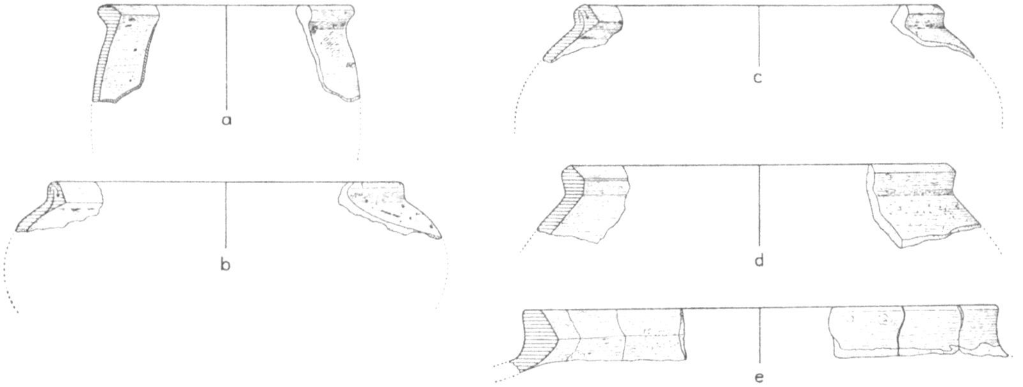

Abb. 1. Tilleda, Kr. Sangerhausen. Facettierte und verdickte Randprofile aus der augusteischen Zeit vom Gelände der Pfalz auf dem Pfingstberg. 1:4

schem Randprofil, wohl kugelbauchige Gefäßform; errechneter Mündungsdurchmesser: etwa 19—20 cm (Abb. 1c).
Am Nordhang, zwischen Graben 5 und 6, 0,50—1,0 m tief (Tilleda 1938): eine dunkelbraune, stumpfe, verdickte und facettierte Randscherbe; errechneter Mündungsdurchmesser etwa 21—22 cm; vermutlich weitbauchiges (kugelbauchiges?) Gefäß (Abb. 1d).

Zwischen Graben 5/6, 6/7, 7/8 (Hauptburg):
Drei Randscherben, hellbraun, zusammenpassend (wieder zusammengesetzt) und vier weitere Randfragmente derselben Art (und vom gleichen Gefäß?), verdickt und facettiert, mit starkwandigem Schulteransatz, wohl Restteile eines großen Vorratsgefäßes; errechneter Mündungsdurchmesser: 26,5 cm (Abb. 1e).

Diese Randprofile, die mit denen aus dem Haus 3 von Borstel (W. Hoffmann 1969, S. 296) bzw. vom Rennofenplatz in Riestedt (Th. Voigt 1964, Abb. 8, 10, 12—13) bzw. mit solchen der Siedlungsware unserer Stufe A (Th. Voigt 1940, S. 38) übereinstimmen, datieren durch ihre Vergesellschaftung mit Rollrädchen gestempelter Schwarzglanzkeramik in den Anfang oder in die 1. Hälfte des 1. Jh. u. Z. Da sie in Tilleda bei Schachtarbeiten 1937/38 aus angeschnittenen Abfallgruben gefunden wurden, kann eine dazugehörige Hausstelle nur vermutet werden.

Zu diesen älteren Funden gesellt sich eine neuere Nachricht, die besagt, daß „in der Umgebung des Hauses 33 eine Grube aus der augusteischen Zeit" angetroffen worden ist (P. Grimm 1962, S. 235f.)[1]).

Weitere Scherben der Übergangszeit liegen vor aus Haus 33 in der Vorburg und von der Hauptburg, besonders aus Haus 91 sowie von einer Fundstelle am Fuße des Pfingstberges 200 m südwestlich der alten Dorflage in Ravens Garten (P. Grimm 1968, S. 78ff.).

Insgesamt gesehen, liegen also vorerst nur wenige Gefäßreste aus Gruben der frühen römischen Kaiserzeit vom Gelände der Pfalz Tilleda vor. Die folgenden Ausführungen sollen zeigen, ob und in welchem Ausmaß sie in einen größeren historischen Zusammenhang gestellt werden können.

Von P. Grimm (1965, S. 104f.) wurde bereits die Frage nach der Frühgeschichte der „Goldenen Aue", deren Funde er zusammengestellt hatte (P. Grimm 1930, S. 101f.; 106), behandelt. Dabei verdient sein Hinweis auf die durch die „Heide" zwischen Unterharz und Kyffhäuser geteilte Senke (P. Grimm 1965, S. 104) größte Beachtung, läßt sich doch dort an Hand mehrerer vorliegender Kartierungen eine alte Stammesgrenze in vorgeschichtlicher Zeit glaubhaft machen.

Die im Nordharzgebiet beheimatete Hausurnen-Kulturgruppe hatte in der älteren Eisenzeit das von der Helme durchflossene Aue-Gebiet nicht in ihren Kulturbereich mit einbezogen (W. A. v. Brunn 1939, Karte 1—4). Das ist erklärlich, da in der späten Hallstatt-Zeit die „Thüringer Kultur der älteren Eisenzeit", die Wendelring- und Steigbügelarmring-Gruppe (Gruppe von Flurstedt nach M. Claus 1942, Karte 1), das ganze Einzugsgebiet der Unstrut in Besitz und im Norden das Ostharzgebiet bis zur Bode einbezogen hatte. Ihr kulturelles und wohl auch ethnisches Schwergewicht dürfte zweifellos in Mittelthüringen südlich der Unstrut bzw. am mittleren Saalegebiet zwischen Ilm und Salzke angenommen werden können. Die Region „Goldene Aue" im Helmetal gehörte wahrscheinlich voll und ganz zu ihr. Regional glaubte M. Claus (1942, S. 82 und Karte 1) drei größere Siedlungsräume unterscheiden zu können, von denen hier sein nördlicher, ein schmaler Streifen zwischen Harz und Hainleite bis in die Gegend von Halle (Saale), von besonderem Interesse erscheint[2]). Der Stilcharakter und birituelle Totenkult der Thüringer Wendelring-Gruppe ist vom südwestlich gelegenen Gebiet der Hallstattkultur beeinflußt und entsprechend geprägt worden, gemäß dem damals wirksam gewesenen Süd—Nord verlaufenden Kulturgefälle.

[1]) Ihre Lage und Entfernung zu den oben angeführten Fundstellen ist uns unbekannt, da sämtliche Archivunterlagen betreffend Tilleda aus dem Landesmuseum für Vorgeschichte Halle von P. Grimm für seine Gesamtpublikation in Berlin benötigt werden.

[2]) Neuerdings glaubt B. Schmidt (1967, S. 183ff.), im Ostharzgebiet in der jüngeren Bronze- bzw. Hallstattzeit eine kleinere Sondergruppe erkannt zu haben, die sich sowohl von der Unstrut- als auch von der Saalemündungs-Gruppe in einigen Punkten unterscheiden läßt.

Gleichwohl stellt sie eine eigene Kulturprovinz dar innerhalb des größeren Rahmens der übrigen Wendelring-Gruppen zwischen Westdeutschland (Hunsrück-Eifel) und Norddeutschland. Ihre Ausbreitung zeigt deutlich, daß diese Kulturgruppe die thüringischen Löß-Landschaften bevorzugte, so daß schon M. Claus (1942, S. 83) in ihr vorwiegend eine Ackerbau treibende Bevölkerung erblicken zu können glaubte. Die Töpferei scheint von untergeordneter Bedeutung, die Metall-, vor allem Bronzeschmiedekunst dagegen von besonderer Wertschätzung gewesen zu sein.

Die Thüringer Kultur dehnt sich in der ausgehenden Hallstattzeit nordwärts aus in das Ost- und Nordharzvorland bis in das Gebiet westlich der unteren Saale und mittleren Elbe (K. Nuglisch 1965, S. 225). Ihr Ethnikum sowohl als auch das der Hausurnenkultur ist nach wie vor umstritten, bei beiden jedoch keinesfalls aus germanischer Wurzel entstanden und verschieden voneinander. Die Verzahnung von Elementen aus beiden Gruppen erschwert oft eine bestimmte Zuweisung der Funde zu einer dieser Kulturen. Klar dagegen heben sich von ihnen Funde von Jastorf-Art ab, die südwärts bis zur Unstrutmündung streuen (K. Nuglisch 1965, S. 191ff. und Taf. 101–102).

Die Eintragungen von R. Hachmann (1950, S. 34, Karte 1) von Funden aus der älteren Latènezeit unter Ausklammerung der Gegenstände aus der Wendelring-Gruppe einerseits und der Billendorfer-Gruppe andererseits lassen erkennen, daß zumindest der Ostteil der Aue, also das Mündungsgebiet der Helme, östlich der „Heide", Anschluß an das untere Unstrut- und damit an das mittlere Saalegebiet hat. Mehrere von R. Hachmann (1950, S. 40ff., Karte 3ff.) zusammengestellte Verbreitungskarten mit Spezialformen verschiedener Metallgeräte der älteren Latènezeit lassen dabei dasselbe Siedlungsbild wie bei M. Claus (1942) erkennen, nämlich daß eine starke und durchaus eigenständige Gruppe mit Siedlungszentrum im Mündungsgebiet von Unstrut bis Weißer Elster in Erscheinung tritt. Sie hebt sich deutlich von den zur Jastorf-Kultur zu rechnenden Fundgruppen im nördlichen Mitteldeutschland ab. Sie zeigt zwar eine gewisse Vorliebe für den keltischen Stil durch Hereinnahme (Importe) keltischer Metallgegenstände (R. Hachmann 1950, Karte 9: Vogelkopffibeln und Karte 10: Knotenarmringe), übernimmt aber ebenso gern auch Anregungen aus den Jastorf-Gruppen (R. Hachmann 1950, Karte 7 und 8: verschiedene Nadeltypen), vermochte jedoch auch durchaus ein eigenes Gesicht zu wahren (R. Hachmann 1950, Karte 3: Trothaer Nadeln). Insgesamt gesehen dürfen wir diese Gruppe als sog. Kontaktzone betrachten, die zwischen den beiden Ausstrahlungsgebieten, Kelten und Jastorf-Gruppen, stand, ohne daß wir sie zunächst ethnisch der einen oder anderen Volksgruppe eindeutig zuordnen können. Diese eigenartige Zwischenstellung des Unstrut–Weiße-Elster-Mündungsgebietes offenbart sich auch bei der Verbreitungskarte der latènezeitlichen Bronzehalsringe (Th. Voigt 1967, S. 27ff. mit Abb. 3 und 1968, S. 113ff. mit Abb. 34).

In der mittleren und jüngeren Latènezeit wird diese Eigenart und Selbständigkeit weiter erhalten und zeigt u. a. in der Verbreitung der Drehscheibenkeramik jene Formen, wie wir sie besonders im Saale–Unstrut-Gebiet vorfinden (K.-H. Otto und H. Grünert 1958; Th. Voigt 1958, Verbreitungskarten Abb. 10ff.). Auch diese Fundgruppe nimmt ungefähr dasselbe Siedlungsgebiet ein, wie wir es für die späte Hallstatt- und ältere Latènezeit feststellen konnten. Durch weitere inzwischen bekannt gewordene Fundorte mit Resten der latènezeitlichen Drehscheibenkeramik kann man mit Gewißheit sagen, daß der östliche Teil der Goldenen Aue von der älteren Mittellatènezeit bis zum Ende der Latènezeit zum Kulturbereich dieser eigenartigen und selbständigen Saale–Unstrut-Gruppe gehörte.

Das dürfte auch in der späten Latènezeit der Fall sein, wie einmal aus der Karte bei R. Hachmann (1957, Tafel 10, Karte 11) entnommen werden kann. Aus derselben kann ferner abgelesen werden, daß die durch das mitteldeutsche Gebiet ein- und hindurchgesickerten Träger der Funde von sog. ostgermanischem Charakter auch in das untere Helmegebiet eindrangen. Das gleiche Bild ergibt sich auch aus der Verbreitungskarte zur sog. Übergangszeit (Stufe A bei Th. Voigt 1940, S. 106, Abb. 6) oder aus der Verbreitungskarte des facettierten

Randes und der frühen Rollstempelverzierung (Rädchen, siehe R. v. Uslar 1938, Taf. 56, Karte 2).

An Hand unserer Verbreitungskarte (Abb. 2) glauben wir, daß es nunmehr möglich ist, für das Weser–Saale-Gebiet zur Zeit der für unsere Stufe A charakteristischen Eigenheiten bei elbgermanischer Keramik mehrere Siedlungsräume erkennen zu können. Diese hatten wir schon z. T. herausgestellt bei der Zusammenstellung der Fundorte mit Rennofenresten (vgl. Th. Voigt 1964, S. 248, Abb. 22 und S. 295f.)[3]. Zu den dort bereits genannten Räumen, wie

a) Mittelelbgebiet (nach meiner Meinung das Kerngebiet der Hermunduren),
b) nördliche Altmark,
c) Ostharzgebiet (bis Halle–Leipzig?),
d) Unstrut–Ilm-Mündungsgebiet (zu dem das untere Helmegebiet im Südharzvorland gehört haben kann),

kämen westwärts noch:

e) Südwest-Thüringen (zwischen Werra und Gera),
f) Braunschweig/Süd-Hannover (zwischen Oker und Bode?), von dem aber eventuell das Nordharz-Gebiet noch abgesondert werden könnte.

Vom Stammland der Hermunduren im Mittelelbgebiet her wäre es denkbar, daß das Nordostharz-Gebiet bis Halle–Leipzig mit zu ihrem Einfluß- und Machtbereich in den Jahrzehnten vor und nach dem Beginn unserer Zeitrechnung gehörte. Das setzt voraus, daß unsere Annahme richtig ist, daß im Saale–Unstrut-Gebiet zu jener Zeit das Stammesgebiet der Markomannen lag. Wir können annehmen, daß sie dort nur vorübergehend als germanische Oberschicht ansässig waren. Diese ist archäologisch auf dem keramischen Sektor durch spätlatènezeitliche Gefäße vom elbgermanischen Charakter gekennzeichnet, also durch Schwarzglanzware, scharf profilierte Situlen, facettierte und verdickte Randprofile, feine Strichmuster, meist als Zierbändchen mit Metopen, und früheste Rädchentechnik in einfachen Punktreihen zarter Ausführung. Das Substrat daselbst ist dagegen eine einheimische, ethnisch noch unbestimmte, sehr stark der hallstättischen bzw. später der „keltischen", vom Süden her kommenden stets fortschrittlichen Zivilisation zugetan, die archäologisch auf dem keramischen Sektor durch fast beigabenlose Brandbestattungen in spätlatènezeitlichen Drehscheibengefäßen gekennzeichnet sein dürfte. Vertreter beider Gruppen finden sich im gesamten Raum fast durchweg in allen Siedlungs- und Grabfeldplätzen beieinander, so daß kaum mehr eine zeitliche Trennung dazwischen angenommen werden kann.

Mit dem Abklingen unserer Stufe A, die wir vielleicht besser bis Mitte des 1. Jh. u. Z. auszudehnen haben werden, verschwindet die Schwarzglanzware aus dem Saale–Unstrut-Gebiet völlig. Ihr Verschwinden könnte, historisch gesehen, mit dem Sturz Marbods (17 u. Z.) oder mit dem ostwärts ausgreifenden Machtbereich der Chatten (± 50? u. Z.) in Zusammenhang stehen. An ihre Stelle treten dann jedenfalls keramische Hinterlassenschaften vom sog. rhein–weser-germanischen Charakter im Gebiet westlich der Saale und südlich der Unstrut (R. v. Uslar 1938). Es hat somit den Anschein, als ob dieses Gebiet, dessen Substrat seit eh und je zum Südwesten tendierte, sich nunmehr dem vermutlich chattisch beherrschten Westen zuwandte. Damit würde die Lokalisation der im Jahre 58 u. Z. stattgefundenen Schlacht zwischen Chatten und den siegreich gebliebenen Hermunduren, bei der es um den Besitz von Salzquellen ging (vgl. Th. Voigt 1940, S. 121) eher an der Saale bzw. an der unteren Helme–Unstrut (Artern?) zu suchen erlaubt sein.

[3]) Zu den Funden mit Rennofenresten aus dem Helmetal vgl. Th. Voigt 1964, Abb. 8, 10, 12—13: Riestedt und 14: Einzingen; S. 253, Nr. 13: Brücken; S. 257, Nr. 26: Heldrungen; S. 266, Nr. 50: Roßla. Zeitlich ungewiß sind: S. 252, Nr. 8: Bennungen und S. 266, Nr. 52: Sangerhausen.

Aus den folgenden Jahrhunderten (Stufe B und C nach Th. Voigt 1940) fehlen jegliche Funde, auch solche von elbgermanischem Charakter, aus dem östlichen Aue-Gebiet. Während die nördliche Region ganz fundfrei bleibt, erscheinen im übrigen Westsaale-Gebiet nur in zwei Regionen (Restgebiete der ehemaligen einheimischen Bevölkerung?) sog. westgermanische oder rhein–weser-germanische Hinterlassenschaften, nämlich in einem kleineren Raum im Mündungsgebiet von Unstrut und Weißer Elster und in einem größeren, etwa das Einzugsgebiet der Gera umfassend (R. v. Uslar 1938, Taf. 55 und 58). Damit schert das süd- und ostthüringische Gebiet aus dem elbgermanischen Kulturbereich, zu dem es vorübergehend

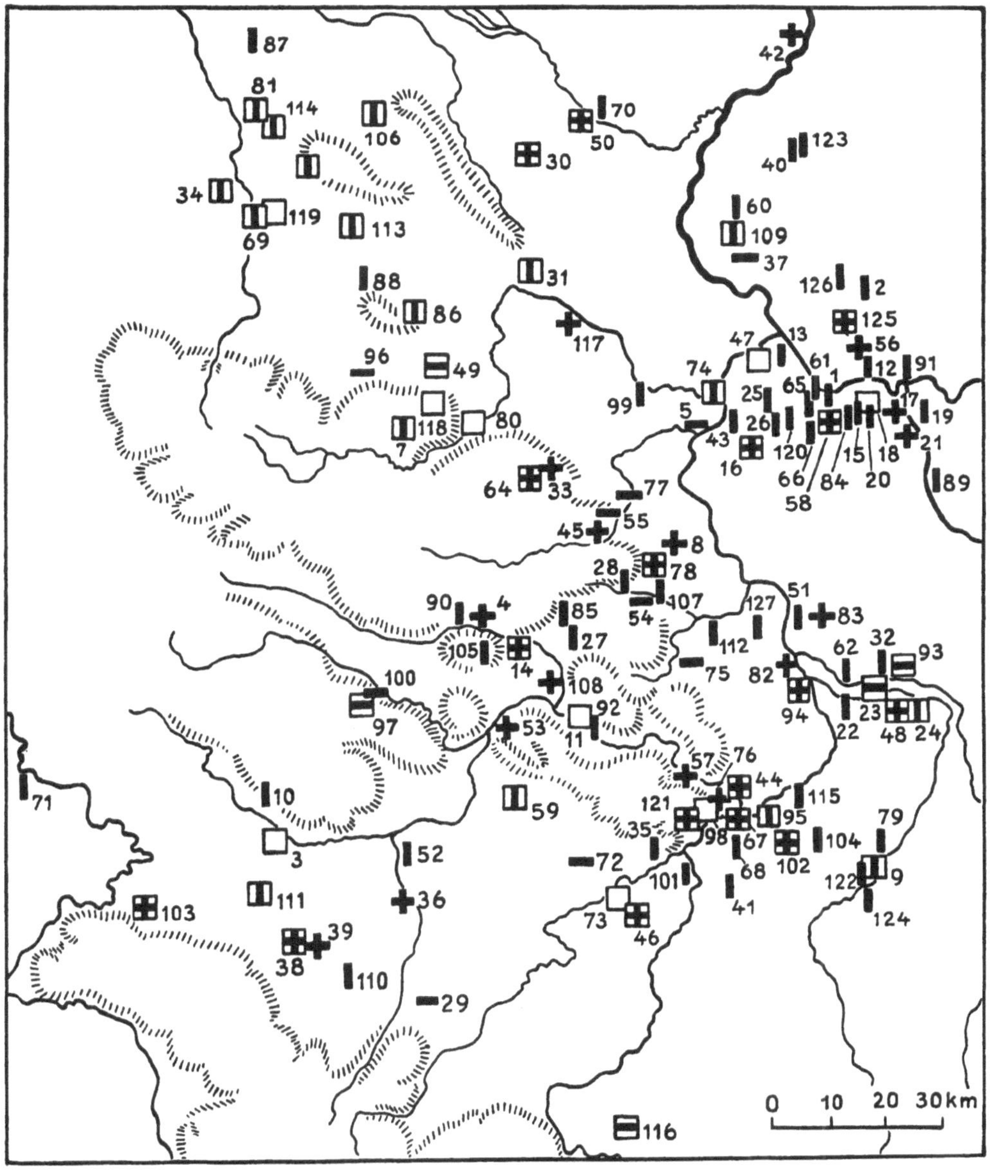

Abb. 2. Verbreitungskarte von Gefäßresten mit facettierten und verdickten Randprofilen nebst frühestem Verzierungsstil aus der spätesten Latènezeit und frühesten römischen Kaiserzeit im Weser–Elbe-Gebiet

Zeichenerklärung: ▌ facettierte und verdickte Randprofile; ▬ feine Strichverzierung (Metopen-Bänder) und scharf profilierte Situlen; □ früheste Rädchen- oder Rollstempelzier in feinen Punktreihen (einreihig)

kurze Zeit, etwa zur Zeit des markomannischen Fürsten Marbod, gehörte, endgültig wieder aus und bezeugt erneut seine wohl ursprüngliche, nicht nur kulturelle Zugehörigkeit zum Saale–Weser–Rhein-Gebiet. Wie zur Wendelring-Zeit bildeten sich wieder im deutschen Mittelgebirgsland gewisse gemeinsame Beziehungen heraus. Diese Erscheinungen lassen sich nicht befriedigend genug mit der Annahme eines ethnisch fremden Stammes erklären[4]), sondern dürften eine bessere Deutung darin finden, daß man die Ursache für solche großräumig in Erscheinung tretenden stilistischen Übereinstimmungen im Zusammenschluß zu einem Kult-Verband zu suchen haben wird.

Da die Hermunduren dem elbgermanischen Swebenbunde angehörten, zu deren archäologischen Hinterlassenschaften eine in Rollrädchen-Stempeltechnik verzierte Schwarzglanzware gehört, können wir nicht annehmen, daß sie in Thüringen wohnhaft waren, wie das bei R. v. Uslar (1938, S. 88, Abb. 2) und auf der Karte mit der Stammesverteilung bei R. Much (abgedruckt bei R. v. Uslar 1938, S. 174, Abb. 7) der Fall ist; denn diese fehlt in Thüringen im 1. und 2. Jh. gänzlich.

Überraschend wirkt, daß ein solch breiter Streifen, wie ihn die „Goldene Aue" zwischen Hainleite–Finne und Harz darstellt, uns jahrhundertelang als fundleeres Gebiet entgegentritt, gleichsam als Grenzstreifen zwischen den beiden Kultverbänden, den Rhein–Weser-Germanen einerseits und den elbgermanischen Sweben andererseits. Selbst aus der Thüringer Zeit liegt kein Fund vor, wie bereits festgestellt wurde (P. Grimm 1965, S. 104, zitiert B. Schmidt 1961, S. 163f., 194f.: Fundstellenverzeichnis und Karte 2).

Zusammenfassend ergibt sich also, daß die Goldene Aue zunächst ganz der Thüringer Kultur zugehörte, und zwar als ihre nördliche Region. Seit dem älteren LT C aber kann nur noch der östlich der „Heide" gelegene Teil durch Funde vom Saale–Unstrut-Charakter dem Süden zugehörig ausgewiesen werden. Auch Funde von Jastorf-Art machen an dieser „Heide"-Linie Halt (K. Nuglisch 1965, Taf. 102) und zielen im übrigen vornehmlich in das (nördliche) Unstrutmündungsgebiet. Den gleichen Raum füllen dann noch Gefäßtypen, die sich durch verdickte und facettierte Randprofile unserer Stufe A (Th. Voigt 1940) repräsentieren (Abb. 2). Da aus den folgenden Jahrhunderten vom Helmetal bisher keine Funde vorliegen, meinen wir, diesen Streifen zu jener Zeit als Grenzstreifen ansprechen zu können. Wie weit der erst viel später angelegte Nord-Süd zur unteren Helme verlaufende Sachsgraben als Grenzwall damit in Verbindung gebracht werden kann, bleibt noch unbekannt.

Fundortverzeichnis

der in Abb. 2 kartierten Fundorte nach R. v. Uslar 1938, S. 250 mit folgender Nummer seiner Kartierung (hier abgekürzt: U. 250, 7; U. 250,8 usw.) und nach Th. Voigt 1940, S. 136ff. mit folgender Nummer seiner Kartierung (hier abgekürzt: V. 136,8; V. 136,10 usw.). Bei den neu hinzugekommenen Fundorten sind die Hinweise wie folgt abgekürzt angegeben:

LM Halle = Landesmuseum für Vorgeschichte Halle,
Nachr.-Bl. = Nachrichtenblatt für Deutsche Vorzeit,
Jschr. = Jahresschrift für mitteldeutsche Vorgeschichte Halle.

[4]) Jüngst vorgetragene Ansichten von W. Schrickel (1966) versuchen nachzuweisen, „daß einzelne keltische ‚Herren' mit ihrem Gefolge während der Ausbreitung der Kelten in den Raum zwischen Rhein und Böhmen bis nach Dänemark vorstießen". Dementsprechend wird die Nordgrenze der Kelten während der Spätlatènezeit „nördlich der Mittelgebirgszone im Norden der Oppida" verlaufend angenommen. Während nämlich die Machtsphäre der Kelten im Süden durch die Römer immer stärker eingeengt wurde, soll sich ihre Einflußzone infolge Aus- und Zurückweichens der führenden Schicht weit nach Norden ausgedehnt haben. Dabei werden die zwischen Sauer und Saale seßhaften Stämme dem Keltentum als Untertanen einverleibt. Es bedarf aber wohl noch vieler Fundstoffanalysen und Einzeluntersuchungen, bevor wir entscheiden können, wohin diese Zwischenzone einzuordnen sein wird.

Kartiert sind nur Gefäßreste unserer Stufe A (Voigt 1940), und zwar:

a) facettierte und verdickte Randprofile = mit senkrechtem Balken,

b) scharf profilierte Situlen bzw.
feine Strichverzierung (Metopenmuster) = mit waagerechtem Balken,

c) frühe Rädchenverzierung (Punktreihen) = mit quadratischem Rahmen.

Zu beachten ist, daß durch Verwaltungsmaßnahmen der neueren Zeit (seit 1952) viele Orte eingemeindet und gegenüber ihrer früheren Zuweisung jetzt anderen Kreisen zugeordnet worden sind. Ferner wurden einige Berichtigungen vorgenommen.

Fundorte von facettierten Randprofilen mit nur ostgermanischem Charakter sind hier nicht berücksichtigt worden. Ebenso blieben Gefäßreste unberücksichtigt, die nur allgemein als „Scherben der Spätlatènezeit oder Übergangszeit" und ähnlich bezeichnet wurden. Wenn auch somit nicht alles Material der genannten keramischen Art erfaßt worden sein wird, so dürfte doch erreicht sein, daß die größeren Siedlungsräume sich jetzt besser voneinander abgrenzen lassen als noch vor 30 Jahren.

Nr.	Fundort (eingemeindet in)	Kreis	Nachweis
1	Aken	Köthen	V. 136, 8
2	Badewitz	Zerbst	V. 164, 130
3	Bad Langensalza	Bad Langensalza	U. 250, 60; V. 180
4	Bennungen	Sangerhausen	U. 250, 27; V. 178
5	Bernburg	Bernburg	U. 250, 22; V. 155, 108
6	Bielen	Sangerhausen	LM Halle, HK 38: 651a
7	Blankenburg	Wernigerode	U. 250, 20
8	Bösenburg	Eisleben	V. 143, 47
9	Bornitz	Zeitz	Mus. Zeitz; LM Halle HK 42:55, 42:103e, 131, 132, 135a u. a.
10	Bothenheilingen	Bad Langensalza	U. 250, 39
11	Bottendorf	Artern	U. 250, 59; V. 177
12	Brambach	Roßlau	V. 164, 132
13	Breitenhagen	Schönebeck	V. 136, 10
14	Brücken	Sangerhausen	U. 250, 62; V. 178
15	Chörau	Köthen	V. 137, 12
16	Crüchern (Wohlsdorf)	Bernburg	U. 250, 23; V. 158, 117
17	Dessau	Dessau	V. 162, 125
18	Dessau-Großkühnau	Dessau	V. 163, 126, Jschr. 40, 1956, 313f.
19	Dessau-Mildensee	Dessau	V. 159, 118
20	Dessau-Mosigkau	Dessau	Jschr. 49, 1965, 254
21	Dessau-Törten	Dessau	V. 163, 128
22	Dobbrun (Zweimen)	Merseburg	Jschr. 48, 1964, 254, Nr. 17
23	Dölkau	Merseburg	V. 144, 56
24	Dölzig	Leipzig	Ausgrabungen und Funde 5, 1960, 86ff., Abb. 3—4
25	Dornbock	Köthen	V. 137, 13
26	Drosa	Köthen	V. 156, 110
27	Einzingen	Sangerhausen	Jschr. 48, 1964, 242(e), Abb. 14
28	Eisleben	Eisleben	Jschr. 49, 1965, 228, Abb. 2a
29	Elxleben	Arnstadt	V. 175
30	Emden	Haldensleben	V. 180
31	Emmeringen	Oschersleben	V. 180
32	Ermlitz	Merseburg	LM Halle, HK 24:517
33	Ermsleben	Aschersleben	Jschr. 53, 1959, 288f.; Taf. 48
34	Fümmelse	Wolfenbüttel	U. 250, 7
35	Gernstedt	Naumburg	V. 148, 75
36	Gispersleben (Erfurt)	Erfurt	U. 250, 41; V. 176
37	Gommern	Burg	Jschr. 35, 1951, 225
38	Gotha	Gotha	U. 250, 42; V. 175
39	Gotha-Siebleben	Gotha	V. 175
40	Grabow	Burg	Jschr. 48, 1964, 256(b)
41	Graitschen	Eisenberg	U. 250, 33

Nr.	Fundort (eingemeindet in)	Kreis	Nachweis
42	Grieben	Tangerhütte	Jschr. 39, 1955, 208; 209, Abb. 11
43	Grimschleben	Bernburg	V. 155, 105
44	Großjena	Naumburg	U. 250, 31; V. 148, 76
45	Großörner	Hettstedt	V. 142, 43
46	Großromstedt	Apolda	U. 250, 35; V. 176
47	Großrosenburg	Schönebeck	V. 137, 14
48	Günthersdorf	Merseburg	V. 145, 58
49	Halberstadt	Halberstadt	V. 179
50	Haldensleben	Haldensleben	V. 179
51	Halle	Halle	Jschr. 50, 1966, 337
52	Haßleben	Erfurt	U. 250, 38
53	Heldrungen	Artern	LM Halle, HK 30:218; 49:459—460; 49:491—492 — Jschr. 1964, 257, Nr. 26
54	Helfta	Eisleben	V. 143, 51
55	Hettstedt	Hettstedt	V. 142, 44
56	Jütrichau	Zerbst	V. 165, 136
57	Kirchscheidungen	Nebra	V. 177
58	Kleinzerbst	Köthen	V. 156, 114
59	Kölleda	Sömmerda	V. 177; Voigt 1964, 278, Nr. 17
60	Königsborn	Burg	Jschr. 34, 1950, 225—226
61	Kühren (Aken)	Aken	V. 137, 15
62	Lochau	Saalkreis	V. 146, 65
63	Lucklum	Braunschweig	U. 250, 13
64	Meisdorf	Aschersleben	U. 250, 25; V. 142, 45
65	Mennewitz	Aken	V. 137, 17
66	Micheln	Köthen	V. 137, 18
67	Naumburg	Naumburg	U. 250, 32; V. 148, 78
68	Neidschütz	Naumburg	Jschr. 47, 1963, 417
69	Neindorf	Wolfenbüttel	U. 250, 9
70	Neuenhofe	Haldensleben	Jschr. 34, 1950, 225
71	Niederhone	Eschwege/Hessen	U. 250, 45; V. 182
72	Niederreißen	Apolda	U. 250, 37; V. 176
73	Niederroßla	Apolda	U. 250, 36; V. 176
74	Nienburg	Bernburg	V. 155, 107
75	Oberesperstedt (Esperstedt)	Querfurt	V. 143, 149
76	Obermöllern (Möllern)	Naumburg	V. 149, 80
77	Oberwiederstedt (Wiederstedt)	Hettstedt	V. 143, 46
78	Polleben	Eisleben	U. 250, 24; V. 144, 52
79	Predel (Reuden)	Zeitz	V. 154, 101; Mus. Zeitz
80	Quedlinburg	Quedlinburg	U. 250, 21; V. 180
81	Querum (Braunschweig)	Braunschweig	U. 250, 10
82	Rattmannsdorf (Hohenweiden)	Saalkreis	Jschr. 44, 1960, 231 ff.; Abb. 8
83	Reideburg (Halle)	Halle	V. 146, 64
84	Reppichau	Köthen	V. 160, 121
85	Riestedt	Sangerhausen	Voigt, 1964, Abb. 8, 10—12
86	Röderhof (Dingelstedt)	Halberstadt	U. 250, 15
87	Rötgesbüttel	Gifhorn	Jschr. 45, 1961, 234, Abb. 2
88	Rohrsheim	Halberstadt	Jschr. 48, 1964, 246, Abb. 18; 266, Nr. 49
89	Roßdorf (Jeßnitz)	Bitterfeld	V. 160, 122
90	Roßla	Sangerhausen	V. 178
91	Roßlau	Roßlau	V. 163, 127
92	Roßleben	Artern	V. 177
93	Schkeuditz	Leipzig	V. 145, 61
94	Schkopau	Merseburg	U. 250, 29; V. 145, 62
95	Schönburg	Naumburg	Nachr.-Bl. 18, 1942, 19f., LM Halle, HK 40:212/259
96	Silstedt	Wernigerode	V. 181
97	Sondershausen-Bebra	Sondershausen	V. 176
98	Spielberg	Naumburg	V. 149, 81

Nr.	Fundort (eingemeindet in)	Kreis	Nachweis
99	Staßfurt	Staßfurt	V. 137, 19; Voigt, 1964, 268
100	Stockhausen	Sondershausen	V. 176
101	Stöben (Camburg)	Jena	U. 250, 34; V. 174, 173
102	Stößen	Hohenmölsen	Priv. Slg. York, Stößen
103	Stregda (Eisenach)	Eisenach	U. 250, 43; V. 175
104	Teuchern	Hohenmölsen	V. 149, 83
105	Tilleda	Sangerhausen	Abb. 1
106	Uhry	Gifhorn	U. 250, 12
107	Unterrißdorf	Eisleben	V. 144, 53
108	Voigtstedt	Artern	U. 250, 26; V. 179
109	Wahlitz	Burg	Mus. Magdeburg
110	Wandersleben	Gotha	U. 250, 44
111	Wangenheim	Gotha	U. 250, 40
112	Wansleben	Eisleben	V. 144, 54
113	Warle	Wolfenbüttel	U. 250, 14
114	Weddel	Braunschweig	U. 250, 11
115	Weißenfels-Beudefeld	Weißenfels	U. 250, 30; V. 150, 86
116	Wernburg	Pößneck	V. 155, 104
117	Westeregeln	Staßfurt	V. 181
118	Westerhausen	Quedlinburg	U. 250, 19; Jschr. 50, 1966, 341
119	Wittmar	Wolfenbüttel	U. 250, 8
120	Wulfen	Köthen	V. 160, 124
121	Zäckwar (Spielberg)	Naumburg	V. 150, 87
122	Zangenberg	Zeitz	Jschr. 45, 1961, 242, Abb. 9
123	Ziegelsdorf (Grabow)	Burg	V. 139, 27
124	Zeitz	Zeitz	V. 154, 102
125	Zerbst-Klapperberg	Zerbst	V. 169, 151 (f)
126	Zernitz	Zerbst	V. 168, 150
127	Zscherben	Saalkreis	U. 250, 28; V. 146, 66

Literaturverzeichnis

Brunn, W. A. v. 1939 — Die Kultur der Hausurnengräberfelder in Mitteldeutschland zur frühen Eisenzeit, in: Jahresschrift für mitteldeutsche Vorgeschichte 30.

Butschkow, H. 1938 — Die Ausgrabung der Kaiserpfalz Tilleda im Herbst 1937, in: Mitteldeutsche Volkheit 5, S. 25–28.

Claus, M. 1942 — Die Thüringer Kultur der älteren Eisenzeit, in: Irmin 2/3.

Grimm, P. 1930 — Die vor- und frühgeschichtliche Besiedlung des Unterharzes und seines Vorlandes auf Grund der Bodenfunde, in: Jahresschrift für mitteldeutsche Vorgeschichte 18.

Grimm, P. 1961a — Das Nordwesttor der Vorburg der Pfalz Tilleda, in: Praehistorische Zeitschrift 39, S. 176 bis 216.

Grimm, P. 1961b — Die Ausgrabungen in der Pfalz Tilleda, Kr. Sangerhausen, im Jahre 1958, in: Jahresschrift für mitteldeutsche Vorgeschichte 45, S. 259–277.

Grimm, P. 1962 — Neue Hausfunde aus der Vorburg der Pfalz Tilleda, in: Praehistorische Zeitschrift 40, S. 220–251.

Grimm, P. 1965 — Zum Stand der Ausgrabungen in der Pfalz Tilleda am Kyffhäuser (1935 bis September 1963), in: Jahresschrift für mitteldeutsche Vorgeschichte 49, S. 49–138.

Grimm, P. 1968 — Tilleda – Eine Königspfalz am Kyffhäuser. Teil 1: Die Hauptburg, Berlin.

Hachmann, R. 1950 — Studien zur Geschichte Mitteldeutschlands während der älteren Latènezeit, in: Archaeologia Geographica 3, S. 33–48.

Hachmann, R. 1957 — Ostgermanische Funde der Spätlatènezeit in Mittel- und Westdeutschland, in: Archaeologia Geographica 6, S. 55–68.

Hachmann, R., Kossack, G., und Kuhn, H. 1962 — Völker zwischen Germanen und Kelten, Neumünster.

Hoffmann, W. 1969 — Ein Hausgrundriß aus der frühen römischen Kaiserzeit von Borstel, Kr. Stendal. In diesem Band, S. 293—299.

Mania, D. 1966 — Die Porta Thuringica — Besiedlungsablauf und Bedeutung in ur- und frühgeschichtlicher Zeit, in: Wissenschaftliche Zeitschrift Universität Halle 15 (Gesellschaftlich-wissenschaftliche Reihe), S. 75—175

Nuglisch, K. 1965 — Die ältere Eisenzeit im östlichen und nordöstlichen Harzvorland. Ungedr. Phil. Diss. Halle.

Otto, K.-H., und Grünert, H. 1958 — Das Verhalten der Germanen zur Scheibentöpferei in der vorrömischen Eisenzeit, in: Jahresschrift für mitteldeutsche Vorgeschichte 41/42, S. 389—408.

Schmidt, B. 1961 — Die späte Völkerwanderungszeit in Mitteldeutschland, Halle.

Schmidt, B. 1967 — Ein Hügelgräberfeld der jüngeren Bronzezeit bei Westerhausen, Kr. Quedlinburg, in: Jahresschrift für mitteldeutsche Vorgeschichte 51, S. 165—191.

Schrickel, W. 1966 — Die Nordgrenze der Kelten im rechtsrheinischen Gebiet zur Spätlatènezeit, in: Jahrbuch des Römisch-Germanischen Zentralmuseums 11, S. 138—153.

Uslar, R. v. 1938 — Westgermanische Bodenfunde, Berlin.

Voigt, Th. 1940 — Die Germanen des 1. und 2. Jahrhunderts im Mittelelbgebiete, in: Jahresschrift für mitteldeutsche Vorgeschichte 32.

Voigt, Th. 1958 — Gab es zur Spät-La-Tène-Zeit eine selbständige Kulturprovinz im Saalegebiet?, in: Jahresschrift für mitteldeutsche Vorgeschichte 41/42, S. 409—466.

Voigt, Th. 1964 — Die Rennöfen von Riestedt, Kr. Sangerhausen, in: Jahresschrift für mitteldeutsche Vorgeschichte 48, S. 219—308.

Voigt, Th. 1967 — Die latènezeitlichen Halsringe zwischen Weser und Oder, in: Ausgrabungen und Funde 12, S. 27—31.

Voigt, Th. 1968 — Latènezeitliche Halsringe mit Schälchenenden zwischen Weser und Oder, in: Jahresschrift für mitteldeutsche Vorgeschichte 52, S. 113—172.

Die Burganlage in der Restsiedlung des frühmittelalterlichen Wien

Von Hertha Ladenbauer-Orel, Wien

Mit 4 Textabbildungen und Tafel 10

Der archäologischen Stadtkernforschung ist es heute noch möglich, frühe Burganlagen aus dem Häusermeer einer Großstadt herauszuschälen, wie u. a. P. Grimm (1960; 1963) gezeigt hat. Der historischen Stadtforschung sind durch die Zahl der schon bekannten Quellen Grenzen gesetzt. Sie erfährt zwar Unterstützung von verschiedenen Seiten, wie der Kunstgeschichte, der Architektur usw., aber nur der Archäologie ist es beschieden, zeitgenössische neue Quellen zu erschließen. Die historische Stadtforschung wird sich daher künftighin die Archäologie in immer steigendem Maße zur Verbündeten machen. Es ist nur leider nicht so, daß man in den seit zwei Jahrtausenden verbauten Wohngebieten den Spaten dort ansetzen kann, wo der Boden erfolgversprechend erscheint, sondern daß man geduldig warten muß, bis ein Erdaufschluß die Möglichkeit einer archäologischen Untersuchung bietet. Auch dann ist es allerdings nur unter Einsatz eines ganzen Menschen möglich, an einen Gewinn im Wettlauf mit dem Bagger zu denken.

Als die beiden Renaissancehäuser Sterngasse 5 und 7 (Abb. 1 und 2) in der Inneren Stadt von Wien trotz lebhafter Bemühungen des Bundesdenkmalamtes nicht mehr zu retten waren (W. Blauensteiner 1961) und ihre Demolierung 1962 begann, hat das Bundesdenkmalamt, Abteilung für Bodendenkmalpflege, die Überwachung der Baustelle übernommen. Bei den Abbrucharbeiten ist eine verwirrende Fülle von Mauern mit Über- und Unterbauten herausgekommen, und es ist tatsächlich so, daß oft das Jüngste zuunterst lag, auch wenn die Bauschichten darüber nicht gestört waren. Dank der schon sehr weit gediehenen Forschung war bekannt, daß sich im römischen Legionslager Vindobona nördlich der von Ost nach West durch das Lager (Abb. 1) ziehenden via principalis im Westen das Spital und im Osten die Badeanlage befunden haben. Beim Abbruch des im Krieg ausgebrannten anschließenden Häuserkomplexes Hoher Markt 8 und 9 hatte A. Neumann 1956/57 schon Reste eines ins Oval gezogenen heizbaren Raumes des Lagerbades untersucht (A. Neumann 1956; 1957), und nun erwarteten wir, den Nordabschluß des Bäderbezirkes zu finden. Erstmals in der Inneren Stadt von Wien haben wir hier — bisher nur aus dem 3. Bezirk bekannt — Reste von Holzbauten der Auxiliartruppen aus dem 1. Jh. aufgefunden (Taf. 10a, b). Wie zu erwarten stand, kamen außerdem Teile des um 100 erbauten Steinlagers und solche aus der Zeit des mächtigen Wiederaufbaues nach den Zerstörungen in den Markomannenkriegen der 2. Hälfte des 2. Jh. heraus. Eine historische Auswertung des bis Ende 1965 ausgegrabenen Details ist 1967 erschienen (H. Ladenbauer-Orel, 1965/66). Seitdem ist im Winter 1966 fast das ganze zweite Kellergeschoß ausgebaggert worden, und 1967 soll auch der letzte Rest abgegraben werden. Hier wird vor allem die frühmittelalterliche Burganlage herausgearbeitet.

Bisher hatte man angenommen, daß die anstürmenden Germanen in der beginnenden Völkerwanderungszeit Vindobona um 400 völlig zerstört hätten. Eine Brandkatastrophe schrecklichen Ausmaßes hat tatsächlich stattgefunden, denn eine 10 cm hohe Holzkohlenbrandschicht bedeckte als Abschluß die über 1 m hohen römischen Kulturschichten über das ganze Gelände hin, wie es auch von anderen Fundstellen innerhalb des Lagers in Wien bekannt ist. Sicherlich war alles Holz und anderes Brennbare im Lager verkohlt worden.

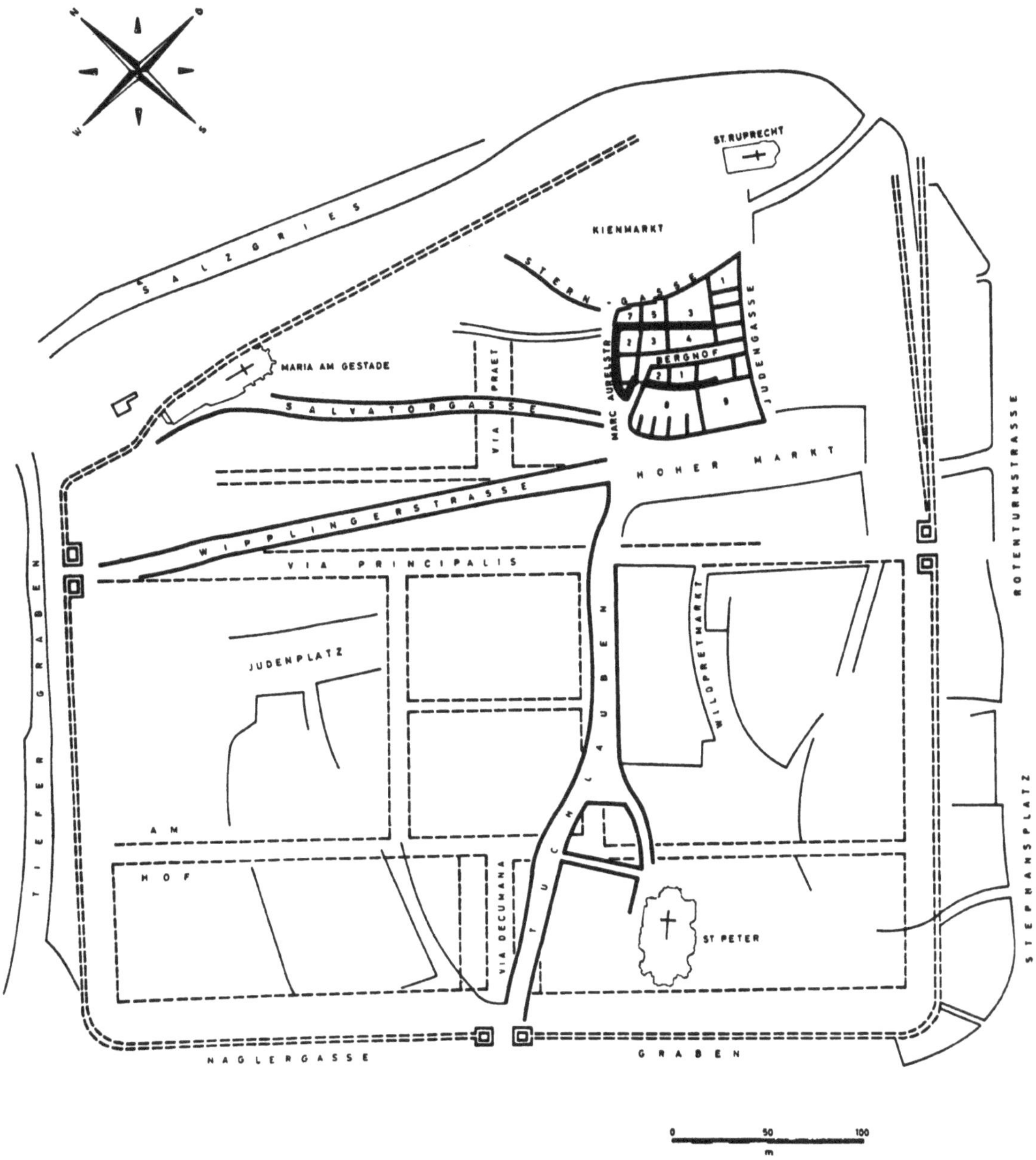

Abb. 1. Das römische Legionslager Vindobona nach E. Polaschek und A. Neumann mit Ergänzungen von H. Ladenbauer-Orel über die völkerwanderungszeitliche Restsiedlung im Nordosten des Lagers und der zu ihr führenden Zubringerwege der Tuchlauben, Wipplingerstraße und Salvatorgasse. Die acht Häuser um den Berghofplatz, welche im 14. Jh. als „im Berghof gelegen" bezeichnet werden, sind dick eingerahmt. Nördlich des Siedlungskernes die eingeschwungene Sterngasse als Begrenzung des runden Kienmarktes

Auch über 1 m dicke Mauern aus Steinquadern haben mitunter Schaden genommen, wie sich kürzlich hier auf dem Gelände nachweisen ließ. Und doch haben sich an den wenigen nicht unterkellerten Stellen, die durch ein glückliches Geschick und Verständnis der Bauherrschaft trotz Bagger einige Zeit für Studium und Erforschung zur Verfügung standen, eindeutige Beweise für ein Weiterleben in den eben abgebrannten Ruinen ergeben. Das aufgehende römische Mauerwerk, das hier den Brand überdauert hat, war in den folgenden eineinhalb Jahrtausenden zu Kellermauern geworden, daher waren also auch die Kulturschichten zur Beschaffung von Kellerraum normalerweise entfernt worden und nur an wenigen kostbaren Stellen erhalten geblieben. Vom Unterkellern war bisher nur erforscht gewesen, daß das zweite Kellergeschoß im 17. Jh. nachträglich angelegt worden war (A. Kieslinger 1952; 1963), hier wurde erstmals erkannt, daß auch das erste Kellergeschoß nachträglich, und zwar noch im 13. Jh., in Miniertechnik vorgetrieben worden ist. Dies ist erwiesen durch die Pölzungshölzer, die unter die Unterkante der Fundamente gesetzt worden sind und um die herum dann das spätere Mauerwerk angelegt worden ist. Die C 14-Datierung eines Holzes aus dem ersten Kellergeschoß ergab 1055 ± 150 nach Christus und das des zweiten Kellergeschosses 1437 ± 120 nach Christus. Diese Radiokarbondaten wurden mit Hilfe der von Suess (M. Stuiver and H. E. Suess 1966) publizierten Relationen zwischen „Konventionellem Radiokarbon Alter" und „Wahrem Alter" überprüft und befunden, daß für das Datum 1437 ± 120 das „Radiokarbon Alter" mit dem „Wahren Alter" identisch ist. Für das Datum 1055 ± 150 hingegen ist das „Wahre Alter" um 150 Jahre niedriger anzusetzen, liegt also bei 1205 ± 150 n. Chr.[1])

Auf der über alles hinwegziehenden schwarzen Holzkohlenbrandschicht aus der Zeit um 400 konnte an keiner Stelle eine Humusschicht entdeckt werden, wie sie sich durch natürliche Bildung entwickelt hätte, wenn der Platz während einer Zäsur frei gestanden hätte. An den wenigen Stellen, an denen die Schichtenabfolge erhalten war, weil keine Unterkellerung stattgefunden hatte, konnte die ungestörte Abfolge untersucht werden; jede der Schichten enthielt auch einzelne Tonscherben, doch ist die Datierung der meisten nicht so zwingend einer engen Zeitspanne zuzuschreiben, so daß sie nur ein allgemeines Bild der Chronologie abgeben. Einzelne Münzen waren auch nur in den durch Scherben sowieso datierten Schichten vorhanden. Überall wurden aber direkt auf der Brandschicht aufliegend die nachrömischen Schichten festgestellt. Unterhalb des Straßenpflasters war in den ganzen 6 Metern Breite der Sterngasse zur Abdeckung des lockeren schwarzen Untergrundes eine ca. 20 cm hohe gelbliche Sandschicht aufgeschüttet worden (Taf. 10a), die zum Teil Hüttenlehm, stark verbrannte bläuliche Knochenstückchen und selten Scherben enthielt. Diese Sandschicht hat an ihrer Unterkante überall 1—2 cm dick den fetten Ruß aufgesogen und besaß an einer Stelle in ihrer oberen Hälfte eine Gehfläche von nebeneinander gelegten Steinen, die oben mit ganz harten festgetretenen Lehmlagen abgeschlossen waren. Unterhalb des nicht unterkellerten Teiles des Hauses Sterngasse 5 war als Abschluß der Holzkohlenbrandschicht eine Planierung von Ziegelklein aufgetragen worden (Taf. 10b). In der Südostecke des Hauses Sterngasse 5 (Taf. 10c) befand sich direkt auf der Brandschicht über einer kleinen Ziegelplanierung eine 35 cm hohe Versturzlage von luftgetrockneten Lehmziegeln einer niedergebrannten kleinen Fachwerkwand, welche, wie die Abtragung 1967 erst ergab, die zerstörte Ecke einer römischen Quadermauer ausfüllen und dadurch den Raum bewohnbar machen sollte. Als zweite nachrömische Bauperiode ließen sich in diese Versturzlage hineingesetzte Pfostenlöcher nachweisen. Als dritte nachrömische Bauperiode wurde direkt auf die Versturzlage eine Trockenmauer gebaut, welche die umgefallene kleine Fachwerkwand ersetzt hat und dadurch den Raum abdichtete. Nach vier Scharen ist diese Mauer dann gemörtelt. Damit ist zumindest für das 5., das dunkelste der dunklen Jahrhunderte, ein archäologischer Beweis für den Weiterbestand eines wenn auch kleinen Siedlungskernes in adaptierten römischen Steinmauern erbracht. Das 6. Jh. ist gesichert durch die Existenz eines langobardischen Gräberfeldes — ausgegraben 1951 vor dem Haus Salvatorgasse 1 (A. Neumann 1951; 1952a; 1952b; 1965) — und nur durch die Breite der heutigen Marc Aurelstraße von der Siedlung getrennt. Es ist also im Nordosten von Vindobona tatsächlich eine Restsiedlung nach-

[1]) Die Radiokarbondatierungen, freundlicherweise durchgeführt am Institut für Radiumforschung und Kernphysik der Österreichischen Akademie der Wissenschaften in Wien (H. Felber), waren in der Publikation im Jahrbuch des Vereins für Geschichte der Stadt Wien 21/22, 1965/66, S. 35 als 1285 ± 120 n. Chr. und 1667 ± 90 n. Chr. angegeben worden; diese Daten mußten geändert werden, weil sich die bezügliche Probe der damaligen Datierungen als nicht richtig erwiesen hat; es waren also 230 ± 80 Jahre abzuziehen.

gewiesen; wir werden daher künftighin nicht mehr von einer völligen Zerstörung Vindobonas sprechen dürfen, sondern nur mehr von einer Brandschatzung und wollen versuchen uns klar zu werden, in welchem Rahmen sich dieser erste nachrömische Siedlungskern weiter entwickelt hat. Seine Keimzelle waren die durch Adaptierungen wieder bewohnbar gemachten einzelnen Räume des Bäderbezirkes, die nach dem furchtbaren Brand die Möglichkeit zu Ausbesserungen geboten hatten. Da manche römische Quadermauer bis 1962 mehrere Meter hoch als Bauglied der Häuser in Verwendung stand — die Quadermauer 5 sicher 7 m — müssen sie auch um 400 zumindest dieselbe Höhe besessen haben; sicher hat man sich an Vorhandenes gehalten, und keine planende Hand hat anfänglich Neues begonnen. Man hat vorhandene Steinmauern ergänzt, indem man fehlende Teile durch Fachwerkwände oder Trockenmauern ersetzte. Der Kern aber blieb der Steinbau, weshalb man gerade hier in Wien den in letzter Zeit viel diskutierten Beginn der Steinbautradition keineswegs plötzlich, sondern allmählich ansetzen wird. Das Bewohnen von Steinhäusern hat hier jedenfalls keine Unterbrechung erfahren, auch Adaptierungen wurden hier sehr bald aus Stein in Trockenmauertechnik durchgeführt. Weil in Mitteleuropa in den letzten Jahren mehrere hallstatt- und latènezeitliche Trockenmauerbauten ausgegraben worden sind, steht also nur die einheimische Fortsetzung des Neubaues aus Stein zur Debatte. Es darf dabei nicht vergessen werden, daß sich genügend behauene Steine in greifbarer Nähe befanden, alles übrige Baumaterial aber von weither beschafft hätte werden müssen. Bei der Besprechung der Möglichkeit einer langen Dauer der Bautradition darf nicht unerwähnt bleiben, daß die sog. Isolierlagen von locker gelegten Steinen unterhalb von Mauern und Fußböden, wie sie der römischen Bauweise zum Abhalten des Grundwassers entsprechen, hier auch noch unterhalb einer frühmittelalterlichen Trockenmauer gefunden wurden, so wie auch im niederösterreichischen Wieselburg an der Erlauf unterhalb des Fußbodens des ottonischen Zentralbaues der Zeit gegen 1000 (H. Ladenbauer-Orel 1965). Die bei den Germanen übliche Siedlungsform in einzeln stehenden Häusern und nicht in geschlossenen Hausgruppen — vielleicht bewußt aus Vorsorge wegen Feuersgefahr — scheint der ersten Siedlungsform hier entgegengekommen zu sein.

Über die bisher erarbeiteten räumlichen Grenzen dieses Siedlungskernes (Abb. 1) kann folgendes ausgeführt werden: Das für den Wiederaufbau notwendige und durch den Brand nicht in Mitleidenschaft gezogene Baumaterial hat man, wie beschrieben, aus allernächster Nähe geholt und dabei die Ruinen zur Bausteingewinnung abgetragen. So ist, anfangs sicherlich unbewußt und ungewollt, um die Siedlung eine Art Glacis entstanden. Der obere Teil der heutigen Marc Aurelstraße dürfte aus solch einem Glacis hervorgegangen sein: Die römischen Fußböden gehen ohne Niveauunterschied darüber hinweg, wir dürfen also dort früher keinen Graben annehmen. Westlich der Marc Aurelstraße war nach dem Brand verlassenes, verfallenes Lagergelände, wie das vor dem Haus Salvatorgasse 1 angelegte langobardische Gräberfeld aus dem 6. Jh. bezeugt, das nie innerhalb einer gleichzeitigen Siedlung denkbar wäre; im Raum der abgetragenen Sterngassenhäuser ist auch keine einzige Bestattung zutage gekommen. Östlich der Marc Aurelstraße ist aber durch die Siedlungskontinuität ein Anwachsen der Kulturschichten um 5 m zu verzeichnen; die Marc Aurelstraße ist dadurch mit der Zeit zu einer Grabensenke, zu einem Abschnittsgraben geworden. Die Grenze nach Norden war voraussichtlich der von der Natur gut geschützte Abfall zum südlichsten Donauarm, dem heutigen Donaukanal, bei der dort befindlichen Lagermauer. Der verhältnismäßig große Platz zwischen Siedlungskern und Lagermauer könnte nach Abtragung des noch verwertbaren Baumaterials zuerst einer landwirtschaftlichen Nutzung zugeführt worden sein, wie ähnliche Fälle aus dem Rheinland bekannt sind, wo die einsickernde Bevölkerung ihrer bäuerlichen Lebensweise entsprechend gewohnheitsgemäß nachgegangen ist, denn ein in der Nähe gelegener Acker war nicht nur arbeitsmäßig günstig, sondern auch sein wachsender Ertrag besser zu schützen. Über die spätere Verwendung der freien Fläche als Marktplatz und Fluchtburg werden wir anschließend hören. Im Osten reichte dieser Siedlungskern bis zur römischen Lagermauer oder bis zur knapp davor verlaufenden zweiten, vielleicht frühmittelalterlichen. Ob im Süden der Hohe Markt noch dazu gehört hat, oder besser ausgedrückt, ab welcher Zeit er einbezogen wurde, wird noch zu erarbeiten sein.

Innerhalb dieser Grenzen hat sich also eine sogenannte Reststadt im Nordosten des römischen Lagers Vindobona entwickelt. Reststadt ist ein Ausdruck, der sich eingebürgert hat, obwohl auch in unserem speziellen Fall keineswegs von einer Stadt gesprochen werden kann. Wir dürfen nur an eine Siedlungskontinuität in einem kleinen Kern von Steinmauern denken, mit der auch zum Teil eine Bevölkerungskontinuität Hand in Hand gegangen ist, denn wir glauben daran, daß außer den neu dazu gekommenen Germanen auch die Restbevölkerung von romanisierten Einheimischen in den Siedlungskern gezogen ist, sicher auch zum Teil aus der Zivilstadt im jetzigen 3. Bezirk kommend. Ein Wechseln der Siedlungsräume ist ja schon seit den urgeschichtlichen Zeiten bekannt, denn Siedlungsräume sind nicht immer konstant. Keinesfalls dürfen wir aber eine funktionelle Kontinuität annehmen oder gar an einen Stadtcharakter denken. Es war anfangs nur ein spärliches Fortleben; die gemeinsame Not hat die Menschen zusammengeschweißt, und das Schutzbedürfnis ließ sie dann die erste Gemeinschaft bilden. Aus den in der ersten Zeit durch kleine Ergänzungen bewohnbar gemachten einzelnen Räumen hat sich dann in einiger Zeit eine Art Herrenhof entwickelt, der im Laufe der Zeit zu dem wurde, was wir unter einer Burganlage verstehen, weil sie den Charakter einer Burg angenommen hat. Die Übergänge sind fließend; es ist ja auch bezeugt, daß die Worte „Haus" und „Burg" eine Zeit lang synonym verwendet wurden, wie es durch das österreichische Landrecht nahegelegt wird.

Als in späteren Zeiten auf der großen Ost–West Wasserstraße der Donau wieder ein Handelsverkehr aufkam — schon im 7. Jh. durch das baierische Gräberfeld in Linz-Zizlau an der Mündung der Traun in die Donau belegt (H. Ladenbauer-Orel 1960) —, entstand auf dieser freien Fläche dank ihrer geographischen Lage und den damit verbundenen verkehrstechnischen Gegebenheiten an der Donau, der Trägerin des Fernverkehrs, mit der Zeit so etwas wie ein Umschlagplatz, wie sie dann in ottonischer Zeit eine Rolle zu spielen beginnen. Die juristische Konstitution erfolgte, wie so oft, sicher auch hier erst später. Hier konnte schon immer in Zeiten der Not die umliegende Landbevölkerung vor den raubend durchziehenden Massen Schutz und Unterschlupf für einige Tage finden. Dann im 10. Jh. dürfen wir das für die Tage der Ungarnnot annehmen, wie es auch für andere Orte, z. B. das Kloster St. Gallen in einer Urkunde beschrieben wird, in Wieselburg bekannt ist usw. (H. Ladenbauer-Orel 1965). Als vom 11. Jh. an eine Spezialisierung der Märkte dadurch eintrat, daß nicht nur die seltenen Jahrmärkte stattfanden, sondern die Handwerker ihre Erzeugnisse in gewerblichen Märkten täglich feilboten, hat dann dieser Platz durch die Kienspäne den Namen Kienmarkt erhalten. Im Zusammenhang mit der Umwälzung des Wehrsystems vom Fußvolk aus wehrhaften Männern zu geschulten Reitern eines gehobenen Standes werden aus runden Fluchtburgen nach 1000 Herrenburgen, aber weit bis ins 11. Jh. hinein behielten Burgen immer noch die Aufgabe von Fluchtplätzen. Da die mittelalterliche Stadt keinen Platz kennt, der rein ästhetischen oder nur hygienischen Zwecken gedient hätte, ist ein freier Platz innerhalb der Stadtmauer normalerweise Ackerland oder Markt. Die seinerzeitigen Grenzen des Kienmarktes — bevor er mit Häusern bebaut wurde, die sich aus den Verkaufsbuden entwickelt haben — können dadurch gefunden werden, daß man von all den im 14. Jh. als „am Kienmarkt gelegenen" Häusern die äußerste Zeile abzieht, weil diese ja nicht „auf" dem Platz liegt, was eine geschlossene ovale Form für den Platz selbst ergibt. Seit den Zeiten der Urgeschichte sind runde Plätze, wie runde Wohnanlagen, bis ins Frühmittelalter dominierend anzusehen, denn erst um 1000 beginnt die exakte Feldvermessung, erst in der 2. Hälfte des 12. Jh. sind für Wehranlagen gerade Linien bezeugt, erst ab 1200 werden rechteckige Plätze planmäßig angelegt. Dieser ovale Platz hat im Norden bis zur Lagermauer gereicht, im Osten bis zur Kirche St. Ruprecht, deren Alter leider archäologisch noch nicht untersucht werden konnte, im Westen sehen wir zwei Möglichkeiten, von denen die innere die größere Wahrscheinlichkeit für sich hat, und die Südgrenze ist die Sterngasse, deren eingeschwungene Baufront jetzt dadurch ihre Erklärung findet. Im Haus Nr. 7 ist anläßlich der Abtragung in 1 m Höhe eine steinerne Schießscharte herausgekommen, die nun an der Nordwestecke des ersten Siedlungskernes zum Markt- und Fluchtplatz ihre sinnvolle Deutung erfährt. Wo die Pforten zu suchen sind, die immer die Marktzugänge besetzt haben, ist noch nicht bekannt.

Jansen Enikel berichtet in seinem Fürstenbuch zur Gründung Wiens um 1285 über die einheimische Überlieferung, wonach auf dem Gelände, auf dem wir die Siedlungskontinuität lokalisiert haben, einst der Sitz des Herrn gestanden sei, und nennt ihn Berghof (Abb. 2) (K. Oettinger 1951, S. 226). Diese erste Nennung des Berghofes bleibt keine Einzelheit, es gibt eine Fülle von Urkunden, die Häuser oder Personen im oder um den Berghof kennen. In den meisten Urkunden wird er als Perchhof bezeichnet; er heißt 1371 auch „curia montium" (Quellen III/1, Nr. 383) und 1373 liegt ein Haus „penes curiam dicitur Perchof" (Quellen III/3, Nr. 3055). Die Bezeichnung als curia unterstreicht das wirtschaftliche Moment gegenüber dem fortifikatorischen, das mit dem Ausdruck castellum oder castrum betont worden wäre. Die Bedeutung unserer ersten Burganlage Wiens, später Berghof genannt, wird also mehr ein Handelsplatz an der Wasserstraße der Donau gewesen sein, wofür spricht, daß sich bisher keinerlei Befestigung nachweisen ließ. Wir haben also einen geschichtlichen Beleg für die Existenz des Sitzes eines Herrn an dieser Stelle und müssen nun versuchen zu ergründen, was wir uns unter diesem Berghof vorzustellen haben. Im 14. und 15. Jh. werden mindestens 8 Häuser mit der Bezeichnung „im Berghof gelegen" genannt (Abb. 2, dickumrandete Häuser). Sie gruppieren sich um den heute noch Berghof genannten Platz und sind ein Teil der zu den Häusern Hoher Markt 8 und 9 zusammengeschmolzenen Einheiten und das Haus Berghof 4, das einzige heute noch vom Berghof erhaltene Gebäude, das den südlichen Teil des Hauses Sterngasse 3 bildet (Abb. 1 und 2). Welches der bis 1945 in Gebrauch gestandenen Häuser des ehem. Berghofes als das wichtigste bezeichnet werden darf, kann erst nach der Publikation von A. Neumann über den von ihm (1956/57) überwachten Abbruch des gesamten Häuserkomplexes Hoher Markt 8 und 9 entschieden werden. Jedenfalls wird das ehem. Haus Berghof 3 wohl zu den ältesten gezählt haben; es verwendete eine römische Quadermauerecke mit, die bis zu 7 m hoch erhalten war; es hat 1962 zu ebener Erde ein Altarfragment mit Inschriftresten vom Anfang des 3. Jh., freigegeben (A. Neumann 1963/64, 1964), und es ist für dieses Haus vor allem ein ritterbürtiger Herr belegt (Quellen II/1, Nr. 51): 1311 tritt ein Herr Hainrich in dem Perchhove als Zeuge auf. Vielleicht dürfen wir in diesem Haus ein Festes Haus sehen, wie wir es als Kern anderer Burgen kennen (H. Ladenbauer-Orel 1965, S. 133) und es im fortgeschrittenen 11. Jh. manchenorts urkundlich belegt ist. Der Plan von Steinhausen von 1710 (Abb. 4) zeigt, daß nur dieses Haus von außen einen wohl gotischen Stiegenaufgang hatte, was es aus der Zahl der anderen heraushebt. (Nach dem Abrechnungsplan der Abbruchfirma von 1962 war die Außenmauer 1,20 m dick und für die Stiegenbreite 1,65 m Platz vorhanden. Vier Meter davor befand sich auf dem freien Platz ein Brunnen von 1,50 m Durchmesser, der leider nicht datiert ist.)

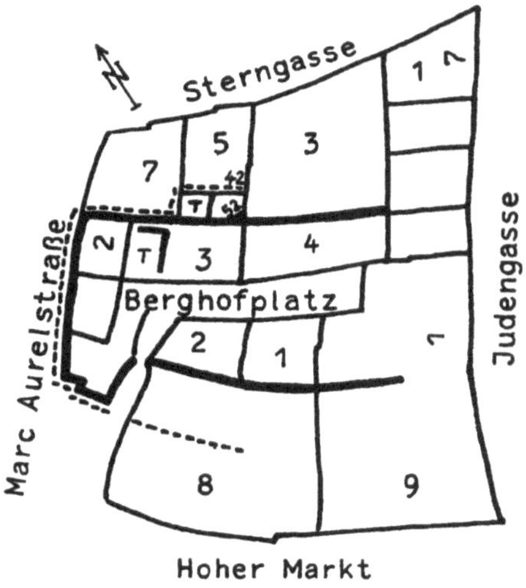

Abb. 2. Erste Burganlage Wiens um den „Berghof". Dick umrandet: 8 Häuser im 14. Jh. „im Berghof gelegen"; gestrichelt umrandet: vermutliche Grenze des Herrenhofs; T: „gotischer" Turm

Die Westgrenze nicht nur der Restsiedlung, sondern auch des Berghofes scheint zu aller Zeit die Marc Aurelstraße gewesen zu sein. Die Grenze des Berghofes im Norden scheint nicht genau mit den heutigen Hausgrenzen dort angesetzt werden zu können, wo in Abb. 1

der dicke Strich verläuft, der alle im 14. Jh. als „im Berghof gelegen" bezeichneten Häuser zusammenfaßt, sondern dürfte sich ca. 6 m weiter nördlich befunden haben, denn dort ist, wie in Abb. 2 ersichtlich, als Verlängerung eines Raumes aus römischen Mauern von 6 m Seitenlänge — auf die der kleinere der „gotischen" Türme aufgesetzt war — die frühmittelalterliche Trockenmauer 42 gebaut worden. Dieser Teil des Hauses Sterngasse 5 hat also sicher noch zur frühmittelalterlichen Herrenhofanlage gehört; seine Trockenmauer wurde gekappt, als im 13. Jh. die kleinen gotischen Einheiten gebaut wurden. Auch die Trockenmauer 52, welche die um 400 beschädigte Ecke der Quadermauer 5 ergänzt hat, gehört in die erste nachrömische Zeit und ist noch zur Herrenhofanlage zu rechnen, auch wenn sie außerhalb der späteren Berghofhäuser liegt. Die Grenze der Herrenhofanlage und der Burganlage im Süden dürfte ähnliche Probleme wie die Nordgrenze aufwerfen: Die Südgrenze der Häuser Berghof 2 und Berghof 1 wird wohl nicht die Grenze der Burganlage gewesen sein, denn auch dieses Tor muß zwei Torwangen gehabt haben, und daher muß auch östlich noch ein Haus gestanden haben. Das Tor konnte in dieser Form eingezeichnet werden, weil kürzlich die Auffindung eines Planes aus dem Jahre 1801 geglückt ist (Abb. 3), der außer den Grenzen des Neubaues Hoher Markt 8 auch die alten Grundstückgrenzen von den kleinen gotischen Einheiten enthält, die damals zum Palais Sina zusammengeschmolzen sind. Dieser Plan zeigt deutlich, daß sich die Einfahrt an der Südwestecke dieses Hauskomplexes befunden hat. Die Eintragung seiner Einfahrtstraße in den Plan von Wien (Abb. 1) hat mit aller Deutlichkeit klar werden lassen, daß der heutige Straßenzug der Tuchlauben von der porta decumana des römischen Lagers, dem noch im Mittelalter Peilertor benannten Südtor, direkt hinführt. Die heutige Wipplingerstraße, von der seit den Forschungen E. Polascheks bekannt war, daß sie überraschenderweise nicht nach der via principalis, sondern nördlich davon verläuft, beginnt bei der porta sinistra und führt ebenso zur Einfahrt in das Tor wie die Salvatorgasse, die beim römischen Hafen bei der Kirche Maria am Gestade beginnt. Die beiden letzt genannten Straßen müssen in einem Bogen einmünden, die Tuchlauben führt aber direkt hinein, ist also der erste und wichtigere Zubringerweg. Alle drei Straßenzüge führen über die schon verfallenen römischen Gebäude hinweg und sind daher nach 400 entstanden; da sie alle zur Restsiedlung führen, die keine Zäsur kennt, dürfen wir in ihnen völkerwanderungszeitliche Pfade sehen. Der Einwand, es hätte vielleicht mehrere gleichzeitige erste Siedlungskerne gegeben, kann durch die von den Lagertoren zu einer einzigen Einfahrt führenden Wege widerlegt werden. Erst in späterer Zeit sind weitere Siedlungskerne dazugekommen. Unsere Forschungen haben K. Oettinger also vollkommen recht gegeben, als er die Meinung vertrat, es müsse sich innerhalb des Lagers eine Restsiedlung entwickelt und gehalten haben. Es ist nicht Oettingers Werk, wenn der von ihm ausgesprochene Vorschlag, diese Restsiedlung eventuell bei St. Peter (Abb. 1) zu lokalisieren, von anderen als bewiesen angesehen wurde.

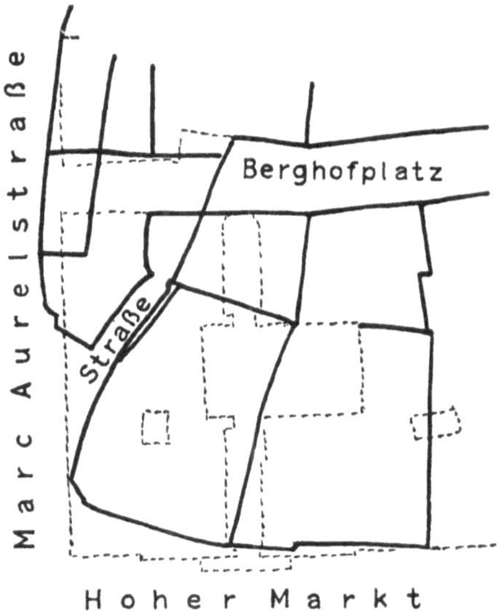

Abb. 3. Plan des Hauses Wien I, Hoher Markt 8, in dem die bis 1801 bestandenen Grundstückgrenzen der kleinen bis damals erhaltenen gotischen Hauseinheiten ausgezogen eingezeichnet wurden und die dann ausgeführten Baulinien nur gestrichelt wiedergegeben worden sind. Deutlich ist die Einfahrt von der Ecke aus mit der Torgasse sichtbar, die Verengung beim Tor und der heute noch Berghof bezeichnete Platz

In diesem Plan des Hauses Hoher Markt 8 (Abb. 3), in dem die Einfahrt in den Hauskomplex als „Straße" ausgewiesen ist, erkennt man eine $10^1/_2$ m lange Einfahrt zwischen den beiden Torwangen, die Torgasse mit einer größten Breite von 3 m und den Torbogen mit einer Spannweite des Anschlages für die Torflügel von 2 m und dahinter das über der Einfahrt erbaute Torhaus. Sicherlich liegt uns mit diesem Plan nur die letzte Form eines Tores vor, das ursprünglich für den ersten notdürftigen Siedlungskern entstanden ist, dann für die anschließende Herrenhofanlage modifiziert wurde und schließlich für die burgartige Anlage ausgebaut worden ist. Die Entstehungszeit dieser letzten Phase ist vor dem Bau des die Burganlage umgebenden Kranzes von Häusern anzusetzen, den wir auf Grund verschiedener Indizien für die nördlich gelegenen Sterngassenhäuser der Zeit des 13. Jh. zugeschrieben haben. Wir werden nicht fehlgehen, wenn wir etwa an diesselbe Zeit für diese jetzt besprochenen südlich der Burg gelegenen Häuser denken, die südlich der gestrichelten Linie im Plan Abb. 2 liegen. Leider müssen wir noch warten, bis A. Neumann seine archäologischen Untersuchungen anläßlich der Abtragung des Hauses Hoher Markt 8 publiziert. Es läßt sich aber jetzt schon auf Grund von vorliegenden Bauplänen annehmen, daß die Torgasse in dieser letzten Bauphase des 13. Jh. an ihrer östlichen Seite verlängert wurde; in der vorhergehenden Bauperiode werden wohl beide Torwangen gleich lang gewesen sein und die östliche bis zur gestrichelten Linie im Plan Abb. 2 gereicht haben, in deren Verlauf im Abrechnungsplan der Abbruchfirma ein 2 m breites Steinfundament eingezeichnet ist, das, weil in Zusammenhang mit dem als römisch erkannten Oval des Lagerbades, auch sicher römisch sein wird. Diese Art von „zurückgezogenem Tor" ist hier eben dadurch entstanden, daß man im Zuge der frühgotischen Bauten des 13. Jh. die östliche Seite der Torwange verlängert hat (Abb. 3). Ob wohl die doppelte Linie auf der rechten Torwange einen Wehrgang andeuten soll? Daß unser Tor hier das einzige Tor der Anlage war, geht nicht nur aus den hier zusammenströmenden Wegen hervor, sondern auch aus der Grundbucheintragung vom 25. Juni 1373 (Quellen III/1, Nr. 512), die folgendes besagt: „Ruegerus de Wels, Sighardus gener suus, Chunigundis uxor ... vendiderunt domum eorum sitam im Perchof penes portam". Der Ausdruck „beim Tor" scheint die Möglichkeit einer zweiten porta auszuschließen. Es war also nur ein Tor vorhanden, wie es in frühmittelalterlichen Hauptburgen die Regel zu sein scheint. Hier also haben sich die Repräsentationspflichten abgewickelt, hier ist die Wirtschaft aus- und eingegangen, hier wurde der Freund einladend empfangen, und hier ist die Wehrhaftigkeit dokumentiert und wenn nötig vorexerziert worden, indem der Feind von drei Seiten unter Beschuß genommen werden konnte: vom Torhaus und von beiden Torwangen aus.

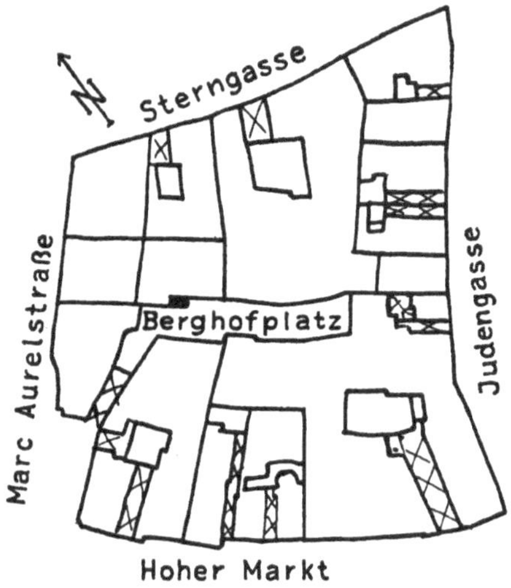

Abb. 4. Wien I. Umzeichnung des Planes von Steinhausen aus 1710, in dem die Straßeneinfahrt in den Berghofplatz von der Ecke Hoher Markt — Marc Aurelstraße deutlich eingezeichnet ist und auch der äußere Stiegenaufgang zum ehem. Haus Berghof 3

Interessant ist, wie die ersten Wiener Stadtpläne diese Toranlage wiedergeben. Beim frühesten von Wohlmuet 1647 ist die Einfahrtsstraße angedeutet und das Torhaus als Unterbrechung der Straße zu erkennen, bei Steinhausen 1710 ist die Einfahrt ganz deutlich als Straße ausgewiesen, bei Huber 1769/74 das Tor im Torhaus eingezeichnet. Suttingers Parzellenplan 1684 läßt die abgesetzte Baufront für die Einfahrtsstraße erkennen und Huber 1785 wieder das Tor im Torhaus. Der Plan von 1566, den Camesina 1880 herausgegeben hat, zeigt den Absatz der Baufront und Weiterführung zum Berghofplatz. Ganz klar und eindeutig ist allerdings nur Steinhausen, der in Abb. 4 nach einem freundlich zur Verfügung gestellten Foto des Originales im Besitz des Historischen Museums der Stadt Wien wiedergegeben ist. Das ehem. Haus Berghof 3, das eben als vielleicht wichtigstes des Berghofes erwähnt wurde, ist hier durch eine Außenstiege zum Berghofplatz ausgezeichnet. Die Grundstückgrenzen der ältesten Pläne sind wichtige Zeugen der Stadtbaugeschichte, die wir zu lesen lernen müssen, und die Bedeutung eines Stadtplanes für die Stadtkernforschung werden wir nicht mehr unterschätzen dürfen. Nach diesen Erfahrungen werden wir also künftighin nicht nur die Urkunden wörtlicher nehmen als bisher, sondern auch die Pläne, zumindest viele, als verläßliche Geschichtsquelle ansehen.

Jede Burg hatte als wesentlichsten Teil einen Turm. Auch unsere Burg hatte ihre Türme (Abb. 2). Sie sind uns in den Stichen des 16. und 17. Jh. noch überliefert und sind immer als gotische Türme angesprochen worden. Durch die Ausgrabung können zwei davon genau lokalisiert werden. Der Stich von Hoefnagel von 1609 (H. Ladenbauer-Orel 1965/66, Abb. 14) gibt ihre Lage am genauesten an: Der kleinere Turm vom Gelände des Hauses Sterngasse 5 war auf vier römischen Mauern mit Seitenlängen von 6 m erbaut worden; da das Geviert im Frühmittelalter mit der Trockenmauer 42 nach Osten verlängert wurde, muß angenommen werden, daß die römischen Mauern gut und verhältnismäßig hoch erhalten waren und nur der weitere Aufbau der gotischen Phase angehört. Der größere, mächtigere Turm innerhalb des Hauses Hoher Markt 8, und dort im ehem. Haus Marc Aurelstraße 2 gelegen, ist auf $1^1/_2$ m dicken römischen Steinquadern in der Gotik höher aufgebaut worden und war wohl eine Art Bergfried unweit der Stelle, wo die Einfahrt in den Innenhof mündete.

Die Blütezeit der Burg wird im Frühmittelalter gewesen sein, wir dürfen dabei vor allem an das 9. Jh. denken. Der Aufgabe und der Bestimmung einer Burg entsprechend werden sich die Bauern der umliegenden Dörfer und die Kaufleute in ihren Schutz begeben haben können. Burg und Wik sind in der Regel getrennte Raumgebilde — für Wien haben wir vor der Hand einmal die Burg kennen gelernt. Es ist anzunehmen, daß der heutige Berghofplatz der ehem. Innenhof war, der sich gewöhnlich in der Mitte befand und um den sich die ältesten Teile gruppierten. Seine Ausdehnung nach Osten ist noch unsicher. Unsere Burg ist kein einheitliches Bauwerk, das in der Planung einer einzigen Bauperiode geschaffen wurde; der Zustand von 1962 war das Ergebnis einer kontinuierlichen Pflege der Steinmauern seit dem Brand um 400 — nicht unterbrochene Benutzung ist erfahrungsgemäß der beste Schutz eines Bauwerkes —, zu der Erneuerungen im Dienste des jeweiligen Bewohners gekommen sind; das Bauwerk ist ergänzt und umgestaltet, über- und unterbaut worden, es war daher schwierig, von den vielen bis in unsere Generation erhaltenen Zeugen den nur im Augenblick der Zerstörung sichtbaren Bestand zu analysieren.

Jeder Bau hat wie ein Lebewesen einen Lebenslauf und damit auch einen Abstieg. Das unrühmliche Ende durch Bagger haben wir miterlebt, den Abstieg an Bedeutung können wir rekonstruieren. Als 1155/56 Heinrich II., Jasomirgott, seine Residenz von Klosterneuburg nach Wien Am Hof verlegt, erlischt die überragende Bedeutung der ersten Burg Wiens; der Berghof hat aufgehört, die Burg des Herrn zu sein, denn jetzt zieht der Babenberger alle Größen an seinen Hof. Als der Berghof nicht mehr Mittelpunkt war, sind die frühgotischen Häuser in streng geordneter Grundstückaufteilung, die einem plötzlichen Wachstum mit einer architektonischen Planung entspricht, entstanden, die Zeit des freien Wachstums wurde abgelöst. Um die alte Burg als Kern entstehen nun die Häuser, die wir heute als Hoher Markt 8—9, Judengasse 1—7 und Sterngasse 1—7 bezeichnen (Abb. 2). Wir haben den Kern kennengelernt, aus dem das mittelalterliche Wien entstand, und als Beitrag vorgelegt zu dem in letzter Zeit von so vielen Seiten besprochenen Problem der Entstehung der mittelalterlichen Städte, denn jetzt ist die Erforschung des Werdens der frühen Städte in einem Entwicklungsstadium angelangt, in dem es besonders notwendig erscheint, die bisher aufgestellten Verallgemeinerungen an Hand von archäologischen Einzeluntersuchungen auf ihre Gültigkeit zu überprüfen.

Zusammenfassung

In der Inneren Stadt von Wien gab die Abtragung der Häuser Sterngasse 5 und 7 vom Jahre 1962 ab die Möglichkeit zu archäologischen Untersuchungen. Das Bundesdenkmalamt, Abteilung für Bodendenkmalpflege, hat dort innerhalb des römischen Lagers Vindobona (Abb. 1) zuunterst Reste eines Holzlagers der Auxiliartruppen des 1. Jh. gefunden (Taf. 10a—b); darüber befanden sich Steinbauten aus der Zeit um 100 und der des Wiederaufbaues nach den Markomannenkriegen in der 2. Hälfte des 2. Jh., die zum Bäderbezirk gehörten. Der oberste Abschluß der römischen Schichten war eine 10 cm hohe Brandschicht der Zeit um 400, als die Germanen Vindobona zum Großteil zerstörten. Darauf lagerte als sofortige Aufschüttung — und ohne Humuszwischenschicht — entweder eine dicke Sandschicht (Taf. 10a), eine Lage von Ziegelbruch (Taf. 10b) oder eine umgefallene Fachwerkwand aus luftgetrockneten Lehmziegeln (Taf. 10c). Letztere hatte eine um 400 zerstörte Ecke einer Steinmauer ausgefüllt und dadurch das Haus bewohnbar gemacht. Darüber befand sich eine Trockenmauer. Dieser archäologische Befund hat den Beweis erbracht, daß sich nach dem furchtbaren Brand um 400 hier im Nordosten von Vindobona eine Restsiedlung gebildet und erhalten hat. Aus ihr entstand eine Herrenhofanlage und dann die erste Burg Wiens, die später Berghof genannt wurde (Abb. 2). Zu ihrem im Südwesten gelegenen Tor (Abb. 3) führen von den erhaltenen römischen Lagertoren drei Wege direkt hin, die heute noch im Stadtbild zu erkennen sind: Tuchlauben, Wipplingerstraße und Salvatorgasse (Abb. 1). In Wien ist also die Siedlungskontinuität von der Römerzeit ab in einer Restsiedlung bewiesen. Aus diesem Kern entwickelte sich dann das mittelalterliche Wien.

Literaturverzeichnis

Blauensteiner, W. 1961 — Die Renaissancehäuser in Wien I, Sterngasse Nr. 5 und 7, in: Österreichische Zeitschrift für Kunst und Denkmalpflege 15, S. 184—188.

Grimm, P. 1960 — Zum Verhältnis von Burg und Stadt nach archäologischen Beobachtungen in Mittel- und Ostdeutschland, in: Omagiu liu Constantin Daicoviciu Vcu prilejul implinirii a 60 de ani, Bukarest, S. 1—2.

Grimm, P. 1963 — Zum Stand der archäologischen Erforschung der Stadtentwicklung in der Deutschen Demokratischen Republik, in: Visby-symposiet för historiska vetens kaper 1963, Acta Visbyensa 1, S. 224—252.

Kieslinger, A. 1952 — Romanische Profanbauten in Wien, in: Österreichische Zeitschrift für Kunst und Denkmalpflege 6, S. 82—88.

Kieslinger, A. 1963 — Barocke Unterfangungen älterer Bauteile in den Häusern Wien I, Sterngasse 5 und 7 und Marc Aurelstraße 2, in: Österreichische Zeitschrift für Kunst und Denkmalpflege 17, S. 127—129.

Ladenbauer-Orel, H. 1960 — Linz-Zizlau, Das baierische Gräberfeld an der Traunmündung, Wien/München.

Ladenbauer-Orel, H. 1965 — Das ottonische Castellum Wieselburg an der Erlauf, in: Jahrbuch des Römisch-Germanischen Zentralmuseums Mainz 12, S. 127—141.

Ladenbauer-Orel, H. 1965/66 — Archäologische Stadtkernforschung in Wien, in: Jahrbuch des Vereins für Geschichte der Stadt Wien 21/22, S. 7—66.

Ladenbauer-Orel, H. 1965—1967 — Der Kirchenberg in Wieselburg an der Erlauf, in: Jahrbuch für Landeskunde von Niederösterreich 37 (Festschrift Lechner), S. 28—39.

Ladenbauer-Orel, H. 1968 — Ausgrabung Wien I, Sterngasse, endgültig abgeschlossen, in: Wiener Geschichtsblätter 23 (83), S. 341—342.

Neumann, A. 1951 — Neue Funde aus dem Legionslager Vindobona, in: Pro Austria Romana, Nachrichtenblatt für die Forschungsarbeit über die Römerzeit Österreichs 1, S. 42—43.

Neumann, A. 1952a — Ein Langobardenfriedhof in der Inneren Stadt, in: Amtsblatt der Stadt Wien vom 2. 2. 1952.

Neumann, A. 1952b — Ein Langobardenfriedhof in der Inneren Stadt, in: Pro Austria Romana, Nachrichtenblatt für die Forschungsarbeit über die Römerzeit Österreichs 2, S. 12.

Neumann, A. 1956 — Das Lagerbad von Vindobona, in: Pro Austria Romana, Nachrichtenblatt für die Forschungsarbeit über die Römerzeit Österreichs 6, S. 40.

Neumann, A. 1957 — Das Lagerbad von Vindobona, in: Amtsblatt der Stadt Wien vom 12. 1. 1957, S. 4–5.

Neumann, A. 1963/64 — Inschriften aus Wien, in: Jahrbuch des Vereins für Geschichte der Stadt Wien 19/20, S. 7, Nr. 11a.

Neumann, A. 1964 — Zwei neue Altäre aus Vindobona, in: Pro Austria Romana, Nachrichtenblatt für die Forschungsarbeit über die Römerzeit Österreichs 14, S. 5.

Neumann, A. 1965 — Spital und Bad des Legionslagers Vindobona. Die archäologischen Ergebnisse der Kanalgrabung Wien I, Salvatorgasse (1951), in: Jahrbuch des Römisch-Germanischen Zentralmuseums Mainz 12, S. 99–126.

Oettinger, K. 1951 — Das Werden Wiens, Wien.

Quellen zur Geschichte der Stadt Wien, hrsg. vom Altertumsverein zu Wien, Wien 1895ff.

Stuiver M., and Suess, H. E. 1966 — On the relationship between radiocarbon dates and true sample ages, in: Radioarbon 8, Yale University, New Haven, Connecticut, S. 534–540.

Fotos: Bundesdenkmalamt, Ladenbauer-Orel.

Allstedt
Siedlung — Königspfalz — Stadt

Von Berthold Schmidt, Halle (Saale)

Mit 6 Textabbildungen und Tafel 11—12

Im Angesicht der Königspfalz Tilleda liegen, nur etwa 17 km in östlicher Richtung entfernt, Schloß und Stadt Allstedt. Da der -stedt-Name auf eine recht frühe Entstehung der den Namen Allstedt tragenden Siedlung schon vor der ersten namentlichen Erwähnung schließen läßt, schien hier ein guter Ansatzpunkt für die archäologisch-historische Forschung gegeben. Zudem liegt die Gemarkung im Altsiedelland weit westlich der Saale. In den Landschaften östlich der Saale und Weißen Elster bestehen ja bekanntlich durch den fast völligen Siedlungsbruch zwischen germanischer und slawischer Besiedlung kaum Möglichkeiten, Ortschaften und deren Namen über die slawische Besiedlung hinaus zurückzuverfolgen.

Einige archäologische Untersuchungen und Beobachtungen, die der Verfasser zur Frage des Beginns der Siedlung Allstedt und der Lokalisation der gleichnamigen Königspfalz im Laufe der vergangenen Jahre vornehmen konnte, sollen hier vorgelegt werden. Sie bilden eine Ergänzung der Forschungen P. Grimms, der sich schon mehrfach mit der Entstehung und Lokalisation der Pfalz Allstedt beschäftigt hat (P. Grimm 1958, S. 294; 1960, S. 79; 1961, S. 22).

Die vor- und frühgeschichtliche Besiedlung der Gemarkung Allstedt, Kr. Sangerhausen

Ihre mannigfaltige vorgeschichtliche Besiedlung verdankt die Gemarkung Allstedt ihrer Lage am Nordrand der Goldenen Aue, wo der Wasserlauf der Rohne die anschließenden Höhen nach der Helme und Unstrut zu entwässert. Warme Südhänge und fruchtbarer Boden aus Löß- und Schwarzerde auf anstehendem Buntsandstein lassen heute verschiedene Getreide-, Gemüse- und Obstkulturen gedeihen. Auf Grund dieser geographischen und geologischen Situation ist es nicht verwunderlich, daß die Gemarkung Allstedt eine reiche vor- und frühgeschichtliche Besiedlung aufzuweisen hat (P. Grimm 1930; G. Neumann 1935). Zu ihrer Charakterisierung wird hier eine Übersicht über die Fundstellen der Gemarkung und des Staatsforstes Allstedt gegeben (Abb. 1).

Allstedt

Fdpl. 1 Mbl. 2602/4534; S. 4,4; W 20,2 cm; östlich vom Schloß.
a) Jungsteinzeitliche Einzelfunde.
b) Siedlung der jüngeren Bronzezeit (Unstrutgruppe).
c) Mittelalterliches Skelettgrab.

Fdpl. 2 Mbl. 2602/4534; S 3,1; W 16,5 cm; dicht nördlich vom Ort, Hornfeld (Gärtnerei Schadewald).
a) Urnengrab der mittleren Latènezeit.
b) Gräberfeld des 7. Jh.

Fdpl. 3 Mbl. 2676/4634; N 5,5/6,7; O 21,4/22,5 cm; „Altenburg“; 2,75 km südöstlich von Allstedt.
Burgwall. Rundlich-ovale Anlage von etwa 300 × 375 m Durchmesser in leichter Hanglage, die von einem flachen Wall mit dahinterliegendem Graben umgeben ist. Auf der zur Hochfläche übergehenden Nordostseite befindet sich ein noch schwach erkennbarer Graben vor dem Wall. Vermessung durch K. Krause, Sangerhausen.

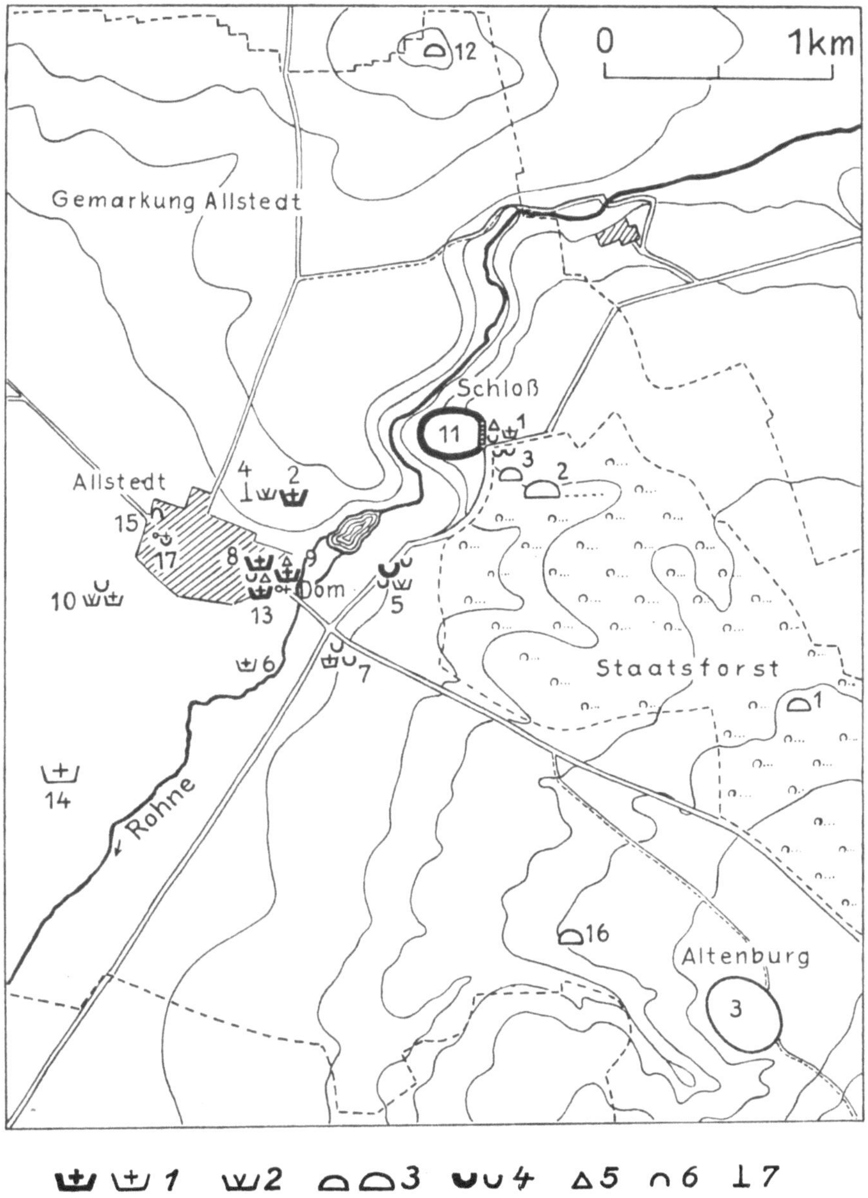

Abb. 1. Die Fundstellen in der Gemarkung und im Staatsforst Allstedt, Kr. Sangerhausen.
1 Körpergrab bzw. Körpergräberfeld; *2* Urnengrab; *3* Grabhügel bzw. Hügelgräberfeld; *4* Siedlungsfunde bzw. -gruben; *5* Einzelfund; *6* Tor und Graben; *7* Steinkreuze

Fdpl. 4 Mbl. 2602/4534; S 3,2; W 16,0 cm; nordöstlich des Bahnhofes.
Fünf mittelalterliche Steinkreuze, heute nur noch drei und das Fragment eines vierten erhalten. 14./15. Jh.

Fdpl. 5 Mbl. 2602/4534; S 1,8; W 18,3 cm; östlich der Stadt an der Straße und an der Zuckerfabrik.

a) Siedlungsgruben der Jungsteinzeit (bandkeramische und Rössener Kultur) mit vielen Steingeräten; Körpergräber dieser beiden Gruppen.
b) Siedlungsreste der Bronzezeit, Gefäße der jüngeren Bronzezeit.
c) Urnengrab der Latènezeit.
d) Ein Gefäß der frühen römischen Kaiserzeit.
e) Frühmittelalterliche Siedlungsreste (Taf. 12f.).

Fdpl. 6 Mbl. 2602/4534; S. 0,2; W 15,5 cm; Gerstenstr. 73/74. Steinkistengrab der Jungsteinzeit, nordost-südwestlich ausgerichtet.

Fdpl. 7 Mbl. 2602/4534; S 0,3; W 17,5 cm; södöstlich der Stadt.
a) Steinplattengräber der Jungsteinzeit und der frühen Bronzezeit.
b) Siedlungsreste der Jungsteinzeit (bandkeramische Kultur).
c) Siedlungsreste der späten Bronzezeit.

Fdpl. 8 Mbl. 2602/4534; S 1,9; W 16,1 cm; am Schild, Grundstück Kratze.
a) Siedlung der bandkeramischen Kultur.
b) Walzenförmiges Webgewicht der frühen Bronzezeit.
c) Reihengräberfeld der späten Völkerwanderungszeit, Gruppe II (450—525).

Fdpl. 9 Mbl. 2602/4534; S 1,8; W 16,8 cm; am Dom.
a) Scherben der Spätlatènezeit (Siedlung ?).
b) Eine Scherbe des 13./14. Jh.
c) Mittelalterliche Körpergräber.

Fdpl. 10 Mbl. 2602/4534; etwa S 1,6; W 13,3 cm; Mühlfeld. Kiesgrube in der Nähe der Gasanstalt.
a) Einzelfunde (Siedlung ?) der Jungsteinzeit.
b) Drei Körper-, vier Urnengräber zerstört, Zeit ?.

Fdpl. 11 Mbl. 2602/4534; S 4,1/4,7; W 19/20,0 cm; „Schloßberg".
a) Vorgeschichtliche Scherben.
b) Schloß mit Gebäuden des 15./18. Jh. als Rest der mittelalterlichen Burg und Königspfalz. Ein 12 m breiter Abschnittsgraben hart östlich der Schloßgaststätte begrenzte die Pfalz im Osten.

Fdpl. 12 Mbl. 2602/4534; etwa W 19,1; S 11,2 cm; Galgenberg.
a) Bei der Separation soll ein Grabhügel abgetragen worden sein.
b) Grabhügel (mit trigonometrischem Punkt), vermutlich aus der Jungsteinzeit und in der Bronzezeit überhöht (mit Körpergräbern).

Fdpl. 13 Mbl. 2602/4534; S 1,6; W 16,1 cm; in der Altstadt. Mittelalterliche Gräber.

Fdpl. 14 Mbl. 2676/4634; etwa W 11,3—15,0; N 1,5—3,0 cm; Mallerbacher Feld.
Steinplattengrab der Jungsteinzeit, Bernburger Gruppe. Westöstlich orientiertes Plattengrab mit Seelenloch, zwei Schädel, einer davon mit zwei Trepanationen.

Fdpl. 15 Mbl. 2602/4534; S 2,9; W 14,2 cm; Katharinenriether Tor.
Bei der Legung der Wasserleitung konnten Fundamentreste des mittelalterlichen Tores und die dunkle Füllung des davorliegenden Grabens beobachtet werden.

Fdpl. 16 Mbl. 2676/4634; N 4,8; W 21,3 cm.
Hügelgrab der Jungsteinzeit oder jüngeren Bronzezeit.

Fdpl. 17 Mbl. 2602/4534; S 2,5; W 14,3 cm; hart südlich der Stadtkirche St. Johannis.
Mittelalterliches Tonnengewölbe ohne Mörtel (Taf. 12g—h).

Fdpl. 18 Koordinaten unbekannt; „Wüste", südöstlich der Stadt.
Hügelgräber der mittleren/jüngeren Bronzezeit.

Außerdem befinden sich im Landesmuseum Halle, im Museum für Urgeschichte in Weimar (jetzt meist nach Halle überführt), im Staatlichen Museum für Völkerkunde zu Berlin, in den Museen Allstedt, Zeitz, Mönchen-Gladbach, Jena und Halberstadt viele Funde der Jungsteinzeit (bandkeramische und schnurkeramische Kultur), der Bronzezeit (Unstrutgruppe) und der Latènezeit aus der Gemarkung Allstedt ohne genaue Angabe des Fundplatzes.

Staatsforst Allstedt

Fdpl. 1 Mbl. 2676/4634; N 0,7; O 20,9 cm; Teilholz.
6 Hügelgräber, wohl jüngere Bronzezeit.

Fdpl. 2 Mbl. 2602/4534; W 20,2/23,0; S 3,0/4,1 cm; im „Hagen".
Über 40 Hügelgräber. Teilweise jungsteinzeitlich (schnurkeramische Kultur) und jungbronzezeitlich (Unstrutgruppe) überhöht. Als Einzelfunde aus den Hügeln mehrere Scherben der Trichterbecherkultur. In einem der Hügel soll ein Gefäß des 6. Jh. gefunden worden sein.

Fdpl. 3 Mbl. 2602/4534; W 20,2/21,0; S 4,0/4,2 cm; östlich der Schloßgaststätte.
a) Siedlungsgruben der Jungsteinzeit (bandkeramische Kultur).
b) Siedlungsgruben der jüngeren Bronzezeit.

Wenn mehrere vorgeschichtliche Kulturen innerhalb der Gemarkung und des Staatsforstes Allstedt auch reich und mit zum Teil wichtigen Funden vertreten sind, so kann hier jedoch von einer kontinuierlichen Besiedlung nicht gesprochen werden. Völlig anders ist die Situation in frühgeschichtlicher Zeit. Seit der späten Völkerwanderungszeit weisen die Fundstellen im heutigen Stadtgebiet von Allstedt eine kontinuierliche Besiedlung bis zur ersten urkundlichen Erwähnung der urbs Altstediburg im 9. Jh. aus.

An der Nordostecke eines dreieckigen Platzes, Schild genannt, waren auf dem Hofe des Grundstückes Kratze bei Ausschachtungsarbeiten mehrere Gefäße und Scherben der Thüringer Königszeit zum Vorschein gekommen (Abb. 2). Bei der Anlage von Suchschnitten im

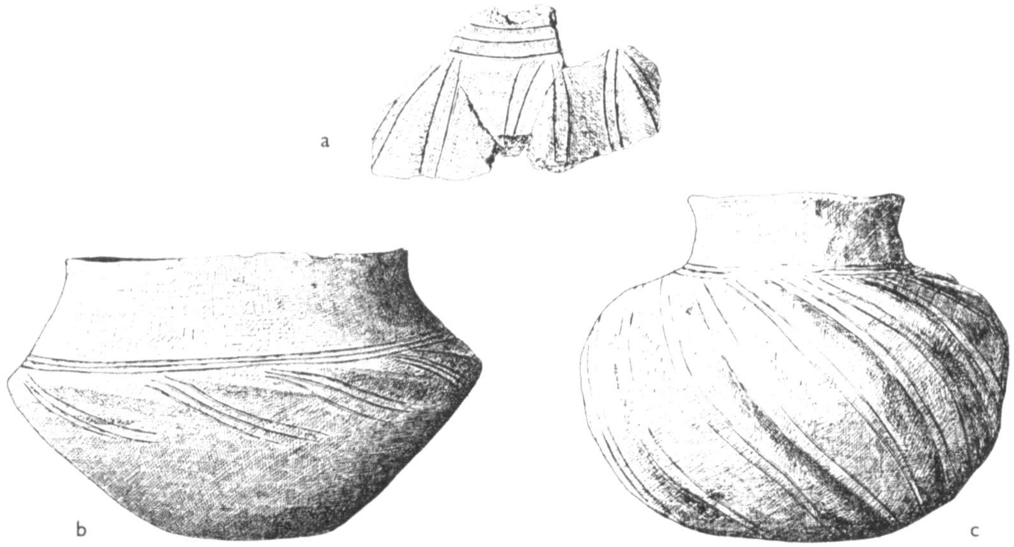

Abb. 2. Allstedt, am Schild. Aus zerstörten Körpergräbern der thüringischen Königszeit. 1:3

Jahre 1961 im Hausgarten des genannten Grundstückes wurde ein Grab der Gruppe II (450—525) ausgegraben. Das Skelett eines Kindes war westnordwest-ostsüdöstlich orientiert, Kopf im Westen. Die 1,55 m tiefe, 1,16 m lange und 0,80 m breite Grabgrube wies fast rechteckige Form auf mit nur wenig abgerundeten Ecken und war fast senkrecht eingetieft. Das Skelett des Kindes war nahezu vollständig vergangen. Eine Gürtelschnalle lag in der Gegend des einstigen Beckens, etwas nach Norden zu ein Eisenmesser, zu Füßen ein Dreilagenkamm. In der Mitte des Grabes stand ein Kumpf, zu Füßen neben dem Kamm ein weiterer Kumpf und in der Mitte der südlichen Längsseite eine Schale. Neben dieser lagen vier Hühnereier.

Die Funde (Abb. 3; Museum Sangerhausen):

a) Schale mit schmalen, schrägen Furchen, in denen jeweils ein oder zwei Schrägstriche angebracht sind.
H. 10,3; gr. Dm. 18,6 cm.

b) Kumpf.
H. 6,5; gr. Dm. 10,9 cm.

c) Kumpf.
H 7,4; gr. Dm. 12,2 cm.

d) Schalen von mindestens einem Hühnerei.

e) Knochen.

f) Zweireihiger Dreilagenkamm mit Eisennieten und paralleler Strichverzierung.
L. 10,6; Br. 4,2 cm.

g) Hühnerei.

h) Hühnerei. 5,3 × 3,3 cm.

i) Hühnerei. 5,7 × 3,2 cm.
j) Eisenmesser mit rechteckig abgesetzter Griffangel. L. noch 7,3 cm.
k) Gürtelschnalle aus Eisen, oval. L. 2,2; Br. 2,7 cm.

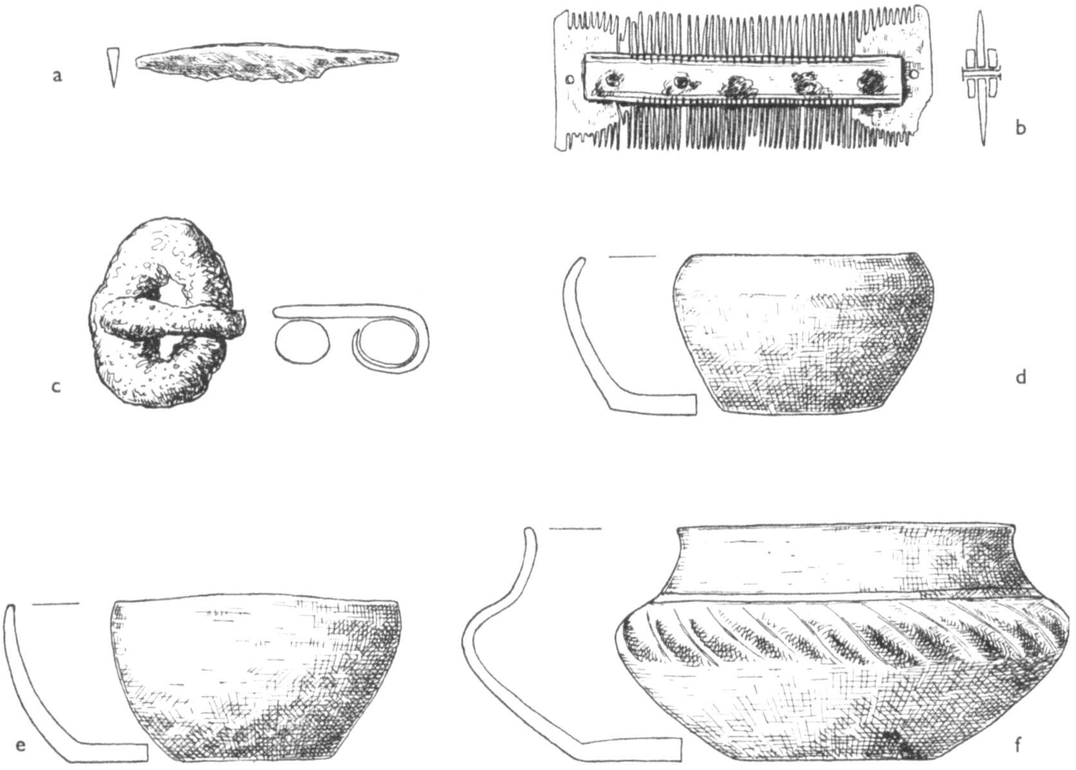

Abb. 3. Allstedt, am Schild. Grab 1 der thüringischen Königszeit. a—c) 1:2; d—f) 1:3

Das hier untersuchte Grab lag nur 5 m von der Stelle entfernt, wo schon vor Jahrzehnten zwei Gefäße und eine Scherbe der thüringischen Königszeit gefunden worden waren. Nach Aussage des Grundstücksbesitzers sollen diese zusammen mit menschlichen Skeletten, die aber nicht aufgehoben worden sind, zum Vorschein gekommen sein. Es handelt sich hier demnach um ein Reihengräberfeld des 5./6. Jh.

Bei einem Vergleich mit gleichzeitigen Fundstellen im übrigen Mitteldeutschland müßte die zu dem Gräberfeld von Allstedt gehörende Siedlung an der Rohne, etwa am Dom, liegen. Leider konnte hier noch keine systematische Untersuchung durch den Verfasser durchgeführt werden.

Für das 7. Jh. liegt wiederum ein Gräberfeld vor. Es befindet sich nur 375 m vom Gräberfeld am Schild und vom Dom entfernt, auf dem Grundstück des Gärtners Schadewald, in Südhanglage (P. Grimm 1930; 1960, S. 79; G. Neumann 1935; W. Schulz 1926, S. 297). Von den bis jetzt aufgedeckten, west-östlich ausgerichteten vier Gräbern waren drei mit Steinplatten umsetzt und überdeckt. Grab 2 enthielt eine Lanzenspitze und ein Eisenmesser. Da die Funde verlorengingen, können hier nur einfache Umrißzeichnungen vorgelegt werden (Abb. 4). Aus Grab 3 sind eine Gürtelschnalle und Bronzebeschlagteile erhalten (Taf. 12a—e), die anderen Gegenstände (2 Eisenmesser, Eisenhaken, Wetzstein) sind zur Zeit nicht auffindbar. Die Gürtelschnalle gehört in das 7. Jh. Ihre Parallele findet sie vor allem im fränkischen

Gebiet (Neuwieder Becken, Wallraf-Richartz-Museum XIX, 23; Münstermaifeld, XIX, 17; Rittersdorf, Mus. Trier; Büttelborn, Museum Darmstadt 19946; Kreuznach, Museum Kreuznach 27967; Andernach, Museum Bonn 7668). Wenn man an Hand dieser wenigen Funde auch in Allstedt nicht gleich von einem fränkischen Friedhof sprechen kann, so zeigen sie doch die allmähliche Frankisierung der thüringischen Bevölkerung an.

Etwa 300 m vom Dom entfernt liegen dann die Funde des 8. und 9. Jh. vom Gelände der Zuckerfabrik (P. Grimm 1930; 1961; G. Neumann 1935, S. 394; H. Rempel 1966, S. 173). Ein kleines Gefäß ist hierbei von besonderem Interesse (Taf. 12f). Wollten es G. Eichhorn (1910) und Ch. Albrecht (1925, S. 55) noch für slawisch halten, so bezeichnet es L. Franz (1941, S. 13ff.) als merowingerzeitlich. Das 11,2 cm hohe Gefäß besteht aus gemagertem, schmutziggrauem Ton. Der kurze Hals ist etwas nach außen geneigt. Zwei wulstförmige, heute teilweise, aber infolge der erhaltenen Ansätze richtig ergänzte Henkel sitzen auf der Schulter. Zwischen diesen ist ein Ornament angebracht. Es besteht aus unregelmäßigen runden und länglichen Einstichen eines kammartigen Gerätes, die nach unten durch drei eingeritzte, leicht gewellte Linien abgeschlossen werden. Das Gefäß dürfte fränkischer oder einheimischer Herkunft und dem 8. Jh. zuzuordnen sein, obwohl es im spätawarischen Gräberfeld von Nemesvölgy, Kr. Mosny, Ungarn (Nationalmuseum Budapest), ein ähnliches, aber henkelloses Gefäß gibt.

Insgesamt kann gesagt werden, daß auf Grund der hier vorgelegten Fundstellen vom 5. bis zum 9. Jh. an das Fortdauern einer Siedlung, die schon den Namen Allstedt getragen haben wird, sehr wahrscheinlich ist. Das ergibt sich aus der ersten schriftlichen Erwähnung im 9. Jh. Diese Siedlung pendelt aber um wenige hundert Meter am Lauf der Rohne entlang.

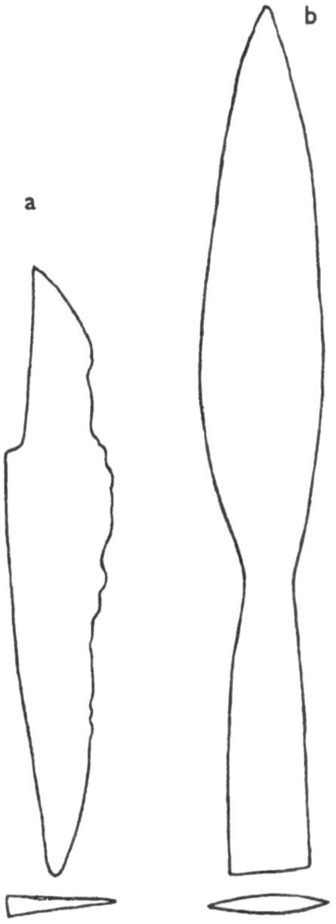

Abb. 4. Allstedt, Gräberfeld des 7. Jahrhunderts. Grab 2. a) 1:2; b) 1:3

Burg und Pfalz Allstedt

(P. Grimm 1961, S. 79f; F. Faius 1941; O. Goldfuß 1966)

Bei der Erwähnung im Hersfelder Zehntverzeichnis des 9. Jh. wird aber von der urbs Altstediburg gesprochen. In dieser Zeit war das Gebiet um Allstedt demnach königliches Gut. Für die Lage der Altstediburg kommen eigentlich nur zwei Punkte in Betracht: der Schloßberg und die Altenburg. Obwohl von der Altenburg keine Funde vorliegen, lassen Form der Anlage und Bauart des Walles sowie die Lage im Gelände eher an eine spätbronzezeitliche bis latènezeitliche Anlage denken.

Nachdem im 10. Jh. Allstedt zum Hausgut der Liudolfinger gehört, wird es mit der Erhebung Heinrichs I. zum König wieder königliches und reichsunmittelbares Gut. Im Jahre 935 wird die curtis Altstedi als königlicher Hof erwähnt. In der Königspfalz Allstedt urkundeten bis zu Philipp v. Schwaben zweiundvierzigmal deutsche Könige und Kaiser. Der Lokalisation dieser Pfalz galten die nächsten Untersuchungen. Im Ostteil der Stadt, hart an der Rohne, liegt auf einer markanten Rundung die Wigbertikirche, jetzt allgemein volkstümlich als „Dom“ bezeichnet. Sie wird sich aus einer hersfeldischen Kapelle des 9. Jh. entwickelt haben. Um 1200 entsteht ein Neubau mit Turm, 1284 wird die Kirche vom Stift Hersfeld dem Kloster Walkenried überlassen. Im 15. Jh. findet eine Erweiterung des Langhauses statt, das im Jahre 1525 wieder zerstört wird und seitdem eine Ruine ist. Nur der Turm blieb erhalten. Dieses Gebiet um den „Dom“ wird nun von manchen Forschern für die Stelle der einstigen Königspfalz gehalten. Als aber vor wenigen Jahren in Allstedt wegen des Baues von Wasserleitungen fast sämtliche Straßen von Gräben bis zum anstehenden Boden durchzogen wurden, konnten der Ortspfleger, Lehrer Goldfuß, und wir durch wiederholtes Begehen dieser Gräben feststellen, daß der für die Pfalz zu postulierende Befestigungsgraben am Dom nicht vorhanden ist. Damit dürfte dieses Gelände für die Lokalisation der Pfalz ausscheiden.

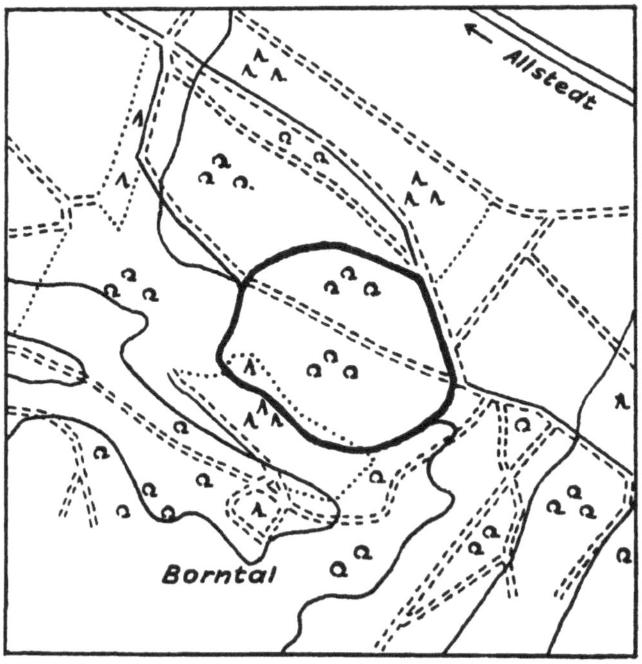

Abb. 5. Allstedt, Burgwall Altenburg

Dagegen erbrachte ein Schnitt oben auf dem Schloßberg, hart nordöstlich des Schloßgasthofes, einen 12 m breiten Graben, der als Abschnittsgraben den gesamten Schloßberg von ca. 250 m Länge von der Hochfläche trennt (Abb. 6). Leider konnte der Graben nicht in seiner vollen Tiefe erfaßt werden. In seiner Form etwa als Spitzgraben müßte er aber spätestens in ottonischer Zeit angelegt worden sein (R. v. Uslar 1964, S. 212f.). Bei der Größe der von ihm geschützten Fläche kann es sich nur um die Königspfalz Allstedt handeln.

Markt und Stadt Allstedt

Die im Tale bestehende Siedlung Allstedt scheint sich bis in das 13. Jh. hinein in westlicher Richtung über den „Dom“ hinaus nur bis in die Gegend des Schildes ausgebreitet zu haben. Jedenfalls haben die westlich davon liegenden Straßen keine älteren Funde erbracht.

Zu einer planmäßigen Marktgründung mit rechteckig geführten Straßen in Gitterform neben der alten Siedlung („Altstadt“) und im Schutze der Burg kam es erst in den Jahren zwischen 1323 und 1330 durch Graf Burchard V. von Mansfeld. Inzwischen hatte im Jahre 1292 das castrum imperii Altstete die Reichsunmittelbarkeit verloren. Seit 1324 waren die Grafen von Mansfeld damit belehnt.

Um 1500 erst verlieh dann Kurfürst Friedrich der Weise Allstedt die Stadtrechte.

Bei den archäologischen Untersuchungen konnten die Fundamentreste des Katharinenriether Tores im Westen der Stadt und der davorliegende Graben festgestellt werden.

An der mit der Errichtung der Marktsiedlung („Neustadt“) um 1330 gebauten Johanniskirche wurde ein altes Tonnengewölbe, das ohne Verwendung von Mörtel errichtet war, entdeckt (Taf. 12g—h). Es liegt unter der heutigen Erdoberfläche, hatte eine Ausdehnung von 2,90 × 3,70 m und besaß im Westen eine apsisartige Erweiterung. Seine Verwendung ist unklar. Da es heute verschüttet ist, soll es hier wenigstens abgebildet werden.

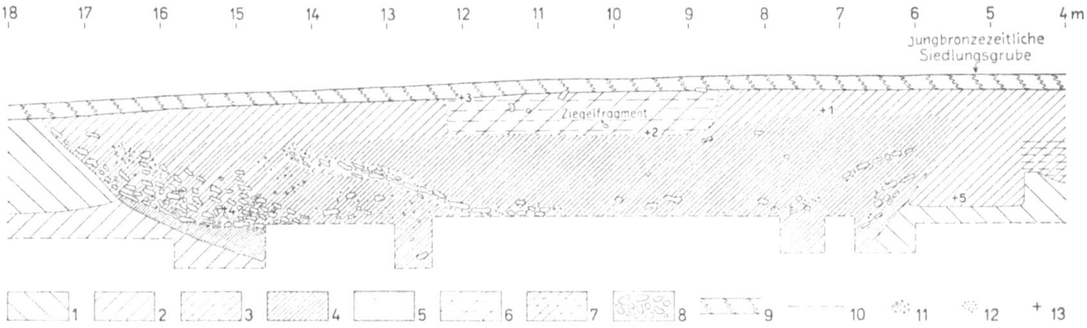

Abb. 6. Allstedt, Schloßberg. Abschnittsgraben nordöstlich des Schloßgasthofes
1 hellrot und braunrot verwitterter Buntsandstein; *2* hellbrauner-hellgrauer, toniger, verwitterter Buntsandstein; *3* braungrau; *4* dunkelbraune humose Einfüllung mit Mörtel-, Stein- und Lehmbewurfresten; *5* dunkelbraungraue humose Einfüllung; *6* moderne Störung; *7* graubrauner Humus; *8* Steine; *9* Schotter des Fahrweges; *10* untere Grabungsgrenze; *11* Lehmbewurf; *12* Mörtel; *13* Scherben

Zusammenfassung

Der siedlungsgünstigen Lage am Südhang im Zusammenhang mit dem Vorhandensein von Wasser durch die Rohne verdankt die Flur Allstedt eine reiche vor- und frühgeschichtliche Besiedlung. Diese konzentriert sich seit der thüringischen Königszeit (5./6. Jh.) im Gebiet der Altstadt und wenig östlich davon, so daß von da ab die den Namen Allstedt führende Siedlung bestanden haben wird. Die geringen Entfernungen der Fundstellen des 5./6., des 7. und des 8./9. Jh. voneinander zeigen ein geringes Pendeln der Siedlung Allstedt längs des Bachlaufes.

Die Königspfalz ist auf dem Schloßberg zu lokalisieren, wo jetzt durch eine Grabung ein 12 m breiter Befestigungsgraben, der den gesamten Bergsporn von fast 300 m Länge vom Allstedter Höhenzug trennt, erfaßt werden konnte.

Die mittelalterliche Siedlung Allstedt wurde zwischen 1323 und 1330 in westlicher Richtung beträchtlich erweitert, und zwar nach einem planmäßigen Gitterschema. Das westliche Stadttor und der davorliegende Graben konnten ebenfalls archäologisch nachgewiesen werden.

Wenn die Untersuchungen in Allstedt auch noch nicht abgeschlossen sind, so kann doch gesagt werden, daß hier im Thüringer Altsiedelland die kontinuierliche Entwicklung und das Alter von Siedlung, Burg und Stadt gut zu verfolgen sind. Wegen der günstigen historischen und geographischen Situation in Allstedt sollen die Untersuchungen dort fortgesetzt werden.

Literaturverzeichnis

Albrecht, Ch. 1925 — Die Slawen in Thüringen, in: Jahresschrift für die Vorgeschichte der sächsisch-thüringischen Länder 12, H. 2.

Allmann, R. 1966 — Die Bodendenkmäler des Kreises Sangerhausen, in: Heimat- und Wanderbuch des Kreises Sangerhausen, Halle, S. 198.

Eichhorn, G. 1910 — Tafeln zur Vor- und Frühgeschichte Thüringens, Jena.

Faius, F. 1941 — Allstedt, Landkreis Weimar, in: E. Keyser, Deutsches Städtebuch, 2. Bd, Stuttgart/Berlin.

Franz, L. 1941 — Ein merowingerzeitliches Gefäß aus Allstedt, in: Der Spatenforscher 6, S. 13—16.

Goldfuß, O. 1966 — Allstedt, in: Heimat- und Wanderbuch des Kreises Sangerhausen, Halle, S. 134—140.

Grimm, P. 1930	Die vor- und frühgeschichtliche Besiedlung des Unterharzes und seines Vorlandes auf Grund der Bodenfunde. Jahresschrift für die Vorgeschichte der sächsisch-thüringischen Länder 18.
Grimm, P. 1958	Die vor- und frühgeschichtlichen Burgwälle der Bezirke Halle und Magdeburg, Berlin.
Grimm, P. 1960	Blick auf Allstedt, in: Pfalzenexkursion 1960, Berlin.
Grimm, P. 1961	Stand und Aufgaben der archäologischen Pfalzenforschung, Berlin.
Neumann, G. 1935	Die Gemarkung Allstedt in vorgeschichtlicher Zeit, in: Das Thüringer Fähnlein 4, S. 389 bis 398.
Rempel, H. 1966	Reihengräberfriedhöfe des 8. bis 11. Jahrhunderts aus Sachsen-Anhalt, Sachsen und Thüringen, Berlin.
Schlesinger, W. 1963	Merseburg, in: Deutsche Königspfalzen, 1. Bd. Göttingen, S. 158—206.
Schulz, W. 1926	Zur Merowingerzeit Mitteldeutschlands, in: Mannus 18, S. 285—297.
Uslar, R. v. 1964	Studien zu frühgeschichtlichen Befestigungen zwischen Nordsee und Alpen. Köln—Graz.

Aufbau und Zeitstellung des Burgwalls von Lossow, Kr. Eisenhüttenstadt

Von Wilhelm Unverzagt, Berlin

Mit 7 Textabbildungen

In den ersten Jahrzehnten unseres Jahrhunderts erregte der auf der südlichen Nase der Lebuser Platte hoch über der „Steilen Wand", einem senkrechten Abfall zur Oder liegende Burgwall von Lossow zweimal ein über den engeren Rahmen des Faches hinausgehendes Aufsehen.

In der Zeit vom 3.—23. 7. 1909 wurden auf Veranlassung von Carl Schuchhardt durch den Frankfurter Oberstudiendirektor Dr. R. Agahd größere Grabungen durchgeführt mit dem Ziel, Aufbau und Zeitstellung dieses ansehnlichen Bodendenkmals zu ermitteln[1]). Auf Grund des Befundes in den von ihm auf dem westlichen Teil der Umwallung angelegten Flächen und Schnitten (Abb. 1—3) konnte er einen bis dahin noch nicht festgestellten Wallaufbau

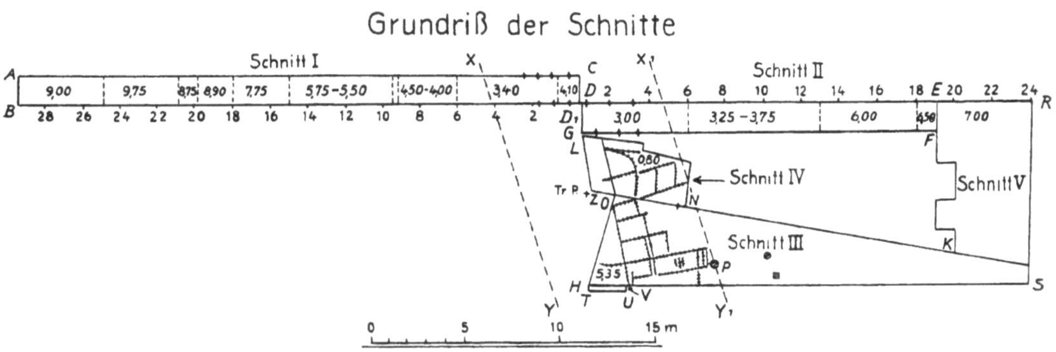

Abb. 1. Lossow, Kr. Eisenhüttenstadt. Grabung Agahd 1909, Gesamtplan der Schnitte und Flächen.

ermitteln. Der Kern des Walles von mehr als 3 m Mächtigkeit bestand aus verschiedenen Bodenarten, die durch scharfe braune 10—15 mm breite Linien von verrottetem Holz voneinander getrennt waren (Abb. 2). Durch die verschiedene Färbung der einzelnen Erdarten hoben diese sich deutlich gegeneinander ab. An die Kernschicht schlossen sich innen und außen 2 bzw. 3 weitere Reihen mit Erde gefüllter Kästen an. Die keramischen Funde — mit Ausnahme von ganz wenigen in den hochgelegenen Teilen des Walles gefundenen slawischen — ließen eine Datierung in die Zeit des spätbronzezeitlichen Aurither Typus als möglich erscheinen. Agahd setzte daraufhin das Alter der Befestigung in die vorslawische Zeit.

Im Sommer 1919 stieß man bei einer Erweiterung der Westseite des Bahneinschnittes, mit dem die Hauptstrecke Berlin—Breslau das Burgwallgelände durchfährt, zur Anlage eines Überholungsgleises dem Einschnitt entlang auf fünfzehn bis zu 8 m tiefe und 1—1,50 m

[1]) R. Agahd und C. Schuchhardt, Zwei altgermanische Burgen an der Oder, I, R. Agahd, Der Burgwall von Lossow bei Frankfurt/Oder, P. Z. III, 1911, S. 308ff.

weite Schächte. Aus ihrer Füllung kamen überaus zahlreiche Tier- und Menschenknochen zum Vorschein, die von M. Hilzheimer eingehend veröffentlicht worden sind[2]).

Auf Grund der von ihm bearbeiteten Pferde- und Rinderknochen, die einen gesicherten Anhaltspunkt dafür boten, daß sie mit dem umgebenden Fleisch in den Schächten beigesetzt

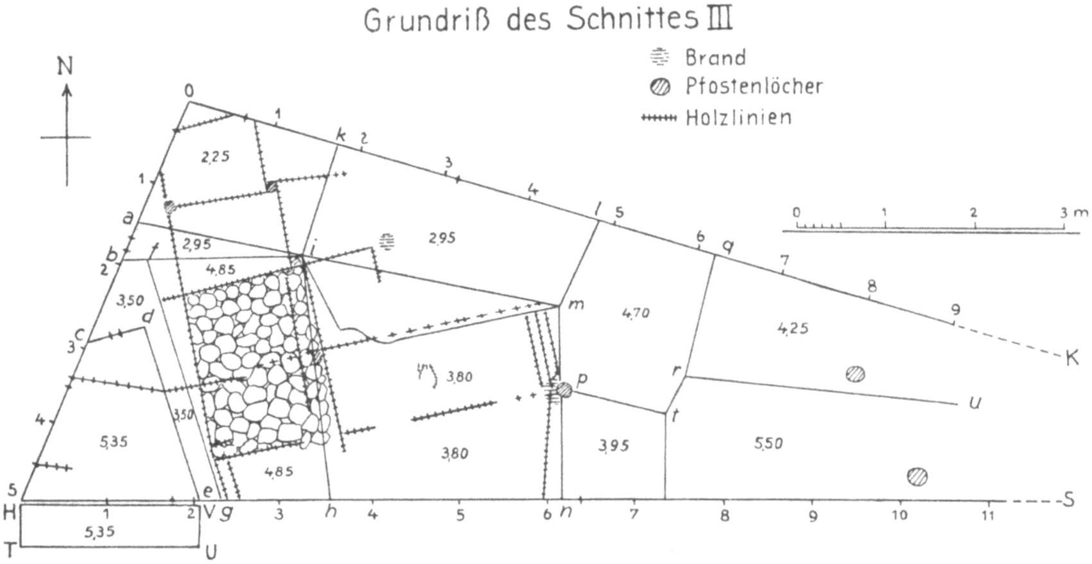

Abb. 2. Lossow, Kr. Eisenhüttenstadt. Grabung Agahd 1909, Grundriß von Schnitt III

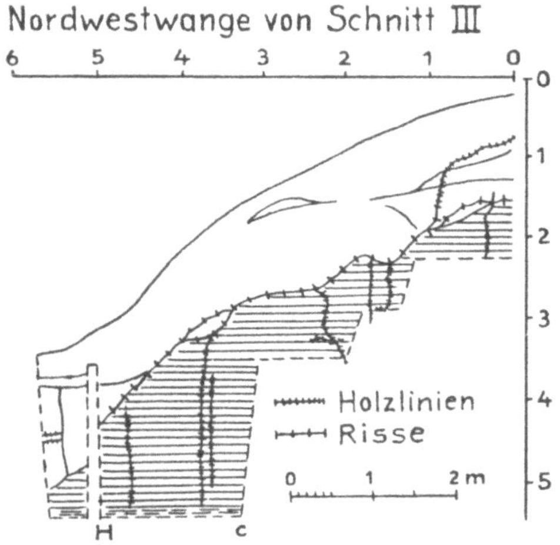

Abb. 3. Lossow, Kr. Eisenhüttenstadt. Grabung Agahd 1909, Nordwestwange von Schnitt III

worden sind[3]), trat Carl Schuchhardt für eine Deutung der in den Schächten angetroffenen Reste als Opfer ein und brachte sie mit dem in der Germania des Tacitus 39 erwähnten Semnonen-Heiligtum in Verbindung[4]).

Nach Übernahme der Leitung des Staatlichen Museums für Vor- und Frühgeschichte in Berlin als Nachfolger von Carl Schuchhardt veranstaltete ich in den Jahren 1926—1929 größere planmäßige Ausgrabungen in dem Lossower Burgwall, um das Alter und die Technik der Kastenkonstruktion des Walles und der erwähnten Schächte festzustellen (Abb. 4).[5])

Im Jahre 1926 wurde der große Ostwestschnitt angelegt. Dabei ergab sich, daß die Schächte bis an die Innenseite des Westwalles heranreichten (Abb. 4: 24, 25, 26). 1927 wurde senk-

[2]) M. Hilzheimer, Die Tierknochen aus den Gruben des Lossower Ringwalles bei Frankfurt a. O., Abhandlungen der Preußischen Akademie der Wissenschaften, Jahrgang 1922, Phil.-Hist. Klasse Nr. 5.
Die Menschenknochen aus den Schächten einschließlich der bei meinen Grabungen gefundenen sind von Gisela Asmus zusammengestellt und behandelt worden. Sie sind dann mit dem Manuskript ihrer Arbeit am 3. 2. 1945 im Staatlichen Museum für Vor- und Frühgeschichte durch Luftangriff vernichtet worden. Die meisten von ihnen waren zerstückelt und stammten vielfach von jugendlichen Individuen.

[3]) M. Hilzheimer, a. a. O., S. 4.

[4]) C. Schuchhardt, Vorwort zu Max Hilzheimer, a. a. O., S. 3.

[5]) W. Unverzagt und J. A. von Jenny, 10 Jahre Museum für Vor- und Frühgeschichte 1924—1934. In: Berliner Museen 56, 1935, S. 2—16, Abb. 8.

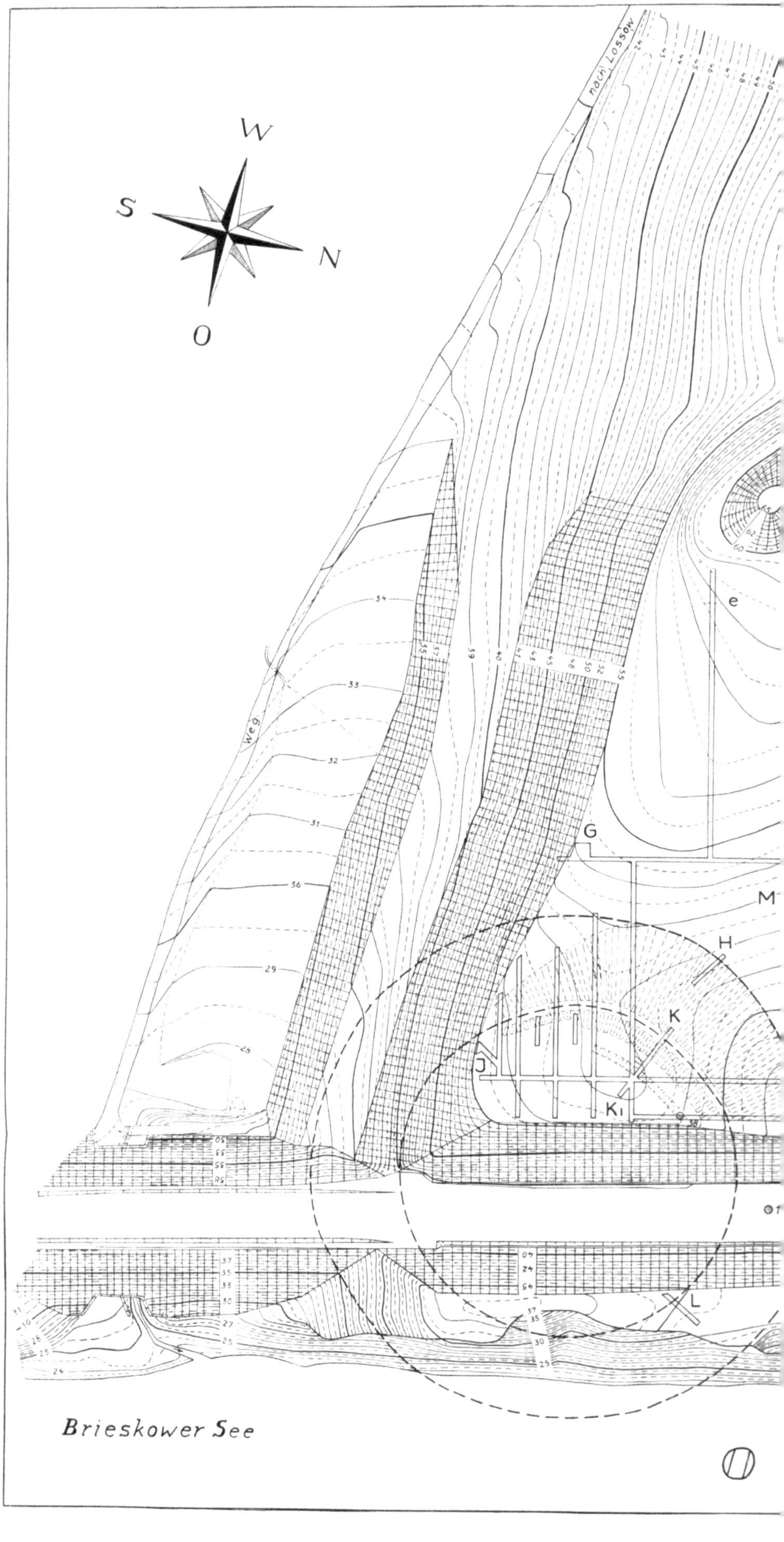

Abb. 4. Lossow, Kr. Eisenh

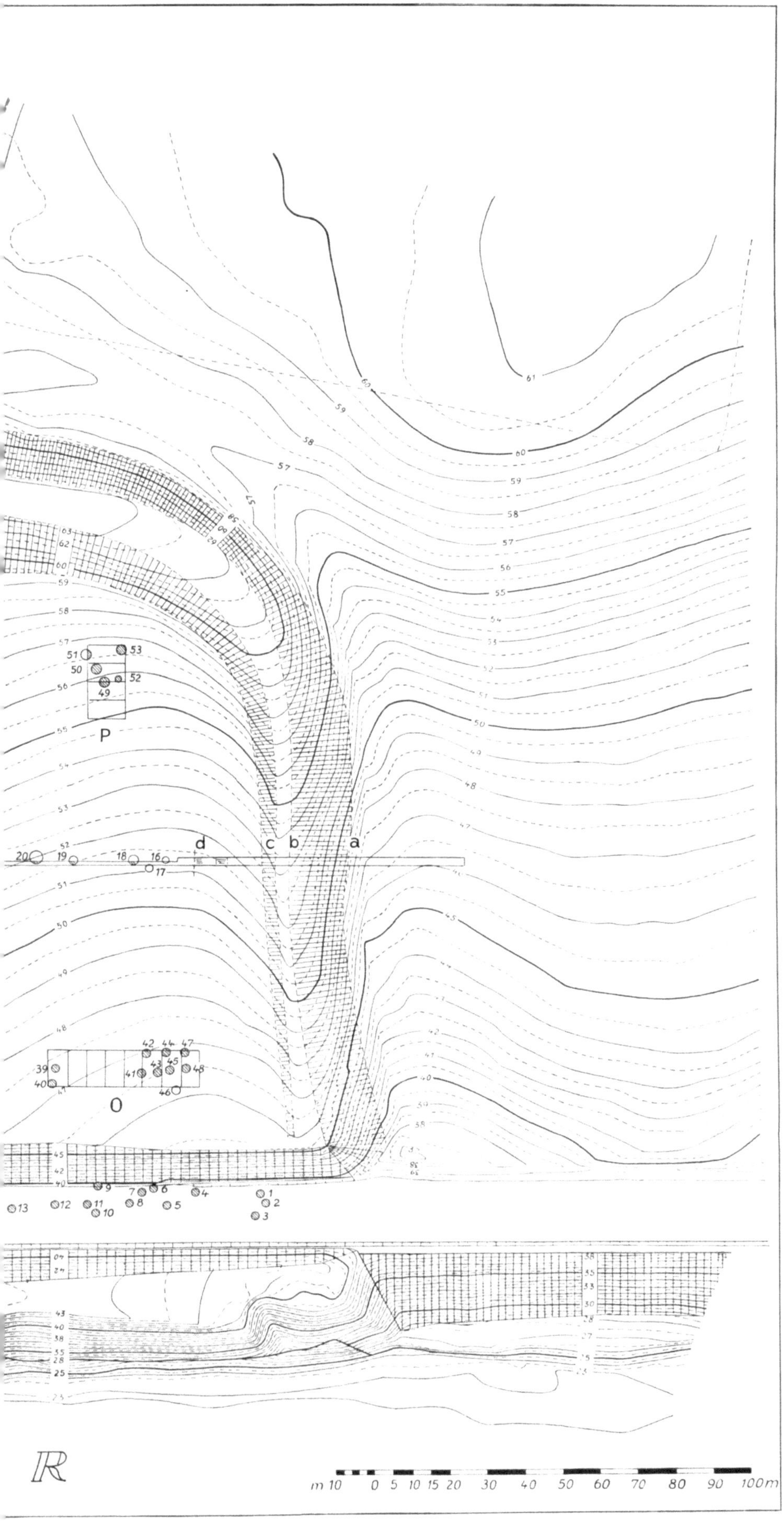

ı in der neuen Fassung

recht zu dem Ostwestschnitt der große Nordsüdschnitt gezogen. Auch hier zeigte es sich, daß die Schächte bis nahe an den Nordwall heranreichten (Abb. 4: 16, 17, 18).

Bei dieser Gelegenheit wurde der Schnitt quer durch den Wall nach Norden verlängert und bis zum gewachsenen Boden hinabgeführt. Wir erhielten auf diese Weise einen sicheren Einblick in den Aufbau des Walles (Abb. 5 und 6). Im nördlichen Teil des Wallschnittes

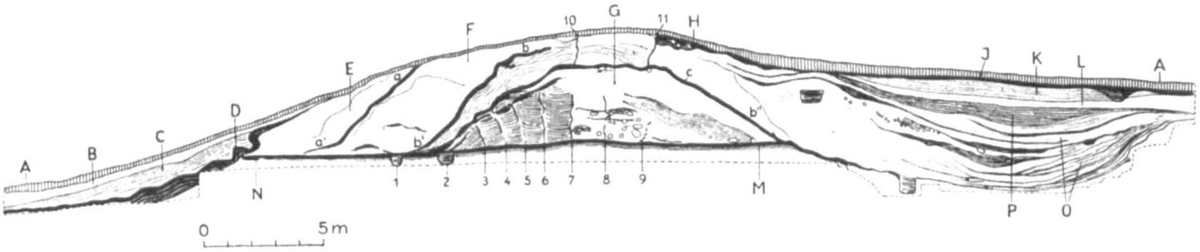

Abb. 5. Lossow, Kr. Eisenhüttenstadt. Wallschnitt Westprofil.

A Ackerhumus; B—C abgeschwemmte Wallerde; D äußerer Wallfuß mit Abdruck eines Baumstammes oder Feldsteines; E—F Wallkörper; G Kernschicht des Walles; H Einarbeitung auf der Innenseite des Walles; I—L oberste Einfüllschichten des Erdentnahmegrabens; M—N alte Oberfläche; O—P untere Einfüllschichten des Erdentnahmegrabens; a—a', b—b'—b''—c Schlickbänder zur Festigung des Wallkörpers; 1, 2 Pfostenlöcher einer älteren Befestigung; 3—9 Holzlinien der Erdkästen; 10—11 Kernschicht des Walles

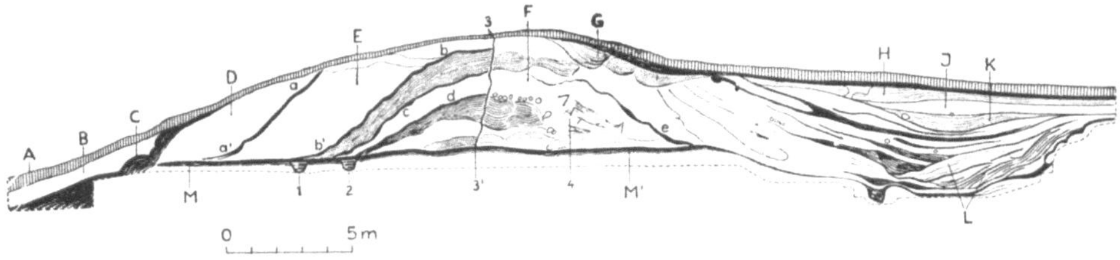

Abb. 6. Lossow, Kr. Eisenhüttenstadt. Wallschnitt Ostprofil.

A Ackerhumus; B abgeschwemmte Wallerde; C äußerer Wallfuß; D—E Wallkörper; F Kernschicht des Walles; G Einarbeitungen auf der Innenseite des Walles; H—L Einfüllschichten des Erdentnahmegrabens; M—M' alte Oberfläche; a—a', b—b', c, d, e Schlickbänder zur Festigung des Wallkörpers; 1, 2 Pfostenlöcher einer älteren Befestigung; 3—3' Vorderfront der Kernschicht des Walles; 4 Holzlinien eines verrutschten Erdkastens

wurden unter dem Wall zwei Reihen von großen Pfosten und eine dazwischenliegende Reihe von kleineren Pfosten angetroffen, die in die alte Oberfläche eingetieft waren und offenbar zu einer älteren frühbronze- und früheisenzeitlichen Befestigung gehörten (Abb. 7g, Abb. 5, 1 u. 2 und Abb. 6, 1 u. 2).

Der Wall selbst hatte im Innern eine Kernschicht aus Kästen von 3,50 m Länge, 1,50 m Breite und 1,20 m Höhe, an die sich nach außen und innen eine Kastenkonstruktion anschloß. Die einzelnen Kästen waren geschlossen und zum besseren Halt z. T. auch mit Feldsteinen gefüllt (Abb. 5, 7—9 u. 10—11, c und d). Nach außen zu waren sie großenteils offen. Um ein Abrutschen des Wallkörpers zu verhindern, trug man in gewissen Abständen Schlick aus der Oder in Gestalt von übereinanderliegenden Bändern auf. Ein vollständig erhaltenes Schlickband ergab sich in Abb. 5, b'' und c. Das darüberliegende Schlickband (Abb. 5, b—b') reichte bis zu der Nordseite der Kernschicht des Walles (Abb. 6b und b'). Das äußerste Schlickband (Abb. 5, a—a') endete an dem Ackerhumus. Es ging ursprünglich noch weiter nach oben. Aus diesem Befund ergab sich einwandfrei, daß der Wall noch erheblich höher gewesen ist. Es kann angenommen werden, daß die Kernschicht (Abb. 5 G) aus dem oberen Wallkörper als Träger eines Wehrganges herausragte.

Durch die Beobachtungen in dem Wallschnitt (Abb. 3) zeigte es sich, daß Agahd bei seiner Grabung das untere Ende des Wallkörpers nicht erreicht hatte. Durch unseren Nordwall-

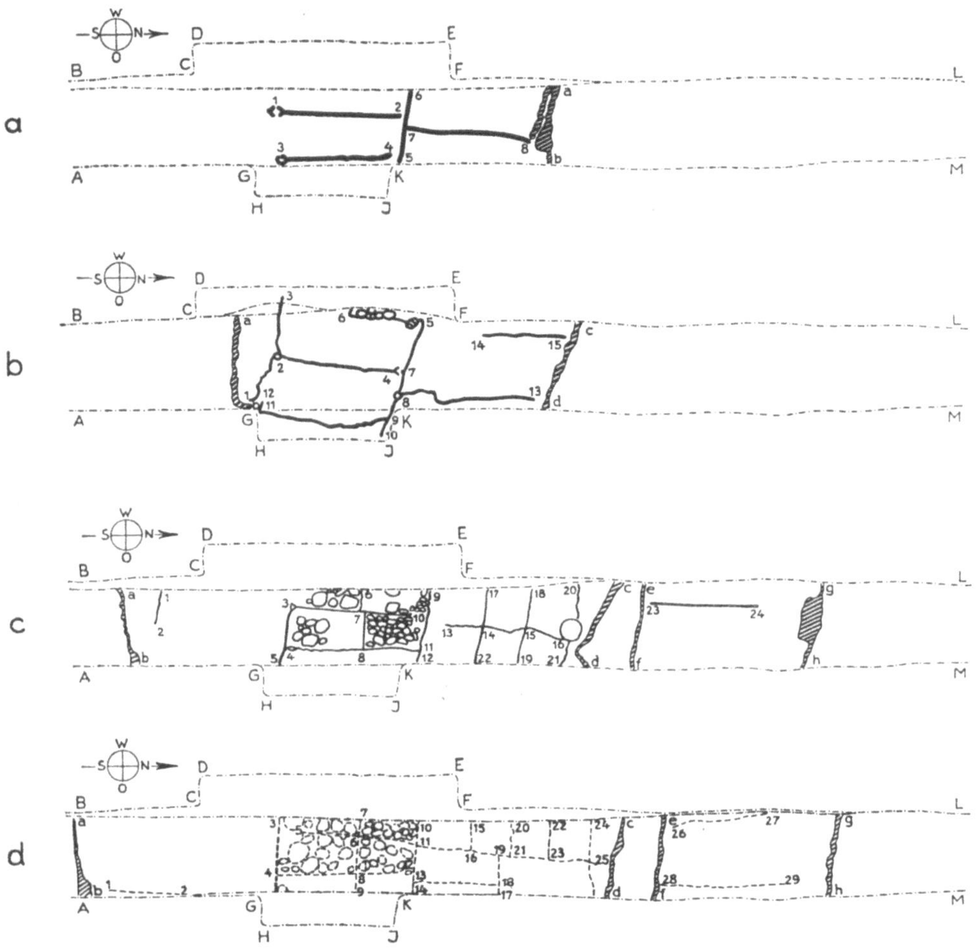

Abb. 7. Lossow, Kr. Eisenhüttenstadt. Grundrisse der Holzlinien im Wallschnitt.
a Tiefe 1 m; b Tiefe 1,90 m; c Tiefe 2,70 m; d Tiefe 3,60 m;

schnitt erhielten wir einen vollständigen Einblick in den Aufbau des Walles. Was die Zeitstellung anging, so schlossen wir, da sich keine slawischen Scherben in der Wallfüllung fanden, uns zunächst der Auffassung von Agahd an, der die Erbauung des Walles in vorslawische Zeit setzte.

Aber schon in den Jahren 1932—1934 mußten wir bei den Grabungen in der Burg von Zantoch[6]) feststellen, daß dort der Wall der Pommernburg auf dem Schloßberg gegenüber der Schanze, deren Ansetzung auf Grund der keramischen Funde und der schriftlichen Überlieferung in das 11. Jh. gesichert war, seinen Halt durch eine Kastenkonstruktion erhalten hatte[7]).

In dem Wall der in der Nordwestecke der Schanze liegenden kleinen Fürstenburg war ebenfalls eine Kastenkonstruktion vorhanden. Der äußere Fuß dieses Walles war durch eine

[6]) W. Unverzagt und A. Brackmann, Zantoch, eine Burg im deutschen Osten. Deutschland und der Osten, Quellen und Forschungen zur Geschichte ihrer Beziehungen, Bd. 1, Leipzig 1936. W. Unverzagt, Der Burgwall von Kliestow, Kr. Lebus. In: Studien zur Vor- und Frühgeschichte, Carl Schuchhardt zum 80. Geburtstag dargebracht, Berlin 1940.

[7]) Kliestow, a. a. O., Abb. 2.

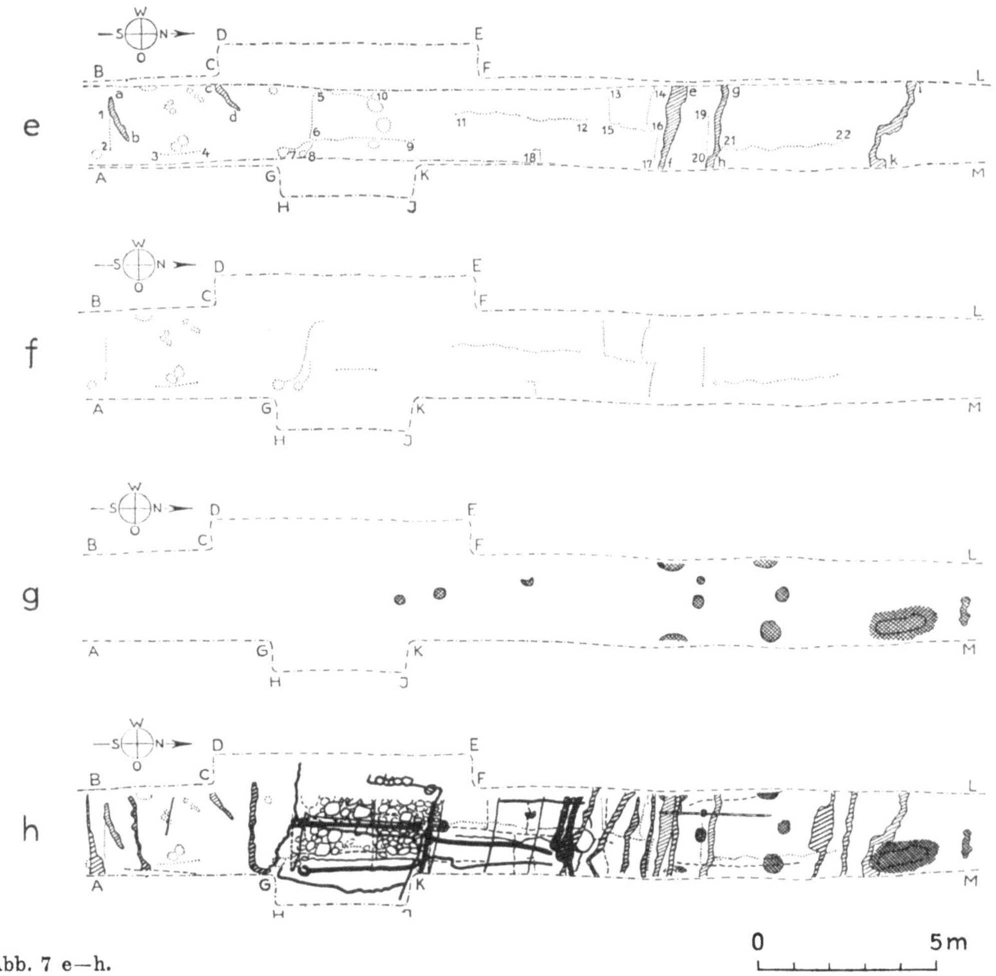

Abb. 7 e—h.

e Tiefe 4,50 m; f Tiefe 5,00 m; g Tiefe 5,50 m; h Übereinanderzeichnung der Grundrisse a—g

Asthakenkonstruktion mit in der Wallrichtung liegenden Baumstämmen hinter den Asthaken gesichert[8]).

Im Laufe der Zeit sind weitere Kastenkonstruktionen in den Wällen von Kliestow, Gehren[9]), Groitzsch[10]), Teterow[11]), Scharstorf (Kreis Plön)[12]), Hitzacker[13]) u. a.[14]) festgestellt worden,

[8]) Zantoch, a. a. O., Plan I, E. F.

[9]) W. Unverzagt, Zusammenfassender Bericht über die Tätigkeit des Staatlichen Museums für Vor- und Frühgeschichte in der Provinz Mark Brandenburg während der Jahre 1938—40. Nachrichtenblatt für deutsche Vorzeit 17, 1941, S. 245—267. Gehren, Nachrichtenblatt für deutsche Vorzeit, a. a. O., S. 254ff., K. H. Marschalleck, Urgeschichte des Kreises Luckau (Niederlausitz) 1944, S. 173 u. 174, Abb. 61 u. Tafel 51.

[10]) H.-J. Vogt, Die Ausgrabungen auf der Wiprechtsburg in Groitzsch, Wurzen 1965 (Sonderheft des „Rundblicks"), Abb. 16: Die freigelegten Reste der Kastenkonstruktion, Herbst 1959.

[11]) W. Unverzagt und E. Schuldt, Teterow, ein slawischer Burgwall in Mecklenburg, Berlin 1963.

[12]) K. W. Struwe, Die Holzkastenkonstruktion in der slawischen Burganlage von Scharstorf, Kr. Plön. In: Studien aus Alteuropa 2, Tackenberg-Festschrift 1965, S. 278ff.

[13]) E. Sprockhoff, Der „unterirdische" Ringwall auf dem Weinberg von Hitzacker, Kr. Lüchow-Dannenberg. In: Neue Ausgrabungen und Forschungen in Niedersachsen 3, S. 212ff. B. Wachter, Die Grabung auf dem Weinberg in Hitzacker (Elbe) in den Jahren 1965/66, Ztschr. f. Archäologie 1, 1967, S. 269ff.

[14]) J. Herrmann, Gemeinsamkeiten und Unterschiede im Burgenbau der slawischen Stämme westlich der Oder. Ztschr. f. Archäologie 1, 1967, S. 206ff.

so daß ich zunächst nicht daran zweifelte, daß der Lossower Wall mit seiner Kastenkonstruktion in die slawische Zeit, wahrscheinlich in den Anfang des 11. Jh., zu setzen sei. Eine ähnliche Befestigung wurde auf dem Pletschenberg von Lebus angetroffen und in dem äußeren Wall der Burg von Reitwein vermutet.

Dieser Ansetzung stehen jedoch erhebliche Bedenken entgegen. Da außerhalb der Umwallung keine Schächte, auch nicht unter dem Wall, angetroffen worden sind, nehme ich an, daß bei Anlage der Schächte der Wall schon vorhanden gewesen ist. Dazu stimmt, daß sowohl bei den Grabungen von R. Agahd wie bei meinen eigenen im Wallkörper und auch in der absichtlichen Einfüllung des inneren Erdentnahmegrabens keine slawischen Gefäßreste gefunden worden sind, sondern nur in den oberen Teilen des Walles (Abb. 5H u. 6G). Diese Einarbeitungen sind offenbar bei der Wiederbefestigung des Walles am Ende des 10. oder 11. Jahrhunderts entstanden. Auch die unter dem Wall vorhandene ungestörte alte Oberfläche spricht für seine vorgeschichtliche Entstehung. Lediglich im Nordteil sind unter dem Wall zwei Reihen Pfostenlöcher festgestellt worden, so daß der Aufschüttung des Walles wahrscheinlich eine Randbefestigung vorausgegangen ist (Abb. 5 u. 6: 1,2 und Abb. 7g). Es bleibt also dabei, daß der Wall schon am Ende der Bronze- oder zu Beginn der frühen Eisenzeit angelegt und, wie erwähnt, in der slawischen Zeit nur neu befestigt worden ist. Er gehört mithin in die Reihe ähnlicher Befestigungen aus derselben Zeit wie die vorgeschichtlichen Wälle mit Kastenkonstruktion, die in der Burg von Biskupin ihre beste Erhaltung gefunden hat.

In dem ältesten Plan des Lossower Burgwalles, der vor Anlage der Eisenbahnlinie Berlin—Breslau im Niederlausitzischen Magazin von 1843 erschienen ist, finden wir in der Südostecke des Walles eine kleine kreisrunde Burganlage eingetragen. Von dieser war bei Beginn meiner Ausgrabungen noch ein Rest in Gestalt einer überackerten Anhöhe zu erkennen. Durch eine Anzahl von Schnitten (Abb. 4: H, I und K—K′) konnte der segmentförmige Rest einer ursprünglich kreisrunden kleinen Burg von etwa 130 m Durchmesser festgestellt werden. Sie besaß als Schutz einen Erdwall mit Holzversteifung und einen davorliegenden bis zu 35 m breiten Sohlgraben, dessen innere Böschung mit großen Feldsteinen dicht belegt war. Diese kleine Burg ist in einer oder zwei Brandkatastrophen vollständig zugrunde gegangen und nicht wieder aufgebaut worden. Die zahlreichen zutage gekommenen keramischen Reste ergaben, daß sie in dem älteren Abschnitt der mittelslawischen Zeit, vielleicht schon im 8. Jahrhundert, errichtet worden ist. Die Zerstörung muß im Laufe des 10. Jahrhunderts erfolgt sein. Da sich in dem großen Wall der Lossower Burg keine Spur von Brandresten fand, darf angenommen werden, daß er nicht gewaltsam zerstört, sondern absichtlich aufgegeben worden ist. Im Innern dieser großen Burg fand sich eine Keramik, die unmittelbar an die der kleinen Burg anschloß. Die Aufgabe muß daher am Ende des 10. oder Anfang des 11. Jahrhunderts erfolgt sein.

Wir hatten zuerst angenommen, daß die kleine Burg die jüngste Lossower Anlage gewesen sei, mußten dann aber durch den Befund bei der Grabung Sommer 1936 in dem Burgwall von Kliestow unsere bisherige Ansicht dahin abändern, daß die verbrannte kleine Burg von Lossow die älteste Anlage gewesen ist. Auch sie dürfte am Anfang der mittelslawischen Zeit im 8. und 9. Jahrhundert errichtet worden sein. Ihr Ende fand sie, wie auch die Burg von Kliestow, in einer vielleicht von der Besatzung vor dem Abzug absichtlich vorgenommenen Zerstörung[15]).

[15]) J. Herrmann, Einige Fragen der slawischen Burgenentwicklung zwischen mittlerer Elbe und Oder. Slavia Antiqua 10 1963, S. 185ff.
Der Verfasser, der meine neue Ansetzung auf Grund der Grabungen in Lossow und Kliestow nicht kannte, da sie noch nicht veröffentlicht sind, hat seinen Ausführungen meine alte Anschauung zugrunde gelegt, daß nämlich die kleine Burg von Lossow und der Ostteil der Burg von Reitwein als die jüngsten und die großen Wälle als die ältesten Burganlagen anzusehen seien. Seine weitgehenden Schlüsse bedürfen daher einer Richtigstellung.

Die gleichen Beobachtungen machten wir in der kleinen slawischen Burg auf dem Pletschenberg in Lebus und dem Ostteil des Burgwalles von Reitwein. Auch diese Befestigungen waren in mächtigen Bränden zugrunde gegangen. Sie wurden, wie die Burg von Lossow, wieder aufgebaut und beträchtlich vergrößert. Reitwein erfuhr dabei durch einen hervorragend erhaltenen Abschnittswall eine Erweiterung auf nahezu die doppelte Größe. Auch diese Anlage ging nicht durch Zerstörung in einem Brande zugrunde, sondern wurde wie Lossow schon bald nach der Errichtung am Anfang des 11. Jahrhunderts aufgegeben. Wieder aufgebaut wurde nur die Burg von Lebus.

Wenn man den Versuch macht, diese durch unsere Grabungen an der mittleren Oder festgestellten Fundtatsachen mit der schriftlichen Überlieferung in Einklang zu bringen, so kommt man zu der Annahme, daß der westliche Höhenrand des Landes Lebus zunächst durch vier kleinere Burgen geschützt war. Die Zerstörung dieser Anlagen, die ziemlich gleichzeitig im Laufe des 10. Jahrhunderts erfolgte, dürfte mit der Besetzung des Landes Lebus durch die Polen in Zusammenhang gebracht werden können. Die Eroberer hätten dann die Burgwälle von Lossow, Lebus und wohl auch Reitwein für relativ kurze Zeit wieder aufgebaut und durch die mächtigen Wälle verstärkt, sie aber dann doch spätestens Anfang des 11. Jahrhunderts, mit Ausnahme von Lebus, freiwillig wieder aufgegeben.

Ähnliche Verhältnisse wie in Lebus, Lossow und Reitwein scheinen auch bei den Ausgrabungen von J. Herrmann in Berlin-Köpenick in den Jahren 1955—1958 festgestellt worden zu sein[16]). Auf der Schloßinsel errichtete man eine kleine älterslawische Burg (Burg B) von etwa 50 m Durchmesser. Diese Burg wurde um 925 (Burg C) erneuert und am Ende des 10. Jahrhunderts zerstört. Es folgte die Anlage einer spätslawischen erheblich vergrößerten Burg am Ende des 10. bzw. Anfang des 11. Jahrhunderts. Im ganzen betrachtet sind hier also dieselben Verhältnisse wie in den oben erwähnten drei Burgen am Lebuser Oderrand ermittelt worden. Auch in Köpenick ist die älteste Burganlage eine kleine Befestigung gewesen, die am Ende des 10. Jahrhunderts erheblich erweitert worden ist. Man könnte diesen Befund mit der Besetzung des Landes Lebus durch die Polen in Zusammenhang bringen (J. Herrmann, a. a. O., S. 63—64, 67, Jaxa von Köpenick „in Polonia tunc principans“; H. Ludat, Legenden um Jaxa von Köpenick 1936, S. 52).

Im Sommer 1968, als der vorstehende Beitrag bereits gesetzt war, wurde die Westseite des erwähnten Bahneinschnittes nach Westen zu erneut verbreitert. Dabei wurde der Rest der kleinen Burg in der Südostecke abgetragen. Außerdem konnten zwei Opferschächte eingehend untersucht werden. Eine Veröffentlichung der angeschnittenen Reste wird in Heft 3 des Jahrganges 14, 1969 von ,,Ausgrabungen und Funde“ durch H. Geisler erfolgen.

[16]) J. Herrmann, Köpenick, ein Beitrag zur Frühgeschichte Groß-Berlins, Schriften der Sektion für Vor- und Frühgeschichte der Deutschen Akademie der Wissenschaften zu Berlin, Band 12.

Die Wallburg „Der Kessel“ von Kretzschau-Groitzschen, Kr. Zeitz — Vorort eines sorbischen Burgbezirkes des 9. Jahrhunderts

Von Hansjürgen Brachmann, Berlin

Mit 7 Textabbildungen

Frühgeschichtliche Befestigungen wurden bisher nur in seltenen Fällen vollständig ausgegraben. Zu den wenigen Beispielen gehört die Wallburg „Der Kessel“ bei Kretzschau-Groitzschen, Kr. Zeitz. Kenntnis des Befundes und ausführliche historische Würdigung verdankt die Fachwelt P. Grimm (1951, S. 161ff.).

Die Verknüpfung wesentlicher landes- und verfassungsgeschichtlicher (W. Schlesinger 1960, S. 75ff.) aber auch burgengeschichtlicher Probleme (J. Herrmann 1967b) mit den Ergebnissen der Ausgrabung des Burgwalles von Kretzschau-Groitzschen sowie die kürzlich erfolgte Bearbeitung der bisher ungesichteten reichen Tierknochenfunde (H.-H. Müller in diesem Bande) ließ jedoch eine erneute Wertung der Materialien dieser Ausgrabung berechtigt erscheinen. Das erschien um so dringender, da die seitdem in vielen, vor allem den slawisch besiedelten Ländern, aber auch in der DDR selbst, verstärkt durchgeführten Forschungen zur Frühgeschichte zahlreiche neue Ergebnisse, nicht zuletzt auf dem Gebiete der Chronologie slawischer Sachgüter, erbrachten[1]).

Unter den während der Ausgrabungen der Wallburg von Kretzschau-Groitzschen geborgenen Funden dominiert die Keramik. Sie unterscheidet sich in keiner Weise von der zeitgleichen „grauen“ slawischen Keramik des Saalegebietes[2]). Da geschlossene Komplexe, etwa aus Gruben, nicht vorliegen, mußte sie bei der folgenden Vorlage und Auswertung als Ganzes betrachtet und entsprechend behandelt werden[3]).

Der Gesamteindruck der in reicher Auswahl vorliegenden Keramik ist sehr einheitlich (Abb. 3—5). Das betrifft besonders die Verarbeitung des Tones, der gleichmäßig grob gekörnt und hart gebrannt ist. Die Tonfarbe ist überwiegend aschgrau, vereinzelt rötlich bzw. bräunlich. Die primär rauhe bis rohe Oberfläche der Gefäße wurde in einem zweiten Arbeitsgang gut überarbeitet und geglättet. Das gilt auch für die äußeren Gefäßböden. Dadurch sind ursprünglich vorhandene Spuren der Herstellung weitgehend verwischt. So konnten nur noch in drei Fällen Reste des ehemaligen Abdruckes der Töpferscheibenachse erkannt werden

[1]) Die regionale Aufarbeitung alter Bestände im Elbe-Saale-Gebiet (Thüringen — H. Rempel 1959b, S. 175ff.; NW-Sachsen und Sachsen-Anhalt — in Arbeit befindliche Dissertationen von H.-J. Vogt, Dresden, und H. Brachmann, Berlin), sowie die neue Sichtung älterer Grabungsbefunde (W. Coblenz 1964, S. 296ff.) ergab bzw. wird neue Aspekte für die Datierung der slawischen Keramik ergeben. Für das hier berührte Arbeitsgebiet waren in dieser Beziehung von besonderer Bedeutung die Ausgrabungen von Leipzig-Matthäikirchhof (L. Langhammer 1960, S. 86ff.; H. Küas 1963, S. 109ff.), Jena-Lobeda (G. Neumann 1959, S. 246ff.; ders. 1960, S. 237ff.), Groitzsch, Kr. Borna (H.-J. Vogt 1965; ders. 1968) und Dessau-Mosigkau (B. Krüger 1967).

[2]) Verf. trennte in seiner in Arbeit befindlichen Dissertation die slawische Keramik des Mittelelb-Saale-Gebietes in zwei Gruppen, die Unterschiede vor allem in Tonverarbeitung, Verzierung und Gefäßformung erkennen lassen. Beide Gruppen, die der „braunen“ und die der „grauen“ Ware schließen sich in ihrer Verbreitung weitgehend aus. Gegenseitige Grenze ihres Hauptverbreitungsgebietes bilden die Fuhnesümpfe und die Dübener Heide. Während die „braune“ Ware ihre Entsprechung im nördlich anschließenden elbslawischen Bereich findet (Menkendorfer Gruppe), ist die „graue“ Ware für das engere Mittelelb-Saale-Gebiet (südlich der genannten Grenze) einschließlich Thüringens kennzeichnend.

[3]) Die in den Jahren 1938/39 bei den Ausgrabungen geborgenen Funde befinden sich in ihrer Gesamtheit im Landesmuseum für Vorgeschichte in Halle (HK 38:963—965; Mehrzahl der Funde nicht katalogisiert).

(einmal positiv und zweimal negativ). Im übrigen sind die Böden durchweg konvex gewölbt. Die Gefäße hatten dadurch einen unsicheren Stand.

Ganze Gefäße wurden nicht gefunden. Jedoch liegen eine Reihe großer Gefäßbruchstücke vor, die eine Gefäßrekonstruktion ermöglichen. Sie belegen das Vorkommen von Töpfen und Schüsseln. Es bleibt allerdings fraglich, ob die erschlossene Verteilung der Gefäßformen (Abb. 1) dem ursprünglichen Zahlenverhältnis gerecht wird.

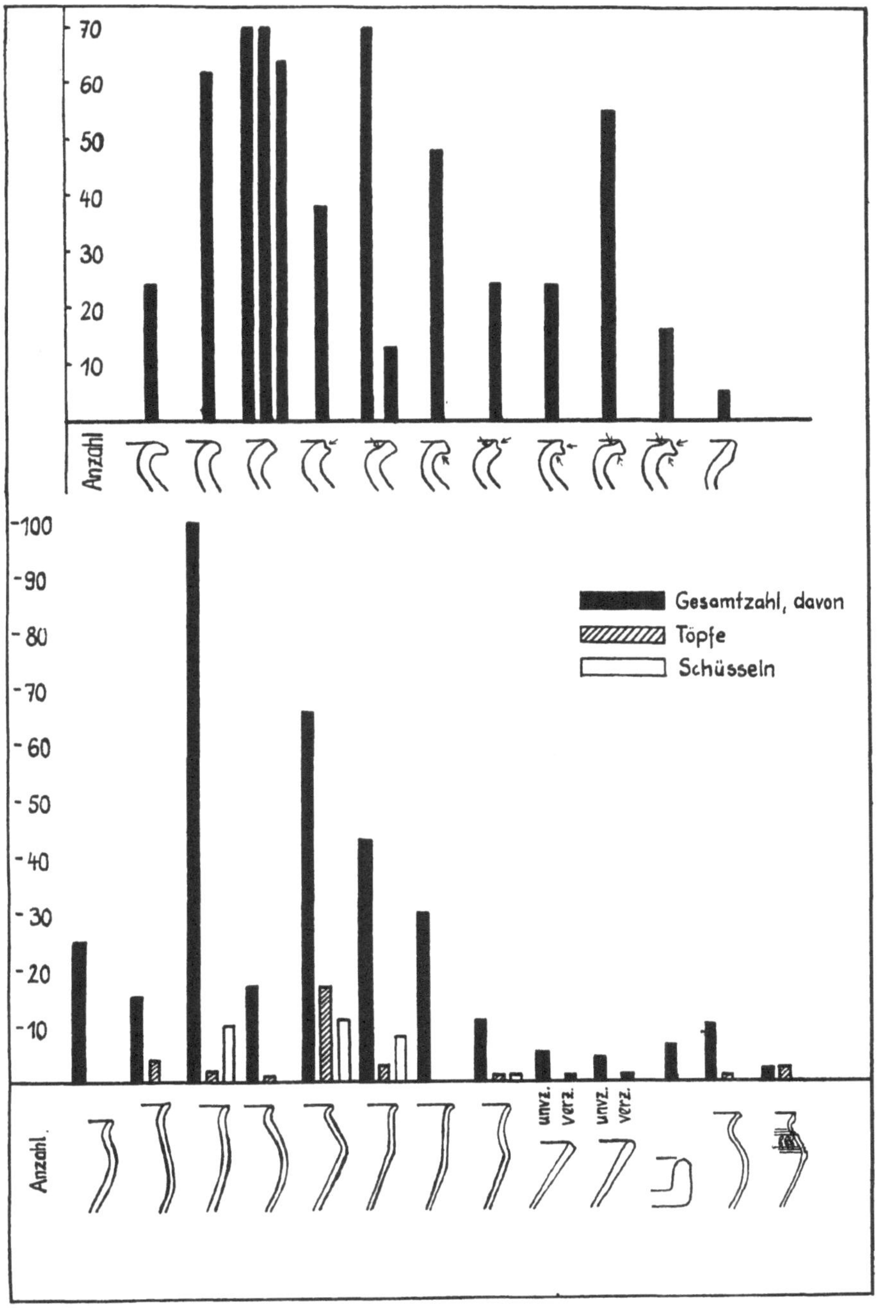

Abb. 1. Kretzschau-Groitzschen, Kr. Zeitz („Der Kessel“), Slawische Keramik. Randprofile und Gefäßformen

In der Profilierung können für Töpfe und Schüsseln gleichermaßen drei Grundformen unterschieden werden: s-förmig profilierte, doppelkonische und steilschulterige Gefäße; dabei halten sich abgerundet und kantig profilierte Formen zahlenmäßig etwa das Gleichgewicht. Gefäße mit konkav eingezogenem Oberteil treten kaum in Erscheinung (Abb. 1).

Mit diesem einheitlichen Formenschatz korrespondiert die einfache, extreme Profilierung meidende Gestaltung des Randabschlusses der Gefäße. Es überwiegt der glatt nach außen abgestrichene Rand, abweichend davon können Innen-, Außen- und Unterkante leicht gesattelt sein (Abb. 1).

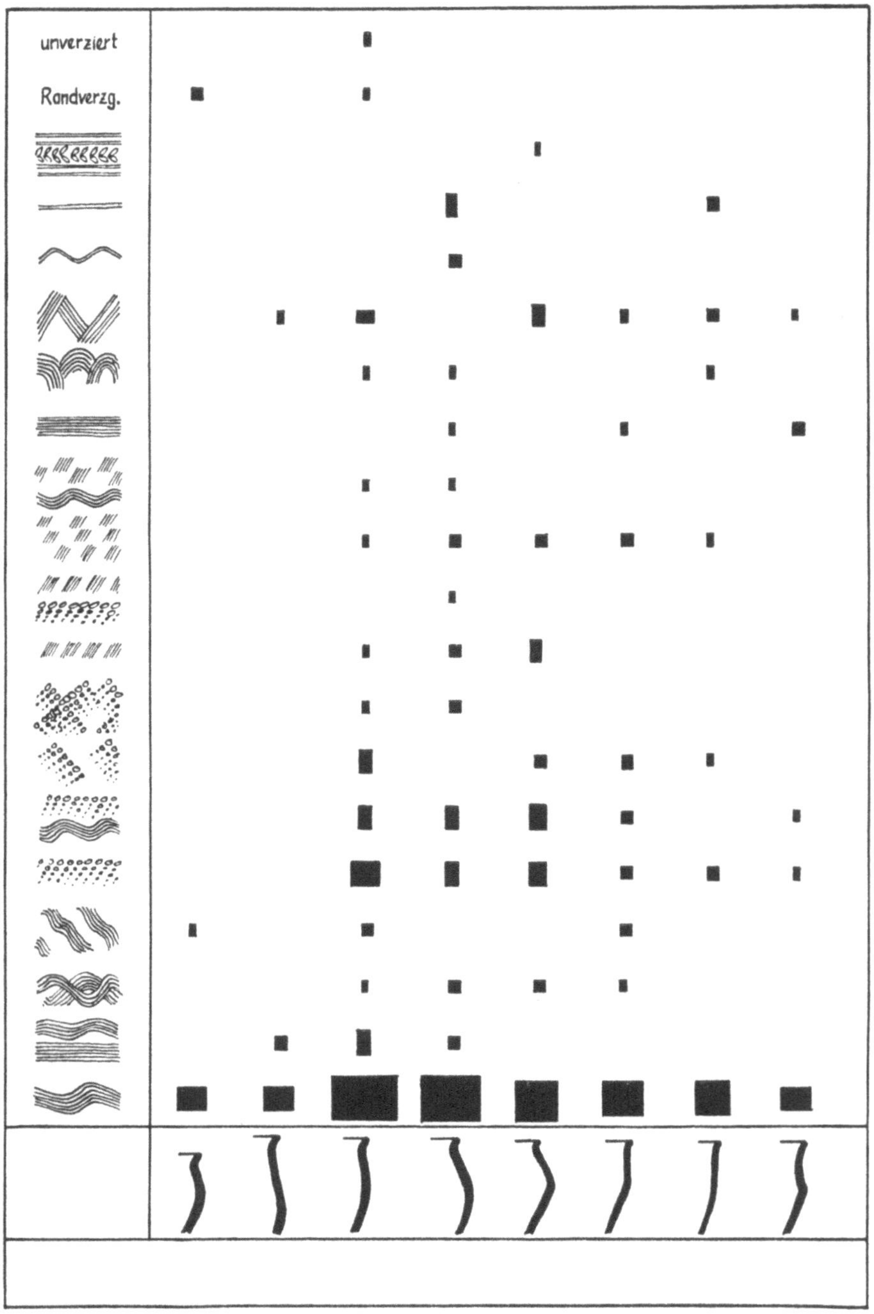

Abb. 2. Kretzschau-Groitzschen, Kr. Zeitz („Der Kessel"), Slawische Keramik. Gefäßform und Verzierung

Der bereits durch die Tonverarbeitung und die Gefäß- und Randprofilierung entstandene einheitliche Charakter des Materials wird durch die Verzierung zusätzlich unterstrichen. Es dominiert eine die waagerechte Gefäßgliederung betonende Verzierung (Abb. 2). Annähernd drei Viertel der vorhandenen Gefäßreste sind mit breiten waagerechten Wellenbändern verziert, die in wenigen Fällen durch ein waagerechtes Linienband gegen das Gefäßunterteil abgeschlossen sind. Ihnen kommen zahlenmäßig die kammstichverzierten Gefäße am nächsten. Linienbandgruppenmuster konnten an vier Prozent der verzierten Scherben erkannt werden. Es handelt sich dabei vor allem um sich kreuzende Linienbänder, während davon abweichende Muster singulären Charakter tragen.

Eine sichere Gefäßzuordnung gestatten auf Grund ihrer charakteristischen Profilierung die Reste von Schalen, Tellern und Tonwannen. Es verdient deshalb Beachtung, wenn unter der großen Masse Keramik nur elf Randscherben von Schalen (neun unverziert; zwei verziert mit waagerechtem Linienband bzw. Wellenband), ein Tellerbruchstück[4]) und sechs Tonwannenbruchstücke gefunden wurden (Abb. 1). Die Schalen können nach der Randbildung in solche mit glatt nach außen abgestrichenem bzw. in solche mit rundlich profiliertem Rand getrennt werden.

P. Grimm hatte diesen Keramikkomplex in Anlehnung an das von H. A. Knorr (1937) gegebene Schema in den Übergang von Stil II zu III, d. h. in das 10.—11. Jh. datiert (1951, S. 175ff.). Diese Einordnung ist nach unserer heutigen Kenntnis nicht mehr aufrechtzuerhalten.

Zu den jüngsten Gefäßen im Material gehören die wenigen kantig profilierten, mit einem mehr oder weniger stark konkav eingezogenen Oberteil versehenen Formen (Abb. 5e). Ihre Herausbildung, die sich am Ort in der vorliegenden Keramik typologisch lückenlos verfolgen läßt, vollzieht sich bereits am Ende des 9. Jh. (W. Coblenz 1964, S. 313ff.), während sie ihre Blütezeit im vollen 10. Jh. erlangt[5]).

Aus ihr entwickelt sich im Verbreitungsgebiet der „grauen" Ware kontinuierlich seit der zweiten Hälfte des 10. Jh. die spätslawische Keramik. Dieser Prozeß ist gekennzeichnet durch das Hochrücken des kantigen Bauchumbruches in das obere Gefäßdrittel und seine allmähliche Abrundung, bis schließlich seit der Mitte des 11. Jh. die hochschulterigen, s-förmig profilierten späten Gefäßformen entstehen (H. Brachmann 1968). Diese Entwicklung hat im Material des Burgwalles von Kretzschau-Groitzschen keinen Niederschlag mehr gefunden. Sie brach ab, wie die geringe Anzahl gefundener Bruchstücke zeigt, ehe die Ausgangsform mit konkav eingezogener Schulter ihre volle Blüte erlangte, d. h. spätestens in der ersten Hälfte des 10. Jh.

Die Masse der Funde (Abb. 3e—l, 4, 5a, b) entspricht den von H. Rempel (1959b, S. 175ff.) gekennzeichneten Formen der Gruppen I und II und gehört nach dessen Datierung folglich ins 8. und 9. Jh. Dieser auf der Grundlage historischer Kombinationen und unter Zugrundelegung typologischer Erwägungen gewonnene Zeitansatz konnte inzwischen mehrfach überprüft und in seinen Grundzügen bestätigt werden. So fehlt die entsprechende Keramik in der frühslawischen Siedlung von Dessau-Mosigkau noch fast vollständig, einzelne Beispiele deuten jedoch bereits ihren Beginn an (B. Krüger 1967, Abb. 25b, 26g, 27i). Dabei verdient Beachtung, und das muß gegen die typologische Reihung der Keramik bei H. Rempel (1959b, S. 175ff., Abb. 2) besonders betont werden, daß hier neben den s-förmig profilierten Gefäßen mit rundlichem Randabschluß bereits gratig profilierte Gefäße mit kantigem Randabschluß auftreten. Allerdings ist das zahlenmäßige Dominieren der ersteren nicht zu übersehen.

[4]) Das Tellerbruchstück konnte im Material nicht aufgefunden werden. Angabe hier nach P. Grimm (1951, S. 176).

[5]) Sie dominiert z. B. in der Keramikgruppe B (L. Langhammer 1960, S. 91ff., Taf. 13) bzw. in den Gruppen A/B u. B/C (H. Küas 1963, S. 109ff., Taf. 18 u. 19) von Leipzig-Matthäikirchhof, die ins 10. Jh. zu datieren sind. Desgleichen bildet sie den Hauptanteil der Keramik des ersten Horizontes der Wiprechtsburg von Groitzsch, Kr. Borna (H.-J. Vogt 1965; ders. 1968).

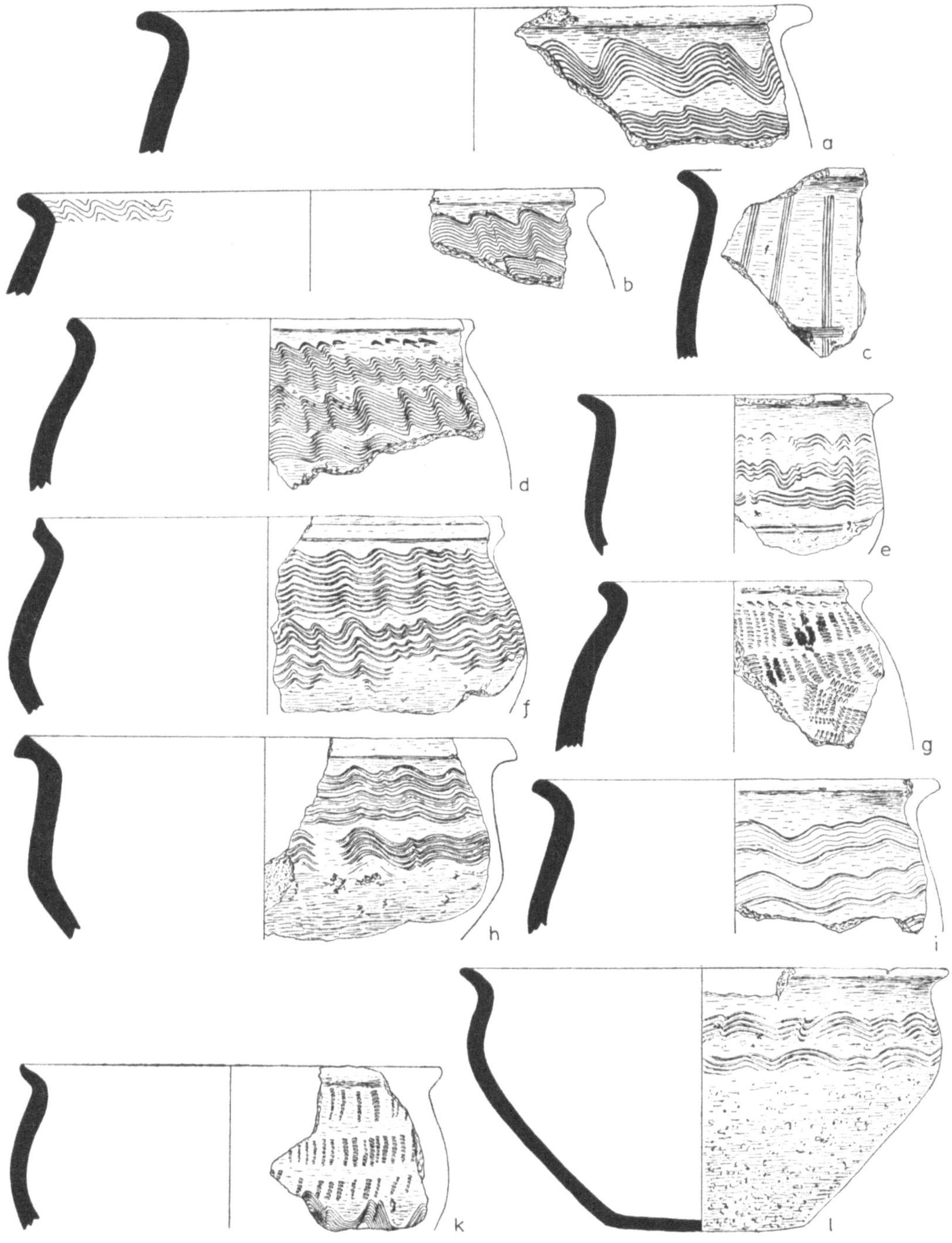

Abb. 3. Kretzschau-Groitzschen, Kr. Zeitz („Der Kessel"), Slawische Keramik. Etwa 1:3

Für die anschließende Zeit fehlen sicher datierte Belege. Die besten Entsprechungen finden wir bisher unter der Keramik der Stufen A und A/B von Leipzig-Matthäikirchhof, die mit einiger Sicherheit der vordeutschen Zeit zugewiesen werden können (L. Langhammer 1960, S. 86ff.; H. Küas 1963, S. 109ff.). — Ins 9. Jh. datiert H. W. Mechelk (1965, S. 84ff.; 1966, S. 96ff.) die ältere Phase des Burgwalles von Magdeborn, Kr. Leipzig. Dafür spricht eine „eiserne Gürtelschnalle mit profiliertem Bügel“ (H. W. Mechelk 1966, S. 97, Taf. 16a). Nach J. Werner (1961, S. 246) ist „die Buckelung des Schnallenrings ein Kennzeichen karolingischer Bronzeschnallen des 8. Jh.“. Das eiserne Exemplar steht vermutlich in dieser Tradition. Leider hat H. W. Mechelk bisher nicht die mit dieser Schnalle im Verband gefundene Keramik veröffentlicht. Die aus anderem Zusammenhang innerhalb der älteren Burg stammenden Funde (H. W. Mechelk 1965, Abb. 2; ders., 1966, Abb. 1. 2) entsprechen jedoch dem Material von Kretzschau-Groitzschen weitgehend. — Besonders enge Beziehungen bestehen schließlich auch zu der Keramik des Burgwalles von Jena-Lobeda (G. Neumann 1959, S. 246ff.; ders. 1960, S. 237ff.), die ich abweichend vom Ausgräber insgesamt dem 9. und Anfang 10. Jh. zuweisen möchte[6]).

So deutet dieser knappe Überblick die Notwendigkeit einer Herabdatierung der Masse der Keramik aus dem Burgwall von Kretzschau-Groitzschen in das 9. Jh. an. Der Beginn ist nicht mit Sicherheit zu fassen. Jedoch weist das mehrfache Vorkommen s-förmig profilierter Gefäße, die durch eine reiche Verzierung der Schulter mit waagerechten Wellenbändern gekennzeichnet sind (Abb. 3a—d, i), auf einen recht frühen Zeitpunkt hin. Entsprechende Keramik konnte im Verbreitungsgebiet der „grauen Ware“ an verschiedenen Fundstellen, vor allem im Bereich offener Siedlungen, geborgen werden (H. Brachmann 1969; H.-J. Vogt 1968). Ihr Vorkommen unter dem frühslawischen Material von Dessau-Mosigkau (B. Krüger 1967, Abb. 23k, 24p, 26n, 27s) sowie die Datierung entsprechender Keramik durch einen Zusammenfund mit rheinländischer Keramik des 7./8. Jh. aus Rüssen-Kleinstorkwitz, Kr. Borna (H.-J. Vogt 1968), belegt ihre frühe Zeitstellung. Das betrifft vor allem die großen, schlankeren Gefäße, während die gedrungeneren Formen sporadisch z. B. noch im 10. Jh. unter dem Material vom Burgberg Meißen auftreten (W. Coblenz 1963, Abb. 9, 1. 2).

Für eine frühe Datierung der Keramik spricht ferner die in drei Fällen vorkommende Verzierung des Gefäßinnenrandes (Abb. 3b). Es handelt sich um eine ausschließlich slawische Eigenheit, wie ihr Vorkommen an Keramik östlich der Saale, in Böhmen und der Slowakei zeigt[7]). Die frühesten Belege im Mittelelb-Saale-Gebiet stammen wiederum aus der früh-

[6]) Die Datierung des Beginns des Burgwalles von Jena-Lobeda bereits in die zweite Hälfte des 8. Jh. durch G. Neumann ist m. E. nicht gesichert. Sie stützt sich auf die Voraussetzung, daß es sich bei der Anlage um eine „sorbische Befestigung“ handelt. Aber weder ihre Einrichtung östlich der Saale, noch, wie wir inzwischen sicher wissen, das ausschließliche Vorhandensein slawischer Keramik (W. Coblenz 1961, S. 187 ff.; ders. 1962, S. 136ff.) sowie das Vorkommen technischer Einzelheiten des Befestigungsbaues setzen das voraus. Zwar ist die Steinblendmauer eine im slawischen und besonders im Verbreitungsgebiet der „grauen“ Ware häufig beim Wallbau angewendete Technik (W. Coblenz 1964, S. 326), die Möglichkeit ihrer Herleitung aus dem fränkischen Bereich ist jedoch nicht auszuschließen (J. Herrmann 1967b). Gerade der Befund von Jena-Lobeda, dessen Wall außen und innen diese Steinblendmauer kennt, steht fränkischen Vorbildern mit doppelter Mauer und Zwischenfüllung sehr nahe. Diese Tatsache spricht eher für eine Errichtung der Burg erst in der Folge verstärkter Beziehungen zwischen Franken und Slawen, der Voraussetzung für die Vermittlung wehrtechnischer Einzelheiten an letztere. Schließlich ist ihr Bau durch die Franken im Zuge der Saalesicherung selbst nicht auszuschließen. Wie dem auch sei, in beiden Fällen wird man mit der Gründung der Burg nicht vor dem Ende des 8. Jh. rechnen können. Damit entfällt aber auch der Befund von Jena-Lobeda für eine Datierung der „grauen“ Ware ins 8. Jh., insbesondere für die lediglich auf Grund morphologischer Merkmale von G. Neumann (1960, S. 242f., Abb. 1) ausgesonderte „ältere Gefäßgattung“ des Johannisberges. Letztere ist am ehesten der „braunen“ Ware des Mittelelbgebietes zuzuordnen und fügt sich dort zwanglos in die durch die Neudatierung der Burg gewonnenen Daten ein. Ihr später Zeitansatz wird im Gegenteil zusätzlich durch ein nach 900 datiertes entsprechendes Gefäß aus einem Grab von Rudolstadt, Ot. Volkstedt, gestützt (H. Rempel 1966, S. 157, Taf. 82A). — Ihr Ende findet die Burg im Laufe des 10. Jh., wie das Vorkommen einzelner Gefäße der „grauen“ Ware mit konkav eingezogenem Oberteil und den sich daraus entwickelnden Formen zeigt (G. Neumann 1960, Abb. 1, 1. 12).

[7]) Beachtung verdient das häufige Vorkommen der Innenrandverzierung an der „frühdeutschen“ Keramik Westthüringens (H. Rempel 1959a, S. 101ff.). Da eine entsprechende Verzierung an gleichzeitiger deutscher Keramik sonst kaum üblich ist, könnte für diese, entgegen H. Rempel (1959a, S. 106), am ehesten an einen Zusammenhang mit der slawischen Keramik östlich der Saale gedacht werden. Auf die sich daraus und auf Grund weiterer Beobachtungen ergebenden Schlußfolgerungen für ihren ethnischen Charakter wurde vom Verf. an anderer Stelle eingegangen (H. Brachmann 1969).

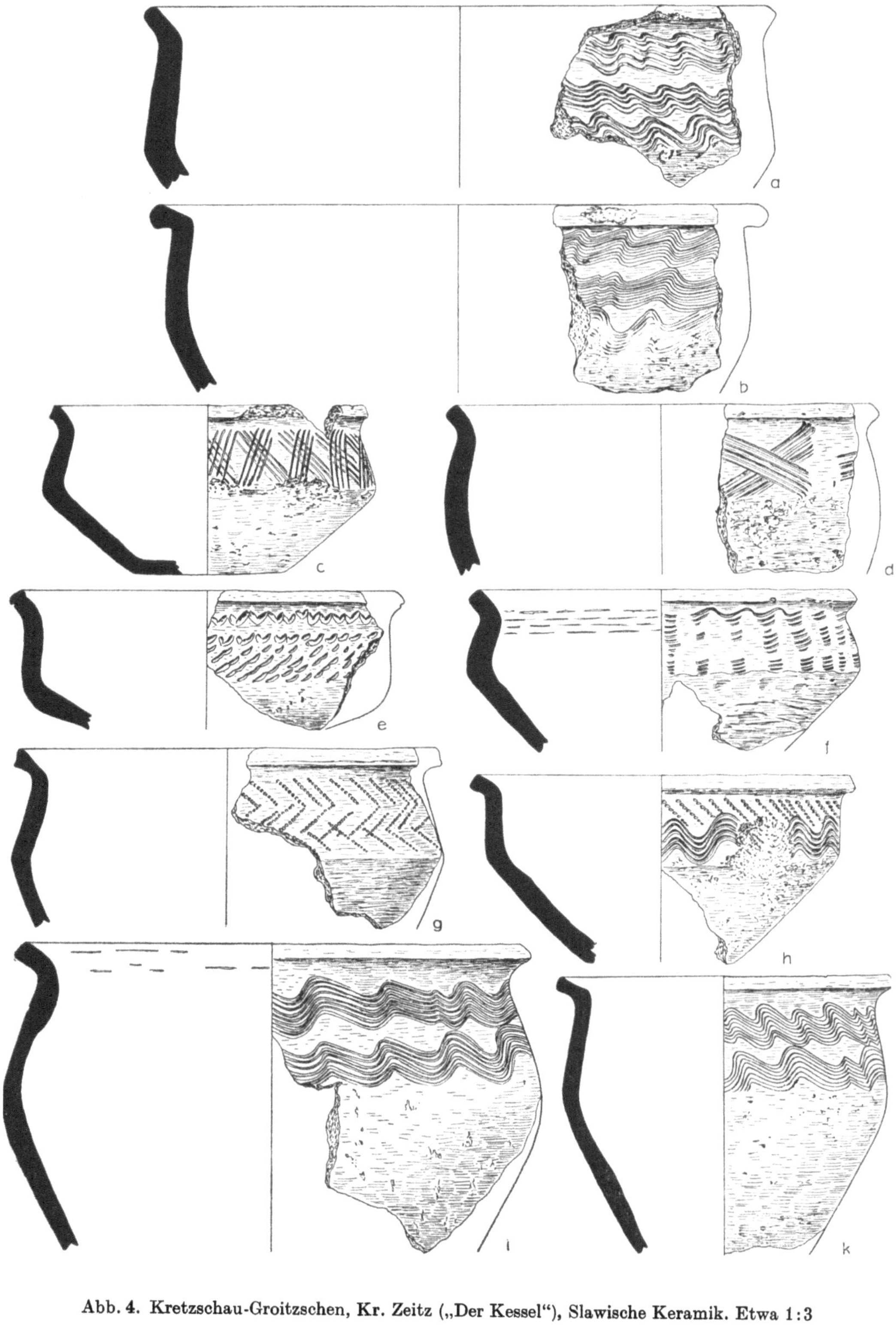

Abb. 4. Kretzschau-Groitzschen, Kr. Zeitz („Der Kessel"), Slawische Keramik. Etwa 1:3

slawischen Siedlung von Dessau-Mosigkau (B. Krüger 1967, Abb. 26m, 34h). Auch in Mähren und der W-Slowakei ist sie ein charakteristisches Kennzeichen der vorgroßmährischen Zeit. Im 9. Jh. läßt sie sich nur noch vereinzelt nachweisen (Z. Čilinská 1966, S. 202)[8]).

Berücksichtigen wir das und vor allem die Tatsache, daß die Herausbildung der in Kretzschau-Groitzschen geborgenen Keramik bereits, wie wir sahen, anderen Ortes am Anfang des 8. Jh. faßbar wird, werden wir nicht fehl gehen, den Beginn des gesamten Keramikkomplexes des Burgwalles noch in das Ende des 8. Jh. zu datieren.

Diese zeitliche Einordnung wird auch durch die Datierung einiger bisher nicht betrachteter Keramikformen nicht betroffen[9]).

Sowohl Schalen (Abb. 5g, h) als auch Teller begegnen bereits unter dem Material der Siedlung von Dessau-Mosigkau (B. Krüger 1967, Abb. 21ff.), finden sich aber auch noch in spätslawischer Umgebung (H. Brachmann 1965, S. 160ff.). Gleichfalls bereits im 9. Jh. setzt die Produktion der Gefäße vom Zabrušaner Typ ein (Z. Váňa 1961, S. 465ff.). Unter dem Material des Burgwalles von Kretzschau-Groitzschen fanden sich einige Belege (Abb. 5c). Ihr Vorkommen hier muß auf Import aus dem nordwestböhmischen Raum zurückgeführt werden[10]).

Dieser neue zeitliche Ansatz der Keramik erfährt eine wesentliche Ergänzung durch die Datierung des hier gefundenen eisernen Spornes (Abb. 6k).

Es handelt sich um einen Nietsporn, bei dem Bügel und Dorn in einer Ebene liegen. Der Bügel ist 13,5 cm, der Dorn 3 cm lang. Der Querschnitt der Bügelarme ist dreieckig. Sie enden in kräftig profilierten Nietplatten, von denen die eine durch Rost stark zerstört ist. Die erhaltene Platte trägt an den Seiten je drei Nieten. Das Mittelstück ist leicht aufgewölbt und schließt nach unten spitz-dreieckig ab. Der kegelförmige, im Querschnitt runde Dorn sitzt auf einem kleinen, gegenüber dem Bügel verbreiterten Sims[11]).

Der Sporn gehört damit zu einer kürzlich von H. Rempel (1966, S. 38f.) bearbeiteten Gruppe, die bereits „vor 800 aufgekommen und im 9. Jh. üblich“ war, aber noch bis in die erste Hälfte des 10. Jh. hineinreichte. Auch B. Dostál (1966, S. 74ff.) betont gerade für die vorliegende Form den altertümlichen Charakter. Wir werden daher nicht fehl gehen, wenn wir abweichend von P. Grimm (1951, S. 178) diesen Sporn bereits in den angegebenen Rahmen datieren.

Dem stehen jene Metallfunde nicht entgegen, die in den gleichzeitigen Reihengräberfeldern des Saalegebietes vorkommen: der Rest einer zweiteiligen eisernen Trense, ein eisernes Messer und ein eiserner Eimerhenkel (Abb. 6a—c) (H. Rempel 1966, S. 33ff., 40f.). Für eine genauere Datierung ohne Wert sind ferner Gebrauchsformen wie der eiserne (Abb. 6i) und mehrere knöcherne Pfriemen (Abb. 6h), Schlittknochen, ein kleiner eiserner Ring (Abb. 6d) und ein flachstabiger eiserner Haken (Abb. 6e)[12]).

[8]) Ähnlich liegen die Verhältnisse in Böhmen, wie ich einer freundlichen mündlichen Auskunft von Dr. J. Kudrnáč und Dr. M. Šolle (Praha 1964) entnahm. — Als frühe Erscheinung tritt übrigens die Verzierung des Randes, hier überwiegend des Außenrandes, auch an der Keramik der Feldberger Gruppe auf (E. Schuldt 1956, S. 17ff.). — Von dem Auftreten der älterslawischen Randverzierung ist die in spätslawischer Zeit geübte zu unterscheiden. Ihr Vorkommen könnte mit dem Brauch der Randverzierungen an gleichzeitigen Schalen und Tellern zusammenhängen (H. Brachmann 1965, S. 167, Anm. 6).

[9]) Nicht aufzufinden war im Material die von P. Grimm auf fränkischen Einfluß zurückgeführte bemalte Scherbe. Für ihre Interpretation sei darum auf seine Ausführungen verwiesen (P. Grimm 1951, S. 177). Ihrer Datierung in den neuen zeitlichen Rahmen steht danach nichts im Wege.

[10]) Eine erste Zusammenstellung der Verbreitung der Keramik des Zabrušaner Typs nördlich des Erzgebirges hat W. Coblenz (1964, S. 324f.) gegeben. Zeitlich für das 10. Jh. gesichert ist ihr Vorkommen unter der Keramik von Meißen (Kenntnis der Funde verdanke ich dem freundlichen Entgegenkommen des Ausgräbers, Direktor Dr. W. Coblenz, Dresden).

[11]) Der Sporn ist heute recht stark verbogen. Berücksichtigt man diese Tatsache und stellt man gedanklich, ein mechanisches Zurechtbiegen läßt das Material nicht mehr zu, das ursprüngliche Aussehen her, dann ergibt sich einwandfrei für Bügel und Dorn die Planlage.

[12]) Während Pfrieme und Spitzen aus Knochen von Schaf/Ziege und Schwein hergestellt wurden, bildeten Pferdeknochen das Rohmaterial für die Schlittknochenherstellung. Angaben verdanke ich Herrn Dr. H.-H. Müller, Berlin.

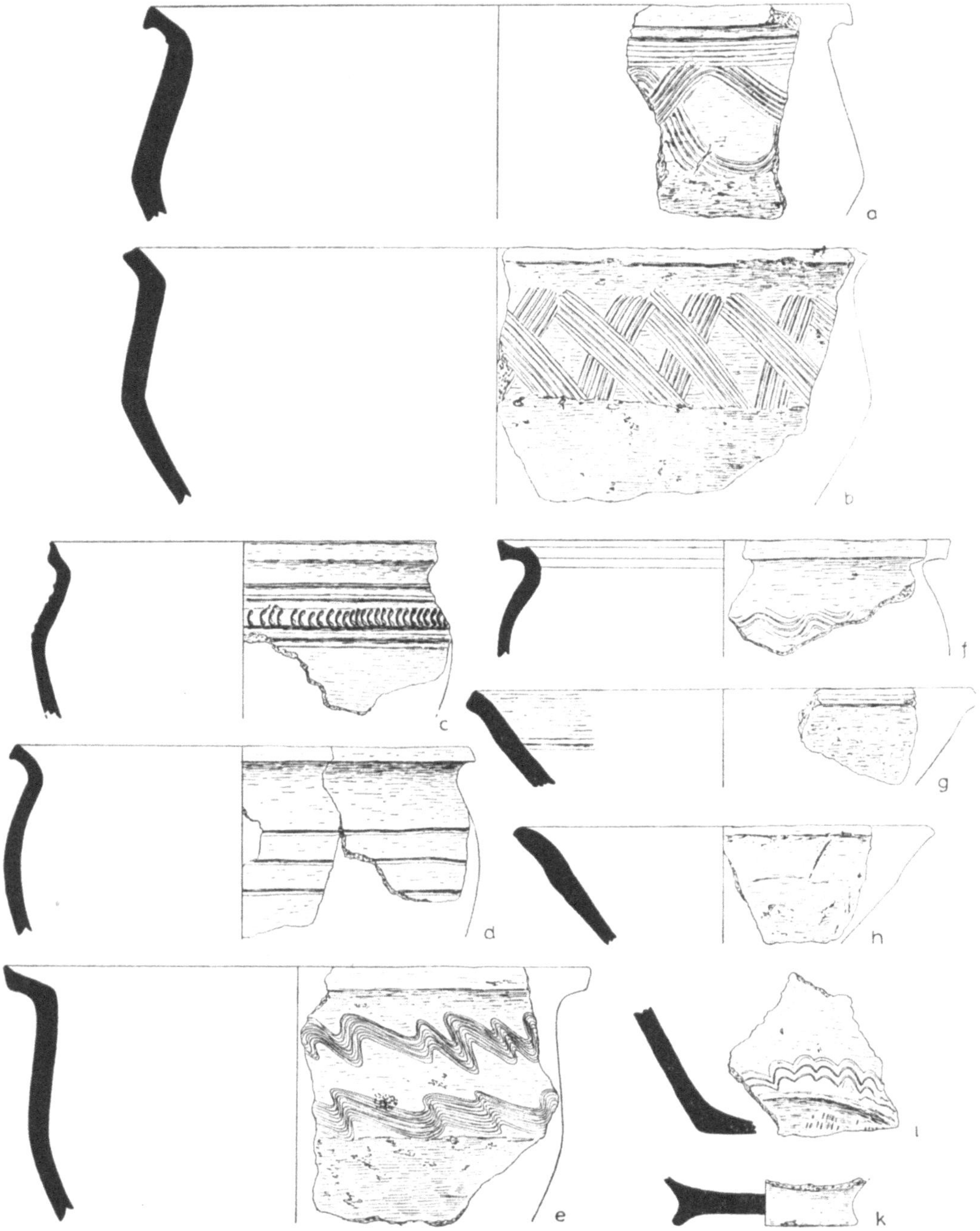

Abb. 5. Kretzschau-Groitzschen, Kr. Zeitz („Der Kessel"), Slawische Keramik. Etwa 1:3

Unklar bleibt die Datierung des vergoldeten Bronzebeschlages (Abb. 6g), während für den Schlüssel (Abb. 6f) bisher am ehesten Parallelen aus dem hohen Mittelalter beizubringen sind (P. Grimm 1951, S. 178ff.). Seine Auffindung in den „inneren Absturzschichten des Walles" (P. Grimm 1951, S. 178) deutet jedoch einen Zusammenhang zwischen seinem Verlust und dem Zerfall der Burg an, der sich nach dem Grabungsbefund über einen längeren Zeitraum vollzog (P. Grimm 1951, S. 192). Unter diesen Voraussetzungen fiele seine Datierung nicht allzusehr aus dem Rahmen des übrigen Materials.

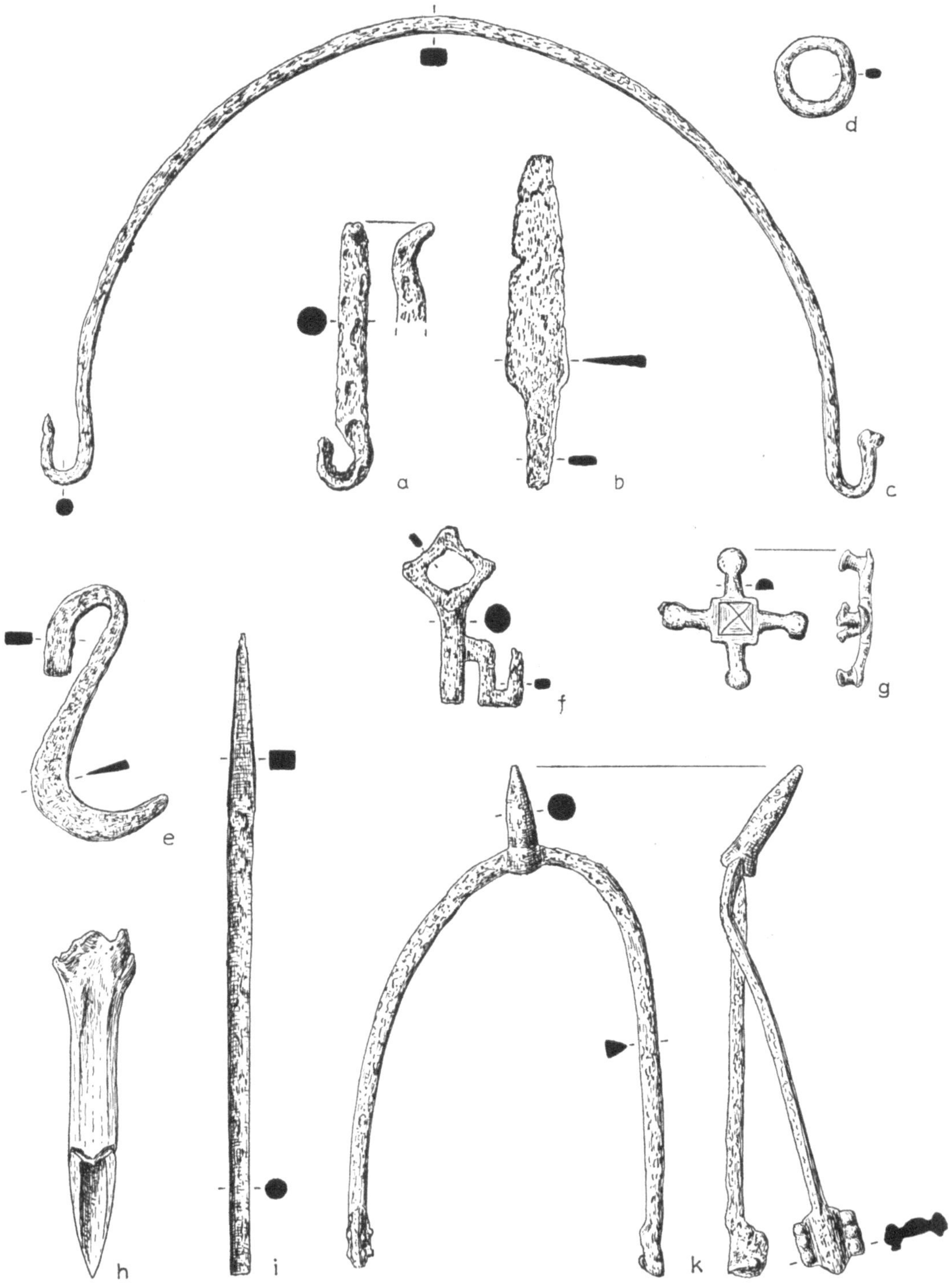

Abb. 6. Kretzschau-Groitzschen, Kr. Zeitz („Der Kessel“),
Geräte aus Eisen (a—f, i, k), Bronze (g) und Knochen (h). 1:2

Ziehen wir aus der bisherigen Analyse der Funde aus dem Burgwall „Der Kessel“ von Kretzschau-Groitzschen das Fazit, so ergibt sich abweichend von der bisherigen Zeitstellung eine Einordnung des ganzen Komplexes etwa in das Ende des 8. bis an den Anfang des 10. Jh. Dem entspricht auch in stärkerem Maße als bisher der stark archaische Charakter einiger Elemente der Befestigungstechnik (P. Grimm 1951, S. 162ff.; ders. 1958, S. 53ff., 107ff.). Die Errichtung des Walles als Holzerdemauer und das Vorhandensein von Spitzgräben und von Erdbrücken im Grabensystem der Vorbefestigung bilden zwar für sich allein kein Zeitindiz, ihr Auftreten im Ensemble besitzt jedoch ein besonderes Gewicht. Es handelt sich in der Gesamtheit um Erscheinungen, die in der Frühgeschichte Mitteleuropas seit der karolingischen Zeit auftreten und bald eine beträchtliche Verbreitung erfuhren (R. v. Uslar 1964, S. 194ff.).

Unter diesen Voraussetzungen wird eine Neuinterpretation des Gesamtbefundes notwendig. Aus der Kleinheit der Anlage (60×75 m) und der Art der Innenbebauung hatte P. Grimm auf den „dauernden Wohnsitz eines angesetzten Burgherrn“ geschlossen (1951, S. 189f.). Dieser Interpretation muß unbedingt zugestimmt werden, wenn auch die neue Datierung die Deutung als „deutsche Reichsburg“ (P. Grimm 1958, S. 74) in Zweifel stellt. Die Aufgliederung, die ein mehrräumiges, großes zentrales Haus fast im Zentrum der kleinen Anlage erkennen läßt, um das sich jeweils in unmittelbarer Nähe des Walles verschiedene kleinere, ebene und eingetiefte Bauten gruppieren, die von P. Grimm (1951, S. 185ff.) teils als „Wohnhäuser der übrigen Burgmannen“, teils als Wirtschaftsbauten gedeutet wurden, wird am ehesten der Funktion eines Herrenhofes gerecht[13]).

Dafür sprechen zusätzlich auch Einzelheiten aus dem Bereich der materiellen Kultur. Es sei an das Vorkommen des Spornes und des Trensenteiles erinnert, aber auch an die aus dem fränkischen und dem böhmischen Bereich importierte Keramik. Auch das Vorhandensein von Mühlsteinen[14]) könnte den Charakter der Anlage als Herrenburg unterstreichen (Černohorský 1957, S. 495ff.). Hinweise ergab schließlich die Untersuchung der bei der Ausgrabung geborgenen Tierreste. Es ist nicht ausgeschlossen, daß die faßbare Haustierauswahl durch Abgabebestimmungen beeinflußt ist. Damit könnte das Überwiegen von männlichen Tieren bei Schaf und Schwein unter den aufgefundenen Knochen durchaus zusammenhängen (H.-H. Müller in diesem Bande, S. 364ff.)[15]).

Die günstige Quellenlage gestattet nun gerade im Falle von Kretzschau-Groitzschen, wesentlich über die bisher getroffene Aussage hinauszugehen. Im Jahre 1004 werden der Zeitzer Kirche die drei Dörfer Chróziuua, Grîbna und Gródiscâni aus Reichsbesitz geschenkt. Sie erscheinen in einer zweiten, am gleichen Tage ausgestellten Urkunde zusammen sub uno vocabulo Croziwa (= Kretzschau) (DH. II. 65, 66). Wie aber aus dem Ortsnamen Gródiscâni (altsorbisch *Grodiščane — Burgleute; E. Eichler 1959, S. 463; ders. 1963, 461) hervorgeht,

[13]) Eine in der Anlage ähnliche Aufgliederung der Innenfläche läßt die slawische Burg B von Tornow, Kr. Calau, erkennen (J. Herrmann 1966, S. 134ff., Abb. 54). Der Ausgräber bringt ihre Entstehung überzeugend mit Veränderungen in den sozialökonomischen Verhältnissen und der damit verbundenen Herausbildung von grundherrlichen Abhängigkeitsverhältnissen zum Ausdruck. Deutlich wird hier die wechselseitige Abhängigkeit von Innenbebauung und Funktion einer Wallburg sichtbar.

[14]) Im Landesmuseum für Vorgeschichte Halle sind Reste zweier Drehmühlen aus der Burg erhalten (siehe auch P. Grimm 1951, S. 173):

1. Bruchstück eines Bodensteins. Mahlfläche schwach konvex; Durchmesser annähernd 27 cm (nicht völlig gesichert); Außenkante ca. 3 cm hoch; Mahlmund vermutlich eckig.

2a. Läuferstein. Mahlfläche konkav; Durchmesser annähernd 46 cm; Dicke am Mahlmund 3,5 cm; Mahlmund rund; Oberseite 10 cm, Mahlfläche 8,5 cm.

2b. Bodenstein. Mahlfläche leicht konvex; Durchmesser 45 cm; ovales Loch von 6×7,5 cm Durchmesser; Dicke an der Durchbohrung 10 cm.

[15]) Ob die wenigen Wildtiere (Bär, Hirsch, Reh, Wildschwein) auf eine Jagdtätigkeit eines Burgherrn im Sinne eines Jagdregals deuten, bleibt ungeklärt. Die geringe Tierzahl (Mindestzahl insgesamt 8 Stück) sowie das ausschließliche Vorkommen weiblicher und schwacher Tiere spricht eher dagegen (H.-H. Müller, in diesem Bande, S. 366).

gehören die derart zusammengefaßten Dörfer alle zu einer Burg. Dabei kann es sich nur um die bisher betrachtete Wallburg handeln, da weitere slawische Burgen in der unmittelbaren Umgebung fehlen und andererseits das Dorf Groitzschen am Fuße der besprochenen Wallburg selbst liegt. Über die innere Struktur dieser Dörfer sind wir durch ein Einkünfteverzeichnis der Propstei der Zeitzer Stiftskirche vom Jahre 1196 unterrichtet (Auszüge und tabellarische Auswertungen des Verzeichnisses bei J. Brankačk 1964, S. 233ff.). Während Kretzschau und (wüst) Greifen durch ihre entwickelte Wirtschaftsweise, vor allem die Verhufung ihrer Flur, bereits den Einfluß entfalteter feudaler Verhältnisse erkennen lassen, spiegeln die Abgaben der Bevölkerung von Groitzschen wesentlich andere Beziehungen wider. Die höhere Geldleistung der Mehrzahl der neun Leistungspflichtigen sowie die im Gegensatz zu den beiden anderen Dörfern nur geringen Naturalabgaben fallen auf. W. Schlesinger (1960, S. 87) schließt daraus auf „eine Burghörigkeit, die nicht in landwirtschaftlicher Nutzung begründet zu sein scheint“. Er stellt die Frage (ebenda), „ob es sich bei dem ganzen Komplex nicht um einen Reflex vordeutscher Verfassung handele“. Die Neudatierung der Burg ins 9. Jh. kommt dieser Vermutung stark entgegen. Wahrscheinlich handelt es sich dabei um das Nachleben einer in slawische Zeit zurückreichenden Form der gefolgschaftlichen Abhängigkeit. Spuren solcher Verhältnisse sind im frühdeutschen Milieu in den schriftlichen Quellen auch anderenorts zu fassen, z. B. in Zwenkau (Thietmar II, 38) und in Meißen (Thietmar V, 9; VI, 55 und VII, 23). Auch hier treten dienstbare Mannen in bestimmtem Verhältnis zu einem burggesessenen Herrn entgegen. In Meißen siedeln sie unter der Burg in einer Vorburg (Thietmar VII, 23). Die Ähnlichkeit der Verhältnisse mit denen in Groitzschen ist nicht zu übersehen. Das aber unterstreicht die Vermutung W. Schlesingers (1960, S. 89), daß die in deutscher Zeit besonders an der deutschen Burg Meißen faßbaren Verhältnisse eine „Nachahmung einer an slawischen Burgen vorhandenen Einrichtung“ darstellen können. Da Thietmar (V, 9) diese Dienstmannen (satellites) im Falle Meißens ausdrücklich mit dem slawischen Wort wethenici kennzeichnet, erscheint auch von dieser Seite ihre slawische Herkunft wahrscheinlich.

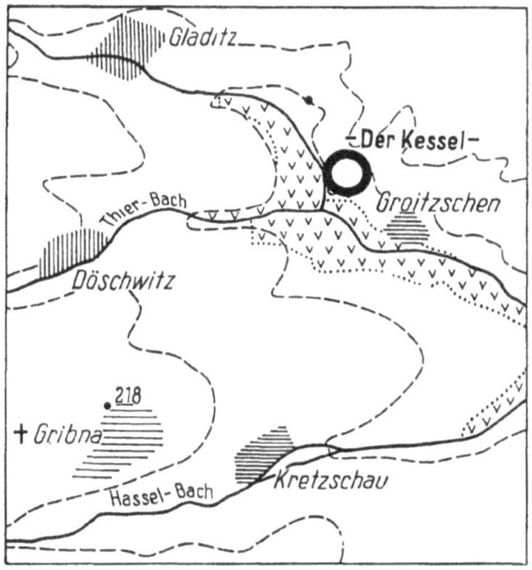

Abb. 7. Lage der Wallburg „Der Kessel“ von Kretzschau-Groitzschen, Kr. Zeitz, und der 1004 (DH. II. 65, 66) genannten Orte (waagerechte Schraffur)

So wird uns im Falle von Kretzschau-Groitzschen bruchstückhaft die innere Gliederung eines slawischen Burgbezirkes (civitas) des 9. Jh. faßbar (Abb. 7): Im Zentrum liegt eine Herrenburg, in Abhängigkeit zu ihren Füßen die Ansiedlung von Gefolgsleuten, daneben, im näheren Umkreis, befinden sich Dörfer mit einer abgabepflichtigen Landwirtschaft treibenden Bevölkerung. Von ihr könnten u. a. die erwähnten tierischen Abgaben stammen[16]).

[16]) Leider liegen aus diesen Orten und auch der übrigen näheren Umgebung kaum slawische Funde vor, so daß nicht zu entscheiden ist, ob nur die drei 1004 genannten Dörfer oder noch weitere zu diesem Burgbezirk gehörige den Umfang der Siedlungskammer ausmachten. Die einzigen slawischen Funde der näheren Umgebung stammen aus Döschwitz (ohne Fundstelle; zwei älterslawische Randscherben; Vorgeschichtl. Mus. Jena 12370/1) und Kretzschau (Höhe 218, „Greiffenfeld“; drei spätslawische Rand- und Wandscherben, mittelalterliche deutsche Keramik; Vorgeschichtl. Mus. Jena 34362), Kr. Zeitz. Die Fundstelle in der Gemarkung Kretzschau (Abb. 7) deutet in Verbindung mit den Flurnamen ‚Greiffenfeld‘, ‚Am Greifenanger‘ und ‚Greifenfelds Steinberge‘ die Lage des wüsten Dorfes Gribna (Greifen) an (H. Grössler 1909, S. 312f.).

In ähnlicher Weise haben sich im gesamten westslawischen Siedelgebiet spätestens bis zum 9. Jh. Burgbezirke herausgebildet (J. Herrmann 1968, S. 146ff.; ders. 1967a, S. 424ff.; M. Šolle 1966, S. 115ff.; Z. Hilczerówna 1966, S. 103ff.). Stärker als in den Gebieten zwischen Elbe und Oder macht sich im Saalegebiet jedoch der bisherige Forschungsstand hemmend bei der Klärung nach der Frage ihrer Genese bemerkbar. Da die aus der schriftlichen und ergänzend aus der archäologischen Quellenlage erschlossene innere Organisation des Burgbezirkes von Kretzschau-Groitzschen jedoch in starkem Maße der der Burgbezirke im obodritischen und brandenburgischen Bereich gleicht, könnte ein den dortigen Verhältnissen entsprechender Prozeß auch für den sorbischen Bereich angenommen werden. Aus der günstigeren Quellenlage hatte J. Herrmann (1968, S. 163f.) für diese die allmähliche Herausbildung der Burgenvororte und damit die Konsolidierung der ursprünglichen Siedlungskammern zu Burgbezirken (civitates) in der Folge sich entwickelnder innerer ökonomischer und sozialer Verhältnisse wahrscheinlich gemacht. Obwohl bisher nicht zu beweisen, scheinen gleiche Ursachen auch im sorbischen Bereich wirksam gewesen zu sein. Das Vorkommen von reges und duces, primores und vermutlich einer Kleinadelsschicht (W. Schlesinger 1960, S. 85ff.) spricht für ein gleiches soziales Gefälle wie bei den Obodriten (W. H. Fritze 1960, S. 178ff.). Ihm entspricht hier wie dort die Ansiedlungsfolge Burg — Vorburg (unbefestigt oder befestigt) — offene Siedlungen in Streulage (weitere Beispiele aus dem sorbischen Gebiet bei H. Helbig 1960, S. 50ff.). Auch die aus schriftlichen Quellen und Ortsnamen vielfach zu erschließende herrschaftliche Organisation des Dorfes (villa, villula) (W. Schlesinger 1960, S. 99ff.; ders. 1961b, S. 212ff.) ist in gleicher Weise bei den Obodriten zu fassen. J. Herrmann (1968, S. 162) sieht in den bei ihnen erwähnten meliores und praestantiores „Vorsteher der Ortsverbände".

Für die Sorben käme dafür am ehesten die von W. Schlesinger (1960, S. 85ff.) vermutete Schicht des Kleinadels in Frage. Aus seinen Reihen erwuchsen die primores und reges oder duces. Vielfältige Ursachen konnten ihren Aufstieg bewirken, ausschlaggebend war ihre ökonomische Situation und, damit eng verbunden, ihre militärische Stärke. Da der Stand der Entwicklung der Produktivkräfte noch nicht die Höhe erreicht hatte, die eine ständige Akkumulation von Mehrwert von äußeren Zufällen (Naturkatastrophen, Kriege) unabhängig machte, konnten die Machtverhältnisse innerhalb der Siedlungsgemeinschaften schnell wechseln. Daraus erklären sich zum Teil die oft unklaren Angaben der schriftlichen Quellen über soziale Schichtungen, die ihre Interpretation beträchtlich erschweren. Hinzu kamen gerade in den hier betrachteten Fällen, also bei den Obodriten, den Slawen im Havelgebiet und den Sorben, konkrete historische Beziehungen, die auf die Entwicklung der sozialökonomischen Verhältnisse einen nicht unbeträchtlichen Einfluß hatten, nämlich die Auseinandersetzungen mit dem fränkischen Reich.

Die geschriebene Überlieferung berichtet von mannigfaltigen Kontakten zwischen beiden Nachbarn, von Kriegen, Handel und Beziehungen zwischen den herrschenden Oberschichten. Ihr Ergebnis war für das Saalegebiet die Einrichtung der Sorbischen Mark (limes Sorabicus), ein dem Reichsgebiet vorgelagerter, in seiner Ausdehnung (P. Grimm 1958, S. 55f.; W. Schlesinger 1961c, S. 49; H. Rempel 1963, S. 506ff.) umstrittener Grenzsaum, dessen eigentliche Eingliederung erst die Zeit bringen mußte (H. Aubin 1934, S. 233ff.).

Mit der Wallburg von Kretzschau-Groitzschen erfassen wir nun erstmalig für das slawische Gebiet einen Befund, der in seltener Weise klar eine Seite der Auswirkungen dieses Kontaktes zu einem entwickelten Staatsgebilde, wie dem fränkischen Reich, erkennen läßt. Die Ausgrabung ergab, daß die Burg an einer bisher von Slawen unbesiedelten und unbefestigten Stelle errichtet wurde. Dem Bau legte man ein annähernd rechteckiges Anlageschema zugrunde, wie es im slawischen Bereich nicht vorkommt, im fränkischen aber zur gleichen Zeit in Blüte stand (P. Grimm 1951, S. 181ff.; ders. 1958, S. 74f.; ders. 1965, S. 273ff.; J. Herrmann 1967b). Da wir es bei dem Gesamtkomplex, wie die bisherige Analyse ergab, jedoch mit einem typischen slawischen Burgbezirk zu tun haben, liegt die Annahme der Errichtung der Anlage durch einen slawischen Herrn nahe[17]).

Nach unserer bisherigen Kenntnis fehlen weitere slawische Burgen in der Umgebung (P. Grimm 1958, S. 317ff., Karten Abb. 15 u. 21). Wir müssen in der Gründung der Burg von Kretzschau-Groitzschen daher die primäre Konsolidierung eines Angehörigen der Oberschicht als Burggesessen sehen, die, und das ist wichtig, ihren entscheidenden Anstoß offensichtlich dem fränkischen Kontakt verdankt[18]). Ob parallel zur Gründung der Burg die Siedlung der ‚Burgleute‘ (*Grodiščane), die villa Gródiscâni, angelegt wurde, ist nicht zu entscheiden, da archäologische Beobachtungen, die allein eine Datierung ermöglichen könnten, fehlen. Es ist jedoch sehr wahrscheinlich, wenn wir in dieser Burghörigkeit, wie oben ausgeführt, die Form einer gefolgschaftlichen Abhängigkeit sehen. Möglicherweise handelt es sich um Angehörige des dorfgesessenen Kleinadels, die hier im Dienst um einen Mächtigeren zusammengefaßt wurden[19]).

Als Burgherren erscheinen in den Quellen am ehesten reges oder duces und primores. Für erstere ist der Besitz einer Burg bezeugt (Ann. Bertin. a. 839, S. 23), für die primores kann er erschlossen werden (W. Schlesinger 1960, S. 83f.; W. H. Fritze 1960, S. 181; J. Herrmann 1968, S. 163f.). Es ist sehr gut möglich, daß die Verhältnisse von Kretzschau-Groitzschen denen entsprachen, die uns für die Mitte des 10. Jh. Thietmar (II, 38) von Zwenkau, Kr. Leipzig, berichtet. W. Schlesinger (1960, S. 83f.) machte wahrscheinlich, daß es sich bei dem hier burggesessenen senior Cuchavicus um einen Angehörigen aus der Schicht der primores handelte. Eine endgültige Aussage werden wir jedoch nicht erhalten, da nicht ausgeschlossen ist, daß solch ein Vorort eines Burgbezirkes auch Zentrum eines größeren Gebietes, etwa eines Kleinstammes (regio), sein konnte. Darüber entschied letztlich die wirtschaftliche, politische und militärische Potenz des betreffenden Burgherrn[20]).

[17]) Die seit der 2. Hälfte des 8. Jh. und für das 9. Jh. belegten Beziehungen zwischen dem fränkischen und dem slawischen Adel sowie der Aufenthalt slawischer, auch sorbischer Adliger im fränkischen Reich (W. Schlesinger 1960, S. 77ff.) vermittelte diesem sicher u. a. die Kenntnis von Details des fränkischen Burgenbaues. Schließlich ist nicht auszuschließen, daß in Einzelfällen der Bau solcher Burgen hier im Grenzgebiet unter fränkischer Anleitung selbst erfolgte bzw. daß der erste Herr der Burg selbst ein Franke war. Dieses Aufgehen von Angehörigen des einen Volkes in dem des anderen ist gerade für den Adel in den frühmittelalterlichen Quellen reich belegt (z. B. Samo, Wiprecht von Groitzsch).

[18]) Die Ursachen liegen tiefer und wurzeln im örtlichen Milieu. Sie sind das Ergebnis der autochthonen Entwicklung der wirtschaftlichen, sozialen und politischen Verhältnisse bei den Slawen, eines Prozesses, den wir im gesamten westslawischen Bereich zur gleichen Zeit beobachten können. — Wenn wir hier die positive Seite des Kontaktes zu den Franken für die Eigenentwicklung eines Teils der slawischen Oberschicht beobachten konnten, so läßt sich, und das ist unbestreitbar, in der Endkonsequenz seine hemmende Wirkung auf die Entwicklung der slawischen Gesellschaft insgesamt nicht übersehen (s. auch J. Brankačk 1964, S. 153).

[19]) W. Schlesinger (1960, S. 101) sieht im Falle von Kretzschau-Groitzschen diesen Kleinadel selbst als burggesessen an. Dem kann ich mich nur bedingt anschließen. Es ist durchaus möglich, daß der Burgherr dieser Schicht entstammt; in der Tatsache aber, daß er jetzt burggesessen ist, kommt jedoch deutlich seine Sonderstellung zum Ausdruck, die ihn klar von seiner Umgebung absetzt. Die Schicht des Kleinadels war, verbergen sich hinter ihr, wie vermutet, z. B. die Ortsvorsteher, wesentlich breiter.

[20]) Der gegenwärtige Stand der archäologischen Forschung gibt über die Kriterien, die der Bedeutung einer Burg kongruent sind, noch keine befriedigende Antwort (P. Grimm 1958, S. 84ff.; ders. 1960, S. 18ff.; W. Coblenz 1960, S. 7ff.). Immerhin deuten die bisherigen Untersuchungen im Elbe-Saale-Gebiet an, daß die Mehrteiligkeit der Burgen, ihre Gliederung in Haupt- und Vorburg, vermutlich erst ein Ergebnis des deutschen Einflusses ist. Erstens korrespondiert ihre Verteilung nicht mit der historisch überlieferten Einteilung des slawischen Siedelgebietes. — Ihre Häufung z. B. in den Gauen Nudzici und Neletici bedarf noch der Klärung (P. Grimm 1958, S. 55f.). — Zweitens ergaben bisherige für unsere Fragestellung auswertbare Grabungen, daß die mehrteiligen Anlagen (Groitzsch — Wiprechtsburg, Kr. Borna: H.-J. Vogt 1965; Meißen — Burgberg, Kr. Meißen: W. Coblenz 1966; Zehren — Burgberg, Kr. Meißen: W. Coblenz 1963, S. 265ff.) erst im Zuge der Sicherung des Elb-Saale-Gebietes durch die deutschen Feudalherren errichtet wurden. Älter und in die slawische Zeit zurück reichen einteilige Anlagen (Magdeborn, Kr. Leipzig: H. W. Mechelk 1966, S. 96ff. [ältere Phase]; Rötha — Fuchsberg, Kr. Borna: J. Hoffmann 1941, S. 36ff.; Nossen — Dechantsberg, Kr. Meißen: K. Tackenberg 1939, S. 169ff.; Zehren — Wall bei den Spitzhäusern, Kr. Meißen: W. Coblenz 1959, S. 142ff.). — Dieser Befund

Die Analyse der Verhältnisse von Kretzschau-Groitzschen gab Einblick in den Charakter der fränkischen Einflußnahme auf das slawische Siedelgebiet östlich der Saale. Der aus der schriftlichen Überlieferung erkennbare Kontakt des fränkischen und slawischen Adels wurde erneut deutlich. Darüber hinaus zeigte sich, daß dieser Kontakt die Konsolidierung bestimmter gesellschaftlicher Verhältnisse beschleunigen konnte, dagegen wenigstens im betrachteten Beispiel ohne Einfluß auf die innere Gliederung der slawischen Verfassung blieb. Die zahllosen Kriege der Franken im Zuge ihrer Ostpolitik dienten zunächst nur der ständigen Eroberung neuer Territorien zum Zwecke der hemmungslosen wirtschaftlichen Ausbeutung.

Da die Franken in diesem Bestreben oft genug vom einheimischen slawischen Adel unterstützt wurden[21]), verwundert es nicht, wenn dieser Kontakt, über das Beispiel von Kretzschau-Groitzschen hinaus, Spuren im ostsaalischen Gebiet hinterlassen hat. P. Grimm (1958, S. 74f.) wies auf weitere Anlagen hin, deren Grundriß gleichfalls rechteckig ist. Hier sind allerdings Grabungen abzuwarten, ehe ein endgültiges Urteil über ihr Alter und damit ihre historische Bedeutung gefällt werden kann. Nach den gegenwärtig vorliegenden Lesefunden könnten die Wallburgen von Burgliebenau, Kr. Merseburg, und Benndorf, Kr. Delitzsch, wie die Wallburg von Kretzschau-Groitzschen an der Wende zum 9. Jh. entstanden sein und damit auf eine ihr parallele Funktion hindeuten. Besonderes Interesse beansprucht dabei der Burgwall von Burgliebenau, für den auch außerhalb der Wälle Siedlungsreste aus gleicher Zeit vorliegen. Damit wäre für ihn gleichfalls das Vorhandensein einer Vorburgsiedlung anzunehmen.

Auf fränkischen Einfluß führte schließlich J. Herrmann (1967b) die Kenntnis der im sorbischen Gebiet verbreiteten Trockenmauer-Schalenbauweise zurück. Sie begegnet an Burgen des 9. Jh., aber auch noch an solchen, die mit Sicherheit erst im 10. Jh., also unter deutschem Einfluß, errichtet wurden[22]).

So ergänzen diese Beobachtungen das bereits von H. Rempel (1963b, S. 506ff.) auf Grund archäologischer Quellen gezeichnete Bild der „Ostgrenze des fränkischen Reiches Thüringer Anteils". Abgesehen vom Orlagau (H. Rempel 1963a) unterlag das übrige ostsaalische Gebiet offensichtlich noch während der Mehrzahl der Jahre des 9. Jh. nur bis zu einem gewissen Grade der Kontrolle des fränkischen Reiches. Erst nach und nach kam es zu einer Festigung der Verhältnisse. In die spätfränkische Zeit mag daher die Einrichtung von fränkischen Burgbezirken zwischen Halle/Merseburg und Saalfeld zurückgehen (W. Schlesinger 1961a, S. 138ff.; H. Patze 1962, S. 102f.) sowie das erste tastende Vordringen der christlichen Kirche (W. Schlesinger 1961, S. 49f.; ders. 1962, S. 157ff.)[23]).

deckt sich mit den Beobachtungen z. B. im westbrandenburgischen Gebiet (J. Herrmann u. R. Hoffmann 1959, S. 294ff.; J. Herrmann 1962, S. 131ff.; ders. 1963, S. 185ff.). Demgegenüber betonte M. Šolle (1966, S. 136ff.) in einem allerdings das historische Geschehen zu stark generalisierenden und darum in dieser Ausschließlichkeit nicht haltbaren Überblick zum westslawischen Burgenbau Vergrößerung und Gliederung des umwehrten Innenraumes als charakteristisches Kennzeichen der slawischen Burgen der mittelslawischen Zeit (800—950).

21) Wir hören von der Teilnahme slawischer Aufgebote an fränkischen Raubkriegen (Ann. regni Franc. a. 789; Ann. Fuld. a. 856) bzw. dem Mord an frankenfreundlichen Vertretern des Adels (Ann. Fuld. a. 858). Zu der zuletzt zitierten Stelle siehe die Anmerkung von W. Schlesinger in Mitteldeutsche Beiträge zur deutschen Verfassungsgeschichte des Mittelalters (1961, S. 471) zu Seite 13 der im gleichen Bande erneut abgedruckten Arbeit „Die Verfassung der Sorben".

22) In die vordeutsche Zeit gehören mit einiger Sicherheit u. a. die Burgwälle: Zehren — Wall bei den Spitzhäusern, Kr. Meißen (W. Coblenz 1959, S. 142ff.); Nossen — Dechantsberg, Kr. Meißen (K. Tackenberg 1939, S. 169ff.) und Jena-Lobeda, Kr. Jena (G. Neumann 1959, S. 246ff.; ders. 1960, S. 237ff.). In deutscher Zeit wurden errichtet: Zehren — Burgberg, Kr. Meißen (W. Coblenz 1963, S. 265ff.) und Höfgen, Kr. Meißen (W. Baumann u. W. Coblenz 1965, S. 88ff.). Ein Kriterium für die Datierung ist diese Bauweise damit nicht. Ihrer historischen Interpretation muß in jedem einzelnen Falle die genaue zeitliche Einordnung vorausgehen.

23) Am ungenügenden Forschungsstand scheitert bisher eine abschließende Stellungnahme zur Vermutung von P. Grimm (1958, S. 55f.), daß die auffällige Reihung einiger Burgen nördlich von Halle evtl. mit einem karolingischen Brückenkopf östlich der Saale zu verbinden sei.

Dieses schrittweise Ausgreifen hatte Erfolg. Die schriftlichen Quellen berichten zwar von einem Feldzug des ersten Herrschers aus sächsischem Hause 928/29 gegen die Daleminzier (Widukind I, 35), nicht aber mehr von Kriegen mit den Sorben in Saalenähe. Im Gegenteil, Heinrich I. kann sich schon in dieser Zeit in die Burg Püchau an der Mulde zurückziehen (Thietmar I, 15). Sie unterstand offensichtlich bereits deutschem Einfluß. Das bezeugt nicht zuletzt das Vorkommen des St. Peter-Patroziniums am Ort (W. Schlesinger 1961c, S. 49). Die Liudolfinger waren für dieses Gebiet Erben der Franken. Für Poppo, den letzten genannten Grafen der Sorbischen Mark, konnte H. Patze (1962, S. 63ff.) darüber hinaus verwandtschaftliche Beziehungen zum liudolfingischen Haus wahrscheinlich machen.

Der schrittweisen Festigung der fränkisch-deutschen Macht entsprach auf der anderen Seite das ständige Zurückdrängen des slawischen Einflusses. Der slawische Adel wird nach und nach aus seiner Position verdrängt, slawische Verfassungsformen werden umgestaltet (W. Schlesinger 1961c, S. 48ff.). Die verwaltungsmäßige und politische Gliederung wird den neuen Erfordernissen angepaßt[24]). Unter deutschem Einfluß setzen sich feudale Verhältnisse beschleunigt durch (W. Schlesinger 1961b, S. 212ff.; J. Brankačk 1964).

Unter diesem Gesichtspunkt wird man jedenfalls das Ende der Wallburg von Kretzschau-Groitzschen am Anfang des 10. Jh. sehen müssen. Das Zentrum des Burgbezirkes zerfällt. Über den Verbleib des Burgherrn ist nichts bekannt. Im Jahre 1004 erscheint der ganze Komplex im Besitze des Reiches. Von der Burg ist keine Rede mehr. Hauptort und Sitz eines Senior, wie 1196 bezeugt, ist jetzt Kretzschau. Lediglich die Siedlung zu Füßen der Burg besteht weiter. Und noch im 12. Jh. erscheinen ihre Bewohner gegenüber der übrigen Bevölkerung des alten Burgbezirkes bevorrechtet[25]).

Zusammenfassung

Gegenstand der vorliegenden Untersuchung ist die Wallburg „Der Kessel“ von Kretzschau-Groitzschen, Kr. Zeitz. Die erneute Bearbeitung der Funde ergab ihre Datierung in das 9. Jh. Mit Hilfe archäologischer und schriftlicher Quellen wird sie als Vorort eines sorbischen Burgbezirkes erschlossen. Die Entstehung der Burg wird auf fränkischen Einfluß zurückgeführt. Sie findet ihr Ende wahrscheinlich in der Zeit der erneuten Intensivierung der Ostpolitik des deutschen Reiches unter den ersten Herrschern aus sächsischem Hause.

Quellenverzeichnis

Annales Bertiniani, MG. SS. rer. Germ., hg. G. Waitz. 1883.
Annales Fuldenses, MG. SS. rer. Germ., hg. F. Kurze. 1891.
Annales regni Francorum, MG. SS. rer. Germ., hg. F. Kurze. 1895.
MG. DD. III, Urkunden Heinrichs II. und Arduins, 1900—1903.
Die Chronik des Bischofs Thietmar von Merseburg und ihre Korveyer Überarbeitung, MG. SS. rer. Germ. N. S. IX, hg. R. Holtzmann. 1935.
Die Sachsengeschichte des Widukind von Korvey, MG. SS. rer. Germ., hg. P. Hirsch. 1935.

[24]) Die Beobachtungen im Gelände zeigen, daß es dort, wo die slawischen Anlagen den neuen strategischen Gesichtspunkten nicht entsprachen, zu einem Neubau an entsprechender Stelle kam. Archäologisch ist dieser Wechsel belegt am Beispiel der Burgen von Zehren, Kr. Meißen (W. Coblenz 1959, S. 142ff.) und Höfgen, Kr. Meißen (W. Baumann u. W. Coblenz 1965, S. 88ff.), in der schriftlichen Überlieferung im Zusammenhang mit der Errichtung der Burg Meißen (Widukind I, 35; Thietmar I, 16). In anderen Fällen folgte nach vorübergehender Zerstörung ein Neuaufbau am selben Ort. Dafür sprechen die Verhältnisse in Magdeborn, Kr. Leipzig (H. W. Mechelk 1965, S. 84ff.; ders. 1966, S. 96 ff.) und evtl. auch die Befunde von Leipzig-Matthäikirchhof (L. Langhammer 1960, S. 86ff.; H. Küas 1963, S. 109ff.; ders. 1966, S. 101ff.), obwohl der Befund hier nicht völlig klar ist. Schließlich gibt es Beispiele, wie im Falle der Wallburg von Kretzschau-Groitzschen, für die eine Fortsetzung bisher nicht erweisbar ist.

[25]) Es spielte sich hier vermutlich, nur einige Jahre früher, ein ähnlicher Prozeß ab, wie ihn W. Schlesinger (1961c, S. 56f.) aus einer Nachricht bei Thietmar (II, 38) für Zwenkau, Kr. Leipzig, erschließen konnte.

Literaturverzeichnis

Aubin, H. 1934 — Die Ostgrenze des alten deutschen Reiches. Entstehung und staatsrechtlicher Charakter, in: Historische Vierteljahresschrift 28, S. 225—272.

Baumann, W., und Coblenz, W. 1965 — Der frühgeschichtliche Wall von Höfgen, Kr. Meißen, in: Ausgrabungen und Funde 10, S. 88—91.

Brachmann, H. 1965 — Mittelalterliche Siedlungsfunde aus Dabrun, Kr. Wittenberg, in: Jahresschrift für mitteldeutsche Vorgeschichte 49, S. 145—204.

Brachmann, H. 1968 — Zur spätslawischen Zeit im Mittelelb-Saale-Gebiet, in: Zeitschrift für Archäologie 2, S. 23—49.

Brachmann, H. 1969 — Zur Geschichte des Mittelelb-Saale-Gebietes im 6. bis 10. Jahrhundert auf der Grundlage archäologischer Quellen, Phil. Diss. Halle.

Brankačk, J. 1964 — Studien zur Wirtschaft und Sozialstruktur der Westslawen zwischen Elbe, Saale und Oder aus der Zeit vom 9. bis zum 12. Jahrhundert, Bautzen.

Černohorský, K. 1957 — Žernovy v hospodářsko-společenském vývoji časného středověku, in: Památky archeologické 48, S. 495—548.

Čilinská, Z. 1966 — Slawisch-awarisches Gräberfeld in Nové Zámky, Bratislava.

Coblenz, W. 1959 — Der Wall bei den Spitzhäusern in Zehren, Kr. Meißen, in: Ausgrabungen und Funde 4, S. 142—147.

Coblenz, W. 1960 — Zur Situation der archäologischen Slawenforschung in Sachsen, in: Siedlung und Verfassung der Slawen zwischen Elbe, Saale und Oder, Giessen, S. 1—14.

Coblenz, W. 1961 — Burg Meißen und Burgward Zehren. Zur Frage der „slawischen Burgen" in Sachsen, in: Bericht über den V. Internationalen Kongreß für Vor- und Frühgeschichte Hamburg vom 24.—30. August 1958, Berlin, S. 187—194.

Coblenz, W. 1962 — Slawen und Deutsche im Gau Daleminzien, in: Aus Ur- und Frühgeschichte, Berlin, S. 136—141.

Coblenz, W. 1963 — Bolesław Chrobry in Sachsen und die archäologischen Quellen, in: Slavia antiqua 10, S. 249—285.

Coblenz, W. 1964 — Zur Herkunft der Slawen im Elbe-Saale-Gebiet. 2. Archäologische Bemerkungen zur Herkunft der ältesten Slawen in Sachsen, in: Arbeits- und Forschungsberichte zur sächsischen Bodendenkmalpflege 13, S. 296—330.

Coblenz, W. 1966 — Zur Ur- und Frühgeschichte von Land und Burg Meißen, Meißen.

Dostál, B. 1966 — Slovanská pohřebiště ze střední doby hradištní na Moravě, Praha.

Eichler, E. 1959 — Besprechung P. Grimm, Die vor- und frühgeschichtlichen Burgwälle der Bezirke Halle und Magdeburg, Berlin 1958, in: Zeitschrift für Slawistik 4, S. 462—465.

Eichler, E. 1963 — Aus der slawischen Toponomastik der Landschaft Puonzowa, in: Studia Linguistica in Honorem Thaddaei Lehr-Spławiński, Krakow, S. 455—465.

Fritze, W. H. 1960 — Probleme der abodritischen Stammes- und Reichsverfassung und ihrer Entwicklung vom Stammesstaat zum Herrschaftsstaat, in: Siedlung und Verfassung der Slawen zwischen Elbe, Saale und Oder, Giessen, S. 141—219.

Grimm, P. 1951 — Die Wallburg „Der Kessel" bei Kretzschau-Groitzschen, Kr. Zeitz, in: Jahreschrift für mitteldeutsche Vorgeschichte 35, S. 161—193.

Grimm, P. 1958 — Die vor- und frühgeschichtlichen Burgwälle der Bezirke Halle und Magdeburg, Handbuch vor- und frühgeschichtlicher Wall- und Wehranlagen 1, Berlin.

Grimm, P. 1960 — Archäologische Beiträge zur Siedlungs- und Verfassungsgeschichte der Slawen im Elb-Saalegebiet, in: Siedlung und Verfassung der Slawen zwischen Elbe, Saale und Oder, Giessen, S. 15—26.

Grimm, P. 1965 — Zur Befestigung der Burg Gernrode, in: Ausgrabungen und Funde 10, S. 273—278.

Grössler, H. 1909 — Forschungen zur Gaugeographie und Ortsnamenkunde der Bistümer Merseburg, Zeitz–Naumburg und Meißen, in: Neues Archiv für Sächsische Geschichte und Altertumskunde 30, S. 291—334.

Helbig, H. 1960 — Die slawische Siedlung im sorbischen Gebiet, in: Siedlung und Verfassung der Slawen zwischen Elbe, Saale und Oder, Giessen, S. 27—64.

Herrmann, J., und Hoffmann, R. 1959 — Neue Forschungen zum slawischen und frühdeutschen Burgwall „Räuberberg" bei Phöben, Kr. Potsdam-Land, in: Ausgrabungen und Funde 4, S. 294—306.

Herrmann, J. 1962 — Burgbezirk und Rundwall in slawischer Zeit im mittleren Gebiet zwischen Elbe und Oder, in: Aus Ur- und Frühgeschichte, Berlin, S. 131—135.

Herrmann, J. 1963 — Einige Fragen der slawischen Burgenentwicklung zwischen mittlerer Elbe und Oder, in: Slavia antiqua 10, S. 185—206.

Herrmann, J. 1966 — Tornow und Vorberg. Ein Beitrag zur Frühgeschichte der Lausitz, Berlin.

Herrmann, J. 1967a — Anfänge und Grundlagen der Staatsbildung bei den slawischen Stämmen westlich der Oder, in: Zeitschrift für Geschichtswissenschaft 15, S. 424—446.

Herrmann, J. 1967b — Gemeinsamkeiten und Unterschiede im Burgenbau der slawischen Stämme westlich der Oder, in: Zeitschrift für Archäologie 1, S. 206—258.

Herrmann, J. 1968 — Siedlung, Wirtschaft und gesellschaftliche Verhältnisse der slawischen Stämme zwischen Oder/Neiße und Elbe. Studien auf der Grundlage archäologischen Materials, Berlin.

Hoffmann, J. 1941 — Die Grabung auf dem „Fuchsberg“ bei Rötha vom Jahre 1938, in: Sachsens Vorzeit 4, S. 36—44.

Hilczerówna, Z. 1966 — Die frühmittelalterliche Besiedlung des Ober- und Mittelobragebietes, in: Archaeologia Polona 9, S. 103—129.

Knorr, H. A. 1937 — Die slawische Keramik zwischen Elbe und Oder, Leipzig.

Krüger, B. 1967 — Dessau-Mosigkau. Ein frühslawischer Siedlungsplatz im mittleren Elbegebiet, Berlin.

Küas, H. 1963 — Ein Verteidigungsgraben an der Ostflanke der ältesten Leipziger Burg, in: Ausgrabungen und Funde 8, S. 109—113.

Küas, H. 1966 — Archäologische Beiträge zur Leipziger Stadtkernforschung, in: Probleme des frühen Mittelalters in archäologischer und historischer Sicht, Berlin, S. 101—111.

Langhammer, L. 1960 — Die Keramik des 9.—12. Jahrhunderts im Gelände der Burg Leipzig, in: Leipziger Forschungen zur Vor- und Frühgeschichte 4, Leipzig, S. 86—101.

Mechelk, H. W. 1965 — Vorbericht zur Grabung in Magdeborn, Kr. Leipzig, in: Ausgrabungen und Funde 10, S. 84—88.

Mechelk, H. W. 1966 — Vorbericht zur Grabung 1965 in Magdeborn, Kr. Leipzig, in: Ausgrabungen und Funde 11, S. 96—100.

Müller, H.-H. 1969 — Die Tierreste aus der Wallburg „Der Kessel“ bei Kretzschau-Groitzschen, Kr. Zeitz, in: Siedlung, Burg und Stadt, Berlin, S. 361—370.

Neumann, G. 1959 — Der Burgwall auf dem Johannisberge bei Jena-Lobeda, in: Ausgrabungen und Funde 4, S. 246—251.

Neumann, G. 1960 — Der Burgwall auf dem Johannisberge bei Jena-Lobeda, in: Ausgrabungen und Funde 5, S. 237—244.

Patze, H. 1962 — Die Entstehung der Landesherrschaft in Thüringen, 1. Teil, Köln–Graz.

Rempel, H. 1959a — Die frühdeutsche Keramik in Thüringen, in: Praehistorische Zeitschrift 37, S. 101—124.

Rempel, H. 1959b — Die sorbische Keramik in Thüringen, in: Praehistorische Zeitschrift 37, S. 175—186.

Rempel, H. 1963a — Saalfeld und der Orlagau in frühgeschichtlicher Zeit, in: Saalfelder Kulturblätter, H. 3/4, S. 1—39.

Rempel, H. 1963b — Zur Ostgrenze des fränkischen Reiches Thüringer Anteils, in: Alt-Thüringen 6, 1962/63, S. 506—513.

Rempel, H. 1966 — Reihengräberfriedhöfe des 8.—11. Jahrhunderts aus Sachsen-Anhalt, Sachsen und Thüringen, Berlin.

Schlesinger, W. 1960 — Die Verfassung der Sorben, in: Siedlung und Verfassung der Slawen zwischen Elbe, Saale und Oder, Giessen, S. 75—102.

Schlesinger, W. 1961a — Die deutsche Kirche im Sorbenland und die Kirchenverfassung auf westslawischem Boden, in: Mitteldeutsche Beiträge zur deutschen Verfassungsgeschichte des Mittelalters, Göttingen, S. 133—157.

Schlesinger, W. 1961b — Bäuerliche Gemeindebildung in den mittelelbischen Landen im Zeitalter der mittelalterlichen deutschen Ostbewegung, in: Mitteldeutsche Beiträge zur deutschen Verfassungsgeschichte des Mittelalters, Göttingen, S. 212—274.

Schlesinger, W. 1961c — Zur Gerichtsverfassung des Markengebietes östlich der Saale im Zeitalter der deutschen Ostsiedlung, in: Mitteldeutsche Beiträge zur deutschen Verfassungsgeschichte des Mittelalters, Göttingen, S. 48—132.

Schlesinger, W. 1962 — Kirchengeschichte Sachsens im Mittelalter. Band 1. Von den Anfängen kirchlicher Verkündigung bis zum Ende des Investiturstreites, Köln–Graz.

Schuldt, E. 1956	Die slawische Keramik in Mecklenburg, Berlin.
Šolle, M. 1966	Zur gesellschaftlich-geschichtlichen Entwicklung der westslawischen Burgwälle nach archäologischer Forschung, in: Vznik a počátky Slovanů 6, S. 115—151.
Tackenberg, K. 1939	Die Ausgrabung auf dem Dechantsberg bei Nossen, in: Sachsens Vorzeit 2, 1938, 2. Teil, Leipzig 1939, S. 169—180.
Uslar, R. v. 1964	Studien zu frühgeschichtlichen Befestigungen zwischen Nordsee und Alpen, Köln–Graz.
Váňa, Z. 1961	Slovanská keramika Zabrušanského typu v severozápadních Čechách, in: Památky archeologické 52, S. 465—476.
Vogt, H.-J. 1965	Die Ausgrabungen auf der Wiprechtsburg in Groitzsch, Wurzen.
Vogt, H.-J. 1968	Zur Kenntnis der materiellen Kultur der Sorben im Elster-Pleiße-Gebiet, in: Zeitschrift für Archäologie 2, S. 1—15.
Werner, J. 1961	Frühkarolingische Gürtelgarnitur aus Mogorjelo bei Čapljina (Hercegovina), in: Glasnik zemaljskog muzeja u Sarajevu, Arheologija NS 15—16, 1960—1961, S. 235—247.

Quellennachweis der Abbildungen

Abb. 1, 2 u. 7: H. Brachmann, Berlin.
Abb. 3—6: I. Bieler, Halle.
Abb. 7: Umzeichnung nach Meßtischblatt 4938 (Zeitz).

Die Tierreste aus der Wallburg „Der Kessel“ bei Kretzschau-Groitzschen, Kr. Zeitz

Von Hanns-Hermann Müller, Berlin

Mit 1 Textabbildung

Die Wallburg „Der Kessel“ bei Kretzschau-Groitzschen, die in den Jahren 1938 und 1939 von P. Grimm untersucht und 1951 ausführlich publiziert wurde (P. Grimm 1951), hat bei der Bearbeitung der slawischen Besiedlung des Elb-Saale-Gebietes durch H. Brachmann[1]) erneut die Aufmerksamkeit auf sich gezogen. Dabei wurde der Wunsch geäußert, auch das Tierknochenmaterial der Ausgrabung 1938/39 zu untersuchen, um einige weitergehende Aussagen über die wirtschaftlichen Verhältnisse zu erhalten.

Von der Gesamtknochenmenge[2]) mit einem Gewicht von 74,769 kg waren 2,240 kg (= 3,0%) nicht bestimmbare Bruchstücke und 2,766 kg (= 3,7%) Rippenbruchstücke. Die 1994 bestimmbaren Knochen verteilen sich auf 13 verschiedene Tierarten[3]), wie aus Tabelle 1 zu ersehen ist. Davon entfallen 1967 Knochen auf 8 Haustierarten und 27 Knochen auf 5 Wildtierarten. Der Wildtieranteil unter den Knochen ist also mit nur 1,4% sehr gering, die Jagd kann — zumindest für die Fleischversorgung — keine größere Bedeutung gehabt haben. Bevor jedoch auf die für die kulturgeschichtlichen Fragestellungen wichtigen Ergebnisse eingegangen werden kann, ist es erforderlich, die in dem Material nachgewiesenen Tierarten kurz zu besprechen.

A. Haussäugetiere

Hund — *Canis familiaris*

Vom Hund sind 11 Knochen vorhanden, die von mindestens 5 Tieren (4 adult und 1 juvenil) von recht unterschiedlicher Größe stammen. Verglichen mit den Angaben von K. Wagner (1930) sind ein Unterkieferbruchstück, ein Humerusfragment sowie eine vollständig erhaltene Tibia einem Tier in Schäferhundgröße zuzuweisen. Dazu ist jedoch zu bemerken, daß die beiden letzteren in der Größe weitestgehend auch mit den entsprechenden Knochen eines weiblichen Wolfes[4]), der uns zum Vergleich diente, übereinstimmen. Erst nach Bearbeitung eines umfangreicheren Materials wird es möglich sein, mit einiger Sicherheit zu entscheiden,

[1]) Die Untersuchungen von H. Brachmann (1969) führten auf Grund des umfangreicheren Vergleichsmaterials aus neueren Ausgrabungen zu dem Ergebnis, daß die Wallburg eine slawische Anlage ist, die im wesentlichen in das 9. Jh. zu datieren ist. In Einzelheiten des Burgenbaues sind fränkische Einflüsse zu erkennen.

[2]) Die Menschenknochen, die sich in dem Material fanden, bleiben hier unberücksichtigt. Es handelt sich um 4 Schädeldachbruchstücke, von denen ein Scheitelbeinstück eine übersinterte Hiebspur zeigt, sowie um Teile von 4 Unterkiefern, von denen 2 am aufsteigenden Ast Fraßspuren von Raubtieren und einer eine Hiebspur im Corpus mandibulae aufweist. Des weiteren fand sich eine rechte Ulna, die sich jedoch im Erhaltungszustand von den anderen Knochen unterscheidet und möglicherweise aus einem älterenFundkomplex (vielleicht aus einem Grab der jüngeren Bronzezeit) stammt.

[3]) Ein Tibiabruchstück eines Wildkaninchens – *Oryctolagus cuniculus* – bleibt unberücksichtigt, da es sich im Erhaltungszustand von den anderen Knochen unterscheidet und mehr rezent erscheint.

[4]) Das Skelett des Wolfes wurde uns freundlicherweise vom Institut für Landwirtschaftliche Zoologie und Haustierkunde der Martin-Luther-Universität Halle (Direktor: Prof. Dr. J. O. Hüsing) für Vergleichszwecke zur Verfügung gestellt. Es stammt aus der ehemaligen Kühn-Sammlung (Todesdatum des Tieres 10. Dezember 1900).

ob diese Knochen eventuell doch dem Wolf zugewiesen werden können. Das Unterkieferstück ist auf jeden Fall einem Hund zuzurechnen, da die Länge des Reißzahnes nur 20,5 mm beträgt.

Tabelle 1. Faunenliste

Tierart	Anzahl der Knochen	in %	Mindestanzahl der Individuen	in %
A. Haussäugetiere				
Hund – *Canis familiaris*	11	0,55	5	2,8
Pferd – *Equus caballus*	67	3,35	4	2,2
Rind – *Bos taurus*	902	45,20	34	18,7
Schaf/Ziege	261	13,10	43	23,6
Schaf – *Ovis aries*	(44)		(7)	
Ziege – *Capra hircus*	(55)		(19)	
Schwein – *Sus scrofa dom.*	719	36,10	83	45,6
B. Wildsäugetiere				
Bär – *Ursus arctos*	1	0,05	1	0,5
Hirsch – *Cervus elaphus*	11	0,55	3	1,7
Reh – *Capreolus capreolus*	1	0,05	1	0,5
Wildschwein – *Sus scrofa*	12	0,60	3	1,7
C. Hausgeflügel				
Huhn – *Gallus gallus dom.*	5	0,25	3	1,7
Gans – *Anser anser dom.*	2	0,10	1	0,5
D. Wildgeflügel				
Roter Milan – *Milvus milvus*	2	0,10	1	0,5
Summe	1994	100,00	182	100,0

Die Maße der anderen Knochen fallen in den Variationsbereich des Setters sowie des Norwegischen Hasenhundes. Damit ergibt sich für Kretzschau-Groitzschen das gleiche Bild, wie es bei anderen etwa gleichzeitigen Fundplätzen festgestellt wurde, der Variationsbereich der Hunde liegt zwischen Tieren in der Größe des Norwegischen Hasenhundes und des Schäferhundes. Unterschiede gegenüber dem Material von anderen slawischen Fundplätzen sind nicht vorhanden.

Hunde dürften in der damaligen Zeit kaum zur Nahrung gedient haben, da die Hundeknochen nur wenig zerschlagen sind. Sie unterscheiden sich darin von den Knochen der Schlachttiere. Die zahlreichen Fraßspuren, die an den Knochen der anderen Tiere festgestellt werden konnten, sind ein Zeichen dafür, daß die Hunde in Kretzschau-Groitzschen nicht selten waren. Die festgestellte Mindestindividuenzahl gibt in dieser Beziehung sicher kein exaktes Bild der damaligen Häufigkeit der Hunde.

Pferd — *Equus caballus*

Die Knochen vom Pferd sind mit 67 Exemplaren zwar zahlreicher als die Hundeknochen, sie stammen aber nur von mindestens 4 Individuen. Nach dem Abkauungsgrad der Zähne war ein Tier etwa 5—7 Jahre alt, ein weiteres 10—12 Jahre sowie eins 18—20 Jahre alt. Das vierte Pferd war noch nicht ausgewachsen (jünger als $3^1/_2$ Jahre), da die proximale Femurepiphyse noch lose war.

Die Widerristhöhe der Pferde ließ sich nur auf Grund von 3 in ganzer Länge erhaltenen Knochen berechnen (Tab. 2), sie variierte zwischen 133 und 141 cm.

Die anderen Knochen weisen auch auf Tiere dieses Größenbereiches hin. Die Pferde der bisher untersuchten slawischen Fundplätze erreichten Widerristhöhen zwischen 124 und

146 cm (H.-H. Müller 1966), die Pferde von Kretzschau-Groitzschen liegen also größenmäßig in diesem Variationsbereich.

Über die Art der Nutzung der Pferde läßt sich an Hand des Knochenmaterials nichts aussagen. Lediglich die an einigen Knochen festgestellten Hiebspuren sprechen dafür, daß das Pferd auch als Schlachttier genutzt wurde. Wahrscheinlich wurde es aber nur in Ausnahmefällen geschlachtet, da die Zahl der nachgewiesenen Tiere sehr gering ist und außerdem die höheren Altersstadien überwiegen.

Tabelle 2. Berechnung der Widerristhöhe der Pferde

	größte Länge	laterale Länge	Widerristhöhe nach L. Kiesewalter	Widerristhöhe nach V. O. Vitt
Scapula	331 mm	312 mm	134 cm	—
Metacarpus	(228) mm	220 mm	141 cm	140 cm
Metatarsus	256 mm	249 mm	133 cm	134 cm

Die Pferdeknochen stellten auch einen wichtigen Rohstoff für die Herstellung von Schlittknochen dar. Ein distales Radiusbruchstück zeigt auf der Dorsalseite eine starke Schleiffacette, und auch der in ganzer Länge erhaltene Metacarpus ist auf der Dorsalseite abgeschliffen. An den beiden Gelenkenden sind die dorsal überragenden Teile abgeschlagen. Bohrungen, wie sie sich gelegentlich bei Schlittknochen finden (H.-H. Müller 1965), sind jedoch nicht nachweisbar. Vermutlich war auch eine Tibia als Schlittknochen verwendet worden, da ein distales Tibiabruchstück an der plantaren Seite leichte Schleiffacetten aufweist. Auch bei diesem Stück waren die plantar vorspringenden Teile des distalen Gelenkes abgeschlagen worden.

Rind — *Bos taurus*

Die Knochen vom Rind sind in dem Material von Kretzschau-Groitzschen am stärksten vertreten. Sie rühren von mindestens 34 Tieren her, von denen 22 adult, 4 subadult und 8 juvenil waren. Eine weitere Altersgliederung der 22 adulten Rinder läßt sich auf Grund des Abrasionsgrades des unteren dritten Molaren, der beim Rind mit etwa $2^1/_2$ Jahren in Reibung tritt, durchführen (Tab. 3).

Tabelle 3. Altersgliederung der adulten Rinder auf Grund des Abrasionsgrades des M_3

Abkauungsgrad	geschätztes Alter	Anzahl	in %
schwach	$2^1/_2$— $3^1/_2$ Jahre	3	13,6
schwach bis mittelstark	$3^1/_2$— 5 „	6	27,3
mittelstark	5 — 7 „	10	45,5
mittelstark bis stark	7 —10 „	1	4,5
stark	über 10 „	2	9,1

Aus der Tabelle geht hervor, daß 86,4% der adulten Rinder bis zu einem Alter von 7 Jahren geschlachtet wurden und nur 13,6% älter als 7 Jahre wurden. Ähnlich lagen die Verhältnisse in der Burg Neu-Nieköhr, wo 76,7% der adulten Rinder bis zum 7. Lebensjahr geschlachtet wurden, während es in der frühslawischen Siedlung von Dessau-Mosigkau nur 59% waren (H.-H. Müller 1967).

Die Widerristhöhe der Rinder ließ sich auf Grund von 8 Metacarpen und 11 Metatarsen mit Hilfe der Faktoren von J. Boessneck (1956)[5]) bestimmen. Das Geschlecht der Tiere,

[5]) Die Faktoren von J. Boessneck (1956) wurden in der vorliegenden Arbeit noch beibehalten, obwohl durch J. Fock (1966) auf Grund eines umfangreicheren Materials nachgewiesen ist, daß sie zu hohe Werte ergeben. Die mit Hilfe der Faktoren von J. Fock errechneten Widerristhöhen liegen bei Kühen im Durchschnitt um

von denen diese Metapodien stammen, wurde nach den Angaben von G. Nobis (1954) auf Grund des Verhältnisses von proximaler Breite zu größter Länge festgestellt (Tab. 4).

Tabelle 4. Berechnung der Widerristhöhe beim Rind[5])

	größte Länge (in mm)	Index $\frac{\text{prox. Breite}}{\text{größte Länge}}$	Geschlecht	errechnete Widerristhöhe (in cm) nach J. Boessneck	J. Fock
Metacarpus	169	27,8	♀	107	102
,,	(170)	(31,7)	♂	114	106
,,	178	27,0	♀	112	107
,,	180	29,5	☿	115	110,5
,,	182	31,3	♂	122	114
,,	187	31,0	♂	126	117
,,	188	30,3	♂	126	117,5
,,	191	28,3	☿	122	117
Metatarsus	186	19,9	♀	105	99,5
,,	191	19,4	♀	108	102
,,	195	21,5	☿	111	106,5
,,	195	23,0	♂	117	108
,,	196	20,9	♀	110	105
,,	197	19,3	♀	111	105,5
,,	208	18,8	♀	117	111,5
,,	210	20,9	♀	118	112,5
,,	212	22,2	☿	121	116
,,	214	21,5	☿	122	117
,,	(220)	21,8	☿	126	120

Der Variationsbereich der Rinder von Kretzschau-Groitzschen reicht nach diesen Berechnungen von 105—126 cm, der Mittelwert beträgt 116,3 cm. Für die Rinder der frühslawischen Siedlung von Dessau-Mosigkau konnte ein ähnlicher Variationsbereich der Widerristhöhe festgestellt werden, ebenso für die Rinder der slawischen Fundplätze in Schleswig-Holstein, während sie auf den slawischen Fundplätzen in Mecklenburg als Maximum 117 cm erreichten (H.-H. Müller 1966). Es ist also bei den Rindern von Kretzschau-Groitzschen kein markanter Unterschied gegenüber den Tieren von anderen slawischen Fundplätzen feststellbar.

Schaf — *Ovis aries* und Ziege — *Capra hircus*

Die beiden Tierarten Schaf und Ziege werden — wie allgemein gehandhabt — gemeinsam besprochen, da die Trennung der Knochen der beiden Tierarten nicht in allen Fällen möglich ist, besonders wenn sie in stark fragmentiertem Zustand vorliegen (J. Boessneck, H.-H. Müller u. M. Teichert 1964). Von den 261 Schaf/Ziegen-Knochen, die von mindestens 43 Tieren (31 adult, 7 subadult, 5 juvenil) stammen, ließen sich 44 dem Schaf und 55 der Ziege zuordnen. Die Schafknochen rühren von mindestens 7 (6 adult, 1 subadult), die Ziegenknochen jedoch von mindestens 19 (18 adult, 1 subadult) Individuen her. Daraus ergibt sich, daß die Ziegen stärker vertreten waren als die Schafe.

Das Zahlenverhältnis von männlichen zu weiblichen Tieren, das sich auf Grund der Hornzapfen recht gut feststellen läßt, beträgt für die Schafe eigenartigerweise 6 zu 1, für die Ziegen dagegen 5 zu 14. Durch die anderen Skelettelemente wird dieses Geschlechtsver-

5—6 cm und bei Stieren um 8—9 cm niedriger als die Werte, die mit den Faktoren von J. Boessneck errechnet wurden. Um jedoch einen Größenvergleich der Rinder von den verschiedenen schon publizierten slawischen Fundplätzen durchführen zu können, mußten hier die gleichen Faktoren verwendet werden, die in den früheren Arbeiten zur Anwendung kamen.

hältnis bestätigt. Hornlosigkeit ließ sich bei den Schafen und Ziegen von Kretzschau-Groitzschen nicht nachweisen. An Hand der Schafhornzapfen kann leider nicht festgestellt werden, ob die männlichen Tiere kastriert waren.

Nach der relativen Häufigkeit der männlichen Schafhornzapfen ist zu vermuten, daß Schafe in der Burg selbst nicht gehalten wurden, sondern nur als Schlachttiere in die Burg gebracht wurden. Und in diesem Falle wäre es naheliegend, daß man zur Schlachtung vor allem Hammel (Kastrate) gab, während die weiblichen Tiere und nur wenige gute Widder zur weiteren Zucht verwendet wurden. Bei den Ziegen spricht die relative Häufigkeit der weiblichen Tiere im Gegensatz dazu für eine Haltung innerhalb der Burg, die mit einer Nutzung der Ziegen als Milchtiere verbunden gewesen sein dürfte.

Die Zahl der Schafe und Ziegen, die als Jungtiere geschlachtet wurden, ist mit 27,8% relativ niedrig, das fortpflanzungsfähige Alter hatten 72,2% erreicht. Doch zeigt sich nach dem Abkauungsgrad des dritten unteren Molaren, daß von den adulten Tieren die meisten schon in einem jüngeren Altersstadium geschlachtet wurden (Tab. 5).

Tabelle 5. Altersgliederung der adulten Schafe und Ziegen auf Grund des Abrasionsgrades des M_3

Abkauungsgrad	geschätztes Alter	Anzahl	in %
schwach	2—3 Jahre	14	45,1
schwach bis mittelstark	3—4 „	10	32,3
mittelstark	4—5 „	5	16,2
mittelstark bis stark	5—7 „	1	3,2
stark	über 7 „	1	3,2

Für die Widerristhöhenberechnung der Schafe standen leider nur 2 in ganzer Länge erhaltene Knochen zur Verfügung, und zwar ein Radius von 143 mm und ein Metacarpus von 114 mm größter Länge. Mit Hilfe der von D. Haak (1965) ermittelten Faktoren konnte an Hand des Radius eine Widerristhöhe von 57 cm und an Hand des Metacarpus eine solche von 55 cm berechnet werden. Mit Hilfe der Faktoren von V. I. Calkin (1961) ergibt die Berechnung an Hand des Metacarpus ebenfalls 55 cm Widerristhöhe.

Für die Schafe von slawischen Fundplätzen konnte bisher ein Variationsbereich der Widerristhöhe von 55—75 cm festgestellt werden (H.-H. Müller 1966); die Schafe von Kretzschau-Groitzschen liegen also auch in diesem Variationsbereich.

Schwein — *Sus scrofa dom.*

Das Schwein steht mit 719 Knochen in dem Material von Kretzschau-Groitzschen nach dem Rind an zweiter Stelle. Diese Knochen stammen jedoch von mindestens 83 Individuen, von denen 60 adult, 11 subadult und 12 juvenil waren. Bezüglich der Mindestindividuenzahl steht das Schwein also sogar an erster Stelle. Der hohe Anteil an adulten Tieren ist zunächst auffallend, doch zeigt die Altersgliederung der adulten Schweine nach dem Abkauungsgrad des dritten unteren Molaren, daß 74% in einem Alter von 2—3½ Jahren geschlachtet wurden (Tab. 6). Ähnliche Feststellungen konnten auch bei dem Material von Neu-Nieköhr (H.-H. Müller 1967) getroffen werden.

Tabelle 6. Altersgliederung der adulten Schweine auf Grund des Abrasionsgrades des M_3

Abkauungsgrad	geschätztes Alter	Anzahl	in %
schwach	2 —3½ Jahre	37	74
schwach bis mittelstark	3½—5 „	5	10
mittelstark	5 —6 „	3	6
mittelstark bis stark	6 —8 „	3	6
stark	über 8 „	2	4

Die Anzahl der männlichen und der weiblichen Tiere läßt sich auf Grund der Eckzähne bzw. der Eckzahnalveolen feststellen. In dem Material von Kretzschau-Groitzschen konnten an Hand der Unterkieferreste mindestens 46 männliche und 25 weibliche Individuen nachgewiesen werden, was einem Verhältnis von 64,8:35,2 entspricht. Die Aufgliederung nach Altersgruppen zeigt, daß von den 46 männlichen Tieren 39 adult (= 85%), 5 subadult (= 11%) und 2 juvenil (= 4%) waren, und von den 25 weiblichen Tieren waren 21 adult (= 84%), 3 subadult (= 12%) und 1 juvenil (= 4%). Von 3 subadulten und 9 juvenilen Tieren ließ sich das Geschlecht nicht feststellen. In beiden Geschlechtern waren also die Altersgruppen etwa gleich stark vertreten. Es wurden nicht, wie man vielleicht annehmen könnte, die männlichen Individuen in einem jüngeren und die weiblichen Tiere in einem höheren Altersstadium geschlachtet.

Das Überwiegen der männlichen Tiere sowie das frühe Schlachtalter des größten Teils der Schweine berechtigt zu dem Schluß, daß die Nachzucht der Schweine innerhalb der Burg wohl nur in beschränktem Umfang betrieben wurde. Die meisten Schweine dürften von Abgaben, die an den Burgherrn zu entrichten waren, herrühren.

B. Wildsäugetiere

Bär — *Ursus arctos*

Vom Bären fand sich nur ein rechtes distales Humerusbruchstück, dessen Gelenkteil abgefressen war, so daß es nicht gemessen werden konnte. Der Größenvergleich mit dem Bärenhumerus aus der osteologischen Vergleichssammlung des Landesmuseums für Vorgeschichte Halle zeigte jedoch eine weitgehende Übereinstimmung. Dieser Humerus stammt von einem weiblichen Tier und besitzt eine größte Länge von 292 mm, eine distale Breite von 80 mm sowie einen kleinsten Umfang der Diaphyse von 86 mm.

Hirsch — *Cervus elaphus*

Der Hirsch ist mit 11 Knochen von mindestens 3 adulten Tieren vertreten. Ein Vergleich der Stücke mit dem umfangreichen Material von Berlin-Köpenick (H.-H. Müller 1962) zeigt, daß sie von zwei relativ schwachen weiblichen Tieren und einem kräftigeren weiblichen oder schwächeren männlichen Tier herrühren.

Reh — *Capreolus capreolus*

Vom Reh ist ein rechtes Unterkieferbruchstück mit einer Länge der Backzahnreihe von 68 mm vorhanden. Dieses Maß läßt auf ein Tier mittlerer Stärke schließen.

Wildschwein — *Sus scrofa*

Die 12 Knochen vom Wildschwein stammen von mindestens 2 adulten männlichen Tieren und einem subadulten Individuum, dessen Geschlecht nicht festgestellt werden konnte. Die Kieferstücke besitzen nur schwach abgekaute dritte Molaren bzw. Prämolaren, so daß die beiden adulten Tiere noch als jungadult angesprochen werden können. Nach den Maßen zu urteilen, waren es nicht besonders kräftige Exemplare.

C. Hausgeflügel

Huhn — *Gallus gallus dom.*

Von den 5 Hühnerknochen, die von mindestens einem adulten und zwei juvenilen Tieren herrühren, konnte lediglich ein linkes Femur vermessen werden. Die größte Länge beträgt

78,0 mm. Ähnlich große Stücke fanden sich in verschiedenen slawischen Fundkomplexen, allerdings meist nur in geringer Zahl. Es kann angenommen werden, daß es sich bei den großen Exemplaren um Knochen von Hähnen handelt.

Gans — *Anser anser dom.*

Von der Gans sind lediglich 2 Knochenbruchstücke von mindestens einem adulten Tier vorhanden, die leider nicht vermessen werden konnten. Von einer rechten Ulna waren die Gelenkteile abgeschnitten worden, und das Diaphysenstück wurde als Knochenröhre verwendet.

D. Wildgeflügel

Roter Milan — *Milvus milvus*

Als einziger Wildvogel ist der Rote Milan mit 2 Knochen von mindestens einem Tier vertreten. Ein rechter Humerus weist eine größte Länge von 140,5 mm auf. Die Bestimmung dieser Knochen erfolgte im Zoologischen Institut der Martin-Luther-Universität Halle[6]). Zum Vergleich diente das Skelett eines weiblichen Tieres, dessen Humerus ein wenig kleiner war als der Humerus von Kretzschau-Groitzschen.

Kulturgeschichtliche Betrachtungen

Bei den Angaben in Tabelle 1 fällt auf, daß starke Proportionsunterschiede zwischen der „Anzahl der Knochen“ und der „Mindestanzahl der Individuen“ bestehen. Es tritt da natürlich die Frage auf, welche der Angaben zur Charakterisierung der wirtschaftlichen Verhältnisse geeigneter ist. Nach der „Anzahl der Knochen“ steht das Rind mit 45,2% an erster Stelle, nach der „Mindestanzahl der Individuen“ dagegen das Schwein mit 45,6%.

Die Aufgliederung der Knochen der einzelnen Tierarten nach den Skelettelementen (Abb. 1) läßt erkennen, daß beim Rind die Verteilung relativ gleichmäßig ist, nur die kleineren Knochen (Carpalia sowie Patella, Fibula und Sternum) sind sehr schwach vertreten. Beim Schwein sind dagegen Unterkieferstücke in besonders großer Zahl vorhanden, in geringerer Zahl nun aber außer den Carpalia sowie der Gruppe Patella, Fibula und Sternum auch die Metapodien, Tarsalia, Phalangen und Wirbel, also ebenfalls die kleineren und z. T. auch weicheren Knochen. Es ist zwar nicht anzunehmen, daß die kleineren Knochen bei der Ausgrabung vernachlässigt worden sind, obwohl sie natürlich leichter übersehen werden können; es ist eher daran zu denken, daß kleinere und vor allem weichere Knochen von den Hunden leichter verschleppt oder vollständig aufgefressen werden konnten. Die Erhaltungsbedingungen sind also für die Knochen vom Schwein, aber auch für die von Schaf und Ziege und anderen kleineren Tieren ungünstiger gewesen als für die Knochen der größeren Tiere, wie z. B. vom Rind. Daraus ergibt sich, daß die „Mindestanzahl der Individuen“ zur Charakterisierung der wirtschaftlichen Verhältnisse besser geeignet erscheint als nur die „Anzahl der Knochen“. Auf die letztere kann jedoch nicht verzichtet werden, da bei manchen Fundmaterialien die Bestimmung der Mindestanzahl der Individuen technisch nicht durchführbar ist, dann muß aber die „Anzahl der Knochen“ für Vergleichszwecke zur Verfügung stehen.

Es ergibt sich also, daß in Kretzschau-Groitzschen unter den geschlachteten Tieren nach der Anzahl der Individuen das Schwein an erster Stelle, Schaf und Ziege an zweiter Stelle und schließlich das Rind an dritter Stelle steht. Die geringe Zahl der Wildtiere mit knapp 5% läßt erkennen, daß die Jagd für die Fleischversorgung nur wenig Bedeutung hatte.

[6]) Herrn Kustos Dr. R. Piechocki, Halle, sei auch an dieser Stelle für die gewährte Hilfe bei der Bestimmung der Vogelknochen gedankt.

Das Vorkommen von Bär, Hirsch und Wildschwein unter den Jagdtieren deutet auf größere Waldgebiete in der Umgebung von Kretzschau-Groitzschen hin. Auch das Überwiegen des Schweines unter den Haustieren könnte als Hinweis für eine waldreiche Umgebung gewertet werden, doch muß mit der Möglichkeit gerechnet werden, daß die Zusammensetzung der Haustierfauna stark durch Abgabebestimmungen von seiten des Burgherrn beeinflußt war. Dabei tritt die Frage auf, ob sich die Haltung von Haustieren innerhalb der Burg bzw. die Abgabe von Haustieren an den Burgherrn nachweisen oder zumindest wahrscheinlich machen lassen.

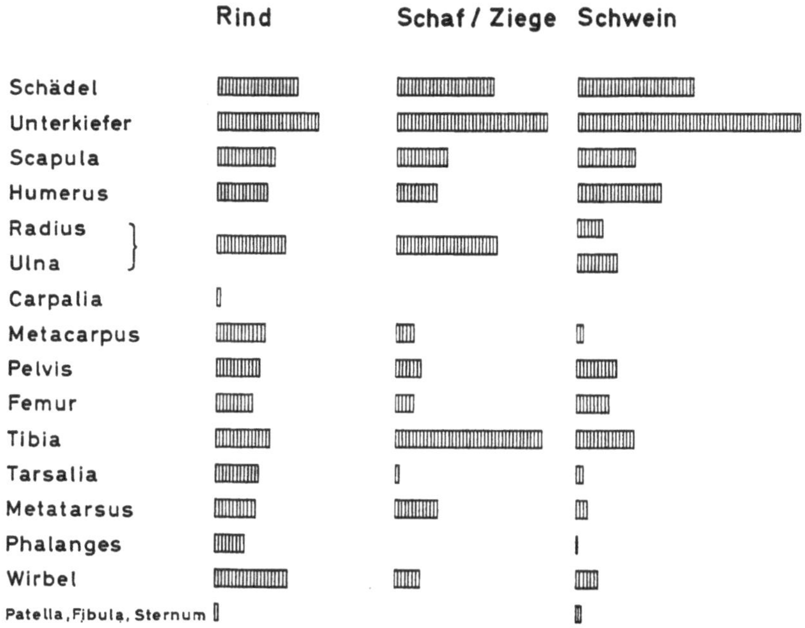

Abb. 1. Kretzschau-Groitzschen, Kr. Zeitz.
Aufgliederung der Knochen von Rind, Schaf/Ziege und Schwein nach den Skelettelementen

Bei den Rindern beträgt das Verhältnis zwischen adulten sowie subadulten und juvenilen Tieren 65:35, und unter den adulten Individuen überwiegen die im mittleren Alter. Daraus ergibt sich, daß die Rinder nicht nur wegen des Fleischertrages gehalten wurden, sondern auch wegen der Milchnutzung und der Arbeitsleistung, zumal auf Grund der Metapodien und der Hornzapfen auf das Vorhandensein mehrerer Ochsen geschlossen werden kann. Das würde dafür sprechen, daß zumindest ein Teil der Rinder in der Burg gehalten wurde.

Ähnliches ist für die Ziegen festzustellen. Bei der Besprechung der Schafe und Ziegen konnte gezeigt werden, daß die Ziegen in Kretzschau-Groitzschen häufiger waren als die Schafe und daß bei ihnen die weiblichen Tiere gegenüber den männlichen überwogen. Das Hauptschlachtalter der Ziegen und auch der Schafe lag zwischen 2 und 4 Jahren. Der Anteil der Jungtiere war relativ gering, aber auch nur wenige erreichten ein Alter von mehr als 4 Jahren. Das deutet im wesentlichen auf eine Haltung der Ziegen als Milchtiere hin, und zwar am wahrscheinlichsten auch in der Burg.

Anders liegen die Verhältnisse bei den Schafen, da hier die Reste der männlichen Tiere stark überwiegen. Wahrscheinlich wurden die Schafe nur als Schlachttiere in die Burg gebracht. Dabei kann allerdings nicht entschieden werden, ob es sich um Abgaben an den Burgherrn von seiten der Dorfbewohner handelt oder ob zum Wirtschaftsbetrieb der Burg eine weiter außerhalb liegende Schäferei gehörte.

Bei den Schweinen überwiegen auch die Reste der männlichen Tiere, und das Hauptschlachtalter lag zwischen 2 und $3^1/_2$ Jahren. Reste älterer Tiere sind nur in geringer Zahl vorhanden. Das berechtigt zu dem Schluß, daß mit der Haltung von Schweinen in der Burg wohl nur in geringem Maße gerechnet werden kann. Die meisten Schweine werden als Schlachttiere in die Burg gelangt sein und stellen aller Wahrscheinlichkeit nach Abgaben an den Burgherrn dar.

Vom Hausgeflügel liegt zu wenig Material vor, um daraus irgendwelche Schlüsse ableiten zu können. Für Pferd und Hund ist die Haltung innerhalb der Burg anzunehmen. Der Hund wurde wohl als Wachhund und vielleicht auch als Jagdhund gehalten, geschlachtet wurde er aber kaum. Beim Pferd läßt sich dagegen nachweisen, daß es auch geschlachtet wurde, doch dürfte es im wesentlichen als Reit- und Zugtier genutzt worden sein.

Insgesamt zeigt sich, daß in der Burg von Kretzschau-Groitzschen vor allem solche Tiere gehalten wurden, deren Nutzung nicht nur in der Schlachtung bestand, sondern die auch als Milchtiere oder als Arbeitstiere genutzt wurden. Für die Fleischversorgung der Burgbewohner wurden in stärkerem Maße Schlachttiere in die Burg geliefert.

Die von P. Grimm angeregte Prüfung, ob sich das Knochenmaterial von Kretzschau-Groitzschen in irgendeiner Weise von dem Material anderer slawischer Anlagen unterscheiden läßt, ist im wesentlichen negativ verlaufen. Bei keiner der Haustierarten konnten Unterschiede gegenüber den Tieren anderer slawischer Fundstellen herausgestellt werden. Allerdings konnte die Gegenprüfung, ob sich die Tiere von Kretzschau-Groitzschen gegenüber Tieren aus deutschen Anlagen der gleichen Zeit unterscheiden lassen, nicht durchgeführt werden, da Untersuchungen über derartiges Material bisher nicht in ausreichendem Maße vorliegen. Für die etwas spätere Zeit (11.—14. Jh.) konnte jedoch schon früher festgestellt werden, daß in dem Tiermaterial slawischer und deutscher Anlagen nur unbedeutende Unterschiede bestehen (H.-H. Müller 1962).

Zusammenfassung

Das Tierknochenmaterial aus der Wallburg „Der Kessel“ bei Kretzschau-Groitzschen umfaßt 1994 bestimmbare Knochen, die von 13 verschiedenen Tierarten stammen. Davon entfallen 1967 Knochen auf 8 Haustierarten und nur 27 Knochen auf 5 Wildtierarten. Die einzelnen Tierarten wurden auf Grund des vorliegenden Materials kurz charakterisiert. Unterschiede gegenüber Tieren aus anderen, etwa gleichzeitigen slawischen Anlagen konnten nicht festgestellt werden.

Literaturverzeichnis

Boessneck, J. 1956 — Ein Beitrag zur Errechnung der Widerristhöhe nach Metapodienmaßen bei Rindern, in: Zeitschrift für Tierzüchtung und Züchtungsbiologie 68, S. 75—90.

Boessneck, J., Müller, H.-H. und Teichert, M. 1964 — Osteologische Unterscheidungsmerkmale zwischen Schaf (*Ovis aries* Linné) und Ziege (*Capra hircus* Linné), in: Kühn-Archiv 78, S. 1—129.

Brachmann, H. 1969 — Die Wallburg „Der Kessel“ bei Kretzschau-Groitzschen, Kreis Zeitz – Vorort eines sorbischen Burgbezirkes des 9. Jh., in diesem Band S. 342—360.

Calkin, V. I. 1961 — Izmenčivost' metapodij u ovec, in: Bjulleten' Moskovskogo obščestva ispytatelej prirody, otdel biologii 66, S. 115—132.

Fock, J. 1966 — Metrische Untersuchungen an Metapodien einiger europäischer Rinderrassen, München.

Grimm, P. 1951 — Die Wallburg „Der Kessel“ bei Kretzschau-Groitzschen, Kreis Zeitz, in: Jahresschrift für mitteldeutsche Vorgeschichte 35, S. 161—193.

Haak, D. 1965 — Metrische Untersuchungen an Röhrenknochen bei Deutschen Merinolandschafen und Heidschnucken, München.

Kiesewalter, L. 1888 — Skelettmessungen am Pferde, Leipzig.

Müller, H.-H. 1962 — Die Tierreste der slawischen Burg Berlin-Köpenick, in: Zeitschrift für Tierzüchtung und Züchtungsbiologie 77, S. 100—114.

Müller, H.-H. 1965 — Tierreste aus mittelalterlichen Siedlungen bei Dabrun, Kr. Wittenberg, in: Jahresschrift für mitteldeutsche Vorgeschichte 49, S. 205—218.

Müller, H.-H. 1966 — Zur Viehzucht bei den westlichen Slawen, Vortrag, gehalten auf dem „VIIe Congrès International des Sciences Préhistoriques et Protohistoriques" vom 21.—27. August 1966 in Prag (im Druck).

Müller, H.-H. 1967 — Die Tierreste der slawischen Burg von Neu-Nieköhr/Walkendorf, Kr. Teterow, in: Schuldt, E.: Die slawischen Burgen von Neu-Nieköhr/Walkendorf, Kr. Teterow, Schwerin, S. 41 bis 49.

Nobis, G. 1954 — Zur Kenntnis der ur- und frühgeschichtlichen Rinder Nord- und Mitteldeutschlands, in: Zeitschrift für Tierzüchtung und Züchtungsbiologie 63, S. 155—194.

Vitt, V. O. 1952 — Lošadi Pazyrykskich kurganov, in: Sovetskaja Archeologija 16, S. 163—205.

Wagner, K. 1930 — Rezente Hunderassen. Eine osteologische Untersuchung, in: Skrifter utgitt av Det Norske Videnskaps-Akademi i Oslo. I Matematisk-Naturvidenskapelig Klasse, 3. Bind, No. 9.

Der frühgeschichtliche Wall in Rothersdorf, Kr. Wurzen

Von Werner Coblenz, Dresden

Mit 7 Textabbildungen und Tafel 13—14

In der wissenschaftlichen Ernte von Paul Grimm nehmen die Ergebnisse der Burgwallforschung eine besondere Rolle ein (u. a. P. Grimm 1958). Ihm ist nicht nur die Aufarbeitung wesentlicher Grundlagen zu danken, sondern von ihm ging vor allem auch eine Fülle von Anregungen zur weiteren Forschung aus. Er warnte aber daneben vor zu voreiligen Schlüssen schon bei der Geländeinterpretation und vor der Hinnahme des heutigen Geländezustandes als unveränderten Fakt seit der Zeit unmittelbar nach der Zerstörung oder dem Verlassen der befestigten Siedlungen.

In die Reihe besonders schnell und leicht fehlzudeutender Anlagen gehört der Wall von Rothersdorf, Ortsteil von Pausitz im Kreise Wurzen, Bezirk Leipzig[1]) (W. Coblenz und V. Weber 1967). Es ist allerdings außerordentlich bezeichnend, daß die Schanze oder deren Reste überhaupt erst vor drei Jahrzehnten entdeckt worden sind.

Der Wallrest befindet sich vom Terrain der alten Burg Wurzen im Bereiche des dortigen Domes 7 km südlich in auffälliger Lage über dem linken Prallufer eines Altwassers der vereinigten Mulde im Südsüdosten des Ortes Rothersdorf[2]) (Abb. 1). Der ehemalige Ortsteil Moselwitz (Modelwitz) schließt direkt westlich und nordwestlich an den Wallrest an. Durch die natürliche Verlagerung des Muldenbettes nach Osten ist eine breite Flußaue entstanden,

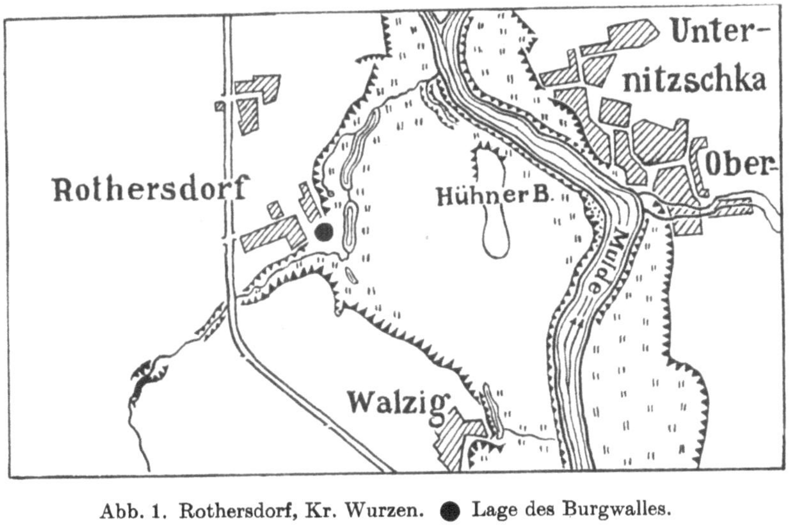

Abb. 1. Rothersdorf, Kr. Wurzen. ● Lage des Burgwalles.

[1]) Meßtischblatt 4642; alte sächsische Nr. 13; Wurzen (– Altenbach): S 3,4; W 21,4 cm.

[2]) Ob das alte Muldenufer direkt vor der Burg in der Zeit der frühmittelalterlichen Nutzung noch so weit heranreichte, muß bezweifelt werden. Hochwassergebiet und Sumpfland befanden sich allerdings vor dem östlichen Wallteil auf jeden Fall.

die nahezu 1,2 km mißt. Das westliche Prallufer bildet eine die gesamte Landschaft wesentlich mitgestaltende Steilterrasse, an deren Rand sich einst der wahrscheinliche Ringwall mit verstärkten Befestigungsmerkmalen nach Norden und Westen zu befunden hat, während im Osten der Steilabfall zur Mulde und im Süden der den Wall tangierende Nebenbach schon einen zusätzlichen natürlichen Schutz boten und dort niedrigere Sperren genügt haben dürften. Damit ist der Rothersdorfer Wall auch lagemäßig der Mehrzahl gleichzeitiger Befestigungen vergleichbar.

Leider geben weder die Flur- noch die Ortsnamen irgendwelche Hinweise auf die Anlage. Rothersdorf — früher auch Rodersdorf —[3]) wird nach dem heutigen Forschungsstand erst verhältnismäßig spät erwähnt, so für 1516 als Rottersdorff, für 1522 als Ruttersdorf, und soll in der Deutung vermutlich als „Dorf eines Ruthart" (zuletzt H. Naumann 1962, S. 174) angesprochen werden können. Der Name des Ortsteils Moselwitz, entstanden aus einem Großgut, taucht etwas früher auf[4]), und zwar in Verbindung mit einem Herrensitz des Heynich von Mosluwicz (H. Naumann 1962, S. 133). In welcher Verbindung dieser anzunehmende Feudalherr aus Moselwitz mit der älteren befestigten Siedlung unseres Untersuchungsgegenstandes gestanden haben mag, ist ohne weitere Quellen nicht mit Sicherheit zu ergründen. Auf jeden Fall aber sind die Fakten recht auffällig.

Merkwürdigerweise wurde der Rothersdorfer Wall in der älteren Burgwalliteratur Sachsens nicht erwähnt. Wir vermissen ihn sowohl bei Preusker, obwohl zu seiner Zeit die Zerstörungen offenbar noch nicht eingesetzt hatten, als auch bei Schuster, selbst noch bei Radig (1940). Erstmals hat der Verfasser vor einem reichlichen Jahrzehnt auf ihn hingewiesen (W. Coblenz 1955, Abb. 2 auf S. 407). Auch damals war nur bekannt, daß die Lehmausbeutung der Wallfüllung eine zunehmende Vernichtung des Wallrestes befürchten ließ, was seine umgehende Unterschutzstellung erforderte[5]).

Es muß außerordentlich bedauert werden, daß die Wiederentdeckung der wichtigen Anlage erst so spät erfolgte, obwohl schon in den zwanziger Jahren „auf einem Hügel" (das ist der Wall) „zahlreiche Scherben slawischer Gebrauchsgefäße gesammelt" worden waren, „die zum Studium dieser kleinen Aufschüttung besonders anregen" (W. Radig 1929, S. 16 und Karte auf Taf. III). Die Entdeckung ist wie in vielen ähnlich gelagerten Fällen, wenn freilich auch erst viel später, einem rührigen Heimatforscher zu danken. Am 12. 8. 1935 schrieb in einem uns in Abschrift erst vor wenigen Jahren bekannt gewordenen Brief an den seinerzeitigen Vertrauensmann für Bodenaltertümer in Grimma, Herrn Prof. Dr. Henning, der Lehrer Martin Nitzschke aus Trebsen/Mulde: „Ostwärts des Gutes ist zu $^2/_3$ abgetragen der Eichberg, es ist das ein alter künstlich errichteter Wall. Er wurde aus Geröll und Sand aufgeschüttet, eingebettet Bruchsteine (südlich vom Wall war ein Steinbruch, jetzt ausgefüllt als Wiese). Quer durch den Wall läuft eine Kohleschicht. Beim Abfahren des Wallerdreiches fand der Bauer „Hauerzähne". Der Wall hat kein ewiges Leben mehr, da zu Betonarbeiten und zum Ausfüllen der sumpfigen Wiesen immer der Eichberg abgetragen wird. Vom Eichberg aus nach Süden hin überblickt man die ganze Muldenaue. Östlich des Eichberges liegt die Lache (1 ha Wasserfläche), es ist ein alter Muldenlauf, der von einem Bache durchflossen wird. Die Brücke und der Feldweg quer durch die Lache ruhen auf 50 Schock Eichenbündeln und die Erde lieferten 2 Berge in der Nähe der Brücke."[6]) Mitarbeitern des Landesmuseums für Vorgeschichte Dresden wurde der Befund erst 1942 bekanntgegeben und H. Dengler mit der Befundaufnahme betraut.

[3]) Irgendwelche Zusammenhänge mit den slawischen hrod (hrad/Burg) sind nach Deutung der Linguisten nicht möglich.

[4]) Bei K. Blaschke 1957, S. 191 fraglich als Muzilbuzil 1350.

[5]) Einen ersten Antrag hatte 1942 der damalige Landespfleger für Bodenaltertümer in Sachsen, Dr. G. Bierbaum, gestellt. Infolge des Krieges unterblieb die abschließende Bearbeitung durch das seinerzeitige Amt des Regierungspräsidenten von Leipzig.

[6]) Ortsakten des Landesmuseums für Vorgeschichte Dresden.

Am 6. 5. 1942 war nach seinen Aufzeichnungen der von Südwesten nach Nordosten zu verlaufende Wallrest „an der Außenseite (gegen die sumpfige Niederung zu) etwa 12 m lang.“ An den beiden Abtragungsseiten war er damals fast senkrecht abgeschnitten. Die Sohlenbreite betrug etwa 16 m. Im Bericht heißt es weiter: „Ein Hohlweg trennt den Wall vom nordwestlich anschließenden Gelände. Der Wall ist mit alten, z.T. starken Bäumen (Eichen) bestanden. Nach allerdings stark verwischten Spuren hat sich der Wall nach Norden umbiegend noch etwa 50 m weit hingezogen. Einen klaren Einblick in den Aufbau läßt keiner der beiden Abschnitte zu; doch ist deutlich, besonders auf dem Südwestende, eine alte, leicht nach Südosten fallende Oberflächenschicht erkennbar, die darüberliegenden Massen bis zur Krone sind deutlich dreischichtig. Mehr nach innen liegend finden sich senkrecht übereinandergeschichtete Bruchsteine (Trockenmauer?). Der Nordostabschnitt ist weniger deutlich, doch sind die alte Oberflächenschicht und die Steinpackung“ zu erkennen. Die Situation nach Denglers Vorstellungen geben seine Skizzen gut wieder (Abb. 2 und 3). Danach stellt der Wallrest den vermeintlichen Südteil der ehemaligen Befestigung dar, und es lägen dann auch die bis zur Wallkrone reichenden Trockenmauern nach dem Innern zu. Der Befund widerspräche damit den gleichzeitigen Gepflogenheiten beim Burgenbau im Gebiet zwischen Elbe und Saale (W. Coblenz 1966). Auch eine Besichtigung durch Mitarbeiter der Universität Leipzig ergab noch 1956 keinerlei Ansatzpunkte für eine andere Deutung[7]). Es wurde weiterhin angenommen, daß der Wall nach Norden verlaufen sei, daß er sich damit also ursprünglich am Ostrand des nördlich gelegenen Gartens fortgesetzt zu haben schien, wovon noch eine schwache Erhöhung zeugen solle, wie auch die steile Böschung des westlich vom Wall gelegenen Gutes mit der Anlage in Verbindung gestanden zu haben scheine.

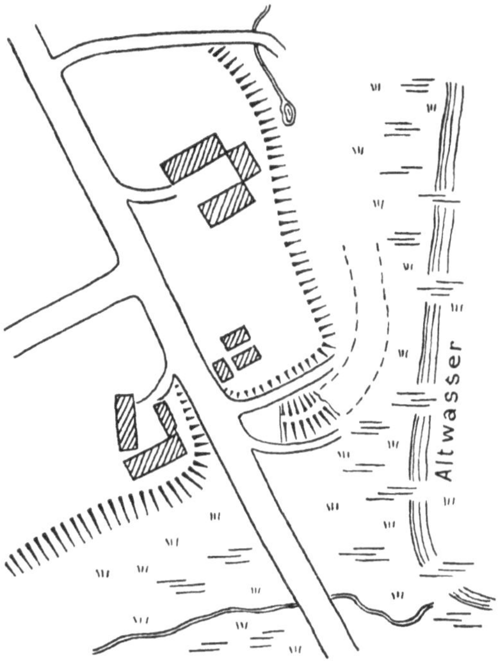

Abb. 2. Rothersdorf, Kr. Wurzen. Lage des Walles in der Deutung von H. Dengler Mai (1942). Etwa 1:2500

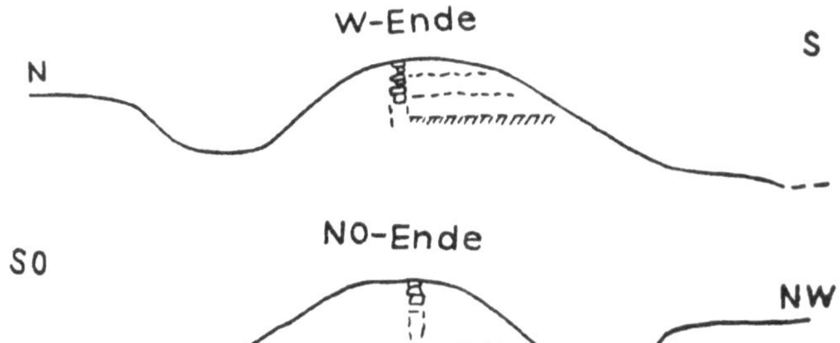

Abb. 3. Rothersdorf, Kr. Wurzen. Profilskizzen des Walles (nach H. Dengler 1942). Etwa 1:250

Eine Besichtigung durch den Verfasser im Rahmen der Überprüfung der ur- und frühgeschichtlichen Wall- und Wehranlagen Sachsens brachte stärkste Zweifel. Einmal war es

[7]) Bericht in den Ortsakten des Landesmuseums für Vorgeschichte Dresden (G. Mildenberger).

recht wahrscheinlich, daß der „Hohlweg“ zwischen Garten und Wall in Wirklichkeit den ehemaligen Graben darstellen mußte, und zum anderen sollte man annehmen, daß die steinerne Blendmauer die Außenseite des Befestigungswerkes markiert. Beide Beobachtungen ergänzen sich, doch war uns noch nichts von einem ehemaligen Steinbruch südlich des heutigen Wallrestes bekannt, so daß der Überprüfung alter Karten der Grabungsbeginn vorausging[8]). Dann lösten sich aber die Zweifel, wohin denn das gesamte Innenareal der Befestigung gekommen sei, durch die alle unsere Vermutungen bestätigenden Ergebnisse der Geländeuntersuchung und die Berichte über ältere Nutzung des Gebietes, die uns der Grundstücksbesitzer[9]) vermittelte. Die Überarbeitung der Karten konnte erst nach der Grabung angeschlossen werden, doch sollen deren Aussagen zweckmäßigerweise vorangestellt werden. Es mag u. a. mit zum Übersehen des Rothersdorfer Walles geführt haben, daß der Eichberg auf den älteren Vermessungsdrucken einschließlich des Oberreit fehlt. Beim ersten Auftreten des Steinbruches auf den Karten vom Ende des 19. Jh. erscheint dann auch eine kurze von Ost nach West zu verlaufende Erhebung, die aber u. U. als Ablagerung der die Steine bedeckenden Erdauflagerungen, also als Halde, hätte gedeutet werden können. Auf dem geologischen Meßtischblatt von 1884 finden wir im Bereiche der ehemaligen Befestigung eine kleine Insel von Pyroxenquarzporphyr mit einem maximalen Durchmesser von 50 m (Taf. 13a) ohne die geringsten Andeutungen eines Walles oder einer sonstigen Erhebung. Im Bereich des alten Muldenbettes schließen sich östlich zwei weitere, allerdings größere Gesteinsvorkommen an, von denen eines als größerer Bruch in Nutzung stand, während das andere den Hühnerberg bildet. Bereits die Revision der geologischen Spezialkarte gibt 1902 für den Eichberg deutlich einen Bruch an, an den sich nördlich der Wallrest anschließt (Taf. 13b). Ähnlich verhält es sich bei den Meßtischblättern, deren Auflage von 1893 bereits die Bruchkante und den Wallrest kartiert zeigt, während in den neueren Drucken zumindest ab 1909 nur noch die Terrassenkante am alten Muldenbett und über der Mündung des Nebenbaches deutlich erkennbar ist und schon ein Herauslesen des „Walles“ große Mühe bereitet (Taf. 13c und d). Erwähnt werden muß auch, daß die älteren Meßtischblätter, z. B. der Druck vom Oktober 1879, weder das Einbiegen der Terrassenkante einschließlich des südöstlichen Vorsprunges, also des Geländes der Burg, richtig wiedergeben, noch die geringsten Spuren des Eichberges, geschweige denn die darauf befindliche Wallanlage auch nur vermuten lassen.

Zu Beginn der Grabungen[10]) diente außer einigen bereits seit längerer Zeit vorliegenden Funden[11]) und den schon erwähnten äußeren Befunden in ihrer zwiespältigen Deutung lediglich der Geländeaufbau als Anhaltspunkt. Der kleine Wallrest ist kaum geschwungen

[8]) Leider waren auch die durch H. Quietzsch im Staatsarchiv Dresden erfolgten Nachforschungen nach geeigneten alten Unterlagen erfolglos. Es sind keine Risse vorhanden, die die Ortslage bringen, die Flurnamenverzeichnisse von Rothersdorf, Walzig und Nitzschka mit den entsprechenden Flurkroquis von ca. 1835 brachten ebensowenig Anhaltspunkte wie das Freiberger Meilenblatt (Blatt 63) oder die Vermessungen von Oeder (1586—1607) und Zimmermann, Blatt 15c. Das Gutsarchiv Trebsen wurde 1945 vernichtet. Die Durchsicht des Quellenverzeichnisses (H. Quirin, Quellen zur Geschichte der sächsischen Bauerndörfer I. Der Landkreis Grimma. Goslar 1939) brachte ebenfalls keine neuen Aufschlüsse.

[9]) Der Großvater von E. Graul, Rothersdorf, war in den neunziger Jahren des vergangenen Jahrhunderts Bürgermeister in Rothersdorf. Während dieser Zeit wurde ein Kommunikationsweg nach Neu-Weißenborn gebaut und dazu auf dem Eichberg ein kleiner Steinbruch in Betrieb genommen, von dem bei Bedarf auch später noch Materialentnahmen erfolgten. Es hat sich aber niemals um einen systematisch betriebenen Steinbruch gehandelt, sondern lediglich um einen von Zeit zu Zeit von wenigen Leuten genutzten kleinen Bruch.

[10]) Die Untersuchungen fanden in der Zeit vom 11.—27. Juli 1966 statt. Die örtliche Leitung lag meist in den Händen von V. Weber, da der Verfasser teilweise durch Krankheit ausfiel. Ständige Grabungsteilnehmer waren J. Krause vom Landesmuseum und die beiden Söhne des Grundstückbesitzers J. und W. Graul. Zeitweise standen zur Verfügung W. Baumann vom Landesmuseum sowie die Kreispfleger J. Eltzschig, F. Höppner und W. Schwabenicky.
Besonderer Dank für ständige Hilfe und Auskünfte gebührt der Familie Graul.

[11]) Museen Wurzen und Grimma.

und besitzt nur noch eine Kronenlänge von 8 m. Über das nördlich anschließende Vorland erhebt er sich nur 2 m. Daß der Eichberg sich trotzdem im Gelände deutlich markiert, liegt einmal daran, daß die Böschungen nach Osten, Süden und Westen (hier ein Wegeinschnitt) stark abgetragen sind, und der sogenannte „Hohlweg“ — der alte Vorgraben der Befestigungsanlage — im Norden trotz der Versturzmassen vom Wall noch kräftig ausgeprägt ist und damit das Vorgelände des Walles klar von der Umgebung abgrenzt. Seine oberflächliche Breite beträgt jetzt reichlich 7 m. Die Wallkrone ragt im heutigen Verfallsstadium noch mehr als 3 m über die stark eingeschwemmte Sohle des Grabens, dagegen annähernd 6,50 m über die Humusauflage der Steinbruchsohle südlich des Wallrestes.

Um einigermaßen verwertbare Grabungsergebnisse erhalten zu können, wurde ein annähernd senkrecht auf den Wall und durch den Vorgraben gerichteter Schnitt notwendig, der noch möglichst gute Einblicke in das besiedelte Vorgelände gewähren mußte. Die Geländenutzung ließ eine Sonde von 54 m Länge zu (Graben I: Abb. 4). Am Nordende wurde im offenbar ungeschützten Siedlungsbereich rechtwinklig zum Graben I ein weiterer 10 m langer Schnitt angelegt (Graben III). Den Verlauf des Vorgrabens sollte 12 m westlich von Schnitt I ein 11 m langer Kontrollschnitt (Graben II) feststellen. Die Grabungsergebnisse entsprachen den Erwartungen, wenn auch das relativ geringe und auf Keramik beschränkte Fundmaterial die absolute Datierung recht erschwerte.

Schnitt I (Abb. 5) zeigte, daß der anstehende Fels unter dem Wall zunächst von Kies und Sand bedeckt war. Diese Strate besaß bei 16—18 m eine Mächtigkeit von 0,50—0,60 m. Der darüberliegende Lehmsockel als Unterlage aller Kultur- und Bauschichten war im allgemeinen 0,50—0,80 m hoch. Der alte A-Horizont — zu verfolgen von 16,50 m bis über 26 m — war 0,15—0,20 m stark und sehr humos. Er enthielt nur einzelne Scherben, Tierknochen und Holzkohle. Zwischen 18,50 m und 23,20 m befand sich eine bis zu 0,50 m in den anstehenden Lehm eingetiefte breite humose Grube, allerdings ohne genauer datierende Materialien. Über dem A-Horizont beginnt die eigentliche Wallfüllung bzw. Aufschüttung. Das Füllmaterial entstammte dem Gelände unmittelbar vor dem Wall und wurde beim Ausheben des Vorgrabens gewonnen. Die unteren Wallschichten sind demzufolge auch humoser und führten Materialien aus der „vorwallzeitlichen“ Siedlungsperiode des Geländes mit sich. Nach oben folgten klar getrennte Kies- und Sand-, aber auch Lehmschichten. Die größte Schüttungshöhe war bei 22 m mit 2 m erhalten. Die moderne Humusdecke erreichte nur eine geringe Dicke. Anschlüsse über den hinteren, d. h. inneren Wallabschluß waren nicht erhalten, da durch eine modernere Störung, wahrscheinlich im Zusammenhang mit den Steinbruchsarbeiten, von 19,60 m an die gesamte Aufschüttung oberhalb des A-Horizontes beseitigt war. Wir können aus dem Fehlen einer Rückfront aber wenigstens auf eine Wallbreite von mehr als 5 m schließen. Im Gegensatz zum hinteren Abschluß war die ehemalige Außenfront klar erkennbar. Bei 23,50 m wurde die gesamte Aufschüttung durch eine senkrechte Störung unterbrochen, die auch den A-Horizont durchstieß. Gefüllt war dieser schmale Schacht mit sandigen und kiesigen Materialien, die aus den oberen Aufschüttungsschichten nachgesickert waren. Da die Füllschichten nach dieser Störung zu stark einfielen, nehmen wir an, daß sich hier zumindest während der Aufbauzeit des Walles eine senkrechte Holzwand befunden haben mußte, die ein Rückfluten der Einschüttmassen

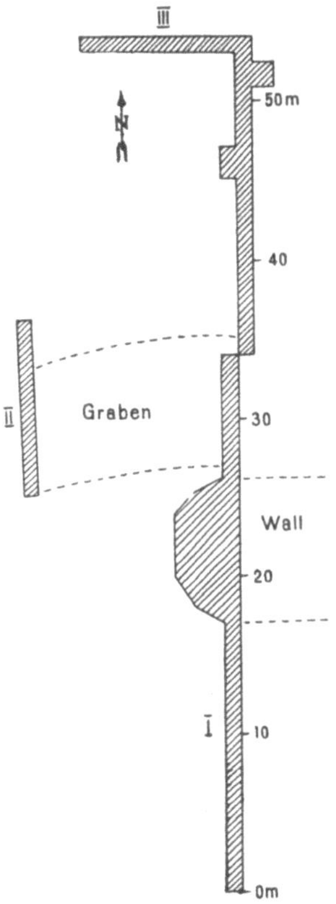

Abb. 4.
Rothersdorf, Kr. Wurzen. Plan der Grabungen 1966. 1:500

verhindern sollte. Auch die Aufschüttungen von außen (26—23,50 m) fielen nach der „Störung" zu ein. Erst reichlich 0,50 m über dem alten A-Horizont fand sich der Fuß einer leider nur noch in fünf bis sechs Schichten erhaltenen einfachen Trockenmauer aus plattig zurechtgeschlagenen Steinen. Ihre maximale Höhe betrug an der Schnittstelle nur noch 0,60 m. Nach den Sturzschichten in Richtung Graben zu urteilen, dürfte sie aber auch zu Zeiten ihrer Nutzung kaum wesentlich höher als 2—3 m gewesen sein, was im Gegensatz zu anderen, etwa gleichzeitigen Beispielen (W. Coblenz 1966, Taf. XXVI, 2—4 und XXVII) steht. Über die Sicherung des Wallkernes gaben die Aufschlüsse keine klare Auskunft. Vor allem fehlten jegliche Spuren von Hölzern zur Verankerung, die ja bei der Breite der Abtragung unbedingt hätten beobachtet werden müssen. Damit ist höchstens eine rechtwinklig zum Wallverlauf eingelegte, aber recht weit abständige Einlagerung von einzelnen Balken möglich oder eine kammerartige Unterteilung durch Einbauten senkrechter Holzwände, allerdings dann auch mit großen Zwischenräumen zwischen den einzelnen Verankerungswänden (Ankerzüge).

Eine etwa 2 m breite und bis zu 0,70 m hohe Anschüttung sicherte die Mauer vor einem Abrutschen in den Graben. Dieser besaß eine Breite von 12 m, begann 2,20 m vor der Mauervorderfront (bei 26 m), senkte sich allmählich und war bis etwa 31 m an der Sohle mit dem Material der Sturzschichten vom Wall bedeckt, erreichte eine Tiefe von 2,20 m unter dem A-Horizont und wies bei 31,50 m, also ziemlich genau in der Mitte, eine 0,80 m breite und 0,50 m tiefe Rinne auf, in der vielleicht während der Nutzung der befestigten Siedlung eine Palisade gestanden haben könnte. Klare Spuren von Pfostenlöchern fehlen allerdings. Die Sohle dieser Rinne lag 4,80 m unter der erhaltenen Wallkrone, und wir können nach Hinzurechnung der Materialien vom Versturz des Walles mit einer einstigen Höhendifferenz von etwa 6 m rechnen. Auch das ist verhältnismäßig wenig. Die Gesamtgrabenbreite betrug 12 m, wobei zwischen 35 m und 36 m ein reichlich 0,50 m hoher Absatz zu verzeichnen war. Wir haben einen relativ flachen Sohlgraben vor uns, der aus einem breiten, ziemlich ebenen Mittelstück und nur wenig abfallenden Randzonen besteht. Das gesamte Material von 31 m an — also außerhalb der Sturzschichten des Walles — lag in dem im Laufe der Jahrhunderte eingeschwemmten Humus mit einzelnen Kieseln. Es konnte zur Datierung nicht herangezogen werden. Neben slawischen Scherben enthielt es selbstverständlich auch spätmittelalterliche und neuzeitliche, dazu einzelne Tierknochen.

Der Graben I wurde noch bis zu 54 m in die Vorsiedlung verlängert, um Aufschlüsse über die Zeitstellung und Intensität ihrer Nutzung zu gewinnen. Unter der jüngeren Humusdecke mit einer Mächtigkeit von 0,35—0,40 m unter der Oberfläche trafen wir auf den knapp 0,20 m starken alten A-Horizont, der slawische und spätmittelalterliche Keramikreste enthielt. Einzelne Gruben und Pfostenlöcher erreichten eine Tiefe von 0,95 m unter der jetzigen Oberfläche. Während die kleineren Gruben meist keinerlei Funde enthielten, konnten aus der Eintiefung zwischen 45,20 m und 46,50 m größere Mengen slawischer Keramik (Abb. 7), Asche, verglühte Steine und Holzkohle geborgen werden. Ein bei 54 m westwärts rechtwinklig anschließender Graben brachte keinerlei neue Aufschlüsse. Mit den wenigen Schnitten sind über die Form der Besiedlung eben nur dürftige Ergebnisse erzielt worden, jedoch kann man aus der verhältnismäßig dünnen Kulturschicht und dem geringen Fundanfall sicherlich auf eine nicht zu dichte und auch nicht zu lange andauernde Siedlung schließen.

Es ist außerordentlich bedauerlich, daß die Innennutzung des vom ehemaligen Wall umschlossenen Geländes infolge der restlosen Abtragung nicht mehr nachweisbar war. Das ist nicht nur aus Gründen einer chronologischen Fixierung ein unwiederbringlicher Verlust, sondern läßt auch keine Rückschlüsse auf die Funktion der Anlage mehr zu. Das Profil nach dem Wallinneren zu (16—0 m) zeigte über der Sprengungssohle des ehemaligen Steinbruches lediglich noch eine Humusauffüllung mit sekundär abgelagertem Fundgut bis aus jüngster Zeit.

Ein zweiter Schnitt durch den Vorgraben des Walles (Graben II: Abb. 6) wurde 12 m westlich von Graben I angelegt. Er sollte in erster Linie zur Festlegung des Graben- und damit

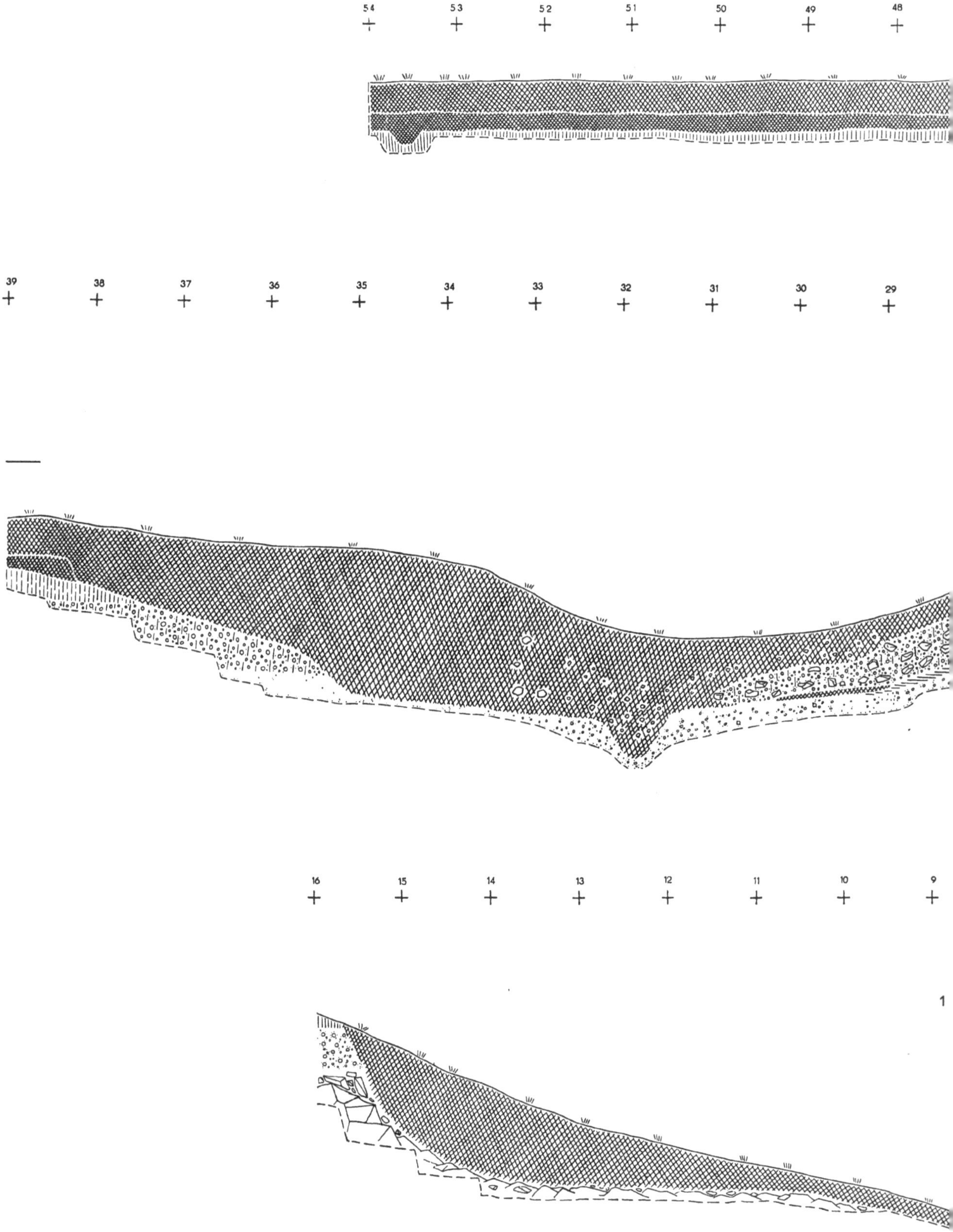

Abb. 5. Rothersdorf, Kr. Wurzen. Grabung 1966 Ostprofil

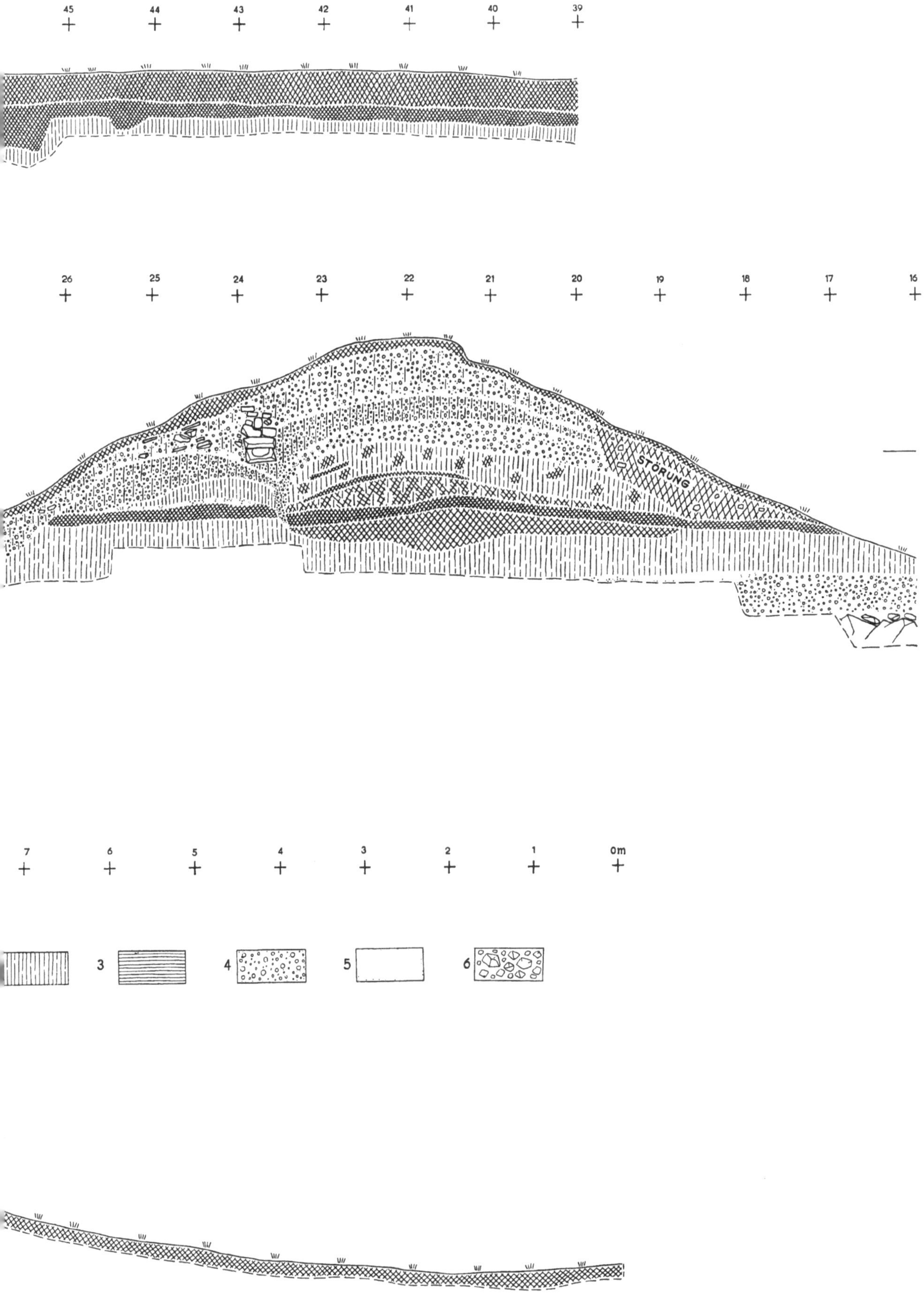

0 1 Humus; 2 Lehm; 3 Ton; 4 Kies; 5 Sand; 6 Stein

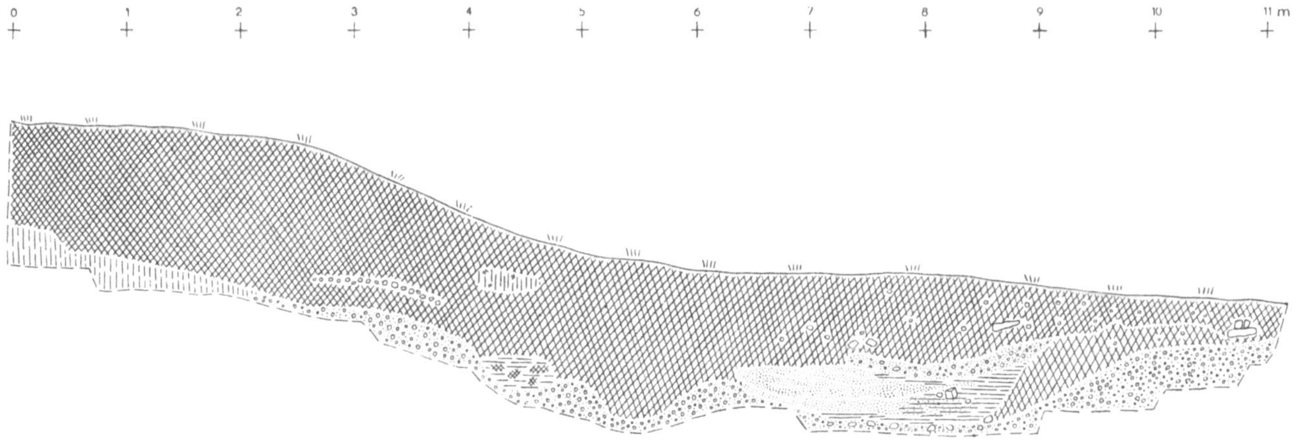

Abb. 6. Rothersdorf, Kr. Wurzen. Grabung 1966. Ostprofil des Grabens II (Kontrolle des Vorgrabens). 1:50

auch des Wallverlaufes dienen. Der Übergang zum Wall selbst ist nur am südlichen Ende in wenigen Sturzschichten senkundär faßbar (bei 11 m umgelagerte Trockenmauersteine). Die Grabensohle ist nicht so eben wie bei Schnitt I, aber zwischen 5 m und 6 m fand sich etwa in der Grabenmitte die gleiche Rinne. Der gesamte Befund war nach Süden zu vollkommen gestört, als der Wall im Zuge der Steinbrucharbeiten abgetragen worden war und dabei auch noch vom Sockel die Auflagerungen mit erfaßt wurden (besonders bei 10—11 m). Nach der Abtragung des Walles war noch ein großer Teil des unterlagernden Kieses mit beseitigt worden. Sicher erst nach Einstellung des Bruches erfolgte eine geringe Auffüllung (siehe etwa zwischen 9 m und 11 m), während sich im südlichen Grabenteil zwischen 6,50 m und 9 m eingeschwemmte Sande markierten.

Schnitt II bestätigte unsere Meinung, daß der Wall mit dem Vorgraben entgegen der bisherigen Deutung vom jetzigen Wallrest nach Süden zu gelegen haben muß. Es entfällt damit weiterhin die Frage nach der Funktion des „Hohlweges", dessen Grabencharakter nunmehr außer jedem Zweifel steht. Wir können annehmen, daß die Rothersdorfer Wallanlage einst einen maximalen Durchmesser von 50 m (von der Wallkrone gerechnet) besaß. Das entspricht auch der ungefähren Größe des inzwischen ausgebeuteten Pyroxenquarzporphyrvorkommens.

Für die Datierung der Befestigung auf dem Eichberg wirkt außerordentlich erschwerend, daß vom Burginneren infolge der Steinbrucharbeiten überhaupt kein Material mehr vorlag. Dagegen war klar erkennbar, daß der Wall selbst über einer Kulturschicht mit Keramik slawischer Machart aufgebaut wurde und daß diese Schicht durch den eingetieften Graben von der gleichzeitigen Ablagerung in der Vorsiedlung getrennt worden war. Dadurch ist das genauere Verhältnis von der Vorsiedlung zur Burg nicht mehr ganz klar.

Das Material aus der Wallfüllung ist dem der älteren, d. h. noch unbefestigten Siedlung einschließlich der älteren Belegungszeit der späteren Vorsiedlung zeitgleich. Da es wohl ausschließlich vom Grabenaushub stammt, z. T. vielleicht auch noch einen Anteil vom späteren Burginneren durch geringe Abtragungen und Planierungen aus dessen Bereichen mit erfaßte, muß das jüngste Fundgut aus dem Wall und dessen Sturzschichten älter als das der Burgphase sein. Die „Vorsiedlung" ist ohne Unterbrechung von der Zeit der unbefestigten Siedlung bis in die Burgperiode weiter genutzt worden, weshalb auch keinerlei Schichtunterbrechung bemerkbar war. Das dort gewonnene jüngste Material müßte uns über die Dauer der Besiedlung während des Bestehens der Burg Aufschluß geben können. Dazu wäre aber Voraussetzung, daß Burg und Vorsiedlung gleichzeitig abbrechen. Theoretisch bestehen aber die Möglichkeiten, daß einmal die Vorsiedlung nicht wesentlich länger als bis zur Burgbauzeit genutzt wurde, zum anderen könnte aber auch die außerhalb der Befestigung gelegene Niederlassung noch nach Verlassen oder Abbruch der Burg weiter bestanden haben. Lediglich aus der Zeitdifferenz zwischen dem jüngsten Material aus der Kulturschicht unter dem Wall und dessen Füllung — einschließlich der Sturzschichten — ließe sich die Besiedlungsdauer der vorgelagerten bewohnten Areale ergründen. Leider gibt das geringe keramische Fundgut nach dem heutigen Forschungsstand dazu keine absoluten Anhaltspunkte. Wir müssen

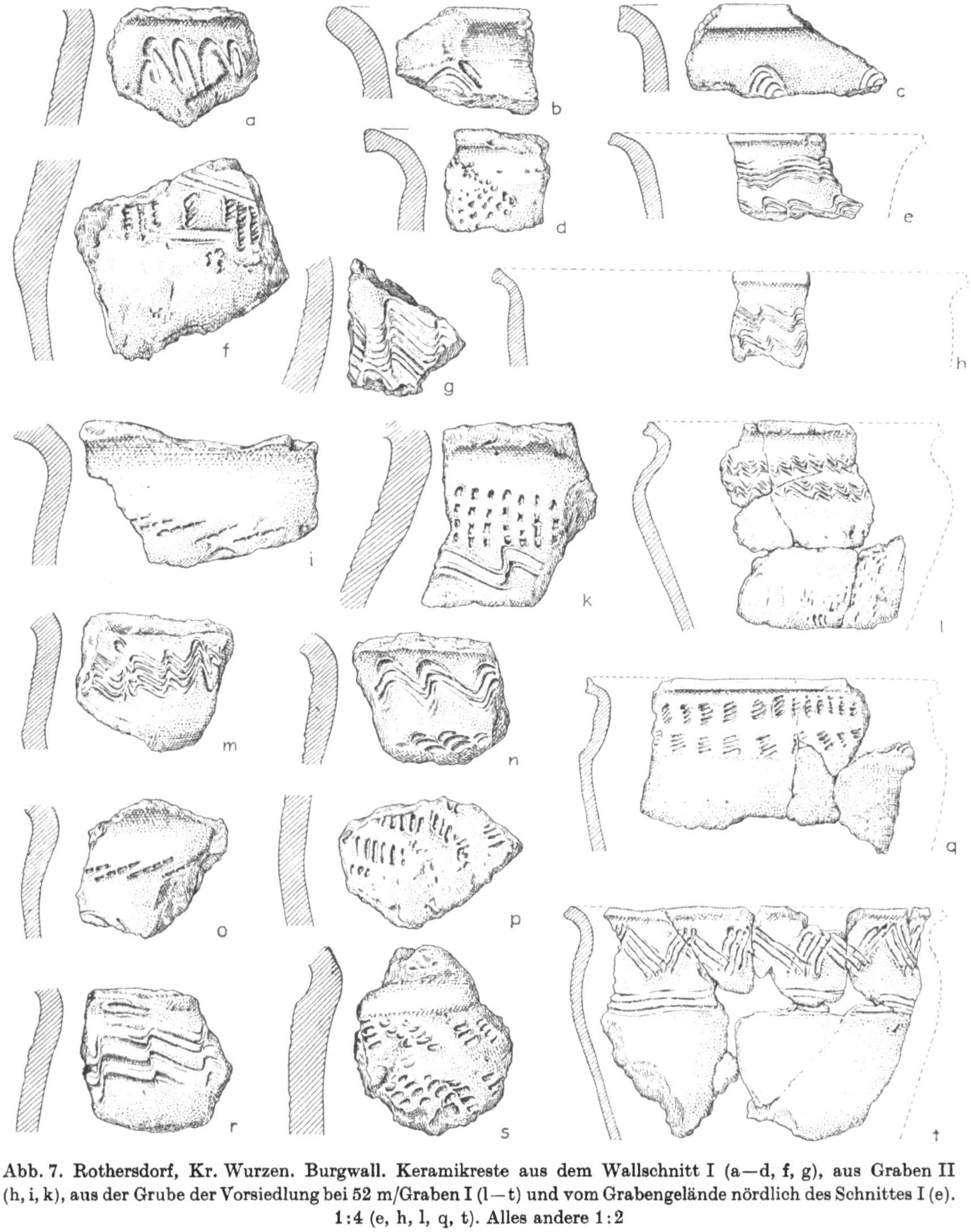

Abb. 7. Rothersdorf, Kr. Wurzen. Burgwall. Keramikreste aus dem Wallschnitt I (a—d, f, g), aus Graben II (h, i, k), aus der Grube der Vorsiedlung bei 52 m/Graben I (l—t) und vom Grabengelände nördlich des Schnittes I (e). 1:4 (e, h, l, q, t). Alles andere 1:2

annehmen, daß die offene und die umwehrte Siedlung schon im vorgeschrittenen 10. Jh. bestand, aber auch im Anfang des 11. Jh. noch andauerte (Abb. 7). Das 12. Jh. fällt offenbar gänzlich aus, und das Material vom entwickelten 13. Jh. an stammt aus deutlich abgegrenzten jüngeren Kulturschichten, die mit der Burg und ihrer zugehörigen Vorsiedlung in keinerlei kontinuierlichen Zusammenhang gebracht werden können.

Bei den für unsere Burg in Frage kommenden keramischen Resten[12]) handelt es sich zweifellos um Tonware slawischer Machart, allerdings aus der Zeit nach Inbesitznahme des Landes durch die Deutschen. Sie ähnelt der von der wichtigeren Burg Wurzen, einem frühgeschichtlichen Mittelpunkt des Sorbengebietes mit altem klerikalem Zentrum (späterer Dom/romanisch). Offenbar gehört die Anlage in Rothersdorf zu einem System der Burg Wurzen vorgelagerter Befestigungen, doch ist aus der schriftlichen Überlieferung von einem Burgward nichts bekannt. Da Wurzen aber von der zweiten Hälfte des 10. Jh. an in der Geschichtsschreibung eine wesentliche Rolle einnimmt, ist kaum daran zu zweifeln, daß das zugehörige Gebiet einen größeren Raum einbezog und somit auf jeden Fall sich noch weit über Rothersdorf hinaus erstreckte. Infolge der restlosen Abtragung des Wallinneren war es leider nicht möglich, Näheres über die Funktion der Rothersdorfer Anlage zu ergründen. So fehlen vor allem auch Hinweise auf die Wirtschaft.

Zusammenfassend läßt sich sagen, daß entgegen den bisherigen Vorstellungen der Rothersdorfer Wallstumpf den Rest einer Anlage darstellt, die insgesamt nach Süden verlief, einen ungefähren Durchmesser von 50 m besaß und am Ende des vergangenen Jahrhunderts durch Absprengung der die Burg tragenden Porphyrkuppe nahezu völlig vernichtet wurde. Der nördlich vorgelagerte Teil, die Vorsiedlung, war offenbar nicht oder nur wenig abgesichert und stellt auf keinen Fall — wie bisher angenommen — die eigentliche Burg dar, von der angeblich 90% des umfassenden Walles eingeebnet worden sein soll. Zur Konstruktion läßt sich sagen, daß ein 10—12 m breiter Graben vorgelagert war, der in der Mitte eine weitere schmale Vertiefung enthielt, die unter Umständen zur Aufnahme eines Palisadenzaunes gedient haben könnte. Eine typische Berme ist nicht vorhanden, d. h. das Zwischenstück zwischen dem eigentlichen Wall und dem Innenrand des Grabens verläuft nicht eben, sondern als ziemlich schräge Anschüttung. Die Vorderfront der Trockenmauer ist nur in geringer Höhe erhalten und zeigt gegenüber den sonstigen Konstruktionen auffällige Unterschiede. So ist offenbar die Wallabgrenzung zunächst durch eine Pfostenstellung erfolgt, und die Steinsetzungen beginnen erst ca. 0,50 m über der alten Oberfläche. Von der Innensicherung der Wallfüllung wurden keinerlei Reste angetroffen, und die Rückfront ist bei den Steinbrucharbeiten schon mit abgegraben worden. Zur Burg gehört eine bereits vorher bestehende Vorsiedlung, die als offene Niederlassung einst auch den Bereich der späteren Burg mit einbezogen hatte. Das Fundmaterial entstammt dem 10./11. Jh. Rothersdorf ist ein forschungsgeschichtlich äußerst interessanter Beleg und beleuchtet kritisch Fragen der Durchführung der Burgwallaufnahme und -forschung.

Literaturverzeichnis

Behla, R. 1888 — Die vorgeschichtlichen Rundwälle im östlichen Deutschland, Berlin.

Blaschke, K. 1957 — Historisches Ortsverzeichnis von Sachsen, Leipzig.

Coblenz, W. 1955 — Ur- und frühgeschichtliche Wall- und Wehranlagen Sachsens, in: Wissenschaftliche Annalen 4, S. 405—423.

Coblenz, W. 1964 — Zur Herkunft der Slawen im Elbe-Saale-Gebiet, 2. Archäologische Bemerkungen zur Herkunft der ältesten Slawen in Sachsen, in: Arbeits- und Forschungsberichte zur sächsischen Bodendenkmalpflege 13, S. 296—330.

[12]) Die Funde verwahrt das Landesmuseum Dresden.

Coblenz, W. 1966	Frühmittelalterliche Burgen mit steinerner Blendmauer aus dem Gebiet nördlich und südlich des Erzgebirges, in: Sbornik Národniho Muzea v Praze, Řada A – Historie, Svazek 20, 1/2, S. 191–199.
Coblenz, W., und Weber, V. 1967	Untersuchungen am frühmittelalterlichen Wall in Rothersdorf, Kr. Wurzen, in: Ausgrabungen und Funde 12, S. 98–101.
Grimm, P. 1958	Die vor- und frühgeschichtlichen Burgwälle der Bezirke Halle und Magdeburg, Berlin.
Naumann, H. 1962	Die Orts- und Flurnamen der Kreise Grimma und Wurzen, Berlin.
Preusker, K. 1841, 1843, 1844	Blicke in die vaterländische Vorzeit; Sitten, Sagen, Bauwerke und Geräthe, Leipzig, Bd. 1–3.
Radig, W. 1929	Die vorgeschichtliche Besiedlung des Wurzener Landes, Mitteldeutsche Heimat 4, Wurzen.
Radig, W. 1940	Die sorbischen Burgen Westsachsens und Ostthüringens, in: W. Hülle, Westausbreitung und Wehranlagen der Slawen in Mitteldeutschland, S. 119–168, Leipzig.
Schuster, O. 1869	Die alten Heidenschanzen Deutschlands mit specieller Beschreibung des Oberlausitzer Schanzensystems, Dresden.

Abbildungsnachweise:

Abb. 1: Ausgrabungen und Funde 12, S. 99, Abb. 1
Abb. 2 und 3: Archiv des Landesmuseums für Vorgeschichte Dresden
Abb. 4–7: Grabungspläne und Materialzeichnungen des Landesmuseums für Vorgeschichte Dresden (Weber/Krause)

Taf. 13: a) Geologische Specialkarte des Königreiches Sachsens. Sektion Wurzen–Altenbach. Nr. 13, Auflage 1884; b) dgl. 1902; c) Meßtischblatt des Königreiches Sachsen, Section Wurzen Nr. 13 (4642) Ausgabe vom Oktober 1879; d) dgl. Auflage von 1893; e) dgl. Auflage von 1935
Taf. 14: Archiv des Landesmuseums für Vorgeschichte Dresden (V. Weber)

Zwei frühmittelalterliche weltliche Palastbauten in Płock

Von Włodzimierz Szafrański, Warschau

Mit 2 Textabbildungen und Tafel 15—16

Die seit zehn Jahren systematisch durchgeführten archäologischen Ausgrabungen auf dem Domberg in Płock, der vergessenen Hauptstadt der frühen Piastenzeit, erwiesen, daß dort eine frühfeudale Residenzburg aus dem 10.—12. Jh. bestanden hat, die mit ansehnlichen Steinbauten ausgestattet war. Unter einigen dort freigelegten Werken der frühpolnischen Steinarchitektur wecken die Überreste zweier ohne Zweifel weltlicher Palastbauten, die im frühmittelalterlichen Polen zu den Seltenheiten gehörten, besonderes Interesse. Das ältere Palatium (Ende des 10. Jh.) läßt sich Bolesław Chrobry zuschreiben, das jüngere jedoch, das in die 2. Hälfte des 11. Jh. datiert wird, ist mit dem damals in Płock residierenden Władysław Herman in Verbindung zu bringen.

Erst vor einigen Monaten wurde die Freilegung des Grundrisses eines zweiteiligen Baues beendet, der sich aus zwei miteinander verbundenen Elementen, einer Rotunde und einem rechteckigen Gebäude, zusammensetzt (Abb. 1). Die bereits erwähnten Mauerreste (Taf. 15)

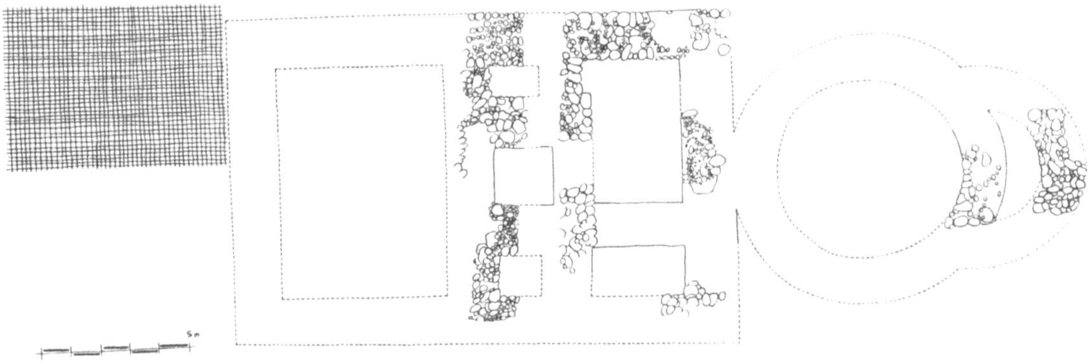

Abb. 1. Płock. Plan der freigelegten architektonischen Überreste des vorromanischen Palatiums von Bolesław Chrobry vom Ende des 10. Jh.

der vielschichtigen Anlage sind mit Hilfe der vorliegenden Stratigraphie in den Ausgang des 10. Jh. zu datieren. Die nähere Analyse des freigelegten Baues erwies unzweifelhaft seinen Palastcharakter und zeigte eine auffallende Übereinstimmung mit dem Grundriß der frühmittelalterlichen Königsresidenzen, die aus Ostrów Lednicki, Giecz bei Gniezno sowie aus Przemyśl (Abb. 2) bekannt sind. Der östliche Teil des beschriebenen Baus mit Rotunde (Oratorium) lag in der südlichen Hälfte des früheren Klostergartens, der die typische Vierecksform der nachbenediktinischen Bauten besaß. Im weiteren Verlauf reicht dieser vorromanische Steinbau an den westlichen Klosterflügel heran, wo nicht nur die Fundamente der äußeren Hauptmauern freigelegt wurden, sondern ebenfalls die der querlaufenden Teilungswände des Palatiums. Das mit der Rotunde verbundene rechteckige Gebäude zeigte die Reste einer interessanten Innenaufteilung. In der südöstlichen Ecke wurden Spuren eines länglichen Treppenhauses sichtbar, und quer zur Längsseite des Gebäudes erschienen hintereinander angeordnet drei kleine Räume. Wie bereits erwähnt, weist das Palatium in Ostrów Lednicki die gleiche Anordnung des Innern auf. Das legte nahe, die Grabungsarbeiten in südliche Richtung zu lenken, um weitere Teile des Bauwerkes freizulegen. Leider befindet sich in unmittelbarer Nähe der vorromanischen Fundamente auf der westlichen Seite ein tiefer Keller aus der Barockzeit, dessen Bau im 17. Jh. alle eventuell verbliebenen Reste der übrigen Abschnitte der auszugrabenden Mauern des vorromanischen Bauwerkes vernichtete. Das Suchen nach Resten vom Westende des vermuteten Palatiums außerhalb der Abteigebäude hinter dem westlichen Klosterflügel mit dem oben erwähnten Keller zeigte nicht das erwartete Resultat. Es ist also anzunehmen, daß der Palastsaal nicht so weit reichte. Die Ausmaße und Proportionen des Klosterkellers entsprechen recht genau denen des Saales, der im Palatium von Lednica im Westen einer Reihe von kleinen Räumen benachbart liegt, die quer zur Längsseite des Palastes angeordnet sind. Man kann daraus die Schlußfolgerung ziehen, daß der barocke Keller auf dem zerstörten Palastraum errichtet worden ist und das Palatium nicht weiter nach Westen reichte als die westliche äußere Mauer des Klosterflügels. Diese Annahme ist um so wahrscheinlicher, als gleich hinter der äußeren Wand des westlichen Klosterflügels, also genau unter der vermuteten Wand des vorromanischen Palatiums, gewissermaßen in seinem Hinterland, auf einem Raum von fast 50 qm deutliche Spuren einer Planierung des Geländes freigelegt wurden. Sie bestand aus einer einen halben Meter dicken Lehmschicht, die sorgfältig mit Holz belegt war. Ich möchte hierin eine Art von Sonnenterrasse in der Form eines Hofes (proaulium, atrium, solarium) sehen, auf dem sich das Hofleben in unmittelbarer Nachbarschaft der engen Palastkemenaten abspielte und wo sich in intimer Häuslichkeit der Feudalherr mit seiner Familie aufhielt. Hier pflegte sicherlich der Monarch selbst im Kreise seiner Hausgenossen Platz zu nehmen. Der Chronist Gallus Anonymus berichtet ähnliches aus Krakau, wo Bolesław Śmiały „ante palatium in curia“ die dort aufgehäuften Schätze betrachtete.

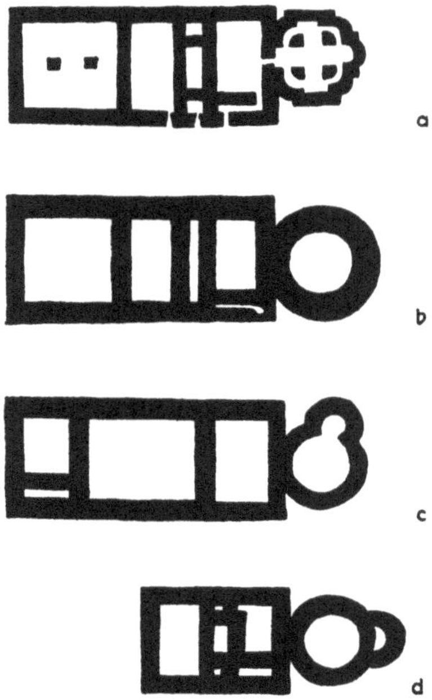

Abb. 2. Vergleichende Zusammenstellung der frühpolnischen vorromanischen Palatien, die zwei verbundene Elemente, eine Rotunde und ein Palatium besitzen: a Ostrów Lednicki; b Giecz bei Gniezno; c Przemyśl; d Płock

Der rekonstruierte Grundriß des vermuteten Palatiums besitzt folgende Ausmaße: Der rechteckige Bau ist ca. 17 m lang und 11,30 m breit. Die im Osten angesetzte und ihn genau berührende Rotunde hat einen Durchmesser von ca. 9 m und ist mit einer fast 3 m tiefen Nische mit Apsischarakter ausgestattet. Die Anlage ist kleiner als das Palatium in Ostrów Lednicki, dessen Nachahmung sie darstellt.

Der neu entdeckte frühmittelalterliche Steinbau in Płock kann zu der Gruppe der monumentalen Palastbauten gezählt werden, die als königliche Hofresidenzen die repräsentativen Sitze des Herrschers waren, die den Glanz der von ihm verkörperten Würde vor Augen führen und beredsam die von ihm ausgeübte Macht symbolisieren. Die einstöckigen Palatia dienten sowohl zu Repräsentationszwecken wie auch als Wohnung.

Eine Analyse der Aufteilung des Innern ergibt folgendes Bild: Bei der Anlage der Räume im Inneren des Palatiums in Płock muß man mit einem Prunksaal für Audienzen (und vielleicht gleichfalls für Banketts) wahrscheinlich in unmittelbarer Nähe der Kapelle (capella palatina) rechnen, die mit ihm durch eine Empore verbunden war. Dieser Saal war sicherlich im oberen Stockwerk gelegen, um ihn genügend von dem Lärm des geräuschvollen Hofes abzusondern. Aus Sicherheitsgründen lag es nahe, den Wohnungsbereich (domus regia, casa regalis) als Alkoven und Versammlungsraum ebenfalls im Obergeschoß unterzubringen. Auf halber Länge des rechteckigen Palastgebäudes befanden sich an seinen beiden Seiten, also sowohl im Norden als auch im Süden, Eingänge, auf die indirekt enge, mehr oder weniger quadratische Räume weisen, die innerhalb des Palatiums an seinen Hauptwänden angeordnet sind und die Funktion eines Vorraumes erfüllten. Sie werden durch einen größeren Raum zu einem Komplex von drei kleinen „Löchern" verbunden, der noch einmal so groß ist und genau in der Mitte des Gebäudes liegt. Ich möchte in ihm eine Art königliche Schatzkammer sehen. Der erwähnte Komplex von Räumen bildete die Querachse des Palatiums und teilt dieses in einen westlichen Wohnbereich und einen östlichen Repräsentationsteil. Im östlichen Teil der Palastanlage wäre im Erdgeschoß die Empfangshalle mit dem in Resten erhaltenen schmalen, ca. 1,60 m breiten Raum für die ins Obergeschoß führenden Treppen unterzubringen. Ähnlich breit (1,56 m) sind die Treppen im Prager Palast von Sobiesław, die dort ebenso wie in Ostrów Lednicki und sicherlich auch in Płock neben dem Vorraum angebracht sind. Analoge Treppenhäuser befinden sich in den Palatia in Giecz und Przemyśl.

Die Fundamente des Palatiums sind meistens in recht gutem Zustand. Ihre räumliche Anordnung ist im Grundriß recht deutlich zu erkennen und bietet in dieser Hinsicht keine ernsthaften Schwierigkeiten. Das ca. 1,60 m breite Fundament wird von Schichten großer Feldsteine gebildet, die oben mit kleinen, zerschlagenen Steinen ausgeglichen und recht sparsam mit Mörtel ausgefüllt worden sind. Die durchschnittliche Stärke einer solchen Schicht beträgt ca. 30 cm. Meistens haben sich zwei bis drei solcher Fundamentschichten bis zu einer Höhe von 90 cm erhalten, ausnahmsweise sogar 5—7 bis zu einer Höhe von 1,50 m. Manchmal werden aber nur noch letzte Spuren der Anordnung der Steine oder der ganz und gar leere, von Bausteinen gereinigte Fundamentgraben sichtbar. Mit Ausnahme der völlig zerstörten, dort vermuteten westlichen Kemenate des Palatiums ist der Grundriß des rechteckigen Palastbaues gut erhalten, was man von der Rotunde leider nicht sagen kann. Von der wohl mehrmals umgebauten Rotunde sind lediglich die Fundamente der Apsis und des von ihren Wangen umfaßten Abschnitts der Zentralanlage erhalten. Diese Elemente sind jedoch genügend aussagekräftig, so daß man mit ihrer Hilfe den Grundriß des Ganzen rekonstruieren kann, ohne den Vorwurf befürchten zu müssen, sehr willkürlich verfahren zu sein.

Zu unterstreichen ist noch, daß in der Reihenfolge, in der die Steinbauten erscheinen (das Palatium von Bolesław Chrobry, das Benediktinische Kloster und der byzantinische Triconchos), das Palatium mit der Rotunde an dieser Stelle das unbestritten erste hier entstandene Bauwerk ist, worauf die aufeinander gelegten und sich kreuzenden Mauern deutlich hinweisen. In der sicherlich zur Zeit Mieszkos I. entstandenen Burg in Płock gründete Bolesław Chrobry nach dem Vorbild der Karolinger und Ottonen einen der vielen über das ganze Land verstreuten prächtigen Königssitze. Indem er seiner Residenz als Symbol der neuen Ordnung und Verfassung ein glänzendes Aussehen in Form des monumentalen Palastbaues gab, wollte der vorausschauende Monarch auf diese Art und Weise das Band zwischen dem Stammgebiet des Reiches und dem vom Zentrum entfernteren Land verstärken. Es war dies wohl eine bewußte Maßnahme, die unter anderem der völligen Integration der zum polnischen Reich gehörenden Länder dienen sollte.

Bolesław Chrobry, der in seiner Jugend als Geisel am kaiserlichen Hof weilte, kannte verschiedene kaiserliche Residenzen und Paläste, die in Anlehnung an östliche, byzantinische Vorbilder entstanden waren. Dieser byzantinische Einfluß ist durch die lebhaften Kontakte der Ottonen mit dem byzantinischen Kaiserhof zu erklären. Einige nach dem Vorbild der monumentalen griechisch-byzantinischen Bauten entstandenen Paläste der deutschen Kaiser konnten nach Ansicht von Witold Dalbor nun wiederum Vorbild für den polnischen Hofbau werden und das polnische Modell der frühmittelalterlichen königlichen Residenz prägen. Nach der vermutlich richtigen Meinung Zygmunt Świechowskis „kann man in der Konzeption der Verbindung der Kapelle mit dem Palast in gleichem Maße den Abglanz der karolingischen Vorbilder sehen wie auch die unmittelbare Einwirkung der byzantinischen Prototypen, die an deren Anfang standen. Auf jeden Fall ist der Bau in Ostrów Lednicki eine der Erscheinungen dieser orientalischen Richtung, die in zahlreichen Denkmälern der europäischen Architektur des 10. und 11. Jh. spürbar wird". An diese orientalische Strömung knüpft auch die Konzeption von Piotr Skubiszewski an, der in der Basilika des Grabes Christi das Urmuster, nämlich das Jerusalemer Modell für die in Polen auftretende Kopplung des zentralen und des longitudinalen Baues sieht.

In seiner ursprünglichen Gestalt blieb das Palatium Bolesław Chrobrys nur relativ kurz erhalten. Ungefähr um das Jahr 1009 wurde seine capella palatina, die Rotunde, zu einem einstöckigen Kloster mit Oratorium umgebaut. Dieser Umbau ist wahrscheinlich das Werk eines Deutschen, des hl. Bruno aus Querfurt, des Erzbischofs-Metropoliten, der hier einen Missionszug zu den Jatwingern organisierte. Den nächsten Umbau möchte ich in die Jahre um 1075 datieren und mit der gerade in diese Zeit fallenden Errichtung des Bistums Płock in Verbindung bringen. Dieser Umbau verleiht der Architektonik deutliche byzantinische Züge durch die Einführung von reizvollen Nischen mit Apsischarakter (Konchen), die den Bau in einen effektvollen Triconchos mit einem Narthex umwandeln, der damals sicherlich die Funktion einer Prokathedra zu erfüllen hatte. Piotr Skubiszewski bezeichnet dieses besondere Heiligtum in Płock als „Kirche mit einer trefflichen Lösung des östlichen Teils", als „ältestes Beispiel der nach Mazowsze eindringenden stilistischen Merkmale sicherlich rheinischer Herkunft." Ich möchte jedoch die formale Ähnlichkeit der Gestalt der kleinen Kirche in Płock mit dem karolingischen Triconchos, der im Jahre 820 in Werden an der Ruhr im Rheingebiet errichtet worden ist, und besonders mit den südslawischen analogen Werken auf dem Balkan wie dem Kirchlein im kroatischen Nin aus dem 9. Jh. und dem aus der gleichen Zeit stammenden mazedonischen Heiligtum in Ochrid sowie mit dem südfranzösischen Kirchlein hervorheben.

Das zweite weltliche Bauwerk des Palastes in der Burg in Płock ist der frühromanische Granitquader-Palastsaal (Taf. 16), der hervorragend erhalten ist. Dieser in der nordöstlichen Ecke der Burg freigelegte Bau hatte ursprünglich sicherlich mehrere Stockwerke. Er erinnert durch seine Ecklage und seine Ausmaße (10,90 × 14,20 m) an einen der Palastbauten der kaiserlichen Pfalz Tilleda, der als „Eckturm" bezeichnet wird (9 × 14 m). Diese Werke sind vergleichbar, denn die frühe Phase der Pfalz Tilleda, die von Otto II. seiner Frau Theophano geschenkt worden ist, fällt in die Jahre 972—1194 (P. Grimm 1962, 1963, 1964). Bemerkenswert ist, daß die Proportionen des Palatiums in Płock sich in der frühromanischen Maßeinheit der Elle ausdrücken lassen (24 × 18 Ellen oder 2 Dutzend und 3 halbe Dutzend).

Die aus Granitquadersteinen (von denen 7 Schichten erhalten blieben) errichteten Wände behielten die imponierende Höhe von 2,20 m. Ihre Breite beträgt 1,80 m. Man errichtete sie auf Fundamenten, die 2,30—2,90 m tief und ca. 2,30 m breit sind. Die Tiefe der Fundamente des mehrstöckigen Palatiums darf nicht verwundern. Da es auf der Aufschüttung des älteren frühmittelalterlichen Walls erbaut worden ist, waren die Bauleute gezwungen, das Gebäude auf dem festen Lehmboden zu fundamentieren, den sie in dieser Tiefe erreichten.

Ausdrucksvoll sind die in der Fassade der Steinwände des Palastsaals als dekoratives Element beobachteten dünnen Ziegel, die durch ihr kräftiges Rot die Monotonie der grauen Granitmauern beleben. Diese Ziegel haben ein Ausmaß von 3,5 × 11,5 × 25—27 cm und können für byzantinische Ziegel gehalten werden. Bis der byzantinische Ziegel das einzige Material wurde, mit dem man im 12. Jh. ganze Wände errichtete, diente er in der Architektur des 10. und 11. Jh. zur Verzierung von Steinwänden, deren Fläche er in horizontale Schichten staffelte und deren Fensterbögen er gleichzeitig strahlenförmig verzierte. Der byzantinische Ziegel, der zur Gestaltung der Steinwände in der Kirche der Hl. Sophie in Ochrid (11. Jh.) in Mazedonien verwendet wurde, tritt nicht nur in horizontaler Anordnung wie in Rußland, sondern auch in senkrechter wie in Płock auf. Die Verwendung des byzantinischen Ziegels in der Granitquader-Mauer in Płock als künstlerisches Mittel, das die ermüdende Monotonie der sich rhythmisch wiederholenden Quadersteine unterbrechen soll, muß man als charakteristisches Symptom für die frühe Bauzeit des Werkes ansehen.

Der gute Zustand der Steinmauern des Palastsaals bietet bisher nicht gekannte Möglichkeiten, das authentische Innere der frühmittelalterlichen Piastenresidenz für touristische Zwecke zugänglich zu machen. Die Ruinen des Palatiums sind in der imponierenden Höhe von über 5 m erhalten, gerechnet vom Fuß des Fundamentes bis zur Ruinenkrone. Sie wurden von den Bauleuten des 14. Jh. ausgenutzt und mit dem Ziegelturm des gotischen Schlosses überbaut.

Eine analoge Anlage der Quadersteine mit ähnlicher Faktur kennen wir bei der Krypta in Mogilno aus der 2. Hälfte des 11. Jh. Die Verbindung der frühromanischen Ruine des Palatiums mit dieser datierten Anlage erlaubt es, sie in diese Zeit zu datieren. Man könnte versuchen, das Palatium in Płock mit der Person des damals ständig dort residierenden Władysław Herman in Verbindung zu bringen und die Datierung des Bauwerks auf die 70er bis 80er Jahre des 11. Jh. einzuschränken. Im Zusammenhang damit ist auf die große Ähnlichkeit der Ausmaße des Palatiums in Płock und der Kemenaten der kaiserlichen Residenz in Goslar (10 × 14,5 m) hinzuweisen. Sie ist um so aussagekräftiger als der kaiserliche Sitz in Goslar, genannt „clarissimum regni domicilium" eine Residenz war, in der Heinrich III., der Vater der Frau Władysław Hermans, Judith Maria, häufig weilte.

Das Palatium in Płock war sowohl Schauplatz politischer Ereignisse als auch des Hoflebens der Hauptstadt des Landes, ebenso das Zentrum hoher Kultur, wie Sitz von Intrigen und Verschwörungen. Hier reifte das geheimnisvolle Einverständnis zwischen dem allmächtigen Palatin Sieciech und der Frau Władysław Hermans, Judith Maria, der Schwester des durch Canossa bekannten Heinrich IV. Zwischen den beiden bestanden ein Liebesverhältnis und eine Verschwörung gegen die Thronerben. Hier verweilte der Kaplan Judith Marias und spätere Bamberger Bischof, der hl. Otto. Hier wurden die drei Töchter Władysław Hermans geboren: 1. die mit Namen unbekannte spätere Frau eines russischen Fürsten, 2. Agnes, die Gandersheimer Fürstin und 3. Adelheid, die Frau Diepolds III. von Vohburg sowie bereits früher wohl Bolesław Krzywousty, der Sohn Judiths aus Böhmen. Hier starb schließlich auch im Jahre 1102 Władysław Herman, um dessen Schätze sich nach dem Bericht des Gallus Anonymus seine Söhne in ärgerlicher Weise an der Leiche des noch unbestatteten Vaters entzweiten.

Im Bereich des Palatiums wurde unter dem ersten Stockwerk ein Kellerraum freigelegt, eine Eintiefung, die jene Schatzkammer Władysław Hermans gewesen sein kann. Auf den drei freigelegten Seiten war die Wand gewiß um 14 cm nach innen vorgesetzt. Dadurch entstand ein Gesims oder vielmehr eine Stufe zur Stütze der Fußbodenbalken des Erdgeschosses. Unter diesem lag das Versteck mit 135 cm Höhe vom Fundamentsabsatz bis zum Gesims. Die sorgfältige Ausführung dieses unterirdischen Raumes in Quadersteinen berechtigt dazu, eine Schatzkammer zu vermuten.

Um den Touristen den ganzen Komplex frühmittelalterlicher Steinbauten zugänglich zu machen, der in der Residenzburg in Płock freigelegt wurde, richtet man hier ein Freilichtmuseum der frühpolnischen Steinarchitektur ein, in dem u. a. das Palatium Władysław Hermans der Öffentlichkeit übergeben werden konnte.

Zeichnungen: W. Szafrański

Literaturverzeichnis

Grimm, P. 1962 — Die Grabungen in Tilleda, in: Aufnahme und Erforschung vor- und frühgeschichtlicher Burgen, Berlin, S. 83–85.

Grimm, P. 1963 — Zwei bemerkenswerte Gebäude in der Pfalz Tilleda, in: Praehistorische Zeitschrift 41, S. 62–82.

Grimm, P. 1964 — Zum Hausbau in der Vorburg der Pfalz Tilleda, in: Varia Archaeologica, Berlin, S. 364 bis 374.

Eine Abfallgrube mit ottonischen Schläfenringen in Magdeburg

Von Ernst Nickel, Magdeburg

Mit 1 Textabbildung

Im Jahre 1963 sind bei Schachtungen für den Häuserblock 9 an der Karl-Marx-Straße, die nach der Schöppenchronik 1207 „Brede Weg" (Schöppenchronik, S. 131) genannt wird und im Jahre 1225 in einer Urkunde unter dem Namen „lata platea" (UB Stadt Magdeburg, Nr. 84) erscheint, eine Reihe von Funden gemacht worden. Es kamen Einzelfunde, die keine besondere Aussage zulassen, zum Vorschein. Aber auch Fundgruppen konnten in klar erkennbaren Schichten und in Abfallgruben geborgen werden. Eine solche Fundgruppe stellt die Abfallgrube 4 im Häuserblock 9 dar. Für die nähere Ortsangabe sei erwähnt, daß es sich hier um das ehemalige Grundstück Breiter Weg 101 handelt.

Die Grube lag unter der Fundstelle 3, wo sich im braunen Humus, der mit Löß, Holzkohle und Asche durchsetzt war, zwei Randscherben befanden. Holzkohle und Asche lassen einen großen Brand vermuten. Die eine Randscherbe ist wegen ihrer geringen Größe nicht näher bestimmbar. Sie kann aber ihrem Aussehen nach nur von einem frühmittelalterlichen Standbodengefäß herrühren. Die andere größere Randscherbe (Abb. 1a) gehört zu einem weitmündigen bauchigen Topf mit einem kurzen eingezogenen Hals und schräg nach außen gebogenem Rand. Die Mündung selbst ist durch eine Mittelrille profiliert. Die ganze Scherbe ist vom Hals ab mit waagerechten, dicht nebeneinanderliegenden, ziemlich feinen Rillen bedeckt, die eine Herstellung auf der Töpferscheibe wahrscheinlich machen. Die Innenseite des Randes zeigt Wischspuren, die auch auf die Töpferscheibe zurückzuführen sind, während von der Schulter ab die Innenseite unregelmäßig gestaltet ist. Bei der Scherbe, die von schwarzgrauer Farbe ist und einen harten Brand zeigt, handelt es sich um ein Gefäß, das unter ostelbischem Einfluß entstanden ist und wahrscheinlich von den Slawen selbst hergestellt wurde. Es ist in die Zeit zwischen 1000 und 1200 zu setzen, gehört also nach H. A. Knorr (1937, S. 209f.) dem Stil III an. Wahrscheinlich ist es um 1100 zu datieren.

Unter der Fundstelle 3 befand sich die Fundstelle 4, d. h. die Abfallgrube, die sich deutlich von der darüberliegenden Schicht abhob. Sie muß zeitlich also vor der Bildung der Schicht mit der Fundstelle 3 entstanden sein. Ihr Inhalt bestand aus dunklem Humus, Holzkohle, Löß, gebranntem Lehm, Knochen, Keramik und zwei Schläfenringen. Ein Teil der Keramik verdient es, näher beschrieben zu werden. Eine Randscherbe (Abb. 1b) gehört zu einem unverzierten bauchigen, ziemlich hart gebrannten Gefäß von rotbrauner Farbe. Wahrscheinlich handelt es sich um ein Standbodengefäß. Der Rand ist wenig nach außen gebogen. Die Lippe zeigt eine geringe Verdickung, und der Hals weist eine kleine Wölbung wie ein Wulststreifen auf. Es scheint, daß er nicht beabsichtigt war. Die Unebenheit, besonders die verschiedenen, wenn auch schwachen, doch scharfkantigen Eindrücke, lassen es vermuten. Die Innenseite des Randes zeigt Wischspuren. Der Ton selbst ist gut geschlämmt. Die Scherbe könnte einem Gefäß angehören, das in der Form etwa dem von P. Grimm abgebildeten entspricht (P. Grimm 1959, S. 72, Abb. 1c) und damit in seine Entwicklungsgruppe I (P. Grimm 1933, S. 6f, Abb. 2) einzuordnen ist. Von Magdeburg aus gesehen, ist es in die Keramikgruppe I (E. Nickel 1964, S. 82ff.) zu setzen.

Alle in der Abfallgrube gefundenen verzierten Scherben tragen Wellenlinien bzw. Wellenbänder. Sie entsprechen in Technik, Ton und Aussehen der in der Arbeit über den Alten Markt beschriebenen Keramikgruppe III (E. Nickel 1964, S. 106ff.). Ein großes eiförmiges Gefäß (Abb. 1f) von dunkelbraungrauer Farbe und sehr gut geschlämmtem Ton, dessen Oberfläche sich samtartig anfühlt, hat einen stark eingezogenen Hals und einen nach außen gebogenen, stark profilierten Rand. Auf der breiten scharfkantigen Lippe befinden sich drei Rillen. Die Schulter und das Oberteil des Bauches bedecken vier waagerechte Wellenbänder. Den Abschluß nach unten bildet ein waagerechtes Linienband. Alle Bänder bestehen aus 6 Teilen. Doch müssen die Zinken des Kammes, mit dem die Bänder hergestellt wurden, ungleich lang gewesen sein.

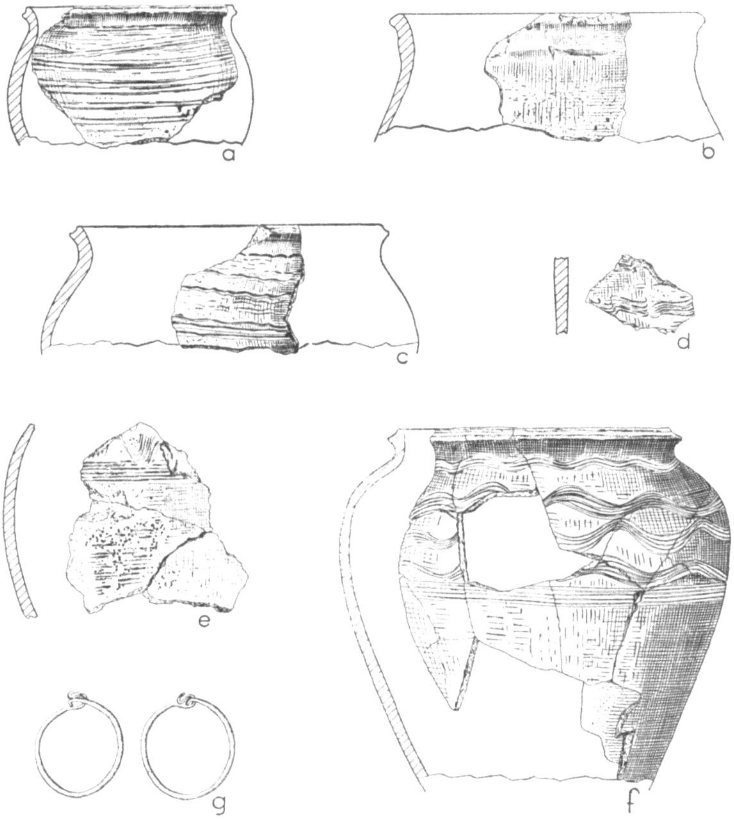

Abb. 1. Magdeburg. Keramik und Schläfenringe vom Breiten Weg 101. a—f) 1:4; g) 1:2

Ein anderes Randstück (Abb. 1c) mit nicht so stark eingezogenem Hals, aber auch nach außen gebogenem Rand, hat eine schräge, scharf abgeschnittene Lippe, deren Ränder wenig hervortreten, so daß eine weite Rille entsteht. Die Schulter ist mit breiten Wellenlinien bedeckt, die am Hals beginnen und nach unten zu abflachen, so daß die untere Linie kaum noch als Wellenlinie anzusehen ist. Der sehr gut geschlämmte Ton ist von braungrauer Farbe. Die Oberfläche ist etwas gröber als die der vorher beschriebenen Scherbe. Außerdem ist sie stärker gebrannt. Auch hier zeigt die Innenseite des Randes waagerechte Wischspuren, während der untere Teil unregelmäßig geformt ist und senkrechte Wischspuren von der Herstellung zeigt. Beide Randscherben sind der Gefäßgruppe III,1 (E. Nickel 1964, S. 107 ff.) zuzurechnen. Dieser sind noch ein profiliertes und ein einfaches Randstück, die am Hals abgebrochen sind und damit keine nähere Bestimmung zulassen, zuzuordnen.

Zwei weitere Wandscherben, die eine rohe Oberfläche zeigen und damit zur Gruppe III,2 (E. Nickel 1964, S. 113ff.) gehören, wären noch zu nennen. Die größere Scherbe (Abb. 1e), verhältnismäßig dünn, ist schmutzig-grau, während die kleinere mit stark eingedrückten Wellenbändern (Abb. 1d) bräunlichgrau ist. Die Rückseiten lassen erkennen, daß bei der Formung der Ton mit der Hand nach oben gezogen wurde. Beide Scherben sind ziemlich hart gebrannt.

Eine weitere kleine Randscherbe, verschiedene Wandscherben und ein Bodenstück lassen keine besonderen Aussagen zu.

Die mit waagerechten Wellenlinien und Wellenbändern verzierte Keramik läßt sich in Magdeburg in der Zeit zwischen 900 und 1100 nachweisen (E. Nickel 1964, S. 107ff.). Sie scheint nicht über das Jahr 1100 hinauszugehen, während sie wohl schon vor 900 beginnt. Eine Unterteilung in solche des 10. und solche des 11. Jh. ist noch nicht möglich, obwohl die stark profilierten Ränder den Eindruck erwecken, daß sie spät sind. Ein Nachweis läßt sich vorerst nicht erbringen. Die Hauptblütezeit dieser Keramik liegt nach den bisherigen Erkenntnissen in der zweiten Hälfte des 10. Jh. Daher wäre es vielleicht angebracht, diese Keramik als „Ottonisch“ zu bezeichnen[1]).

Bei den in der Abfallgrube gefundenen Knochen handelt es sich je einmal um Pferd und Rind, dreimal um Ziege und fünfmal um Schwein[2]).

Als wichtigster Fund der Abfallgrube müssen zwei Schläfenringe (Abb. 1g) angesehen werden. Es sind zwei etwa 1,5 mm starke rundstäbige Silberringe mit einem Durchmesser von 2,7 cm. Feine Rillen auf den Ringen machen die Herstellung mit Hilfe einer Art Zieheisen wahrscheinlich. Das eine Ende verjüngt sich und ist in einen Winkel von 90° seitlich umgebogen. Das andere Ende läuft zu einem schmalen flachen Band aus, das im letzten Teil S-förmig nach außen gebogen ist. In den unteren Teil der S-Form greift das seitlich umgebogene Ende ein. Die bandartige Verbreiterung ist, nach der Oberfläche zu urteilen, auf keinen Fall durch Hämmern entstanden. Es scheint vielmehr, daß ein schmales flaches Silberband mit Ausnahme des einen Endes auf einem Zieheisen zu einem Draht umgeformt wurde. Betont muß werden, daß das umgebogene bandartige Ende im Schnitt eine wirkliche S-Form hat und nicht wie bei den meisten Schläfenringen eingerollt ist[3]).

Der Fund hat eine zweifache Bedeutung. Er bestätigt die während der Grabungen auf dem Johanniskirchhof gemachten Feststellungen. Dort wurde in dem freigelegten Haus aus der zweiten Hälfte des 10. Jh. der Rest eines etwas kleineren Schläfenringes gefunden. Er trug mit dazu bei, die mit ihm vergesellschaftete Keramik (E. Nickel 1964, S. 59f.) vorwiegend in das 10. Jh. einzuordnen. Nur bei wenigen Scherben waren die Zeitverhältnisse unklar.

Die Abfallgrube liegt auf einem Gelände, das erst bei der Stadterweiterung in der ersten Hälfte des 13. Jh. (um 1236) der Stadt zugeschlagen wurde (F. Hülße 1891, S. 55), also nicht zum alten Siedlungsgebiet der Stadt Magdeburg gehörte. Die Funde der Abfallgrube müssen mit anderen in der Nähe gemachten Funden, z. B. einem Sachsenpfennig aus der Zeit zwischen 975 und 1000, als Zeichen gewertet werden, daß es in diesem Gebiet schon im 10. Jh. Ansätze zum Siedeln gegeben hat. Da die Stelle eine ziemliche Entfernung zur Stadt Otto I. und zum Domgebiet hat und auch die Elbe verhältnismäßig weit entfernt fließt[4]), kann nur die Nord-Süd-Straße, die 1207 unter dem Namen „brede weg“ erscheint, die Veranlassung zum Siedeln gewesen sein. Somit kann angenommen werden, daß der Breite Weg (heute Karl-Marx-Straße) schon auf das 10. Jh. zurückgeht.

[1]) Zur Datierung der mit Wellenlinien und Wellenbändern verzierten Keramik: K. Černohorský, K Problematice Dolních věstonio v Časném Středověku (Zur Problematik von Dolní Véstonice im frühen Mittelalter), in: Časopis Moravského Musea, Acta Musei Moraviae, 1965, S. 72f. und 105.

[2]) Für die Bestimmung der Knochen sei Herrn Dr. rer. nat. H.-H. Müller herzlich gedankt.

[3]) K. Dinklage 1940, S. 158ff.; 1941, S. 480ff.; A. Stroh 1954; H. Rempel 1966, S. 44ff., dort weitere Literatur.

[4]) Die kürzeste Entfernung ist die nach dem Dorf Frohse, über das wir fast nichts wissen und auf das erst Urkunden von 1254 bezogen werden.

Literaturverzeichnis

Die Magdeburger Schöppenchronik, in: Chroniken der Deutschen Städte vom 14. bis in's 16. Jahrhundert, 7. Bd. Leipzig 1889.

Urkundenbuch der Stadt Magdeburg, 1. Bd., Halle 1892.

Dinklage, K. 1940 — Studien zur Frühgeschichte des Deutschen Südostens I, in: Südostforschungen 5, S. 158 bis 199.

Dinklage, K. 1941 — Zur Frühgeschichte Thüringens, in: Mannus-Bücherei 33, S. 480—507.

Grimm, P. 1933 — Zur Entwicklung der mittelalterlichen Keramik in den Harzlandschaften, in: Zeitschrift des Harzvereins für Geschichte und Altertumskunde 66, S. 1—38.

Grimm, P. 1959 — Zur Entwicklung der frühmittelalterlichen Keramik in den Bezirken Halle und Magdeburg, in: Praehistorische Zeitschrift 37, S. 72—100.

Hülße, F. 1891 — Der Umfang des ältesten Magdeburgs und dessen allmähliche Erweiterung, in: Festschrift zur 25jährigen Jubelfeier des Vereins für Geschichte und Altertumskunde des Herzogtums und Erzstiftes Magdeburg, Magdeburg, S. 49—57.

Knorr, H. A. 1937 — Die slawische Keramik zwischen Elbe und Oder, Leipzig.

Nickel, E. 1964 — Der „Alte Markt" in Magdeburg, Berlin.

Rempel, H. 1966 — Reihengräberfriedhöfe des 8.—11. Jahrhunderts aus Sachsen-Anhalt, Sachsen und Thüringen, Berlin.

Stroh, A. 1954 — Die Reihengräber der karolingisch-ottonischen Zeit in der Oberpfalz, Kallmütz/Opf.

Der Kirchberg Möbisburg bei Erfurt

Von Karl Peschel, Jena

Mit 3 Textabbildungen und Tafel 19—20a

Der Kirchberg über dem Dorf Möbisburg am Südrand des heutigen Stadtkreises Erfurt ist seit dem Ausgang des vorigen Jahrhunderts als ur- und frühgeschichtliche wehrhafte Siedlung bekannt. Während W. v. Tettau im Erfurter kunstgeschichtlichen Inventarwerk (1890, S. 386f.) den Platz nur als Standort der Gemeindekirche kurz umrissen hat, verdanken wir P. Zschiesche (1889, S. 15ff.; 1902, S. 75) eine noch heute gültige Beschreibung und Aufmessung. Nach den seinerzeit bekannten spärlichen Funden verwies Zschiesche die Anlage in die Latènezeit, räumte aber später daneben auch jüngere, fränkische Zeitstellung ein (A. Götze, P. Höfer und P. Zschiesche 1909, S. 251). Dieser Hinweis wurde von W. Schnellenkamp (1938, S. 45) nicht berücksichtigt. Nach Schnellenkamp trat die urgeschichtliche Wallburg später nur noch als Kultstätte hervor, womit er einen Gedanken P. Zschiesches (1896, S. 24) wieder aufnahm und weiterführte. Unbeachtet blieb dagegen eine Notiz P. Höfers (1904, S. 146, Anm. 1; 1907, S. 54), der den Grundriß mit niedersächsischen frühgeschichtlichen Erdwerken verglichen hatte. Dem Versuch, ein begründetes Urteil über die Burg und ihre Besiedlung zu gewinnen, schicken wir eine Beschreibung der Anlage voraus, die nur das zum Verständnis Wesentliche wiederholt oder zur Literatur ergänzt.

Der Kirchberg nimmt die Nordwestspitze eines bis zum rechten Ufer der Gera vorstoßenden Ausläufers des Steigerwaldes ein. Durch einen Sattel vom Rhodaer Berg geschieden, erreicht er dessen Höhe nicht, bleibt aber mit 235—240 m über NN noch 20 m über der Geraaue, die am Nordfuß eine kesselartige, früher oft von Überschwemmungen heimgesuchte Weitung bildet. Im Süden trennt der nur periodisch wasserführende Rhodaer Bach den Berg vom Dorf Möbisburg (A. Reichardt 1910, S. 291f.). Der Ort hat den alten Namen der Burg bewahrt.

Das trapezförmige, ost-westlich gerichtete Plateau (Abb. 1) besitzt auf der Westseite über der Gera und auf der Südseite über dem Rhodaer Bach natürliche Steilhänge, die hier eine Befestigung überflüssig machten. Dagegen ist die sanft abfallende Nordwand künstlich versteilt.

Der Hang erhebt sich hier in gleichmäßiger, 20 m breiter Böschung 10 m über das abschüssige Vorgelände und ist in halber Höhe durch eine Terrasse oder eine Art Berme gegliedert (Taf. 19a—b; Abb. 1, Profil C—D). Auf der Ostseite trennt ein mächtiger Wall, der als reines Erdwerk erscheint, nach P. Zschiesche aber einen Steinkern aus Muschelkalk besitzt, die Burg von dem Höhenrücken ab. Für seinen Bau wurde eine Geländewelle im anstehenden oberen Muschelkalk ausgenutzt. Der Wall erreicht am Fuß eine Breite von 14 m und erhebt sich 3 m über die in Wallrichtung ansteigende Innenfläche und 6,50 m über das Vorgelände. Hier folgt ein trogartiger, etwa 4 m breiter Graben, der in einen nur nach außen scharf modellierten Vorwall übergeht (Taf. 19d; Abb. 1, Profil A—B). Das schwach ansteigende Gelände östlich der Wälle bildet ein zungenförmiges Glacis, dessen Nord- und Südrand künstlich geböscht sind und das in etwa 30 m Entfernung vor einem Steinbruch abbricht.

Die Ausdehnung des Innenraumes beträgt 230—250 m in der Länge und 75—125 m in der Breite, was einem Flächeninhalt von etwas weniger als 2,5 ha entspricht. Ein heute zur Fahrstraße verbreiterter Hohlweg führt aus dem Geratal in steiler S-Kurve auf die Nordwestspitze des Plateaus und dürfte den alten Zugang bezeichnen. In der Osthälfte der Burg, die durch einen jüngeren, das Plateau teilenden Fußweg abgesondert ist, liegt im Schutze der Umwallung der Ortsfriedhof mit der Kirche St. Dionysii. Der größere, westliche Teil der Anlage, der früher Ackerland war, wird seit 1954 als Zentralfriedhof der südlichen Vororte der Stadt Erfurt genutzt. Lagen bis zu diesem Zeitpunkt außer einer mandelförmigen Flintpfeilspitze und einigen Gefäßbruchstücken der Latènezeit und des frühen Mittelalters

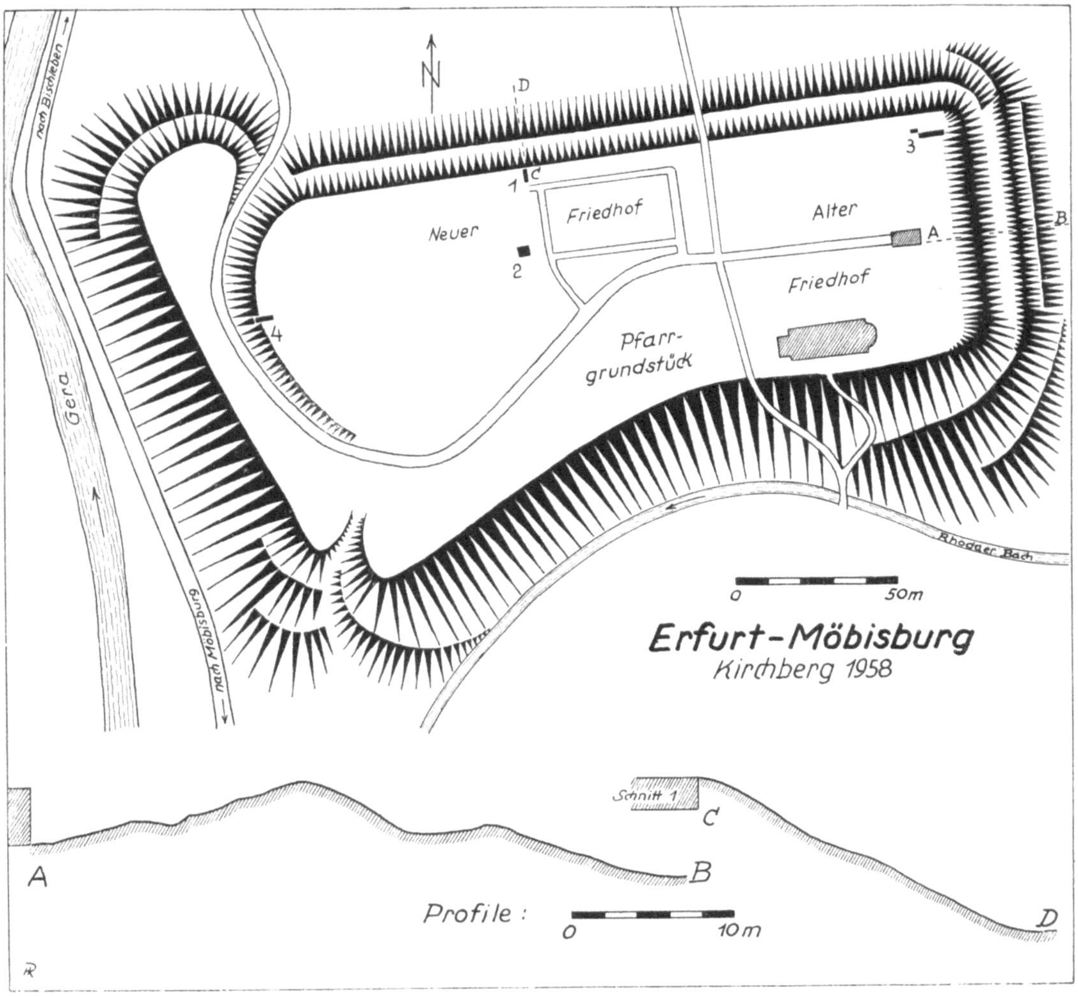

Abb. 1. Erfurt-Möbisburg, Kirchberg. Lageplan, Geländeprofile und Schnitte der Grabung 1958 nach P. Zschiesche, 1889, Taf. 1 und Aufnahmen des Verfassers

(P. Zschiesche 1889, S. 15f., Fig. 1, 3—5; H. Rempel 1959a, S. 111, Abb. 14c, S. 117) nur uncharakteristische Scherben vor[1]), so wurde mit der Erweiterung des Friedhofs ein ständig wachsender, vorwiegend keramischer Fundstoff zutage gefördert. Dieser Umstand veranlaßte den Verfasser im Sommer 1958 zu einer fünfzehntägigen Untersuchung an vier ausgewählten Punkten der Innenfläche mit dem Ziel, Besiedlungsablauf und Charakter der Anlage zu

[1]) Entgegen den Angaben bei P. Zschiesche (1889, S. 15f. mit Fig. 2) und A. Götze, P. Höfer und P. Zschiesche (1909, S. 251) ist die Fundstelle einer Frühlatènedrahtfibel aus Bronze nicht verbürgt. Sicher ist nur, daß sie aus der Ortsflur stammt (W. v. Tettau 1883, S. 219).

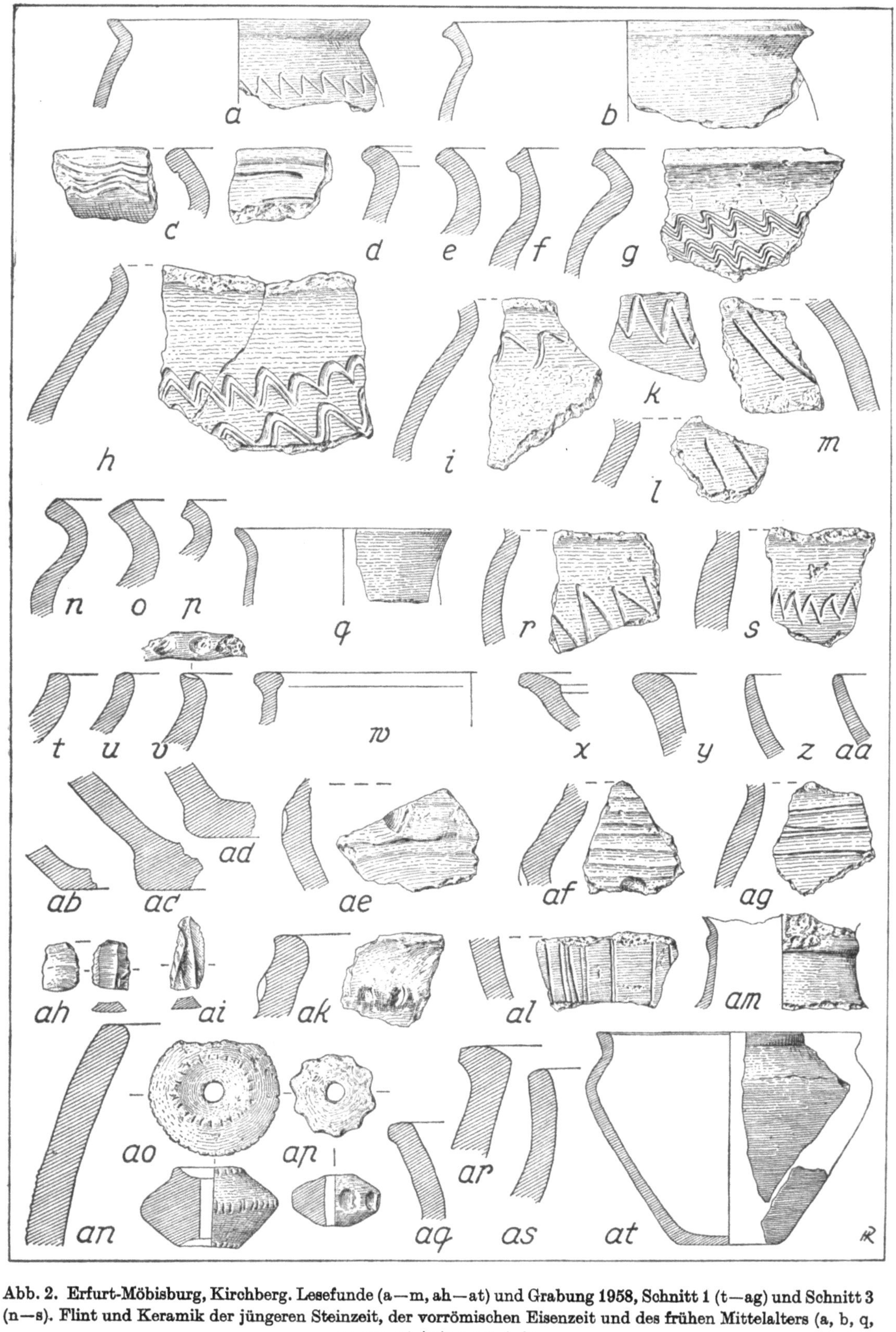

Abb. 2. Erfurt-Möbisburg, Kirchberg. Lesefunde (a—m, ah—at) und Grabung 1958, Schnitt 1 (t—ag) und Schnitt 3 (n—s). Flint und Keramik der jüngeren Steinzeit, der vorrömischen Eisenzeit und des frühen Mittelalters (a, b, q, w, am, at 1:4; sonst 1:2)

prüfen[2]). Die Ergebnisse der Probegrabung bilden im Verein mit den aussagekräftigen Sammelfunden die Grundlage der folgenden Darstellung. Inzwischen ist der Zeitpunkt abzusehen, an dem der fundreiche Mittelabschnitt der Burg durch den fortschreitenden Ausbau des Friedhofs weiteren Grabungen für immer entzogen sein wird.

Um ein möglichst vielgestaltiges Bild der Besiedlung zu erhalten, wurden die Schnitte, deren Länge zwischen 4 und 8 m und deren Breite 1—3 m betrug, über die ganze Anlage verteilt (Abb. 1). Ein Wallschnitt kam aus Mangel an finanziellen Mitteln und an Arbeitskräften nicht in Frage.

Schnitt 1, der über die Beschaffenheit des nördlichen Plateaurandes Auskunft geben sollte, wurde rechtwinklig zum Hang von dessen Kante aus nach innen getrieben. Wie zu erwarten, erbrachte er keinen primären Siedlungshorizont. Auf der Muschelkalksohle, die zum Burginnern etwas abfällt, lagerte eine bis zu 2 m mächtige, steinfreie, ziemlich homogene und stark humose Erdmasse, die sich mit den stellenweise durch das Profil streichenden Linsen des gewachsenen Bodens als Füllung zur Aufhöhung des Randes zu erkennen gab. In der Füllmasse waren 30—40 cm breite und bis 80 cm tiefe Verfärbungen sichtbar, deren Abstand in einem Falle 50 cm betrug. In ihnen wird man Pfostengruben für ein Faschinenwerk sehen dürfen. Gegen das Bestehen eines Walles an dieser Stelle spricht die Tatsache, daß die Schichten der Einfüllung auf 4 m im Profil weitgehend horizontal verliefen. Die Funde sind gering, aber auffallend einheitlich (Abb. 2t—ag). Geschweifte, teils getupfte Steilränder gehören ebenso wie Umbugscherben mit Fingertupfen der frühen Eisenzeit an; einige Schalenfragmente verraten Traditionen der Urnenfelderzeit, während der T-Rand (Abb. 2w) seinerseits zur Latènezeit überleitet. Die Scherben sind mit einer Siedlungsschicht der frühen Eisenzeit aus der Innenfläche zum Rand verlagert worden. Nach den folgenden Beobachtungen darf vermutet werden, daß dies im frühen Mittelalter geschah.

Schnitt 2 erfaßte einen Ausschnitt von 4×3 m etwa in der Mitte des Plateaus. Zwei Horizonte mit reichem keramischem Material ließen sich unterscheiden. Eine tiefschwarze, mit Muschelkalktrümmern und zahlreichen Flußgeröllen locker bedeckte Sohle in 40 cm Tiefe erwies sich als Lauffläche des frühen Mittelalters. Zwischen und unter den Steinen, die mitunter Brandspuren trugen, kamen Reste frühdeutscher Tonware sowie verziegelter Lehmbewurf und Eisenschlacke zutage, während jüngeres keramisches Material und urgeschichtliche Scherben ganz in den Hintergrund traten (Abb. 3a—ag). Auffallend groß war der Anteil der Tierknochen, unter denen Reste vom Schwein an der Spitze stehen. 65 cm unter der Oberfläche folgte ein hellerer Horizont, der nur selten noch frühdeutsche Scherben, dagegen überwiegend keramisches Material der vorrömischen Eisenzeit enthielt (Abb. 3ah—ax). Hier häuften sich die Funde auf einem aus kleinen Muschelkalkbrocken geschaffenen Packlager, das mehrfach sich kreuzende Züge bildete. Der gewachsene Boden wurde 15 cm unter der Steinschicht in 95 cm Tiefe erreicht. Das Vorkommen von Hüttenlehm läßt an die Überreste von Hausböden denken, doch erlaubte das geringe Ausmaß der aufgedeckten Fläche kein sicheres Urteil.

Schnitt 3 liegt in der Nordostecke der Burg auf dem erhöhten Geländestreifen, der zwischen dem Wall und dem Areal des alten Friedhofs auf den ersten Blick noch ungestört erschien (Taf. 19c). Vom Wallfuß aus wurde er 8 m nach Westen geführt und an sein Ende der Schnitt 3/Nordwest mit weiteren 3 m Länge angeschlossen. Letzterer brachte kein Ergebnis. Schnitt 3 zeigte ein Ansteigen des Muschelkalkuntergrundes um 25% in Wallrichtung. Die starke Neigung hatte zur Ablagerung einer durchschnittlich 70 cm mächtigen, humosen und völlig steinfreien, von der Wallkrone abgeflossenen Erosionsschicht geführt, die im Westteil des Schnittes einen frühmittelalterlichen Siedlungshorizont stellenweise überdeckte.

[2]) Die Grabung erfolgte während der Tätigkeit des Verfassers im Angermuseum Erfurt mit finanzieller Unterstützung durch das Museum für Ur- und Frühgeschichte Thüringens in Weimar. Unser Dank gilt dem damaligen Direktor des Angermuseums, Herrn Prof. Dr. H. Kunze, und dem Direktor des Landesmuseums Weimar, Herrn Prof. Dr. G. Behm-Blancke.

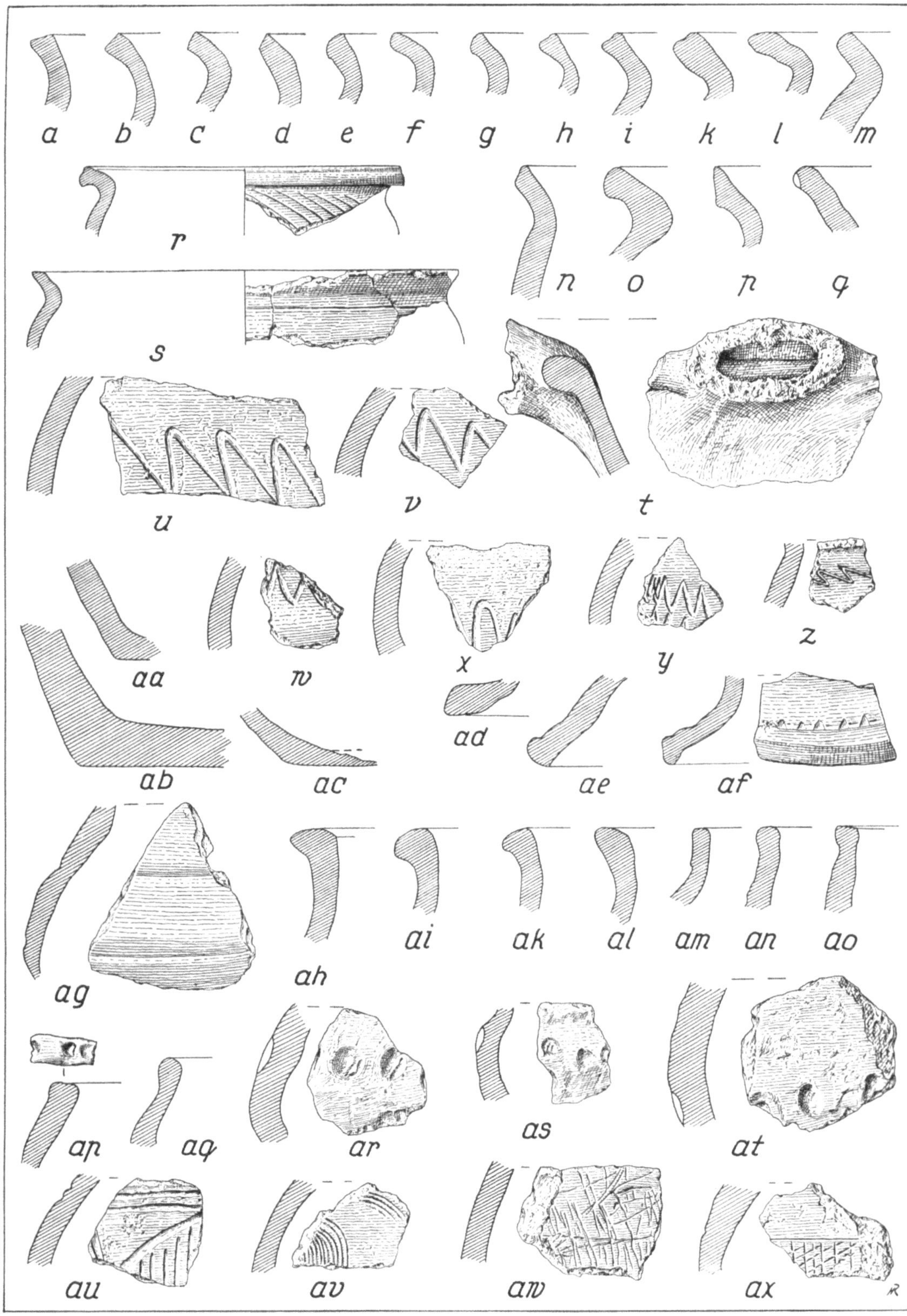

Abb. 3. Erfurt-Möbisburg, Kirchberg. Grabung 1958, Schnitt 2, Schicht 2—3 (a—ag) und Schicht 4 (ah—ax). Keramik der vorrömischen Eisenzeit und des frühen Mittelalters (r, s 1:4; sonst 1:2)

Auf drei nur zum Teil in den Schnitt reichenden Steinsetzungen lagen Tierknochen, verziegelter Lehm und vereinzelt auch frühdeutsche Scherben (Abb. 2o, p, r). Eine große Herdstelle bestand aus kleinen, radial angeordneten, verbrannten Kalksteinen, die auf einem Sockel aus drei großen Blöcken ruhten. Die Fugen waren mit Lehm verstrichen. In der Umgebung fanden sich in höherer Lage weitere frühdeutsche Scherben, allerdings in viel geringerer Zahl als in Schnitt 2 (Abb. 2n, q, s). Nur in der Osthälfte des Schnittes hob sich unter der genannten Erosionsschicht eine zum Burginnern ausstreichende, bis zu 30 cm mächtige Strate ab, die bergwärts Steine in deutlicher Fallage einschloß. Funde erbrachte diese Schicht nicht. Durch einen Wallschnitt wäre zu klären, ob hier der Rest einer älteren Befestigung vorliegt. Der im Schnitt sichtbar gewordene steile Geländeabfall hinter dem Wall ist später, vermutlich erst in nachmittelalterlicher Zeit, durch eine talwärts bis über 1 m mächtige Aufschüttung ausgeglichen worden. Die Verebnung des Geländes führte zur Bildung der heute oberflächlich in Erscheinung tretenden Terrasse am Innenfuß des Walles (Abb. 1, Profil A—B), die den Körper der Befestigung von innen weniger mächtig erscheinen läßt, als es ursprünglich der Fall war[3]). Wie das Profil in Schnitt 3 weiter ergab, wurde durch die Planierungsarbeiten jene Erosionsschicht, die sich in den Wohnhorizont fortsetzte, dicht vor dem Wallfuß abgeschnitten. Dessen scharfe Begrenzung auf der Innenseite kann daher nicht als Hinweis auf den alten Zustand gelten. Die keramischen Reste, unter denen spät- oder nachmittelalterliche nur aus der Auffüllung stammen, weisen auf eine Errichtung der Befestigung während des frühen Mittelalters. Es dürfte nicht abwegig sein, mit P. Zschiesche in ihrem Innern einen Mauerkern zu vermuten.

Schnitt 4 schneidet die Terrassenkante oberhalb des alten Zuganges. Er erbrachte nur wenige uncharakteristische, aber jedenfalls prähistorische Scherben, die in der Beschaffenheit denen aus Schnitt 1 gleichen.

Wie das Material aus der Untersuchung 1958 lassen auch die Lesefunde erkennen (Abb. 2a—m, ah—at; K. Peschel 1962, S. 152, Taf. 48B), daß die frühmittelalterliche Siedlung prähistorische Vorläufer besaß[4]). In die jüngere Steinzeit gehören, abgesehen von der bereits erwähnten Pfeilspitze, das distale Ende einer Flintklinge mit Gebrauchsglanz und ein Klingenabschlag (Abb. 2ah—ai), ferner eine Halsscherbe mit verwitterten Schnurlinien und das Fragment eines großen Behälters mit gekerbter Leiste unter dem Rand (Abb. 2ak). Die keramischen Reste weisen auf einen von mittel- und süddeutschen Plätzen geläufigen endneolithischen Horizont hin (K. Peschel 1962, S. 23), reichen für weitere Schlußfolgerungen aber nicht aus.

Von einer Besiedlung größeren Umfanges kann erst für die frühe Eisenzeit die Rede sein (Abb. 2t—aa, ae—ag, aq, as; 3ap—at). Dabei überrascht es kaum, daß neben den geläufigen S-Profilen mit und ohne Fingertupfen am Rand und auf der größten Weite auch Schalen mit ausgelegtem Rand, wie Abb. 2x—y, begegnen. Man sollte letztere hier nicht als echte Zeugnisse der Urnenfelderzeit ansehen, sondern vielmehr als Bestätigung dessen betrachten, was über das Nachwirken spätbronzezeitlicher Elemente in der früheisenzeitlichen Keramik Thüringens, besonders auch im Bereich der Unstrutgruppe (K. Nuglisch 1960, S. 176), gesagt worden ist (G. Neumann und A. Volland 1955, S. 237ff.; G. Neumann 1965a, S. 21ff.). Allerdings weisen sie auf einen recht frühen Beginn der Siedlung. Eine Verdichtung des

[3]) Wie mehrfach berichtet wird (z. B. A. Bube 1842, S. 47f.), soll die Burg im Herbst des Jahres 1631 mit Geschützen bestückt worden sein, um den Vormarsch der Truppen des Schwedenkönigs Gustav Adolf von Erfurt nach Arnstadt zu decken. Es möge hier unentschieden bleiben, ob die geschilderte Auffüllung auf dieses oder ein anderes historisches Ereignis zurückgeht. Der den Vorgängen nahestehende J. H. v. Falckenstein (1738; 1739) weiß davon nichts zu berichten. An eine Planierung des Geländes bei der Anlage des alten Friedhofs zu denken, hat wenig für sich.

[4]) Die Funde befinden sich im Angermuseum Erfurt, ein Restbestand in Privatbesitz und im Museum für Urgeschichte Weimar, die von P. Zschiesche (1889) behandelten Stücke im Landesmuseum für Vorgeschichte Halle.

Materials ist nach dem derzeitigen Stand für das Ende der Hallstattperiode zu bemerken, wobei an jene bekannte Tatsache (K. Peschel 1962, S. 44) erinnert werden muß, daß eine präzise zeitliche Bestimmung von Siedlungskeramik an der Wende zur Latènezeit nur in Ausnahmefällen gelingt. Mehrere ritzverzierte Wandscherben aus der unteren Schicht des Schnittes 2 (Abb. 3au—ax) lassen Anklänge an Strichverzierung der Hallstatt-/Frühlatènezeit erkennen (K. Peschel 1963a, S. 339ff., Abb. 1—2). Weitere, bereits vor Jahren vom Kirchberg vorgelegte keramische Fragmente (K. Peschel 1962, S. 152, Taf. 48B), denen sich die Beispiele Abb. 2al, an und ar anschließen, werden alle erst aus der Latènezeit stammen. Unter ihnen verdienen die beiden Bruchstücke von Braubacher Schalen hier nochmals hervorgehoben zu werden. Der größere, hart gebrannte Rest zeigt mit liegenden S-Stempeln über dem Bodenstern (Taf. 20a) eine ungewöhnliche Variante der an diesen Gefäßen üblichen Innenverzierung (zuletzt F. Schwappach 1964, S. 163ff.; H. Kaufmann 1960, S. 84f.). Einen guten Beleg für den älteren Abschnitt der Latènezeit stellt ferner eine hochschulterige Schüssel mit verbreitertem, gerade abgeschnittenem Rand[5]) dar, die den dunkelbraunen, sorgfältig polierten Ton der besseren keramischen Erzeugnisse dieser Periode besitzt (Abb. 2at).

Daß der Kirchberg auch während der jüngeren Latènezeit aufgesucht worden ist, weisen verschiedene Fragmente von Drehscheibengefäßen aus. Es handelt sich um einen Scherben aus Graphitton (K. Peschel 1962, S. 152, Taf. 48B5; 1966, S. 252), mehrere Wulstränder großer Behälter (Abb. 3ah—ak), den Halsrest einer Flasche (Abb. 2am) und um das Bruchstück einer profilierten Gefäßschulter (Abb. 3ag). Letzteres stammt von einem bauchigen Topf mit Schulterwulst der bekannten einheimischen Drehscheibenware des 1. Jh. v. u. Z. Eine Siedlung der gleichen Zeit, die reichlich keramisches Material geliefert hat, liegt auf dem schmalen Terrassenrand über der Gera am Nordwestfuß des Kirchberges (W. Schnellenkamp 1938, S. 44f.). Sechs auf dem Berg gefundene, zum Teil mit Tupfen und Kerben verzierte Spinnwirtel (Abb. 2ao—ap), die der Hallstatt- und Latènezeit zuzuweisen sind, runden das Bild der prähistorischen Siedlungszeugnisse ab.

Die Frage, ob der Platz bereits während der Hallstatt- und Latènezeit befestigt war, muß vorläufig unentschieden bleiben. Der Bau eines Abschnittswalles auf jener Bodenschwelle, auf der sich heute die Doppelbefestigung erhebt, mag sich schon frühzeitig angeboten haben, doch kann darüber nur ein Wallschnitt Aufschluß geben. Die Anlage, wie man sie vor Augen hat, stammt aus späterer Zeit. Die Umformung des Platzes, die sich nicht auf die Errichtung der Wälle beschränkte, sondern in die Morphologie des Geländes korrigierend eingriff, zeigt die Züge des von den Franken vorgetragenen frühmittelalterlichen Wehrbaus (R. v. Uslar 1964, S. 34ff.). Dabei kam die Trapezform der Terrasse dem Bedürfnis, einen viereckigen Platz abzugrenzen, weitgehend entgegen. Zur Bevorzugung des rechteckigen Grundrisses (A. v. Oppermann und C. Schuchhardt 1916, S. 9f.; P. Grimm 1958, S. 52) oder der verwandten Schildform (W. Görich 1951, S. 40; 1952, S. 486f.) in karolingischer Zeit trat das Bestreben, einen allseits zugänglichen Punkt zu besetzen, der dennoch dem Erfordernis nach einem wirksamen Schutz in Zeiten der Gefahr zu genügen vermochte. Auch diese Voraussetzung erfüllt der Kirchberg in glücklicher Weise. Ihr entspricht die flache Spornlage auf pultförmiger Terrasse (A. v. Oppermann und C. Schuchhardt 1916, S. 10f.; P. Grimm 1958, S. 39ff.; 1961, S. 15), deren wehrhafter Charakter durch künstlich geschaffene Böschungen ebenso erhöht wurde wie durch die tief eingeschnittene Torgasse. Eine Vorburg scheint zu fehlen, obwohl das ansteigende Vorfeld gleichfalls Spuren künstlicher Zurichtung erkennen läßt. Ein ähnliches Bild nach ihrer äußeren Form und nach der Lage im Gelände zeigen der Rintelsche Hagen bei Bremke südlich von Rinteln an der Weser (A. v. Oppermann und C. Schuchhardt 1888—1916, Taf. 57B, S. 77f.; R. v. Uslar 1964, S. 50f.) oder das Gronauer „Alte Schloß" über dem Tal der Salzböde im Kreis Wetzlar (W. Görich 1951, S. 28f.;

[5]) Bei K. Peschel (1962, Taf. 48 B 3) ist nur dieser wiedergegeben.

R. v. Uslar 1964, S. 56ff.), um nur zwei verwandte Plätze mittlerer Größenordnung zu nennen, deren Bau in das auslaufende 9., im Falle des „Alten Schlosses“ sogar in das frühe 8. Jh. gesetzt wird. Als spätkarolingisch wird die Eiringsburg bei Bad Kissingen angesehen, die wie unsere Anlage einen trapezförmigen Platz auf der von der Fränkischen Saale umflossenen Abdachung des Hochberges einnimmt (G. Hock 1936, S. 73ff., Abb. 1—2). Auf den unweit von Möbisburg über dem rechten Ufer der Ilm bei Hetschburg, Kr. Weimar, auf flachem Bergvorsprung gelegenen Abschnittwall „Martinskirche“ (A. Götze 1890; A. Götze, P. Höfer und P. Zschiesche 1909, S. 266f.) kommen wir in anderem Zusammenhang zurück. Die Martinskirche hat Keramik des 8.—11. Jh. geliefert (H. Rempel 1959a, S. 119).

Müssen auch wesentliche Fragen, wie die Form des Grabens und der Aufbau des Abschnittswalles, vorerst unbeantwortet bleiben, so reichen die vorhandenen Kennzeichen aus, um das Wirken karolingischer Tradition zu sichern. Über den historischen Hintergrund soll zum Schluß die Rede sein. Zunächst ist zu fragen, ob das vorliegende keramische Material geeignet erscheint, eine Datierung noch in karolingische Zeit zu stützen. Denn die Grundzüge des fränkischen Befestigungswesens sind je nach den Umständen auch später beibehalten worden (P. Grimm 1958, S. 52; R. v. Uslar 1964, S. 61), wie etwa die wohl erst hochmittelalterliche (R. v. Uslar 1964, S. 137, Anm. 578), viel kleinere Burg bei Knickhagen, Kr. Hofgeismar, in Nordhessen zeigt (A. v. Oppermann und C. Schuchhardt 1888—1916, Taf. 24A, S. 31), deren Sitz im Gelände und deren äußere Gestalt dem Charakter unserer Anlage durchaus verwandt erscheinen.

Die mittelalterliche Tonware gehört fast bis zum letzten Scherben der ostfränkisch-frühdeutschen Keramik Thüringens an, deren zeitliche Ausdehnung nach H. Rempel (1954, S. 135; 1959a, S. 107) und G. Behm-Blancke (1954, S. 117ff.) vom 8. bis in das 11. Jh. reicht. Die Frage nach einem genaueren Datum innerhalb dieser Spanne ist schwer zu beantworten, solange stratigraphisch gesicherte Reste aus Anlagen mit einer für diesen Zweck aussagekräftigen historischen Überlieferung fehlen. Wenn man die gleichzeitige sorbische Keramik vor Augen hat (H. Rempel 1959b, S. 175ff.), dürfte der Wandel der Randprofile innerhalb eines Fundplatzes eine gewisse zeitliche Erstreckung ausdrücken. Für Anfang und Ende des Zeitraumes mag die Entwicklung des Gefäßrandes recht sichere Anhaltspunkte geben; den Gang der Profilbildung auf die drei oder vier Jahrhunderte aufzuteilen, von denen hier die Rede ist, ist vorerst noch kaum möglich.

Unserem Material vorausgehen dürften zwei schwach geschweifte Steilränder (Abb. 3an—ao), deren mit vorstehenden, leicht überglätteten Steinchen gemagerte, schlecht gebrannte Masse jener Tonbehandlung entspricht, wie man sie in Siedlungen seit dem Ende der Kaiserzeit antrifft. Die obere zeitliche Grenze überschreitet der Rest eines Tiegels mit Ansatz der Grifftülle (Abb. 3t) und unter den seltenen Deckeln (Abb. 3ad—af) womöglich ein profilierter, mit Stempeldreiecken versehener Rand (Abb. 3af). Ein getupfter Schüsselrand (Abb. 3q) ist vielleicht ebenfalls jünger[6]). Im übrigen trägt die Tonware nach Formgebung und Beschaffenheit das einheitliche Gesicht, welches man von frühdeutscher Keramik gewöhnt ist (zuletzt G. Neumann 1965b, S. 250f.; 1966, S. 34ff.). Alle Scherben stammen von bauchigen, häufiger aber wohl (siehe die steilen Bodenteile Abb. 3aa—ac!) von schlankeren, eiförmigen Töpfen der Form Behringen (H. Rempel 1959a, S. 101ff., Abb. 3a). Soweit ersichtlich, sind die Ränder abgedreht oder mit dem Formholz bearbeitet. Der Rand ist ausladend und abgerundet (Abb. 2c—e; 3e, f, o), öfter allerdings am Saum abgeschnitten (Abb. 2n; 3c, d, s) und dann mitunter verbreitert (Abb. 2o, p; 3b, g) und schwach gestabt (Abb. 3a, h, i, n, r). Die gleichen Varianten zeigen mit schwachem Knick umgelegte, meist abgeschnittene Ränder (Abb. 2a; 3m). Diese werden verbreitert, auch gekehlt und unterschnitten und gern mit Hilfe des Formholzes gestabt (Abb. 2f, g; 3k, l). Nur eines der letzt-

[6]) Ähnliche Stücke aus frühdeutschem oder jüngerem Zusammenhang in Oberammerthal, Kr. Amberg/Opf. (K. Schwarz 1962, S. 107, Abb. 10, 8—9).

genannten Beispiele trägt mehrzügige, sehr korrekt ausgeführte Wellen als Schulterverzierung (Abb. 2g). Wenn sonst Muster auftreten — und sie scheinen nicht selten gewesen zu sein —, handelt es sich um einzügige, steilschräge, recht ungeschickt eingeritzte, nach links fallende Wellen, mitunter zwei übereinander angeordnet (Abb. 2a, h—k, r, s; 3u—z). Innenrandverzierung konnte nur einmal beobachtet werden (Abb. 2c). An drei Beispielen begegnen lockere, parallele Schrägschnitte auf der Schulter (Abb. 2l, m; 3r).

Das Spektrum, welches unsere Tonware von gerundeten Rändern bis zu Dornprofilen mit angedeuteter Stürzenkehle bietet, macht hinreichend deutlich, daß die mittelalterliche Besiedlung des Kirchberges sich über einen längeren Zeitraum erstreckt haben muß. Einige der zuletztgenannten Profile gehören kaum vor das 11. Jh. (H. Rempel 1959b, S. 184), eher dürften sie das 12. Jh. erreichen (Abb. 2f; 3p, r). Das gilt namentlich für das bauchige Oberteilbruchstück Abb. 2b, das als Kugeltopf zu ergänzen sein wird. Sonst konnten Beispiele von Kugelbodengefäßen, deren Altformen spätestens im 12. Jh. in die Erfurter Haushalte und gewiß auch bald danach in die örtlichen Töpfereien Eingang gefunden haben (E. Schirmer 1939, S. 21, S. 65f.)[7]), unter dem reichlich vorliegenden Bruch nicht nachgewiesen werden. Mit anderen Worten dürfte jener Messerscheidenbeschlag slawischer Provenienz aus der Zeit um 1100, den wir als einzigen bemerkenswerten Metallfund vom Kirchberg seinerzeit bekanntgegeben haben (K. Peschel 1963b), eines der jüngsten Zeugnisse darstellen.

Schwieriger ist es, auf archäologischem Wege den Anfang der Siedlung zu bestimmen. Zahlreiche Übereinstimmungen ergeben sich zu der Tonware aus dem Königshof Saalfeld, die auf Grund des historischen Ansatzes in spätkarolingische Zeit zurückreichen wird (G. Neumann 1965b, S. 244ff.; 1966, S. 7ff.). Kantige Ränder, die in unserem Material das Bild bestimmen, werden noch für das 9. Jh. in Anspruch genommen (G. Behm-Blancke 1954, S. 127; H. Rempel 1959b, S. 183), und auch unsere gerundeten Profile dürften kaum älter sein. Wahrscheinlich aber ist das der Fall bei dem bisher nicht erwähnten Oberteil eines braungrauen Gefäßes, dessen Rand nur schwach auslädt und einen verrundeten Saum besitzt (Abb. 2q). Das schlauchförmige Profil hat in Saalfeld keine Parallele. Vielmehr steht es Gefäßen nahe, wie sie aus den zu Anfang des 9. Jh. bezeugten Behringen-Dörfern im Kr. Langensalza (O. Dobenecker 1, 1895, Nr. 70) bekannt geworden sind (H. Rempel 1959a, S. 115 und Abb. 3a, 18a). Wir werden kaum fehlgehen, die Siedlung mit diesem Gefäß in spätkarolingischer Zeit, d. h. im Verlaufe des 9. Jh., beginnen zu lassen, ein Ergebnis, welches den für die Form der Befestigung gewonnenen Ansatz bestätigt. Dagegen ist es auf Grund des vorhandenen Materials nicht möglich, die Schwelle zum 8. Jh. zu überschreiten.

Das Lokalkolorit der Tonware wird durch das Vorherrschen der einzügigen Welle bestimmt. Ähnliches gilt für Saalfeld (G. Neumann 1965b, S. 251), namentlich aber für die nur 8 km entfernte Dorfsiedlung Elxleben, Kr. Arnstadt (H. Rempel 1959a, S. 117 und Abb. 12d, f), aus der eine Anzahl Beispiele in der gleichen steilschrägen, kantigen Manier vorliegen[8]). Die einfache Wellenlinie scheint daher auf manchen Plätzen beliebter gewesen zu sein, als man nach H. Rempel (1959a, S. 102) annehmen sollte. Für die seltenen Schrägschnittmuster sei auf ein verwandtes Stück vom Domhügel in Erfurt (G. Behm-Blancke 1961, S. 265, Abb. 2, 6) hingewiesen.

Der Kirchberg Möbisburg bildet nach dem archäologischen Zeugnis eine in ihrem Ursprung spätkarolingische Anlage, die vom 9. bis zum Beginn des 12. Jh. besetzt war. Ähnliches läßt sich dem historischen Sachverhalt entnehmen.

Vor dem Jahre 1137 übereignet Erzbischof Adalbert I. von Mainz (1111—1137) dem Mainzer Martinsstift Dienstmannen zu „Megenwardesburc“ mit allen ihren Liegenschaften (O. Dobenecker 1, 1896, Nr. 1337). Möbisburg, das hier zum ersten Male genannt wird, war jenem, um

[7]) Beispiele wie E. Schirmer 1939, Taf. I, 1 mit gesicherter Fundstelle im Angermuseum Erfurt.

[8]) Material im Vorgeschichtlichen Museum der Friedrich-Schiller-Universität Jena. — Ob sich die neuen Funde aus dem unfern gelegenen Ichtershausen, Kr. Arnstadt (R. Feustel und W. Gall 1965, S. 230), hier einfügen, bleibt abzuwarten.

die Abrundung des Mainzer Besitzes in Thüringen unablässig bemühten Kirchenfürsten (M. Stimming 1915, S. 40; K. Zierfuß 1931, S. 34ff.; H. Patze 1962, S. 206) einige Jahre zuvor aus der Hand der Gattin Rudolfs von Stade († 1124), der Markgräfin Richardis († 1152) (W. K. v. Isenburg 1936, Taf. 22), und zugleich durch Ulrich II., den letzten Sproß der älteren Linie der Grafen von Weimar († 1112) (A. Tille 1939, S. 53), zugefallen. Da weitere Schenkungen der Stader Grafen an den Mainzer Stuhl sich auf nordwestthüringischen Besitz beschränken (O. Dobenecker 1, 1896, Nr. 1188), dürfte es ratsam sein, hier den Weimarer Grafen in den Vordergrund zu rücken, der kurz vor seinem Tode die Erwerbspolitik Adalberts eingeleitet hatte (O. Dobenecker 1, 1895, Nr. 1093; H. Patze 1962, S. 206) und dessen Haus dem Mainzer Erzstift durch offenbar beträchtlichen Lehensbesitz (A. Tille 1939, S. 47; R. Schölkopf 1957, S. 61) verpflichtet war.

Um Ulrichs Allod war bald nach 1112 ein heftiger Streit entstanden, den die Fürsten, unter denen Mainz und der Stader hervorragten, gegenüber dem Kaiser zu ihrem Gunsten entscheiden konnten. In diese Auseinandersetzungen scheint Möbisburg einbezogen gewesen zu sein.

Alle Autoren, die sich mit den älteren Besitzverhältnissen von Möbisburg befaßt haben, nehmen dagegen an, daß der Ort alter erzstiftisch Mainzer Besitz gewesen oder mit der ursprünglichen Ausstattung des Bistums Erfurt, die uns nicht bekannt ist, Mainz inkorporiert worden sei (W. v. Tettau 1887, S. 46; 1890, S. 386f.; G. Oergel 1903, S. 175; M. Stimming 1915, S. 131; M. Hannappel 1941, S. 53). Der Übergang des Platzes als Schenkung an Mainz schließt indessen den Erzbischof als früheren Lehnsherrn aus, es sei denn, man rechnet mit der Rückgabe als nur vermeintliches Weimarer Allod. Tatsächlich besagen verschiedene historische Indizien etwas anderes.

Die Sage, nach welcher der legendäre König Merwig nicht nur auf dem Petersberg in Erfurt, sondern auch auf der Möbisburg ein „castrum“ errichtet haben soll (J. B. Mencke 1728, Sp. 318, 1642; J. H. v. Falckenstein 1738, S. 217ff.; 1739, S. 2f.), ist, was unsere Burg angeht, eine gelehrte Erfindung des 14. oder 15. Jh. mit der Absicht, den Namen als „Merwigsburg“ zu erklären (P. Höfer 1904, S. 146, Anm. 1)[9]). Trotzdem muß auffallen, daß die Burg eine ungewöhnlich reiche Sagenüberlieferung mit stark heidnischen Zügen (P. Zschiesche 1896, S. 24) besitzt[10]). Beispielsweise hat eine Erzählung, nach welcher der Berg einer Belagerung standzuhalten hatte, die Erinnerung an den Platz als Sitz eines Burgherrn unmittelbar bewahrt. Reste von entsprechenden Gebäuden will man noch im 18. Jh. vorgefunden haben (J. H. v. Falckenstein 1738, S. 218; C. F. Dieterich 1777, S. 9). Wichtiger ist die Tatsache, daß die im Burggelände stehende heutige Ortskirche, die schon bei der Einführung der Pfarrorganisation im Erfurter Raum während des 13. Jh. keine selbständige Stellung (mehr?) besaß, sondern Filiale des 1 km entfernten Bischleben war (M. Hannappel 1941, S. 32, Anm. 5, S. 53, 55), einem aus fränkischer Zeit bekannten Schutzpatron, dem Hl. Dionysius, geweiht ist. Das Patrozinium des ersten Bischofs von Paris, der als merowingischer Königsheiliger gilt, ist in Thüringen außerordentlich selten[11]). Häufiger begegnen Dionysiuskirchen in Hessen (W. Görich 1952, S. 488f.) und in den früher christianisierten Mainlanden (M. Kuhn 1964/65, S. 39ff.), wo sie bis in vorbonifatianische Zeit zurückreichen. Die Dionysiuskirche von Möbisburg, ein barock veränderter gotischer Bau mit offenbar älterem Kern (W. v. Tettau 1890, S. 386f.), ist in ihrer Substanz noch nicht näher untersucht worden. Am Chor befinden sich außen in Höhe des Simses vier aus Stein gehauene Köpfe in eigenartiger, anscheinend willkürlicher Anordnung, von denen einer durch das Haar wohl als weiblich, die

[9]) Zweifel schon bei P. Zschiesche (1889, S. 16); vgl. auch O. Dobenecker (1, 1895, Anm. zu Nr. 6), obwohl der Sachverhalt hier nicht klar wird.

[10]) Vollständige und quellengetreue Wiedergabe nur bei A. Witzschel (1866, S. 296f., 316ff.), von zahlreichen lokalen Autoren in Teilen wiederholt.

[11]) Vgl. für den Archidiakonat Beatae Mariae Virginis, zu dem Möbisburg gehörte, die Angaben bei M. Hannappel (1941, S. 32, Anm. 5, S. 50, 401).

übrigen drei durch neben ihnen eingeritzte Attribute als Schneider (Schere), Bauer (Sichel) und Schmied (Hammer oder Axt?) gekennzeichnet sind (P. Zschiesche 1889, S. 16f., Fig. 6—8; W. v. Tettau 1890, S. 387; W. Schnellenkamp 1938, S. 46, Abb. 3). Es wäre zu prüfen, ob diese primitiven Steinmetzarbeiten, deren sich auch die Sage bemächtigt hat, erst zum Kirchenbau der Zeit um 1308 (M. Hannappel 1941, S. 55) gehören oder von einem älteren Bau übernommen worden sind.

Neben dem Kirchenpatrozinium ist es der Name des Ortes, der uns bis in karolingische Zeit führt. P. Höfer (1907, S. 54) meinte, den Gründer der Megenwardesburc in jenem Grafen Meginward zu erkennen, der nach mehreren Urkunden des Jahres 932 Amtsgewalt in fünf mittel- und westthüringischen Gauen ausübte (H. Patze 1962, S. 96). Seine Grafschaftsbezirke müssen sich über große Teile des Gebietes nördlich, westlich und südlich von Erfurt und Möbisburg erstreckt haben. R. Schölkopf (1957, S. 129) faßt die Möglichkeit einer Verwandtschaft Meginwards mit dem der sächsischen Krone nahestehenden Geschlecht der Immedinger ins Auge, dem der Bischof gleichen Namens, Meinwerk von Paderborn († 1036), entstammte[12]). Nach dem archäologischen Material haben wir Veranlassung, noch etwas weiter zurückzugreifen, wobei uns eine Urkunde aus dem Jahre 885 zu Hilfe kommt. Danach schenkte Kaiser Karl III. dem Kloster Fulda Besitzungen zu „Pechstat", die sein Vasall Meginward zu Lehen hatte (O. Dobenecker 1, 1895, Nr. 268). Von den drei thüringischen Orten dieses Namens scheidet Bechstedt, Kr. Rudolstadt, für das 9. Jh. aus. Dagegen gehören sowohl Bechstedtstraß, Kr. Weimar, als auch Bechstedt-Wagd, Kr. Erfurt, zum späteren Landbesitz der Stadt Erfurt (G. Oergel 1903, Karte). Bechstedt-Wagd, ein alter Fernstraßenort (L. Gerbing 1900, S. 105), liegt nur 6 km östlich der Möbisburg. Sollte nicht jener in der Nachbarschaft begüterte Meginward, der bei der Seltenheit dieses Namens ein Vorfahr des späteren thüringisch-sächsischen Grafen gewesen sein könnte, den Platz eingerichtet haben? Nach der Stellung des Mannes müßte dies im Dienst des Königs geschehen sein. Es würden somit neben dem archäologischen Zeugnis die historische Überlieferung wie auch der Schutzpatron der Kirche dafür sprechen, die Möbisburg als befestigten karolingischen Wirtschaftshof einfacher Form (W. Görich 1951, S. 40, Anm. 24) zu betrachten, der ursprünglich königliches Eigentum war.

Obwohl die Verkehrswege für die Wahl des Platzes offensichtlich keine Rolle gespielt haben — Möbisburg nimmt eine versteckte Position im Winkel zwischen den von Westen und Süden auf Erfurt strebenden Fernstraßen (L. Gerbing 1900, S. 99ff.) ein —, verrät die Lage im Schatten des königlichen Vorortes Erfurt[13]) wohlbegründete Absicht. Man könnte an den Sitz eines Lehensmannes denken, dem im Zusammenhang mit der nahen Pfalz bestimmte wirtschaftliche und militärische Aufgaben zufielen. Hier sei an die oben genannte Martinskirche über Hetschburg südlich von Weimar (A. Götze 1890) erinnert, wo Art der Befestigung, keramische Reste und Kirchenpatrozinium gleichfalls in karolingische Zeit zurückweisen. Ob Anlagen dieser Art auch in Thüringen in einer bestimmten inneren Verbindung miteinander standen, wie das für Hessen angenommen wird (W. Görich 1952, S. 484ff.), ist vorläufig nicht zu sagen.

Soweit wir sehen, blieb Möbisburg in weltlicher Hand und gelangte erst mit der Schenkung von Ulrich und Richardis in den Besitz des Mainzer Erzstifts. Woher die Weimarer Grafen ihr Recht an dem Platz ableiteten, bleibt dunkel. Vielleicht hat das Ansehen, dessen sich ihr Geschlecht bei den sächsischen Königen erfreute (R. Schölkopf 1957, S. 56ff.), hierbei eine Rolle gespielt. Was das Ende der Burg betrifft, so lassen die archäologischen Zeugnisse darauf schließen, daß jener Besitzwechsel am Anfang des 12. Jh. den Anstoß zur Aufgabe des befestigten Platzes gab und zum verstärkten Ausbau der Dorfsiedlung führte. Um die

[12]) Das Zitat verdanke ich dem freundlichen Hinweis von Herrn Dr. H. Stöbe, Jena.

[13]) Den Forschungsstand für das fränkische Erfurt gibt wieder: E. Wiemann 1957. Dazu neuerdings: W. Fritze 1954; W. Schlesinger 1957, S. 313ff.; G. Behm-Blancke 1961; F. Wiegand 1961, S. 11ff.; 1963.

Mitte des Jahrhunderts war die Burg anscheinend unbesetzt. Denn zum Jahre 1160 hören wir, daß sich Raubgesindel hier einzunisten suchte (A. Bube 1842, S. 47). Landgraf Ludwig der Eiserne ließ deshalb die noch verbliebenen Anlagen schleifen. Die aus dem Dienstadel stammenden Herren von Möbisburg (M. Stimming 1915, S. 131) treten seit dem Jahre 1176 (O. Dobenecker 2, 1898, Nr. 507; M. Hannappel 1941, S. 32), besonders aber während des 13. Jh. als Zeugen in vorwiegend Erfurter Urkunden auf und haben vereinzelt gehobene geistliche Grade erlangt (F. P. Sonntag 1962, S. 284). Ihr Verhältnis zu der damals längst verlassenen Burg, deren Namen sie tragen, ist unbekannt).

Zusammenfassung

Die beschriebene Anlage ist eine Befestigung in Form einer frühgeschichtlichen curtis in dem jetzt überholten Sinne, wie ihn C. Schuchhardt und W. Görich benutzten (vgl. R. v. Uslar 1969). Lesefunde und eine Teiluntersuchung des Innenraumes im Jahre 1958 erbrachten keramisches Material des 9. bis frühen 12. Jhs. Auch der historische Befund legt die Besetzung des Plateaus in spätkarolingischer Zeit nahe. Eine ältere Siedlung während der Hallstatt- und Latènezeit hat äußerlich keine Spuren im Befestigungssystem hinterlassen.

Literaturverzeichnis

Behm-Blancke, G. 1954	Die altthüringische und frühmittelalterliche Siedlung Weimar, in: Frühe Burgen und Städte, Berlin, S. 95–130.
Behm-Blancke, G. 1961	Aufgaben und erste Ergebnisse der Stadtkernforschung in Erfurt, in: Ausgrabungen und Funde 6, S. 256–266.
Bube, A. 1842	Möbisburg, in: Thüringen und der Harz 6, S. 47–48.
Dieterich, C. F. 1777	Kurze historische Topographie des Erfurtischen Gebietes, Erfurt.
Dobenecker, O. 1895, 1896, 1898	Regesta diplomatica necnon epistolaria historiae Thuringiae 1, 2, Jena.
Falckenstein, J. H. v. 1738	Thüringische Chronik 1, Erfurt.
Falckenstein, J. H. v. 1739	Vollständige Historie von Erffurth, Erfurt.
Feustel, R., und Gall, W. 1965	Urnenfelderzeitliche und frühmittelalterliche Siedlungen bei Ichtershausen, Kr. Arnstadt, in: Ausgrabungen und Funde 10, S. 230–231.
Fritze, W. 1954	Bonifatius und die Einbeziehung von Hessen und Thüringen in die Mainzer Diözese, in: Hessisches Jahrbuch für Landesgeschichte 4, S. 37–63.
Gerbing, L. 1900	Erfurter Handel und Handelsstraßen, in: Mitteilungen des Vereins für die Geschichte und Altertumskunde von Erfurt 21, S. 95–148.
Görich, W. 1951	Das Gronauer „Alte Schloß" über der Salzböde, in: Hessisches Jahrbuch für Landesgeschichte 1, S. 25–41.
Görich, W. 1952	Rastorte an alter Straße?, in: Festschrift Edmund E. Stengel, Münster/Köln, S. 473–494.
Götze, A. 1890	Die vorgeschichtlichen Befestigungen auf der Martinskirche bei Hetschburg, in: Weimarische Zeitung Nr. 38–40 vom 14.–16. 2. 1890.
Götze, A., Höfer, P., und Zschiesche, P. 1909	Die vor- und frühgeschichtlichen Altertümer Thüringens, Würzburg.
Grimm, P. 1958	Die vor- und frühgeschichtlichen Burgwälle der Bezirke Halle und Magdeburg, Berlin.
Grimm, P. 1961	Stand und Aufgaben der archäologischen Pfalzenforschung in den Bezirken Halle und Magdeburg, Berlin.

Hannappel, M. 1941 — Das Gebiet des Archidiakonates Beatae Mariae Virginis Erfurt am Ausgang des Mittelalters, Jena.

Hock, G. 1936 — Die Eiringsburg bei Bad Kissingen, in: Bayerische Vorgeschichtsblätter 13, S. 73—87.

Höfer, P. 1904 — Übersicht über vorgeschichtliche Veröffentlichungen des letzten Jahres, in: Jahresschrift für die Vorgeschichte der sächsisch-thüringischen Länder 3, S. 130—147.

Höfer, P. 1907 — Die sächsische Legende zum thüringisch-fränkischen Kriege 531 n. Chr., in: Zeitschrift des Vereins für Thüringische Geschichte und Altertumskunde, N. F. 17, S. 1—80.

Isenburg, W. K. Prinz v. 1936 — Stammtafeln zur Geschichte der europäischen Staaten 1, Berlin.

Kaufmann, H. 1960 — Eine weitere Braubacher Schale aus Sachsen, in: Ausgrabungen und Funde 5, S. 83—86.

Kuhn, M. 1964/65 — Sankt Dionysius inmitten der Vierzehn Heiligen, Schildpatron alter europäischer Einheit, in: Geschichte am Obermain (2), Wirsberg, S. 39—55.

Mencke, J. B. 1728 — Scriptores rerum Germanicarum, praecipue Saxonicarum II, Leipzig (darin: Chronicon Terrae Misnensis, Sp. 313—376; J. Rothe, Chronicon Thuringiae vernaculum, Sp. 1633 bis 1823).

Neumann, G. 1965a — Gräber der dritten Urnenfelderstufe von Jena-Löbstedt in Thüringen, in: Studien aus Alteuropa 2, Köln und Graz, S. 11—24.

Neumann, G. 1965b — Curtis und castellum Saalfeld im Lichte der Spatenforschung, in: Ausgrabungen und Funde 10, S. 244—254.

Neumann, G. 1966 — Die Ausgrabungen des Vorgeschichtlichen Museums der Universität Jena auf dem Petersberge in Saalfeld, in: Saalfelder Museumsreihe 1, S. 7—40.

Neumann, G., und Volland, A. 1955 — Der Urnenfriedhof auf der Finkenliede bei Dankmarshausen, Ldkr. Eisenach, in: Alt-Thüringen 1, S. 223—254.

Nuglisch, K. 1960 — Das bronzezeitliche Gräberfeld von Heldrungen, Kr. Artern, in: Jahresschrift für mitteldeutsche Vorgeschichte 44, S. 135—179.

Oergel, G. 1903 — Das ehemalige Erfurtische Gebiet, in: Mitteilungen des Vereins für die Geschichte und Altertumskunde von Erfurt 24, S. 159—190.

Oppermann, A. v., und Schuchhardt, C. 1888—1916 — Atlas vorgeschichtlicher Befestigungen in Niedersachsen, Hannover.

Patze, H. 1962 — Die Entstehung der Landesherrschaft in Thüringen, 1. Teil, Köln und Graz.

Peschel, K. 1962 — Die vorgeschichtliche Keramik der Gleichberge bei Römhild in Thüringen, Weimar.

Peschel, K. 1963a — Strichverzierte Keramik aus Siedlungen der frühen Eisenzeit in Nordwestthüringen, in: Alt-Thüringen 6, S. 339—356.

Peschel, K. 1963b — Ein mittelalterlicher Scheidenbeschlag aus Erfurt-Möbisburg, in: Ausgrabungen und Funde 8, S. 269—272.

Peschel, K. 1966 — Spätkeltischer keramischer Import in Thüringen, in: Alt-Thüringen 8, S. 231—258.

Reichardt, A. 1910 — Die orohydrographischen Verhältnisse des Stadt- und Landkreises Erfurt, in: Jahrbücher der Akademie gemeinnütziger Wissenschaften zu Erfurt, N. F. 36, S. 275—343.

Rempel, H. 1954 — Zur frühdeutschen Keramik des Landes Thüringen, in: Frühe Burgen und Städte, Berlin, S. 131—136.

Rempel, H. 1959a — Die frühdeutsche Keramik in Thüringen, in: Praehistorische Zeitschrift 37, S. 101—124.

Rempel, H. 1959b — Die sorbische Keramik in Thüringen, in: Praehistorische Zeitschrift 37, S. 175—186.

Schirmer, E. 1939 — Die deutsche Irdenware des 11.—15. Jahrhunderts im engeren Mitteldeutschland, Jena.

Schlesinger, W. 1957 — Städtische Frühformen zwischen Rhein und Elbe, in: Studien zu den Anfängen des europäischen Städtewesens, Konstanz, S. 297—362.

Schnellenkamp, W. 1938 — Die vorgeschichtliche Wallburg bei Möbisburg, in: Der Spatenforscher 3, S. 41—48.

Schölkopf, R. 1957 — Die sächsischen Grafen (919—1024), Göttingen.

Schuchhardt, C. 1924 — Die frühgeschichtlichen Befestigungen in Niedersachsen, Bad Salzuflen.

Schwappach, F. 1964 — Eine Braubacher Schale vom Christenberg bei Münchhausen, Kr. Marburg, in: Fundberichte aus Hessen 4, S. 163–165.

Schwarz, K. 1962 — Erste Ausgrabungsergebnisse aus der frühmittelalterlichen Grafenburg zu Oberammerthal im Landkreis Amberg, in: Jahresbericht der Bayerischen Bodendenkmalpflege, S. 95–108.

Sonntag, F. P. 1962 — Das Kollegiatstift St. Marien zu Erfurt von 1117–1400, Leipzig.

Stimming, M. 1915 — Die Entstehung des weltlichen Territoriums des Erzbistums Mainz, Darmstadt.

Tettau, W. v. 1883 — Übersichtliche Zusammenstellung der in Erfurt und dessen Umgebung gefundenen vorgeschichtlichen Gegenstände, in: Mitteilungen des Vereins für die Geschichte und Altertumskunde von Erfurt 11, S. 193–246.

Tettau, W. v. 1887 — Geschichtliche Darstellung des Gebietes der Stadt Erfurt, in: Mitteilungen des Vereins für die Geschichte und Altertumskunde von Erfurt 13, S. 1–265.

Tettau, W. v. 1890 — Bau- und Kunstdenkmäler der Provinz Sachsen, Heft 13: Die Stadt Erfurt und der Erfurter Landkreis, Halle.

Tille, A. 1939 — Die Anfänge der Stadt Weimar und die Grafen von Weimar und Orlamünde, Weimar.

Uslar, R. v. 1964 — Studien zu frühgeschichtlichen Befestigungen zwischen Nordsee und Alpen, Köln und Graz.

Uslar, R. v. 1969 — Abschied von der curtis, in diesem Band, S. 153–156.

Wiegand, F. 1961 — Das Rathaus und der Fischmarkt in Erfurt, Erfurt.

Wiegand, F. 1963 — Zur Entwicklung der Handelsniederlassung Erfurt, in: Alt-Thüringen 6, S. 611–619.

Wiemann, E. 1957 — Bonifatius und das Bistum Erfurt, in: Herbergen der Christenheit 2, S. 9–33.

Witzschel, A. 1866 — Sagen aus Thüringen, Wien.

Zierfuß, K. 1931 — Die Beziehungen der Mainzer Erzbischöfe zu Thüringen, Neustadt/Orla.

Zschiesche, P. 1889 — Die vorgeschichtlichen Burgen und Wälle in Thüringen 1 (= Vorgeschichtliche Altertümer der Provinz Sachsen 10), Halle.

Zschiesche, P. 1896 — Heidnische Kultusstätten in Thüringen, in: Jahrbücher der Akademie gemeinnütziger Wissenschaften zu Erfurt, N. F. 22, S. 3–37.

Zschiesche, P. 1902 — Übersicht über die vor- und frühgeschichtlichen Wallburgen in Thüringen, in: Mitteilungen des Vereins für die Geschichte und Altertumskunde von Erfurt 23, S. 63–91.

Zeichnungen: H. Roesner, Jena; Fotos: Verfasser und Hochschulbildstelle Jena.

Burg Camburg an der Saale historisch und archäologisch

Von Gotthard Neumann, Jena

Mit 7 Textabbildungen und Tafel 17—18

Historischer Überblick

Etwa halbwegs zwischen Jena und Naumburg liegt das Städtchen Camburg im Lkr. Jena (Mbl. 2872/4936 Camburg). Seine Entstehung verdankt es einem bequemen Übergang über die Saale und der Burg, die ihn schützte. Der Übergang diente der sog. Salzstraße, welche von Sulza an der Ilm her über Schmiedehausen zunächst den thüringischen, dann über Frauenprießnitz-Wetzdorf den meißnischen Teil der Grafschaft Camburg durchlief und so eine Querverbindung zwischen der Weinstraße[1]) (einem älteren Zug der via regia Lusatiae; vgl. Generalstabskarte 413 Naumburg und E. Bach 1939, S. 29) und der alten Regensburger Straße (G. Neumann 1963, S. 110) herstellte (G. Brückner 1853, S. 707, 711; E. Eichhorn 1896, S. 95). Sie deckte sich im Bereiche der Burg eine Strecke weit mit der Saaltal- oder Nürnberger Straße (A. Wlost 1928, S. 50f., Bild 119).

Die Verkehrslage von Camburg darf also im Hinblick auf ältere Zeiten als günstig, wenngleich nicht als hervorragend bezeichnet werden.

Der alte Kern des Ortes wird am linken Saaleufer im Umkreis der Kirche gesucht werden müssen, die bis 1708 dem Laurentius, d. h. einem Heiligen des thüringisch-sächsischen Patrozinienkreises, geweiht war (C. Hölzer 1876, S. 93; M. Hannappel 1941, S. 142) und [n. 1210 Mai 6] zum erstenmal urkundlich erwähnt wird (Dob. II, 1900, Nr. 1459).

Der am rechten Saaleufer gelegene Ortsteil dürfte sich als suburbium der Burg entwickelt haben; denn er schließt nordwärts an den Burgberg an und erscheint zwischen Fluß und Wachtberg (203 m über NN) eingeengt.

Der Burgberg (179 m über NN) bildet eine von Süden nach Norden gerichtete Muschelkalkzunge zwischen den Tälern der Saale und des Schleuskauer Baches, die 285 m lang, aber nur 75—25 m breit ist. Er wird heute durch die Fernverkehrsstraße 88 in zwei Abschnitte geteilt. Diese begleitet den oberen auf der West-, den unteren auf der Ostseite. Um den Seitenwechsel zu vollziehen, benutzt sie den unteren von zwei Halsgräben. Die alte Nürnberger Straße lief dagegen auch im oberen Abschnitt auf dem Ostabhang des Burgberges entlang. Dieser wird gegenwärtig im unteren Teile Turmberg genannt, da er einen 37 m hohen (O. Piper 1912, S. 666) und 11 m starken Bergfried trägt, welcher den einzigen wohlerhaltenen Steinbau der Burg darstellt (Taf. 17). Im oberen Abschnitt wird er heute als Matzberg bezeichnet und ist gegen Süden durch einen 45 m langen, 25 m breiten und 12 (innen)—15 (außen) m hohen Lößwall abgesichert. Der Höhenunterschied zwischen den beiden Enden des Burgberges ist beträchtlich.

Da es in einer Schenkungsurkunde Markgraf Dietrichs des Bedrängten und seiner Gemahlin Jutta für das Zisterzienser-Nonnenkloster Eisenberg von [Jan./Sept.] 1219 (Dob. II, 1900, Nr. 1849) heißt: „vinea maior et minor iuncte pomerio apud superius castrum Kamburc" und weiterhin: „area quoque in suburbio Kamburc, quo erat primus locus fundationis

[1]) Eine zweite Weinstraße, die nach E. Eichhorn (1896, S. 95) von Schleusingen über Ilmenau auf Blankenhain, Magdala, Vierzehnheiligen, Eckolstädt und Münchengosserstädt lief und von da aus mit einem Zweig die Saale bei Camburg überschritt, um über Leislau Naumburg zu erreichen, scheint uns mindestens nicht alt zu sein. Vgl. aber G. Brückner (1853, S. 707) und A. Wlost (1928, S. 51, Bild Nr. 119).

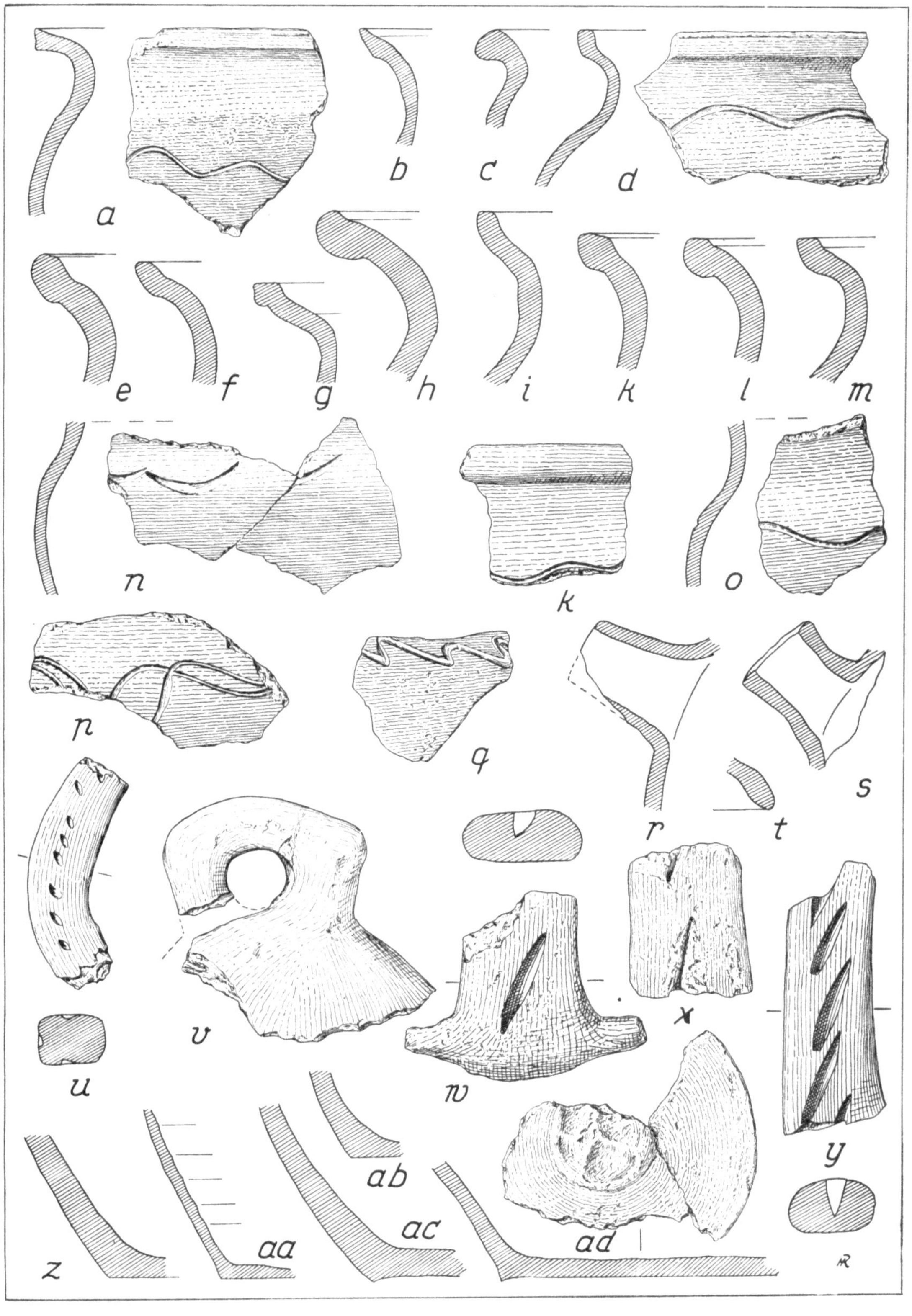

Abb. 1. Camburg, Kr. Jena, Unterburg. Keramik des 12. Jh. 1:2

prepositurae" haben die Historiker[2]) für Camburg eine zweite Burg, ein castrum inferius, postuliert. Sie suchen entweder die obere Burg auf dem Wachtberge oder die untere Burg auf dem linken Saaleufer im Bereiche des Amtshauses und sehen je nachdem in der von uns behandelten die Unter- oder Oberburg. Wir sind der Ansicht, daß beides nicht stimmt, da der Wachtberg weder für die Anlage einer Burg geeignet ist, noch auf ihm die geringsten Spuren einer solchen zu finden sind und das gleiche für die Gegend des Amtshauses gilt. Nach unserer Überzeugung genügt es völlig, anzunehmen, daß um einer möglichst genauen Lagebestimmung willen der obere Abschnitt unserer Camburg zuweilen (vgl. auch Dob. IV, 1939, Nr. 768) als superius, der untere als inferius castrum bezeichnet wurde, da ja, wie wir schon hörten, der Höhenunterschied zwischen beiden auffällig ist. Daß es sich ferner bei dem suburbium Kamburc um die Siedlung unter der Burg und nicht um eine Unterburg handelt, erscheint uns sicher, da der Begriff area dafür spricht und unwahrscheinlich ist, daß Dietrich 1219 eine seiner Burgen als Sitz der Propstei des Augustinerchorherrenstiftes geopfert hätte (vgl. auch Dob. II, 1900, Nr. 1600; M. Hannappel 1941, S. 142; G. Neumann 1966b, S. 243). Der Ausdruck „in der Unterburgk zcu Kambergk" der alten Übersetzung unserer Urkunde von 1219 (Dob. II, 1900, Nr. 1600) ist gewiß ebensowenig wortwörtlich zu nehmen wie der anschließende: „davon zum ersten was gezeszen die probstey".

Die Existenz der Burg Camburg wird zum ersten Male 1166 in einer Urkunde Markgraf Ottos des Reichen von Meißen bezeugt (Dob. II, 1900, Nr. 330). Allein bereits [n. 1088 Mai 27] tritt uns in Wilhelm ein Wettiner als Graf vom Camburg entgegen (Dob. I, 1896, Nr. 955). Es handelt sich um denselben, der unter den Stiftergestalten des Naumburger Domes erscheint (W. Pinder 1952, Taf. 414f.). Er gehört in eine Seitenlinie des Hauses Wettin; denn er war der jüngere Sohn des Grafen Gero von Brehna und Bruder des Bischofs Günther von Naumburg (O. Posse 1881, S. 239, Taf. n. S. 304; 1897, Taf. I; W. K. Prinz von Isenburg 1936, Taf. 42).

Wie diese Linie in den Besitz von Camburg gelangt war, ist dunkel. C. Hölzer (1876, S. 28) hält für möglich, daß Camburg ekkehardisches Erbe gebildet habe, da Geros Mutter Mathilde, eine Tochter Ekkehards I., ihre beiden Brüder Hermann († 1031/32) und Ekkehard II. († 1046) überlebt habe. H. Patze (1962, S. 243) meint, es sei durch Geros Ehe mit Bertha, der Witwe Poppos von Wippra, an sie gelangt, und W. Schlesinger (1953, S. 21) vermutet, die Wettiner hätten Camburg von den Edelfreien gleichen Namens erworben oder ererbt. Glieder dieses Geschlechtes sind von 1133—1190 urkundlich bezeugt (Dob. I, 1896, Nr. 1271, 1303, 1391, 1412, 1539, 1577, 1578, 1630; II, 1900, Nr. 65, 118, 126, 395, 422, 495, 714, 843, 1010). H. Helbig (1955, S. 154ff.) betont, daß durch sie und die Familie des Reichsministerialen Gerhard von Camburg (Dob. I, 1896, Nr. 1269, 1326, 1692; II, 1900, Nr. 843, 1841, 1876, 1877, 2142, 2235; III, 1925, Nr. 817) ältere Rechte des Reiches in Camburg angedeutet seien. Schon mit Graf Wilhelm starb die Seitenlinie der Wettiner aus, der er angehörte, und Camburg fiel an deren Hauptlinie, die Markgrafen von Meißen. Bei ihr verblieb es fortan. Bereits 1116 konnte Konrad der Große aus Wilhelms Hinterlassenschaft eine Schenkung machen (Dob. I, 1896, Nr. 1117). Unter den Markgrafen wurde die Camburg durch Kastellane aus dem Stande der Ministerialen verwaltet (Dob. II, 1900, Nr. 330, 597, 1010, 1044, 1091, 1092, 1242, 1270, 1290, 1500, 1561, 1586, 1587, 1590, 1805 etc.). Ihre Kapelle wird [n. 1210] (Dob. II, 1900, Nr. 1459), 1219 (Dob. II, 1900, Nr. 1849) und [1239/1251] (Dob. III, 1925, Nr. 1996) genannt. Vor ihrer Tür wurde am 20. April 1263 eine Rechtshandlung vollzogen (Dob. III, 1925, Nr. 3068). Am Ausgang des 12. Jh. bildete die Burg neben Leipzig und Meißen die wichtigste Feste Markgraf Albrechts des Stolzen. Das lehren die Anstrengungen, die er zu ihrer Befestigung machte (Chron. mont. Ser. SS. XXIII, S. 166). Dementsprechend spielte sie in dem Erbfolgekrieg zwischen ihm und seinem Bruder Dietrich von Weißenfels

[2]) H. Ch. Füldner (1821, S. 18f.); G. Brückner (1853, S. 715); C. Hölzer (1876, S. 34); E. Eichhorn (1896, S. 34); P. Weber (1903, S. 9); A. Wlost (1928, S. 29, 36 und 144); O. Mühlmann (1942, S. 56); H. Schwab (1957, S. 109).

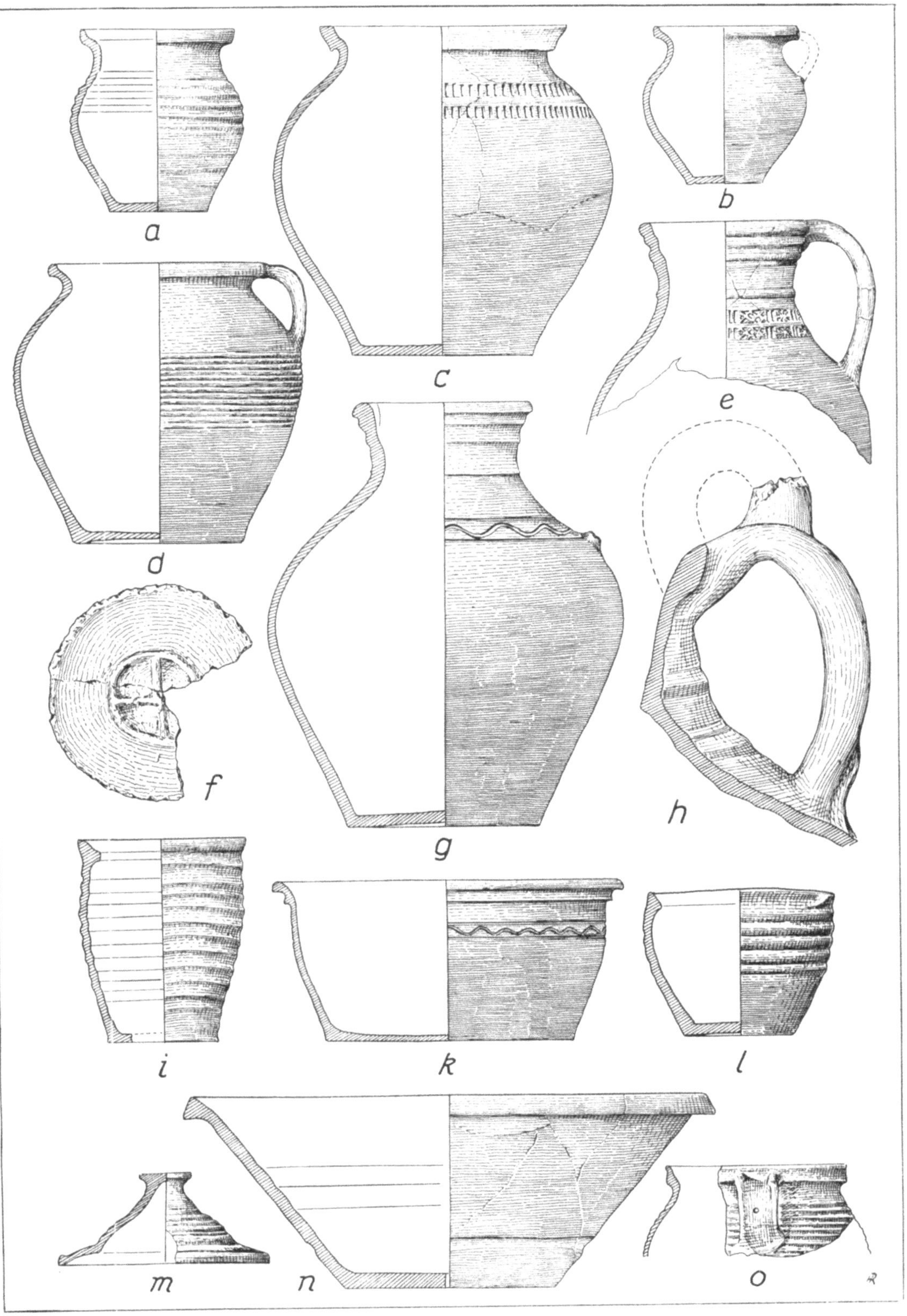

Abb. 2. Camburg, Kr. Jena, Unterburg. Keramik des 13. Jh. f, h) 1:2; k) 1:8; alle übrigen 1:4

eine bedeutende Rolle. 1191 wurde sie durch Landgraf Hermann von Thüringen, der seinem Schwiegersohn gegen Albrecht beistand, eingeschlossen und erobert, 1194 gab Albrecht sie zum Pfand, um einen günstigen Friedensschluß zu erzielen (H. Patze 1962, S. 246f.). Auch in den Kämpfen Landgraf Albrechts des Entarteten mit seinen Söhnen hat die Camburg eine Rolle gespielt. Da deren Besatzung zu den Söhnen hielt, wurde die Burg 1280 durch Graf Günther von Käfernburg, einen Parteigänger Albrechts, belagert, freilich ohne Erfolg. 1285 ließ Albrecht die Burg ausbessern (C. Hölzer 1876, S. 34f.). Im Jahre 1362 verkauften Friedrich und Balthasar, Landgrafen in Thüringen, den Edlen Burggrafen Hartmann I. und Albrecht I. sowie Hartmanns Sohn Dietrich VIII. die Veste zu Camburg. Jedoch soll diese den Landgrafen und ihren Erben stets offen stehn (C. Hölzer 1876, S. 36; H.-U. Barsekow 1931, S. 57, 79f.). Sechs Jahre später verpfändeten dieselben das Haus Camburg für drei Jahre an Kunz von (Frauen-)Priesnitz (C. Hölzer 1876, S. 36). Am Dienstag nach Pauli Bekehrung 1439 verkauften Kurfürst Friedrich der Sanftmütige und sein Bruder Sigismund Schloß und Städtchen Camburg an die Gestrengen Busso Vitzthum von Roßla den Älteren, Busso, Apel und Bernhard, dessen Söhne, ferner zu getreuer Hand an Graf Ernst von Gleichen, Friedrich von Witzleben und Apel Vitzthum zu Tannroda ohne Lehen und Dienste auf Wiederkauf und behielten sich die Öffnung des Schlosses vor (C. Hölzer 1876, S. 38; F. Schneider und A. Tille 1931, S. 48ff.). Dieser Verkauf erwies sich in der Folge als sehr unheilvoll, zumal nachdem Herzog Wilhelm der Tapfere 1446 seinen heimlichen Rat Busso Vitzthum förmlich mit Camburg belehnt hatte (C. Hölzer 1876, S. 39). Denn er führte 1450, d. h. in der zweiten Phase des sächsischen Bruderkrieges, zur völligen Zerstörung der Camburg durch Kurfürst Friedrich den Sanftmütigen (H. Koch 1909, S. 156, 222).

Archäologischer Befund

Archäologische Untersuchungen haben bisher lediglich auf dem Turmberge stattgefunden. Sie erstrecken sich also ausschließlich auf die Unterburg Camburg. Ausgelöst wurden sie durch den Neubau der heutigen Sonderschule der Bezirksleitung Gera, der durch einen Bogengang an den alten Turm angeschlossen ist. Der Verfasser wurde am 14. Januar 1935 in seiner Eigenschaft als Staatlicher Vertrauensmann für die vor- und frühgeschichtlichen Bodenaltertümer Thüringens durch den damaligen Thüringischen Landeskonservator Dr. A. Mund auf die Baustelle gerufen und hat von diesem Tage an die Ausschachtung des Baugrundes durch die Firma A. Trübner, Camburg, überwacht[3]). Sobald die Gastwirtschaft auf dem Turmberg abgebrochen worden war und man begonnen hatte, längs des Westrandes des Berges eine Baugrube von 31 m Länge und etwa 12 m Breite auszuheben, hatten sich nämlich mittelalterliche Funde und alte Mauern gezeigt, welche zur Unterkellerung der wettinischen Burg gehörten. Nachdem sie freigelegt waren, konnte der Verfasser den Befund am 21. Februar 1935 prüfen und vermessen[4]). Das Ergebnis zeigt der Plan Taf. 17.

Hier erkennen wir inmitten der Baugrube (Taf. 18a) einen leicht trapezförmigen Raum von etwa 5 mal 6 m lichter Weite und bis 1,5 m Tiefe, der in den gewachsenen Boden, einen graugrünen Muschelkalkmergel, eingeschnitten war. Seine Ummauerung bestand aus kleinen Muschelkalkbruchsteinen in Lehmbindung, die an eine schräg nach oben zurückweichende Böschung so angesetzt waren, daß die Stärke der Mauer an der Oberkante etwa doppelt so viel (bis 1,15 m) betrug wie an der Basis (bis 0,7 m), d. h. mit anderen Worten: Nur die

[3]) Die Feststellungen des Verfassers wurden durch freundliches Entgegenkommen der Stadtbehörde Camburg, vor allem aber auch durch das lebhafte Interesse des jungen Architekten H. Serfling, Hermsdorf, und des Vorarbeiters K. Kindermann, Camburg, außerordentlich erleichtert. Denn beide sorgten dafür, daß die einzelnen Mauerteile sauber herausgeschält und die zahlreichen Funde geborgen wurden. Vgl. G. Neumann [1936], S. 15ff.

[4]) Dabei wurde er durch seine beiden Technischen Assistenten R. Taubert und G. Keil sowie die Herren Mühlenbesitzer A. Luft, Camburg, und Dr. phil. nat. W. Neumann, Jena, unterstützt.

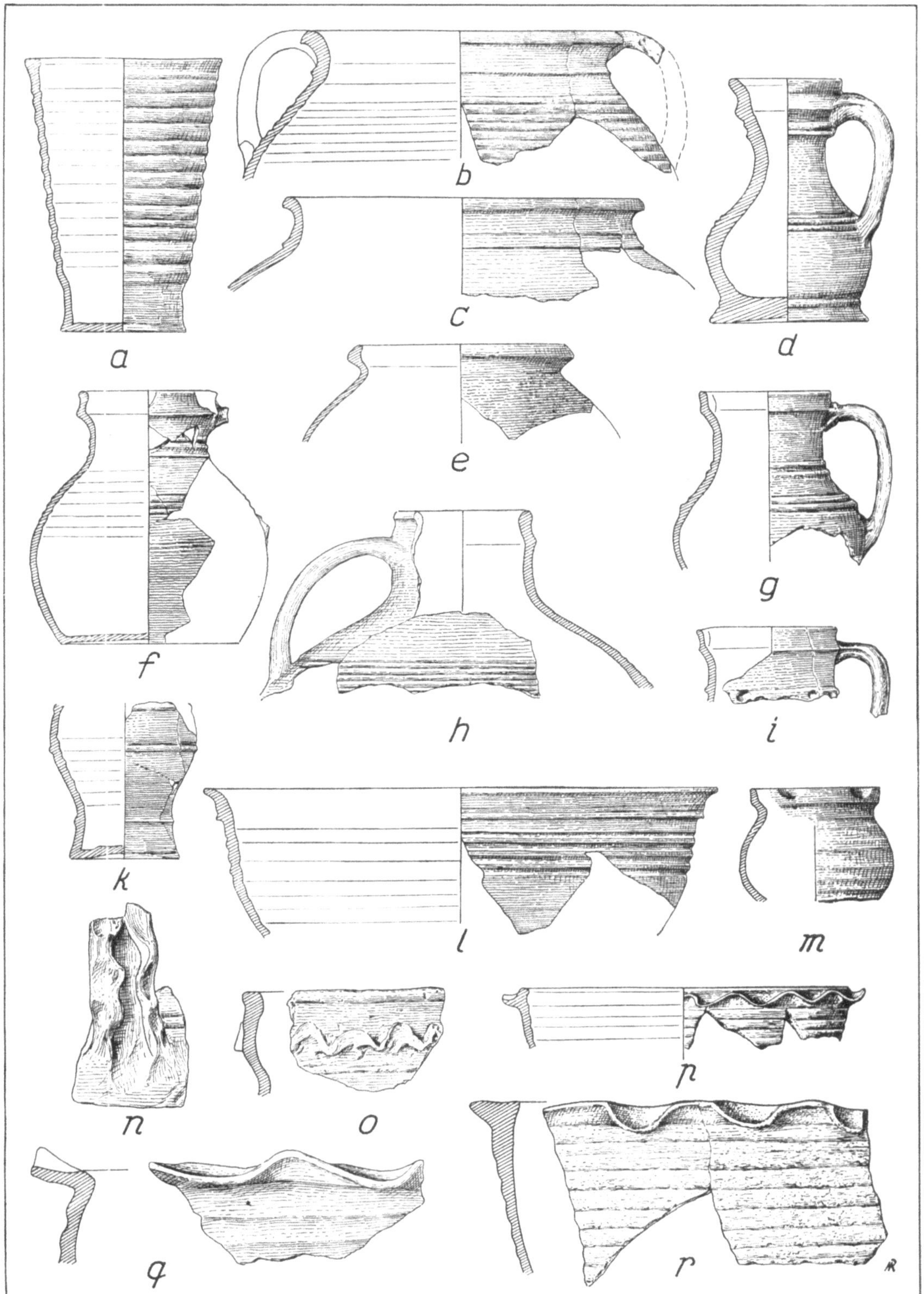

Abb. 3. Camburg, Kr. Jena, Unterburg. Keramik des 14.—15. Jh. d, n, o, q, r) 1:2; alle übrigen 1:4

ehedem freiliegende Innenwand hatte eine lotrechte Fassade, während die dem Untergrund anliegende Außenseite roh und stark unterschnitten war. Die Absicht der Erbauer war dabei offenbar die, den Schub des oberirdisch aufgehenden Mauerwerkes nach dem Gebäudeinnern abzuleiten. Daher werden wir annehmen dürfen, daß das Gebäude über dem Keller bedeutend gewesen ist. Aus dem Keller führten zwei Treppenanlagen nach Norden und Süden an die alte Oberfläche (Taf. 18b).

Die südliche von ca. 2 m lichter Weite war unmittelbar an die Westwand des Kellers angelehnt. Durch eine Türöffnung von 1 m Breite gelangte man zunächst in einen Vorraum von 2 mal 2,5 m Dm. und erst durch ihn zur Treppe selbst. Sie besaß vier Stufen, die unmittelbar auf dem gewachsenen Boden ruhten. Die unteren drei waren in die Wangen, zwei hochkant gestellte Muschelkalkplatten, eingebaut. Diese selbst waren vor die Mauern des Vorraumes gesetzt und viel schmaler als sie. Betrug doch die Stärke der östlichen nur 0,15 bis 0,3, die der westlichen gar nur 0,1 m, während jene an der Ostseite 0,8, an der Westseite 1,2 m Dm. aufwiesen. Im Gegensatz zur Ummauerung des Kellergelasses war die des Vorraumes auf der Rückseite nicht unterschnitten, sondern nur roh. Sie zeigte eine bemerkenswerte Technik. In solidestem Mörtelverband waren sauber behauene Blöcke von Muschelkalk, aber auch von holozänem Süßwasserkalk (sog. Tuff), so ineinander gefügt, daß sie sich gegenseitig verzahnten, und zwar sowohl auf der Ost- wie der Westseite. Die innere Tür zeigte eine Schwelle mit vorgelegter Stufe, welche beide aus einem Blocke gearbeitet waren, so auch Teile des Türrahmens samt dem Anschlage. 0,3 m über der Schwelle fand sich, 0,1 m tief in den Block eingelassen, die untere Türangel. Sie lag auf der Treppenseite am östlichen Holm und zeigte so, daß die Tür ehedem von außen angeschlagen gewesen war. Durch zwei Quermäuerchen von 0,4—0,6 m St. war der Zugang zum Keller von der Südseite her an beiden Enden des Vorraumes — natürlich in jüngerer Zeit — abgesperrt und insbesondere das Öffnen der Kellertür unmöglich gemacht worden.

Die nördliche Treppe lag der südlichen gegenüber, jedoch 1,4 m von der Westwand nach Osten abgerückt. Sie zählte fünf Stufen. Diese waren mit den beiden Wangen, zwei aus sauber behauenen Muschelkalkblöcken mit Mörtelbindung aufgebauten Mauern von 0,7 und 0,8 m St., verzahnt. Auch diese Treppe hatte ihren Vorraum. Er war nur 1,6 m lang, 1,4 m breit und zeigte auf der Westseite einen einspringenden Winkel, jedoch keinen Türrahmen. Auch hier war die Passage durch eine Quermauer von 0,5 m Breite nachträglich gesperrt. Im übrigen war in der Ostwange eine kleine Nische ausgespart.

Ihr gegenüber kamen an der Außenseite der Westwange im Abstand von 0,5 m zwei kreisrunde Schächte von je etwa 0,65 m Dm. zum Vorschein. Sie waren 1,5 m tief und mit dunklem Boden eingefüllt. Ihre Bedeutung ist nicht klar.

Die Westwange der Nordtreppe setzte sich in einem Mauerzuge von 3,5 m L. bis zu einem zweiten, kleineren, trapezförmigen Raume fort. Dieser bestand in einer niedrigen, nur 0,68 m starken Bruchsteinmauer und war jünger als die Wange, da er ihr zum Teile auflag. Er war flüchtig gebaut und überschritt eine 2,9 m lange Mulde, die in den gewachsenen Boden eingetieft und mit Kulturschutt gefüllt war. Ihre Oberfläche war nach Norden hin rot gebrannt.

Der kleine trapezförmige Raum, an den dieses Mäuerchen angesetzt war, bildete das Nordende der ganzen Anlage. Sein westlicher Teil war einem Felsabsturz zum Opfer gefallen, so daß er nach dieser Seite offen stand. Die Ummauerung bestand aus Muschelkalkbruchsteinen in Lehmbindung und zeigte an der Innenseite Lehmverputz. Ihre Stärke schwankte zwischen 0,9 und 1,2 m. Die unterste Blocklage sprang an der Nord- wie an der Südseite ein wenig vor und divergierte im Norden leicht gegen die übrigen.

1,5 m östlich der Nordostecke dieses Raumes ragte aus der nördlichen Schachtwand ein 0,85 m breiter Mauerzug hervor, der sich in der Wand noch mehrere Meter fortsetzte.

Alle Hohlräume wiesen im Inneren Brandspuren auf, waren mit Bauschutt angefüllt und lieferten eine erdrückende Masse von Funden, zumal Keramik.

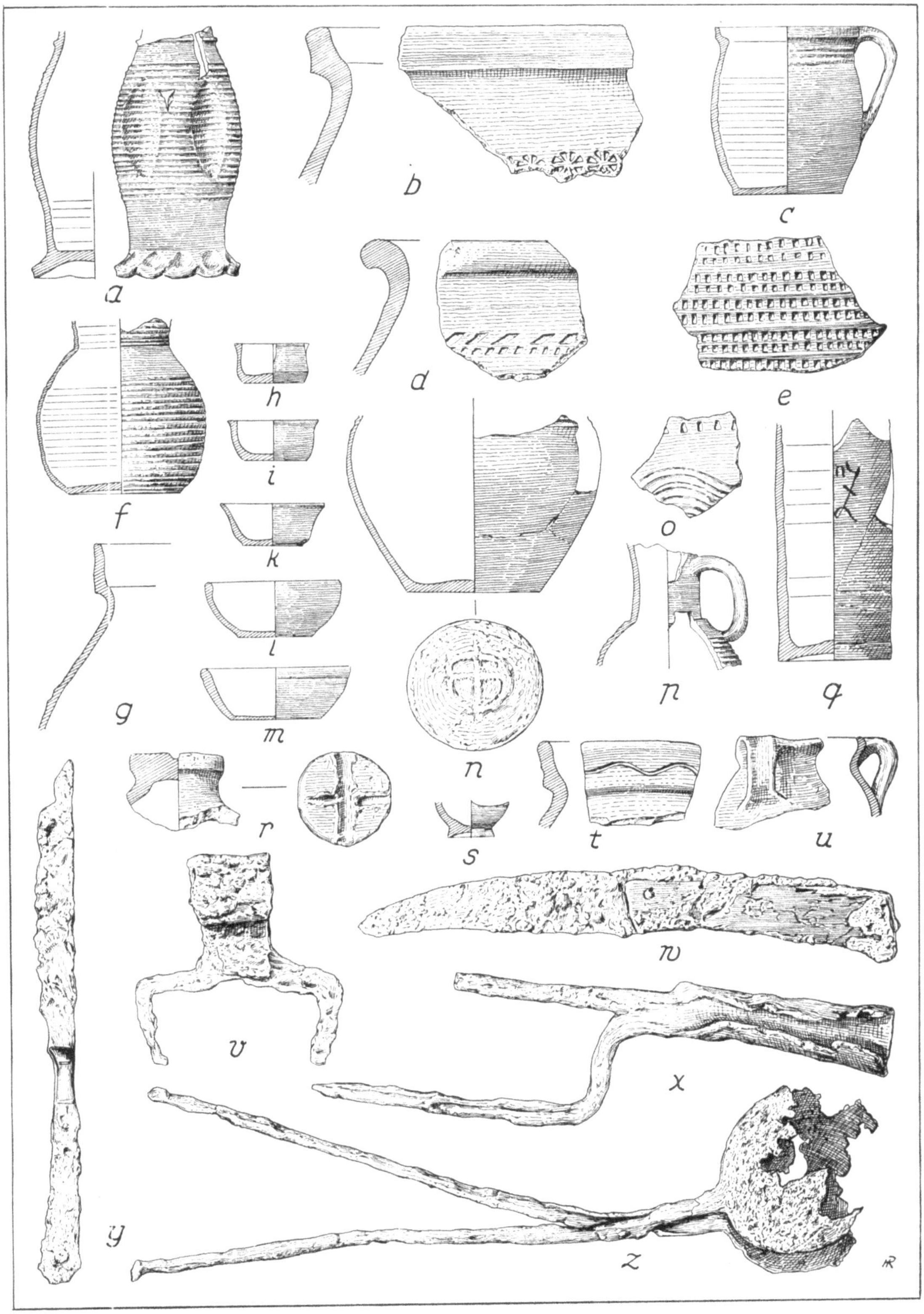

Abb. 4. Camburg, Kr. Jena, Unterburg. Keramik und Eisenfunde des 13.—17. Jh.
b, d, e, g, o, r, t, u) 1:2; z) 1:6; alle übrigen 1:4

Funde

Von der ältesten Ware (Abb. 1) ist nicht ein vollständig erhaltenes oder ergänzbares Gefäß zum Vorschein gekommen. Sie wird vielmehr nur durch zahlreiche Bruchstücke von gedrungenen Töpfen mit Quellrandboden und eingezogenem Halse repräsentiert, von deren Gestalt wir uns eine Vorstellung machen können, weil uns ein Gefäß bekannt geworden ist (Abb. 6k), das früher in der Schule Camburg verwahrt wurde und deshalb jedenfalls aus Camburg oder dessen Umgebung gestammt haben wird, obgleich kein Fundort überliefert worden war. Es handelt sich um eine im Bruche mehr oder weniger graue, dickwandige, körnige Ware, deren Oberfläche weiß, leise gerötet, gebräunt oder angeblakt grau aussieht. Sie zeigt auf der Schulter nicht selten eine meist lang gezogene, selten steil ausgeführte, öfter unterbrochene, flach eingerissene Wellenlinie. Auch zwei sich schneidende Wellenlinien begegnen. Die weit ausladenden Ränder zeigen mehr oder weniger abgerundete, keulenförmige Profile mit Stürzenkehle, in einzelnen Fällen aber auch zugespitzt hakenförmige ohne Kehle (Abb. 1a, b). Diese dürften ins 11. Jh. zurückreichen (G. Neumann 1965, S. 250f., Abb. 1; 1966c, S. 34, Taf. X), während jene dem 12. Jh. zuzuweisen sind (R. Feustel 1955, S. 296ff., Abb. 4—5; G. Neumann 1966a, S. 217, Abb. 5; 1966b, S. 230, Fig. 2—4; S. 236, Fig. 7—8). Zu dieser Ware gehören ferner geschlitzte Wursthenkel, zylindrische Ausgüsse und Ösendeckel (H. A. Knorr 1939, S. 60f., Taf. 25; H.-J. Stoll 1961, S. 293, Abb. 21, 2, 3). Wie der Topf aus der Schule Camburg und sechs weitere Gefäßböden (Abb. 6i, l, m, n) ausweisen, die mit ihm gefunden wurden, sind für diese Ware auch Bodenmarken typisch. Leider hat der Turmberg uns nur ein Beispiel erbracht (Abb. 1a, d) obwohl die Bodenscherben, die wir gefunden haben, durch ihre Quellränder verraten, daß sie alle über einer Bomse gearbeitet wurden (G. Neumann 1956a, S. 26f.).

Zur weißen Ware gehören auch einige Scherben von dünnwandigen Henkeltöpfen mit charakteristischen Kragenrändern (Abb. 4g) und Bodenmarke aus Glimmerton, die in die Zeit um 1200 zu setzen sind[5]).

Dem 13.—15. Jh. gehört die Masse der geborgenen Keramik (Abb. 2—4). Es handelt sich um Töpfe sehr verschiedener Größe (auch mit Henkeln), um Krüge und Kannen, Becken und Schüsseln, Becher und Näpfe, Kacheln (stets mit flachem Boden) und Knaufdeckel, insgesamt um typische Vertreter der spätmittelalterlichen ostdeutschen Kolonisationszeitware[6]). Diese macht eine Entwicklung durch, welche an technischen, formalen und dekorativen Veränderungen abzulesen ist.

Im Laufe des 13. Jh. (Abb. 2) tritt an die Stelle des oxydierenden allmählich das reduzierende Brennverfahren, d. h. die zunächst noch grauen Gefäße werden graublau. Im 14. Jh. (Abb. 3) erscheinen sie blaugrau, um im 15. (Abb. 3) wieder grau zu werden. Im 14. Jh. zeigten sie gern einen metallischen Anflug, im 15. feine Graphitierung.

Für das 13. Jh. scheinen Krüge, für das 14. und 15. Kannen charakteristischer zu sein. Lippen- und Kragenprofile der Ränder werden vom 13. zum 14. Jh. zunehmend barocker, die Kragenprofile im 15. weit herabgezogen.

Im 13. Jh. begegnen auf den Gefäßschultern zunächst einfache, dann zunehmend kompliziertere Rollstempelbänder, daneben Wellenlinien oder (selten) -bänder, im 14. plastische Verzierungen. Im 13. Jh. laufen die Quellrandböden mit und ohne Bodenmarke aus, ebenso die geschlitzten Henkel. Es gibt dann nur noch gekehlte Bandhenkel. Diese werden im 14. Jh. doppeltgekehlt oder gekniffelt.

[5]) E. Schirmer 1939, S. 49; G. Neumann 1956b, S. 290, Taf. 49, 4; 1966a, S. 217; 1966b, S. 238, Fig. 7, 18; 1966c, S. 11, 17 (115, 116, 134), Taf. VII, 134.

[6]) E. Schirmer 1939, S. 29ff.; G. Neumann 1935, S. 140ff.; 1937, S. 33ff.; 1960, S. 252ff.; 1966a, S. 217f.; 1966b, passim; H.-J. Stoll 1961, S. 294ff.

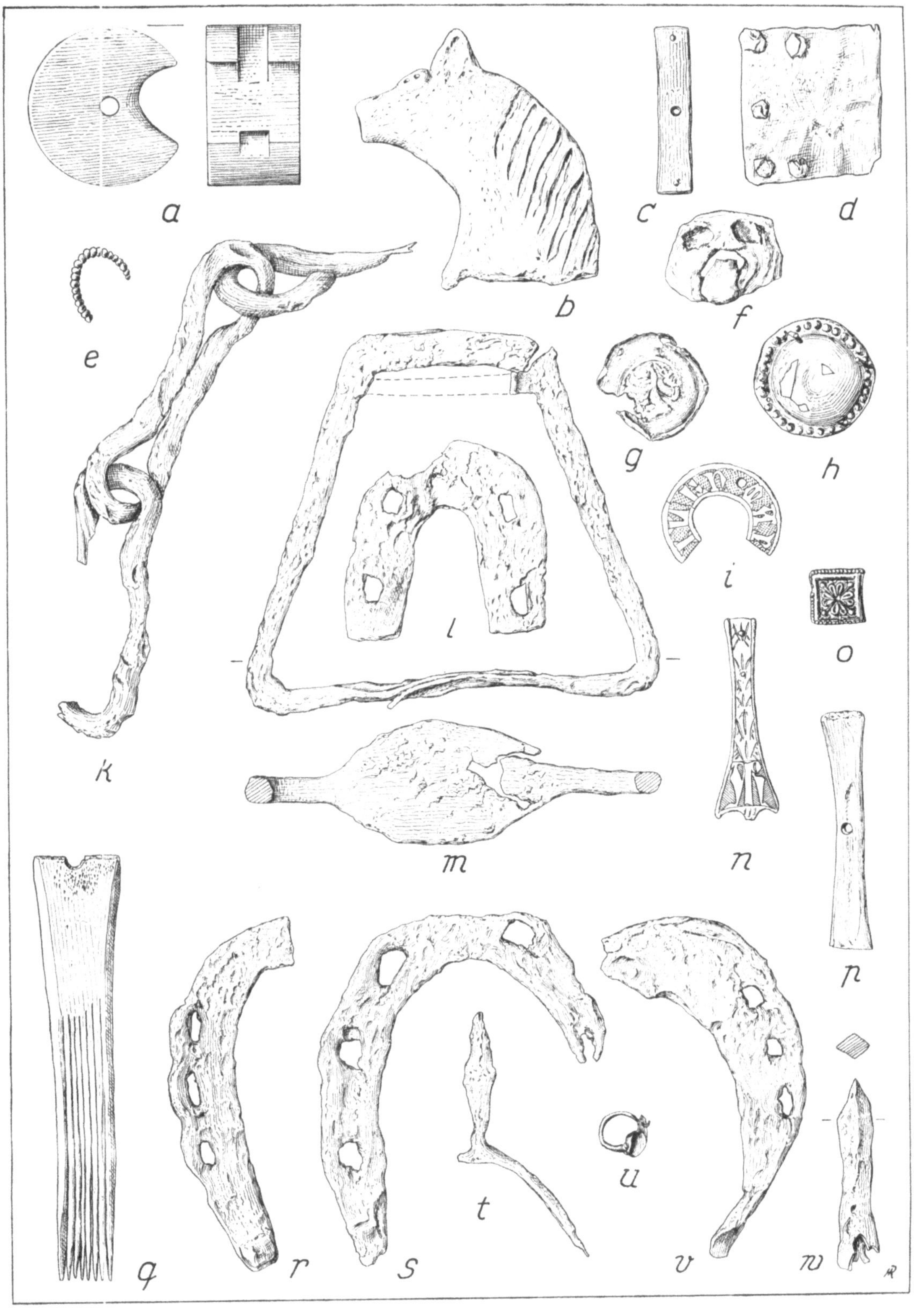

Abb. 5. Camburg, Kr. Jena, Unterburg. Keramik, Metall- und Knochenfunde des 10.—15. Jh.
a) 1:4; alle übrigen 1:2

Im ganzen erscheint die ostdeutsche spätmittelalterliche Ware von der Camburg etwas bescheidener als die von den Burgen aus der nächsten Umgebung von Jena (G. Neumann 1966b, passim). Auffällig zahlreich sind nur die kleinen und kleinsten Näpfe (Abb. 4h—m) vertreten (H.-J. Stoll 1961, S. 289, Abb. 14, 1—14, 16; S. 296, Abb. 27, 5, 7), deren Zweck dunkel ist.

Die westthüringische Kugelbodengattung (E. Schirmer 1939, S. 21ff.; H.-J. Stoll 1961, S. 284ff.) ist bloß durch eine Kachel mit Kugelboden, zwei Grapenfüße und einige gekniffelte Standringscherben vertreten.

Dagegen fehlt es nicht an Steinzeug unterschiedlicher Art. Reste von Miniaturgefäßen (auch mit Henkel) sind im Bruche gelblich oder grau, dazu außen und innen oder nur innen mit einer violetten Glasur versehen (Abb. 4u). Häufiger sind Reste von Henkelkrug und Flasche, Seidel und Dose mit grau bis gelblichem Bruch und brauner Glasur (Abb. 4f, p) (K. Berling 1934, S. 60, Abb. 3; S. 67f., Abb. 29). Die Flaschen zeigen meist gekniffelte Standringe, ein Exemplar Falten (Abb. 4a). Der Seidelscherben ist mit doppelten Rollstempelbändern verziert (Abb. 4e), und die ovale Dose besitzt einen Deckelfalz. Eine walzenförmige Flasche (Abb. 4g) war sogar beschriftet (... nz). Daß diese Gefäße nicht alle älter als 1450 sein werden, dürfte sicher sein.

Jünger ist ohne Zweifel auch ein braunes Henkeltöpfchen mit dunkelbrauner Halsspirale, das innen moosgrün und außen z. T. blau glasiert wurde (Abb. 4c).

Dagegen könnte das Unterteil eines gelblichen Zwergtöpfchens mit gelber Außenglasur (Abb. 4s) zu jener Gruppe früher Glasurgefäße gehören, die auf unseren Burgen schon früh begegnet und jedenfalls Import vom Niederrhein darstellt (H. Hinz 1965, S. 286).

Aus Ton liegen ferner vier plastische Gebilde vor. Kopf und Hals eines Pferdes mit eingerissener Mähne und aufgesetzten Radkreuzaugen (Abb. 5b) stellen den Rest eines Aquamaniles dar[7]). Es ist außen gelbrosa, innen grau und im Bruche schwarz. Der Torso einer außen grauen, innen weißen Figur scheint zu einem Reiter zu gehören, der die rechte Hand auf die Brust legt. Eine ebenso gefärbte, durchbrochene Maske mit gebleckter Zunge (Abb. 5f) soll jedenfalls einen Löwenkopf darstellen. Auch ein roter, innen roher Scherben dürfte von einer Tierplastik herrühren, da er außen mit aufgemalten weißen Strichen verziert ist, die wahrscheinlich das Fell andeuten sollen.

An Knochengeräten (Abb. 5q) sind ein achtzinkiger Steilkamm (H. Rempel 1939, S. 42, Abb. 2, 1), drei abgesägte Spitzen von Hirschgeweihenden, von denen zwei angebohrt wurden, wohl um als Hefte zu dienen, und ein Geflügelknochen mit zentralem Bohrloch, der als Knebel gedient haben könnte (Abb. 5p), geborgen worden.

Aus Eisen sind eine Bolzenspitze (Abb. 5w), das Fragment eines Stachelsporns (Abb. 5t), Reste von zwei trapezförmigen Steigbügeln (Abb. 5m), zahlreiche Bruchstücke von Wellen- und Pantoffeleisen (Abb. 5r, s, v), ein Eseleisen (Abb. 5l), Kettenteile mit 8-förmigen Gliedern (Abb. 5k), Bolzen, ein Türband, andre undeutbare Beschläge, eine Mist- (Abb. 4x) und eine (Abb. 4v) Fleischgabel[8]), ein Backeisen (Abb. 4z), mehrere Zungenmesser, darunter eines mit Holzschalen (Abb. 4w), und ein zweites mit Messingfassung der verlorenen Schalen (Abb. 4y), Haken und Nägel, endlich viele im Feuer verschmorte Klumpen zutage gekommen.

Aus Messing ist die 3670 g schwere Nuß einer Mauerarmbrust von 10,5 cm Dm., ein seltenes Stück (Abb. 5a).

[7]) Tönerne Aquamanilia sind uns aus Thüringen sonst noch bekannt von: Jenalöbnitz, Kr. Jena, Burg Oberlöbnitz; Mühlhausen i. Thür. (E. Schirmer 1939, S. 46, Taf. XV, 18); Neustadt, Kr. Nordhausen, Pfarrhaus; Orlamünde, Kr. Jena, Kemmenade, 2 (P. Lehfeldt 1888, S. 147, Abb.); Sachsenburg, Kr. Artern (E. Schirmer 1939, S. 46, Anm. 1); Sondershausen-Stockhausen (H.-J. Stoll 1961, S. 292, Abb. 13, 10); Weimar, Wagnergasse (E. Schirmer 1939, S. 46f., 134) und von der Rothenburg auf dem Kyffhäuser.

[8]) Ein ganz ähnliches Stück ist auf dem Kleinen Gleichberge bei Römhild, Kr. Meiningen, gefunden worden und gilt als latènezeitlich (G. Neumann 1963, Abb. 16, 22).

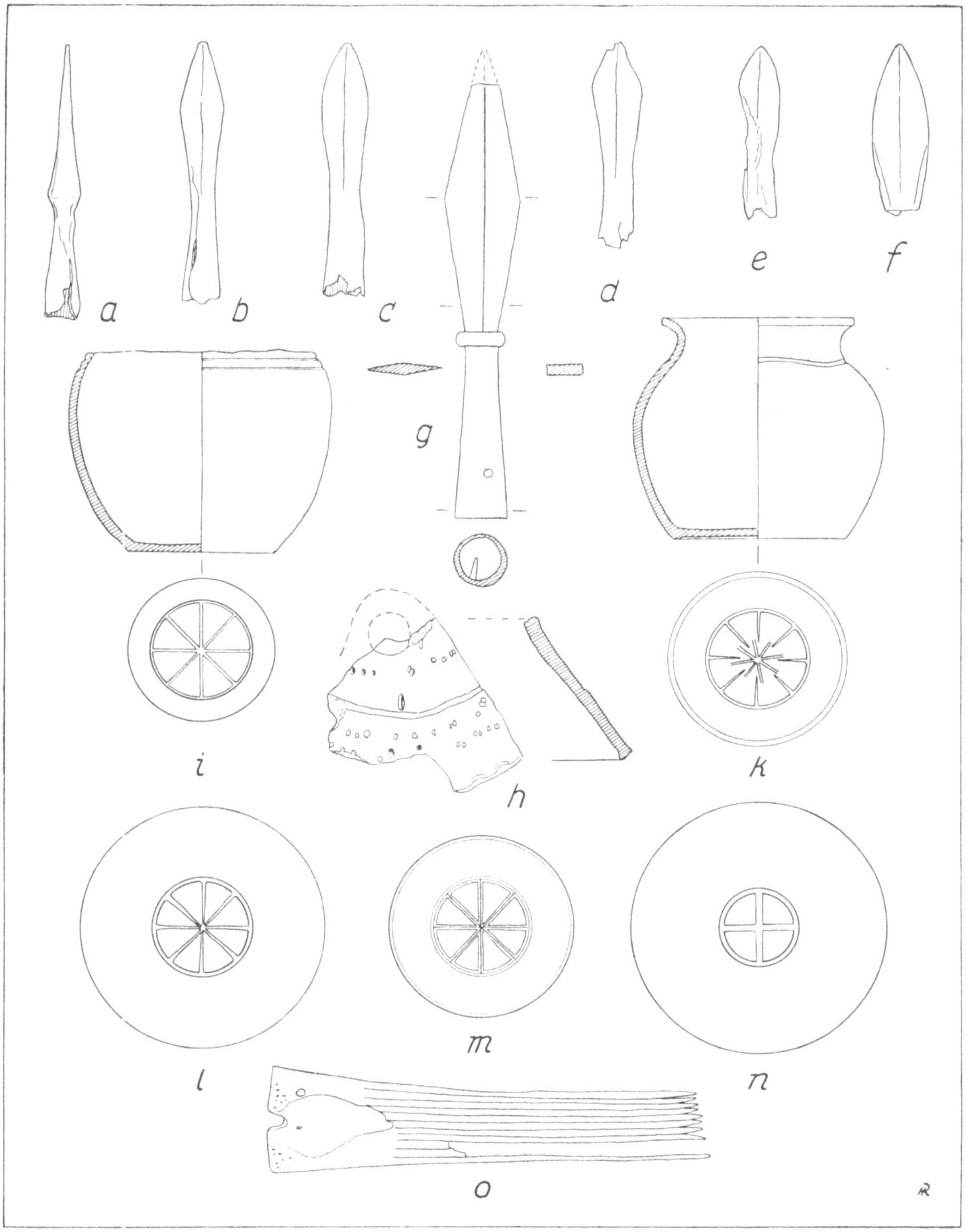

Abb. 6. Camburg, Kr. Jena. a—g) Eisen-, o) Knochenfunde von der Oberburg; h—n) Keramik des 12. Jh. unbekannter Fundstelle. a—c, d—f, o) 1:2; alle übrigen 1:4

Besondere Aufmerksamkeit verdienen eine Reihe von Schmuck- und Ziergegenständen. Mit schönen Frakturmajuskeln dekoriert sind ein geschweifter Griff mit zwei Nieten, an dessen breiterem Ende eine VR-Ligatur ausgespart ist (Abb. 5n), und der breit-ringförmige Belag etwa eines Döschens mit zwei Nieten, der in derselben Technik noch die Buchstabenfolge ILE(?) NMAP aufweist (Abb. 5i). Beide sind aus Kupferblech von 0,15—0,2 cm St. gearbeitet. Aus Kupfer oder Messing bestehen ein breiter (Abb. 5d) und ein schmaler (Abb. 5c) Riemenbeschlag, dieser mit 3, jener mit 5 Nieten, ein Ringlein mit spitzen Polen, ein Buckel mit Perlrand und 4 Nieten (Abb. 5h), ein dünnes, quadratisches Blechblättchen mit gestanzter Rosette und Perlrand (Abb. 5o), ein Ohrring mit Schälchen (Abb. 5u), in dem vielleicht einmal eine farbige Perle gesessen hat, und ein geperlter Draht mit Vergoldung (Abb. 5e).

Unter den Fundmünzen bedeutsam sind lediglich ein Prager Groschen und der Deckel einer Dose für Meißner Groschen (Abb. 5g).

Endlich liegen ein Flaschenboden und die Reste eines Rippenbechers aus Glas (Abb. 7) vor (F. Rademacher 1933, S. 98f., Taf. 30c, d. M. 15. Jh.).

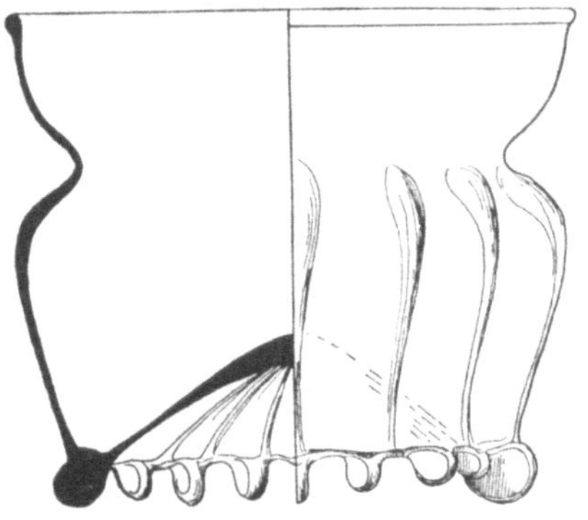

Abb. 7. Camburg, Kr. Jena, Unterburg. Glasgefäß Mitte 15. Jh.

Die Funde bestätigen also das, was die historische Überlieferung über die Lebensdauer und die soziale Stellung der Unterburg Camburg aussagen. Sie lassen vor allem erkennen, daß deren Wurzeln nicht wesentlich ins 11. Jh. zurückreichen werden, trotz des Stachelsporns, den wir mit H. Rempel (1953, S. 231, Abb. 19, 7; 1966, S. 38) dem Ende des 10. Jh. zuweisen[9]).

Auf dem Matzberg, der oberen Camburg, haben sachverständige Untersuchungen bisher leider noch nie stattgefunden. Doch sind von dort eine Anzahl Funde bekannt, die im Anfang unseres Jahrhunderts zutage gekommen sind, als man den Berg zu einem Volkspark hergerichtet hat. Es handelt sich um folgende:

Einen Steilkamm mit 11 Zinken (Abb. 6o), von denen 2 abgebrochen waren, eine Lanzenspitze mit rautenförmigem Blatt, Wulst und schlanker Tülle mit Nietloch (Abb. 6g) und 6 Armbrustbolzenspitzen (Abb. 6a—f). Der Knochenkamm befand sich vor dem Kriege im Museum Meiningen (Slg. L. Heim), die Eisensachen in der Schule Camburg. Alle Stücke scheinen verloren gegangen zu sein.

Ein Urteil über das Alter des mächtigen Burgwalles der Oberburg abzugeben, ist schwierig, solange keine Ausgrabung stattgefunden hat. Sorbisch scheint er nicht zu sein, da bisher weder auf dem Turmberg noch auf dem Matzberg auch nur ein slawischer Fund gemacht worden ist[10]). Da die Unterburg bronzezeitliche Siedlungskeramik erbracht hat, wäre eher an eine Urnenfelderanlage zu denken, die in frühestdeutscher Zeit wiederbenutzt oder sogar ausgebaut worden ist.

Literaturverzeichnis

Bach, E. 1939	Das Verkehrsnetz Thüringens geographisch betrachtet, in: Beihefte zu den Mitteilungen des Sächsisch-Thüringischen Vereins für Erdkunde zu Halle an der Saale 11, Halle.
Barsekow, H.-U. 1931	Die Hausbergburgen über Jena und die Geschichte der Burggrafen von Kirchberg, Jena.
Berling, K. 1934	Alt-Sächsisches Steinzeug aus Waldenburg und Zeitz, in: Sachgüter der deutschen Volkskunde, Jahrbuch für historische Volkskunde 3/4, S. 53ff.
Brückner, G. 1853	Landeskunde des Herzogtums Meiningen 2, Meiningen.
Dobenecker, O. 1896	Regesta diplomatica necnon epistolaria historiae Thuringiae, Jena 1896ff.
Eichhorn, E. 1896	Die Grafschaft Camburg (II), in: Schriften des Vereins für Sachsen Meiningische Geschichte und Landeskunde 22, Hildburghausen.

[9]) Z. Hilczerówa 1956, P. 139, Tabl. I weist solche Formen der zweiten Hälfte des 10. und dem Anfang des 11. Jh. zu.
[10]) Danach ist G. Neumann 1966b, S. 243, Anm. 73 zu berichtigen.

Feustel, R. 1955 — Gumprechtsdorf, eine hochmittelalterliche Wüstung im Thüringer Holzland, in: Alt-Thüringen 1, S. 290ff.

Füldner, H. Ch. 1821 — Historisch-topographisch-statistische Beschreibung der Stadt und des Amtes Camburg, Altenburg.

Gersdorf, G., Posse, O., und Ermisch, H. 1864 — Codex diplomaticus Saconiae (regiae), Leipzig 1864ff.

Hannappel, M. 1941 — Das Gebiet des Archidiakonates Beatae Mariae Virginis Erfurt am Ausgang des Mittelalters, Arbeiten zur Landes- und Volksforschung 10, Jena.

Helbig, H. 1955 — Der wettinische Ständestaat, Münster/Köln.

Hilczerówa, Z. 1956 — Les éperons du Xe on XIIIe siecle, in: Société des sciences et lettres de Poznań, Classe d'histoire et des sciences sociales, Traveaux de la commission archéologique II, 2, Poznań.

Hinz, H. 1965 — Die karolingische Keramik in Mitteleuropa, in: Karl der Große III, Düsseldorf, S. 262ff.

Hölzer, C. 1876 — Historische Beschreibung der Grafschaft Camburg, Camburg.

Isenburg, W. K. Prinz. v. 1936 — Stammtafeln zur Geschichte der europäischen Staaten 1: Stammtafeln zur Geschichte der deutschen Staaten, Berlin.

Knorr, H. A. 1939 — Die Dornburg an der Elbe, in: Sachsen und Anhalt 15, S. 9ff.

Koch, H. 1909 — Der sächsische Bruderkrieg (1446—1451), in: Jahrbücher der Königlichen Akademie gemeinnütziger Wissenschaften zu Erfurt, N. F. 35.

Lehfeld, P. 1888 — Bau- und Kunstdenkmaeler Thüringens III: Herzogthum Sachsen-Altenburg, Amtsgerichtsbezirk Kahla, Jena.

Mühlmann, O. 1942 — Die Burgen an der mittleren Saale in ihrer geschichtlichen und geopolitischen Bedeutung, in: Geographischer Anzeiger 43, S. 53ff.

Neumann, G. 1935 — Ein bäuerlicher Herrensitz der ostdeutschen Kolonisationszeit, in: Das Thüringer Fähnlein 4, S. 140ff.

Neumann, G. [1936] — Bericht über die archäologische Untersuchung des Baugrundes der Jugendburg Camburg, in: Jugendburg Camburg, Weimar [1936], S. 15ff.

Neumann, G. 1937 — Ein mittelalterliches Bauernhaus in der wüsten Mark Niederleutra, Lkr. Stadtroda, in: Der Spatenforscher 2, S. 33ff.

Neumann, G. 1956a — Abriß der Vor- und Frühgeschichte des Coburger Landes, in: Coburg mitten im Reich, Kallmünz/Opf., S. 21ff.

Neumann, G. 1956b — Vorläufiger Bericht über die Stadtkernforschung in Jena von 1953—1956, in: Ausgrabungen und Funde 1, S. 289ff.

Neumann, G. 1960 — Mittelalterliche Gefäße von Jena-Lobeda, in: Ausgrabungen und Funde 5, S. 252ff.

Neumann, G. 1963 — Alte Straßen in und um Jena, in: Forschungen und Fortschritte 37, S. 106—111.

Neumann, G. 1965 — Curtis und castellum Saalfeld im Lichte der Spatenforschung, in: Ausgrabungen und Funde 10, S. 244ff.

Neumann, G. 1966a — Die Wüste Möbis bei Jena historisch und archäologisch, in: Weite Welt und breites Leben, Festschrift Karl Bulling, Leipzig, S. 213ff.

Neumann, G. 1966b — Berge und Burgen an der Saale bei Jena, in: Jahrbuch der Coburger Landesstiftung, S. 225ff.

Neumann, G. 1966c — Die Ausgrabungen des Vorgeschichtlichen Museums der Universität Jena auf dem Petersberge in Saalfeld, in: Museumsreihe 1, Saalfeld.

Patze, H. 1962 — Die Entstehung der Landesherrschaft in Thüringen I, Köln—Graz.

Peschel, K. 1969 — Der Kirchberg Möbisburg bei Erfurt, in diesem Band S. 390—403.

Pinder, W. 1952 — Die Kunst der deutschen Kaiserzeit bis zum Ende der staufischen Klassik², Frankfurt.

Piper, O. 1912 — Burgenkunde³, München.

Posse, O. 1881 — Die Markgrafen von Meißen und das Haus Wettin bis zu Konrad dem Großen, Leipzig.

Posse, O. 1897 — Die Wettiner. Genealogie des Gesammthauses Wettin ernestinischer u. albertinischer Linie, Leipzig/Berlin.

Rademacher, F. 1933 — Die deutschen Gläser des Mittelalters, Berlin.

Rempel, H. 1939 — Die „slawischen" Steilkämme in Thüringen ein deutscher Typus, in: Der Spatenforscher 4, S. 42ff.

Rempel, H. 1953 — Zu den Reitersporen der Hildagsburg, in: Abhandlungen und Berichte für Naturkunde und Vorgeschichte 8, Magdeburg, S. 230ff.

Rempel, H. 1966 — Reihengräberfriedhöfe des 8.—11. Jahrhunderts aus Sachsen-Anhalt, Sachsen und Thüringen, Berlin.

Rudolphi, F. 1717 — Gotha diplomatica, Gotha.

Schirmer, E. 1939 — Die deutsche Irdenware des 11.—15. Jahrhunderts im engeren Mitteldeutschland, Jena.

Schlesinger, W. 1953 — Zur Gerichtsverfassung des Markengebietes östlich der Saale im Zeitalter der deutschen Ostsiedlung, in: Jahrbuch für die Geschichte Mittel- und Ostdeutschlands 2, S. 1ff.

Schneider, F., und Tille, A. 1931 — Einführung in die thüringische Geschichte, Jena.

Schwab, H. 1957 — Die Burgen an der Saale und ihre historische Bedeutung, Ungedr. Diss. Jena.

Stoll, H.-J. 1961 — Die mittelalterlichen Töpfereifunde von Sondershausen-Stockhausen und Weimar, Wagnergasse, in: Alt-Thüringen 5, S. 280ff.

Weber, P. 1903 — Die Burgen des mittleren Saaltales. Eine baugeschichtliche Übersicht, in: Wartburgstimmen 4, S. 3ff.

Wlost, A. 1928 — Chronik der ehemaligen Grafschaft Camburg, Halle 1928ff.

Zeichnungen: Abb. 1—6 H. Roesner; Abb. 7 G. Keil

Ein ottonisch-salischer Jagdhof auf dem Thüringer Wald?

Von Heinrich Rempel, Apolda

Mit 2 Textabbildungen

Im Nordzipfel Oberfrankens, einige Kilometer nördlich des Rennsteiges, am rechten Ufer der zur Saale fließenden Loquitz, liegt die Marienkapelle zu Ludwigsstadt, Lkr. Kronach. Bemerkenswert ist, daß erstens hier ein kirchlicher Rundbau vorliegt, der aus frühromanischer Zeit stammen soll, und daß zweitens diese Datierung, falls sie zutrifft, in krassem Widerspruch zu unserer begründeten Vorstellung von den Anfängen der Besiedlung des Frankenwaldes oder Thüringer Waldes steht (Abb. 2).

Die aus Bruchsteinen erreichtete Kapelle, im Volksmund „Klause" genannt (G. Brückner 1853, S. 574), hat kreisrunden Grundriß, der Mantel enthält acht halbrunde Nischen. Durch Zurückspringen der Wandung entsteht über diesen ein Umgang (Abb. 1). Da der Bau seit

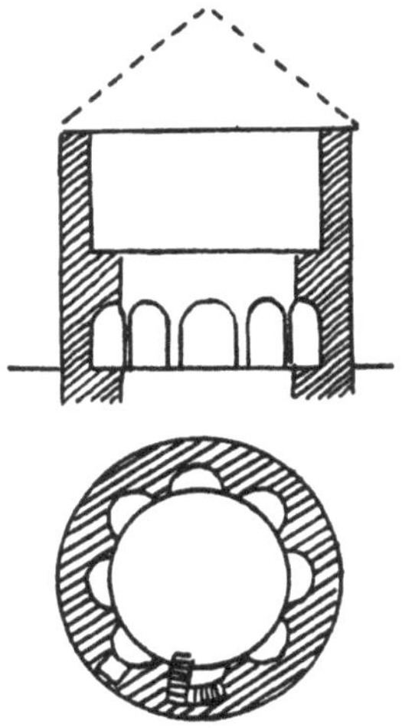

Abb. 1. Marienkapelle (nach G. Wolff 1898)

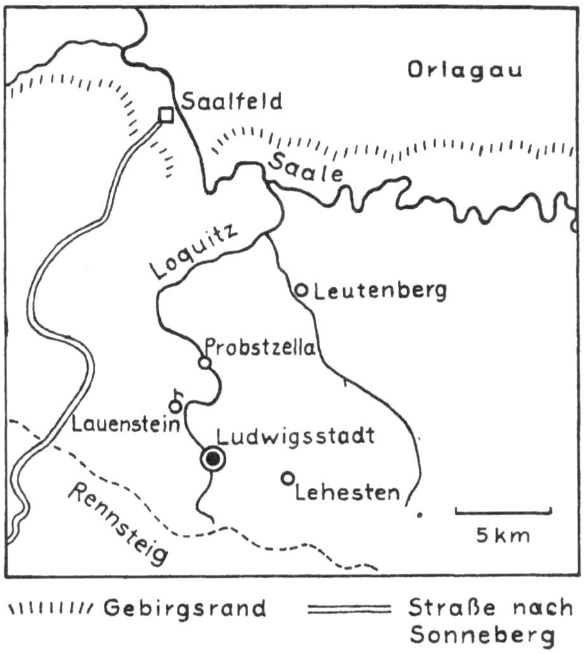

Abb. 2. Die Saalfelder Gegend im Mittelalter

dem 16. Jh. seinem kirchlichen Zweck entfremdet ist und heute eine Schmiede birgt, sind im Laufe der Zeit Ein- und Umbauten vorgenommen und ein Fachwerkgeschoß als Abschluß aufgesetzt worden. Der Urbau ist bis zu 7 m Höhe erhalten, sein Durchmesser beträgt 10 m (Archiv ... Oberfranken 1871; 1888; G. Wolff 1898, Fig. 1 und 2; A. Verbeek 1937, S. 76, Abb. 7).

Es ist unsicher, aus welcher Zeit der Bau stammt. G. Dehio (1924, S. 224f.) hält ihn für frühromanisch, K. Bahmann (1941, S. 139, 144) nimmt das 10. Jh. an. Beide weisen auf Verwandtschaft u. a. mit der Würzburger Marienbergkapelle hin, die die Kunsthistoriker jetzt eher der ottonisch-salischen als karolingischen Zeit zuweisen (vgl. G. Mildenberger 1964, S. 7). Die Kunstforschung stützt sich bis heute noch auf die Arbeit von Gustav Wolff, der Ende des vorigen Jh. zur Sommerfrische in Ludwigsstadt weilte. Als Architekt fand er Interesse an dem Rundbau, dessen erste Grund- und Aufrißzeichnung ihm zu verdanken ist. Eine Klärung der mit der Kapelle zusammenhängenden Probleme erfordert allerdings eine neue gründliche Bauaufnahme und Untersuchung mit dem Ziel, eine enger umrissene zeitliche und stilistische Einordnung des Bauwerkes zu erarbeiten. Nach bisheriger Kenntnis ist als Erbauungszeit das 10. oder 11., vielleicht auch noch das 12. Jh. anzunehmen.

Vielleicht können ein paar siedlungskundliche Erwägungen dazu beitragen, das Rätsel um die Kapelle zu lösen. Ludwigsstadt wird erstmals zum Jahre 1269 als „Ludewichsdorff“ urkundlich erwähnt (O. Dobenecker 1939, Nr. 364). Seine mutmaßliche Entstehungszeit kann nur aus dem allgemeinen Gang der Besiedlung gefolgert werden (zum folgenden vgl. stets H. Rempel 1963, hier S. 6ff., 23ff., Abb. 10b). Der Thüringer Wald und der südostwärts anschließende Frankenwald sind — im Gegensatz zur Rhön und zum Harz — erst spät durch den mittelalterlichen Landesausbau erschlossen worden, der, soweit unser hier behandeltes Gebiet in Betracht kommt, von Saalfeld aus etwa seit der Mitte des 11. Jh. betrieben wurde. Lehesten (1071), im Saaletal Breternitz und Kaulsdorf, sowie Loquitz am Nebenfluß gleichen Namens (1074) deuten die erste Stoßrichtung ins Gebirge an (O. Dobenecker 1896, Nr. 892, 912). Im Süden, vom Oberfränkischen her, setzt die Bewegung rund 100 Jahre später ein (G. von Geldern-Crispendorf 1930, S. 24, 266ff.). Diesen ersten, von Saalfeld ausgehenden Vorstoß in das Gebirge sollte man jedoch räumlich nicht überschätzen; denn erst wieder ums Jahr 1120 und wenig später werden einige Orte auf den Höhen über Leutenberg erwähnt (O. Dobenecker 1896, Nr. 1150, 1193). Da auch noch im 12. Jh. die schriftlichen Quellen spärlich fließen (vgl. G. von Geldern-Crispendorf 1930, S. 261ff., Tabelle 1), ist kaum vor dessen Ablauf mit einer intensiven Durchdringung des Gebirges zu rechnen, selbst wenn man die anzunehmende Lückenhaftigkeit der urkundlichen Überlieferung in Rechnung stellt.

Die Gründungszeit des Ortes Ludwigsstadt dürfte also zwischen den Jahren 1071 und 1269 liegen, d. h. in die Hauptrodungsperiode fallen. Ihn mit dem 5 km entfernten Lehesten (1071) zeitlich etwa gleichzusetzen, liegt kein Grund vor; denn bei diesem handelt es sich um eine, wie es scheint, isolierte Gründung auf einer 200 m höher gelegenen Hochfläche. Zu erwägen wären im Hinblick auf die Ersterwähnungen verschiedener Orte der näheren Umgegend (G. von Geldern-Crispendorf 1930, S. 266, 269) eher einige Jahrzehnte nach als vor 1200.

Datierende Bodenfunde des frühen oder hohen Mittelalters bis um 1200 sind aus dem Gebirge bisher nicht bekannt geworden. Sie begegnen erst in Saalfeld (G. Neumann 1966), wo die Saale das Schiefergebirge bereits verlassen hat, und in der ostwärts anschließenden Orlasenke (H. Rempel 1963, S. 12ff.).

Es sieht demnach so aus, als ob die Marienkapelle vor Gründung der heutigen Siedlung erbaut sein könnte. Die jetzige Pfarrkirche St. Michael (M. Hannappel 1941, S. 274) liegt mitten im alten Ortskern, die Kapelle außerhalb desselben an der heute bebauten Straße nach Lauenstein-Probstzella, von dessen Propstei sie versorgt wurde (G. Brückner 1853, S. 574). Noch mehr jedoch spricht der Typ der Rundkirche dagegen, in ihr das für eine Rodesiedlung bestimmte dörfliche Gotteshaus zu sehen. Man würde hier einen kleinen Rechteckbau erwarten, der den Bedürfnissen und wohl auch Mitteln einer Dorfgemeinde eher entspricht. Wir wissen nicht, wie die Pfarrkirche ursprünglich ausgesehen noch wer sie erbaut hat. Der heutige Bau stammt aus dem 18. Jh., enthält aber mehrere ältere Grabsteine, u. a. einiger Orlamünder Grafen.

Bautyp, vermutlich höheres Alter und Distanz zur Rodesiedlung machen es wahrscheinlich, daß die Marienkapelle zu einem anderen Zwecke als dem der Pastorisierung des Landes erbaut wurde.

Man könnte zunächst an eine Wege- oder Elendskapelle denken. Jedoch scheint diese von mir früher geäußerte Vermutung (H. Rempel 1963, S. 25, Anm. 113) eines hinreichenden Grundes zu entbehren, da der Gebirgsübergang durch die das Loquitztal meidende Judenstraße (J. Rebhan 1966) vermittelt wurde. Außerdem würde ein kleiner schlichter Rechteckbau wie die Kapelle Glasbach auf dem Rennsteig bei Ruhla (R. Feustel 1961) oder der „Kapellenfleck" am Kaiserweg auf dem Harz (W. Nowothnig 1956, S. 15) hier genügen.

Beziehungen zu der rund 3 km entfernten Burg Lauenstein, deren Erbauungszeit nicht bekannt ist und die 1222 im Besitz der Grafen von Orlamünde auftaucht (W. Heins 1961, S. 55, Anm. 45), sind nicht nachweisbar.

Nun legt es der Typ des Rundbaues nahe, an gleichartige Pfalzkapellen, wie in Aachen, Nimwegen, Würzburg, Altötting oder Bamberg, zu denken, deren einige zudem noch unter dem Marienpatrozinium standen (B. Schwineköper 1957, S. 407, Anm. 66). Natürlich schließen in unserem Falle die örtlichen Verhältnisse wie die Lage zum Altsiedelland eine Pfalz aus, erleichtern andererseits Vermutungen, die auf einen königlichen oder pfalzgräflichen Jagdhof (vgl. P. Grimm 1958, S. 130ff.) zielen. Die allgemeinen Voraussetzungen für die Anlage eines solchen sind günstig: 1. stand ein riesiges Waldgebiet zur Verfügung, 2. ist die Ausübung der Jagd mehrfach bezeugt (Jäger, Hundehaltung, Bärenjagd), 3. gehörte das Gebiet zum Königsgut Saalfeld bzw. zu dem über den Thüringer Wald bis Coburg reichenden Reichsgut (W. Heins 1961, S. 43ff.). Gegen 1014 kam Saalfeld mit Zubehör an den lothringischen Pfalzgrafen Ezzo, einen Verwandten Kaiser Heinrichs II. Dagegen fehlen schriftliche Hinweise auf die Existenz eines Jagdhofes und Spuren im Gelände.

Die örtlichen Bedingungen für eine Untersuchung dürften schwierig sein, da in der ehemaligen Kapelle, wie eingangs schon bemerkt, eine Schmiede in Betrieb ist. Die nächste Umgebung wird von einer festen Straße eingenommen oder ist mit Häusern besetzt.

Trotz der hier angedeuteten örtlichen Hemmnisse sollten Archäologen und Kunsthistoriker sich des bemerkenswerten Rundbaues der Marienkapelle annehmen; denn ihre Untersuchungen allein könnten Ergebnisse zeitigen, die eine bessere Datierung und damit eine entscheidende Aufhellung des angeschnittenen Fragenkomplexes erwarten ließen[1]).

Zusammenfassung

Es wird auf die auffallende Erscheinung einer romanischen Rundkapelle unweit des Rennsteiges hingewiesen und diese mit einem vermuteten Jagdhof auf Saalfelder Königsgut in Zusammenhang gebracht.

Literaturverzeichnis

Archiv für Geschichte und Alterthumskunde von Oberfranken 11/3, 1871, S. 60; 17/2, 1888, S. 1–4.

Bahmann, K. 1941 — Die romanische Kirchenbaukunst in Regnitzfranken, Würzburg.

Brückner, G. 1853 — Landeskunde des Herzogthums Meiningen 2, Meiningen.

Dehio, G. 1924 — Handbuch der Deutschen Kunstdenkmäler 1, Berlin.

Dobenecker, O. 1896, 1939 — Regesta diplomatica necnon epistolaria historiae Thuringiae 1 und 4, Jena.

[1]) Für freundliche Auskunft ist Herrn Prof. Dr. C. Pescheck in Würzburg herzlich zu danken.

Feustel, R. 1961 — Die wüste Kapelle Glasbach am Rennsteig, in: Alt-Thüringen 5, S. 223–279.

Geldern-Crispendorf, G. von 1930 — Kulturgeographie des Frankenwaldes, Halle (Saale).

Grimm, P. 1958 — Die vor- und frühgeschichtlichen Burgwälle der Bezirke Halle und Magdeburg, Berlin.

Hannappel, M. 1941 — Das Gebiet des Archidiakonates Beatae Mariae Virginis Erfurt am Ausgang des Mittelalters, Jena.

Heins, W. 1961 — Eine Schenkung der Polenkönigin Richeza für das Stift Aschaffenburg, in: Coburg mitten im Reich 2, Kallmütz/Opf., S. 43–61.

Mildenberger, G. 1964 — Ausgrabungen auf dem Marienberg in Würzburg, in: Mainfränkisches Jahrbuch für Geschichte und Kunst, S. 1–8.

Neumann, G. 1966 — Die Ausgrabungen des Vorgeschichtlichen Museums der Universität Jena auf dem Petersberge in Saalfeld, Saalfelder Museumsreihe 1.

Nowothnig, W. 1956 — Der Wurmberg und seine Baureste, in: Harz-Zeitschrift 8, S. 1–20.

Rebhan, J. 1966 — Die Sattelpaßstraße. Schriftenreihe des Deutschen Spielzeugmuseums Sonneberg, Sonneberg.

Rempel, H. 1963 — Saalfeld und der Orlagau in frühgeschichtlicher Zeit, in: Saalfelder Kulturblätter 1963, Heft 3 und 4, S. 1–39 (übernommen aus: Coburg mitten im Reich 2, Kallmünz/Opf. 1961 S. 5–30).

Schwineköper, B. 1957 — Die Anfänge Magdeburgs, in: Vorträge und Forschungen 4, Lindau und Konstanz, S. 389–450.

Verbeek, A. 1937 — Der Alte Turm in Mettlach, in: Trierer Zeitschrift 12, S. 65–80.

Wolff, G. 1898 — Die ehemalige Marienkapelle zu Ludwigstadt in Oberfranken, in: Jahresbericht des Thüringisch-Sächsischen Vereins für Erforschung des vaterländischen Alterthums und Erhaltung seiner Denkmale in Halle a. d. Saale für 1897/98, S. 48–52.

Ein Eisenverhüttungsrevier im Staatsforst Flensburg

Von Hans Hingst, Schleswig

Mit 13 Textabbildungen und Tafel 23

Die in Schleswig-Holstein seit 18 Jahren durchgeführten Untersuchungen vor- und frühgeschichtlicher Eisenverhüttungsanlagen haben gezeigt, daß diese äußerlich unscheinbaren Bodendenkmäler als Sondergruppe unter den Siedlungsindikatoren angesehen werden dürfen. Die vergleichende Analyse der Begehungs- und Grabungsbefunde hat uns neue Erkenntnisse über den technischen Ablauf und die historische Entwicklung der Eisenverhüttung sowie ihre Eingliederung in das einfache Wirtschaftsgefüge ihrer Zeit und den Einfluß bzw. die Abhängigkeit auf bzw. von siedlungskundlichen Umschichtungen während der vor- und nachchristlichen Eisenzeit ergeben (H. Hingst 1957, S. 166f.; 1958, S. 265f.; 1964, S. 227ff.).

Sowohl die repräsentative Gesamtkartierung in Schleswig-Holstein als auch die systematische Begehung durch die Landesaufnehmer in verschiedenen Kreisen haben übereinstimmend Belege dafür erbracht, daß die mit der Eisenverhüttung in Zusammenhang stehenden Anlagen und Befunde im wesentlichen drei Denkmälergruppen zugeordnet werden müssen: Lockere Streuungen von Eisenschlacken und gelegentlich in Knickwällen erhaltene, kompakte Eisenschlackenklötze im Bereich begrenzter Flächen, in denen häufiger auch kohlige Verfärbungen auf den Äckern zu beobachten sind, kennzeichnen vor- und frühgeschichtliche Eisenverhüttungsplätze, die auf trockenen, meist sandigen und häufig geneigten Flächen am Rande oder in der Nähe mooriger bzw. anmooriger Niederungen liegen, in denen gegenwärtig im allgemeinen noch unbedeutende Raseneisenerzvorkommen nachzuweisen sind. Ausgrabungen im Bereich dieser durch Schlackenstreuung gekennzeichneten Verhüttungsbezirke haben gezeigt, daß die Spuren der Rennfeueröfen als kesselförmige, mit kohliger Erde, Holzkohle, Eisenschlackenbrocken und traubig zerflossenen Eisenschlackenstücken gefüllte Herdgruben erhalten sind. Die oberirdischen Ofenteile sind bis auf geringfügige Spuren zerstört. In den gleichen Fundbezirken wurden regelmäßig Ausheizherde verschiedener Form und Nebenanlagen wie Röstgruben, Lehmaufbereitungsgruben und Meilergruben nachgewiesen. Eine zweite Gruppe von Verhüttungsanlagen, deren historische Eingliederung bislang nicht eindeutig geklärt war, liegt vorwiegend weit vorgeschoben in ausgedehnten Niederungsgebieten in der Nähe von Raseneisenerzlagern. In diesen Bezirken sind vornehmlich in feuchten Niederungswäldern, aber auch auf Wiesen mit hohem Grundwasserstand meist in Gruppen beieinanderliegende Eisenschlackenhaufen verschiedener Form und Größe erhalten. In meliorierten und für den Ackerbau erschlossenen Niederungen kennzeichnen Gruppen rundlicher Komplexe mit dichter Schlackenstreuung, daß ähnliche Schlackenhalden durch Pflug und Egge zerstört worden sind. Von den beiden Hauptgruppen der unmittelbar mit der Eisenverhüttung in Zusammenhang stehenden Denkmälergruppen sind als dritte unregelmäßig begrenzte Flächen mit lockeren Schlackenstreuungen zu unterscheiden, die häufig beim Absammeln von Scherben auf kaiser- und völkerwanderungszeitlichen Siedlungen aufgelesen werden können. Sie kommen in allen Landschaften Schleswig-Holsteins vor. Ihre Funddichte ist durch die Streuung der Siedlungen bestimmt. Nach Beobachtungen, die bei Grabungen gesammelt worden sind, dürfen wir die in den eisenzeitlichen Siedlungsschichten vorhandenen Eisenschlacken als Abfallprodukte ansprechen, die beim Schmieden von Rohluppe oder schlackenreichem Eisen anfallen. Sie liegen am Rande flacher oder in flachmuldigen Feuerstellen, die im allgemeinen als Schmiedefeuer gedeutet werden können.

In die Serie der durch Schlackenhügel gekennzeichneten und in Niederungsgebieten aufzufindenden Eisenverhüttungsreviere Schleswig-Holsteins ist trotz abweichender geographischer Lage eine Denkmälergruppe einzuordnen, die im Staatsforst Flensburg zwischen den nördlichen Stadtrandbezirken und der dänischen Landesgrenze bei Niehuus und Vogelsang noch vor wenigen Jahren in ungestörtem Zustand vorhanden gewesen ist (Taf. 23). In auffällig dichter Streuung sind die Schlackenhalden im Südteil des Forstes, dem Kluesrieser Gehölz, unmittelbar nördlich des bebauten Gebietes der Stadt erhalten. Seit 1956 haben Baumaßnahmen verschiedener Art und 1966 die Anlage der neuen Trasse der E 3 die Bodendenkmalpflege genötigt, im Bereich dieser Denkmälergruppe umfangreichere Grabungen durchzuführen, die uns einen guten Einblick in die durch Schlackenhalden signierten Eisenverhüttungsreviere und ihre zeitliche Eingliederung vermittelt haben.

Bevor darüber im einzelnen berichtet werden kann, muß die von den übrigen schleswig-holsteinischen Fundbezirken abweichende geographische Lage der Denkmäler im Kluesrieser Gehölz kurz dargelegt werden. Das Waldgelände bedeckt eine für schleswig-holsteinische Verhältnisse außergewöhnlich kuppige Endmoräne der letzten Vereisung. Den besonderen Charakter des Landschaftsstriches bestimmen stark wellige Moränenzüge, kesselförmige, vermoorte Senken und kräftig geböschte, teilweise auch steil abfallende Täler, deren schmale, rinnenförmige Sohlen vermoort oder noch gegenwärtig von wasserreichen Bachläufen durchzogen sind. Auf kleinen, ebenen oder schwach geneigten Terrassen an den oberen Rändern der Kessel oder Rinnen liegen in Gruppen oder auch einzeln 52 im Grundriß rundliche oder ovale Schlackenhalden von 2—11 m Durchmesser und 0,20—1,00 m Höhe. Jeweils 42,9% der ungestörten Halden weisen einen Durchmesser von 2—4 und 5—7 m auf. Große Halden von 8—11 m Durchmesser sind nur mit 14,2% vertreten. Die Annahme, daß die variierenden Haldengrößen mit dem Umfang bzw. mit der Arbeitsdauer auf einem bestimmten Arbeitsplatz in Zusammenhang stehen, liegt nahe. Gute Belege für die Klärung dieses Fragenkomplexes sind durch die im Frühjahr 1966 durchgeführten Ausgrabungen erbracht worden. Besonders übersichtliche Befunde hat die Untersuchung der Hügel 62a und 59—60 ergeben. Bestätigt und teilweise auch ergänzt sind die Beobachtungen an 13 weiteren Schlackenhalden, die beim Straßenbau teilweise nur flüchtig untersucht werden konnten. Um Wiederholungen zu vermeiden, sollen die wesentlichen Grabungsergebnisse aus dem Bereich der Verhüttungsanlagen an den beiden genannten Denkmälergruppen illustriert werden.

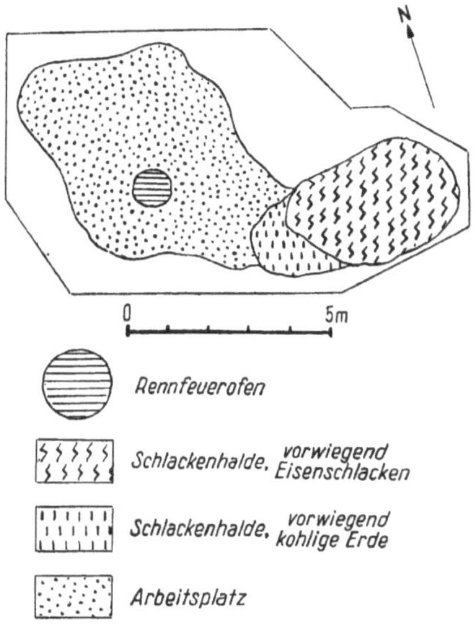

Abb. 1. Flensburg. Schlackenhügel 62a. Aufsicht von Halde, Arbeitsplatz und Ofen

Der Schlackenhügel 62a gehört zur Gruppe der kleineren, einzeln liegenden Verhüttungsplätze (Abb. 1). Die Schlackenhalde hob sich nach dem Entfernen der dünnen Waldhumusdecke als eine im Grundriß unregelmäßig ovale, gleichmäßig gewölbte, flachböschige Kuppe gegen den anstehenden sandigen Lehm ab (Durchmesser Ost-West 5,30 m, Breite 2,90 m). Auf dem in der Längsrichtung unter der Halde um 0,80 m abfallenden Gelände war eine bis 0,50 m starke Schicht aus Eisenschlackengrus und kohligem Sand aufgetragen, in die zerschlagene Lauf- und Wandschlackenstücke unregelmäßig eingebettet lagen. Der östliche, gut 1,50 m breite Sektor der Halde enthielt vorwiegend kohligen Sand und Schlackengrus. Nach Nordwesten grenzt an die Halde ein deutlich gegen den anstehenden gelbgrauen Lehm abgesetzter Bezirk aus schwarzgrauem, mit Kohleteilchen durchsetzem Erdreich (Durchmesser Nordwest-Südost gut 7 m, Breite etwa 5 m). Etwa im Zentrum dieser Verfärbung hob sich unter der Waldhumusdecke die Grundpackung eines Rennfeuerofens als rundlicher Komplex aus rötlichbraun verziegeltem Lehm ab (Durchmesser etwa 1,20 m). In einem durchschnittlich 1,00 m breiten, den Ofenplatz umsäumenden Streifen war der schwarze Sand besonders intensiv mit Kohlepartikelchen angereichert und, abgesehen von dem Bezirk zwischen dem Ofen und der gut 2 m ostwärts liegenden Halde, durchschnittlich 5—8 cm dick. Nach der Randzone des Arbeitsplatzes zu dünnte die aufgetragene Sandschicht ungleichmäßig aus. Die Verfärbung begrenzte offensichtlich den um den Rennfeuerofen liegenden Arbeitsbereich.

Beim Abdecken der Ofenschichten ließen sich sichere Anhaltspunkte für den Aufbau des Rennfeuerofens gewinnen (Abb. 2). In den anstehenden sandigen Lehm war eine flache Mulde von 0,60 m Durchmesser und 0,20 m Tiefe eingegraben. Vornehmlich die Randzonen des Bodens der Eintiefung säumte ein Ring aus faustgroßen Steinen. Am Ostende der Steinpackung war zwischen zwei kopfgroßen Steinen eine 15 cm breite Öffnung ausgespart, deren Boden ein flacher Stein ausfüllte. Den Grund der Feuermulde bedeckte eine gut 5 cm starke, auf und zwischen den Steinen liegende Holzkohleschicht, die sich in der

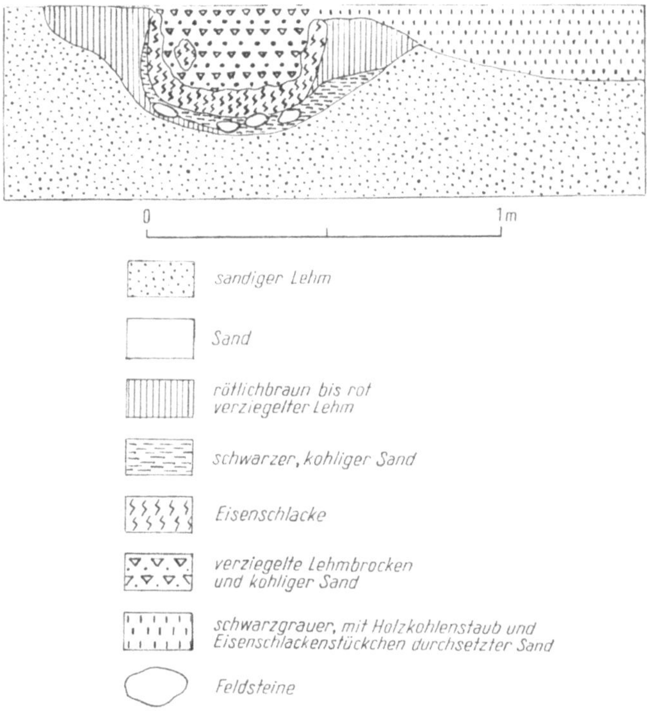

Abb. 2. Flensburg.
Schnitt durch Rennfeuerofen am Schlackenhügel 62a

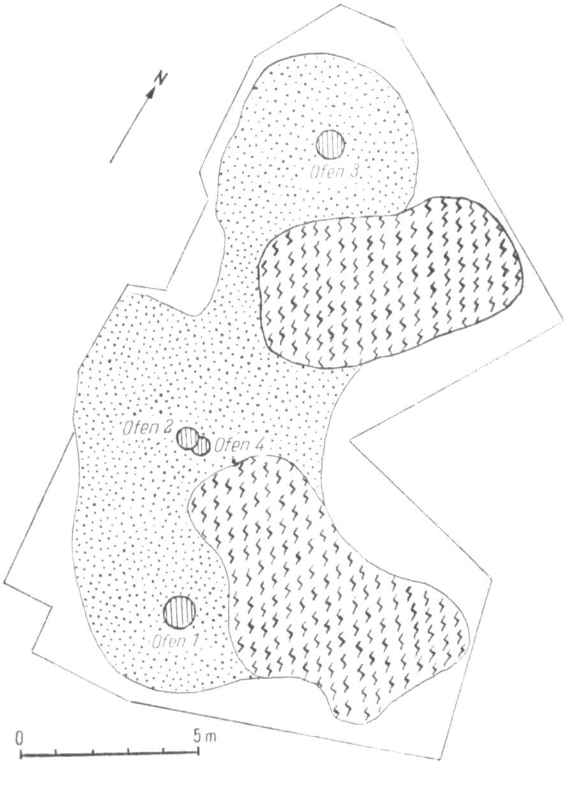

Abb. 3. Flensburg. Schlackenhügelgruppe 59/60. Aufsicht von Halden, Arbeitsplätzen und Öfen. Zeichenerklärung siehe Abb. 1

Wandzone bis zum Grubenrand hinaufzog. Auf der Kohleschicht lag ein der Grubenform angepaßter, kesselförmiger Schlackenklotz aus poröser, mit Holzkohlestücken durchsetzter Wandschlacke (größter Durchmesser 0,55 m, durchschnittliche Dicke der Schlackenschicht 0,08—0,10 m). Der Wandschlackenkessel war mit Schlackenstücken, zerbrökeltem, verziegeltem Lehm und schwarzgrauer Erde gefüllt. Um die Randzone der Grube zog sich ein etwa 0,30 m breiter Ring aus verziegeltem, sandigem Lehm. Die Konturen zum Grubengrunde hin waren nicht mit Sicherheit zu begrenzen, weil dort wie auch unterhalb der Grube der anstehende Lehm ebenfalls Brandverfärbungen aufwies. Östlich der Brandmulde befand sich zwischen der Grubenöffnung und der Schlackenhalde eine unregelmäßig in den Untergrund eingetiefte, etwa 1 m breite Mulde. Ihre tiefste, etwa 0,60 m unter die Oberfläche herabreichende Einsenkung lag 2 m vor dem Ofen. Die Mulde war mit schwarzgrauem bis grauem Sand gefüllt. In der Füllschicht lagen unmittelbar vor der Ofenöffnung Bruchstücke eines Ziegels vom Klosterformat, der ursprünglich das Ofenloch überspannt haben dürfte.

Die Aufdeckung der Hügel 59—60 erbrachte eine gute Übersicht über die Fundverhältnisse an den Halden mittlerer Größenordnung (Abb. 3). Die flachen Schlackenhügel waren am Westrand eines nordsüdlich verlaufenden, steilböschigen und von einem Bachlauf durchzogenen Tales winklig gegeneinander geneigt aufgeschüttet. Die westlichen Sektoren der im Grundriß unregelmäßig ovalen bis nierenförmigen Schlackenkuppen lagen etwa 3 m voneinander entfernt. Auch zwischen den Schlackenhügeln war Schlackengrus, Schlacke und kohlige Erde in 0,20 m Stärke auf eine alte Humusdecke aufgetragen. Beide Halden waren auf dem stark geneigten Hang des oberen Talrandes aufgeschichtet. Ihr Ostteil lag 0,90 bzw. 1,40 m tiefer als das Westende. Die größte Mächtigkeit betrug im Ostsektor 0,60 bzw. 0,70 m. Die Zusammensetzung des Abraummaterials glich im wesentlichen dem beim Hügel 62a beschriebenen Befund. Der Größe der Halde entsprechend war die Zahl der gefundenen Wand- und Laufschlacken größer. Dadurch ließen sich gute Anhaltspunkte für die Rekonstruktion der Öfen und Hinweise für den technischen Ablauf des Verhüttungsprozesses im Rennfeuer gewinnen.

Die Westenden der Halden reichten bis in den durch kohlige Verfärbungen signierten Arbeitsbezirk hinein, dessen Konturen deutlich gegen den in 0,40 m Stärke anstehenden, weißgrauen Bleichsand abgesetzt waren. Der Platz umschloß eine in Nordsüdrichtung etwa 8 m lange und durchschnittlich 5 m breite Fläche mit unregelmäßig verlaufenden Grenzlinien. Etwa 2 m nördlich des Westsektors des Schlackenhügels 60 im Norden der Gruppe war im Zentrum eines rundlichen Arbeitsplatzes von etwa 6 m Durchmesser der Ofen 3 angelegt. Die Arbeitsbezirke der gut 1 m westlich bzw. südlich der Halde 59 im Süden der Gruppe befindlichen Öfen 1, 2 und 4 griffen ineinander über und umfaßten im ganzen einen Bezirk von 12 × 7 m Ausdehnung. Hart westlich der beiden eben genannten Ofengruppen waren besonders stark mit Holzkohleteilen angereicherte, tiefschwarze Komplexe vom 1,50—2,00 m Durchmesser vorhanden. Die Vermutung, daß hier Stapelplätze von Holzkohle gelegen haben, ist begründet, obwohl nur einige in Struktur erhaltene Holzkohlestücke gefunden worden sind. Weitere Kohlestücke dürften durch laufendes Befahren eines den Arbeitsbezirk überschneidenden Waldweges zerstört worden sein.

Die Untersuchung der Öfen bestätigte die Befunde, die beim Rennfeuerofen des Komplexes 62a ausführlicher beschrieben worden sind. Am Ofenkomplex des Hügels 59 überlappten sich zwei ostwestlich nebeneinander liegende Grundisolationen von Rennfeueröfen (Abb. 4). Die Konturen des älteren Ofens waren als gut 0,30 m in den Bleichsand eingetiefte Mulden von 0,60—0,70 m Durchmesser erhalten. Der Grubengrund war mit vorwiegend flachen Steinen ausgefüllt. Zwischen den Lücken der Steine lag kohlige, mit Holzkohlestücken und kleinen Eisenschlackenstücken durchsetzte Erde. Über den Steinen befand sich ein etwa 0,10 m dickes Kohleband mit Eisenschlackenstücken und einem größeren Schlackenbrocken. Das darüber abgelagerte Füllmaterial bestand aus zerbröckeltem, verziegeltem Lehm und kohliger Erde. Um diese Füllzone zog sich ein 0,30—0,40 m breiter Ring aus fest verkittetem, rotbraun verziegeltem, sandigem Lehm. Die Grenze zwischen den Ofenanlagen 1a und 1b war nicht mit Sicherheit zu bestimmen. Die Gesamtschicht beider Fundkomplexe überdeckte eine mit den darunterliegenden Füllschichten verbackte, etwa 5 cm starke Schicht aus verziegeltem Lehm. Der Durchmesser der jüngsten Anlage betrug ca. 1,30 m.

Neben dem westlichen Zipfel der Halde 59, der die Randzone des Ofens 1 teilweise überdeckte, lag die Ofengruppe 2 und 4. Die Untersuchung zeigte, daß beim Ausheben der Herd- und Schlackenabflußmulde des Ofens 2 die Grundisolation des hart östlich anschließenden Ofens 4 bis auf eine mit kohliger Branderde und Lehmbrocken gefüllte Eintiefung von etwa 0,60 m Durchmesser zerstört worden war. Der Boden der 0,55 m breiten und 0,30 m tiefen Herdmulde des Ofens 2 (Abb. 5) war mit einer 0,15—0,20 m starken, rötlichbraun verziegelten Lehmschicht ausgekleidet. In der darüber befindlichen Brandschicht lag ein großer, flacher Feldstein. Beides überdeckte eine verziegelte Lehmplatte, deren Randkonturen sich unscharf gegen einen die Gesamtanlage umhegenden, 0,30 m breiten Ring aus graubräunlichem Lehm absetzten. Vor der Südostseite des Ofens war eine 0,60 m lange und 0,40 m breite Schlackenabflußwanne ausgehoben worden.

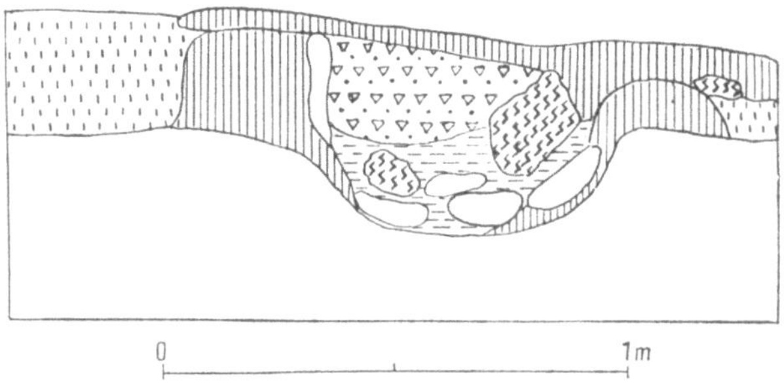

Abb. 4. Flensburg. Schnitt durch Rennfeuerofen 1 am Schlackenhügel 59. Zeichenerklärung siehe Abb. 2

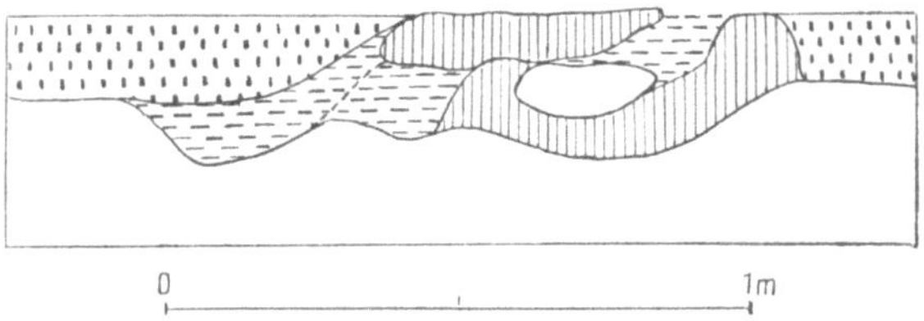

Abb. 5. Flensburg. Schnitt durch Rennfeuerofen 2 am Schlackenhügel 59. Zeichenerklärung siehe Abb. 2

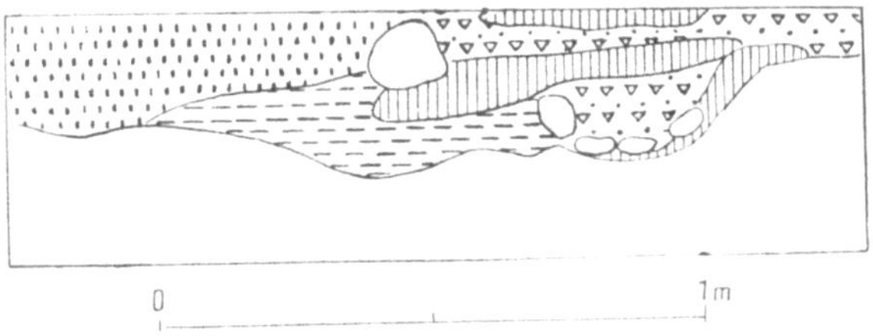

Abb. 6. Flensburg, Schnitt durch Rennfeuerofen 3 am Schlackenhügel 60. Zeichenerklärung siehe Abb. 2

Auch der 1,60 m nordwestlich der Schlackenhalde 60 aufgedeckte Ofen 3 wies ein mehrschichtiges Profil auf (Abb. 6). Den Grund der 0,30 m tiefen und 0,60 m breiten, flach in den Bleichsand eingetieften Mulde bedeckte eine Brandschicht, in die flache, etwa faustgroße Steine und einige Eisenschlackenstücke eingebettet waren. Die Randzone der Mulde war mit Lehm ausgefüttert. Darüber lag eine fast 0,30 m starke Füllschicht aus verziegelten Lehmbrocken, in die etwas kohlige Erde und Eisenschlackenstücke eingestreut waren. Eine darüber befindliche, etwa 8 cm starke Brandzone mit Resten einer diese wiederum überdeckenden Schicht aus verziegeltem Lehm war durch Befahren und Erosion im Waldweg beschädigt, aber noch gut sichtbar erhalten. Sichere Belege für eine mit kopfgroßen Steinen ausgekleidete Ofenöffnung waren an der Ostsüdostseite der Anlage in den oberen wie auch in den tieferen Schichten erhalten. Vor der älteren, auf dem Grund der Mulde liegenden Öffnung befand sich eine reichlich 1 m lange und 0,40 m breite, mit schwarzer, kohliger Erde gefüllte und deutlich gegen den umgebenden Bleichsand abgesetzte Arbeits- und Schlackenabflußmulde. Die Öffnung der höher gelegenen, jüngeren Bauphase des Ofens war ähnlich wie die dazu gehörige Arbeitsmulde um 0,60 m nach Süden hin verschoben.

Aus den vorgelegten Befunden ergeben sich folgende Einzelheiten, die als typische Merkmale der Verhüttungsplätze im Kluesrieser Gehölz anzusprechen sind. In unmittelbarer Nähe der vorwiegend an Hangböschungen aufgeschichteten Schlackenhalden lagen ein oder mehrere Rennfeueröfen auf ebenen Flächen ungefähr im Zentrum eines durch dunkle Kohleverfärbungen begrenzten Arbeitsplatzes von etwa 6 m Durchmesser. Bei Anlage des Rennfeuerofens (Abb. 7) war in den anstehenden Boden eine flache Herdmulde von 0,60—0,70 m Durchmesser eingegraben und davor eine etwas tiefer in den Untergrund eingreifende Arbeits- und Schlackenabflußmulde von 1—2 m Länge ausgehoben worden. Die Grundisolation der Herdmulde bestand aus unregelmäßig mit faust- bis kinderkopfgroßen Steinen gesetzten Pflastern und einer Ausfütterung aus sandigem Lehm. Zwischen der Arbeitswanne und der Herdmulde war ein mit kopfgroßen Steinen begrenztes und mit flacheren Steinen bedecktes Ofenloch angelegt. Auf der alten Geländeoberfläche war nach dem Entfernen der Waldhumusdecke über der Herdmulde ein kegelstumpfförmiger oder birnenförmig gestalteter Ofenschacht aus sandigem Lehm errichtet. Anhaltspunkte für dessen Rekonstruktion boten die in den Halden aufgefundenen großen Wandschlackenstücke von 0,60—0,70 m Höhe. Die durchschnittliche Wandstärke des Lehmmantels betrug nach Beleg der erhaltenen Ofenteile in Bodennähe etwa 0,30 m. Der Gesamtdurchmesser belief sich in gleicher Höhe auf etwa 1,20—1,40 m. Die Höhe des Ofenschachtes darf auf etwa 1 m geschätzt werden. Sichere Hinweise auf die Art der Frischluftzufuhr wurden nicht gefunden. Da die Ofenöffnungen häufig unterhalb der Geländeoberfläche liegen und keine Rücksicht auf die Hauptwindrichtung nehmen, darf geschlossen werden, daß die Belüftung der Rennfeuer durch Gebläsewind erfolgt sein muß. Bereits der mehrschichtige Aufbau der im Waldboden erhaltenen unteren Ofenteile zeigt, daß die Rennfeueröfen im Kluesrieser Gehölz wiederholt benutzt worden sind. Ein Vergleich der aus einem Rennfeuersatz anfallenden und der in der Halde erhaltenen Schlackenmenge vermittelt weitere Anhaltspunkte für die Beurteilung der Frage, wie oft auf einem Platze Rennfeueröfen errichtet worden sind. Da nach den übereinstimmenden Befunden der untersuchten Haldenbezirke der überwiegende Teil der auf einem Arbeitsplatz anfallenden Schlacken, Aschen- und unverbrannten Kohlebestandteile auf Halden geschüttet worden ist, vermag die Berechnung des Rauminhaltes der Schlackenhügel auf jeden Fall die Größe der einen Vergleichskomponente annähernd genau festzulegen. Die Menge des Abraumes aus e i n e m Rennfeuerofen kann nur geschätzt werden. Dazu wäre zu sagen: Es darf angenommen werden, daß nach Beendigung eines Rennfeuerganges allenfalls gut die Hälfte des Rauminhaltes des Ofenschachtes durch die Ofensau und die darunter bzw. darüber befindlichen Aschen-, Kohle- und Schlackengrusbestandteile gefüllt gewesen ist (Ergebnis der Schmelzversuche von R. Thomsen und O. Voss in Vaarde/Dänemark. Vgl. R. Thomsen 1963ff.; O. Voss 1962, S. 7ff.). Dazu dürfte die während des Schmelzvorganges abgestochene Laufschlacke, grob geschätzt, ein weiteres Viertel des Ofenraumes füllen. Somit würde die Gesamtmenge des Abraumes aus einem Ofen etwa Dreiviertel des Innenraumes eines Ofenschachtes entsprechen. Die Füllmenge

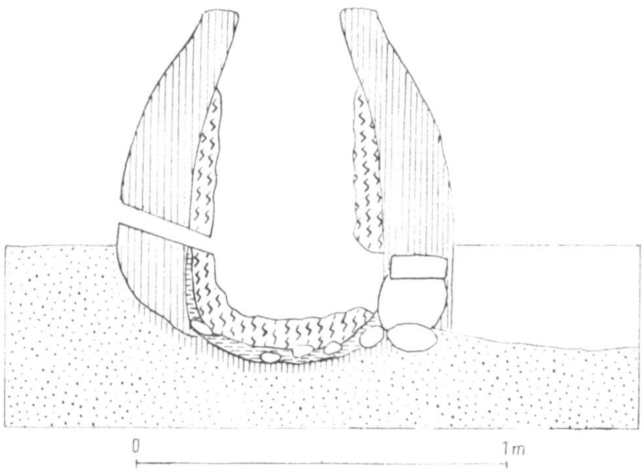

Abb. 7. Flensburg. Rekonstruktion des Rennfeuerofens am Schlackenhügel 62a. Zeichenerklärung siehe Abb. 2

eines Ofens würde also dem Rauminhalt eines Kegelstumpfes gleichen (Höhe 0,80 m, unterer und oberer Durchmesser 0,70 bzw. 0,50 m). Ein Ofen müßte dann etwa so häufig benutzt worden sein, wie der Rauminhalt einer Ofenfüllung am Ende eines Rennprozesses im Rauminhalt des gesamten Haldenabraumes enthalten ist. Das Ergebnis der Berechnung ist aus nachfolgender Statistik zu entnehmen.

Nr. des Schlackenhügels	Abraum aus einem Schlackenhügel	Zahl der Öfen am Schlackenhügel	Häufigkeit der Benutzung eines Ofens
55	4,0 m³	2 Öfen	20mal
57	4,4 m³	1 Ofen	22mal
58	3,5 m³	1 Ofen	18mal
58a	6,5 m³	1 Ofen	32mal
59	12,5 m³	2 Öfen	32mal
60	11,6 m³	2 Öfen	30mal
62a	4,9 m³	1 Ofen	25mal

Nach dieser Übersicht müßte auf einem Ofenplatz im Durchschnitt etwa 26mal ein Ofenschacht errichtet, dieser nach Beendigung des Rennfeuerprozesses abgebrochen und die nicht verwertbaren Abfallschlacken auf die Halden transportiert worden sein. Auf jeden Fall kann aus den Vergleichszahlen entnommen werden, daß an einem Ofenplatz wesentlich häufiger Ofenschächte aufgeführt sein müssen als aus den unter dem Waldhumus erhaltenen Schichten der Grundisolation eines Rennfeuerofens unmittelbar ersichtlich ist.

Zum Gesamtbild eines Arbeitsplatzes gehören auch die Nebenanlagen. Außer den aufgeführten Befunden über Schichtung und Menge der Halden verdient eine Beobachtung aus dem Schlackenhügel 60 besondere Beachtung. Am Westende der Halde lag auf dem anstehenden Humus ein Schlackenkomplex, dessen Fladen, in teigigem Zustand übereinandergeschichtet, durch ihr Gewicht gegeneinander verdrückt und miteinander verkittet worden sind. Die einzelnen Fladen bestanden aus einem stark verbackten Granulat kleiner, mit Holzkohle vermengter Schlackenstücke (Durchmesser des Komplexes $1{,}00 \times 0{,}80$ m, Höhe 0,30 m). Der makroskopische Befund der Schlacken erweckte den Eindruck, daß eine mißlungene Ofenfüllung in teigigem Zustand zur Halde transportiert worden war.

Neben den Rennfeueröfen müssen Holzkohlehaufen aufgeschichtet gewesen sein. Meilergruben sind in unmittelbarer Nähe der Öfen nicht festgestellt worden. Wahrscheinlich kann die in der Nähe der Verhüttungsplätze 57 und 58 aufgedeckte Feuerstelle 4 (Abb. 12) als Röstplatz für Eisenerz gedeutet werden. Dort war auf einem unregelmäßig gefügten, im Grundriß etwa ovalen Steinpflaster eine etwa 10 cm starke Lehmschicht aufgetragen, die in der Ausdehnung des Pflasters rötlichbraun verziegelt war. Leider ist der Platz erst entdeckt worden, nachdem die oberen Schichten, in denen vielleicht Eisenerzstücke erhalten gewesen sein konnten, vor der Untersuchung abgeräumt worden waren.

Bei einer gestörten, an den Rändern mit kopfgroßen und in den tieferen Schichten unregelmäßig mit faustgroßen Steinen gegen die Bodenfeuchtigkeit isolierten Feuergrube an dem Schlackenhügel 29 wurde ein bearbeitetes Eisenluppenstück gefunden (J. Röschmann 1963, S. 274). Obwohl nicht eindeutig entschieden werden kann, ob die gestörte Anlage als Ausheizherd oder als Schmiedegrube zu deuten ist, kann aus dem Befund entnommen werden, daß im Bereich der Eisenverhüttungsanlagen im Kluesrieser Gehölz auch die Aufbereitung der in den Rennfeuern gewonnenen Rohluppe durchgeführt worden sein muß.

Anhaltspunkte für die Datierung der Rennfeuer im Flensburger Staatsforst vermitteln außer dem im Ofen 62a gefundenen Klosterformatziegel je ein in der Halde 59 und auf dem Arbeitsplatz 55 gefundener Tongefäßscherben. Die ältesten Ziegel sind im Landesteil Schleswig für das 12. Jh. belegt (H. Jankuhn 1937, S. 163). Als ältestes Bauwerk aus Ziegelsteinen in der Nähe von Flensburg wird in historischen Quellen das nach 1210 errichtete Rudekloster bei Glücksburg erwähnt (D. Ellger 1952, S. 286; J. Röschmann 1963, S. 248). Das erstgenannte Scherbenstück stammt von einem Gefäß mit gewölbter, 4 mm starker Wandung. Der fein gemagerte, graubräunliche Ton ist hart gebrannt, die Oberfläche glatt, die Innenseite mit einigen Eindrücken versehen, die auf eine Treibtechnik beim Formen des Gefäßes hindeuten. Der zweite, von einem Kugeltopf erhaltene Randscherben weist bei ähnlicher Tonbearbeitung und Härte eine etwas dunklere Farbtönung auf (Abb. 13). Eine sichere Zeitansprache ist nicht möglich. Als untere Datierungsgrenze wäre das späte Hochmittelalter zu nennen (E. Schirmer 1939, S. 65f.; P. Grimm 1959, S. 80ff.; W. Janssen 1966, S. 59 u. 133).

Wenn die zeitliche Einordnung des Eisenverhüttungsrevieres im Kluesrieser Gehölz somit vorerst nur allgemein als hoch- bis spätmittelalterlich zu umreißen ist, läßt sich mit größerer Sicherheit dennoch die Feststellung treffen, daß die Fundplätze zur Gruppe der jüngsten Rennfeueröfen im Lande gehören (H. Hingst 1952b, S. 33ff.). Daraus ergeben sich, wie nachfolgend näher untersucht werden soll, interessante Aspekte für eine siedlungskundliche Betrachtung über die Lage der eisenzeitlichen und der mittelalterlichen Verhüttungsbezirke im Bereich der drei großen im Landesteil Schleswig, in Mittel- und in Südholstein bekannten Eisenverhüttungsreviere (H. Hingst 1964, S. 226, Abb. 44).

Schlackenhügelgruppen, die nach der Art und Menge den im Kluesrieser Gehölz untersuchten Haldenplätzen in jeder Hinsicht gleichen, finden wir in Mittelholstein zwischen Padenstedt und Brokenlande südlich von Neumünster, westlich von Bad Bramstedt im Kreise Segeberg und in Südholstein im Duvenstedter Brook im Westteil des Kreises Stormarn nebst den nordöstlichen Randgebieten der Hansestadt Hamburg. Kleinere Hügelgruppen sind zwischen Stafstedt und Luhnstedt und weiterhin bei Dätgen im Kreise Rendsburg sowie im Borsteler Wohld im Kreise Pinneberg bekannt. Unter den aufgeführten Fundbezirken bieten die zwischen Padenstedt und Brokenlande gelegenen Schlackenhügel besonders günstige Vergleichsmöglichkeiten zu den eisenzeitlichen Siedlungs- und Verhüttungsbezirken auf dem Neumünsteraner Sander (H. Hingst 1952a, S. 197, Abb. 3; 1969). Die Entwässerungsrinnen des ebenen Sandergeländes säumt im Bereich eines breiten Sektors im Osten und Nordosten wie auch im Westen und Südwesten des Stadtrandgebietes von Neumünster eine Serie dicht beieinander liegender und nicht selten auch ineinander greifender Siedlungsflächen. Durch Rettungsgrabungen und systematische Untersuchungen ist der Nachweis erbracht worden, daß die Siedlungsböden sowohl Spuren intensiver Eisenverhüttung als auch Hausverfärbungen verbergen. Datierende Scherben umreißen die Dauer der Besiedlung mit Lücken von der vorrömischen Eisenzeit bis in die frühgeschichtliche Zeit um 1000. Die kaiserzeitlichen Fundstellen überwiegen in ausgesprochenem Maße.

Alle eingehend untersuchten oder auch bei Baumaßnahmen flüchtiger beobachteten Rennfeueröfen dieses Bezirkes gehören ohne Ausnahme dem gleichen Typ an: Unter der Ackerkrume sind mit kohliger Erde, traubig zerflossenen Eisenschlackenstücken oder auch grob zerschlagenen Eisenschlackenbrocken gefüllte Herdgruben von 0,60—0,70 m Tiefe erhalten. Sie haben als Auffangbecken für die während des Rennprozesses abfließende Schlacke gedient. Über den Gruben waren schornsteinartige, aus sandigem Lehm geformte Ofenschächte errichtet, deren Standspuren häufig auf den Herdgrubenrändern erhalten sind (H. Hingst 1964, S. 229, Abb. 47). Die zum Rennfeuerbetrieb gehörigen Nebenanlagen sollen in diesem Zusammenhang unerwähnt bleiben. Wichtig für den zur Erörterung stehenden Vergleich mit den mittelalterlichen Haldenplätzen ist die Beobachtung, daß die eisenzeitlichen Verhüttungsplätze auf trockenen Flächen oberhalb der jetzt von schmalen Auen und Flüssen durchzogenen diluvialen Entwässerungsrinnen angelegt sind.

Ein anders gearteter Typ von Rennfeueröfen ist in lockerer Streulage in den weiten, erst durch neuzeitliche Meliorationsmaßnahmen teilweise für den Ackerbau erschlossenen Niederungsgebieten in 5—10 km Entfernung südwestlich des Stadtzentrums von Neumünster zu finden. Seine Verbreitung ist durch die Ortschaften Padenstedt im Norden, den Westrand der Gemarkung Boostedt und das Dorf Brokenlande grob umrissen. In diesem Fundgebiet liegen auf kaum aus der Umgebung herausragenden Sandstreifen oder inselartigen Sandhorsten ovale oder nierenförmige Eisenschlackenhaufen (H. Hingst 1952a, S. 199, Abb. 4—5). Neben den in den Wiesen ungestört erhaltenen Schlackenhalden befinden sich kleine, im Grundriß runde Erhöhungen, in denen bei der Begehung keine Eisenschlacken festgestellt werden konnten. Die Ähnlichkeit dieser bislang nicht untersuchten Anlagen mit den im Kluesrieser Gehölz bei Flensburg aufgedeckten Halden und Ofenplätzen ist evident. Eine Gruppe besonders gut bewahrter Schlackenhalden befindet sich in einem Niederungswald bei Brokenlande in den Jagen 73, 74 und 75. Zahlreiche Schlackenhalden sind nach der Trockenlegung der etwas höher gelegenen Flächen der Niederungen durch neuzeitliche Ackergeräte zerrissen worden. Die im Umkreis von jeweils etwa 10 m auf den Äckern verstreut liegenden Eisenschlacken und einzelne verziegelte Lehmbrocken bestätigen die Berichte befragter Bauern, daß auf den ackerwirtschaftlich genutzten Niederungsgebieten Rennfeueranlagen des angesprochenen Typs zerstört worden sind.

Ähnliche Beobachtungen über die räumliche Trennung der Verbreitung von Schachtöfen mit Herdgruben und freistehenden Rennfeueröfen mit Schlackenhügeln lassen sich aus einem südlich angrenzenden Fundraum anführen. Westlich von Bad Bramstedt sind auf den Südhängen der Liethberge mehrfach mit kohliger Erde und Schlacken gefüllte Herdgruben von Schachtöfen nachgewiesen und teilweise auch untersucht worden. Der gleiche Ofentyp umsäumt am westlichen Ortsrand von Großenaspe eine Siedlung der jüngeren vorrömischen Eisenzeit (H. Hingst 1969).

8—10 km nordwestlich dieses eisenzeitlichen Verhüttungsgebietes liegt das bereits erwähnte Schlackenhügelrevier bei Brokenlande. In etwas geringerer Entfernung nach Südosten sind in den weiten, durch neuzeitliche Meliorationen für die Ackerwirtschaft erschlossenen Niederungen der bei Bad Bramstedt zusammenfließenden Osterau und der Schmalfelder Au die Spuren mehrerer Schlackenhügelgruppen nachgewiesen. G. Müller hat 1967 mit Mitgliedern der vorgeschichtlichen Arbeitsgemeinschaft Neumünster an der Grenze der Gemeinden Bimöhlen und Großenaspe im Kreise Segeberg einen gefährdeten Rennfeuerofen ausgegraben. Der Ofenaufbau entspricht in allen Einzelheiten den Befunden aus dem Staatsforst Flensburg. In dem erhaltenen Kegelstumpf vom Unterteil des Ofenmantels waren in gleichmäßigen Abständen Spuren verkohlter Stützhölzer zu erkennen. Vier auf die Ecken eines Rechtecks um den Ofen verteilte Pfostenspuren deuteten an, daß der Ofen überdacht gewesen sein könnte. Der Suche nach datierenden Funden in den Haldenbezirken zwischen Bad Bramstedt und Brokenlande ist bisher kein Erfolg beschieden gewesen. Die Untersuchung einer Schlackenhügelgruppe bei Stits, Gemeinde Stafstedt, Kr. Rendsburg, erbrachte hochmittelalterliche Scherben aus einem Ofenbezirk mit einem freistehenden Rennfeuerofen und Schlackenhalde (H. Hingst 1952b, S. 30f.). Bei der auffallenden Ähnlichkeit dieser Denkmälergruppen mit den im Flensburger Staatsforst ausgegrabenen mittelalterlichen Verhüttungsanlagen dürfte demnach die These begründet sein, daß die mittel- und südholsteinischen Haldenbezirke die Lage und den Aufbau der mittelalterlichen Eisenverhüttungsplätze kennzeichnen.

Wenn somit eine klare räumliche Scheidung in der Verbreitung von eisenzeitlichen Schachtöfen mit Herdgruben (wie H. Hingst 1964, S. 229, Abb. 47) und der wahrscheinlich mittelalterlichen Haldenbezirke mit freistehenden Rennfeueröfen (wie H. Hingst 1964, S. 230, Abb. 48) als gegeben angesehen werden kann, erhebt sich die Frage, welche Ursachen die Verlagerung bewirkt haben. Für eine nähere Analyse dieses Fragenkomplexes bietet der Fundraum Neumünster wieder besonders gute Untersuchungsergebnisse. Wir kennen aus dem gesamten Lande Schleswig-Holstein kein weiteres Beispiel einer so ausgesprochen dichten Belegung mit eisenzeitlichen Siedlungs- und Verhüttungsspuren, wie es an den Niederungen von Stör und Schwale mit ihren Zuflüssen nordöstlich und südwestlich von Neumünster der Fall ist. In den nahegelegenen Niederungen sind bei der geologischen Kartierung der Raseneisenerzlagerstätten Schleswig-Holsteins keine erwähnenswerten Erzvorkommen aufgeführt (K. Fiege 1950, S. 219ff.). Der Pfleger K.-H. Horstmann hat erst nach jahrelanger Feldbegehung und Befragung einzelne unbedeutende Erzlager auffinden können. Ihre Verteilung ist aufschlußreich (H. Hingst 1952a, S. 197, Abb. 3). In unmittelbarer Nähe der eisenzeitlichen Siedlungs- und Verhüttungsplätze sind keine oder nur sehr stark mit Sand durchsetzte bzw. lockere Erze vorhanden, die in Rennfeuern nicht verhüttet werden können. In den Niederungen nordwestlich von Neumünster sind wohl einige Eisenerzkomplexe, aber keine Schlackenfundplätze nachzuweisen. Der Vergleich chemischer Analysen von gegenwärtig anstehenden Raseneisenerzen und von Rennfeuerschlacken hat ergeben, daß die Eisengehalte der noch vorhandenen Erze vielfach niedriger liegen als die der Abfallschlacken aus den Rennfeueröfen (E. Schürmann 1954, S. 509; ders. 1958, S. 1299). Nicht minder interessant ist in diesem Zusammenhang, daß bei der Kartierung der Raseneisenerze Schleswig-Holsteins in einem morphologisch für die Entstehung von Raseneisenerzen prädestinierten Gebiet um Neumünster vergeblich nach guten Erzen gesucht worden ist (K. Fiege 1950, S. 234f. und mündliche Mitteilung). Es dürfte somit wahrscheinlich sein, daß die nach Beleg der zahlreichen Schlackenvorkommen ehemals vorhanden gewesenen guten Erze bereits in vor- und frühgeschichtlicher Zeit abgebaut worden sind.

Unter diesen Gegebenheiten ist es verständlich, daß die Eisenschmelzer im Mittelalter genötigt gewesen sind, die schwerer zugänglichen und entfernter liegenden Raseneisenerzlagerstätten zu erschließen. Als Zeugnisse dieser mittelalterlichen Verlagerung der Arbeitsplätze dürften die in den Wiesengebieten bei Padenstedt, im Westteil der Gemeinde Boostedt und im Niederungswald von Brokenlande erhaltenen oder durch Schlackenstreuungen ausgewiesenen Schlackenhügel angesprochen werden. In der Nähe des größten Schlackenhügelreviers bei Brokenlande fehlen wiederum die Erze. Im Ostteil der Brokenlander Feldmark sind die Erzlinsen zahlreicher, die Schlackenfundplätze aber nur vereinzelt bekannt.

In den übrigen schleswig-holsteinischen Fundbezirken ist diese siedlungsgeschichtlich interessante Verlagerung ebenfalls zu fassen, aber nicht so eindringlich zu belegen. In Südholstein überwiegt sowohl am Mittellauf der Pinnau als auch am Oberlauf der Alster die Menge der Eisenschlackenfundplätze gegenüber der Anzahl der kleineren Erzlager um ein beträchtliches. Die eisenzeitlich datierten Fundplätze liegen im wesentlichen in den Randbezirken dieser Schlackenstreuung. Im Zentrum des Duvenstedter Brooks sind ostwärts des Alsterknies bis in den Bereich der Gemeinde Jersbeck im Kreise Stormarn teilweise gut erhaltene Eisenschlackenhügel zu finden (H. Hingst 1959, S. 166, 276, 294, 505; R. Schindler 1960, S. 101).

Ähnliche Fundverhältnisse bietet ein weiträumiger Vergleich der Raseneisenerzvorkommen und der Schlackenfundplätze im Landesteil Schleswig. Im Einzugsgebiet der oberen Treene im Mittelteil der Schleswiger Geest sind größere Raseneisenerzlager selten, Eisenschlackenvorkommen dagegen außerordentlich zahlreich belegt. In dem nördlich angrenzenden Landschaftsstrich, vornehmlich in den unmittelbar südlich der dänischen Grenze liegenden Gemeinden Ellund, Gottrupel und Wallsbüll im Kreise Flensburg sind zahlreiche und große Raseneisenerzlager nachgewiesen. Westlich und südwestlich dieser Lagerstätten zeigt die Fundkarte eine nur lockere Schlackenstreuung im Nordteil des Kreises Süd-Tondern und im Westen des Kreises Flensburg an. Unter den Fundstellen sind auch einige auf der trockenen Geest gelegene Schachtöfen mit Herdgruben bekannt (H. Hingst 1958, S. 266).

Eine der mittelschleswigschen Verbreitung der eisenzeitlichen Schachtöfen vergleichbare Konzentration von Schlackenhügeln liegt nur am Westufer der Flensburger Förde vor. Dieser Fundbezirk ist durch die vorgelegte Untersuchung eindeutig hoch- bis spätmittelalterlich datiert. Somit fügt sich im ganzen gesehen auch das nördliche Schlackenhügelrevier in das Bild einer für Mittel- und Südholstein gut belegbaren Verlagerung der eisenzeitlichen Verhüttungsbezirke in den Bereich der noch unerschlossenen Eisenerzlager während des Mittelalters ein. Ungeklärt bleibt allerdings der Tatbestand, daß die an der Flensburger Förde liegenden Schlackenhügel im Gegensatz zu den mittelalterlichen Schlackenhügelplätzen mit freistehenden Öfen und Halden aus Mittel- und Südholstein nicht im Bereich feuchter Niederungen und in unmittelbarer Nähe der Erzlagerstätten errichtet worden sind. Im Kluesrieser Gehölz finden wir die Arbeitsplätze und die Halden am oberen Hang schmaler Talrinnen. Direkte Belege für das Vorhandensein von Erzlagern in den vermoorten Senken des Waldgebietes sind nicht bekannt. Unbedeutende Erzlinsen liegen lediglich in Niederungen am Nordrande des Flensburger Staatsforstes bei Niehuus. Es läßt sich somit nicht eindeutig entscheiden, ob die mittelalterlichen Eisenschmelzer das Erz in der Nähe ihrer Arbeitsplätze haben brechen können oder aus den wenige Kilometer westlich vorhandenen umfangreichen Erzlagerstätten haben heranschaffen müssen.

Grabungsbefunde

Abkürzungen: Dm = Durchmesser; Lg = Länge; Br = Breite; H = Höhe; T = Tiefe

Von den durch die Landesaufnahme im Staatsforst Flensburg festgestellten Eisenschlackenhügeln (J. Röschmann 1963, S. 374f.) sind seit 1957 bei der Überwachung von Baumaßnahmen nachfolgende Fundstellen untersucht worden:

Schlackenhügel 29: Bei Wegebauarbeiten an der Ostseite teilweise abgegrabener, flacher Eisenschlackenhügel (Abb. 8). 1 m östlich des Nordrandes der Halde lagen die Reste eines Rennfeuerofens in einem Waldwege. In dem anstehenden Bleichsand war eine flache Mulde ausgehoben (Dm 0,70 m; T 0,20 m), die nach Süden in eine 1 m lange und 0,70 m breite Arbeits- und Schlackenabflußwanne auslief. Auf den Grund der Ofenmulde war eine dichte, aber unregelmäßige Packung aus vornehmlich flachen, faust- bis reichlich kopfgroßen Steinen gelegt. Darunter befand sich eine dünne Schicht aus verziegeltem Lehm, darüber Branderde. Den Muldenrand umsäumte ein durchschnittlich 0,30 m breiter, auf den Bleichsand aufgetragener Ring aus verziegeltem Lehm. Dieser Rest des Ofenzylinders war in der Breite der Arbeitswanne unterbrochen.

6,50 m nördlich des Rennfeuerofens lag eine gestörte Herdanlage. In den anstehenden Bleichsand war eine flachböschige Mulde eingetieft (Dm 1,20 m; T noch 0,30 m). Im Bereich der Randzone der Mulde war eine unregelmäßige, ringförmige Packung aus kopfgroßen Feldsteinen in tiefschwarze Branderde eingebettet. In der dazwischen liegenden Zone lagen eben oberhalb der Grubensohle kleinere, vorwiegend faustgroße, zerglühte Steine und kleinere Eisenschlackenstücke. Die oberen Schichten der Mulde waren nach Beleg einer lockeren und ohne Erdfüllung angetroffenen Steinpackung rezent gestört.

Schlackenhügel 37: Von dem vor Beginn der Untersuchung zu zwei Drittel abgeschobenen Schlackenhügel war ein Sektor von 5 m Br und 0,80 m H erhalten. Befund: Auf einer alten humosen Oberfläche über Bleichsand befand sich eine Halde aus kohligem Sand, in dem Holzkohlestücke, Eisenschlackengrus und kleinere wie auch größere Eisenschlackenstücke (Wand- und Laufschlacke) unregelmäßig eingebettet waren. Etwa 1 m ostwärts des alten Hügelrandes lagen einzelne Lehmbrocken eines zerstörten Rennfeuerofens.

Schlackenhügel 38: Der Schlackenhügel war vor Beginn der Untersuchung reichlich zur Hälfte abgeschoben. Anlage, Schichtung und Zusammensetzung des Haldenmaterials wie bei Hügel 37. Dm noch 6 m; H 0,70 m. Spuren einer Ofenanlage wurden nicht beobachtet.

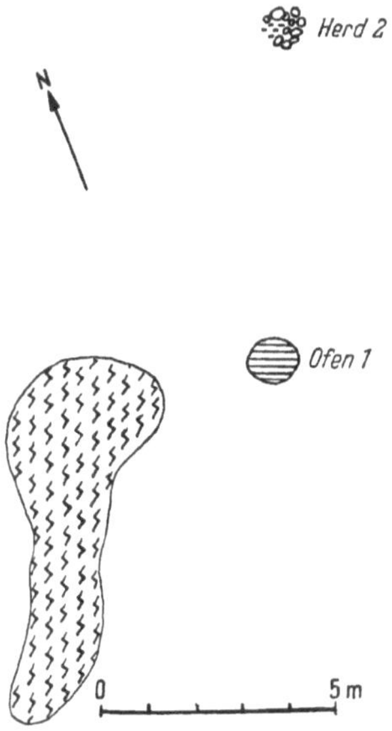

Abb. 8. Flensburg. Schlackenhügel 29. Aufsicht auf Halde und Rennfeuerofen

Schlackenhügel 39: Die oberen Schichten des Schlackenhügels waren vor Beginn der Untersuchung abgetragen (Dm noch 6,00 m; H. 0,40 m). Ein in Ostwestrichtung durch den Hügel gelegtes Profil zeigte folgenden Befund: Auf dem nach Osten hin schwach abfallenden Gelände war auf die alte Heideoberfläche ein Schlackenhügel aufgetragen. Die Lagerung und die Zusammensetzung des Haldenmaterials entsprach dem Befund von Schlackenhügel 37. Unter den nach Osten zu auslaufenden Schichten des Hügels lagen unmittelbar auf dem anstehenden Bleichsand Reste eines zerstörten Rennfeuerofens. Auf einer gut 5 cm starken, rötlichbraun verziegelten Lehmschicht befanden sich Wandschlackenfladen und verziegelte Lehmbrocken als unregelmäßige Packung von etwa 1,20 m Dm und 0,30 m H.

Schlackenhügel 40: Der Hügel war vor Beginn der Untersuchung völlig zerrissen. Im Umkreis von gut 6 m lagen auf schwach mit Humus durchsetztem Bleichsand faustgroße und kleinere Eisenschlackenstücke verstreut.

Schlackenhügel 42: Auf dem nach Westen hin um 0,80 m abfallenden Teil eines nach einer vermoorten Niederung hin geneigten Hanges waren die unteren Schichten eines abgepflügten Eisenschlackenhügels erhalten (Dm noch 4,50 m; H 0,30 m). Die Halde enthielt vornehmlich kohligen Sand, in dem Eisenschlackenstücke von Walnuß- bis Kopfgröße unregelmäßig eingestreut lagen. Unmittelbar neben dem Ostrand der Halde war in dem anstehenden Bleichsand eine flachböschige Mulde eingetieft (Dm 0,70 m; T 0,20 m). Die Sohle der Mulde deckte eine Schicht aus verziegeltem Lehm, auf die kohliges Erdreich, Eisenschlackenstücke und verziegelte Lehmbröckchen aufgetragen waren.

Schlackenhügel 55: Die systematische Untersuchung ergab folgenden Befund (Abb. 9): Auf schwach nach Süden hin abfallendem Gelände lagen etwa in Ostwestrichtung zwei sich auf 1 m Br überlappende Schlackenhügel mit unregelmäßig begrenztem Umriß. Der Abraum im westlichen Hügel enthielt mehr kohlige Erde und Schlackengrus als Schlackenstücke, der östliche Schlackenhügel etwa zur Hälfte Eisenschlacken von Faust- bis Kopfgröße und feineres Füllmaterial aus kohliger Erde und Schlackengrus. Der größte Dm des westlichen Hügels betrug 3,50 m, der des östlichen 3,90 m, die H der Gesamtaufschüttung 0,50 m. Nördlich an die Schlackenhügel angelehnt war ein im Grundriß etwa pilzförmiger Arbeitsbezirk gegen den anstehenden gelbbraunen Lehm durch schwarze bis schwarzgraue oder auch schmutzig graubräunliche Komplexe aus mehr oder weniger stark mit Holzkohleteilchen durchsetztem Erdreich abgegrenzt. Im östlichen Teil des Arbeitsplatzes befand sich mehr zur Randzone hin die Grundisolation eines Rennfeuerofens (1) als rundlicher Komplex aus rötlichbraun verziegeltem Lehm (Dm 1,20 m) (Abb. 10). Das Profil zeigte einen mehrschichtigen Aufbau. Auf dem Grunde einer flachen Mulde (Dm 1,20 m; T 0,30 m) lag ein großer, flacher Stein. Die aufsteigenden Teile der Mulde bedeckte eine 0,20 m starke Schicht aus verziegeltem Lehm. Darüber befand sich eine 0,40 m dicke Packung aus zerbröckeltem, verziegeltem Lehm, in die kohlige Erde, kleinere Eisenschlackenstücke und ein kinderkopfgroßer Eisenschlackenbrocken eingebettet waren. Darüber war eine 0,10 m starke Schicht aus verziegeltem Lehm als Bodenfläche eines neuen Ofens aufgetragen. Vor der Nordwestseite des Ofenrestes befand sich eine unregelmäßig begrenzte, etwa 1,40 m lange Arbeits- und Schlackenabflußwanne.

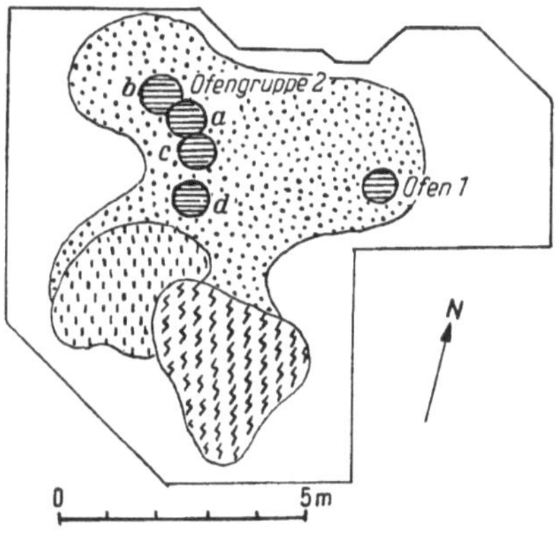

Abb. 9. Flensburg. Schlackenhügel 55. Aufsicht von Halden, Arbeitsplätzen und Rennfeueröfen. Zeichenerklärung siehe Abb. 1

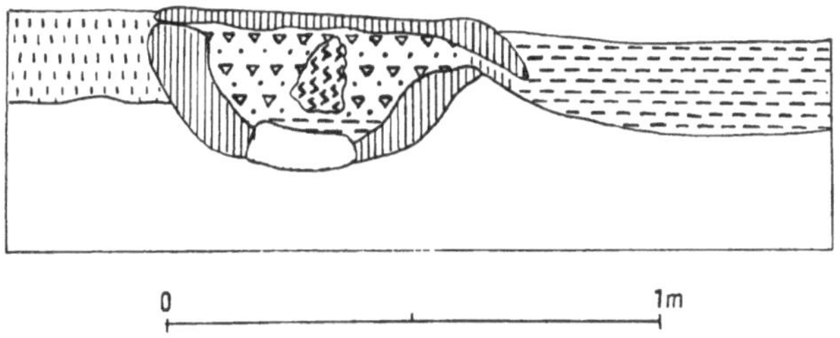

Abb. 10. Flensburg. Schnitt durch Ofen 1 am Schlackenhügel 55. Zeichenerklärung siehe Abb. 2

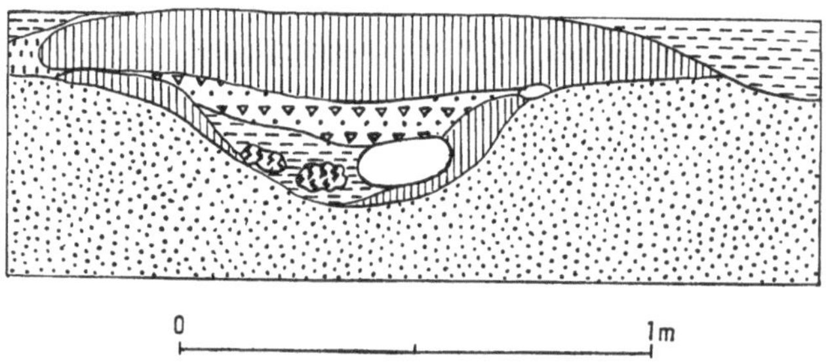

Abb. 11. Flensburg. Schnitt durch Ofen 2c am Schlackenhügel 55. Zeichenerklärung siehe Abb. 2

Im westlichen Bereich des Arbeitsplatzes war der Untergrund bis 0,40 m T unregelmäßig durchgraben. Darüber lag mit humosem Lehm durchsetztes, schwarzes, kohliges Erdreich. Etwa 2 m nordwestlich des westlichen Schlackenhügels fand sich in einer flachen Mulde (Dm 0,80 m; T 0,15 m) rötlichbraun verziegelter Lehm. Es handelt sich um die Grundisolation des Rennfeuerofens 2a, dessen Arbeitsmulde nach Nordwesten hin anschloß. Auf der kohligen Füllerde dieser Arbeitsmulde lag eine 0,10 m starke, im Grundriß runde Schicht aus verziegeltem Lehm, an die wiederum nach Nordwesten hin eine mit kohliger Erde gefüllte Mulde angrenzte. Lehmplatte und Mulde waren die Reste des Ofens 2b. Nach Südosten lehnte sich an den Ofen 2a ein im Grundriß runder, verziegelter Lehmkomplex des Ofens 2c (Abb. 11). Das Profil zeigte folgenden Befund: Auf dem Grunde einer flachen, an dieser Stelle deutlich gegen den ungestörten gelbbraunen Lehm abgesetzten Mulde (Dm 1,00 m; T 0,30 m) lagen ein flacher Stein und kohlige, mit kleinen Eisenschlackenstücken durchsetzte Erde. Auf dem ansteigenden Teil des Muldenbodens war verziegelter Lehm aufgetragen. Auf der Grundfüllung befand sich zerbröckelter, mit kohliger Erde durchsetzter Lehm. Darüber war eine 0,20 m starke, im Grundriß runde Lehmschicht verstrichen (Dm 1,30 m). Nach Nordwesten schloß sich eine in den Umrissen gegen die kohlige Erde nicht eindeutig festzulegende, mit tiefschwarzer, kohliger Erde gefüllte Schlackenabflußwanne an. Zwischen dem Ofen 2c und dem Nordrand der westlichen Schlackenhalde war auf die schwarzgraue, durchwühlte Deckschicht des westlichen Arbeitskomplexes eine etwa 0,10 m starke, im Grundriß runde Platte aus verziegeltem Lehm aufgetragen (Dm reichlich 1 m). Unmittelbar nördlich dieser Lehmplatte befand sich eine bis in den anstehenden Lehm reichende, 0,50 bis 0,60 m breite wannenförmige Eintiefung, die auf dem Grunde mit kohliger Erde gefüllt war. Die Lehmplatte und die nördlich davor liegende Rinne waren sehr wahrscheinlich die Reste eines Rennfeuerofens 2d.

Schlackenhügel 57, 58, 58a: Auf einer terrassenartigen, leicht nach Osten hin geneigten Fläche an einem steilböschigen Hang lagen wenige Meter vor dem Steilabfall drei vor Beginn der Untersuchung durch Raupenfahrzeuge stark beschädigte Schlackenhügel.

Schlackenhügel 57: Ein im Grundriß rundlicher Hügel war vorwiegend aus kohligem Sand und Schlackengrus aufgeschichtet, in dem einige Eisenschlackenstücke verschiedener Größe eingebettet lagen (Dm 5 m; H 0,50 m). 2 m südlich der Halde befand sich im anstehenden Bleichsand eine beschädigte, muldenförmige Eintiefung, in der verziegelte Lehmbrocken erhalten waren (Abb. 12, Ofen 1).

Schlackenhügel 58: Eine im Grundriß birnenförmige, flache Schlackenhalde zeigte ähnlichen Aufbau wie der Hügel 57 (Lg Nord-Süd 4 m; Br 3 m; H 0,50 m). Am Südrand lagen verziegelte Lehmbrocken eines durch Raupenfahrzeuge zerrissenen Rennfeuerofens. Ob weitere, am Nordrand der Halde auf begrenztem Raum gefundene Lehmbrocken die Lage eines zweiten Rennfeuerofens anzeigen, war nicht mit Sicherheit zu entscheiden (Abb. 12, Ofen 2).

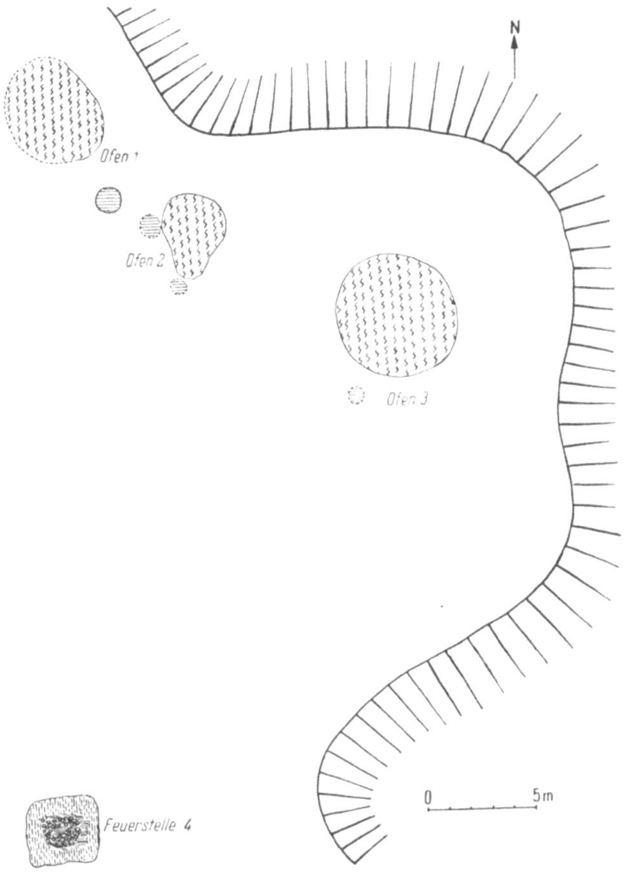

Abb. 12. Flensburg. Schlackenhügelgruppe 57—58a. Aufsicht der Rennfeueröfen, Halden und der Feuerstelle 4. Zeichenerklärung siehe Abb. 1

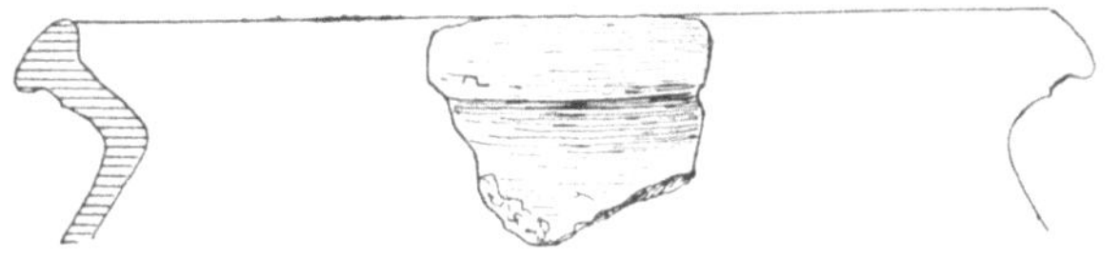
Abb. 13. Flensburg. Randscherben aus Eisenschlackenhügel 55. 1:2

Schlackenhügel 58a: Ein sich gegen die Umgebung schwach absetzender, im Grundriß runder Schlackenhügel (Dm 6 m; H 0,30 m) enthielt vorwiegend Schlackengranulat und kohlige Erde. Im Westteil lag unter einer dünnen Schlackenschicht krümeliges Füllmaterial von rostbrauner Farbe. Es handelt sich wahrscheinlich um zersetztes Raseneisenerz. 1 m südwestlich der Halde wurden im Bereich eines hier aufgeschütteten Stubbenhaufens auf begrenzter Fläche verziegelte Lehmbrocken festgestellt, die wahrscheinlich die Lage eines zerstörten Rennfeuerofens anzeigen (Abb. 12, Ofen 3).

25 m südsüdwestlich der Haldengruppe 57, 58, 58a wurden beim Abschieben der Waldhumusdecke die Konturen einer Feuerstelle aufgedeckt (Abb. 12, Feuerstelle 4). Befund: Auf humosem Sand war eine im Grundriß unregelmäßig rechteckige, etwa 10 cm starke Schicht aus gelbgrauem Lehm aufgetragen (Dm Ost-West 3 m; Nord-Süd 2,80 m). Im Zentrum befand sich eine ovale, in Längsrichtung ostwestlich liegende, locker gefügte Packung aus faust- bis kinderkopfgroßen, zerglühten Feldsteinen. Auf, zwischen und teilweise unter den Steinen lag rötlichbraun verziegelter Lehm. Dieser Brandkomplex umfaßte eine Fläche von 2,00 mal 1,40 m.

Schlackenhügel 59, 60, 62a: Die Beschreibung der Grabungsbefunde dieser Hügel ist in der Gesamtauswertung der Untersuchung aus dem Staatsforst Flensburg auf (S. 424—427) aufgeführt.

Zusammenfassung

Im Staatsforst Flensburg ist eine größere Anzahl Rennfeueröfen und Schlackenhalden ausgegraben worden. Die Öfen liegen in ein bis zwei Meter Entfernung neben den Schlackenhalden. Erhalten sind flach in den anstehenden Boden eingetiefte, mit Feldsteinen und Lehm ausgefütterte Mulden (Abb. 2). Die Mulden umsäumt ein Ring aus Lehm (Durchmesser 1,20—1,30 m). Vor den Mulden befindet sich eine 1—2 m lange, wannenförmige Eintiefung (Schlackenabflußwanne), die mit kohliger Erde gefüllt ist. Über den Mulden sind birnenförmige Ofenkörper errichtet gewesen (Abb. 7). Die während des Schmelzprozesses und nach dem Aufbrechen der Öfen anfallenden Eisenschlacken sind auf den Halden zusammengeschüttet. Auf einem Ofenplatz ist etwa 26mal ein freistehender Rennfeuerofen errichtet worden. Dieser Befund ergibt sich vornehmlich aus dem Vergleich des Rauminhaltes eines Ofens mit der Schlackenmenge einer Halde. In den Halden sind Scherben von mittelalterlichen Kugeltöpfen gefunden worden. — Öfen gleicher Bauart mit danebenliegenden Halden sind auch aus Mittel- und Südholstein bekannt. Ein Ofen aus Stits, Gem. Stafstedt, Kr. Rendsburg, ist auch in das hohe Mittelalter datiert. Die auffallende Ähnlichkeit der beschriebenen Anlagen stützt die Annahme, daß die bisher undatierten freistehenden Rennfeueröfen mit Halden vorwiegend dem Mittelalter zugeordnet werden dürfen.

Ein anders gearteter Ofentyp, der in vielen Fundbezirken Schleswig-Holsteins untersucht worden ist, zeigt folgenden Aufbau: In den anstehenden Boden ist eine 0,60—0,80 m tiefe und entsprechend breite Grube eingetieft. Sie ist nach Beendigung des Rennfeuerprozesses mit kohliger Erde, Holzkohle- und traubig zerflossenen Schlackenstücken gefüllt. Über den Herdgruben ist ein schornsteinartiger Schacht aus sandigem Lehm errichtet gewesen (H. Hingst 1964, S. 229, Ab. 47). Dieser Rennfeuerofen ist nur einmal benutzt worden. Halden entstehen deshalb nicht. Öfen dieser Bauart sind in Schleswig-Holstein von der vorrömischen Eisenzeit bis in die frühgeschichtliche Zeit gebräuchlich gewesen.

Aus der Verteilung der vor- und frühgeschichtlichen Eisenverhüttungsplätze mit Herdgruben unter den Ofenschächten und der mittelalterlichen Ofenplätze mit freistehenden Rennfeueröfen und Halden ergeben sich interessante Anhaltspunkte für die Klärung der historischen Entwicklung der Eisenverhüttung im Lande. Die Verhüttungsplätze der vorrömischen Eisenzeit, der Kaiserzeit und der frühgeschichtlichen Zeit liegen auf überflutungsfreien Flächen in der Nähe von Niederungen. In den davorliegenden Flußauen fehlen gegenwärtig gute Raseneisenerze. Sie müßten nach Gutachten der Geologen vorhanden gewesen sein. Die Eisengehalte der Abfallschlacken aus diesen Verhüttungsbezirken liegen höher als die der gegenwärtig anstehenden Erze. Es ist somit wahrscheinlich, daß die guten Erze in vor- und frühgeschichtlicher Zeit abgebaut worden sind.

Die mittelalterlichen Verhüttungsplätze liegen im Bereich sumpfiger und unwegsamer Wiesengebiete in der Nähe oder inmitten der dort anstehenden Raseneisenerzlager. Dieser Befund läßt den Schluß zu, daß die mittelalterlichen Rennfeuerschmiede schwerer zugängliche Eisenerzlager erschließen mußten. Ihre Arbeitsbezirke sind deutlich von den Verhüttungsplätzen aus vor- und frühgeschichtlicher Zeit getrennt. Diese Verlagerung ist in Holstein gut zu belegen. Die mittelalterlichen Verhüttungsplätze im Staatsforst Flensburg liegen ebenfalls von den eisenzeitlichen Verhüttungsrevieren in Mittelschleswig getrennt. Es läßt sich allerdings nicht eindeutig entscheiden, ob das im Staatsforst Flensburg verhüttete Raseneisenerz in nahegelegenen Lagerstätten gebrochen werden konnte oder aus einem einige Kilometer westlich gelegenen Gebiet herantransportiert worden ist.

Literaturverzeichnis

Ellger, D. 1952 — Die Kunstdenkmäler des Landkreises Flensburg, Flensburg.

Fiege, K. 1950 — Die Raseneisenerze Schleswig-Holsteins, in: Neues Jahrbuch für Mineralogie, Heft 9/10, S. 219—237.

Grimm, P. 1959 — Zur Entwicklung der frühmittelalterlichen Keramik in den Bezirken Halle und Magdeburg, in: Praehistorische Zeitschrift 37, S. 72—100.

Hingst, H. 1952a — Siedlung und Eisengewinnung auf dem Neumünsteraner Sander in vorgeschichtlicher Zeit, in: Hammaburg 3, S. 191—205.

Hingst, H. 1952b — Die vorgeschichtliche Eisengewinnung in Schleswig-Holstein, in: Offa 11, S. 28—37.

Hingst, H. 1955 — Vorgeschichtliche Eisengewinnung im Kreise Segeberg, in: Heimatkundliches Jahrbuch für den Kreis Segeberg 1, S. 15—24.

Hingst, H. 1957 — Die vor- und frühgeschichtliche Eisenverhüttung in Schleswig-Holstein, in: Stahl und Eisen 77, S. 162—167.

Hingst, H. 1958 — Die vor- und frühgeschichtliche Eisenverhüttung in Schleswig-Holstein, in: Neue Ausgrabungen in Deutschland, Berlin, S. 258—267.

Hingst, H. 1959 — Die Vorgeschichte des Kreises Stormarn, Neumünster.

Hingst, H. 1964 — Die vorrömische Eisenzeit, in: Geschichte Schleswig-Holsteins, Bd. 2, Neumünster, S. 147 bis 247.

Hingst, H. 1969 — Vorgeschichtliche Eisenverhüttungsplätze auf dem Neumünsteraner Sander, in: Rust-Festschrift, Köln (im Druck).

Jankuhn, H. 1937 — Die Wehranlagen der Winkingerzeit zwischen Schlei und Treene, Neumünster.

Janssen, W. 1966 — Zur Typologie und Chronologie der mittelalterlichen Keramik aus Südniedersachsen, Neumünster.

Müller, G. 1959 — Bad Bramstedt und seine Umgebung in vor- und frühgeschichtlicher Zeit, in: Heimatkundliches Jahrbuch des Kreises Segeberg 5, S. 15—26.

Röschmann, J. 1963 — Die Vorgeschichte des Kreises Flensburg, Neumünster.

Schindler, R. 1960 — Die Bodenaltertümer der Freien und Hansestadt Hamburg, Hamburg.

Schirmer, E. 1939 — Die deutsche Irdenware des 11.—15. Jahrhunderts im engeren Mitteldeutschland, Jena.

Schürmann, E. 1954 — Untersuchungsergebnisse alter Rennfeuerschlacken, in: Archiv für das Eisenhüttenwesen 25, S. 507—514.

Schürmann, E. 1958 — Die Reduktion des Eisens im Rennfeuer, in: Stahl und Eisen 78, S. 1297—1308.

Seebach, C. H. 1964 — Die Grabung im Schloßteich von Schloß Glücksburg Rukloster, monasterium ruris regii, in: Bonner Jahrbuch 164, S. 133—137.

Thomsen, R. 1963 — Forsøg på Rekonstruktion af en fortidig Jernudvindingsproces, in: Kuml, S. 60—74.

Voss, O. 1962 — Jernudvinding i Danmark i forhistorisk Tid, in: Kuml, S. 7—32.

Die Anfänge der Stadt Frankenhausen und ihre Entwicklung bis zur Mitte des 16. Jahrhunderts

Von Hans Eberhardt, Weimar

Mit 1 Textabbildung

Wenn für die Stadt Mühlhausen jene Karlsurkunde von 775 mit ihrer Wendung „ubi Franci homines conmanent" den urkundlichen Beweis erbringt, daß sich hier schon frühzeitig die Franken festgesetzt hatten (H. Patze 1961, S. 60f.), so bietet bei Frankenhausen dafür allein die Namengebung die Gewähr. Indessen hat für das benachbarte Steinthaleben ein erst vor wenigen Jahren aufgedecktes Gräberfeld auch den archäologischen Nachweis für eine fränkische Besiedlung des 7. Jh. erbracht, und wenn hier vielleicht schon eine in der Nähe gelegene und für die frühe Eisenzeit nachgewiesene Salzsiederei mit ein Grund für die Niederlassung von Franken gewesen sein dürfte (L. Pflaumbaum und H. Günther 1962), so darf dies für Frankenhausen mit Sicherheit angenommen werden. Die schriftliche Überlieferung für die Zeit der Merowinger und Karolinger schweigt sich allerdings völlig aus, und die wenigen Schenkungen von Einwohnern des Ortes an das Kloster Fulda aus der Zeit vor 900 sagen über Frankenhausen selbst nichts aus (O. Dobenecker 1896—1939, I, 294). Allein das Petrus-Patrozinium der „Altstädter" Kirche weist auf fränkischen Einfluß hin (R. Herrmann 1951, Bl. 120). Die romanischen Reste dieser Kirche deuten ein hohes Alter an und lassen einen ursprünglich größeren Kirchenbau vermuten (P. Lehfeldt 1889, S. 2f.). Auch die spärlichen urkundlichen Zeugnisse des 10., 11. und 12. Jh. vermitteln keine Nachrichten über die Siedlung Frankenhausen, sie lassen lediglich erkennen, daß dem Ort durch seine Salzquellen eine Bedeutung zukam. Zwar ist die Besitzbestätigung Ottos I. von 952 für Pöhlde, mit der dem Kloster auch „duas patellas" zu Frankenhausen zugesprochen werden, eine spätere Fälschung (O. Dobenecker 1896—1939, I, 382), echt ist aber die Schenkungsurkunde Ottos III. für das Kloster Memleben von 998, die dem Kloster die „civitatem de nostro regno que vocatur Uuihi" mit Zubehör und „cum locis patellarum in quibus sal efficitur apud Franconhus" zuspricht (O. Dobenecker 1896—1939, I, 585).

Die Urkunde Ottos III. von 998 ist somit die erste sichere urkundliche Erwähnung von Frankenhausen und seiner Salzquelle, sie ist auch insofern aufschlußreich, als der deutsche König die Schenkung vornimmt. Es ist somit die Annahme gerechtfertigt, daß Frankenhausen im 10. Jh. Königsgut war, das als ehemaliger fränkischer Besitz in die Hände des sächsischen Herzogsgeschlechts der Liudolfinger gelangte und, seitdem dieses den deutschen Königsthron einnahm, als Königsgut genutzt wurde. Wie weit es den Tatsachen entspricht, daß 1074 auch das Kloster Saalfeld über 4 „sartagines" zu Frankenhausen verfügte (O. Dobenecker 1896—1939, I, 912; dazu H. Patze 1962, S. 137), mag dahingestellt bleiben, auf jeden Fall unterstreicht auch dieser Beleg die Bedeutung von Frankenhausen als Salzort ebenso wie die urkundlichen Zeugnisse für das Kloster Kaltenborn von 1120, 1136 und 1180 (O. Dobenecker 1896—1939, I, 1150, 1319, II, 571), nach denen das Kloster im Besitz von 2 „panstadhel" zu Frankenhausen war. Alle diese Urkunden aber sagen über die Siedlung Frankenhausen nichts aus, und wenn 1189 „in placito quodam Frankenhusen" ein Besitzrecht des Klosters Walkenried entschieden wurde (O. Dobenecker 1896—1939, II, 814), so führt auch diese erste Erwähnung von Frankenhausen als Gerichtsort nicht viel weiter, und die Nennung als Ausstellungsort einer Urkunde des Erzbischofs von Magdeburg zu 1215 steht so vereinzelt in der urkundlichen Überlieferung, daß daraus keine weiteren Schlußfolgerungen gezogen werden können (O. Dobenecker 1896—1939, II, 1621).

So vermögen wir auf Grund der wenigen urkundlichen Zeugnisse, die sich zudem auf mehrere Jahrhunderte verteilen, keine Entwicklung der Siedlung Frankenhausen zu geben; wir können somit nur mit Hilfe der späteren urkundlichen Überlieferung seit dem 13. Jh.[1]) und mit Hilfe des Stadtplanes eine Rekonstruktion versuchen. Die Heranziehung des Stadtplanes bietet sich deshalb an, als auch Frankenhausen zu den vielen thüringischen Kleinstädten gehört, deren räumliche Entwicklung im wesentlichen bereits im 15. Jh. abgeschlossen war, und die erst seit der 2. Hälfte des 19. Jh., und auch dann noch zögernd, über ihren alten Stadtkern hinauswuchsen. Ein Stadtplan aus der 2. Hälfte des 19. Jh. vermag somit eine Grundlage für eine solche topographische Untersuchung abzugeben, auch wenn dabei in Rechnung gestellt werden muß, daß — und das gilt für Frankenhausen in besonderem Maße — durch Brände und den anschließenden Wiederaufbau im Laufe der Jahrhunderte der ursprüngliche Grundriß doch manche Veränderung erfahren hat[2]).

[1]) Die urkundliche Überlieferung zur Frühgeschichte der Stadt befindet sich vor allem im STA Rudolstadt in den Urkundenbeständen Archivum commune und Sondershäuser Urkunden, erweist sich aber für die Stadtentwicklung als recht wenig ergiebig. Die Urkunden des Klosters Frankenhausen sind nur zu einem Bruchteil erhalten geblieben, die der benachbarten Klöster Göllingen und Oldisleben, die vielleicht noch manchen Aufschluß gegeben hätten, fehlen völlig. Alle diese Klosterurkunden dürften bereits im Bauernkrieg verlorengegangen sein. Dem erhalten gebliebenen Kopialbuch des Klosters Oldisleben, das etwa 1510 angelegt wurde und im STA Weimar unter der Signatur F 555 liegt, kommt damit ein erhöhter Wert zu; vgl. P. Mitzschke, Berichtigungen zu dem Aufsatze über Geschichte des Klosters Oldisleben von A. Nebe in: Zeitschrift des Harzvereins 20, 1887, S. 383—440 und 573ff. Die aktenmäßige Überlieferung über die Stadt, die erst in der ersten Hälfte des 16. Jh. ausführlicher wird, befindet sich vor allem im STA Rudolstadt; vgl. H. Eberhardt, Übersicht über die Bestände des Landesarchivs Rudolstadt (= Veröffentlichungen des Thüringischen Landeshauptarchivs Weimar Band 8), Weimar 1964.

Eine Geschichte der Stadt Frankenhausen fehlt bisher ebenso wie eine Geschichte der Saline Frankenhausen, deren Bearbeitung um 1930 in Angriff genommen worden war, aber nicht vollendet wurde, und von den vielseitigen Forschungen J. Fr. Müldeners zur Stadtgeschichte aus dem 18. Jh. ist nur ein Teil im Druck erschienen. Sein handschriftlicher Nachlaß, soweit er im STA Rudolstadt liegt, ist für die Frühgeschichte der Stadt nur bedingt verwertbar. Die Gesamtdarstellung von L. F. Hesse, die 1841 in dem Sammelwerk „Thüringen und Harz" 4. Bd., S. 146—179, erschien, vermag modernen wissenschaftlichen Fragestellungen nicht mehr zu genügen. Von den beiden „Mitteilungen" aus der Geschichte des Salzwerkes und aus der Geschichte der Stadt (1912) von G. v. Ketelhodt geht letztere auch topographischen Fragen nach. Diese beiden aufschlußreichen Arbeiten sind in der Frankenhäuser Zeitung erschienen und damit schwer zugänglich, ihre Sonderdrucke sind heute selten geworden. Eine knappe, zuverlässige Zusammenfassung bietet W. Flach im Deutschen Städtebuch 2. Bd.

[2]) Der älteste ermittelte Stadtplan von Frankenhausen stammt von 1860 (STA Rudolstadt: C III 5c, Nr. 7), seine Entstehung ist nicht mit Sicherheit zu klären, doch scheint er mit eine Grundlage für die von Heuschkel 1872 gezeichnete „Reinkarte" abgegeben zu haben, die die Außenstelle Artern des Liegenschaftsdienstes freundlicherweise für den beigegebenen Plan zur Verfügung stellte. Aus früherer Zeit existiert offenbar nur eine Zeichnung der Unterstadt und der Teile der Neustadt, soweit diese 1833 durch den letzten großen Stadtbrand vernichtet wurden (STA Rudolstadt: Landrat Frankenhausen 3177). Im übrigen blieben die Nachforschungen nach älteren Plänen ergebnislos. Ferner liegen im STA Rudolstadt (Z 127) die von G. v. Ketelhodt wohl um 1910 auf Grund von älteren Grundbuchunterlagen erarbeiteten Kartenskizzen der 4 Stadtviertel der Stadt Frankenhausen vor, die zwar bei näherer Prüfung noch manche Frage offen lassen, aber doch als eine wertvolle Unterlage anzusprechen sind. Die Pläne von 1833, 1860 und 1872 sowie die Kartenskizzen der 4 Stadtviertel bildeten die Grundlage für den beigegebenen Stadtplan. Eine Ortsbesichtigung führte über die daraus gewonnenen Erkenntnisse trotz Hinzuziehung von ortskundigen Personen nicht viel weiter, und dies gilt insbesondere für den Verlauf der Stadtmauer im Süden der Stadt.

Es ist mir ein aufrichtiges Bedürfnis, an dieser Stelle Herrn Architekt und Baumeister Kurt Röhl in Greußen (Thür.) meinen herzlichsten Dank abzustatten, der sich in selbstlosester Weise der mühevollen Kleinarbeit der Zeichnung des beigefügten Planes unterzog, dessen Herstellung sich insbesondere im Hinblick auf den Verlauf der ehemaligen Stadtmauern und auf die frühere Vierteleinteilung als schwieriger herausstellte als zunächst angenommen wurde. Andererseits sind die Probleme, wie sie die ältere Stadtgeschichte von Frankenhausen bietet, ohne einen Stadtplan kaum verständlich zu machen, um so dankbarer sei daher hier der Unterstützung gedacht, die ich durch Herrn Röhl erfuhr.

Das erste Problem der Entwicklung der Stadt Frankenhausen stellt sich hinsichtlich der „Altstadt“ Frankenhausen, jener dörflichen Siedlung im Süden vor der eigentlichen Stadt mit der Peterskirche in der Mitte. Allein die weiträumige Anlage dieser Siedlung und ebenso die Tatsache, daß sie bis 1890 ihre Selbständigkeit als Gemeinde neben der Stadt Frankenhausen wahrte (STA Rudolstadt: Min. Inn. A XIX D Nr. 109), beweisen, daß sie trotz der Bezeichnung „Altstadt“ mit der Stadtgründung nie etwas zu tun hatte, wie sie auch bei den schwarzburgischen Teilungen von 1411 (H. Schmidt 1891, S. 535) und 1496 (STA Rudolstadt: Kanzlei Sondershausen, Teilungsrezeß 1496, Bl. 51) als „dy alde Stad“ neben der eigentlichen Stadt aufgeführt wird.

Andererseits dürfte das Petrus-Patrozinium der Altstädter Kirche ein sehr altes Patrozinium sein und in die fränkische Zeit zurückreichen. Auch die weitere Tatsache, daß mit der Einrichtung der kirchlichen Archidiakonate zu Beginn des 12. Jh. Frankenhausen ein Sedes-Titelort wurde, als von einer Stadt Frankenhausen noch gar nicht die Rede sein konnte, spricht wiederum für eine gewisse Bedeutung des Ortes[3]), und so dürfte die „Altstadt“ mit ihrer dem Petrus geweihten Kirche als diejenige Siedlung anzusehen sein, die den kirchlichen Mittelpunkt des Sedes Frankenhausen bildete (R. Herrmann 1951, Bl. 120f.; W. Gresky 1932, S. 9). Die Altstadt Frankenhausen, im 13. und 14. Jh. meist als „antiqua civitas“, nur gelegentlich als „antiqua villa“ bezeichnet (W. Flach 1942b, S. 90), wurde somit schon damals als die ältere Siedlung angesehen, sie war dies für Frankenhausen ebenso wie Altendorf für Kelbra, dessen Martinskirche gleichfalls fränkischen Einfluß andeutet. Indessen wurde die Stadt Kelbra unmittelbar östlich im Anschluß an das „alte Dorf“ angelegt, Altendorf aber nicht in die Ummauerung mit einbezogen, vielmehr betrat man die Stadt Kelbra von Altendorf aus durch das Seigertor, und diese Straße wiederum war die alte Hauptstraße, die von Nordhausen über Heringen, Auleben, Kelbra nach Tilleda und weiter nach Allstedt führte und somit die Königspfalzen Nordhausen, Tilleda und Allstedt miteinander verband (H. Eberhardt und P. Grimm 1966, S. 38). In beiden Fällen blieb die ältere dörfliche Siedlung außerhalb der späteren Stadtgründung, in beiden Fällen bestanden Altstadt und Altendorf als selbständige Gemeinden neben der Stadt bis zum Ausgang des 19. Jh.

Wenn allein auf Grund der Bezeichnung „antiqua civitas“ sowie des Petruspatroziniums der Kirche der Altstadt-Siedlung ein höheres Alter zugesprochen werden kann, so hebt sich die eigentliche Stadt mit ihrem gitterförmigen Straßennetz klar auf dem Stadtplan ab, und die weitere Tatsache, daß sich darin Markt und Rathaus befinden, daß sie ferner in der im 16. Jh. abgetragenen St. Jakobus-Kirche auch eine eigene Pfarrkirche besaß, all' das macht deutlich, daß nur jener südliche Stadtteil des heutigen Frankenhausen, die sogenannte Unterstadt, als die eigentliche Stadtgründung anzusehen ist.

Die Stadtmauer dieser eigentlichen Stadt ist im Westen und Osten noch zu verfolgen, dagegen sind von dem Mauerzug, der den Abschluß nach Norden bildete, nur ganz geringe Reste erhalten geblieben. Indessen kann der Standort des Seigertores, das die Stadt nach Norden mit der Außenwelt verband, noch mit Sicherheit bestimmt werden, so daß damit auch der Verlauf der nördlichen Stadtmauer im wesentlichen festgelegt werden kann. Der südöstliche Eckpunkt der Stadt wurde durch eine Befestigung, die Unterburg, das spätere Schloß, abgesichert, den südwestlichen Eckpunkt nahm das Kloster ein. Beide hatten somit eine Randlage, wie sie für Burg und Kloster in ähnlicher Form in Kelbra begegnet. Der ursprüngliche Verlauf der südlichen Stadtmauer wird vor allem dadurch ungewiß, daß das Kloster zunächst wohl noch außerhalb der Ringmauer lag und erst später einbezogen wurde. Auch das heutige, im 16. Jh. entstandene Schloß kam wohl nicht unmittelbar auf dem Gelände der ehemaligen Unterburg zu stehen und wurde etwas weiter nach Osten herausgerückt. Dem Seigertor im Norden entsprach im Süden

[3]) Die Feststellung von F. Koerner (1954, S. 21), daß „bei den Mittelpunkten der Sedes ihre Bindung an heutige Dörfer noch stärker hervortrete als bei den Archidiakonaten“, trifft also auch für Frankenhausen zu, denn die Organisation der Archidiakonate reicht mindestens in die ersten Jahrzehnte des 12. Jh. zurück, als eine Stadt Frankenhausen noch nicht bestand.

zunächst offenbar als einziger Ausgang das bei der Unterburg am Ende der Schloßgasse gelegene Wassertor, während erst nach der Einbeziehung des Klosters in die Ummauerung ein zweiter Ausgang geschaffen wurde, der, zunächst als Pforte angelegt, erst später zum Klostertor erweitert wurde[4]).

Zunächst ist festzustellen, daß es sich bei der eigentlichen Stadtgründung um eine planmäßige Anlage handelt, die auf freiem Gelände erfolgte, ohne direkten Anschluß an eine bereits bestehende Siedlung. Zum anderen muß, als man die neugegründete Stadt mit einer Mauer umgab, das Vorgelände nach allen Seiten hin offen und unbebaut gewesen sein. Die spätmittelalterliche Stadterweiterung ließ das Gelände vor der Mauer im Osten und Westen völlig unberührt, und nach Süden verbot das vorgelagerte versumpfte Gelände eine Ausdehnung von vornherein. So vollzog sich die Erweiterung der Stadt im ausgehenden Mittelalter allein jenseits der nördlichen Stadtmauer, und hier wuchsen die eigentliche Stadtgründung und die spätere Erweiterung so eng zusammen, daß auf dem Stadtplan die Nahtstelle kaum noch erkennbar ist.

Es ist nun auffallend, daß bei der Stadtgründung offenbar gar nicht der Versuch gemacht wurde, die weiter nördlich gelegenen Salzquellen, die schließlich die Lebensader der Stadt waren, in den Mauerring mit einzubeziehen, im Gegenteil, der nördliche Mauerzug hatte nur dann einen Sinn, wenn sich zur Zeit seiner Errichtung vor ihm noch ein unbebautes Gebiet erstreckte. Zum anderen führte keine der Straßen, auf denen das Salz seinen Weg in die Ferne nahm, durch die neu errichtete Stadt. An den einzigen durchlaufenden Straßenzug, der im Norden vom Seigertor und im Süden vom Wassertor abgeschlossen wurde, schloß sich offensichtlich keine nach Süden gerichtete Fernstraße an, auch die Bezeichnung Wassertor spricht nicht dafür. Die einzigen Torbezeichnungen, die solche Ausfallstraßen andeuten, sind das Nordhäuser Tor im Westen und das Erfurter Tor im Südosten, beide Tore aber führen aus der spätmittelalterlichen Stadterweiterung, aus der Neu- bzw. Oberstadt heraus. Indessen dürften beide Straßen, die von den Salzquellen in Richtung auf Nordhausen und Erfurt ausgingen, längst in Betrieb gewesen sein, als die Stadt Frankenhausen gegründet wurde. Versucht man, die Verbindung zwischen den beiden Toren als Endpunkte herzustellen, so führt sie durch die Schmiedegasse bzw. die Erfurter Straße nach dem Anger und somit nicht durch die eigentliche Stadt, sondern nördlich an ihr vorbei. Die Stadtgründung ließ also nicht allein die Salzquellen, sondern auch die durch den Salzhandel bedingten beiden Verkehrswege außerhalb ihres Mauerringes, und man gewinnt den Eindruck, daß sich die Biegung der nördlichen Stadtmauer jener älteren Straßenführung weitgehend anpaßte.

Es erhebt sich die weitere Frage, ob für Frankenhausen die Altstadt und die neugegründete und ummauerte Stadt als die beiden einzigen Siedlungskerne anzusprechen sind. Zwar darf als gesichert gelten, daß die Altstadt bereits bestand, bevor es zur Gründung der eigentlichen Stadt kam, es erscheint aber zweifelhaft, ob die Franken, als sie hier im 6. und 7. Jh. festen Fuß faßten, nur jener dörflichen Siedlung ihren Namen gaben. Allein die Tatsache, daß sich die Salzquellen ein ganzes Stück nördlich davon unmittelbar unterhalb des Südabfalles des Kyffhäusergebirges befinden, macht es doch fraglich, daß selbst in frühester Zeit die Salz-

[4]) Die Bezeichnung Seigertor ist nicht mit Sicherheit zu deuten. Da unmittelbar hinter dem Seigertor die Gasse „Münze" verläuft, die die Kräme und die Klostergasse miteinander verbindet und somit die bereits im 13. Jh. für Frankenhausen erwähnte Münzstätte hier zu suchen ist, liegt es nahe, die Bezeichnung Seigertor von Seiger = Waage abzuleiten. Diese Deutung könnte auch für das Seigertor von Kelbra zutreffen, das die eigentliche Stadt mit der älteren Siedlung Altendorf verband, denn auch Kelbra ist für das 13. Jh. als Münzort bezeugt. Da andererseits der Begriff Seiger besonders für Turmuhren verwandt wurde, könnte auch daran gedacht werden, daß beide Tore mit Turmuhren versehen waren.

Die Auffassung, daß das Kloster anfangs noch außerhalb der Ringmauer lag und erst später einbezogen wurde, vertritt bereits J. Fr. Müldener 1747, S. 31. J. Fr. Müldener 1747, S. 6 und L. Fr. Hesse 1841, S. 147, nennen für den südlichen Mauerzug zwei Stadttore, das Wassertor und das Klostertor. Hesse bemerkt dazu, daß die Frankenhäuser Tore außer dem Klostertor bereits zu 1417 erwähnt würden, gibt aber keine Quelle an. Der Merianische Stich aus dem 17. Jh. kennzeichnet nur das Wassertor.

quellen von jener Altstadt aus genutzt wurden. Wahrscheinlicher ist, daß auch in unmittelbarer Umgebung der Salzquellen bereits in der Frühzeit eine Siedlung bestand, und auf diese dürfte sich dann auch in erster Linie das Interesse der Franken erstreckt haben.

Wenn ferner für die Sachsenburg oberhalb des Unstrutdurchbruches der Porta Thuringia eine fränkische Besitznahme nachweisbar ist (D. Mania 1966, S. 100ff.) und hier eine Befestigung gegen die Sachsen wegen der nahen Helme-Unstrut-Linie, die die Grenze bildete, um so verständlicher ist, so liegt für Frankenhausen die Annahme nahe, daß die Franken auch die Salzquellen durch die Anlage einer Befestigung zu schützen suchten[5]). Andererseits muß allerdings zugegeben werden, daß es bisher nicht gelungen ist, mit Sicherheit die Lage eines fränkischen Wirtschaftshofes auszumachen, wie er gerade in diesem Fall doch wohl anzunehmen ist. Das stark abfallende Gelände oberhalb der Salzquellen erscheint dafür wenig geeignet, andererseits aber liegen hier mehrere Häuser, die zum Siedelhof der im Mittelalter zu Frankenhausen ansässigen Familie von Stockhausen gehörten (G. v. Ketelhodt 1912b). Auch die Ansicht, daß der fränkische Wirtschaftshof auf dem Gelände der Unterburg, des späteren Schlosses, gelegen haben könnte (E. Sauerbier und K. Zierfuss 1931, S. 13), kann vorerst nur Vermutung bleiben. Es ist dieses Fragezeichen für die Frühzeit der Besiedelung um so bedauerlicher, als damit einmal ein Anhaltspunkt für die neue fränkische Siedlung gefunden wäre, zugleich sich aber auch darüber Sicherheit gewinnen ließ, ob Frankenhausen vom 10.—12. Jh. einen Königshof besaß, über den uns die schriftliche Überlieferung keine Nachrichten übermittelt.

Somit dürfte in unmittelbarer Nähe der Salzquellen ein weiterer Siedlungskern anzunehmen sein. Ebenso lag es bei einer Stadterweiterung von vornherein nahe, nunmehr außer den Salzquellen auch die Ausgangspunkte der beiden Salzstraßen in den Schutz der Ummauerung zu bekommen. Aus dem Stadtplan ist diese Erweiterung durch das Nordhäuser- bzw. Angertor im Westen, das Frauentor im Osten und das Erfurter Tor im Südosten als Endpunkte ersichtlich. Der Stadtplan läßt ebenso die geradlinigen Straßenzüge der „Neustädte" im Westen und Osten hervortreten, die auf eine planmäßige Anlage hindeuten, während er südlich und nördlich der Salzquellen eine wenig übersichtliche, teilweise recht verwinkelte Straßenführung erkennen läßt, wodurch eine Planmäßigkeit der Anlage für diese Stadtteile zweifelhaft wird. Wie sich die Erweiterung der Stadt im einzelnen vollzog, läßt sich aus dem Stadtplan nicht ablesen, die Frage aber ist, ob die Aufteilung der gesamten Stadt in vier Stadtviertel, wie sie seit dem 17. Jh. überliefert ist, hierzu wenigstens gewisse Anhaltspunkte vermittelt[6]).

[5]) Die wenigen vorhandenen Mauerreste des „Hausmannsturmes", der Oberburg — die Bezeichnung „Frankenburg" ist völlig ungeschichtlich und stammt erst aus neuerer Zeit –, dürften allerdings kaum über das hohe Mittelalter hinaus zu datieren sein. Andererseits ähnelt die Örtlichkeit der Oberburg in mancher Beziehung der Anlage der Falkenburg oberhalb der Barbarossahöhle, die erstmals zu 1361 urkundlich erwähnt wird, deren Ringturm aber noch in das 11. Jh. gesetzt wird (G. Stein 1950, S. 73f.). Die phantasievollen Ausführungen über die ältere Geschichte der Oberburg in der älteren Frankenhäuser Geschichtsschreibung (zuletzt E. Schönau, Vom alten Hausmannsturm, im Frankenhäuser Intelligenzblatt 120. Jg., 1884, Nr. 6ff.) können hier übergangen werden.

[6]) Die Vierteleinteilung der Stadt Frankenhausen ist offensichtlich erst verhältnismäßig spät eingeführt worden, was allein aus der Tatsache hervorgeht, daß sie sich auf die gesamte Stadtanlage einschließlich der spätmittelalterlichen Stadterweiterung erstreckt. Während z. B. in Greußen sich die Vierteleinteilung nur auf die eigentliche Stadtgründung, die Mittelstadt, bezieht und Altstadt sowie Neustadt gesondert gezählt werden, bildete in Frankenhausen die eigentliche Stadt nur das erste Viertel. Da weder dem Türkensteuerregister von 1552 noch der Aufstellung von 1587, die die Bürger „so Häuser haben" und die Hausgenossen namentlich aufführt, eine Vierteleinteilung zugrundeliegt, dürfte sie damals noch nicht bestanden haben. Auch ein Erbbuch von 1561 und ein Geschoßbuch von 1588, die bereits G. v. Ketelhodt auszog (STA Rudolstadt: Z 150), kennt nur eine Zweiteilung in der Form, daß der größere Teil der Einwohnernamen unter der Überschrift „Über dem Seigertor" steht, womit bereits die Aufteilung in eine Unter- und eine Oberstadt angedeutet wird. Ebenso ergibt sich aus der Wendung „Über dem Seigertor", also jenseits des Seigertores, daß die Zweiteilung von der eigentlichen Stadt aus verstanden sein will. Für die ältere Zeit können somit Schlußfolgerungen aus der Vierteleinteilung nur bedingt gezogen werden.

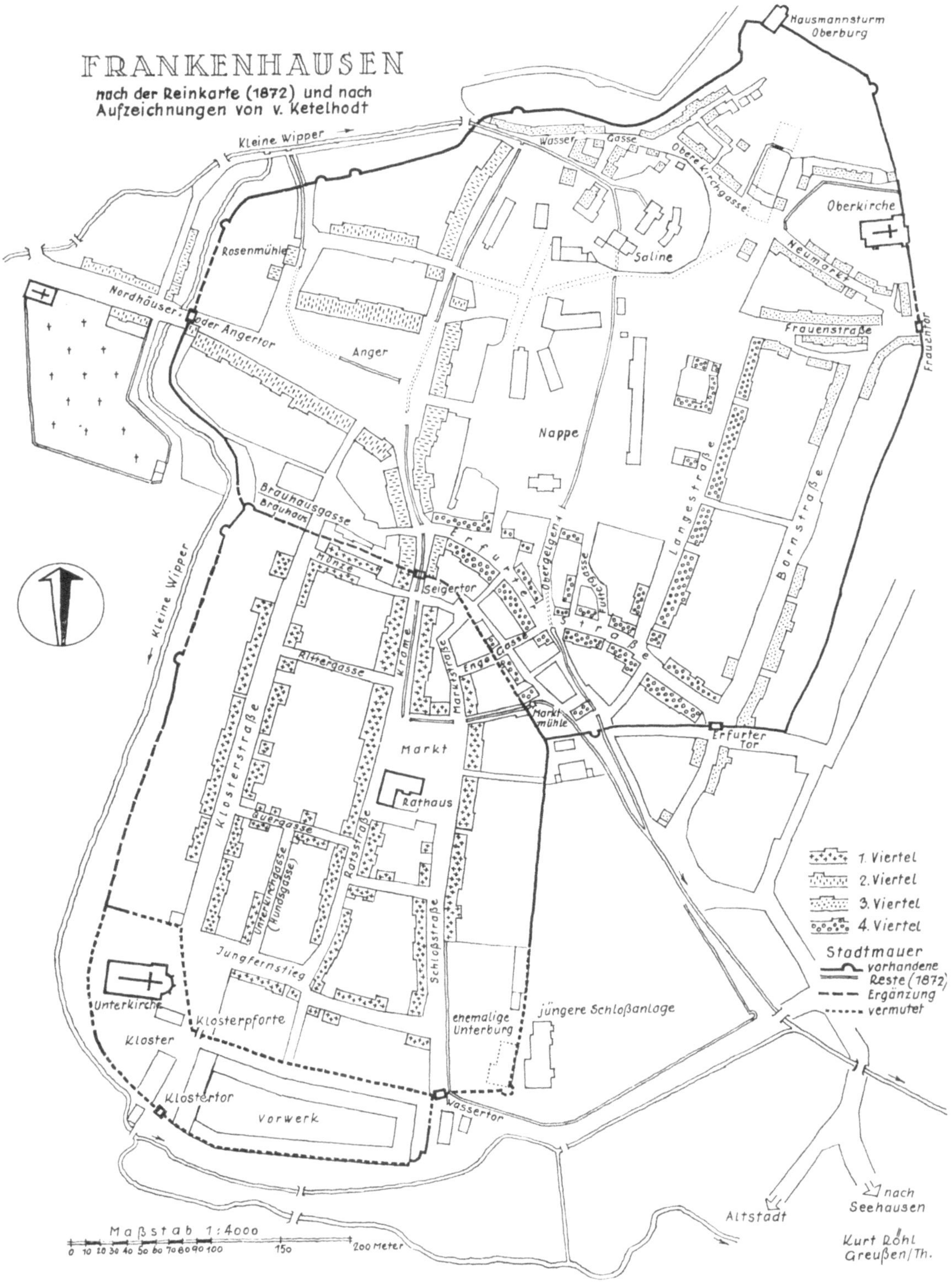

Abb. 1. Frankenhausen. Nach der Reinkarte (1872) und nach Aufzeichnungen von v. Ketelhodt

Aus der Vierteleinteilung ergibt sich die sehr wesentliche Feststellung, daß die Häuser der eigentlichen Stadtgründung mit Markt und Rathaus ausschließlich zum 1. Viertel gehörten, die übrigen 3 Viertel sich auf die Oberstadt verteilten. Die Zählung der eigentlichen Stadtgründung als 1. Viertel mag andeuten, daß in ihm der älteste Teil der gesamten Stadt gesehen wurde und, wenn der nördliche Mauerzug der eigentlichen Stadt nur so erklärt werden kann, daß zur Zeit der Gründung das vorgelagerte Gelände noch unbebaut war, so ist andererseits bemerkenswert, daß die auf diesem Gelände später entstandenen Straßenzüge zum 4. Viertel gehörten. Gewiß kann daraus nicht ohne weiteres der Schluß gezogen werden, daß das 4. Viertel auch als letztes entstand, indessen ergeben sich aus dem Stadtplan noch weitere Beobachtungen.

Wie bereits gesagt, hatte die eigentliche Stadt ursprünglich offenbar nur 2 Tore, von denen das Wassertor nach Süden und das Seigertor nach Norden aus der Stadt herausführten. Eine Erweiterung der Stadt konnte aber auf Grund der Gegebenheiten des Geländes nur vor dem Seigertor erfolgen, und zwar in Fortsetzung des Straßenzuges der Kräme, deren leicht nach Nordwesten abgebogener unterer Teil bereits in Richtung auf das Anger- oder Nordhäuser Tor weist. Es ist dies um so verständlicher, als von hier, wie schon der Name des Tores besagt, eine „Salzstraße" begann, die am Rande des Kyffhäusergebirges entlang über den „Bettelmann", Badra und Auleben nach Nordhausen führte. Hier entwickelte sich unter Aussparung des Angers ein neuer Stadtteil, der später als 2. Viertel gezählt wurde und dessen Häuser unmittelbar vor dem Seigertor einsetzen. Die weitere Tatsache, daß in dem 1. und 2. Viertel die meisten Häuser mit Braugerechtigkeit anzutreffen sind und hier überhaupt der wirtschaftlich besser gestellte Teil der Bürgerschaft wohnte (G. v. Ketelhodt 1912b), führt zu der Annahme, das 2. oder Angerviertel als die älteste „Neustadtbildung" anzusprechen.

Schwieriger dagegen ist die Deutung des 3. Viertels, das bei der Wassergasse an das 2. Viertel angrenzte und das die Gassen nördlich der Salzquellen bis zum Frauentor umfaßte, ebenso aber zählten auch die Häuser der geradlinig nach Süden führenden Bornstraße zum 3. Viertel. Somit umschlossen die Häuser des 3. Viertels das Gelände der Salzquellen im Norden und auch im Osten. Es ist nun mehr als wahrscheinlich, daß bereits frühzeitig in ihrer unmittelbaren Nähe eine Siedlung entstand. Auch der Straßenzug, der zur Oberburg führt, deutet an, daß die Burg und die Siedlung des 3. Viertels miteinander in einem Zusammenhang stehen. Vor allem aber die Tatsache, daß das 3. Viertel in der Oberkirche eine eigene Kirche besaß, läßt es zur Gewißheit werden, daß das 3. Viertel nicht erst als eine „Neustadt" angelegt wurde, sondern in ihm ein älterer Siedlungskern steckt. Die wenigen Reste eines älteren romanischen Baues lassen zudem auf ein höheres Alter der Kirche schließen, die Inschrift an der Südseite der Kirche mit der Jahreszahl 1382 gibt somit das Jahr des Neubaues an (P. Lehfeldt 1889, S. 8f.). Wenn ferner die Bewohner des 3. Viertels bei drohender Gefahr zu besonderen Hilfeleistungen für die Salzquellen verpflichtet waren (G. v. Ketelhodt 1912b), so kommt auch darin die besondere Stellung dieses Viertels und seine Beziehungen zu den Salzquellen zum Ausdruck. Hier wohnten offenbar vor allem die „Betriebsangehörigen" des Salzwerkes, weniger die Pfänner selbst.

Auch diese Beobachtungen machen es somit mehr als wahrscheinlich, daß in dem 3. Viertel eine ältere Siedlung steckt, die nach der Anlage des 2. und 4. Viertels mit diesen verschmolz und mit ihnen zusammen die Oberstadt bildete. Das 4. Viertel umfaßte im wesentlichen den Straßenzug der Schmiedegasse, der späteren Erfurter Straße, vom Erfurter Tor bis zur Einmündung in die Untere Kräme mit den Nebengassen einschließlich der unteren Langen Gasse, der späteren Poststraße. Wenn schon die Tatsache, daß das 4. Viertel sich zwischen das Gelände der Salzquellen und den nördlichen Mauerzug der eigentlichen Stadtgründung schob, zu dem Schluß führt, daß es später als die eigentliche Stadt entstand, so wird dies auch dadurch deutlich, daß die Erfurter Straße außerhalb des Seigertores in die Untere Kräme einmündet. Zeitlich läßt sich allerdings damit der Ausbau des 4. Viertels nicht festlegen, es ist aber kaum anzunehmen, daß das 4. Viertel wesentlich später als das 2. Viertel angelegt wurde, eindeutig aber ist, daß beide zur spätmittelalterlichen Stadterweiterung gehören.

Wenn daher in einer Urkunde von 1354 neben der „vera" und der „antiqua civitas", neben der „eigentlichen" und der „alten" Stadt, erstmals eine „nova civitas", eine Neustadt, erwähnt wird (STA Weimar: F 555, Bl. 98), so wird dieser Begriff offensichtlich für den gesamten Stadtteil gebraucht, der nördlich des Mauerzuges der eigentlichen Stadt lag und das 2., 3. und 4. Viertel umfaßte. Damit dürfte sich auch die Bezeichnung „Neumarkt" für den Straßenzug südlich der Oberkirche erklären, der zum 3. Viertel gehörte. Als „Neustädte" im eigentlichen Sinne dürften somit nur das 4. sowie das 3. Viertel und die Straßenzüge des 3. Viertels anzusprechen sein, die im Osten das Gelände der Salzquellen begrenzten und im Norden den Anschluß an jenen älteren Siedlungskern des 3. Viertels fanden. Für diese drei Viertel bürgerte sich dann die Bezeichnung Oberstadt ein, und daß sie als eine Einheit gesehen wurden, beweist auch die Zweiteilung in den Erb- und Geschoßbüchern des 16. Jh., die die eigentliche Stadt von dem Teil der Stadt „Über dem Seigertor" unterscheiden.

Damit treten wir der entscheidenden Frage näher: In welcher Zeit vollzog sich die Anlage der eigentlichen Stadt Frankenhausen mit Markt und Rathaus, deren Straßenführung eine planmäßige Anlage verrät und deren Umfang die Reste der Stadtmauer auch heute noch erkennen lassen? Abgesehen davon, daß sich ihr Ausbau über einen längeren Zeitraum erstreckte, ist dabei andererseits in Rechnung zu stellen, daß die erste urkundliche Erwähnung eines Ortes als Stadt auch vom Zufall der urkundlichen Überlieferung mit abhängt. Wenn die Landgrafen von Thüringen 1168 mit der Erbauung der Burg Weißensee begannen und eine planmäßig angelegte Stadt hinzufügten, die dann erstmals zu 1212 als „civitas" (H. Patze 1962, S. 486ff.) erscheint, so hat sich in diesem Falle der Ausbau in wenig mehr als vier Jahrzehnten vollzogen. Allerdings dürfte die Anlage der landesherrlichen Burg-Stadt Weißensee allein aus militärischen Gründen beschleunigt worden sein, und schließlich stand hier auch die stärkste Territorialgewalt Thüringens als Bauherr dahinter. Die staufisch-welfischen Auseinandersetzungen in der 2. Hälfte des 12. Jh. und die nachfolgenden kriegerischen Verwicklungen des Thronstreites um die Jahrhundertwende, an denen das thüringische Landgrafengeschlecht wesentlich beteiligt war, haben sicher das Tempo mit bestimmt. Für das erstmals zu 1219 als „oppidum" bezeichnete Frankenhausen fällt somit der Ausbau der befestigten Stadt ungefähr in dieselbe Zeit, und es ist die Vermutung nicht von der Hand zu weisen, daß die kriegerischen Jahrzehnte um die Jahrhundertwende auch hier nicht ohne Einfluß waren, zumal die Salzquellen und der Salzhandel auf dem Spiele standen.

Bereits aus dem Jahre 1217 liegen zwei Urkunden vor (A. Overmann 1926—1934, I, 154, fehlt bei O. Dobenecker 1896—1939 und ebenda II, 1747), die allerdings hinsichtlich der Stadtwerdung von Frankenhausen nur wenig aussagen, andererseits aber das Bemühen der Grafen von Beichlingen um Einflußnahme erkennen lassen. Kurz zuvor, wohl 1215, hatte ein Graf von Beichlingen das Kloster Frankenhausen gegründet (O. Dobenecker 1896—1939, II, 1656), und damit erhebt sich die weitere Frage nach dem Stadtgründer. Die politische Zugehörigkeit von Frankenhausen bleibt bis zum Beginn des 13. Jh. im Dunkel. Die Urkunde Ottos III. von 998 läßt auf Königsgut schließen, im übrigen aber findet sich dafür kein weiteres urkundliches Zeugnis. Erst die Gründung des Klosters Frankenhausen läßt beichlingischen Besitz vermuten, wobei die Frage offen bleiben muß, seit wann die Beichlinger Frankenhausen zu ihrem Besitz zählen konnten[7]). Es nimmt nicht wunder, wenn sich die

[7]) Die Tatsache, daß die Grafen von Beichlingen in Beziehung zu dem um 1089 gegründeten Kloster Oldisleben standen (R. Herrmann 1951, Bl. 142f.), könnte zu der Annahme führen, daß sie bereits im 12. Jh. auch in Frankenhausen saßen. Andererseits aber ist auch denkbar, daß Frankenhausen im 12. Jh. noch zur Herrschaft der Grafen von Rothenburg gehörte, die als Nachbarn der Reichsburgen Kyffhausen auch in einem engeren Verhältnis zur Reichsgewalt standen, und daß die Beichlinger erst nach dem Aussterben des Geschlechtes im 1. Jahrzehnt des 13. Jh. deren Nachfolge auch in Frankenhausen antraten. Der Zeitpunkt der Klostergründung würde für diese Vermutung sprechen.

Grafen von Beichlingen um die Ausstattung ihrer klösterlichen Stiftung bemühten, und offenbar diente bereits der zwischen dem Grafen von Beichlingen und dem Propst zu St. Marien in Erfurt abgeschlossene Tauschvertrag von 1217 diesem Zweck. Nach den beiden darüber ausgestellten Urkunden tauschte der Graf von Beichlingen gegen $5^1/_2$ Hufen zu Rockhausen den „patronatus ecclesiae“ in Frankenhausen und den „decimam ville ipsius“ ein. Während die eine der beiden Urkunden von dem „decimam ville ipsius“ spricht, begnügt sich die andere mit der Wendung „decimationem de Frankenhusin“, von einer Stadt ist noch nicht die Rede. Aus keiner der beiden Urkunden aber geht hervor, von welcher Kirche der Graf von Beichlingen das Patronat erwarb und von welcher Siedlung den Zehnten. Einmal bietet sich dafür die Altstadt an, ebenso aber wäre an die Siedlung zu denken, die zwei Jahre später als „oppidum“ bezeichnet wird, 1217 aber noch als „villa“ begegnet, eine sichere Entscheidung läßt sich also nicht treffen. Im Grunde bleibt somit lediglich die Tatsache, daß um 1215 das Kloster errichtet wurde, wobei seine Ecklage darauf schließen läßt, daß es ein fester Bestandteil der Stadtplanung war. Dasselbe gilt für die an der entgegengesetzten Ecke errichtete landesherrliche Burg, bei der es ungewiß ist, ob sie auf einer bereits vorhandenen älteren Befestigung zu stehen kam. Indessen erscheint es bei beiden Bauwerken wenig wahrscheinlich, daß ihre Errichtung zunächst im offenen Gelände erfolgte, wahrscheinlicher ist doch, daß sie zugleich mit der Anlage der Stadt entstanden. Die spätere Stadt mag zum Zeitpunkt der Gründung des Klosters bereits zu einem guten Teil gestanden haben, und es ist daher wohl möglich, daß sich die Angaben der beiden Urkunden von 1217 auf diese Siedlung beziehen, die eine eigene Pfarrkirche hatte, die dann offenbar schon frühzeitig ihre Pfarr-Rechte an die Kirche des Klosters verlor. Die Einbeziehung von Burg und Kloster in die Stadtanlage läßt sich übrigens in ähnlicher Form auch bei Kelbra beobachten, das gleichfalls seinen Ausbau den Grafen von Beichlingen verdankte.

Wenn 1219 dem Kloster Frankenhausen ein Gut in Etzleben „ad instauracionem divini servicii in oppido iam nominato“ übergeben wurde (O. Dobenecker 1896—1939, II, 1863), so wird deutlich, daß die Stadtwerdung zu diesem Zeitpunkt einen ersten Abschluß erreicht hatte. Auf einer Grundfläche von 475×325 m war etwa seit der Mitte des 12. Jh. eine weitere Siedlung Frankenhausen entstanden, die uns nunmehr erstmals mit der Bezeichnung „oppidum“ = Stadt entgegentritt.

Die seit 1266 in den Urkunden gebrauchten Begriffe „civitas“ „„universitas civitatis“, „cives“ und „concives“ (O. Dobenecker 1896—1939, III, 3451, IV, 2001 und 2027) sowie die erstmals zu 1286 bezeugten „magistri consulum“ und „consules“ (STA Rudolstadt: Sondersh. Urk. Reg. 1431; fehlt bei Dobenecker) machen deutlich, daß Frankenhausen in der ersten Hälfte des 13. Jh. Stadt im Rechtssinn geworden war. Wenn auch die schriftliche Überlieferung sich darüber ausschweigt, so besteht doch kein Zweifel, daß die Erhebung der Stadt auf die Grafen von Beichlingen zurückgeht. Jene Urkunde von 1286, in der erstmals Ratsmeister und Ratsmannen der Stadt namentlich genannt werden, ist für die Stadtgeschichte noch insofern aufschlußreich, als das Verkaufsobjekt, ein Obstgarten, als „in antiqua civitate“ gelegen bezeichnet wird. Während die ältere dörfliche Siedlung von Kelbra in den Urkunden als „vetus“ bzw. „antiqua villa iuxta“ bzw. „prope Kelbera“ begegnet, erscheint bei Frankenhausen das ältere Dorf bereits im 13. Jh. als „antiqua civitas“, nur gelegentlich wird dafür „antiqua villa“ gebraucht, wie z. B. in jener Urkunde von 1331 (STA Rudolstadt: Sondersh. Urk. Reg. 480), die die Lage eines Hofes eindeutig „ante valuam oppidi Frankenhusen in antiqua villa“ bestimmt.

Im übrigen verrät auch die urkundliche Überlieferung des 13. Jh. nur wenig über den Ausbau der Stadt. Wenn der Graf von Beichlingen 1282 eine Urkunde „ante civitatem in cimiterio sancti Nicolai“ ausstellte (O. Dobenecker 1896—1939, IV, 2027), so dürfte zu diesem Zeitpunkt die Ummauerung längst vollendet gewesen sein. Andererseits läßt die Verlegung eines Friedhofes vor die Stadt — seine Lage kann übrigens nicht mehr bestimmt werden (J. Fr. Müldener 1760, § 4) — darauf schließen, daß die Stadt dafür keinen Platz mehr innerhalb der Mauern bot. Erst zu 1304 ist die Stadtmauer auch urkundlich bezeugt, denn die Lage eines Hofes des beichlingischen Ritters Heinrich von Ringleben wird als „infra muros opidi Vrankenhusen" gelegen bezeichnet (STA Rudolstadt: A. C. 19). Ritterhöfe waren in der Stadt in größerer Anzahl vorhanden, auch die Straßenbezeichnung Rittergasse weist darauf hin.

Man könnte versucht sein, aus den Angaben der beiden Urkunden von 1282 und 1304 den Schluß zu ziehen, daß sich bereits am Ausgang des 13. Jh. die etwa ein Jahrhundert zuvor angelegte Stadt als zu klein erwies und daß das „infra muros" der Urkunde von 1304 zugleich andeutet, daß schon zu diesem Zeitpunkt Höfe auch außerhalb des Mauerringes lagen. Die urkundliche Überlieferung vermittelt darüber hinaus keine Anhaltspunkte, aus denen auf eine langsame Erweiterung der Stadt geschlossen werden könnte. Und doch hat eine solche Entwicklung spätestens um die Wende vom 13. zum 14. Jh. eingesetzt, denn nach einer Urkunde von 1354 verkaufte ein Knappe Heinrich genannt Riche dem Kloster Oldisleben den Zins „in viginti sex curiis in quattuor salinis situatis in vera in antiqua et nova civitate Franckenhusen" (STA Weimar: F 555, Bl. 98). In dieser Urkunde wird somit erstmals eine „Neustadt" genannt, und ihr Ausbau dürfte sich ebenso wie der der eigentlichen Stadtgründung über einen längeren Zeitraum erstreckt haben. Die Urkunde von 1354 hat in den älteren stadtgeschichtlichen Forschungen von Frankenhausen eine wenig glückliche Interpretation gefunden und zunächst mehr Verwirrung gestiftet als zur Klärung beigetragen. Tatsächlich gibt sie mit ihrer Dreiteilung der Stadt in eine „vera" = die eigentliche, eine „antiqua" = die alte und eine „nova" = die neue Stadt den Sachverhalt klar wieder. Die „antiqua civitas" bedarf nach den vorangegangenen Ausführungen keiner besonderen Deutung mehr, wichtiger ist für unsere Betrachtung, daß neben der „vera civitas", der eigentlichen Stadtgründung, 1354 eine „nova civitas", eine Neustadt außerhalb der Stadtmauern der im 12. Jh. angelegten Stadt entstanden war[8]). Es ist oben von der topographischen Seite her unter Berücksichtigung der Einteilung in 4 Stadtviertel versucht worden, dieser Entwicklung nachzugehen, für die uns leider urkundliche Zeugnisse nicht zur Verfügung

[8]) Die ältere Frankenhäuser Stadtgeschichtsforschung ist den topographischen Gegebenheiten kaum nachgegangen, und die Urkunde von 1354 mit der Wendung „in vera in antiqua et nova civitate" hat die Verwirrung noch vergrößert, da J. Fr. Müldener (1747, S. 22) bei seinem Textabdruck das „in" vor „antiqua" fortgelassen hatte. Müldener vertrat ähnlich wie Hoffmann in seinen beiden Einladungsschriften Encomiastica Francohusae, Nordhausen 1684, und De antiqua Francorum domo et turri, Rudolstadt 1708, die Auffassung, daß sich unter der von den Franken erbauten Burg (Oberburg) „nach und nach einige Einwohner niederließen, so daß endlich gegenwärtige Stadt daraus entstanden und selbige die Neustadt genannt worden ist, um selbige von der alten Stadt zu unterscheiden". Dabei wollte Müldener unter der Altstadt jene südlich vorgelagerte dörfliche Siedlung verstanden wissen, während er in der Neustadt die eigentliche Stadtgründung sah. Jene Altstadt war für ihn die „vera antiqua civitas" der Urkunde von 1354, der er die „nova civitas" gegenüberstellte. Die Entstehung der Neustadt erklärte er dann so: „Die Gegend um die Burg herum bis an das alte in der Kräme annoch stehendt sogenannte Seigertor wurde nach und nach mit einer Mauer umgeben und gegen das 12. Jahrhundert die jetzige Unterstadt, wo das Rathaus, Kloster-, Schloß- und Ratsgasse stehen, an selbige angebauet." Noch unklarer sind die Ausführungen von L. Fr. Hesse (1841), der Anm. 147 die rechte, alte und neue Stadt unterscheidet und meint, daß die „Neustadt angeblich im 14. Jh. neben der rechten Stadt erbaut wurde", auf S. 163 aber wie Müldener die „Unterstadt an der Neustadt angebaut" sein läßt. Erst G. v. Ketelhodt (1912b) hat unter Hinweis auf die Frankenhäuser Stadtrechnung von 1474, die die Einnahmen der „rechten" und „neuen" Stadt unterscheidet, gemäß der Urkunde von 1354 die Dreiteilung in eine vera, antiqua und nova civitas herausgestellt, wobei er für die „vera civitas" die Unterstadt mit dem Rathaus als die eigentliche Stadtgründung in Anspruch nimmt, die auch zuerst mit einer Mauer umgeben wurde. G. v. Ketelhodt verweist auch darauf, daß der Verlauf der nördlichen Stadtmauer der eigentlichen Stadt besonders an den beiden Ecken im NW wie im NO deutlich mache, daß sie nicht als eine Mauer der Oberstadt angesehen werden könne. Das Seigertor war somit nicht der südliche Ausgang der Oberstadt, wie es Müldener deutete, sondern vielmehr der nördliche Ausgang der eigentlichen Stadt, der „vera civitas". Andererseits vertritt auch v. Ketelhodt wie die Vertreter der älteren Frankenhäuser Geschichtsschreibung Hoffmann, Müldener und Hesse die Auffassung, daß bereits in frühester Zeit eine Siedlung unterhalb der Oberburg in unmittelbarer Nähe der Salzquellen angelegt worden sei und hält die „Ansiedlung unter dem Berge für älter als die um das Rathaus", wofür u. E. auch die topographischen Beobachtungen sprechen.

stehen. Manches wird davon Vermutung bleiben müssen, deutlich aber geht aus der Topographie hervor, daß der Ausbau der Neustadt in Frankenhausen nicht in einer so geschlossenen Form erfolgte wie z. B. in Sondershausen, und es ist wohl kaum ein Zufall, wenn der Begriff Neustadt in Frankenhausen allmählich verblaßte und durch den Begriff Oberstadt ersetzt wurde, wie man auch Oberburg und Unterburg sowie Oberkirche und Unterkirche unterschied.

Ebensowenig gewährt die Urkunde von 1354 Gewißheit darüber, wie weit zu diesem Zeitpunkt bereits die drei Viertel zur „nova civitas" zusammengewachsen waren, immerhin läßt die Erwähnung des Erfurter Tores zu 1374 (A. Overmann 1926—1934, III, Nachtrag 23a) darauf schließen, daß damals auch die Ummauerung der Neustadt vollendet war[9]). Außer dem Erfurter Tor im Südosten, das ebenso wie das Nordhäuser- oder Angertor im Westen auf eine Salzstraße hinausführte, hatte die Neustadt noch einen Ausgang in dem Frauentor nach Osten. Wenn daher 1382 die Oberkirche durch einen Neubau ersetzt wurde, so dürfte der Ausbau der Neustadt die Vergrößerung des Gotteshauses mit bedingt haben.

Die besondere Entwicklung der Neustadt, die ebenso wie die eigentliche Stadt eine Burg und eine Kirche aufwies, und die Trennung beider Stadtteile durch eine Mauer mögen den Eindruck hervorgerufen haben, daß es eigentlich zwei Städte waren. Indessen ist nicht anzunehmen, daß sie ursprünglich auch verwaltungsmäßig und wirtschaftlich ihr eigenes Leben führten, auch die Bezeichnung Neumarkt in der Oberstadt ist nicht unbedingt so zu deuten. Es ist aber aufschlußreich, daß in einer Verpfändungsurkunde von 1354 von „husere und stete czu Frankenhuszen" und von „bede husere und stete" gesprochen wird (STA Rudolstadt: A. C. 108), der Urkundenschreiber also zwei Burgen und Städte dabei im Auge hatte. Im übrigen dürfte der Ausbau der Neustadt in der Hauptsache in das 14. Jh. fallen, somit in denselben Zeitraum, in dem auch Sondershausen und Greußen eine Erweiterung durch „Neustädte" erfuhren (H. Eberhardt 1954, S. 15; 1958, S. 179). Auf jeden Fall aber läßt die beträchtliche Erweiterung der Stadt, die insgesamt das Doppelte der ursprünglichen Stadt ausmachte, auf eine bedeutende wirtschaftliche Kraft der Stadt schließen, auch wenn keineswegs anzunehmen ist, daß das Gelände innerhalb des neuen Maurringes im 14. Jh. völlig bebaut war. Wenn 1496 „ungefähr 300 besetzte Höfe und Häuser" gezählt wurden (STA Rudolstadt: Kanzlei Sondershausen, Teilungsrezeß 1496, Bl. 51), 1763 aber 635 Häuser angegeben werden (STA Rudolstadt: A IV, 4a, Nr. 1), die schließlich bis auf wenige Ausnahmen innerhalb der Unter- und Oberstadt standen, so wird deutlich, mit welcher Weiträumigkeit im 14. Jh. die Erweiterung der Stadt vorgenommen wurde.

Die Zahl der Urkunden, die uns Einzelheiten zur Topographie des mittelalterlichen Frankenhausen vermitteln, ist nicht sehr groß. Es handelt sich einmal um Urkunden des Klosters Oldisleben, zum anderen um solche der Grafen von Schwarzburg, die 1339 die Stadt von den Grafen von Beichlingen zunächst als Pfandbesitz und noch im gleichen Jahre durch Kauf erworben hatten (STA Rudolstadt: A. C. 53, 57, 60, 61, Sondersh. Urk. Reg. 565). So erhielt der Ritter Konrad von Kölleda 1360 von den Grafen von Schwarzburg als Burggut angewiesen einen Zins an den „Scherren" in der Stadt Frankenhausen sowie einen Siedelhof „der da lyt daselbis an deme alden Hinze", wofür der Ritter ein Burgmann der Grafen „ze Frankenhusen uff dem alden Hinze" sein sollte (STA Rudolstadt: Sondersh. Urk. Reg. 795). Bei den „Scherren" handelt es sich um die Fleischschärren oder Fleischbänke, die dem Landes-

[9]) Die Regestfassung der Urkunde bei Overmann könnte zunächst Zweifel darüber aufkommen lassen, ob die betreffende Wendung der Urkunde auf Frankenhausen zu beziehen ist. Wenn schon die Tatsache, daß „ein Stück Salz von einem Garten vor dem Erfurter Tor gegeben wird, der zu Lehen von dem Grafen von Schwarzburg geht", nach Frankenhausen weist, so hebt der Text der Urkunde, die sich in Abschrift im Domarchiv Erfurt Fond III Nr. 27 befindet, alle Zweifel auf, denn der Wortlaut von einem Garten „gelein daselbis ussenwendig vor dem Erforter thore" kann nur auf das vorangegangene Frankenhausen bezogen werden. Auch in den „Zugehörunge" des Schlosses Frankenhausen von 1411 (H. Schmidt 1891, S. 534) wird des Salzzinses der Herrschaft „von wingarten und agkirn" gedacht.

herrn zinspflichtig waren und die auch in den schwarzburgischen Teilungsrezessen von 1411 und 1496 aufgeführt werden (H. Schmidt 1891, S. 541 und STA Rudolstadt: Kanzlei Sondershausen, Teilungsrezeß 1496, Bl. 37). Die Lage der Fleischschärren kann mit Hilfe einer weiteren Urkunde von 1469 eindeutig festgelegt werden, in der der Graf von Schwarzburg einen Frankenhäuser Bürger mit einem Siedelhof „hinder den scherren gelegin gnant in der Müncze" belehnte (STA Rudolstadt: Sondersh. Urk. Reg. 2277), sie lagen also in der Klostergasse am Ausgang der Münze.

Dagegen begegnet der „alte Hinze" nur in der Urkunde von 1360, so daß sich hier die Frage erhebt, was darunter zu verstehen ist. Wenn der Ritter Konrad von Kölleda als gräflicher Burgmann „auf dem alten Hinze" verpflichtet wird, kann es sich nur um eine Befestigung handeln, und dies wird noch durch das „auf" unterstrichen sowie durch die Tatsache, daß der dazugehörige Siedelhof außerhalb der Befestigung lag, um einen befestigten Siedelhof kann es sich also nicht handeln. Auch findet sich die Bezeichnung anderweitig nicht belegt, die Ableitung von Heinrich bzw. Heinz liegt am nächsten, auch deshalb, weil die Bezeichnung auch in so allgemeinen, meist etwas spöttisch gebrauchten Wendungen wie Hinz und Kunz begegnet. Vergeblich aber bleibt der Versuch, den „alten Hinze" in bzw. bei Frankenhausen zu lokalisieren, und so kommt der Gedanke auf, daß damit die Oberburg gemeint ist, zumal es sich um einen gräflichen Burgmann handelt, der seine Einkünfte als rechtes Burggut angewiesen erhielt. Um die Mitte des 15. Jh. saß „uff der ubirborgk" der gräfliche Vogt (STA Rudolstadt: Cop. 51, Bl. 281'). Es ist möglich, daß im 14. Jh. eine feste Bezeichnung für diese Burg noch fehlte, denn um 1390 kaufte der Abt von Oldisleben einen Jahrzins „super una curia in Franckenhusun vor dem berge" (STA Weimar: F 555, Bl. 102'), und dieser Hof ist doch wohl kaum an anderer Stelle als unterhalb der „Oberburg" zu suchen. Auch sonst begegnen in der urkundlichen Überlieferung die beiden Burgen nicht mit besonderen Bezeichnungen, 1354 wird von „bede husere", in der Teilungsurkunde von 1411 wird von „Frankenhusen beide slosse und stad" gesprochen (C. A. H. Burkhardt 1883, Nr. 157 und 284), die erwähnte Bezeichnung „Oberburg" aus der Mitte des 15. Jh. scheint somit erstmalig zu sein.

Die sonstigen Erwähnungen von Gassen der Stadt finden sich zumeist in den Belehnungsurkunden der Grafen von Schwarzburg für ihre adligen Lehnsleute, wie es allein der Name Rittergasse besagt. Hier lagen nach einer Urkunde von 1412 die Höfe derer von Bendeleben, Polenczig und Tütcherode nebeneinander (STA Rudolstadt: Sondersh. Urk. Reg. 1373). Nach dem ältesten schwarzburgischen Lehnbuch aus der Mitte des 15. Jh. hatten die von Bendeleben einen weiteren Hof in der Klostergasse, während in der Hundegasse die von Stockhausen ansässig waren (STA Rudolstadt: Cop. 55, Bl. 9 und 12). Zu 1493 wird erstmals die Lange Gasse (STA Rudolstadt: Sondersh. Urk Reg. 2723), zu 1497 erstmals der Anger erwähnt (STA Weimar: F 555, Bl. 139'), 1533 wird Jan von Stockhausen mit 3 freien Häusern „bey unserer lieben Frauen gelegen", also bei der Oberkirche, sowie mit einer wüsten Hofstätte in der „Judengasse" belehnt (STA Rudolstadt: Sondersh. Urk. Reg. 3413a), die gleichfalls bei der Oberkirche zu suchen ist, „wo man nach dem Läuthause zugehet" (J. Fr. Müldener, Collectanea, STA Rudolstadt A VIII, 7d, Nr. 15). Die Ansässigkeit von Juden reicht offenbar, wenn jenes urkundliche Zeugnis von 1237 hierhergehört (O. Dobenecker 1896—1939, III, Nachtrag 45), in das Hochmittelalter zurück. Auch die Erfurter chronikalische Überlieferung nennt Frankenhausen ausdrücklich unter den Städten, in denen die Juden ein Opfer der Verfolgungen des Jahres 1349 wurden (O. Holder-Egger 1899, S. 378, 394).

Alle diese Zeugnisse lassen das Anwachsen der Stadt nur dürftig erkennen. Indessen gewährt für die westliche Seite der Stadt der Verlauf der „Kleinen Wipper" noch gewisse Anhaltspunkte. Wir vermögen zwar weder den Bauherrn dieses etwa 11 km langen künstlichen Wasserlaufes noch den Zeitpunkt der Anlage urkundlich zu belegen. Die Tatsache als solche, daß man den sicher bedeutenden Aufwand nicht scheute — allein der unterirdische Durchstich des Hanfenberges bei Göllingen stellt für jene Zeit ein Meisterwerk dar —, die Stadt Frankenhausen mit fließendem Wasser für das Salzwerk und die Mühlen zu versorgen, spricht für die Bedeutung von Stadt und Salzwerk im Mittelalter, zeigt aber auch, daß die Stadt schon sehr frühzeitig in der Lage war, ein solches Unternehmen in Angriff zu nehmen. Indessen ist die Anlage der „Kleinen Wipper" keineswegs die einzige ihrer Art in Thüringen. Es ist bereits in anderem Zusammenhang auf die Stadtentwicklung von Weißensee hingewiesen worden, die in die 2. Hälfte des 12. Jh. fällt, auch Weißensee erhielt sein fließendes Wasser durch einen künstlichen Helbearm, die sogenannte Sächsische Helbe, deren Anlage zeitlich ebensowenig mit Hilfe schriftlicher Zeugnisse festgelegt werden kann, während für den nördlich davon verlaufenden künstlichen Wasserlauf der sogenannten Schwarzburgischen Helbe zwei Urkunden wenigstens soviel besagen, daß um die Mitte des 13. Jh. diese Anlage bereits bestand. Bei der politischen und militärischen Bedeutung, die Weißensee für die thüringischen Landgrafen hatte, wird man annehmen können, daß die Anlage der Sächsischen Helbe zumindest in dieselbe, wenn nicht schon in eine frühere Zeit fällt (H. Eberhardt 1958, S. 167ff., K. Röhl 1962).

Somit lagen im 13. Jh. für künstliche Wasserläufe nicht allzufern von Frankenhausen bereits Erfahrungen vor, und dazu handelte es sich bei dem Helbesystem um eine weit größere Anlage, als es der Lauf der „Kleinen Wipper" darstellt. Wenn mit dieser Anlage auch in erster Linie die Absicht verfolgt wurde, für den Betrieb des Salzwerkes und für die Mühlen in der Stadt fließendes Wasser zu gewinnen, so wohl nicht weniger auch der Gedanke, die Gräben vor der Stadtmauer soweit als möglich damit zu füllen. Tatsächlich floß das Wasser von einer Zapfstelle im Norden entlang der Stadtmauer am Nordhäuser- oder Angertor vorbei nach Süden und füllte den Graben im Westen und Süden der Stadt. Gerade die Tatsache, daß der Graben entlang der Stadtmauer des Angerviertels, eines Teiles der Neustadt, geführt wurde, läßt den Schluß zu, daß die Anlage der „Kleinen Wipper" spätestens zu dem Zeitpunkt bestand, als die Neustadt eine Ummauerung erhielt.

Das älteste urkundliche Zeugnis für die „Kleine Wipper" stammt erst aus dem Jahre 1404, als der Ritter von Falkenburg befürchtete, daß man dort, wo „die Wipphern durch den berg bracht ist", eine Mühle errichten werde (STA Dresden: Cop. 32, Bl. 7). Andererseits wird erstmals zu 1354 die „nova civitas" von Frankenhausen erwähnt, und da zu 1374 auch das Erfurter Tor bezeugt ist, wird zu diesem Zeitpunkt die Ummauerung der gesamten Oberstadt vollendet gewesen sein. Wenn ferner manches dafür spricht, daß die Erweiterung der eigentlichen Stadt zunächst vom Seigertor ausging und sich in Richtung auf das Nordhäuser- oder Angertor vollzog, dürften die Anfänge der Stadterweiterung zumindest in der ersten Hälfte des 14. Jh. liegen. In diese Zeit kann somit auch die Anlage der künstlichen „Kleinen Wipper" mit Sicherheit zurückdatiert werden, die damit zeitlich an das Helbesystem, aber auch an den Leinakanal bei Gotha heranrücken würde (H. Eberhardt 1958, S. 168).

Wenn der Graben vor der westlichen Stadtmauer im Süden auch Kloster und Vorwerk mit umschließt, so darf ferner angenommen werden, daß um dieselbe Zeit die Stadtmauer auch im Süden vorverlegt wurde und Kloster und Vorwerk nunmehr in den Mauerring zu liegen kamen. Man gewinnt den Eindruck, daß sich die gegen Ende des 12. Jh. angelegte Stadt, die erstmals 1219 als „oppidum" bezeichnet wird, schon im 13. Jh. als zu klein erwies, wie es bereits der zu 1282 erwähnte Nikolaikirchhof „ante civitatem" andeutet. Auch haben sich die Grafen von Schwarzburg um die Hebung der Stadt bemüht, nachdem sie 1339 in ihren Besitz übergegangen war, wenn auch der sachliche Zusammenhang einer Urkunde des Königs Günther von Schwarzburg von 1349 für das Kloster Oldisleben, mit der er dem Kloster einen Adelshof übereignete, unklar bleibt, in der es heißt „ut opidum nostrum in (!) Franckenhusen in edificiis et expensarum copiis forcius muniatur" (STA Weimar: F 555, Bl. 100). Andererseits legten es die außerhalb der eigentlichen Stadtgründung gelegenen Salzquellen und die dabei befindliche Siedlung unterhalb der Oberburg von vornherein nahe, sie in die Ummauerung mit einzubeziehen. Somit hatte Frankenhausen bereits in der zweiten Hälfte des 14. Jh. jene räumliche Ausdehnung erreicht, die sie dann bis in die Mitte des 19. Jh. wahrte.

Es ist bereits in anderem Zusammenhang darauf hingewiesen worden, daß im späteren Mittelalter eine ganze Reihe von Adelsfamilien Höfe in der Stadt Frankenhausen besaßen, und die Bezeichnung Rittergasse, die erstmals zu 1412 bezeugt ist (STA Rudolstadt: Sondersh. Urk. Reg. 1373), unterstreicht dies noch deutlicher. Wenn es sich dabei ursprünglich um beichlingische Lehnsträger gehandelt haben dürfte, wie z. B. bei den Rittern von Kölleda und Ringleben, so waren es nach dem Übergang der Stadt auf die Grafen von Schwarzburg solche der Grafen von Schwarzburg. Ebenso aber begegnen zwei Geschlechter, die sich direkt nach Frankenhausen nannten. Das eine Geschlecht der Dives bzw. Reiche, Riche läßt sich seit 1221 urkundlich nachweisen (O. Dobenecker 1896—1939, II, 1975), seine Vertreter erscheinen sogar nebeneinander als „milites" und „cives", ohne daß sich aber mit Sicherheit ausmachen läßt, ob es auf die Entwicklung der Stadt größeren Einfluß genommen hat. Um die Mitte des 14. Jh. scheint das Geschlecht der Stadt Frankenhausen endgültig den Rücken gekehrt zu haben, und 1354 verkaufte der Knappe Heinrich genannt Riche die Zinsen von 26 Höfen und 4 Sölden an das Kloster Oldisleben. Auch das zweite Rittergeschlecht, dessen Vertreter meist mit den Vornamen Walter und Heinrich begegnen und in Urkunden aus der zweiten Hälfte des 13. Jh. auch mit dem Beinamen „Percussores" = Schläger auftauchen (O. Dobenecker 1896—1939, IV, 113, 613, 927 usw.), hat damals offenbar kaum noch Beziehungen zu Frankenhausen unterhalten, seine Namensträger erscheinen fast ausschließlich in den Zeugenreihen von Urkunden der Grafen von Clettenberg und Anhalt.

Wenn Frankenhausen erstmalig zu 1219 als „oppidum" = Stadt begegnet, 1266 erstmals für einen Bewohner die Bezeichnung „civis" gebraucht wird und wenn ferner 1282 in einer Urkunde des thüringischen Landgrafen von der „universitas civitatum Northusensis, Frankenhusensis, Kelbraensis" die Rede ist und endlich 1286 die „magistri consulum" und „consules" der Stadt ihre erste urkundliche Erwähnung finden, so kann daraus der Schluß gezogen werden, daß sich im 13. Jh. für Frankenhausen die Entwicklung zur Stadt im vollen Rechtssinne vollzogen hatte. Es darf somit angenommen werden, daß Frankenhausen auch von seinen Stadtgründern, den Grafen von Beichlingen, sein erstes Stadtrecht erhielt, das aber nicht überliefert ist, was nicht weiter verwundert, da nur für wenige thüringische Städte die Überlieferung von Stadtrechten bzw. die Nachricht von solchen über die Mitte des 14. Jh. zurückreicht. Für Frankenhausen bietet dafür lediglich die chronikalische Überlieferung einen Anhaltspunkt, da 1454 der Graf von Schwarzburg die Statuten der Stadt erneuerte und bestätigte (P. Jovius 1756, S. 531), die darüber aufgestellte Urkunde aber ist gleichfalls verloren. Immerhin beweist diese Nachricht, daß bereits vor 1454 Frankenhausen ein geschriebenes Stadtrecht besaß, und wenn ferner die Stadt Frankenhausen, wie sich aus der Nordhäuser Überlieferung ergibt, im 14. und 15. Jh. in zweifelhaften und strittigen Fällen Rechtsbelehrung in der nahe gelegenen Reichsstadt Nordhausen einzuholen pflegte (E. A. Förstemann 1834, S. 13ff.), so läßt dies zumindest erkennen, daß im 14. Jh. eine ausgeprägte städtische Rechtsverfassung vorhanden war, über die wir in Ermangelung von Quellen leider nicht mehr auszusagen vermögen. Die ältesten erhaltenen Statuten, die der Stadt gleichfalls durch einen schwarzburgischen Grafen erteilt wurden, stammen erst aus dem Jahre 1534 (A. L. J. Michelsen 1863, S. 466—500).

Es ist dieser Mangel um so mehr zu bedauern, als damit vor allem für die Frühzeit das Verhältnis zwischen dem Landesherrn und der Stadt im Dunkel bleibt. Andererseits aber ist gerade diese Frage für Frankenhausen von Bedeutung insofern, als sich damit die weitere nach dem Besitz bzw. der Nutzung der Salzquellen verbindet, die ja der entscheidende wirtschaftliche Faktor der Stadt waren. Wenn aber auf Grund seines Namens Frankenhausen als karolingisches Krongut angesprochen wurde und wenn die Urkunde Ottos III. von 998 für das Kloster Memleben den Schluß zuläßt, daß damals das deutsche Königtum die Verfügungsgewalt über die Salzquellen hatte, so fehlen für die späteren Jahrhunderte eindeutige urkundliche Zeugnisse, die Frankenhausen als Krongut kennzeichnen. Andererseits erscheint es kaum vorstellbar, daß die deutschen Könige Frankenhausen aus der Hand gegeben haben, solange die Pfalzen der Goldenen Aue von ihnen aufgesucht wurden und die Kyffhäuserburgen als Reichsburgen bestanden. Indessen ging der Einfluß des Reiches im Kyffhäusergebiet seit der Mitte des 12. Jh. mehr und mehr zurück, und wenn hier seit dem Beginn des 13. Jh. immer stärker die Grafen von Beichlingen an Einfluß gewannen und um 1215 das Kloster Frankenhausen gründeten, so ist die Vermutung nicht ganz von der Hand zu weisen, daß die Beichlinger um die Wende vom 12. zum 13. Jh. in Frankenhausen festen Fuß faßten, wie sie dann im 13. Jh. auch auf ehemaligen Besitzungen des Reiches in der Goldenen Aue begegnen (H. Eberhardt 1960 und 1965).

Über alle diese Vorgänge unterrichtet uns die urkundliche und chronikalische Überlieferung freilich kaum, und die 1198 einsetzenden Auseinandersetzungen des Thronstreites, in denen die alten staufisch-welfischen Gegensätze nochmals zum Austrag kamen und in die auch die Landschaften des nördlichen Thüringen mit einbezogen wurden (H. Eberhardt 1932, S. 30f; 1943, S. 67ff.), könnten mit ein Anlaß gewesen sein, daß die Grafen von Beichlingen durch die Anlage eines festen Platzes die Salzquellen vor Übergriffen zu schützen suchten, die bereits vordem die wirtschaftliche Lebensader des Ortes waren und auch für die künftige Stadt werden sollten. Indessen schweigen sich die Quellen ebenso darüber aus, in welcher Form sich die Salzgewinnung in der ältesten Zeit vollzog bzw. in wessen Besitz sich die Salzquellen befanden. Wenn die Grafen von Beichlingen 1339 die Stadt samt dem „Salzborn" an die Grafen von Schwarzburg verpfändeten (STA Rudolstadt: A. C. 52, 53, 57), so dürfte es sich dabei um die steuerlichen Einnahmen aus der Salzgewinnung gehandelt haben, nicht aber hat der Landesherr das Salzwerk selbst betrieben. Offenbar befand sich das Salzwerk bereits im Mittelalter im Besitz einer Pfännerschaft, einer Gesamtheit von Interessenten und Gewerken, die es auf eigene Rechnung betrieben, aber verpflichtet waren, dem Landesherrn für jedes gewonnene Stück Salz eine Abgabe zu entrichten. Die Nutzung des Salzwerkes und der Vertrieb des Salzes wurden durch Salzordnungen geregelt, deren erste von 1493 datiert (O. Dobenecker 1889). Jene Pfänner oder Söldenbesitzer stellten sicher den reichsten und damit auch den einflußreichsten Teil der Bürgerschaft und dürften in den ersten Jahrhunderten vor allem auch den Rat der Stadt gebildet haben[10]). Die Pfänner konnten frei über die Erträge ihrer Sölden verfügen, und der älteste Beleg dieser Art von 1346 besagt, daß ein Frankenhäuser Bürger dem Kloster Oldisleben „unum frustrum salis singulis annis in festo beati Michaelis in una casa seu salina" schenkte (STA Weimar: F 555, Bl. 101). Ebenso war es möglich, wie sich aus anderen Zeugnissen ergibt, daß die Sölden im Erbgang geteilt wurden, andererseits aber auch Bürger auf diese Weise in den Besitz mehrerer Sölden gelangen konnten (STA Rudolstadt: Sondersh. Urk. Reg. 857 zu 1366; STA Weimar: F 555, Bl. 102' zu ca. 1390).

Für den starken Einfluß der Pfännerschaft auf das städtische Gemeinwesen spricht aber auch die Nachricht über das älteste Frankenhäuser Stadtsiegel, die Paulus Jovius in seinem im ersten Drittel des 17. Jh. abgefaßten Chronicon Schwarzburgicum überliefert: „Beyläufig muß ich auch allhier gedenken, daß zu der Zeit der Rath zu Frankenhausen zum Stadt Secret und Insiegel gebrauchet und geführet hat einen nackichten Hall- oder Kotknecht, nur mit ein paar schmalen leichten Hosen angekleidet, das Haupt bedecket mit einem Bade-

[10]) Eine namentliche Zusammenstellung der spätmittelalterlichen Ratslisten, wie sie für Greußen bei P. Lürmann (1941) und für Sondershausen bei H. Eberhardt (1954) vorliegen, steht für Frankenhausen noch aus, obgleich sie aus den Urkunden der Grafen von Schwarzburg, insbesondere aus den Schuldverschreibungen, wenn auch nicht ohne Mühe, gewonnen werden könnte. Diese Grundlage könnte unter Auswertung des im STA Rudolstadt liegenden handschriftlichen Materials zur Frankenhäuser Familien- und Personengeschichte von G. v. Ketelhodt, das mit dem 16. Jh. einsetzt, sowie der unten herangezogenen namentlichen Aufstellungen des 16. Jh. noch erweitert werden, so daß sich die soziale Zusammensetzung des Rates für das 16. Jh. wenigstens zum Teil rekonstruieren ließe.

hütlein, darauf zwey leichte Federlein, mit gestutztem Bart uff türkisch, in jeglicher Hand ein Eimer haltend, darinnen man die Sool träget, dergleichen ich an einem alten Pergament Brief gesehen, des Datum gewesen 1280" (P. Jovius 1756, S. 311). Mit diesen knappen Angaben müssen wir uns begnügen, und es bleibt unserer Phantasie überlassen, dieses älteste Stadtsiegel zu rekonstruieren, von dem auch an Urkunden kein Stück erhalten geblieben ist. Andererseits wird man die Angaben von Jovius nicht in das Reich der Fabel verweisen können, dazu war Jovius im Gegensatz zu manchen Chronisten seiner Zeit ein zu ernster Forscher, dessen Chronik gerade die Kenntnis der Urkunden der schwarzburgischen Archive erkennen läßt. Damit aber käme auch in dem ältesten Frankenhäuser Stadtsiegel die tragende Kraft der Pfännerschaft zum Ausdruck, die in der Stadt die führende Schicht bildete. Es kann aber ebensowenig die Frage beantwortet werden, ob die Pfännerschaft dasselbe Siegel geführt hat, zumal sich Jovius auf die Beschreibung des Siegelbildes beschränkt und keine Umschrift des Siegels angibt[11]). Das älteste erhaltene Stadtsiegel von Frankenhausen ist erst an einer Urkunde von 1384 erhalten (STA Rudolstadt: A. C. 172). Sein Siegelbild zeigt die Stadtmauer mit Torturm und zwei seitlichen Türmen, im Torturm den schwarzburgischen Löwenschild, womit die Landesherrschaft der Grafen von Schwarzburg angezeigt wird.

Es ist einleuchtend, daß Frankenhausen und die Salzquelle bzw. der Salzzoll als Abgabe von dem produzierten Salz zu einem begehrenswerten Objekt wurden, und es nimmt nicht wunder, wenn die Stadt im Zusammenhang mit dem 1342 ausgebrochenen Grafenkrieg Gegenstand der politischen und kriegerischen Auseinandersetzungen wurde. Es ist hier nicht der Ort, diesen Verwicklungen im einzelnen nachzugehen, und schließlich erhielten die Schwarzburger 1343 durch kaiserliche Entscheidung den Besitz der Stadt Frankenhausen und der Salzbrunnen wieder zugesprochen (C. Beyer 1889—1897, II, 235). Aufschlußreich ist in dieser Hinsicht ein Vertrag, der 1347 zwischen dem Grafen Günther von Schwarzburg und dem Landgrafen Friedrich II. von Thüringen abgeschlossen wurde, nach dem die Salzkärrner, die bisher ihr Salz in Halle geholt hatten und aus dem Gebiet diesseits der Mulde über Altenburg, Borna und Pegau dorthin gefahren waren, nunmehr angewiesen wurden, ihren Weg über Weißenfels, Freyburg und Wiehe zu nehmen und ihr Salz in Frankenhausen zu holen. Um den Verkehr zu ermöglichen, sollte der Schwarzburger auf seine Kosten bei Bretleben eine Brücke über die Unstrut bauen und erhalten. Der in Frankenhausen von den Wagen und Karren zu entrichtende Zoll sollte zu 2 Teilen dem Schwarzburger und zu 1 Teil dem Wettiner zukommen, während die Gefälle von Geschirren, die aus anderen Landen und auf anderen Straßen nach Frankenhausen kamen, allein dem Schwarzburger zustanden (STA Rudolstadt: A. C. 81; STA Dresden: Urkunde 3090).

Es entzieht sich unserer Kenntnis, wie weit und wie lange dieser Handelsvertrag bestand, er zeigt aber deutlich, daß es für die landesherrliche Gewalt vor allem um die Einnahme des Salzzolles ging. Wie erheblich die Einnahmen waren, ergibt sich aus den Aufstellungen, die anläßlich einer Teilung der schwarzburgischen Herrschaften 1411 angelegt wurden. Danach wurde der „Große Zoll" zu Frankenhausen allein mit 300 „marg lotiges silbirs" veranschlagt (H. Schmidt 1891, S. 534ff.). Auch die Angabe, daß der Landesherr aus der Stadt „300 marg lotiges silbirs" an Bete vereinnahmte, die gleiche Summe, die er aus Arnstadt bezog, während Greußen und Sondershausen nur 100 Mark, Clingen und Blankenburg nur 40 Mark zahlten, vermittelt ein gewisses Verhältnis von der Steuerkraft der schwarzburgischen Städte. Außerdem bezog der Landesherr auch das Salzgeld von einer eigenen Sölde, für die nach dem Teilungsrezeß von 1496 der Rat von Frankenhausen ins Amt jährlich 100 Gulden zahlte (STA Rudolstadt: Kanzlei Sondershausen, Teilungsrezeß 1496, Bl. 37); 1511 verkaufte der Graf

[11]) Selbst die Urkunde von 1280, an der Jovius das Siegel gesehen haben will, läßt sich nicht mehr nachweisen. Man könnte dabei an die Urkunde von 1286 denken, die die „magistri consulum" und „consules" der Stadt ausstellten und die als erste Urkunde Ratsmeister und Ratsmannen von Frankenhausen namentlich aufführt. Nach dem Wortlaut der Urkunde hing an ihr das Siegel der Stadt, das aber heute fehlt.

von Schwarzburg die „Vogteisölde" an den Zöllner zu Frankenhausen (STA Rudolstadt: A VIII, 7d, Nr. 5, Bl. 139). Der Teilungsrezeß von 1496 vermittelt leider keine Zahlenangaben über die Höhe des Salzzolles, dafür aber Angaben über weitere landesherrliche Einnahmen aus der Stadt. Außer dem Geschoß in Höhe von 300 Mark Silbers = 2100 Gulden jährlich bezog der Landesherr den Wagen-, Karren- und Marktzoll, Abgaben von der Braupfanne, von den Krämern, den Fleischbänken, den Leinewebern und den Schuhmachern, außerdem, wie schon der Anschlag von 1411 ausweist, einen Salzzins von Weingärten und Äckern.

Es ist nicht allzuviel, was die Quellen über die wirtschaftlichen Verhältnisse der Stadt Frankenhausen im 14. und 15. Jh. vermitteln, deutlich aber wird, daß die Wirtschaftskraft der Stadt in erster Linie auf dem Salz beruhte. Allerdings zeigt bereits die Urkunde von 1347, daß die Stadt Frankenhausen keineswegs konkurrenzlos dastand, und wenn im Teilungsrezeß von 1496 für den Wagen-, Karren- und Marktzoll die Bemerkung gemacht wird „stiget und fellit" und „dar nach sich der handel in saltz heldet", so wird dies noch unterstrichen. Neben der Salzgewinnung stellte der Weinbau eine weitere Erwerbsquelle dar, denn 1525 wurden fast 450 Acker Weinwachs neben 1470 Acker Feld gezählt, fast der vierte Teil der bebauten Flur wurde somit für den Weinbau verwandt. Bereits bei dem Verkauf der Stadt an die Grafen von Schwarzburg 1339 wird der „wyngarten" urkundlich gedacht (STA Rudolstadt: A. C. 61), 1346 und 1352 werden die Weingärten gleichfalls erwähnt (STA Rudolstadt: A. C. 79 und STA Weimar: F 555, Bl. 98')[12]). Diese ersten urkundlichen Erwähnungen liegen zwar verhältnismäßig spät, bei der dürftigen Überlieferung für die Frühzeit der Stadt können sie daher kaum als zeitlicher Anhaltspunkt für den Beginn des Weinbaues bei Frankenhausen dienen.

Die Erwähnung von Frankenhausen als Münzstätte zu 1229 unterstreicht die Bedeutung der Stadt (O. Dobenecker 1896—1939, III, 82), noch zu 1330 wird die „moneta" der Grafen von Beichlingen daselbst erwähnt (C. Beyer 1889—1897, II, 30)[13]). Auch die Grafen von Schwarzburg haben im 16. Jh. in Frankenhausen geprägt (E. Fischer 1904, S. XXIII und 34). Es nimmt daher nicht wunder, wenn die Stadt, die dem Landesherrn reiche Einnahmen brachte, als Pfandobjekt und auch sonst bei den Finanzgeschäften der Grafen von Schwarzburg in Erscheinung trat (STA Rudolstadt: A. C. 172, 186, 214, 215, 410, 425, 504 u. a.). Endlich kam der Stadt auch dadurch noch eine Bedeutung zu, daß sie als Sitz eines schwarzburgischen Vogtes zum Verwaltungsmittelpunkt einer kleinen Herrschaft wurde. Bereits zu 1346 wird des Vogtes urkundlich gedacht (STA Rudolstadt: Sondersh. Urk. Reg. 625), zu 1360 wird der erste namentlich genannt (STA Rudolstadt: Sondersh. Urk. Reg. 787). So wenig die Quellen ein abgeschlossenes Bild von den wirtschaftlichen Verhältnissen der Stadt im ausgehenden Mittelalter zu geben vermögen, so lassen sie doch erkennen, daß Frankenhausen wirtschaftlich über den vielen kleinen Handwerker- und Ackerbürgerstädten in Thüringen stand, und dies dürfte letzten Endes auch die frühzeitige räumliche Ausdehnung erklären.

Indessen fehlen für das Mittelalter Angaben über die Einwohnerzahl, denn erst der schwarzburgische Teilungsrezeß von 1496 enthält die Angabe, daß Frankenhausen damals „ungefähr 5 Schock besetzter Höfe und Häuser" zählte, während für die Altstadt „45 Hauswirte", d. h.

[12]) Die Urkunde von 1352, die sich im Kopialbuch des Klosters Oldisleben (STA Weimar: F 555, Bl. 98) befindet, ist bereits bei O. Dobenecker 1896—1939, III, 2013) im Regest wiedergegeben, aber irrig zu 1252 datiert.

[13]) Der im 13. Jh. für Frankenhausen erwähnte Münzmeister Werner wird gleichzeitig auch für Kelbra genannt, wo bereits im 12. Jh. die Grafen von Rothenburg prägten. Die zeitliche Bestimmung der einzelnen Münzen sowie ihre Zuordnung zu bestimmten Geschlechtern bereitet zwar Schwierigkeiten, doch dürften die Frankenhäuser Prägungen erst nach 1200 einsetzen; vgl. B. Pick und H. Buchenau (1928, S. 87ff.) und E. Mertens (1929, S. 129). In der urkundlichen Überlieferung werden die Frankenhäuser Münzen zu 1268 „exceptis quinque solidis Vrankenhusensis monetae" UB. Walkenried Nr. 394 und Abschrift STA Rudolstadt A VIII 6c Nr. 2, I, S. 220, sowie zu 1308 „Frankenhusensis argenti" UB Walkenried Nr. 691 erwähnt.

45 Gehöfte, angegeben werden. Diese „ungefähre“ Angabe von etwa 300 Häusern gewinnt allerdings an Bedeutung, als dieselbe Quelle für Sondershausen 272 Hauswirte, für Greußen 179 besessene Bürger und für Clingen 75 Hauswirte bezeugt. Von den schwarzburgischen Städten wurde Frankenhausen lediglich von Arnstadt überragt, in dem 480 „behauste Bürger und Witwen“ gezählt wurden, und stand somit einwohnermäßig an zweiter Stelle der schwarzburgischen Städte (STA Rudolstadt: Kanzlei Sondershausen, Teilungsrezeß 1496, Bl. 51; H. Eberhardt 1966, S. 153). So wenig die Angaben von Häusern, besessenen Bürgern und Hauswirten schon konkrete Einwohnerzahlen darstellen, so werden die Größenverhältnisse doch deutlicher unter Hinzunahme der Zahlen der Hauswirte in den benachbarten Dörfern, die der Teilungsrezeß von 1496 gleichfalls überliefert. Danach betrug deren Anzahl in Esperstedt 27, Göllingen 43, Ringleben 80, Rottleben 40, Seehausen 16, Steinthaleben 30, Udersleben 46, und dem entspricht wiederum die Angabe für die dörfliche Siedlung der Altstadt Frankenhausen mit 45 Hauswirten.

Die Angabe des Teilungsrezesses von 1496 „ungefähr 5 Schock besetzter Höfe und Häuser“ läßt sich am besten mit den namentlichen Aufstellungen der Bürger der Stadt vergleichen, die kurz nach der Schlacht des Bauernkrieges am 15. Mai 1525 angelegt wurden (STA Dresden: Loc. 9133)[14]). Danach ergibt sich folgendes Bild:

Pfänner in der Schlacht getötet	18
Hintersättler in der Schlacht getötet	86
Flüchtige Pfänner	2
Flüchtige Hintersättler	15
Pfänner am Leben	70
Hintersättler am Leben	157
Insgesamt	348

Da die namentlichen Aufstellungen jeweils den Besitz an Häusern, Sölden, Weinwachs und Ackerland verzeichnen, besteht die Möglichkeit, auch eine soziale Aufgliederung der Einwohnerschaft der Stadt wenigstens in großen Zügen vorzunehmen. In erster Linie aber interessiert zunächst die Zahl der Häuser, deren Auszählung gleichfalls 348 ergibt, die ungefähre Angabe von 1496 wird damit bestätigt. Wenn nach der Schlacht noch 70 Pfänner und 157 Hintersättler am Leben und somit auch anwesend waren, die Auszählung der Namen einer weiteren Liste, die die gefangenen Bürger verzeichnet, aber 275 namentlich genannte Personen ergibt, so wird man dabei in Rechnung stellen müssen, daß sich darunter einmal die erwachsenen Söhne dieser insgesamt 348 Familien befanden. Zum anderen läßt die Aufstellung der Pfänner und Hintersättler offensichtlich den Personenkreis aus, der über keinerlei Vermögenswerte und nicht einmal über ein eigenes Haus verfügte, denn hier kam es wohl vor allem darauf an, die Vermögenswerte der Bürger zu erfassen, nachdem die Stadt sich an dem Bauernkrieg beteiligt hatte. Ebensowenig ist anzunehmen, daß die Stadt 1525 keine Hausgenossen, sei es als Einzelpersonen wie Tagelöhner, Knechte und Mägde, sei es als ganze Familien beherbergte. Es entzieht sich unserer Kenntnis, wie hoch der Bevölkerungsanteil der Hausgenossen war, wenn aber nach dem Türkensteuerregister von 1552 in der Stadt Frankenhausen (STA Rudolstadt: Amt Frankenhausen 178) von 454 Veranlagten 62 = 14% ohne Vermögen aufgeführt werden, so dürfte er 1525 mindestens 10% der Einwohnerschaft betragen haben. Legt man allein für die 348 Familien um 1525 einen Umrechnungsfaktor von 4,5 Personen für eine Familie zugrunde[15]), so ergibt sich eine Gesamt-

[14]) Die Veröffentlichung von Seidemann gründet sich auf das Aktenstück Loc. 9133 im STA Dresden. G. v. Ketelhodt hat erstmals auf Grund des Seidemannschen Druckes eine statistische Aufgliederung vorgenommen, die sich als Manuskript im STA Rudolstadt: Z 150 befindet. Für die nachfolgenden Berechnungen wurde nochmals das Dresdener Original herangezogen, wobei jedoch nur geringe Unstimmigkeiten festgestellt werden konnten.

[15]) Gegen die Anwendung solcher Umrechnungsfaktoren bestehen natürlich immer große Bedenken, zumal das Quellenmaterial nur selten die Möglichkeit bietet, „die Probe aufs Exempel zu machen“. Andererseits haben die

summe von 1566 Einwohnern, zuzüglich 10% = 1722 Einwohner, und da die Aufstellung von 1525 weder die Geistlichen, Lehrer und Beamten noch das Gesinde berücksichtigt, so wird man eine Gesamtsumme von ca. 1900 Einwohnern für die Stadt Frankenhausen für das Jahr 1525 annehmen dürfen.

Wenn sich der Teilungsrezeß von 1496 mit der abgerundeten Angabe von „ungefähr 300 Häusern“ begnügt, die Aufstellung von 1525 für die Pfänner und Hintersättler 348 ergibt, eine Zahl, die sich unter Hinzunahme von Pfarr-, Schul- und Amtshäusern noch ein wenig erhöhen dürfte, so wäre für 1525 mit ca. 360 bewohnten Behausungen zu rechnen. Diese Berechnung erfährt wiederum eine gewisse Stütze durch das Türkensteuerregister von 1552, das insgesamt 454 Veranlagte aufführt, von denen 62 als Hausgenossen bezeichnet werden, so daß man annehmen darf, daß die übrigen 393 über Hausbesitz verfügten, so daß die Gesamtzahl der bewohnten Häuser 1552 schon bei über 400 gelegen haben dürfte, zumal ein mehrfacher Hausbesitz unter den Höchstbesteuerten nicht selten war. Eine weitere Aufstellung von 1587 (STA Rudolstadt: C I, 4h, Nr. 1), die namentlich die Bürger „so Häuser haben“ aufführt, verzeichnet insgesamt 443 Hausbesitzer, so daß sich damit die Gesamtzahl der Wohnhäuser von 1496—1587 noch um rund 150 = 50% vermehrt hatte. Hinzuzunehmen wären ferner die Adelshöfe sowie die Häuser von Amtspersonen, für die zuverlässige Unterlagen fehlen.

Das Wachstum der Stadt im 16. Jh. zeigt einmal, daß die wirtschaftlichen Grundlagen der Stadt, Salzgewinnung und Weinbau, nach wie vor in Blüte standen, ebenso aber auch, daß die Folgen des Bauernkrieges offenbar verhältnismäßig schnell überwunden wurden. Auch die weitere Tatsache, daß die Zahl der Hausgenossen, die nach dem Türkensteuerregister von 1552 etwa 13% der Veranlagten ausmachte, bis 1587 auf 110 = 20% angestiegen war, läßt erkennen, daß die Stadt eine gewisse Anziehungskraft besaß.

Es fällt diese Entwicklung um so mehr auf, als die abseits gelegene Altstadt Frankenhausen an diesem Aufstieg keinen Anteil hatte. Nach dem Teilungsrezeß von 1496 wurden in der Altstadt 45 Hauswirte gezählt, das Türkensteuerregister von 1552 weist nur 52 Veranlagte auf, wobei noch offenbleibt, ob sie alle über Hausbesitz verfügten, und für 1618 werden für die Altstadt 54 Hausbesitzer angegeben (STA Rudolstadt: B VII, 7a, Nr. 24). Auch die räumliche Erweiterung der Altstadt hielt sich somit in den 120 Jahren in recht bescheidenen Grenzen.

Man wird allerdings die Frage stellen müssen, auf welchem Gelände sich die Erweiterung der Stadt Frankenhausen im 15. Jh. um rund 150 Anwesen vollzog. Allein die Tatsache, daß die Stadt in der 2. Hälfte des 18. Jh. mehrere Jahrzehnte hindurch auf dem Stand der 635 Häuser stehenblieb und bis dahin kaum über die mittelalterlichen Stadtgrenzen hinausgewachsen war und gegen Ende des 18. Jh. rund 3000 Einwohner beherbergte (H. Eberhardt 1966, S. 168), läßt darauf schließen, daß nach der Einbeziehung der Ober- bzw. Neustadt und nach der Ummauerung der Gesamtanlage darin noch so viel freier Raum zur Verfügung stand, daß die doppelte Anzahl von Wohnhäusern gegenüber 1496 innerhalb des Mauerringes Platz fand, wobei vielleicht aber auch das Gelände der Saline noch eine gewisse Einengung erfahren haben könnte.

Wie bereits angedeutet, bieten die Aufstellungen von 1525 die Möglichkeit, einen ersten Einblick in die soziale Aufgliederung der Einwohnerschaft zu erlangen, auch wenn darin die Besitzlosen nicht mit erfaßt werden und diese nicht einmal zahlenmäßig angegeben werden können. Die erste Feststellung ergibt, daß den 90 Pfännern 258 Hintersättler gegenüberstehen, d. h. nur der vierte Teil der Einwohnerschaft (26%) war an der Salzgewinnung beteiligt. Indessen bestanden auch innerhalb der Pfännerschaft manche Unterschiede, und

bisherigen Beobachtungen für die damals schwarzburgischen Lande ergeben, daß ein Umrechnungsfaktor von etwa 4,5 Personen je Familie der Wirklichkeit am nächsten zu kommen scheint. Vgl. dazu H. Eberhardt 1966, S. 153, 155, 161, 168f.

der wohl ursprüngliche Zustand, daß jedem Pfänner eine Sölde gehörte, war 1525 bereits weitgehend durchbrochen. Im Erbgang waren einmal Sölden geteilt worden, auf der anderen Seite waren auf diese Weise auch ganze Sölden oder Anteile daran in einer Hand zusammengekommen, so daß 1525 nachstehende Aufgliederung bestand:

Pfänner	Sölden	insgesamt
14	1/2	7
46	1	46
9	1 1/2	13 1/2
11	2	22
3	2 1/2	7 1/2
4	3	12
1	3 1/2	3 1/2
1	4	4
1	ohne	—
90		115 1/2[16])

Die 258 Hintersättler, die 74% der insgesamt 348 Familien ausmachten, besaßen keine Sölden. Ebenso aber waren sie auch an einer weiteren Quelle des Reichtums der Stadt, den Weinbergen, nur in einem geringen Maße beteiligt. Eine statistische Auswertung der Aufstellungen von 1525 ergibt, daß von den 90 Pfännern 74 = 82%, von den 258 Hintersättlern nur 66 = 25% über Weinberge verfügten. Noch deutlicher wird das Verhältnis, wenn man den Gesamtbesitz an Weinwachs aufteilt:

74 Pfänner besaßen insgesamt 325 1/4 Acker Weinwachs = 73%,
66 Hintersättler besaßen „ 120 „ „ = 27%.

Eine Aufschlüsselung des Besitzes an Weinwachs auf Pfänner und Hintersättler zeigt wiederum, daß die Anzahl der bewirtschafteten Äcker zwar auch innerhalb der Pfännerschaft erhebliche Unterschiede aufwies, daß sich andererseits der Besitz der Hintersättler an der unteren Grenze bewegte:

Weinwachs:	Zahl der Äcker	Pfänner	Hintersättler
	1	5	30
	5/4	1	—
	1 1/2	4	4
	2	14	4
	2 1/2	2	17
	3	6	5
	3 1/2	3	—
	4	6	4
	4 1/2	4	1
	5– 6 1/2	15	—
	7– 8 1/2	8	—
	9–12 1/2	6	—

Noch deutlicher treten die Unterschiede zwischen Pfännern und Hintersättlern in bezug auf den Besitz an Ackerland hervor. Nach den Aufstellungen von 1525 wurden von den Bürgern der Stadt insgesamt 1470 1/2 Acker bewirtschaftet, die sich wie folgt verteilten:

Von 90 Pfännern	besaßen 68 (= 75%) insgesamt	1353 1/2 Acker
Von 258 Hintersättlern	besaßen 17 (= 7%) „	117 „
		1470 1/2 Acker

[16]) Die Zusammenstellung ergibt somit 115 1/2 Sölden, später wurden 117 1/2 „Salzkothen“ gezählt, wozu J. Fr. Müldener (1747, S. 11) bemerkt, es seien „nur etliche dreißig gebauet, in welchen das Salz der anderen mitgemachet und ein gewisses Mietgeld dafür gegeben wird“. Nach Schumann, Staats-, Post- und Zeitungslexikon 2, 1815, S. 698, waren es 18, nach dem Nachtragsband 15, 1828, S. 819, nur noch 15 Sölden. Vgl. dazu E. Sauerbier und K. Zierfuß 1931, S. 25f.

Die 17 Hintersättler verfügten somit nicht einmal über 7% des Ackerlandes, während sie immerhin 27% der Weinberge ihr eigen nennen konnten. Indessen zeichnen sich auch bezüglich des Besitzes an Ackerland innerhalb der Pfännerschaft beträchtliche Besitzunterschiede ab, denn von den 68 Pfännern besaßen:

1—10 Acker	27 Pfänner
11—20 „	17 „
21—30 „	9 „
31—40 „	6 „
41—50 „	2 „
51—60 „	4 „
über 60 „	3 „
	68 Pfänner

Wenn die 90 Pfänner außer den Sölden 73% der Weinberge und 93% des übrigen Ackerlandes bewirtschafteten, so wird deutlich, daß sie es waren, die in der Stadt die führende wirtschaftliche und gesellschaftliche Stellung einnahmen, obwohl sie mit ihren Familien zahlenmäßig kaum mehr als 20% der Einwohnerschaft ausgemacht haben dürften. Indessen zeigen die vorangestellten Aufschlüsselungen aber auch, daß in der Pfännerschaft selbst wiederum die größten Unterschiede bestanden, die noch deutlicher werden, wenn man das Türkensteuerregister von 1552 hierzu heranzieht.

Das Türkensteuerregister der Stadt Frankenhausen von 1552 führt insgesamt 454 Veranlagte auf, doch können die namentlich genannten Vermögensträger keineswegs durchweg als Familienhäupter angesprochen werden. Neben einzelnen „armen alten Frauen" begegnen in größerer Zahl Witwen, bei denen nicht mit Sicherheit auszumachen ist, ob zu ihrem Haushalt noch Kinder gehörten, andererseits aber erscheinen auch erwachsene Söhne, die bereits über ein eigenes Vermögen verfügten, ohne daß zu erfahren ist, ob sie schon einem selbständigen Haushalt bzw. einer Familie vorstanden. Ebenso werden in großer Anzahl Hausgenossen aufgeführt, bei denen in der Mehrzahl der Fälle anzunehmen ist, daß es sich dabei nicht um Einzelpersonen sondern um ganze Familien handelte. Endlich lassen die Angaben über das Gesinde zahlenmäßig nur eine grobe Schätzung zu. Soweit $^1/_2$ Groschen für die Magd und 1 Groschen für den Knecht bzw. den Gesellen aufgeführt werden, ist eine Auszählung noch möglich, bei den Angaben von $1-3^1/_2$ Groschen Gesindelohn aber ist nicht auszumachen, wie weit es sich dabei um männliches oder weibliches Dienstpersonal handelte. Wenn im allgemeinen das weibliche Dienstpersonal überwog, so ist andererseits für Frankenhausen anzunehmen, daß im Salzwerk in größerem Maße männliche Arbeitskräfte beschäftigt waren, wie auch in der ältesten Salzordnung Pfänner und Salzknechte sowie Bornmeister und Bornknechte unterschieden werden. Für das Jahr 1764, als Frankenhausen 3054 Einwohner zählte, werden 209 Handwerksverwandte und Knechte einschließlich 60 Lehrjungen sowie 179 Mägde angegeben (H. Eberhardt 1966, S. 169), somit wird für 1552, als die Stadt die Gesamtzahl von 2000 Einwohnern bereits überschritten haben dürfte, die Zahl der Knechte und weiblicher Dienstboten mit etwa 200 Personen anzusetzen sein. Für sie zahlte der Dienstherr jeweils 1 bzw. $^1/_2$ Groschen als Türkensteuer, sie selbst sind als vermögenslos anzusprechen.

Die Angaben des Türkensteuerregisters von 1552 lassen sich daher nicht zur Feststellung der Gesamteinwohnerzahl der Stadt zu diesem Zeitpunkt verwenden. Viel aufschlußreicher sind sie für die versteuerten Vermögenswerte, auch wenn man sich bei der Aufstellung des Verzeichnisses nur selten der Mühe unterzogen hat, für jeden Vermögensträger die Vermögenswerte im einzelnen aufzuschlüsseln, selbst die „Sölden" werden nur in ganz wenigen Fällen aufgeführt. Für den Höchstbesteuerten der Stadt, dessen Vermögen sich auf 6000 Gulden belief, begnügt sich das Verzeichnis mit der summarischen Angabe, daß es sich aus „liegendem Grunde, werbendem Geld und fahrender Habe" zusammensetze. Der Hauptwert des Verzeichnisses besteht somit darin, daß es für jeden Veranlagten die Höhe seines gesamten Vermögens angibt und somit eine Aufschlüsselung der Vermögen zuläßt, die folgendes Bild ergibt:

Höhe der Vermögen	Anzahl
Ohne Vermögen	62 (Hausgenossen)
1— 50 Gulden	134 (einschl. 2 Hausgenossen)
51— 100 „	76
101— 200 „	55
201— 300 „	12
301— 400 „	19
401— 500 „	10
501— 600 „	12
601— 700 „	16
701— 800 „	9
801— 900 „	8
901—1000 „	6
1001—2000 „	22
über 2000 „	13
	454

Versucht man auf Grund dieser Zahlenwerte eine prozentuale Aufschlüsselung unter Zusammenfassung der Hausgenossen und kleinsten Vermögensträger sowie der mittleren und der hohen und höchsten Vermögen, so ergibt sich folgendes Bild:

Ohne Vermögen	62	196 = 43%
1— 50 Gulden	134	
51— 200 „	131	172 = 38%
201— 500 „	41	
501—1000 „	51	86 = 19%
1001—2000 „	22	
über 2000 „	13	

Es darf mit Sicherheit angenommen werden, daß die Pfänner in erster Linie in den Gruppen der Höchstbesteuerten enthalten sind, deren Prozentsatz von 19% sich mit den aus der Aufstellung von 1525 errechneten 20% ungefähr deckt. Andererseits aber verdeutlicht die Aufstellung, daß in der Gruppe der Höchstbesteuerten die Vermögenswerte recht unterschiedlich verteilt waren, und der bereits für 1525 festgestellte sehr unterschiedliche Besitz der Pfänner an Sölden, Weinwachs und Äckern erfährt damit seine Bestätigung. Wie groß diese Unterschiede in den Vermögenswerten zwischen 1001 und 6000 Gulden waren, zeigt die nachstehende Aufstellung:

Höhe der Vermögen	Anzahl	
1001—1100 Gulden	6	
1101—1200 „	2	
1201—1300 „	4	
1301—1400 „	2	
1501—1600 „	3	
1701—1800 „	1	
1901—2000 „	4	22
2050 „	1	
2150 „	1	
2400 „	2	
2500 „	1	
2800 „	1	
3000 „	1	
3200 „	1	
3732 „	1	
4000 „	1	
5000 „	2	
6000 „	1	13
	35	

Die Stadt Frankenhausen verfügte somit über eine verhältnismäßig breite finanzkräftige Oberschicht, was auch darin zum Ausdruck kommt, daß in einer ganzen Reihe von Fällen als Vermögenswert „werbend Geld", also ausgeliehenes Geld mit in Anrechnung gebracht wird, ohne daß jedoch immer feste Summen dafür genannt werden. Wenn z. B. für den Vermögensträger, dessen Gesamtbesitz mit 3732 Gulden veranschlagt wurde, allein 1000 Gulden als „werbend Geld" aufgeführt werden, so wird deutlich, in welchem Umfang von jener finanzkräftigen Oberschicht auch Geldgeschäfte getätigt wurden. Noch aufschlußreicher aber ist in bezug auf die finanziellen Verhältnisse ein Vergleich mit der Stadt Greußen, für das ein Türkensteuerregister von 1542 vorliegt (STA Rudolstadt: Steuerregister und Verzeichnisse Nr. 21), das gleichfalls eine solche Aufschlüsselung der Vermögenswerte der 307 Veranlagten gestattet:

	Frankenhausen 1552		Greußen 1542	
Ohne Vermögen	62	196 = 43%	31	129 = 42%
1— 50 Gulden	134		98	
51— 200 „	131	172 = 38%	87	146 = 48%
201— 500 „	41		59	
501—1000 „	51	86 = 19%	19	32 = 10%
1001—2000 „	22		11	
über 2000 „	13		2	

Der Anteil der großen und größten Vermögensträger in der Stadt Frankenhausen war somit fast doppelt so hoch wie in Greußen, und es besteht kein Zweifel, daß sich in die hohen Vermögen die Pfänner teilten, deren Anzahl für 1525 mit 90 angegeben wird, die aber zahlenmäßig nach dem Türkensteuerregister von 1552 nicht festzustellen sind. Dagegen lag der Anteil der mittleren Vermögen in Greußen um 10% höher als in Frankenhausen, während sich die Vermögenslosen und die Besitzer von geringen Vermögen in beiden Städten einander die Waage hielten. Allerdings ist in beiden Fällen das vermögenslose Gesinde nicht mit erfaßt — in Frankenhausen handelt es sich lediglich um vermögenslose Hausgenossen, von denen nur 2 ein ganz geringes Vermögen versteuerten —, das, wie bereits betont, nicht einmal zahlenmäßig genau anzugeben ist.

Es ist andererseits aufschlußreich, daß die Altstadt an der wirtschaftlichen Entwicklung der Stadt Frankenhausen keinen Anteil hatte. Ihre Bewohner versteuerten 1552 an Vermögen:

1— 50 Gulden	42
51—100 „	8
101—200 „	1
201—500 „	1
	52

Die Aufstellungen von 1525 und die Angaben der Türkensteuerregister von 1552 vermitteln somit einen Einblick in die soziale Struktur der Stadt, auch wenn in beiden Fällen infolge des Fehlens der Berufsangaben eine ins einzelne gehende Analyse sich verbietet. Andererseits ergänzen sich die Angaben der beiden Aufstellungen in willkommener Weise, denn sie zeigen eindeutig, daß die hohen Vermögen in den Händen der Pfänner waren, während die Masse der zu 1525 als Hintersättler bezeichneten Bürger weitaus geringere Vermögenswerte besaß, ohne daß es aber zur Ausbildung einer vermögensmäßigen Abgrenzung kam. Die Zahl der Pfänner dürfte sich in dem Zeitraum 1525—1552 kaum wesentlich verändert haben, so daß auch eine ganze Anzahl von Hintersättlern zumindest über Vermögen bis 500 Gulden verfügte. Man wird annehmen dürfen, daß die sozialen Verhältnisse, wie sie die beiden Quellen von 1525 und 1552 widerspiegeln, bereits in früherer Zeit bestanden.

Die Stadt Frankenhausen, deren Entwicklung wir auf Grund der topographischen Gegebenheiten und mit Hilfe einer nicht gerade sehr ergiebigen urkundlichen Überlieferung bis zum Beginn des 16. Jh. zu rekonstruieren versuchten, hebt sich von der Masse der kleinen

Handwerker- und Ackerbürgerstädte ab, wie sie in Thüringen besonders seit dem 14. Jh. wie Pilze aus der Erde schossen, und trägt ein besonderes wirtschaftliches und soziales Gepräge. Freilich sind wir hinsichtlich der Topographie der Stadt auf manche Vermutung angewiesen, deutlich aber wird, daß es sich bei ihr um eine verhältnismäßig frühe Stadtgründung handelt, deren weiträumige Erweiterung im ausgehenden Mittelalter die Bedeutung der Stadt in diesem Zeitraum unterstreicht. Auch hinsichtlich der wirtschaftlichen Verhältnisse bleibt manches im Halbdunkel, und die soziale Struktur der Stadt vermögen wir erst für das 16. Jh. klarer zu erkennen. Indessen dürfte die soziale Struktur des 16. Jh. im wesentlichen auch für die vorangegangenen Jahrhunderte Geltung haben, und sie läßt Spannungen erkennen, die erstmals im Bauernkrieg zum Austrag kamen, aber keine Lösung fanden.

Zusammenfassung

Der Name Frankenhausen deutet ebenso wie das Petruspatrozinium der Altstädter Kirche auf fränkischen Einfluß. Der Ort verdankte seine Bedeutung den Salzquellen und dürfte für das 10. und 11. Jh. als Krongut anzusprechen sein. Die Gründung des Klosters Frankenhausen 1215 durch die Grafen von Beichlingen läßt auf beichlingischen Besitz schließen. Die Grafen von Beichlingen gründeten um die Wende vom 12. zum 13. Jh. die Stadt Frankenhausen, die erstmals 1219 als „oppidum" genannt wird. Damit entstand abseits von der älteren dörflichen Siedlung Frankenhausen, der sogenannten Altstadt, die eigentliche Stadt, die zunächst nur den später als Unterstadt bezeichneten Stadtteil, das erste Viertel, umfaßte. Wohl bereits seit dem Ende des 13. Jh. erfuhr diese Stadt durch Neustädte in nördlicher Richtung eine beträchtliche Erweiterung, die mit einer offenbar gleichfalls älteren Siedlung nördlich der Salzquellen zur Oberstadt zusammenwuchsen, die in der zweiten Hälfte des 14. Jh. ummauert war. Salzförderung und Salzhandel, aber auch der Weinbau gaben der Stadt, die seit 1339 im Besitz der Grafen von Schwarzburg war, einen wirtschaftlichen Auftrieb, der die verhältnismäßig frühe und umfangreiche Ausdehnung erklärt, über die die Stadt bis ins 19. Jh. kaum hinauswuchs. Im Gegensatz zu den thüringischen Handwerker- und Ackerbürgerstädten zeigte das mittelalterliche Frankenhausen ein besonders wirtschaftliches und soziales Gepräge, das die Überlieferung des 16. Jh. noch deutlich erkennen läßt.

Quellen und Literatur

Ungedruckte Quellen, wie Urkunden, Kopialbücher und Akten der Staatsarchive Dresden, Rudolstadt und Weimar, werden jeweils im Text mit STA und ihren Archivsignaturen aufgeführt.
Gedruckte Quellen wurden in das Literaturverzeichnis eingefügt.

Literaturverzeichnis

Beyer, C. 1889—1897 — Urkundenbuch der Stadt Erfurt, 1. und 2. Teil, Halle a. d. S.

Burkhardt, C. A. H. 1883 — Urkundenbuch der Stadt Arnstadt 701—1485, Jena.

Dobenecker, O. 1896—1939 — Regesta diplomatica necnon epistolaria historiae Thuringiae 1—4, Jena.

Dobenecker, O. 1889 — Die älteste Frankenhäuser Salzordnung, in: Zeitschrift für thüringische Geschichte NF 6, S. 503—519.

Eberhardt, H. 1932 — Die Anfänge des Territorialfürstentums in Nordthüringen, Jena.

Eberhardt, H. 1943 — Das Krongut im nördlichen Thüringen von den Karolingern bis zum Ausgang des Mittelalters, in: Zeitschrift für thüringische Geschichte NF 37, S. 30—96.

Eberhardt, H. 1954 — Zur Geschichte der Stadt Sondershausen im Mittelalter, in: Rastloses Schaffen, Festschrift für Friedrich Lammert, Stuttgart, S. 9—30.

Eberhardt, H. 1958 — Die Anfänge der Städte Clingen und Greußen, in: Forschungen zur thüringischen Landesgeschichte, Festschrift für Friedrich Schneider, S. 150—187.

Eberhardt, H. 1960 — Die Kyffhäuserburgen in Geschichte und Sage, in: Blätter für deutsche Landesgeschichte 96, S. 66—103.

Eberhardt, H. 1965 — Zur Geschichte der Pfalz Tilleda nach der schriftlichen Überlieferung, in: Deutsche Königspfalzen 2, Göttingen, S. 300—313.

Eberhardt, H. 1966 — Die Bevölkerungsentwicklung schwarzburgischer Städte vom 15.—19. Jahrhundert. Ein Beitrag zur Geschichte der thüringischen Kleinstadt, in: Weite Welt und breites Leben, Festschrift für Karl Bulling, Leipzig, S. 149—178.

Eberhardt, H., und Grimm, P. 1966 — Die Pfalz Tilleda am Kyffhäuser. Ein Führer durch Geschichte und Ausgrabungen. 2. erw. Aufl., Tilleda.

Fischer, E. 1904 — Die Münzen des Hauses Schwarzburg, Heidelberg.

Flach, W. 1942a — Frankenhausen, in: Deutsches Städtebuch 2, Stuttgart/Berlin, S. 292—294.

Flach, W. 1942b — Die Entstehungszeit der thüringischen Städte, in: Zeitschrift für thüringische Geschichte NF 36, S. 52—111.

Förstemann, E. G. 1834 — Weistümer für den Rat der Stadt Nordhausen und von demselben aus dem 14. und 15. Jahrhundert, in: Neue Mitteilungen aus dem Gebiet historisch-antiquarischer Forschungen 1, 4. Heft, 1834, S. 13—82.

Gresky, W. 1932 — Der thüringische Archidiakonat Jechaburg. Grundzüge und Geschichte seiner Organisation, Sondershausen.

Herrmann, R. 1951 — Arbeiten zur mittelalterlichen Kirchenorganisation in Thüringen. Erzbistum Mainz, Archidiakonat Jechaburg, Manuskript im Staatsarchiv Weimar: F 20352.

Hesse, L. Fr. 1841 — Frankenhausen, in: Thüringen und der Harz 4, Sondershausen, S. 146—179.

Holder-Egger, O. 1899 — Monumenta Erphesfurtensia saec. XII, XIII, XIV, Hannover und Leipzig.

Jovius, P. 1756 — Chronicon Schwarzburgicum, in: Schoettgen und Kreysig, Diplomataria et scriptores historiae Germaniae I, Altenburg.

Ketelhodt, G. v. 1912a — Mitteilungen aus der Geschichte des Salzwerkes zu Frankenhausen, in: Frankenhäuser Zeitung 30, N. 1—14 (auch als Sonderdruck).

Ketelhodt, G. v. 1912b — Mitteilungen aus der Geschichte der Stadt Frankenhausen, in: Frankenhäuser Zeitung 30, Nr. 127—156 (auch als Sonderdruck).

Keyser, E. 1941 — Deutsches Städtebuch 2, Mitteldeutschland, Stuttgart/Berlin.

Koerner, Fr. 1954 — Die kirchliche Verwaltungsgliederung Mitteldeutschlands im Mittelalter und ihre Auswertung für die Geschichte der Kulturlandschaft, in: Petermanns Geographische Mitteilungen 98, S. 17—23 mit Karte.

Lehfeldt, P. 1889 — Bau- und Kunstdenkmäler Thüringens, Heft 5: Fürstentum Schwarzburg-Rudolstadt, Unterherrschaft, Jena.

Lürmann, P 1941 — Bürgermeister, Ratsherren und Stadtschreiber zu Greußen, in: Thüringer Sippe 7, S. 132 bis 142.

Mania, D. 1966 — Die Porta Thuringia. Besiedlungsablauf und Bedeutung in ur- und frühgeschichtlicher Zeit, in: Wissenschaftl. Zeitschrift der Martin-Luther-Universität Halle-Wittenberg, Gesellschafts- u. Sprachwissenschaftl. Reihe 15, S. 75—175.

Mertens, E. 1929 — Der Brakteatenfund von Nordhausen, Halle a. d. S.

Michelsen, A. L. J. 1863 — Rechtsdenkmale aus Thüringen, 5. Lieferung, Jena.

Müldener, J. Fr. 1747 — Historische Nachrichten von dem ehemaligen Cistercienserkloster St. Georgii zu Frankenhausen, Leipzig.

Müldener, J. Fr. 1760 — Historische Nachrichten von der ehemaligen alten...Gottesackerkapelle zum heiligen Kreuz, Frankenhausen.

Müldener, J. Fr. o. J. — Collectania zur Geschichte der Stadt Frankenhausen, Handschriftlicher Auszug von C. F. Hesse 1831 im STA Rudolstadt: A VIII 7d Nr. 15.

Nebe, A. 1887 — Geschichte des Klosters Oldisleben, in: Zeitschrift des Harzvereins 20, 1887, S. 343—440, 573—580.

Overmann, A. 1926—1934	Urkundenbuch der Erfurter Stifter und Klöster, 1—3. Teil, Magdeburg.
Patze, H. 1961	Zum ältesten Rechtsbuch der Reichsstadt Mühlhausen/Th. aus dem Anfang des 13. Jhs., in: Jahrbuch für die Geschichte Mittel- und Ostdeutschlands 9/10, S. 59—126.
Patze, H. 1962	Die Entstehung der Landesherrschaft in Thüringen, 1. Teil, Köln/Graz.
Pflaumbaum, L., und Günther, H. 1962	Ein Merowingergräberfeld bei Steinthaleben am Kyffhäuser, in: Ausgrabungen und Funde 7, S. 45—47.
Pick, B., und Buchenau, H. 1928	Der Brakteatenfund von Gotha, München.
Röhl, K. 1962	Weißensee, eine siedlungsgeschichtliche Betrachtung, in: Der Bote, Kulturspiegel des Kreises Sömmerda, 6, S. 6—10.
Sauerbier, E., und Zierfuß, K. 1931	Bad Frankenhausen und Umgebung. Frankenhausen am Kyffhäuser.
Schmidt, H. 1891	Die Zugehörung der Schlösser Könitz ... Frankenhausen und Ichstedt, in: Zeitschrift für thüringische Geschichte NF 7, S. 488—543.
Schumann, A. 1815, 1828	Vollständiges Staats-, Post- und Zeitungslexikon von Sachsen 2. und 15. Bd., Zwickau.
Seidemann, J. K. 1876	Frankenhausens Einwohnerschaft am Schlachttage 15. Mai 1525, in: Anzeiger für Kunde der deutschen Vorzeit 23, Sp. 170—177, 195—200.
Stein, G. 1950	Untersuchungen zum deutschen Burgenbau der romanischen Epoche. Ungedr. Diss. phil. Berlin.
Walkenried 1852—1855	Die Urkunden des Stiftes Walkenried, Hannover.

Ein mittelalterliches Kellergewölbe von Magdeburg, Georgenplatz

Von Hans-Joachim Stoll, Berlin

Mit 4 Textabbildungen und Tafel 20b, 21, 22

Bei der Erforschung der Altstadt von Magdeburg, die nach der Zerstörung vom 16. Januar 1945 begann, stieß man immer wieder in den Kellern auf mittelalterliche Gewölbe. Bekannt ist die Freilegung der Halle an der Buttergasse (E. Nickel 1960). Da ein Teil der Gewölbe schon der fortschreitenden Neubebauung weichen mußte, ist es angebracht, wenigstens die bedeutendsten, zu denen der Keller am Georgenplatz gehört, der Öffentlichkeit vorzulegen.

Die Beschreibung des Kellers

Der Grundriß des Kellers erstreckt sich von Ost nach West und hat annähernd die Form eines Parallelogramms (Abb. 1). Die Länge der Nordwand beträgt 12,20 und die der Südwand 11,80 m, wobei die Südwand eine leichte Einbiegung aufweist. Die Ost- und Westseite haben eine Ausdehnung von je 7,90 m. Etwa 4,65 m unter der heutigen Erdoberfläche bei 52,70 m NN befindet sich die Sohle des Kellers. Das Mauerwerk besteht aus hammerrecht zugehauenen und lagerhaft vermauerten Grauwackebruchsteinen. Ein Rundpfeilerpaar teilt die Halle in zwei Längsschiffe (W. Unverzagt 1953, S. 465, Taf. VII). Über quadratischen Plinthen von 1,00 m Seitenlänge erheben sich die Basen, die aus einem starken Wulst und einem schwachen Plättchen bestehen (Taf. 21c). Ursprünglich waren alle vier Ecken der Basen vor der Wulst mit Eckzieren geschmückt. Nur noch drei sind mehr oder weniger gut erhalten (W. Unverzagt 1953, Taf. VIII). Bei der nordwestlichen Eckzier des Westpfeilers handelt es sich um eine große blattartige Verzierung mit nach unten eingerollten Seiten (Taf. 22c). Die nordöstliche Eckzier des Ostpfeilers besteht aus drei knospenartigen Verdickungen (H.-J. Mrusek 1956/57, Abb. 37). An der südwestlichen Eckzier des Ostpfeilers befindet sich ebenfalls eine knospenartige Verdickung mit zwei seitlich nach oben eingerollten Blättern (Taf. 22e). Die südöstliche Eckzier des Westpfeilers zeigt ein stark beschädigtes knollenartiges Gebilde (Taf. 22b). Die ursprüngliche Form läßt sich nicht mehr feststellen. Die restlichen Eckzieren sind nur als Bruchstücke erhalten. An der Südostecke des Ostpfeilers fehlt die Eckzier mit dem darunterliegenden Stück der Plinthe vollständig.

Auf den runden Grundplatten erheben sich die Rundpfeiler, die aus vier übereinanderliegenden Steinkränzen von Bernburger Sandstein bestehen. Nach oben zu nimmt die Höhe dieser Steine ab. Die Bearbeitung ist mit der Fläche geschehen (Taf. 22a). Die Höhe des einen Pfeilers beträgt 1,44 m, die des anderen 1,40 m. Der Durchmesser ist bei dem ersten 0,90 und bei dem zweiten 0,84 m.

Den Übergang von den Pfeilern zu den Gewölbefüßen bilden flache quadratische Kämpferkapitelle (Taf. 21c), die auch aus Bernburger Sandstein und in der gleichen Technik gefertigt worden sind. Auf den nur wenig hervortretenden Kragsteinen in den Wänden und den beiden Kämpferkapitellen setzen die Gewölbe auf. Man hat den Eindruck, daß in die den beiden Längsschiffen entsprechenden Tonnengewölbe kurze tonnenartige Quergewölbe eingeschoben sind, so daß ein kreuzförmiger Grat in der Decke leicht angedeutet ist. Die Scheitelhöhe fällt von Westen nach Osten etwas ab. Sie liegt im Mittel bei 55,95 m NN, also 3,25 m über der Sohle des Kellers.

In den rundbogigen Schildbögen sind die Öffnungen für die Schalbretter, über denen die Gewölbe aus Bruchsteinen gesetzt und dann mit Mörtel verfüllt wurden (K. Schäfer 1885, S. 300), noch erkennbar.

Die drei nördlichen Schildmauern sind mit Lichtschächten versehen (Abb. 1 und Taf. 21b). Die innere untere Kante dieser Schächte liegt bei 54,50 m NN. Die Unterfläche steigt steil nach oben an. Leider konnte die äußere untere Kante nicht mehr festgestellt werden,

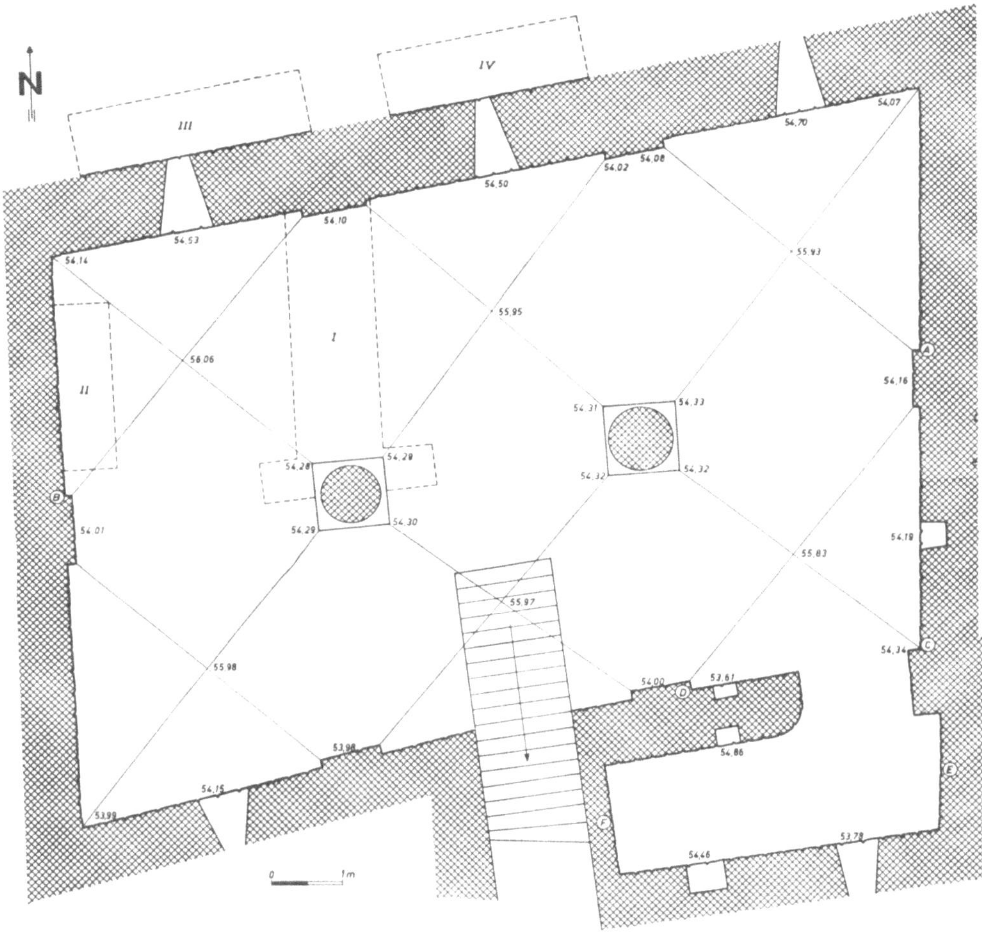

Abb. 1. Magdeburg, Georgenplatz 9, Keller der 1. Hälfte des 13. Jh., Grundriß. I—IV Grabungsschnitte; A—B Aufriß (Abb. 2); C—D und E—F Aufriß (Abb. 3)

da bei allen Lichtschächten diese Stelle durch spätere Um- und Anbauten zerstört worden ist, wie die Grabungsschnitte III und IV (Abb. 1) an der nördlichen Außenseite des Kellers zeigten. Der östliche Lichtschacht an der Nordseite des Kellers ist zu einem Teil zugemauert und zum anderen durch ein aus Ziegelsteinen errichtetes Kellerfenster ersetzt worden. Gleichzeitig wurde das Gewölbejoch in der Nordostecke der Halle teilweise beseitigt und eine Preußische Kappe aus Ziegelsteinen gemauert. Ferner setzte man in späterer Zeit in der nördlichen Schildmauer der Ostwand eine Öffnung ein. In der westlichen Schildmauer der Südwand befindet sich ein weiterer Lichtschacht. Seine innere untere Kante beginnt schon bei 54,15 m NN. Die äußere Öffnung dieses Schachtes ist zugemauert und durch Trümmerschutt nicht zugänglich.

Das mittlere Joch der Südseite wurde zur Wand hin ebenfalls durchbrochen. An dieser Stelle führt eine 1,38 m breite Treppe in den Keller (Taf. 20b). Die 19 zum Teil fast ganz zerstörten Stufen bestehen aus Werksteinen. Der Treppenunterbau ist aus Bruchsteinen, untermischt mit Ziegeln, errichtet worden.

In der südlichen Schildmauer der Ostwand befindet sich eine Lichtnische von 0,40 m Breite, 0,38 m Höhe und 0,37 m Tiefe. Auch in der östlichen Mauer der Südwand ist eine solche Nische. Ihre Maße betragen 0,32 m Breite, 0,40 m Höhe und 0,19 m Tiefe. Werksteine von 0,05—0,10 m Stärke bilden die Einfassungen dieser Nischen (Abb. 3). Die Nische in der Ostwand erscheint in einer Höhe von 54,19 m NN, die der Südwand bei 53,61 m NN. Durch die östliche Schildmauer der Südwand führt eine aus Werksteinen errichtete Rundbogenpforte von 1,52 m Breite und 1,98 m Höhe (Abb. 3). Das Gewölbe der Pforte steigt zum Gewölbe des dahinterliegenden schmalen Raumes an. Außerdem ist die Westseite der Pforte nach Süden abgerundet (Abb. 1).

Durch diese Pforte gelangt man in einen schmalen, ungefähr 1,60 m breiten und 4,60 m langen Raum (Abb. 1), dessen Gewölbescheitel von Ost nach West von 55,50—57,13 m NN ansteigt (Abb. 3). Der Westteil dieser Wölbung ist, wie auf der Zeichnung (vergleiche Abb. 3, Nr. 2) angedeutet wurde, zerstört und durch ein Gewölbe aus Ziegelsteinen ersetzt worden. Die Westwand ist wie die übrigen Mauern dieses Raumes aus Bruchsteinen ausgeführt. Da sich in dieser Wand auch einzelne Ziegelsteine fanden, muß man annehmen, daß sie später entstanden ist. Diese Mauer reicht aber nur bis in eine Höhe von 56,16 m NN. Erst in jüngster Zeit wurde das obere Stück mit Ziegelsteinen trocken aufgeschichtet. Wahrscheinlich ist in diesem Raum der ursprüngliche Zugang zum Keller zu suchen. Das Ansteigen des Gewölbescheitels um mehr als 1,50 m deutet darauf hin.

Gegenüber der Pforte an der Südwand dieses schmalen Raumes befindet sich ein weiterer Lichtschacht. Auch er ist von außen zugemauert. Weiter sind in die Süd- und in die Nordwand je eine Nische eingelassen (Abb. 1). Beide liegen höher als die Nischen im ersten Raum[1]), vielleicht durch die Treppe bedingt, die hier einmal vorbeigeführt haben mag. Ihre Reste ließen sich leider nicht mehr nachweisen.

Abb. 2. Magdeburg, Georgenplatz 9, Keller der 1. Hälfte des 13. Jh., Aufriß von West nach Ost. A Pfeilerbasis; B Backlager; C Sandiger Löß; D Grünsand

Die Grabungsschnitte

Nachdem man im Oktober 1949 den Keller nach den Kriegseinwirkungen wieder zugänglich gemacht hatte, wurden im März 1960 zwei Schnitte angelegt, die Klarheit über die Gründungstiefe der Pfeiler und Mauern brachten. Schnitt I (Abb. 1) zeigt, daß der westliche

[1]) Unterkanten bei 54,46 und 54,86 m NN.

Rundpfeiler mit seiner Plinthe nur ungefähr 0,15 m in den Boden eingelassen ist (Abb. 2). Darunter kommt ein 0,20 m starkes Packlager, so daß bei 52,25 m NN schon der gewachsene Boden in Form von sandigem Löß erscheint, der sich etwas tiefer in Grünsand fortsetzt. Das Gegenprofil im Schnitt I an der Nordseite des Kellers läßt erkennen, daß das Mauerfundament nur die Stärke eines Steines ausmacht. Da das Fundament im Gegensatz zum aufgehenden Mauerwerk etwas hervortritt, kann man feststellen, daß das heutige Fußbodenniveau dem des Mittelalters entspricht.

Schnitt II (Abb. 1) brachte Aufklärung über einen Entlastungsbogen in der nördlichen Schildmauer der Westwand (Abb. 4). Es zeigte sich, daß der Boden unter dem Bogen bis in eine Tiefe von 51,68 m NN gestört ist. Leider fanden sich in dieser Grube keine Scherben zur Datierung. Die Mauer ist hier nur 0,15—0,20 m in den Boden eingelassen. Auffällig ist, daß hier das Fundament auf einer bis zu 0,30 m starken Auffüllung ruht.

Die Schnitte III und IV (Abb. 1) sollten, wie schon angedeutet wurde, die Außenkonstruktion der Lichtschächte zeigen. Jedoch waren diese durch spätere Umbauten so zerstört, daß darüber nichts mehr gesagt werden kann. Da unmittelbar vor der Nordwand des Kellers Kalkbrenngruben für die Neubebauung der Umgegend ausgehoben worden waren, durften diese Schnitte nur mit 0,90 m Breite und 2,50 m Tiefe angelegt werden. Im Schnitt IV wurde bei einer Bohrung von der Grabungssohle aus 1,14 m tief bei 53,69 m NN der gewachsene Boden erreicht. In der Schachtung wurde nur eine Füllschicht, die schwach mit Bruchsteinen durchsetzt war, festgestellt. Stratigraphische Unterscheidungen ließen sich in dieser Schicht nicht nachweisen. Die in der Einfüllung gefundenen Scherben gehören in das 12. und 13. Jh.

Abb. 3. Magdeburg, Georgenplatz 9, Keller der 1. Hälfte des 13. Jh., östliche Schildmauer der Südwand mit Rundbogenpforte und Lichtnischen; dahinter: schematisch der Aufriß des ehemaligen Eingangsraumes. 1 Bruchsteinmauerwerk, 2 Ziegelmauerwerk, 3 Trockenmauerwerk aus Ziegeln, 4 Bruchsteinmauerwerk untermischt mit Ziegeln

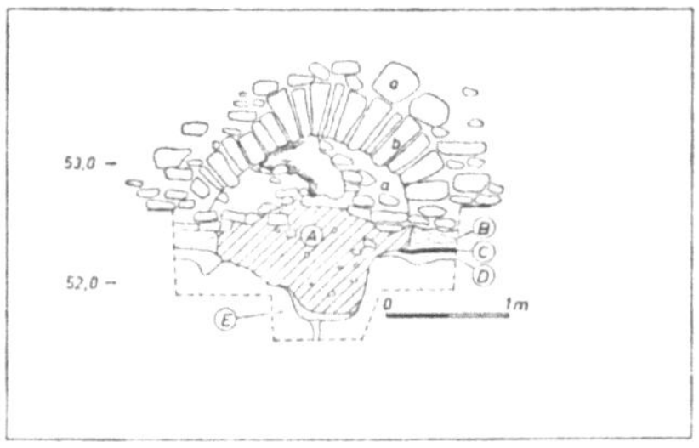

Abb. 4. Magdeburg, Georgenplatz 9, Keller der 1. Hälfte des 13. Jh., Westprofil des Schnittes II.
a Bruchsteinmauerwerk; b Entlastungsbogen; A Einfüllung; B verschmutzter Löß; C Brandschicht; D Löß; E Grünsand

Formenvergleich und zeitliche Einordnung des Kellergewölbes

Es ist sehr schwierig, mittelalterliche Kellerräume zeitlich einzuordnen, da sie in der Regel der schmückenden Elemente entbehren und ihre baulichen Eigenheiten oft nur eine grobe zeitliche Ansetzung erlauben.

Bei einem Vergleich der Gewölbe der Halle an der Buttergasse mit denen des Kellers am Georgenplatz wird die gleiche Wölbtechnik deutlich. Nur sind die Gewölbe in der Halle an der Buttergasse leicht gestelzt. Auch in der Ausführung der Rundbogenpforte und des

Mauerwerkes läßt sich die Ähnlichkeit beider Räume nachweisen[2]). Anders ist die Fundamentierung der Pfeiler und Mauern. In der Halle an der Buttergasse sind die Pfeiler zum Teil über einen Meter in den Boden eingelassen (E. Nickel 1960, Abb. 4), auch einige Teile des Mauerwerkes zeigen eine ähnliche Tiefe (E. Nickel 1960, Abb. 5). Dagegen sind im Keller Georgenplatz 9 sowohl bei den Pfeilern als auch bei den Mauern praktisch nur die Packlager in den Boden eingetieft (Abb. 2).

Unter Umständen geben Baumaterialien Hinweise für die zeitliche Ansetzung einzelner Gebäude. Sandstein z. B. verwandte man in Magdeburg von der Mitte des 12. Jh. an durch das ganze späte Mittelalter hindurch, desgleichen vom Beginn des 13. Jh. an die Grauwacke (H.-J. Mrusek 1956/57, S. 646). Das ergibt für unseren Keller nur einen terminus post quem.

Wenn datierte Vergleichsbeispiele zur Verfügung stehen, läßt die Art der Steinbearbeitung ebenfalls Schlüsse auf das Alter eines Bauwerkes zu (K. Friedrich 1932). Die Werksteine, aus denen die beiden Pfeiler des Kellers errichtet sind, zeigen eine senkrechte, mit der sogenannten Fläche ausgeführte Bearbeitung (Taf. 22a), Abspitzspuren sind nicht erkennbar. Der schmale schräge Randschlag mit 1,5—2,0 bzw. 2,5 cm Breite tritt kaum in Erscheinung. Dieselbe Arbeitstechnik konnte am Untergeschoß der Westfassade des Magdeburger Domes festgestellt werden[3]). Ferner zeigte sie sich beim Restaurieren an den dem Betrachter sonst nicht sichtbaren Stellen des Magdeburger Reiters[4]). Die einzelnen Steine der Rundpfeiler im Georgenkeller, die gut aufeinanderpassend hergestellt sind, wurden wie die einzelnen Teile des Reiters mit Kienteerpech zusammengefügt. Die Entstehungszeit des Reiterstandbildes wird im allgemeinen um 1240 angegeben (W. Möllenberg 1924, S. 33; W. Greischel 1929, S. 51, 62; R. Hamann 1955, S. 919).

Nicht nur die Steinbearbeitung kann zur Zeitbestimmung herangezogen werden, sondern auch die Eckzieren auf den Plinthen der beiden Säulen geben Hinweise für die Datierung unseres Kellers. Bei Ausgrabungen im Rathause zu Hannover wurde die Hälfte einer Säulenbasis gefunden. Eine noch erhaltene Eckzier (H. Plath 1955, S. 123, Taf. VII, 2) zeigt starke Ähnlichkeit mit der südöstlichen Eckzier des Westpfeilers im Georgenkeller (Taf. 22b). Plath datiert auf Grund dieser Eckzier und der flachen Wulst dieses Basisbruchstück in die 1. Hälfte des 13. Jh. (H. Plath 1955, S. 105). Die flache Wulst erscheint auch an den Pfeilern des Georgenkellers (Taf. 21c).

Eine Untersuchung der Eckzieren im Magdeburger Dom brachte weitere Vergleichsbeispiele. Ähnliche Stücke finden sich im Chorumgang, im nördlichen Querschiff, in der Osthälfte des nördlichen Seitenschiffes und am südöstlichen Vierungspfeiler.

Die blattförmige Eckzier mit nach unten eingerollten Seiten, die im Keller Georgenplatz 9 an der nordwestlichen Ecke des Westpfeilers vorkommt (Taf. 22c), erscheint im Dom am häufigsten (Taf. 22d)[5]). In der Nordwestecke des Querschiffes wurde hinter einem Altar verborgen eine Eckzier mit knollenförmiger Spitze und nach oben eingerollten Seiten festgestellt (Taf. 22f), wie sie sich auch an der südwestlichen Ecke des Ostpfeilers im Keller Georgenplatz 9 findet (Taf. 22e). Eckzieren mit nach oben eingerollten Seiten, denen aber die knollenförmige Spitze fehlt, trifft man noch mehrmals im Dom an[6]).

Durch historische Nachrichten, die über den Fortgang des Dombaus Auskunft geben, können diese Eckzieren datiert werden. Der Bau, 1209 vom Chor her begonnen, war im Jahre 1266 schon bis über die Querschiffe hinaus fertiggestellt (R. Hamann und F. Rosenfeldt 1910, S. 141; H. Giesau 1928, S. 339f.). Nur in diesem älteren Teil des Domes treten

[2]) Die Einwölbung der Halle an der Buttergasse wird in die erste Hälfte des 13. Jh. datiert (E. Nickel 1960, S. 40).

[3]) Dort wird sie in die Zeit nach 1230 datiert (H.-J. Mrusek 1956/57, S. 653).

[4]) Freundlicher Hinweis von Herrn Bildhauer Heinrich Apel, Magdeburg.

[5]) Viermal im Chorumgang, zweimal aber mit einer kleinen blattförmigen Verzierung auf der Spitze am südwestlichen Vierungspfeiler und zweimal in der Osthälfte des nördlichen Seitenschiffes.

[6]) Dreimal im nördlichen Seitenschiff, einmal im nördlichen Querschiff und zweimal an der Außenseite der mittleren Chorkapelle.

unsere Vergleichsbeispiele auf. Auf Grund der so datierten Eckverzierungen des Domes sowie durch das Bruchstück einer Säulenbasis aus dem Rathaus zu Hannover ist die Entstehungszeit des Kellers Georgenplatz 9 für die 1. Hälfte des 13. Jh. anzunehmen. Die Steinbearbeitungstechnik am Magdeburger Reiter, die auch an den Rundpfeilern des Georgenkellers festgestellt wurde, erhärtet diese Datierung.

Zur Bedeutung des Kellergewölbes

Das Haus, welches sich bis zu seiner Zerstörung im Januar 1945 über unserem Keller befand, hatte den gleichen Grundriß wie der noch erhaltene Kellerraum. Dies geht aus verschiedenen Plänen der Magdeburger Baupolizei hervor. Die Anordnung der Lichtschächte zeigt, daß das mittelalterliche Haus im Süden und Norden nicht von anderen Gebäuden begrenzt wurde (Abb. 1). Im Mittelalter ragte der Keller nicht wesentlich weiter über den Boden heraus als heute, darauf deuten die jetzigen äußeren Unterkanten der Lichtschächte, die ungefähr 1,20 m unter der heutigen Erdoberfläche ergraben wurden.

Nach Otto von Guerickes Plan der Stadt Magdeburg vom April 1632 (H. Gringmuth-Dallmer 1956, Tafelanhang) wohnten damals im Gebiet der heutigen Großen Münzstraße, der südlichen Parallelstraße des Georgenplatzes, eine Reihe vornehmer Bürger. Sein eigenes Grundstück grenzte direkt an das Georgenplatz 9. Ferner befanden sich nach Ausweis des Häuserbuches der Stadt Magdeburg in der nördlichen Parallelstraße des Georgenplatzes mehrere Grundstücke, die auswärtigen adligen Familien als Absteigequartier dienten (E. Neubauer 1931, S. 148). Man kann vermuten, daß im 13. Jh. am Georgenplatz 9 ein ähnliches Gebäude gestanden hat[7]). Bis vor kurzem befanden sich ganz in der Nähe die Reste eines mittelalterlichen befestigten Hauses[8]). Wir können somit annehmen, daß schon im 13. Jh. das Gebiet nördlich der Ullrichskirche, kurz nachdem es in die Stadt einbezogen worden war (H.-J. Mrusek 1956/57, S. 21 und Abb. 8), von einer begüterten Schicht bewohnt wurde.

Literaturverzeichnis

Friedrich, K. 1932	Die Steinbearbeitung in ihrer Entwicklung vom 11. bis zum 18. Jahrhundert, Augsburg.
Giesau, H. 1928	Der Chor des Domes zu Magdeburg, in: Sachsen und Anhalt 4, S. 291—347.
Greischel, W. 1929	Der Magdeburger Dom, Berlin.
Gringmuth-Dallmer, H. 1956	Häuserbuch der Stadt Magdeburg, Teil 2, Halle.
Hamann, R. 1955	Geschichte der Kunst, Bd. 2, Berlin.
Hamann, R., und Rosenfeld, F. 1910	Der Magdeburger Dom, Berlin.
Möllenberg, W. 1924	Das Reiterstandbild auf dem Alten Markt zu Magdeburg, in: Neujahrsblätter 45, Magdeburg, S. 1—36.
Mrusek, H.-J. 1956/57	Bautechnische Einzelheiten in der mittelalterlichen Profanbaukunst, in: Wissenschaftliche Zeitschrift der Martin-Luther-Universität Halle-Wittenberg 6, S. 641—647.
Mrusek, H.-J. o. J.	Zur städtebaulichen Entwicklung Magdeburgs im hohen Mittelalter, Magdeburg o. J. (Magdeburger Schriftensammlung).

[7]) Ein ähnlicher Keller, der aber so stark beschädigt war, daß er zusammenstürzte, befand sich auf dem Grundstück Georgenplatz 14.

[8]) Große Münzstraße 7 (H.-J. Mrusek o. J., S. 28 und 31f., Abb. 8, 10 und 35). Auf dem Plan bei Mrusek Abb. 8 und 10 ist diese Stelle falsch eingetragen.

Neubauer, E. 1931 — Häuserbuch der Stadt Magdeburg, Teil 1, Magdeburg.

Nickel, E. 1960 — Ein mittelalterlicher Hallenbau am Alten Markt in Magdeburg, Berlin.

Plath, H. 1955 — Der Marktplatz Hannovers vom 12. bis zum 15. Jahrhundert, in: Hannoversche Geschichtsblätter, N. F. 8, S. 75—127.

Schäfer, K. 1885 — Der Spitzbogen und seine Rolle im mittelalterlichen Gewölbebau, in: Centralblatt der Bauverwaltung 5, S. 290, 299—302, 365.

Unverzagt, W. 1953 — Überblick über den Stand der archäologischen Stadtkernforschung in Magdeburg, in: Städtewesen und Bürgertum als geschichtliche Kräfte, Gedächtnisschrift für Fritz Rörig, Lübeck 1953, S. 461—466.

II. VARIA

Zur Südgrenze der Mansfelder Gruppe der Schnurkeramik

Von Peter Donat, Berlin

Mit 3 Textabbildungen

Den unter der Bezeichnung Mansfelder Gruppe zusammengefaßten Funden der Schnurkeramik hat seit jeher die besondere Aufmerksamkeit der Forschung gegolten. Nachdem die chronologische Stellung dieser Gruppe neu fixiert und berichtigt werden konnte (U. Fischer 1951), ist dieses Interesse noch gestiegen und führte endlich zu ihrer monographischen Bearbeitung durch Ch. Fischer (1959), die eine detaillierte Untersuchung der keramischen Formen und Verzierungen vornahm sowie einen Katalog der einschlägigen Funde vorlegte. Einige ergänzende Untersuchungen zu den vorangehenden Arbeiten werden im folgenden dargelegt mit dem Wunsch, daß sie das Interesse unseres verehrten Jubilars finden mögen, der selbst durch zahlreiche Publikationen und seine langjährige, umfangreiche Grabungstätigkeit zur Vermehrung und Aufhellung des neolithischen Fundstoffes in Mitteldeutschland beigetragen hat.

Ch. Fischer rechnete zu den wesentlichsten Ergebnissen ihrer Untersuchung die Herausarbeitung zweier charakteristischer Amphorenformen, des Typs Adendorf und des Typs Braunsdorf. Die beiden in Form und Verzierung unterschiedenen Gefäße schließen sich im Verbreitungsgebiet weitgehend gegeneinander aus (Ch. Fischer 1955, Abb. 5). Die Kartierung von Grabfunden, deren Beigaben ganz oder überwiegend der Mansfelder Gruppe zuzurechnen sind — darunter ein großer Teil der genannten Amphoren —, gestattet die Darstellung eines Kerngebiets dieser Gruppe (Ch. Fischer 1959, Abb. 3). Dieses wird im Norden von der Schlenze, im Osten von der Saale sowie im Süden vom Geiseltal begrenzt und reicht im Westen bis an die Ausläufer des Harzes heran. An der Peripherie dieses Raumes finden sich weitere zahlreiche Gräber, und Ch. Fischer (1959, Anm. 44) betont ferner, daß sich in Thüringen und Sachsen „ganze Inseln mit zahlreichen Funden, deren Ornamentik von der Mansfelder Gruppe hergeleitet sein muß", feststellen lassen.

Die Amphoren vom Typ Adendorf gelten als älteste Entwicklungsformen, die vom Typ Braunsdorf dagegen als vergröberte, jüngere Nachbildungen im Ausstrahlungsgebiet der Mansfelder Gruppe im eigentlichen Sinne. Außer diesen beiden Typen ließen sich in fast gleichgroßer Zahl Amphoren nachweisen, die entweder zwischen jenen Typen vermitteln oder aber sich durch abweichende Gefäßformen bzw. Verzierung auszeichnen. Sie werden als Sonderformen bezeichnet und sollen eine noch jüngere Entwicklungsphase dokumentieren, in der Elemente beider Amphorentypen miteinander verschmolzen waren und die Mansfelder Gruppe bereits weit über das eigentliche Kerngebiet hinausdrang.

Fünf der zwölf nachgewiesenen Sonderformen fanden sich in eben jenen Randzonen und gehören somit bereits der Mischgruppe an, die als jüngere Stufe der Schnurkeramik von der Mansfelder Gruppe beeinflußt wird.

Um eine Definition der Mischgruppe bemühte sich U. Fischer (1958, Abb. 4, 2; 5, 1—3), ohne jedoch objektive Kriterien für deren Darstellung finden zu können. Neben zwei Gräbern von Dürrenberg, deren Beigaben zwar den Einfluß der Gruppe verraten, aber den charakteristischen Zierstil vermissen lassen, steht eines von Helmsdorf mit schlichter Amphore und mansfeldischem Becher sowie Mörserbecher. Obwohl allgemein anerkannt wird, daß die Amphoren für die Herausarbeitung von schnurkeramischen Lokalgruppen eine Schlüsselfunktion besitzen, wird man doch den Gesamteindruck eines Beigabenkomplexes mehr berücksichtigen müssen.

Ch. Fischer hat die Schwierigkeiten aufgezeigt, welche der Abgrenzung einer Mischgruppe von der eigentlichen Mansfelder Gruppe entgegenstehen, da nur sehr wenige Komplexe ausschließlich oder überwiegend aus Gefäßen mansfeldischer Prägung bestehen (Ch. Fischer 1959, S. 145f., 170). Daher zog sie auch alle Funde zur Auswertung heran, die überhaupt Gefäße des Mansfelder Stils enthielten. Unberücksichtigt blieb jedoch eine ganze Reihe ostthüringischer Funde[1]), wie bereits eine Durchsicht des von G. Loewe (1959) erarbeiteten Inventars erkennen läßt. Dieses Material ist in letzter Zeit durch Neufunde noch beträchtlich vermehrt worden.

Die Postulierung der sogenannten Mischgruppe und die Schwierigkeiten, diese zu definieren, haben einige Unsicherheit bei der Bearbeitung ostthüringischer Funde hervorgerufen, die man zwar der Mansfelder Gruppe zeitlich gleichsetzen konnte, ohne sie ihr direkt zurechnen zu wollen (vgl. P. Donat 1961, S. 164; V. Weber 1964, S. 220 f.).

Um die für vergleichende Betrachtungen mit dem Kerngebiet notwendigen Unterlagen zu erhalten, wurden alle Funde zusammengestellt, welche die wesentlichen Merkmale des Mansfelder Stils aufwiesen (Ch. Fischer 1959, S. 146f.), d. h. klar gegliederten Gefäßaufbau, dessen einzelne Gefäßteile noch einmal durch die Gliederung des flächendeckenden Ornaments unterstrichen werden. Die charakteristischen Muster sind das Leiterband, schmale schraffierte Dreiecke, das ausgesparte Winkelband zwischen schraffierten Dreiecken und das Flechtband. Zusätzlich wurden Deckeldosen und Mörserbecher erfaßt, die offensichtlich der Mansfelder Gruppe zuzurechnen sind (Ch. Fischer 1959, S. 161, 163).

Der ausgezeichnete Publikationsstand gestattete, auf eine eigene Materialaufnahme zu verzichten[2]). Sich evtl. daraus ergebende Mängel können keinesfalls zu einer größeren Verschiebung des gegenwärtigen Fundbildes führen. Aus dem gleichen Grund darf in Anbetracht der hier gebotenen Kürze auf eine ausführliche Materialvorlage verzichtet werden; statt dessen wird im Anhang eine Fundliste mit der meist leicht erreichbaren Literatur gebracht.

Die dem Katalog Ch. Fischers hinzuzufügenden Funde stammen vorwiegend aus den Gebieten am Mittellauf der Weißen Elster und der Pleiße (Abb. 3). Obwohl sich einige Funde nachweisen lassen, die zwischen den ostthüringischen und denen des Geiseltals vermitteln, bleibt die Fundkonzentration in den Kreisen Eisenberg, Schmölln, Altenburg und Gera bemerkenswert. Ferner entsteht der Eindruck, als habe sich die Mansfelder Gruppe auch saaleaufwärts ausgebreitet, da neben Funden von Naumburg und Pforta auch bei Jena eine kleine Fundgruppe nur wenig westlich des Saaletals nachweisbar ist.

Südlich bzw. östlich der Saale nannte Ch. Fischer lediglich je einen Grabfund von Seifartsdorf (101)[3]), aus der Leinawaldung (116) und dem Luckaer Forst (112). Wir konnten dem nunmehr 24 geschlossene Funde von zwölf neuen Plätzen und den bereits genannten Fundstellen hinzufügen. Mit Sicherheit aus Gräbern stammende Einzelfunde von zwei weiteren Fundplätzen (104, 121) und ein Gefäß aus dem umfangreichen Material der Siedlung vom Kolk bei Gleina (103) ergänzen das Verbreitungsbild.

Wie auch im Kerngebiet der Mansfelder Gruppe zeigt sich eine auffallende Mannigfaltigkeit der Formen und Verzierungen. Völlig gleiche Gefäße gibt es kaum, sieht man davon ab, daß deutlich von einer Hand gefertigte Grabausstattungen vorhanden sind (99, 101). Gräber, deren Ausstattung ausschließlich aus Gefäßen des Mansfelder Stils besteht, fehlen völlig.

Typisch für die späte Zeitstellung dieser Gräber innerhalb der Schnurkeramik ist die oft große Zahl an Beigaben (U. Fischer 1958, S. 262). Man hat den Eindruck, als gäbe es dabei regional bedingte Unterschiede, denn besonders beigabenreich sind die „Mauergräber" bei Seifartsdorf und Etzdorf im Kreise Eisenberg sowie einige Bestattungen im Luckaer Forst.

[1]) M. Buchvaldek, der sich kürzlich mit der Problematik der schnurkeramischen Lokalgruppen in weiträumigem Zusammenhang auseinandersetzte, war das bereits aufgefallen (M. Buchvaldeck 1966, S. 131; vgl. auch Karte Abb. 3). Hier findet sich auch bereits ein Hinweis auf die starke lokale Aufsplitterung der Mansfelder Gruppe.

[2]) G. Loewe (1959) legte alle bis 1945 bekanntgewordenen Funde in ihrem Katalog vor, für Thüringen brachte R. Feustel (1966) erst kürzlich eine Ergänzung, die alle noch unpublizierten Neufunde nach 1945 aus dem Arbeitsgebiet des Museums für Ur- und Frühgeschichte Thüringens amfaßt. Weitere Komplexe des gleichen Gebietes finden sich in Veröffentlichungen von H.-D. Kahlke (1955), H. Kretzsch (1955), W. Schrickel (1957), D. Mania (1961), P. Donat (1961), H. Kaufmann (1963) und K. Peschel (1963). Eine ähnliche Materialvorlage für den Bereich des Landesmuseums für Vorgeschichte Dresden gab W. Coblenz (1954), wichtige Ergänzungen bieten dazu die Fundberichte H. Höckners (1955, 1956, 1957) und V. Webers (1964) über Grabungen im Kreis Altenburg.

[3]) Die in Klammern stehenden Zahlen entsprechen der in der Fundliste gegebenen Numerierung.

Vergleicht man die einzelnen Gefäßformen des hier behandelten Raumes mit denen des Kerngebietes, dann fällt auf, daß die Schulterverzierung der Amphoren fast immer aus einem ausgesparten Winkelband zwischen wechselnd schräg schraffierten Dreiecken besteht. Gerade dieses Muster ist aber für die Amphoren vom Typ Braunsdorf charakteristisch (Ch. Fischer 1959, S. 154). Allerdings entspricht nur das Stück von Nerkewitz (G. Loewe 1959, Taf. 21, 2) in Verzierung und Form der Typenbeschreibung Ch. Fischers, alle anderen Amphoren weichen mehr oder weniger stark ab. So begegnet z. B. an Amphoren vom Luckaer Forst der Trichterrand (H. Höckner 1957, Abb. 19, 4; 30, 1), an einer Amphore von Seifartsdorf (G. Loewe 1959, Taf. 10, 1) reicht die Verzierung über die Gefäßschulter hinab. Demnach scheint sich die Annahme Ch. Fischers zu bestätigen, daß außerhalb des durch das Geiseltal im Süden begrenzten Kerngebiets der Mansfelder Gruppe nur abgewandelte Formen der Mansfelder Gruppe auftauchen[4]).

Die Kartierung der Hauptornamente der Amphoren bietet dagegen eine überraschendes Bild. Das von Ch. Fischer (1959, Abb. 5) herausgearbeitete Verbreitungsgebiet des Typs Adendorf ist identisch mit dem Verbreitungsgebiet jener Amphoren, die entweder mit übereinander stehenden Zonen waagerecht schraffierter Dreiecke oder mit einem ausgesparten Winkelband zwischen waagerecht schraffierten Dreiecken verziert sind. Im Verbreitungsgebiet der Amphoren vom Typ Braunsdorf und südlich daran anschließend dominiert das ausgesparte Winkelband zwischen schräg schraffierten Dreiecken (Abb. 1). Dieses Ornament wiederum tritt im Bereich des erstgenannten Typs insgesamt nur fünfmal auf, dagegen in seinem Hauptverbreitungsgebiet in 22 Exemplaren. Dabei kann noch festgestellt werden, daß vier jener fünf Amphoren gleichlaufend schräge Schraffur haben, die zwar gelegentlich auch im Geiseltal vorkommt, sonst aber durch schräge Schraffur in wechselnder Richtung ersetzt wird. Abgesehen von geringen Überschneidungen heben sich demnach die Verbreitungsgebiete der beiden Hauptziermuster deutlich gegeneinander ab.

Ein annähernd gleiches Ergebnis bietet die Kartierung der Verzierungstechniken, wenn auch mit etwas geringerer Deutlichkeit (Abb. 2). Daß die Verwendung von Furchenstich vor allen Dingen im Nordteil bevorzugt wird, der Süden sich dagegen fast ausschließlich der Schnurverzierung bedient, ist jedoch offensichtlich. Unsere gegenüber Ch. Fischer (1959, Abb. 14) vereinfachte Kartierungsweise bestätigt also deren Ergebnis vollauf. Nimmt man dabei noch hinzu, daß die Verwendung von Strichzier wiederum auf das Nordgebiet beschränkt ist, dann wird die Trennung noch deutlicher. Man wird wohl mit Recht die Strichtechnik als Reduzierung des Furchenstiches werten dürfen.

Es läßt sich also in der Verzierung der Amphoren und in der Verwendung von Furchenstich eine Zweiteilung des Gebietes erkennen, in dem Formen der Mansfelder Gruppe verbreitet sind. Eine Kartierung der Becher nach den gleichen Kriterien, wie sie auf die Amphoren angewandt wurden, führt recht grob wiederum zu einem ähnlichen Ergebnis. Das ausgesparte Winkelband zwischen schräg schraffierten Dreiecken zeigt die gleiche auf die Südzone der Mansfelder Gruppe begrenzte Ausbreitung. Die waagerechte Schraffur von Dreiecken greift dagegen weiter nach Süden aus als bei den Amphoren und findet sich im Geiseltal noch recht häufig. Becher mit Flechtbandzier sind ausgesprochen häufig und zudem sehr gleichmäßig verbreitet, treten jedoch ausschließlich im Gebiet der Mansfelder Gruppe auf. Der Feststellung Ch. Fischers (1959, S. 158), daß sich die Verbreitungsgebiete der Amphoren und Becher vom Typ Braunsdorf decken, ist folglich zuzustimmen, wenn ihnen die thüringischen bzw. westsächsischen Funde zwischen Weißer Elster und Pleiße hinzugerechnet werden.

Ch. Fischer betrachtete als zusätzlichen Beweis der räumlichen Geschlossenheit der Mansfelder Gruppe, daß außerhalb des von ihr umschriebenen Kerngebiets praktisch keine Deckeldosen auftreten (Ch. Fischer 1959, Abb. 9). Zu der von ihr bereits genannten Dose von Seifartsdorf tritt aber eine zweite aus dem Forst Leina (G. Loewe 1959, Taf. 68, 6). Die dort ungewöhnliche Verwendung von Furchenstich und der Dekor der nur bruchstückhaft erhaltenen Dose lassen erkennen, daß sie zu den klassischen Stücken dieser Form gehört. Ch. Fischer konnte 15 Deckeldosen benennen, die von acht Fundstellen, in ihrer Mehrzahl aus Halle und Merseburg, stammen. Angesichts der geringen Gesamtfundzahl erhalten unsere zwei thüringischen Gefäße insofern Gewicht, als damit auch diese

[4]) Es sei aber darauf verwiesen, daß die von Ch. Fischer vorgestellten Amphoren des Typs Braunsdorf durchaus nicht so einheitlich sind. Selbst in ihrer Typentafel gibt es dem Trichterrand nahe Gefäßmündungen (Ch. Fischer 1959, Abb. 6, 2, 6). Im übrigen verschleiert der stark schematisierende Stil der Zeichnungen, wie ungleichmäßig die Gefäße gearbeitet sind.

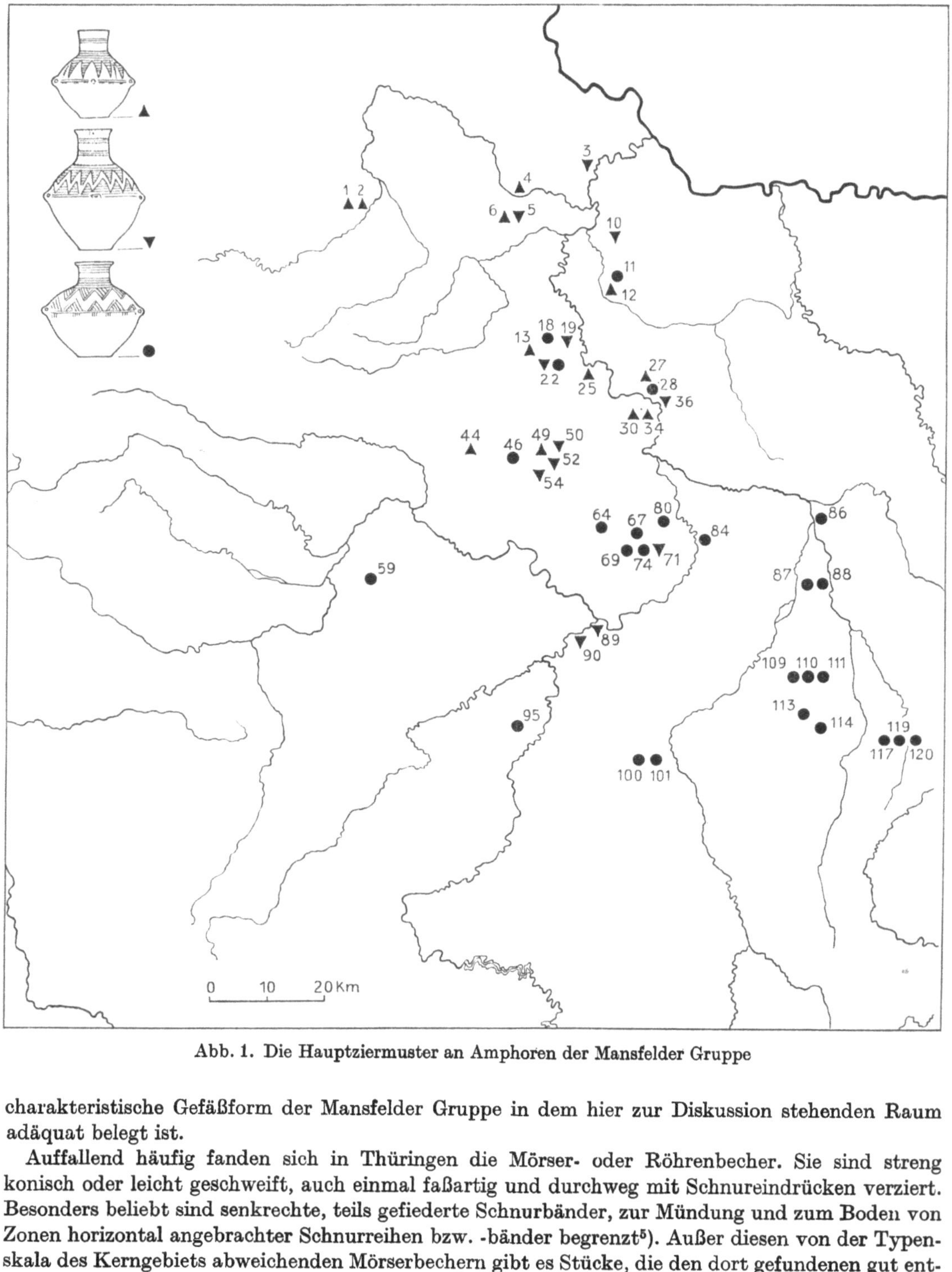

Abb. 1. Die Hauptziermuster an Amphoren der Mansfelder Gruppe

charakteristische Gefäßform der Mansfelder Gruppe in dem hier zur Diskussion stehenden Raum adäquat belegt ist.

Auffallend häufig fanden sich in Thüringen die Mörser- oder Röhrenbecher. Sie sind streng konisch oder leicht geschweift, auch einmal faßartig und durchweg mit Schnureindrücken verziert. Besonders beliebt sind senkrechte, teils gefiederte Schnurbänder, zur Mündung und zum Boden von Zonen horizontal angebrachter Schnurreihen bzw. -bänder begrenzt[5]). Außer diesen von der Typenskala des Kerngebiets abweichenden Mörserbechern gibt es Stücke, die den dort gefundenen gut entsprechen[6]). Die Annahme Ch. Fischers (1959, S. 161), daß Streufunde im Südgebiet fehlen, ist jeden-

[5]) Vgl. die Stücke von Deuben (92), Gleina (103), Lucka (106), dem Luckaer Forst (108), Altenburg (115) und Lumpzig-Braunshain (121).

[6]) Am besten ein Becher von Etzdorf (96), aber auch der von Caaschwitz (102).

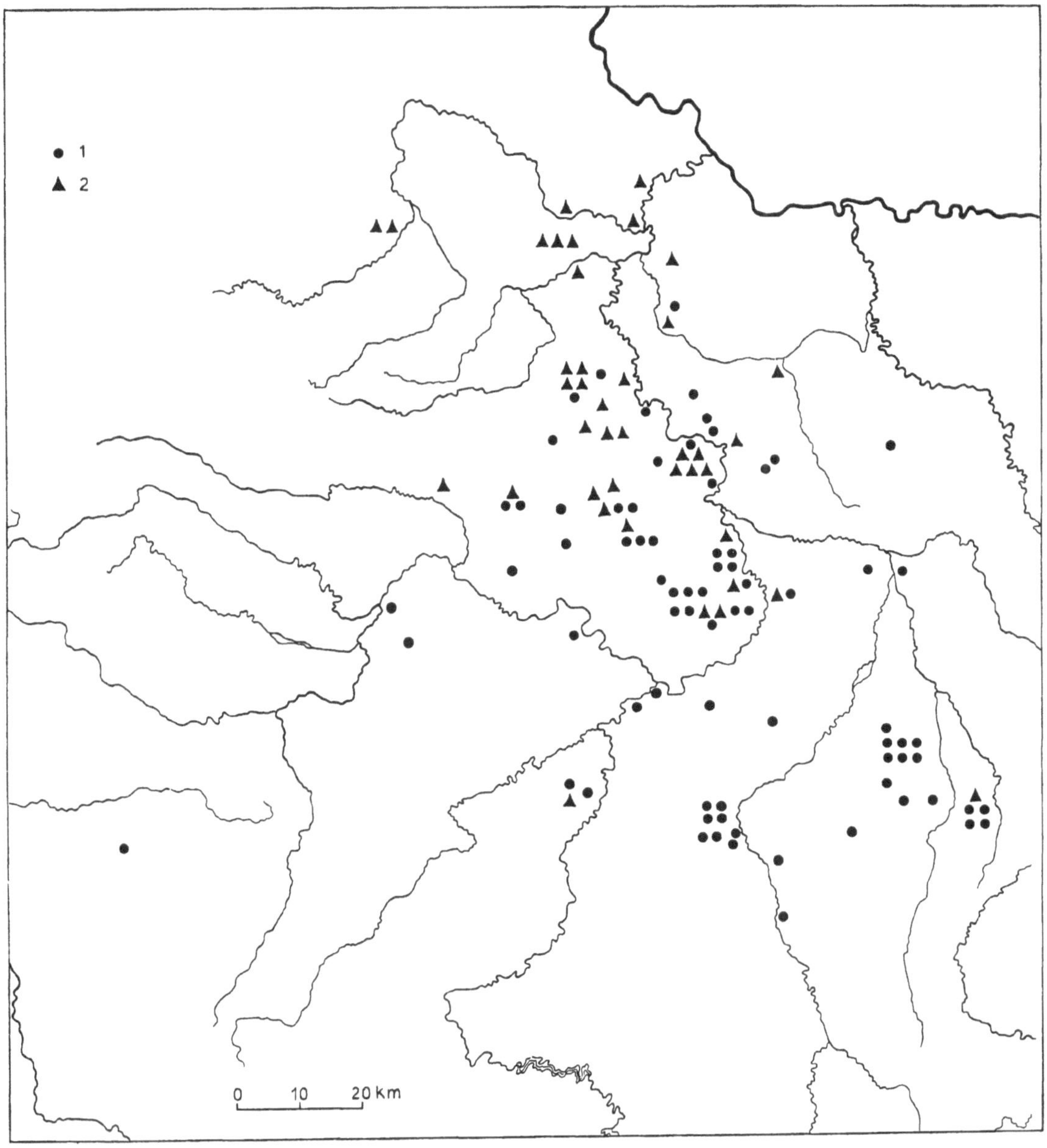

Abb. 2. Verbreitung der Ziertechniken in der Mansfelder Gruppe
1 Fundkomplexe mit reiner Schnurverzierung; 2 Fundkomplexe mit Furchenstich oder Strichverzierung

falls nicht stichhaltig. Ganz im Gegenteil können wir den 22 von Ch. Fischer nachgewiesenen Bechern aus dem relativ kleinen Fundgebiet südöstlich der Saale acht weitere anschließen. Den eventuellen Einwand, daß es sich hier meist um Gefäße mit einer Zierweise handelt, die im Kerngebiet der Gruppe nicht vertreten ist, wird man vielleicht damit entkräften können, daß die vertikalen Schnurgruppen als eine Modifizierung des Leiterbandes gedeutet werden können. Vor allem aber fehlen solche Becher außerhalb des ostthüringischen Verbreitungsgebietes der übrigen Mansfelder Formen völlig.

Aus alldem läßt sich schlußfolgern, daß die hier behandelten thüringischen Funde trotz mancher Besonderheiten Bestandteil der Mansfelder Gruppe sind und innerhalb dieser eng mit der Fundgruppe des Geiseltals in Zusammenhang stehen. Das bestätigt auch die Kartierung der Funde mit

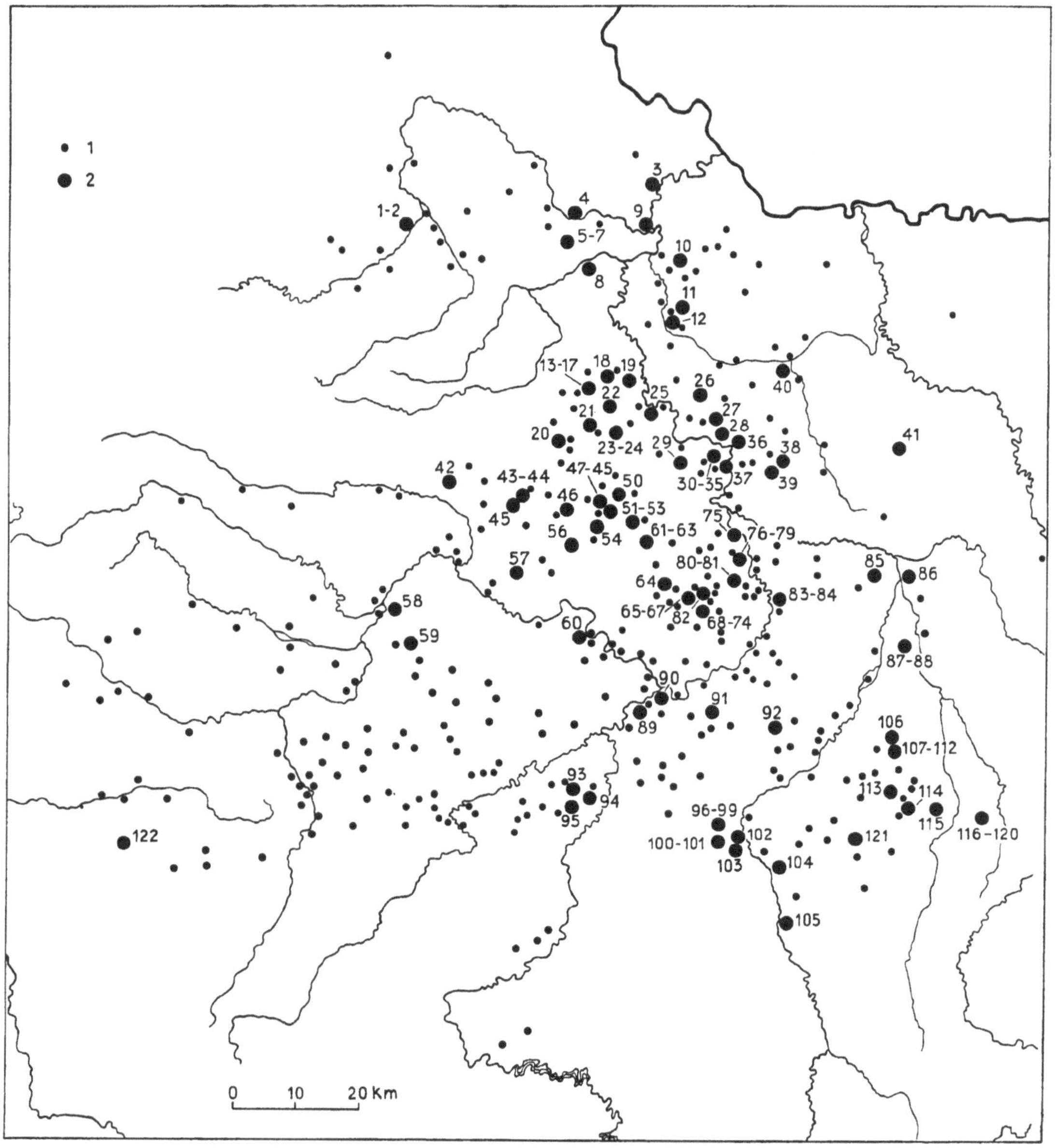

Abb. 3. Verbreitung der Mansfelder Gruppe
1 Geschlossene Grabfunde der sächsisch-thüringischen Schnurkeramik; 2 Grab- und Einzelfunde der Mansfelder Gruppe

Mansfelder Keramik auf dem Hintergrund aller aus der Literatur erreichbaren geschlossenen Funde[7]) der sächsisch-thüringischen Schnurkeramik (Abb. 3). Das Fundbild läßt deutlich erkennen, daß die Mansfelder Gruppe in geringem Umfang entlang der Saale und stärker an Weißer Elster und Pleiße weit nach Süden ausgreift. Gerade die Bindung an die genannten Flußtäler scheint diese Annahme zu stützen. Gleichzeitig wird deutlich, daß die Mansfelder Gruppe in anderen Gebieten der sächsisch-thüringischen Schnurkeramik überhaupt nicht vertreten ist. Praktisch fällt der gesamte Raum süd-

[7]) Zur Kartierung wurde der Katalog U. Fischers (1956, S. 275ff.) ausgewertet und durch die in Anm. 1 genannte Literatur ergänzt.

lich der Unstrut und westlich der Saale aus. Ferner liegen aus den Kreisen Weißenfels, Höhenmölsen, Zeitz und Naumburg trotz dichter schnurkeramischer Besiedlung kaum Funde dieser Gruppe vor.

Durch den Nachweis, daß die hier der Mansfelder Gruppe zugerechneten Funde eng mit jenen des Geiseltals verbunden sind, ergibt sich die Notwendigkeit, die von Ch. Fischer (1959, S. 172ff.) vorgetragene Ansicht über die Entwicklung des Mansfelder Stils zu diskutieren. Sie kam zu der Schlußfolgerung, daß innerhalb des Kerngebietes ein zeitliches Nacheinander bestehe und daß die Nordzone mit den Amphoren vom Typ Adendorf den älteren und eigentlichen Mansfelder Stil repräsentiere. Diese Auffassung beruht im Grunde auf rein typologischen Erwägungen. Hier wird für die Mansfelder Gruppe wiederholt, was seinerzeit für die Schnurkeramik insgesamt galt, nämlich daß die „klassischen" Stücke am Anfang, die vereinfachten am Ende einer Entwicklungsreihe stünden. Jene Gräber von Peißen, Braunsbedra und dem Forst Leina (Ch. Fischer 1959, Abb. 1), welche die späte Zeitstellung der Mansfelder Gruppe erweisen, sind selbst innerhalb der Gruppe wenig repräsentativ und können zur Klärung dieser Frage nicht herangezogen werden. Andererseits ist vorläufig die Herkunft dieses Stils nicht geklärt, gleiches gilt für den Furchenstich. Demnach gibt es beim heutigen Bearbeitungsstand keine sicheren Maßstäbe, die eine chronologische Gliederung des Mansfelder Stils in dieser Weise gestatten.

Dagegen ist offenkundig, daß sich die Mansfelder Gruppe in starkem Maße aus lokalen Varianten zusammensetzt. Ch. Fischer (1959, S. 171f.) hatte bereits auf eine Reihe von Grabausstattungen hingewiesen, die sichtlich aus einer Hand gefertigt sind und deutlich belegen, wie weitgehend der einzelne Töpfer das Schema nach eigenen Vorstellungen abwandelte. Ein Beispiel lokaler Sonderstellung dürften auch die Funde entlang der Saale darstellen. Erkennbar wird das bereits an dem modern untersuchten Hügelgrab von Dornburg (94). Amphore und Becher dieses Grabes (K. Peschel 1963, Abb. 26, 1, 4) besitzen manche Eigenheit, die der Mansfelder Gruppe fremd sind, und ragen durch die Verwendung von Furchenstich sowie durch die waagerechte Schraffur der übereinanderstehenden Dreiecke an dem Becher aus den übrigen Funden der Südzone deutlich heraus. Die nahegelegenen Gräber von Nerkewitz und Stobra sind mit dem Dornburger Hügel durch die außergewöhnliche Bestattungssitte, den Grabbrand (vgl. U. Fischer 1956, S. 17), eng verbunden. Die Herkunft des Grabbrandes aus dem nördlichen Mitteldeutschland darf nach K. Peschel (1963, S. 129 ff.) für gesichert gelten. Und die Beigaben wenigstens eines Hügels dieser Gruppe deuten ebenfalls auf Beziehungen zu diesem Raum hin, was ferner für Amphoren aus den Gräbern von Naumburg (90) und Pforta, Kr. Naumburg (89), gilt, die gleichfalls waagerechte Schraffur besitzen. Schließlich sei zur Vervollständigung auf Funde von Orlamünde, Kr. Jena (D. Mania 1961, S. 181) und Kleinkamsdorf, Kr. Saalfeld (H. Kaufmann 1963, Abb. 5), hingewiesen, deren an sich einfache und keinesfalls „mansfeldische" Verzierung in Furchenstichtechnik hergestellt wurde. Entlang der Saale finden sich also Einflüsse aus der Nordzone der Mansfelder Gruppe. Ob hier ein Verbindungsweg zur mainfränkischen Gruppe der Schnurkeramik bestand (H. Kaufmann 1963, S. 33), der bis in das Saalemündungsgebiet reichte, läßt sich beim heutigen Forschungsstand nicht absehen. Das auffällige und räumlich begrenzte Fundbild ist jedoch zu konstatieren.

Die Erkenntnis, daß sich die Mansfelder Gruppe in eine Nord- und Südzone gliedert, berührt das von Ch. Fischer herausgestellte Kerngebiet nicht, bedeutet aber wohl doch, daß die Mansfelder Gruppe selbst in zwei Untergruppen — oder besser in lokale Räume — mit einer unterschiedlichen Ausprägung zerfällt. Wie bereits dargelegt, sind wir heute noch nicht in der Lage, dazu eine befriedigende Erklärung zu finden. Immerhin sollte als Möglichkeit folgendes angedeutet werden: Auffallenderweise ist die oben fixierte Nordzone in ihrer Verbreitung identisch mit der der Ostharzamphoren (U. Fischer 1951, Karte 3). Es ist nicht ausgeschlossen, daß die Lokalgruppen der Schnurkeramik Einfluß auf die Ausprägung der Mansfelder Gruppe genommen haben.

Da wir uns mit solchen Gedanken offensichtlich im Gegensatz zu den Darlegungen M. Buchvaldeks (1966, S. 131, 150ff.) befinden, jedoch in diesem Zusammenhang nicht über die notwendige Quellengrundlage verfügen, muß hier auf weitere Erörterungen verzichtet werden.

Zusammenfassung

Als gesicherte Erkenntnis dürfen wir festhalten, daß in Ostthüringen und Westsachsen Ausläufer der Mansfelder Gruppe festzustellen sind, die in enger Verbindung mit der Fundgruppe des Geiseltals stehen, wie sie durch das Gräberfeld von Braunsbedra, Ot. Braunsdorf, charakterisiert ist. Abgesehen von Überschneidungen im Grenzgebiet hebt sich dieser als Südzone bezeichnete Teil der Mansfelder Gruppe in den Hauptziermustern der Amphoren und Becher und durch das Fehlen von Furchenstich deutlich gegen die Nordzone ab. Die nunmehr der Mansfelder Gruppe zuzuordnenden Gräber sind in der Hauptsache an die Flußsysteme von Weißer Elster und Pleiße gebunden und erweisen sich als südliche Ausläufer des von Ch. Fischer umschriebenen Kerngebietes.

Eine jüngere Zeitstellung der außerhalb des Kerngebietes gelegenen Fundgruppen ist nicht erweisbar, dagegen gibt es deutliche Anzeichen, daß sich die Mansfelder Gruppe weit stärker aus lokalen Varianten zusammensetzt, als bisher angenommen wurde.

Fundliste

[1] = Ch. Fischer 1959
[2] = H. Lucas 1965
[3] = G. Loewe 1959
[4] = B. Schmidt, H. Geisler 1959
[5] = W. Coblenz 1954
[6] = K. Peschel 1963
[7] = P. Donat 1961
[8] = H. Höckner 1955
[9] = H. Höckner 1957
[10] = V. Weber 1964

G = Grabfund; E = Einzelfund; S = Siedlungsfund

1. Ditfurt, Kr. Quedlinburg, Boltenkniggel	[1], Nr. 22	G
2. Ditfurt, Kr. Quedlinburg, Kreienkopp	[1], Nr. 23	G
3. Calbe, Kr. Schönebeck	[1], Nr. 15	E
4. Staßfurt, Ot. Leopoldshall	[2], Taf. 19, 1—4	E
5. Neundorf, Kr. Staßfurt, 1893	[1], Nr. 80	G
6. Neundorf, Kr Staßfurt, 1926	[1], Nr. 81	G
7. Neundorf, Kr. Staßfurt	[1], Nr. 82	E
8. Güsten, Ot. Osmarsleben, Kr. Staßfurt	[2], Taf. 22, 1—2	G
9. Nienburg, Kr. Bernburg	[1], Nr. 83	E
10. Poley, Ot. Weddegast, Kr. Bernburg	[2], Taf. 26, 1—3	G
11. Cörmigk, Kr. Bernburg	[1], Nr. 16	G
12. Ilbersdorf, Kr. Bernburg	[1], Nr. 62	G
13. Helmsdorf, Kr. Hettstedt, Sehringsberg, Grab 1/2	[1], Nr. 58	G
14. Helmsdorf, Kr. Hettstedt, Sehringsberg, Grab 3	[1], Nr. 59	G
15. Helmsdorf, Kr. Hettstedt, Sehringsberg, Grab 4	[1], Nr. 60	G
16. Helmsdorf, Kr. Hettstedt, Sehringsberg	[1], Nr. 61	G
17. Helmsdorf, Kr. Hettstedt, Sehringsberg	[1], Nr. 57	E
18. Zabenstedt, Kr. Hettstedt	[1], Nr. 1000	G
19. Adendorf, Kr. Hettsedt	[1], Nr. 1	E
20. Eisleben	[1], Nr. 29	E
21. Hedersleben, Kr. Eisleben	[1], Nr. 56	G
22. Bösenburg, Kr. Eisleben	[1], Nr. 5—7	EE
23. Dederstedt, Kr. Eisleben	[1], Nr. 17—18	EE
24. Dederstedt, Kr. Eisleben	[1], Nr. 19	G
25. Trebitz, Saalkreis	[1], Nr. 98	G
26. Nauendorf, Saalkreis	[1], Nr. 74	E
27. Beidersee, Saalkreis	[1], Nr. 3	G
28. Morl, Saalkreis	[1], Nr. 73	G
29. Zappendorf, Saalkreis	[1], Nr. 101	G
30. Halle, Heide, Hügel 1	[1], Nr. 49/50	G
31. Halle, Heide, Hügel 3, Bestattung 5	[1], Nr. 52	G
32. Halle, Heide, Hügel 3, Bestattung 7	[1], Nr. 51	G
33. Halle, Heide, Hügel 4, Zentralgrab	[1], Nr. 53	G

34. Halle, vor der Heide	[1], Nr. 41–48	EE
35. Halle	[1], Nr. 37–39	EE
36. Halle, Straße nach Trotha	[1], Nr. 40	G?
37. Halle, Große Brandberge, Hügel 4	[1], Nr. 36	G
38. Peißen, Saalkreis	[1], Nr. 85/86	G
39. Diemitz, Kr. Halle	[1], Nr. 21	E
40. Löbersdorf, Kr. Bitterfeld	[1], Nr. 66	E
41. Delitzsch	[1], Nr. 20	E
42. Sangerhausen	[1], Nr. 89	E
43. Einsdorf, Kr. Sangerhausen	[1], Nr. 27	G
44. Einsdorf, Kr. Sangerhausen	[1], Nr. 28	E
45. Mittelhausen, Kr. Sangerhausen	[1], Nr. 72	G
46. Farnstedt, Kr. Querfurt	[1], Nr. 33/34	G
47. Schraplau, Kr. Querfurt	[1], Nr. 94	G
48. Schraplau, Ot. Schafsee, Kr. Querfurt, Grab 1	[4], Abb. 3	G
49. Schraplau, Ot. Schafsee, Kr. Querfurt, Grab 2	[4], Abb. 5a	G
50. Stedten, Kr. Eisleben	[1], Nr. 96	G
51. Oberesperstedt, Kr. Querfurt	[1], Nr. 30	E
52. Unteresperstedt, Kr. Querfurt, Fundstelle III	[1], Nr. 31	G
53. Unteresperstedt, Kr. Querfurt, Grab 1932	[1], Nr. 32	G
54. Kuckenburg, Kr. Querfurt	[1], Nr. 65	G
55. Dornstedt, Kr. Querfurt	[1], Nr. 24	G
56. Querfurt	[1], Nr. 88	E
57. Ziegelroda, Kr. Querfurt	[1], Nr. 102	G
58. Gorsleben, Kr. Artern	[1], Nr. 35	G
59. Altenbeichlingen, Kr. Sömmerda	[1], Nr. 2	E
60. Tröbsdorf, Kr. Nebra	[1], Nr. 99	G
61. Schafstädt, Kr. Merseburg, Grab 36	[1], Nr. 92	G
62. Schafstädt, Kr. Merseburg, bei Grab 15–18	[1], Nr. 91	E
63. Schafstädt, Kr. Merseburg, neben Grab 15	[1], Nr. 90	E
64. Stöbnitz, Kr. Merseburg	[1], Nr. 97	E
65. Neumark, Kr. Merseburg	[1], Nr. 77	G
66. Neumark, Kr. Merseburg, Grab 1927	[1], Nr. 78	G
67. Neumark, Kr. Merseburg, Baggerfund 1951	[1], Nr. 79	G?
68. Braunsbedra, Kr. Merseburg, Grab 1953	[1], Nr. 8	G
69. Braunsbedra, Ot. Braunsdorf, Kr. Merseburg, Grab 3	[1], Nr. 10	G
70. Braunsbedra, Ot. Braunsdorf, Kr. Merseburg, Grab 29	[1], Nr. 11	G
71. Braunsbedra, Ot. Braunsdorf, Kr. Merseburg, Grab 68	[1], Nr. 12	G
72. Braunsbedra, Ot. Braunsdorf, Kr. Merseburg, Grab 70	[1], Nr. 14	G
73. Braunsbedra, Ot. Braunsdorf, Kr. Merseburg, Grab 1936	[1], Nr. 14	G
74. Braunsbedra, Ot. Braunsdorf, Kr. Merseburg	[1], Nr. 9	E
75. Schkopau, Kr. Merseburg	[1], Nr. 93	G?
76. Merseburg, Altenburg	[1], Nr. 68	EE
77. Merseburg, Klosterweinberg	[1], Nr. 69	G
78. Merseburg, Klosterweinberg	[1], Nr. 70	E
79. Merseburg, Stecknersberg	[1], Nr. 71	E
80. Kötzschen, Kr. Merseburg, Alkenhügel, Grab 1	[1], Nr. 63	G
81. Kötzschen, Kr. Merseburg, Alkenhügel, Grab 3	[1], Nr. 64	G
82. Benndorf, Kr. Merseburg	[1], Nr. 4	E
83. Dürrenberg, Kr. Merseburg	[1], Nr. 26	G
84. Dürrenberg, Kr. Merseburg	[1], Nr. 25	E
85. Leipzig, Südfriedhof, Grab 1	[5], S. 104	G
86. Leipzig, Lindenau	[5], Abb. 54, 1–3	G
87. Zwenkau/Harth, Kr. Leipzig, Hügel III	[5], Abb. 64, 9–12; 67	G
88. Zwenkau/Harth, Kr. Leipzig, Hügel V	[5], Abb. 69	E
89. Pforta, Kr. Naumburg	[1], Nr. 87	EE
90. Naumburg	[1], Nr. 75–76	EE
91. Gröbitz, Kr. Weißenfels	[3], Taf. 56, 11–15	G
92. Deuben, Kr. Hohenmölsen	[3], Taf. 55, 6–11	G
93. Stobra, Kr. Apolda	[6], Abb. 32	G
94. Dornburg, Kr. Jena	[6], Abb. 26	G

95. Nerkewitz, Kr. Jena, Hügel 1, Grab 2	[3], Taf. 22, 2	G
96. Etzdorf, Kr. Eisenberg, Grab 2	[3], Taf. 57, 1—7	G
97. Etzdorf, Kr. Eisenberg, Grab 4	[7], Abb. 3—6	G
98. Etzdorf, Kr. Eisenberg, Grab 5	[7], Abb. 8—11	G
99. Etzdorf, Kr. Eisenberg, Grab 6	[7], Abb. 13—15	G
100. Seifartsdorf, Kr. Eisenberg, alte Straße	[3], Taf. 98, 12—13; 99, 1—6	G
101. Seifartsdorf, Kr. Eisenberg, Sandgrube	[3], Taf. 101, 7—11; 102	G
102. Caaschwitz, Kr. Gera, Hügel 2	[3], Taf. 51, 28—29	G
103. Gleina, Kr. Gera, Kolk	[3], Taf. 57, 14	S
104. Roschütz, Kr. Gera	[3], Taf. 93, 11	E
105. Collis, Kr. Gera	[3], Taf. 52, 2—18	G
106. Lucka, Kr. Altenburg, Goldbruch	[3], Taf. 74, 2—5	G
107. Luckaer Forst, Kr. Altenburg, Hügel 13	[3], Taf. 82, 6—7	G
108. Luckaer Forst, Kr. Altenburg, Hügel 52/VI	[8], Abb. 21	G
109. Luckaer Forst, Kr. Altenburg, Hügel 52/VII	[8], Abb. 24—26	G
110. Luckaer Forst, Kr. Altenburg, Hügel 53/11	[9], Abb. 19, 2—4	G
111. Luckaer Forst, Kr. Altenburg, Hügel 54/3	[9], Abb. 30	G
112. Luckaer Forst, Kr. Altenburg, Hügel 54/4	[9], Abb. 31—32	G
113. Kriebitsch, Kr. Altenburg	[3], Taf. 65, 2—3	G
114. Lödla-Unterlödla, Kr. Altenburg	[3], Taf. 64, 14—19	G
115. Altenburg, Fst. 1924/24	[3], Taf. 46, 8—9	G
116. Forst Leina b. Lohma, Kr. Altenburg, Hügel 1	[3], Taf. 70, 1—3	G
117. Forst Leina b. Lohma, Kr. Altenburg, Hügel 3, Grab B	[10], Abb. 11	G
118. Forst Leina b. Lohma, Kr. Altenburg, Hügel 3, Grab E	[10], Abb. 15	G
119. Forst Leina b. Lohma, Kr. Altenburg, Hügel 3, Grab F	[10], Abb. 17	G
120. Forst Leina b. Lohma, Kr. Altenburg	[3], Taf. 68, 1, 2, 6, 7	EE
121. Lumpzig-Braunshain, Kr. Schmölln	[3], Taf. 84, 22	E
122. Hörselgau, Kr. Gotha	[3], Taf. 17, 5	G

Literaturverzeichnis

Buchvaldek, M. 1966 — Die Schnurkeramik in Mitteleuropa – Zur Herausstellung der Fundgruppen und der Frage ihrer gegenseitigen Beziehungen, in: Památky archeologické 51, S. 126—170.

Coblenz, W. 1954 — Materialien zur Schnurkeramik Sachsens I, in: Arbeits- und Forschungsberichte zur sächsischen Bodendenkmalpflege 4, S. 55—142.

Donat, P. 1961 — Drei schnurkeramische Grabhügel von Etzdorf, Kreis Eisenberg, in: Alt-Thüringen 5, S. 133—166.

Feustel, R., Bach, H., Gall, W., und Teichert, M. 1966 — Beiträge zur Kultur und Anthropologie der mitteldeutschen Schnurkeramiker, in: Alt-Thüringen 8, S. 20—170.

Fischer, Ch. 1959 — Die Keramik der Mansfelder Gruppe, in: Jahresschrift für mitteldeutsche Vorgeschichte 43, S. 136—187.

Fischer, U. 1951 — Kulturbeziehungen des Schönfelder Kreises im Elbegebiet, in: Archaeologia Geographica 1, 1950/51, S. 65—75.

Fischer, U. 1956 — Die Gräber der Steinzeit im Saalegebiet. Berlin.

Fischer, U. 1958 — Mitteldeutschland und die Schnurkeramik, in: Jahresschrift für mitteldeutsche Vorgeschichte 41/42, S. 254—298.

Höckner, H. 1955 — Ausgrabung von schnurkeramischen Hügelgräbern im Kreise Altenburg, Bez. Leipzig, in: Alt-Thüringen 1, S. 99—152.

Höckner, H. 1956 — Vorläufige Mitteilung über die Ergebnisse der Ausgrabung von schnurkeramischen Hügelgräbern und Siedelplätzen im Luckaer Forst, Kr. Altenburg, 1953—1955, in: Ausgrabungen und Funde 1, S. 70—72.

Höckner, H. 1957 — Ausgrabungen von schnurkeramischen Grabhügeln und Siedelplätzen im Luckaer Forst, Kr. Altenburg, in: Arbeits- und Forschungsberichte zur sächsischen Bodendenkmalpflege 6, S. 58—181.

Kahlke, H.-D. 1955 — Schnurkeramische „Kettenhocker" aus Thüringen. Ein Beitrag zur Kenntnis der mitteldeutschen Schnurkeramiker, in: Alt-Thüringen 1, S. 153—181.

Kaufmann, H. 1963	Die vorgeschichtliche Besiedlung der Orlagaues (Text). Berlin.
Kretzsch, H. 1955	Drei schnurkeramische Grabanlagen auf dem „Großen Steine" bei Seifartsdorf, Landkreis Eisenberg/Thür., in: Alt-Thüringen 1, S. 182—209.
Loewe, G. 1959	Kataloge zur mitteldeutschen Schnurkeramik. Teil 1: Thüringen. Halle.
Lucas, H. 1965	Kataloge zur mitteldeutschen Schnurkeramik. Teil 2: Saalemündungsgebiet. Halle.
Mania, D. 1961	Endneolithische Grabanlagen und Siedlungsstellen auf dem Forstberg bei Orlamünde, Kreis Jena, in: Alt-Thüringen 5, S. 167—188.
Peschel, K. 1963	Ein Grabhügel mit Schnurkeramik von Dornburg, Landkreis Jena. A. Ausgrabung und Befund, in: Praehist. Zeitschr. 41, S. 83—133.
Schmidt, B., und Geisler, H. 1959	Ein schnurkeramisches Gräberfeld bei Schraplau-Schafsee, Kr. Querfurt, in: Jahresschrift für mitteldeutsche Vorgeschichte 43, S. 188—200.
Schrickel, W. 1957	Ein Grabhügel der Schnurkeramik in der Flur Orlamünde, Kr. Jena, in: Alt-Thüringen 2, S. 78—91.
Weber, V. 1964	Zwei weitere schnurkeramische Grabhügel aus dem Forst Leina, Kreis Altenburg, in: Arbeits- und Forschungsberichte zur sächsischen Bodendenkmalpflege 13, S. 193—222.

Zur Frage der Brandgräber in der Völkerwanderungszeit in Böhmen

Von Bedřich Svoboda, Prag

Mit 7 Textabbildungen und Tafel 24

In meinem Buche „Čechy v době stěhování národů“ bildete ich unter anderem die vergrößerte Zeichnung eines Gefäßes (B. Svoboda 1965, S. 227, Abb. 72) ab, dessen Fragment vor Jahren J. Hellich (1925, S. 444, Abb. 217 rechts) auf dem Brandgräberfeld in der Flur „Na Doubici“ bei Pňov entdeckte. Es handelte sich anscheinend um ein flaschenförmiges Gefäß mit eingeschnürtem Hals und einer Verzierung, die eine Datierung um das Jahr 500, allenfalls zu Beginn des 6. Jh. u. Z., wahrscheinlich erscheinen läßt. Inzwischen fand A. Rybová bei einer gründlichen Durchsuchung der alten Depots des Poděbrader Hellich-Museums jenes Bruchstück, das vor mehr als 40 Jahren Hellichs Freund und Zeichner, Prof. Hnátek, zeichnerisch zu einem Gefäß ergänzte. Auf Abb. 1 veröffentliche ich nun jenen Scherben in verkleinerter Größe und die neue, der Wahrheit wohl sehr nahekommende Rekonstruktion, die A. Rybová vorschlug[1]). Es zeigte sich, daß das Bruchstück von einer gedrungenen, breiten Schale mit S-förmig geschwungenem Profil, gewölbter Wandung und weiter Mündung stammte. Der Unterteil des Gefäßes und sein Boden fehlen. Die Verzierung, die an der Hals-Körper-Grenze erscheint, besteht aus zwei umlaufenden waagerechten Rillenbändern, zwischen denen als Füllmuster in unregelmäßiger Anordnung kleine gestempelte Kreise auftreten. Darunter befindet sich eine Reihe Keilstiche, eine Zierweise, der J. Werner (1962, S. 51) den Namen gab und die ich (B. Svoboda 1965, S. 168, Anm. 27) als Beleg des Zuges elbgermanischer Stämme über Böhmen anführte. Vom oberen Gefäßkörper bis zur Bodennähe trägt die Wandung eine kontinuierliche Reihe hängender, gleichschenkliger Dreiecke, deren Vertikale stets aus einer einfachen, scharf eingeritzten Rillenlinie besteht. Die gleiche Verzierung bildet die Hypotenusen der so entstehenden rechtwinkeligen Dreiecke. Den eigentlichen Scheitel stellt eine kreisrunde Delle dar. Das eine der so entstandenen rechtwinkeligen Dreiecke ist jeweils mit Gruppen dreier gleichkurzer Striche teils in parataktischer, teils in schachbrettartiger Anordnung gefüllt, während das andere dreieckige, ungleichmäßige und ungleich tiefe Einstiche zeigt. Das Gefäß, dessen Ausmaße am besten Abb. 1 veranschaulicht, wurde aus freier Hand geformt und hat eine geglättete Oberfläche von brauner bis schwarzbrauner Farbe.

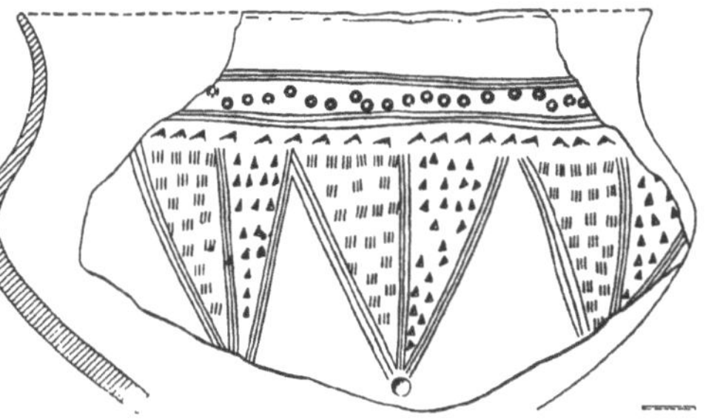

Abb. 1. Pňov bei Poděbrady, Rekonstruktion nach A. Rybová. Museum Poděbrady 1:2

Die kleinen Ausmaße, in denen der S-förmige Schwung der Wandung und die runde Wölbung des Körpers besonders deutlich zum Ausdruck kommen, deuten schon an, daß wir unser Gefäß wohl jener Gruppe kleiner Urnen von ähnlicher Form zuweisen dürfen, die im Jahre 1926 W. Schulz (1926, S. 287ff., Taf. XXIV, 1, 2) erstmalig herausstellte. Der Leser vergleiche in diesem Zusammenhange auch die Ausführungen von G. Mildenberger (1958, S. 497ff.) und B. Schmidt (1961, S. 77ff.).

[1]) Ich möchte an dieser Stelle Frau Dr. A. Rybová CSc. meinen herzlichsten Dank aussprechen, da sie die Freundlichkeit hatte, mir das genannte Gefäßbruchstück und die dazugehörige zeichnerische Rekonstruktion zur Verfügung zu stellen.

Diese klare Erkenntnis wurde in den nachfolgenden Jahren aber unter dem Eindruck der von W. Matthes (1931a, Nr. 48; 1931b, Nr. 49) veröffentlichten Ergebnisse von den großen Gräberfeldern in der Prignitz verwischt, da dieser in seiner bis ins einzelne gehenden chronologischen Einteilung breite und niedrige Gefäßformen dem 4. Jh., also der jüngeren römischen Kaiserzeit, zuweist. Doch finden wir bei ihm die Bemerkung, daß in der Prignitz Gräber auch im nachfolgenden Zeitabschnitt, der Völkerwanderungszeit, begegnen. So konnte es wohl geschehen, daß F. Kuchenbuch (1938) in seiner bekannten Dissertation die kleinen Schalenformen, die er auf den Nekropolen von Grieben, Peutlingen, Borstel und andernorts antraf, für spätrömerzeitlich erachtete, obgleich sie eigentlich schon der Völkerwanderungszeit angehören. Ich möchte in diesem Zusammenhange W. Nowothnig (1964, S. 81f.) zitieren, der gegenteiliger Ansicht ist und meint: „Ihre Stellung im Bereich völkerwanderungszeitlicher Brandgräber wird dadurch unterstrichen, daß sie die gleichen Gefäßformen, verzierte Kumpfe, Schalen und enghalsige Töpfe führen, wie sie in den südniedersächsischen Gräbern auftreten".

Wir müssen natürlich anerkennen, daß es für jene Zeit am Ausgang der römischen Kaiserzeit und an der Schwelle der Völkerwanderungszeit ungemein schwer ist, die einzelnen Gefäßformen sicher einzuordnen, da gerade in diesem Zeitabschnitt zu Datierungszwecken geeignete Beigaben in den Brandgräbern zumeist fehlen. Zudem versagen größtenteils auch weitere chronologische Stützen wie vertikale und horizontale Stratigraphie, so daß für chronologische Erwägungen nur die Stilanalyse in Frage kommen dürfte, die die Möglichkeit in sich birgt, mit gewisser Wahrscheinlichkeit den Entwicklungsgang zu erhellen. Sie vermag auf Grund formenkundlicher Betrachtungen und der Feststellung übereinstimmender Stilelemente die zeitliche Verwandtschaft mit Gefäßen aufzudecken, deren Zeitstellung als verhältnismäßig sicher anzusehen ist. Der gangbarste und häufigste Weg zu solcher Datierung ist der Vergleich der Urnen mit Gefäßen, die als Beigaben in Körpergräbern erscheinen, wo sie zumeist mit anderen, chronologisch empfindlicheren Gegenständen zusammenlagen. Der Vergleich der Brand- und Körpergräber aus dieser Übergangszeit gibt vortrefflich Einsicht in den historischen Entwicklungsprozeß der damaligen Gesellschaft; mit seiner Hilfe kann man auch viele Fehler bei der Datierung und gegebenenfalls bei der Auslegung des angetroffenen Fundgutes vermeiden.

Bislang sind uns aus Böhmen nur verhältnismäßig wenige sicher beglaubigte Brandgräber aus der Völkerwanderungszeit bekannt geworden; inwiefern dies tatsächlich den historischen Gegebenheiten entspricht und nicht dem derzeitigen Forschungsstand und der zu wenig intensiven und systematischen Geländeforschung und Ausgrabungstätigkeit, ist schwer zu sagen. Bis vor kurzem wurde immer von neuem wiederholt und gelehrt, daß für die Völkerwanderungszeit allein Skelettgräber mit der Nord-Süd- oder West-Ost-Orientierung der Bestattung und einer bestimmten Lage und Anordnung der Beigaben kennzeichnend seien. Zeitgleiche Brandgräber finden bei einem Großteil der Verfasser gar keine Erwähnung. Auf die Schwierigkeit, Brandgräberfunde im übrigen Material, insbesondere in älteren Fundbeständen, zu erkennen, weisen auch W. Nowothnig (1964, S. 14ff.), B. Schmidt (1961, S. 77) und G. Mildenberger (1958, S. 297 ff.) hin. Die Skelettgräberfelder in Böhmen wurden allzu häufig gestört, der Inhalt der einzelnen Gräber durcheinandergebracht und verschleppt, mitunter sogar an die Oberfläche in den freien Raum zwischen den Gräbern geworfen u. ä., so daß man nie sicher sagen kann, wohin so entdeckte Funde eigentlich gehören. In manchen Gräbern traf man ein Gefäß ein Stückchen über der Grabsohle an, wie ich zeigen konnte (B. Svoboda 1965, S. 246ff., Taf. III, 1, 2), wobei heute nicht entschieden werden kann, ob dies gleich bei der Beisetzung des Gefäßes geschah oder durch Zufall, z. B. bei der Suche nach wertvollen Gegenständen bei einem Grabraub. In anderen Fällen wiederum ist es erwiesen, daß das Gefäß mit Vorbedacht in eine hierzu bestimmte Nische hoch über der Grabsohle mit dem unverbrannten Körper des Bestatteten untergebracht wurde (B. Svoboda 1965, S. 133, Abb. 55). Es ist demnach klar, daß bei rascher und nicht allzu sorgfältiger Ausgrabung, wie sie leider der Großteil unserer Gräberfelder aus dem 4. bis 6. Jh. jahrzehntelang erfuhr, häufig nur das Gefäß geborgen wurde, ohne daß das Skelett Beachtung gefunden hätte und im Fundbericht erwähnt worden wäre. Darum ist es heute nicht gut möglich, ein als Einzelfund gehobenes Gefäß sicher als Leichenbrandbehälter einer Brandbestattung anzusprechen. Das gilt z. B. auch für das schwarzbraune, kugelige Gefäß mit fließendem Übergang zum Zylinderhals (Abb. 2) aus Vrabí bei Brandýs n. L.[2]), bei dem Angaben über die Fundumstände

[2]) Nationalmuseum Prag, Inv.-Nr. 19053.

fehlen (B. Svoboda 1965, S. 279). Die Entscheidung, ob solch ein Gefäß einem Skelett- oder Brandgrabe entstammt, ist mit äußersten Schwierigkeiten verbunden, jedoch nimmt man gewöhnlich an, daß ein Gefäß, das durch seine Form und Verzierung der Völkerwanderungszeit angehört und als Einzelfund zutage trat, den Rest eines Körpergrabes darstellt. Da so ein Gefäß zumeist schon leer in ein Museum oder andernorts in die Hände des Fachmanns kommt, gibt es fast niemals Gelegenheit, seinen ursprünglichen Inhalt genau zu prüfen. Im allgemeinen sind die Knochenreste, die man in völkerwanderungszeitlichen Brandgräbern antraf, ziemlich klein, da es sich nach anthropologischen Befunden vornehmlich um Kinderbestattungen oder um den Leichenbrand Jugendlicher handelte (B. Svoboda 1965, S. 33 und S. 246ff.), so daß sie auch unbeachtet bleiben konnten. Mitunter wird es nötig, das Gepräge und den derzeitigen Zustand eines Teiles der Grabausstattung auf Brandspuren zu untersuchen, um vielleicht einen Hinweis zu erhalten, ob es sich um die Urne eines Brandgrabes oder die Gefäßbeigabe eines Körpergrabes handelt. So überprüfte z. B. B. Schmidt (1961, S. 77ff.) den Ausgrabungsbefund von K. Ziegel (1939, S. 47) und seine Bestimmung des Grabes von Reppichau, Kr. Köthen, als Brandgrab und stellte fest: „In Reppichau wurde aber kein Leichenbrand gefunden ... Weder der daraus stammende Schildbuckel ohne Brandpatina noch die vom Ausgräber als Beigaben erwähnten Eierschalen lassen auf Brandbestattung schließen.“

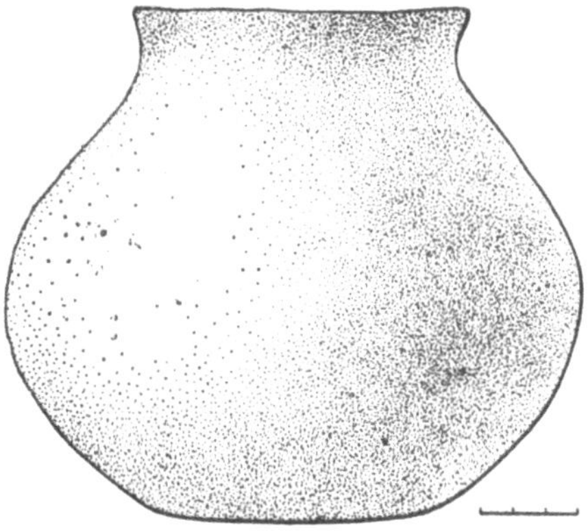

Abb. 2. Vrabí bei Brandýs n. L., Fundumstände unbekannt. Nationalmuseum Prag 1:3

Um die damaligen Zusammenhänge in Böhmen klarer überschauen zu können, wollen wir einen Blick in die tiefere Vergangenheit unseres Landes werfen. Gegenüber dem reichen Beginn der mittleren Phase der römischen Kaiserzeit — nach wie vor benutze ich die von mir (B. Svoboda 1948, S. 227ff.) eingeführte Zeitstufenfolge, gegen die meines Wissens bisher keine schwerwiegenden Einwände erhoben wurden —, der in den Leichenbrandbehältern zahlreiche ausdrucksvolle und wertvolle Beigaben lieferte, fällt im 3. Jh. u. Z. die große Armut der Grabausstattung auf, die wir uns bestimmt nicht nur mit der Wirtschaftslage der Bevölkerung zu erklären haben. Als um die Mitte des 3. Jh. von neuem häufiger Beigaben erscheinen, befinden sich unter diesen viele, die unmittelbare oder öfter noch mittelbare Beziehungen zum römischen Imperium und seinen Randprovinzen verraten. So wie nun das Beispiel Roms und seiner Provinzen bewirkte, daß die Gräber nunmehr wieder reicher ausgestattet wurden, so bewirkte es auch eine Wandlung in der Geisteshaltung der Bevölkerung und nach und nach eine Änderung in Grab- und Bestattungsbräuchen. Selbst in Gegenden, wo bislang durchweg Brandbestattung geübt wurde, führte man nun Körperbestattung ein, und das zu Beginn durchaus übereinstimmende Gepräge des Grabgutes in Brand- und Körpergräbern bezeugt klar, daß es in dieser Zeit z. B. in Böhmen zu keinem Wechsel der Bevölkerung gekommen ist (B. Svoboda 1962, S. 88ff.; 1966, S. 67ff.). Vermutlich aber gab es zwei Gruppen von Menschen, eine aufgeschlossene, die die neuen Gedanken und Gebräuche willig und gerne akzeptierte und auch den neuen Grabbrauch übte (B. Svoboda 1959, S. 104ff.), und eine zweite, die an den altüberlieferten Gebräuchen beharrlich festhielt, weiterhin Brandbestattung der Körperbestattung vorzog und allmählich auch wieder zur rituellen Schlichtheit des Begräbnisses zurückkehrte.

In dieser Zeit nun können wir eine weitere Wandlung in der Zusammensetzung und Gesellschaftsordnung der damaligen Bevölkerung beobachten. Die großen Brandgräberfelder, die neben den kleinen Nekropolen (Radim, Neratovice, Libochovice an der Eger) für die römische Kaiserzeit bezeichnend waren, enden nunmehr mit dem Horizont der reichen Gräber, in dem weitmündige, niedrige Urnen von kleinem Ausmaß erscheinen, wie wir z. B. in Dobřichov-Třebická sahen. Gleichzeitig begegnen vereinzelt oder in kleinen Gruppen Gräber, deren erlesenes Grabgut in keiner Weise hinter der Ausstattung der reichen Gräber der jüngsten und letzten Horizonte der großen Gräberfelder wie der oben genannten Nekropole von Třebická zurücksteht (B. Svoboda 1948, S. 220ff.; 1963, S. 105).

Es ist bemerkenswert und für die historische Deutung dieser Epoche sicherlich auch kennzeichnend, daß in Brand- und Körpergräbern noch im 4. Jh. u. Z. neben Erzeugnissen ausgesprochen heimischer Herkunft und Wesensart — breite Schalen und Fibeltypen — auch Elemente und Formen aus dem germanischen Norden erscheinen, wie vasenförmige und flaschenförmige enghalsige Gefäße, die aber unter dem Einfluß der Schalenformen des Elbgebietes so manche Änderung erfuhren und eine komplizierte Ornamentierung wie Gruppen bogenförmiger tiefer Hohlkehlen und linsenförmiger Dellen trugen (B. Svoboda 1966, S. 43 ff.). Unter dem Einfluß der Umwelt der reichen Körpergräber der Gruppe Leuna-Haßleben erscheinen in den Brand- und Körpergräbern Böhmens konische Fußschalen, die, zum Trinkgeschirr gehörig, flaschenförmige Gefäße mit engem Hals begleiten und oftmals nach provinzialrömischen Vorbildern gearbeitet wurden. Überdies lieferten die Gräber dieser Zeit auch Miniaturwaffen und andere Bronzen, wie das mit Basaltplatten gedeckte

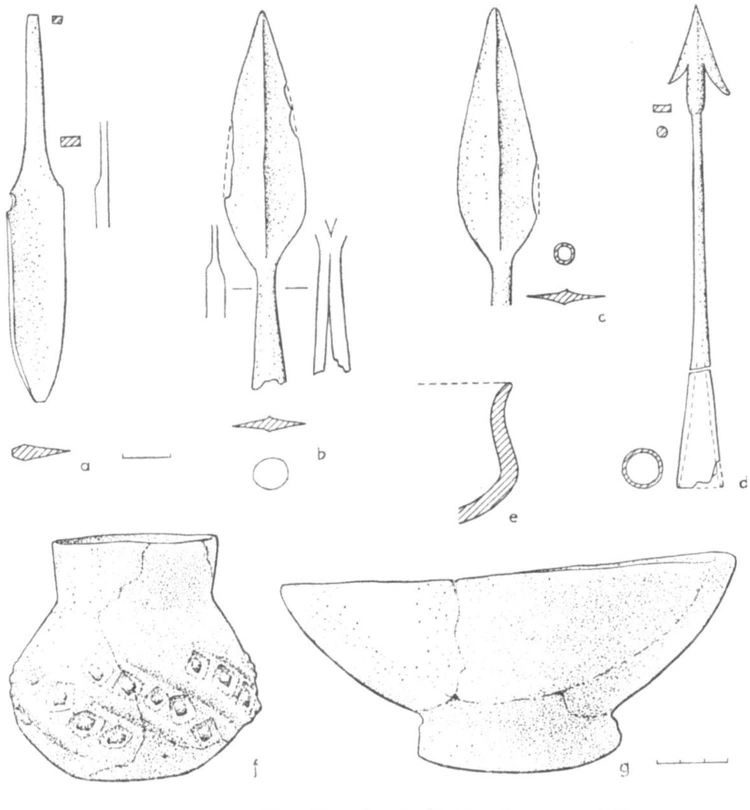

Abb. 3. Litoměřice, Brandgrab. Nationalmuseum 1:3

Brandgrab im südlichen Teile von Litoměřice, das einen vorzüglichen Beleg für die damaligen Verhältnisse in Mittelböhmen darstellt (J. Kern 1929, S. 148, Abb. 1—3; B. Svoboda 1966, S. 75, Abb. 21, Taf. XV, 2, 3). Ähnliches Fundgut wurde auch in Čakovice bei Prag angetroffen, doch sind hier die Fundumstände unklar (B. Svoboda 1942, S. 48ff., Abb. 2).

Solch eine Vielfalt heimischer und fremder Anregungen und Elemente im Grabgut begegnet in Böhmen noch am Ausgang des 4. und zu Beginn des 5. Jh., aber im Verlauf des 5. Jh. wird der Unterschied zwischen der Ausstattung der Brand- und Körpergräber merklich größer. Während in den Körpergräbern der Vinařicer Stufe zahlreiche und vielfach kostbare Gegenstände in der Grabausstattung erscheinen, wie edler Schmuck, technisch vollkommen und geschmackvoll gearbeitet, prächtige Keramik und besonders zarte, sicherlich ausnehmend wertvolle Glasgefäße, fehlen nach den bisherigen Grabungsbefunden in den Brandgräbern dieser Epoche Beigaben überhaupt.

Zwei Urnen der kleinen Brandgräbergruppe von Prag-Michle, vielleicht die Reste eines kleinen Gräberfeldes, die beim Bau des Gaswerkes entdeckt wurden, befinden sich im Nationalmuseum zu

Prag. Das z. T. ergänzte Gefäß (Abb. 4a) — ein kleiner schwarzer bis schwarzbrauner Topf von fingerhutförmiger Gestalt und sanft gewölbter Wandung, mit ebener Bodenfläche — hat einen schwach eingezogenen Rand, und unter diesem erscheint an einer Stelle in Dreieckanordnung eine Gruppe dreier Knubben[3]).

Als zweiter wird ein schwarzer bauchiger Topf mit schwach einziehender Mündung auf niedrigem zylinderförmigem Fuß verwahrt. Der obere Teil der Urne trägt zwei umlaufende Rillenbänder, die jeweils zwei Doppelrillen bilden. Das untere Band wird durch drei in einer Reihe liegende, halbkugelige Knubben unterbrochen. Der Rand ist z. T. beschädigt (Abb. 4 b, 2; B. Svoboda 1965, Taf. XXIV, 2)[4]).

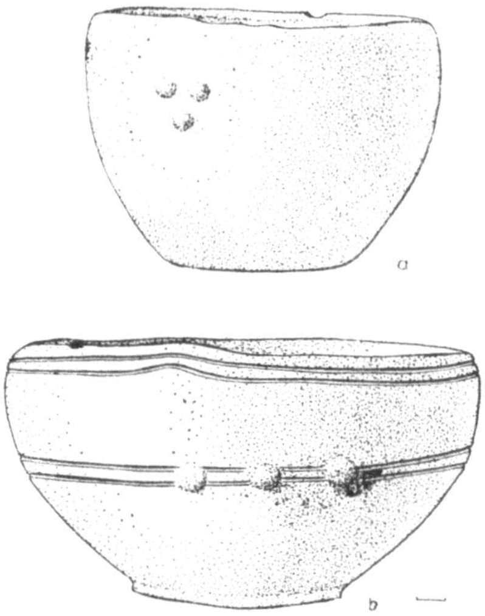

Abb. 4. Prag-Michle, Urne. Nationalmuseum 1:3

Zusammen mit diesen beiden Urnen kam in das Nationalmuseum auch ein Tonwirtel.

Die beiden Leichenbrandbehälter — bei der Untersuchung des Inhalts im Nationalmuseum wurden Aschenspuren und Knöchelchen festgestellt — zeigen die untrügliche bezeichnende Form des spätrömischen Topfes, der Leitform des elbgermanischen Kreises, und ihre Verzierung — Rillen und warzenförmige Knubben in besonderer Anordnung, namentlich in Dreieckform — belegt gleichfalls ihre Zugehörigkeit zum elbgermanischen Formenkreis. Der niedrige zylinderförmige Standfuß, die kleinen Ausmaße, die vorzügliche Oberflächenbehandlung und die schwarzbraune Farbe gestatten die sichere Datierung der beiden Gefäße in das 5. Jh., in dem ähnliche Merkmale an der Grabkeramik der Körpergräber beobachtet wurden. Wie schon erwähnt, sind beide Gefäße durch das deutliche Gepräge der heimischen Produktion gekennzeichnet und belegen die Fortdauer des Brandritus in Böhmen im 5. Jh., im Verlauf der Vinařicer Stufe.

Die Vorliebe für Miniaturgegenstände im 5. Jh. in der Vinařicer Stufe in Böhmen kommt auch an der kleinen Schalenurne von Pňov zum Ausdruck, die wir eingangs besprachen. Wir können an dieser Schale im wesentlichen dieselben Tendenzen im Gefäßaufbau beobachten, die uns von den Schalenurnen des Přešťovicer Typus bekannt geworden sind, allerdings unterscheiden sich letztere durch charakteristisches Eigengepräge in der Zierweise und durch die Anwendung ornamentaler Elemente, die im Bereiche der Niederelbe und Nordwesteuropas daheim waren, von der besprochenen Pňover Schalenurne. Sie tragen Kreis- und Bogenmuster sowie linsenförmige Dellen, häufig in Verbindung mit Grübchen und linearen Elementen wie Einstichen, Ritzlinien und Rillen, dann wieder kombiniert mit schrägen Hohlkehlen (B. Svoboda 1963, S. 106 ff.; 1965, S. 51 ff., Abb. 9—15, Taf. III, 7, 8; Taf. VIII, 4, 6, 8; Taf. IX, 2, 4).

Die hängenden Dreiecke mit ihrer Strichgruppenfüllung, die unser Gefäß aus Pňov zieren, erinnern an die Keramik im nördlichen Elbe- und Havelgebiet und natürlich auch an die Tonware Böhmens und Mährens, und wir finden sie bei H. Geisler (1962, S. 120, Abb. 2 a), B. Schmidt (1963, S. 51 ff., Abb. 2 b, d), J. Poulík (1948, S. 109, Abb. 301) und beim Verfasser (B. Svoboda 1965, Taf. LXII, 4: Jiřice Grab 3; Taf. LXIII, 3: ebenda Grab 15; Taf. LXXIV, 7: Toušeň; Taf. LXXVI, 5: Roudnice n. L.) abgebildet. Das Motiv des Keilstichs, das in umlaufender Reihe die Schulter der Urne von Pňov ziert, begleitet die elbgermanischen Stämme auf ihrem Wege über Böhmen in das Donaugebiet und weiter bis nach Pannonien und wurde demnach zum unmittelbaren Zeugen des Langobardenzuges, der uns auch aus der Geschichte bekannt ist (J. Werner 1962, S. 51, Abb. 4).

Von Anfang an zog die in Běsno bei Louny entdeckte Gefäßkollektion (Taf. 24 a—f) Aufmerksamkeit auf sich. Westlich vom Dorfe, auf dem am höchsten gelegenen Teile des Feldes, stieß man im Jahre 1893 unweit eines Aunjetitzer Grabes im roten Lehm auf Brandgräber. Acht Gefäße, gefüllt mit Leichenbrand und Knochenresten, standen eng beieinander und aufrecht ohne Steinschutz im

[3]) Inv.-Nr. 53172. H. 90 mm; Bdm. 73 mm; Mdm. 105 mm.

[4]) Inv.-Nr. 53173. H. 67 mm; Dm des Standfußes 57 mm; Mdm. 120 mm.

aschigen schwarzen Erdreich. Bislang ist man sich nicht einig, wie dieser Fund zu deuten ist. Einige Feststellungen, wie die Erwähnung von Asche und Knochen in den Gefäßen, scheinen deutlich für Brandbestattung zu sprechen, aber die ungewöhnlich große Anzahl der angetroffenen Gefäße, die angeblich in einem Grabe beieinanderstanden, befremdet, und dies um so mehr, als der Ausgräber und Verfasser der ersten Fundveröffentlichung, R. v. Weinzierl (1893/95, S. 765 ff., Taf. XIV), von einem weiteren Brandgrabe nur eine Urne mit Leichenbrand und dem Bruchstück eines Wetzsteines anführt. In demselben Bande der „Památky archeologické" finden wir auf S. 169 f. vortrefflich angedeutete Beziehungen zu den Gräberfeldern in Nordwesteuropa. In diesem Zusammenhang seien auch J. L. Píč (1905, Taf. XLIX) und B. Svoboda (1965, S. 46) erwähnt. In seinem zusammenfassenden Werke spricht J. Schránil (1928, S. 274) eine gegenteilige Ansicht aus und meint, daß es sich nach den weiteren Worten des Fundberichts von R. v. Weinzierl (1893/95, S. 767) keinesfalls um ein Brandgrab handeln könne, sondern sicherlich um eine Kulturgrube, da in der Nähe der 8 Gefäße, in der Richtung gegen Süden, 8 pyramidenförmige Gewichte aus rötlichgelbem Ton angetroffen worden seien. Derselben Meinung war auch H. Preidel. In diesem Zusammenhange möchte ich aber doch auf den Bericht W. Nowothnigs (1964, S. 35) hinweisen, daß in Klein-Ilsede, Kr. Peine in Niedersachsen, ein Brandgrab in der Tiefe von 1 m entdeckt wurde, in dem nebeneinander in einer Reihe ein hoher, verzierter, mit enger Mündung versehener Topf, ein vollständiges Rippengefäß, ein vollständig erhaltener Kumpf und die Reste von 2 weiteren, also insgesamt mindestens 5 Gefäße standen. Die Deutung des Ausgräbers besteht demnach doch wohl zu Recht.

Die Gefäße von Běsno fallen einmal durch ihre rotbraune Farbe, zum anderen durch ihre fast übermäßig reiche plastische Verzierung auf, in der aber auch heimische ornamentale Elemente begegnen. Das kleinere Gefäß (Taf. 24f) auf niedrigem, schwach konischem Fuße zeichnet ein nahezu zylinderförmiger Hals aus. Der obere Teil des Gefäßkörpers trägt auf der gewölbten Wandung eine ausdrucksvolle Verzierung aus Kreis- und Bogenmustern, die von verhältnismäßig hohen, abgestuften Rippen, begleitet von Hohlkehlen und Füllmustern, gebildet wurden. Diese gar nicht einfache, effektvolle Zierweise kam aus Nordwesteuropa am Ausgang des 4. oder zu Beginn des 5. Jh. nach Mitteleuropa und erscheint hier in verschiedenster Umwelt. Wir finden sie gleichermaßen im reichen „Fürstengrabe" von Haßleben auf einem schwarzen Drehscheibengefäß von Flaschenform vollkommen in Ritztechnik ausgeführt (W. Schulz und R. Zahn 1933, S. 11, S. 39, Taf. 14, 5, Textbild 6, 17) wie an der breiten Schale aus dem Körpergrab von Prosmyky, die neuerdings von dem Verfasser dieser Arbeit abgebildet wurde (B. Svoboda 1965, S. 41, Taf. XII, 48). In etwas vereinfachter Form und weniger präziser Ausführung erscheinen Kreis- und Bogenmuster in Böhmen auf der Vase von Čakovice, auf der kleinen Flasche von Lužec-Hořín bei Mělník und auf der Schale mit höherem Hals aus dem bekannten reichen Grabe von Žiželice, die allesamt zuletzt in meinem Werke (B. Svoboda 1966, S. 93, Taf. XVII, 1; Taf. XII, 44; Taf. XIV, 14) abgebildet wurden.

Kreis- und Bogenmuster traten in der Umwelt, die von altersher Schalenformen in der Keramik den Vorzug gab, vor allem auf den breiten Flächen der niedrigen Schalen auf, begegnen aber auch auf Vasen- und Flaschenformen, die höher und schlanker als erstere waren, doch hielten sie sich hier nicht lange in ihrer ursprünglichen Gestalt. Das können wir z. B. gut an der Urne von Běsno (Taf. 24e) beobachten. Die beschriebene charakteristische Zierweise wurde auf mannigfaltige Art verändert, bald ließ man einige Elemente gänzlich außer acht und betonte andere, bald verwendete man nur einzelne Motive, wie bogenförmige Hohlkehlen, entsprechende Rippen, Knubben in einer kreisförmigen Delle u. a. m. (B. Svoboda 1966, S. 47).

Im übrigen verrieten auch die Gefäße, die in Běsno zutage traten, trotz aller ausdrucksvollen Abweichungen, die den Einfluß Nord- und Nordwesteuropas durch die reiche plastische Verzierung belegen, daß sie dem Zeitgeschmack in Böhmen Rechnung trugen. Hierfür geben einige Zierelemente beredt Zeugnis, so die rundlichen, durch Kerben aufgelockerten Wülste, die ausgeschnittenen Kragen am scharfen Umbruch, das Band breiter Rillen in der oberen Gefäßhälfte, die Freude an klarem Gefäßaufbau und sauber gegliederten Formen und die Vorliebe für eine gut geglättete Oberfläche. Alle genannten Merkmale reihen die Gefäße von Běsno trotz der auffallenden Unterschiede zu der heimischen Keramikproduktion des 5. Jh. der Vinařicer Stufe ein, worauf schon vorzeiten R. v. Weinzierl (1893/95) und neuerdings der Verfasser (B. Svoboda 1966, S. 97 und 101) hinwiesen.

Erst bei systematischer Grabung gelang es dem erfahrenen Fachmann, eine Brandbestattung sicher festzustellen und genau zu beschreiben.

Im Körpergrab von Toušeň unweit von Brandýs n. L. entdeckte L. Hájek im Jahre 1928 neben einem West-Ost orientierten Skelett in einer Tiefe von etwa 145 cm auf dem Boden einer rechteckigen Grabgrube ein plumpes tonnenförmiges Gefäß (Abb. 5b) von 150 mm Höhe, rötlicher bis graubrauner Farbe und schlickgerauhter Oberfläche (L. Hájek 1931, S. 14 ff., Abb. 16). Im Gefäß lag der Leichenbrand eines Kindes und auf ihm ein eisernes Messerchen. Für die Datierung dieses Grabes in das 6. Jh. spricht neben der Tiefe und Orientierung der Grabgrube die längliche, bogenförmige Griffplatte des Kammes, den man unter den bescheidenen Beigaben dieser vermutlich weiblichen Bestattung fand. Den Kamm als Datierungsbehelf in der späten Völkerwanderungszeit führte

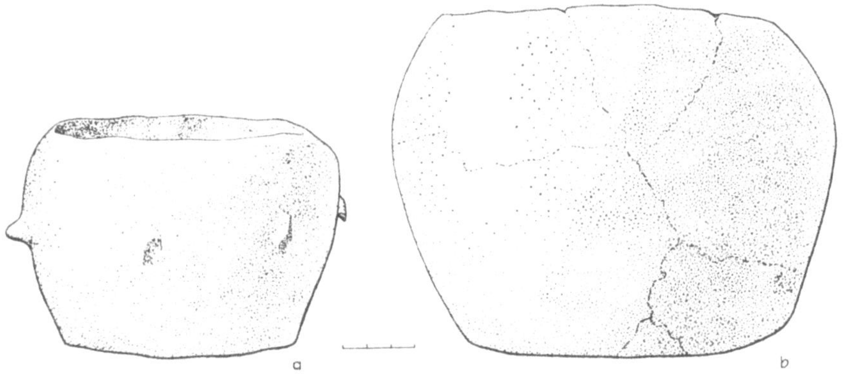

Abb. 5. Toušeň bei Brandýs n. L., Urne. Nationalmuseum 1:3

B. Schmidt (1954, S. 795, Taf. XII, 7) an, und wir stimmen in dieser Hinsicht mit ihm überein. Ungefähr 25 cm über dem wahrscheinlich weiblichen Skelett lag ein zweites in derselben Orientierung, nur etwas nach Westen gerückt, das wir nach den Beigaben wohl als männliche Bestattung ansprechen dürfen (Eisenmesser und eine eiserne Pfeilspitze auf der Brust). In einer Entfernung von rund 2 m von diesem Familiengrab (wie L. Hájek annimmt) stand in einer ungefähr 80 cm tiefen Grube ein weiteres Gefäß von niedriger Gestalt (Höhe 9,5 cm), grauschwarzer Farbe und grober Tonbeschaffenheit. Die Standfläche dieses Gefäßes ist eben, der Rand schwach einziehend, und ungefähr in halber Höhe laufen sechs warzenförmige Knubben in regelmäßigen Abständen auf der Wandung um (Abb. 5, 1). Im Inneren des Gefäßes fand man verbrannte Kinderknochen-, Schädel-, Rippen- und Gliedmaßenknochen, darunter einen Zahn — Beigaben aber fehlen.

Einen kleinen tonnenförmigen Topf sah ich im Jahre 1942 in einer Privatsammlung in Louny. Er stammte angeblich aus der Umgebung der Stadt und enthielt gleichfalls keine Beigaben, sondern nur verbrannte Knochenreste.

Ganz anders als die eben besprochenen Kinderurnen sah die Urne aus, die auf dem Gräberfeld bei Klučov, Bez. Český Brod, angeblich in der Nähe eines Skelettgrabes unter sonst unbekannten Fundumständen zutage kam (J. Kudrnáč 1952, S. 111, Abb. 69 rechts unten; zuletzt B. Svoboda 1966, S. 168, Taf. LVII 8) und die nach dem anthropologischen Befund MUDr. E. Vlčeks den Leichenbrand eines größeren Kindes barg. Dieses aus freier Hand geformte, braunschwarze Gefäß (Taf. 24g) ahmt auffallend das Gepräge der Thüringer Drehscheibenschale aus grauem, fein geschlämmtem Ton mit eingeglätteten Mustern nach, das auf derselben Nekropole aus dem reichen Grabe Nr. 18 zutage trat (Taf. 24 h), wobei die Verzierung des Drehscheibengefäßes durch flache Rillen auf der aus freier Hand geformten Urne nachgebildet wurde.

In weiten Gebieten Mitteleuropas, auch in solchen, die niemals auf längere Zeit unter der Herrschaft der Römer standen, arbeiteten die einheimischen Töpfer häufig und gerne schon von der römischen Kaiserzeit an nach Vorbildern, die in römischen oder provinzialrömischen Werkstätten entstanden waren. Sie begnügten sich jedoch nicht mit der Nachahmung der Erzeugnisse, sondern formten diese nach Bedarf und ihren Herstellungsmöglichkeiten entsprechend um, nach Drehscheibenkeramik z. B. formten sie aus freier Hand das Gefäß auf, beachteten das Verhältnis der einzelnen Gefäßteile zueinander und die Neigung der sich herausbildenden Flächen der Wandung und ordneten die Zierbänder auf dem Gefäße nach dem eingeführten Vorbilde an. Dies gelang auch darum ausnehmend gut, weil in dieser Zeit die heimische Produktion in ihrer Entwicklung der freihändig geformten Keramik mitunter ähnliche Wege ging und in Gefäßaufbau und Form zu ähnlichen Ergebnissen kam wie die fortschrittlichere Drehscheibenkeramik. Allerdings wurden die auf der Drehscheibe scharfkantigen Typen oder Gefäßteile bei der Nachahmung aus freier Hand weicher und fließender in ihrer Umrißlinie, und anstelle der eingeglätteten Ziermuster erscheinen mitunter geritzte Ornamente ähnlichen Charakters, wie an der Urne aus Klučov. Über den Einfluß der Drehscheibenkeramik auf die Erzeugung in Böhmen, im mittleren Elbgebiet und in Mitteldeutschland schrieb ich bereits (B. Svoboda 1965, S. 167ff.). Ein andermal jedoch zierte man ein Gefäß, das deutlich den Einfluß der Drehscheibenkeramik verrät, mit Motiven, die dem Gefäßaufbau und Formengepräge des Vorbildes gar nicht entsprachen, ja manchmal z. B. geradezu dem Stil der Thüringer Schalen, die als Vorbild dienten, widersprachen, wie ein schmales Band ausdrucksvoller schräger Hohlkehlen an einer Schale (Abb. 7e) u. a. beweist. Darauf machte H. Geisler (1962, S. 129ff.; S. 121, Abb. 2d) aufmerksam.

Im Gegensatz zu den nächsten nördlichen Nachbargebieten, z. B. zu Mitteldeutschland, wo Brandgräber aus der Völkerwandungszeit entweder vereinzelt oder in ganz kleinen Gruppen auftreten, erscheinen völkerwanderungszeitliche Brandbestattungen in Böhmen nicht nur auf die oben erwähnte Art, sondern auch auf großen Gräberfeldern mit mehreren hundert Gräbern, wie L. Píč (1890/92, S. 377) darlegte, der meinte: „In Třebická können insgesamt an die 400—500 Gräber sein", so daß völkerwanderungszeitliche Brandgräberfelder bei uns den römerzeitlichen Brandgräbernekropolen an Zahl der Urnengräber gleichkommen dürften. Auch in Přešťovice bei Strakonice entdeckte man ein völkerwanderungszeitliches Gräberfeld (B. Dubský 1937, S. 119; 1948, S. 425ff.), wo nach dem Ausgräber 522 Brandgräber angetroffen wurden. Vorwiegend war der Leichenbrand in Urnen beigesetzt, zehnmal konnten Brandgrubengräber und sechsmal Mehrfachbestattungen in einer Grube festgestellt werden. Einigemal begegneten Doppelbestattungen, vereinzelt sogar dreifache Bestattung. So konnte der Versuch unternommen werden, die relative Chronologie der Přešťovicer Urnen zu erarbeiten. Horizontalstratigraphische Ermittlungen führten nicht zum Ziel. Es bestätigte sich in vollem Maße, was B. Dubský (1937, S. 122) sagte: „es herrschte überhaupt keine Regel bei der Beisetzung der Bestattung". Den Vorschlag einer neuen Analyse und Auswertung der Grabungsergebnisse findet der Leser bei B. Svoboda (1965, S. 51 ff.).

Es hat den Anschein, als bestatteten auf der Přešťovicer Nekropole Familien oder Sippen ihre Toten generationenlang auf bestimmten, nur ihnen vorbehaltenen Plätzen. Da die erwähnten Fälle einer Superposition oder doppelten und mehrfachen Bestattung zur Charakteristik der Zeitabschnitte und der Entwicklung des Gräberfeldes nur wenig beitragen können, kommen für die Einstufung der Přešťovicer Urnen eigentlich nur formenkundliche Erwägungen in Betracht, und bei der Datierung ist man, da geeignete Beigaben durchaus fehlen, allein auf Vergleiche mit besser datierbaren Körpergrabfunden angewiesen. Diese Methode benutzten B. Dubský (1937, S. 122) und auch B. Schmidt (1961, S. 79) bei ihrer Datierung des mitteldeutschen Materials.

Auf diese Weise ermittelte man wenigstens in den Hauptzügen den Entwicklungsgang der Töpferkunst in den heimischen Werkstätten, die für das Gräberfeld von Přešťovice Urnen erzeugten, und konnte die verschiedenen Einflüsse und Ausstrahlungen an Hand des angetroffenen Materials beobachten. Es begegnen elbgermanische Formen, Vasen, Schalenurnen und Töpfe aus dem 3. Jh., bis zu Anklängen bei kleiner Keramik an das Formengut der Vinařicer Stufe bis tief in das 5. Jh. hinein, in dem die Töpfer dieses Werkstättenkreises einen eigenständigen „Přešťovicer Typus" schufen, den A. Rybová in ihrer Diplomarbeit (1956) erstmalig herausstellte und beschrieb und den auch ich (B. Svoboda 1965, S. 62) anführe. Für diese Urnen ist die breite, gedrungene Schalenform mit flachem Boden und hochliegender Wölbung sowie zylinderförmigem, geradem oder schwach ausladendem Rand bezeichnend.

Die Bodendenkmale, die A. Rybová in Ploštice bei Hradec Králové ausgrub, werden wohl kaum bald der Fachwelt und interessierten Öffentlichkeit vollkommen und geschlossen vorgelegt werden können. Die Grabungsergebnisse aus den Jahren 1961/62 veröffentlichte die Ausgräberin zusammen mit V. Vokolek (1964, S. 43 ff., Abb. 27—31). Zu diesem Zeitpunkt waren auf dem Gräberfelde einschließlich der von L. Domečka schon früher erschlossenen Komplexe 749 Gräber bekannt geworden, aber die Ausgrabungen gehen weiter, und die Grabungstätigkeit sieht hier noch lange nicht ihrer Beendigung entgegen. Zwar konnte man die gehobenen Urnen bislang nicht rekonstruieren und ergänzen und so zu wissenschaftlicher Bearbeitung vorbereiten, doch hat A. Rybová sicherlich guten Grund, das Gräberfeld als „jüngerkaiserzeitliche Nekropole" zu betrachten. Es begegnet eine große Anzahl von Gräbern, die dem 3. Jh. angehören, die durchaus größte Zahl der Bestattungen aber ist in den Verlauf des 4. Jh. zu datieren, und allem Anscheine nach wurde das Plotišter Gräberfeld auch noch nach dem Jahre 400 u. Z. belegt. Im Bereiche dieses Totenfeldes

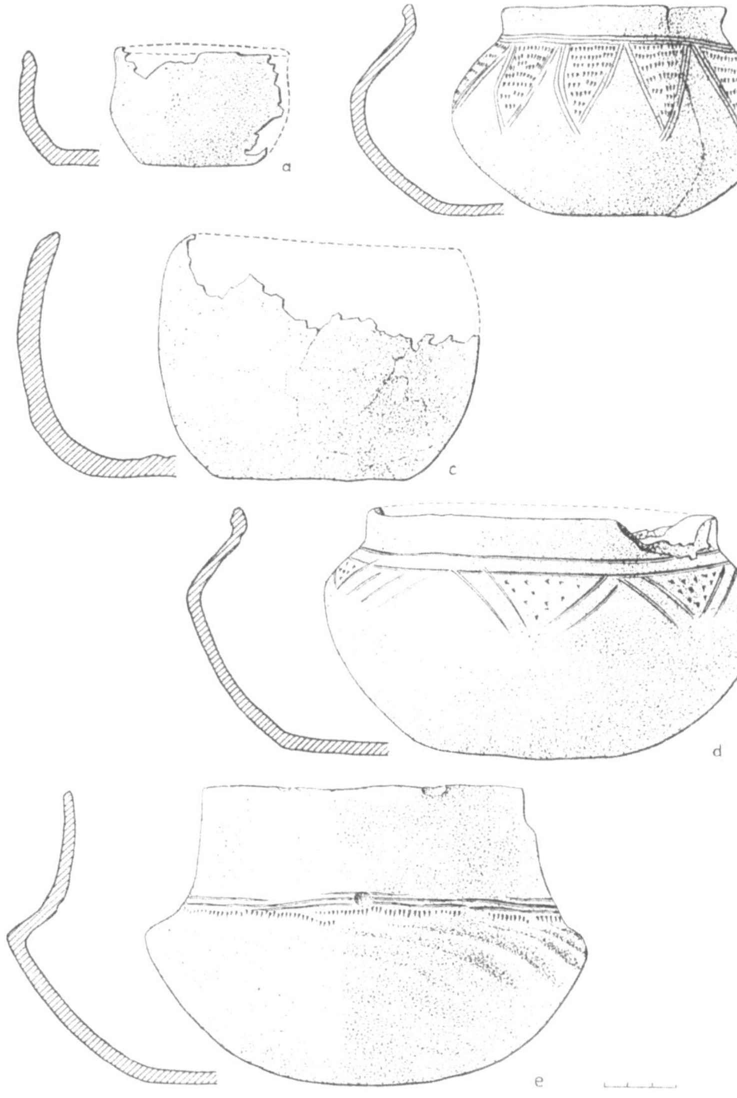

Abb. 6. Möthlitz, Kr. Rathenow, Brandgräber. Museum Potsdam 1:3

traf man vorwiegend Brandgräber an, es wurden jedoch auch Körpergräber in geringer Anzahl festgestellt. Ein übersichtliches und vollkommenes Bild dieser bestimmt bedeutsamen Begräbnisstätte dürfte aber erst die Zukunft bringen. Vorläufig können wir zusammen mit A. Rybová die Formenvariabilität, die uns hier entgegentritt, erwägen. Neben Töpfen mit eingezogener Mündung oder betontem Zylinderhals erscheinen Schalen von verschiedener Höhe, „die oftmals eine plastische Verzierung in mannigfaltiger Kombination tragen, die insbesondere bei Gefäßen aus dem jüngsten Teile des Gräberfeldes auffällig ist." Mitunter wurden auch Drehscheibengefäße gehoben, und ähnlich wie in Přešťovice gibt es auch hier nur verhältnismäßig ärmliche Beigaben nach der damals üblichen Wahl und Gepflogenheit, „sofern überhaupt Beigaben erscheinen". Einigemal traten Fibeln von angeblich typisch elbgermanischem Gepräge und vereinzelt auch ein Paar eiserner Lanzenspitzen zutage.

Trotz aller gewonnenen Erfahrungen und Ergebnisse bedarf es zu einer genauen Kenntnis und endgültigen eingehenden Auswertung der besprochenen Gräberfelder neuer Befunde, die vielleicht die Ausgrabungen unter dem römischen Kastell in Regensburg liefern können, die K. Schwarz aus München zur Zeit leitet. Denn die Schlußphase der ersten dortigen Begräbnisstätte und ihre Fortsetzung in Friedenhain ist bislang noch nicht geklärt. Die Befunde dürften wohl ein wichtiges Wort bei der Erhellung der Herkunftsfrage der Bayern mitzusprechen haben, darum sehen wir den Grabungsergebnissen von dort mit Spannung entgegen und müssen ihre Veröffentlichung und die daraus folgenden Schlüsse abwarten. Hier ist Geduld geboten und jeder voreilige Schluß zu vermeiden, wenngleich es den Anschein hat, daß unsere Deutung der Geschichte des Přešťovicer Brandgräberfeldes zu Recht besteht. Die Grundlage bildet die elbgermanische Zivilisation; vom 3. Jh. an erscheinen Sonderformen und nur für diese Umwelt charakteristische Typen, die eine Verbindung Přešťovice—Friedenhain im 5. Jh. sehr wahrscheinlich machen, wie ich darzulegen bemüht war (B. Svoboda 1963, S. 67ff. und S. 113). In dieser Zeit hören die Bestattungen auf der Nekropole von Přešťovice auf, und sehr ähnliche Gräber erscheinen in der Umgebung des ehemals römischen Friedenhainer Kastells.

Die Urne von Pňov, deren ergänztes Fragment auf Abb. 1 veranschaulicht wird, datierten wir in die Zeit um das Jahr 500, allenfalls in die ersten Jahre des 6. Jh. Nach unserer bisherigen Erfahrung aber wurde das Gräberfeld „Na Doubici" bei Pňov spätestens am Ausgang des 3. Jh. aufgegeben, da in den Urnen Fibeln, die für das 4. Jh. kennzeichnend waren, wie zweigliedrige Armbrustfibeln mit länglichem Fuß, fehlen und der fingerhutförmige sog. spätrömische Topf gleichfalls aussteht (B. Svoboda 1948, S. 200). Entspricht diese Vermutung der Wahrheit, so klafft zwischen den beiden großen Gräbergruppen, die J. Hellich veröffentlichte, und unserer Urne ein ziemlich großer zeitlicher Hiatus. Diese wäre, sollte sich unsere Datierung als richtig erweisen, im Bereiche des vormaligen Brandgräberfeldes zumindest um sechs bis sieben Generationen später in die Erde gekommen. Sollen wir dies nun als einen Zufall betrachten oder als eine beabsichtigte Wiederherstellung der Kontinuität mit dem Begräbnisplatz, auf dem vorzeiten Brandbestattung geübt wurde? Eine Lösung dieser Frage könnte allein eine Kontrollgrabung auf dem Gräberfeld „Na Doubici" bei Pňov bringen, denn hier sind angeblich noch nicht alle Grabungsmöglichkeiten erschöpft (J. Hellich 1914, S. 141ff., 187ff., 293; 1918, S. 149, Taf. XIII—XV; 1925, S. 443 ff., Abb. 1).

So wie der Brandritus am Ausgang der römischen Kaiserzeit und zu Beginn der Völkerwanderungszeit zugunsten der Körperbestattung aufgegeben wurde, und zwar nach dem Vorbild der reichen Herrenhöfe in Mitteldeutschland, deren Einfluß an Hand der Gefäßformen, auch der Drehscheibenkeramik, und bezeichnender Schmuckstücke verfolgt werden konnte, so können wir nun in der zweiten Hälfte des 5. und zu Beginn des 6. Jh. ein ähnliches Phänomen beobachten, nur gehen diesmal die mächtigen Anregungen und Impulse vom Reiche der Thüringer aus. Allein jene Bevölkerungsteile, die aus irgendeinem triftigen Grunde fremde Anregungen nicht annehmen wollten oder ihrer nicht teilhaftig wurden, vermochten auch weiterhin bei der Brandbestattung und rituellen Armut zu verharren (B. Svoboda 1948, S. 209ff.; 1965, S. 36ff.). Dies belegt anschaulich der geschlossene Raum mit Brandritus in Niedersachsen, wohin während der Völkerwanderungszeit keine neuen Fibelformen vordrangen (W. Nowothnig 1964, S. 83, Karte 2). Man hielt solange an dem altüberlieferten Grabbrauch fest, bis der Einfluß der Nachbarn mit einer entfalteten und entwickelteren Kultur stärker wurde und schließlich Oberhand gewann und man auch in der bislang traditions-

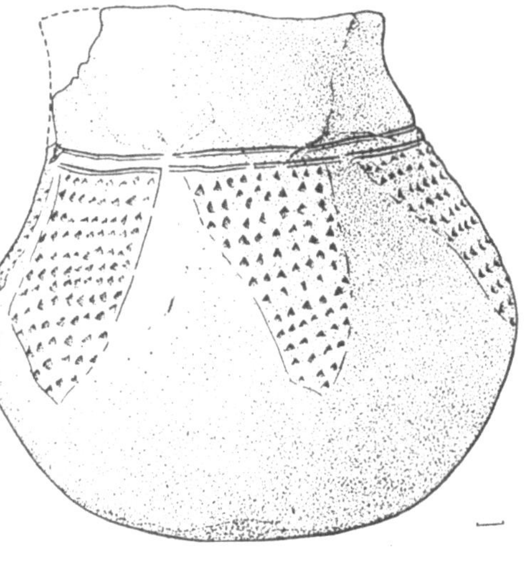

Abb. 7. Ketzin, Kr. Nauen, Urne. Museum Potsdam 1:3

gebundenen Umwelt den neuen Grabbrauch und die neuen Errungenschaften akzeptierte. Der Archäologe beobachtet diesen Wandel der Gesinnung an der steigenden Anzahl der Grabbeigaben, die aus dem Nachbargebiet, das schon Körperbestattung übt, übernommen wurden. Keramik, Schmuck und ähnliches Fundgut auf dem Brandgräberfeld gehen dem Wechsel des Bestattungsbrauches im allgemeinen voraus. Hier sei darauf hingewiesen, daß in den Nachbargebieten des Reiches der Thüringer, obwohl dort Brandbestattung Regel war, die edle Tonware — die Thüringer Schale — sich großer Beliebtheit erfreute und durch ihre außergewöhnliche Erlesenheit wohl auch eine nicht zu unterschätzende gesellschaftlich-politische Bedeutung hatte. Neben echten Thüringer Schalen begegnen häufig mehr oder minder getreue Nachahmungen oder Spielarten, die die große Vorliebe für diese Art Keramik bestätigen und die bedeutsame Stellung, die die Thüringer Schale in der Keramikproduktion einnahm, unterstreichen. Anklänge und Nachahmungen dieser Keramik in Böhmen bespricht B. Svoboda (1965, S. 167 ff.). B. Schmidt (1961, S. 107ff.) bearbeitete die Thüringer Drehscheibenkeramik und ihre Anklänge und Nachbildungen in Mitteldeutschland, und W. Nowothnig (1964, S. 37 und S. 84, Karte 1) beschrieb das Vordringen der Drehscheibenkeramik in die Umwelt der Brandgräberfelder.

War der Einfluß der kulturell fortschrittlicheren Landschaft einmal so gestiegen, dauerte es ebenso wie am Ausgang der römischen Kaiserzeit nicht mehr lange, und der Brandritus machte der Körperbestattung Platz; gleichzeitig wurde die heimische Kultur häufig von der fremden höheren Zivilisation förmlich überdeckt. Inwieweit diese kulturellen Wandlungen die politische Situation zu dieser Zeit widerspiegeln, d. h. die Vormachtstellung der einen und Vernichtung der anderen u. ä., müssen wir wohl von Fall zu Fall entscheiden; hier eine allgemein gültige und einheitliche Lösung zu erwarten, wäre kaum angebracht. Gut dokumentiert das Ende des 5. und den Beginn des 6. Jh. das Gräberfeld von Phöben, Kr. Potsdam. Nach der ersten Übersicht (R. Hoffmann 1939, S. 295) veröffentlichte A. v. Müller (1962, S. 126ff.) die Grabungsergebnisse und eine Analyse der Funde.

Brandgräber in Mitteldeutschland im 5. Jh. deutet man als kurzfristige Erscheinung, als Folge der Zuwanderung fremder Bevölkerungsgruppen aus dem Norden (G. Mildenberger 1958, S. 516 ff.). Zu der von ihnen benutzten Tonware gehören nicht nur Gefäße mit eingeschnürtem Hals, sondern auch grobe und plumpe Kümpfe und Schalen (Abb. 6a, b; Abb. 7). Hierzu meint B. Schmidt (1961, S. 77 und S. 79), daß die Brandgräber der späten römischen Kaiserzeit und der beginnenden Völkerwanderungszeit kleine Kumpfgefäße mit nur sehr wenig Leichenbrand enthielten und setzt fort: „Die gleiche Erscheinung wurde auch auf anderen Friedhöfen mit Brandgräbern des 5. Jh. in Mitteldeutschland westlich und südlich der Elbe zwischen dem Thüringer Wald und dem Harz beobachtet und scheint ein Charakteristikum der aus dem nördlichen Elbgermanengebiet in Mitteldeutschland einsickernden Bevölkerungsteile mit Brandbestattung zu sein.“ Obwohl insbesondere die Schalen an spätrömische Typen augenscheinlich anknüpfen, wäre es wohl verfehlt anzunehmen, daß die Form der Leichenbrandbehälter mit der heimischen älteren Entwicklung in Verbindung stehe, denn Brandgräber sind in dieser Umwelt, die durchweg Körperbestattung übt, ein fremdes Element, das hierher aus dem nördlichen Elbgebiet kam und sich in der neuen Umgebung Mitteldeutschlands nicht lange halten konnte.

In Böhmen gibt es für eine historische Deutung dieser Art keine verläßlichen Stützen. Wir konnten nur Belege sammeln, daß Brandbestattung und rituelle ärmliche Grabausstattung bis in das 6. Jh. hineinreichen, wenngleich bisher eigentlich nur Kinderbestattungen und Bestattungen von Jugendlichen, die mitunter sogar in Körpergräbern beigesetzt waren, begegnen. Ferner konnten wir nachweisen, daß bei uns zum Unterschied von Mitteldeutschland noch im Verlaufe der römischen Kaiserzeit große Brandgräberfelder entstanden und rasch größere Ausdehnung annahmen. Sie befanden sich häufig am Rande eines dicht besiedelten Gebietes und wurzelten in der böhmischen Umwelt und in der Tradition des elbgermanischen Kulturkreises. Fremde Anregungen, die damals nach Böhmen ausstrahlten und bald aus der Gegend der reichen Gräber in Mitteldeutschland, bald aus Nord- oder Nordwesteuropa hierher vordrangen, hielten sich nicht lange in ihrer reinen Form und verschmolzen mit der heimischen althergebrachten Art, wie wir es sogar bei so ausgeprägten Typen, wie sie die Gefäße von Běsno darstellen, beobachten konnten.

Die bisherigen Funde von Böhmen bieten tatsächlich keine Grundlage zur Annahme einer größeren Zuwanderung fremder Bevölkerungsteile im 5. Jh. in unser Land, wie B. Schmidt (1961, S. 77 ff.) sicher berechtigt für Mitteldeutschland in dieser Zeit annimmt. Die geringe Anzahl wenig ausdrucksvoller Funde widerspricht solcher Erwägung und Deutung.

Zusammenfassung

In unseren Ausführungen berichtigte ich gleich eingangs die zeichnerische Rekonstruktion und Ergänzung der Urne von Pňov, die ich in meinem Buche (B. Svoboda 1965, Abb. 72) nach Jan Hellich abbildete. Das vor kurzem von A. Rybová gefundene Gefäßfragment zeigte, daß die vor mehr als 40 Jahren durchgeführte zeichnerische Rekonstruktion falsch war und daß es sich nicht um eine Vasenform mit eingeschnürtem Hals handelte, sondern um ein niedriges, breit ausgebauchtes Schalengefäß mit S-förmig geschwungenem Profil, das hängende Dreiecke zierten, deren eine Hälfte mit Gruppen von je drei kurzen Strichen gefüllt war und deren andere Keilstiche ausfüllten. Durch ihre Form und Verzierung gehört demnach die Urne von Pňov dem Ende des 5., allenfalls dem Beginn des 6. Jh. an. Gleichzeitig führt der Verfasser alle übrigen bisher in Böhmen entdeckten, nicht gerade zahlreichen völkerwanderungszeitlichen Brandbestattungen auf, soweit sie sicher belegt sind. Es gehören hierher die beiden Urnengräber aus Prag-Michle, die Brandgräber aus Tišice bei Brandýs n. L. und aus Klučov bei Český Brod, ferner im Süden Böhmens am Rande des Siedlungsgebietes in einer archäologisch abgelegenen Landschaft nahe bei Strakonice ein Brandgräberfeld und ein zweites in Ostböhmen in Plotiště bei Hradec Králové, das, wie es den Anschein hat, gleichfalls an der Peripherie des damaligen Siedlungsbereiches gelegen war. Zu diesen Brandgräbern dürfen wir wohl auch den Fund von Běsno bei Teplice reihen, da ein Brandgrab mit analoger Anordnung von 5 Gefäßen nebeneinander in einer Tiefe von 1 m auch von Niedersachsen bekannt geworden ist und so der alte Streit um die Deutung der Gefäße von Běsno zugunsten des Brandgrabes entschieden sein dürfte. Allen angeführten Brandgräbern ist ein gemeinsames Merkmal eigen — der Mangel an Beigaben. Nach bisherigen anthropologischen Befunden übte man Brandbestattung vornehmlich bei Kindern und Jugendlichen.

Die Urnen gleichen in Form und Verzierung den Gefäßen, die in Körpergräbern angetroffen wurden, wo chronologisch empfindliches Fundgut sie begleitet. Einige Gefäße, die man in dieser Zeit als Urnen benutzte, ahmen unverkennbar Drehscheibenware und ihre eingeglätteten Muster nach, wie wir an dem Klučover Beispiel sehen konnten, und somit ist ihre Datierung in die Völkerwanderungszeit über jeden Zweifel erhaben. Die bisherigen Brandgräberfunde aus Böhmen in dieser Zeit liefern keinerlei Belege für eine bedeutendere Zuwanderung fremder Bevölkerungsteile aus dem Norden oder Nordwesten im 5. Jh., wie dies z. B. B. Schmidt in Mitteldeutschland beobachten konnte. In Böhmen sprechen die wenigen und wenig ausdrucksvollen Funde fremder Herkunft bisher gegen einen solchen Gedanken und gestatten keine Erwägungen dieser Art.

Übersetzt von Helena Plátková

Literaturverzeichnis

Dubský, B. 1937 — Jihozápadní Čechy v době římské, I.—V. stol. po Kr., Strakonice.

Dubský, B. 1948 — Pravěk jižních Čech, Blatná.

Geisler, H. 1962 — Urnengräber des 5. Jahrhunderts aus Möthlitz, Kr. Rathenow, in: Ausgrabungen und Funde 7, S. 119—122.

Hájek, L. 1931 — Hroby z doby stěhování národů v Toušeni, in: Památky archeologické 37, S. 14—16.

Hellich, J. 1914 — Žárové hroby mladšího období římského u Piněva blíže Poděbrad, in: Památky archeologické 26, S. 141—150, 187—209.

Hellich, J. 1918 — Žárové hroby mladšího období římského u Piněva a jich význam, in: Památky archeologické 30, S. 149—182.

Hellich, J. 1925 — Nový příspěvek k pohřebišti se žárovými hroby mladšího římského období „Na Doubici" u Piněva, in: Památky archeologické 34, S. 443—445.

Hoffmann, R. 1939 — Spätgermanische Grabfunde von Phöben, Kreis Zauch-Belzig, in: Mannus 31, S. 295 bis 313.

Kern, J. 1929 — Germanische Miniaturbronzen aus dem 3. Jahrhundert n. Chr. aus Leitmeritz, in: Sudeta 5, S. 148—155.

Kuchenbuch, F. 1938 — Die altmärkisch-osthannoverschen Schalenurnenfelder der spätrömischen Zeit, in: Jahresschrift für die Vorgeschichte der sächsisch-thüringischen Länder 27.

Kudrnáč, J. 1952 — Pohřebiště z doby stěhování národů v Klučově, in: Archeologické rozhledy 4, S. 109—112, 124—128.

Matthes, W. 1931a — Die nördlichen Elbgermanen in spätrömischer Zeit, Leipzig.

Matthes, W. 1931b — Die Germanen in der Prignitz zur Zeit der Völkerwanderung, Leipzig.

Mildenberger, G. 1958 — Völkerwanderungszeitliche Brandgräber in Mitteldeutschland, in: Jahresschrift für mitteldeutsche Vorgeschichte 41/42, S. 497—518.

Müller, A. v. 1962 — Völkerwanderungszeitliche Körpergräber und spätgermanische Siedlungsräume in der Mark Brandenburg, in: Berliner Jahrbuch für Vor- und Frühgeschichte 2, S. 105—189.

Nowothnig, W. 1964 — Brandgräber der Völkerwanderungszeit im südlichen Niedersachsen, Neumünster.

Píč, J. L. 1890/92 — Žárové hroby na Třebické u Dobřichova, in: Památky archeologické 15, S. 564—598.

Píč, J. L. 1905 — Starožitnosti země české II 3.

Poulík, J. 1948 — Staroslovanská Morava, Praha.

Rybová, A. 1956 — Jižní Čechy v době římské, Diplomarbeit, Karlova universita.

Rybová, A., und Vokolek, V. 1964 — Výzkum v Plotištích n. L. v letech 1961—1962, in: Archeologické rozhledy 16, S. 43—48, 52—63.

Schmidt, B. 1954 — Die späte Völkerwanderungszeit in Ostthüringen und das Einzugsgebiet der Slawen in Mitteldeutschland, in: Wissenschaftliche Zeitschrift der Martin-Luther-Universität Halle—Wittenberg, Ges.- u. sprachw. R. 3, Heft 4, S. 789—810.

Schmidt, B. 1961 — Die späte Völkerwanderungszeit in Mitteldeutschland, Halle.

Schmidt, B. 1963 — Kaiserzeitliche, völkerwanderungszeitliche und frühmittelalterliche Gräber bei Farsleben, Kr. Wolmirstedt, in: Ausgrabungen und Funde 8, S. 49—52.

Schránil, J. 1928 — Die Vorgeschichte Böhmens und Mährens, Berlin/Leipzig.

Schulz, W. 1926 — Zur Merowingerzeit Mitteldeutschlands. Neuere Funde und Forschungen, in: Mannus 18 S. 285—297.

Schulz, W., und Zahn, R. 1933 — Das Fürstengrab von Haßleben, Berlin/Leipzig.

Svoboda, B. 1942 — Neue germanische Funde aus dem 5. Jahrhundert n. u. Ztr., in: Altböhmen und Altmähren 2, S. 42—56, 2 Abb.

Svoboda, B. 1948 — Čechy a římské Imperium, Praha.

Svoboda, B. 1959 — K problémům počátků vinařického stupně, in: Referáty o pracovních výsledcích čsl. archeologů za rok 1958 I, Liblice.

Svoboda, B. 1962 — Beziehungen zwischen den mitteldeutschen Skelettgräbern der Gruppe Leuna-Haßleben und den böhmischen Funden aus dem 5. Jahrhundert, in: Germania 40, S. 85—105.

Svoboda, B. 1963 — Zum Verhältnis frühgeschichtlicher Funde des 4. und 5. Jahrhunderts aus Bayern und Böhmen, in: Bayerische Vorgeschichtsblätter 28, S. 97—116.

Svoboda, B. 1965 — Čechy v době stěhování národů, Praha.

Weinzierl, R. v. 1893/95 — Nález popelnicového hrobu u Běsna (Wiessen) v Čechách, in: Památky archeologické 16, S. 766—770.

Werner, J. 1962 — Die Langobarden in Pannonien, in: Sitzungsberichte der Bayerischen Akademie der Wissenschaften, Phil.-hist. Kl. Abh., N. F. 55A-B, München.

Ziegel, K. 1939 — Die Thüringer der späten Völkerwanderungszeit im Gebiet östlich der Saale, in: Jahresschrift für die Vorgeschichte der sächsisch-thüringischen Länder 31.

Sporn von Bacharach und Seeheimer Schmuckstück

Bemerkungen zu zwei Denkmälern des 9. Jahrhunderts vom Mittelrhein

Von Joachim Werner, München

Mit 4 Textabbildungen und Tafel 25–26

Die Zahl der frühkarolingischen Metallarbeiten profaner und kirchlicher Bestimmung, die sich um den Tassilokelch gruppieren und wie dieser mit Tierornamentik im anglo-irischen Stil verziert sind, hat sich in den letzten Jahren erfreulich vermehrt, so daß man über Formenbestand und Ornamentschatz des karolingischen Kunstgewerbes in der zweiten Hälfte des 8. Jh. recht gut unterrichtet ist[1]). Die Verbreitung dieser Arbeiten hält sich im allgemeinen an die Grenzen des Reiches Karls des Großen in der Zeit vor 800, soweit dieses germanisch besiedelt war[2]). Die vereinzelten Vorkommen in Mittelitalien und in südslawischem Milieu an der hercegovinischen Adriaküste hängen mit der Eroberung des Langobardenreichs durch die Franken (773/74) zusammen. Nördlich der Alpen wurden neuerdings nun auch aus den slawischen Gebieten östlich der karolingischen Grenze zwei Neufunde bekannt, von denen der eine, ein vergoldetes Bronzebeschläg (Besatz eines Evangeliars?) vom Burgwall Hradec, Bez. Prievidza im oberen Nitratal (Südwestslowakei), von D. Bialeková mit der Salzburger Missionstätigkeit auf dem Gebiet des Nitraer Fürstentums vor 828 in Verbindung gebracht wurde[3]). Im zweiten Falle handelt es sich um eine silbertauschierte eiserne Riemenzunge, die A. Kiekebusch vor mehr als dreißig Jahren zusammen mit zwei Hakensporen in der untersten Schicht des slawischen Ringwalls auf dem Pennigsberg bei Mittenwalde angetroffen hatte. Dankenswerterweise hat A. von Müller dieses brandenburgische Fundstück nach erfolgter Konservierung kürzlich veröffentlicht (Abb. 1a)[4]), wobei trotz der schlechten Erhaltung des Tierornaments ein Vergleich mit der Bronzeriemenzunge von Wijk bei Dorestad (Abb. 1b)[5]) seine Zugehörigkeit zu den insularen Arbeiten der zweiten Hälfte des 8. Jh. sicherstellt. Zweifellos stammt die Riemenzunge vom Pennigsberg aus den sächsisch-thüringischen Gebieten westlich der Elbe, wenn es auch offen bleibt, wann und wie sie zu den Slawen an Spree und Havel gelangte. Vermutlich ein Jahrhundert jünger ist eine ebenfalls karolingische bronzene Riemenzunge, die auf einem anderen slawischen Burgwall in der Mark, bei Luckenwalde im Bezirk Potsdam, aufgelesen wurde (Taf. 26a)[6]). Das Stück wurde in seiner Bedeutung bisher nicht erkannt, obwohl es – wie die Riemenzunge vom Pennigsberg – im slawischen Milieu Brandenburgs ein Unikum darstellt. In der streng symmetrischen Gruppierung gegenständiger Spiralhaken, die aus der karolingischen Akanthuspalmette abzuleiten sind, steht die Luckenwalder Riemenzunge der silbervergoldeten Gürtelgarnitur aus einem wikingischen Bootgrab von Balladoole (Isle of Man) nahe (Dekor der Rand-

[1]) Vgl. G. Haseloff, Der Tassilokelch (Münchner Beitr. z. Vor- und Frühgeschichte 1 (1951); J. Werner, Frühkarolingische Silberohrringe von Rastede (Oldenburg), in: Germania 37, 1959, S. 179ff.; ders., Frühkarolingische Gürtelgarnitur aus Mogorjelo bei Čapljina (Hercegovina), in: Glasnik Zemaljsk. Muz. Sarajevo 1960/61, S. 235ff.; ders., Frühkarolingische Schwanenfibel von Boltersen, Kr. Lüneburg, in: Lüneburger Blätter 11/12, 1961, S. 2ff. — J. Ypey in Berichten Rijksdienst Amersfoort 10/11, 1960/61, S. 576f. (Riemenzunge Wijk b. Duurstede) und 12/13, 1962/63, S. 177ff. (Riemenzunge aus der Waal bei Rossum, Prov. Gelderland, und ein Steigbügelfragment von Huizum, Prov. Friesland).

[2]) Vgl. die Verbreitungskarte Germania 37, 1959, S. 190, Abb. 5. — G. Fehring (Stuttgart) nannte dem Verfasser als Neufund von 1966 eine Riemenzunge aus der Wüstung Wülfingen bei Forchtenberg (Württ. Franken).

[3]) Slovenská Archeol. 12, 1964, S. 456ff., bes. 465.

[4]) Berliner Jahrb. f. Vor- u. Frühgesch. 3, 1963, S. 198, Abb. 2.

[5]) Berichten Amersfoort 10/11, 1960/61, S. 577, Abb. 31 u. 32, 1.

[6]) Ausgr. u. Funde 1, 1956, S. 31f., Taf. 7a (S. Kramer) und J. Herrmann, Kultur und Kunst der Slawen in Deutschland (1965), Abb. 7 unten.

borte), die D. M. Wilson als karolingisches Erzeugnis des 9. Jh. veröffentlichte[7]). Entsprechende rankenverzierte Bronzeriemenzungen mit Endknopf aus dem Nordloher Tief, Gem. Apen im Kreise Ammerland (Oldenburg) – Baggerfund mit tauschiertem Schwert Petersen Typ H –, und von Domburg auf Walcheren[8]) bestätigen die Herkunft des Luckenwalder Bronzegusses aus einer karolingischen Werkstatt vermutlich der zweiten Hälfte des 9. Jh. In denselben Kreis gehört ferner ein kleines ovales Bronzebeschläg aus Fulda (Taf. 26b) mit sehr ähnlichem Spiralhakendekor, geperlter Rahmung und geperltem Mittelsteg wie bei dem Stück aus Luckenwalde[9]).

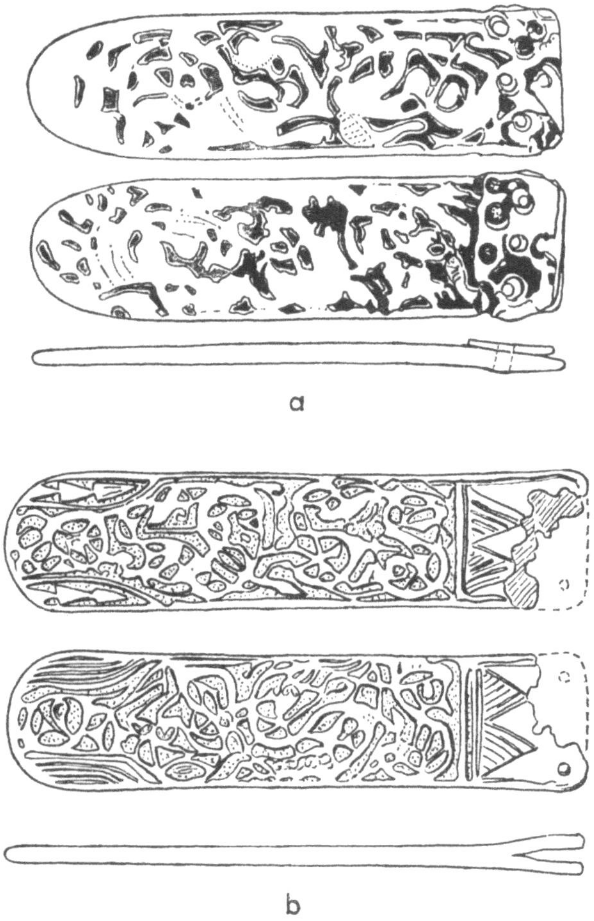

Abb. 1. Eiserne tauschierte Riemenzunge vom Pennigsberg bei Mittenwalde (a) und Bronzeriemenzunge aus Wijk bei Duurstede (b), 1:1. a) nach Berliner Jahrbuch 3, 1963, S. 198, Abb. 2.—b) nach Berichten Rijksdienst Amersfoort 10/11, 1960/61, S. 577, Abb. 32, 1

Die beiden Riemenzungen aus der Mark Brandenburg stehen als archäologische Zeugnisse für den Kontakt der havelländischen Slawen mit dem Reich der Karolinger bisher allein. Inwieweit karolingisches Formengut auf die einheimische Entwicklung eingewirkt haben könnte, läßt der slawische Fundstoff östlich von Elbe und Saale nicht erkennen. Eine solche Fragestellung kann beim heutigen Stand der Forschung nur für jene Gebiete erörtert werden, in denen sich dank der Beigabensitte der slawischen Oberschicht kostbarer Trachtzubehör und Waffen erhalten haben, die mit entsprechenden Materialien des Westens verglichen werden können. Das heißt, daß vergleichende Untersuchungen in erster Linie bei den Adelsgräbern des 9. Jh. in Böhmen (Kolin, Stará Kouřim), Mähren (Mikulčice, Staré Město) und Dalmatien (Biskupija bei Knin usw.) einsetzen müßten. D. Bialeková hat sehr richtig darauf aufmerksam gemacht, daß Metallarbeiten im insularen Stil der zweiten Hälfte des 8. Jh., wie das Beschläg von Hradec in der Slowakei, vom Boden des „großmährischen Reiches" bisher unbekannt sind[10]). Da die reichen Grab-

7) G. Bersu u. D. M. Wilson, Three Viking Graves in the Isle of Man (Soc. for Mediev. Archaeol. Monogr. Ser. 1, 1966), S. 40f., Taf. 8, a—b.

8) Mus. Oldenburg Inv. 6846 u. 6845 (Schwert). — Berichten Amersfoort 6, 1955, Taf. 6, 8.

9) J. Vonderau, Pfahlbauten im Fuldathale (Veröff. d. Fuldaer Geschichtsver. 1, 1899), Taf. 7, 11. Vonderau schreibt S. 28: „Auf der Rückseite trägt dasselbe zwei kurze Stäbchen, die am Ende nietähnlich breitgeschlagen sind." Es handelt sich wohl um ein Gürtelbeschläg, keinesfalls um eine Fibel wie Germania 22, 1938, Taf. 10, 7 (Goddelsheim). Die Vorlagen zu Taf. 26b werden W. Hahn (Vonderau-Museum Fulda) verdankt. — Eher als Besatz des Wehrgehänges dienten die beiden ovalen Beschläge von Birka Grab 543 und von Haithabu (H. Arbman, Schweden u. das karol. Reich [1937], Taf. 47, 9—10) und die Rechteckbeschläge von Haithabu und Witmarsum (H. Jankuhn, Die Ausgrabungen in Haithabu 1937/39 [1943] S. 70, Abb. 27 und J. Ypey in Berichten Amersfoort 12/13, 1962/63, S. 182, Abb. 6—7), alles Arbeiten aus der zweiten Hälfte des 9. Jh. Vgl. auch das silberne Ovalbeschläg mit drei Nietlöchern aus Kammergrab III von Haithabu: Ipek 9, 1934, Taf. 45, 2 und Offa 10, 1952, S. 81, Abb. 7 (in Frauengrab, d. h. in zweiter Verwendung vermutlich als Fibel).

10) Slov. Archeol. 12, 1964, S. 465f.

funde von Mikulčice und Staré Město erst dem 9. Jh. angehören, ist das nicht weiter verwunderlich. Andererseits konnte D. M. Wilson die nächsten Analogien zu den karolingischen Sporengarnituren des Bootgrabes von Balladoole (Isle of Man) aus Dalmatien und Mähren anführen[11]), was ihn zu der Auffassung bewog, daß die großmährischen und südslawischen Sporengarnituren Nachahmungen karolingischer Vorbilder seien[12]). Wie der Verfasser in seinen Diskussionsbemerkungen auf der Tagung des Archäologischen Instituts der Tschechoslowakischen Akademie der Wissenschaften in Brno-Nitra 1963[13]), so wies auch D. M. Wilson auf die großen Schwierigkeiten hin, die sich für komparative Untersuchungen wikingischer (Balladoole) oder großmährischer (Mikulčice) Funde mit karolingischen Originalen aus der Beigabenlosigkeit der gleichzeitigen Gräber innerhalb der Grenzen des karolingischen Reiches ergeben. Diesen Schwierigkeiten war bereits H. Arbman begegnet, als er den karolingischen Einfluß auf die skandinavische Entwicklung untersuchte und dabei zwar vereinzelten fränkischen „Import" von den einheimischen Imitationen absonderte, aus dem karolingischen Reich selbst aber kaum Vergleichsmaterial beibringen konnte[14]).

Das Ausbleiben profaner Metallgegenstände infolge des Aufhörens der Beigabensitte kennzeichnet die Fundsituation auf dem Boden des ostfränkischen Reiches bereits in der Phase des insularen Stils, d. h. in der zweiten Hälfte des 8. Jh. Von wenigen Grabfunden in den Randgebieten (Thüringen, Niedersachsen) abgesehen, handelt es sich stets um Einzelfunde, Flußfunde und Siedlungsfunde[15]). Diese Schwierigkeit gilt, wie gesagt, für das 9. Jh. in erhöhtem Maße, wo das profane karolingische Formengut von H. Arbman und H. Jankuhn[16]) in der Hauptsache aus wikingischen Grab- und Schatzfunden ausgesondert und von nordgermanischen Nachahmungen getrennt werden mußte. Ein Problem für sich, das in diesem Zusammenhang nicht untersucht werden soll, ist das zeitlich differierende Erlöschen der Beigabensitte, die in Nordeuropa und in den slawischen Ländern länger beibehalten wurde als im romanisch-deutschen Mitteleuropa. Es seien die Diskussionsbemerkungen des Verfassers aus dem Jahre 1963 für diesen Fragenkomplex hier wiederholt[13]): „Westlich des Rheins wird Tracht- und Waffenbeigabe um 700 aufgegeben, östlich des Rheins im christlichen Süddeutschland dagegen bis zur Mitte des 8. Jh., im heidnischen Norddeutschland bis zum Ende des 8. Jh. beibehalten. Beigabenführende Adelsgräber des 9. Jh., wie sie aus dem großmährischen Reich bekannt sind, gibt es im gleichzeitigen karolingischen Deutschland nicht. Der karolingische Adel dieser Zeit wurde beigabenlos in Kirchen bestattet. Das chronologische Gefälle der „ritterlichen" Beigabensitte (Waffen, Sporen, Trachtzubehör), das sich von West nach Ost im 8. Jh. beobachten läßt, setzt sich mit entsprechender zeitlicher Verzögerung nach Osten in den slawischen Gebieten fort. Gräber mit einer Ausstattung, wie sie in der ersten Hälfte des 8. Jh. in Süddeutschland üblich war, gibt es im 9. Jh. in Böhmen, Mähren und Kroatien, im 10. Jh. im Gebiet der Kiever Rus. Durch diesen Verzögerungsfaktor sind für das 10. Jh. bei West- und Südslawen keine Entsprechungen zu den Černigov-Gräbern und für das 9. Jh. im karolingischen Deutschland keine Entsprechungen zu den Gräbern von Staré Město, Mikulčice, Kolin, Knin usw. bekannt. Das erschwert die Beurteilung der in diesen Gräbern gefundenen kostbaren Metallarbeiten."

Bei dieser Quellenlage ist die Frage, inwieweit bestimmte Metallarbeiten aus den mährischen oder dalmatinischen Aldelsgräbern des 9. Jh. westlicher „Import" oder im Sinne D. M. Wilsons Imitationen karolingischer Vorbilder sind, mit Aussicht auf Erfolg nur unter folgenden miteinander zu kombinierenden Aspekten zu untersuchen: Vergleich des Fundstoffs aus dem slawischen Milieu mit bisher vernachlässigten Einzelfunden vom ostfränkischen Reichsgebiet und mit karolingischen „Importstücken" aus dem wikingischen Nordeuropa (einschließlich der britischen Inseln) und Aufzeigen des formenkundlichen Ursprungs gewisser Typen in der merowingisch-karolingischen Entwicklung. Während dies generell bei Waffen, Wehrgehängen, Gürtelschnallen, Sporen und Sporengarnituren möglich erscheint, gibt es andere, zur Tracht gehörige Metallobjekte, wie etwa die reich

11) D. M. Wilson, a. a. O., S. 36ff. zu Taf. 7, b—d.

12) A. a. O., S. 39.

13) F. Graus, J. Filip, A. Dostal (Red.), Das Großmährische Reich. Tagung der wiss. Konferenz d. Archäol. Inst. der Tschechosl. Akad. d. Wiss. Brno-Nitra, 1.—4. 10. 1963 (Prag 1966), S. 115f.: Die westlichen Beziehungen des großmährischen Fundstoffs (J. Werner).

14) H. Arbman, Schweden und das karolingische Reich (1937), bes. S. 147ff. — Ders., Blatnica und Vaage, in: Pam. archeol. 53, 1962, S. 331ff.

15) Vgl. Anm. 1 u. 2.

16) H. Arbman, a. a. O. und H. Jankuhn in Ipek 9, 1934, S. 105ff.

verzierten sphärischen Knöpfe aus Gold, Silber oder Bronze, die als Gegenprobe für eine Untersuchung genuin einheimischen Formengutes und Geschmacks ausgewählt werden könnten. Um die Erfolgsaussichten eines solchen Programms zu beleuchten, werden hier skizzenhaft Überlegungen an zwei karolingische „Einzelfunde" des 9. Jh. geknüpft, welche aus dem Kerngebiet des ostfränkischen Reiches stammen und bisher in diesem Zusammenhang noch nicht beachtet worden sind.

Im Jahre 1895 veröffentlichte L. Lindenschmit als Erwerbung für die „Originalsammlung des Vereins zur Erforschung der rheinischen Geschichte und Altertümer" in Mainz das „Fragment eines gotischen Sporns aus Silber, reich mit Eichlaub verziert, aus dem Rhein bei Bacharach".[17])

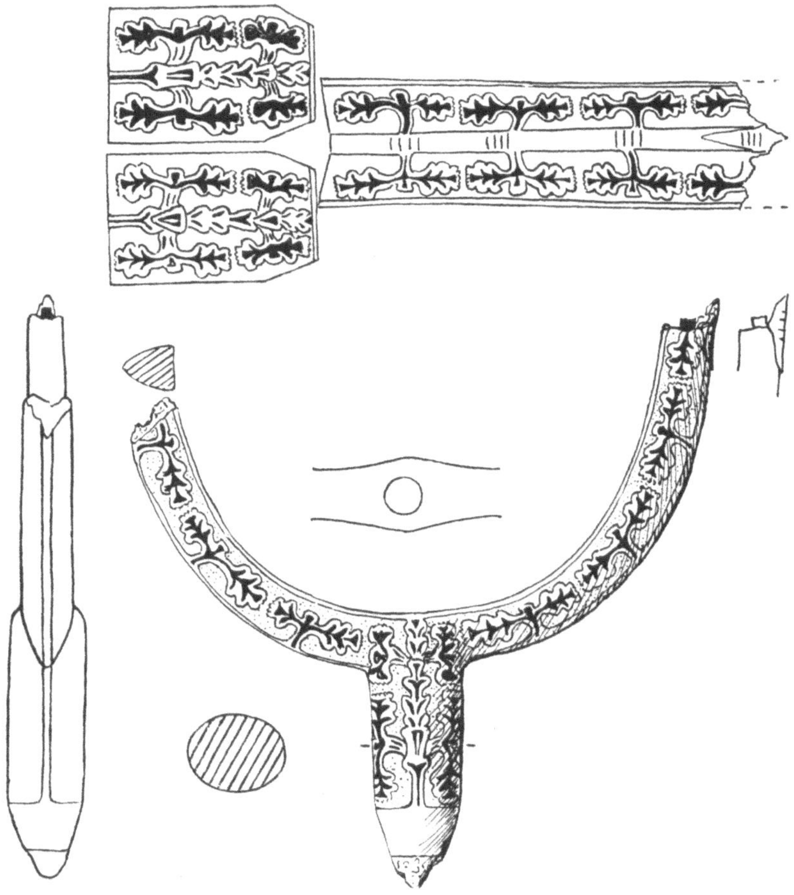

Abb. 2. Silbervergoldeter Sporn aus dem Rhein bei Bacharach, 1:1

Das Stück, ein Flußfund, befindet sich heute im Mittelrheinischen Landesmuseum Mainz (Taf. 25b; Abb. 2)[18]). Es handelt sich um einen massiv gegossenen Sporn aus einer Silberkupferlegierung, dessen Enden alt abgebrochen sind, so daß unentschieden bleibt, ob er ein Schlaufensporn oder ein Nietsporn war. Das Stück war geflickt, wie ein Stift gleicher Legierung und ein Blechrest an der rechten Seite zeigen (Abb. 2). Die Flickung war vermutlich der Grund für ein erneutes Auseinanderbrechen und für den Verlust beim Flußübergang. In die Dornhülse ist ein rundstabiger Eisenstift

[17]) Westd. Zeitschr. f. Gesch. u. Kunst 14, 1895, S. 394, Taf. 21, 7 und Quartalsblätter d. Hist. Ver. f. d. Großherzogtum Hessen NF 2, 1896/1900, S. 131, Taf. 13, 7.

[18]) Inv. Nr. 0, 353. — W. Selzer (Mainz) ermöglichte eine erneute Bearbeitung, wofür ihm besonders gedankt sei. Das Photo Taf. 25b wird dem RGZM Mainz (H. J. Hundt), die Zeichnung Abb. 2 meinem Mitarbeiter G. Pohl (München) verdankt. Die Begutachtung des Materials erfolgte durch H. Kühn vom Doerner-Institut in München.

eingelassen, der als Dornspitze kegelförmig herausragt. Der Dekor, der die dreikantigen Arme und den zylindrischen Dorn überzieht (Abb. 2), ist mitgegossen, der vertiefte Grund enthält Spuren von Vergoldung, die reliefierten Pflanzenornamente sind mit Niello inkrustiert. Die unsymmetrischen Akanthusstauden von relativ grobem, vereinfachtem Umriß erwachsen an den Sporenschenkeln aus der Kantlinie, am Dorn entfalten sie sich aus zwei als Mittelachsen dienenden gefächerten Stämmen. Das Ornament ist wenig differenziert und wirkt im Vergleich zu anderen karolingischen Metallarbeiten starr und wenig qualitätvoll. Nach der Kostbarkeit des Materials gehört der Sporn von Bacharach zu der kleinen Gruppe akanthusverzierter, silbervergoldeter und mit Niello eingelegter Fundstücke des 9. Jh., die H. Arbman als karolingischen „Import" in Skandinavien zusammengestellt hat[19]). Auf dem Kontinent ist diese Gruppe außer mit dem Sporn von Bacharach noch vertreten durch vier Riemenzungen aus den Schatzfunden von Muysen (Brabant), von Rijs und von Marsum (Taf. 25a) in Friesland[20]), durch ein ovales Wehrgehängebeschläg unbekannten französischen Fundorts (Taf. 26c)[21]) und vor allem durch die sehr qualitätvolle Wehrgehängegarnitur aus dem Fürstengrab von Kolin in Böhmen, neben der eine sehr einfache bronzene aus Stará Kouřim steht[22]). Mit dem Sporn von Bacharach sind besonders eng verwandt zwei Riemenzungen aus Haithabu, die aus einer ähnlichen Silberkupferlegierung zu bestehen scheinen[23]). Das rechteckige Exemplar, dessen Nietleiste weggeschnitten ist, zeigt identischen Umriß der fünffächrigen niellierten Blätter (Taf. 25c), was einen Werkstattzusammenhang mit unserem Sporn vermuten läßt. Nahe verwandt sind auch noch Schnalle und Riemendurchzug aus dem Bootgrab von Ladby auf Fünen[23a]).

Diese silbervergoldeten und mit Niello inkrustierten Erzeugnisse des karolingischen Kunstgewerbes wurden bisher in erster Linie als Träger südlicher Pflanzenornamentik gewürdigt und für die Chronologie und die ornamentale Entwicklung der skandinavischen Altertümer des 9. und frühen 10. Jh. herangezogen. Darüber wurde eine Analyse ihrer praktischen Funktion leider vernachlässigt, obwohl es eigentlich auffallen mußte, daß die in Skandinavien gefundenen karolingischen Silbergüsse zu einem erheblichen Teil „zweckentfremdet", d. h. zu Fibeln der Frauentracht umgearbeitet worden sind. Von den von H. Arbman aufgeführten Fundstücken sind drei ovale Beschläge, ein Kleeblattbeschläg und fünf Riemenzungen in Fibeln verwandelt[24]), dasselbe gilt für ein Rechteckbeschläg aus Haithabu (vgl. oben Anm. 9) und für die goldene „Spange" des norwegischen Hon-Fundes (vgl. unten Anm. 46). Das barbarische Wegschneiden der Nietleisten an Riemenzungen (wie Taf. 25c) und bei den „Fibeln" aus Birka Grab 550 und 566[25]) weist in die gleiche Richtung. In skandinavischen Grabinventaren treten karolingische Metallsachen in ihrer ursprüng-

[19]) A. a. O., S. 147ff.,

[20]) Muysen: Arbman, a. a. O., S. 162, Abb. 30 (Deponierung des Schatzes nach 866 und vor 884: vgl. H. Roosens in Rev. belge de Numismatique 96, 1950, S. 203ff.). — Rijs: J. Ypey in Berichten Amersfoort 10/11, 1960/61, S. 573, Abb. 29 (Deponierung drittes Viertel 9. Jh.). — Marsum: P. C. J. A. Boeles, Friesland tot de elfde eeuw² (1951), Taf. 51, 2.4.

[21]) Amtl. Ber. aus den Kgl. Preuß. Kunstsammlungen 33, 1911, S. 75, Abb. 45 (P. Post). Das Stück wurde aus der Sammlung V. Gay (Paris) für das Zeughaus in Berlin erworben und ist vermutlich in Frankreich gefunden (vgl. Arbman S. 173, Anm. 2). Ein verwandtes Beschläg aus Claughton Hall, Lancs.: Offa 10, 1952, Taf. 6, 2. — Das von H. Arbman S. 173 mit Anm. 3 genannte kleeblattförmige Beschläg im Schnütgen-Museum Köln (F. Witte, Die liturgischen Geräte [1913], Taf. 85 Mitte) stammt sicher aus Skandinavien, wie eine Schildkrötenfibel derselben Sammlung (Witte, Taf. 85 oben).

[22]) Stará Kouřim Grab 55: Pam archeol. 50, 1959, S. 401, Abb. 52, 6—8. Kolin: J. L. Píč, Starožitnosti země České 3, 1 (1909), Taf. 18, 1—4. Dazu jetzt R. Turek, Zur Ornamentik der mitteleuropäischen kleeblattförmigen Beschläge (Festschr. H. Jankuhn 1968). R. Turek machte dem Verf. den im Satz befindlichen Aufsatz zugänglich, in dem er eine Datierung Kolins um 865—875 vorschlägt und die eisernen Kleeblattbeschläge von Jarohnévice, Blatnica und Velký Bysterec (Hampel, Bd. 3, Taf. 323, 1 u. 3) mitbehandelt.

[23]) Ipek 9, 1934, S. 111, Taf. 46, 3 (H. Jankuhn) und Offa 10, 1952, Taf. 6, 6 (E. Aner). — Unsere Taf. 25c: Ipek 9, Taf. 45, 7 (Arbman, Taf. 47, 2). Zur Form verweist H. Jankuhn auf die verwandte Riemenzunge von Marsum, hier Taf. 25a.

[23a]) Es handelt sich um Altstücke in einem Wikingergrab des 10. Jh. Vgl. K. Thorvildsen, Ladby-Skibet (Nordiske Fortidsminder 6, 1 [1957] S. 77, Abb. 64, Taf. 1d).

[24]) Arbman, a. a. O., S. 148ff., Nr. 3, 5, 6 (nach Birka-Publikation: Spange), 12, 13, 15, 17, 18, 19. — Das ovale Beschläg aus Kammergrab III von Haithabu (Offa 10, 1952, S. 81, Abb. 7 u. Taf. 3, 7) ist in diesem Frauengrab wohl auch in zweiter Verwendung eine Fibel, wie das Ovalbeschläg von Ytterdal, Offa 10, Taf. 5, 8.

[25]) Arbman, Nr. 6 und 12. Vgl. auch die zerschnittenen Riemenzungen Arbman Taf. 46, 1 oben und 47, 7.

lichen Funktion nur gelegentlich als Gürtelgarnituren in Männergräbern auf[26]). Auf dem Kontinent gehörten Kleeblattbeschläge zusammen mit einem Paar Ovalbeschlägen, wie in den Fürstengräbern von Stará Kouřim und Kolin[22]) oder in dem småländischen Schatzfund von Östra Påboda[27]), zur Männerausstattung, was seinerzeit schon H. Jankuhn aus einer Miniatur des Psalters Karls des Kahlen erschlossen hat[28]). Die Miniatur zeigt einen Krieger, der mit beiden Händen ein Schwert hält, bei dessen Scheide Kleeblattbeschläge und Ovalbeschläge wiedergegeben sind, ohne daß die Art ihrer Fixierung am ledernen Wehrgehänge deutlich würde. Auf jeden Fall ist sicher, daß die Beschläge – Kleeblattbeschläge und solche der Form Taf. 26c – zum karolingischen Wehrgehänge gehörten. In den Waffengräbern Skandinaviens gibt es derartige Wehrgehänge nicht, sie waren bei den Wikingern nicht üblich. Was man an kostbaren Beschlägen auf Raubzügen als Beutegut vom Kontinent mitbrachte, wurde eingeschmolzen oder zu Frauenschmuck umgearbeitet, so daß von den karolingischen Ovalbeschlägen, wie Taf. 26c, die Entwicklung der skandinavischen Schildkrötenfibeln und von den Kleeblattbeschlägen diejenige der nordischen Kleeblattspangen ihren Ausgang nahm[28a]). Die Slawenfürsten von Kolin und Stará Kouřim wurden dagegen mit karolingischen Wehrgehängen westlicher Herkunft bzw. westlicher Form bestattet, die sie zu Lebzeiten getragen hatten[29]).

In den Adelsgräbern Mährens und Dalmatiens sucht man trotz Schwertbeigabe nach zugehörigen Wehrgehängen karolingischen Typs vergeblich. Sie waren dort so wenig in Gebrauch wie bei den Wikingern. Anders verhält es sich mit der Sporenbeigabe. Dem Einzelfund von Bacharach steht ein umfangreiches Vergleichsmaterial aus slawischen Adelsgräbern des 9. Jh. gegenüber, von Kolin über Mikulčice bis Knin. Es gibt darunter allerdings nur ein einziges Exemplar, das wie der Sporn von Bacharach mit einem karolingischen Pflanzenmotiv verziert ist und das bezeichnenderweise wiederum aus Böhmen stammt[30]). Wie oben gesagt, ist es leider ungewiß, ob der Sporn von Bacharach ein Nietsporn oder ein Schlaufensporn war. Er gehört jedenfalls zu einem leichten, zierlichen Typ, wie ihn etwa der bronzene Sporn mit gewulsteten Schlaufen aus dem späten 8. oder dem frühen 9. Jh. von Sundremda, Kr. Rudolstadt (Taf. 26d)[31]) und seine kroatischen Imitiationen (Eisen mit bronzenen gewulsteten Schlaufen) von Ostrovica bei Šibenik (Abb. 3) und von Koljani bei Vrlika[32]) vertreten. Aus Böhmen und Mähren sind aus dem 9. Jh. bisher nur Sporen mit Nietplatten bekannt, die in der ersten Hälfte des 8. Jh. im ostfränkischen Reich häufiger als Schlaufensporen waren[33]), folglich im 9. Jh. dort ebenfalls vorhanden gewesen sein müssen. Zu beiden Sporenformen gehören Riemengarnituren, deren Metallbesatz die Abhängigkeit der großmährischen und der kroatisch-dalmatinischen Sporentypen von karolingischen Vorbildern nachzuweisen erlaubt. Zum Sporn von Sundremda Grab 27 gehörten z. B. eine Bronzeschnalle mit Eisenlasche und eingehängtem rechteckigem bronzenem Riemendurchzug sowie eine bronzene Riemenzunge (Taf. 26e bis f). Derartige Sporengarnituren mit metallenem Riemendurchzug lassen sich erstmals in merowingischen Gräbern des späten 7. Jh. nachweisen[34]), sind im ostfränkischen Reich während des

[26]) Arbman, Taf. 47, 3 (Birka Grab 750) und Taf. 50, 3 (Vrad, Jütland; eventuell Sporengarnitur).

[27]) Arbman, Taf. 45, 2—3, 5 (Kleeblattbeschläg und zwei Ovalbeschläge der Form Taf. 26c mit seitlichen Nietlöchern). Ein entsprechendes Ovalbeschläg mit seitlichen Nieten, sekundär zur Fibel umgestaltet, aus Ytterdal, Norwegen: Offa 10, 1952, Taf. 5, 8.

[28]) Ipek 9, 1934, S. 117, Taf. 49 (nach W. Koehler, die karol. Miniaturen 1 [1930], Taf. 76).

[28a]) Zu den Kleeblattfibeln vgl. jetzt T. Capelle in Fornvännen 63, 1968, S. 1ff.

[29]) Stará Kouřim Grab 55 enthielt auch einen mit Akanthusranken verzierten karolingischen Lanzen- oder Bannerschuh: Pam. archeol. 50, 1959, S. 392, Abb. 44 (M. Šolle).

[30]) Goldblechverkleideter Nietsporn von Stará Kouřim Grab 120: Pam. archeol. 50, S. 395, Abb. 46.

[31]) Ausgrabungen und Funde 11, 1966, Taf. 39. — Zu Vorläufern aus Termunten und Britsum in Friesland vgl. Germania 37, 1959, S. 189, Anm. 42.

[32]) Ostrovica: Diadora (Zadar) 3, 1965, S. 149ff., Taf. 2—3 (J. Belošević). — Koljani: R. Zschille u. R. Forrer, Der Sporn in seiner Formentwicklung 2 (1899), Taf. 23, 3. Z. Vinski in Peristil 1, 1954, S. 191, Abb. 1, 3. — Zu dieser dalmatinischen Gruppe mit verziertem Dorn, profilierten Spornschnallen und „vogelförmigen" Riemenzungen gehört auch das Sporenpaar von Mosapurg-Zalavár in Westungarn, Grab 269: A. Sós, Die Ausgrabungen Géza Fehérs in Zalavár (Arch. Hung. N. S. 41, 1963), S. 62, Taf. 50.

[33]) Vgl. F. Stein, Adelsgräber des 8. Jh. im rechtsrhein. Deutschland (1967), S. 412f. Fundlisten 10—11.

[34]) Fundber. Schwaben NF 9, 1938, Taf. 40, 4, 1 (Tannheim); Zeitschr. schweiz. Archäol. u. Kunstgesch. 23, 1963/64, S. 138, Taf. 31, o (Ramsen).

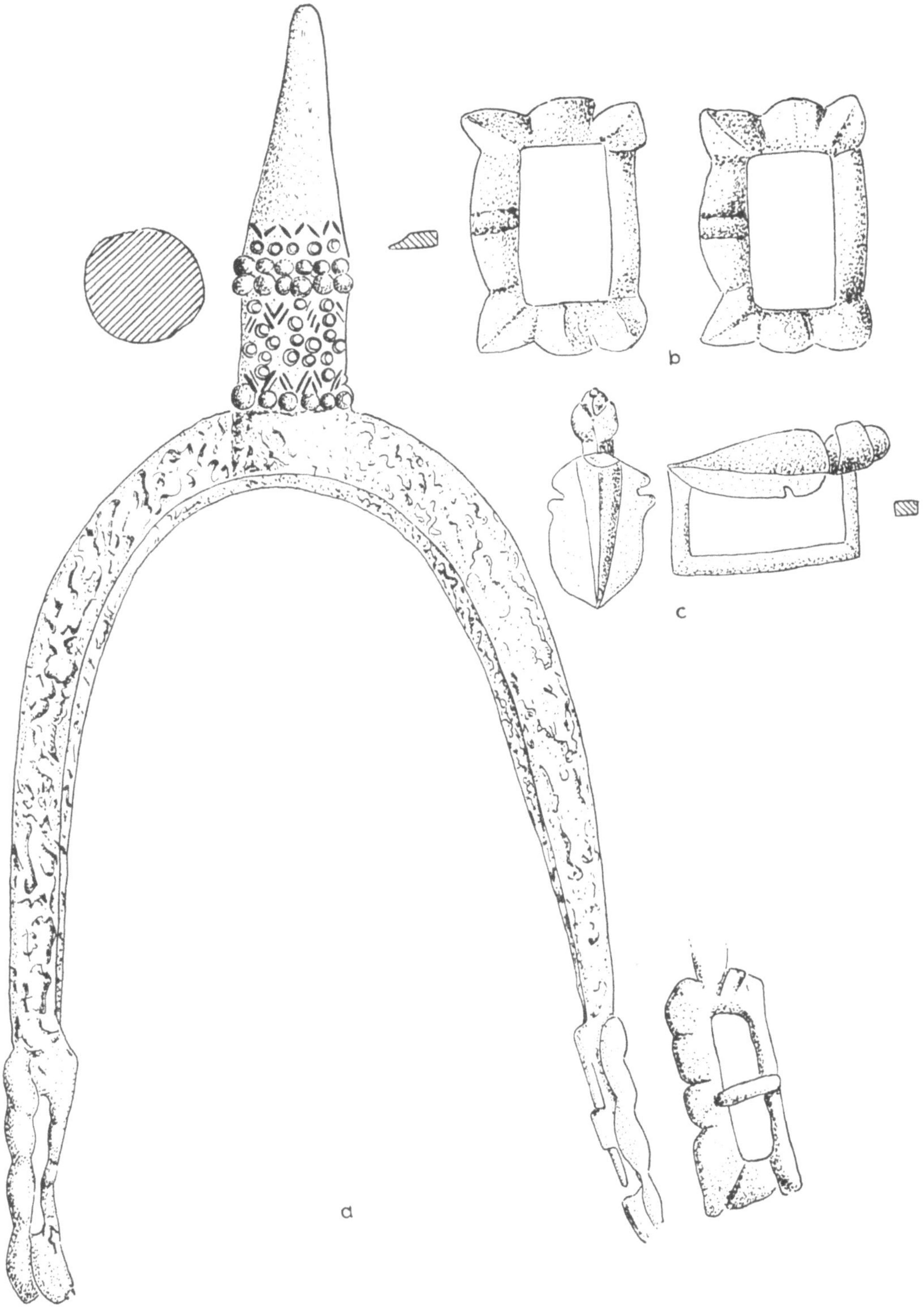

Abb. 3. Sporn und Sporengarnitur von Ostrovica bei Šibenik, 1:1 (nach Diadora 3, 1965, Taf. 3)

8. Jh. relativ häufig[35]) und bilden im 9. Jh. bei den Sporen in slawischen Adelsgräbern Böhmens, Mährens und Dalmatiens ein fast nie fehlendes Zubehör[36]), während sie in dieser Zeit m. W. in Nordeuropa unbekannt sind[37]). In England sind sie aus dem Wikingergrab von Balladoole (Isle of Man) und – silbern – aus dem Schatzfund von Trewhiddle in Cornwall als karolingische „Importe" belegt[38]). Ein bronzener Riemendurchzug mit ovaler, schleifenverzierter Platte stammt als Einzelfund des 9. Jh. von Domburg auf Walcheren[39]). Bei den Durchzügen des 9. Jh. ist die Schauseite meist in Form einer ovalen oder runden Scheibe oder wie eine U-förmige Riemenzunge ausgebildet (Abb. 4b)[40]). Profilierte, „vogelförmige" Schmuckplatten wie Abb. 3c sind eine dalmatinische Spezialität[41]). Die Form einer profilierten Riemenzunge zeigt aber auch der einzige Durchzug einer karolingischen Sporengarnitur, der aus Gold besteht: das in der kunstgeschichtlichen Literatur als „Seeheimer Schmuckstück" bezeichnete Goldobjekt (Taf. 25d). In der Ausstellung „Karl der Große, Werk und Wirkung" in Aachen 1965 war es mit Werken kirchlicher Kunst vereinigt[42]).

Dem Seeheimer Schmuckstück hat K. Degen eine eingehende kunstgeschichtliche Behandlung zuteil werden lassen, auf die hier für alle Einzelheiten verwiesen sei[43]). Seiner Beschreibung werden folgende Angaben entnommen: Es handelt sich um einen Vollguß aus hellem Gold, vermutlich nach einem Holzmodell in einer Sandform. Bei 30,3 mm Länge, 23,3 mm Breite und 8,5 mm Stärke wiegt das Stück 32,04 g. In der Längsausdehnung ist ein gerillter, 4,9 mm breiter rechteckiger Goldbügel mit seinen Enden auf der Rückseite aufgelötet. Abnutzungsspuren deuten auf langen Gebrauch hin. Der Dekor der Schauseite besteht aus drei die Mittelachse bildenden Akanthuspalmetten, die durch zwei Perlstäbe eingeschnürt sind. An den Rändern krallen sich zwei Löwen mit abgewendetem Kopf, aufgerissenem Rachen und S-förmigen Zungen am Blattwerk fest. Um ihre Oberkörper windet sich schräg geführter, aufgelöteter Perldraht. Die Schwänze, welche seitlich der untersten Palmette Ösen bilden, führen hinter den Schenkeln auf den Rücken der Tiere und enden in einer Quaste von schmalem, stabartigem Blattwerk.

Das Stück gelangte aus Seeheim a. d. Bergstraße irgendwann vor dem Jahre 1908 in das Hessische Landesmuseum[44]). Hinsichtlich seiner Zweckbestimmung kam K. Degen gegenüber der Bezeichnung „Karolingische Buchschließe" durch P. Metz[45]) dem wahren Sachverhalt recht nahe, wenn er schreibt: „Vielleicht könnten die Enden eines dicken Leder- oder Stoffgürtels durchgezogen worden sein." Der Riemendurchzug aus Grab 50 bei der Zweiapsidenrotunde von Mikulčice (Abb. 4b) zeigt, daß es sich bei dem Seeheimer Goldguß um den Durchzug einer Sporen-

35) F. Stein, a. a. O., Funde Nr. 21, 77, 125, 157, 160, 172, 200, 210, 323, 300 (Barleben, vgl. H. Rempel, Reihengräberfriedhöfe des 8.—11. Jh. [1966], Taf. 99, 5—7: zweite Hälfte 8. Jh.).

36) Böhmen: Kolin vgl. Anm. 22, Taf. 18, 8—12; Stará Kouřim vgl. Anm. 29, S. 403, Abb. 53. — Mähren: V. Hrubý, Staré Město (1955), S. 193, Abb. 34; Mikulčice vgl. Pam. Archeol. 48, 1957, S. 322ff., Abb. 76—78 und J. Poulík, Zwei großmährische Rotunden in Mikulčice (1963), S. 42, Abb. 16, Taf. 16, 18, 20. — Dalmatien: hier Abb. 3 u. Anm. 32 mit weiteren Beispielen.

37) Ein bronzener Durchzug mit ovaler Platte aus Birka (Schweden) Grab 158 stammt bezeichnenderweise aus einem Frauengrab: H. Arbman, Birka 1, Die Gräber (1943), S. 69, Abb. 44, 11 u. Taf. 86, 16. — Eine weitere, bereits dem 10. Jh. angehörige Ausnahme ist der goldene Sporn mit goldenem Riemendurchzug und Filigranverzierung aus dem Schatzfund von Röd (Norwegen), den H. Arbman, a. a. O. S. 182 als die Arbeit „eines Fremden in norwegischem Dienst" ansehen möchte. Gute Abb. bei W. A. von Jenny, Die Kunst der Germanen im frühen Mittelalter (1940), Taf. 129.

38) D. M. Wilson, a. a. O., Taf. 7, B—D u. ders. in Archaeologia 98, 1961, S. 98, Taf. 26b.

39) Berichten Amersfoort 6, 1955, Taf. 7, 17.

40) Riemenzungenförmig wie Abb. 4b bisher nur mehrfach in Mikulčice belegt (vgl. Anm. 36).

41) Entsprechende „vogelförmige" Bronzeriemenzungen von Sporenriemen aus Nin, Biskupija und Koljani: Diadora 3, 1965, Taf. 6. Aus Zalavár Grab 269 vgl. Anm. 32.

42) Katalog der Ausstellung „Karl der Große" (Aachen 1965), S 382f., Nr. 563.

43) K. Degen, Das Schmuckstück aus Seeheim. Kunst in Hessen und am Mittelrhein 1/2, 1962, S. 117ff. — Das Stück befindet sich im Hessischen Landesmuseum Darmstadt, Inv. Nr. Kg 54, 259. W. Jorns (Darmstadt) vermittelte freundlicherweise die Vorlagen für Taf. 25d.

44) Über Zeitpunkt und Art der Erwerbung (ob Bodenfund oder Ankauf aus Seeheim?) ist nichts bekannt, da die Darmstädter Akten 1944 vernichtet wurden. Das Stück wird erstmals genannt bei F. Back, Führer durch die Kunst- und hist. Sammlungen des großherzogl. hess. Landesmuseums in Darmstadt (1908), 47. — Seeheim liegt auf halbem Wege zwischen Bensheim und Darmstadt.

45) P. Metz in Bossert, Gesch. d. Kunstgewerbes 5 (1932), 206.

garnitur handelt[45a]). Vergleiche mit karolingischen Goldschmiedearbeiten, wie der sog. Goldspange aus dem norwegischen Hon-Fund und der Fassung der Kanne von St. Maurice[46]), vor allem aber mit Handschriften der jüngeren Metzer Schule, führten K. Degen zu dem Schluß, daß das „Seeheimer Schmuckstück" im Kunstkreis dieser Schule nach der Mitte des 9. Jh. entstanden sein müsse. Die Löwenpaare sind mit den Löwen auf den silbernen Riemenzungen aus Drente und aus dem friesischen Schatzfund von Marsum (Taf. 25a)[47]) im Duktus der palmettenartig aufgefächerten Schwänze vergleichbar, sind aber von sehr viel höherer künstlerischer Qualität.

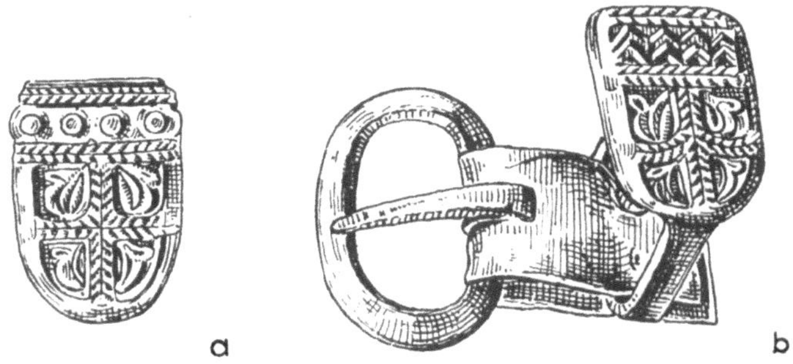

Abb. 4. Vergoldete Sporengarnitur aus Grab 50 von Mikulčice (Zweiapsidenrotunde), 1:1 (nach J. Poulík 1963, S. 42, Abb. 16, 6—7)

Die Vermutung Degens, daß das Seeheimer Schmuckstück in Zusammenhang mit dem wenige Kilometer entfernten Kloster Lorsch stehen könne und dort von einer hochgestellten Persönlichkeit getragen worden sei, findet durch seine Deutung als Zubehör einer Sporengarnitur eine weitere Stütze. Ein so kostbares Goldobjekt ist kein „Verlustfund". Lorsch war zur Zeit Ludwig des Deutschen einer der geistigen und kulturellen Mittelpunkte des ostfränkischen Reiches. 882 wurde der König hier in der von ihm erbauten Gruftkirche beigesetzt, wie später sein Sohn Ludwig d. J. und sein Enkel Hugo. Um 1800 wurden bei einer Raubgrabung die Gräber der Gruftkirche geplündert und einige Sarkophage erhoben[47a]). Ludwig der Deutsche und die Mitglieder der königlichen Familie sind zweifellos in kostbaren Gewändern bestattet worden, bei ihnen erscheint die Beigabe von Sporen oder Sporengarnituren aus Edelmetall durchaus möglich. Vielleicht hat sich der goldene Riemendurchzug nach der Plünderung der Gräber in Privatbesitz erhalten, bis er in eine öffentliche Sammlung gelangte. Daß er aus der Zeit Ludwigs des Deutschen stammt, steht außer Frage. Er ist aber auch gleichzeitig mit seinen Analogien im mährischen Mikulčice. Und damit stellt sich abschließend nochmals die Frage nach dem Einfluß karolingischer Ausrüstung und Bewaffnung und karolingischer Ornamentik auf die des großmährischen Reiches.

Es dürfte erwiesen sein, daß Sporengarnituren mit metallenen Riemendurchzügen vom späten 7. Jh. an bis zum Ende des 9. Jh. zur Ausstattung des ostfränkischen Adels gehörten. Wenn sich auch Sporenbeigabe im allgemeinen im ostfränkischen Kreis nur bis zur Mitte des 8. Jh. nachweisen läßt, so ist doch durch eine Reihe von Einzelfunden, Flußfunden und „Exporten" der Gang der Entwicklung gut zu verfolgen, ob nun in frühkarolingischer Zeit der insulare Stil oder während

45a) Der in Anm. 23a genannte Riemendurchzug aus dem Bootgrab von Ladby mit 4 cm zu 5 cm großer silberner Zierplatte gehörte eher zu einer Gürtel- oder Wehrgehängegarnitur des Typs Kolin.

46) Hon-Spange: Arbman, Taf. 48, 1. Arbman bezweifelt a. a. O. S. 154 mit Recht, daß diese hervorragende karolingische Treibarbeit ursprünglich eine Fibel gewesen sei, da die Bodenplatte verloren und eine Silbernadel später direkt ans Goldblech angenietet worden sei. Wie die drei Niete in den Zwickeln zeigen, handelt es sich um einen Riemenverteiler des Wehrgehänges, wie sie sonst in Kleeblattform von Kolin, Stará Kouřim oder Östra Påboda vorliegen (vgl. Anm. 22 u. 27). — St. Maurice: Zeitschrift f. schweiz. Arch. u. Kunstgesch. 10, 1948, S. 1ff. (A. Alföldi).

47) Arbman, Taf. 48, 2 u. P. C. J. A. Boeles, Friesland tot de elfde eeuw² (1951), Taf. 51. — Vgl. auch das Löwenpaar an einer beinernen karolingischen Riemenzunge aus Leicester: J. Brøndsted, Early English Ornament (1924), S. 159, Abb. 132.

47a) F. Mütherich (München) macht mich auf die folgenden Angaben zu den Grabungen des Oberforstmeisters von Hausen (um 1800) aufmerksam, die F. Falk, Geschichte des ehem. Klosters Lorsch (1866), S. 190 mitteilte und die F. Behn, Die karolingische Klosterkirche von Lorsch (1934), S. 4f. übernommen hat: „In einem dieser Särge, und zwar in dem mit jonischen Pilastern geschmückten (Behn Abb. 5), lag ein Skelett in braunkariertem Seidengewand mit goldenen Borten und Stiefeln mit Sporen, unter dem Haupte ein Blatt Pergament, in fremder Sprache beschrieben." Ohne behaupten zu wollen, daß das „Seeheimer Schmuckstück" aus diesem karolingischen Steinsarg stamme, ist die Ausstattung des Toten mit Stiefeln und Sporen in Hinblick auf die großmährischen Grabfunde bemerkenswert.

des 9. Jh. im Zeichen der karolingischen Renaissance das Akanthusornament den Dekor beherrschte. Der Sporn von Bacharach und das „Seeheimer Schmuckstück" sind für diese jüngere Phase seltene, aber charakteristische Beispiele aus der Kernlandschaft des Reiches. Eine gleiche Entwicklungslinie läßt sich bekanntermaßen von den spätmerowingischen zu den karolingischen Schwertern verfolgen. Der aus Kleeblatt- und Ovalbeschlägen bestehende Metallbesatz des Wehrgehänges – die Art seiner Montierung ist noch nicht untersucht – ist nach unserer bisherigen Kenntnis hingegen eine karolingische Neuerung, die erstmals mit der „Hon-Spange"[46]) belegt ist. Von den genannten Typen lassen sich in den slawischen Adelsgräbern außer den Schwertern nur die Sporen und Sporengarnituren nachweisen. Eine Ausnahme bilden die böhmischen Gräber von Kolin und Stará Kouřim mit ihren rein karolingischen Beigaben. In Dalmatien und Mähren gibt es im 9. Jh. zwar zahlreiche Sporen und Sporengarnituren karolingischer Form, aber bisher kein eindeutiges Beispiel für echten westlichen Import. Man folgte also in einem für den sozialen Status so wichtigen Requisit wie dem Reitersporn, mit dem selbst Knaben der Adelsschicht bestattet wurden, der Mode des benachbarten ostfränkischen Reiches. Die dort alles beherrschende Akanthusornamentik rezipierte man dagegen im allgemeinen nicht. Die gebündelten, in der Mitte geschnürten Akanthusstauden, wie sie der Seeheimer Riemendurchzug zeigt (Taf. 25d), lassen sich in Dalmatien überhaupt nicht und im großmährischen Reich bisher nur an zwei mißverstandenen Imitationen nachweisen[48]). Diese Imitationen setzen immerhin die Kenntnis qualitätvoller karolingischer Vorbilder voraus, was man auch für gewisse großmährische Sporen mit kreuzverzierten Feldern auf den Schenkeln annehmen muß[49]). Im Vergleich zu den sicher karolingischen Metallarbeiten des 9. Jh. sind die Sporen und Sporengarnituren Dalmatiens und Mährens einheimische Erzeugnisse, im Sinne D. M. Wilsons nach karolingischen Vorbildern entstanden. Das Problem der Nationalität der Kunsthandwerker ist damit natürlich nicht gelöst. Eher gewinnt man einen Einblick in die Mentalität und die Gebräuche der adeligen Auftraggeber. Danach scheint es so, als ob jene slawischen Herren, die sich als gute Christen bei Kirchen bestatten ließen, mit dem neuen Glauben auch die ritterliche Ausstattung ihrer westlichen Standesgenossen übernahmen. Kostbare Sporen und Schwerter wurden zu Attributen des sozialen Status, auf die nach einem im ostfränkischen Reich längst abgekommenen Brauch nicht nur der Lebende, sondern – als Totengabe – auch der Verstorbene ein Anrecht hatte. Ganz anders war die Reaktionsweise des skandinavischen Nordens in seiner kriegerischen Auseinandersetzung mit dem Karolingerreich. Bei den heidnischen Wikingern wurden die erbeuteten Beschläge karolingischer Waffengarnituren zu Frauenschmuck in Schildkrötenfibeln und Kleeblattspangen umgewandelt, ihr mediterranes Pflanzenornament blieb dem einheimischen germanischen Tierstil fremd. Echte Rezeption karolingischen Formengutes läßt sich nur beim christianisierten Adel der Slawen beobachten. In Böhmen, Mähren und Dalmatien dokumentierte die slawische Oberschicht damit auch äußerlich ihre Teilhabe an der mitteleuropäischen Adelskultur.

[48]) Es sind die Riemenzungen von Mikulčice Grab 50 (Poulík, Zwei großmährische Rotunden, Taf. 17 unten) und von Modrá b. Velehrad Grab 22 (Pam. archeol. 53, 1962, S. 341, Abb. 1). — Die Riemenzunge einer Sporengarnitur mit Schlaufenmuster (Hrubý, Staré Město, Taf. 80, 4) ist im Ornament mit dem Riemendurchzug von Domburg (vgl. Anm. 39) zu vergleichen. Pflanzendekor karolingischer Art zeigen weitere Riemenzungen aus Mikulčice (z. B. Pam. archeol. 52, 1961, S. 499, Abb. 1).

[49]) Zum tauschierten Sporn von Mikulčice (na Valy Grab 232) (Pam. archeol. 48, 1957, S. 349, Abb. 101) vgl. den frühkarolingischen Sporn von Jülich bei G. Haseloff, Der Tassilokelch (1951), Taf. 14.

Der Tierkopf von Behren-Lübchin, Kr. Teterow

Von Hansdieter Berlekamp, Berlin

Unter den Holzfunden, die bei den Ausgrabungsarbeiten am Burgwall in Behren-Lübchin, Kr. Teterow (E. Schuldt 1965), in größerer Anzahl geborgen wurden, fällt ein Tierkopf aus Eichenholz (E. Schuldt 1965, S. 116, Taf. 85) auf. Da plastische Holzarbeiten aus dem Anfang des 2. Jahrtausends äußerst selten sind, erscheint es angebracht, diesen Fund noch einmal gesondert zu besprechen.

Das Stück (Kat. III 370) wurde außerhalb der Burg vor dem Tor der älteren, vermutlich 1171 zerstörten Anlage neben den Brückenpfosten geborgen. Es hat eine Länge von 17,5 cm.

Der eigentliche Kopf ist erhaben gegen den Hals abgesetzt. Das Hinterhaupt ist gerundet, die Nasenpartie schwingt leicht konkav ein. Der kurzen Oberlippe steht die lange zurückgerollte Unterlippe gegenüber, die Zunge tritt deutlich hervor. Die Kinnpartie ist dreieckig gestaltet, das Auge dicht am Hinterkopf durch eine flache Grube angedeutet. Dicht oberhalb des Kinns ist ein dreieckig hervorspringender Rast zu beobachten, der etwa in einer Ebene mit dem gegenüberliegenden Abschluß des Stückes liegt. Ein ähnlicher Rast ist an der Außenseite des Halsbogens vorhanden. Beide dürften wohl kaum zur bildlichen Darstellung des Kopfes gerechnet werden; sie sind eher als Teile der anschließenden Konstruktion zu werten.

Der Kopf ist als abgebrochenes, verziertes oberes Ende eines Brettes zu deuten. Er fügt sich ein in eine Reihe von nordeuropäischen Stuhl-, Bank- und Bettpfosten mit Tierköpfen, die etwa mit den Bettpfosten des Gokstad-Schiffes und des Oseberg-Fundes beginnen – Windbretter für Zelte (S. Grieg 1928, S. 250ff.) scheiden wohl für das hier besprochene Stück ganz aus – und ihre Fortsetzung u. a. in den aus nordeuropäischen Kirchen stammenden „romanischen" Stühlen (E. S. Engelstad 1938, S. 99ff.; D. Fischer, 1963, S. 161ff.) fanden. Da unter den Holzresten keine weiteren zu diesem Stück gehörenden Möbelteile beobachtet worden sind, ist eine eindeutige Bestimmung heute nicht mehr möglich.

Der Rast auf der Außenseite des Halsbogens deutet an, daß das verzierte Brett in einer Front mit einem vorhandenen Rückbrett stand, wodurch die Verwendungsmöglichkeit auf einen Stuhl oder eine Bank eingeschränkt werden kann: Die Tierköpfe der uns bekannten Betten stehen mit dem Blick zum Bett hin (S. Grieg 1928, S. 81ff.). Einige allgemeine Beobachtungen können hier jedoch eventuell weiterführen. Eine gewisse Beachtung verdient das Problem des Funktionsunterschiedes zwischen Stuhl und Bank. Der Stuhl – ob Pfostenstuhl, Kastensitz oder Faltstuhl, ist dabei gleichgültig – ist im Mittelalter stets Sitz eines Einzelnen, der dadurch aus der Menge, die auf Bänken sitzt, herausgehoben wird. So ist auch das Wort „Stuhl" zunächst gleichbedeutend mit „Thron" (J. u. W. Grimm 1942, S. 322ff.). Es finden sich in der Kunst des Mittelalters Stuhldarstellungen ausschließlich bei geistlichen oder weltlichen Herren und als Sitz der Madonna. Erst in der Spätgotik, vor allem aber in der Renaissance, ist eine Profanisierung des Stuhles zu beobachten. Aber auch hier kommt ihm noch ein gewisser Symbolwert – wenn auch in negativem Sinn – zu: Bei Abendmahldarstellungen sitzen Christus und die Jünger gewöhnlich auf Bänken, lediglich der sich aus der Gemeinschaft ausschließende Judas sitzt auf einem Stuhl.

Diese Unterschiede der Funktion lassen sich auch in der Ornamentik finden. Typischer Schmuck für die hinteren Pfosten der frühen Stühle sind deutlich erkennbare, wenn auch teilweise phantastisch ausgestaltete Löwenköpfe, die sowohl in den Darstellungen des Teppichs von Bayeux (A. Lejard 1947) als auch an den „romanischen" Stühlen nordeuropäischer Kirchen (E. S. Engelstad

1938, S. 99ff.; D. Fischer 1963, S. 161ff.) auftreten[1]). Die gleiche Beobachtung ist an den Faltstühlen zu machen. Bei den erhaltenen Stücken (Dagobert-Thron: P. E. Schramm 1954, Bd. I, S. 326ff., Abb. 36–37; Kloster Nonnberg: P. E. Schramm 1954, Bd. I, S. 322ff., Abb. 41b) – auch der Faltstuhlknauf von Sianów (Zanow), pow. Sławno (O. Kunkel 1926, S. 294ff.) ist hier anzuführen[2]) – wie auf bildlichen Darstellungen (Bronzetür von Gniezno: T. Dobrzeniecki 1954, Taf. 19/20) herrscht der Löwenkopf vor.

Im Gegensatz zu diesen Stuhlpfosten tragen die bekannten Bett- und Bankpfosten Drachenköpfe, es sei hier nur an die Bettpfosten von Gokstad und Oseberg (S. Grieg 1928, S. 81ff.) oder an die erhaltene Bank aus Kungsåra (E. Ekhoff 1906, S. 49ff.) erinnert.

Nach dem vorliegenden Material dürfte der Tierkopf von Behren-Lübchin wohl am ehesten als Bekrönung eines Bankpfostens angesehen werden, ob im Sinne eines Hochsitzes (vgl. P. E. Schramm 1956, Bd. III, S. 792ff.), bleibt allerdings unbeweisbare Spekulation. Zu bedenken wäre höchstens noch, daß die Stühle mit Löwenköpfen Throncharakter gehabt zu haben scheinen[3]). Lediglich auf einigen Evangelistenbildern der karolingischen Buchmalerei treten Löwenköpfe auf (Karl der Große 1965, Taf. 57, 81), während die Evangelisten meist auf einfachen Pfostenstühlen ohne Tierkopfschmuck (= cathedra) – wie sie auch in der Folgezeit in der Regel bei Mariendarstellungen auftreten – sitzen (Karl der Große 1965, Taf. 41, 44, 51, 52, 55, 76, 77, 79). Daneben findet man bereits in dieser Zeit die einfache Sitzbank (Karl der Große, 1965, Taf. 59, 72, 75), die bei späteren Evangelistendarstellungen in der Buchmalerei überwiegt.

Eine eindeutige Einordnung in die skandinavische Stilentwicklung und damit eine genauere Datierung – aus dem Grabungsbefund bleiben alle Möglichkeiten zwischen der Erbauung der Burg und der Zerstörung im Jahre 1171 offen – bereitet Schwierigkeiten.

Für die Zeit der Erbauung, in der auch weitere skandinavische Einflüsse in Behren-Lübchin angenommen werden (J. Herrmann 1967, S. 229f.), spricht die „spitze" Gestaltung des Kinns, die für den Tierstil II (B. Salin 1904, S. 245) charakteristisch ist und sich dann im Laufe der Wikingerstile allmählich verliert. Die letzten Spuren scheinen im Mammen- und Ringerike-Stil aufzutreten. (Zur Stilentwicklung vgl. D. M. Wilson und O. Klindt Jensen 1966.)

Auch die Gestaltung der Lippen läßt an eine Einordnung des Stückes in das 11. Jh. denken. Ursprünglich kam der Zunge im Ornament eine größere Bedeutung zu. Noch im Jellinge-Stil kann sich aus ihr das Flechtband entwickeln. Im Mammen-Stil tritt dann vereinzelt eine rüsselartige, zurückgeschlagene Verlängerung der Oberlippe auf, die mit der der Unterlippe des Stückes von Behren-Lübchin zu vergleichen ist. In der genannten Stilphase kann es bereits zu einer Verselbständigung dieses Elementes kommen, das mehr oder weniger unmotiviert im Maul des Tieres hängt. Eine Verbindung zum Urnes-Stil, in dem es wieder zu einer Festigung der Tierkörper kommt, scheidet für einen Vergleich vollkommen aus.

[1]) Die Datierung der „romanischen" Stühle bereitet Schwierigkeiten, da sie bis ins 17. Jh. in mehr oder weniger gleichbleibender Form gearbeitet wurden. P. E. Schramm (1956, S. 799ff.) beruft sich auf die teilweise überholten Angaben bei S. Grieg (1928, S. 110ff.). Um 1200 oder etwas später können lediglich der Blaker-Stuhl und die Stühle von Tyldal und Gålås (E. S. Engelstad 1938, S. 102ff.; D. Fischer 1963, S. 161ff.) angesetzt werden. Der Stuhl von Torpe (S. Grieg 1928, S. 114, Abb. 59/60) muß bei der Diskussion ausscheiden, da er erst im 18. Jh. aus älteren und jüngeren Teilen zu seiner heutigen Gestalt zusammengefügt wurde (R. Bjerregaard 1942, S. 73ff.), so daß der ursprüngliche Eindruck nicht mehr gewonnen werden kann. Übrigens gehört auch das geschnitzte Pferd auf der Vorderseite zu den jüngeren Teilen des Stuhles. In seiner in dieser Umgebung auffallenden unornamentalen, organisch-plastischen Gesamtauffassung und in Einzelheiten wie im modisch gewellten Schwanz weist es auf nachmittelalterliche Gestaltungsprinzipien hin. Der Stuhl von Gåra (seit 1936 im Kunstindustriemuseum Oslo) muß nach den jüngsten Ornamentelementen in die Mitte des 16. Jh. datiert werden (E. S. Engelstad 1938, S. 106f.). Ein ähnlicher Ansatz gilt für die Stühle von Heddal (H. Reiher o. J., S. 104ff.) und Gol (R. Bjerregaard 1942, S. 67, Abb. 4). Gleichfalls erst in die Zeit um 1550 gehören die beiden Stühle von Grund auf Island. Sie werden 1551 als neu bezeichnet und sind von Benedikt Narfason für Thórun, Tochter des letzten katholischen Bischofs und Besitzerin auf Grund, gearbeitet worden (S. Blöndal u. S. Sigtryggsson 1930, S. 13f., Abb. 65). Die jüngsten Beispiele dieses Typs sind durch Inschriften 1685 datiert (S. Grieg 1928, S. 116f.).

[2]) Der Kopf gehört in die Variationsbreite der romanischen Löwendarstellungen und ist nicht als Hundekopf (O. Kunkel 1926, S. 295) zu betrachten.

[3]) Die Löwendarstellung scheint bereits seit dem Altertum eng mit dem Thron verbunden zu sein, wie die Beschreibung des Thrones Salomonis zeigt (1. Buch der Könige 10, 18ff.; 2. Buch der Chronika 9, 17ff.).

Das Auge, das bei den bekannten nordeuropäischen Parallelen meist sorgfältig herausgearbeitet wurde – beim Urnes-Stil beherrscht es sogar den ganzen Kopf –, wird bei dem Behren-Lübchiner Stück nur durch eine flache Grube angedeutet, so daß es bei der bisherigen Deutung sogar übersehen werden konnte.

Nach diesen Stilvergleichen erscheint es angebracht, den Tierkopf von Behren-Lübchin in die Mitte des 11. Jh., also etwa in die Zeit der Erbauung der Burg, zu setzen. Nicht entschieden werden kann allerdings, ob er in einer nordeuropäischen Werkstatt oder von skandinavischen oder auch slawischen Handwerkern an Ort und Stelle geschaffen worden ist. Für die zuletzt genannte Vermutung könnte der „provinzielle“ Eindruck, der eine stilistische Einordnung schwierig machte, sprechen.

Literaturverzeichnis

R. Bjerregaard 1942 — En middelaldersk stol fra Hallingdal, in: Fataburen, Nordiska Museets och Skansens årsbok, 1942, S. 73ff.

Blöndal, S., und Sigtryggsson, S. 1930 — Alt-Island im Bilde, Jena.

Dobrzeniecki, T. 1954 — Die Bronzetür von Gniezno, Warszawa.

Ekhoff, E. 1906 — Snidat bänk från Kungsåra kyrka i Västmanland, in: Fornvännen 1, S. 49ff.

Engelstad, E. S. 1938 — Gålås-stolen, in: Viking 2, S. 99ff.

Fischer, D. 1963 — Tyldalstolen, in: Viking 26, S. 161ff.

Grieg, S. 1928 — Kongsgaarden, in: Brögger, A. W., und Schetelig, H., Osebergfundet, Bd. 2, Oslo.

Grimm, J. und W. 1942 — Deutsches Wörterbuch, 10. Bd., IV. Abt., Leipzig.

Herrmann, J. 1967 — Gemeinsamkeiten und Unterschiede im Burgenbau der slawischen Stämme westlich der Oder, in: Zeitschrift für Archäologie 1, S. 206ff.

Karl der Große — Werk und Wirken (Katalog), Aachen 1965.

Kunkel, O. 1926 — Ein frühmittelalterlicher Faltstuhlknauf aus Pommern, in: IPEK, S. 294f.

Lejard, A. 1947 — La Tapisserie de Bayeux, Paris.

Reiher, H. o. J. — Norwegische Stabkirchen, Oslo.

Salin, B. 1904 — Die altgermanische Thierornamentik, Stockholm.

Schramm, P. E. 1954 u. 1956 — Herrschaftszeichen und Staatssymbolik, Schriften der Monumenta Germaniae historica 13, Bd. 1, Stuttgart 1954, Bd. 3, Stuttgart 1956.

Schuldt, E. 1965 — Behren-Lübchin, Berlin.

Wilson, D. W., und Klindt-Jensen, O. 1966 — Viking Art, London.

Bemerkungen zum Reiterstein von Zscherben

Von Hartmut Kroll, Berlin

Mit 2 Textabbildungen und Tafel 27—28

Primitive Steinbilder des Mittelalters, die sich nicht in den üblichen Darstellungskanon der kirchlichen Kunst einfügen, haben schon seit längerer Zeit Anlaß zu Deutungen gegeben, wobei sich besonders die Heimatforschung auch mit gewagten Datierungen hervortat. Vermutlich können diese Darstellungen nur dann gedeutet und datiert werden, wenn es möglich ist, sie mit einem historischen Datum zu verknüpfen, das Aufschluß über den Anlaß gibt, der zu ihrer Herstellung führte und Rückschlüsse auf die Darstellung selbst zuläßt.

Einen derartig günstigen Fall glaubt Verfasser bei dem jüngst von W. Schulz (1966, S. 307—320) vorgelegten Reiterstein von Zscherben vor sich zu haben. Der Stein befindet sich an der Südwestecke des Schiffes der Kirche von Zscherben (Saalkreis) Mbl. 3745, Halle. Dargestellt ist ein nach links gerichteter Reiter. Weil der Bildstein ohne Rücksicht auf die Darstellung als Baustein Verwendung fand, ist er nach links verkippt, wodurch der Dargestellte mit dem Gesicht nach unten schaut. Die Kirche ist offenbar ein gotischer Bau mit einem dreiseitigen Chorschluß. Ein Teil der Fenster zeigt spätgotisches Maßwerk. Der Turm scheint durchgehend barock zu sein. Näheres über die Baugeschichte der Kirche konnte nicht ermittelt werden (G. Schönermark 1886, S. 601).

Die Darstellung auf dem zu besprechenden Bildstein zeigt unnatürliche Proportionen. Das Pferd ist für den Reiter viel zu klein. Dieser trägt eine kegelförmige, Hals und Nacken verhüllende Kopfbedeckung, die nur das Gesicht freiläßt. Ihre Spitze ist leicht nach vorn gekippt. Bei der Darstellung des Gesichts erscheinen nur das linke Auge als Punkt und der Mund als Strich in primitiver Andeutung. In seiner Rechten hält der Reiter ein großes, unverhülltes, zweischneidiges Schwert mit der Spitze nach oben. Diese Hand ist sehr vergrößert wiedergegeben. Es sind nur drei Finger und der Daumen dargestellt. Die Hand ragt aus einem weiten Ärmel heraus. Die linke Hand, die offenbar den Zügel hält, ist kaum als solche zu erkennen. Der Fuß des Reiters ist weggebrochen und nur noch in Spuren vorhanden. Über dem Reiter befindet sich ein gleicharmiges Kreuz auf einem schmaleren Schaftstab, der wiederum auf einem Bogen aufsitzt. Der Bogen schließt gleichzeitig die Darstellung des Reiters nach oben ab. Zwischen dem Bogen und dem Querbalken des Kreuzes ist ein Spiralornament angebracht, das auf der rechten Seite nur zur Hälfte erscheint, weil der übrige Platz von dem Schwert eingenommen wird (Taf. 27).

Die Länge des Steines beträgt 130 cm, die Breite 57 cm, die Dicke am oberen Ende, an dem er aus der Wand heraustritt, 17 cm. Das Relief ist durch Grundieren entstanden, wobei der Kopf des Reiters am weitesten plastisch herausgearbeitet ist. Die Relieftiefe beträgt dort bis zu 6 cm. Die Reiterfigur ist 54 cm hoch, das Pferd 46 cm lang. Das Kreuz hat eine Gesamtlänge von 51 cm, die Kreuzbalken sind 10 cm breit. Die Länge der Kreuzarme beträgt 12—13 cm, der Abstand zwischen Querbalken und dem oberen Rande des Bildsteines dagegen nur 10 cm. Man könnte daraus schließen, daß der Stein vor dem Vermauern zurechtgehauen wurde, um ihn besser in das Mauergefüge einzupassen.

Diese Darstellung glaubt Verfasser mit der ältesten Erwähnung des Ortes Zscherben in Verbindung bringen zu können, die im Chronicon Thietmars von Merseburg für das Jahr 981 zu finden ist. Dort lesen wir III, 11:

„Post haec prefatus antistes Aethelbertus, imperatore iam Roma commorante, terciodecimo suae ordinaciones anno, suos docendo et confirmando ac Gisilleri presulis, quia tunc cum cesare fuit, diocesim perlustrans XIII. Kal. Iulii in Merseburg missam celebravit proximanque noctem Hemuzone, venerabili laico, in Chruvati laetus duxit; crastinoque die exurgens tristis capitis nimium queritur dolorem, et tamen abibat; cumque Cirmini villam, ad Frekenlevo pergere cupiens, preterisset, ni cito a suis sustentaretur, ex equo paulatim declinans in terram cecidisset. Is vero tapetos superpositus completisque omnibus, quae a clericis dicenda erant, fideliter migravit ad Christum XII. Kal. Iulii. Huius corpus ad Ivikansten delatum atque sacerdotali apparatu vestitum navigio ad Magadaburg usque deductum est."[1])

Eine gewisse Schwierigkeit macht bei der Lokalisierung Cirminis der Umstand, daß es neben dem erwähnten Zscherben im Saalkreis noch ein Dorf namens Zscherben gibt, daß sich in unmittelbarer Nähe Merseburgs befindet. O. Küstermann (1894, S. 51) möchte nun die Begebenheit des Jahres 981 nach dem Merseburger Zscherben lokalisieren, was jedoch unwahrscheinlich ist, da man in diesem Falle den verstorbenen Erzbischof nicht nach Giebichenstein, sondern nach dem nur 3 km entfernten Merseburg gebracht haben würde. Von Zscherben (Saalkreis) bis Giebichenstein sind es ungefähr 7 km. Außerdem hätte der Erzbischof einen Umweg gemacht, wenn er von Korbetha über das Merseburger Zscherben nach Freckleben geritten wäre.

Erzbischof Adalbert war ursprünglich Mönch im Kloster St. Maximin bei Trier. Er wurde 961 zum Bischof geweiht und als Missionar nach Kiew geschickt, weil Großfürstin Olga in einer Gesandtschaft Otto den Großen um einen Bischof und Priester für ihr Volk gebeten hatte. Es ist demnach anzunehmen, daß Adalbert slawischer Sprachen mächtig war. Die Aufnahme in Kiew war jedoch so ungünstig, daß er zurückkehrte. Er wurde Notar der Kanzlei des Kaisers und 966 Abt des Klosters Weißenburg an der Lauter. 968 konnte Otto endlich seinen langgehegten Plan verwirklichen und das Erzbistum Magdeburg als Zentrum der Slawenmission einrichten. Dabei wurde Adalbert Erzbischof. Erwähnt sei noch, daß er sich auch als Historiograph betätigte und die Chronik Reginos fortsetzte.

Es ist selbstverständlich, daß die Erinnerung an eine geistliche Persönlichkeit wie den ersten Erzbischof von Magdeburg nicht schnell verlosch. In einer Zeit, in der Reliquien verehrt wurden und die Erinnerung an Geschehnisse aus dem Leben der Heiligen gepflegt wurde, war es nichts Außergewöhnliches, die Stätte des Todes des Erzbischofs zu kennzeichnen. Schon die Vita Liudgeri berichtet, daß im Sachsenlande ein steinernes (!) Kreuz zum Andenken an eine Wundertat Liudgers errichtet wurde[2]). Auch geben die Heiligenviten stets sehr genaue Ortsangaben von Wundertaten, Tod und Martyrium. Man vergleiche die von H. Timerding (1929) zusammengestellten Viten im Rahmen einer Missionsgeschichte Deutschlands. So wäre es möglich, daß der Zscherbener Stein ein Gedenkstein für den Erzbischof war, der an der Stelle seines Todes stand. Beim Bau oder Neubau der Kirche, zu einer Zeit, als das Andenken an den Tod Adalberts bereits erloschen war, wurde der Bildstein zweckentfremdet als Baustein verwendet, wobei man nicht einmal auf die Darstellung Rücksicht nahm.

Betrachten wir Tracht und Waffe des Dargestellten. W. Schulz (1966, S. 308) sieht in der Kopfbedeckung des Reiters einen Kegelhelm. Dieser Auffassung würde sich Verfasser anschließen, wenn nicht der rechte Arm des Reiters mit einem weiten Ärmel bekleidet wäre, der die von Schulz angenommene Ringbrünne sehr zweifelhaft erscheinen läßt. Dieser weite Ärmel läßt eher an ein Mönchsgewand denken. Ein solches sehen wir auf dem Rückdeckel des Tuotilo-Einbandes aus der Stiftsbibliothek von St. Gallen (Taf. 28a). Hier sind zwei Szenen aus dem Leben des heiligen Gallus dargestellt. Dieser trägt ein Gewand mit weiten Ärmeln und spitzer Kapuze, wobei deren Spitze

[1]) Übersetzung nach der Thietmar-Ausgabe W. Trillmichs, Freiherr vom Stein-Gedächtnisausgabe 9, Berlin: „Während der Kaiser schon in Rom weilte, bereiste Erzbischof Adalbert im 13. Jahre seiner Weihe, die Seinen unterweisend und firmend, die Diözese Bischof Giselers, der damals den Kaiser begleitete; am 19. Juni feierte er in Merseburg die Messe; die nächste Nacht verbrachte er wohlauf bei Hemuzo, einem ehrenwerten Laien in Corbetha; am folgenden Morgen nach dem Aufstehen klagte er ärgerlich über heftige Kopfschmerzen, reiste aber trotzdem ab. Doch als er auf dem Wege nach Freckleben Zscherben durchritten hatte, sank er ganz sacht auf dem Pferde zusammen und wäre zu Boden gestürzt, wenn ihn seine Begleiter nicht schnell aufgefangen hätten. Man legte ihn auf eine Decke, und nachdem die Priester alle vorgeschriebenen Sterbegebete gesprochen hatten, ging er er am 20. Juni gläubig hinüber zu Christus. Seine Leiche wurde nach Giebichenstein gebracht, mit dem bischöflichen Ornat bekleidet und zu Schiff nach Magdeburg überführt."

[2]) Diese Überlieferung stammt aus der zweiten Vita Liudgeri, die in der Mitte des 9. Jh. entstand. Die Textstelle sei hier wiedergegeben.
cap. 25. Stat adhuc in eo loco lapidea crux in monimentum miraculi huius ab incolis erecta.
Die Vitae sancti Liudgeri. Hrsg. von W. Diekamp, Münster 1881.

leicht nach vorn überkippt (F. Steenbock 1965, S. 98ff., Abb. 36). Die Datierung des Buchdeckels in das Ende des 9.—10. Jh. braucht nicht zu stören, weil sich die Mönchstracht im Laufe der Jahrhunderte kaum veränderte. Erste Anweisungen für die Tracht gehen bereits auf Benedict von Nursia zurück, der bestimmte, daß sie Landessitte und Klima anzupassen sei. Als Elemente der Kleidung forderte er Tunika, Gürtel, Skapulier, Kapuze sowie Strümpfe und Schuhe. Diese Kleidungsstücke sind in allen Ordenstrachten immer vorhanden gewesen (Ph. Hofmeister 1960, Sp. 1669f.).

Das Schwert ist nicht von gängiger Form. Der Knauf stellt eine seltene Variante des sog. Paranuß-Knaufes dar. Die Parierstange ist kurz und ziemlich dick, die Klinge breit und relativ lang, die Spitze abgerundet (Abb. 1). Das Schwert würde damit zu R. E. Oakeshotts Typ X gehören, der vom Ende des 10. Jh. bis zum Ende des 11. Jh. gebräuchlich war (R. E. Oakeshott 1960, S. 204f). Offenbar verdeckt bei der Zscherbener Darstellung der Daumen den Zeigefinger, so daß man den Eindruck gewinnt, daß dieser fehlt (Abb. 2).

Abb. 1. Der Schwerttyp der Zscherbener Darstellung

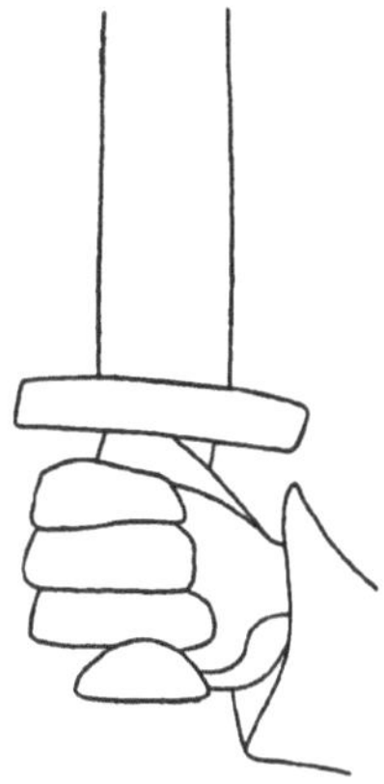

Abb. 2. Haltung der rechten Hand des Reiters

Das über dem Reiter befindliche Kreuz mit Schaftstab und Bogen stellt ein Vortragekreuz auf der Erdscheibe dar. Es soll den Herrschaftsanspruch Christi auf den Dargestellten dokumentieren. Der Reiter wiederum schützt das Kreuz mit dem Schwert, wie W. Schulz (1966, S. 209f.) m. E. richtig feststellt. Parallelen zu dieser Kreuzform gibt W. Wanckel (1936, S. 268ff.) mit einigen mittelalterlichen Grabsteinen aus dem Kreis Calbe wieder. Diese Symbolform macht die Stilwandlungen über Romatik und Gotik mit, wobei sich allerdings bei den späteren Formen der dünnere Stab immer mehr mit dem Vertikalbalken des Kreuzes vereinigt und entsprechend dicker wird. Bemerkenswert ist es nun, daß die Bucheinbandkunst der ottonischen Zeit Vortragekreuze zeigt, die als gleicharmiges, griechisches Kreuz mit langem dünnem Stab gestaltet sind. Ein derartiges Vortragekreuz sehen wir im rechten oberen Feld des Goldenen Buchdeckels aus der Schatzkammer des Aachener Domes (F. Steenbock 1965, S. 133ff., Abb. 72). F. Steenbock datiert den Buchdeckel in das 10. und das erste Viertel des 11. Jh. Ein weiteres Beispiel, das ebenfalls in das 10. Jh. gehört, ist der Einband des Poussay-Evangelistars (Taf. 28b). Hier hält der thronende Christus ein derartiges Vortragekreuz in seiner Rechten (F. Steenbock 1965, S. 138ff., Abb. 76). Der Codex befindet sich heute in der Pariser Bibliothèque Nationale. Diese Form der Vortragekreuze scheint sich erst im 10. Jh. voll durchgesetzt zu haben, weil ein Teil der karolingischen Beispiele keinen dünneren Schaftstab besitzt. Man vergleiche hierzu einen Buchdeckel aus Genoels-Elderen, jetzt Musées Royaux d'Art et d'Histoire, Bruxelles (H. Busch u. B. Lohse 1965, Abb. 111).

Bei den Spiralgruppen, die sich unter dem Querbalken des Kreuzes befinden, handelt es sich wohl um mißverstandene Lebensbaumdarstellungen. Zumindest dürfte das für die rechte Gruppe zutreffen. Das wird recht deutlich, wenn man einen Grabstein aus St. Matthias in Trier zum Vergleich heranzieht, der auf dem oberen Teil der Platte ein Kreuz mit längeren Vertikal- und kürzeren Horizontalarmen zeigt. Den unteren Teil des Steines schmückt ein Lebensbaum, dessen Zweige und Blätter rein geometrisch als Spiralen wiedergegeben sind. Die Datierung dieser Platte wird mit dem 6.—7. Jh. angegeben (E. Förster 1965, S. 100, Abb. 72). In der Edelmetallkunst des 10. Jh. finden sich auch Spiralranken, die eine flächenfüllende Funktion haben. Es ist allerdings dabei zu beachten, daß sich diese einer liebevolleren Behandlung erfreut haben und mit Blättern ausgestattet sind. Derartige Ranken sind auf dem bereits erwähnten Einband des Poussay-Evangelistars zu sehen.

Die Spiralgruppe auf der linken Seite des Zscherbener Steines scheint nur Füllornament zu sein. Derartige Spiralen kennen wir auch aus dem Bereich der Bernwardinischen Plastik. Sie kommen zum Beispiel an der Bernwardsäule im Hildesheimer Dom vor (D. T. Rice 1965, S. 315). Eine bestimmte symbolische Bedeutung haben die Spiralen an der Säule nicht.

Aus dem Vorangegangenen ist zu sehen, wie schwierig eine Einordnung des Steines mit den Mitteln der Stilkritik ist und daß ein Weiterkommen nur möglich ist, wenn ein historisches Datum zu Hilfe kommt.

Die Darstellung eines hohen Klerikers mit dem Schwert ist zwar ungewöhnlich, dürfte aber den Realitäten nicht allzusehr widersprochen haben. Ende des 9. Jh. fiel Bischof Arn von Würzburg in vorderster Linie kämpfend in der Nähe der Chemnitz (W. Schlesinger 1962, S. 1f.). Auch der Chronist und Bischof von Merseburg Thietmar zog an der Spitze von Truppen gegen die Slawen (W. Schlesinger 1962, S. 87). Es bestand also zwischen weltlichen und geistlichen Großen des Reiches in bezug auf kriegerische Betätigung kaum ein Unterschied.

Erzbischof Adalbert starb nur wenige Jahre vor dem großen Slawenaufstand. Betrachten wir in diesem Zusammenhang die Forderungen des Preußenmissionars Brun von Querfurt (974—1009), der seine geistliche Prägung durch die italienischen Asketen um Romuald erhalten hatte. Brun zog, wie sein großes Vorbild Adalbert von Prag, dessen Leben er beschrieb, als Missionar aus. Er wendete sich scharf gegen kriegerische Auseinandersetzungen zwischen christlichen Völkern und lehnte Zwangstaufen durch die Staatsgewalt ab, wenn er auch die Fürsten um Unterstützung bat, die Mission zu ermöglichen. Im Falle der Liutitzen aber machte Brun eine Ausnahme. Da diese mit der deutschen Herrschaft auch das Christentum abgeschüttelt hatten, rief er energisch zum heiligen Krieg gegen sie und zur Rückeroberung der verwaisten Bischofssitze Havelberg und Brandenburg auf; denn diese blieben nach seiner Ansicht auch dann Bischofssitze, wenn dort zeitweilig kein Bischof sein Amt wahrnehmen konnte (R. Wenskus 1956).

Es ist anzunehmen, daß der Zscherbener Gedenkstein vom Magdeburger Klerus inauguriert worden ist, dem die Schriften und Ideen Bruns nicht unbekannt gewesen sein dürften. Symbolhaftes Zusammensehen verschiedener Ereignisse und der Glaube an das Wirken Gottes in der Geschichte sind für diese Zeit typisch. Man denke an Thietmars Bericht von der Aufhebung und Aufteilung des Bistums Merseburg, der den Slawenaufstand und die Zerstörung der Bischofssitze Havelberg und Brandenburg mit der Aufhebung Merseburgs in unmittelbaren Zusammenhang bringt. Auch der Wahnsinn Mistuis wird auf dessen Schandtaten bei der Zerstörung des Laurentiusklosters in Kalbe zurückgeführt (Thietmar, Chronicon III, 16—18).

So wäre es möglich, daß Erzbischof Adalbert auf dem Zscherbener Stein als Miles Christi (J. Auer 1962, Sp. 418) dargestellt wurde, der das Kreuz mit dem Schwert schützt. Es sei hier noch auf einen Passus der Krönungszeremonie Kaiser Ottos des Großen hingewiesen. Otto empfing als erstes der Reichsinsignien das Schwert. Erzbischof Hildibert von Mainz übergab es ihm mit den Worten: „Nimm hin das Schwert, mit dem Du alle Widersacher Christi, Heiden und Ketzer austreiben sollst auf Grund der Dir verliehenen göttlichen Vollmacht (auctoritas divina) und auf Grund der Macht (potestas) des ganzen Reiches der Franken, zur Befestigung des Friedens aller Christen.“ (W. Schlesinger 1962, S. 15). Das Schwert ist also auch Zeichen der auctoritas divina.

Man kann annehmen, daß der Zscherbener Gedenkstein einige Zeit nach dem Tode des Erzbischofs aufgestellt wurde und dabei vielleicht ein Mal aus Holz ersetzte.

Erwähnt sei noch die Wertschätzung, derer sich die mächtig aufstrebende Stadt Magdeburg erfreute. Brun nannte sie im vierten Kapitel seiner Vita Adalberti die „Theutonum nova metropolis“ (R. Wenskus 1956, S. 115). Diese Wertschätzung dürfte allgemein verbreitet gewesen sein und sich auch auf den ersten Erzbischof übertragen haben.

Nicht unwichtig ist das Patrozinium der Zscherbener Kirche. Sie ist dem heiligen Cyriacus geweiht. Cyriacus, ein römischer Märtyrer, war ein Opfer der Diokletianischen Verfolgung[3]). Sein Grab befand sich an der Via Ostiensis. Die Reliquien wurden im 9. und 10. Jh. nach Rom hineingebracht, 874 gelangte die erste Reliquie nach Deutschland. Otto der Große brachte eine Armreliquie nach Bamberg (A. P. Frutaz 1959, Sp. 118). Die Verehrung des heiligen Cyriacus scheint besonders im Gebiet des Margkrafen Gero verbreitet gewesen zu sein. So ist ihm dessen Stiftung Gernrode geweiht. Weiterhin finden wir das Patrocinium in Kloster Gröningen. Eine Gründung Geros ist auch die Magdeburger Cyriacuskapelle, die später Stephanus geweiht wurde, als sie in

[3]) Nach F. Doyé (1929, Bd. 1, S. 240) starb Cyriacus den Märtyrertod unter Maximian.

Halberstädter Besitz überging. Sollte es ein Zufall sein, daß die Zscherbener Kirche einem Heiligen geweiht ist, der besonders im 10. Jh. verehrt wurde?

Wenn wir den Zscherbener Reiterstein als Gedenkstein für Erzbischof Adalbert von Magdeburg ansehen und um die Jahrtausendwende datieren, so muß festgehalten werden, daß es in der fraglichen Zeit im Gebiet zwischen Harz und Saale bereits Großplastik gab. Es darf in diesem Zusammenhang an das Kruzifix aus dem Merseburger Dom erinnert werden, das H. Christiansson auf Grund eines Stilvergleichs mit der Christusdarstellung des Jellingesteines in die zweite Hälfte des 10. Jh. datiert (H. Christiansson 1953, S. 91, Abb. 13).

Zusammenfassung

In dem vorliegenden Beitrag wurde der Reiterstein von Zscherben vorgestellt. Es gelang, den Bildstein auf Grund eines historischen Datums zeitlich einzuordnen und mit dem im Jahre 981 in Zscherben erfolgten Tode des ersten Magdeburger Erzbischofs Adalbert zu verknüpfen[4]).

Literaturverzeichnis

Auer, J. 1962 — Militia Christi, in: Lexikon für Theologie und Kirche, Bd. 7, Sp. 418.

Busch, H., und Lohse, B. 1965 — Vorromanische Kunst und ihre Wurzeln, Frankfurt a. M.

Christiansson, H. 1953 — Jellingestenens bildvärld, in: Kuml 1953, S. 72–101.

Doyé, F. 1929 — Heilige und Selige der römisch-katholischen Kirche, Leipzig.

Förster, E. 1965 — Katalog der frühchristlichen Abteilung des Rheinischen Landesmuseums Trier, in: Frühchristliche Zeugnisse im Einzugsgebiet von Rhein und Mosel, Trier, S. 17–54, 71–83, 97–112.

Frutaz, A. P. 1959 — Cyriacus, in: Lexikon für Theologie und Kirche, Bd. 3, Sp. 118.

Hofmeister, Ph. 1960 — Ordenstracht, in: Religion in Geschichte und Gegenwart, 3. Aufl., Bd. 4, Sp. 1669–1670.

Küstermann, O. 1894 — Geschichte der Ansiedlungen in der Umgebung Merseburgs, Halle.

Oakeshott, R. E. 1960 — The Archaeology of Weapons, London.

Rice, D. T. 1965 — Morgen des Abendlandes. Von der Antike zum Mittelalter, München.

Schlesinger, W. 1962 — Kirchengeschichte Sachsens im Mittelalter, Köln/Graz, Bd. 1.

Schönermark, G. 1886 — Beschreibende Darstellung der älteren Bau- und Kunstdenkmäler der Stadt und des Saalkreises Halle.

Schulz, W. 1966 — Der Reiterstein von Zscherben, Saalkreis, und weitere dörfliche Steinmetzarbeiten des hohen Mittelalters im nördlichen Elb-Saale-Gebiet, in: Jahresschrift für mitteldeutsche Vorgeschichte 50, S. 307–320.

Steenbock, F. 1965 — Der kirchliche Prachteinband im frühen Mittelalter, Berlin.

Timerding, H. 1929 — Die christliche Frühzeit Deutschlands in den Berichten über die Bekehrer, Jena.

Wanckel, W. 1936 — Steinkreuze und Kreuzstäbe aus dem Kreise Kalbe, in: Jahresschrift für die Vorgeschichte der sächsisch-thüringischen Länder 24, S. 266–273.

Wenskus, R. 1956 — Studien zur historisch-politischen Gedankenwelt Bruns von Querfurt, Münster/Köln.

[4]) Für freundliche Hinweise habe ich Fräulein Dr. Frauke Steenbock und Fräulein Dr. Ingeborg Pape, beide Berlin, zu danken.

Zur Datierung der ottonischen Kirche zu Memleben

Von Ernst Schubert, Halle (Saale)

Im Jahre 1936 begannen in Memleben an der Unstrut, wo König Heinrich I. 936 gestorben ist, denkmalpflegerische Arbeiten und Forschungen. Die südlich der Unstrut gelegene Kirchenruine aus der ersten Hälfte des 13. Jh. wurde gesichert und, soweit möglich, das ursprüngliche Raumbild wieder erfaßbar gemacht (H. Giesau 1937/38, S. 16ff.). Grabungen wurden angesetzt, um die Lage und die Form der Pfalz festzustellen (H. Butschkow 1938). Die historischen Quellen wurden erneut zusammengetragen und interpretiert (H. Schurig 1936; H. Pieletzki und F. Schlüter 1936). Nach dem Kriege wurden diese Bemühungen weniger gezielt, aber mit bedeutenden Ergebnissen fortgesetzt, und zwar ausschließlich von seiten der mittelalterlichen Archäologie und Kunstgeschichte (F. Bellmann und G. Leopold 1964). Es konnte festgestellt werden, daß die monumentalen Reste von Steinmauern, die das heutige Volksgut zur Straße nach Nebra hin begrenzen, zu einer großen Kirche gehören müssen. Der Grundriß — dreischiffige Basilika mit apsidialem Ostchor und zwei Nebenapsiden am östlichen Querhaus, westlichem Querhaus und apsidialem Westchor, unter dem eine Krypta eingerichtet war oder werden sollte — legt die Vermutung nahe, daß es sich hier um die ottonische Klosterkirche handelt. Ihrer Entstehungsgeschichte gelten die folgenden Überlegungen.

Der Name Memleben wird schon zur Zeit Karls d. Gr. erwähnt[1]). Der Ort könnte jedoch wesentlich älter sein (H. Schurig 1936, S. 4f.). Unter König Heinrich I. muß in Memleben eine königliche Pfalz und gewiß auch eine Kirche bestanden haben, wie sich den Schilderungen von Heinrichs Tod im Jahre 936 entnehmen läßt[2]). Handelt es sich bei der aus diesem Anlaß erwähnten Kirche um die Pfalzkapelle?

Heinrichs Sohn und Nachfolger, König Otto I., hat nachweislich mehrmals die Pfalz Memleben besucht: 942, 948, 950 und 956[3]). Er hat den späteren Bischof Boso von Merseburg u. a. mit Memleben belehnt. Thietmar berichtet davon mit den folgenden Worten: „Außerdem erhielt er (Boso) schon vor seiner Erhebung (zum Bischof, also vor 968) auch alles den Kirchen zu Merseburg und Memleben gehörige Lehngut"[4]). Demnach gab es vor 968 mindestens eine Kirche in Memleben. Man wird weiter aus dieser Nachricht schließen dürfen, daß König Otto I., als er das der Kirche in Memleben gehörige Lehngut an Boso verlieh, an eine Klostergründung wohl nicht gedacht hat[5]).

Auch Otto I. ist in Memleben verstorben (R. Köpke und E. Dümmler 1876, S. 509f.). Widukind und Thietmar geben davon ausführliche Berichte. Widukind[6]): „Am Dienstag vor Pfingsten kam

[1]) Im sog. Breviarium S. Lulli, Dobenecker I, 70.

[2]) SS IV, S. 288, c. 8 und SS X, S. 577, c. 7. — Eine Kirche wird nur in der erst um 1010 verfaßten (jüngeren) Vita der Königin Mathilde (SS IV) erwähnt: „... regina ... moerore plena ecclesiam est ingressa ..." Trotz berechtigter Bedenken gegen die Glaubwürdigkeit der Vita gerade an den Stellen, die Persönliches berichten, wird man diese Nachricht für zutreffend halten dürfen; denn eine Kirche muß eigentlich vorhanden gewesen sein.

[3]) DD I, O. I., 48 (22. Juni 942); 113 (Ende 948); 130 (6. Dez. 950); 186 (5. Dez. 956); 187 (12. Dez. 956).

[4]) Thietmar, S. 75. Das Originalzitat lautet: „Beneficium autem omne, quod ad ecclesias in Merseburg et in Mimenlevo positas ac ad Thornburg et Kirberge pertinens fuit, antequam ordinaretur, optinuit" (S. 74).

[5]) Wäre eine Klostergründung vorgesehen gewesen, dann wäre jene Belehnung nicht erfolgt. — H. Schurig (1936, S. 7) interpretierte den Satz Thietmars: „Die Verleihung von Lehngut in Memleben an das neu gegründete Stift Merseburg durch Otto I., von der Thietmar von Merseburg berichtet, spricht deutlich gegen die Absicht einer Klostergründung" (!). — Vgl. auch W. Schlesinger 1962, S. 50.

[6]) S. 126: „Tertia feria ante pentecosten locum devenit, qui dicitur Miminlevu. Proxima nocte iuxta morem diluculo de lecto consurgens nocturnis et matutinis laudibus intererat. Post haec paululum requievit; missarum deinde

er nach Memleben. In der folgenden Nacht erhob er sich nach seiner Gewohnheit in der Morgendämmerung aus dem Bette und wohnte der Nacht- und der Frühmesse bei. Danach ruhte er ein wenig. Nach der Meßfeier tat er nach seiner Gewohnheit den Armen die Hand auf. Dann nahm er ein wenig zu sich und ruhte wiederum im Bett. Als es an der Zeit war, kam er hervor und ließ sich fröhlich und heiter zu Tische nieder. Nach der Mahlzeit wohnte er der Abendmesse bei. Nach dem Gesang des Evangeliums begann er schon zu fiebern und schwach zu werden. Als das die umstehenden Fürsten bemerkten, setzten sie ihn auf einem Sessel nieder ... Darauf bringt man ihn ins Schlafgemach ..." Thietmar erzählt[7]: „Von hier zog er am Dienstag vor Pfingsten nach Memleben und saß am folgenden Tage noch heiter bei Tische. Nach der Tafel aber, während des Vespergesanges, wurde er plötzlich schwach und ohnmächtig. Die ihn Umstehenden fingen ihn auf und legten ihn nieder. Er empfing sofort die Stärkung der hl. Wegzehrung, und während alle für sein Ende beteten, entrichtete er am Mittwoch, dem 7. Mai des 38. Jahres seiner Erhebung der Natur seinen Zoll. In der folgenden Nacht wurden seine Eingeweide gesondert in der St. Marienkirche beigesetzt. Seinen einbalsamierten Leichnam aber überführte man nach Magdeburg, wo er unter großen Ehren in tiefer Trauer empfangen und in einen marmornen Sarkophag gelegt wurde." Aus diesen beiden Berichten geht hervor, daß Memleben im Jahre 973 eine Marienkirche mit höchstwahrscheinlich mehreren Klerikern besaß. Thietmar erwähnt diese Kirche so selbstverständlich, daß man annehmen kann, zur Zeit der Niederschrift seines Berichts, im Jahre 1013[8]), habe sie noch bestanden; um es vorsichtiger zu formulieren: Thietmar war überzeugt, jene Marienkirche in Memleben, die er kannte, berge die viscera Ottos d. Gr. und habe schon 973 existiert.

Kaiser Otto II. hat sich in den Jahren 974, 975 und 980[9]) nachweislich in Memleben aufgehalten. Seine erste u. a. Memleben betreffende Urkunde ist auf den 1. August 976 datiert[10]). In ihr wird die Ausstattung des Bistums Zeitz mit Grundbesitz und Kirchen fixiert. Möglicherweise handelt es sich um die Beurkundung eines Rechtsvorgangs, der bereits unter Otto I. in die Wege geleitet, aber erst unter seinem Sohne zum Abschluß gebracht wurde, so daß sich nur die Beurkundung bzw. die endgültige Ausfüllung eines Blanketts bis zum Jahre 976 bzw. 977 verzögert hatte[11]). „Und zwei Kirchen in Memleben haben wir (der bischöflichen Kirche zu Zeitz) übereignet", heißt es dort. Der Zusammenhang macht eindeutig klar, daß Zeitz damals u. a. alle die Besitzungen zugesprochen wurden, die, wie Thietmar berichtet, Kaiser Otto I. Boso vor seiner Erhebung zum Bischof von Merseburg übergab[12]). Die wenigen Worte in dieser Urkunde sind in zweierlei Hinsicht aufschlußreich. Zunächst erfährt man, daß im Jahre 976, wahrscheinlich aber schon vor 968, dem Jahre der Einsetzung Bosos als Bischof in Memleben nicht nur eine, sondern bereits zwei Kirchen bestanden. Und der Text der Urkunde fordert den weiteren Schluß heraus, daß Otto II. im Jahre 976 doch eigentlich nicht daran gedacht haben kann, in Memleben ein unabhängiges Kloster zu gründen; denn sonst hätte er vermutlich gezögert, jene beiden Memlebener Kirchen der bischöflichen Kirche zu Zeitz zu übergeben.

Knapp drei Jahre später, am 20. Mai 979, hat jedoch in Memleben bereits ein Kloster bestanden. In einer unter diesem Datum ausgestellten Urkunde[13]) Kaiser Ottos II. wird nämlich festgehalten,

officiis celebratis pauperibus iuxta morem manus porrexit, paululum gustavit, iterumque in lecto requievit, Cum autem hora esset, processit, laetus et hilaris ad mensam resedit. Peracto ministerio vespertinis laudibus interfuit; peracto cantico evangelii aestuari atque fatigari iam coepit. Quod cum intellexissent principes circumstantes, sedili eum inposuerunt ... Transportatur inde in cubiculum ..."

[7]) S. 80 und 81: „Exin III. feria pentecosten ad Miminlevo veniens, postera die ad mensam laetus sedebat. Qua finita, cum iam vespera cantaretur, infirmari cepit et inclinare. Quem, qui astabant proxime, suscipientes deposuerunt; refocilatusque divino celeriter viatico, orantibus pro eius exitu cunctis, debitum persolvit naturae XXXVIII ordinationis suae anno Non. Mai. IIII. feria. Sequenti vero nocte viscera eius soluta in ecclesia sancte Mariae sunt tumulata; corpus autem eiusdem aromatibus conditum ad Parthenopolim translatum est ibique honorabiliter atque lacrimabiliter succeptum marmoreoque inpositum sarcophago".

[8]) Die ersten drei Bücher der Chronik entstanden im Verlaufe des Jahres 1013.

[9]) DD II, O. II., 87 (13. Aug. 974); 110 (11. Juni 975); 120 (24. Nov. 975); 213 (17. Feb. 980).

[10]) DD II, O. II., 139 (1. Aug. 976, Grona).

[11]) Vgl. Dobenecker I, Nr. 485, Anm. 1; vgl. auch den Kontext zu DD II, O. II., 139.

[12]) Natürlich ohne Merseburg. – Siehe oben und Anm. 4. – Vgl. dazu auch W. Schlesinger 1962, S. 50: Das Bistum Zeitz erhielt „schließlich drei Kirchen in Dornburg, zwei in Kirchberg und zwei in Memleben, jeweils mit ihrer Ausstattung, die sämtlich einst an Boso verliehen gewesen waren".

[13]) DD II, O. II., 191 (Allstedt).

daß der Kaiser vom Kloster Hersfeld die Kapellen in Allstedt, Osterhausen und Riestädt und den Zehnten im Friesenfeld und im Hessengau durch Tausch erworben und dem Klosterkonvent in Memleben übereignet habe. Der für Memleben entscheidende Passus lautet im Auszug: „Die vorgenannten Kapellen aber und Zehnten, die wir (Otto II.) durch Tausch erworben haben, haben wir einem gewissen Ort Memleben, der zu Ehren der hl. und unteilbaren Trinität und der immerwährenden Jungfrau Maria errichtet ist, wo auch unser Vater und Vorgänger den letzten Weg seines Erdendaseins antrat, übergeben und aus unserem Recht in das Recht und Eigentum des Abtes und der ihm unterstellten Mönche, die wir dort zum Dienste Gottes versammelt haben, durch Schenkung vollständig übertragen." Danach ist nicht zu bezweifeln, daß im Jahre 979 in Memleben bereits ein Mönchskonvent existierte[14]). Drei weitere Urkunden für Memleben, die zum Jahre 981 datiert sind, wurden sehr wahrscheinlich schon 979 verhandelt und entworfen[15]). Die durch sie verbrieften Schenkungen sind „riesenhaft und in diesem Umfang einzig dastehend" (W. Schlesinger 1962, S. 62). Der „Rahmentext" der drei Urkunden ist so gut wie identisch. Hier ist eine Wendung besonders beachtenswert. Die Schenkungen gehen „an einen gewissen Ort Memleben, der zu Ehren der immerwährenden Jungfrau, der Gottesmutter Maria, mit Mönchen, die unter mönchischer Satzung und Regel leben, von uns und unserer Ehefrau Theophanu in besonderer Ergebenheit und mit besonderem Aufwand begonnen und errichtet (inceptum et constructum) wurde, wo auch unser Erzeuger verstarb"[16]). Diese Formulierungen sind auffallend ausführlich. Wenn es u. a. heißt, Otto II. habe diesen Ort Memleben zu Ehren der hl. Maria begonnen und errichtet, obwohl doch schon die Eingeweide seines Vaters, wie Thietmar überliefert, in der St. Marienkirche in Memleben beigesetzt worden waren, dann muß man fragen, ob sich die Dinge wirklich so verhalten, wie der Text der Urkunden zu besagen scheint. Richtete etwa Otto II. in Memleben, wo bereits zwei Kirchen bestanden, in einer von beiden ein Kloster ein? Dann hätte er vermutlich die ältere Marienkirche lediglich als Kloster ausgebaut. Wird der den Abt und die Mönche betreffende Satz in der Urkunde vielleicht gebraucht, um zu erklären, daß die Schenkungen nicht an die bestehende Institution, die Marienkirche, in der, wie aus den Berichten vom Tode Ottos I. hervorgeht, auch schon mehrere Kleriker (Stiftsherren?) Dienst taten, sondern an eine neue, die klösterliche, gingen? Daß diese Interpretation nicht abwegig ist, ergibt sich auch aus Thietmars Gründungsbericht[17]): „Auf Veranlassung seiner frommen Mutter, unter deren Leitung er (Otto II.) aufwuchs, erwarb er durch rechtmäßigen Tausch Memleben, wo sein Vater gestorben war, und die Hersfeld gehörigen Zehnten. Er ließ Mönche kommen, stiftete eine freie Abtei, versah sie mit dem Erforderlichen und ließ sie durch ein päpstliches Privileg bestätigen." Das Privileg ist nur in Abschrift und ohne Eschatokoll überliefert[18]). Indessen läßt es sich ziemlich genau, und zwar ins Frühjahr 981, datieren. Im Regest wird der Inhalt wie folgt zusammengefaßt: „Papst Benedikt (VII.) verleiht dem Kloster Memleben die Benediktinerregel, den päpstlichen Schutz und die rechtliche Gleichstellung mit Fulda und Reichenau unter Einschränkung der Rechte des Diözesanbischofs." Der hier besonders interessierende Passus der Urkunde besagt: „vor allem weil der allerheiligste Kaiser Otto II. uns mitteilte, er habe

14) Ein genaues Gründungsdatum für das Kloster ist nicht bekannt. Vgl. dazu K. Uhlirz 1902, S. 122f. Die Annales Magdeburgenses datieren die Gründung zu 975 (SS XVI, S. 154), sind aber als jüngere Kompilation hier nicht von Belang. Auf Thietmars Nachricht zur Klostergründung wird im folgenden noch eingegangen. — H. Schurig 1936, S. 7: „Über die Gründung ist (in der Urkunde vom 20. Mai 979) nichts Näheres ausgesagt, sie ist aber nicht lange vor dem Ausstellungsdatum der Urkunde, dem 20. Mai 979, anzusetzen. Vielleicht ist sie am 7. Mai, dem Todestag Ottos I., erfolgt". K. Lübeck 1943, S. 72: „(Benediktinerkloster Memleben), das Kaiser Otto II. ... 975 ... ins Leben gerufen hatte."

15) DD II, O. II., 194—196 (21. Juli 981). Zur Datierung des Actum vgl. auch Dob. I, 517, Anm. 1. Vgl. dazu auch Lübeck, S. 72f.: „Die Dotierung des Klosters Memleben durch Otto II."

16) „. ad quendam locum Mimeleuo dictum in honore sanctae dei genitricis semperque virginis Mariae cum monachis sub monastica institutione et regula degentibus a nobis nostraque contectali Theophanu speciali devotione et sumptu inceptum et constructum, ubi idem iam prefatus genitor noster diem sortitus est ultimum."

17) S. 84 und 85: „Piae genitricis suae instinctu, cuius gubernaculo vigebat, Miminlevo, ubi pater suus obiit, iusto acquisivit concambio decimasque, quae ad Herevesfeld pertinebant; et congregatis ibi monachis, liberam fecit abbaciam datisque sibi rebus necessariis, apostolico confirmavit privilegio."

18) H. Weirich, Abdruck des Textes der Urkunde S. 92f. In diesem ausgezeichneten Aufsatz wird u. a. auch die Gründung des Klosters Memleben erneut untersucht. Unter Heranziehung aller Quellen und fast der gesamten einschlägigen Literatur kommt W. zu dem Schluß: Sehr wahrscheinlich hat Kaiser Otto II im Jahre 979 ein Immunitätsdiplom für Memleben ausgestellt. Dieses Diplom, die Stiftungsurkunde, ist aber verloren.

im Thüringer Gebiet, in dem Ort Memleben, eine Kirche und ein Kloster mit mönchischer Unterweisung und zum Lobe und Ruhme Gottes und unseres Erretters Jesu Christi und zugleich seiner hl. Mutter und immerwährenden Jungfrau Maria mit allerlei Aufwand errichtet zum Seelenheile seines gleichnamigen allerheiligsten Erzeugers und erhabenen Mitkaisers, der ebendort, vorher von Krankheit ereilt, seine sterbliche Hülle verlassen hatte"[19]). „Er habe mit allerlei Aufwand eine Kirche und ein Kloster mit mönchischer Unterweisung errichtet", führt die Urkunde aus. Bedeutet das, Otto II. habe in Memleben eine Kirche mit Klausur erbauen lassen? Wäre diese Interpretation stichhaltig, dann wäre die Frage nach der Bauzeit der ottonischen Kirche in Memleben beantwortet: Sie müßte zwischen 973 — Tod Ottos I. und Regierungsantritt seines Sohnes — und 981 — Ausstellung des Diploms Papsts Benedikts VII. — entstanden sein. Die außerordentlich monumentale Anlage wäre dann in ungemein kurzer Zeit erbaut worden. Bei näherem Zusehen kann man sich jedoch damit nicht zufriedengeben. Es geht hier um einen Rechtsakt. Das Papstprivileg wird nicht einem Bauwerk, sondern einer geistlichen Institution ausgestellt, deren rechtlicher Status dadurch verändert wird. Um die Sonderrechte dieser Institution festlegen zu können, mußte ihr bisheriger Status skizziert werden. Das geschah u. a. mit der Feststellung: Otto II., der Kaiser, hat diese geistliche Einrichtung gegründet, und zwar ein Kloster. Dieser kaiserlichen Gründung wird vom Papst die Benediktinerregel, der päpstliche Schutz und die rechtliche Gleichstellung mit Fulda und Reichenau unter Einschränkung der Rechte der Diözesanbischofs verliehen. So gesehen ist von Bauten in der Papsturkunde überhaupt nicht die Rede. Es muß tatsächlich offen bleiben, ob mit der Wendung „se aecclesiam et monasterium construxisse" Bauten oder die Institition oder beides gemeint sind. Es kommt hinzu, daß man solche und ähnliche Formulierungen nicht zu sehr pressen darf: Nimmt man an, Otto II. habe in Memleben bereits einen repräsentativen Kirchenbau mit mehreren und für mehrere Kleriker vorgefunden und ihn lediglich für die Nutzung durch einen großen Klosterkonvent ausgebaut, dann würde auch das in der Urkunde kaum anders umschrieben werden als mit einem dem zitierten ähnlichen Passus. Schließlich muß darauf hingewiesen werden, daß es sich hier um eine Papsturkunde handelt, die auf die Bitte des Memlebener Abts zurückgeht und in der angezogenen Stelle eine kürzlich erfolgte mündliche Unterrichtung durch den Kaiser wiedergibt. Man muß also damit rechnen, daß zwar gewiß der rechtlich relevante Teil exakt ist, rechtlich irrelevante erzählende Details aber könnten verkürzt dargestellt sein. Die Urkunde allein berechtigt jedenfalls nicht zu der Feststellung, die ottonische Kirche in Memleben sei von Kaiser Otto II. zwischen 973 und 981 erbaut worden. Diese These bedürfte der Untermauerung durch weitere zeitgenössische Zeugnisse. Wie ist der eben zitierte Gründungsbericht Thietmars zu verstehen?

Es ist dies die erste Nachricht Thietmars aus der Regierungszeit Ottos II. Man darf dieser Feststellung nicht entnehmen, daß die Klostergründung eine der ersten Regierungstaten des Herrschers war, also möglicherweise schon im Jahre 973 erfolgte; denn dagegen spricht die erwähnte Unterstellung Memlebens unter Zeitz im Jahre 976[20]). Das Jahr 976 ist gewiß ein einigermaßen sicherer Terminus post quem für die Klostergründung. Darf man aber aus der Tatsache, daß Thietmar die wahrscheinlich erst nach 976 erfolgte Klostergründung in Memleben an den Beginn seiner Erzählung der Taten Ottos II. stellt, den Schluß ziehen, daß dies ein Ereignis war, dem der Chronist besondere Bedeutung beimaß? Kaum, denn er konnte auf diese Weise direkt an den im vorhergehenden Buche beschriebenen Tod Ottos I. anknüpfen, und er betont folgerichtig auch den Anteil der Kaiserin-Mutter und deren Einfluß auf den Sohn, auch das gewissermaßen eine gedankliche Weiterführung. Thietmar hat der Klostergründung jedenfalls schon durch die Stellung am Anfang eines Buchs ungeteilte Aufmerksamkeit gesichert. Was er berichtet, ist durchaus plausibel. Wo der Vater starb, führte der Sohn Mönche zusammen und errichtete eine freie Abtei, nachdem er ihnen alles Erforderliche gegeben hatte. „Liberam fecit abbaciam" sagt Thietmar, aber er berichtet nichts davon, daß der Kaiser auch jene ungewöhnlich große Kirche erbauen ließ. Daß ausgerechnet Thietmar, der diese Kirche selbst gesehen hat, kein Wort darüber verliert, wer sie errichten ließ, ist auffällig, zumal seine Erzählung von der Klostergründung in Memleben unter Otto II., wo er detaillierte Angaben

[19]) H. Weirich 1936, S. 92: „... maxime quia sanctissimus imperator Otto secundus ... nobis ... suggessit se in partibus Thuringiae in loco qui dicitur Mimileuo aecclesiam et monasterium sub instructione monachica et ad laudem et gloriam dei et salvatoris nostri Iesu Christi simulque sanctae ipsius genitricis et perpetuae virginis Mariae pro remedio animae sanctissimi genitoris sui aequivoci et coimperatoris augusti, qui ibidem infirmitate preventus hominem exuerat ... cum omnigenis sumptibus construxisse."

[20]) Siehe oben Anm. 10.

macht, zu einer Bemerkung über die Gründung dieser Kirche herausforderte. Wenn sie auf Otto II. zurückging, wenn sie im Zuge der Klostergründung errichtet wurde, dann hätte er das, so muß man annehmen, gewiß auch überliefert. Darf man Thietmars Bericht entnehmen, daß die ottonische Kirche in Memleben schon vor der Klostergründung bestand?

Eine weitere Urkunde Ottos II. zugunsten Memlebens ist erhalten[21]). Sie wurde am 22. September 980 in Wallhausen ausgestellt. Ihr zufolge wurden bestimmte Schenkungen „zum Seelenheile unseres Herrn Vaters, nämlich des erhabenen Kaisers Otto (I.), und für die Stellung und Unversehrtheit unseres Regnum und Imperium der hl. Gottesmutter Maria und den Mönchen in Memleben übergeben, die (dort) Tag und Nacht Gott und, wie gesagt, der hl. Gottesmutter Maria dienen, wo unser Herr Vater, der Kaiser Otto, verstarb." Weiter heißt es in dieser Urkunde: „(haben wir in ständigen Besitz gegeben) der hl. Gottesmutter und den Mönchen, die nach der Regel des hl. Benedikt in Memleben Gott unaufhörlich dienen". Anlaß zur Einsetzung eines Benediktiner-Mönchskonvents in Memleben war demnach, wie zu erwarten, in erster Linie die Absicht, am Sterbeort für das Seelenheil des verstorbenen Vaters zu sorgen. Die Wendung „pro statu et incolomitate regni vel imperii nostri" scheint die Absicht der Totenfürsorge für den verstorbenen Vater zu verknüpfen mit dem Gedanken der Repräsentation. Der Sterbeort des Kaisers hat Bedeutung für dessen Familie und das Regnum bzw. Imperium. Der Text der Urkunde wirft zwangsläufig die Frage auf, ob man nicht ähnliche Überlegungen auch schon beim Tode König Heinrichs I. angestellt habe. Der gleiche Anlaß hat 936 auch schon vorgelegen. Ist damals nichts ähnliches geschehen?

Kaiser Otto III. ist 987 und 994 in Memleben nachweisbar[22]). Auch unter seiner Regierung erfreute sich das Kloster der besonderen kaiserlichen Gunst. Im Jahre 994 verlieh Otto III. dem Kloster für den Ort Memleben die Markt-, Münz- und Zollgerechtsame mit dem königlichen Bann[23]). Die darüber ausgefertigte Urkunde ist bemerkenswert nicht nur des Rechtsinhalts, sondern auch ihrer Interventionszeile wegen: Die Verleihung geschah auf die Bitte „unserer geliebten Großmutter Adelheid, der erhabenen Kaiserin nämlich". Die Gemahlin Ottos I. hat sich also auch weiterhin besonders um den Sterbeort ihres kaiserlichen Gemahls gekümmert[24]). Die letzte Urkunde Ottos III. für Memleben wurde Ende 998 ausgestellt[25]). Damals schenkte der Kaiser zu seinem und seiner Eltern Seelenheil dem Kloster die dem Reiche gehörige Stadt Wiehe mit allem Zubehör. Jedem aber, hoch oder niedrig, der es wagt, das Kloster in diesem Besitz zu belästigen, wird eine Strafe von 1000 Pfund des besten Goldes angedroht, die halb an den Fiskus, halb an den Abt zu entrichten ist. Die Höhe des Bußgeldes ist ungewöhnlich. Wurde der Klosterbesitz angefochten?

Die Schenkungen beweisen, daß auch Otto III. Memleben besonders gefördert hat. Abgesehen vielleicht von politischen Erwägungen, die ihn dazu bestimmt haben könnten (vgl. H. Schurig 1936, S. 8ff., bes. S. 11), wird für ihn die Fürsorge für den Großvater, der in Memleben verstorben war, im Vordergrund gestanden haben. Seine Großmutter hat ihn darin bestärkt. In Memleben waren die beiden ersten großen Herrscher seines Geschlechts, sein Urgroßvater und sein Großvater, aus dem Leben geschieden. Jedesmal, wenn der kaiserliche Hof dorthin kam, hat man natürlich daran gedacht und vermutlich davon gesprochen. Das Prestige des Geschlechts forderte eine würdige Ausgestaltung jenes Ortes. Diese Verpflichtung wurde sowohl von Otto II. als auch von Otto III. wahrhaft kaiserlich erfüllt.

Drei Memlebener Äbte sind namentlich bekannt. Im Privileg Papst Benedikts wird ein Abt Boio genannt[26]). Sein Nachfolger war ein 991 erwähnter Bischof Vunniger, Abt von Memleben[27]). Vunniger war Missionsbischof von Posen. Wie lange er zugleich Abt von Memleben gewesen ist, bleibt unklar. Von 992—1015 amtierte Reginold als Abt von Memleben. Auf seine Bitte bestätigte König Heinrich II. im Jahre 1002, dem Jahre seines Regierungsantritts, dem Benediktinerkloster zu Memleben die Freiheit und Besitzungen, die ihm Kaiser Otto II. verliehen hatte, und stellte das

[21]) DD II, O. II., 288.
[22]) DD II, O. III., 39 (27. Aug.) und 151 (15. Okt.).
[23]) DD II, O. III., 142 (2. Jan.).
[24]) Siehe oben und Anm. 17.
[25]) DD II, O. III., 305 (30. Nov.). Die Schenkungen Ottos III. für Memleben sind zusammengefaßt bei Lübeck, S. 75f.
[26]) Vgl. H. Schurig 1936, S. 10, und die Urkunde Benedikts VII. (H. Weirich 1936, S. 92) vom Frühjahr 981.
[27]) DD II, O. III., 75.

Kloster rechtlich den Klöstern Fulda, Corvey und Reichenau gleich[28]). Auf Einzelheiten braucht hier nicht näher eingegangen zu werden. Nicht nur der Besitz des Klosters war durch die zahlreichen kaiserlichen Schenkungen außergewöhnlich groß geworden, auch seine rechtlichen Befugnisse hoben es in eine Sonderstellung. Memleben wurde nun in einer kaiserlichen Urkunde als viertes neben den drei bedeutendsten Klöstern des Reichs genannt.

Von einem Aufenthalt Heinrichs II. in Memleben verlautet in den Quellen nichts. Er war mit seinen hier verstorbenen Amtsvorgängern zwar direkt verwandt, König Heinrich I. war sein Urgroßvater, Kaiser Otto I. ein Bruder seines Großvaters, aber doch nicht so eng, daß ihn familiäre Bindung Memleben unmittelbar verpflichtet hätte. Nur so ist es begreiflich, daß er das durch Familientradition geförderte und geschützte Kloster eigenen Interessen opferte. Er hat es tatsächlich zum Untergang verurteilt, indem er es insgesamt dem Kloster Hersfeld übereignete. Die darüber ausgestellte Urkunde ist vom 5. Februar 1015[29]). Ihr Text führt aus: „... daß wir (Heinrich II.) getrieben von der Liebe zu Gott und zum Heile unserer Seele sowie in Erwägung des Mangels einer gewissen Memleben genannten Abtei und im Anblick der Not der dort Gott dienenden Brüder beschlossen haben, ihnen auf diese Weise zu helfen, daß wir dieselbe Abtei der Hersfelder Abtei übergeben, und zwar in der Absicht, daß durch die Tüchtigkeit des Abts jener Abtei, Arnold, und seiner Nachfolger sowie durch den Reichtum eben dieser Abtei die Notlage der bereits genannten Brüder (aus Memleben) behoben würde". Im weiteren Verlaufe ist dann direkt von einer Schenkung des Memlebener Klosters an das Kloster Hersfeld die Rede. — Die Begründung kann man nicht ernst nehmen, denn das Kloster Memleben war zu reich. „Mangel und Not" sind offensichtlich vorgeschoben. Man hat demnach zu fragen, was den Kaiser wirklich bewogen hat, das Kloster zu verschenken, und diese Frage ist mit Hilfe fast gleichzeitiger Kaiserurkunden relativ klar zu beantworten.

Im Zusammenhang mit der „Aufhebungsurkunde", die am 5. Februar in Frankfurt ausgestellt wurde, stehen vier weitere Urkunden, die zum 26. Januar[30]) bzw. ebenfalls zum 5. Februar[31]) datiert und alle wie die „Aufhebungsurkunde" in Frankfurt verhandelt worden sind. Sämtliche Urkunden betreffen Tauschgeschäfte des Kaisers mit dem Kloster Hersfeld zugunsten Bambergs. Es ging also auch bei der Schenkung Memlebens an Hersfeld letztlich um die Ausstattung des Lieblingssitzes des Kaisers, den er dereinst — wie König Otto I. Magdeburg — seiner Gemahlin zur Mitgift gegeben hatte, und der seine besondere Förderung erst recht erfuhr, als er sich kinder- und erbenlos sah und deswegen „den Gedanken ergriff, gewissermaßen Gott zu seinem Erben einzusetzen" (vgl. A. Hauck 1958, S. 421). Vermutungen, wonach der Missionsauftrag Memlebens auf Grund der veränderten politischen Lage mindestens vorerst hinfällig geworden war und das Kloster mit seinem weiten Besitz den kirchenpolitischen Absichten des Kaisers im Wege gestanden hat[32]), finden in den literarischen Quellen keine Bestätigung. Noch weniger plausibel ist die Annahme, die Schenkung an Hersfeld bzw. die Unterstellung unter Hersfeld seien „Maßnahmen zur Klosterreform[33]), zumal von Verfehlungen des Memlebener Konvents, die man dann doch als willkommene Begründung betont hätte, nichts verlautet. Bezeichnend ist, was Thietmar von Merseburg zur Aufhebung des Klosters Memleben schreibt: „Zu vermerken und zu berichten ist ferner nicht ohne schwere Beklemmung, daß Kloster Memleben seine seit alters bestätigte Freiheit mit Untertänigkeit vertauschen mußte. Es wurde nämlich sein Abt Reinhold abgesetzt, die Brüder weithin zerstreut und das Kloster der Hersfelder Kirche und ihrem damaligen Abt Arnold unterstellt"[34]). Deutlich spürt man in den Worten

[28]) DD II, H. II., 25 (16. Nov.). Vgl. zu dieser Urkunde Lübeck, S. 77f. L. bietet eine detaillierte Interpretation des rechtlichen Inhalts.

[29]) DD III, H. II., 331.

[30]) DD III, H. II., 329, 330.

[31]) DD III, H. II., 332a, 332b.

[32]) Vgl. H. Schurig 1936, S. 11f. – Daß das Kloster der ihm zugedachten kirchenpolitischen Aufgabe nicht gerecht wurde (vgl. W. Schlesinger 1962, S. 62), ist zwar eine einleuchtende Vermutung, aber gewiß nicht der ausschlaggebende Grund für seine Aufhebung gewesen.

[33]) Vgl. Thietmar, S. 387, Anm. 115. Vgl. dazu auch Lübeck, S. 82f. Nach L. ist die „Verarmung und bedenkliche Notlage Memlebens" nicht zu bezweifeln, und die Aufhebung geschah im Zuge der Reformbewegung aber zugleich in politischer Absicht.

[34]) S. 387. – S. 386: „Notandum quoque est et non absque singultu gravi proferendum, quod monasterium in Miminlevo constitutum a libertate diu corroborata in servitutem redactum est. Deposito namque eiusdem coenobii abbate Reinoldo dispersisque late confratribus hiis Heresfeldensi aecclesiae eiusque tunc provisori Arnoldo illud subditum est."

des Chronisten, der natürlich genau wußte, was gespielt wurde, heftige Mißbilligung. Die angegebenen Gründe in der Aufhebungsurkunde vom 5. Februar 1015 sind also tatsächlich vorgeschoben. Es hatte gar nicht die Absicht bestanden, „der Not der Gott in Memleben dienenden Brüder" zu steuern, sondern sie waren vertrieben, ihr Abt abgesetzt worden — vermutlich weil sie sich gegen die ungerechte Liquidierung ihres Klosters gewehrt hatten. Man darf demnach nicht damit rechnen, daß das Kloster Memleben im Jahre 1015 verarmt war, sondern muß annehmen, daß es bis dahin — das Stift lebte nach 1015 als Hersfelder Propstei weiter[35]) — ein sicherlich blühendes und gewiß reiches Stift war.

Soweit die wichtigsten Fakten bis zum Jahre 1015. — Was kann man den literarischen Quellen über Bauten in Memleben in ottonischer Zeit entnehmen? Seit Heinrichs I. Zeit muß dort eine Pfalz mit den zugehörigen Gebäuden bestanden haben. Man erfährt jedoch weder etwas über ihre genaue Lage noch über ihre Errichtung oder Veränderungen. Die Pfalz besaß natürlich eine Kirche bzw. Kapelle. Auch von ihr ist nirgends direkt die Rede. Zum ersten Male wird eine Memlebener Kirche erwähnt anläßlich des Todes König Heinrichs I. Er starb in dem Augenblick, da seine Gemahlin Mathilde die Memlebener Kirche betrat, um für ihn zu beten[36]). Kaiser Otto I. verlieh dann das Lehngut der Memlebener Kirche oder Kirchen noch vor dem Jahre 968 an den Missionar und späteren Bischof von Merseburg Boso, und zwar zusammen mit dem Lehngut der Kirchen zu Merseburg, Dornburg und Kirchberg[37]). Damit wurde Memleben dem zuverlässigsten, tüchtigsten und einflußreichsten Geistlichen unterstellt, der zu dieser Zeit im Gebiete der späteren Suffragane der Erzdiözese Magdeburg zur Verfügung stand. Als dann die neuen Grenzen für die Bistümer Merseburg, Meißen und Zeitz festgelegt wurden, kam diese Boso anvertraute Besitzmasse mit Ausnahme Merseburgs an Zeitz — beurkundet erst 976 oder 977, festgelegt wahrscheinlich schon zu Lebzeiten Ottos I.[38]). In Memleben bestanden nach dieser Urkunde bereits zwei Kirchen. Seit wann, darüber kann kaum ein Zweifel sein. Nimmt man einmal an, daß zu Heinrichs I. Zeiten in Memleben lediglich die Kirche der königlichen Pfalz vorhanden gewesen ist, eben die Kirche, in der die Königin Mathilde betete, dann muß die zweite erwähnte Kirche von Otto I. errichtet worden sein. Da sie sehr wahrscheinlich schon zu dem Besitzkomplex gehört, den Boso vor seiner Einsetzung zum Bischof von Merseburg erhielt[39]), wird die Zeit ihrer Entstehung noch weiter eingeengt. Ihre Gründung muß dann in die Zeit vor 968 fallen. Diese Feststellung deckt sich mit der Tatsache, daß Otto I., abgesehen von seinem Aufenthalt im Jahre 973, als er in Memleben starb, offenbar nur vor dem Jahre 968 mehrfach in Memleben war. Er könnte den Bau bei einem Aufenthalt in Memleben initiiert und sich in weiteren Besuchen von den Fortschritten der Arbeiten überzeugt haben. Otto I. hat bezeichnenderweise gerade in seinen frühen Regierungsjahren mehrfach in Memleben geurkundet: 942, 948, 950, 956[40]). Bis zum Jahre 941 dauerte die erste Phase seiner Regierung, die durch Aufstände und Empörungen gegen seine Herrschaft gekennzeichnet ist. Glück und Erfolg waren schließlich auf der Seite des neuen Königs, aber vor 941 ist er praktisch nicht zur Ruhe gekommen. 942 konnte seine Macht allgemein als gefestigt gelten. Am 22. Juni dieses Jahres hat er zum ersten Male in Memleben geurkundet[41]). Ziemlich genau sechs Jahre zuvor, am 2. Juli 936, war am gleichen Ort sein Vater verstorben. Hat er damals (942) jene zweite Kirche in Memleben gestiftet? Ist sie als Kirche zum Totendienst für den Vater entstanden? Waren die dort schon zu Ottos I. Zeit tätigen Geistlichen eine stiftische Kongregation speziell für diese Aufgabe?

Eben diese von Otto I. gestiftete Kirche dürfte noch vor 968 Boso anvertraut worden sein; später erhielt sie das Zeitzer Hochstift. Wenn es dann anläßlich des Todes Ottos I. in Memleben heißt,

35) Die darauf bezüglichen Quellen sollen demnächst in einer Studie zur Baugeschichte und Datierung der Memlebener Kirchenruine aus der ersten Hälfte des 13. Jahrhunderts zusammengefaßt werden.

36) Siehe oben Anm. 2.

37) Siehe oben Anm. 4.

38) Siehe oben Anm. 10 und 11.

39) Dieser Schluß liegt nahe, wenn man die Thietmarstelle (Anm. 4) mit der Urkunde von 976 bzw. 977 (Anm. 10) vergleicht. Beide Male ist von der gleichen Besitzmasse die Rede. Die Thietmarstelle läßt zwei Interpretationsmöglichkeiten zu: „der Kirche" oder „den Kirchen" (zwei Kirchen) zu Memleben gehörig. Der Vergleich mit der erwähnten Urkunde muß hier den Ausschlag geben. Thietmar hat demnach gemeint (und er dürfte damit recht haben), in Memleben hätten schon von 968 zwei Kirchen bestanden (W. Schlesinger 1962, vgl. Anm. 12).

40) Siehe oben Anm. 3.

41) DD I, O. I., 48.

die Eingeweide des Kaisers seien dort in der Marienkirche beerdigt worden, dann wird man weiter folgern dürfen: Die sehr wahrscheinlich von Otto I. selbst gestiftete Kirche stand damals schon mindestens in großen Teilen, und sie war der hl. Maria geweiht; denn daß mit dieser Marienkirche eine ältere Pfalzkapelle gemeint ist, wäre dann nicht mehr zu erwarten: Wenn Otto I. in Memleben eine Kirche gestiftet hat, dann sind seine viscera natürlich auch in ihr, nicht in einer anderen, älteren und vermutlich viel kleineren Kirche beigesetzt worden.

Ottos II. Vater und Großvater waren in Memleben verstorben. Er fand dort einen fertigen oder fast fertigen neuen Kirchenbau, die Marienkirche, vor. Zwar war das nicht die Grabeskirche seiner beiden Vorfahren und Vorgänger, sie wurden in Quedlinburg bzw. Magdeburg bestattet, aber der Ort war ein Ort des Totengedenkens geworden. Macht man sich klar, was Otto II. tun konnte, um diesen Platz in würdiger Weise zu erhöhen, dann sind die von ihm getroffenen Maßnahmen folgerichtig. Er richtete ein reiches freies Kloster ein und schuf damit noch bessere Voraussetzungen zum ständigen geistlichen Dienst, „bei Tage und bei Nacht“[42]. Daß im Mittelpunkt dieser geistlichen Übungen die Fürbitte für die Verstorbenen gestanden hat, kommt zwar nur indirekt zum Ausdruck[43], ist aber selbstverständlich.

So gesehen widersprechen sich die literarischen Quellen nicht im mindesten. Otto I. läßt in Memleben eine Marienkirche für den Totendienst für seinen Vater errichten und mit mehreren Klerikern besetzen. Er unterstellt sie dem von ihm besonders geschätzten Boso. Bei der Bistumseinteilung fällt sie dem neuen Bistum Zeitz zu, was erst unter Otto II. verbrieft wurde. Unmittelbar danach hält Otto II. es aber für besser, die Übertragung rückgängig zu machen. In Memleben wird nun ein besonders reiches, selbständiges Kloster gestiftet — vielleicht auf ausdrücklichen Wunsch der Kaiserin Adelheid, der Witwe Ottos I. Die Wendung „inceptum et constructum“ in den drei zu 981 datierten Urkunden[44] betrifft nicht einen neuen Kirchenbau, von dem auch nirgends die Rede ist, sondern die Einrichtung einer neuen kirchlichen Institution, die Gründung des selbständigen Klosters. Der Text der Urkunden ist durchaus nicht unscharf, wie man zunächst meinen könnte[45]. Im Gegenteil: Es ging darum, deutlich zu machen, daß die großen Schenkungen nicht für die dem Zeitzer Bistum unterstellte Memlebener Kirche bestimmt waren, sondern für das soeben in dieser Marienkirche zu Memleben gegründete freie Kloster. — Unter Otto III. wird dann zum ersten Male das „monasterium Mimileue“ genannt[46].

Bisher gilt es als erwiesen, daß der teilweise erhaltene ottonische Kirchenbau in Memleben in der Regierungszeit Ottos II. begonnen wurde[47]. Dagegen sprechen mehrere Überlegungen. Vor allem: Schon Otto I., nicht erst Otto II. mußte daran gelegen sein, am Sterbeort seines Vaters eine repräsentative Kirche zu errichten. Tatsächlich hat es bereits zu Ottos I. Zeit in Memleben zwei Kirchen gegeben. Eine von ihnen hat dasselbe Patrozinium wie das nachweislich von Otto II. gestiftete Kloster. Von Otto I. ist keine Urkunde speziell für Memleben erhalten. In den von Otto II., Otto III. und Heinrich II. für Memleben ausgestellten Urkunden ist vom Kirchenbau expressis verbis nicht die Rede. Das trifft ebenso zu auf das Privileg Papst Benedikts VII. aus dem Jahre 981. Der Text aller dieser Urkunden verbietet zwar nicht den Schluß, Otto II. habe in Memleben ein Benediktinerkloster und den dazu erforderlichen Kirchenbau errichten lassen, erlaubt aber ebenso die Annahme, das von Otto II. gegründete Kloster habe eine schon von Otto I. begonnene, vielleicht weitgehend fertige Kirche übernommen und für seine Zwecke aus- oder weitergebaut. Auch Thietmar, der von der Gründung des Klosters durch Otto II. an hervorragender Stelle, detailliert und, wie die Urkunden zeigen, durchaus zutreffend berichtet, feiert Otto II. nicht zugleich als Erbauer der Klosterkirche. Thietmar hat den zu seiner Zeit gewiß einzigartigen, ungewöhnlich monumentalen Bau gesehen, der erheblich größer war als seine Merseburger Kathedrale. Wenn er Otto II. als Stifter des Memlebener Klosters ausdrücklich nennt und in diesem Zusammenhang Einzelheiten überliefert, von der Errichtung dieser Kirche aber nichts schreibt, dann muß man eigentlich annehmen, sie sei nicht

[42] Siehe oben Anm. 21.

[43] Narratio der Urkunde Anm. 21.

[44] Siehe oben Anm. 15.

[45] Der entsprechende Passus zitiert in Anm. 16.

[46] DD II, O. III., 180 (26. Okt. 995): „... ad monasterium Mimileue vocatum ...“

[47] Zuletzt F. Bellmann und G. Leopold 1964, S. 354: „Nach des Vaters Tod stiftete Kaiser Otto II. in Memleben ein Benediktinerkloster“. Vgl. auch ebenda S. 361.

von Otto II. erbaut worden. Damit erhalten Hinweise auf Otto I. als Initiator der Memlebener ottonischen Kirche besonderes Gewicht.

Eine absolut stichhaltige Datierung ist auf Grund der literarischen Überlieferung m. E. nicht möglich. Im Gegensatz zur bisherigen Forschung hat man aber auch mit den folgenden Daten zur Baugeschichte zu rechnen: Die Errichtung des Kirchenbaus könnte schon auf Otto I. zurückgehen, begonnen vielleicht unmittelbar nach dem Aufenthalt des Kaisers in Memleben im Jahre 942. Als Otto I. 973 in Memleben verstarb, wurden seine viscera in dieser Kirche beigesetzt[48]). In der Regierungszeit Ottos II. könnten Veränderungen an dieser Anlage vorgenommen und müßten die Klausurgebäude für einen großen Klosterkonvent hinzugefügt oder erweitert worden sein. Nach dem Jahre 1015 ist nicht mehr mit Bautätigkeit für das Memlebener Kloster zu rechnen. Die Kirche dürfte mehr und mehr verfallen sein. — Da um 1200 ein Neubau entstand — ausgedehnte Reste von ihm sind erhalten — wird der ottonische Bau damals schon in heillosem Zustand gewesen sein.

Zusammenfassung

Kaiser Otto II. stiftete in Memleben ein Kloster für Benediktiner-Mönche. Die in Memleben nur in Resten erhaltene, teilweise ergrabene Kirche aus ottonischer Zeit wird bisher ebenfalls in die Regierungszeit Ottos II. datiert.

Die Kirche könnte jedoch älter sein. Wahrscheinlich hat schon König Otto I. im Jahre 942 in Memleben — wo sein Vater verstarb — jenen repräsentativen Kirchenbau begonnen und mehrere Geistliche angesiedelt. Otto II. hätte dann das Werk seines Vaters, der ebenfalls in Memleben gestorben ist, wahrhaft kaiserlich vollendet: Einrichtung eines außergewöhnlich reichen Klosters, Weiterführung, vielleicht auch Abschluß der Baumaßnahmen.

Literaturverzeichnis

Bellmann, F., und Leopold, G. 1964 — Die ottonische Abteikirche Memleben, in: Varia archaeologica, Berlin, S. 354—363.

Brotuff, E. 1557 — Chronica und Antiquitates des alten kaiserlichen Stiffts ... Marsburg, Leipzig.

Butschkow, H. 1938 — Was brachten die Grabungen nach der kaiserlichen Pfalz Memleben? in: Nachrichtenblatt für deutsche Vorzeit 14, S. 81ff.

DD — Monumenta Germaniae historica. Diplomata.

DD I, O. I. — Diplomata Bd. I, Otto I.

DD II, O. II. — Diplomata Bd. II, Otto II.

DD II, O. III. — Diplomata Bd. II, Otto III.

DD III, H. II. — Diplomata Bd. III, Heinrich II.

Dobenecker, O. 1896 — Regesta diplomatica necnon epistolaria historiae Thuringiae, 1. Bd. (c. 500 — 1152), Jena.

Giesau, H. 1937/38 — Denkmalpflege an den Stätten Heinrichs I. und Ottos I., in: Jb. der Denkmalpflege in der Provinz Sachsen und in Anhalt, S. 9—32.

Hauck, A. 1958 — Kirchengeschichte Deutschlands, 3. Teil, 9. unver. Aufl., Berlin.

Köpke, R., und Dümmler, E. 1876 — Otto d. Gr. (Jb. d. dt. Reiches), Leipzig.

[48]) Was schon Brotuff, der als Schulverwalter von Schulpforta öfter in Memleben gewesen sein dürfte, berichtet: (Ottos I.) „Eingeweide ward zu Meimleube in unser lieben Frawenkirche, welche etwan hie forn an der Stras gestanden, darvon noch etliche ruine rudera und alte Mauern stehen, begraben" (II. Buch, 1. cap., fol. 53). Brotuff kann hier nicht etwa die Kirche des 13. Jahrhunderts meinen, denn die liegt weder unmittelbar an der Straße, noch war sie damals schon Ruine, wie der 150 Jahre jüngeren Beschreibung bei Schamelius (1729, S. 129f.) zu entnehmen ist. – Vgl. dazu F. Bellmann und G. Leopold 1964, S. 356.

Lübeck, K. 1943 — Die sächsischen Könige und das Kloster Hersfeld, in: Sachsen und Anhalt, Jb. d. Landesgesch. Forschungsstelle für d. Prov. Sachsen u. für Anhalt, im Auftr. der Verw. d. Provinzialverbandes hgg. von Walter Möllenberg, Bd. 17, 1941, 1942, 1943, S. 62—84.

Pieletzki, H., und Schlüter, F. 1936 — Die Klosterkirche von Memleben, in: Das tausendjährige Memleben. Von einer Arbeitsgemeinschaft hallischer Studenten. (Forschgg. z. thür.-sächs. Gesch. Hg. v. d. m. d. Martin-Luther-Univers. Halle–Wittenberg verbund. Thür.-Sächs. Geschichtsver., 11. H.) Halle, S. 63—69.

Schamelius, J. M. 1729 — Historische Beschreibung des vormals berühmten Benediktinerklosters zu Memleben... Naumburg.

Schlesinger, W. 1962 — Kirchengeschichte Sachsens im Mittelalter, Bd. 1, Köln/Graz.

Schurig, H. 1936 — Das Kloster Memleben, in: Das tausendjährige Memleben (s. o. unter Pieletzki, H. und Schlüter, F.), S. 4—24.

SS — Monumenta Germaniae historica. Scriptores. Bd. IV: Vita reginae Mathildis. Ed. Pertz. S. 283ff. Bd. X: Vita reginae Mathildis antiquior. Ed. Koepke. S. 573ff. Bd. XVI: Annales Magdeburgenses. Ed. Pertz. S. 107ff.

Thietmar von Merseburg Chronik. Neu übertragen und erläutert von W. Trillmich. (Ausgew. Quellen zur dt. Gesch. d. Mittelalters. Freiherr v. Stein-Gedächtnisausg. Bd. 9), Berlin (1957).

Uhlirz, K. 1902 — Jahrbücher des deutschen Reiches unter Otto II. und Otto III. Bd. 1, Leipzig.

Weirich, H. 1936 — Das Privileg Benedikts VIII. für Memleben, in: Jb. d. Landesgesch. Forschungsst. f. d. Prov. Sachsen u. Anhalt Bd. 12, Magdeburg, S. 83—94.

Widukind von Korvei 1904 — Res gestae Saxonicae, hg. G. Waitz, P. Kehr (in us. schol). Hannover/Leipzig.

Weitere Literaturangaben vgl. Buchberger, M.: Lexikon für Theologie und Kirche, Bd. 7, S. 262. Freiburg 1962 (2).

Grabungen im Bereich der ottonischen Kirche in Memleben: Westchor

Von Gerhard Leopold, Halle (Saale)

Mit 4 Textabbildungen und Tafel 29—30

In Memleben stehen westlich der bekannten Ruine der spätromanischen Klosterkirche auf dem Gutshof neben der Landstraße noch andere, wesentlich ältere Mauerteile. Daß sie nicht von der ottonischen Pfalz stammen[1]), wurde 1936 in einer Grabung des Landesmuseums Halle nachgewiesen (H. Butschkow 1938). Damals äußerte H. Giesau (1937/38, S. 16/17) die Vermutung, daß die Mauern zusammen mit zwei 1936 angeschnittenen Apsiden Reste des ottonischen Vorgängers der Klosterkirche sein könnten. Seine These wurde 1959 weiterverfolgt und durch zwei Kontrollgräben im Nordteil des vermuteten Langhauses bestätigt[2]). Danach war eine erste Rekonstruktion des Grundrisses möglich: Eine monumentale Anlage mit dreischiffigem Langhaus, je einem Querhaus im Osten und im Westen, apsidialem Ostchor und Nebenapsiden am östlichen Querhaus (Abb. 1;

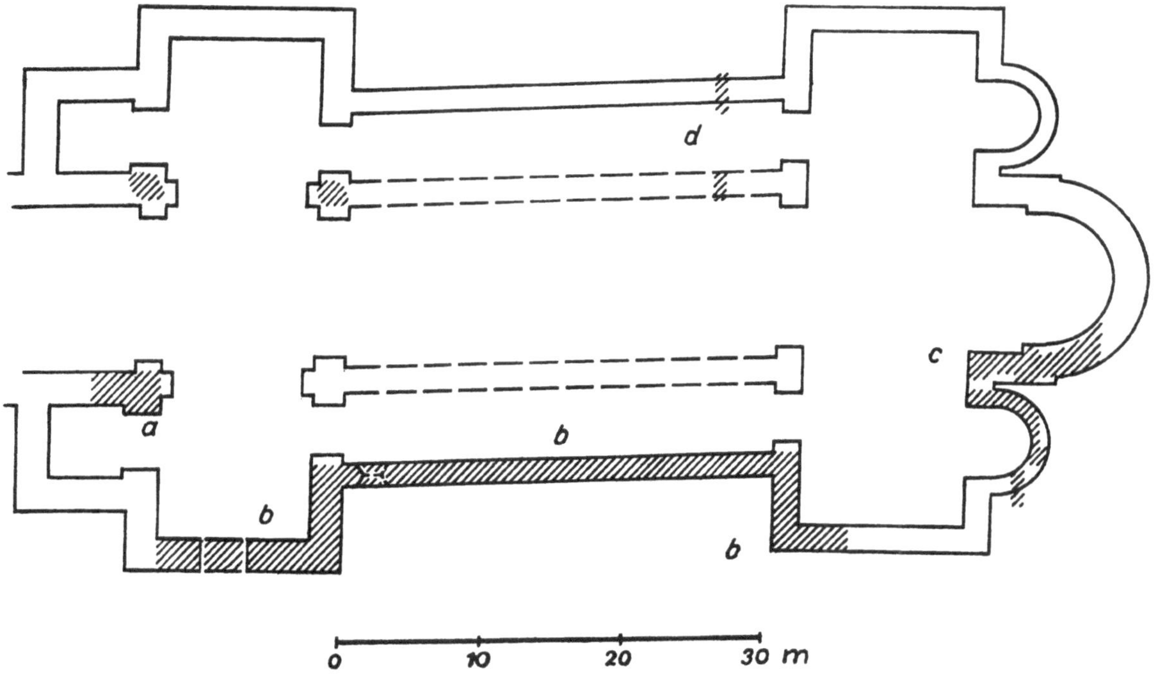

Abb. 1. Grundriß der Abteikirche nach dem Stand von 1964, 1:500
a) „Mauerklotz" im Hof; b) Mauern an der Straße; c) 1936 ergrabene Fundamente der Kirche; d) 1959 festgestellte Fundamentgräben

[1]) Zur Pfalz Memleben vgl. P. Grimm 1958, S. 128 und 1961, S. 18/19.

[2]) Seit 1959 werden die Grabungen in Memleben im Auftrag des Instituts für Denkmalpflege, Arbeitsstelle Halle/Saale, durchgeführt. Hier befinden sich auch alle Unterlagen. Das Fundmaterial wird im Museum Freyburg/Unstrut (Schloß Neuenburg) aufbewahrt.

F. Bellmann und G. Leopold 1964). – Ohne Zweifel stecken im Boden noch weitere Reste. So stieß man im Mai 1964 dicht unter der Erdoberfläche auf umfangreiche Mauerzüge, als westlich der über dem Boden erhaltenen Teile ein Werkstattgebäude errichtet wurde[3]). Die Untersuchung[4]) ergab, daß es sich um Teile einer westlichen Chorapsis handelt (Taf. 29c)[5]). – Die Beobachtungen am Westchor mußten nun durch planmäßige Grabungen ergänzt werden, was 1966 geschah[6]).

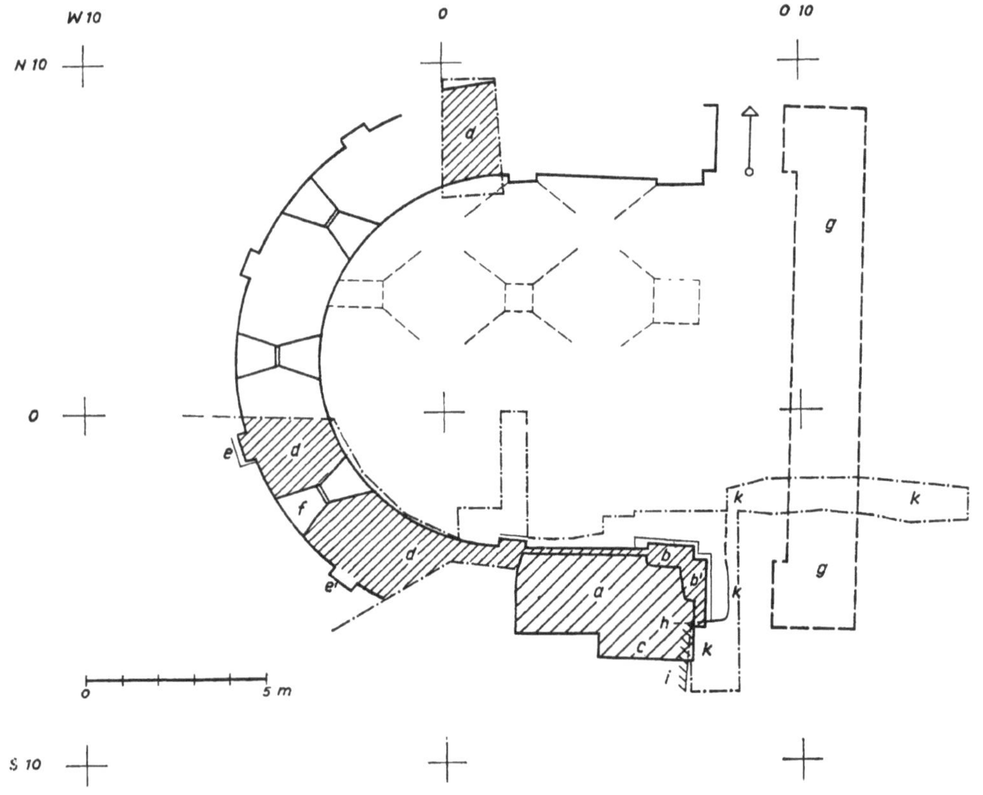

Abb. 2. Grundriß der Westkrypta mit Ergänzung der Umfassungsmauern, 1:200. Die ursprünglich geplante Gestalt der Stützen und Gewölbe kann der angedeuteten Lösung nahegekommen sein.

a) Der im Hof stehende „Mauerklotz“, der einzige Rest der Chor-Südwand; b) Ausbruch der Vorlage für den Chorbogen; b′) Ausbruch der Vorlage für den südlichen Vierungsbogen; c) Südvorlage; d) Im Boden festgestellte Teile der Apsis; e) Ergrabene Vorlage der Außengliederung; e′) Ausbruch einer weiteren Vorlage; f) Kryptenfenster; g) Vermutliche Lage der nicht ausgeführten Krypten-Ostwand (Einzel-Ausbildung unbekannt); h) Südgrenze des (tiefen) Apsis-Fundaments; i) Das (flachere) Querhaus-Fundament südlich von h; k) Ungestörte Kulturschicht, die unten allmählich in den anstehenden Boden übergeht

[3]) Als wir davon Kenntnis erhielten, waren Wände und Fußboden des Gebäudes bereits fertiggestellt. Durch den raschen Ablauf der weiteren Bauarbeiten mußten wir uns auf die Anlage eines tieferen Kontrollgrabens und die Dokumentation der außerhalb des Neubaus freigelegten Mauerteile beschränken.

[4]) Für die Erfassung der ergrabenen Teile im Grundriß wurde damals das in Abb. 2. erkennbare Koordinatensystem festgelegt. – Die mit „H“ bezeichneten Höhenangaben beziehen sich auf eine Marke an der westlichen Abschlußmauer des vorderen Gutshofs, die etwa dem Hofniveau östlich des „Mauerklotzes“ entspricht. H –3,35 m z. B. bedeutet: 3,35 m tiefer als diese Höhenmarke.

[5]) Schon bei F. Bellmann und G. Leopold (1964, Anm. 12a) erwähnt.

[6]) Die Dokumentation und die Auswertung am Ort wurden von Frau dipl. phil. P. Roland, Leipzig, und dem Verf. gemeinsam durchgeführt. Es ist mir eine Freude, ihr dafür auch an dieser Stelle sehr herzlich danken zu können. – Herr Dr. phil. habil. E. Schubert half freundschaftlich mit Rat und Tat bei der Grabung und ihrer Auswertung. Dafür sei ihm herzlich gedankt.
Dankbar ist ferner festzustellen, daß die Abteilung Memleben des Volksgutes unsere Arbeit bereitwillig erleichterte und der Rat der Gemeinde Memleben bei der Vermittlung von Arbeitskräften half.

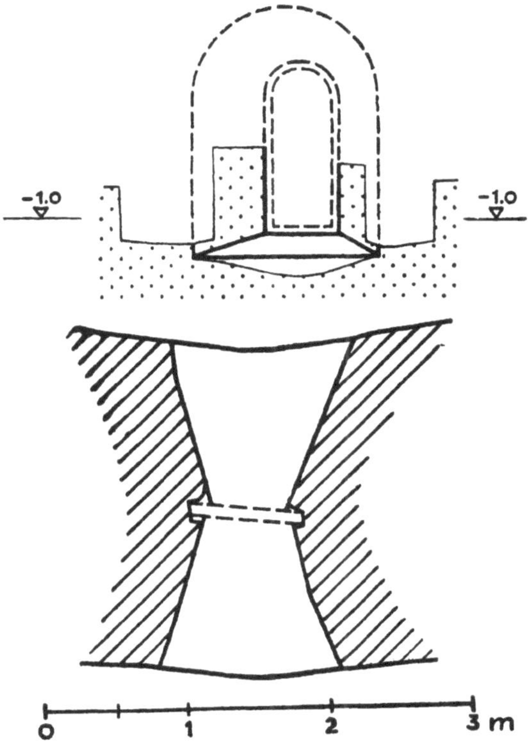

Abb. 3. Der ergrabene Rest eines Krypten-Fensters, 1:50, mit versuchter Ergänzung. Im Grundriß ist die Innenseite unten, der Aufriß ist von der Innenseite her gesehen

Als einziger Rest des Westchors über dem Boden ist das Ostende der südlichen Chorwand, ein stark verwitterter „Mauerklotz", in etwa 6 m Höhe erhalten (a in Abb. 1 und 2, Abb. 4; Taf. 29a und b). Er ist wie die anderen noch stehenden Teile der Kirche aus flachen, langen Sandbruchsteinen und festem Gipsmörtel errichtet bei einer Mauerstärke von 2,30 m. — Im Grundriß hatte der Chor die Form einer stark gestelzten, nach Osten zum Westquerhaus hin offenen Apsis von etwa 10,90 m lichter Weite. Außen waren der sonst glatt bis zum Boden durchlaufenden Apsiswand flache Werkstein-Vorlagen mit Rechtecksockel angefügt. Die eine (e in Abb. 2; Taf. 29c, 30a)[7]) ist in gleicher Höhe wie die Apsis selbst erhalten, von einer zweiten (e' in Abb. 2) ist der Ausbruch erkennbar. - In der Mitte zwischen beiden konnte der untere Teil eines Fensters (f in Abb. 2, Abb. 3; Taf. 29c) freigelegt werden. Seine Mittelachse ist ebenso wie der vorgesehene Anschlagrahmen gegenüber der dem Apsis-Halbkreis entsprechenden Radialrichtung leicht in Richtung Kirchen-Längsachse verschoben. Im Mauerwerk der beiden Leibungen des Fensters ist je ein unregelmäßiger Schlitz für den Anschlagrahmen ausgespart, jedoch ohne irgendeine Spur von Benutzung[8]). Auch die Sohlbank scheint nicht fertig geworden zu sein. Dagegen ließ sich feststellen, daß das Fenster nachträglich zugemauert wurde.

Den östlichen Abschluß bildete ein Chorbogen in der Westwand des Querhauses. An der Südwand ruhte er auf einer 1,30 m breiten Werkstein-Vorlage, von der nur noch der Ausbruch erhalten ist (b in Abb. 2; g in Abb. 4; Taf. 29b). - Auch an der Ostseite des Südwandrestes ist eine ähnliche Vorlage durch ihren Ausbruch nachzuweisen (b' in Abb. 2; Taf. 29a); auf ihr ruhte zweifellos ein nach Osten gespannter Bogen. Daß beide Vorlagen tatsächlich aus Werksteinen bestanden haben, die man später als wieder verwendbares Baumaterial ausbrach, dafür spricht die breite, aus Bruchsteinen aufgeführte Süd-Vorlage, die unmittelbar daneben bis heute mit ihrem Bogenansatz erhalten blieb (c in Abb. 2; Taf. 29a).

Aus der Höhenlage des erwähnten Fensters ergibt sich, daß der Raum dahinter eine Krypta sein sollte. Deshalb ist auch das Apsisfundament an seiner Innenseite als (Krypten-)Wand ausgebildet und reicht daher tiefer hinab als die angrenzenden Fundamente des Querhauses[9]). Die Innenwand ist in ähnlicher Weise wie die Außenseite durch flache Werkstein-Vorlagen mit Rechtecksockeln gegliedert. An der Südseite wurde eine schmale (0,72 m) und als Ostabschluß eine breite (1,30 m) Vorlage gefunden (Abb. 2, a und b in Abb. 4; Taf. 30b—c)[10]), diese genau unter dem Aus-

[7]) Maße der Vorlage: 0,75 m Breite, 0,30 m Tiefe bis zur Wandflucht; Maße ihres Sockels: etwa 1,0 m Breite, 0,45 m Tiefe bis zur Wandflucht, 0,30 m Höhe. Das Außenniveau hat etwa an die Unterkante des Sockels angeschlossen (H —1,50 m). Achsabstand zur Nachbarvorlage: 4,60 m.

[8]) Im Gegensatz dazu sind bei dem Fensterrest in der Südwand des Langhauses Mörtelabdrücke des hölzernen Anschlagrahmens gut erhalten, obwohl sie seit Jahrhunderten ungeschützt der Witterung ausgesetzt sind. Zu diesem Fenster vgl. F. Bellmann und G. Leopold 1964, S. 359.

[9]) An der Ostseite des „Mauerklotzes" liegt die Sohle des Apsisfundaments tiefer als H —3,35 m und die des südlich anschließenden (Grenze h in Abb. 2) Querhausfundaments in H —2,70 m.

[10]) Sockel-Oberkante der westlichen Vorlage in H —3,0 m, der östlichen in H —2,85 m.

bruch der – gleich breiten – Chorbogen-Vorlage in der Westwand des Querhauses. Über den beiden Vorlagen ist in der Wand eine rohe Vertiefung (e in Abb. 4; Taf. 29b, 30b), in die offenbar das Gewölbe der Krypta eingreifen sollte. Doch findet sich von dem vorgesehenen Gewölbe keine Spur[11]). – Im Verband mit der breiten Krypten-Vorlage unter dem Chorbogen ist eine weitere, nach Osten gerichtete „Vorlage"[12]) erhalten, und zwar unter dem Ausbruch der oberen östlichen Vorlage, aber weiter nach Süden reichend als diese (Abb. 2, c in Abb. 4; Taf. 30c). Das Südende ist nur roh bearbeitet und stößt gegen den hier ungestört erhaltenen, anstehenden Boden. Diese „Vorlage" ist gewissermaßen vor das Ost-Ende des Chorfundaments, das zugleich als Kryptenwand dient, gelegt und muß deshalb wohl als Wange des südlichen Eingangs der Krypta gedeutet werden, obwohl weder die östliche Wange noch die Stufen nachgewiesen werden konnten. Dort war vielmehr anstehender Boden (k in Abb. 2)[13]). Der weitere Verlauf dieser Bank anstehenden Bodens bildet zugleich die Grenze der Abschachtung für den Krypten-Innenraum. Soweit die angelegten Gräben seinen Bereich erfaßten – die größte erreichte Tiefe lag bei H —3,26 m –, konnten weder von einem Fußboden noch von einer Freistütze Reste festgestellt werden. Überall ist der Raum mit verschiedenartigem Material aufgefüllt, auch in den Wand-Vertiefungen über den beiden Krypten-Vorlagen und über der Wange des Krypten-Eingangs. Auf dieser Füllung ruht ein Mauerwerk, das die verschiedenen Wand-Vertiefungen bzw. Vorlagen-Ausbrüche (e und g in Abb. 4) über dem Boden verschließt. Es beginnt etwas unterhalb der heutigen Gelände-Oberfläche (Grenze h in Abb. 4)[14]).

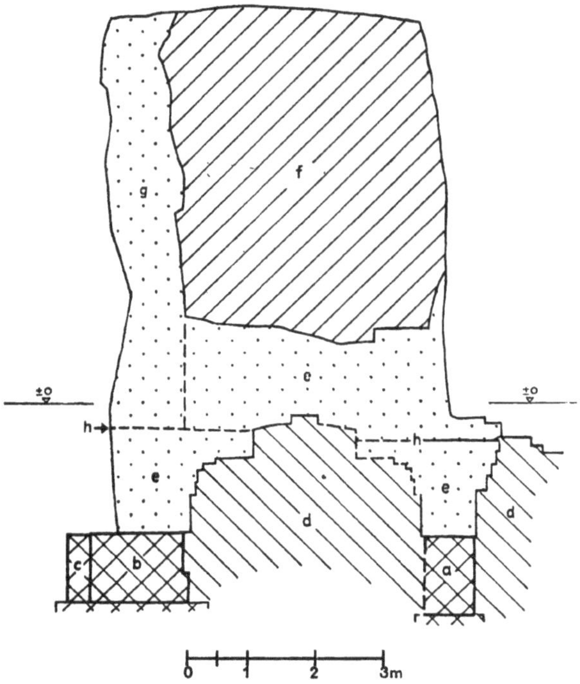

Abb. 4. Aufriß des Restes der Westchor-Südwand, 1:100, nach Süden gesehen

a) westliche (schmale) Vorlage der Kryptenwand; b) östliche (breite) Vorlage der Kryptenwand; c) Westwange des Südeingangs der Krypta; d) Kryptenwand; e) Mauervertiefung, in die das Kryptengewölbe einbinden sollte; f) Chorwand; g) Ausbruch der Werkstein-Vorlage des Chorbogens; h) Unterkante der Mauerung, mit der die Vertiefungen e und g teilweise geschlossen wurden

Aus diesen Beobachtungen ergibt sich die zeitliche Abfolge des Bauvorgangs. Als das Chorfundament gelegt wurde, rechnete man mit dem Einbau einer Krypta: Bearbeitung der Innenseite dieses Fundaments als Kryptenwand. Auch der Oberteil der Kryptenwand ist wenigstens teilweise fertig geworden: Kryptenfenster, Einbindestellen für die Wölbung. Jedoch wurde das Kryptenfenster schon vor seiner Benutzung vermauert: Der Fensterrahmen wurde nicht eingefügt, die Sohlbank blieb unfertig. Auch die Wölbung ist nicht ausgeführt worden: Fehlen der einbindenden Teile in den als Gewölbeauflager vorgesehenen Mauervertiefungen. Ebenfalls blieb der Südeingang unfertig. Und schließlich: Eine östliche Abschlußwand kann nicht bestanden haben,

[11]) Man müßte mindestens Mörtelabdrücke der Wölbsteine und Reste der sauberen Begrenzung der Schildfläche unter dem Gewölbe erwarten.

[12]) Ihre erhaltene Höhe — außer dem 0,50 m höheren Südteil — und die Höhenlage des Sockels entsprechen der benachbarten Vorlage.

[13]) Der anstehende Lehm, oben allmählich in schwarze Kulturschicht übergehend, war mindestens 0,85 m (H —2,0 m) höher nachzuweisen als die Sockel-Oberkante der Krypten-Vorlagen.

[14]) Zwischen der Vermauerung der beiden oberen Vorlagen-Ausbrüche und der der Wandvertiefung für den Gewölbe-Anschluß ist eine senkrechte Fuge (verschiedene Entstehungszeit?). — Fast die gesamte Vermauerung mußte während der Grabung wegen Einsturzgefahr heruntergenommen werden.

da an der Stelle, wo sie vermutet werden muß, der anstehende Boden ungestört vorgefunden wurde. Die Krypta ist also nie fertiggestellt worden. – Daß der Westchor trotzdem weitergebaut wurde, zeigt die nachträgliche Vermauerung des Kryptenfensters und die Zusetzung der Mauervertiefungen für den Gewölbe-Anschluß.

Die ergrabenen Reste des Kryptenbaus ermöglichen jedoch eine einigermaßen deutliche Vorstellung davon, wie diese Krypta hatte aussehen sollen, welcher Plan für die Krypta zu erschließen ist. Der Raum sollte im Westen, Norden und Süden von dem Chor-Fundament umschlossen werden und im Osten („g" in Abb. 2) vermutlich unmittelbar östlich hinter den beiden Eingängen enden, wovon allerdings bisher nur der südliche nachgewiesen wurde. Ein derartiger Abschluß gegen das Querhaus bzw. Langhaus ist seit dem 10. Jh. bei Hallenkrypten mit seitlichen Eingängen üblich. Als Beispiele seien genannt: die Krypta der Michaeliskirche in Rohr/Thür., nach E. Lehmann (1954, S. 349) in der ersten Hälfte des 10. Jh. entstanden[15]), die Krypta der Wipertikirche in Quedlinburg aus der Zeit um 1020[16]) und die Krypta der Schloßkirche in Nienburg/Saale, 1042 bis 1060 erbaut[17]).

Wie hat man sich nun den geplanten Innenraum der Krypta vorzustellen? Eine vollständige Rekonstruktion ist nach den erhaltenen Teilen nicht mehr möglich. Deshalb ist es zweckmäßig, auf die wenigen vergleichbaren Beispiele in der Umgebung einzugehen. Krypten recht verschiedener Form hatten die ottonischen Dome von Magdeburg, Halberstadt und Merseburg. Die 1926 von A. Koch ausgegrabene Magdeburger Ost-Krypta[18]) hat an der Apsiswand, die allerdings durch Rundnischen gegliedert ist, ähnliche Wandvorlagen wie die Memlebener. Daß auf ihnen die Anfänger des Gewölbes ruhten, ist anzunehmen. – Die Stollenkrypten-Anlage in Halberstadt, erbaut 965 bis 972, scheidet als Vergleichsbeispiel für Memleben aus, da sie aus dem karolingischen Bau übernommen wurde[19]). – Dagegen haben die Wände der Krypta in Merseburg, die nach 1015 erbaut wurde, ähnliche Wandvorlagen wie die in Memleben[20]). Sie tragen ein Kreuzgratgewölbe. – Von den kleineren Anlagen ist als älteste die schon genannte Krypta der Michaeliskirche in Rohr/Thür. zu nennen. Bei ihr und der Ostkrypta der Stiftskirche in Gernrode, erbaut etwa ab 960[21]), ruhen im Gegensatz zu Memleben Tonnengewölbe auf ungegliedert durchlaufenden Wänden. — Auch die Krypta der Wiperti-Kirche in Quedlinburg hat als oberen Abschluß Tonnengewölbe, die in gleicher Weise auf der Wand liegen. Die Wände sind allerdings durch Nischen gegliedert, die oben unterhalb der Gewölbe enden. — Am Westende der Krypta der Stiftskirche Quedlinburg ist ein Kryptenrest der 1021 geweihten Kirche erhalten[22]). Der dreischiffige Raum ist mit Längstonnen überwölbt, die von etwas niedrigeren Quertonnen durchstoßen werden. An der Westwand ruht das Gewölbe auf Vorlagen. — Ein gutes Parallel-Beispiel ist auch die West-Krypta der Michaeliskirche in Hildesheim, die 1010—1015 entstand[23]). Die Konstruktion der Kryptengewölbe auf Wandvorlagen entspricht dort etwa dem Merseburger Beispiel.

15) Vgl. auch A. Koch (1942) und H. Giesau (1950, S. 28), die die Krypta in die erste Hälfte des 9. Jh. datierten.

16) Die Baugeschichte der Wipertikirche wurde bei einer umfassenden Untersuchung zum großen Teil geklärt. Diese ergab u. a., daß die Krypta im Anfang des 11. Jh. in den Chor des 10. Jh. eingebaut worden ist (F. Bellmann und G. Leopold 1960a). Eine ausführliche Veröffentlichung der Ergebnisse ist vorgesehen. — Zum Grundriß der Krypta vgl. A. Zeller 1916, Taf. 2. Dort wird allerdings der schmale westliche Vorraum mit je einem Eingang im Norden und Süden noch nicht berücksichtigt.

17) Nach dem Grabungsbericht von L. Grote (1931, S. 16).

18) Erster Grabungsbericht von A. Koch (1926). An der Identifizierung mit der urkundlich erwähnten Krypta von 961 durch H. Kunze (1930, S. 52/53) und H. Giesau (1936, S. 11) äußerten F. Bellmann und G. Leopold Zweifel (1960b, S. 20/21). Die Entstehungszeit der Krypta wird erst dann zu bestimmen sein, wenn diese in die — bisher noch ziemlich unklare — Baugeschichte des ottonischen Doms eingeordnet werden kann. Dazu soll u. a. die geplante Weiterführung der Grabungen im Dom dienen.

19) Die Reste dieser Anlage wurden bei einer umfassenden Grabung im Dom festgestellt. Eine ausführliche Grabungspublikation ist z. Z. in Arbeit. F. Bellmann (1955) bzw. F. Bellmann und G. Leopold (1960c) gaben kurze Vorberichte.

20) Abbildung bei F. Haesler 1932, Taf. 6 Abb. 11 und Taf. 14 Abb. 29. Nach F. Haesler (1932, S. 10) und H. Deckert (1935, S. 17) wurde die Krypta im wesentlichen nach 1015 errichtet.

21) Eine Übersicht über die Baugeschichte (mit Plänen) und über die Literatur bei Oswald, F., Schaefer, L. und Sennhauser, H. R., 1966 unter „Gernrode, Stiftskirche", S. 98—100. Die Gewölbe der Ostkrypta sind im Grundriß auf S. 98 falsch eingezeichnet, richtiger bei H. Möbius 1966.

22) Grundriß (Bild 17) und Abbildung (Bild 92, 95) bei H. Wäscher (1959), der auch die Krypta datiert (S. 38/39).

23) Vgl. H. Beseler und H. Roggenkamp 1954, S. 103/104; Grundriß in Taf. IV, Ansichten in Abb. 40, 81.

Die Vorlagen der Westkrypta in Memleben unterscheiden sich aber wesentlich von denen in Hildesheim, Merseburg, Quedlinburg und Magdeburg. Während sie bei den anderen vier Krypten unten mit voll ausgebildeten Basen beginnen — in Magdeburg reicher profiliert, in Hildesheim, Merseburg und Quedlinburg als Platte mit Schräge ausgebildet —, haben sie in Memleben nur eine leicht vortretende Rechteckplatte als Fuß, sicher eine altertümlichere Form, die sich jedoch kaum genauer datieren läßt. — Für die frühere Entstehung der Memlebener Krypta könnte aber sprechen, daß ihre Längswand nicht mit gleich großen Vorlagen wie in Hildesheim und Merseburg und später in fast allen romanischen Krypten besetzt ist, sondern mit Vorlagen unterschiedlicher Breite. Ihnen entsprachen vermutlich auch entsprechend unterschiedliche Freistützen — Pfeiler oder Säulen —, also an der Eingangsseite ein stärkeres Stützenpaar als im Apsisrund (angedeutet in Abb. 2). Die Ausformung des Raumes wird durch diese Differenzierung bestimmt: Eine leichte Zäsur beim östlichen Stützenpaar, also zwischen Apsisraum und Eingangsjoch, ist die Folge. Ähnliche Raumteilungen sind in Rohr und Gernrode erhalten. In Rohr wird das Westjoch der Krypta durch die starke Einengung neben dem westlichen Pfeilerpaar leicht vom Hauptraum isoliert, in Gernrode dadurch, daß das Stützenpaar an der Eingangsseite wie in Memleben stärker ist als im Apsisrund[24]). Vielleicht erfaßt man damit ein typisches Kriterium für die frühen Hallenkrypten, wie sie im 10. Jh. vorkommen. Denn vom 11. Jh. an sind die Krypten im allgemeinen einheitliche Räume mit Säulen oder Pfeilern gleicher Abmessungen (z. B. Dom in Merseburg und Michaeliskirche in Hildesheim) oder mit Säulen und Pfeilern, die in einem festen Rhythmus abwechseln (z. B. Wipertikirche und Stiftskirche in Quedlinburg). Die Zugänge führen meist direkt in den Hauptraum, bisweilen auch in einen Vorraum, der aber klar vom Hauptraum abgesetzt ist (z. B. Wipertikirche in Quedlinburg[25]) und die — allerdings 200 Jahre jüngere — spätromanische Klosterkirche in Memleben).

Als oberer Raumabschluß der Memlebener Krypta war vermutlich ein Gewölbe aus sich durchdringenden Längs- und Quertonnen vorgesehen (in Abb. 2 angedeutet), entweder mit gleichen Scheitelhöhen, also ein Kreuzgratgewölbe, oder mit etwas niedrigeren Quertonnen wie in der Quedlinburger Stiftskirche. Die Höhe des Gewölbescheitels läßt sich ungefähr durch die vorbereitete Einbindestelle an der Südwand und durch die Höhenlage des Kryptenfensters bestimmen (H +0,30 m bis +0,90 m). Der Raum wäre dann vom Sockel der westlichen Vorlage bis zum Scheitel des Gewölbes 3,30 m bis 3,90 m hoch gewesen. — Als vorgesehene Höhe des Chor-Fußbodens ergäbe sich also etwa 2,10 m bis 2,70 m über dem Außenniveau (H +0,60 bis +1,20 m).

Der Grabungsbefund läßt weitere Feststellungen zu. Von den beiden Werkstein-Vorlagen am Ostende der Chor-Südwand — die erwähnten Ausbrüche — spannte sich, so muß man annehmen, je ein Bogen nach Osten bzw. nach Norden zur gegenüberliegenden Wand. Bei symmetrischer Ergänzung bedeutet das: Die Querhausmitte müßte nach allen vier Seiten durch Bögen abgetrennt gewesen sein. Das Memlebener Westquerhaus besaß also eine „ausgeschiedene Vierung"[26]).

Der Baubeginn der Kirche wurde bisher im Zusammenhang mit der Gründung der Abtei gesehen und in die Regierungszeit Ottos II. datiert (F. Bellmann und G. Leopold 1964, S. 361). E. Schubert (1969, S. 521f.) hat nachgewiesen, daß die Kirche älter sein könnte. Der Bau wurde sehr wahrscheinlich schon unmittelbar nach 942 begonnen. Obwohl von der Gestalt des Bauwerks noch viele Einzelheiten zu ermitteln bleiben, machen schon die beim Westchor und seiner Krypta bisher erreichten Ergebnisse die vorgeschlagene neue Datierung der Kirche in die Mitte des 10. Jh. ebenfalls sehr wahrscheinlich. Damit würde die Memlebener ottonische Kirche etwa in die gleiche Zeit rücken wie die Stiftskirche von Gernrode, in eine Zeit, von deren Bauten besonders wenig auf uns gekommen ist[27]).

[24]) Sollte die Gernröder Ostkrypta das Memlebener Stützensystem übernommen haben, obwohl die räumlichen Gegebenheiten ganz verschieden sind (keine Seiteneingänge, keine Wandvorlagen)? Das Vorbild könnte aber eigentlich nicht die Westkrypta von Memleben gewesen sein, sondern allenfalls die vermutlich ähnlich gestaltete Ostkrypta. — Übrigens ist auch die enge Verwandtschaft zwischen Memleben und Gernrode in der Außengliederung der Apsis auffällig, obgleich die Gernröder Vorlagen gröber geformt sind.

[25]) Vgl. Anm. 16.

[26]) Wie schon von F. Bellmann und G. Leopold (1964, S. 360) vermutet.

[27]) Eine Übersicht über die erhaltenen oder ergrabenen Bauten des 10. Jh., die inzwischen jedoch der Ergänzung bedarf, geben E. Gall (1930, S. 25ff.), E. Lehmann (1949, S. 29ff. und Katalog S. 106ff.), H. Jantzen (1959, S. 7ff.) und (A bis H) F. Oswald, L. Schaefer und H. R. Sennhauser 1966.

Das Bild, das man sich bisher von der ottonischen Memlebener Kirche machen kann[28]), bedarf noch der Ergänzung. Im wesentlichen bleiben folgende Fragen zu klären: Wie sahen die seitlichen Räume beiderseits des Westchors aus? Welche Gestalt hatten die Arkadenstützen im Langhaus? Hatte das Ostquerhaus ebenfalls eine ausgeschiedene Vierung? Welche innere und äußere Form hatte der Ostchor und seine Krypta? — Es ist vorgesehen, die dazu nötigen Grabungen nach und nach in den nächsten Jahren durchzuführen. Außerdem wären Untersuchungen notwendig, um die Lage der Klausur des 9./10. Jh. und der Pfalz festzustellen.

Zusammenfassung

Auf dem Gutshof in Memleben/Unstrut stehen Mauerteile, die von der ottonischen Klosterkirche stammen. Weitere Reste von ihr wurden 1936 bzw. 1959 ergraben. Die Kirche war eine monumentale Anlage mit dreischiffigem Langhaus, je einem Querhaus im Osten und im Westen, apsidialem Ostchor und Nebenapsiden am östlichen Querhaus (Abb. 1). 1964/66 wurden Teile des Westchors freigelegt (Abb. 2). Er hat im Grundriß die Form einer stark gestelzten Apsis von etwa 10,60 m lichter Weite. Reste der Außengliederung mit Werkstein-Vorlagen sind erhalten. Am Ostende der südlichen Chorwand, von der noch ein Stück über dem Boden steht (Abb. 4), ist nachzuweisen, daß das angrenzende Westquerhaus eine ausgeschiedene Vierung besaß. — Unter dem Westchor war der Bau einer Krypta begonnen. Ihre Südwand hat zwei Werkstein-Vorlagen verschiedener Breite und darüber Vertiefungen, in die das Gewölbe einbinden sollte. Weiter westlich ist der Unterteil eines Kryptenfensters erhalten (Abb. 3), das schon vor seiner Benutzung zugemauert wurde. Vom Südeingang ist nur die westliche Wange vorhanden. An der Stelle der östlichen Wange und der Ostwand der Krypta wurde anstehender Boden angetroffen. Die Krypta ist also nie fertiggestellt worden, der Westchor wurde ohne Krypta weitergebaut. — Nach dem ursprünglichen Plan sollte die Krypta vermutlich dreischiffig werden. Es ist anzunehmen, daß gegenüber den beiden ungleich breiten Vorlagen entsprechende Stützenpaare vorgesehen waren, auf denen ein Kreuzgratgewölbe oder ein Gewölbe aus Längstonnen mit etwas niedrigeren Quertonnen ruhte. — Die gewiß altertümliche Form der Wandvorlagen, die unten nicht mit einer richtigen Basis, sondern mit einer leicht vortretenden Platte beginnen, ist nicht näher zu datieren. Dagegen könnte die besondere Ausformung des Raumes durch die verschieden starken Stützenpaare ein Kriterium für die Entstehungszeit bieten. Ähnliche Kryptenräume, bei denen das Eingangsjoch leicht abgesondert ist, sind in der Umgebung aus dem 10. Jh. bekannt, in Rohr/Thür. und in Gernrode. Dagegen haben die Krypten des 11. Jh. einen einheitlichen Raum, bisweilen davor einen klar abgetrennten Vorraum mit den Eingängen. — Diese Beobachtung könnte durchaus für eine Entstehung der Kirche bald nach 942 sprechen, wie sie E. Schubert (1969) wahrscheinlich gemacht hat. — Weitere Untersuchungen sind geplant.

Literaturverzeichnis

Bellmann, F. 1955	Übersicht über die wichtigsten Grabungen in einzelnen Ländern, Deutschland, in: Kunstchronik 8, S. 120, 124.
Bellmann, F., und Leopold, G. 1960a	Kanonikerstiftskirche S. Wiperti zu Quedlinburg, in: Pfalzenexkursion d. Inst. f. Vor- und Frühgesch. d. Dt. Akad. d. Wiss. zu Berlin v. 10.—14. Okt. 1960, hsg. v. W. Unverzagt, Berlin (als Manuskript gedruckt), S. 39—42.
Bellmann, F., und Leopold, G. 1960b	Der ottonische Dom zu Magdeburg, in: Pfalzenexkursion ..., S. 19—22.
Bellmann, F., und Leopold, G. 1960c	Der Dom zu Halberstadt, in: Pfalzenexkursion ..., S. 29—31.

[28]) Mit dem 1964 veröffentlichten Grundriß befaßten sich inzwischen K. Hauck (1966, S. 110, 111) und F. Mühlen (1966, S. 56, 62, 63, 68). K. Hauck erwähnt die Nachwirkung der Architektur der Memlebener Kirche auf die Gestalt der Hildesheimer Michaeliskirche. — F. Mühlen führt die Grundriß-Verwandtschaft der Memlebener Kirche mit dem ottonischen Dom zu Münster als Argument für dessen Frühdatierung in die Zeit des Bischofs Dodo (993) an.

Bellmann, F., und Leopold, G. 1964	Die ottonische Abteikirche Memleben, in: Varia Archaeologica, Berlin, S. 354—363.
Beseler, H., und Roggenkamp, H. 1954	Die Michaeliskirche in Hildesheim, Berlin.
Butschkow, H. 1938	Was brachten die Grabungen nach der Kaiserpfalz Memleben, in: Nachrichtenblatt für deutsche Vorzeit 14, S. 81.
Deckert, H. 1935	Dom und Schloß zu Merseburg, Burg.
Gall, E. 1930	Karolingische und ottonische Kirchen, Burg.
Giesau, H. 1936	Der Dom zu Magdeburg, Burg.
Giesau, H. 1937/38	Denkmalpflege an den Stätten Heinrichs I. und Ottos I., in: Jahrbuch der Denkmalpflege in der Provinz Sachsen und in Anhalt, S. 9—32.
Giesau, H. 1950	Die Krypta der karolingischen Michaelskirche zu Rohr, in: Festgabe für Alois Fuchs, Paderborn, S. 23—38.
Grimm, P. 1958	Die vor- und frühgeschichtlichen Burgwälle der Bezirke Halle und Magdeburg, Berlin.
Grimm, P. 1961	Stand und Aufgaben der archäologischen Pfalzenforschung in den Bezirken Halle und Magdeburg, Berlin.
Grote, L. 1931	Die Ausgrabungen in der Schloßkirche zu Nienburg im Jahre 1926, in: Jahrbuch der Denkmalpflege in der Provinz Sachsen und in Anhalt, S. 11—17.
Haesler, F. 1932	Der Merseburger Dom des Jahres 1015, Halle.
Hauck, K. 1966	Die Fränkisch-Deutsche Monarchie und der Weserraum, in: Kunst und Kultur im Weserraum 800—1600, 2. Aufl., Münster/Westf., S. 337—426.
Jantzen, H. 1959	Ottonische Kunst, Hamburg.
Koch, A. 1926	Die Ausgrabungen am Dom zu Magdeburg im Jahre 1926, in: Montagsblatt der Magdeburgischen Zeitung vom 20. 12. 1926.
Koch, A. 1942	Die Kirche zu Rohr in Thüringen — ein Karolingerbau. Zeichnerische Wiederherstellung nach Grabungsergebnissen, in: Zentralblatt der Bauverwaltung 62, S. 342—347.
Kunze, H. 1930	Der Dom Ottos des Großen in Magdeburg, in: Geschichtsblätter für Stadt und Land Magdeburg 65, S. 1—72.
Lehmann, E. 1949	Der frühe deutsche Kirchenbau, 2. Auflage, Berlin.
Lehmann, E. 1954	Die Michaeliskirche zu Rohr und ihre Krypta, in: Arte del primo millennio ... Torino, S. 343—351.
Möbius, H. 1966	Die Stiftskirche zu Gernrode, Berlin.
Mühlen, F. 1966	Der Dom zu Münster und seine Stellung in der mittelalterlichen Architektur, in: Monasterium, Festschrift zum siebenhundertjährigen Weihegedächtnis des Paulus-Domes zu Münster, Münster/Westf., S. 55—118.
Oswald, F., Schaefer, L., und Sennhauser, H. R. 1966	Vorromanische Kirchenbauten, Katalog der Denkmäler bis zum Ausgang der Ottonen, 1. Lfg. A—J, München.
Schubert, E. 1960	Zur Datierung der ottonischen Kirche zu Memleben, in diesem Band, S. 515—524.
Wäscher, H. 1959	Der Burgberg in Quedlinburg, Geschichte seiner Bauten bis zum ausgehenden 12. Jh. nach den Ergebnissen der Grabungen von 1938—1942, Berlin.
Zeller, A. 1916	Die Kirchenbauten Heinrichs I. und der Ottonen, Berlin.

Weitere Literaturangaben bei Buchberger, M.: Lexikon für Theologie und Kirche, Bd. 7, S. 262. Freiburg 1962 (2).

Die 4 Textabbildungen wurden von O. Schulz, Halle, zur Reproduktion umgezeichnet.

Über Skelettreste aus zwei Porphyrsarkophagen der Stiftskirche Wechselburg

Von Hans Grimm, Berlin

Mit 9 Textabbildungen

Während der Wiederherstellung der romanischen Stiftskirche zu Wechselburg (Kreis Rochlitz) durch das Institut für Denkmalpflege Dresden fand 1953—58 eine umfassende Bauuntersuchung[1]) statt, bei der auch die Grabstätten der Familie des Stifters Markgraf Dedo[2]) in bereits gestörtem Zustand angetroffen wurden. Auf Vorschlag von Herrn Dr. H. Küas übernahmen wir es, die Skelettreste anthropologisch zu untersuchen[3]). Im vorliegenden Aufsatz werden zwei Bestattungen aus dem Querhaus behandelt. Dem Grabungsbericht nach wurden in der Vierung und im südlichen Querhausflügel zwei Steinsärge verschiedener Art freigelegt. Beide Särge besaßen eine Kopfmulde, doch war der Steinsarg vor der südlichen Seitenschiffarkade monolith (Grabstätte G), während der Steinsarg in der Südhälfte der Vierung aus mehreren Steinen zusammengesetzt war, die auf dem planierten Lehmboden der Grabgrube standen (Grabstätte F). Der monolithe Steinsarg lag so hoch, daß die abdeckende Steinplatte mit dem Fußboden ebenerdig abgeschlossen haben muß; sie war nach einer Grabstörung nicht wieder aufgelegt worden. Der zusammengesetzte Steinsarg in der Südhälfte der Vierung lag tiefer in der Erde, aber auch bei ihm fehlte die ihn ursprünglich abdeckende Steinplatte. Noch unbekannt sind die Gründe, warum vor der Einbettung des Leichnams in beide Särge Weißkalk eingeschüttet worden war.

Bei der Störung der Gräber, die den sekundär eingebrachten Scherben nach spätestens im 15. Jh. stattgefunden haben dürfte, wurden die Skelette verworfen und ungleichmäßig reduziert. Das Skelett der Grabstätte G ist relativ gut erhalten. Das Skelett der Grabstätte F war sehr viel stärker zerstört, besaß aber einen vollständiger erhaltenen Schädelrest.

Nach den baugeschichtlichen Untersuchungen von Dr. H.-J. Krause ist es wahrscheinlich, daß die vorliegenden Skelettreste den beiden ältesten Söhnen des im Jahre 1190 verstorbenen Markgrafen Dedo zugehörten.

Folgende Befunde wurden erhoben:

I. Skelettreste Grabstätte G

Kalotte, einige weitere Schädelteile, eine Mandibula und reichlich Reste vom postkranialen Skelett. Farbe hellbräunlich, Knochenoberfläche oft noch glatt. Die Schädelwand ist relativ dick (Mitte des Parietale 7 mm).

Norma frontalis: deutliche Überaugenbögen, deutliche Stirnbuckel.

N. lateralis dextra: deutlich schräggestellte Stirn bei kräftigem Glabellarwulst und deutlich ausgebildeter Fossa supraglabellaris. Linkes Os temporale mit größtenteils fehlender Squama zeigt großen Processus mastoides, kaum angedeutete Crista supramastoid. und auffällig engen Gehörgang.

N. lateralis sinistra: analoge Verhältnisse.

N. verticalis: breit-ovoide Umrißfigur. Sagittal- und Coronarnaht noch sehr deutlich.

[1]) H. Küas und H.-J. Krause, Die Stiftskirche zu Wechselburg, Teil I: Ergebnisse der Grabungen und Bauuntersuchungen, Berlin 1968. Archäologische Befunde zu den im vorliegenden Aufsatz behandelten Skelettresten vgl. Verzeichnis der Grabstätten A—W.

[2]) H.-J. Krause, Die Stiftskirche zu Wechselburg, Teil II: Baugestalt und Baugeschichte (in Vorbereitung).

[3]) Die anthropologischen Untersuchungen erfolgten mit Zustimmung des Herrn Bischof von Meißen, Dr. Otto Spülbeck. Die Gebeine wurden nach der Untersuchung wieder in der Stiftskirche zu Wechselburg beigesetzt.

N. basalis: nur an Bruchstücken erkennbar. Die Gelenkgrube (Fossa mandibularis) des oben erwähnten linken Os temporale ist sehr tief. Vom Os occipitale ist die Umgebung des Foramen occipit. magnum größtenteils vorhanden. Das Hinterhauptsloch dürfte ellipsoid gewesen sein. Rechter Condylus occipitalis kürzer und breiter, linker länger und schmäler.

Mandibula: Positivkinn mit deutlichem Kinndreieck. Foramen mentale rechts am Hinterrand von P_2 und links unter P_2. Spinae ment. nur als flache Höcker ausgebildet. Linea mylohyoidea etwas plump. Links ist der Ansatz des Musculus masseter tiefer ausgemuldet als rechts.

Odontologischer Befund: „Im Oberkiefer sind sämtliche zur Zeit des Todes noch vorhandenen Zähne postmortal verlorengegangen, im Unterkiefer etwa die Hälfte. Der Oberkiefer zeigt auf beiden Seiten im Bereich der Molaren einen völligen Schwund der Alveolarfortsätze. Der Canalis naso-palatinus erscheint sehr groß und hat fast auf seinem ganzen Verlauf etwa den Querschnitt einer liegenden 8. Die Alveole des linken oberen seitlichen Schneidezahnes ist in ihrem apicalen Bereich ausgeweitet und die Knochenstruktur an dieser Stelle zerstört. Die Vermutung eines dentogenen apicalen Prozesses ist mit großer Wahrscheinlichkeit begründet. Im linken Oberkiefer ist in Gegend des 1. Praemolaren keine Alveole mehr erkennbar. Bei dem größten Teil der zur Zeit des Todes erhaltenen Zähne erscheint der Aleveolarrand atrophiert und großporig.

Der Unterkieferkörper erscheint sehr breit und zeigt ein ausgeprägtes Positivkinn. Der einzig erhaltene Gelenkfortsatz (rechts) läßt eine Verschiebung der Gelenkfläche nach vorn erkennen.

Neben den verheilten Alveolen intravital verlorener Zähne, neben leeren Alveolen postmortaler Zahnverluste finden sich noch 6 erhaltene Zähne. Bei diesen imponieren im Bereiche der Front große Abrasionen an der labialen Fläche der Zahnkrone, die zum Teil bis zum Zahnhals hinabreichen. Der einzig erhaltene Molar zeigt dagegen, bis auf eine kleine Stelle im mesialen Teil der Kaufläche, keinerlei Abkauung. Zwischen den beiden distalen Höckern ist ein etwa 2 mm tiefes stecknadelkopfgroßes Loch in der Fissur sichtbar. Ein Vergleich mit rezenten Erscheinungsbildern läßt dies als Karies werten. Auch im Unterkiefer ist eine horizontale Atrophie des Alveolarrandes unverkennbar.

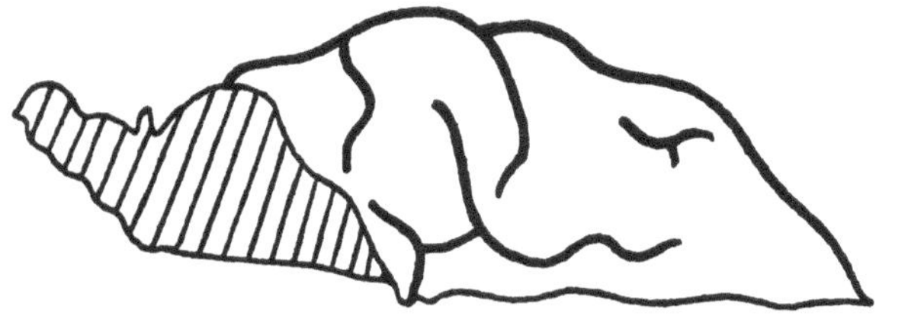

Abb. 1. Wechselburg, Grabstätte G. Ausguß der linken vorderen Schädelgrube. Gezeichnet sind die Furchen der basalen Oberfläche des Stirnhirns

Der Röntgenstatus des Unterkiefers zeigt keine Besonderheiten.

Es handelt sich hier um ein etwa 50jähriges Individuum, das durch frühzeitigen Zahnverlust im Seitenzahngebiet eine Bißsenkung erlebte, die zu den oben beschriebenen labialen Schlifffflächen der Frontzähne im Unterkiefer führte. Ein geringer Befall mit Paradentose ist nach dem Befund am marginalen Paradentium sehr wahrscheinlich" (Dr. R. Zuhrt).

Das *Endocranium* zeigt einen verstreichenden linken Anteil der Coronarnaht, im Bereiche des Scheitelbeins reichlich grubige Eintiefungen (Foveolae granulares). Links beginnen sie weiter frontal, rechts enden sie weiter occipital.

Das linke Orbitaldach ist in einem Teil erhalten und trägt deutliche Impressiones gyrorum und Juga cerebralia. Auf einem Gipsabguß kann man daher ein Bild von der Furchung des linken basalen Stirnhirns gewinnen (Abb. 1). Auf der Konvexität sind dagegen Windungen nicht zu erkennen. Das Material über solche Endokranial-Ausgüsse ist leider noch zu dürftig, als daß daraus eine spezielle Aussage über das Individuum Wechselburg G zu machen wäre.

Die Gefäßfurchen (Sulci arteriarum et venarum) sind relativ schmal und reich verzweigt.

Von den *Wirbeln* wird weiter unten in bezug auf die krankhaften bzw. Altersveränderungen zu berichten sein. Der 5. und 7. Halswirbel haben ein Foramen costotransversarium durch eine feine knöcherne Brücke geteilt (Abb. 2).

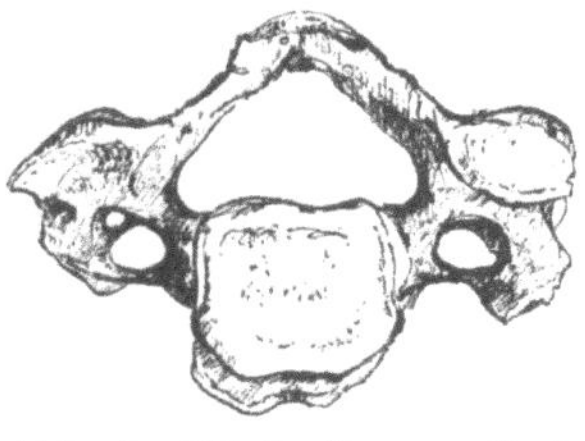

Abb. 2. Wechselburg, Grabstätte G. Geteiltes Foramen costotransversarium in einem Halswirbel

Beide *Scapulae* sind nur in den massiveren Teilen erhalten. Sie weisen um die Fossa articularis einen erhöhten, rauhen bis höckerigen Rand auf. Rechts ist die Incisura scapulae knöchern überbrückt

Tabelle 1. Schädelmaße

Maßbezeichnung mit Nr. bei Martin	Wechselburg G	Wechselburg F
1 g – op		175
8 eu – eu	(156)!	141
9 ft – ft		98
10 co – co		121
11 au – au		125
12 ast – ast		106
13 mast – mast		109
17 ba – b		132
25 Mediansagittalbogen		343
26 n ⌒ b	122	120
27 b ⌒ l		118
28 l ⌒ o		105
29 n – b	111	108
30 b – l		102
31 l – o		88
69 id – gn	27	(28)
69 (1) Corpushöhe re./li.	–/(26)	29/(28)
69 (3) Corpusdicke re./li.	–/10	10/10
70 Asthöhe re./li.	–/(62)	(57)/–
71 Astbr. re./li.	–/(31,5)	(31,5)/–
79 Astwinkel re./li.	–/133°	126,5°

(im Lehrbuch und Atlas der Anatomie von Rauber-Kopsch [1947, S. 254] wird diese Bildung als selten bezeichnet) und die Basis des Processus coracoides mit Exostosen besetzt, die 6 und mehr mm Höhe erreichen.

Beide *Claviculae* sind stark verändert und rechts stärker als links im Bereiche der Vereinigung mit dem oberen Brustbeinende von Knochenwucherungen bedeckt (Abb. 3), die die Facies articularis sternalis und ihren Hinterrand sowie den Rand der Tuberositas costalis völlig uneben machen.

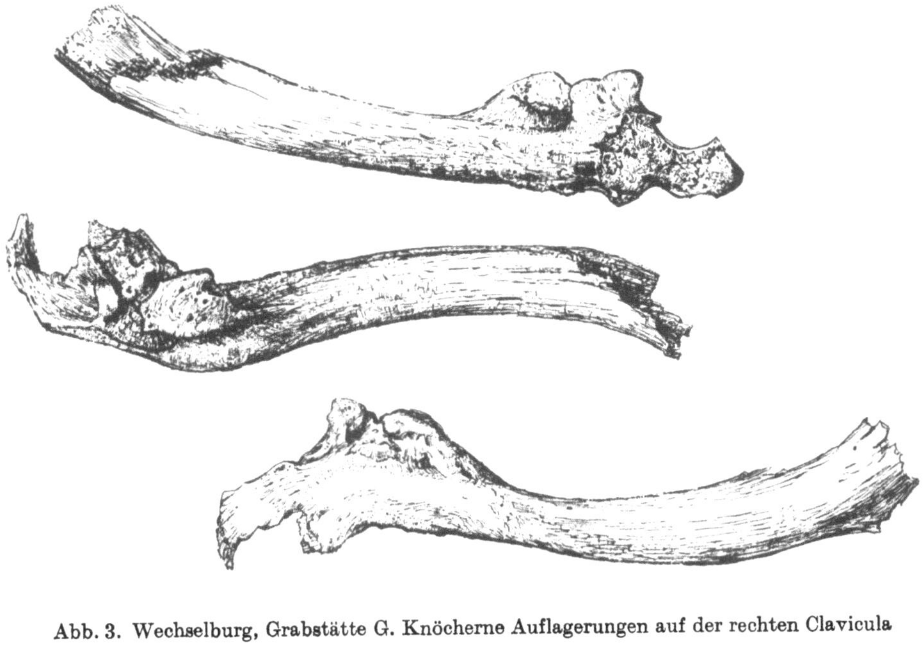

Abb. 3. Wechselburg, Grabstätte G. Knöcherne Auflagerungen auf der rechten Clavicula

Beide *Humeri* zeigen sehr massive Schäfte mit einer riesigen, höckerigen Tuberositas deltoidea; der linke Humerus weist einen besonders breiten Sulcus nervi radialis auf.

Entsprechend kräftig sind beide *Radii*. Sie haben beide ein sehr massives Tuberculum radii; von ihm gehen nach distal rauhe, höckerige Leisten, die die gehöhlte Fläche der Facies volaris begrenzen (links stärker ausgeprägt als rechts). Die Circumferentia articularis reicht nach ulnar tief herab (links 14 mm). Die Facies articularis carpica ist von kleinen höckerigen Rändern umstellt (rechts etwas weniger als links), die nach dem Dorsum man. höher sind als nach der Volarseite.

Nur die linke *Ulna* ist vorhanden. Vor allem am proximalen Ende ist sie sehr massiv. Die Incisura radialis ist allerdings verhältnismäßig klein. Die Crista supinatoria ist relativ hoch und breit, auch die Crista interossea ist sehr hoch. Vor allem am Distalende der Tuberositas ulnae finden sich grobe Höcker. Die Gelenkfläche der Incisura semilunaris ist von einem rauhen Querstreifen unterbrochen. Sonst sind die Gelenkflächen kaum verändert.

Die Carpal-, Metacarpal- und Phalangealknochen, soweit noch vorhanden, entsprechen in ihren Ausmaßen der Robustizität der größeren Langknochen. Auffällige Veränderungen an den Gelenkflächen sind nicht wahrzunehmen.

Die *Femora* wirken außerordentlich robust. Sie zeigen sehr kräftige „Pilasterbildung" (Abb. 4), die Kante des Pilasters ist in zwei „Lippen" mit rauher („schartiger") Oberfläche zerlegt. Beiderseits findet sich ein ausgeprägter Trochanter tertius.

Die Patellae tragen auf ihrer Vorderfläche ein nach proximal und distal zackig begrenztes, „grobfaserig" wirkendes Knochenplättchen (Abb. 5), ebenfalls verknöcherte Reste des Bandapparates.

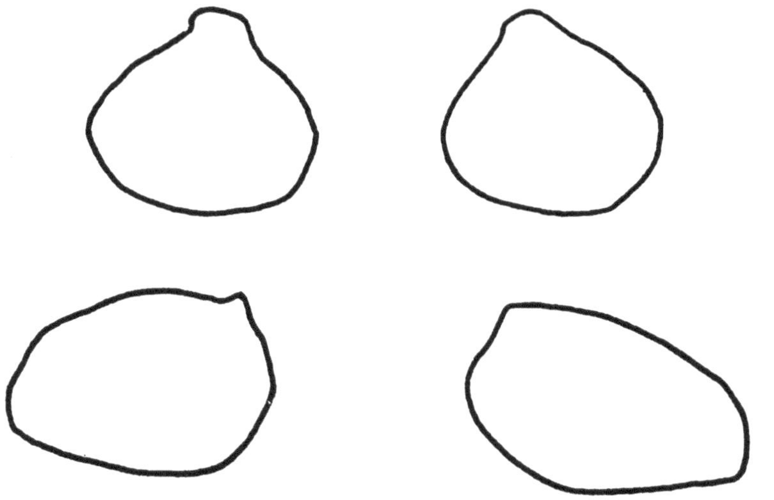

Abb. 4. Wechselburg, Grabstätte G.
Querschnitt der Femora dicht unter dem Trochanter minor und in der Schaftmitte

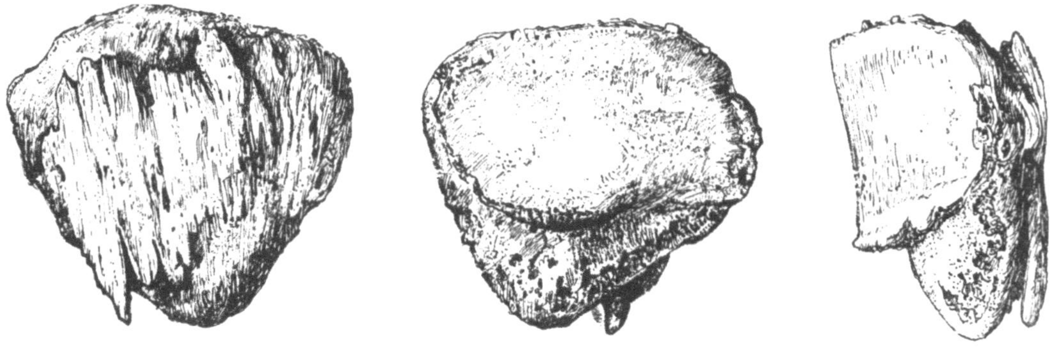

Abb. 5. Wechselburg, Grabstätte G. Patella mit verknöchertem Ansatz der Quadricepssehne

Die Tibiae weisen ebenfalls sehr kräftige Muskelmarken auf. Die Tuberositas tractus iliotibialis ist beiderseits kräftig ausgeprägt. Die Ansätze der Sehne des Musculus quadriceps femoris an der Tuberositas tibiae sind verknöchert und bilden beiderseits eine nach proximal zackig begrenzte Knochenlamelle, die medial höher hinaufreicht als lateral. Die Linea poplitea erhebt sich rechts zu mehreren bis etwa 7 mm hohen Höckern, links ist sie zu einer entsprechend hohen Leiste ausgezogen. Die die Incisura fibularis begrenzenden Knochenleisten sind rauh und höckerig. Beide *Fibulae* haben besonders proximal rauhe bis höckerige Kanten der Crista fibularis und tibialis. Die linke Fibula zeigt einen rissigen Grat auf der Linea poplitea der Tibia zugewandten Seite.

Fußwurzelknochen, *Metatarsal-* und *Zehenknochen*, soweit erhalten, sind entsprechend groß in ihren Ausmaßen und tragen ausgeprägte Muskelmarken. Unten tragen beide Tubera calcanei einen zackigen Rand: verknöcherte Ansätze der Achillessehne.

Auf jeden Fall muß der Lebende für die damalige Zeit imponierend robust gewirkt haben.

Er dürfte jedoch in der Bewegung behindert gewesen sein: Die Knochen weisen starke pathologische Veränderungen auf. So besteht eine erhebliche Spondylosis der *Wirbelsäule*. Von 23 er-

Abb. 6. Wechselburg, Grabstätte G. Spondylotisch veränderter Brustwirbel

haltenen Wirbeln (es fehlt der 6. Halswirbel) sind nur der erste und zweite Halswirbel ohne Veränderung. Die Tabelle 3 gibt eine Übersicht, wo die Veränderungen lokalisiert sind (vgl. auch Abb. 6 und 7). Auch das Kreuzbein selbst zeigt einen erhöhten Rand des ersten Segmentes, der den Wirbelkörper des letzten Lendenwirbels umgreift (Abb. 8). Auf der linken Seite ist der Articulus sacroilicus vollständig verknöchert, beim Aufblick auf den Beckeneingang weist das Becken auch eine deutliche Asymmetrie auf (Abb. 8 und 9).

Das erste Rippenpaar zeigt die ursprünglich knorpeligen Stellen (Cartilagines) total verknöchert. Die Apertura thoracis muß etwa 65 mm Sagittaldurchmesser gehabt haben. Die Rippe hat eine breiteste Stelle von 24 mm! Unter den folgenden, mehr „hochkant“ stehenden (dorsoventral abgeplatteten) Rippen finden sich Bruchstücke von 19 mm Höhe. Das Capitulum costae ist jeweils sehr massiv ausgebildet. Bei einigen Bruchstücken ist das Tuberculum costae von einem zungenförmigen Knochenblättchen überdacht (wohl verknöcherter Ansatz des Ligamentum tuberculi costae).

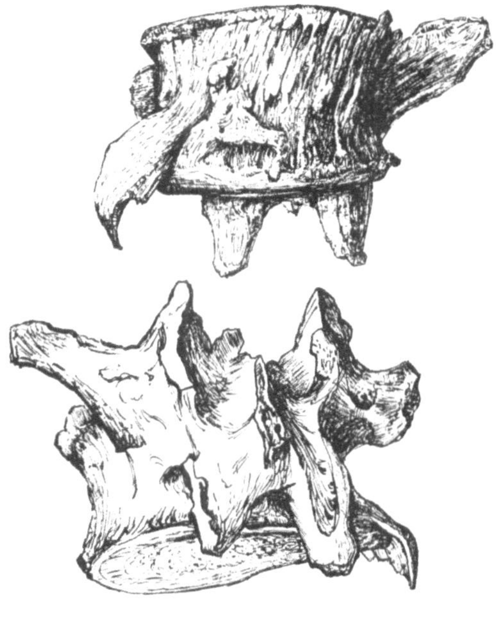

Abb. 7. Wechselburg, Grabstätte G. Spondylotisch veränderter Lendenwirbel. Beachte besonders die Ausbildung eines knöchernen „Sporns“

Es handelte sich bei Wechselburg G um ein auffällig breitköpfiges Individuum. Die Skelettproportionen deuten auf einen extrem „brachymorphen“ Körperbau (Tab. 2a). Seine Körperhöhe müßte nach der Tabelle von Manouvrier etwas über 173 cm betragen haben, wenn man von der größten Länge des Oberschenkelknochens ausgeht. Die Pearsonsche Formel ergibt 172,1 cm. Weitere Maße der Femora usw. siehe in Tab. 2b. Nach der Größe und nach den kräftigen Muskelmarken ist nicht daran zu zweifeln, daß es sich um eine männliche Person handelte. Das Alter muß relativ hoch gewesen sein, wenn man neben dem Gebißverfall die starken spondylotischen und arthritischen Veränderungen in Rechnung setzt. Es kann also das bei der zahnärztlichen Altersschätzung angenommene Alter von 50 Jahren noch überschritten worden sein.

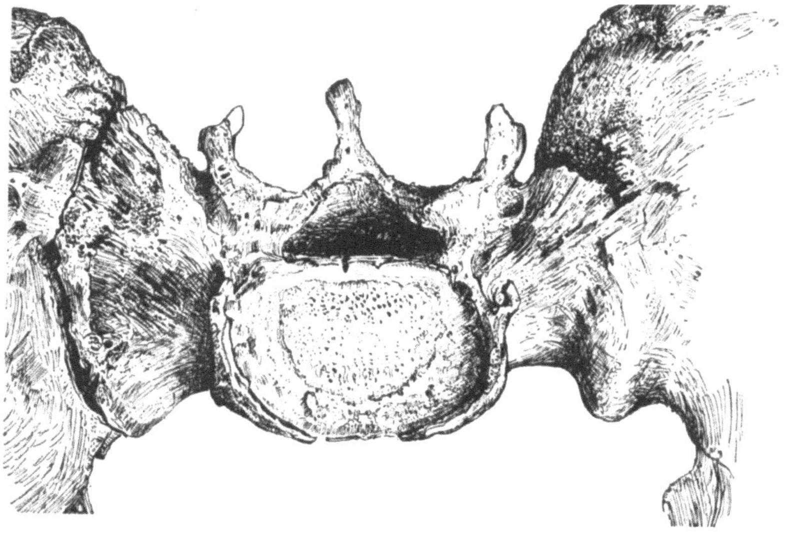

Abb. 8. Wechselburg, Grabstätte G. Beckenasymmetrie und Synostose des linken Kreuzbein-Darmbeingelenks

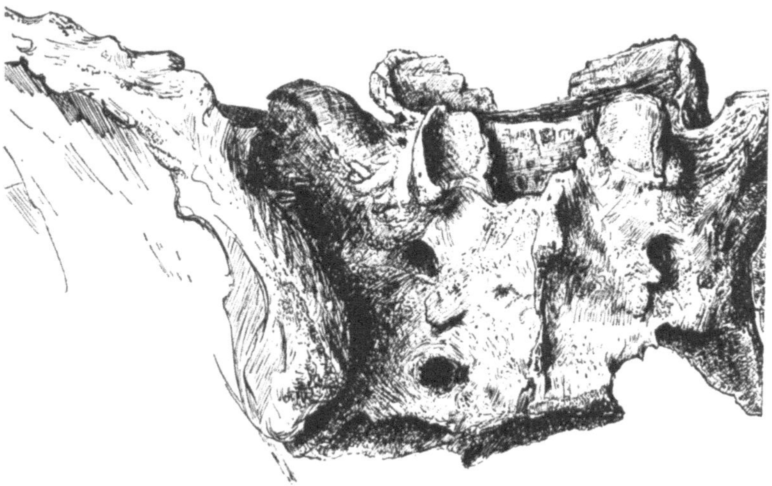

Abb. 9. Wechselburg, Grabstätte G. Obere Beckenregion in Hinteransicht. Beachte die Exostosen auf dem linken Beckenkamm

Tabelle 2a. Körperproportionen von Wechselburg G nach den Langknochenmaßen

Tibio-Femoralindex	77,5
Radio-Humeralindex	72
Claviculo-Humeralindex	44,5

Tabelle 2b. Wechselburg G. Einige Maße der postkranialen Skelett-Teile

		Rechts	Links
Scapula	12. Vertikaldurchm. d. Fossa articul.	42	40
	13. Transversaldurchm. d. Fossa articul.	29	27
Clavicula	1. Größte Länge	—	(151)
	6. Umf. d. Mitte	—	37
Humerus	1. Größte Länge	—	339
	3. obere Breite	—	50
	4. untere Breite	67,5	—
	7. kleinster Umf.	68	66 (weit distal)
	14. Breite der Fossa olecrani	29	29
Radius	1. Größte Länge	—	244
	3. kleinster Umf.	42	(44)
Ulna	1. Größte Länge	—	257
	3. Umfang		35,5
Femur	2. Ganze Länge i. nat. Stellung	480	—
	9. ob. transvers. Diaphysendurchm.	39,5	37
	10. ob. sagitt. Diaphysendurchm.	29	27
	21. Epikondylenbr.	—	83
Patella	1. Größte Höhe	—	48
	2. größte Breite	—	(47)
Tibia	1. Ganze Länge	—	372
	3. obere Breite	74	73
	6. untere Breite	(50)	52
	8. sagitt. Durchm. unterhalb d. Tub. tibiae	44	(42)
	8a. sagitt. Durchm. d. Schaftmitte	—	—
	9. transv. Durchm. unterhalb d. Tub. tibiae	29,5	30
	9a. transv. Durchm. d. Schaftmitte	—	—
Fibula	1. Größte Länge	369	363
	4a. Kleinster Umfang	40	(46)
Calcaneus	1. Größte Länge	81,5	82
	4. Höhe	47	47

II. Skelettreste Grabstätte F

Calvaria von gelbbräunlicher Farbe, Oberfläche schwach korrodiert. Bruchstücke der Mandibula und des Oberkiefers.

Norma frontalis: Deutliche Überaugenbögen, medial viel stärker ausgebildet als lateral. Angedeutete Stirnbuckel, mäßige Firstbildung.

N. lateralis dextra: mäßig schräggestellte Stirn mit flacher Fossa supraglabellaris über dem kräftigen Glabellarwulst. Oberstirn flachbogig bis zum Bregma aufsteigend, dann folgt fast geradlinige Fortsetzung zum höchsten Punkt der Schädelwölbung, etwa in der Senkrechten zwischen Hinterrand der Ohröffnung und Vorderrand des Warzenfortsatzes gelegen. Dahinter flachbogiger Abfall zum Lambdapunkt, unterhalb dessen sich die Oberschuppe des Hinterhauptsbeins herauswölbt. Nasenwurzelgegend tief eingezogen. Ziemlich großer Warzenfortsatz, sehr deutliche Crista supramastoidea. Pteriongegend: Parietale und Sphenoid stoßen auf 7 mm langer Naht zusammen.

N. lateralis sinistra: analoge Verhältnisse.

N. verticalis: Pentagenoide Umrißfigur. Tubera parietalia. Sagittalnaht und Coronarnaht größtenteils obliteriert. Leichte Asymmetrie: Hinterhaupt links, Überaugenbögen rechts stärker vorragend. Foramina parietalia beide erhalten.

N. occipitalis: Hausform, beinahe Zeltform (leichte Verbreiterung nach der Basis, bei schwacher Herauswölbung der Seitenwände.

Tabelle 3. Übersicht über die Veränderungen der Wirbelsäule bei Wechselburg G

	Randzackenbildungen: leicht		mäßig		schwer		Seitenverschiedenheit
	cr*)	cd	cr	cd	cr	cd	
Halswirbel							
C 2	—	—	—	—	—	—	
3	—	—	+	+	—	—	
4	—	—	+	+	—	—	
5	—	—	—	—	(+)	+	L > R
6	?	?	?	?	?	?	
7	—	—	—	—	+	(+)	
Brustwirbel							
Th 1	+	+	—	—	—	—	
2	+	+	—	—	—	—	
3	+	+	—	—	—	—	
4	—	—	—	—	—	—	R > L
5	—	—	—	—	—	—	
6	—	—	(+)	+	—	—	
7	—	—	(+)	+	—	—	
8	—	—	(+)	+	—	—	
9	—	—	(+)	+	—	—	L > R
10	—	—	(+)	+	—	—	L > R
11	—	—	+	+	—	—	R > L
12	—	—	+	(+)	—	—	R > L
Lendenwirbel							
L 1	—	—	—	—	—	+	
2	—	—	—	—	—	+	R > L
3	—	—	—	—	—	+	R > L
4	—	—	—	—	+	+	
5	—	—	—	—	+	+	
Kreuzbeinwirbel							
S 1					+		

*) cr = kranial
cd = kaudal

N. basalis: Foramen occipitale magnum angedeutet rhomboid. Gelenkhöcker des Hinterhaupts am medialen und lateralen Rand mit feinen Randleisten und Randzackenbildung. Mäßiges Relief des Nackenmuskelfeldes.

Mandibula: Die Bruchstücke lassen nur noch eine verhältnismäßig gerundete Goniongegend und eine ziemlich scharfkantige Linea mylohyoidea erkennen.

Odontologischer Befund: „Im Oberkiefer sind 5 leere Alveolen nach postmortalen Zahnverlusten zu beobachten, die zum Teil Anzeichen von apicalen Prozessen aufweisen. Es ist nur mehr der 2. Molar vorhanden, der eine starke Abkauung zeigt (IV. Grad nach Martin).

Eine horizontale Atrophie des Alveolarfortsatzes scheint nicht ausgeschlossen.

Das linke Unterkieferbruchstück zeigt einen sehr flachen Kieferwinkel. Das Foramen mandibulare liegt sehr tief, etwa in Höhe der Kauebene. Die beiden im Unterkiefer vorhandenen Zähne (1. Praemolar, 2. Molar links) sind stark abgekaut (IV. Grad nach Martin). Beide zeigen einen geringen Zahnsteinansatz. Daneben sind auch drei leere Alveolen zu sehen, von denen zwei durch postmortale Verluste hervorgerufen wurden, während eine offensichtlich im Beginn der Heilung nach intravitalem Zahnverlust steht. Das rechte Unterkieferbruchstück zeigt die verheilte Alveole des 1. Molaren und die durch postmortalen Verlust leerstehende des 2.

Bei mehreren Zähnen sind stattgehabte apicale Prozesse vermutbar, jedoch erlaubt die Beschaffenheit des Knochens keine gesicherten Angaben.

Auch im Unterkiefer scheinen sich destruktive Prozesse am Alveolarrand abgespielt zu haben.

Es handelt sich hier um ein Individuum aus der Gruppe Senilis, vermutlich etwa 60 Jahre alt (Dr. Zuhrt).

Vom postkranialen Skelett sind nur noch z. T. brüchige Trümmer einiger Langknochen vorhanden (1 proximales Humerusbruchstück, Schäfte beider Tibiae). Das längste Bruchstück der Tibia ist noch 300 mm lang, dazu dürften mindestens 60 mm für die Gelenkenden zu addieren sein. Die Tabelle von Manouvrier ergibt für 360 mm Tibialänge eine Körperhöhe von rund 165 cm, männliches Geschlecht vorausgesetzt. Die Formel von Pearson ergibt 164,2 cm.

Neben dem Gebißverfall bei beiden Individuen bestehen, wie die Schilderung des postkranialen Skeletts von Wechselburg G erkennen läßt, zahlreiche Veränderungen im Sinne einer sogenannten Spondylosis und einer Arthritis deformans. Solche Befunde scheinen uns heute wichtigere Aufschlüsse über Lebensbedingungen der Vergangenheit zu enthalten als die früher einseitig bevorzugten morphologisch-metrischen Feststellungen oder Versuche typologischer Zuordnung. Freilich bedarf es der getreulichen Sammlung vieler solcher Einzeldarstellungen, um z. B. die individuellen Besonderheiten vom allgemeinen Verlauf der „Aufbrauchs-Erscheinungen" in einer bestimmten geschichtlichen Epoche trennen zu können. Aber die Möglichkeit zu einer solchen Sammlung ist durchaus gegeben, wie zahlreiche ältere und neue Einzelbeiträge zur „Skelett-Anthropologie historischer Persönlichkeiten" ebenso wie neue Sammelwerke zur „Palaeopathologie" (Jarcho, Rochlin) beweisen. Im Vergleich mit den größere Serien umfassenden Studien über Mönche und „Profane" des Mittelalters (Andersch und Schott, David, Ehrhardt, Fischer, Hug, Schott, Zuhrt u. a.) dürften sie zudem manchen sozialanthropologisch interessanten Aufschluß liefern.

Zusammenfassung

Menschliche Skelettreste in zwei Sarkophagen der romanischen Kirche in Wechselburg werden beschrieben. Es handelt sich möglicherweise um Söhne des im Jahre 1190 verstorbenen Markgrafen Dedo. Das vollständiger erhaltene Skelett fällt durch Größe und Robustizität auf. Es weist zahlreiche Zeichen einer Arthritis und Spondylose auf. Am Schluß wird auf die Bedeutung der Sammlung solcher Kasuistiken für die Paläopathologie und die Sozialanthropologie hingewiesen.

Literaturverzeichnis

Andersch, H., und Schott, L. 1962 — Die Krankheitsbelastung einer Dorfgemeinschaft am Beispiel des spätslawischen Gräberfeldes von Gustävel, in: Ausgrabungen und Funde 7, S. 189–193.

David, J. 1958 — Veränderungen an der Wirbelsäule und den großen Körpergelenken bei Skelettresten des 12. und 14. Jahrhunderts von Duster-Reckahn. Medizinische Dissertation Berlin.

Ehrhardt, S. 1959 — Hochadelsgräber in der Stiftskirche Öhringen (Württemberg), in: Zeitschrift für Morphologie und Anthropologie 50, S. 57–77.

Fischer, E. 1933 — Die Gebeine aus dem karolingischen Kloster Lorsch (Untersuchungen über die süddeutsche Brachykephalie III), in: Zeitschrift für Morphologie und Anthropologie 31, S. 283–298.

Grimm, H. 1959 — Vorgeschichtliches, frühgeschichtliches und mittelalterliches Fundmaterial zur Pathologie der Wirbelsäule, in: Nova Acta Leopoldina, N. F. 21, Nr. 142, S. 1–44.

Grimm, H. 1964 — Neue Ergebnisse einer Pathologie der menschlichen Wirbelsäule bei vor- und frühgeschichtlichem, mittelalterlichem und frühneuzeitlichem Material, in: Anthropologie (Brno) 1, S. 21–25.

Hug, E. 1955/56 — Die anthropologische Sammlung im Naturhistorischen Museum Bern, in: Mitteilungen der Naturforschenden Gesellschaft Bern, N. F. 13.

Jarcho, S. 1966 — Human Palaeopathology. New Haven und London.

Rauber, E., und Kopsch, F. 1947 — Lehrbuch und Atlas der Anatomie des Menschen, Bd. 1 der 17. Auflage, Leipzig.

Rochlin, A. G. 1965	Bolesni Drevnich Ljudei. Moskau–Leningrad.
Schott, L. 1957	Leipziger Mönche des ausgehenden Mittelalters. Philosophische Dissertation Potsdam.
Schott, L. 1966	Zur Problematik des seitenbetonten Auftretens der Spondylosis deformans im Bereich der Brustwirbelsäule, in: Zeitschrift für Morphologie und Anthropologie 57, S. 173—178.
Zuhrt, R. 1956a	Stomatologische Untersuchungen an spätmittelalterlichen Funden von Reckahn (12. bis 14. Jahrh.). I: Die Zahnkaries und ihre Folgen, in: Deutsche Zahn-, Mund- und Kieferheilkunde 25, S. 1—15.
Zuhrt, R. 1956b	II: Paradontose und Zahnstellungsanomalien, in: Deutsche Zahn-, Mund- und Kieferheilkunde 25, S. 16—24.
Zuhrt, R. 1960	III: Ablauf der Karies und Reaktion des periapikalen Gewebes nach Eröffnung der Pulpa, in: Deutsche Zahn-, Mund- und Kieferheilkunde 32, S. 51—60.

Schwere posttraumatische Gelenkveränderungen eines Skeletts von Tilleda, Kr. Sangerhausen

Von Wolfgang Arendt und Christian Müller, Berlin

Mit Tafel 31—32

Unter den im Jahre 1965 während der Grabung bei Tilleda, Kr. Sangerhausen, geborgenen Skeletten befindet sich eines, das wegen des Zustandes seines linken Ellenbogens und seines linken Knies einer besonderen Besprechung bedarf (Taf. 31a).

Der Erhaltungszustand des Skeletts ist mangelhaft. Es liegen vor: der distale Abschnitt des li. Humerus sowie die li. u. re. Radien und Ulnae bzw. Teile davon, ferner ein Stück eines li. Mittelhandknochens. Weiter finden sich 10 Rippen-, 1 Brust-, 1 Lendenwirbel- sowie 2 Sternalfragmente, vom Beckengürtel 2 Stücke der li. Beckenschaufel. Von den unteren Extremitäten ist mehr vorhanden: Lang- und Fußknochen sind nahezu vollständig bzw. vollzählig vorhanden. Die Färbung ist gelbgrau-braun mit dunkleren Flecken.

Geschlecht: Robustizitätsgrad und Muskelrelief der Langknochen lassen auf einen mäßig kräftigen Mann schließen.

Alter: Die Altersschätzung ist schwieriger, doch dürfte bei dem Fehlen von Altersveränderungen die Diagnose adult (20—40 j) wohl zutreffen.

Maße (in mm):

		gr. Lg.	Umfang (Mitte)	Durchmesser (Mitte) transvers.	sagitt.
Radius:	li.	255	—	15	12,5
	re.	255	44	16	12,5
Femur:	li.	—	93	32	28
	re.	—	92	32	27,5
Tibia:	li.	—	81	21	30
	re.	399	80	21	29,5
Fibula:	li.	384	40	12,5	12,5
	re.	378	43	14,5	11,5

Daraus ergeben sich folgende Indices:

		Lä/Di. Ind.	Dayphysenquerschnittsind.
Radius:	li.	—	83,3
	re.	17,3	78,1
Femur:	li.	—	87,5
	re.	—	85,9
Tibia:	li.	—	70,0
	re.	20,1	71,2
Fibula:	li.	10,4	100,0
	re.	11,4	79,3

Extremitätsproportionen:

Tibio-Radial-Index $\frac{\text{(Länge Radius} \times 100)}{\text{Länge Tibia}}$: li. — re. 63,9

Körperhöhe (nach Pearson): 169,2 cm.

Am linken Oberschenkelknochen findet sich am distalen Ende eine knöchern fest verheilte Fraktur, die Bruchlinien verlaufen außerhalb des Gelenkraumes. Das körperferne Bruchstück ist nach medial verschoben und nach hinten verdreht. Der knöcherne Gelenkanteil ist durch starke Knochenwucherungen erheblich deformiert und zum Teil zerstört (Taf. 32a).

Röntgenologisch zeigt sich, daß die Fraktur unter Verkürzung des Femurs um 4 cm und unter Medialverschiebung der Epiphyse um 1 cm verheilt ist. Das distale Fragment bildet zur Längsachse des Knochens einen nach vorn offenen Winkel von 165°. Die subchondralen Gelenkkonturen sind durch Usurierungen und Defektbildungen unregelmäßig begrenzt und weisen besonders im Bereich des lateralen Kondylus Knochenwucherungen auf. In der Spongiosastruktur des Gelenkkopfes finden sich neben unregelmäßig begrenzten Aufhellungszonen auch kalkdichte Verdichtungsherde (Taf. 32b—c).

Die Veränderungen lassen sich am ehesten so deuten, daß sich im Anschluß an die Fraktur — die durch ein schweres Trauma hervorgerufen wurde — eine unspezifische Arthritis entwickelte. Mit hoher Wahrscheinlichkeit wurde die Weichteildeckung des Knochens mit verletzt (sog. komplizierte Fraktur). Die die Gelenkentzündung auslösenden Bakterien sind entweder durch die Verletzung unmittelbar in das Gelenk gebracht worden, oder die Gewebsschädigung ermöglichte die Ansiedlung von im Körper bereits vorhandenen Krankheitserregern. Schließlich ist es auch noch möglich, daß die Bakterien aus dem benachbarten Frakturgebiet in das Gelenk kamen. Im vorliegenden Fall weisen mehrere, die Corticalis (Rindenzone) penetrierende Öffnungen im distalen Fragment darauf hin, daß eine komplizierte Fraktur bestanden haben muß, die zu einer lokalen Knochenentzündung führte, welche ihrerseits in den Gelenkraum einbrach. Es kam zuerst zu einem Gelenkerguß. Nach längerem Kontakt mit dem eitrigen Exsudat verliert der Gelenkknorpel seine charakteristische Transparenz, wird trübe und zerreißlich und schließlich durch proteolytische (eiweißverdauende) Fermente, die aus dem Exsudat stammen, verdaut.

Im weiteren Verlauf sind durch Druck der einander gegenüberliegenden Gelenkflächen von Femur und Tibia wie auch durch vorwucherndes Granulationsgewebe knöcherne Substanzverluste eingetreten. Die ausgedehnte Zerstörung der Gelenkkörper führt nach geschwürigem Zerfall des Gelenkknorpels meist zu einer kompletten knöchernen Verwachsung. Im vorliegenden Fall wurde die Ankylose durch Granulationsgewebe verhindert, und ein minimaler Funktionsrest blieb erhalten. Es entwickelte sich eine monströse Arthrosis deformans, nicht nur, weil das distale Fragment in Fehlstellung verheilte und das Kniegelenk dadurch falsch belastet wurde, sondern auch weil die Entzündung grobe Zerstörungen verursacht und praktisch eine Gelenkruine hinterlassen hat.

Es kann angenommen werden, daß wenige Tage nach Eintritt der Fraktur durch die sich entwickelnde Gelenkvereiterung ein schweres Krankheitsbild bestanden hat. Bei jeder bakteriellen Gelenkentzündung ist das Allgemeinbefinden erheblich gestört: Es bestehen Spannungsgefühl und starke Schmerzen im betroffenen Gelenk, und die Körpertemperatur ist erhöht. Es darf weiter vermutet werden, daß nach Konsolidierung der Fraktur die starken Kniebeschwerden weiter bestanden, weil inzwischen die Gelenkflächen von Femur und Tibia zerstört waren. An einzelnen Schliffurchen, die sich an einigen ostrophytären Wucherungen finden, ist zu erkennen, daß die sonst gewöhnlich eintretende Ankylose (Gelenkversteifung) ausblieb und sich stattdessen eine sog. Lötsteife entwickelte, die aus der Streckstellung von ca. 170° minimale Wackelbewegungen um einige Grade im Sinne einer Beugung und Streckung zuließ. Funktionell sind solche Wackelbewegungen ohne jeden Wert. Sie verursachen aber bei jedem Bewegungsversuch, erst recht unter gleichzeitiger Belastung, große Schmerzen.

Als zweite Verletzung findet sich isoliert an der Ulna in Ellenbogennähe — der Radius weist keine Verletzungsfolgen auf — ein Bruch, der unter Knickstellung knöchern fest verheilt ist. Mit großer Wahrscheinlichkeit hat die Verschiebung der Elle den Riß des Ligamentum anulare nach sich gezogen, was die Luxation des Radiusköpfchens nach vorn zur Folge hatte. Dies ist noch an der nearthrotischen Schliffurche an der Elle erkennbar. Es handelt sich bei diesen Veränderungen um eine nach direkter Gewalteinwirkung, wie Schlag oder Stoß, eintretende typische Verletzung, die schon seit Anfang des vorigen Jahrhunderts nach dem Chirurgen, der sie zuerst beschrieb, als Monteggia-Schaden bekannt ist (Taf. 31 b—c).

Das Trauma muß einen Erwachsenen betroffen haben, da es beim jugendlichen Menschen eher zum Abriß des Speichenköpfchens als zur Sprengung der Bandverbindung kommt. Der Radius ist aber, wie bereits betont, unverletzt geblieben. Unterstellt man, daß die Femurfraktur zum gleichen Zeitpunkt entstanden ist, spricht u. a. die Tatsache, daß die Femurepiphyse intakt geblieben ist, ebenfalls dafür, daß der Unfall einen Erwachsenen betroffen hat.

Der Befund kann wie folgt kurz zusammengefaßt werden. Es handelt sich um:

1. Zustand nach in Fehlstellung knöchern konsolidierter suprakondylärer Femurfraktur links;
2. Zustand nach traumatischem Kniegelenksempyem (Vereiterung) links, ausgeheilt in Lötsteife und in Streckstellung;
3. Zustand nach konsolidierter Monteggia-Fraktur der linken Ulna mit Sprengung des Ligamentum anulare.

TAFELTEIL

a

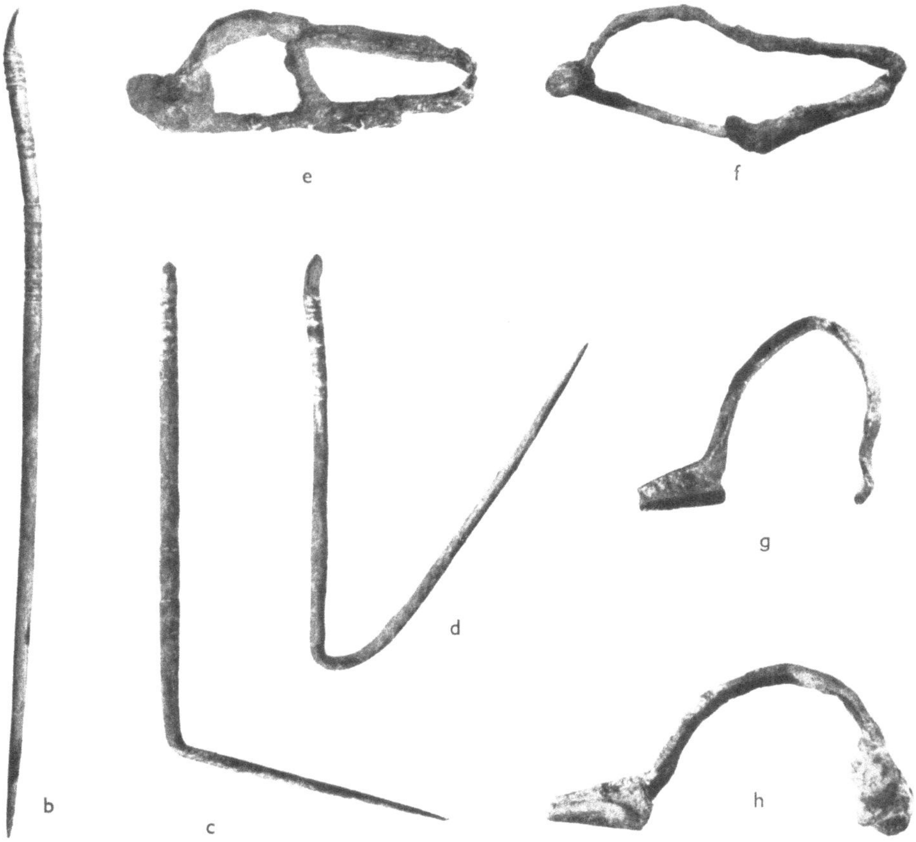

a) Moreşti „La furci". Ansicht des äußeren Walles (Aufnahme P. Grimm); b—d) Stilusnadeln; e—h) eiserne Bügelfibeln

a

b

a) Moreşti „Podei“, Planquadrate M/I, LM/1–2. 1, 3 Hütten (6. Jh.); 2 Graben (12. Jh.); 4 Kieslage (6. Jh.); 5 Wohnhütte (12. Jh.); b) Porumbenii Mici. Hausgrundrisse mit Steinpflaster (Fläche 12)

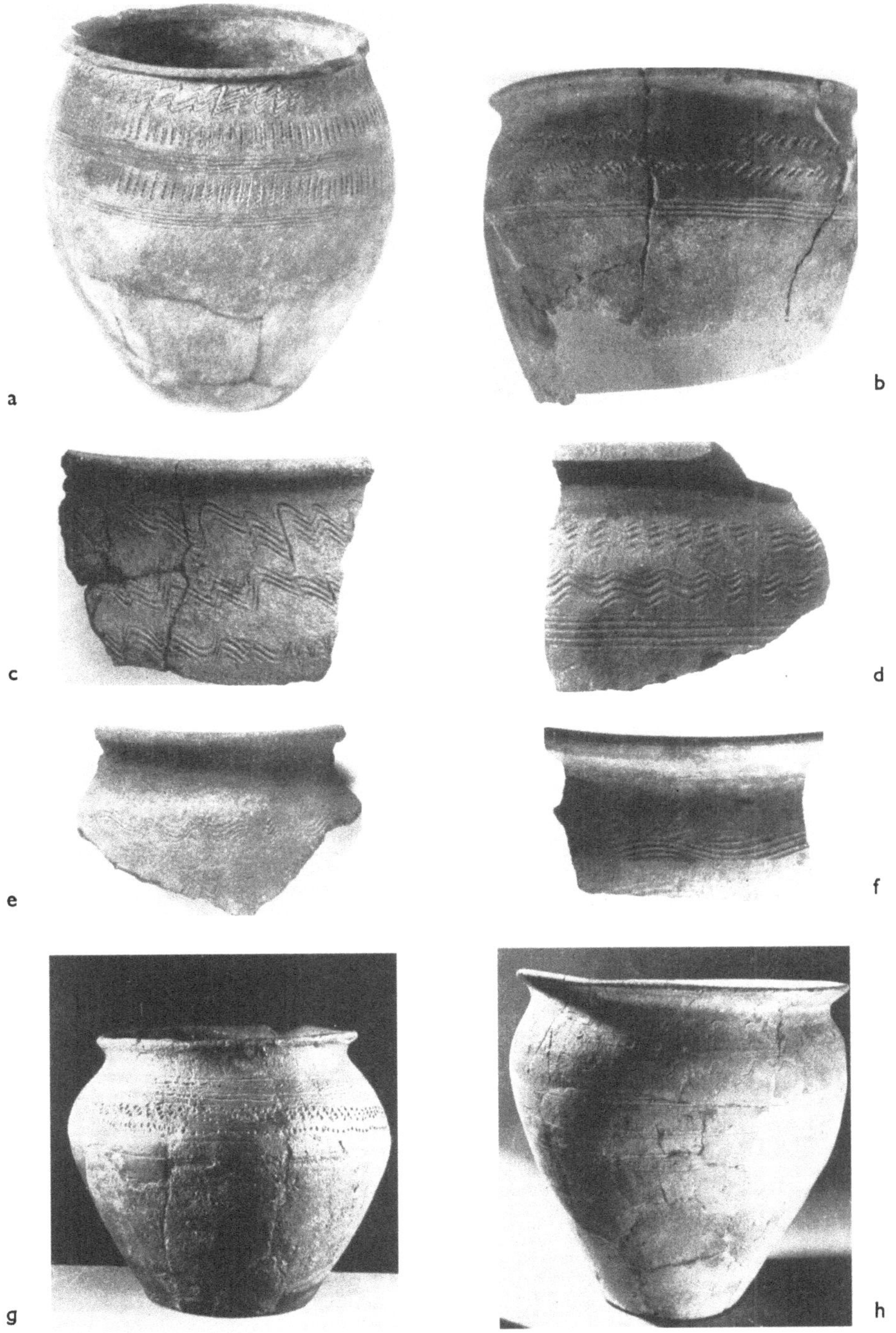

a—f) Keramik aus den ältesten Phasen der Burgwälle in Böhmen: Klučov (a), Libice (b), Doubravčice (c), Levý Hradec (d), Prachovské skály (e), Bezemin (f); g—h) Keramik der vorgroßmährischen Phase in Mähren: Gefäße aus Staré Zámky in Líšeň bei Brno

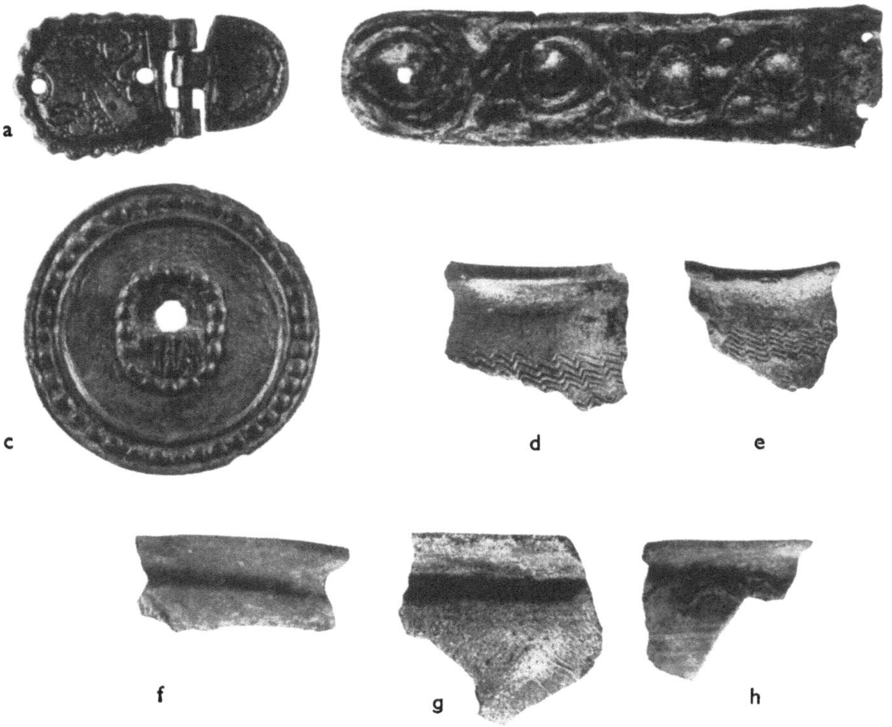

a—e) Funde aus dem Burgwall Mikulčice (vorgroßmährische Phase): gegossene Bronzegürtelbeschläge und Keramik; f—h) Keramik aus dem Burgwall Pobedim in der Slowakei

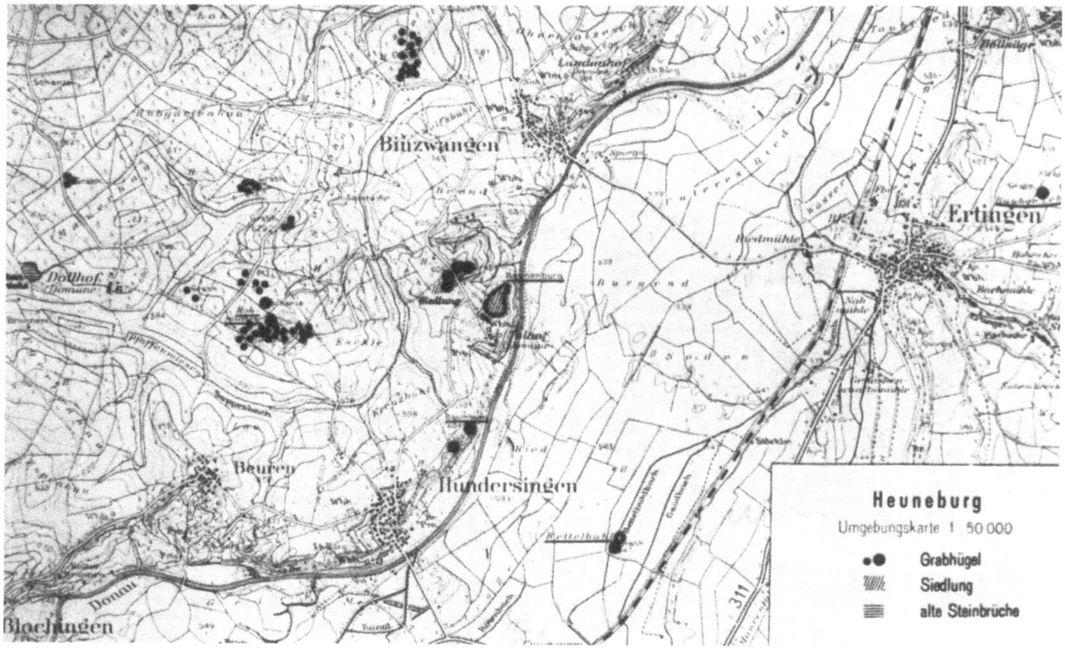

i) Die Heuneburg am Talhof bei Hundersingen/Donau. Nach W. Dehn in „Neue Ausgrabungen in Deutschland“

a

b

a) Bílina, Erforschung des mittleren Walles in den Jahren 1961–1962; b) Vlastislav, eiserner Türflügelbolzen aus der Torverschüttung (Ausgrabung 1957)

Ingarsby, Leicestershire. Oblique aerial photograph showing a typical midland site with its rectangular raised enclosures. Photograph Dr. J. K. S. St. Joseph, Cambridge

Broadstone, Oxfordshire. Oblique aerial photograph showing a typical site where the buildings were made of stone with banks between tofts. Photograph Dr. J. K. S. St. Joseph, Cambridge

a

b

Cucuteni-Băiceni. a) Cetățuia; b) Cetățuia, Steinplattform einer Wohnung aus der Phase Cucuteni B_1

a

a) Cucuteni-Băiceni. Dîmbul Morii

Slon I („La Comoara“ oder „La Ciuga“). b, d, e) Ziegelsteine aus der frühen Feudalzeit (9. und 10. Jh.); c) Bruchstück eines behauenen Kalksteinblocks mit Schriftzeichen

a

c

Wien I, Sterngasse. a) Unter dem Straßenpflaster befanden sich zuunterst im hellen gewachsenen Löß dunkle Gruben (a) von Anlagen des 1. Jh.; darüber (b) die römischen Estriche, Brandschichten, Auflagerungen usw. von 100–400; über der dunklen Brandschicht um 400 lagerte unmittelbar die helle Sandaufschüttung (c), die links und rechts des schliefbaren Kanales sichtbar ist. Links im Bilde die schräge Ziegelmauer, welche die durch die Siedlungskontinuität 5 m hoch angewachsene Sterngasse gegen das niedrigere Niveau abschließt. Daneben eine gotische Kellermauer, in deren in Miniertechnik nachträglich hergestellter Wand noch die Hohlröhre des vergangenen Pölzungspfostens sichtbar ist. — b) Im nicht unterkellerten Teil des Hauses Sterngasse 5 waren in der Höhe des 1. Kellers im hellen gewachsenen Löß die Reste von behauenen Holzeinlagen von Bauten des 1. Jh. sichtbar (links). Über den hier 1 m hoch angewachsenen römischen Kulturschichten die 10 cm hohe, schwarze Holzkohlenbrandschicht um 400 und sofort darüber eine Planierung von Ziegelklein. Darüber Estriche und Aufschüttungen bis zur Unterkante der gotischen Mauer des 13. Jh. — c) In der Südostecke des Hauses Sterngasse 5 hat sich im 1. Kellergeschoß folgender Befund erhalten: Über dem gewachsenen Humus (b) befanden sich römische Estriche und Aufschüttungen (c) und eine Brandschicht wohl aus den Markomannenkriegen; darüber ein heller Estrich (d) und die Brandschicht der Brandschatzung um 400, bis zu der herunter die Zerstörungen der Ecke der Quadermauer (a) reichte (gestrichelte Linie). Auf der Brandschicht lagerte eine Planierung von Ziegelklein (e) und dann die zur Ausfüllung der ausgebrochenen Ecke aufgestellte, aber dann umgefallene Wand aus luftgetrockneten Lehmziegeln (f); darüber die Trockenmauer (g), die weiter oben gemörtelt war (h)

a

b

a) Schloßberg von Süden; b) kreisförmige Gebäudegruppe am „Dom“

a

f

b

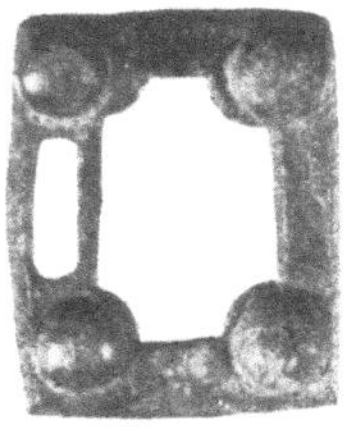
c

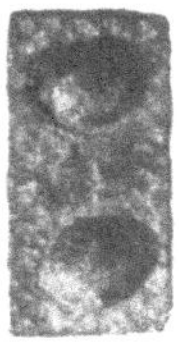
d

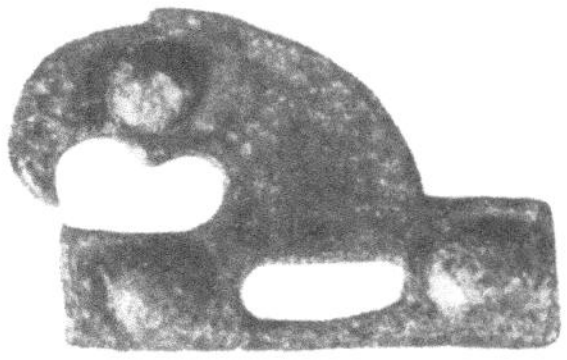
e

g

h

a—e) Gräberfeld des 7. Jh., Grab 3. 1:1; f) Zuckerfabrik, Gefäß des 8. Jh. Fast 1:2; g—h) Gewölbe südlich der Johanniskirche: Ostteil (g) und Westteil mit apsisartiger Erweiterung (h)

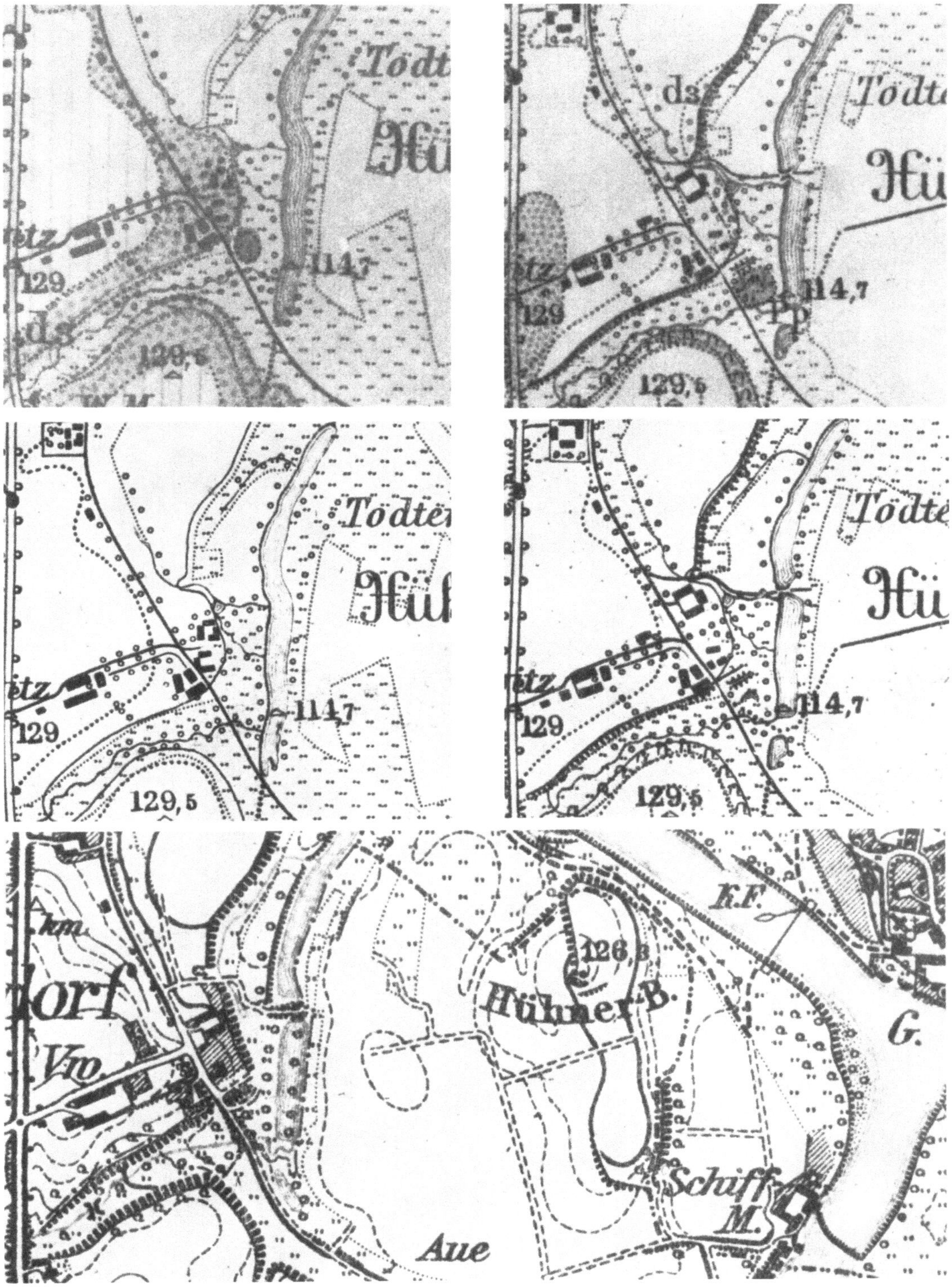

a b c d e

Kartographische Darstellung des Burggeländes von Rothersdorf, Kr. Wurzen. 1:10000
a) Geologisches Meßtischblatt von 1884 (lediglich Angabe der Porphyrkuppe ohne Walleinzeichnung); b) Geologische Specialkarte von 1902 (mit Einzeichnung des Steinbruches und des Wallrestes); c) Meßtischblatt von 1879 (ohne jegliche Andeutung von Wall oder Steinbruch); d) Meßtischblatt von 1893 (mit Angabe der Bruchkante und des Wallrestes); e) Meßtischblattausgabe von 1935 (mit Andeutung des Wallrestes, doch ohne Hinweise auf den inzwischen aufgelassenen und nicht mehr erkennbaren Bruch)

a

b

c

Rothersdorf, Kr. Wurzen a) Burgwall. Schnitt I von Westen, links mit dem Vorgraben, rechts den Abtragungen durch den Steinbruch; b) Reste der Trockenmauer im Schnitt I. Von Westen; c) Burgwall. Schnitt II von Süden, mit dem verfüllten Vorgraben

a

c

b

Płock. Vorromanisches Palatium vom Ende des 10. Jh. a) Abschnitt der Hauptmauern; b) Fundamente der Teilungswände; c) Abschnitt der Teilungswände. Fotos: M. Rydel (a), W. Dyśkiewicz (b, c)

Płock. Frühromanisches Palatium von Władysław Herman aus dem 11. Jh. a) Nordwestlicher Eckstein; b) nordwestlicher Eckstein während der Ausgrabung; c) Detail einer Wand des Palatiums. Fotos: M. Rydel

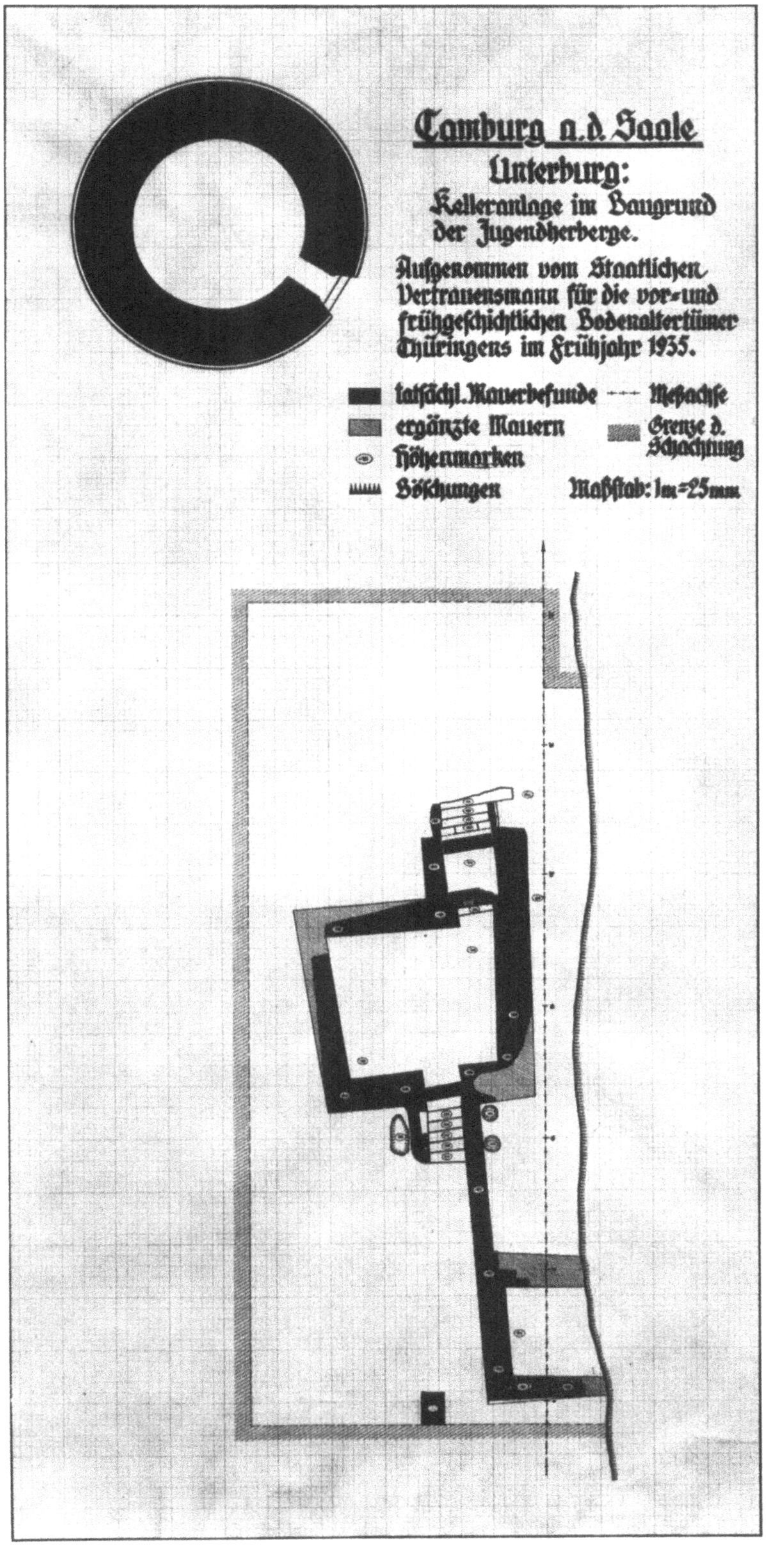

Camburg, Kr. Jena. Grabungsplan der Burg

a

b

Camburg, Kr. Jena. Unterburg. a) Die freigelegten Gebäudereste von Süden; b) die freigelegten Zugänge zum Keller von Norden. Fotos: G. Neumann (a), G. Keil (b)

a

b

c

d

Erfurt-Möbisburg, Kirchberg. a—b) Nordböschung mit Hangterasse von Nordwesten und Norden; c) Nordostecke der Innenfläche mit Schnitt 3, dahinter der Hauptwall; d) Haupt- und Vorwall von Osten (außen), dahinter die Dionysiuskirche

a) Erfurt-Möbisburg, Kirchberg. Bodenrest einer Braubacher Schale, Angermuseum Erfurt, Inv.-Nr. V 3710. 1:1

b) Magdeburg, Georgenplatz 9. Keller der 1. Hälfte des 13. Jh., Gesamtansicht, Blick nach Süden

a

b

c

Magdeburg, Georgenplatz 9. Keller der 1. Hälfte des 13. Jh. a) Gesamtansicht, Blick nach Südosten; b) westliche Schildmauer der Nordwand mit Lichtschacht; c) Westpfeiler, Blick nach Süden

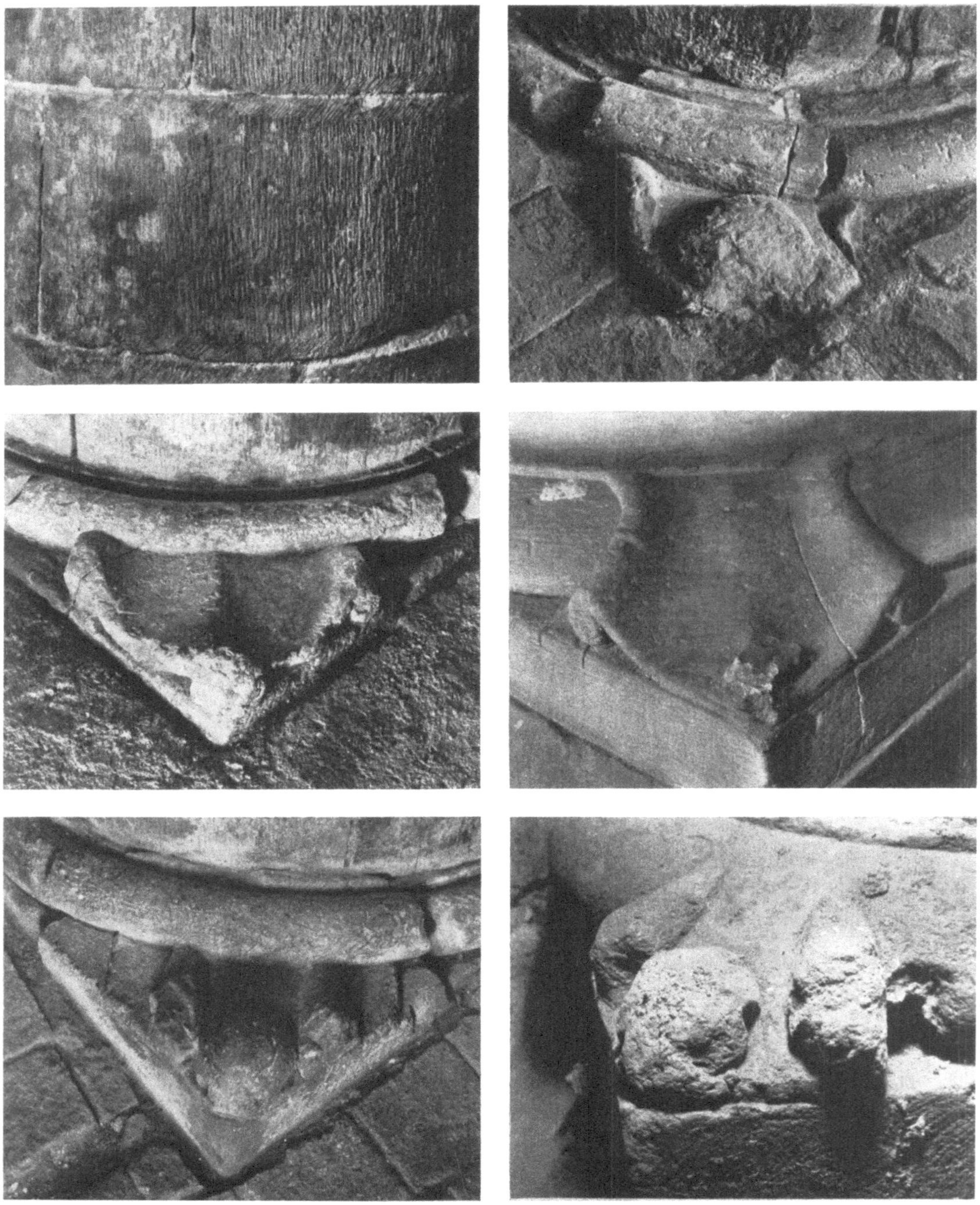

a

c

e

a—c, e) Magdeburg, Georgenplatz 9. Keller der 1. Hälfte des 13. Jh. a) Westpfeiler, Steinbearbeitungstechnik; b) Westpfeiler, südöstliche Eckzier (stark beschädigt); c) Westpfeiler, nordwestliche Eckzier; e) Ostpfeiler, südwestliche Eckzier; d, f) Magdeburg, Dom: d) Eckzier an der Nordwestecke des südwestlichen Vierungspfeilers; f) Eckzier an der Basis des Pilasters in der Nordwestecke des Querschiffes

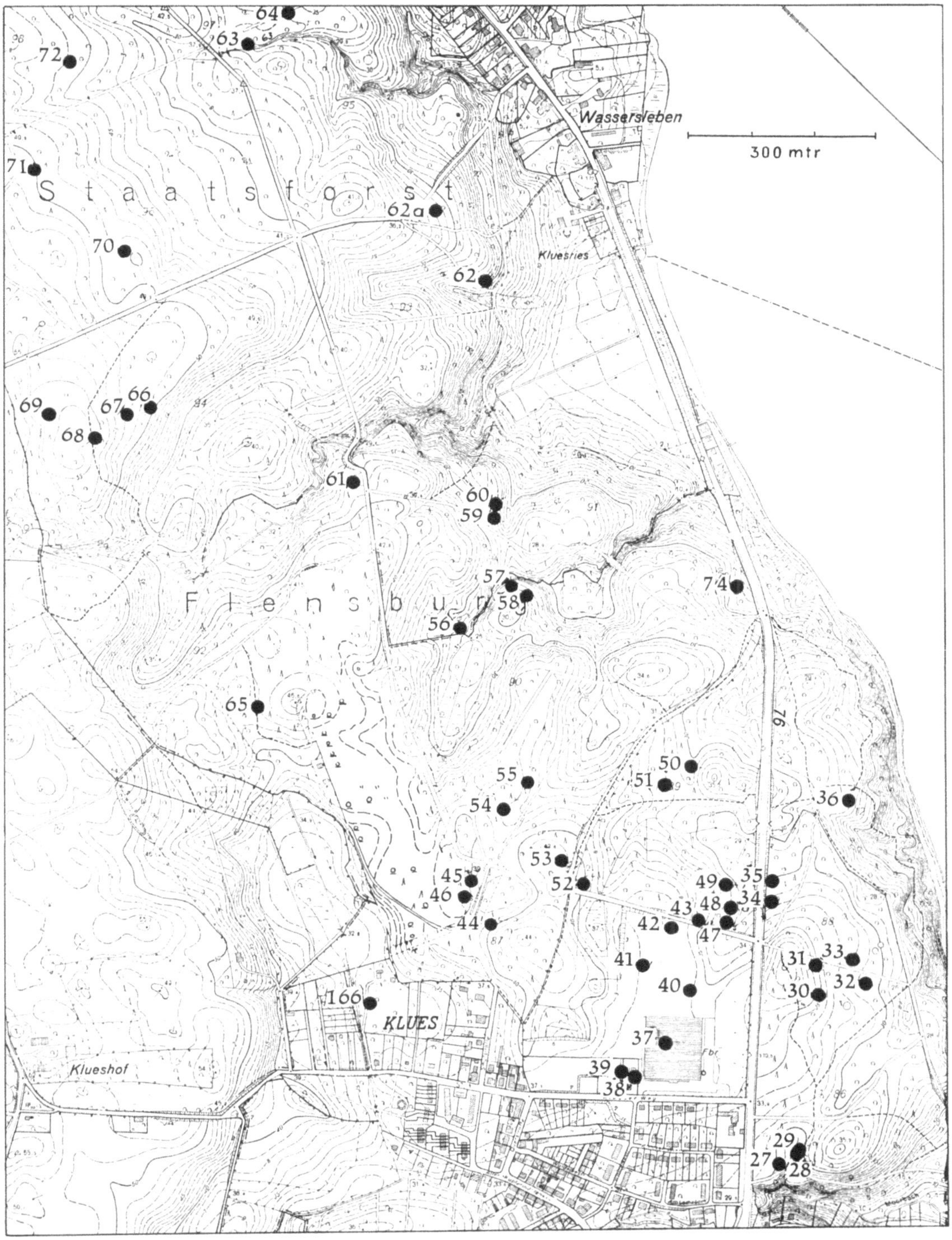

Verbreitung der Eisenschlackenhügel im Staatsforst Flensburg

a—f) Běsno bei Louny, Brandgräber. Museum Teplice. g—h) Klučov bei Český Brod:
g) Urne; h) Gefäß aus Körpergrab 18

a) Marsum; b) Bacharach; c) Haithabu; d) Seeheim.
a—c) 1:1; d) größer als 2:1

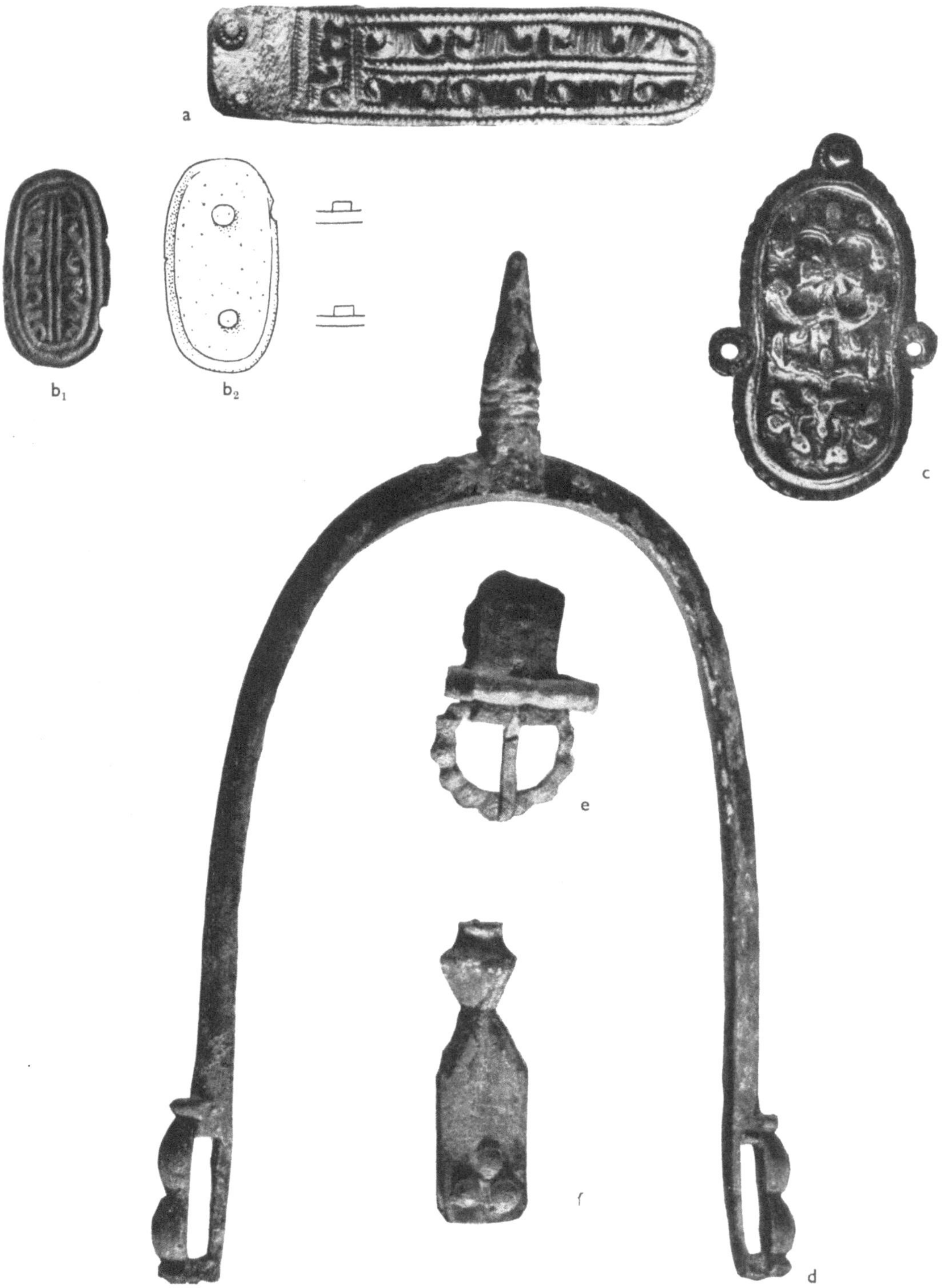

a) Luckenwalde; b) Fulda; c) Frankreich; d—f) Sundremda Grab 27. 1:1

Zscherben, Saalkreis. Gesamtansicht des Bildsteines

a

b

a) Ausschnitt vom Rückdeckel des Tuotilo-Einbandes mit den beiden Szenen aus dem Leben des heiligen Gallus. Deutlich erkennbar sind die Kapuze und die weiten Ärmel des Gewandes; b) Einband des Poussay-Evangelistars. Christus hält ein Vortragekreuz mit dünnem Schaftstab in seiner Rechten

b

c

Memleben, Kr. Nebra. a) Der „Mauerklotz" im Hof von Osten. Links die südliche Vorlage mit dem Bogenansatz. Rechts der senkrechte Ausbruch von der Werkstein-Vorlage des südlichen Vierungsbogens; b) der „Mauerklotz" von Norden. Links der senkrechte Ausbruch von der Werkstein-Vorlage des Chorbogens. Unten die Mauervertiefung, in die das Kryptengewölbe einbinden sollte, mit einem Rest der nachträglichen Vermauerung. Rechts schloß ehemals die Apsiswand an; c) die ergrabenen Reste der westlichen Chorapsis von Süden. Unmittelbar vor dem Werkstatt-Neubau an der Außenflucht (links) die erhaltene Vorlage, davor das Kryptenfenster und weiter vorn außen der Ausbruch der zweiten Vorlage

a

c

Memleben, Kr. Nebra. a) Die erhaltene Außen-Vorlage der Chorapsis von Westen. Über dem Fundament der Sockel und der Unterteil der Vorlage selbst; b) westliche (schmale) Vorlage der Krypten-Südwand von Norden. Über ihr die Mauervertiefung, in die das Krypten-Gewölbe einbinden sollte; c) das Ostende der Krypten-Südwand von Norden. Unten die östliche (breite) Vorlage, links die Westwange des unfertig gebliebenen Südeingangs der Krypta. Die ungestörte Kulturschicht am Südende (oben) der Eingangswange ist auf dem Foto bereits abgetragen

a

b

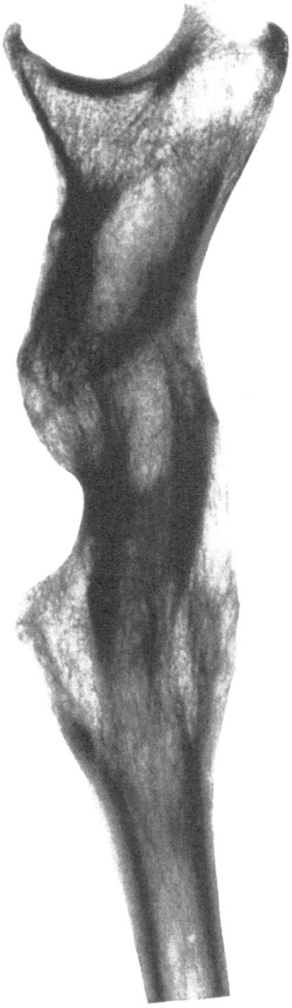

c

Tilleda, Kr. Sangerhausen. a) Lage des Skeletts im Boden (etwa 1:20); b) Ulna; c) Ulna, Röntgenbild

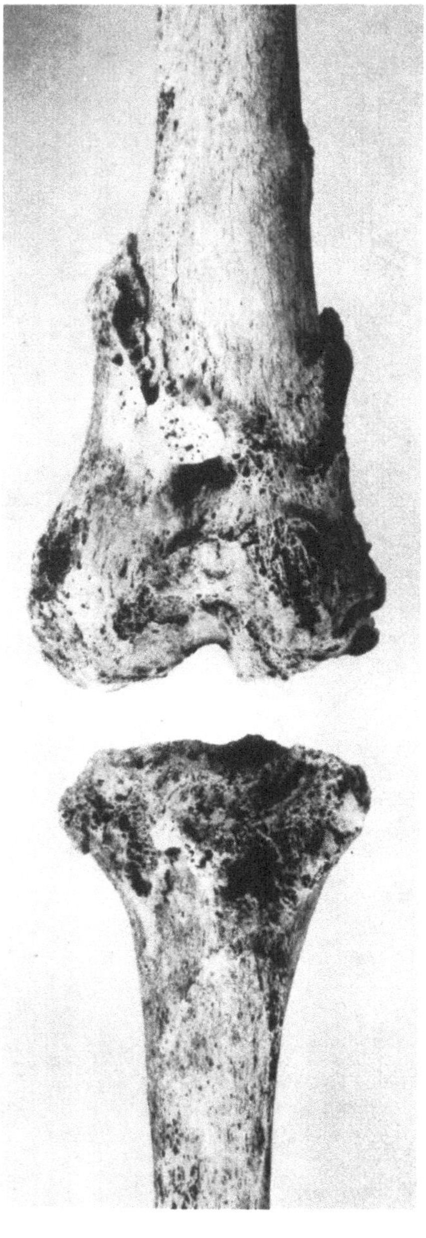

a

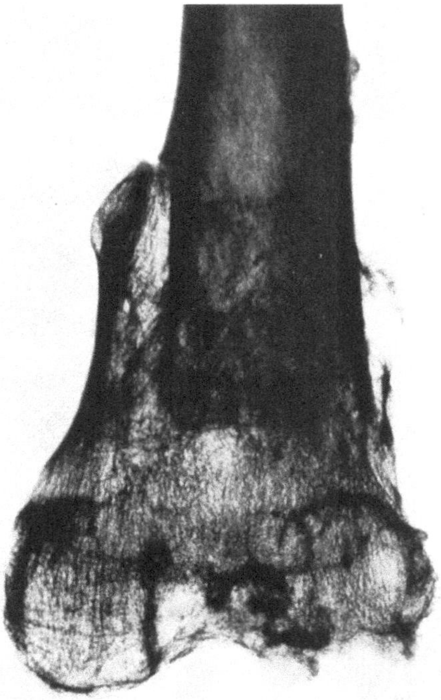

b

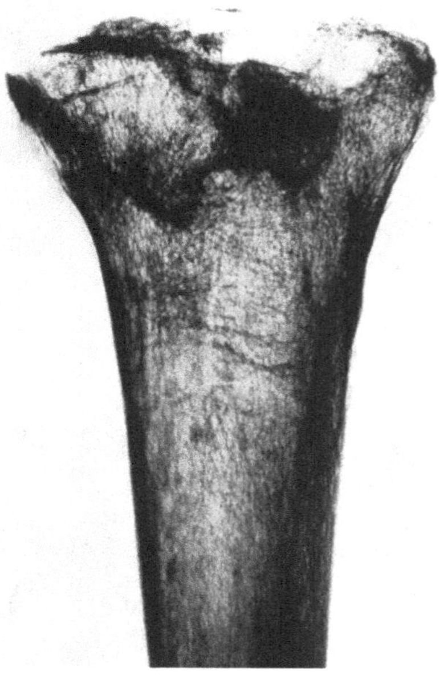

c

Tilleda, Kr. Sangerhausen. a) Frontalaufnahme von Femur und Tibia; b) Röntgenbild des Femurs; c) Röntgenbild der Tibia

FSC
www.fsc.org
MIX
Papier | Fördert gute Waldnutzung
FSC® C083411

Kolibri 360 GmbH
Ferdinand-Jühlke-Straße 7
99095 Erfurt, Deutschland
produktsicherheit@kolibri360.de